AF671337

EUL
VERLAG

STEUER, WIRTSCHAFT UND RECHT

Herausgegeben von vBP StB Prof. Dr. Johannes Georg Bischoff, Wuppertal, Dr. Alfred Kellermann, Vorsitzender Richter am BGH (a. D.), Karlsruhe, Prof. (em.) Dr. Günter Sieben, Köln, und WP StB Prof. Dr. Norbert Herzig, Köln

Band 315
Simone Günter
Fortentwicklung des Handels- und Steuerbilanzrechts – Eine ökonomische Analyse
Lohmar – Köln 2012 • 404 S. • € 66,- (D) • ISBN 978-3-8441-0128-7

Band 316
Simon Rau
Statistisch-mathematische Methoden der steuerlichen Betriebsprüfung und die Strukturanalyse als ergänzende Alternative
Lohmar – Köln 2012 • 148 S. • € 43,- (D) • ISBN 978-3-8441-0142-3

Band 317
Christof W. Ernst
Evaluation of Tax Incentives for Research and Development in Germany
Lohmar – Köln 2012 • 228 S. • € 55,- (D) • ISBN 978-3-8441-0148-5

Band 318
Stefan Königer
Die steueroptimale Übertragung von Kapitalgesellschafts-anteilen im Rahmen der vorweggenommenen Erbfolge
Lohmar – Köln 2012 • 400 S. • € 66,- (D) • ISBN 978-3-8441-0149-2

Band 319
Jörg Mödinger
Internationale Erfolgs- und Vermögensabgrenzung zwischen Stammhaus und Betriebsstätte nach der Neufassung des Art. 7 OECD-MA
Lohmar – Köln 2012 • 384 S. • € 65,- (D) • ISBN 978-3-8441-0151-5

Band 320
Sebastian Schulz
Harmonisierung der steuerlichen Gewinnermittlung in der Europäischen Union
Lohmar – Köln 2012 • 632 S. • € 83,- (D) • ISBN 978-3-8441-0152-2

JOSEF EUL VERLAG

Reihe: Steuer, Wirtschaft und Recht · Band 320

Herausgegeben von vBP StB Prof. Dr. Johannes Georg Bischoff, Wuppertal, Dr. Alfred Kellermann, Vorsitzender Richter (a. D.) am BGH, Karlsruhe, Prof. (em.) Dr. Günter Sieben, Köln, und WP StB Prof. Dr. Norbert Herzig, Köln

Dr. Sebastian Schulz

Harmonisierung der steuerlichen Gewinnermittlung in der Europäischen Union

Mit einem Geleitwort von Prof. Dr. Holger Kahle, Universität Hohenheim

Bibliografische Information der Deutschen Nationalbibliothek

Die Deutsche Nationalbibliothek verzeichnet diese Publikation in der Deutschen Nationalbibliografie; detaillierte bibliografische Daten sind im Internet über <http://dnb.d-nb.de> abrufbar.

Dissertation, Universität Hohenheim, 2012

D 100

ISBN 978-3-8441-0152-2
1. Auflage Juni 2012

JOSEF EUL VERLAG GmbH
Brandsberg 6
53797 Lohmar
Tel.: 0 22 05 / 90 10 6-6
Fax: 0 22 05 / 90 10 6-88
E-Mail: info@eul-verlag.de
http://www.eul-verlag.de

Bei der Herstellung unserer Bücher möchten wir die Umwelt schonen. Dieses Buch ist daher auf säurefreiem, 100% chlorfrei gebleichtem, alterungsbeständigem Papier nach DIN 6738 gedruckt.

Geleitwort

Durch die Einführung einer Common Consolidated Corporate Tax Base (CCCTB) strebt die EU-Kommission eine grundlegende Reform der europäischen Konzernbesteuerung an. Einen lang erwarteten Richtlinienentwurf hat die EU-Kommission am 16.03.2011 zur Diskussion gestellt. Als Minimalziel gilt die Harmonisierung der körperschaftsteuerlichen Bemessungsgrundlagenermittlung. Nach Ansicht der EU-Kommission sollen die IFRS einen gemeinsamen Ausgangspunkt bzw. abgeschwächt ein Hilfsmittel bei der Erarbeitung gemeinsamer steuerlicher Gewinnermittlungsgrundsätze bilden. Eine Maßgeblichkeit der IFRS wird nicht (mehr) in Betracht gezogen.

Die Schaffung eines konsistenten EU-Regelwerks verlangt, die Eignung einzelner Standards an bestimmten steuerlichen Zielvorstellungen zu spiegeln. Hier setzt die Arbeit von Herrn Schulz an; er zielt darauf ab, die steuerliche Zweckadäquanz der IFRS kritisch zu analysieren. Dabei werden einzelne Gewinnermittlungsregeln ausgewählter EU-Mitgliedstaaten in die Untersuchung einbezogen. Als Referenzrahmen dient eine vereinfachte Vermögensrechnung, die als Leitbild der (harmonisierten) steuerlichen Gewinnermittlung de lege ferenda vorgeschlagen wird. Ich wünsche der vorliegenden Arbeit eine gute Resonanz in Theorie und Praxis.

Hohenheim, im Mai 2012 Prof. Dr. Holger Kahle

Vorwort

Die vorliegende Arbeit wurde während meiner Tätigkeit als Wissenschaftlicher Mitarbeiter am Lehrstuhl für Betriebswirtschaftliche Steuerlehre und Prüfungswesen der Universität Hohenheim verfasst. Die Arbeit von der Fakultät Wirtschafts- und Sozialwissenschaften der Universität Hohenheim im Wintersemester 2011/2012 als Dissertation angenommen. Die Arbeit basiert auf dem Rechtsstand 1. Oktober 2011.

Es ist für mich an der Zeit, Dankeschön zu sagen. Mein aufrichtiger Dank gilt meinem akademischen Lehrer, Herrn Prof. Dr. *Holger Kahle*. Neben seiner fachlichen Unterstützung war es seine Menschlichkeit, die mir die Etymologie des Wortes Doktor-*Vater* immer wieder vor Augen geführt hat. Herrn Prof. Dr. *Ernst Troßmann* spreche ich ein herzliches Dankeschön für die Übernahme und rasche Erstellung des Zweitgutachtens aus. Herrn Prof. Dr. *Dirk Hachmeister* danke ich für den Beisitz in der Disputation. In Verbundenheit bedanke ich mich zudem bei meinen ehemaligen Lehrstuhlkollegen, stellvertretend bei Herrn Dipl. oec. *Benjamin Cortez*, dessen selbstlose Hilfsbereitschaft unmittelbar vor und nach der Geburt meiner Tochter *Carlotta* nicht zu begleichen ist. Den Herausgebern der Reihe „Steuer, Wirtschaft und Recht“ im EUL-Verlag danke ich für die Aufnahme meiner Arbeit.

Ohne den uneingeschränkten Rückhalt meiner Familie wäre diese Arbeit nicht zustande gekommen. Mein größter und herzlichster Dank gilt naheliegend meiner lieben Mutter, Frau *Magdalena Stiefel* und ihrem Ehegatten, Herrn Dr. med. *Rüdiger Stiefel*. Auch meiner Schwester, Frau Diplom-Betriebswirtin *Sibylle Schulz*, samt Anhang bin ich zu Dank verpflichtet. Nicht nur für ihre moralische und finanzielle Unterstützung haben sich meinen beiden Großmütter, Frau *Emmi Klöter* und Frau *Margot Schulz*, einen großen Kuss verdient. Für ihre wunderbare Tochter möchte ich mich bei Frau *Doris Job* und Herrn Dr. med. *Horst Job* bedanken. Zu meiner Familie zähle ich auch meine Schwestern und Brüder im Geiste von 1997; auch Euch Wormser „Bachbutzern“ gebührt mein Dank. Meinem lieben *Raphael* wünsche ich, dass er seine Krankheit besiegen wird. Meine Dankbarkeit gilt auch all den Lieben, die meine Promotion nicht mehr erleben durften. Ich gedenke stellvertretend meinem (Stief-) Vater, Herrn RA *Ulrich Frisch*. Widmen möchte ich diese Arbeit meiner großen und meiner kleinen Frau, namentlich Dr. med. *Verena Job* und *Carlotta*, die wohl die schwersten zwischenmenschlichen Lasten meiner Dissertation getragen haben.

Ludwigsburg, im Mai 2012 Sebastian Schulz

Inhaltsübersicht

Inhaltsverzeichnis

Abkürzungsverzeichnis

A

a. A. .... anderer Ansicht / Auffassung
Abb. .... Abbildung
Abl. .... Amtsblatt der Europäischen Union
Abs. .... Absatz/Absätze
Abschn. .... Abschnitt
AB .... Aktiebolag
Abt. .... Abteilung
abzgl. .... abzüglich
AER .... American Economic Review (Zeitschrift)
AEUV .... Vertrag über die Arbeitsweise der Europäischen Union i. d. F. der Bekanntmachung v. 09.05.2008, ABl. Nr. C 115 S. 47; zuletzt geändert durch Art. 1 ÄndBeschl. 2011/199/EU v. 25.03.2011, ABl. Nr. L 91, S. 1.
a. F. .... alte(r) Fassung
AfA .... Absetzung für Abnutzung
AfaA .... Absetzung für außerordentliche Abnutzung
AfS .... Absetzung für Substanzverringerung
AG .... Aktiengesellschaft/Die Aktiengesellschaft (Zeitschrift)
AICPA .... American Institute of Certified Public Accountants
AiE .... Accounting in Europe (Zeitschrift)
AktG .... Aktiengesetz v. 06.12.1965, BGBl. I 1965, S. 1089; zuletzt geändert durch Art. 6 des Restrukturierungsgesetzes v. 09.12.2010, BGBl. I 2010, S. 1900.
AktStR .... Aktuelles Steuerrecht (Zeitschrift)
a. M. .... am Main
ANC .... Autorité des normes comptables
Anh. .... Anhang
Anm. .... Anmerkung
AO .... Abgabenordnung i. d. F. der Bekanntmachung v. 01.10.2002, BGBl. I 2002, S. 3866, ber. I S. 61; zuletzt geändert durch Art. 2 des Gesetzes zur Verbesserung der Bekämpfung der Geldwäsche und Steuerhinterziehung (Schwarzgeldbekämpfungsgesetz) v. 28.04.2011, BGBl. I 2011, S. 676.
arqus .... Arbeitskreis Quantitative Steuerlehre
Art. .... Artikel (Singular)
Artt. .... Artikel (Plural)
ASB .... Accounting Standards Board
ASC .... Accounting Standards Committee
AStG .... Gesetz über die Besteuerung bei Auslandsbeziehungen (Außensteuergesetz) v. 08.09.1972, BGBl. I 1972, S. 1713; zuletzt geändert durch Art. 7 des Gesetzes v. 08.12.2010, BGBl. I, S. 1768.
Aufl. .... Auflage
ÅRL .... Årsredovisningslag

B

BB .... Betriebs-Berater (Zeitschrift)
BBK .... NWB Rechnungswesen (Zeitschrift; vormals: Zeitschrift für Buchführung, Bilanzierung, Kostenrechnung)
Bd. .... Band
BDI .... Bundesverband der Deutschen Industrie e. V.
begr. v. .... begründet von
ber. .... berichtigt
BF .... Bulletin Fiscal (Zeitschrift)
BFH .... Bundesfinanzhof
BFL .... Bokföringslag
BFN .... Bokföringsnämnden
BFuP .... Betriebswirtschaftliche Forschung und Praxis (Zeitschrift)
BGB .... Bürgerliches Gesetzbuch (BGB) i. d. F. der Bekanntmachung v. 02.01.2002, BGBl. I 2002, S. 42, ber. S. 2909 und BGBl. I 2003, S. 738; zuletzt geändert durch Art. 1 des Gesetzes zur Anpassung der Vorschriften über den Wertersatz bei Widerruf von Fernabsatzverträgen und über verbundene Verträge v. 27.07.2011, BGBl. I, S. 1600.
BGBl. .... Bundesgesetzblatt
BGH .... Bundesgerichtshof
BIAO .... Banque internationale pour l'afrique occidentale S. A.
BIC .... Bénéfices industriels et commerciaux
BilMoG .... Gesetz zur Modernisierung des Bilanzrechts (Bilanzrechtsmodernisierungsgesetz v. 25.05.2009, BGBl. I 2009, S. 1102.
BilReG .... Gesetz zur Einführung internationaler Rechnungslegungsstandards und zur Sicherung der Qualität der Abschlussprüfung (Bilanzrechtsreformgesetz) v. 04.12.2004, BGBl. I 2004, S. 3166.
BIT .... Bulletin for International Taxation (Zeitschrift)
BMF .... Bundesministerium der Finanzen
BOI .... Bulletin officiel des impôts
BR-Drs. .... Bundesrats-Drucksache
BRZ .... Zeitschrift für Bilanzierung, Rechnungswesen und Controlling
bspw. .... beispielsweise
BStBl. .... Bundessteuerblatt
BT .... Bundestag
BT-Drs. .... Bundestags-Drucksache
BTR .... British Tax Review (Zeitschrift)
BVerfG .... Bundesverfassungsgericht
BVerfGE .... Entscheidungen des Bundesverfassungsgerichts
bzw. .... beziehungsweise

C

CA .... Companies Act(s)
CAA .... Capital Allowances Act
CCTB .... Common Corporate Tax Base
CCCTB .... Common Consolidated Corporate Tax Base
CCom .... Code de Commerce
CEPS .... The Centre for European Policy Studies
CESifo .... Center for Economic Studies and Ifo Institute for Economic Research

CGI .... Code général des impôts
CIT .... Corporate Income Tax
CNC .... Conseil national de la comptabilité
Co. .... Compagnie
CRC .... Comité de la réglementation comptable
CTA .... Corporation Tax Act

D

DAX .... Deutscher Aktienindex
DB .... Der Betrieb (Zeitschrift)
DBW .... Die Betriebswirtschaft (Zeitschrift)
DC .... Décret comptable
dens. .... denselben
ders. .... derselbe
DFGT .... Deutscher Finanzgerichtstag
DFI .... Derivatives & Financial Instruments (Zeitschrift)
d. h. .... das heißt
dies. .... dieselbe(n)
Diss. .... Dissertation
DK .... Der Konzern (Zeitschrift)
Dnr. .... Diarie-/rapportnummer (Aktenzeichen der schwedischen Finanzverwaltung [*Skatteverket*])
Dr. .... Doktor
DStJG .... Deutsche Steuerjuristische Gesellschaft e. V.
DStR .... Deutsches Steuerrecht (Zeitschrift)
DStZ .... Deutsche Steuer-Zeitung
DSWR .... Datenverarbeitung, Steuer, Wirtschaft, Recht (Zeitschrift)
d. Verf. .... der Verfasser
DWS .... Deutsches wissenschaftliches Institut der Steuerberater e. V.
Dz. U. .... Dziennik Ustaw (polnisches Gesetzblatt)

E

EAA .... European Accounting Association
EAR .... The European Accounting Review (Zeitschrift)
EATLP .... European Association of Tax Law Professors
EC .... European Community
ECFR .... European Company and Financial Law Review (Zeitschrift)
ECTR .... EC Tax Review (Zeitschrift)
ED .... Exposure Draft
EdinLR .... Edinburgh Law Review (Zeitschrift)
EFG .... Entscheidungen der Finanzgerichte (Zeitschrift)
EG .... Europäische Gemeinschaft
EGV .... Vertrag zur Gründung der Europäischen Gemeinschaft i. d. F. bis 30.11.2009 v. 25.03.1957; zuletzt geändert durch Art. 2 des Vertrags von Lissabon v. 13.12.2007, ABl. Nr. C 306 S. 1.
Einf. .... Einführung
endg. .... endgültig

EStG	Einkommensteuergesetz i. d. F. der Bekanntmachung v. 08.10.2009, BGBl. I 2009, S. 3366, ber. BGBl. I, S. 3862; zuletzt geändert durch Art. 7 des Gesetzes zur Umsetzung der Richtlinie 2009/65/EG zur Koordinierung der Rechts- und Verwaltungsvorschriften betreffend bestimmte Organismen für gemeinsame Anlagen in Wertpapieren (OGAW-IV-Umsetzungsgesetz – OGAW-IV-UmsG) v. 22.06.2011, BGBl. I, S. 1126.
EStR	Allgemeine Verwaltungsvorschrift zur Anwendung des Einkommensteuerrechts v. 16.12.2005, BStBl. I Sondernummer 1 i. d. F. der EStÄR 2008 v. 18.12.2008, BStBl. I 2008, S. 1017.
ET	European Taxation (Zeitschrift)
etc.	et cetera
et al.	et alii
EU	Europäische Union
EuGH	Europäischer Gerichtshof
EUCIT	European Company Income Tax
EURIBOR	Euro Interbank Offered Rate
EUV	Vertrag über die Europäische Union i. d. F. des Vertrags von Lissabon v. 13.12.2007, ABl. Nr. C 306 S. 1, ber. ABl. 2008 Nr. C 111 S. 56 u. ABl. 2009 Nr. C 290 S. 1; zuletzt geändert durch Art. 1 Vertrag von Lissabon v. 13. 12. 2007, ABl. Nr. C 306 S. 1, ber. ABl. 2008 Nr. C 111 S. 56 u. ABl. 2009 Nr. C 290 S. 1.
e. V.	eingetragener Verein
evtl.	eventuell
EWG	Europäische Wirtschaftsgemeinschaft
EWR	Europäischer Wirtschaftsraum
EWS	Europäisches Wirtschafts- und Steuerrecht (Zeitschrift)

F

f.	folgende(r)
FA	Finance Act(s)/FinanzArchiv (Zeitschrift)
FB	Finanz-Betrieb (Zeitschrift)
F.1989	Framework for the Preparation and Presentation of Financial Statements 1989
F.2010	The Conceptual Framework for Financial Reporting 2010
F&E	Forschung und Entwicklung
ff.	fortfolgende
FG	Finanzgericht(e)
FIFO	First-in-first-out
Fig.	Figure
FJ	Finanz Journal (Zeitschrift)
Fn.	Fußnote
fortgef. v.	fortgeführt von
FR	Finanz-Rundschau (Zeitschrift)
FRC	Financial Reporting Council
FRS	Financial Reporting Standard
FRSSE	Financial Reporting Standard for Smaller Entities

G

GAAP .... Generally Accepted Accounting Practice (Principles)
gem. .... gemäß
GesRZ .... Der Gesellschafter – Zeitschrift für Gesellschafts- und Unternehmensrecht (Zeitschrift)
GG .... Grundgesetz für die Bundesrepublik Deutschland v. 23.05.1949, BGBl. 1949, S. 1; zuletzt geändert durch Art. 1 Änderungsgesetz (Art. 91e) v. 21.07.2010, BGBl. I 2010, S. 944.
GITC .... Gray's Inn Tax Chambers
gl. A. .... gleiche(r) Ansicht/gleiche(r) Auffassung
GKKB .... Gemeinsame konsolidierte Körperschaftsteuer-Bemessungsgrundlage
GmbH .... Gesellschaft mit beschränkter Haftung
GmbHR .... GmbHRundschau (Zeitschrift)
GmbH-StB .... Der GmbH-Steuer-Berater (Zeitschrift)
GoB .... Grundsätze ordnungsmäßiger Bilanzierung
Gr. .... Gruppe
GuV .... Gewinn- und Verlust-Rechnung
GWG .... Geringwertige Wirtschaftsgüter

H

Halbs. .... Halbsatz
h. c. .... honoris causa
HdJ .... Handbuch des Jahresabschlusses
HFA .... Hauptfachausschuss
HGB .... Handelsgesetzbuch v. 10.05.1897, RGBl. 1897, S. 219, zuletzt geändert durch Art. 8 des Gesetzes zur Umsetzung der Zweiten E-Geld-Richtlinie v. 01.03.2011, BGBl. I 2011, S. 288.
h. L. .... herrschende(r) Lehre
h. M. .... herrschende(r) Meinung
HMRC .... Her Majesty's Revenue and Customs
Hrsg. .... Herausgeber
HST .... Home State Taxation
http .... Hyper Text Transfer Protocol

I

IAE .... Institut d'Administration des Entreprises
IAS .... International Accounting Standard(s)
IASB .... International Accounting Standards Board
IASC .... International Accounting Standards Committee
IAW .... Institut für Angewandte Wirtschaftsforschung e. V.
IBFD .... International Bureau of Fiscal Documentation
i. Br. .... im Breisgau
ICAEW .... The Institute of Chartered Accountants in England and Wales
ICAS .... The Institute of Chartered Accountants of Scotland
ICTA .... Income Tax Act
i. d. F. .... in der Fassung
i. d. R. .... in der Regel
i. d. S. .... in diesem Sinne

IDW .... Institut der Wirtschaftsprüfer in Deutschland e. V.
IDW-FN .... IDW Fachnachrichten (Zeitschriften)
i. e. S. .... im engeren Sinne
IFA .... International Fiscal Association
IFF .... Forum für Steuerrecht (Zeitschrift)
IFRIC .... International Financial Reporting Interpretations Committee
IFRS .... International Financial Reporting Standard(s)
IFSt .... Institut „Finanzen und Steuern“ e. V.
i. H. .... in Höhe
IJoA .... The International Journal of Accounting (Zeitschrift)
IL .... Inkomstskattelag
INF .... Die Information für Steuerberater und Wirtschaftsprüfer (Zeitschrift)
insb. .... insbesondere
IRZ .... Zeitschrift für Internationale Rechnungslegung
IS .... Impôt sur les sociétés
i. S. .... im Sinne
ISC .... Institut supérieur du commerce
i. S. d. .... im Sinne des/der
i. S. v. .... im Sinne von
ITJ .... International Tax Journal (Zeitschrift)
ITPF .... International Tax and Public Finance (Zeitschrift)
ITPJ .... International Transfer Pricing Journal (Zeitschrift)
ITR .... International Tax Review (Zeitschrift)
i. V. m. .... in Verbindung mit
IWB .... NWB Internationales Steuer- und Wirtschaftsrecht (Zeitschrift; vormals: Internationale Wirtschafts-Briefe)
i. w. S. .... im weiteren Sinne

J

JfB .... Journal für Betriebswirtschaft (Zeitschrift)
JIAR .... Journal of International Accounting Research (Zeitschrift)
JO .... Journal Officiel
JuS .... Juristische Schulung (Zeitschrift)
JZ .... JuristenZeitung (Zeitschrift)

K

K .... kategori (schwedische Orthografie)
kap. .... kapitel (schwedische Orthografie)
Kap. .... Kapitel (deutsche Orthografie)
KMU .... Kleine und mittlere Unternehmen
KPMG .... Klynveld Peat Marwick Goerdeler
KÖSDI .... Kölner Steuerdialog (Zeitschrift)
KoR .... Internationale und kapitalmarktorientierte Rechnungslegung (Zeitschrift; vormals: Zeitschrift für kapitalmarktorientierte Rechnungslegung)
krp .... Kostenrechnungspraxis (Zeitschrift)
KSH .... Kodeks spółek handlowych (polnisches Gesetzbuch der Handelsgesellschaften)

KStG .... Körperschaftsteuergesetz i. d. F. der Bekanntmachung v. 15.10.2002, BGBl. I 2002, S. 4144; zuletzt geändert durch Art. 8 des Gesetzes zur Umsetzung der Richtlinie 2009/65/EG zur Koordinierung der Rechts- und Verwaltungsvorschriften betreffend bestimmte Organismen für gemeinsame Anlagen in Wertpapieren (OGAW-IV-Umsetzungsgesetz – OGAW-IV-UmsG) v. 22. 6. 2011, BGBl. I, S. 1126.
KSzW .... Kölner Schrift zum Wirtschaftsrecht (Zeitschrift)

L

LIFO .... Last-in-first-out
lit. .... littera
LLP .... Limited Liability Partnership
Ltd. .... private company limited by shares

M

M .... Magazin
m. a. W. .... mit anderen Worten
MBB .... Maandblad Belasting Beschouwingen (Zeitschrift)
MOX .... Mischoxid
m. m. . ... med mer (schwedisch für: und anderes mehr)
m. w. N. .... mit weiteren Nachweisen/Nennungen

N

n° .... numéro/number/Nummer
NJW .... Neue Juristische Wochenschrift (Zeitschrift)
No. .... number
Nr. .... Nummer
NTJ .... National Tax Journal (Zeitschrift)
N. V. .... Naamloze Vennootschap
NWB .... NWB Steuer- und Wirtschaftsrecht (Zeitschrift; vormals: Neue Wirtschafts-Briefe)
NZG .... Neue Zeitschrift für Gesellschaftsrecht (Zeitschrift)

O

o. Ä. .... oder Ähnliche(s)
oec. .... oeconomiae
OeNB .... Österreichische Nationalbank
ÖJT .... Österreichischer Juristentag
ÖStZ .... Österreichische Steuer-Zeitung (Zeitschrift)

P

p. a. .... per annum
par .... paragraph (englische Orthografie)
PCG .... Plan comptable général
PDOPrU .... Ustawa o podatku dochodowym od osób prawnych
PiR .... NWB Internationale Rechnungslegung (Zeitschrift; vormals: Praxis der internationalen Rechnungslegung)
PIStB .... Praxis Internationale Steuerberatung (Zeitschrift)
Pkw .... Personenkraftwagen
Plc. .... Public company limited by shares

poln. .... polnisch
Prof. .... Professor
PwC .... PricewaterhouseCoopers
PWP .... Perspektiven der Wirtschaftspolitik (Zeitschrift)

R

RA .... Rechtsanwalt
RDF .... Revue de droit fiscal (Zeitschrift)
RdW .... Österreichisches Recht der Wirtschaft (Zeitschrift)
Rec. CE .... Recueil des ârrets du Conseil d'État (Urteilssammlung)
Ref. .... Reference
RefE .... Referentenentwurf
RegE .... Regierungsentwurf
rev. .... revised
RFC .... Revue Française de Comptabilité (Zeitschrift)
RFR .... Rådet för finansiell rapportering
RGBl. .... Reichsgesetzblatt
RH .... Rechnungslegungshinweis
RIW .... Recht der Internationalen Wirtschaft (Zeitschrift)
RJF .... Revue de jurisprudence fiscale (Zeitschrift)
RL-E .... Vorschlag für eine Richtlinie des Rates über eine Gemeinsame konsolidierte Körperschaftsteuer-Bemessungsgrundlage
RLG .... Ustawa o rachunkowości (Rechnungslegungsgesetz)
RR .... Redovisningsrådet
Rs. .... Rechtssache
RWZ .... Zeitschrift für Recht und Rechnungswesen (Zeitschrift)
Rz. .... Randziffer(n)
RÅ .... Regeringsrättens Årsbok (schwedische Urteilssammlung)

S

S. .... Seite(n)/Satz
S. A. .... Société anonyme
SAM .... Steueranwaltsmagazin (Zeitschrift)
SamRoB .... Sambandet mellan Redovisning och Beskattning
S. A. R. L. .... Société à responsabilité limitée
S. C. A. .... Sociétes en commandite par actions
sch. .... Schedule
Sc. St. L. .... Scandinavian Studies in Law (Zeitschrift)
sec. .... Section
Sfb/SFB .... Sonderforschungsbereich
SIC .... Le magazine de l'ordre des experts comptables (Zeitschrift)/ Standard Interpretation Committee
SKV .... Skatteverket
Slg. .... Sammlung der Rechtsprechung des Gerichtshofes und des Gerichts Erster Instanz
SME .... Small and medium-sized entity
SN .... Skattenytt (Zeitschrift)
sog. .... sogenannte/sogenannter/sogenanntes
SoP .... Statement of Principles
SP .... Statement of Practice
Sp. .... Spalte(n)
SR .... Status:Recht (Zeitschrift)
SSAP .... Statement(s) of standard accounting practice

ST .... Der Schweizer Treuhänder (Zeitschrift)
StB .... Der Steuerberater (Zeitschrift)
Stbg .... Die Steuerberatung (Zeitschrift)
StbJb .... Steuerberater-Jahrbuch
StBp .... Die steuerliche Betriebsprüfung (Zeitschrift)
STC .... Simon's Tax Cases (Urteilssammlung)
StEntlG 1999/2000/2002 .... Steuerentlastungsgesetz 1999/2000/2002 v. 24.03.1999, BGBl. I 1999, S. 402.
SteuerStud .... NWB Steuer und Studium (Zeitschrift)
StuB .... NWB Unternehmensteuern und Bilanzen (Zeitschrift; vormals: Steuern und Bilanzen)
StuW .... Steuer und Wirtschaft (Zeitschrift)
StVj .... Steuerliche Vierteljahresschrift (Zeitschrift)
SvSkT .... Svensk Skattetidning (Zeitschrift)
SWI .... Steuer und Wirtschaft International (Zeitschrift)
SWK .... Steuer- und WirtschaftsKartei (Zeitschrift)

T

Tab. .... Tabelle/Table/Tableau
TCGA .... Taxation of Chargeable Gains Act
Tech .... Technical Release
t. ex. .... till exempel (schwedisch für: zum Beispiel)
TJ .... The Tax Journal (Zeitschrift)
TLR .... Tax Law Review (Zeitschrift)
TLRC .... Tax Law Review Committee
TNI .... Tax Notes International (Zeitschrift)

U

u. a. .... und andere/und anderenorts/unter anderem/unter anderen
Ubg .... Die Unternehmensbesteuerung (Zeitschrift)
UITF .... Urgent Issue Task Force
UK .... United Kingdom
UK GAAP .... United Kingdom Generally Accepted Accounting Practice (Principles)
UM .... Unternehmensbewertung & Management (Zeitschrift)
UNICE .... Union of Industrial and Employers' Confederations of Europe
Unterabschn. .... Unterabschnitt
UntStRefG .... Unternehmenssteuerreformgesetz v. 14.08.2007, BGBl. I 2007, S. 1912; zuletzt geändert durch Art. 16 des Gesetz zur Modernisierung und Entbürokratisierung des Steuerverfahrens v. 20.12.2008, BGBl. I 2008, S. 2850.
US/U. S. .... United States (of America)
US GAAP .... United States Generally Accepted Accounting Principles
USt. .... Umsatzsteuer
u. U. .... unter Umständen

V

v. .... versus
v. .... von/vom
Verf. .... Verfügung
Vgl. .... vergleiche

Vol. .... Volume

W

WD .... Wirtschaftsdienst (Zeitschrift)
WiRO .... Wirtschaft und Recht in Osteuropa (Zeitschrift)
WiSt .... Wirtschaftswissenschaftliches Studium (Zeitschrift)
WISU .... Das Wirtschaftsstudium (Zeitschrift)
WP .... Working Paper
WPg .... Die Wirtschaftsprüfung (Zeitschrift)
WPG .... Wirtschaftsprüfungsgesellschaft
WpHG .... Gesetz über den Wertpapierhandel (Wertpapierhandelsgesetz) i. d. F. der Bekanntmachung v. 09.09.1998, BGBl. I 1998, S. 2708; zuletzt geändert durch Art. 1 Anlegerschutz- und Funktionsverbesserungsgesetz v. 05.04. 2011, BGBl. I 2011, S. 538.
WPK .... Wirtschaftsprüferkammer Magazin (Zeitschrift)
WTJ .... World Tax Journal (Zeitschrift)
WU .... Wirtschaftsuniversität
www .... World Wide Web

Z

ZEW .... Zentrum für Europäische Wirtschaftsforschung
ZfB .... Zeitschrift für Betriebswirtschaft
zfbf .... Schmalenbachs Zeitschrift für betriebswirtschaftliche Forschung
ZfCM .... Zeitschrift für Controlling und Management
ZfgG .... Zeitschrift für das gesamte Genossenschaftswesen
ZfgK .... Zeitschrift für das gesamte Kreditwesen
ZfhF .... Zeitschrift für handelswissenschaftliche Forschung
ZfKE .... Zeitschrift für KMU und Entrepreneurship
ZGE .... Zahlungsmittelgenerierende Einheit
ZGR .... Zeitschrift für Unternehmens- und Gesellschaftsrecht
ZHR .... Zeitschrift für das gesamte Handelsrecht und Wirtschaftsrecht
ZIP .... Zeitschrift für Wirtschaftsrecht
ZP .... Zeitschrift für Planung & Unternehmenssteuerung
ZRP .... Zeitschrift für Rechtspolitik
ZSteu .... Zeitschrift für Steuern & Recht
z. T. .... zum Teil/zu Teilen
ZVglRWiss .... Zeitschrift für vergleichende Rechtswissenschaft
zzgl. .... zuzüglich

Symbolverzeichnis

Modellvariablen

AfA_t .... Planmäßige Abschreibung der Periode
D_t .... Ertragswertänderung
E_t .... Ertragswert zu Ende der Periode
E_t^s .... Ertragswert nach Steuern zu Ende der Periode
E_{t-1} .... Ertragswert zu Beginn der Periode
E_{t-1}^s .... Ertragswert nach Steuern zu Beginn der Periode
G_t .... Kapitaltheoretischer Gewinn der Periode
i .... Gleichgewichtiger Kapitalmarktpreis für die einperiodische Überlassung von Kapital (Marktzinssatz)
i_s .... Gleichgewichtiger Kapitalmarktpreis für die einperiodische Überlassung von Kapital nach Steuern (Marktzinssatz nach Steuern)
r_A .... Auslandsrendite
r_I .... Inlandsrendite
S_t .... Ertragsteuerzahlung der Periode
s .... Ertragsteuersatz
s_A .... Ertragsteuersatz des Auslands
s_I .... Ertragsteuersatz des Inlands
Z_t .... Zahlungsüberschuss der Periode

Währungssymbole/-abkürzungen und sonstige Symbole

£ .... Britisches Pfund
€ .... Euro
Zł .... Zloty
% .... Prozent

1. Kapitel: Einführung

Auch nach über fünfzig Jahren des Bestehens der Europäischen Union ist das Recht der steuerlichen Gewinnermittlung in ihren nunmehr siebenundzwanzig Mitgliedstaaten nicht harmonisiert. Eine partielle Rechtsangleichung hat bis dato nur auf dem Gebiet der handelsrechtlichen Rechnungslegung, primär in Form der 4. EG-Richtlinie[1] (sog. Jahresabschlussrichtlinie), der 7. EG-Richtlinie[2] (sog. Konzernabschlussrichtlinie) sowie der sog. IAS-Verordnung[3] stattgefunden.[4]

Obgleich die Heterogenität der nationalen steuerlichen Gewinnermittlungsrechte aus gesamteuropäischer Sicht früh als zentrale Ursache vielschichtiger ökonomischer Nachteile identifiziert wurde, konnte bislang kein Einvernehmen über ein gemeinsames Regelwerk erzielt werden.[5] Es ist insbesondere dem Fehlen einer gemeinsamen rechtlichen Grundlage der steuerlichen Gewinnermittlung zuzuschreiben, dass die Vollendung des europäischen Binnenmarktziels derzeit noch in weiter Ferne liegt.

Die neuerlichen[6] Vorstöße zur Harmonisierung der europäischen Unternehmensbesteuerung nehmen ihren Anfang in einer am 23.10.2001 durch die Kommissionsdienststellen vorgelegten Studie zur „Unternehmensbesteuerung im Binnenmarkt".[7] Die steuerpolitischen Schlussfolgerungen wurden in einer am selben Tag veröffentlichten Mitteilung „Ein Binnenmarkt ohne steuerliche Hindernisse" formuliert.[8] Die EU-Kommission verfolgt eine Doppelstrategie.[9] Während sie kurzfristig auf punktuelle Maßnahmen baut,[10] verlangt ein substanzieller Abbau der steuerlichen Friktionen in der EU einen langfristigen und umfassenden Lösungsansatz.[11] In diesem Sinne wurden mit der *Home State Taxation* (HST), *Common Consolidated Corporate Tax Base* (CCCTB), *Harmonised Tax Base* (HTB) sowie *European Union Company Income Tax* (EUCIT) anfänglich vier Modelle zur Diskussion gestellt. Deren modellübergreifende Funktionsweise lässt sich wie folgt beschreiben:[12] In

---

1 Vgl. Richtlinie 78/660/EWG v. 25.07.1978.

2 Vgl. Richtlinie 83/349/EWG v. 17.06.1983.

3 Vgl. Verordnung (EG) Nr. 1606/2002 v. 11.09.2002. Dazu auch z. B. van Hulle (2003), S. 976 ff.

4 Vgl. bereits Schreiber, U. (1993a), S. 140.

5 Vgl. nur Kahle (2006b), S. 92.

6 Bereits im Jahr 1988 wurde ein Vorentwurf für eine Richtlinie über die Harmonisierung der steuerlichen Gewinnermittlungsvorschriften vorgelegt (abgedruckt bei Kreile (1988), S. 1 ff.), der allerdings nicht den Status eines Richtlinienentwurfs erlangte. Zu nennen ist zudem der sog. Ruding-Report aus dem Jahr 1992, der ebenfalls Leitlinien zur Harmonisierung der nationalen Steuersysteme vorsah. Zu beiden Vorstößen und den Gründen ihres Scheiterns vgl. Schreiber, U. (1994), S. 253; Jensen-Nissen (2007), S. 36 f.; Fuchs (2008), S. 10 f.; Weber-Grellet (1997), S. 387.

7 Vgl. SEK (2001) 1681. Für eine Zusammenfassung der Studie vgl. insb. Mors (2007), S. 207 ff.; Patek (2007), S. 230 f.; Kroppen/Rasch (2002), S. 495 ff.

8 Vgl. KOM (2001) 582 endg. v. 23.10.2001. Dazu auch z. B. Kroppen/Rasch (2002), S. 495 ff.

9 Vgl. Loukota (2004), S. 297; Diemer/Neale (2004), S. 73 f.; Mitroyanni (2011), S. 247 f.; Pistone (2007), S. 70.

10 Zu nennen sind hierbei insb. die Zins- und Lizenzgebührenrichtlinie, die Mutter-Tochter-Richtlinie sowie die Fusionsrichtlinie; hierzu mit Einzelheiten Spengel (2004d), S. 126-133; Jacobs (2011), S. 167-182.

11 Vgl. Mors/Rautenstrauch (2008), S. 97; Patek (2007), S. 231; Kußmaul/Niehren/Pfeifer (2010a), S. 178; Spengel (2004d), S. 125.

12 Zu diesem dreistufigen Grundkonzept vgl. auch z. B. Jacobs (2004), S. 257; Kahle (2007b), S. 210; Herzig (2010c), S. 1059 f.; Scheffler, W. (2005a), S. 34; Kußmaul/Niehren/Pfeifer (2010a), S. 179 f.; Sureth/Bäumer

einem ersten Schritt werden die steuerlichen Einzelergebnisse der EU-Konzernglieder nach konzernweit einheitlichen Gewinnermittlungsregeln ermittelt. In einem zweiten Schritt werden die separat ermittelten Bemessungsgrundlagen konsolidiert.[13] In einem dritten und letzten Schritt wird die konsolidierte Konzernsteuerbemessungsgrundlage im Wege einer sog. formelhaften Zerlegung (*formulary apportionment*) auf die EU-Konzernglieder allokiert.[14] Eine Steuersatzharmonisierung sehen die Modelle – mit Ausnahme der EUCIT[15] – nicht vor,[16] und zwar weder in Form einer Untergrenze (Mindeststeuersatz) noch einer Bandbreite.[17]

Die gesamteuropäische Diskussion hat sich in der Folge auf das Modell der CCCTB konzentriert; ein entsprechender Richtlinienentwurf (RL-E) wurde am 16.03.2011 veröffentlicht.[18] Minimalziel und Grundvoraussetzung einer europaweiten Konzernbesteuerung ist die Schaffung einer harmonisierten Bemessungsgrundlage (CCTB).[19] Gemäß einer zu Projektbeginn seitens der EU-Kommission formulierten These könnten die International Financial Reporting Standards (IFRS[20]) dienlich sein, lokale Unterschiede der steuerlichen Gewinnermittlungsgrundsätze zu überwinden, indem sie den gemeinsamen Ausgangspunkt zur Erarbeitung gemeinsamer Regeln bilden.

Diese *Starting Point*-These gehört indes zu den zentralen Streitpunkten der CCCTB, denn es ist unklar, inwieweit eine Konsensmobilisierung qua Anknüpfung an das Handelsbilanzrecht im Allgemeinen und an die IFRS im Speziellen gelingen soll: Einen originären Zahlungsbemessungszweck verfolgen die monofunktional der Gewährung von Kapitalmarktinformationen verpflichteten IFRS nicht.[21]

Vor diesem Hintergrund geht diese Arbeit eben dieser Forschungsfrage nach, welche Rolle IFRS bei der Angleichung der steuerlichen Gewinnermittlung in der Europäischen Union spielen könnten.

(2010), S. 176; Eicker (2008), S. 52; Kubik/Massoner (2009), S. 14 f.; Petutschnig (2010), S. 3; Nufer-Brändle (2009), S. 499; Binnewies (2010), S. 487 f.; Sauerland (2007), S. 74.

13 Bei der HST allerdings nur, wenn das nationale Gruppenbesteuerungssystem eine solche Konsolidierung vorsieht.

14 Diese indirekte Methode der Gewinnaufteilung markiert eine Abkehr von der derzeit vorherrschenden zwischenstaatlichen Erfolgszuordnung nach der direkten Methode (separate entity accounting) auf Basis des arm's length principle. Vgl. Schreiber, U. (2008b), S. 113 ff.; Scheffler, W. (2010a), S. 50; Schön (2008a), S. 78; Kahle (2007a), S. 101; Spengel/Ernst/Finke (2010), S. 286; Oestreicher/Koch (2011), S. 66; Sørensen (2002), S. 31; van den Hurk (2011), S. 260; Ries (2010), S. 211. Dieser Übergang gilt als „Paradigmenwechsel"; so Wissenschaftlicher Beirat beim BMF (2007), S. 25; Dahlke/Kahle (2009), S. 241. Eine Mittelllösung diskutieren Herzig/Teschke/Joisten (2010), S. 334 ff.

15 Vgl. Diemer/Neale (2004), S. 75.

16 Vgl. Devereux/Fuest (2010), S. 26; zur Diskussion auch z. B. Hey (2004), S. 206; Spengel (2007a), S. 118 ff.; Stählin/Heidemann (2011), S. 506.

17 Vgl. Scheffler/Krebs (2011), S. 13*. Die Steuerschuld eines Konzerns ergibt sich damit als Produkt aus der konsolidierten Bemessungsgrundlage und dem gewichteten Durchschnitt der nationalen Steuersätze; vgl. Spengel (2008c), S. 557.

18 Vgl. KOM (2011) 121 endg.

19 Vgl. Dahlke/Kahle (2009), S. 231.

20 Unter den Begriff IFRS werden in der folgenden Arbeit, sofern nichts anderes angegeben, die in das europäische Gemeinschaftsrecht übernommenen IFRS (sog. *endorsed*-IFRS) sowie die vom IASB verlautbarten, noch nicht in das europäische Gemeinschaftsrecht übernommenen IFRS (sog. *original*-IFRS), IFRIC und SIC verstanden.

21 Vgl. Küting/Lauer (2011), S. 1987 f.; Hennrichs (2011c), S. 1066.

Dabei stehen materielle Probleme der Gewinnermittlung im Vordergrund; auf formell-rechtliche Fragen wird nicht näher eingegangen.[22]

Die steuerliche Zweckeignung der IFRS ist im deutschsprachigen Schrifttum bereits umfassend diskutiert worden.[23] Eine paneuropäische Harmonisierungslösung kann indes nicht aus isolierter deutscher Perspektive gefunden werden.[24] Deshalb wird in dieser Arbeit ergänzend das Recht der handels- und steuerrechtlichen Gewinnermittlung Deutschlands,[25] Frankreichs,[26] Polens,[27] Schwedens[28] sowie des Vereinigten Königreichs[29] in das Betrachtungsfeld miteinbezogen.[30]

Die Auswahl dieses Mitgliedstaatenspektrums begründet sich wie folgt: Deutschland und Frankreich stehen stellvertretend für den kontinentaleuropäischen Rechtskreis; auch gehören beide zu den (anfänglichen) Befürwortern des CCCTB-Projekts, sodass sich die Harmonisierungsfrage gerade in diesen Ländern aufdrängt.[31] Zudem wurde auf dem deutsch-französischen Sondergipfel vom 16.08.2011 beschlossen, eine gemeinsame Unternehmenssteuer in beiden Ländern bis zum Jahr 2013 umzusetzen. Am Beispiel Schwedens sollen (potenzielle) Besonderheiten des skandinavischen Rechts der handels- und steuerrechtlichen Gewinnermittlung erörtert werden. Polen repräsen-

---

22 Dazu gehört bspw. die Problematik, dass bei einer Einbindung der IFRS ein privater Standardsetzer, nämlich der IASB, Einfluss auf die steuerliche Gewinnermittlung nehmen könnte. Vgl. hierzu nur Kahle (2002c), S. 215-221.

23 Zur allgemeinen Problematik vgl. u. a. Schreiber, U. (2002); ders. (2004), insb. S. 224-226; Schneider (2003a); ders. (2003b); Herzig (2000b); ders. (2004a); ders. (2004b); ders. (20005b); Herzig/Gellrich/Jensen-Nissen (2004); Schön (2004b); ders. (2005c), insb. S. 68-101; Kahle (2002d); ders. (2005); ders. (2006b); Kahle/Dahlke (2009), insb. S. 231-235; Kahle/Dahlke/Schulz (2007); dies. (2008a); dies. (2008b); Fülbier (2006b); Spengel (2002), ders. (2003b); ders. (2004b), ders. (2006b); ders. (2006c); Oestreicher/Spengel (1999a); dies. (1999b); dies. (2001); Wissenschaftlicher Beirat beim BMF (2007), insb. S. 38-47; Hennrichs (2001); Schmiel (2007b); Ernst (2003), insb. S. 234-240; Streim/Esser (2003a); dies. (2003b); dies. (2004); Sigloch (2004a); Lenz (2008); Meier (2010); Biener (1997); Winkeljohann (2006); Schreiber, J. (2005); Köhrle (2010); Wendt (2007); Schramm (2005); Treisch/Müßig (2008); Treisch (2011); Löhr (2003), insb. S. 649 f.; Herlinghaus (2005); Tanski (2006); Winkelmann (2007), insb. S. 25-103; Fuchs (2007); Fuchs/Wiederwohl (2006); Bohl (2004a); ders. (2004b); Heinhold/Hüsing (2007); Mössner (2007); Breithecker/Klapdor/Rokitta (2007); Schaumburg (2004); Heurung (2000); Pezzotta/Passardi (2010); Grotherr/Jorewitz (2001); Egger (2008); Brinkmann (2006), insb. S. 105-234; Rädler (2003); Eberhartinger (2005); Eberhartinger/Ruprecht (2008); Eberhartinger/Klostermann (2007); Binnewies (2004); Euler (1998); Esterer (2005); Haustein (2007); Rahlf (2000); Wehrheim/Lenz (2005); Möhlman-Mahlau/Gerken/Grotheer (2004), insb. S. 920-922; Böcking/Gros (2007); Eichhorn (2001); Buchholz/Weis (2002); Siebler (2008); Schynol (2004); Heinhold/Pasch (1998); Wehrum (2011), insb. S. 22 ff.; speziell zur Rückstellungsbilanzierung Binger (2009); Gellrich (2008); Herzig/Gellrich (2006a); dies. (2006b); Köppen (2009); speziell zur Bilanzierung von Finanzinstrumenten Jensen-Nissen (2007); zur Fair Value-Problematik speziell Pietsch (2007); Moreno/Kaiser (2007); Kußmaul (2005); speziell zur Bilanzierung immaterieller Vermögenswerte Kuntschik (2004); Blasius (2006).

24 Für eine rechtsvergleichende Betrachtung ausgewählter Gewinnermittlungsvorschriften vgl. u. a. bereits Schreiber, U. (1993b); Fischer (1996); Oestreicher (2006); Gammie et al. (2005); Endres et al. (2007).

25 Amtliche Bezeichnung: Bundesrepublik Deutschland.

26 Amtliche Bezeichnung: Französische Republik (*République française*).

27 Amtliche Bezeichnung: Republik Polen (*Rzeczpospolita Polska*).

28 Amtliche Bezeichnung: Königreich Schweden (*Konungariket Sverige*).

29 Amtliche Bezeichnung: Vereinigtes Königreich Großbritannien und Nordirland (*United Kingdom of Great Britain and Northern Ireland*).

30 Einen anschaulichen Überblick über die steuerliche IFRS-Problematik in weiteren, hier nicht betrachteten Mitgliedstaaten (Belgien, Spanien, Griechenland und die Niederlande) gibt Wartenburger (2005). Für die in Italien geführte Diskussion vgl. in Ergänzung Venuti (2010); Grandinetti (2008); Mastellone (2011).

31 Vgl. hierzu eingehend Herzig (2011c).

tiert in dieser Arbeit die osteuropäischen Mitgliedstaaten, die über ein vergleichsweise junges und damit möglicherweise für Einflüsse der IFRS besonders anfälliges Recht der handels- und steuerrechtlichen Gewinnermittlung verfügen. Die Betrachtung der handels- und steuerrechtlichen Gewinnermittlung des Vereinigten Königreichs interessiert aufgrund seiner speziellen *Case law*-Systematik. Zudem ist das Vereinigte Königreich ein offener Gegner der CCCTB; fraglich ist, ob diese Ablehnung den Eigenheiten seiner Gewinnermittlungsvorschriften geschuldet ist.

Das *Hauptziel* dieser Arbeit besteht darin, durch eine vergleichende Analyse ausgewählter Gewinnermittlungsregeln konkrete Vorschläge für die Ausgestaltung einer betriebswirtschaftlich und europa- bzw. verfassungsrechtlich fundierten europäischen Gewinnermittlungsrichtlinie zu erarbeiten. Im Betrachtungsfeld steht dabei allein die erste der oben genannten drei Stufen der CCCTB. Die sachlogisch verbundenen[32] Schritte zwei (Konsolidierung[33]) und drei (formelhafte Gewinnaufteilung[34]) werden nicht vertieft.[35] Die Untersuchung wird überdies auf besonders strittige Fragen des Bilanzsteuerrechts eingegrenzt, namentlich die Ertragsrealisierung bei laufenden Geschäftsvorgän-

32 Vgl. Jacobs (2011), S. 238. Allerdings ist darauf hinzuweisen, dass die Wahl der Bemessungsgrundlagenkomponenten auch das Ergebnis der formelhaften Gewinnaufteilung beeinflussen könnte, und zwar nicht nur den insgesamt zu allokierenden Periodengewinn, sondern vielmehr auch jeweils den zugesprochenen Gewinnanteil. Geht etwa der Faktor Kapital in die Gewinnallokationsformel ein, müssten die harmonisierten Gewinnermittlungsregeln aus Gründen der inneren Geschlossenheit auch bestimmen, „was" als Vermögen qualifiziert und in welcher Höhe es anzusetzen ist (vgl. Schreiber, U. [2004], S. 221; Dahlke/Kahle [2009], S. 242; Mitroyanni [2008], S. 195). Eine solche Anknüpfung wirft zahlreiche zusätzliche Zweifelsfragen auf; strittig ist insbesondere, ob selbst erstellte immaterielle Vermögenswerte, finanzielle Vermögenswerte und wirtschaftlich zugerechnete Vermögenswerte als Ausdruck des Vermögens in die Zerlegungsformel eingehen sollten (zur Diskussion u. a. Wissenschaftlicher Beirat beim BMF [2007], S. 52; Oestreicher et al. [2008], S. 357; Ceriani [2008], S. 167 [zu finanziellen Vermögenswerten]; Eicker [2008], S. 55; Erasmus-Koen [2008], S. 111 f.; Külper [2009], S. 37; Kiesewetter/Mugler [2007], S. 506; Petutschnig [2010], S. 19 f.; Bogerd [2007], S. 278 f.). Aufgrund dieser komplexen Fragestellungen spricht die h. M. sich dafür aus, die Ermittlung des Faktors Vermögen von den Vorgaben der Gewinnermittlung auf der ersten Stufe der CCCTB zu lösen und vielmehr auf Basis von separaten *Nebenrechnungen* vorzunehmen. Demzufolge erscheint es gerechtfertigt, auf Probleme der Gewinnermittlung zu fokussieren, ohne auf deren potenzielle Folgewirkungen auf die Konsolidierung und Gewinnaufteilung einzugehen.

33 Speziell zur Konsolidierung im Rahmen der CCCTB vgl. u. a. Simonis (2009), S. 19 ff.; Oestreicher (2008), S. 517 ff.; Aujean (2010), S. 56-60; Dahlke/Kahle (2009), S. 236-240; mit Blick auf den RL-E: Rautenstrauch (2011), S. 162-164; Stählin/Heidemann (2011), S. 506; Kahle/Dahlke (2011), S. 454-456; Kahle/Dahlke/Schulz (2011), S. 497-499.

34 Speziell zur formelhaften Gewinnaufteilung vgl. u. a. Martens Weiner (2008), S. 100 ff.; dies. (2006), insb. S. 33-59; Martens Weiner/Mintz (2002), S. 346 ff.; Schreiber, U. (2009a), insb. S. 544-549; Scheffler, W. (2005b), S. 305 ff.; ders. (2008a), S. 529 ff.; ders. (2010a), S. 49 ff.; Aujean (2010), S. 64-67; Kahle (2007b), S. 210 ff.; Dahlke/Kahle (2009), S. 240-247; Ries (2010), S. 213-216; Herzig/Teschke/Joisten (2010), insb. S. 337-341; Erasmus-Koen (2008), S. 109 ff.; Fuest/Hemmelgarn/Ramb (2007), S. 605 ff.; Wellisch (2004), S. 267 ff.; ders. (2005), S. 13 ff.; Sunley (2002), S. 36 ff.; Russo (2005), S. 2 ff.; Nielsen/Raimondos-Møller/Schjelderup (2010), S. 121 ff.; Devereux/Loretz (2008), S. 1 ff.; Kiesewetter/Mugler (2007), S. 503 ff.; Agúndez-Garcia (2006); Hellerstein (2005), S. 103 ff.; zu den diesbezüglichen Vorschlägen des RL-E vgl. Rautenstrauch (2011), S. 164-167; Kahle/Dahlke (2011), S. 456-460; Kahle/Dahlke/Schulz (2011), S. 499-502.

35 Für den Themenkomplex der *formulary apportionment* wird vielfach ein Rückgriff auf die diesbezüglichen US-amerikanischen Erfahrungen erwogen. Zur Diskussion vgl. insb. Oestreicher et al. (2008), S. 288-315 u. 353-363; Marchlen (2010), S. 163; Patek (2007), S. 239; Russo (2005), insb. S. 3-6; Ries (2009b), S. 7; Sureth/Bäumer (2010), S. 172; Martens Weiner (2005), S. 7 ff.; dies. (2006), S. 64 ff.; dies. (2002), S. 15; Hellerstein (2008), S. 153; Ceriani (2008), S. 166; Rückle (2009), S. 41 f.; Külper (2009), S. 32-35; Cline et al. (2011), S. 56-59. Für die Ausgestaltung der Gewinnermittlung brächte das US-amerikanische Steuerrecht indes „keinen Erkenntnisgewinn, da die einzelstaatlichen Körperschaftsteuergesetze auf die Gewinnermittlungsvorschriften für die Bundeskörperschaftsteuer verweisen, vergleichbare supranationale steuerrechtliche Vorschriften in der EU aber fehlen". So Pomp/Gerten (2008), S. 387; vgl. auch Hellerstein/McLure (2004a), S. 91 f.; dies. (2004b), S. 201; Fuest (2008a), S. 733 f.; Giannini (2002), S. 25; Wellisch (2004), S. 269 f.; ders. (2005), S. 20 f.

gen, die Bilanzierung von materiellen und immateriellen Vermögenspositionen, deren persönliche Zurechnung im Kontext von Leasingverhältnissen sowie die Bilanzierung von Rückstellungen. Rechtsvergleichende Abhandlungen zu diesen klassischen Reglungsproblemen liegen mit Blick auf die CCCTB bisher kaum vor;[36] die Arbeit versucht, diese Lücke schließen. *Methodisch* erfolgt die steuerliche Tauglichkeitsprüfung der Regelungslösungen nach IFRS sowie dem nationalen Recht der ausgewählten Mitgliedstaaten in dieser Arbeit anhand einer aus übergeordneten steuerlichen Zielsetzungen abgeleiteten vereinfachten Vermögensrechnung, die als Vorschlag für die Reform und Harmonisierung der steuerlichen Gewinnermittlung *de lege ferenda* vorgetragen wird.

Es ergibt sich der folgende *Gang der Untersuchung*. Um die *Starting point*-Idee der EU-Kommission nachvollziehen und diskutieren zu können, erscheint es im *2. Kapitel* zunächst erforderlich, im Wege einer *de lege lata*-Betrachtung die bisher erlangte Bedeutung der IFRS in den Harmonisierungsbemühungen der EU-Kommission sowie des EuGH nachzuzeichnen (2. Kap. I.). Auf Grundlage dieses Rechtsrahmens soll anschließend aufgedeckt werden, welchen Einfluss die IFRS *de lege lata* auf das nationale Recht der Gewinnermittlung nehmen (2. Kap. II.). Der Versuch einer europäischen Gewinnermittlungsharmonisierung qua (partieller) Anknüpfung an das Handelsbilanzrecht erfordert zudem ein grundlegendes Verständnis für das Verhältnis von handels- und steuerrechtlicher Gewinnermittlung in den exemplarisch ausgewählten Mitgliedstaaten. Hieraus sind erste wichtige Erkenntnisse für die steuerliche (Nicht-) Akzeptanz der IFRS zu gewinnen. Unterkapitel III. nimmt die *de lege ferenda*-Perspektive ein; es diskutiert Harmonisierungsnotwendigkeiten und Harmonisierungsvorschläge. Dabei liegt der Diskussionsschwerpunkt auf der *Starting point*-These der EU-Kommission.

Das *3. Kapitel* entwickelt das Konzept der vereinfachten Vermögensrechnung als theoretisches Leitbild einer harmonisierten steuerlichen Gewinnermittlung *de lege ferenda*. Es diskutiert, welchen übergeordneten Zielsetzungen eine steuerliche Gewinnermittlung *de lege ferenda* aus ökonomischer sowie europa- und verfassungsrechtlicher Sicht folgen sollte und welche Anforderungen sich hieraus für die Ausgestaltung steuerlicher Gewinnermittlungseinzelnormen ergeben (3. Kap. I.). Die für die Analyse ausgewählter Bilanzierungsprobleme notwendigen Strukturmerkmale der vereinfachten Vermögensrechnung werden in Unterkapitel II. konkretisiert.

Auf Basis dieses theoretischen Untersuchungsrahmens werden im *4. Kapitel* ausgewählte Regelungslösungen nach IFRS sowie den nationalen Bestimmungen der ausgewählten Mitgliedstaaten herausgegriffen, wobei vor allem die zentralen Unterschiede und Gemeinsamkeiten im Verhältnis zu den IFRS von Interesse sind. Der Normendeskription folgt jeweils eine kritische Würdigung auf

[36] Zu Fragen und Lösungsvorschlägen hinsichtlich des Ansatzes und der Bewertung von Rückstellungen im Rahmen der CCCTB vgl. grundlegend Gellrich (2008).

Basis der vereinfachten Vermögensrechnung. Die herausgearbeiteten Einzelbefunde werden zu Empfehlungen für die Ausgestaltung einer europäischen Gewinnermittlungsrichtlinie verdichtet.

Das *5. Kapitel* analysiert ausgewählte Regelungen des RL-E und stellt sie den hier formulierten Vorschlägen kritisch gegenüber. Die Arbeit schließt mit einer *Zusammenfassung in Thesen* (6. Kapitel).

2. Kapitel: IFRS und die Harmonisierung der handels- und steuerrechtlichen Gewinnermittlung in der Europäischen Union *de lege lata et ferenda*

I. Zur Bedeutung der IFRS in den bisherigen Harmonisierungsbemühungen der EU-Kommission und des EuGH

1 Bilanzrichtlinie und IAS-Verordnung

1.1 Unzureichende Harmonisierung durch Bilanzrichtlinie

Durch Verabschiedung der 4. EG-Richtlinie[37] (Bilanzrichtlinie) sowie der 7. EG-Richtlinie[38] (Konzernabschlussrichtlinie) in den Jahren 1978 bzw. 1983 erfolgte der erste umfassende Versuch einer Harmonisierung der handelsrechtlichen Rechnungslegung in der EU.[39] Er gilt indes als „gescheitert“[40]. Insbesondere die Bilanzrichtlinie trägt deutliche Züge eines (politischen) Kompromisses;[41] sie ist durchdrungen von zahllosen Wahlrechtsmöglichkeiten, die sich „nicht nur auf nebensächliche Einzelfragen, sondern auch auf Grundsatzfragen der Bilanzierung beziehen“[42].

Dass die Bilanzrichtlinie mit materiell erheblichen Abweichungen in nationales Recht umgesetzt wurde, dürfte primär einem uneinheitlichen Verständnis des *True and fair view*-Grundsatzes (Art. 2 Abs. 3 der 4. EG-Richtlinie) zuzuschreiben sein,[43] der erst auf Betreiben Dänemarks, Irlands sowie des Vereinigten Königreichs in die Bilanzrichtlinie integriert wurde.[44] Dennoch gab es frühzeitig Überlegungen, das durch die Bilanzrichtlinie zumindest in Teilen harmonisierte Handelsbilanzrecht zum Ausgangspunkt einer Angleichung des Rechts der steuerlichen Gewinnermittlung in der EU zu setzen.[45] Wie *Schreiber* indessen dargelegt hat, wäre eine Bemessungsgrundlagenharmonisierung unter dem paradigmatischen Leitbild eines am Informationszweck orientierten *True and fair view*-Grundsatzes kaum sinnvoll. Es gibt in den Staaten der Europäischen Union keinen Konsens über den Zweck der Handelsbilanz.[46] Während der *True and fair view*-Grundsatz in Mitgliedstaaten mit angelsächsischer Rechtstradition die bilanzielle Gewinnermittlung dominiert, wird er in Mitgliedstaaten, die dem kontinentaleuropäischen Rechtskreis zugehören, wie etwa Deutschland, nach h. M.

---

37 Vgl. Richtlinie 78/660/EWG v. 25.07.1978.

38 Vgl. Richtlinie 83/349/EWG v. 18.07.1983.

39 Vgl. van Hulle (2003), S. 969 f.; Börstler (2006), S. 29.

40 So ausdrücklich Heintges (2006), S. 1569. Den Harmonisierungserfolg der Bilanzrichtlinie indessen verteidigend van Hulle (1994), S. 9 ff.

41 Zum Kompromisscharakter der Bilanzrichtlinien vgl. (kritisch) Berndt/Hommel (2005), S. 412; Küting (1993), S. 31 f.; ders. (2009a), S. 288; Schön (2000b), S. 716; Kleindiek (2010), S. 1334; Asche (2007), S. 83-91; Börstler (2006), S. 29; Coenenberg (2005), S. 110; Ruppe (2005), S. 16 Rz. 16; Ekkenga (2007), S. 397 f.; Najderek (2009), S. 48-51; Torabian (2010), S. 6; Kunz (2011), S. 70.

42 Küting (1993), S. 31. Vgl. zu den Wahlrechten im Einzelnen z. B. Schneider (1980b), S. 90 ff.

43 Dieses lässt sich insb. am bilanziellen Vorsichtsprinzip festmachen. Wird die Einblicksgeneralnorm als *overriding principle* verstanden, kann das Vorsichtsprinzip zurückgedrängt werden; steht die Einblicksgeneralnorm dagegen unter dem Primat der Vorsicht, sind Informationen über die Vermögens-, Finanz- und Ertragslage im Wege zusätzlicher Anhangsangaben bereitzustellen (Abkopplungsthese). Vgl. eingehend Najderek (2009), S. 51 ff.

44 Vgl. Alexander (2007), S. 50.

45 Vgl. Schreiber, U. (1994), S. 253.

46 Vgl. Schreiber, U. (1994), S. 253.

nicht als GoB anerkannt: „Nach der Systematik des HGB beherrscht der Grundsatz [des *true and fair view*, d. Verf.] den Anhang, nicht die Bilanz“[47]. Auch dürfte eine pragmatische Harmonisierung der steuerlichen Gewinnermittlungsregeln durch Anbindung an das auf der 4. EG-Richtlinie basierende Handelsbilanzrecht an der (weitgehenden) Trennung von handels- und steuerrechtlicher Gewinnermittlung in einigen Mitgliedstaaten[48] scheitern.[49] Dass in jüngerer Zeit wieder angeregt wird, die Bilanzrichtlinie zum Ausgangspunkt der Harmonisierung der körperschaftsteuerlichen Bemessungsgrundlagenermittlung zu setzen,[50] muss überraschen; ein solches Vorgehen erscheint nach wie vor wenig zielführend.

1.2 IAS-Verordnung

Erst mit Verabschiedung der sog. IAS-Verordnung[51] wurde das Ziel, die handelsrechtliche Rechnungslegung innerhalb der EU zu harmonisieren, in größerem Umfang in Angriff genommen.[52] Nach Art. 4 der IAS-Verordnung sind kapitalmarktorientierte EU-Unternehmen ab dem Jahr 2005 verpflichtet, ihre Konzernabschlüsse nach den von der EU übernommenen IFRS (*endorsed* IFRS) aufzustellen.[53] IFRS sind damit zu (quasi-) verbindlichem Europarecht avanciert.[54] Als kapitalmarktorientiert qualifizieren jene Gesellschaften,[55] deren Wertpapiere am jeweiligen Bilanzstichtag in einem beliebigen EU-Mitgliedstaat zum Handel in einem geregelten Markt[56] zugelassen sind.[57] Der Anwendungsbereich der IFRS kann in Ausübung eines in der IAS-Verordnung vorgesehenen mehrdimensionalen Wahlrechts[58] noch auf andere Abschlüsse ausgedehnt werden. Art. 5 IAS-Verordnung ermächtigt die Mitgliedstaaten, die Anwendung der IFRS auch im Konzernabschluss nicht-kapitalmarktorientierter Unternehmen sowie im Jahresabschluss generell, d. h. für kapitalmarktorientierte und nicht-kapitalmarktorientierte Unternehmen, zuzulassen oder vorzuschreiben (Mitgliedstaatenoption).[59]

---

47 Beisse (1989), S. 297; vgl. auch ders. (1998), S. 312 ff.; ders. (1999), S. 2182.

48 Für eine rechtsvergleichende Betrachtung vgl. als Überblick z. B. Woltering/Pott (2007), S. 819 ff.; Haverals (2005), S. 199 ff.; Schanz/Schanz (2009), S. 311 ff.; in der älteren Literatur z. B. Wacker (1998), S. 248 ff.; Hölscher (1999), S. 302 ff.; Gail/Greth/Schumann (1991), S. 1389 ff.

49 Vgl. Schreiber, U. (1993a), insb. S. 152-155.

50 So Mayr (2011), S. 350 f. (unter der Prämisse einer „verstärkten Maßgeblichkeit“, wie sie derzeit offenbar in Österreich angestrebt wird).

51 Vgl. Verordnung (EG) Nr. 1606/2002 v. 11.09.2002. Dazu auch van Hulle (2003), S. 976 ff.

52 Im Gegensatz zu den EG-Richtlinien ist die IAS-Verordnung, wie jede Verordnung, in jedem Mitgliedstaat unmittelbar geltendes Recht; vgl. z. B. Arbeitskreis Bilanzrecht der Hochschullehrer Rechtswissenschaft (2002), S. 2372; Peemöller/Spanier/Weller (2002), S. 1799.

53 Zu Art. 4 IAS-Verordnung vgl. im Einzelnen Küting/Hayn (2004), Kap. 1 Rz. 164; Knorr (2004), S. 74 f.; Burger/Ulbrich (2004b), S. 236; Prinz (2003), S. 1359 f.; Busse von Colbe (2002b), S. 1530.

54 Vgl. Kunz (2011), insb. S. 72 ff.

55 Die Definition des Begriffs „Gesellschaft“ ergibt sich aus Art. 48 Abs. 2 EG, der nunmehr durch Art. 54 Abs. 2 EU ersetzt worden ist; vgl. Schulze-Osterloh (2010b), Abt. I/1 Rz. 112.

56 Vgl. Art. 1 Abs. 13 der Wertpapierdienstleistungsrichtlinie (93/22/EWG v. 10.05.1993). Diese ist mit Wirkung ab 01.05.2006 durch die Richtlinie über Märkte für Finanzinstrumente (2004/39/EG v. 21.04.2004) ersetzt worden; hierzu im Einzelnen Schulze-Osterloh (2010b), Abt. I/1 Rz. 112; Najderek (2009), S. 97.

57 Vgl. Pellens et al. (2011), S. 51.

58 Vgl. Kleindiek (2010), S. 1334.

59 Zu Art. 5 IAS-Verordnung vgl. eingehend Schulze-Osterloh (2003a), S. 94; Knorr, K. E. (2004), S. 74 f.; Pellens et al. (2011), S. 51 f.; Kirsch, H.-J. (2003), S. 275; Busse von Colbe (2002a), S. 160; ders. (2002b), S. 1530 f.;

Diese Öffnungsklausel[60] ist von besonderer Bedeutung,[61] da sie den nationalen Gesetzgebern die Entscheidung überträgt, den Trend zur Übernahme der IFRS durch verbindliche Vorgaben zu forcieren, die Anwendung der IFRS durch die Einräumung von Wahlrechten zu unterstützen oder die Bilanzierung nach IFRS auf den Pflichtanwenderkreis zu begrenzen.[62] Auch wenn die IFRS bekanntermaßen nicht mit dem Primärziel in europäisches Recht übernommen wurden, der steuerlichen Bemessungsgrundlagenermittlung zu dienen, könnten sie in jenen Mitgliedstaaten, in denen handels- und steuerrechtliche Gewinnermittlung miteinander verbunden sind, auf die steuerliche Gewinnermittlung Einfluss nehmen.

2 Annäherungen der europäischen Bilanzrichtlinien an IFRS

Die Bilanzrichtlinien wurden durch die IAS-Verordnung zwar nicht außer Kraft gesetzt; doch sind auch sie nicht ohne IFRS-Einwirkungen geblieben.[63] Quasi als Reflex auf die zunehmende Verankerung des *fair value* innerhalb des IFRS-Normengefüges[64] zugunsten des bilanztheoretischen Leitbildes des zeitwertstatischen *asset-liability-approach* wurde im Jahr 2001 die *Fair value*-Richtlinie[65] und im Jahr 2003 zudem die Modernisierungsrichtlinie[66] verabschiedet.[67] Durch punktuelle Änderungen der 4. und 7. EG-Richtlinie soll es den Mitgliedstaaten vor allem in Bezug auf die Zeitwertbilanzierung ermöglicht werden, „ihre Rechnungslegungsrechte stärker an die

Hennrichs (2008a), S. 415; ders. (2005a), S. 258; Küting/Hayn (2004), Kap. 1 Rz. 164; Burger/Ulbrich (2004b), S. 236; Fuchs (2008), S. 9; Börstler (2006), S. 82; Böcking/Dutzi (2002), S. 359.

60 Vgl. Busse von Colbe (2002b), S. 1530.

61 Vgl. Ernst (2003), S. 230.

62 Kozikowski/Ritter (2010), § 315a HGB Rz. 6.

63 Vgl. Jensen-Nissen/Lochmann (2006), S. 307 f. Zur Reformbedürftigkeit der Bilanzrichtlinien vgl. nur Hennrichs (2011c), S. 1071 f.

64 Vgl. Baetge (2003), S. 230. Mit IFRS 13 wurde nun ein eigener Standard für die *Fair value*-Bewertung verabschiedet. Hierzu z. B. Große (2011), S. 286 ff.; Hitz/Zachow (2011), S. 964.

65 Vgl. Richtlinie 2001/65/EG v. 27.09.2001. Zur *Fair value*-Richtlinie im Einzelnen auch Kirsch, H.-J./Dohrn (2005), S. 129 ff.; Hommel/Berndt (2000a), S. 1184 ff.; Knorr (2004), S. 90-92; Ernst (2001), S. 245 ff.; Böcking (2004b), S. 181 f.; Pietsch (2007), S. 52-64; Scharpf (2000), S. 629 ff.; Schynol (2004), S. 1798; Huthmann/Hofele (2005), S. 181 ff.; Pottgießer (2008), S. 165; Jensen-Nissen/Lochmann (2006), S. 310; Torabian (2010), S. 12-14; Helmschrott (2000), S. 941 ff.

66 Vgl. Richtlinie 2003/51/EG v. 18.06.2003. Im Bereich der materiellen Bilanzierungsvorschriften sieht die Modernisierungsrichtlinie insb. eine Neubewertung der Gegenstände des Anlagevermögens vor, die zuvor nur beim Sachanlagevermögen zulässig war (Art. 33), ferner eine Ausweitung der *Fair value*-Bewertung über Finanzinstrumente hinaus auf bestimmte Arten von Vermögensgegenständen (Artt. 42e und 42f) sowie eine Modifikation der Rückstellungsdefinition (Art. 20 Abs. 1). Zu den Änderungen der Modernisierungsrichtlinie im Einzelnen auch Böcking (2004c), S. 111-121; Böcking/Herold/Wiederhold (2003), S. 397-405; Niehus (2002), S. 1385 ff.; Pottgießer (2008), S. 165-167; Knorr (2004), S. 85-90; Busse von Colbe (2002b), S. 1530 ff.; zur Kritik an der Modernisierungsrichtlinie vgl. nur Najderek (2009), S. 92 f.

67 IFRS können nach dem sog. *Endorsement*-Mechanismus nur unter der Bedingung in das europäische Recht übernommen werden, dass sie (u. a.) dem *True and fair view*-Grundsatz, wie er in der 4. bzw. 7. EG-Richtlinie niedergelegt ist (Art. 2 Abs. 3 bzw. Art. 16 Abs. 3), entsprechen. Vgl. Wüstemann/Kierzek (2006a), S. 16; Kunz (2011), S. 75. Eine seitens der EU-Kommission eingesetzte *Task Force* kam zwar zu dem (umstrittenen) Ergebnis, dass es zwischen den IFRS und den Bilanzrichtlinien keine wesentlichen Konflikte gab. Vgl. van Hulle (2003), S. 974; zur Kritik an diesem Befund der *Task Force* auch ders. (1998), S. 138 ff. Allerdings könnten die in den Bilanzrichtlinien gewährten Wahlrechte von den Mitgliedstaaten so ausgeübt werden, dass sie zu einem Konflikt mit den IFRS führen. Vgl. van Hulle (2003), S. 975.

IAS/IFRS anzugleichen“[68]. Aus steuerlicher Sicht ist diese (potenzielle) Entwicklung insofern von Relevanz, als die IFRS bei gegebener Verknüpfung von handels- und steuerrechtlicher Gewinnermittlung mittelbar auch auf die Bemessung des steuerlichen Gewinns einwirken könnten. Trotz einer formalen Abschottung des handelsrechtlichen Jahresabschlusses könnte sich so eine offene Flanke für steuerliche IFRS-Einstrahlungen bieten.

Inwieweit die Modifikationen der Bilanzrichtlinien tatsächlich eine Annäherung an die IFRS bewirkt haben, wird indes uneinheitlich gewertet. *Böcking* postuliert, es sei das konsequente Ziel der EU-Kommission, die Bilanzrichtlinien an die IFRS anzugleichen. Die Modernisierungsrichtlinie markiere einen „Meilenstein“[69]; sie führe „eine Übereinstimmung der Rechnungslegungs-Richtlinien mit den IAS/IFRS herbei“[70]. Diese These dürfte Kongruenzwillen und Kongruenzgrad überzeichnen. So kann mit *Schulze-Osterloh* vielmehr „keine Rede davon sein, daß die Europäische Union konsequent das Ziel der IFRS-Orientierung im Rahmen der Rechnungslegungs-Richtlinien für alle Unternehmen verfolgt“. Es hat sich stattdessen herausgestellt, dass die Überarbeitung der Bilanzrichtlinien in Richtung der IFRS „nur sehr selektiv und – was zumindest den Einzelabschluß angeht, sehr behutsam“[71] durchgeführt worden ist, mögen die wenigen Änderungen auch materiell bedeutsame Einzelvorschriften betreffen.[72] Es steht den Mitgliedstaaten weiterhin offen, in welchem Umfang sie das lokale Handelsbilanzrecht an das IFRS-Regelwerk annähern.[73]

3 (Unklare) Bedeutung der IFRS in der Judikatur des EuGH

Der EuGH hat in seinem „höchst zweifelhafte[n]“[74] Urteil in der Rs. *BIAO* vom 07.01.2003[75] klargestellt, dass seine Vorabentscheidungszuständigkeit auch bei solchen Rechtsfragen zu respektieren ist, die für die steuerliche Gewinnermittlung von Relevanz sind, wenn mittelbar (wie etwa über § 5 Abs. 1 EStG) auf die Bilanzrichtlinie verwiesen wird (sog. überschießend geregeltes Recht[76]).[77]

68 Hüttemann (2004), S. 203 u. S. 207; vgl. auch Jessen/Weller (2005), S. 489; van Hulle (2004), S. 299; Küting/Hayn (2004), Kap. 1 Rz. 168; Huber (2008), S. 391; Böcking/Dutzi (2002), S. 360; Böcking/Herold/Wiederhold (2003), S. 396; Link (2005), S. 238; Huthmann/Hofele (2005), S. 181; Weber (2004), Kap. 1 Rz. 15; Kußmaul/Tcherveniachki (2005), S. 616; Jessen/Weller (2005), S. 489; Pottgießer (2004), S. 168; dies. (2008), S. 165 ff.; Burger/Ulbrich (2004a), S. 731; dies. (2004b), S. 237; Gros (2010), S. 74; zur Kritik an den IFRS-Tendenzen in den Bilanzrichtlinien vgl. Hennrichs (2004), S. 122.

69 Böcking/Herold/Müßig (2004), S. 665.

70 Böcking (2004c), S. 106; vgl. auch Böcking/Herold/Wiederhold (2003), S. 396.

71 Schulze-Osterloh (2004b), S. 2568 (alle Zitate). Gl. A. Hennrichs (2009b), S. 596; Stibi/Fuchs (2009), S. 11.

72 Vgl. Kahle (2003), S. 263.

73 Vgl. Schulze-Osterloh (2004b), S. 2568; ders. (2010b), Abt. I/1 Rz. 25. Zustimmend Hennrichs (2009b), S. 596; Stibi/Fuchs (2009), S. 11; vgl. auch Ernst (2003), S. 231: „Wenn die einzelnen Mitgliedstaaten es so wollen, können sie es bei den bisherigen Grundsätzen belassen“.

74 Wüstemann/Wüstemann (2009), S. 39.

75 Vgl. EuGH v. 07.01.2003, Rs. C-306/99, *BIAO*, Slg. 2003, S. I-1.

76 Zur Terminologie vgl. Najderek (2009), S. 61.

77 Vgl. EuGH v. 07.01.2003, Rs. C-306/99, *BIAO*, Slg. 2003, S. I-1, auf Vorlagebeschluss des FG Hamburg v. 22.04.1999, II 23/97, EFG 1999, S. 1022. Zur Urteilsdiskussion vgl. Grotherr (2003b), S. 509 ff.; Jensen-Nissen/Lochmann (2006), S. 312 f.; Jensen-Nissen (2007), S. 29 ff.; Pottgießer (2006), S. 227 ff.; Schön (2004b), S. 432 f.; Kessler, H. (1999), S. 1314 f.; Scheffler, W. (2003), S. 298 ff.; ders. (2004), S. 776 ff.; Dziadkowski (2003), S. 552 ff.; Bärenz (2003), S. 492 ff.; de Weerth (2003), S. 460 ff.; Böcking (2007), S. 63; Herlinghaus (2005), S. 1191; Mayer (2005), S. 189; Fuchs (2008), S. 12 f.; Kunz (2011), S. 185-187; Schellhorn (2003), S. 318 ff.; Kahle (2006b), S. 90-92.

Diese Frage war lange Zeit offen. Für neuerliche Irritationen hat der EuGH allerdings insofern gesorgt, als er in seiner Urteilsbegründung verschiedentlich – aber wohl ohne Notwendigkeit[78] – auf die IFRS Bezug nimmt. So hebt der EuGH hervor, die 4. EG-Richtlinie beschränke sich darauf, „allgemeine Grundsätze aufzustellen"; sie versuche nicht, „alle denkbaren Anwendungen dieser Grundsätze zu regeln". Diese allgemeinen Grundsätze seien nach dem „nationalen Recht" zu konkretisieren, wobei der *True and fair view*-Grundsatz und das Vorsichtsprinzip „uneingeschränkt zu beachten" sind. Auf Ebene des nationalen Rechts könnten „gegebenenfalls" die „internationale[n] Rechnungslegungsstandards (IAS)" Berücksichtigung finden, „wie sie zur Zeit der im Ausgangsverfahren maßgebenden Vorgänge galten".[79] Das FG Hamburg[80] will diese Ausführungen des EuGH indes so verstanden wissen, dass „die für Kapitalgesellschaften und andere Kaufleute im HGB gleichermaßen geregelten handelsrechtlichen Grundsätze ordnungsmäßiger Buchführung (GoB) auch im Steuerrecht konform der Bilanzrichtlinie auszulegen [seien]; gemäß EuGH [seien] ergänzend die IAS – jetzt IFRS – i. d. F. des Streitjahres heranzuziehen".

Eine solche Interpretation wäre konsequenzenreich: Wären die handelsrechtlichen GoB konform der Bilanzrichtlinie[81] und diese ihrerseits auf Basis der IFRS auszulegen, könnten die internationalen Rechnungslegungsstandards im Wege der Maßgeblichkeit (§ 5 Abs. 1 EStG) quasi „durch die Hintertür"[82] in das deutsche Bilanzsteuerrecht vordringen. Dem entspricht es, dass Teile des (deutschen) Schrifttums dem *BIAO*-Urteil die Kernaussage entnehmen wollen, es bestehe nunmehr eine „rechtliche Relevanz der IFRS bei der Auslegung des Handelsrechts und wegen des Maßgeblichkeitsprinzips auch des deutschen Steuerrechts"; es sei „Realität, daß die IFRS nicht nur faktisch, sondern rechtlich auf den Einzelabschluß und die Steuerbilanz in Deutschland ausstrahlen"[83].

Während der BFH die IFRS-Problematik in seinem Revisionsurteil in „sibyllinischer Form"[84] gelöst hat, indem er, bezogen auf den Streitfall, die Anwendung der IFRS schlicht aus zeitlichen Gründen ausschloss und die zentrale Frage offenließ,[85] ist der weit verbreiteten These von einer (mittelbaren)

---

78 So Hennrichs (2004), S. 123, der kritisiert, dass der EuGH „mehrfach auf die IAS Bezug nimmt, ohne dass es hierauf für die Entscheidung irgendwie angekommen wäre". Vgl. auch Reiner (2008), § 264 HGB Rz. 38.

79 Vgl. EuGH v. 07.01.2003, Rs. C-306/99, *BIAO*, Slg. 2003, S. I-1, Rz. 118 mit Verweis auf Rz. 72-75 (alle Zitate in Rz. 118).

80 Vgl. FG Hamburg v. 28.11.2003, III 1/01, EFG 2004, S. 746.

81 Zur sog. richtlinienkonformen Auslegungsmethode vgl. z. B. Hennrichs (2011b), S. 863.

82 Hennrichs (2005a), S. 263; vgl. auch Berndt (2004), S. 1220.

83 So explizit Dobler/Ballwieser (2005), S. 23 (beide Zitate); i. d. S. (wohl) auch Eberhartinger (2005), S. 25; Böcking/Herold/Müßig (2004), S. 666; Scheffler, W. (2004), S. 778; Wehrheim/Lenz (2005), S. 455; Wehrum (2011), S. 24 f.; Lenz (2008), S. 61; Freidank/Velte (2010a), S. 192; Kirsch, H. (2008a), S. 455; Rammert/Thies (2009), S. 37; Schaumburg (2004), S. 547; Köhrle (2010), S. 94; Fuchs (2008), S. 12 f.; Vater (2005), S. 69; Tanski (2006), S. 300; tendenziell auch Kunz (2011), S. 186; offen lassend Gros (2010), S. 109 f.; Schmidt/Berg/Schmidt (2011), S. 65.

84 So treffend Prinz (2006a), S. 571.

85 Vgl. BFH v. 15.09.2004, I R 5/04, BStBl. II 2009, S. 100; hierzu auch z. B. Werner (2005), S. 4685 ff. Aus dem Verweis auf die Unanwendbarkeit der IFRS aus bloßen zeitlichen Gründen wird in der Literatur z. T. geschlossen, dass der BFH die Anwendbarkeit der IFRS für Zwecke der steuerlichen Gewinnermittlung nicht generell verneint

rechtlichen Bindungswirkung der IFRS infolge der *BIAO*-Entscheidung mit *Hennrichs* entgegenzutreten.[86]

So hat der EuGH keineswegs eine den IFRS konforme Auslegung respektive Lückenschließung der Bilanzrichtlinie gefordert, sondern lediglich – oder immerhin – herausgestellt, dass die IFRS auf der Ebene des nationalen Rechts, eben auf einer der Bilanzrichtlinie nachgelagerten Stufe „gegebenenfalls“ herangezogen werden könnten.[87] Eine IFRS-Inbezugnahme auf dieser Ebene ist aber nur statthaft, wenn das nationale Recht eine solche Einflussnahme billigt.[88] Ein (un-) mittelbares Beachtungsgebot der IFRS bei der Auslegung des nationalen Handels- bzw. Steuerrechts besteht nicht.[89] Ein solches wäre schon allein mit Blick auf die Öffnungsklausel des Art. 5 der IAS-Verordnung fragwürdig: Beschließt ein Mitgliedstaat, die IFRS über den Pflichtanwendungsbereich des Art. 4 IAS-Verordnung nicht weiter auszudehnen, obwohl dies nach Art. 5 IAS-Verordnung zulässig wäre, kann diese Willensentscheidung nicht durch interpretatorischen Rückgriff auf die IFRS in sämtlichen von den Bilanzrichtlinien offengelassenen Lücken und Auslegungsfragen unterminiert werden.[90]

Indessen dürfte in Bezug auf die faktische Relevanz der IFRS zu konzedieren sein, dass diese unter gewissen Bedingungen als Rechtserkenntnisquelle[91] für die handels- und steuerrechtliche Gewinnermittlung dienen „können und auch sollten“[92]. Die potenziellen (Praxis-) Folgen des *BIAO*-Urteils sind folglich mittelbarer Natur, wenn in offenen Regelungsbereichen der handels- und steuerrechtlichen Gewinnermittlung auf die IFRS zu Auslegungszwecken rekurriert wird.[93] Dabei bleibt allerdings „stets aus dem Blickwinkel des handelsrechtlichen GoB-Systems zu prüfen, ob diese alternativ denkbare Lösung nach IFRS in das GoB-Prinzipiengebäude passt“[94], was allerdings in seltenen Fällen zutreffen dürfte, wie noch im Einzelnen zu sehen sein wird. Das *BIAO*-Urteil verdeutlicht im Ergebnis, dass der EuGH nicht in der Lage ist, die Harmonisierung der steuerlichen Gewinnermittlung in der EU wirksam voranzutreiben; insbesondere die fragwürdigen IFRS-Bezugnahmen haben sich in dieser Hinsicht als nicht zielfördernd erwiesen.[95]

---

habe. So z. B. Kunz (2011), S. 186; wohl auch Böcking (2007), S. 63, der diese „Art der Begründung“ herausstellt. In jüngeren Urteilen kommt die Ablehnung der IFRS allerdings deutlich zum Ausdruck. Vgl. BFH v. 25.08.2010, I R 103/09, BStBl. II 2011, S. 215, Rn. 23; v. 14.04.2011, IV R 46/09, BStBl. II 2011, S. 696, Rn. 24.

86 Vgl. Hennrichs (2005c), S. 783 ff.; ebenfalls kritisch Schulze-Osterloh (2010b), Abt. I/1 Rz. 25; Prinz (2006b), S. 288 f.; ders. (2006a), S. 571; Hoffmann (2005), S. 155.

87 Vgl. Hennrichs (2005c), S. 784; Winkeljohann/Schellhorn (2010), § 264 HGB Rz. 31.

88 Vgl. Hennrichs (2009b), S. 596; vgl. auch Hennrichs/Pöschke (2009), S. 536.

89 So aber z. B. Mujkanovic (2008), S. 653 (im Fall der „Lückenfüllung“ sei „aus europarechtlicher Sicht eine Orientierung an den IFRS geboten“); vgl. auch Mujkanovic/Raatz (2008), S. 250; Dobler/Kurz (2008), S. 489.

90 So Hennrichs (2009b), S. 597; ders. (2005c), S. 786; ders. (2005a), S. 264.

91 So Hennrichs (2005c), S. 787; ders. (2011), S. 867 und passim.

92 Schulze-Osterloh (2010b), Abt. I/1 Rz. 27; vgl. auch Hennrichs (2005c), S. 787.

93 Vgl. Berndt (2004), S. 1220.

94 Hennrichs (2009b), S. 597; vgl. auch ders. (2005a), S. 264; Najderek (2009), S. 127; Stibi/Fuchs (2009), S. 11.

95 Vgl. Herzig (2009b), S. 758.

4 Zwischenfazit

Das europäische Bilanzrecht ist seit der IAS-Verordnung für einen Teil der Bilanzierenden harmonisiert. Auch wenn auf Ebene des geltenden europäischen Rechts keine formale Verpflichtung zur Ermittlung des steuerlichen Gewinns auf Basis der IFRS besteht, könnten diese innerhalb des durch Bilanzrichtlinie, IAS-Verordnung und EuGH-Rechtsprechung gesteckten Rechtsrahmens direkt oder indirekt auch auf die steuerliche Gewinnermittlung einwirken. In welchem Ausmaß dieser abstrakte Rechtsrahmen durch die Mitgliedstaaten der EU *de lege lata* ausgefüllt wird, ist fraglich und nachfolgend anhand der jüngeren Rechtsentwicklung in Deutschland, Frankreich, Polen, Schweden sowie im Vereinigten Königreich zu untersuchen.

II. Zur Bedeutung der IFRS für die handels- und steuerrechtliche Gewinnermittlung in ausgewählten EU-Mitgliedstaaten *de lege lata*

1 IFRS und die handels- und steuerrechtliche Gewinnermittlung in Deutschland

1.1 Handelsrechtliche Gewinnermittlung in Deutschland unter dem Einfluss der IFRS

1.1.1 Grundskizze des deutschen Bilanzrechts

Während der Konzernabschluss des deutschen Handelsrechts ein „monistisches, rein informationelles Ziel" verfolgt, liegt dem Jahresabschluss nach h. M. eine sog. „dualistische Zielsetzung" zugrunde:[96] zum einen Konkretisierung von Gewinnansprüchen (Gewinnermittlungsfunktion bzw. Zahlungsbemessungsfunktion) und zum anderen die Konkretisierung von Informationspflichten (Informationsfunktion).[97] Da der handelsrechtliche Jahresabschlusszweck im HGB allerdings nicht explizit festgelegt wird,[98] herrscht über das Verhältnis dieser beiden Schutzfunktionen seit jeher Streit.[99] Durch das BilMoG hat sich diese Problematik noch zusätzlich verschärft.

Diese beiden „Hauptzwecke"[100] des handelsrechtlichen Jahresabschlusses werden durch die Grundsätze ordnungsmäßiger Bilanzierung (GoB) „erreicht"[101], auf die das HGB an verschiedenen Stellen Bezug nimmt. So verlangt § 243 Abs. 1 HGB, die „Generalnorm des deutschen Bilanzrechts"[102], dass der handelsrechtliche Jahresabschluss „nach den Grundsätzen ordnungsmäßiger Buchführung aufzustellen" ist. Die (geschriebenen und ungeschriebenen) GoB werden als unbestimmter Rechts-

96 Kierzek/Wüstemann (2006a), S. 36 (beide Zitate); vgl. auch Ballwieser (1997b), S. 379; Gros/Wallek (2009), S. 541.
97 Vgl. Moxter (1997c), S. 348 f.; ders. (2009), S. 7; Ballwieser (1997a), S. 26; Schulze-Osterloh (2004b), S. 2567; Wüstemann (2004), S. 279 f.; ders. (2001), S. 27; Siegel (2008d), S. 340.
98 Vgl. nur Küting/Lauer (2011), S. 1985.
99 Vgl. Link (2005), S. 217; zur Diskussion auch z. B. Ernstberger (2004), S. 10 f.
100 Moxter (2000b), S. 159.
101 Wüstemann (2001), S. 27.
102 Beisse (1999), S. 2182.

oder Gesetzesbegriff verstanden; sie sind Rechtsnormen.[103] Diese Rechtsnormqualität grenzt sie von originär fachtechnischen Normen ab.[104] GoB werden als revisibel (wandlungsfähig) betrachtet;[105] sie gelten als rechtsformunabhängig.[106] GoB werden üblicherweise differenziert in Gewinnanspruchsermittlungs-GoB sowie Informations-GoB.[107] Eine allgemein akzeptierte GoB-Lehre hat sich bis dato nicht herausgebildet.[108] Im Folgenden soll die durch *Moxter* begründete (aber nicht unumstrittene) Bilanz(rechts-)theorie skizziert werden, die sog. „Ausschüttungsstatik“[109].

Döllerer hat die für die Ausschüttungsstatik zentrale Vorstellung geprägt, GoB seien durch „Nachdenken“[110] zu ermitteln. Eine rein formal-logische Ableitung (Deduktion) der GoB aus oberen Bilanzierungszwecken ist damit nicht gemeint, da es dem deutschen Handelsbilanzrecht an einer expliziten Festlegung von Jahresabschlusszwecken bzw. dessen Adressaten mangelt.[111] Für die Ermittlung der (ausschüttungsstatischen) GoB gibt aber auch nicht die induktive Methode, also eine Normsetzung durch die Bilanzierenden selbst, das Maß.[112] Ihr Rechtsnormcharakter bedingt, dass GoB „nach dem rechtswissenschaftlichen Methodenkanon, insbesondere der am Sinn und Zweck des Gesetzes orientierten teleologischen Auslegungsmethode, zu gewinnen und auszulegen [sind]“[113]. Bilanzierungszwecke und GoB sind nach ausschüttungsstatischer Bilanzvorstellung daher „nur interdependent zu bestimmen (…) oder simultan zu konkretisieren“[114]; man spricht von einem hermeneutischen Zirkel[115] bzw. einer Interdependenzthese.[116]

---

103 Vgl. Moxter (2003a), S. 1586; ders. (1993b), S. 534; Beisse (1993), S. 86 f.; ders. (1999), S. 2182; ders. (1990), S. 499-502; Schulze-Osterloh (2010b), Abt. I/1 Rz. 14; Wüstemann/Bischof/Kierzek (2007a), Abt. I/3 Rz. 80; Euler (1990), S. 1037; Lorenz (2002), S. 7.

104 Vgl. Wüstemann (1999a), S. 93.

105 Vgl. Moxter (2000b), S. 159; Kahle (2001b), S. 135.

106 Vgl. Euler (1998), S. 18; Wüstemann/Wüstemann (2009), S. 36.

107 Vgl. Moxter (2002), S. 244; Beisse (1999), S. 2181. Moxter (2000b), S. 159 spricht daher auch von einer „Relativität“ der handelsrechtlichen GoB; denn „[i]hr Inhalt bestimmt sich nach dem jeweils maßgeblichen Rechnungslegungszweck“.

108 Vgl. Förschle/Usinger (2010a), § 243 HGB Rz. 18.

109 Vgl. Moxter (1993a), S. 71 ff.; ders. (1986a), S. 176; Hommel/Schmidt/Wüstemann (2004), insb. S. S90 f.

110 Döllerer (1959b), S. 656; vgl. auch Beisse (1990), S. 502; Moxter (1980a), S. 258 f.; Wüstemann (1996), S. 430; ders. (2009), S. I; ferner auch Förschle/Usinger (2010a), § 243 HGB Rz. 15; Hennrichs/Pöschke (2010), S. 50; Hennrichs (2011b), S. 863; Pisoke (2004), S. 24; Drüen (2001), S. 994.

111 Vgl. Beisse (1990), S. 502; ders. (1993), S. 81. Sehr kritisch zur mangelnden Deduktion der ausschüttungsstatischen GoB i. e. S. vgl. Schneider (1983b); ders. (1996a); entgegnend Mellwig (1983).

112 Allerdings scheinen einzelne, durch das BilMoG eingeführte Regelungen, wie insb. die Zeitwertbewertung von zu Handelszwecken gehaltenen Finanzinstrumenten (§§ 340e Abs. 3 u. 4 HGB i. V. m. 255 Abs. 4 HGB) in der Tat nur der „Legalisierung der ‚geübten Praxis‘“ zu dienen. Zur zutreffenden Kritik hieran vgl. Bieg (2011), S. 355 (auch Zitat; Zwischenüberschrift 5.4); Jessen/Haaker (2009), S. 501 f.

113 Wüstemann/Wüstemann (2010a), S. 755; vgl. auch Wüstemann/Bischof/Kierzek (2007a), Abt. I/3 Rz. 82; Wehrheim/Fross (2010a), S. 82 f.; Hommel (2009), S. 73.

114 Ballwieser (2009b), B 105 Rz. 2.

115 Zur hermeneutischen Gewinnung und Auslegung der GoB vgl. Ballwieser (1995b), S. 46; Wüstemann (1999a), S. 93; Baetge (2002), Sp. 636 f.; Naumann (1991), S. 530; Hennrichs/Pöschke (2010), S. 50 f.; Kirsch, H. (2008a), S. 453 f.; Schulte (2010), S. 79-83.

116 Vgl. Böcking (1989), S. 494; Euler (1990), S. 1040; ders. (1997), S. 174; Naumann (1992), S. 13; Jäger (1996), S. 48; Schulte (2010), S. 79; Pisoke (2004), S. 25.

Gewinnanspruchs-GoB stehen nach ausschüttungsstatischem Bilanzverständnis unter der Prädominanz des (institutionellen[117]) Gläubigerschutzes.[118] Sie sind maßgebend vom Prinzip der kaufmännischen Vorsicht geprägt.[119] Das Vorsichtsprinzip ist das „Leitprinzip“[120] des (ausschüttungsstatischen) GoB-Systems. Der Primärschutzzweck der handelsrechtlichen Gewinnermittlungsnormen wird dabei in der Zahlungsbemessungsfunktion gesehen.[121] Auf die Ansatz- und Bewertungsnormen, also die Gewinnermittlungsvorschriften i. e. S. bezogen,[122] wird die Informationsfunktion entsprechend als nachrangig erachtet (Sekundärschutzzweck).[123] Dennoch hat der Jahresabschluss einer Kapitalgesellschaft „als Ganzes“[124], mit seinen Bestandteilen Bilanz, Gewinn- und Verlust-Rechnung sowie Anhang („Jahresabschluß-Einheit“[125]), nach ausschüttungsstatischer Anschauung gleichwohl auch dem Zweck der Informationsfunktion zu dienen, denn andernfalls wäre die (unter dem GoB-Vorbehalt stehende) Einblicksgeneralnorm des § 264 Abs. 2 HGB obsolet.[126]

In Anerkennung der Tatsache, dass die Ermittlung eines „justiziablen ausschüttungsfähigen Betrags“ zwingend „eine einwertige und objektivierte, regelmäßig vergangenheitsorientierte Rechnungslegung“ impliziert, ist der nach ausschüttungsstatischen GoB ermittelte entziehbare Gewinn aber kaum geeignet, Rückschlüsse auf die (effektive) Vermögens-, Finanz- und Ertragslage[127] zuzu-

---

117 Vgl. Kahle (2002a), S. 696; Gros/Wallek (2009), S. 542.

118 Vgl. Beisse (1993), S. 77 ff.; ders. (1994), S. 15; ders. (1990), S. 500 f.; Moxter (1997c), S. 347; Ballwieser (1997a), S. 31; Wüstemann (1996), S. 429; ders. (1999a), S. 115; Kahle (2002c), S. 141; Pisoke (2004), S. 6; Groh (1998), S. 185. Zu den gesellschaftsrechtlichen Grundlagen der Ausschüttungsbemessungs- bzw. -begrenzungsfunktion vgl. im Einzelnen Hennrichs (2004), S. 123-126; ders. (2005a), S. 257 f.; ders. (2005b), S. 261-264; ders. (2008a), S. 417-419; ders. (2008b), S. 366 f.; ders. (2008e), S. 42 f.; ders. (2009a), S. 114; ders. (2006a), S. 391 f.; ders. (2005b), S. 261 ff.; Schulze-Osterloh (1995), S. 123 ff.; ders. (1996), S. 125 f.; ders. (2004a), S. 82 ff.; ders. (2010b), Abt. I/1 Rz. 35; Schön (2001a), S. S75; Kahle (2002c), S. 143-147; Merkt (2006), S. 92-95; Pellens/Jödicke/Schmidt (2008), S. 10-13; dies. (2007), S. 428-430; Zülch/Güth/Stamm (2011), S. 710-712. Die ökonomische „Schutzidee“ der Gläubigerschutzkonzeption liegt – kurz gesagt – in der „Verhinderung eines gläubigerschädigenden Transfers von Gesellschaftskapital“; Wüstemann/Bischof/Kierzek (2007b), S. 13 f. (beide Zitate auf S. 13, Zwischenüberschrift II.1). Zu den ökonomischen Grenzen des bilanziellen Gläubigerschutzes vgl. grundlegend Kahle (2003), S. 266 ff.; ders. (2002a), S. 699 ff.

119 Vgl. Beisse (1990), S. 500 f.; Strobl (1995), S. 78 f.

120 Beisse (1993), S. 83.

121 Vgl. Moxter (1995c), S. 34; Wüstemann/Kierzek (2007b), S. 888; Hommel (1992), S. 10-13. Diese Vorstellung kommt in einer bekannten Sentenz zum Ausdruck, wonach stets zu „bedenken ist, daß der ermittelte Gewinn nicht nur eine tote Zahl in der Bilanz ist, sondern ein Betrag, über den nunmehr verfügt werden kann. Er kann, von allen Besonderheiten des Gesellschaftsrechts einmal abgesehen, grundsätzlich an die Gesellschafter ausgeschüttet werden“, so Döllerer (1959a), S. 1220. Dazu auch Moxter (2005), S. 1008; ders. (2004a), S. 270. Die Vorrangigkeit der Ausschüttungsbemessungsfunktion ist umstritten. A. A. sind bspw. Baetge/Kirsch/Solmecke (2009), S. 1213, die von einer „Gleichrangigkeit“ zwischen „Rechenschaft“ (Informationsfunktion) und „Kapitalerhaltung“ (Ausschüttungsbemessungsfunktion) ausgehen. So auch z. B. Hennrichs (2008a), S. 417 f.

122 Vgl. Wüstemann (1995), S. 1032.

123 Vgl. Kierzek/Wüstemann (2006a), S. 37; Naumann/Naumann (2004), S. S131; Hommel (1992), S. 14-18.

124 Wüstemann (1995), S. 1032; vgl. auch Kierzek/Wüstemann (2006a), S. 37; Bischof (2006), S. 22.

125 Burkhardt (1988), S. 31.

126 Vgl. Ballwieser (2001), S. 163.

127 Zur ökonomischen Konkretisierung der (effektiven) Vermögens-, Finanz- und Ertragslage vgl. Moxter (1979), S. 143 f.; zu diesem Effektivlagenprinzip auch Wüstemann/Duhr (2005), S. 118 f.; Preißler (2002), S. 2391.

lassen.[128] Bilanzimmanente Informationsverzerrungen werden daher hingenommen und im Zuge zusätzlicher Anhangsangaben zu kompensieren versucht (Abkopplungsthese[129]).

Den handelsrechtlichen GoB wird – anders als den IFRS[130] – Systemhaftigkeit zuerkannt.[131] Nach *Moxter* konstituieren die GoB „ein Gefüge von sich wechselseitig ergänzenden und beschränkenden (Fundamental-) Prinzipien, Folgeprinzipien und Einzelnormen"[132], das durch die höchstrichterliche Rechtsprechung in Deutschland „in mehreren Jahrzehnten differenziert und gefestigt"[133] wurde. Das innere System der GoB gilt als offen und beweglich;[134] i. d. S. vermöge es sich infolge von „Modifikationen des kodifizierten Rechts, Wandlungen der zugrundeliegenden Wertvorstellungen aber auch Rechtsfortbildungen seitens der Rechtsprechung oder Wissenschaft" stetig fortentwickeln.[135] Charakteristisch für das innere System der handelsrechtlichen GoB i. S. d. Ausschüttungsstatik ist das Zusammenspiel zwischen Vermögensermittlungs- und Gewinnermittlungsprinzip samt ihrer jeweiligen Unterprinzipien.[136] Das Gewinnkonzept der handelsrechtlichen GoB ist „namenlos"[137], aber nicht unbestimmt. Aus der exponierten Stellung des Realisationsprinzips und Imparitätsprinzips[138] wird geschlossen, dass der handelsbilanzielle Gewinn einer vorsichtig bemessenen, umsatzabhängigen und verlustantizipierenden Ausschüttungshilfsgröße[139] gleichzusetzen ist.[140]

---

128 Vgl. Hommel/Schmidt/Wüstemann (2004), S. S93; Moxter (1995c), S. 33.

129 Vgl. Moxter (1995d), S. 426 f.; vgl. auch Beisse (1998a), S. 297; ders. (1998b), S. 313 f.; Hommel/Schmidt/Wüstemann (2004), S. S93; Wüstemann (1996), S. 429; ders. (1995), S. 1032; Wüstemann/Bischof/Kierzek (2007a), Abt. I/3 Rz. 291; Euler (2000), S. 193 f.; Berndt/Hommel (2005), S. 416; Wehrheim/Fross (2010a), S. 85-88; Kahle (2002c), S. 283; Böcking/Gros (2009a), S. 358; Gros/Wallek (2009), S. 542; Gros (2010), S. 91; Pisoke (2004), S. 39-41; Franke (2009), S. 186; Schulte (2010), S. 85 f.; Bischof (2006), S. 22 f.; Pottgießer (2004), S. 355-357. Hiergegen betrachtet Luttermann die Generalnorm des § 264 Abs. 2 HGB als „Quelle aller Bilanzregeln"; ders. (2008), S. 1606; vgl. auch ders. (2010a), S. 354; kritisch zur Abkopplungsthese auch Hennrichs (1999b), S. 137-139; Kort (2001), S. 58; Herzig (2001b), S. 56.

130 Vgl. Ballwieser (2005), S. 727 ff.; Schulze-Osterloh (2004c), S. 175; Weber-Grellet (2002), S. 706.

131 Vgl. Ballwieser (2009c), B 105 Rz. 11 m. w. N.

132 Moxter (1993a), S. 81; vgl. auch ders. (1993b), S. 534; ders. (2000b), S. 159; Beisse (1999), S. 2182; ders. (1990), S. 500 f.; Kronner (1995), S. 5 f.

133 Moxter (2000b), S. 159.

134 Vgl. Kraus-Grünewald (1997), S. 291.

135 Euler (1996), S. 16; vgl. auch Naumann (1992), S. 12.

136 Das sich aus § 242 Abs. 1 HGB ergebende Vermögensermittlungsprinzip soll im Wesentlichen einen Ansatz bloßer Verrechnungsposten in der als Vermögensübersicht verstandenen Bilanz ausschließen. Der Grundsatz der Unternehmensfortführung sowie das Einzelbewertungsprinzip legen dabei fest, dass es bei der Art der handelsbilanziellen Vermögensermittlung weder um die Ermittlung eines Zerschlagungs- noch eines Effektivvermögens geht. Die Vermögensermittlungsprinzipien gelten bei Eröffnungsbilanzen und Einlagevorgängen uneingeschränkt und in den Folgebilanzen als *lex generalis*. Sie werden in den Folgebilanzen durch die sog. Gewinnermittlungsprinzipien – im Wesentlichen Realisations- und Imparitätsprinzip – als *lex specialis* ergänzt, präzisiert und durchbrochen. Die Bilanz im Rechtssinne (vgl. Moxter [1984a], S. 156-165) erweist sich damit als eine „Vermögensbilanz im Dienste der Gewinnermittlung"; Beisse (1997), S. 402. Zum Verhältnis von Vermögensermittlungs- und Gewinnermittlungsprinzip vgl. Euler (1996), S. 109 ff.; ders. (1997), S. 176 ff.; ders. (1998), S. 18 f.; Breidert (1994), S. 3 ff.; Wüstemann (1999a), S. 156 f.; ders. (1999b), S. 13; Jäger (1996), S. 46 ff.; Kronner (1995), S. 5 ff.; Berndt (1998), S. 232 ff.; Fresl (2000), S. 33 f.

137 Ballwieser (1997b), S. 380.

138 Realisationsprinzip, Imparitätsprinzip sowie Objektivierungs- bzw. Vereinfachungsprinzip werden in der ausschüttungsstatischen Bilanz(rechts)theorie zu den sog. „Fundamentalprinzipien" gezählt. Vgl. Moxter (1986a), S. 173.

139 Moxter (1985b), S. 18.

140 Vgl. Ballwieser (2009c), B 105 Rz. 70; Kahle (2002c), S. 141.

1.1.2 Einflüsse der IFRS auf die handelsrechtliche Gewinnermittlung

1.1.2.1 Unmittelbare Einflussnahmen

Die Anpassung des deutschen Bilanzrechts an die Vorgaben der IAS-Verordnung im Rahmen des Bilanzrechtsreformgesetz (BilReG[141]) war von der ausdrücklichen Skepsis des deutschen Gesetzgebers geprägt, IFRS für Zwecke der Ausschüttungs- und Steuerbemessung heranzuziehen.[142] Dies entspricht auch der „fast einhellige[n] Auffassung“[143] im deutschen bilanzrechtlichen Schrifttum, wonach die IFRS in Bezug auf die Ausschüttungsbemessung kaum geeignet, vor allem aber den handelsrechtlichen GoB unterlegen sind.[144] Der nach Art. 4 IAS-Verordnung unmittelbare (unvermeidbare) IFRS-Einfluss sollte auf den – allein Informationszwecken dienenden – Konzernabschluss beschränkt bleiben, vom Einzelabschluss indes möglichst ferngehalten werden (sog. Reduktionsmodell[145]).

IFRS sind nach geltendem Recht ausschließlich in den Konzernabschlüssen kapitalmarktorientierter[146] Mutterunternehmen obligatorisch zu beachten (§ 315a Abs. 1 HGB).[147] Diese Verpflichtung trifft auch die nicht unter § 315a Abs. 1 HGB fallenden Mutterunternehmen, sofern sie bis zum jeweiligen Bilanzstichtag die Zulassung eines Wertpapiers i. S. d. § 2 Abs. 1 S. 1 WpHG zum Handel an einem organisierten Markt i. S. d. § 2 Abs. 5 WpHG beantragt haben (§ 315a Abs. 2 HGB).[148] Von dem durch Art. 5 IAS-Verordnung eingeräumten Wahlrecht zur Erweiterung des Anwendungsbereichs der IFRS hat der deutsche Gesetzgeber „nur in beschränkten Umfang Gebrauch gemacht“[149]. Nicht kapitalmarktorientierte Unternehmen dürfen wahlweise ihren Konzernabschluss auf Grundlage der IFRS (anstelle des HGB) erstellen (§ 315a Abs. 3 HGB).[150] Im handelsrechtli-

---

141 Im Zuge des BilReG wurden zudem die Pflichtbestandteile der *Fair value*-Richtlinie (2001//65/EG v. 27.09.2001), der Modernisierungsrichtlinie (2003/51/EG v. 18.06.2003) sowie der Schwellenwert-Richtlinie (2003/38/EG v. 13.05.2003) umgesetzt. Zu Einzelheiten des BilReG vgl. Kußmaul/Tcherveniachki (2005), S. 617 f.; Wendlandt/Knorr (2004), S. 45 ff.; dies. (2005), S. 53 ff.; Arbeitskreis Bilanzrecht der Hochschullehrer Rechtswissenschaft (2004), S. 546 ff.; Stahlschmidt (2004), S. 993 ff.; Steiner/Gross (2004), S. 551 ff.; Pottgießer (2004), S. 166 ff.; dies. (2008), S. 168 ff.; Böcking/Gros (2010a), S. 422.

142 Vgl. z. B. Knorr (2004), S. 80 ff.; Böcking/Gros (2010a), S. 422.

143 Arnold (2005), S. 152.

144 Vgl. Moxter (2006), S. I; Schildbach (2007b), S. 134; ders. (2005), S. 58 f.; ders. (2001), S. 860 f.; Mayer (2009a), S. 131; Kirsch, H.-J. (2003), S. 276; Wüstemann/Bischof/Kierzek (2007b), S. 16; Ekkenga (2006), insb. S. 395; Haaker (2010), S. 663 ff.; Link (2005), S. 242; a. A. Kirsch, H. (2004), S. 472 und passim. Teile des deutschen Schrifttums erwägen, die Funktionsdefizite eines IFRS-Einzelabschlusses hinsichtlich der Ausschüttungsbemessung durch einen flankierenden Solvenztest zu beheben; vgl. z. B. Böcking/Dutzi (2006), S. 1 ff.; sehr kritisch zu diesem sog. Kombinationsmodell äußert sich Haaker (2010), S. 663 ff.; ders. (2009b), S. 198 ff.

145 Vgl. Winkeljohann (2006), S. 417 f.; Kußmaul/Zabel (2005), S. 802; Kußmaul (2005), S. 192; Haustein (2007), S. 55 f.; Watrin (2010), S. 497; Herlinghaus (2005), S. 1193.

146 Der Begriff kapitalmarktorientierte Kapitalgesellschaft ist nunmehr in § 264d HGB legal definiert. Eine solche nimmt einen organisierten Markt i. S. d. § 2 Abs. 5 WpHG durch von ihr ausgegebene Wertpapiere i. S. d. § 2 Abs. 1 S. 1 WpHG in Anspruch oder hat die Zulassung solcher Wertpapiere zum Handel an einem organisierten Markt beantragt.

147 Vgl. auch z. B. Hoffmann (2011c), § 7 Rz. 9; Küting/Lam (2011), S. 992; Gerum/Mölls/Shen (2011), S. 536.

148 Vgl. Claussen/Scherrer (2011), § 315a HGB Rz. 38-40; Küting (2007), S. 221; Wüstemann/Wüstemann (2011), Rz. 6.

149 Dettmeier/Pöschke (2007), S. 315.

150 Vgl. z. B. Wüstemann/Wüstemann (2011), Rz. 8; Claussen/Scherrer (2011), § 315a HGB Rz. 41-43.

chen Jahresabschluss wird eine Applikation der IFRS nach wie vor verweigert. Es besteht lediglich die Wahlmöglichkeit, einen sog. IFRS-Einzelabschluss[151] im elektronischen Bundesanzeiger offenzulegen (§ 325 Abs. 2a, 2b HGB).[152] Diesem IFRS-Einzelabschluss wird rein informative Funktion zugebilligt; er befreit nicht von der Obliegenheit zur Aufstellung eines GoB-konformen Jahresabschlusses für Zahlungsbemessungszwecke.[153] In der Bilanzierungspraxis spielt § 325 Abs. 2a HGB bislang keine Rolle.[154]

Diese Umsetzung der IAS-Verordnung wird in der deutschen Literatur nicht kritiklos aufgenommen; aus verschiedenen, hier nicht näher zu diskutierenden Gründen (vor allem Wirtschaftlichkeitsüberlegungen[155]) wird eine Öffnung des handelsrechtlichen Jahresabschlusses für die IFRS eingefordert.[156]

1.1.2.2 Mittelbare Einflussnahmen

Dieser nachhaltig vorgetragenen Kritik ist der deutsche Gesetzgeber mittels des BilMoG neuerlich begegnet.[157] Die bisherige Abschottung des handelsrechtlichen Jahresabschlusses wurde im Zuge des BilMoG nun partiell durchbrochen, indem einzelne Ansatz- und Bewertungsvorschriften – „teils ausgesprochen, teils unausgesprochen“[158] – an die IFRS herangeführt wurden und damit eine „kapitalmarktorientierte Überarbeitung erfahren haben“[159]. Die Tragweite dieser Annäherungen kann dabei zunächst nicht unterschätzt werden: Während die Umsetzung der IAS-Verordnung im

151 Der Begriff „Jahresabschluss“ soll nach Ansicht des deutschen Gesetzgebers für den HGB-Abschluss gelten, während „Einzelabschluss“ einen nach IFRS erstellten Abschluss bezeichnet; vgl. Pottgießer (2004), S. 167; dies. (2008), S. 170.

152 Zu § 325 Abs. 2a HGB vgl. im Einzelnen Fey/Deubert (2006), S. 92 ff.; Knorr (2004), S. 79 ff.; Kußmaul/Tcherveniachki (2005), S. 618; Steiner/Gross (2004), S. 553 f.; Pottgießer (2004), S. 167 f.; Wendtlandt/Knorr (2005), S. 55; Stahlschmidt (2004), S. 996; Zetzsche (2011b), § 325 HGB Rz. 104-122.

153 Vgl. Ballwieser (2007), S. 419; Kahle (2004), S. 311; Wüstemann/Bischof/Kierzek (2007a), Abt. I/3 Rz. 9 u. Rz. 43; Hüttemann (2004), S. 204 f.; Spengel/Ernst/Finke (2010), S. 284; Pottgießer (2004), S. 167; Wendlandt/Knorr (2005), S. 55; Herzig/Lochmann (2006), S. 141; Zetzsche (2011b), § 325 HGB Rz. 105; Bitz/Schneeloch/Wittstock (2011), S. 761; Hoffmann (2011c), § 7 Rz. 11 f.; Gerum/Mölls/Shen (2011), S. 536.

154 Bis dato hat offenbar noch kein DAX 30-Unternehmen von diesem Wahlrecht Gebrauch gemacht; vgl. Böcking (2008), S. 463; Böcking/Gros (2008), S. 11; dies bereits antizipierend Fey/Deubert (2006), S. 92. Für eine jüngere empirische Erhebung vgl. Küting/Lam (2011).

155 Dieses Argument bezieht sich in erster Linie auf den Einzelabschluss kapitalmarktorientierter Unternehmen, die in den Konzernabschluss kapitalmarktorientierter Mutterunternehmen einbezogen werden; vgl. Kirsch, H.-J. (2003), S. 276 f., der dieses Argument jedoch kritisch sieht.

156 Vgl. Arbeitskreis Externe Unternehmensrechnung der Schmalenbach-Gesellschaft für Betriebswirtschaft (2001), S. 161 (These 7); Böcking (2004b), S. 180 („Wenig überzeugend ist das Festhalten an dem handelsrechtlichen Einzelabschluss unter Hinweis auf die Ausschüttungsbemessung und den Gläubigerschutz“); ders. (2001), S. 1435 ff.; ders. (2002), S. 925 ff.; ders. (2007), S. 71 f.; dieser Ansicht folgend Schüppen (2003), S. 174; vgl. kritisch auch Steiner/Gross (2004), S. 553; der Entscheidung des Gesetzgebers hingegen beipflichtend z. B. Hüttemann (2004), S. 205 f.; Arbeitskreis Bilanzrecht der Hochschullehrer Rechtwissenschaft (2004), S. 546 f.; Pottgießer (2004), S. 169.

157 Vgl. Schulte (2010), S. 30.

158 Theile (2009a), S. 118.

159 Gerum/Mölls/Shen (2011), S. 535. Zu den IFRS-Annäherungen im Überblick vgl. Bieg et al. (2009b), S. 253-260; Hennrichs (2011b), S. 862; Kirsch, H. (2009a), S. 185 ff.; Theile (2009e), Rz. 165-189; Boecker/Froschhammer (2010), S. 305 ff.

Wesentlichen auf den Konzernabschluss kapitalmarktorientierter Unternehmen abzielte, betrifft das BilMoG sämtliche bilanzierende Kaufleute.[160]

Die Hinwendung des deutschen Bilanzrechts an die IFRS wird seitens des deutschen Gesetzgebers in erster Linie mit der Intention verknüpft, dadurch eine Anhebung des Informationsniveaus des handelsrechtlichen Jahresabschlusses zu erreichen.[161] Diesem Zweck soll auch die seit Langem geforderte[162] Abschaffung verschiedener Ansatz- und Bewertungswahlrechte dienen, die nun zu Pflichten oder Verboten umgewidmet wurden.[163] Dabei wurde konsequent eben „die auch in den (...) IFRS enthaltene Variante"[164] gewählt. Angesichts der bekannten Grenzen einer bilanziellen Informationsvermittlung[165] muss die Vorstellung, eine Annäherung an die IFRS stärke den Informationsgehalt der handelsrechtlichen Bilanzierung, freilich Bedenken hervorrufen. Der ausschüttungsstatische Bilanzprimärzweck bleibt mit dem *asset-liability-approach* der IFRS auch nach dem BilMoG unvereinbar.[166] Dass sich das deutsche Bilanzrecht inzwischen einzelne Normen angeeignet hat, die konzeptionell dem zeitwertstatischen Bilanzdenken entspringen, ändert hieran nichts.[167] Vielmehr sind diese IFRS-nahen Neuregelungen als Fremdkörper innerhalb des (ausschüttungsstatischen) GoB-Systems zu bezeichnen.

Trotz dieser konzeptionellen Grundverschiedenheit scheint das Verhältnis von HGB und IFRS neuerlich zur Disposition zu stehen.[168] Klärungsnotwendigkeit herrscht in der Frage, ob und inwiefern die selektiven IFRS-Annäherungen einen nunmehr verstärkten Rückgriff auf die IFRS zur Auslegung bzw. Fortbildung des deutschen Bilanzrechts legitimieren respektive gebieten. Nach einer offenbar im Vordringen befindlichen Meinung im Schrifttum seien IFRS mit Geltung des BilMoG verstärkt als „Auslegungsgrundlage"[169] für das HGB anzuerkennen. Handelsrechtliche GoB würden sich „in Richtung der den IFRS zugrundeliegenden Gewichtung der Grundsätze, verbunden mit einer weiteren Hervorhebung der Informationsfunktion, weiterentwickeln"[170]. Auch die deutsche

---

160 Vgl. Hennrichs (2009b), S. 582; ders. (2010c), S. 17.

161 Vgl. Böcking/Gros (2009b), S. 1326. Zur grundsätzlichen Frage der Reformbedürftigkeit des deutschen Bilanzrechts vgl. etwa Böcking (2008), S. 461 ff.; Schulze-Osterloh (2004d), S. 1128 ff.

162 Vgl. z. B. Moxter (2006), S. I; Schulze-Osterloh (2003a), S. 101; ders. (2004c), S. 177; Hennrichs (2000), S. 632-634; ders. (2004), S. 133 f.

163 Vgl. Hennrichs (2010c), S. 17 f.; ders. (2009a), S. 102 ff.; ders. (2009b), S. 583 f.; Gros/Wallek (2009), S. 543; Stibi/Fuchs (2009), S. 10; Böcking/Dutzi (2010), S. 787. Für eine ökonomische Würdigung dieser Wahlrechtsabschaffung vgl. Gros (2008), S. 469 f.; Schildbach (2010a), S. 144-147.

164 Stibi/Fuchs (2009), S. 10; vgl. auch Lüdenbach/Hoffmann (2009), S. 287; Hoffmann/Lüdenbach (2008), S. 49*; Schildbach (2010a), S. 144.

165 Vgl. Kahle (2002c), S. 30 ff.; Ballwieser (2011), S. 584.

166 Vgl. Franke (2009), S. 186 f.

167 Vgl. Schildbach (2010a), S. 139-141; vgl. auch Meyer/Ruberg (2010), S. 1538; Kahle/Schulz (2009), § 255 HGB Rz. 342.

168 Vgl. Hennrichs (2009b), S. 593; Lietz et al. (2010), S. 899.

169 So Köster (2007), S. 2791 f. (Zwischenüberschrift II.). Ausdrücklich auch Kirsch, H. (2008a), S. 455: „Aufgrund der erklärten Absicht des BMJ einer maßvollen Annäherung an die IFRS können IFRS-Rechnungslegungsvorschriften verstärkt zur Auslegung von GoB herangezogen werden". Befürwortend auch z. B. Kunz (2011), S. 186 f.

170 So Esterer (2010), S. 638 mit Verweis auf Herzig (2008b), S. 1339. Ähnlich Müller (2010), S. 6.

Rechtsprechung anerkenne, dass „Problemlösungen der IFRS (.) durchaus Vorbild für Weiterentwicklungen des Bilanzrechts bzw. Steuerbilanzrechts sein [könnten]“[171].

Zu dieser (Rechts-) Auffassung ist anzumerken, dass der Wille des deutschen Gesetzgebers, das Handelsbilanzrecht im Zuge des BilMoG in vergleichsweise stärkerem Umfang an die IFRS heranzuführen, nicht von der Hand zu weisen ist. Der Gesetzgeber hat jedoch erneut davon abgesehen, IFRS vollumfänglich in den Jahresabschluss für alle Unternehmen zu übernehmen[172] oder zumindest ein dahingehendes Wahlrecht zu schaffen.[173] Stattdessen ist die Konvergenz des deutschen Bilanzrechts an die internationale Rechnungslegung selektiv und behutsam,[174] aber eben nur kasuistisch[175] auf Ebene der materiellen Einzelvorschriften vollzogen worden. In vielen Bilanzierungsbereichen ist der Gesetzgeber bewusst von den IFRS abgewichen.[176] Im RegE ist formelhaft von einer „maßvollen Annäherung“ an die IFRS die Rede. Gegenüber dem RefE sind die IFRS-Bezugnahmen erkennbar zurückgedrängt worden.[177] Hierfür bezeichnend ist,[178] dass ein im RefE noch angedachter § 264e HGB-E, der in Nachfolge des § 325 Abs. 2a HGB[179] auch „kapitalmarktfernen Kapitalgesellschaften“[180] die Möglichkeit eröffnet hätte, ihren Jahres- bzw. Einzelabschluss nach Maßgabe der IFRS zu erstellen,[181] bereits im RegE wieder verworfen wurde.[182]

Der persönliche und sachliche Anwendungsbereich der IFRS wird durch das BilMoG nicht verändert;[183] insbesondere die durch das BilReG geschaffene Lösung des § 325 Abs. 2a HGB hat weiterhin Bestand.[184] Insofern ist die „bloße Annäherung an die IFRS (…) als eine Ablehnung“[185] derselben zu werten. Offenkundig erachtet der deutsche Gesetzgeber die IFRS weiterhin nur bedingt für tauglich, den Ausschüttungsbemessungszweck zu erfüllen; konsequenterweise wurden jene IFRS-angenäherten Ansatz- und Bewertungsregeln, die dem Gläubigerschutz zuwiderlaufen, mit einer

171 So Lochmann (2010), S. 2762 mit Verweis auf BFH v. 25.08.2010, I R 103/09, BStBl. II 2011, S. 215; gl. A. Dörr (2011), S. 355.

172 Vgl. Hommel (2009), S. 70; Böcking/Gros (2009b), S. 1328.

173 Vgl. Böcking (2008), S. 461.

174 Vgl. Hennrichs (2009b), S. 594; ders. (2009c), S. 128; Bieker (2008), S. 365.

175 Vgl. Schildbach (2010a), S. 153.

176 Vgl. Günther, A. (2010), S. S 24.

177 Vgl. Ernst/Seidler (2008), S. 634; Prinz (2009b), S. 1031; Mayer (2009a), S. 130; Hoffmann/Lüdenbach (2008), S. 49*; Kunz (2011), S. 88.

178 Vgl. Najderek (2009), S. 127.

179 Vgl. Arbeitskreis Bilanzrecht der Hochschullehrer Rechtwissenschaft (2008c), S. 154.

180 Hommelhoff (2008), S. 260.

181 In Ergänzung wäre in den Anhang dieses IFRS-Jahres- bzw. Einzelabschlusses für Zwecke der Ausschüttungsbemessungsfunktion und der steuerlichen Gewinnermittlung ein HGB-konformer Jahresabschluss (ohne Anhang) zu integrieren gewesen; vgl. Ernst/Seidler (2008), S. 634; Hennrichs (2008b), S. 362; Herzig (2008a), S. 2; kritisch zu § 264e HGB-E insb. Fülbier/Gassen (2007), S. 2608; zustimmend indes Arbeitskreis Externe Unternehmensrechnung der Schmalenbach-Gesellschaft für Betriebswirtschaft e. V. (2008), S. 994 f. Die geringe Erleichterung, auf die Erstellung eines HGB-Anhangs zu verzichten, wäre in der Praxis wohl als „wenig attraktiv“ empfunden worden; so Lanfermann/Richard (2008), S. 1925; vgl. auch Schruff/Lanfermann (2008), S. 1105.

182 Vgl. Zetzsche (2011a), Vor § 325 HGB Rz. 54; Kunz (2011), S. 88 f.; kritisch Böcking (2008), S. 463.

183 Vgl. Arbeitskreis Bilanzrecht der Hochschullehrer Rechtswissenschaft (2008c), S. 152.

184 Vgl. Lanfermann/Richard (2008), S. 1926.

185 Böcking (2008), S. 462.

(außerbilanziellen) Ausschüttungs- bzw. Gewinnabführungssperre (§ 268 Abs. 8 HGB, § 301 S. 1 AktG) belegt und mithin ausschüttungsneutralisiert.[186]

Die Eigenständigkeit des deutschen Bilanzrechts soll nach dem erklärten Willen des Gesetzgebers gewahrt bleiben.[187] Die oben[188] aus der Diskussion des *BIAO*-Judikats gewonnene Einschätzung, wonach die Standards der internationalen Rechnungslegung keine Rechtsquelle, sondern allenfalls Rechtserkenntnisquelle für das deutsche Bilanzrecht sind, gilt damit unverändert.[189] IFRS können aus bilanzsystematischer Sicht auch nach dem BilMoG nicht als generelle Auslegungshilfe für die handelsrechtliche Gewinnermittlung herangezogen werden.[190] Das Vorsichtsprinzip, das Realisationsprinzip sowie das Imparitätsprinzip bilden weiterhin die tragenden Grundsätze des deutschen Bilanzrechts. „Vor diesem Hintergrund verbietet es sich, die IFRS als Auslegungsgrundlage des neuen Bilanzrechts heranzuziehen. Vielmehr sind die handelsrechtlichen Vorschriften nach wie vor im Lichte der GoB auszulegen“[191].

Auch die induktive Methode der GoB-Gewinnung, d. h. die Orientierung an der Kaufmannsübung, auf deren Basis eine verstärkte Übernahme des IFRS-Gedankengutes vorstellbar wäre,[192] lebt nach dem BilMoG nicht wieder auf.[193] Es mag aus bilanzpraktischer Sicht zwar naheliegen, verstärkt auf die IFRS zurückgreifen zu wollen.[194] GoB werden jedoch weiterhin durch den deutschen Gesetzgeber und die obersten Gerichte festgelegt.[195] Literatur sowie Bilanzierungs- und Prüfungspraxis können dabei allenfalls *eine* Erkenntnisquelle sein.

---

186 Vgl. Verse (2010), S. 70 f.; Hommelhoff (2008), S. 257 f. Die Ausschüttungssperre gilt nur für Kapitalgesellschaften und die ihnen gem. § 264a HGB gleichgesetzten Personenhandelsgesellschaften; bei unbeschränkt haftenden Unternehmen liefe sie ohnehin ins Leere; vgl. Haaker (2009b), S. 208. Zu technischen Einzelheiten vgl. Gelhausen/Althoff (2009), S. 584 ff. (zu § 268 Abs. 8 HGB) sowie S. 629 ff. (zu § 301 S. 1 AktG).

187 Dieses Anliegen findet in der ubiquitären Formel von einer „dauerhaften und vollwertigen, aber kostengünstigen und weniger komplexen Alternative“ ihren Ausdruck; BT-Drs. 16/10067, S. 1. Das BilMoG wird daher auch als „„IFRS-Verhinderungsgesetz““ bezeichnet. So Fülbier/Gassen (2008), S. 146; vgl. auch Freidank/Velte (2010a), S. 194; Velte (2011), S. 65; Jessen/Haaker (2009), S. 499.

188 Vgl. 2. Kap. I. 3.

189 Vgl. Prinz (2009b), S. 1031 f.; ders. (2011a), S. 150.

190 Vgl. Hennrichs/Pöschke (2010), S. 54 ff.; Stibi/Fuchs (2009), S. 9 ff.; Wehrheim/Fross (2010a), S. 91 f.; Franke (2009), S. 181 f.; Mitschke (2010), S. 215; Najderek (2009), S. 126 f.

191 Kahle/Haas (2010), S. 39; i. d. S. auch Wehrheim/Fross (2010a), S. 91 f.; Herzig (2011b), S. 78; Brank/Hasenclever (2011), S. 640; Hennrichs (2011b), S. 867 ff.

192 Vgl. Franke (2009), S. 182.

193 So aber wohl Hommel (2009), S. 73 f.; vgl. auch Hommel/Laas (2008), S. 1668 (im Zusammenhang mit der Vorschrift des § 256a HGB). Hiergegen Wüstemann/Wüstemann (2010a), S. 756 f.

194 Vgl. Kunz (2011), S. 186 f.

195 Vgl. Wüstemann/Wüstemann (2009), S. 37. Mit *Hennrichs/Pöschke* wird man hinsichtlich eines potenziellen IFRS-Rückgriffs vier verschiedene Fallgruppen zu unterscheiden haben. (1) *Ausdrücklicher Verweis auf Begriffe der IFRS*: Sofern der Wortlaut einer handelsrechtlichen Vorschrift ausdrücklich auf einen Begriff der IFRS verweist oder zumindest einen Begriff der IFRS verwendet oder der Sinn und Zweck dieser Vorschrift darauf hindeutet, dass dieser Begriff entsprechend seiner Bedeutung nach IFRS zu verstehen ist, so ist letztere Bedeutung maßgebend. Diese Fälle dürften indes die Ausnahme darstellen. (2) *Gewollte Annäherung des HGB an die IFRS*: Bei handelsrechtlichen Vorschriften, die zwar nicht ausdrücklich einen internationalen Standard in Bezug nehmen, gleichwohl aber IFRS-orientiert sind, weil eine Annäherung zwischen HGB und IFRS intendiert ist, können die IFRS nur im Rahmen der teleologischen Auslegung Berücksichtigung finden. Es ist mithin sorgfältig zu prüfen, ob und wieweit ein interpretatorischer Rückgriff auf die IFRS unter systematisch-teleologischen Gesichtspunkten zu-

Ein darüber hinaus reichender Rekurs auf die IFRS erschiene unter systematisch-konzeptionellen Erwägungen eher noch gerechtfertigt, wenn sich das Gefüge von Informations- und Zahlungsbemessungsfunktion zugunsten der Erstgenannten verschoben hätte.[196] Dass das BilMoG einen solchen Bilanzzweckwandel herbeigeführt hat, ist zunächst nicht ausgeschlossen. Handelsrechtliche GoB sind reversibel.[197] Auch wenn das GoB-System nach dem BilMoG beibehalten wird in dem Sinne, dass einzelne GoB weder eliminiert noch hinzugefügt werden, verändern sich aber möglicherweise die Inhalte einzelner GoB.[198] Dass sogar Autoren einer gemeinsamen Bilanzrechtsschule, namentlich der Ausschüttungsstatik, hierbei zu abweichenden Antworten gelangen, belegt die Komplexität dieser Fragestellung. So postuliert *Hommel*, der primäre Bilanzzweck sei mittels des BilMoG von der Ausschüttungsbemessung zur Informationsfunktion verschoben worden.[199] Dieser These wird von *Wüstemann/Wüstemann* dezidiert widersprochen: Zwar sei nicht zu leugnen, dass der Gesetzgeber der Informationsfunktion nunmehr ein höheres Gewicht einräumt; eine Änderung des Bilanzprimärzwecks (Ausschüttungsbemessung) bedinge die Aufwertung aber nicht.[200]

Als wohl h. M. hat sich indessen herauskristallisiert, dass Informationsfunktion und Ausschüttungsbemessungsfunktion nach dem BilMoG nunmehr gleichgestellt seien. Dabei wird zum einen festgestellt, dass die Ausschüttungsbemessungsfunktion den handelsrechtlichen Jahresabschluss vor dem BilMoG dominiert habe und diese Dominanz nun nicht mehr bestehe,[201] zum anderen, dass beide Jahresabschlussfunktionen bereits vor dem BilMoG gleichrangig gewesen seien und dieses Gleichgewicht weiter Bestand habe.[202]

---

lässig ist. (3) *Gewolltes Abweichen des HGB von den IFRS*: Bei handelsrechtlichen Normen, die in bewusster Abweichung zu den IFRS stehen, ist es unzulässig, zur Auslegung und Füllung von Lücken auf die IFRS abzustellen. Die IFRS-Bilanzierungslösung könnte indes im umgekehrten Sinne aufzeigen, mit welchem Ergebnis die Auslegung der handelsrechtlichen Vorschrift gerade nicht enden darf. (4) *Residualfälle*: Bei handelsrechtlichen Normen, die weder auf IFRS ausdrücklich verweisen noch an diese angelehnt sind, aber auch nicht bewusst von diesen abweichen, könnten die IFRS zwar als eine Erkenntnisquelle fungieren. Dabei ist jedoch im Wege der systematischen und teleologischen Auslegung der handelsrechtlichen Normen zu prüfen, ob die Bilanzierungslösung nach IFRS mit dem System der handelsrechtlichen GoB zu vereinbaren ist. Vgl. eingehend Hennrichs/Pöschke (2009), S. 537-540; dies. (2010), S. 56-61; Hennrichs (2011b), S. 867-871; ders. (2009c), S. 128 f., der an dieser Stelle allerdings nur die oben genannten Fallgruppen (1), (3) und (4) unterscheidet. Ebenfalls differenzierend, aus bilanzierungspraktischer Sicht, Dettmeier (2008), S. 66.

196 Vgl. Lietz et al. (2010), S. 899.

197 Vgl. Franke (2009), S. 187.

198 Vgl. Ballwieser (2011), S. 588; ders. (2009a), S. 604; i. d. S. auch Hachmeister (2008a), S. 4, der mit Recht daran erinnert, dass das HGB „eben mehr ist als eine Ansammlung von Einzelvorschriften".

199 So Hommel (2009), S. 72 (vgl. jedoch noch Hommel/Laas [2008], S. 1666: „Der handelsrechtliche Jahresabschluss dient – auch nach der Begründung zum BilMoG-E – *vorrangig der Ermittlung eines objektiviert und vorsichtig bestimmten ausschüttungsfähigen Umsatzgewinns*"; keine Kursivierung im Original). Gl. A. wohl Küting/Lauer (2011), insb. S. 1989: „Die Gewichtung in der handelsrechtlichen Bilanz hat sich deutlich zugunsten der Informationsfunktion verschoben".

200 Vgl. Wüstemann/Wüstemann (2010a), S. 759; Wüstemann/Koch (2010a), S. 330; gl. A. Dobler/Kurz (2008), S. 491; Schulze-Osterloh (2010b), Abt. I/1 Rz. 17; Bieker (2008), S. 369; Haaker (2010), S. 665 f.; ders. (2009), S. 207; Marx (2011a), S. 268; ders. (2011c), S. 1004.

201 Vgl. Siegel (2008c), S. 54, der konstatiert, dass die Ausschüttungsbemessungsfunktion vor dem BilMoG „eher dominierte". Vgl. auch Böcking/Torabian (2009), S. 254; Torabian (2010), S. 15 f.; Böcking/Gros (2010b), B 169 Rz. 8; dies. (2010a), S. 424; dies. (2010c), S. 122.

202 Vgl. Hennrichs (2008a), S. 418 f.; ders. (2011), S. 863; Baetge/Kirsch/Solmecke (2009), S. 1221. Wohl auch Günther (2010), S. S 24 (das „*Gleichgewicht* zwischen der Informationsfunktion des Jahresabschlusses (…) und seiner Ausschüttungsbemessungsfunktion" solle gewahrt werden; keine Kursivierung im Original).

1.2 Steuerrechtliche Gewinnermittlung in Deutschland unter dem Einfluss der IFRS

1.2.1 Verhältnis von handels- und steuerrechtlicher Gewinnermittlung in Deutschland

1.2.1.1 (Ehemalige) Ausprägungen des Maßgeblichkeitsprinzips

Deutschland wird in rechtsvergleichenden Untersuchungen regelmäßig als idealtypischer Exponent angeführt für ein Land, dessen handels- und steuerrechtliche Gewinnermittlung eng miteinander verbunden sind.[203] Spätestens im Lichte jüngerer Rechtentwicklungen[204] kann diese Einschätzung nicht mehr aufrechterhalten werden. Der Konnex von handels- und steuerrechtlicher Gewinnermittlung ist in der Norm des § 5 Abs. 1 EStG angelegt, dem bekannten Maßgeblichkeitsgrundsatz,[205] der in seinem derzeitigen Wortlaut besagt: „Bei Gewerbetreibenden, die auf Grund gesetzlicher Vorschriften verpflichtet sind, Bücher zu führen und regelmäßig Abschlüsse zu machen, oder die ohne eine solche Verpflichtung Bücher führen und regelmäßig Abschlüsse machen, ist für den Schluss des Wirtschaftsjahres das Betriebsvermögen anzusetzen (§ 4 Absatz 1 S. 1 [EStG]), das nach den handelsrechtlichen Grundsätzen ordnungsmäßiger Buchführung auszuweisen ist, es sei denn, im Rahmen der Ausübung eines steuerlichen Wahlrechts wird oder wurde ein anderer Ansatz gewählt". Der abstrakte Verweis auf die handelsrechtlichen GoB wird in gängiger Terminologie als materielle Maßgeblichkeit bezeichnet.[206] Sie ist die „elementarste Form der Maßgeblichkeit"[207]. Maßgeblich sind dabei die Gewinnanspruchs-GoB, nicht die Informations-GoB.[208]

Ihre zentrale dogmatische Rechtfertigung[209] findet die materielle Maßgeblichkeit in der Stille Teilhaber- oder Gleichstellungsthese.[210] Dieser gegenüber steht die Zweckdivergenzthese.[211] Während

203 Vgl. etwa Avi-Yonah/Sartori/Marian (2011), S. 83 („strict relationship between tax accounting and book accounting"); ähnlich Thuronyi (2003), S. 268 ff.

204 Diese sog. Erosion des Maßgeblichkeitsprinzips setzte in den späten 1990er-Jahren ein. Einen Überblick über diese Rechtsentwicklung geben Herzig/Briesemeister/Schäperclaus (2011), S. 1 f.; Herzig (2009b), S. 753 f.; Schön (2005d), S. 116.

205 Zur historischen Entwicklung des Maßgeblichkeitsgrundsatzes vgl. Schneider (2010a), S. 707-713; Mössner (1998), S. 146; Söffing (1995), S. 636-638; Herzig (1999), S. 783 ff.; Kußmaul/Gräbe (2010a), S. 106 f.; Mayer (2005), S. 149-168; Freidank/Velte (2010a), S. 185-188; Pezzer (1991), S. 16; Köhrle (2010), S. 69 ff.; Crezelius (1994), S. 690; Drescher (2002), S. 16 ff.; Winkelmann (2007), S. 29-32; Krawitz/Karthaus (2009), S. 658-660 (speziell zur umgekehrten Maßgeblichkeit).

206 Vgl. Döllerer (1993), S. 350 f.; Söffing (1995), S. 641-644; Buciek (2010), § 5 EStG Rz. 180; Knobbe-Keuk (1993), S. 21; Grotherr (2003a), S. 223; Wassermeyer (1991), S. 30 f.; Scheffler, W. (2010c), S. 2; Herzig (1999), S. 780; Herzig/Dautzenberg (1998), S. 23; Weber-Grellet (1997), S. 385 f.; ders. (2011), § 5 EStG Rz. 28; Kußmaul/Gräbe (2010a), S. 110; dies. (2010b), S. 265; Thiel (2010), S. 746 ff.; Kahle (2002c), S. 171; Blasius (2006), S. 134 ff.; Mayer (2005), S. 169 f.; Schildbach (1989), S. 1445 ff.; Kunz (2011), S. 172.

207 Herzig/Dautzenberg (1998), S. 23.

208 Vgl. Moxter (2000b), S. 159; ders. (2000a), S. I.

209 Andere Rechtfertigungsversuche, wie etwa Vereinfachungserwägungen (Vermeidung einer doppelten Erstellung zweier unterschiedlicher Gewinnermittlungen), tragen mit Blick auf die zahlreichen Abweichungen zwischen handels- und steuerrechtlicher Gewinnermittlung nicht mehr; vgl. Kahle (2002c), S. 175; Steck (2002), S. 489; Link (2005), S. 212-214; Vasel (2003), S. 217; Siebler (2008), S. 377. Für eine Übersicht und Diskussion der literaturgängigen Argumente für und wider die Maßgeblichkeit vgl. nur Ballwieser (2011), S. 578-585.

210 Vgl. zu dieser Position im Einzelnen Döllerer (1971b), S. 1333 ff.; ders. (1983), S. 158 ff.; ders. (1988), S. 238; Moxter (1997d), S. 195; ders. (1997c), S. 349; Hommel (1992), S. 19 f.; Berndt/Hommel (2005), S. 415; Böcking (2007), S. 63-65; Böcking/Gros (2007), S. 2340 f. [relativierend aber wohl Gros [2010], S. 102-104); Groh (1998), insb. S. 183-185; Euler (1991), S. 191; ders. (2000), S. 195; ders. (1998), S. 19; ders. (1990), S. 1039; Breidert (1994), S. 6 f.; Jäger (1996), S. 50; Naumann (1992), S. 11; Wehrheim/Fross (2010a), S. 88-90; Schön (1995),

die erste Auffassung sich darauf beruft, dass der vorsichtig ermittelte Gewinnanspruch des Fiskus i. S. eines (stillen) Teilhabers zwecks Erhaltung der Einkommensquelle nicht anders bemessen werden dürfe, als der Gewinnanspruch der Residualanspruchsberechtigten, stellt die zweite Auffassung insbesondere die Berechtigung des Vorsichtsprinzips für Zwecke der steuerrechtlichen Gewinnermittlung infrage.

Die von der materiellen Maßgeblichkeit abzugrenzende formelle Maßgeblichkeit besagt, dass nicht nur die handelsrechtlichen GoB auf abstrakter Ebene respektiert werden, sondern vielmehr auch die konkret getroffenen Bilanzansatz- und Bewertungsentscheidungen für die Steuerbilanz maßgeblich sind, sofern diese nicht gegen zwingende steuerrechtliche Vorschriften verstoßen.[212] Eine Divergenz zwischen materieller und formeller Maßgeblichkeit ist folglich nur „beachtenswert, wenn nicht alle Einzelnormen (identisch mit oder) logische Konsequenz von handelsrechtlichen GoB sind“[213]. Unterstellt man dies, so schafft die formelle Maßgeblichkeit eine „wesentlich engere Verknüpfung“ zwischen Handels- und Steuerbilanz als die materielle Maßgeblichkeit, weil „alle handelsrechtlichen Aktivierungs- und Passivierungsgebote, -verbote sowie -wahlrechte und alle Bewertungswahlrechte in die Steuerbilanz übernommen werden“[214] müssten. Idealtypisch wäre die sog. Einheitsbilanz verwirklicht.[215]

Die sog. Umkehrmaßgeblichkeit basiert konzeptionell auf der Grundwertung, dass eine niedrigere Steuerlast mit einem entsprechend geringeren Ausschüttungspotenzial einhergehen soll.[216] Auch sie fließt damit (indirekt) aus der Teilhaberthese.[217] Die umgekehrte Maßgeblichkeit führte damit zwangsweise zu einer engen Verzahnung von Handels- und Steuerbilanz.[218]

S. 377; Clemm/Nonnenmacher (1985), S. 240 f.; Rückle (2009), S. 31; Schüppen (2003), S. 176; Söffing (1995), S. 658 f.; von der Laage/Reusch (2009), S. 250; Hüttemann (2003), S. 45; Mellwig (1994), S. 1080 f.; Strobl (1995), S. 83-86; Naumann (1991), S. 530; Grotherr/Jorewitz (2001), S. 146; Pisoke (2004), S. 41-44; Himmelreich (2001), S. 617; Raupach (2001), S. 805 f.; Jensen-Nissen/Lochmann (2006), S. 309 f.; Herzig/Lochmann (2006), S. 143; Sigloch (2005a), S. 556; Drescher (2002), S. 76-79; Prinz (2011a), S. 142; Marx (2011c), S. 1003 ff.

211 Zu der in der Ablehnung mündenden Kritik an der Teilhabertheorie bzw. für einen funktionellen Unterschied von Handels- und Steuerbilanz vgl. grundlegend Wagner, F. W. (1998a), S. 2074 f.; ders. (1998c), S. 58 f.; ders. (2002c), S. 1887 f.; Siegel (1999a), S. 195 f.; ders. (1997), S. 132; ders. (2006c), S. 62 f.; ders. (2005e), S. 110 f.; ders. (2000b), S. 1099; Bareis (2008), S. 35 f.; Schreiber, U. (1999), S. 899; Köhrle (2010), S. 153 f.; Hennrichs (1999a), S. 144; Mössner (2007), S. 170 f.; Lenz (2008), S. 73-75; Scheffler, W. (2001b), S. 151; Weber-Grellet (2008a), S. 148; ders. (1999), insb. S. 2661; ders. (2002), S. 702 f.; ders. (1994), S. 288 ff.; ders. (2003), S. 273 ff.; Kirsch, H. (2008b), S. 562; Winkeljohann (2006), S. 428 f.; Kort (2001), S. 59; Steck (2002), S. 490; Kunz (2011), S. 183 f.

212 Vgl. Rödder (2009), S. 226; Scheffler, W. (2010d), S. 295; Söffing (1995), S. 644-648; Kußmaul/Gräbe (2010a), S. 110; Kahle (2002c), S. 172 f.; Buciek (2010), § 5 EStG Rz. 181; Schildbach (1989), S. 1447.

213 Ballwieser (1990), S. 479.

214 Kußmaul/Gräbe (2010a), S. 109 (beide Zitate); vgl. auch Kahle (2002c), S. 173; Hölscher (1999), S. 302.

215 Vgl. Winkelmann (2007), S. 34.

216 Vgl. Groh (2000), S. 170; Schanz/Schanz (2009), S. 314; Gros (2008), S. 472. Als steuerliche Vergünstigungen gedachte Normen (bspw. § 6b EStG) sollten nur in Anspruch genommen werden können, wenn in der Handelsbilanz entsprechende Rücklagen gebildet wurden. Letztere bewirkten (bei Kapitalgesellschaften) eine (temporäre) Ausschüttungssperre. Dazu im Einzelnen Krawitz/Karthaus (2009), S. 662; Schanz/Schanz (2009), S. 314; Link (2005), S. 234-236; Treptow (1999), S. 87.

217 Vgl. Hauser/Meurer (1998), S. 275; Heyd (2001), S. 373.

218 Vgl. Beisse (1998a), S. 299.

1.2.1.2 Einschränkungen und Durchbrechungen des Maßgeblichkeitsgrundsatzes

Der Maßgeblichkeitsgrundsatz gilt „nicht absolut“[219]; er wird aufgrund spezieller steuerlicher Vorbehalte sowohl den Ansatz (z. B. §§ 5 Abs. 1a-4b, Abs. 6 EStG) als auch die Bewertung (z. B. §§ 6, 6a und 7 EStG) betreffend eingeschränkt und durchbrochen.[220] So wurden vor allem[221] im Zuge des Steuerentlastungsgesetzes 1999/2000/2002 zahlreiche, materiell bedeutsame Durchbrechungs- bzw. Einschränkungsnormen eingeführt,[222] deren Systemhaftigkeit weithin, zum Teil aber recht undifferenziert, in Abrede gestellt wird.[223] Bemerkenswert ist, dass der deutsche Gesetzgeber diese Durchbrechungen (auch) mit einer gewollten Approximation an „internationale Standards“[224] begründet hat. Indessen „wird man die getroffenen Maßnahmen nur mit sehr viel gutem Willen als Hinwendung des Steuergesetzgebers zu internationalen Rechnungslegungsgrundsätzen betrachten können“[225]; vielmehr scheinen fiskalische Zielsetzungen im Vordergrund gestanden zu haben.[226]

Ferner wird der Maßgeblichkeitsgrundsatz in seiner Geltung „schon immer“[227] durch die höchstrichterliche Finanzrechtsprechung eingeschränkt. So hat der Große Senat des BFH in seinem Wahlrechtsbeschluss vom 03.02.1969[228] – grob gesprochen – betont, dass alles, was in der Handelsbilanz aktiviert werden kann (Aktivierungswahlrecht), in der Steuerbilanz gewinnerhöhend aktiviert werden muss, und alles, was in der Handelsbilanz passiviert werden darf (Passivierungswahlrecht), steuerlich nicht passiviert werden darf.[229] Der Sinn und Zweck der steuerlichen Gewinnermittlung,

---

219 Grotherr (2003a), S. 224.

220 Vgl. BMF v. 12.03.2010, IV C 6 – S 2133/09/10001, BStBl. I 2010, S. 239, Tz. 2. Zur begrifflichen und inhaltlichen Abgrenzung zwischen *Durchbrechungen* und *Einschränkungen* des Maßgeblichkeitsgrundsatzes vgl. Scheffler, W. (2010d), S. 296; Link (2005), S. 215 f.

221 Zu weiteren Gesetzen mit ähnlicher Tendenz vgl. überblicksartig Weber-Grellet (2008a), S. 147; ders. (2003), S. 269 f.; ders. (2002), S. 701.

222 Vgl. Schulze-Osterloh (2000a), S. 600; Kußmaul/Klein (2001), S. 546; Hennrichs (1999a), S. 151; Kort (2001), S. 57; Weber-Grellet (1999a), S. 2662; ders. (2000), S. 165 ff.; Theile (1998), S. 1183; Wehrheim/Lenz (2005), S. 455; Drüen (2001), S. 998 f.; Grotherr (2003a), S. 233 ff.; Himmelreich (2001), S. 618 f.; Steck (2002), S. 488; Link (2005), S. 216.

223 Vgl. z. B. Himmelreich (2001), S. 619; Marx (2011c), S. 1005.

224 Vgl. BT-Drs. 14/23, S. 126 f.; hierzu auch z. B. Link (2005), S. 250. Die Berücksichtigung internationaler Standards wurde insb. mit Blick auf das Wertaufholungsgebot (§§ 6 Abs. 1 Nr. 1 S. 4, Nr. 2 S. 3, 7 Abs. 1 S. 6 EStG), der Begrenzung der Teilwertabschreibungen auf voraussichtlich dauernde Wertminderungen (§ 6 Abs. 1 Nr. 1 S. 2, Nr. 2 S. 2 EStG) sowie der Abzinsung von Rückstellungen (§ 6 Abs. 1 Nr. 3 EStG) reklamiert; vgl. (zweifelnd) Grotherr/Jorewitz (2001), S. 145; Herzig (2001a), S. 156.

225 So Herzig (2000b), S. 110.

226 Vgl. kritisch Herzig (2001b), S. 52; ders. (2000a), S. 67-70; ders. (2001a), S. 156; Hey (2010b), § 17 Rz. 78; Strunk (2003), S. 403; Mössner (2007), S. 181; Grotherr (2003a), S. 236; Kußmaul/Klein (2001), S. 546; Kirsch, H. (2004), S. 470; Strunk (2003), S. 403; Vasel (2003), S. 216; Gröning (2002), S. 24 f.; Börstler (2006), S. 178; diese Kritik indes zurückweisend Hauser/Meurer (1998), S. 271; offenlassend Fülbier (2006b), S. 228.

227 Schulze-Osterloh (2000a), S. 597; vgl. auch Kort (2001), S. 57; Weber-Grellet (1997), S. 386; Erle (2000), S. 185; Link (2005), S. 215.

228 Vgl. BFH v. 03.02.1969, GrS 2/68, BStBl. II 1969, S. 291. Zur Diskussion vgl. auch Pezzer (1991), S. 18 f.; Moxter (1997d), S. 195 f.; Schildbach (1989), S. 1445; Köhrle (2010), S. 99; Himmelreich (2001), S. 618; Beisse (1998a), S. 302 und passim; Kort (2001), S. 57 f.; Link (2005), S. 215; Mössner (1998), S. 147 u. S. 149; Weber-Grellet (2003), S. 271; Kußmaul/Gräbe (2010a), S. 109 f.; Robisch/Treisch (1997), S. 159; Crezelius (1994), S. 691; Drüen (2001), S. 995; Knobbe-Keuk (1993), S. 23.

229 Vgl. auch BMF v. 12.03.2010, IV C 6 – S 2133/09/10001, BStBl. I 2010, S. 239, Tz. 3 u. 4. Durch den angestrebten Abbau von handelsrechtlichen Wahlrechten im Zuge des BilMoG dürfte diesen Urteilsgrundsätzen weitgehend

so führt der BFH aus, liege in der Erfassung des vollen Gewinns;[230] einem Steuerpflichtigen dürfe es daher nicht anheimgestellt werden, „sich ärmer zu machen, als er ist". Die jüngere Judikatur betont mit spürbarem Nachdruck die Eigenständigkeit der steuerlichen Gewinnermittlung unter Betonung des steuerlichen Bewertungsvorbehalts (§ 5 Abs. 6 EStG) und der eigenständigen Zwecksetzungen der steuerlichen Gewinnermittlung.[231] In diese Tendenz einzufügen ist der jüngere sog. Jubiläumsrückstellungsbeschluss des BVerfG, in dem nunmehr explizit herausgestellt wird, dass der Maßgeblichkeitsgrundsatz keinen Verfassungsrang genießt.[232] Die nachhaltige Kritik am Maßgeblichkeitsgrundsatz erfährt hierdurch zusätzlichen Auftrieb.

1.2.1.3 (Unklarer) Status der Maßgeblichkeit nach dem BilMoG

An der umgekehrten Maßgeblichkeit wurde in der Vergangenheit heftige Kritik geübt. In erster Linie wurde befürchtet, dass eine Übernahme subventioneller steuerlicher Wahlrechte in die Handelsbilanz eine steuerlich induzierte Verfälschung derselben zur Folge habe (sog. informationsfunktionsorientierte Kritik[233]).[234] Getreu dem Primärziel des BilMoG, das Informationsniveau des handelsrechtlichen Jahresabschlusses anzuheben, wurde die formelle bzw. umgekehrte Maßgeblichkeit beseitigt[235] und mit ihr auch die handelsrechtlichen Öffnungsklauseln.[236] Dieser Reformschritt erfährt in der Literatur breite Zustimmung.[237] Die der angestrebten Internationalisierung des Handelsbilanzrechts geschuldete Abkehr von der Umkehrmaßgeblichkeit führt zu einer „weitere[n] Ent-

---

der Anwendungsbereich genommen worden sein; vgl. Herzig/Briesemeister (2010c), S. 65; Kußmaul/Gräbe (2010a), S. 113; Richter (2010), S. 506; dagegen noch explizit offenlassend Herzig/Briesemeister (2009a), S. 1.

230 Zur Vagheit der Rechtsfigur des vollen Gewinns vgl. statt vieler Drüen (2001), S. 995; Scheffler, W. (2011), S. 33.

231 Vgl. insb. BFH v. 26.09.2007, I R 58/06, BStBl. II 2009, S. 294; v. 04.06.2008, I R 84/07, BStBl. II 2009, S. 187; hierzu auch Herzig/Briesemeister (2010c), S. 63 f.; dies. (2010a), S. 286 f.; Prinz (2011a), S. 161 f.

232 Vgl. BVerfG v. 12.05.2009, 2 BvL 1/00, BVerfGE 123, S. 111. Zur Urteilsdiskussion in dieser Hinsicht vgl. Herzig/Briesemeister/Schäperclaus (2011), S. 2; Herzig/Briesemeister (2010a), S. 287 f.; dies. (2010c), S. 64; Herzig (2010e), Kap. 3 Rz. 7; Prinz (2011a), S. 142; ders. (2010a), S. 920; ders. (2010c), S. 2069 Fn. 3; Drüen (2010), S. 91 f.; Marx (2011c), S. 1003; Hennrichs (2010b), S. 247 ff.; Hey (2010c), S. 18; Ballwieser (2011), S. 578; Weber-Grellet (2010), S. 2303.

233 Zum Begrifff vgl. Ballwieser (1990), S. 490.

234 Vgl. Herzig (1999), S. 781; Schulze-Osterloh (1991), S. 292; ders. (2004c), S. 177; Schildbach (1995), S. 2640; Lauth (2000), S. 1369; Bertl/Eberhartinger/Hirschler (2008), S. 751; Steck (2002), S. 490; Vasel (2003), S. 217; Krawitz/Karthaus (2009), S. 663; zur Relativierung dieser sog. informationsorientierten Kritik vgl. Ballwieser (1990), S. 490 f. (auch zum Begriff der informationsorientierten Kritik). Ein weiteres gängiges (zahlungsbemessungsorientiertes) Argument gegen die umgekehrte Maßgeblichkeit ist, dass die bewirkte Ausschüttungssperre sowohl die Entscheidung über die investive als auch die konsumtive Verwendung dieser Mittel verzerre. Die umgekehrte Maßgeblichkeit stehe einer optimalen Kapitalreallokation entgegen und wirke daher wie eine Allokationsbremse. So Wagner, F. W. (1990), S. 6 f.; zur Diskussion auch Schanz/Schanz (2009), S. 314; Robisch/Treisch (1997), S. 167; Heurung (2000), S. 423 f.; Krawitz (1998), S. 206; Krawitz/Karthaus (2009), S. 662 f.; Kahle (2002c), S. 270-272; Ballwieser (1990), S. 491 f. Zu weiteren Kritikpunkten vgl. Arbeitskreis Bilanzrecht der Hochschullehrer Rechtswissenschaft (2008a), S. 1057 ff.

235 Als letztes verbleibendes Bruchstück der formellen Maßgeblichkeit gilt die sog. konkrete Maßgeblichkeit (§ 5 Abs. 1a EStG); so Herzig/Briesemeister (2010c), S. 66; Herzig (2010d), S. 229; Herzig/Vossel (2010), S. 57; Winkeljohann/Buchholz (2010), § 274 HGB Rz. 124; Stobbe (2008), S. 2433; Prinz (2011a), S. 152. Zu der hier nicht näher betrachteten Vorschrift des § 5 Abs. 1a EStG vgl. grundlegend Breckheimer (2010), insb. S. 135 ff.

236 Vgl. Ernst/Seidler (2007), S. 823; Winkeljohann/Ull (2010), S. 32; Herzig (2011b), S. 79.

237 Vgl. Schildbach (2010a), S. 148; Hachmeister (2008a), S. 3; Schulze-Osterloh (2008a), S. 63; Schneeloch (2009), S. 386 f.; Hennrichs (2008d), S. 482; Weber-Grellet (2008a), S. 148; Arbeitskreis Bilanzrecht der Hochschullehrer Rechtswissenschaft (2008a), S. 1057 ff.; ders. (2008c), S. 153; Lühn (2007), S. 931; kritisch indessen Bantleon/Schorr (2010), S. 1494; Hommelhoff (2008), S. 254. Zu verbleibenden Zweifelsfragen vgl. Niemeyer/Froitzheim (2011), S. 538 ff.; Ley/Spingler (2009), S. 781 ff.

kopplung der Steuerbilanz von der Handelsbilanz“[238]; die Teilhaberthese wird entscheidend geschwächt.[239]

Die materielle Maßgeblichkeit hat auch nach dem BilMoG Bestand (§ 5 Abs. 1 S. 1 Halbs. 1 EStG).[240] Allerdings bestehen über Inhalt und Reichweite des steuerlichen Wahlrechtsvorbehalts (§ 5 Abs. 1 S. 1 Halbs. 2 EStG) und dessen Verhältnis zur materiellen Maßgeblichkeit erhebliche Auffassungsunterschiede.[241] Es werden drei Kategorien von steuerlichen Wahlrechten differenziert:[242] GoB-konforme steuerrechtliche Wahlrechte, Steuervergünstigungswahlrechte sowie fiskalisch motivierte Wahlrechte.[243] Steuerliche Wahlrechte können sich dabei aus dem Gesetz oder den Vorschriften der deutschen Finanzverwaltung ergeben.[244] Konsens besteht derzeit nur darüber, dass Wahlrechte der Kategorie „Steuervergünstigung“, d. h. GoB-widrige Wahlrechte, die vor dem BilMoG unter die umgekehrte Maßgeblichkeit fielen, als steuerliches Wahlrecht i. S. d. § 5 Abs. 1 S. 1 Halbs. 2 EStG qualifizieren und damit losgelöst von der Handelsbilanz ausgeübt werden können.[245] Ob darüber hinaus auch die beiden anderen genannten Wahlrechtskategorien unter den gesetzlichen Wahlrechtsvorbehalt zu subsumieren sind, wird unterschiedlich beurteilt. Im Schrifttum haben sich bisher (mindestens) vier abweichende Meinungsblöcke herauskristallisiert.[246]

---

238 Rammert/Thies (2009), S. 42; vgl. auch Lorson (2009), S. 23; a. A. Spengel (2009), S. 102.

239 Vgl. Herzig/Briesemeister/Schäperclaus (2011), S. 2; Herzig (2011a), S. 620; Ballwieser (2011), S. 587; Gros (2010), S. 185; ders. (2008), S. 472; Gros/Wallek (2009), S. 544 Fn. 42.

240 Vgl. Krawitz/Karthaus (2009), S. 657; Spengel/Ernst/Finke (2010), S. 285; Klein (2010), S. 2042; Krüger (2008), S. 118; Schneeloch (2009), S. 387; Kußmaul/Gräbe (2010b), S. 265.

241 Voraussetzung für die abweichende Ausübung eines steuerlichen Wahlrechts i. S. d. § 5 Abs. 1 S. 1 Halbs. 2 EStG ist in jedem Fall die laufende Führung spezieller Verzeichnisse. Vgl. BMF v. 12.03.2010, IV C 6 – S 2133/09/10001, BStBl. I 2010, S. 239, Tz. 19 ff.; Herzig (2008b), S. 1340; ders. (2010f), S. 1905; Ortmann-Babel/Bolik/Gageur (2009), S. 934 f.; Ortmann-Babel/Bolik (2010a), S. 2099; Dörfler/Adrian (2009a), S. 387 f.; Niemeyer/Froitzheim (2011), S. 539; Prinz (2010c), S. 2072; Ott (2009), S. 470; Frank/Wittmann (2010), S. 363 f.; Fischer/Kalina-Kerschbaum (2010), S. 400; Korth (2010), S. 17 f.; Kahle (2011), S. 166; Kahle/Schulz/Vogel (2011), S. 178.

242 Diese Typologie findet sich bei Hennrichs (2009e), S. 533 ff.; vgl. auch Kußmaul/Gräbe (2010a), S. 110 f.; Kußmaul (2010), S. 27 f.; Herzig (2010a), S. 4; ders. (2011b), S. 86 ff.; Thiel (2010), S. 737 f.

243 *GoB-konforme Wahlrechte* sind ihrer Bezeichnung nach jene steuerlichen Wahlrechte, die in Einklang mit den GoB stehen und für die korrespondierende Wahlrechte in der Handelsbilanz bestehen; sie erfordern demzufolge keine speziellen Öffnungsklauseln, um in der Handelsbilanz zur Geltung zu kommen. Nach h. M. unterliegen diese Wahlrechte dem Maßgeblichkeitsgrundsatz, sodass sie nach der vor dem BilMoG herrschenden Rechtslage in Handels- und Steuerbilanz gleichlaufend ausgeübt werden mussten. Unter *Steuervergünstigungswahlrechten* werden die bislang unter die umgekehrte Maßgeblichkeit fallenden Wahlrechte verstanden, deren Ausübung einen vergleichsweise geringen Ausweis des Betriebsvermögens zur Folge hat, als er sich nach Maßgabe der handelsrechtlichen GoB ergäbe. Steuervergünstigungswahlrechte sind m. a. W. GoB-inkonform, weswegen sie vor dem BilMoG allein durch spezielle Öffnungsklauseln in die Handelsbilanz gelangen konnten. *Fiskalisch motivierte Wahlrechte* sind ebenfalls GoB-inkonform; sie unterscheiden sich von den Steuervergünstigungswahlrechten aber insofern, als sie nicht zu niedrigeren, sondern zu einem *höheren* steuerlichen Betriebsvermögen führen. Nach h. M. liefen Wahlrechte dieser Art vor dem BilMoG ins Leere, da ihnen weder ein entsprechendes Wahlrecht noch eine Öffnungsklausel in der Handelsbilanz gegenüber stand; indessen griff der Grundsatz der Maßgeblichkeit.

244 Vgl. auch BMF v. 12.03.2010, IV C 6 – S 2133/09/10001, BStBl. I 2010, S. 239, Tz. 12.

245 Vgl. Dettmeier (2009), S. 3486; Günkel (2010a), S. 334. Entgegen seinem Wortlaut („anderer Ansatz“) dürfte sich der steuerliche Wahlrechtsvorbehalt sowohl auf Ansatz- als auch Bewertungswahlrechte beziehen; vgl. Herzig/Briesemeister (2009c), S. 930; Prinz (2009b), S. 1030.

246 Zu den einzelnen Positionen vgl. Kußmaul/Gräbe (2010a), S. 111-113; Dettmeier (2009), S. 3485 ff.

Nach der weitesten Begriffsextension, die inzwischen wohl von der h. M. vertreten wird, sind sämtliche Wahlrechte – Steuervergünstigungswahlrechte, fiskalisch motivierte Wahlrechte sowie GoB-konforme Wahlrechte – unabhängig von der Handelsbilanz auszuüben. Begründet wird diese Rechtsauffassung mit dem Wortlaut des § 5 Abs. 1 S. 1 Halbs. 2 EStG, der eben keine begriffliche Unterscheidung zwischen verschiedenen Wahlrechtstypen trifft.[247] Insofern bestehe nach dem BilMoG nur noch ein „subsidiäres Maßgeblichkeitsprinzip“[248]. Dieser weiten Auslegung hat sich (mit Einschränkungen) inzwischen auch die deutsche Finanzverwaltung angeschlossen.[249]

Wird der steuerliche Wahlrechtsvorbehalt indessen teleologisch ausgelegt bzw. reduziert, so argumentiert die Gegenansicht, könne sich der Wahlrechtsvorbehalt nur auf jene Steuervergünstigungswahlrechte beziehen, die vor dem BilMoG Gegenstand der umgekehrten Maßgeblichkeit waren.[250] Der Wortlaut des § 5 Abs. 1 S. 1 Halbs. 2 EStG sei überschießend[251] und müsse seinem Sinngehalt entsprechend reduziert werden. Die „Maßgeblichkeit der handelsrechtlichen GoB für die steuerliche Gewinnermittlung wird also nicht vollumfänglich durch sämtliche Wahlrechte durchbrochen, sondern nur dort, wo die Steuergesetze lenkungspolitisch motivierte Steuervergünstigungswahlrechte gewähren“[252].

---

247 Erstmals wohl vertreten bei Herzig/Briesemeister (2009c), S. 929 f.; vgl. auch dies. (2009d), S. 157; dies. (2010c), S. 64 ff. In jüngsten Veröffentlichungen sehen *Herzig/Briesemeister* ihre Ansicht zudem in teleologischer Auslegung des § 5 Abs. 1 S. 1 EStG gestützt. Nach Ansicht der Autoren ist die angestrebte Informationsfunktion nämlich nur dann frei von steuerlichen Verzerrungen, wenn im Rahmen der handelsrechtlichen Bilanzierung keine steuerlichen Rückwirkungen berücksichtigt werden müssen, was voraussetzt, dass die steuerliche Wahlrechtsausübung unabhängig von der Handelsbilanz erfolgen kann; vgl. Herzig/Briesemeister (2010b), S. 917 mit Verweis auf Meurer (2010), S. 821; vgl. ebenfalls mit Hinweis auf die Gesetzesteleologie Herzig/Briesemeister (2010c), S. 65. *Herzig/Briesemeister* reagieren mit dieser nachgeschobenen Argumentation auf die Kritik an der rein wörtlichen Auslegung der Norm. Ebenfalls für eine autonome Ausübung sämtlicher – GoB-konformer als auch GoB-inkonformer – Wahlrechte Hey (2010b), § 17 Rz. 42; Prinz (2009b), S. 1030; ders. (2011a), S. 155; Mitschke (2010), S. 218; Winkeljohann/Buchholz (2010), § 274 HGB Rz. 121 ff.; Theile (2009a), S. 119; Rätke/Theile (2010), S. 308; Günkel (2010b), S. 511-515; ders. (2009), S. 204; Förschle/Usinger (2010a), § 243 HGB Rz. 112; Ott (2009), S. 470; Werth (2009), S. 509 ff.; Rautenstrauch (2009), S. 114; Pfirmann/Schäfer (2009), S. 127; Strahl (2008), S. 16294; Krawitz/Karthaus (2009), S. 665; Kaminski (2010), S. 771; ders. (2009), S. 199; Meurer (2010), S. 821 f.; Ortmann-Babel/Bolik/Gageur (2009), S. 935; Kirsch, H. (2009b), S. 320; Köhrle (2010), S. 99; Bantleon/Schorr (2010), S. 1494; Thiel (2010), S. 733 ff.; Treisch (2011), S. 138 f.; Marx (2011c), S. 1003; Weber-Grellet (2011), § 5 EStG Rz. 60 ff.; Buciek (2010), § 5 EStG Rz. 183 u. Rz. 201 ff.

248 Dörfler/Adrian (2009a), S. 394; vgl. auch Winkeljohann/Buchholz (2010), § 274 HGB Rz. 122; Ernsting (2010), S. 1068; Krawitz/Karthaus (2009), S. 668; Thiel (2010), S. 746 ff.; Schmidt/Berg/Schmidt (2011), S. 65; Herzig/Briesemeister (2009c), S. 931 sprechen ähnlich von einer „Restmaßgeblichkeit“. So auch Weber-Grellet (2008a), S. 147, der diesen Status bereits vor dem BilMoG propagiert hat; vgl. z. B. ders. (2002), S. 700.

249 Vgl. BMF v. 12.03.2010, IV C 6 – S 2133/09/10001, BStBl. I 2010, S. 239, Tz. 12 ff. Zur Position der Finanzverwaltung vgl. auch Herzig/Briesemeister (2010b), S. 917 ff.; Richter (2010), S. 508; Scheffler, W. (2010d), S. 296.

250 Diese Position vertreten insb. Hennrichs (2009e), S. 533 ff.; ders. (2010a), S. 261 ff.; Arbeitskreis Bilanzrecht der Hochschullehrer Rechtswissenschaft (2009), S. 2571; Anzinger/Schleiter (2010), S. 395 ff.; Fischer/Kalina-Kerschbaum (2010), S. 399 ff.; Hüttemann (2011b), S. 509; Hummel (2010), S. 163 ff.; Schenke/Risse (2009), S. 1957 ff.; Kußmaul (2010), S. 29; Kußmaul/Gräbe (2010b), S. 265; Freidank/Velte (2010a), S. 188-191; Velte/Sepetauz (2010), S. 523 f.; Hottmann (2009), S. 6; Wehrheim/Fross (2010c), S. 200-203; dies. (2010b), S. 1350; Mayr (2011), S. 331; wohl auch Crezelius (2011), § 5 EStG Rz. 54; im Ergebnis ebenfalls für eine Einschränkung auf subventionelle Wahlrechte Scheffler, W. (2010c), S. 2 f. Zu beachten ist, dass in den vorstehend zitierten Quellen oftmals nur von einer Beschränkung des Wahlrechtsvorbehalts auf „GoB-inkonforme Wahlrechte“ die Rede ist. Damit dürften gem. der hier verwendeten Kategorisierung aber nur Steuervergünstigungswahlrechte gemeint sein. Die ebenfalls GoB-inkonformen „fiskalisch motivierten Wahlrechte“, wie etwa die Teilwertabschreibung (vgl. Herzig/Briesemeister [2009c], S. 931), sollen nach der teleologischen Reduktion des § 5 Abs. 1 S. 1 Halbs. 2 EStG gerade nicht steuerlich autonom ausgeübt werden.

251 A. A. etwa Schulze-Osterloh (2011b), S. 535.

252 Arbeitskreis Bilanzrecht der Hochschullehrer Rechtswissenschaft (2009), S. 2571.

Einschätzungen des Status quo der Maßgeblichkeit sind also davon abhängig, welcher der vorstehend skizzierten Auslegungsvarianten man folgt. Vertreter der wörtlichen und mithin weiten Interpretation wollen erkennen, dass nun „formal der erste Schritt zur endgültigen Beseitigung der ohnehin durchlöcherten Maßgeblichkeit vollzogen“[253] sei. Die Teilhaberthese sei aufgegeben worden.[254] Das „Ende der Einheitsbilanz“[255] und damit der Einstieg in eine eigenständige steuerliche Gewinnermittlung[256] seien erreicht. Diese Einschätzung wird durch einen Passus im RegE noch bekräftigt, wonach zu „analysieren“ sei, ob „eine eigenständige steuerliche Gewinnermittlung notwendig ist und erforderlichenfalls wie sie zu konzipieren ist“ (Prüfauftrag).[257] Demgegenüber postulieren Vertreter der teleologischen Auslegung des steuerlichen Wahlrechtsvorbehalts, dass der Maßgeblichkeitsgrundsatztrotz der Neufassung des § 5 Abs. 1 S. 1 EStG gerade „nicht notwendig geschwächt worden ist. Vielmehr [möge] man sogar den Eindruck gewinnen, dass durch die Aufhebung der umgekehrten Maßgeblichkeit die Anbindung an die handelsrechtlichen GoB im Profil geschärft und dadurch gestärkt wurde“[258].

1.2.2 Einflüsse der IFRS auf die steuerrechtliche Gewinnermittlung in Deutschland

1.2.2.1 Unmittelbare Einflussnahmen

Eine umfängliche direkte Einwirkung auf die steuerliche Gewinnermittlung i. S. einer Maßgeblichkeit üben die internationalen Rechnungslegungsstandards nach geltender deutscher Rechtslage nicht aus.[259] Diese sog. Steuerbemessungsfunktion wird den IFRS auch nach dem BilMoG verwehrt. Diese Negation der IFRS trifft sich mit der h. M. im deutschsprachigen Schrifttum, dergemäß die IFRS nicht unmittelbar als steuerliche Bemessungsgrundlage fungieren sollten.[260] Auch die höchstrichterliche Finanzrechtsprechung hebt die Unmaßgeblichkeit der IFRS hervor.[261]

[253] Theile/Hartmann (2008), S. 2034.

[254] So Herzig (2010d), S. 229.

[255] So der Titel des Beitrags von Herzig/Briesemeister (2009a), S. 1; vgl. auch Herzig (2009b), S. 762-764; zustimmend Esterer (2010), S. 636.

[256] Vgl. u. a. Herzig/Briesemeister (2009c), S. 931; Krawitz/Karthaus (2009), S. 668 f.; Theile (2009h), S. 2384; Geberth/Blasius (2010), S. 414; Böcking (2008), S. 464 u. S. 465; Böcking/Gros (2008), S. 12.

[257] Vgl. Herzig (2008b), S. 1341; Spengel (2009), S. 102; Spengel/Ernst/Finke (2010), S. 285; Dörfler/Adrian (2009b), S. 58; Esterer (2010), S. 640; Prinz (2011a), S. 160 f.; ders. (2010c), S. 2073; Rammert/Thies (2009), S. 45; Meurer (2009), S. 119; Treisch (2011), S. 155; Schmiel (2011), S. 119; Kunz (2011), S. 179 f.; Kahle/Dahlke/Schulz (2008a), S. 516.

[258] So Anzinger/Schleiter (2010), S. 399.

[259] Vgl. Fuchs/Wiederwohl (2006), S. 127.

[260] Kategorisch ablehnend z. B. Schildbach (2005), S. 56 f.; Kußmaul/Tcherveniachki (2005), S. 620; a. A. (für eine IFRS-Maßgeblichkeit) z. B. Arbeitskreis „Steuern und Revision“ im Bund der Wirtschaftsakademiker (BWA) e. V. (2004), S. 1267 f.; Böcking (2007), insb. S. 69; offen auch Kirsch, H.-J. (2006c), S. 1202 f.; Tanski (2006), S. 304-306; Vasel (2003), S. 219; Schramm (2005), S. 304-306; für eine Zwischenposition (IFRS immerhin als Ausgangspunkt eines eigenständigen Steuerbilanzrechts erwägend) z. B. Schreiber, J. (2005), S. 1355; Sigloch (2004a), S. 342; Oestreicher/Spengel (2001), S. 890-894.

[261] Vgl. BFH v. 25.08.2010, I R 103/09, BStBl. II 2011, S. 215, Rn. 23; v. 14.04.2011, IV R 46/09, BStBl. II 2011, S. 1024, Rn. 24.

1.2.2.2 Mittelbare Einflussnahmen

Diffiziler sind Aussagen über die mittelbaren Einflussnahmen der IFRS. Der mit Blick auf die geltende Rechtslage mitunter getroffenen Einschätzung, IFRS hätten „keine Bedeutung“[262] für die steuerliche Gewinnermittlung, kann nicht zugestimmt werden, wenn man sich die jüngere Rechtsentwicklung vergegenwärtigt. Auch wenn die bereits im Rahmen des StEntlG 1999/2000/2002 vorgenommenen Änderungen der steuerlichen Gewinnermittlungsregeln weithin nicht als gewollte systematische Angleichung an die IFRS interpretiert wird, kann nicht verkannt werden, dass auf Einzelnormebene einige faktische Parallelen zwischen den Regelwerken geschaffen wurden.[263]

Das BilMoG soll der „Fortentwicklung“ des handelsrechtlichen Jahresabschlusses dienen.[264] Auf eine parallele Reform des Bilanzsteuerrechts wurde zwar verzichtet;[265] da aber die materielle Maßgeblichkeit des § 5 Abs. 1 EStG aufrechterhalten wird, erscheint es dennoch fraglich, ob und inwieweit die punktuellen IFRS-Annäherungen faktisch auf die steuerliche Gewinnermittlung durchschlagen.[266] Eine solche Folgenabschätzung ist schwierig, weil über den Inhalt der materiellen Maßgeblichkeit kein Einvernehmen besteht. Zum einen ist dies dem interpretationsoffenen und deshalb strittigen Wahlrechtsvorbehalt des § 5 Abs. 1 S. 1 Halbs. 2 EStG zuzuschreiben. Zum anderen ist es denkbar, dass der materielle Gehalt des GoB-Verweises im Zuge des BilMoG eine Änderung in Richtung IFRS erfahren haben könnte,[267] wobei sogleich einschränkend zu beachten ist, dass IFRS-induzierte Änderungen des GoB-Systems und der GoB-Inhalte sich überhaupt nur in die steuerrechtliche Gewinnermittlung fortpflanzen können, „wenn eigenständige und eindeutige Normen im Bilanzsteuerrecht fehlen“[268].

Nur wenn man eine generelle Auslegung dieser handelsrechtlichen Normen auf Grundlage der IFRS befürwortet, wird sich ein „‚Überschwappen‘ dieser Vorgehensweise auf die Erstellung der Steuerbilanz (…) kaum vermeiden lassen“[269]. Negiert man indessen eine Gewinnung bzw. Auslegung der GoB auf Basis der IFRS und damit eine Neuadjustierung des handelsrechtlichen Bilanzprimärzwecks zum Vorteil der Informationsfunktion, können auch nach dem BilMoG nur jene GoB für die steuerliche Gewinnermittlung von Relevanz sein, die der Ermittlung eines entziehbaren Betrags dienen, dies sind namentlich die Gewinnanspruchs-GoB. Werden die IFRS-induzierten Neuerungen des BilMoG als Informations-GoB gedeutet, muss deren Übernahme bereits an der materiellen Maßgeblichkeit des § 5 Abs. 1 S. 1 EStG scheitern, die sich unverändert auf Gewinnanspruchs-GoB bezieht.[270]

---

262 So BFH v. 14.04.2011, IV R 46/09, BStBl. II 2011, S. 1024, Rn. 24.
263 Vgl. Grotherr/Jorewitz (2001), S. 145.
264 Vgl. Herzig (2010e), Kap. 3 Rz. 85; Köhrle (2010), S. 95.
265 Vgl. kritisch Weber-Grellet (2008b), S. 2541 ff.; ders. (2011), § 5 EStG Rz. 1.
266 Vgl. Kahle/Dahlke/Schulz (2008a), S. 514.
267 Vgl. Rammert/Thies (2009), S. 40.
268 Ballwieser (2011), S. 591; vgl. auch Fülbier/Gassen (2007), S. 2608.
269 So Kunz (2011), S. 186 f.
270 Vgl. Kahle/Dahlke/Schulz (2008b), S. 268.

Einer vermehrt mittelbaren steuerlichen Geltung der neuerlichen IFRS-Einflüsse steht ferner entgegen die ausdrückliche Intention des Gesetzgebers, die Bilanzrechtsnovellierung (möglichst) steuerneutral vollziehen zu wollen.[271] Was die IFRS-induzierten Änderungen des Handelsbilanzrechts anbelangt,[272] wurde diese Zielsetzung grundsätzlich getroffen, und zwar rechtstechnisch in der Weise, dass IFRS-orientierten Neuregelungen steuerliche Sondervorschriften entgegengestellt wurden bzw. vorgenommene Änderungen an bestehenden handelsrechtlichen Normen in Richtung IFRS steuerlich nicht nachvollzogen wurden. Die Vorstellung einer steuerlichen Gewinnermittlung auf Basis der IFRS hat der deutsche Gesetzgeber damit abermals verworfen.[273] Es darf dabei indes nicht übergangen werden, dass sich trotz des ausgesprochenen Neutralitätsziels im Detailbereich einzelne wenige IFRS-Einflüsse bemerkbar machen, insbesondere die Zeitwertbewertung des § 6 Abs. 1 Nr. 2b EStG. Allerdings bleibt zu betonen, dass diese neuerlichen IFRS-Einflüsse eher punktueller Natur sind.

Diesen theoretisch-konzeptionellen Erwägungen zum Trotz ist festzustellen, dass die IFRS in der (praxisnahen) deutschsprachigen Literatur mit spürbarem Nachdruck auch in Auslegungsfragen der steuerlichen Gewinnermittlung bemüht werden.[274] So wurde in Ermangelung einer expliziten handelsrechtlichen Regelung beispielsweise schon vor dem BilMoG[275] nahegelegt, die Regeln der IFRS zum *hedge accounting* als interpretatorische Hilfestellung für die steuerliche Abbildung von Bewertungseinheiten nach § 5 Abs. 1a EStG heranzuziehen.[276] Der mittelbare Einfluss der IFRS ist insofern zwar „rechtlich außerordentlich problematisch, faktisch aber insbesondere bei neuartigen Problemfeldern (…) kaum auszuschließen“[277].

Von der *de lege lata* vorgeschriebenen bzw. zulässigen IFRS-Anwendung auf Konzernabschlussebene sollten zunächst keine steuerlichen Folgewirkungen ausgehen, steht dieser doch bestimmungsgemäß unter dem Primat der Informationsfunktion, eine Steuerbemessungsfunktion ist mit ihm nicht verbunden.[278] Seit Einführung der Zinsschrankenregelungen (§§ 4h EStG, 8a KStG) hat die IFRS-Konzernrechnungslegung nun allerdings auch an mittelbarer steuerlicher Relevanz ge-

271 Vgl. BT-Drs. 16/10067, S. 41 u. S. 45; hierzu auch z. B. Dörfler/Adrian (2009b), S. 58; Kunz (2011), S. 182.

272 In der Gesamtschau wurde das Ziel der Steuerneutralität eher nicht erfüllt. Zur Diskussion vgl. nur Kahle/Schulz/Vogel (2011), S. 178 ff.

273 Vgl. Ballwieser (2011), S. 592.

274 Vgl. Kunz (2011), S. 186.

275 Durch das BilMoG wurde diese Gesetzeslücke in Form des § 254 HGB geschlossen. Zum Verhältnis von § 254 HGB und § 5 Abs. 1a EStG vgl. eingehend Prinz (2011a), S. 157-160; aus Sicht der Finanzverwaltung BMF v. 25.08.2010, IV C 6-S 2133/07/10001, DB 2010, S. 2024. Von Teilen der Literatur wird weiterhin ein Rückgriff auf IAS 39 (bzw. IFRS 9) empfohlen. Die Begründung, hierfür spreche „nichts dagegen“ (so Driesch/von Oertzen [2010], S. 346, mit Blick auf die Dokumentation und Messung der sog. *Hedge*-Effektivität), erscheint nach dem oben Gesagten allerdings nicht hinreichend.

276 Vgl. im Einzelnen Kahle/Dahlke/Schulz (2007), S. 10 f.

277 Herzig (2009b), S. 758.

278 Vgl. Bertl/Eberhartinger/Hirschler (2008), S. 760; Treisch (2011), S. 140; Köhrle (2010), S. 92.

wonnen.[279] So nehmen die als Ausnahmeregeln[280] zur Zinsschranke gedachten Konzern- sowie Escape-Klauseln vorrangig nach IFRS erstellte Einzel- und Konzernabschlüssse in Bezug, um eine Konzernzugehörigkeit bzw. (annähernde) Kongruenz der Eigenkapitalquoten auf Betriebs- und Konzernebene zu prüfen. Auf diesem Weg wirken die IFRS direkt in die steuerliche Gewinnermittlung ein; sie entscheiden über die Höhe des insgesamt zulässigen Zinsabzugs und damit auch über die Höhe des periodischen Gesamtgewinns.[281]

Auch in originär steuerlichen Fragestellungen außerhalb der steuerbilanziellen Gewinnermittlung steigt der mittelbare Einfluss der IFRS, wie etwa der Vorschlag zeigt, die Transferpaketbewertung im Rahmen der Funktionsverlagerungsbesteuerung (§ 1 Abs. 3 S. 9 ff. AStG) durch Rückgriff auf das Konzept der zahlungsmittelgenerierenden Einheit i. S. d. IAS 36 zu konkretisieren.[282] Schließlich nimmt mit dem REITG erstmals auch ein Steuergesetz explizit auf die IFRS Bezug.[283] Diese Rechtsentwicklungen verdeutlichen, dass der mittelbare Einfluss der IFRS auf die steuerliche Gewinnermittlung zunimmt, obgleich von einer faktischen Maßgeblichkeit keine Rede sein kann.

2 IFRS und die handels- und steuerrechtliche Gewinnermittlung in Frankreich

2.1 Handelsrechtliche Gewinnermittlung in Frankreich unter dem Einfluss der IFRS

2.1.1 Grundskizze des französischen Bilanzrechts

Charakteristisch für das französische Bilanzrecht (*droit comptable*), aber wohl eher ungewöhnlich für ein Land mit *Code law*-Tradition,[284] ist die Vielzahl an Quellen handelsrechtlicher Normsetzung.[285] Zu diesen gehören insbesondere die vom französischen Parlament erlassenen formellen Gesetze (*lois*) sowie die Rechtsverordnungen der Exekutive mit materiellem Gesetzescharakter (*règlements*).[286] Das französische Handelsgesetzbuch, der Code de Commerce (CCom), enthält in

279 Speziell zur IFRS-Problematik im Rahmen der Zinsschranke vgl. Hennrichs (2007a), S. 2101 ff.; ders. (2007b), S. 1926 ff.; Lüdenbach/Hoffmann (2007a), S. 636 ff.; Prinz (2007), R257 f.; ders. (2011a), S. 162; ders. (2010c), S. 2074; Kirsch, H. (2007), S. 657 ff.; Rückle (2009), S. 40; Küting/Weber/Reuter (2008), S. 1602 ff.; Heuser/Pawelzik (2009), Kap. G.; Stibi/Thiele (2008), S. 2507 ff.; Kunz (2011), S. 187 f.; Coenenberg, A. (2007), S. 207 ff.; Heintges/Kamphaus/Loitz (2007), S. 1261 ff.; Freidank/Velte (2010a), S. 192; Treisch (2011), S. 139; Birk (2009), S. 879; Striegel (2009), § 2 Rz. 11-13; Heuermann (2011), S. 86 f. (speziell aus verfassungsrechtlicher Sicht); Langkau (2009), S. 652 ff.; Dörr (2011), S. 355; Kahle/Dahlke/Schulz (2008a), S. 517 f.; dies. (2008b), S. 269-274; Schulz (2008b), S. 2043 ff.

280 Zusätzlich ist die Vorschrift des § 8a KStG zu beachten. Im Fall einer sog. schädlichen Gesellschafter-Fremdfinanzierung greift eine Rückausnahme.

281 Es überrascht, dass im Rahmen der Zinsschranke auf die IFRS rekurriert wird, wird deren steuerliche Zweckeignung vom deutschen Steuergesetzgeber doch eher gering geschätzt. Hier zeigt sich eine deutliche Inkonsistenz. Offenbar unterstellt der Steuergesetzgeber, dass die Zinsschranke in erster Linie grenzüberschreitende Konzernstrukturen trifft, die schon für handelsrechtliche Zwecke nach IFRS Rechnung legen. Diese Unterstellung ist angreifbar; tatsächlich führen gerade die IFRS-Anknüpfungen der Zinsschranke zu erheblichen Rechtsunsicherheiten. Zu den Rechtsunsicherheiten vgl. umfassend Liekenbrock (2011), S. 157-188.

282 Zur Diskussion vgl. Kahle/Dahlke/Schulz (2008b), S. 274-277; dies. (2008a), S. 519.

283 Vgl. mit Einzelheiten Kahle/Dahlke/Schulz (2008b), S. 277 f.

284 Zu dieser Zuordnung vgl. etwa Naciri/Hoarau (2001), S. 232 und passim.

285 Vgl. Wagner, S. (2000), S. 5.

286 *Règlements* sind zu unterteilen in *décrets* und *arrêtés ministériels* (bzw. *interministérielles*). *Décrets* fallen in den Zuständigkeitsbereich des französischen Staatspräsidenten respektive Premierministers. *Arrêtés ministériels* stel-

den Artt. 123-12 bis Art. 123-28 (ehedem: Artt. 8 bis 17-4 CCom[287]) lediglich allgemein gehaltene Bilanzierungsgrundsätze (*principes fondamenteaux*).[288] Sie wurden in Transformation der 4. EG-Richtlinie durch das Gesetz n° 83-353 vom 30.04.1983, dem sog. *loi comptable*, in den CCom eingefügt.[289] Eine weitergehende Konkretisierung der Gewinnermittlungsnormen obliegt der Exekutive.[290] Das *loi comptable* wird vor allem durch das Ausführungsdekret n° 83-1020 vom 29.11.1983 konkretisiert und ergänzt.[291] Dieses sog. *décret comptable* (DC) enthält „wichtige Präzisierungen für den Ansatz und die Bewertung von Aktiva und Passiva“[292] Beide Regelwerke – *loi comptable* und *décret comptable* – sind deshalb „als Einheit zu betrachten“[293]. Die höchstrichterliche Rechtsprechung in Frankreich gilt zwar als wichtige Rechtsquelle; zum Kernbereich der handelsrechtlichen Gewinnermittlung finden sich aber nur wenige Judikate.[294]

Ein weiteres Spezifikum des französischen Bilanzrechts ist die Prädominanz des *Plan comptable général* (PCG).[295] Entgegen seiner deutschen Übersetzung als Allgemeiner Kontenplan geht der PCG über den Charakter eines Kontenrahmens weit hinaus; er stellt vielmehr zahlreiche „Vorschriften zur Terminologie und zum Ansatz und Bewertung einzelner Bilanzposten in Buchführung und Bilanz“[296] bereit. Der PCG ist damit das „ausführlichste Regelwerk für die kaufmännische Bilanzierung“[297] in Frankreich. Mit einem *conceptual framework* i. S. d. IFRS bzw. US GAAP ist der PCG

---

len eine weitergehende Konkretisierung auf untergeordneter Ebene durch den jeweiligen Minister dar. Sofern ein Ermächtigungsgesetz des Parlaments Grundlage der Reglementierung ist, spricht man von einer *ordonnance*. *Décrets* und *arrêtés ministériels* unterscheiden sich danach, ob sie der Umsetzung eines bereits bestehenden formellen (parlamentarisches) Gesetzes durch Konkretisierung und Präzisierung dienen (*décrets* bzw. *arrêtés ministériels d'application*) oder ob sie autonom durch die Exekutive erlassen werden (*décrets* bzw. *arrêtés ministériels autonomes*). Vgl. hierzu im Detail Wagner, S. (2000), S. 7 f.; Colasse/Standish (2004), S. 417.

287 Im Jahre 2000 erfolgte eine Neunummerierung; die Art. 8 bis Art. 17-4 CCom sind nun in Art. 123-12 bis Art. 123-28 verortet; vgl. Hoarau (2003), S. 130; Degos/Ouvrard (2010), S. 204; Bocqueraz (2010), S. 51.

288 Vgl. Osterloh-Konrad (2005), S. 368; Günther (1999), S. 15; Geese (1983), S. 136.

289 Vgl. Colasse/Standish (2004), S. 419 f.; Günther (1999), S. 15; Küting/Altmeier/Günther (1998), S. 530 f.; Malherbe (2010), S. 83; Bocqueraz (2010), S. 52; Schulte (2010), S. 126 f.; Broer (2001), S. 129; zur Transformation der 4. EG-Richtlinie in Frankreich im Einzelnen auch Martens (1983), S. 1 ff. u. S. 44 ff.; Diekmann (1991), S. 148-154; Geese (1983), S. 135 ff.

290 Diese (aus deutscher Sicht) spezifische Gesetzesmethodik findet ihre Erklärung darin, dass das französische Parlament nach Art. 34 der französischen Verfassung im bilanzsteuerrechtlichen Kontext ausschließlich befugt ist, allgemeine Bilanzierungsprinzipien zu bestimmen. Dagegen wird der Exekutive gem. Art. 37 der französischen Verfassung eine eigenständige Verordnungsgewalt zuerkannt. Faktisch wird das französische Bilanzrecht durch die französische Exekutive dominiert; vgl. Küting/Altmeier/Günther (1998), S. 530 f.; Wüstemann/Maucher (2004), S. 6; Forszpaniak/Scholtissek (1985), S. 3.

291 Vgl. Küting/Altmeier/Günther (1998), S. 530 f.; Degos/Ouvrard (2010), S. 204.

292 Osterloh-Konrad (2005), S. 369.

293 Günther (1999), S. 16.

294 Vgl. Degos/Ouvrard (2010), S. 205.

295 Vgl. Nioche/Pesqueux (1997), S. 240; Perlewitz/Belie (2000), S. 25; Alexander/Segura (2010), S. 5; Grünberger (1999), S. 543. Zur Entwicklungsgeschichte des PCG vgl. im Einzelnen Bocqueraz (2010), S. 46-48; Standish (1990), S. 337 ff.; Hoarau (2003), S. 131; Forszpaniak/Scholtissek (1985), S. 3; Degos/Ouvrard (2010), S. 201 ff.; Schwandtner (1994), S. 168 f.; Zimmermann/Kilian/Schymczyk (2010), S. 11 f.; Broer (2001), S. 127-129; Schulte (2010), S. 118 ff.

296 Küting/Altmeier/Günther (1998), S. 532; vgl. auch Nobes/Parker (2010), S. 346; Schulte (2010), S. 116 f.; Hoarau (2003), S. 131.

297 Osterloh-Konrad (2005), S. 369; vgl. auch Grünberger (1999), S. 543; Schulte (2010), S. 116; Nobes/Parker (2010), S. 365.

indes nicht zu vergleichen.[298] Von den hier im Vordergrund stehenden buchführungspflichtigen juristischen Personen ist der PCG obligatorisch anzuwenden; er bezieht sich seit dem Jahr 1999 nur noch auf den handelsrechtlichen Jahresabschluss.[299] Branchenspezifische Anpassungen des PCG sind zwingend zu beachten (sog. *plans professionnels*).[300]

Die Fortentwicklung des PCG liegt im Aufgabenfeld der Exekutive.[301] Die Normsetzungskompetenz (*pouvoir comptable*) wird seit dem Jahr 2009 an die *Autorité des normes comptables* (ANC) delegiert; sie stellt die Nachfolgeorganisation des *Comité de la réglementation comptable* (CRC) und des *Conseil national de la comptabilité* (CNC) dar.[302] Rechtsverbindlichkeit erlangen die Verlautbarungen des CRC bzw. der ANC durch interministerielle Bestätigung und Erlass (*arrêtés interministériels*).[303] Folglich sind bei der Erstellung eines Jahresabschlusses neben dem PCG in seiner jeweils gültigen Fassung grundsätzlich[304] auch die ministeriell bestätigten *règlements* des CRC (nunmehr: ANC) zu respektieren.[305] Der französische Standardsetzungsprozess (*normalisation comptable*[306]) ist durch einen intensiven Einbezug vielfältiger Interessengruppen, auch des französischen Staates, gekennzeichnet.[307]

Dieses Spezifikum des französischen Normbildungsprozesses dürfte eine (weitere) Annäherung des französischen Bilanzrechts an die IFRS entscheidend begünstigen.[308] Damit sind die französischen Rechnungslegungsnormen nach deutschem Verständnis als das Ergebnis einer (empirischen) Induktion zu charakterisieren. Die Gewinnermittlungsvorschriften des PCG sind mithin „nicht primär prinzipienorientiert und auslegungsoffen, sondern konkretisierend-regelbasiert“; statt „einer Isolierung kohärenter, an übergeordneten Leitprinzipien orientierter Gewinnermittlungsvorschriften“ steht die Konsensfähigkeit der Bilanzierungsvorschriften zwischen den an der Normsetzung beteiligten Akteuren im Vordergrund.[309]

Dem handelsrechtlichen Einzelabschluss[310] wird sowohl eine Zahlungsbemessungs- als auch eine Informationsfunktion zugewiesen.[311] Sein Sinn und Zweck wird allerdings weder im CCom noch

---

298 Vgl. Naciri/Hoarau (2001), S. 233; Schulte (2010), S. 149 f.

299 Vgl. Osterloh-Konrad (2005), S. 369; Hoarau (2003), S. 131.

300 Vgl. Hoarau (2003), S. 132; Nobes/Parker (2010), S. 346.

301 Vgl. Wagner, S. (2000), S. 8.

302 Zur jüngsten Reform der *normalisation comptable* vgl. Hoarau (2009), S. 127 ff.; Colasse/Pochet (2010), S. 233 ff.; dies. (2009), S. 25 ff.; Bocqueraz (2010), S. 54 f.; Schulte (2010), S. 128 f.

303 Vgl. Hoarau (2009), S. 142.

304 Zu beachten sind branchenspezifische Verlautbarungen, deren Anwendungsbereich entsprechend beschränkt ist.

305 Vgl. Osterloh-Konrad (2005), S. 371 (zu den *règlements* des CRC) und Art. 4 der *ordonnance* n° 2009-79 v. 22.01.2009 (zu den *règlements* der ANC).

306 Vgl. zur Bezeichnung etwa Martens (1983), S. 44.

307 Vgl. Hoarau (2009), S. 130; im Einzelnen auch Schulte (2010), S. 134 ff.

308 Seit der jüngsten Reform *normalisation comptable* dürfte sich insb. auch der Einfluss der sog. *Big Four*-Gesellschaften verstärkt haben; *Hoarau* spricht von einem „peak of the influence”; ders. (2009), S. 146.

309 Schulte (2010), S. 177 (erstes Zitat) u. S. 150 (zweites Zitat).

310 Zur Publizitäts- und Rechnungslegungspflicht in Frankreich vgl. grundlegend Malherbe (2010), S. 82-94.

311 Vgl. Schulte (2010), S. 36; Günther (1999), S. 62-67; Osterloh-Konrad (2005), S. 367.

im PCG expliziert; das Verhältnis der Jahresabschlussziele ist daher umstritten.[312] Beide Regelwerke fordern lediglich grob, „dass der Jahresabschluss unter Beachtung der Grundsätze der Ordnungsmäßigkeit (*principe de regularité*) und Bilanzwahrheit (*principe de sincérité*) ein den tatsächlichen Verhältnissen entsprechendes Bild der Vermögens-, Finanz- und Ertragslage (*image fidèle*) vermitteln soll"[313] (Art. L 123-14 al. 1 CCom; ehedem Art. 9 CCom). Die Generalklausel des *image fidèle* wurde – anders als die *regularité* und *sincérité* – erst durch das *loi comptable* in den CCom und analog in den PCG integriert.[314] Sie zielt auf die Informationsfunktion des französischen Jahresabschlusses ab[315] und betrifft dabei (im Gegensatz etwa zu § 264 Abs. 2 HGB) nicht nur Kapitalgesellschaften.[316]

Über die Auslegung dieser Generalklausel bestehen indes abweichende Ansichten. Nach h. M. soll sie – offenbar der („deutschen") Abkopplungsthese vergleichbar – durch spezifische Anhangsangaben erfüllt werden.[317] Das Prinzip des *image fidèle* hat aus dieser Sicht also nicht die Bedeutung eines *overriding principle*.[318] Daraus wäre der Schluss zu ziehen, dass die Ausschüttungsbemessung im Bereich der bilanziellen Ansatz- und Bewertungsvorschriften dominiert. Aufgrund der in Frankreich vorherrschenden induktiven Gewinnung von Bilanzierungsvorschriften ist es indes nicht möglich, „im Wege einer (quasi-) hermeneutischen Ermittlung den gesetzlich intendierten übergeordneten Sinn und Zweck zu identifizieren"[319]. Insofern muss auch der (implizite) Bilanzprimärzweck offenbleiben.[320] Es kann daher auch keine Aussage dahingehend getroffen werden, welche Bedeutung etwa dem bilanziellen Vorsichtsprinzip (Art. 123-14 al. 1 CCom) beigemessen wird; aus den „gesetzlichen Vorschriften" jedenfalls lässt sich „kein Vorrang" desselben ableiten.[321] Das rechtsvergleichende Schrifttum nennt regelmäßig den (zerschlagungsstatischen) Gläubigerschutz als Leitbild der handelsrechtlichen Bilanzierung in Frankreich. Es steht zumindest außer Streit, dass der handelsrechtliche Jahresabschluss in Frankreich Relevanz für das Gesellschafts- und Steuerrecht besitzt. Eine Übernahme oder zumindest Annäherung der handelsrechtlichen Ansatz- und Bewertungsvorschriften an die IFRS könnte folglich auch auf die Ausschüttungs- und Steuerbemessung ausstrahlen.

---

312 So ausdrücklich Naciri/Hoarau (2001), S. 234: „French accounting objectives are unknown or at best, not well defined".

313 Schulte (2010), S. 147; zu diesen Prinzipien auch dies. (2001), S. 235 f.; Hoarau (2003), S. 137 f.; Gélard (2001), S. 1036-1040; McCourt/Radcliffe (1995), S. 463; Nobes/Parker (2010), S. 367; Schulte/Wüstemann/Hommel (2009), S. 8; Wüstemann/Maucher (2004), S. 6; Osterloh-Konrad (2005), S. 372 f.; Hossfeld (1996), S. 1712 f.; Forszapaniak/Scholtissek (1985), S. 7; Schwandtner (1994), S. 184-186.

314 Vgl. Evraert/des Robert (2008), S. 132; im deutschen Schrifttum: Diekmann (1991), S. 150 (in Bezug auf den CCom) u. S. 152 (in Bezug auf den PCG).

315 Vgl. Hoarau (2003), S. 137 f.

316 Vgl. Altmeier (1999), S. 174.

317 Vgl. Schulte (2010), S. 149; Horau (2003), S. 138.

318 A. A. Altmeier (1999), S. 177.

319 So Schulte (2010), S. 149.

320 Vgl. Altmeier (1999), S. 178 f.

321 So die Einschätzung von Osterloh-Konrad (2005), S. 374 (beide Zitate).

Der Begriff der Grundsätze ordnungsmäßiger Buchführung bzw. Bilanzierung ist im französischen Recht nicht kodifiziert.[322]. Die Gesamtheit „alle[r] (geschriebenen und ungeschriebenen) Prinzipien und Einzelvorschriften der französischen Bilanzrechtsordnung, die der Erstellung des handelsrechtlichen Jahresabschlusses dienen", wird als *principes comptables* bezeichnet.[323] Die aus deutscher Sicht naheliegende Bezeichnung dieser *principes comptables* als (französische) GoB[324] erscheint indes unangebracht. Tatsächlich bestehen zwischen den *principes comptables* und den (deutschen) handelsrechtlichen GoB gravierende Unterschiede.[325] Konträr zu den handelsrechtlichen GoB werden die *principes comptables* nicht im Wege einer gesetzlichen Generalklausel in Bezug genommen.[326] Es zeigen sich auch bzw. gerade deshalb erhebliche Unterschiede in der Gewinnung und Auslegung. Im Gegensatz zu den handelsrechtlichen GoB sind die *principes comptables* nicht als Rechtsnormen, sondern als induktive Fachnormen zu charakterisieren; anders als etwa in Deutschland hat sich das Richterrecht in Frankreich für die Entwicklung des Bilanzrechts als kaum prägend erwiesen.[327]

Diskrepanzen werden weiterhin im jeweiligen Systemcharakter identifiziert. Die *principes comptables* werden in der deutschen rechtsvergleichenden Literatur als unscharf und unsystematisch kritisiert; sie bilden kein „den Gewinnermittlungs-GoB des deutschen Bilanzrechts vergleichbares System"[328]. Relativierend wird man bei einer solchen Kritik aber zu bedenken haben, dass diese aus dem deutschen (ausschüttungsstatischen) Systemdenken heraus zutreffend sein mag, jenes aber nicht mit dem Systemdenken französischer Prägung übereinstimmt und auch nicht i. e. S. auf dieses übertragen werden kann.[329] So dürfte der Begriff der Konsistenz im französischen bilanzrechtlichen Verständnis weniger „‚normative Widerspruchsfreiheit'" meinen als vielmehr auf Konsensfähigkeit unter den beteiligten Akteuren abzielen.[330]

2.1.2 Einflüsse der IFRS auf die handelsrechtliche Gewinnermittlung in Frankreich

2.1.2.1 Unmittelbare Einflussnahmen

Durch die *ordonnance* n° 2004-1382 vom 20.12.2004 wurde die IAS-Verordnung, die *Fair value*-Richtlinie sowie die Modernisierungsrichtlinie in den CCom integriert.[331] Frankreich hat von dem

322 Vgl. Forszpaniak/Scholtissek (1985), S. 5.
323 Vgl. Wagner, S. (2000), S. 2 (auch Zitat); Oestreicher/Spengel (1999b), S. 337; Spengel (1995), S. 57; Wüstemann/Maucher (2004), S. 7; Schulte (2010), S. 153 f.; Luttermann (2003), § 264 HGB Rz. 53; Hein (1988), S. 118.
324 Vgl. Osterloh-Konrad (2005), S. 372; Hellio/Crucifix (2010), Rz. 227; Hellio/Thill (2002), Rz. 234; Spengel (1995), S. 57; Oestreicher/Spengel (1999b), S. 337; Martens (1983), S. 2 und passim; Geese (1983), S. 136; Sachs (1998), S. 131 ff.
325 So Wagner, S. (2000), S. 241. Für eine grundlegende Darstellung, Gegenüberstellung und Würdigung der *principes comptables* aus GoB-Sicht vgl. ders. (2000).
326 Vgl. Wagner, S. (2000), S. 27; Schulte (2010), S. 150.
327 Vgl. Wagner, S. (2000), insb. S. 74-81; Schulte (2010), insb. S. 146-155.
328 So im Ergebnis Wagner, S. (2000), S. 241.
329 Vgl. Schulte (2010), S. 171 mit Verweis auf Wagner, S. (2000), S. 241.
330 Vgl. Schulte (2010), S. 172 (auch Zitat).
331 Vgl. Ouvrard/Degos (2008), S. 13; Degos/Ouvrard (2008), S. 72.

in der IAS-Verordnung gewährten Mitgliedstaatenwahlrechten insoweit Gebrauch gemacht, als auch die Konzernabschlüsse nicht börsennotierter Mutterunternehmen mit befreiender Wirkung auf Basis der IFRS erstellt werden können. Dagegen sind die IFRS im französischen Einzelabschluss weder verpflichtend noch wahlweise zu Informations- bzw. Offenlegungszwecken, wie etwa nach § 325 Abs. 2a HGB, anwendbar.[332] Damit bleiben die Vorschriften des PCG für die handelsrechtliche (und steuerrechtliche) Gewinnermittlung formal bindend.[333] Es überrascht nicht, dass auch in Frankreich das Anwendungsverbot der IFRS in erster Linie „mit der Heterogenität der Jahresabschlusszwecke“[334] begründet wird. Die Debatte über die Anwendung der IFRS auf Jahresabschlussebene rankt sich auch in Frankreich in der Hauptsache um die Bewertung zum *fair value* (*juste valeur*).[335] Aus konzeptioneller Sicht scheinen die IFRS mit dem legalistisch geprägten französischen Bilanzrecht (*principe de patrimonialité* oder *approche patrimoniale*)[336] kaum vereinbar.[337] Gleichwohl wird eine Übernahme der IFRS von Teilen der Literatur als Chance begriffen, dem französischen Bilanzrecht zu mehr Prinzipienhaftigkeit (*cadre conceptual*) zu verhelfen.[338]

2.1.2.2 Mittelbare Einflussnahmen

Obgleich formalgesetzlich ausgeschlossen, sind in Frankreich seit dem Jahre 1999[339] intensive Bestrebungen zu konstatieren, den für den handelsrechtlichen Jahresabschluss sämtlicher Unternehmen relevanten PCG in einzelnen Regelungsbereichen an die Vorgaben der internationalen Rechnungslegung anzunähern.[340] Diese als *convergence du PCG avec le référentiel IFRS*[341] bezeichnete Rechtsentwicklung wurde durch den französischen Standardsetzer CNC initiiert und auch von diesem in der Folgezeit vorangetrieben.[342] Im Vergleich zum BilMoG mit seinen insgesamt nur punktuellen IFRS-Annäherungen ist die gleichsam als Modernisierung verstandene Annäherung des PCG an die IFRS nicht nur wesentlich früher, sondern auch weitreichender vollzogen worden.[343] So

[332] Vgl. Delvaille/Ebbers/Saccon (2005), S. 142; Degos/Ouvrard (2008), S. 72; dies. (2010), S. 201; Bocqueraz (2010), S. 53; Kajüter et al. (2008), S. 592.

[333] Vgl. Marchessou (2006), S. 295.

[334] Schulte (2010), S. 36.

[335] Vgl. Schulte (2010), S. 37. Für eine Auseinandersetzung mit dem *fair value* aus französischer Perspektive vgl. eingehend Richard (2004), S. 95 ff.

[336] Die legalistische Fundierung des französischen Bilanzrechts kommt in dessen gängiger Bezeichnung als *l'algèbre du droit* zum Ausdruck. Vgl. begriffsprägend Garnier (1947); ferner auch Ledouble (2005), S. 18 ff.; Alexander/Segura (2010), S. 11; Nobes/Parker (2010), S. 367.

[337] Vgl. Evraert/des Robert (2008), S. 135.

[338] Zur Diskussion vgl. Wagner, S. (2000), S. 61-66.

[339] Vgl. Dandon/Didelot (2006), S. 29 und ff.; Degos/Ouvrard (2010), S. 201.

[340] Vgl. Villemot (2007), S. 21; Ouvrard/Degos (2008), S. 28; Degos/Ouvrard (2008), S. 74; dies. (2010), S. 200 ff.; Rosenberg (2006), S. 114-116; Evraert/des Robert (2008), S. 130 ff.; Mousel (2006), S. 77-79; Schulte (2010), S. 40 u. S. 128; Jödicke (2009), S. 152.

[341] Vgl. Dandon/Didelot (2006), S. 29 ff.; Roy (2005), S. 32 f.; Bocqueraz (2010), S. 53. Es handelt sich bei dieser Entwicklung allerdings weniger um eine Konvergenz i. S. einer beiderseitigen Annäherung als vielmehr um eine einseitige Annäherung des französischen Bilanzrechts an die IFRS; darauf weist zu Recht Schulte (2010), S. 40 Fn. 282 hin.

[342] Vgl. Nobes/Parker (2010), S. 367 f.

[343] Vgl. Schulte (2010), S. 40 f.

existieren zahlreiche *règlements*, die an das *Framework* sowie Einzelstandards angelehnt sind.[344] Indem der PCG schrittweise an die IFRS herangeführt wird, erfolgt deren Übernahme in das französische Bilanzrecht „plus subtile et moins directe qu'imposée par une loi“[345]. Bemerkenswert ist (aus deutscher Sicht), dass einzelne Passagen aus dem *Framework* oder Einzelstandards wortgetreu in den PCG übernommen wurden (sog. *verbatim approach*).[346]

Der Öffnung des französischen Handelsbilanzrechts in Richtung IFRS sind einige Barrieren gesetzt. Wegen der nachfolgend noch näher zu diskutierenden Verzahnung von handels- und steuerrechtlicher Gewinnermittlung sind die IFRS-Annäherungen somit auch stets unter dem Aspekt möglicher steuerlicher Folgewirkungen zu beurteilen.[347] Weitere Einschränkungen sind der spezifischen Normenhierarchie des französischen Bilanzrechts geschuldet.[348] So werden die Verlautbarungen des französischen Standardsetzers im Wege ministerieller Erlasse (*arrêtés interministériels*) erlassen; diese aber rangieren normhierarchisch niedriger als parlamentarische Gesetze (*lois*).[349] Wenn der CCom oder das DC eine von den IFRS-orientierten *règlements* abweichende Regelung vorsieht, geht jene formal im Rang vor, wodurch die angestrebte IFRS-Annäherung (partiell) konterkariert wird.[350] Es verbleibt, die IFRS-angenäherte Bilanzierungsweise als *méthode préférentielle*[351] zu benennen und damit deren Anwendung nahezulegen. Negativer Effekt ist dabei allerdings, dass sich die Zahl der expliziten handelsrechtlichen Wahlrechte infolge der angestrebten IFRS-Konvergenz merklich erhöht hat.[352]

Des Weiteren sind die zum Vorbild genommenen Standards vielfach nur inkonsequent adaptiert worden.[353] Zu einigen charakteristischen Konzepten der IFRS, wie insbesondere die Zeitwertbewertung oder der *Substance over form*-Grundsatz, wird noch immer bewusst Distanz gehalten.[354] Die sich hieraus ergebenden Inkonsistenzen stoßen im französischen Schrifttum auf massive Kritik.[355]

---

344 Beispiele dieser IFRS-angenäherten *règlements* sind (im Klammerzusatz die jeweiligen IFRS-Vorbilder): CRC 99-08 v. 24.11.1999: „traitement comptable des contrats à long terme“ (IAS 11); CRC 00-06 v. 07.12.2000: „définition des passifs“ (IAS 37); CRC 2002-10 v. 12.12.2002 und CRC 2003-07 v. 12.12.2003: „amortissements et la dépréciation des actifs“ (IAS 16, IAS 36, IAS 38); CRC 03-01 v. 02.10.2003: „traitement comptable des activités d'échange dans le cadre des transactions internet“ (IAS 18); CRC 2003-04 v. 02.10.2003: „traitement comptable des produits de cession des immobilisations réévaluées (IAS 16); CRC 2003-05 v. 20.11.2003: „traitement comptable des coûts de création de sites internet" (IAS 38); CRC 2004-06 v. 23.11.2004: „définition, la comptabilisation et l'évaluation des actifs" (IAS 2, IAS 16, IAS 23, IAS 38). Vgl. als Überblick Dandon/Didelot (2006), S. 30; Mousel (2006), S. 77; Marchessou (2006), S. 296; Baert/Yanno (2009), S. 48-51; Degos/Ouvrard (2008), S. 72; Degos/Ouvrard (2010), S. 219.

345 Marchessou (2006), S. 296.

346 Vgl. die Übersicht bei Dandon/Didelot (2006), S. 3. Zu diesem *verbatim approach* des französischen Bilanzrechts vgl. eingehend Schulte/Wüstemann/Hommel (2009).

347 Vgl. Dandon/Didelot (2006), S. 30 f.

348 Vgl. Dandon/Didelot (2006), S. 29.

349 Vgl. Ouvrard/Degos (2008), S. 11; Degos/Ouvrard (2010), S. 204 f. u. S. 212.

350 Vgl. Ouvrard/Degos (2008), S. 23.

351 Der Begriff wurde durch das CRC 99-03 in den PCG eingeführt; vgl. Degos/Ouvrard (2008), S. 68; dies. (2010), S. 213.

352 Vgl. Degos/Ouvrard (2010), S. 213.

353 Vgl. Dandon/Didelot (2006), S. 31; Ouvrard/Degos (2008), S. 23.

354 Vgl. Degos/Ouvrard (2010), S. 213.

355 Zur Kritik vgl. Ouvrard/Degos (2008), S. 20 ff.; Degos/Ouvrard (2010), S. 213 ff.; Dandon/Didelot (2006), S. 32 f.

In Bilanzierungsteilbereichen bestehen, wie noch exemplarisch zu sehen sein wird,[356] elementare Diskrepanzen zu den IFRS. Eine materielle Kongruenz zwischen PCG und dem IFRS-Regelwerk besteht nicht. Inwieweit IFRS als Auslegungsgrundlage des französischen Bilanz(-steuer)rechts herangezogen werden, ist nicht klar. In Literatur wird vermutet, aber nicht hinreichend belegt, dass die IFRS „in Judikatur und Praxis subsidiär angewendet" werden, wenn „Sachverhalte nicht eindeutig geregelt" seien.[357] Anders als in der deutschen Diskussion wird die Stütze für einen interpretatorischen Rückgriff auf die IFRS aber wohl nicht in der oben diskutierten *BIAO*-Entscheidung[358] des EuGH gesucht.

Die vergleichsweise weite Annäherung des *droit comptable* an die IFRS wird in der Literatur[359] auf drei Gründe zurückgeführt. *Erstens* erlaubt die Übertragung der Standardsetzungskompetenz an die französische Exekutive eine weitaus schnellere und flexiblere Anpassung an die IFRS als dies in Deutschland der Fall ist, wo die Gesetzgebungsbefugnis der Legislative vorbehalten ist und entsprechend langwierige Gesetzgebungsverfahren erforderlich sind. *Zweitens* erfolgt der Normsetzungsprozess in Frankreich (eher) induktiv; die dabei bewusst in Kauf genommenen Inkonsistenzen erleichtern die Annäherung an die IFRS in erheblicher Weise. Demgegenüber erfordert der Rechtsnormcharakter der handelsrechtlichen GoB eine teleologische Normgewinnung und -interpretation; die dabei zu wahrende innere Konsistenz des deutschen handelsrechtlichen Gewinnermittlungssystems steht einer weitgehenden Übernahme der IFRS entgegen. *Drittens* und letztlich ist festzustellen, dass die Annäherung des PCG an die IFRS im Wege einer wörtlichen Übernahme erfolgt (*verbatim approach*). In Abgrenzung dazu wird die Anpassung des deutschen Bilanzrechts als eine logische Transformation bezeichnet; diese führt wohl notgedrungen zu einem vergleichsweise geringen Grad an Konvergenz.

2.2 Steuerrechtliche Gewinnermittlung in Frankreich unter dem Einfluss der IFRS

2.2.1 Verhältnis von handels- und steuerrechtlicher Gewinnermittlung in Frankreich

Die gesetzlichen Grundlagen der Körperschaftsteuer (*impôt sur les sociétés* [IS])[360] finden sich in den Art. 205 ff. des *Code Général des Impôts* (CGI) und seinen vier Anhängen (*annexes*), dem „allgemeine[n] Steuergesetzbuch"[361] Frankreichs.[362] Von zentraler Bedeutung sind zudem die Verlautbarungen der französischen Finanzadministration (*doctrine administrative*), die allerdings keine Gesetzeskraft haben.[363] Zu den der IS unterliegenden Kapitalgesellschaften gehören im Wesentli-

---

356 Vgl. unten, 4. Kap.
357 So Grünberger (1999), S. 546 (beide Zitate).
358 Vgl. 2. Kap. I. 3.
359 Vgl. grundlegend Schulte/Wüstemann/Hommel (2009).
360 Vgl. Bauer (2011), S. 202.
361 Forszpaniak/Scholtissek (1985), S. 4; vgl. mit ähnlicher Bezeichnung auch Hahn (1998), S. 142; Hellio/Crucifix (2010), Rz. 200; Osterloh-Konrad (2005), S. 375.
362 Vgl. Robert (2010), S. 49.
363 Vgl. Robert (2010), S. 49.

chen die *société anonyme* (S. A.), die *société à responsibilité limitée* (S. A. R. L.) sowie die *sociétés en commandite par actions* (S. C. A.), Art. 206 CGI.[364] Anders als im Rahmen der französischen Einkommensteuer (*impôt sur le revenu*) wird auf eine Unterscheidung in verschiedene Einkunftsarten für körperschaftsteuerliche Zwecke verzichtet.[365] Körperschaften können ausschließlich gewerbliche Einkünfte erzielen; dies ergibt sich aus Art. 209-1 CGI.[366]

Der körperschaftsteuerpflichtige Gewinn wird auf Basis der allgemeinen einkommensteuerlichen Vorschriften zur Ermittlung der Einkunftsart der industriellen und gewerblichen Gewinne[367] (*bénéfices industriels et commerciaux*, Art. 34 ff. CGI) bestimmt (Art. 221-1 CGI).[368] Dies gilt, soweit die auf Körperschaften anzuwendenden Vorschriften (Art. 209 ff. CGI) nichts Gegenteiliges anordnen (Art. 209-I CGI).[369] Zentralnorm der (körperschaft-) steuerlichen Gewinnermittlung ist Art. 38 CGI.[370] Nach Art. 38-1 CGI wird der steuerpflichtige „Reingewinn"[371] (*bénéfice net*) zunächst definiert[372] als das Ergebnis sämtlicher Geschäftstätigkeiten jeglicher Art; dabei sind auch die aus der Veräußerung von Betriebsvermögen im laufenden Geschäftsbetrieb und die bei Betriebseinstellung erzielten Ergebnisse eingeschlossen.[373] Art. 38-2 CGI enthält sodann eine Konkretisierung des allgemeinen Gewinnbegriffs dahingehend, dass sich der „'Reingewinn- oder -verlust aus dem Unterschiedsbetrag zwischen dem Wert des Betriebsvermögens zu Beginn und zum Schluß des Veranlagungszeitraums, vermindert um Einlagen und vermehrt um Entnahmen des Unternehmers bzw. der Gesellschafter'" ergibt.[374] In den beiden Absätzen des Art. 38 CGI finden sich mithin zwei verschiedene Methoden und damit wohl auch Definitionen[375] des steuerpflichtigen Gewinns:

364 Vgl. im Einzelnen Schäfer (2004), S. 146-148; Osterloh-Konrad (2005), S. 375; Fraedrich (2008), S. 73 f.; Hellio/Thill (2002), Rz. 203; Hellio/Crucifix (2010), insb. Rz. 200-203; Marquardt (2003), S. 18; Prüschenk (2004), S. 145; Wittkowski (2008), S. 114; Mückl (2003), S. 59; Geiger (2003), S. 1335; Lutz (1992), S. 249 ff.; Baconnier (1994), S. 78 f.

365 Vgl. Marquardt (2003), S. 20.

366 Vgl. Brodhag (1997), S. 48; Marquardt (2003), S. 20; Fraedrich (2008), S. 75 f.; Schwedhelm/Fraedrich (2007), S. 133; Hellio/Crucifix (2010), Rz. 224. Zu den einzelnen Einkunftsarten des französischen Steuerrechts vgl. als Überblick z. B. Schäfer (2004), S. 102 f.

367 Diese (wörtliche) Übersetzung verwendet z. B. Baconnier (1994), S. 77.

368 Vgl. David (2008), S. 430; Grandinetti (2008), S. 35; Duthilleul (2004), Rz. 133; Hellio/Crucifix (2010), Rz. 204; Osterloh-Konrad (2005), S. 376; Schwedhelm/Fraedrich (2007), S. 133; Fraedrich (2008), S. 75 f.; Hellio/Thill (2002), Rz. 60; Spengel (1995), S. 57; Wittkowski (2008), S. 115; Köth (2006), S. 223; Geiger (2003), S. 1335; Marquardt (2003), S. 20 u. S. 33.

369 Vgl. Osterloh-Konrad (2005), S. 376; Broer (2001), S. 130.

370 Vgl. Hahn (1998), S. 147.

371 Baconnier (1994), S. 81; Pannen (2000), S. 252.

372 Vgl. Robert (2010), S. 54.

373 Im Originalwortlaut heißt es: „(...) le bénéfice imposable est le bénéfice net, déterminé d'après les résultats d'ensemble des opérations de toute nature effectuées par les entreprises, y compris notamment les cessions d'éléments quelconques de l'actif, soit en cours, soit en fin d'exploitation." (Art. 38-1 CGI). Vgl. auch Schwedhelm/Fraedrich (2007), S. 133; Schäfer (2004), S. 108; Fraedrich (2008), S. 76; Bauer (2011), S. 191; Merker (1984), S. 7; Broer (2001), S. 129; Sachs (1998), S. 131 f. Zu Einzelheiten der hier nicht näher betrachteten Veräußerungsgewinnbesteuerung in Frankreich vgl. nur Mückl (2003), S. 55-90.

374 So die Übersetzung bei Hellio/Thill (2002), Rz. 232; Hellio/Crucifix (2010), Rz. 225 u. 229; Merker (1984), S. 7; Schwedhelm/Fraedrich (2007), S. 133; Fraedrich (2008), S. 76 f.; Schäfer (2004), S. 108 f.; Acard/Fontaine-Besset (2009), S. 286; Marquardt (2003), S. 20; Prüschenk (2004), S. 148; Köth (2006), S. 223.

375 Vgl. etwa Sachs (1998), S. 131. Zur Entstehungsgeschichte der Koexistenz dieser beiden Theorien vgl. Schäfer (2004), S. 109 Fn. 719.

Während Abs. 1 an der Gewinn- und Verlust-Rechnung (*compte de résultat*) ausgerichtet ist,[376] ordnet Abs. 2 (deutlicher) eine in der Reinvermögenszugangstheorie gründende Methode des Bilanzvergleichs (*théorie du bilan*) an.[377] Ein Konflikt wird hierin offenbar nicht gesehen.[378]

Das Verhältnis zwischen steuerlicher und handelsrechtlicher Gewinnermittlung in Frankreich ist noch immer „sehr stark ausgeprägt“[379]. Nach der im Jahr 1965 eingeführten[380] Vorschrift des Art. 38 *quater de l'annexe III* CGI soll das nach Maßgabe des PCG ermittelte handelsrechtliche Jahresergebnis (*résultat comptable*) den Ausgangspunkt für die Bestimmung des körperschaftsteuerlichen Gewinns (*bénéfice imposable*) bilden, wobei spezifische steuerrechtliche Normen zur Gewinnermittlung vorrangig zu beachten sind.[381] Diese Verknüpfung von handels- und steuerrechtlicher Gewinnermittlung wird als das *principe de connexion entre la comptabilité et la fiscalité* bezeichnet.[382] Damit ist auch dem französischen Bilanzsteuerrecht ein Prinzip der Einheitsbilanz (*unicité du bilan*) bekannt.[383]

Das deutschsprachige Schrifttum ist sich indes uneins, ob diese Verflechtung von handels- und steuerrechtlicher Gewinnermittlung einer Maßgeblichkeit gleichkommt. Dass die diesbezüglichen Einschätzungen derart auseinanderlaufen, dürfte daran liegen, dass das zugrunde gelegte Maßgeblichkeitsverständnis regelmäßig nicht spezifiziert wird.[384] Eine materielle Maßgeblichkeit i.

---

376 Diese Methode ist indes nicht mit einer Einnahmen-Überschuss-Rechnung nach deutschem Rechtsverständnis zu verwechseln; vgl. Hellio/Crucifix (2010), Rz. 229.

377 Vgl. Robert (2010), S. 54; Merker (1984), S. 7; Schäfer (2004), S. 109; Ault/Arnold (2010), S. 302; Brodhag (1997), S. 48; Bauer (2011), S. 191; Sachs (1998), S. 131 f.

378 Vgl. z. B. Sachs (1998), S. 132: „Beide Methoden bilden zusammen eine Einheit, da die Entwicklung des Eigenkapitals durch die einzelnen Geschäftsvorfälle determiniert wird“.

379 Schreiber, U. (1993a), S. 150; vgl. auch Spengel (1995), S. 57; Avi-Yonah/Sartori/Marian (2011), S. 83; Gest (2010), S. 61; Gélard (2001), S. 1040; Ouvrard/Degos (2008), S. 16; Essers/de Bont (1996), S. 111; Ault/Arnold (2010), S. 302; Sigloch (2000), S. 166; Pannen (2000), S. 252; Eberhartinger (1999), S. 104; dies. (2005), S. 28; Herzig (2006d), S. 557; Broer (2001), S. 127; Grünberger (1999), S. 543.

380 Vgl. David (1996), S. 24; McCourt/Radcliffe (1995), S. 463; Frydlender/Pham (1996), S. 845; Wüstemann/Maucher (2004), S. 8.

381 Zu Art. 38 *quater de l'annexe* III CGI vgl. Villemot (2007), S. 20; David (1996), S. 24; ders. (2008), S. 432; Gélard (2004), S. 423; Acard/Fontaine-Besset (2009), S. 287; Colasse/Standish (2004), S. 416; Hoarau (2003), S. 132; McCourt/Radcliffe (1995), S. 461 ff.; Robert (2010), S. 53 f.; Lamb/Nobes/Roberts (1998), S. 182; Ouvrard/Degos (2008), S. 16 f.; Degos/Ouvrard (2008), S. 71; Renard/Rauch (1999), S. 260; Mousel (2006), S. 75 f.; Baconnier (1994), S. 81; Grandinetti (2008), S. 35; Ault/Arnold (2010), S. 302; Baert/Yanno (2009), S. 89 f.; Nobes/Parker (2010), S. 347; Sachs (1998), S. 137 ff.; Osterloh-Konrad (2005), S. 365 ff., Brodhag (1997), S. 49; Baconnier (1994), S. 81; Hellio/Crucifix (2010), Rz. 227; Sigloch (2000), S. 166; Marquardt (2003), S. 20; Günther (1999), S. 19; Böcker (1997), S. 19; Duthilleul (2004), Rz. 68; Altmeier (1999), S. 157 f.; Broer (2001), S. 129 f.; Hahn (1997), S. 698; Wüstemann/Maucher (2004), S. 8; Spengel (1995), S. 57; Schäfer (2004), S. 109 f.; Wacker (1998), S. 250.

382 Vgl. Villemot (2007), S. 21.

383 Vgl. Osterloh-Konrad (2005), S. 377; Schulte (2010), S. 122-124; David (1996), S. 26-33; Hölscher (1999), S. 304; Günther (1999), S. 19; Küting/Altmeier/Günther (1998), S. 533 f.; Luttermann (2003), § 264 HGB Rz. 53.

384 Für eine Maßgeblichkeit vgl. z. B. Sachs (1998), S. 137 ff.; Osterloh-Konrad (2005), S. 377; Schanz/Schanz (2009), S. 318 Tab. 2; Woltering/Pott (2007), S. 823; Gail/Greth/Schumann (1991), S. 1399; Hölscher (1999), S. 303 f.; Schütz (2002), S. 19 („Grundsatz der handelsrechtlichen Bilanzierungsvorschriften für die steuerliche Gewinnermittlung“); Sigloch (2000), S. 166; Duthilleul (2004), Rz. 68; Schulte (2010), S. 122; Kajüter et al. (2008), S. 590 Tab. 1; Kellersmann/Treisch (2002), S. 268 Abb. 40; Böcker (1997), S. 19; Oestreicher/Spengel (1999b), S. 342 Fn. 48; gegen eine „Maßgeblichkeit“ indessen Schreiber, U. (1993a), S. 151; Eberhartinger (1999), S. 104; Spengel (1995), S. 57; Prüschenk (2004), S. 149. Hahn (1998), S. 167 und passim; Prüschenk

S. d. deutschen Rechts (§ 5 Abs. 1 S. 1 EStG) dürfte wohl auszuschließen sein, da Art. 38 *quater de l'annexe* III CGI nicht die *principes comptables* an sich in Dienst nimmt, sondern das konkrete Bilanzierungsergebnis nach Maßgabe des PCG. Steuerliches und handelsrechtliches Ergebnis stimmen regelmäßig „nicht vollends" überein.[385] Abweichungen werden mit dem „immer wieder beschworene[n] Prinzip" der *autonomie du droit fiscal* begründet, das naturgemäß in einem „gewisse[n] Spannungsverhältnis" zu Art. 38 *quater de l'annexe* III steht.[386] Eine Steuerbilanz im deutschen Verständnis ist dem französischen Steuerrecht fremd.[387] Das handelsrechtliche Jahresergebnis wird vielmehr in einer Art Überleitungsrechnung (sog. *tableau 2058 A*) durch Vornahme von Hinzurechnungen (*réintegrations*) und Kürzungen (*déductions*) in das zu versteuernde Einkommen übergeleitet.[388] Ausgangspunkt ist die (handelsrechtliche) Gewinn- und Verlust-Rechnung.[389]

Ein weiterer Konnex zwischen handels- und steuerrechtlicher Gewinnermittlung wird hergestellt, indem eine Inanspruchnahme bestimmter steuerlicher Wahlrechte – meist subventionelle Gewinnermittlungsvorschriften – an eine entsprechende Vornahme in der Handelsbilanz geknüpft wird, obgleich diese streng genommen den *principes comptables* widerstreben.[390] Steuerinduzierte Verzerrungen der Handelsbilanz sind die Konsequenz.[391] Es liegt aus deutscher Sicht nahe, diese Verbindung als „eine Art umgekehrte Maßgeblichkeit"[392] zu bezeichnen.

Da der CGI und seine Anhänge nur allgemeine Regelungen über die Ermittlung des zu versteuernden Einkommens beinhalten, kommt deren Interpretation seitens der französischen Finanzadministration (*doctrine administrative*) hohe Bedeutung zu.[393] Auch die französische Steuergerichtsbarkeit mit ihrem *Conseil d'État* als letzter Instanz in steuerlichen Fragestellungen leisten nach Einschätzung der Literatur gleichsam „wichtige Beiträge sowohl zur Interpretation der Normen des CGI als

(2004), S. 149; Hellio/Crucifix (2010), Rz. 228; Wagner, S. (2000), S. 45 u. 235; Günther (1999), S. 19; differenzierend, aber missverständlich Brodhag (1997), S. 49 („Anders als in Deutschland ist das Maßgeblichkeitsprinzip in Frankreich allerdings nicht gesetzlich verankert. Gleichwohl ist seine Reichweite mit derjenigen in Deutschland vergleichbar"); unklar insoweit auch Wagner, M. (2003), der zunächst feststellt, dass ein Maßgeblichkeitsprinzip in Frankreich nicht kodifiziert ist (S. 105), sodann aber von einer „*vorhandenen* Maßgeblichkeit der Handelsbilanz für die Steuerbilanz" in Frankreich spricht (S. 112; keine Kursivierung im Original).

385 Hellio/Thill (2002), Rz. 234; vgl. auch Baconnier (1994), S. 81; Prüschenk (2004), S. 149.

386 So Osterloh-Konrad (2005), S. 379 (beide Zitate); Schreiber, U. (1993a), S. 151; Baconnier (1994), S. 81. Zum Prinzip der *autonomie du droit fiscal* vgl. auch Hellio/Thill (2002), Rz. 234; Eberhartinger (1999), S. 103.

387 Vgl. Sachs (1998), S. 137; Merker (1984), S. 8; a. A. (für die Erstellung einer „Steuerbilanz") indes Schwedhelm/Fraedrich (2007), S. 133; Fraedrich (2008), S. 76.

388 Vgl. Marchessou (2006), S. 297 ff.; Schäfer (2004), S. 109; Hoarau (2003), S. 132 f.; Ault/Arnold (2010), S. 302; Schreiber, U. (1993a), S. 150; Wagner, S. (2000), S. 45; Sachs (1998), S. 137 f.; Hölscher (1999), S. 303; Hellio/Crucifix (2010), Rz. 228; Küting/Altmeier/Günther (1998), S. 534; Grandinetti (2008), S. 35 f.; Prüschenk (2004), S. 149; Pannen (2000), S. 252 f.; Degos/Ouvrard (2008), S. 71; Forszpaniak/Scholtissek (1985), S. 4; Gélard (2001), S. 1042; Wüstemann/Maucher (2004), S. 8.

389 Vgl. Acard/Fontaine-Besset (2009), S. 287; Osterloh-Konrad (2005), S. 381.

390 Vgl. Hölscher (1999), S. 304.

391 Vgl. Colasse/Standish (2004), S. 422; Ault/Arnold (2010), S. 302; Hölscher (1999), S. 304; Wagner, S. (2000), S. 46-51.

392 Osterloh-Konrad (2005), S. 378; vgl. auch Pannen (2000), S. 252; Schanz/Schanz (2009), S. 318 Tab. 2; Hölscher (1999), S. 304; Böcker (1997), S. 19; Woltering/Pott (2007), S. 822 f.; Duthilleul (2004), Rz. 68; Broer (2001), S. 130; Sachs (1998), S. 139.

393 Vgl. Osterloh-Konrad (2005), S. 376 f.

auch zur Anwendung handelsrechtlicher Bilanzierungsvorschriften“[394]. Die Rechtsprechung neigt in jüngerer Zeit verstärkt dazu, den handelsrechtlichen Gewinnermittlungsnormen auch Bedeutung für die steuerliche Gewinnermittlung zu verschaffen, d. h. von der Autonomie des Steuerrechts abzurücken und das Prinzip der *unicité du bilan* zu stärken.[395] Dies würde mit dem derzeit beschrittenen Entwicklungspfad in Deutschland kontrastieren. Allerdings wird auch festgestellt, dass Exekutive sowie Legislative in Frankreich diesem Prozess entgegenzuwirken scheinen.[396]

2.2.2 Einflüsse der IFRS auf die steuerrechtliche Gewinnermittlung in Frankreich

2.2.2.1 Unmittelbare Einflussnahmen

Vergleichbar mit der gegenwärtigen Rechtslage in Deutschland wurde das Mitgliedstaatenwahlrecht (Art. 5 IAS-Verordnung) zugunsten einer Anwendung der IFRS im handelsrechtlichen Einzelabschluss in Frankreich insbesondere wegen der aufgezeigten engen Verbindung von handels- und steuerrechtlicher Gewinnermittlung nicht ausgeübt. Unmittelbare steuerliche Ausstrahlungswirkung entfalten die IFRS aus formaler Sicht nicht, das Verweisungsziel des Art. 38 *quater de l'annexe* III ist nach wie vor der PCG.

2.2.2.2 Mittelbare Einflussnahmen

Da die steuerliche Gewinnermittlung den PCG zum Ausgangspunkt nimmt (Art. 38 *quater de l'annexe* III CGI) und dieser schrittweise an die IFRS herangeführt wird, könnten Letztere vor allem mittelbar in der steuerlichen Gewinnermittlung Wirkungskraft erzeugen. Auch wenn die theoretische Diskussion des Verhältnisses von handels- und steuerrechtlicher Gewinnermittlung in Frankreich traditionell einen geringen Stellenwert einzunehmen scheint,[397] werden die von den IFRS potenziell ausgehenden *incidences fiscales* inzwischen auch im französischen Schrifttum erörtert.[398] Allerdings wurde es zu Beginn des Annäherungsprozesses offenbar versäumt, grundlegende steuerliche Folgenabschätzungen einer IFRS-Maßgeblichkeit durchzuführen,[399] wie sie etwa in der deutschsprachigen Forschung in hoher Zahl vorzufinden sind.[400] Mit dieser Aufgabe wurde erst im Jahr 2003 eine Unterarbeitsgruppe („IAS/Fiscalité“) des CNC betraut, die zum einen (qualitativ) die steuerlichen Auswirkungen der IFRS-angenäherten *règlements*[401], zum anderen die steuerlichen Auswirkungen einer (potenziellen) Vollübernahme der IFRS in den französischen Einzelabschluss

394 So Osterloh-Konrad (2005), S. 377.
395 Vgl. Gest (2010), S. 61; Osterloh-Konrad (2005), S. 379.
396 Vgl. Osterloh-Konrad (2005), S. 379; Pannen (2000), S. 252.
397 So Rädler (2003), S. 466; vgl. auch bereits Sachs (1998), S. 140.
398 Zur Diskussion vgl. Pellas (2006), S. 50 ff.; Delesalle (2003), S. 247 ff.; ders. (2004), S. 739 ff.; Marchessou (2006), S. 293 ff.; Villemot (2003), S. 1581 ff.; Taly/Lebrun (2003), S. 1586 ff.; Dandon/Didelot (2006), S. 29 ff.
399 Vgl. Delvaille/Ebbers/Saccon (2005), S. 141.
400 Einen anschaulichen Überblick über ausgewählte Studien gibt Fülbier (2006b), S. 231-233; vgl. in Ergänzung insb. Eberhartinger (2003), S. 107 ff.; Eberhartinger/Klostermann (2007), S. 141 ff.; Eberhartinger/Ruprecht (2008), S. 235 ff.
401 So vor allem CRC 2002-10, CRC 2003-07, 2004-06 und CRC 2004-01.

untersuchte. In ihrem Untersuchungsbericht (*Rapport d'étape*) vom 24.03.2005 hielt die Arbeitsgruppe als zentrales Ergebnis fest, dass zwischen den IFRS und den handelsrechtlichen Gewinnermittlungsvorschriften (in deren damaliger Fassung) erhebliche Abweichungen bestehen, infolgedessen eine vollständige Übernahme der IFRS in den handelsrechtlichen Jahresabschluss zu unerwünschten Auswirkungen führen könnte. Die Arbeitsgruppe betonte, dass „[c]ertaines des divergences peuvent être retraitées sans difficultés, d'autres nécessitent des travaux plus lourds“[402]. Sie stufte die steuerliche Tauglichkeit der IFRS demnach vorsichtig ein.[403]

Dieser Befund steht im Einklang mit der h. M. im französischen Schrifttum. Bemerkenswert ist (aus deutscher Perspektive), dass neben der Zeitwertbewertung vor allem auch der Grundsatz *substance over form* sowie die Diskontierung (*actualisation*) als „divergences majeures“[404] erkannt werden, da sie mit den tradierten formal-rechtlich orientierten Grundwertungen des französischen Bilanzsteuerrechts konfligieren. Während die (erfolgswirksame) Zeitwertbewertung auch in der hiesigen Diskussion prominent angeführt wird, um die steuerliche Untauglichkeit der IFRS zu belegen, werden die beiden letztgenannten Punkte nicht oder zumindest nicht in diesem Maße in Stellung gebracht, woran deutlich wird, dass das grundlegende Problembewusstsein in den EU-Mitgliedstaaten in Bezug auf bilanzielle Einzelfragen sehr unterschiedlich ausgeprägt ist.

In Reaktion auf die zunehmende IFRS-Problematik hat die französische Finanzadministration am 30.12.2005 eine umfassende *instruction fiscale* erlassen, in der sie zu den (bis dato gültigen) IFRS-angenäherten *règlements* aus steuerlicher Sicht erstmals Stellung genommen hat.[405] Die Überlegungen der *administration fiscale* sind von drei Zielsetzungen geleitet: (1) Dem Festhalten an der Verbindung zwischen handels- und steuerrechtlicher Gewinnermittlung; (2) der Wahrung der Steuerneutralität; (3) der Einfachheit der steuerlichen Anpassungen.[406] Um den steuerlich nicht gewollten Implikationen der IFRS-orientierten *règlements* zu begegnen, wurden zahlreiche technisch aufwendige Neuregelungen in das französische Steuerrecht integriert.[407] Zusammengenommen hat sich bislang gezeigt, dass die französische Finanzverwaltung vor allem an der Wahrung der *connexion comptabilité-fiscalité* (1) sowie der steuerlichen Neutralität (2) festzuhalten gedenkt. Entgegen der Zielsetzung (3) ist die Komplexität der steuerlichen Gewinnermittlung aufgrund der IFRS-Annäherungen gestiegen.

Der (mittelbar) gewonnene Einfluss der IFRS auf die steuerliche Gewinnermittlung in Frankreich wird letztlich auch abseits des klassischen Steuerbilanzrechts immer deutlicher, so etwa im Kontext

402 CNC (2005), unter *Conclusion*.
403 Vgl. auch Mousel (2006), S. 79.
404 Vgl. Marchessou (2006), S. 312-314 (Zitat auf S. 312).
405 Vgl. BOI 4 A 13-05 v. 30.12.2005.
406 Vgl. auch Degos/Ouvrard (2008), S. 71; Salamito (2006), S. 7.
407 Vgl. hierzu exemplarisch unten, 4. Kap.

der steuerlichen Unterkapitalisierungsregeln (*règles de sous-capitalisation*) nach Art. 212 CGI, vergleichbar der IFRS-Problematik im Rahmen der deutschen Zinsschranke.[408]

3 IFRS und die handels- und steuerrechtliche Gewinnermittlung in Polen

3.1 Handelsrechtliche Gewinnermittlung in Polen unter dem Einfluss der IFRS

3.1.1 Grundskizze des polnischen Bilanzrechts

Das polnische Bilanzrecht stellt in dem hier betrachteten Mitgliedstaatenspektrum insofern eine Besonderheit dar, als es sich erst seit dem Niedergang des Sozialismus als Alternative zum planwirtschaftlich geprägten Normensystem entwickeln konnte. Polen verfügt über kein historisch gewachsenes Bilanzrecht. Neben der Transformation von der zentralen Planwirtschaft zur Marktwirtschaft, der Neueröffnung und Entwicklung der Warschauer Börse, dem Streben nach Mitgliedschaft und Vollmitgliedschaft Polens in der EU sind insbesondere die internationalen Harmonisierungsbestrebungen als wesentlicher Einflussfaktor auf das polnische Bilanzrecht auszumachen.[409] Zentrale Gesetzesquelle der handelsbilanziellen Gewinnermittlung ist das *Ustawa o rachunkowości*, zu Deutsch: Rechnungslegungsgesetz (RLG).[410] Das RLG umschließt in seinem Anwendungsbereich alle „Einheiten", die „ihren Sitz oder ihre Geschäftsleitung auf dem Territorium der Republik haben" (Art. 2 RLG). Die hier im Vordergrund stehenden Kapitalgesellschaften sind aufgrund ihres Status buchführungspflichtig (Art. 2 Abs. 1 Nr. 1 RLG).[411]

Das polnische Gesetzbuch der Handelsgesellschaften (*Kodeks spółek handlowych*) kennt zwei Kapitalgesellschaftsformen: die Gesellschaft mit beschränkter Haftung (*Spółka z ograniczoną odpowiedzialnością*) sowie die Aktiengesellschaft (*Spółka akcyjną*).[412] Neben den gesetzlichen Vorschriften sind (subsidiär) die Verlautbarungen des dem polnischen Finanzministerium unterstellten (Art. 81 Abs. 2 Nr. 9 RLG) Komitees für Nationale Rechnungslegungsstandards (*Komitet*

---

408 So kann eine konzernzugehörige Gesellschaft der (partiellen) Zinsabzugsversagung gem. Art. 212-III CGI entgehen, indem sie einen sog. Gegenbeweis (*preuve contraire*) erbringt, dass ihr „Verschuldungsquotient" (*ratio d'endettement*) dem des Konzerns entspricht bzw. unterschreitet. Zu dieser Ausnahmeregelung vgl. im Einzelnen Schultze (2011), S. 333 f.; BDI/KPMG (2009), S. 36; Viegener (2006), S. 1436 f.; Hiller (2009), S. 1544; Bohn (2009), S. 127. Ob Konzernzugehörigkeit vorliegt, soll anhand des Begriffs der *contrôle exclusif* entschieden werden, eine Adaption des in IAS 27 vorgesehenen *Control*-Konzepts. Sofern die IFRS im handelsrechtlichen Konzernabschluss zur Anwendung gelangen, sind sie nach Auffassung der französischen Finanzadministration als Grundlage zur Ermittlung des Verschuldungsquotienten heranzuziehen; vgl. *Direction générale des impôts* v. 31.12.2007, 4 H-8-07, Rz. 111. Zu den IFRS-Inbezugnahmen vgl. auch Douvier/Lordkipanidze (2008), S. 139; Braun (2009), S. 43; Schultze (2011), S. 334. Die französischen Vorschriften zur Konzernrechnungslegung wurden durch das CRC 99-02 grundlegend reformiert und dabei an die IFRS (insb. IAS 27) angenähert; vgl. Hossfeld (2002), S. 450 ff.; Alexander/Archer (2003), S. 6.08; Hoarau (2003), S. 142; Dandon/Didelot (2006), S. 29.

409 Vgl. Eberhartinger/Wilczynska-Stöckl (2009), S. 30.

410 Vgl. Worldbank (2005), S. 5 u. 15.

411 Vgl. Jungmann/Tacakiewicz (2007), S. 700; Eberhartinger/Wilczynska-Stöckl (2009), S. 33.

412 Zu den gesellschaftsrechtlichen Grundlagen vgl. eingehend Brockhuis/Schnell (2003), S. 59-83; im Überblick Eberhartinger/Wilczynska-Stöckl (2009), S. 19-21; Bramo/Arnberger (2002), S. 482.

Standardów Rachunkowości) zu beachten.[413] Das KSR ist befugt, spezielle Rechnungslegungsstandards zu entwickeln und zu verabschieden. Auf die eng an IFRS angelehnten[414] Rechnungslegungsstandards ist nach Art. 10 Abs. 3 S. 1 RLG (fakultativ) zurückzugreifen, wenn ein spezieller Sachverhalt im RLG nicht geregelt ist.

Die Zielsetzungen der handelsrechtlichen Bilanzierung werden im RLG nicht explizit benannt.[415] Das rechtsvergleichende Schrifttum erkennt sie regelmäßig in der Rechenschaftspflicht, der Information, der Ermittlung des ausschüttungsfähigen Gewinns und dem Gläubigerschutz.[416] Es bleibt offen, in welchem Verhältnis die einzelnen Bilanzzwecke zueinander stehen und wie sie konkretisiert werden. Eindeutig ist, dass der handelsrechtliche Jahresabschluss in Polen auch der Ermittlung einer Ausschüttungsrichtgröße dient, sodass sich aus IFRS-Annäherungen stets auch gesellschaftsrechtliche Folgefragen ergäben. Nach Artt. 191 § 1 i. V. m. 347 § 1 KSH „haben die Aktionäre einer Kapitalgesellschaft (GmbH/AG) das Recht auf Beteiligung an dem im Jahresabschluss ausgewiesenen Gewinn, der von der Hauptversammlung [bzw. Gesellschafterversammlung] zur Verteilung bestimmt wurde“[417]. Eine Steuerbemessungsfunktion hingegen hat der handelsrechtliche Jahresabschluss unstrittig nicht (mehr) zu erfüllen.[418].

Der Primärzweck des polnischen Jahresabschlusses dürfte nach gegenwärtiger Rechtslage in der Informationsfunktion liegen. So verlangt der – auf Art. 2 Abs. 3 der 4. EG-Richtlinie fußende[419] – Art. 4 Abs. 1 RLG, „die Vermögens-, Finanz- und Ertragslage sowie das Jahresergebnis zuverlässig und klar darzustellen“.[420] Dieses *True and fair view*-Gebot (*rzetelny i jasny obraz*) ist von zentraler Bedeutung ein;[421] namentlich ist es nach h. M. als (formelles) *overriding principle* zu verstehen, alle anderen Bilanzierungsprinzipien haben sich diesem unterzuordnen.[422]

---

413 Zur Zusammensetzung und den Aufgabengebieten des KSR vgl. auch Jaruga/Kabalski (2010), S. 155; Eberhartinger/Wilczynska-Stöckl (2009), S. 31 f.; Larson/Street (2004), S. 104; Parker/Nobes (2011), S. 294; Küting/Heiden (2006), S. 52; Reczek/Lachowski (2002), S. 104.

414 Vgl. Leśko (2007), S. 61; Jaruga/Kabalski (2010), S. 156.

415 Vgl. Jungmann/Tacakiewicz (2007), S. 698.

416 So Jungmann/Tacakiewicz (2007), S. 698.

417 Nabiałek (2003), S. 39; vgl. auch KPMG (2008a), S. 85 ff.

418 Vgl. Nabiałek (2003), S. 43-45.

419 Vgl. von Radecker (2001), S. 203; Eberhartinger/Wilczynska-Stöckl (2009), S. 46.

420 Eine englische Übersetzung des Art. 4 Abs. 1 RLG findet sich z. B. bei Kosmala (2005), S. 581: „Entities have to correctly [*prawidłowo*] apply accounting principles, assuring a true and fair presentation [*rzetelne i jasne przedstawienie*] of the company's state of affairs, financial position and, profit or loss and profitability" (im Original teilw. hervorgehoben; Kursivierungen aus dem Original übernommen). Zu Art. 4 Abs. 1 RLG vgl. auch z. B. Kamping/Becker (2004), S. 514; Gierusz et al. (2005), S. 157. Von Teilen der Literatur wird diese Forderung wohl i. S. einer Effektivlagenapproximation interpretiert. Vgl. insb. Nabiałek (2003), S. 47 f.

421 Vgl. Djanani/Brähler/Lösel (2005), S. 47; Genow (1997), S. 23 f.

422 So Kosmala (2005), S. 582; vgl. auch Nabiałek (2003), S. 47; Eberhartinger/Wilczynska-Stöckl (2009), S. 46; vorsichtiger indes Kamping/Becker (2004), S. 514 („restriktive[s] overriding principle“); a. A. (kein *overriding principle*) indessen Dragneva/Millan (2002), S. 201; Jungmann/Tacakiewicz (2007), S. 703. Empirischen Studien zufolge scheint der *True and view*-Grundsatz in der polnischen Bilanzierungspraxis nicht die ihm zugedachte Anerkennung zu finden; vgl. eingehend Kosmala-MacLullich (2003), S. 465 ff.; Kosmala (2005), S. 579 ff.; ferner auch Leśko (2007), S. 61.

Nach gegenteiliger Ansicht seien der Zahlungsbemessungszweck und damit das Gläubigerschutzprinzip innerhalb des polnischen Bilanzrechts von exponierter Stellung.[423] Das (gläubigerschützende) Vorsichtsprinzip des Art. 7 Abs. 1 RLG sei von „hohe[m] Stellenwert"[424]; es werde durch das Realisationsprinzip und das Imparitätsprinzip konkretisiert.[425] Es ließe sich insofern eine Vergleichbarkeit zu den handelsrechtlichen GoB ausschüttungsstatischer Prägung vermuten. Diese Ansicht erscheint indes zweifelhaft. So wird das Realisationsprinzip des polnischen Bilanzrechts (Art. 6 Abs. 2 RLG) weitaus „milder" interpretiert als nach deutschen handelsrechtlichen GoB, auch wenn es wohl noch immer „strenger als jenes nach IFRS"[426] ist. Das Vorsichtsprinzip des polnischen Bilanzrechts soll in erster Linie „eine tatsächliche Darstellung der Wirtschaftslage eines Unternehmens (...) gewährleisten"[427].

Ob dieses Ziel mit der Ermittlung eines entziehbaren Betrags i. S. d. (ausschüttungsstatischen) GoB-Verständnisses zu vereinbaren ist, erscheint doch eher fragwürdig. So wird das Realisationsprinzip nach h. M. eben nicht aus dem Vorsichtsprinzip, sondern vielmehr aus dem Grundsatz der Periodenabgrenzung (Art. 6 Abs. 1 RLG) hergeleitet.[428] Das polnische Bilanzrecht weist – wie noch im Einzelnen zu zeigen sein wird[429] – eine Anzahl jüngerer, IFRS-angenäherte Vorschriften auf, die mit dem Realisationsprinzip nach tradierter deutscher Vorstellung kaum vereinbar sind, deren Sinn und Zweck sich sinnvoll nur durch eine strenge Orientierung an der Informationsgewährung erklären lässt. Dem Gläubigerschutz[430] laufen sie jedenfalls deutlich zuwider. Auch das Imparitätsprinzip gilt als weniger weitreichend als jenes der deutschen GoB,[431] woran die informationsorientierte Primärfunktion des polnischen handelsrechtlichen Jahresabschlusses zusätzlich deutlich wird.

Es fällt daher schwer, die Grundprinzipien des polnischen Bilanzrechts als GoB zu bezeichnen und damit den GoB deutscher handelsrechtlicher Provenienz gleichzusetzen.[432] Fundierte Untersuchungen hinsichtlich der Gemeinsamkeiten und Unterschiede zwischen den polnischen Bilanzierungsgrundsätzen und den (deutschen) handelsrechtlichen GoB liegen zwar nur vereinzelt und auch nur in Bezug auf spezielle Fragestellungen vor;[433] bereits die kursorische Darstellung der polnischen

---

423 So offenbar Kamping/Becker (2004), S. 513.

424 Jungmann/Tacakiewicz (2007), S. 707.

425 Vgl. Djanani/Brähler/Lösel (2005), S. 47.

426 Eberhartinger/Wilczynska-Stöckl (2009), S. 48 (beide Zitate); vgl. auch Nabiałek (2003), S. 58, wonach das Vorsichtsprinzip im RLG „einen nicht so hohen Stellenwert [hat] wie in Deutschland". Nach ähnlicher Ansicht *von Radeckers* sind „[d]ie drei klaren Vorgaben der Bilanz-RL, wonach nur die am Bilanzstichtag realisierten Gewinne ausgewiesen werden, alle vorhersehbaren Risiken und zu vermutenden Verluste und auch Wertminderungen unabhängig von einem positiven oder negativen Jahresabschluss berücksichtigt werden müssen", in Art. 7 Abs. 1 RLG nicht „in dieser Eindeutigkeit enthalten"; so von Radecker (2001), S. 203.

427 Nabiałek (2003), S. 58.

428 So z. B. Nabiałek (2003), S. 50; Eberhartinger/Wilczynska-Stöckl (2009), S. 48.

429 Vgl. unten, 4. Kap.

430 Vgl. Genow (1997), S. 25.

431 So Kamping/Becker (2004), S. 514; vgl. auch Eberhartinger/Wilczynska-Stöckl (2009), S. 48 f.

432 So aber Djanani/Brähler/Lösel (2005), S. 47; Kamping/Becker (2004), S. 514; Eberhartinger/Wilczynska-Stöckl (2009), S. 46.

433 Vgl. etwa Nabiałek (2003) zur Bilanzierung von derivativen Finanzinstrumenten.

Bilanzierungsgrundsätze zeigt indessen, dass das polnische Bilanzrecht auf grundlegend abweichenden Wertungen basiert. Das polnische Bilanzrecht ist von neuartiger Struktur und kann auf keine langjährige Entwicklung wie das HGB zurückblicken. Als ein konsistentes Regelwerk kann es kaum gelten.[434] Von einer Systemhaftigkeit i. S. d. handelsrechtlichen GoB ist das polnische Bilanzrecht noch weit entfernt. Vor allem ist das polnische Bilanzrecht von starken IFRS-Einflüssen durchsetzt,[435] die die Diskrepanzen mit den handelsrechtlichen GoB noch vermehren dürften. Eine begriffliche und damit wohl auch inhaltliche Gleichsetzung der polnischen Bilanzierungsgrundsätze mit den handelsrechtlichen deutschen GoB erscheint unangemessen.

3.1.2 Einflüsse der IFRS auf die handelsrechtliche Gewinnermittlung in Polen

3.1.2.1 Unmittelbare Einflussnahmen

Die erforderlichen Anpassungen des polnischen Bilanzrechts an die Vorgaben der IAS-Verordnung erfolgte durch das Gesetz über die Änderung des Rechnungslegungsgesetzes sowie über die Änderung des Gesetzes über die Wirtschaftsprüfer und ihre Selbstverwaltung vom 30.04.2004.[436] Eine Pflicht zur Anwendung der IFRS im *Konzernabschluss* besteht hiernach für Banken und Emittenten, die zum öffentlichen Handel in Polen zugelassen wurden (Art. 55 Abs. 5 RLG).[437] Die IFRS können darüber hinaus breite Anwendung finden; der polnische Gesetzgeber hat die in Art. 5 und Art. 9a IAS-Verordnung vorgesehenen Wahlrechte umfänglich an die bilanzierenden Unternehmen weitergereicht.[438] Eine Option zur Applikation der IFRS im Konzernabschluss besteht zum einen für Emittenten von Wertpapieren, die sich um die Zulassung zum öffentlichen Handel in Polen oder zum Handel auf einem der geregelten Märkte des Europäischen Wirtschaftsraums bemühen oder zu bemühen beabsichtigen (Art. 55 Abs. 6 RLG); zum anderen für Konzernabschlüsse der untergeordneten Mutterunternehmen, die zu einem Konzern gehören, in dem das übergeordnete Mutterunternehmen einen Konzernabschluss auf Basis der IFRS erstellt (Art. 55 Abs. 7 RLG).[439]

Ein darüber hinausreichendes Wahlrecht zur Anwendung der IFRS im handelsrechtlichen *Jahresabschluss* besteht für:

- Emittenten von Wertpapieren, die zum öffentlichen Handel in Polen oder zum Handel auf einem der geregelten Märkte des EWR zugelassen wurden (Art. 45 Abs. 1a RLG);

---

434 Vgl. Kamping/Becker (2004), S. 514 (auch Zitat); mit gleicher Einschätzung Eberhartinger/Wilczynska-Stöckl (2009), S. 46. Vgl. dagegen Nabiałek (2003), S. 46, der von einem „G[rundsätze] d[er] R[echnungslegung]-*System*" spricht (keine Kursivierung im Original).

435 Vgl. unten, 4. Kap.

436 Vgl. Küting/Heiden (2006), S. 46; zur Umsetzung im Überblick Krzywda/Schroeder (2007), S. 82; Jungmann/Tacakiewicz (2007), S. 697; Küting/Dürr/Boecker (2005), S. 248; Dobija/Klimczak (2010), S. 361.

437 Vgl. Krzywda/Schroeder (2007), S. 81; Adamczyk (2008), S. 329.

438 Vgl. Krzywda/Schroeder (2007), S. 81; Eberhartinger/Wilczynska-Stöckl (2009), S. 32.

439 Vgl. Jungmann/Tacakiewicz (2007), S. 697 Abb. 1; Eberhartinger/Wilczynska-Stöckl (2009), S. 33; Nobes/Parker (2010), S. 296; Dobija/Klimczak (2010), S. 361; Küting/Heiden (2006), S. 44 f.; Jaruga/Kabalski (2010), S. 158.

- Emittenten, die sich um die Zulassung zum öffentlichen Handel in Polen oder zum Handel auf einem der geregelten Märkte des EWR bemühen respektive zu bemühen beabsichtigen (Art. 45 Abs. 1a RLG);

- Unternehmen eines Konzerns, in dem das Mutterunternehmen den Konzernabschluss nach IFRS erstellt (Art. 45 Abs. 1b RLG).[440]

Diese (formal) weite Öffnung des handelsrechtlichen Jahresabschlusses zugunsten der IFRS dürfte vor allem dem Umstand zuzuschreiben sein, dass eine eigenständige Rechts- und Bilanztradition in Polen faktisch nicht existent ist und die IFRS insofern friktionslos übernommen werden konnten.[441] Diese breit gewährten Wahlrechte werden von den Bilanzierenden aber wohl nur zögerlich ausgeübt; einer jüngeren Studie zufolge „wenden nur wenige Unternehmen in Polen die IFRS tatsächlich an"[442]. Offenbar hält der polnische Gesetzgeber die Verbindung von IFRS und Ausschüttungsbemessungsfunktion, die der Jahresabschluss nach wie vor zu erfüllen hat, für grundsätzlich vereinbar. Es existieren *de lege lata* keine speziellen gesetzlichen Vorgaben, den nach IFRS ermittelten Gewinn für Ausschüttungszwecke zu bereinigen; die allgemeinen gesellschaftsrechtlichen Bestimmungen zur Wahrung des Gläubigerschutzes werden damit wohl als hinreichend erachtet.[443]

3.1.2.2 Mittelbare Einflussnahmen

Der jüngere Entwicklungspfad des polnischen Bilanzrechts wird in der Literatur in drei (vier) Phasen unterteilt, die durch eine zunehmende Annäherung an die IFRS und einer zugleich abnehmenden Verbindung von handels- und steuerrechtlicher Gewinnermittlung gekennzeichnet sind.[444] Die erste, bis zum Jahr 1994 verlaufende Phase wurde durch die Verordnung des Finanzministers über die Prinzipien zur Führung des Rechnungswesens aus dem Jahr 1991 geprägt, mit der die 4. EG-Richtlinie in Polen transformiert wurde.[445] In dieser Phase wurde das polnische Bilanzrecht noch stark vom kontinentaleuropäischen Gläubigerschutzgedanken geprägt.[446] Die dem polnischen Finanzministerium zugewiesene Kompetenz, handelsrechtliche Gewinnermittlungsregeln auszuformen, führte im Ergebnis zu einer „strong relationship between tax and accounting"[447]. Da die Verordnung zahlreiche Inkonsistenzen enthielt, wurde seitens der Bilanzierungspraxis frühzeitig die Forderung nach einem grundlegend überarbeiteten Rechnungslegungswerk erhoben.[448]

---

440 Vgl. Jungmann/Tacakiewicz (2007), S. 697 (Abb. 1); Jaruga/Kabalski (2010), S. 158; Dobija/Klimczak (2010), S. 361 f.; Eberhartinger/Wilczynska-Stöckl (2009), S. 32; Adamczyk (2008), S. 329.

441 So Luttermann (2010b), S. 422.

442 PwC (2008), S. 47.

443 Vgl. hierzu im Einzelnen KPMG (2008a), S. 352 ff.

444 Zu dieser Entwicklung vgl. im Einzelnen Leśko (2007), S. 55 ff.; Vellam (2004), S. 150-153; Jungmann/Tacakiewicz (2007), S. 695-698; Gierusz et al. (2005), S. 156-158; Kiziukiewicz/Sawicki/Winiarska (2005), S. 143 ff.; Dobija/Klimczak (2010), S. 360-362; Reczek/Lachowski (2002), S. 102 ff.; Jaruga/Kabalski (2010), insb. S. 151-159; Küting/Heiden (2006), S. 51-53; Kamping/Becker (2004), S. 513.

445 Vgl. Leśko (2007), S. 57; Kiziukiewicz/Sawicki/Winiarska (2005), S. 144 f.; Jaruga/Szychta (1997), S. 56; Jaruga/Kabalski (2010), insb. S. 151 f.; Reczek/Lachowski (2002), S. 102.

446 Vgl. auch Dobija/Klimczak (2010), S. 360.

447 Wittsiepe (2008), S. 54.

448 Vgl. Reczek/Lachowski (2002), S. 102.

Der Beginn der zweiten Phase fällt zusammen mit der Verabschiedung des ersten Rechnungslegungsgesetzes (RLG) vom 29.09.1994. Das RLG 1994 gilt als seminal, denn "[f]or first time, the accounting rules were governed by a separate piece of legislation with the status of a law"[449]. Das RLG 1994 war inhaltlicher Bestandteil des zwischen Polen und der EU abgeschlossenen Assoziationsabkommens im Vorgriff auf den EU-Beitritt Polens; es sollte in erster Linie die bis dahin erlassenen, bilanzrechtlich relevanten EU-Richtlinien, namentlich die 4. und 7. EU-Richtlinie, in polnisches Recht transformieren.[450] Zugleich wurde eine Annäherung der formalen und materiellen Gewinnermittlungsgrundsätze an die IFRS gesucht, soweit dies mit den (damaligen) EU-rechtlichen Vorgaben vereinbar war.[451]

Wurde der Handelsbilanz bis zum RLG 1994 in erster Linie eine fiskalische Kontrollfunktion zugewiesen, konnte diese Bilanzaufgabe im Zuge der stärkeren Investorenorientierung in Polen offenbar nicht mehr befriedigen.[452] Eines der konzeptionell-inhaltlichen Hauptanliegen des RLG 1994 lag daher in der Stärkung der Informationsfunktion;[453] die fiskalische Kontrollfunktion hatte als handelsrechtliches Bilanzierungsprimärziel ausgedient.[454] Handels- und steuerrechtliche Gewinnermittlung wurden durch das RLG 1994 entzweit.[455] Diese Entwicklung ist aus deutscher Sicht erkenntnisreich: Während nach dem BilMoG ein letztlich unbefriedigender Kompromiss zwischen Informationsfunktion einerseits und Gewinnermittlungs- bzw. Steuerbemessungsfunktion andererseits angestrebt wird, wurde aus dem (schärferen) Bilanzzweckwandel in Polen die weitreichende und an sich folgerichtige[456] Konsequenz gezogen, ein eigenständiges steuerliches Gewinnermittlungsrecht zu etablieren. Das polnische Finanzministerium lehnte es explizit ab, das IFRS-Regelwerk der steuerlichen Gewinnermittlung zugrunde zu legen; auch dem (abgeschwächten) Gedanken, lediglich einzelnen IFRS-Regelungslösungen zu folgen, wurde eine Absage erteilt.[457]

In der Folge stellte sich heraus, dass das RLG 1994 – trotz punktueller Weiterentwicklung – zahlreiche Regelungslücken und definitorische Mängel enthielt.[458] Neben einer unzureichenden gesetzlichen Konkretisierung des Vermögensgegenstandsbegriffs blieb insbesondere die bilanzielle Behandlung von Finanzinstrumenten, Unternehmenszusammenschlüssen, Leasingverträgen und lang-

449 Jaruga/Kabalski (2010), S. 153.
450 Vgl. Vellam (2004), S. 151; Jaruga/Kabalski (2010), S. 153; Jermakowicz/Rinke (1996), S. 75; Reczek/Lachowski (2002), S. 102; Küting/Dürr/Boecker (2005), S. 250.
451 Vgl. Leśko (2007), S. 59; Jungmann/Tacakiewicz (2007), S. 696; Gierusz et al. (2005), S. 157; Eberhartinger/Wilczynska-Stöckl (2009), S. 29; Dragneva/Millan (2002), S. 194; Dobija/Klimczak (2010), S. 360; Küting/Heiden (2006), S. 51; Jaruga/Kabalski (2010), S. 153.
452 Vgl. auch Jaruga/Kabalski (2010), S. 153: "The Accounting Act of 1994 changed the orientation of financial accounting from tax to business".
453 Vgl. Kiziukiewicz/Sawicki/Winiarska (2005), S. 147.
454 Vgl. Nobes/Parker (2010), S. 294; Reczek/Lachowski (2002), S. 102.
455 Vgl. Küting/Dürr/Boecker (2005), S. 251; Eberhartinger/Wilczynska-Stöckl (2009), S. 30; Küting/Heiden (2006), S. 51.
456 Inkonsequent erscheint allerdings, dass zwar die Steuerbemessungsfunktion des handelsrechtlichen Jahresabschlusses aufgegeben wurde, dieser aber für Zwecke der Ausschüttungsbemessung auch nach dem RLG 1994 von „besondere[r] Bedeutung" (Kamping/Becker [2004], S. 513) bleiben sollte.
457 Vgl. Reczek/Lachowski (2002), S. 102.
458 Vgl. Kamping/Becker (2004), S. 513.

fristigen Fertigungsaufträgen ungeklärt, speziellen Sachverhalten also, die erst infolge der marktwirtschaftlichen Entwicklung in Polen an Relevanz gewinnen konnten.[459] Um diese Missstände zu beheben, wurde im Jahr 2000 ein substanziell überarbeitetes RLG verabschiedet, das zu Beginn des Jahres 2002 in Kraft getreten ist (RLG 2002). Mit dieser „big revision"[460] des RLG beginnt die dritte Phase der jüngeren polnischen Bilanzrechtsentwicklung.[461] Während die Gesetzesmaßnahmen in den beiden vorherigen Phasen vor allem Konformität des RLG mit den europäischen Bilanzrichtlinien bezweckten, lag das Ziel dieser neuerlichen Gesetzesnovellierung klar in der Annäherung des polnischen Bilanzrechts an die IFRS.[462] So wurden im Rahmen des RLG 2002 bestehende Regelungen terminologisch und konzeptionell eng an das *Framework* und einzelne Standards ausgerichtet, zudem zahlreiche IFRS-inspirierte respektive deckungsgleiche Vorschriften in das RLG neu eingefügt.[463] Einerseits werden diese Novellierungen als „drastic changes"[464] gewertet, andererseits herausgestellt, dass eine vollständige Angleichung des RLG an die IFRS nicht beabsichtigt ist.[465] Es bestehen derzeit noch immer „considerable differences between IFRS and national accounting regulations"[466].

Nach dem im Rahmen des RLG 2002 eingeführten Art. 10 Abs. 3 S. 2 RLG ist bei Fehlen von sachverhaltsrelevanten Regelungen im RLG oder in den IFRS-nahen Rechnungslegungsstandards des Rechnungslegungskomitees wahlweise auf die (*endorsed*) IFRS abzustellen.[467] Es handelt sich hierbei um eine „very important provision"[468]. Dass die IFRS in Polen im Wege eines gesetzlichen Pauschalverweises zur Schließung von Regelungslücken herangezogen werden dürfen, erscheint nicht nur aus deutscher Perspektive bemerkenswert. Zusätzliche mittelbare IFRS-Einflüsse ergeben sich durch die verlautbarten Rechnungslegungsstandards des KSR.[469] Die Kennzeichen der anglo-

---

459 Vgl. Vellam (2004), S. 151; Dobija/Klimczak (2010), S. 360; Lamjav (2008), S. 134; Kiziukiewicz/Sawicki/Winiarska (2005), S. 148.

460 Jaruga/Kabalski (2010), S. 154.

461 Vgl. Jaruga/Kabalski (2010), S. 154.

462 Vgl. Jaruga/Kabalski (2010), S. 154; Larson/Street (2004), S. 104; Gierusz et al. (2005), S. 157; Kamping/Becker (2004), S. 513; Küting/Dürr/Boecker (2005), S. 251; von Redecker (2001), S. 203; Brockhuis/Schnell (2003), S. 33 u. S. 84; PwC (2006), S. 28; Gdański/Szewc (2007), S. 26; Nobes/Parker (2010), S. 296; Dobija/Klimczak (2010), S. 361; Küting/Heiden (2006), S. 51; Eberhartinger/Wilczynska-Stöckl (2009), S. 30.

463 Vgl. im Einzelnen Vellam (2004), S. 151; Jaruga et al. (2007), S. 68; Jaruga/Schroeder (2003), S. 25.04; Kosmala (2005), S. 582 f.

464 Gdański/Szewc (2007), S. 26.

465 So Dobija/Klimczak (2010), S. 361 mit Verweis auf Krzywda/Schroeder (2007).

466 Nobes/Parker (2010), S. 296 mit Verweis auf Krzywda/Schroeder (2007).

467 Vgl. Larson/Street (2004), S. 104; Nabiałek (2003), S. 38; Jaruga/Kabalski (2010), S. 155; Worldbank (2005), S. 6; Eberhartinger/Wilczynska-Stöckl (2009), S. 31, 33, 46; Wittsiepe (2008), S. 55; Kamping/Becker (2004), S. 513; Reczek/Lachowski (2002), S. 104.

468 So aus Sicht der Bilanzierungspraxis Reczek/Lachowski (2002), S. 104.

469 Zu nennen sind insb. (im Klammerzusatz das jeweilige IFRS-Vorbild): Standard Nr. 1: „Rachunek przepływów pieniężnych" (IAS 7); Standard Nr. 2: „Podatek dochodowy" (IAS 12); Standard Nr. 3: „Niezakończone usługi budowlane" (IAS 11); Standard Nr. 4: „Utrata wartości aktywów" (IAS 36); Standard Nr. 5: „Leasing, najem i dzierżawa" (IAS 17); Standard Nr. 6: „Rezerwy, bierne rozliczenia międzyokresowe kosztów, zobowiązania warunkowe" (IAS 37 und IAS 19). Die vorgenannten Standards enthalten jeweils (bis auf Nr. 4) Angaben, inwieweit sie mit den genannten Standards übereinstimmen bzw. von ihnen abweichen.

amerikanischen Rechnungslegung dürften das polnische Bilanzrecht inzwischen dominieren.[470] Eine weitere Annäherung der handelsrechtlichen Gewinnermittlungsvorschriften an die IFRS *de lege ferenda* dürfte rechtspolitisch nicht intendiert sein: „At present, the conversion from national accounting standards to IFRS has been halted, since national accounting standards are deemed adequate for the current needs of the Polish economy"[471].

3.2 Steuerrechtliche Gewinnermittlung in Polen unter dem Einfluss der IFRS

3.2.1 Verhältnis von handels- und steuerrechtlicher Gewinnermittlung in Polen

Das polnische Körperschaftsteuergesetz (*Ustawa o podatku dochodowym od osób prawnych* [PDOPrU])[472] wurde erst im Jahre 1989 eingeführt.[473] Besteuerungsobjekt der polnischen Körperschaftsteuer ist das Einkommen, unangesehen der Erwerbsquellen, aus denen dieses Einkommen erzielt wird (Art. 7 Abs. 1 PDOPrU).[474] Bei juristischen Personen dürften regelmäßig *Einkünfte aus wirtschaftlicher Betätigung* gegeben sein,[475] die im Wesentlichen dem deutschen Begriff der Einkünfte aus Gewerbebetrieb entsprechen.[476] Art. 7 Abs. 2 PDOPrU präzisiert:[477] „Einkommen ist, vorbehaltlich Art. 10 und 11 [PDOPrU, d. Verf.], der im Veranlagungszeitraum erzielte Überschuss der Summe der Betriebseinnahmen über die Betriebsausgaben; übersteigen die Betriebsausgaben die Summe der Betriebseinnahmen, so stellt der Unterschied einen Verlust dar". Das körperschaftsteuerpflichtige Einkommen ergibt sich allerdings nicht, wie Art. 7 Abs. 2 PDOPrU dies zunächst vermuten lässt, als Ergebnis einer reinen Zahlungsstromrechnung. Auch wenn das Kassenprinzip das Grundprinzip der steuerlichen Einkommensermittlung in Polen bildet,[478] wird es punktuell zugunsten eines Realisationsprinzips durchbrochen.[479] Es erscheint präziser, von einem *modifizierten* Zufluss-/Abflussprinzip zu sprechen.[480]

---

470 Vgl. Eberhartinger-Wilczynska/Stöckl (2009), S. 30. A. A. offenbar Jaruga/Kabalski (2010), S. 158, die konstatieren, dass „mentally, Poland is still partly stuck in the Continental system dominated, inter alia, conservatism, detailed systems of accounts and taxes".

471 So die Einschätzung von Gdański/Szewc (2007), S. 27.

472 Wörtliche deutsche Übersetzung: Einkommensteuer juristischer Personen.

473 Vgl. Vergano/Zantomio (2005), S. 214.

474 Vgl. auch Nabiałek (2007), S. 135; Poznańska (1995), S. 341; Kostecki (2001), S. 614; Kudert/Cloer (2004), S. 100; Reith (2006), Rz. 64.

475 Vgl. Slapio/Jürgensmann (2004), S. 925 Fn. 10.

476 Vgl. Ellebrecht (2010), S. 317. Neben Einkünften aus wirtschaftlicher Tätigkeit unterscheidet das PDOPrU weitere fünf Einkunftsarten, namentlich (1) Einkünfte aus bestimmten landwirtschaftlichen Tätigkeiten; (2) Einkünfte aus Beteiligungen; (3) Einkünfte aus Vermietung und Verpachtung; (4) Einkünfte aus Veräußerungsgewinnen sowie (5) Einkünfte aus Patent- und Lizenzverträgen; vgl. Ellebrecht (2010), S. 318; Schikowsky/Beste (2001), S. 66.

477 Vgl. auch Nabiałek (2007), S. 135; Kostecki (2001), S. 615; Weigel (2003), S. 87; Jungmann (2009), Rz. 31; Ellebrecht (2010), S. 317; Gorzawski/Kuros (2000), S. 204; Adamczyk (2008), S. 330; Stiller (2010), S. 769; Alberts (2011b), Rz. 216.

478 Vgl. Schmitt (2004), S. 150; Ellebrecht (2010), S. 318; Alberts (2011b), Rz. 224; Steuerberater Handbuch Europa (2007a), Rz. 51.

479 Vgl. Reith (2006), Rz. 65; Kudert/Jamrozy (1996), S. 780 f.; dies. (2011), S. 68; Djanani/Brähler/Lösel (2005), S. 78 f.; Ellebrecht (2010), S. 318.

480 Zum Begriff vgl. Weigel (2003), S. 88 (keine Kursivierung im Original).

Handels- und steuerrechtlicher Gewinn werden isoliert nach Maßgabe eigenständiger Vorschriften ermittelt.[481] Ein Maßgeblichkeitsgrundsatz ist dem polnischen Körperschaftsteuerrecht fremd, ebenso eine umgekehrte Maßgeblichkeit.[482] Diese Autonomie von handels- und steuerrechtlicher Gewinnermittlung, die von der höchstrichterlichen Rechtsprechung bestätigt wurde,[483] ist nicht historisch gewachsen. Die Zäsur erfolgte erst durch das RLG 1994.[484] Ein faktischer Zusammenhang zwischen der steuerlichen Gewinnermittlung und der handelsrechtlichen Buchführung besteht nach geltendem Recht allerdings (nur) insoweit, als Art. 9 Abs. 1 PDOPrU die (unbeschränkt) Körperschaftsteuerpflichtigen in die Pflicht nimmt, „ihre Buchführung nach gesonderten Vorschriften so vorzunehmen, dass die Bestimmung der Höhe des Einkommens (des Verlusts), der Bemessungsgrundlage der Steuer und der für den Veranlagungszeitraum geschuldeten Steuer gewährleistet ist".[485] Der Terminus „gesonderte Vorschriften" meint dabei die Buchführungsregeln des RLG (Art. 9-25).[486] Insofern existiert immerhin eine „Maßgeblichkeit der Handelsbücher"[487]. Die handelsrechtlichen Buchführungsdaten sollen dabei „die Richtigkeit der zur Ermittlung der Steuerbeträge notwendigen Angaben"[488] belegen. Somit erfüllt die handelsrechtliche Rechnungslegung auch nach dem RLG 1994 noch eine gewisse, jedoch nicht mehr primäre fiskalische Kontroll- bzw. Nachweisfunktion.[489]

Faktische Verbindungen zwischen der handels- und steuerrechtlichen Gewinnermittlung ergeben sich auf Einzelnormebene, indem das PDOPrU an einigen (wenigen) Stellen auf das RLG verweist, so etwa bei der Behandlung von Fremdwährungsdifferenzen gem. Art. 9b PDOPrU.[490] Dass die im RLG verankerten Periodisierungsvorschriften für fiskalische Zwecke nun annähernd bedeutungslos sind, stößt in der Literatur seit Langem auf Kritik, vor allem deshalb, weil das polnische Körper-

---

481 Vgl. Gdański/Szewc (2007), S. 26; Adamczyk (2008), S. 330; Jungmann (2009), Rz. 32.

482 Vgl. Nabiałek (2003), S. 44; Weigel (2003), S. 87; Eberhartinger/Wilczynska-Stöckl (2009), S. 30; Wollgarten (2005), S. 213 u. S. 226; Gorzawski/Kuros (2000), S. 204; Jaruga/Walińska/Baniewicz (1996), S. 883 ff.; Ellebrecht (2010), S. 318; Schmitt (2004), S. 150; Spengel (2004c), S. 617 Abb. 4; Brzezinski/Kardach/Wojcik (2003), S. 383; Mössner (2007), S. 181; Koss (1998), S. 95; Kudert/Jamrozy (2010), S. 280; Lange (2011), S. 228; Reith (2006), Rz. 67.

483 Vgl. Adamczyk (2008), S. 330; Jungmann (2009), Rz. 32, jeweils m. w. N.

484 Vgl. auch Vellam (2004), S. 151; Jungmann (2009), Rz. 32. Vgl. zum RLG 1994 auch oben, 2. Kap. II. 3.1.2.2.

485 Vgl. auch Kudert/Jamrozy (1996), S. 780; Jamrozy (2002), S. 32 f.; Nabiałek (2007), S. 128; Djanani/Brähler/Lösel (2005), S. 77; Brockhuis/Schnell (2003), S. 89; Ellebrecht (2010), S. 318.

486 Vgl. Nabiałek (2003), S. 43; Weigel (2003), S. 87; Migdał/Namysłowski/Ziółek (2010), S. 35; Schmitt (2004), S. 150; Ellebrecht (2010), S. 317; Wollgarten (2005), S. 213. Daneben ist eine Art „Anlagennachweis" zu führen, um die entsprechenden Abschreibungen gem. Art. 16a-16m PDOPrU ermitteln zu können (Art. 9 Abs. 1 PDOPrU). Vgl. auch Wollgarten (2005), S. 213 u. S. 226; Weigel (2003), S. 87.

487 So Jungmann/Tacakiewicz (2007), S. 700.

488 Jungmann/Tacakiewicz (2007), S. 698; vgl. auch Nabiałek (2003), S. 43.

489 Sofern es nicht möglich ist, das Einkommen bzw. den Verlust gem. der in Art. 9 Abs. 1 PDOPrU in Bezug genommenen Buchführung zu bestimmen, erfolgt die Ermittlung im Wege der Schätzung (Art. 9 Abs. 2 PDOPrU). Zu dieser Vorschrift im Einzelnen Ellebrecht (2010), S. 318; Nabiałek (2007), S. 141; Gorzawski/Kuros (2000), S. 204; Alberts (2011b), Rz. 225; Kudert/Jamrozy (1996), S. 780; Migdał/Namysłowski/Ziółek (2010), S. 35; Reith (2006), Rz. 67.

490 Vgl. Gdański/Szewc (2007), S. 26. Zu diesen punktuellen Verknüpfungen vgl. Bernat/Kardach (2009), S. 513 ff.

schaftsteuergesetz stattdessen ein (inkonsistentes) „Konglomerat aus Realisations- und Zufluß-prinzip“[491] schafft.

Vom Handelsrecht divergente Ansatz- und Bewertungsvorschriften sind für Zwecke der körperschaftsteuerpflichtigen Gewinnermittlung in „außerbilanzielle[n], nur steuerlichen Zwecken dienende[n] Konten“[492] (Hilfsbüchern) zu erfassen. Das körperschaftsteuerpflichtige Einkommen wird folglich „nicht direkt aus den Büchern, sondern nur mit deren Hilfe abgeleitet“[493]. Die Ermittlung des körpersteuerpflichtigen Einkommens erfolgt *in praxi* durch Modifikation des für Buchführungszwecke ermittelten Gewinns, d. h. im Wege sog. Mehr-/Weniger-Rechnungen, wobei die jeweiligen Gewinn- und Verlust-Rechnungen den Ausgangspunkt der Ermittlung bilden.[494] Steuerbilanzen – nach deutschem Rechtsverständnis – werden nach polnischem Steuerrecht folglich nicht erstellt.[495]

3.2.2 Einflüsse der IFRS auf die steuerrechtliche Gewinnermittlung in Polen

Da die rechtlichen und faktischen Querverbindungen zwischen handels- und steuerrechtlicher Gewinnermittlung in Polen nur rudimentär ausgeprägt sind, können die weitreichenden IFRS-Annäherungen der handelsgesetzlichen Gewinnermittlungsvorschriften sowie der Rechnungslegungsstandards des KSR keine unmittelbaren steuerlichen Konsequenzen nach sich ziehen. Auch die mittelbaren Einflüsse der IFRS bleiben begrenzt. Insofern muss aus polnischer Sicht in der Tat von einem nur „little tax risk associated with the adoption of IFRS“[496] ausgegangen werden.[497] Dennoch sind bei genauem Hinsehen punktuelle mittelbare IFRS-Einflüsse auf die steuerliche Gewinnermittlung zu erkennen. So etwa bei der Behandlung von Fremdwährungsdifferenzen, indem die Vorschrift des Art. 9b PDOPrR auf die diesbezüglichen Vorschriften des RLG (Art. 30) Bezug nimmt.[498] Da diese sich ihrerseits an den IFRS orientieren (IAS 21), können die Grundsätze zur Behandlung von Fremdwährungsdifferenzen nach IFRS faktisch in die steuerliche Gewinnermittlung einstrahlen.[499]

---

491 Kudert/Jamrozy (1996), S. 781.

492 Jungmann/Tacakiewicz (2007), S. 699; Kudert/Jamrozy (1996), S. 780.

493 Nabiałek (2007), S. 140.

494 Vgl. Brzezinski/Kardach/Wojcik (2003), S. 383; Migdał/Namysłowski/Ziółek (2010), S. 35; Jungmann (2009), Rz. 33; PwC (2008), S. 56; dies. (2010), S. 1093.

495 Vgl. Lange (2011), S. 229.

496 Gdański/Szewc (2007), S. 26.

497 A. A. offenbar Djanani/Brähler/Lösel (2005), S. 57 f., die feststellen wollen, dass die Annäherungen RLG an den IFRS zu einem „höhere[n] zu versteuernde[n] Einkommen“ und damit zu einer höheren Steuerbelastung führe (wörtliches Zitat auf S. 58). Diese Einschätzung ist insofern unklar, als ein unmittelbarer Zusammenhang zwischen dem RLG und der (körperschaft-) steuerlichen Gewinnermittlung grundsätzlich nicht besteht, wie Djanani/Brähler/Lösel (2005), S. 77 selbst zutreffend bemerken. Es bleibt offen, auf welcher Rechtsgrundlage sich die IFRS-Annäherungen des RLG auf Ermittlung und damit Höhe des steuerlichen Gewinns auswirken sollten.

498 Vgl. auch Gdański/Szewc (2007), S. 26. Zu verbleibenden Abweichungen vgl. Jungmann (2009), Rz. 60.

499 Vgl. hierzu detailliert Bernat/Kardach (2009), S. 513 ff.

4 IFRS und die handels- und steuerrechtliche Gewinnermittlung in Schweden

4.1 Handelsrechtliche Gewinnermittlung in Schweden unter dem Einfluss der IFRS

4.1.1 Grundskizze des schwedischen Bilanzrechts

Das schwedische Handelsbilanzrecht ist im Wesentlichen im *Bokföringslag* (BFL) sowie in dem auf der 4. EG-Richtlinie fußenden *Årsredovisningslag* (ÅRL) verankert.[500] Während das BFL seinem Namen entsprechend vornehmlich Regelungen zur laufenden Buchhaltung enthält, sind die grundlegenden Bilanzierungsprinzipien im ÅRL verankert. Allerdings trägt das ÅRL ebenso wie das BFL den Charakter eines Rahmengesetzes (*ramlagskaraktär*).[501] Entsprechend spärlich sind Vorgaben im Hinblick auf die handelsbilanzielle Gewinnermittlung im engeren Sinne; das ÅRL enthält nur allgemeine Grundsätze.

Die inhaltliche Ausfüllung dieses gesetzlichen Rahmens erfolgt im Wesentlichen durch die sog. komplettierende Normsetzung (*kompletterande normgivning*), hier vor allem durch die Verlautbarungen der schwedischen Standardsetzer, namentlich dem *Bokföringsnämnden* (BFN), dem *Redovisningsrådet* (RR) sowie dessen Nachfolger, dem *Rådet för finansiell rapportering* (RFR).[502] Die vom BFN erlassenen Verlautbarungen richten sich insbesondere an nicht-börsennotierte Gesellschaften. Hierbei nimmt der BFN seit dem Februar 2004 i. S. einer neuen Normierungsstrategie eine (größenabhängige) Kategorisierung (K) in Kleingewerbetreibende (K1-Gesellschaften), private Aktiengesellschaften (K2-Gesellschaften), größere Aktiengesellschaften (K3-Gesellschaften) sowie Unternehmen, die in ihrem Konzernabschluss (verpflichtend oder wahlweise) nach IFRS Rechnung legen (K4-Gesellschaften), vor.[503] Je nach Kategorienzugehörigkeit sollen eigenständige Gewinnermittlungsregeln mit unterschiedlichem und – beginnend mit K1 – sich steigerndem Umfang und Komplexitätsgrad zur Anwendung kommen.[504] Der BFN selbst erlässt für die letztgenannten sog. IFRS-Gesellschaften keine Verlautbarungen mehr, sondern überträgt diese Aufgabe dem RFR.

Dass die gesetzlichen Gewinnermittlungsvorschriften in Schweden durch diese *kompletterande normgivning* konkretisiert werden müssen, um einer praktischen Anwendung zugänglich zu sein, wird in der rechtsvergleichenden Literatur als ungewöhnlich bezeichnet; denn zählt man Schweden

---

[500] Vgl. Bjuvberg (2006a), S. 63; ders. (2006b), S. 206; Levin (2006), S. 18.

[501] Vgl. Bjuvberg (2006a), S. 73; Knutsson (2005), S. 512.

[502] Vgl. Bjuvberg (2006a), S. 74; Kellgren/Bjuvberg (2009), S. 40 ff. Zu beachten ist, dass der hier verwendete Begriff „Verlautbarungen" als Oberbegriff dient. Die Verlautbarungen des BFN sind zu unterscheiden in: *allmänna råd*, *vägledningar*, *rekommendationer* sowie *uttalanden*, die des RFR in *rekommendationer* und *uttalanden*. Auf eine wörtliche Übersetzung wird an dieser Stelle verzichtet, da sie den jeweiligen Sinngehalt wohl nicht korrekt wiedergeben würde.

[503] Vgl. auch Bjuvberg (2006a), S. 54 f.

[504] Vgl. Bjuvberg (2006a), S. 55.

zum Kreis der traditionellen *Code law*-Länder,[505] wäre vielmehr zu erwarten, dass eine „comprehensive codified legislation leaves little scope for supplementary requirements“[506].

Die Primärfunktion des handelsrechtlichen Jahresabschlusses wird weder im BFL noch im ÅRL explizit benannt. Das Schrifttum konstatiert einen Aufgabendualismus zwischen Informationsfunktion und Zahlungsbemessungsfunktion (Ausschüttungs- und Steuerbemessungsfunktion[507]).[508] Offen ist, in welchem Rangverhältnis diese Funktionen zueinander stehen. Unstrittig ist nur, dass der handelsrechtliche Jahresabschluss sowohl zur Ausschüttungs- als auch zur Steuerbemessung herangezogen wird, sodass bei einer unmittelbaren oder mittelbaren Übernahme der IFRS in den handelsrechtlichen Jahresabschluss entsprechende Konsequenzen zu erwarten wären.

Der (bilanzielle) Gläubigerschutz (*borgernärsskydd*) ist nach traditioneller schwedischer Bilanzauffassung von exponierter Bedeutung.[509] Nur so erklärt sich, dass das bilanzrechtliche Vorsichtsprinzip (*försiktighetsprincipen*, 2 kap. 4 § 3 ÅRL) als der „cornerstone of Swedish Accounting“[510] respektive als das „all-embracing Swedish accounting principle“[511] anerkannt wird. Die Forderung nach einer „angemessenen Vorsicht“ (*rimlig försiktighet*) soll dabei aber eine übervorsichtige Bilanzierung vermeiden. Gegenüber dem Vorsichtsprinzip des IFRS-Regelwerks wird das Vorsichtsprinzip des schwedischen Bilanzrechts (dennoch) als „considerably more conservative“[512] beschrieben. Auch das Realisationsprinzip (*realisationsprincipen*) des 2 kap. 4 § p. 3a ÅRL fließt aus dem Vorsichtsprinzip; es soll einen Ausweis unrealisierter Gewinne verhindern. Aus dem Vorsichtsprinzip wird weiterhin ein Niederstwertprinzip (*lägsta värdets princip*) bei Vermögensgegenständen sowie ein Höchstwertprinzip bei Schulden (*högsta värdets princip*) abgeleitet (4 kap. 9 § ÅRL). Dem tradierten schwedischen Bilanzrecht dürfte damit auch ein Imparitätsprinzip als Systemgrundsatz immanent sein. All dies deutet auf eine exponierte Stellung der Zahlungsbemessungsfunktion

---

505 So Artsberg/Schwencke (2003), S. 316. A. A. Katzer (2008), S. 49, der feststellt, dass sich in Skandinavien ein „eigenständiger Rechtskreis“ ausgeformt habe, der „zahlreiche Eigentümlichkeiten und Eigenheiten“ aufweise, die „einer Zuordnung zu einem der großen Rechtskreise, dem kontinental-europäischen, kodifizierten Recht einerseits, bzw. dem anglo-amerikanischen Common Law andererseits, entgegenstehen“.

506 Blake et al. (1997), S. 87. Eine Regelsetzung durch private Rechnungslegungsgremien ist eher in Ländern mit anglo-amerikanischer Rechnungslegungstradition üblich, wohingegen in Ländern mit kontinentaleuropäischer Prägung ein vom nationalen Gesetzgeber entwickeltes Normensystem vorherrschend ist; vgl. Najderek (2009), S. 99.

507 Die schwedischen Bestimmungen zum Kapitalschutz sind im *aktiebolagslag* (Aktiengesetz) verankert; hierzu rechtsvergleichend (Deutschland/Schweden) Rothe (2009), insb. S. 108-128 u. S. 156-163.

508 Vgl. Kirsch/Olsson (2008), S. 748 f.; Levin (2006), S. 15.

509 Vgl. Bjuvberg (2006a), S. 44-48; Hilling (2007), S. 62 („the Swedish accounting system traditionally focused on creditors' protection"); Rundfelt (2001), S. 2363 („the main objective of accounting legislation is to safeguard creditors"); vgl. auch Hellman (2011), S. 63. Die Bedeutung des Gläubigerschutzprinzips dürfte der frühen, inzwischen aber aufgegebenen Orientierung des schwedischen Bilanzrechts an der deutschen Bilanz(-rechts)theorie zuzuschreiben sein. Zu den historischen Einflüssen der klassischen deutschen Bilanztheorien vgl. Fagerström/Lundh (2009), S. 9, 15 f., 19; Heurlin/Peterssohn (2003), S. 17.06 f.; Hellman (2011), S. 63; Artsberg (2010), S. 191-193.

510 So Rundfelt (2001), S. 2365 u. S. 2384 („In Swedish accounting legislation and practice the prudence principle is generally considered to be more important than any other principle“); vgl. auch Norberg (2009), S. 128, der Vorsichts- und Realisationsprinzip als (ehemalige) „Ecksteine“ (*hörnstenar*) des schwedischen Bilanzrechts bezeichnet.

511 Levin (2006), S. 16.

512 Levin (2006), S. 17

hin. Gegen eine Vorrangigkeit der Informationsfunktion spricht ferner, dass der Art. 4 EG-Richtlinie basierende und in 2 kap. 3 § ÅRL verankerte Grundsatz des *true and fair view* (schwedisch: *rättvisande bild*) offenbar nicht als *overriding principle* anerkannt wird.[513] Allerdings scheint dieses gläubigerschutzorientierte Leitbild allmählich an Bedeutung zu verlieren.[514] Es wird ein Paradigmenwechsel („Paradigmenskiftet“) von der tradierten (dynamischen) GuV-orientierten Rechnungslegung („resultatorienterad redovisning“) zugunsten einer informationsorientierten (statischen) bilanzorientierten Rechnungslegung („balansorienterad redovisning“) konstatiert.[515] Gedanken des (zeitwert-) statischen *asset-liability-approach* der IFRS fließen verstärkt in das schwedische Bilanzrecht ein und dürften nunmehr auch (implizit) dessen theoretischen Unterbau bilden.[516] Der Gläubigerschutz hat seine Primärstellung eingebüßt.[517]

Von herausragender Bedeutung für das schwedische (allgemein: skandinavische[518]) Handelsbilanzrecht ist die *god redovisningssed* (wörtlich: „gute Rechnungslegungssitte“ oder „good accounting practice“[519]), auf die sowohl im BFL als auch im ÅRL generalklauselartig verwiesen wird (4 kap. 2 § BFL; 2 kap. 2 § ÅRL). Auch das schwedische Steuerbilanzrecht nimmt die *god redovisningssed* in Bezug. In Ermangelung einer gesetzlichen Definition gilt der Begriff der *god redovisningssed* als vage und schwierig konkretisierbar.[520] Auch das Verhältnis zum (jüngeren) Grundsatz des *true and fair view* (*rättvisande bild*; 2 kap. 3 § ÅRL) ist umstritten.[521] Das Konzept der *god redovisningssed* weist nach *Bjuvberg* mit seiner „intrinsischen Dynamik“ (*inneboende dynamiken*) und seiner „intrinsischen Subjektivität“ (*inneboende subjektivitäten*) zwei grundlegende Eigenschaften auf. Die *god redovisnigssed* wird zudem als dynamisch charakterisiert, da sein materieller Inhalt sich verändern kann, ähnlich dem handelsrechtlichen (ausschüttungsstatischem) GoB-System, das als offen und reversibel gilt. Die *god redovisningssed* gilt als *subjektiv*, weil sie dem Bilanzierenden oftmals eine Wahlfreiheit zwischen zwei oder mehreren Bilanzierungsmethoden gewährt.[522]

---

513 Vgl. Najderek (2009), S. 53. Bjuvberg (2006b), S. 207 geht von einer fehlerhaften Umsetzung der 4. EG-Richtlinie aus.

514 Vgl. Bjuvberg (2006b), S. 205; Artsberg/Schwencke (2003), S. 320 f.

515 Vgl. Bjuvberg (2006a), S. 85-89; vgl. auch Norberg (2007), S. 14 ff. (Wandel von einem „transaction-based approach“ zu einem „value-based approach“ respektive „balance sheet approach“); ders. (2009), S. 128 („balansräkningsansats“); Hilling (2007), S. 62 („fair-value approach“).

516 Norberg (2009), S. 128 spricht daher von einem Theoriewandel in der (schwedischen) Rechnungslegung („Teoriutvecklingen i redovisningen“; Zwischenüberschrift 2.2.).

517 So Hilling (2007), S. 61: „During the last decades, however, significant growth in the capital market has shifted the focus (…) somewhat from creditors' protection to investor-oriented information”.

518 Vgl. Artsberg/Schwencke (2003), S. 321.

519 So Rundfelt (2001), S. 2351; Artsberg (2006), S. 33; Artsberg/Schwencke (2003), S. 315 betonen explizit, dass der Begriff „good accounting practice“ (GAP) nicht mit „generally accepted accounting principles“ (GAAP) verwechselt werden dürfe.

520 Zum Konzept der *god redovisningssed* vgl. Bjuvberg (2006a), S. 147 ff.; Artsberg/Schwencke (2003), insb. S. 315-317; Artsberg (2010), S. 193; Hultqvist (2009), S. 257 ff.; Hilling (2007), S. 61 f.; Artsberg (2006), S. 33; Norberg (2009), S. 133 ff.; Rundfelt (2001), S. 2351 f. u. S. 2365; Heuerlin/Peterssohn (2003), S. 17.08; Blake et al. (1999), S. 423; Hellman (2011), S. 63.

521 Zur Diskussion vgl. Bjuvberg (2006a), S. 173-190; Artsberg/Schwencke (2003), S. 321 f.; Rundfelt (2001), S. 2365.

522 Vgl. im Einzelnen Bjuvberg (2006a), S. 149-152.

Mit dem System der handelsrechtlichen GoB i. S. d. Ausschüttungsstatik[523] dürfte das Konzept der *god redovisningssed* indes nur bedingt vergleichbar (vereinbar) sein.[524] Systemlosigkeit wäre dem schwedischen Bilanzrecht allerdings nur zu unterstellen, wenn das deutsche Systemdenken als Maßstab angelegt wird. Indes ist das Konzept der *god redovisningssed* an sich wohl nicht normativ zu verstehen. Es soll vielmehr den „pragmatic view“[525] des schwedischen Bilanzrechts reflektieren. Nach einer gängigen Definition sind die *god redovisningssed* gleichzusetzen mit „einer faktisch vorkommenden Praxis bei einem qualitativ repräsentativen Kreis von Buchführungspflichtigen“ („en faktiskt förekommande praxis hos en kvalitativt representativ krets av bokföringsskyldiga“).[526] Welche faktisch vorkommende Praxis als „gut“ einzustufen ist,[527] bleibt dabei natürlich umstritten.

In einem engen Zusammenhang mit dem Konzept der *god redovisningssed* steht die sog. komplettierende Normsetzung durch die schwedischen Standardsetzer. Die (Fort-) Entwicklung der *god redovisningssed* obliegt nach 8 kap. 1 § BFL ausdrücklich dem BFN. Wie dargelegt, delegiert der BFN diese Aufgabe teilweise an den RFR. Wenngleich die Verlautbarungen des BFN bzw. RFR aus Sicht der schwedischen Konstitution für die Bilanzierenden rechtlich nicht bindend sind, weisen sie dennoch Quasi-Rechtsnormqualität auf, da sie nach ganz vorherrschender Vorstellung die *god redovisningssed* reflektieren bzw. konkretisieren.[528] Die Verlautbarungen der Standardsetzer werden damit erst qua Generalverweis auf die *god redovisningssed* legitimiert.[529] Die zentrale Bedeutung der Bilanzierungspraxis bei der Normgewinnung und -auslegung lässt erkennen, dass im schwedischen Bilanzrecht insoweit die (empirische) Induktion vorherrschend ist. Als streng induktiv dürfte das Konzept der *god redovisningssed* dennoch nicht bezeichnet werden, da die Letztentscheidung über das Vorliegen von *god redovisningssed* dem schwedischen Gesetzgeber respektive der höchstrichterlichen Rechtsprechung, dem *Regeringsrätten*,[530] obliegt.[531]

4.1.2 Einflüsse der IFRS auf die handelsrechtliche Gewinnermittlung in Schweden

4.1.2.1 Unmittelbare Einflussnahmen

Die potenziellen Auswirkungen der IAS-Verordnung für das schwedische Handels- und Steuerbilanzrecht wurden im Jahre 2003 im Rahmen der *Utredningen* „Internationell redovisning i svenska företag“ (SOU 2003:71) evaluiert.[532] In dieser sog. *IAS-utredningen* wurden im Wesentlichen die

523 Zur ausschüttungsstatischen Bilanz(-rechts)theorie vgl. oben, 2. Kap. II. 1.1.1.
524 Offener Artsberg (2010), S. 193.
525 Artsberg (2006), S. 33.
526 Vgl. Artsberg/Schwencke (2003), S. 316; Rundfelt (2001), S. 2351 u. S. 2365.
527 Vgl. Artsberg/Schwencke (2003), S. 316.
528 Vgl. Kellgren/Bjuvberg (2009), S. 44; Norberg (2009), S. 133; Blake et al. (1999), S. 423. Zur rechtlichen Stellung der komplettierenden Normsetzung vgl. im Einzelnen auch Bjuvberg (2006a), S. 117-145; Kellgren/Bjuvberg (2009), S. 44; Hilling (2007), S. 61 f.; Artsberg/Schwencke (2003), S. 312; Artsberg (2010), S. 199.
529 Vgl. Blake et al. (1997), S. 87.
530 Der *Regeringsrätten* heißt ab dem Jahr 2011 *Högsta förvaltningsdsomstolen.*
531 Vgl. Blake et al. (1997), S. 88; Blake/Fortes (1999), S. 423.
532 Vgl. Artsberg (2010), S. 205. Gesetzgebungsverfahren werden in Schweden von der Regierung eingeleitet; einer speziell eingesetzten Kommission wird dabei zunächst die Aufgabe übertragen, einen Untersuchungsbericht über eine zu regelnde Rechtsfrage sowie einen ersten diesbezüglichen Gesetzesentwurf zu erarbeiten. Man spricht hier-

drei folgenden Empfehlungen formuliert: (1) Eine optionale IFRS-Anwendung im Konzernabschluss nicht-börsennotierter Unternehmen; (2) eine optionale Anwendung der IFRS im Einzelabschluss börsennotierter und nicht-börsennotierter Unternehmen; (3) eine grundlegende Novellierung des schwedischen Bilanzrechts mit dem Zweck, die Ansatz- und Bewertungsvorschriften des ÅRL selektiv an die IFRS heranzuführen.[533]

Aus deutscher Sicht ist interessanterweise festzustellen, dass diese Empfehlungen der *IAS-utredningen* vor allem eine politische, weniger aber (bilanz-)wissenschaftliche Kontroverse ausgelöst haben.[534] Gegenüber den Vorschlägen der *IAS-utredningen*, IFRS möglichst breit zur Anwendung zuzulassen, hat der schwedische Gesetzgeber eine „quite opposite view“[535] eingenommen. IFRS sind – wie nach gegenwärtiger deutscher Rechtslage – im Konzernabschluss börsennotierter Unternehmen verpflichtend und im Konzernabschluss nicht-börsennotierter Unternehmen optional anzuwenden (7 kap. 32 u. 33 §§ ÅRL). Im handelsrechtlichen Jahresabschluss ist die Anwendung der *full IFRS* weder verpflichtend noch wahlweise möglich; dies gilt sowohl für börsen- als auch nicht-börsennotierte Unternehmen.[536] Es wurde auch keine dem § 325 Abs. 2a HGB vergleichbare Vorschrift geschaffen. Der nachdrücklichen Empfehlung der *IAS-utredningen*, die IFRS auch im handelsrechtlichen Jahresabschluss zuzulassen, wurde damit eine eindeutige Absage erteilt. Der damalige schwedische Gesetzgeber vertrat vielmehr die Ansicht, dass eine Anwendung der IFRS mit Blick auf den Gläubigerschutz sowie der Steuerbemessung nicht infrage komme.[537] Damit wird die Ausschüttungs- und Steuerbemessung weiterhin nach den Regelungen des BFL, des ÅRL sowie der Verlautbarungen der schwedischen Standardsetzer vorgenommen.

4.1.2.2 Mittelbare Einflussnahmen

Der in der *IAS-utredningen* zusätzlich formulierten Forderung, den ÅRL punktuell an die IFRS anzunähern, hat der schwedische Gesetzgeber allerdings inzwischen Folge geleistet. IFRS können auch in Schweden inzwischen einen beachtlichen (mittelbaren) Bedeutungsgewinn vorweisen. Die Annäherungen an die IFRS auf Gesetzesebene zeigen sich insbesondere an den neu geschaffenen Möglichkeiten zur Zeitwertbewertung (*verkligt värde*), die in Anpassung an die *Fair value*-, Modernisierungs- und Abänderungsrichtlinie in das ÅRL übernommen wurden.[538] So besteht seit dem

bei von sog. „Statens Offentliga Utredningar“ (kurz: SOU). Zum Prozedere vgl. Melz (2010), S. 137; Katzer (2008), S. 51 f.

533 Vgl. SOU 2003:71. Dazu auch Knutsson (2005), S. 511; Artsberg (2010), S. 205 f.

534 Zu den einzelnen Standpunkten vgl. anschaulich Artsberg (2010), S. 205 f.

535 So Artsberg (2006), S. 28.

536 Vgl. Norberg (2007), S. 16; Kirsch/Olsson (2008), S. 749.

537 Die hierbei vorgetragenen Argumente ähneln denen der deutschen Diskussion; für eine vergleichende Gegenüberstellung vgl. Artsberg (2006), S. 14 ff. (zu deutschen Diskussion) und S. 29 f. (zur schwedischen Diskussion); vgl. auch dies. (2010), S. 206 (zur schwedischen Diskussion).

538 Vgl. Kirsch/Olsson (2008), S. 752; Norberg (2007), S. 16. Allerdings ist zu beachten, dass das Konzept des *verkligt värde* dem schwedischen Bilanzrecht traditionell nicht grundlegend fremd ist; vielmehr wurde schon vorher zur Konkretisierung des Niederstwertprinzips (*lägsta värdets princip*; 4 kap. 9 § ÅRL) auf diesen (Verlust-) Maßstab abgestellt. Vgl. Bjuvberg (2004), S. 322.

Jahr 2004 eine Möglichkeit zur Zeitwertbewertung von Finanzinstrumenten (4 kap. 14a-14e §§ ÅRL), die sich eng an IAS 39 anlehnt.[539] In der Folge wurde diese Zeitwertbewertung auf Sachanlagevermögen (*materiella tillgångar*), immaterielle Vermögenswerte (*immateriella tillgångar*), als Finanzinvestitionen gehaltene Immobilien (*förvaltningsfastigheter*) sowie biologische Vermögenswerte (*biologiska tillgångar*) ausgedehnt (4 kap. 14f und 14g §§ ÅRL). Als Vorbilder dienten hier erkennbar IAS 16, 38, 40 und 41.[540] Zeitwertveränderungen sollen dabei entweder direkt über die Gewinn- und Verlust-Rechnung (*resultaträkningen*) oder (in bestimmten Fällen[541]) in einem sog. *fond för verkligt värde* (4 kap. 14d § ÅRL) erfasst werden, der Teil des sog. freien Eigenkapitals (*fritt eget kapital*) ist.[542] Damit könnten unrealisierte Zeitwertgewinne (in beiden Fällen) grundsätzlich einer Ausschüttung zugeführt werden. Eine spezielle Bereinigung des handelsrechtlichen Ergebnisses ist gesetzlich nicht vorgesehen. Der Gläubigerschutz soll offenbar allein durch die allgemeinen gesellschaftsrechtlichen Kapitalerhaltungsregeln sichergestellt werden.[543]

Mit dieser Zeitwertbewertung hat das schwedische Handelsbilanzrecht den als besonders problematisch erachteten Aspekt der IFRS, nämlich die *Fair value*-Bewertung, bereits in weiten Teilen adaptiert. Aufgrund ihrer unklaren steuerlichen Implikationen sind die gesetzlichen Anwendungsfälle der Zeitwertbewertung bis zum 01.01.2012 ausgesetzt, wobei der Erstanwendungszeitpunkt bereits mehrfach verschoben wurde.

Wurden die IFRS-Annäherungen im Rahmen des ÅRL bislang eher kasuistisch vollzogen, so können die Konvergenzbemühungen auf Ebene der Standardsetzung des RFR als vergleichsweise extensiv bezeichnet werden. So hat der RR, die Vorgängerorganisation des RFR, seine vornehmlich auf den Konzernabschluss bezogenen Verlautbarungen bereits seit Anfang der 1990er-Jahre sukzessiv an die IFRS angelehnt.[544] Deren Umschreibung als „Swedish ‚light' versions of IAS"[545] zeigt auf, wie früh und intensiv die Nähe zu den IFRS gesucht wurde.[546]

Der RFR setzt die Konvergenzstrategie fort. Hierzu wurde mit RFR 2 (2011) eine entsprechende Rechnungslegungsempfehlung (*rekommendation*) formuliert. Im persönlichen Anwendungsbereich

539 Vgl. Norberg (2009), S. 133; Laukkanen (2007), S. 218.

540 Vgl. Artsberg (2006), S. 28 f.; Knutsson (2005), S. 511; Kirsch/Olsson (2008), S. 749; Norberg (2007), S. 16; Jasmand (2007), S. 32. Diese neuartigen Bewertungsregeln sind ebenfalls optional anzuwenden, einschränkend aber nur von jenen Unternehmen, die in einem nach IFRS erstellten Konzernabschluss erfasst werden und von solchen Unternehmen, die an einem geregelten Markt notiert sind (3 kap. 4a § ÅRL). Diese Einschränkung gründet darin, dass die Zeitwertbewertung vor allem eine Abstimmung der Bilanzierungsprinzipien im Konzern- und Jahresabschluss ermöglichen, insofern also eine Erleichterung für nach IFRS bilanzierende Konzerne schaffen soll.

541 Eine Ausnahme von der erfolgswirksamen Zuschreibung bilden u. a. aus Wechselkursänderungen resultierende Werterhöhungen monetärer Posten, die Teil der Investition in eine ausländische Geschäftseinheit sind (4 kap. 14d § Abs. 2 Nr. 2 ÅRL); hierzu Jasmand (2007), S. 31 Fn. 67.

542 Vgl. Bjuvberg (2006a), S. 96; Knutsson (2005), S. 511; KPMG (2008a), S. 367 u. S. 371.

543 Vgl. KPMG (2008a), S. 370 f.

544 Vgl. Nilsson (2009), S. 30; Fagerström/Hassel/Cunningham (2007), S. 40; Rundfelt (2001), S. 2355; Hellman (2011), S. 64; Artsberg (2010), S. 203.

545 Kirsch/Olsson (2008), S. 749.

546 Vgl. Artsberg (2010), S. 203.

des RFR (2011) liegen juristische Personen, die an einem regulierten Markt in Schweden notiert sind. RFR 2 (2011) ist – wie auch bereits sein Vorläufer RR 32[547] – von der Grundüberzeugung geleitet, dass die Finanzberichterstattung eines börsennotierten Mutterunternehmens von derselben Qualität sein sollte wie diejenige des Konzerns („den finansiella rapporteringen för moderföretag ska hålla samma kvalitet som rapporteringen för koncerner"). Diesem Anliegen soll nachgekommen werden, indem die Mutter die im Konzernabschluss zur Anwendung gebrachten IFRS so weit wie möglich auch in ihrem eigenen Jahresabschluss befolgt (sog. *huvudregel*).[548] Auch in Fällen, in denen IFRS im Konzernabschluss freiwillig angewendet werden, soll die Konzernmutter in ihrem Jahresabschluss soweit möglich nach IFRS Rechnung legen. Eine Anwendung des RFR 2 (2011) in den handelsrechtlichen Jahresabschlüssen der jeweiligen Tochter- bzw. (Ur-) Enkelgesellschaften ist nicht vorgeschrieben, aber wahlweise möglich. Der faktische Anwendungsbereich der IFRS ist insofern noch erweiterbar.[549]

Allerdings wird hierbei der noch immer existenten Verbindung von handels- und steuerrechtlicher Gewinnermittlung Rechnung getragen.[550] Es entspricht der Regelungslogik des RFR 2 (2011), einen internationalen Rechnungslegungsstandard grundsätzlich zur Übernahme zu empfehlen und – sofern als notwendig erachtet – lediglich einzelne Abweichungen zu diesem zu formulieren. Es besteht mithin eine Art von Beweislastumkehr, dass ein internationaler Rechnungslegungsstandard *nicht* übernahmetauglich ist. Wird die Bilanzierungslösung eines Standards als gegen geltendes schwedisches Handels- und Steuerrecht verstoßend betrachtet, wird dieser in Form von sog. Ausnahmen (*undantag*) und sog. Ergänzungen (*tillägg*) durchbrochen; nur insoweit bleiben die Bilanzierungsregeln des ÅRL bzw. des IL maßgebend. Im Kern geht es hierbei um die Eliminierung unrealisierter Gewinne.[551] Diese Modifikationsvorbehalt wird als zwingend notwendig, weil an den handelsrechtlichen Jahresabschluss in Schweden noch immer gesellschaftsrechtliche und steuerrechtliche Folgen anknüpfen.[552] Finden sich zu einem internationalen Rechnungslegungsstandard indes keine Abweichungen, wird er entsprechend für eine (unmodifizierte) Vollübernahme in die handels- und steuerrechtliche Gewinnermittlung nahe gelegt.

Derweil hat der BFN zum Ausdruck gebracht, dass er eine IFRS-Annäherung seiner für die K1-K3-Gesellschaften geltenden Verlautbarungen nicht in Betracht zieht.[553] Insofern kommt es unter dem Aspekt der mittelbaren IFRS-Anwendung zu einer – in der schwedischen Literatur vielfach kriti-

---

547 Vgl. Knutsson (2005), S. 511; Artsberg (2010), S. 203.

548 Vgl. Kirsch/Olsson (2008), S. 751. RFR 2 (2011) ersetzt die Verlautbarungen des RR. Die Einzelempfehlungen RR 1-29 wurden zuletzt in RR 32:06 gebündelt; vgl. Kirsch/Olsson (2008), S. 751; Bjuvberg (2006a), S. 59.

549 Vgl. KPMG (2008a), S. 362 (in Bezug auf die Vorgängerregelung RR 32).

550 Vgl. Artsberg (2010), S. 203.

551 Vgl. Knutsson (2005), S. 511. Allerdings ist zu erwarten, dass einige dieser Modifikationen entfallen, wenn die bislang ausgesetzten Zeitwertbewertungsregeln des ÅRL schlussendlich in Kraft treten.

552 Vgl. Norberg (2007), S. 17.

553 Vgl. Kirsch/Olsson (2008), S. 753; Levin (2006), S. 23.

sierten – Spaltung der Regelwerke.[554] Während für börsennotierte Unternehmen oder einem IFRS-Konzern zugehörige Unternehmen der an IFRS ausgerichtete RFR 2 (2011) anzuwenden ist, bleiben für nicht-börsennotierte Unternehmen die Regelungen des ÅRL sowie die generell nicht an die IFRS-angenäherten Verlautbarungen des BFN bindend. Entsprechend der Themenstellung dieser Arbeit soll im Folgenden ausschließlich auf die für IFRS-Gesellschaften geltenden Verlautbarungen, d. h. auf die Verlautbarungen des RR und des RFR eingegangen werden.

4.2 Steuerliche Gewinnermittlung in Schweden unter dem Einfluss der IFRS

4.2.1 Verhältnis von handels- und steuerrechtlicher Gewinnermittlung in Schweden

Das schwedische Steuerrecht kennt kein eigenständiges Körperschaftsteuerrecht. Die Regelungen über die Besteuerung von Körperschaften und anderen juristischen Personen sind Bestandteil des Einkommensteuergesetzes (*inkomstskattelag*). Juristische Personen werden der staatlichen Einkommensteuer (*statlig inkomstskatt*) unterworfen (1 kap. 3 § IL).[555] Bemessungsgrundlage der (staatlichen) Einkommensteuer ist nach 1 kap. 7 § IL das zu versteuernde Einkommen (*beskattningsbara inkomst*). Sämtliche Einkünfte einer unbeschränkt steuerpflichtigen Körperschaft werden als Einkünfte aus gewerblicher Tätigkeit (*inkomst av näringsverksamhet*) eingestuft (13 kap. 2 § IL).[556] Dabei werden die Einkünfte einer juristischen Person nicht nur einer Einkunftsart, sondern vielmehr auch einer einzigen Erwerbsquelle zugeordnet (14 kap. 10 § IL).[557] Auch wenn sämtliche Einkünfte einer juristischen Person als gewerbliche Einkünfte qualifizieren, unterscheiden sie sich in der Methode ihrer Ermittlung.

Die Verflechtung von handels- und steuerrechtlicher Gewinnermittlung – in Schweden als *sambandet* oder (synonym[558]) *kopplingen mellan redovisning och beskattning* bezeichnet – wird nach wie vor als eng eingestuft.[559] Es bestehe insofern „a clear parallel with the German tax law and with its concept of Massgeblichkeit [sic!]“[560]. Abgesehen davon, dass diese Aussage auf die deutsche Rechtslage inzwischen nicht mehr zutrifft, ist zu beachten, dass die handelsrechtliche Gewinn-

---

554 Vgl. Norberg (2007), S. 16.

555 Vgl. auch Nilsson (2010), S. 37.

556 Vgl. auch Wunderlich (2009), Rz. 47; Nilsson (2010), S. 38; Jasmand (2007), S. 21; Strömberg/Kristoffersson (2009), Rz. 226; Steuerberater Handbuch Europa (2007b), Rz. 97.

557 Vgl. Bjuvberg (2009), S. 579; Nilsson (2010), S. 38; Melz (2010), S. 135; Jasmand (2007), S. 22; dies. (2004), S. 848; Hilling (2007), S. 58; Wunderlich (2009), Rz. 47; Cowley et al. (2009), S. 921. Das schwedische Steuerrecht kennt drei Einkunftsarten: (1) Einkünfte aus nichtselbstständiger Arbeit (*inkomst av tjänst*); (2) Einkünfte aus Gewerbebetrieb (*inkomst av näringsverksamhet*) sowie (3) Einkünfte aus Kapitalvermögen (*inkomst av kapital*); vgl. hierzu detailliert Wunderlich (2009), Rz. 9-14.

558 Vgl. Alhager/Alhager (2004), S. 14.

559 Vgl. Artsberg/Hilling (2002), S. 4; Meussen (1999), S. 18; Avi-Yonah/Sartori/Marian (2011), S. 83 („strict relationship"); Laukkanen (2007), S. 219. Zur Verbindung von handels- und steuerrechtlicher Gewinnermittlung in Schweden vgl. Bjuvberg (2006a), insb. S. 191-269; ders. (2006b), S. 205 ff., ders. (2009), S. 580; Kirsch/Olsson (2008), S. 746 ff.; Henriksson/Schröder (2000), insb. S. 125-128; Levin (2006), insb. S. 26-33; Artsberg (1996), S. 795 ff. (speziell zur historischen Entwicklung); Artsberg (2010), S. 194 f.; Hultqvist (2009), S. 250 ff. (speziell zu verfassungsrechtlichen Fragen); Möller (2001), S. 122 ff.; ders. (2005), S. 662 ff.; Blake et al. (1997), S. 85 ff.; Norberg (2006), S. 89 ff.; Melz (2010), S. 140 f.; Westermark (1995), S. 655-657; Blake et al. (1999), S. 425-427; Hellman (2011), S. 63; Jasmand (2007), S. 24-34; Wunderlich (2009), Rz. 15.

560 So Meussen (1999), S. 18 (im Original z. T. kursiviert).

ermittlung in Schweden ausschließlich zur Ermittlung der aus der gewöhnlichen Tätigkeit resultierenden Einkünfte in Bezug genommen wird. Im Gegensatz dazu erfolgt die steuerliche Ermittlung von Kapitalgewinnen (*kapitalvinster*) bzw. Kapitalverlusten (*kapitalförluster*) bei bestimmten Vermögensgegenständen, die nicht dem Umlaufvermögen, Sachanlagevermögen oder dem immateriellen Vermögen zugehören, nach den für die Einkunftsart Einkünfte aus Kapitalvermögen geltenden spezifischen Normen (25 kap. 2-5 §§ IL).[561] Da der Zusammenhang zwischen handels- und steuerrechtlicher Gewinnermittlung sich ausschließlich auf die laufenden Gewerbeeinkünfte bezieht,[562] einzelne, aber wichtige Kapitalvermögensbestandteile (*kapitaltillgångar*), wie etwa Finanzinstrumente (*finansielle instrumenter*) oder Immobilienvermögen (*fastigheter*) ausgenommen sind,[563] erscheint es nach Ansicht *Norbergs* „somewhat misleading to say that the main rule is to follow GAAP for tax accounting purposes"[564].

Die Verbindung von handels- und steuerrechtlicher Gewinnermittlung wird rechtstechnisch durch die Zentralnorm des 14 kap. IL konstituiert, indem generalklauselartig auf die beiden Begriffe *bokföringsmässiga grunder* und *god redovisningssed* rekurriert wird (14 kap. 2 § IL).[565] Dabei ist zunächst unzweifelhaft, dass die Inbezugnahme der *bokföringsmässiga grunder* (wörtlich: „buchführungsmäßige Grundsätze") – einem nur im IL vorzufindenden, dort jedoch nicht näher bestimmten Terminus[566] – sichern soll, dass die Ermittlung des gewerblichen Gewinns auf Basis einer Zahlungsperiodisierung vorgenommen wird, wodurch die Anwendung einer reinen Zahlungsrechnung (*kontantmetod*) grundsätzlich[567] verhindert werden soll.[568] Auf welche Weise die Zahlungsperiodisierung zu erfolgen hat, bestimmt 14 kap. 2 § IL indes nur abstrakt: Die Erfassung von Einnahmen (*inkomster*) als Ertrag (*intäkt*) bzw. von Ausgaben (*utgifter*) als Aufwand (*kostnad*) soll nach Maßgabe der *god redovisningssed*[569] vorzunehmen sein, soweit im Gesetz („i lag") – gemeint ist das IL

561 Vgl. Bjuvberg (2009), S. 579; zur Abgrenzung auch Hilling (2007), S. 58 f.

562 Vgl. Hilling (2007), S. 61.

563 Vgl. Knutsson (2005), S. 510. Dies gilt, sofern diese Vermögenswerte nicht ausnahmsweise als Vorratsvermögen (*lagertillgångar*) qualifizieren. Vgl. Bjuvberg (2009), S. 579. Zum Begriff des *lagertillgång* vgl. eingehend Kellgren (2006), S. 426-428.

564 So ausdrücklich Norberg (2007), S. 13; zustimmend Freedman (2008), S. 79.

565 Zu 14 kap. 2 § IL vgl. eingehend Bjuvberg (2006b), S. 205; ders. (2009), S. 580; Kellgren/Bjuvberg (2009), insb. S. 121 ff.; Hilling (2007), S. 61; Knutsson (2005), S. 510; Melbi (2009), S. 2; Möller (2001), S. 123 ff.; Kirsch/Olsson (2008), S. 746 ff.; Alhager/Alhager (2004), S. 17 ff.

566 Vgl. Möller (2005), S. 663.

567 Bei der Ermittlung der Einkünfte aus Gewerbebetrieb (*näringsverksamhet*) bleibt die Anwendung des Zahlungsprinzips (*kontantprincipen*) auf einzelne, wenige Anwendungsfälle beschränkt; vgl. Kellgren/Bjuvberg (2009), S. 54 m. w. N.

568 Vgl. Bjuvberg (2009), S. 580. Zur Parallelität dieser beiden verschiedenen Einkommens(ermittlungs-)konzepte vgl. auch Hilling (2008), S. 123. Der Terminus *bokföringsmässiga grunder* wird synonym als Periodisierungsprinzip (*periodiseringsprincipen*) verstanden (vgl. Kellgren/Bjuvberg [2009], S. 30). Dementsprechend wird der Terminus *bokföringsmässiga grunder* in der Literatur mit „accrual principle" (Bjuvberg [2009], S. 580); „accrual method" (Ault/Arnold [2010], S. 302); „accrual basis" (Nilsson [2010], S. 38), „accruals concept" (Artsberg [1996], S. 795; Levin [2006], S. 27) sowie „Aufwands- und Ertragsprinzip" (Lüdicke/Naumburg [2001], Rz. 32; Katzer [2008], S. 176 u. 185) wiedergegeben. *Bokföringsmässiga grunder* korrespondiert insofern mit dem *matchningsprincipen* des (schwedischen) Handelsbilanzrechts; vgl. Möller (2005), S. 663.

569 *God redovisningssed* bezeichnet die *god redovisningssed* im handelsrechtlichen Sinn; es wird nicht zwischen einer handelsrechtlichen und einer steuerrechtlichen *god redovisningssed* differenziert. Vgl. z. B. Möller (2005), S. 662.

– nichts Abweichendes bestimmt ist. Die *god redovisningssed* ist von sämtlichen Steuerpflichtigen zu respektieren, die Einkünfte aus Gewerbebetrieb beziehen, d. h. auch von jenen, die nicht der Buchführungspflicht unterliegen.[570]

Die abstrakte Verweisung auf die *god redovisningssed* wird durch 14 kap. 4 § IL dahingehend präzisiert, dass nur jene handelsrechtlichen Periodisierungen des betreffenden Wirtschaftsjahres der Ermittlung des Gewinns aus Gewerbetrieb zugrunde zu legen sind, die buchhalterisch konkret erfasst wurden. Die handelsrechtlichen Periodisierungsvorschriften finden mithin erst durch die Norm des 14 kap. 4 § IL Eingang in die steuerrechtliche Gewinnermittlung. Die Formel, dass die steuerliche Gewinnermittlung in Schweden ihren Ausgangspunkt im handelsrechtlichen Jahresabschluss nimmt, bedeutet daher genau genommen, dass die handelsrechtlichen Gewinnermittlungsnormen die steuerliche Periodisierung und damit den Besteuerungszeitpunkt (*beskattningstidpunkt*) bestimmen sollen. Hingegen sollen und können die handelsrechtlichen Periodisierungsregeln nach h. L. keine Fragen der steuerlichen Bemessungsgrundlage (*omfångsfrågorna*) klären.[571] Die Befugnis, steuerliche Tatbestände zu schaffen, obliegt auch nach der schwedischen Verfassung allein dem Gesetzgeber.[572]

Ihre Grenze findet die steuerliche Übernahme der handelsrechtlichen Periodisierungsregeln in der Vorschrift des 14 kap. 2 § IL. Die zur Geltung gebrachten handelsrechtlichen Periodisierungsregeln sind nur insoweit nachzuvollziehen, wie sie der *god redovisningssed* entsprechen. Stehen die handelsrechtlichen Periodisierungsregeln der *god redovisningssed* entgegen, müssen sie für steuerliche Gewinnermittlungszwecke modifiziert werden (14 kap. 5 § IL).[573] Steuerrechtliche Regelungen gehen den handelsrechtlichen Bestimmungen als *lex specialis* stets im Rang vor. Notwendige Modifikationen erfolgen im Wege von Hinzurechnungen und Kürzungen; die Erstellung eigenständiger Steuerbilanzen entspricht nicht der schwedischen Steuerrechtspraxis.[574]

Die h. L. in Schweden unterscheidet hinsichtlich des Zusammenhangs zwischen handels- und steuerrechtlicher Gewinnermittlung weiterhin drei Ausprägungen: Es kann ein materieller Zusammenhang, ein formeller Zusammenhang oder kein Zusammenhang bestehen. Ein als materiell bezeichneter Zusammenhang zwischen handels- und steuerrechtlicher Gewinnermittlung (*materiella sambandet*) herrscht, wenn eine handelsrechtliche Periodisierungsregel steuerrechtlich gemäß 14 kap. 2, 4 § § IL nachvollzogen wird und die Aufwands- und Ertragserfassung damit zu einem übereinstimmenden Zeitpunkt erfolgt. Ihrer Art nach kann diese materielle Verbindung grundsätzlich

Insofern besteht eine Übereinstimmung mit den (ausschüttungsstatischen) GoB, die ebenfalls nicht in handelsrechtliche und steuerrechtliche GoB unterschieden werden.

570 Vgl. Alhager/Alhager (2004), S. 18.
571 Vgl. Jasmand (2007), S. 24 Fn. 48.
572 Vgl. Katzer (2008), S. 80 ff. m. w. N.
573 Vgl. Alhager/Alhager (2004), S. 20.
574 Vgl. Wunderlich (2009), Rz. 15; Kirsch/Olsson (2008), S. 748; Katzer (2008), S. 176.

mit der materiellen Maßgeblichkeit des § 5 Abs. 1 S. 1 EStG verglichen werden, wenn von dem neuerlichen Wahlrechtsvorbehalt des zweiten Halbsatzes abstrahiert wird.

Demgegenüber wird von einem formellen Zusammenhang gesprochen, wenn eine steuerliche Norm eine gleichlaufende Periodisierung in der Handelsbilanz voraussetzt, um steuerlich in Anspruch genommen werden zu können.[575] In umgekehrter Blickrichtung folgt aus diesem formellen Zusammenhang eine Art umgekehrte Maßgeblichkeit, wie sie in Deutschland vor dem BilMoG Bestand hatte (§ 5 Abs. 1 S. 2 EStG a. F.). Gegenstand derselben sind bestimmte Steuervergünstigungswahlrechte, wie etwa Sonderabschreibungen. Grundvoraussetzung für die Inanspruchnahme solcher Wahlrechte ist, dass handels- und steuerrechtliche Wahlrechte gleichlaufend gewährt sowie gleichlaufend ausgeübt werden. In der Handelsbilanz kommt es zu einer entsprechenden Rücklagenbildung (*obeskattad reserv*) mit Ausschüttungssperrwirkung.

Materieller und formeller Zusammenhang stecken zusammen den sog. *kopplade området* (wörtlich: gekoppelter Bereich) ab, jenen Bereich also, in der es zu einer Wechselwirkung von handels- und steuerrechtlicher Periodisierung kommt.[576] Stehen handels- und steuerrechtliche Periodisierung dagegen beziehungslos nebeneinander, weil etwa spezifische steuerliche Regelungen existieren, die ohne handelsbilanziell entsprechende Verfahrensweise anzuwenden sind, wie etwa die vorgenannten Vorschriften zur Ermittlung von Kapitalgewinnen und -verlusten, ist von einem *frikopplade området* (wörtlich: „freigekoppelter Bereich") die Rede. Die Abgrenzung zwischen beiden Bereichen ist nur in der Theorie trennscharf möglich; dies beweist die hohe Anzahl an Urteilen des schwedischen *Regeringsrätten* (jetzt: *Högsta förvaltningsdsomstolen*), die ebendiese Problematik zum Gegenstand haben.[577]

Bis dato scheint der *sambandet* gegenüber dem deutschen Maßgeblichkeitsprinzip (§ 5 Abs. 1 EStG) gefestigt; „no development similar to the German situation with an increasing number of exemptions from the connection between financial accounting and taxation has been observed"[578]. Allerdings wird die Verknüpfung von handels- und steuerrechtlicher Gewinnermittlung auch in Schweden, insbesondere seit den 1970er-Jahren umfassend erörtert.[579] Die Bestrebungen, eine eigenständige steuerliche Gewinnermittlung zu etablieren, sind in Schweden vergleichsweise weit gediehen. Mit der sog. *SamRoB-Utredningen*[580] (SOU 2008:80) wurde im September 2008 ein neuerlicher[581] Vorstoß zur Neuordnung der steuerlichen Gewinnermittlung vorgelegt. Danach sollten

[575] Vgl. Alhager/Alhager (2004), S. 29; Svanberg (2008), S. 502.
[576] Vgl. Skatteverket (2011), S. 31 und passim.
[577] Vgl. Bjuvberg (2006), S. 227-262 m. w. N.
[578] So Kirsch/Olsson (2008), S. 750.
[579] Vgl. Artsberg (2010), S. 211.
[580] SamRoB ist die Abkürzung für *Sambandet mellan Redovisning och Beskattning.*
[581] Bereits Mitte der 1990er-Jahre gab es einen Vorstoß, handels- und steuerrechtliche Gewinnermittlung zu separieren. Vgl. SOU 1995:43.

sämtliche steuerlichen Periodisierungsregeln künftig autark im IL verankert werden; die Verbindungen zwischen handels- und steuerrechtlicher Gewinnermittlung würden insoweit getrennt werden.[582] Von einer echten Reform zu sprechen, erscheint wohl übertrieben, da die bisherigen Periodisierungsvorschriften lediglich in einen neuen Regelungsort, nämlich in das IL überführt worden wären. Auf politischer Entscheidungsebene wurde die *SamRoB-Utredningen* nunmehr verworfen.[583]

4.2.2 Einflüsse der IFRS auf die steuerrechtliche Gewinnermittlung in Schweden

4.2.2.1 Unmittelbare Einflussnahmen

Zu den Hauptgründen, weshalb der schwedische Gesetzgeber bisher davon abgesehen hat, den handelsrechtlichen Jahresabschluss verpflichtend oder wahlweise für eine vollständige Applikation der IFRS zu öffnen, zählen vor allem die steuerlichen Folgewirkungen, die sich bei einer unterstellten Aufrechterhaltung des *sambandet* (14 kap. IL) ergäben. Im Einzelnen befürchtet der schwedische Gesetzgeber, dass eine Vollanwendung der IFRS zu einer Erhöhung der Steuerlast führe, die Bildung unbesteuerter Reserven unmöglich mache, die Definition der steuerlichen Bemessungsgrundlage faktisch in die Hände einer ausländischen Organisation gebe, der steuerverwaltungstechnische Aufwand insgesamt zunehme und die Streitanfälligkeit des schwedischen Steuerrechts steige.[584] Die gegen eine steuerliche IFRS-An-knüpfung vorgebrachten Argumente entsprechen im Wesentlichen denen der deutschen Diskussion.

4.2.2.2 Mittelbare Einflussnahmen

Hinsichtlich der mittelbaren steuerlichen Folgewirkungen der IFRS in Schweden ist zwischen dem ÅRL und den Verlautbarungen der Standardsetzer zu differenzieren. Mit Blick auf den ÅRL interessiert vor allem, welche steuerliche Behandlung die vom Zeitwertgedanken (*verkligt värde*) getragenen Neuregelungen erfahren. Die *Fair value*-Bewertung ist im schwedischen Schrifttum mit zwei zentralen Problemen konfrontiert: Betrifft sie den *kopplade området*, würde eine steuerliche Übernahme eine Besteuerung unrealisierter Gewinne und damit eine Durchbrechung des Realisationsprinzip zur Folge haben; betrifft sie indessen den *frikopplade området* und wird steuerlich mithin nicht nachvollzogen, könnten unrealisierte Gewinne zur Ausschüttung gelangen, obgleich diese nicht der Besteuerung unterworfen wurden. Letztere Konsequenz würde eklatant gegen den sog. Grundsatz der ökonomischen Doppelbesteuerung von Dividenden (*ekonomisk dubbelbeskattning*) verstoßen, der im schwedischen Einkommensteuerrecht von fundamentaler Bedeutung ist und im Kern besagt, dass ausgeschüttete Dividenden sowohl auf Ebene des ausschüttenden Unternehmens als auch auf der des empfangenden Anteilseigners der Besteuerung zu unterwerfen sind. Auf dieses Dilemma – Wahrung des Realisationsprinzips oder des Grundsatzes der ökonomischen Doppelbe-

582 Zur Diskussion vgl. insb. Melbi (2009), S. 2 ff.; Bjuvberg (2008), S. 653 ff.; Svanberg (2008), S. 501 ff.

583 Vgl. Artsberg (2010), S. 211.

584 Vgl. Artsberg (2006), S. 28. Die steuerliche Zweckeignung der IFRS diskutieren im schwedischen Schrifttum insb. Bjuvberg (2004), S. 316 ff.; Knutsson (2005), S. 512 f.; Kirsch/Olsson (2008), S. 750 ff.; Levin (2006).

steuerung – hat das schwedische Steuerrecht bislang offenbar keine systematisch befriedigende Antwort gefunden.

Weitere mittelbare steuerliche IFRS-Einwirkungen außerhalb des ÅRL ergeben sich in Anwendung von RFR 2, der eine möglichst breite Anwendung der IFRS bei börsennotierten Unternehmen beabsichtigt. Allerdings wird seit Beginn der Konvergenzbestrebungen an der exliziten Zielsetzung festgehalten, die sich aus der IFRS-Annäherung ergebenden, potenziellen steuerlichen Folgewirkungen möglichst zu neutralisieren. Regelungstechnisch geschieht dies, indem zu jedem als modifizierungsnotwendig erachteten internationalen Rechnungslegungsstandard sog. Kürzungen oder Ergänzungen fixiert werden. Diese steuerlich motivierten Abweichungen werden in der schwedischen Literatur bildhaft als *skatterätsliga ventiler* (wörtlich: „steuerrechtliche Ventile“) bezeichnet.[585] Wie in Bezug auf die handelsrechtlichen Regelungen besteht eine Beweislastumkehr, dass IFRS nicht tauglich sind, wobei allerdings wiederum nicht klar wird, anhand welchen theoretischen Referenzmaßstabs dies beurteilt wird. Trotz dieser „steuerrechtlichen Ventile“ erweist sich RFR 2 (2011) als breites Einfallstor für mittelbare steuerliche IFRS-Folgewirkungen.[586] Berücksichtigt man ferner, dass sich inzwischen auch auf Ebene der schwedischen Rechtsprechung (*Regeringsrätten* bzw. *Högsta förvaltningsdsomstolen*) die mittelbaren IFRS-Einflüsse zu mehren scheinen,[587] kann insgesamt festgehalten werden, dass die IFRS inzwischen auch in Schweden beachtliche Bedeutung für die Ermittlung des steuerlichen Gewinns gewonnen haben.

5 IFRS und die handels- und steuerrechtliche Gewinnermittlung im Vereinigten Königreich

5.1 Handelsrechtliche Gewinnermittlung unter dem Einfluss der IFRS

5.1.1 Grundskizze des britischen Bilanzrechts

Das Vereinigte Königreich besitzt ein als *Common law*-System zu charakterisierendes Rechtssystem,[588] das fundamentale Unterschiede zum kontinental-europäischen Rechtskreis (*Code law*-System) aufweist. Diese äußern sich aus dem Blickwinkel der Gewinnermittlung darin, dass die bilanzrechtlich relevanten Normen nicht etwa in einem zentralen Handelsgesetzbuch mit abstrakten Rechtsvorschriften, sondern vielmehr in diversen *companies acts*, dem *case law* sowie in den verlautbarten Rechnungslegungsstandards des britischen Standardsetzers (ASB) verstreut sind.[589] Wäh-

585 Zur Terminologie vgl. Bjuvberg (2006a), insb. S. 105-107 und passim; ders. (2004), S. 318 f. Diese „steuerrechtlichen Ventile“ finden ihre gesetzliche Verankerung in 7 kap. 12 § ÅRL. Der Grundsatz, dass Konzern- und Einzelabschluss dieselben Wertansätze zugrunde zu legen sind, darf hiernach (nur) bei Vorliegen eines bestimmten Grundes (*särskilda skäl*) durchbrochen werden; dazu zählen steuerliche Erwägungen. Vgl. Bjuvberg (2006a), S. 107; Knutsson (2005), S. 514.

586 Vgl. unten, 4. Kap.

587 Vgl. Norberg (2007), S. 22 f. m. w. N.

588 Vgl. z. B. Schmidt (2002), S. 63.

589 Gleichwohl sei im Folgenden vom britischen *Bilanzsteuerrecht* die Rede.

rend das britische *case law* das höchstrichterlich gesetzte Fall- bzw. Gewohnheitsrecht bezeichnet, können die *companies acts* als eine Art von Gesetzesrecht (*statute* oder *statutory law*) umschrieben werden.[590] Die 4. EG-Richtlinie wurde frühzeitig, im Wege des CA 1981[591] in britisches Recht transformiert.[592] Die „zentrale Gesetzesgrundlage für die Normierung der Rechnungslegung der gesellschaftsrechtlich zur Unternehmensberichterstattung verpflichteten Unternehmen" ist der CA 1985.[593] Er ist ein sog. *consolidation act* (oder *basis act*[594]), der sämtliche *companies acts* aus den Jahren 1948 bis 1981[595] zusammenfasst.[596] Durch den CA 2006 wurde eine neuerliche vollständige Konsolidierung der existierenden Regelungen vorgenommen. In seinem Anwendungsbereich erfasst der CA 1985 bzw. CA 2006 im Wesentlichen[597] sog. *registered companies*.[598] Dazu zählen vor allem[599] die *public company limited by shares* (Plc.) sowie die *private company limited by shares* (Ltd.).[600]

Die Vorgaben der *companies acts* für die handelsrechtliche Gewinnermittlung i. e. S. sind „rudimentär"[601]. Das durch den CA 1985 bzw. CA 2006 gebildete „Rahmenwerk"[602] der handelsrechtlichen Gewinnermittlung wird in erster Linie durch die Verlautbarungen des *Accounting Standards Board* (ASB) ausgefüllt.[603] „Durch die Rechnungslegungsstandards des ASB werden die gesetzlichen Vorschriften des CA 1985 (…) ergänzt und einheitliche materielle Rechnungslegungsgrundsätze zu Ansatz-, Bewertungs- und Ausweisfragen geschaffen"[604]. Der ASB ist organisatorisch dem *Financial Reporting Council* (FRC) unterstellt.[605] Anders als der Vorgänger des ASB, das bis Au-

---

590 Zur Charakterisierung von *case law* und *statute law* vgl. auch Alsheimer (1993), S. 11 f. Es ist zu beachten, dass mehrere *companies acts* nebeneinander Bestand haben können, sodass nicht überholte Regelungen weiterhin rechtsgültig bleiben; vgl. Nieland/Scott (1997), S. 348; Küting/Hayn (1995), S. 113. Aufgrund der sich hierdurch ergebenden Unübersichtlichkeit werden die *companies acts* turnusmäßig konsolidiert, ohne dass dabei „materiell neues Recht" geschaffen wird; vgl. Eberhartinger (1997), S. 280 (auch Zitat).

591 Zum CA 1981 vgl. eingehend Niehus (1983), S. 234 ff.

592 Vgl. Alexander (2007), S. 50; Napier (2010), S. 266; Eisolt (1986), S. 1237; McCourt/Radcliffe (2002), S. 257; Schröer (1998), S. 74; Barz (1997), S. 47 f.; Küting/Hayn (1995), S. 113; Schmidt (2002), S. 64 f.; Oats/Tuck (2010), Rz. 5.3; Nieland/Scott (1998), S. 2024; Köhler/Rotter (1994), S. 376.

593 Vgl. Eierle (2004b), S. 987; vgl. auch dies. (2004a), S. 238; Bogajewskaja (2007), S. 177. Zum CA 1985 im Detail auch Meinhardt (1987), S. 10 ff.; Scholtissek (1985), S. 706 ff. Zu den allgemeinen Rechnungslegungs- bzw. Publizitätspflichten im Vereinigten Königreich vgl. Enchelmaier (2010), S. 55 ff.; Ekkenga (2007), S. 396-398.

594 Vgl. z. B. Bogajewskaja (2007), S. 177.

595 Einen anschaulichen Überblick über die verschiedenen *companies acts* gibt Blaufus (2005), S. 95-98.

596 Vgl. Cooke/Choudhury/Wallace (2001), S. 2583; Schröer (1998), S. 74; Jödicke (2009), S. 160; Hoffmann (1989), S. 22; Barz (1997), S. 47; Küting/Hayn (1995), S. 113; Nobes/Parker (2010), S. 349; Köhler/Rotter (1994), S. 376.

597 Durch entsprechende Verordnungen kann die Anwendung des CA 1985 auch auf *limited liability partnerships* (haftungsbeschränkte Personengesellschaften) sowie *qualifying partnerships* (Kapitalgesellschaften & Co.) ausgedehnt werden. Vgl. Eierle (2004b), S. 987.

598 Vgl. Eierle (2004a), S. 240; dies. (2004b), S. 987.

599 Zu den *registered companies* zählen neben der Rechtsform der *company limited by shares* (haftungsbeschränkte Kapitalgesellschaft) auch die beiden Kapitalgesellschaftsformen *company limited by guarantee* (Gesellschaft mit beschränkter Nachschusspflicht) sowie *unlimited company* (Gesellschaft mit unbeschränkter Haftung). Zu den Rechtsformen vgl. ausführlich Eierle (2004a), S. 240-243.

600 Vgl. Eierle (2004b), S. 987 Fn. 1. Die Plc. ist konzeptionell der AG des deutschen Rechts, die Ltd. der GmbH vergleichbar; vgl. Michalsky (1991), S. 1660; Eierle (2004a), S. 243.

601 So Kersting (2005), S. 286; vgl. auch Bogajewskaja (2007), S. 178.

602 Nieland/Scott (1997), S. 348; ähnlich Bogajewskaja (2007), S. 178: „relativ unpräzise[r] gesetzliche[r] Rahmen".

603 Vgl. Bogajewskaja (1997), S. 178.

604 Eierle (2004a), S. 283.

605 Vgl. Benston et al. (2006), S. 91.

gust 1990 tätige[606] *Accounting Standards Committee* (ASC), besitzt der ASB eigene Kompetenz, Rechnungslegungsstandards zu verabschieden.[607] Obgleich der ASB privatrechtlich organisiert ist, handelt es sich aufgrund seiner personellen Zusammensetzung nicht um eine rein private Normsetzung; die demokratische Legitimation des ASB dürfte keinem Zweifel unterliegen.[608] Die Verlautbarungen des ASB lassen sich in vier Gruppen unterteilen:[609] (1) *Financial Reporting Standards* (FRS); (2) *UITF abstracts*,[610] (3) *Statements by the Accounting Standards Board*[611] sowie (4) das *Statement of Principles*[612] (SoP). Zu der ersten Gruppe gehören auch die vom *Accounting Standards Committee* (ASC) verlautbarten *Statements of Standard Accounting Practice* (SSAP), die „bis zu ihrer Ersetzung durch FRS als Rechnungslegungsstandards in Kraft bleiben"[613].

FRS, SSAP[614] und FRSSE[615] konkretisieren nach h. M. die *accounting standards*, die nach sec. 256 (1) CA 1985 definiert werden als "statements of standard accounting practice issued by such body or bodies as may be prescribed by regulations".[616] Diese Definition wurde (erst) im Zuge des CA 1989 (nachträglich) in den CA 1985 eingefügt.[617] Der gesetzliche Verweis auf die *accounting standards* hat die Kompetenz des britischen Standardsetzers erheblich gestärkt.[618] Dies ist offenbar „notwendig geworden, da immer mehr Unternehmen von den dort empfohlenen Bilanzierungsregeln abwichen"[619]. Es entspricht dem Selbstverständnis des ASB und der ganz h. M. im Vereinigten Königreich, dass die *accounting standards* (zusammen mit den *UITF abstracts*) den *True and fair view*-Grundsatz (sec. 391 (1) und 396 (2) CA 2006[620]) konkretisieren. Nach diesem Verständnis impliziert der *True and fair view*-Grundsatz eine grundsätzliche Befolgung der *accounting stan-*

606 Vgl. Barz (1997), S. 54; Oats/Tuck (2010), Rz. 5.2.

607 Vgl. Reinstein/Weirich (2002), S. 63.

608 So Kersting (2005), S. 288.

609 Zu dieser Klassifizierung vgl. Eierle (2004a), S. 283 ff.

610 Das UITF (ausgeschrieben: *Urgent Issues Task Force*) ist als Untergremium des ASB organisiert; es hat die „Aufgabe, jene Problembereiche aufzugreifen, bei denen trotz Existenz eines Standards bzw. gesetzlicher Vorschriften unterschiedliche Behandlungen in der Praxis vorgenommen werden"; Schröer (1998), S. 79 (im Original z. T. kursiviert); vgl. mit Einzelheiten auch McCourt/Radcliffe (2002), S. 260; Kersting (2005), S. 289 f. Die Stellungnahmen des UITF werden entsprechend als *UITF abstracts* bezeichnet.

611 Hierbei handelt es sich um Richtlinien zur inhaltlichen Konkretisierung bestimmter Berichterstattungsinstrumente; vgl. weiterführend Eierle (2004a), S. 284.

612 Das SoP „definiert neben den Zielsetzungen der Unternehmensrechnung die maßgeblichen Rechnungslegungsprinzipien und -grundsätze"; Eierle (2004a), S. 284.

613 Kersting (2005), S. 287.

614 *UITF abstracts*, *Statements by the ASB* sowie das *Statement of Principles* zählen demnach nicht zu *accounting standards*; vgl. Eierle (2004a), S. 284.

615 Ausgeschrieben: *Financial Reporting Standard for Smaller Entities*.

616 Vgl. auch Eierle (2004b), S. 987; Schröer (1998), S. 81; Kersting (2005), S. 287 f.; Barz (1997), S. 57 f. Der Terminus *accounting standards* ist allerdings nicht unbedingt dem der *UK generally accepted accounting principles* (UK GAAP) gleichzusetzen. Eine Begriffsabgrenzung ist insofern schwierig, als der Begriff der UK GAAP im Vereinigten Königreich uneinheitlich verwendet wird. Im engsten und gebräuchlichen Sinne umfassen die UK GAAP die *accounting standards* (FRS und SSAP) sowie die *UITF abstracts*. So Eierle (2004a), S. 289. Diese sprachliche Abgrenzung soll im Folgenden übernommen werden.

617 Vgl. Benston et al. (2006), S. 91; Cooke/Choudhury/Wallace (2001), S. 2599; McCourt/Radcliffe (2002), S. 261; im deutschen Schrifttum z. B. Küting/Hayn (1995), S. 115 Fn. 22; Schmidt (2002), S. 65.

618 Vgl. Schröer (1998), S. 74.

619 So Schröer (1998), S. 80.

620 Vorher in sec. 226 (2) CA 1985 verankert.

dards.[621] Diese erlangen insofern materielle Bindungskraft für sämtliche Unternehmen, deren Abschluss dem *True and fair view*-Grundsatz zu entsprechen hat.[622] Die Geltungskraft der *accounting standards* ist damit wohl „juristisch fundiert"[623].

Die handelsrechtlichen Jahresabschlusszwecke werden nicht explizit genannt, sie werden auch „nicht als vom Gesetzgeber gesetzte bzw. gewollte, also dem Gesetz immanente Zwecke angesehen"; vielmehr scheint deren Ableitung „aus der praxisorientierten Funktion des Jahresabschlusses" zu erfolgen.[624] Die primäraufgabe liegt inzwischen[625] unbestritten in der Informationsfunktion i. S. einer „adressaten-orientierte[n] Bereitstellung entscheidungsrelevanter Informationen" (*decision usefulness approach*).[626] Diese Zwecksetzung kommt sowohl (explizit) im *Statement of Principles*, dem theoretischen Rahmenwerk der UK GAAP, als auch (implizit) in den Rechnungslegungsvorschriften des CA 1985 bzw. CA 2006 und den Verlautbarungen des ASB zum Ausdruck.[627] Infolgedessen „sind auch die Gewinnermittlungsvorschriften vorrangig an dieser Zielsetzung (…) orientiert"[628]. Bilanztheoretisch soll die Informationsfunktion i. S. eines *asset-liability-approach*[629] bzw. *balance-sheet-approach*[630] konkretisiert werden. Diese Sichtweise hat den traditionell verfolgten (dynamischen) *revenue-expense-approach* als Bilanzierungsmaxime abgelöst.[631]

Als Leitbild[632] der handelsrechtlichen Rechnungslegung im Vereinigten Königreich wird traditionell[633] und unbestritten der derzeit[634] in sec. 393 (1), 396 (2) CA 2006 verankerte *True and fair view*-Grundsatz angesehen, wonach Bilanz sowie Gewinn- und Verlust-Rechnung ein den „tatsäch-

---

621 Vgl. Eierle (2004a), S. 285; Kersting (2005), S. 288; Eisolt (1986), S. 1238.

622 Dies sind neben „den gesellschaftsrechtlich zur Abschlusserstellung verpflichteten Unternehmen", wie den (*registered*) *companies*, „all jene Unternehmen, die sich freiwillig oder aufgrund satzungsmäßiger oder sonstiger vertraglicher Vereinbarungen zu einer dem *True and fair view*-Prinzip entsprechenden Abschlusserstellung verpflichtet haben" (Eierle [2004b], S. 987; dies. [2004a], S. 285 f.). *Companies* sind stets gehalten, „anzugeben, inwieweit ihre Abschlüsse mit den einschlägigen Rechnungslegungsstandards übereinstimmen" (Schmidt [2002], S. 66). Etwaige Abweichungen sind im Anhang zu benennen und auch zu begründen (vgl. McCourt/Radcliffe [2002], S. 261; Kersting [2005], S. 288; Jödicke [2009], S. 161).

623 So Küting/Hayn (1995), S. 115; ebenso Jödicke (2009), S. 161; vgl. auch Schröer (1998), S. 81 („quasi-gesetzliche Regelung"); Bogajewskaja (2007), S. 178 („quasi Gesetzescharakter"). Zum Verhältnis der *accounting standards* zu den Regelungen der *companies acts* vgl. eingehend Schröer (1998), S. 80-84.

624 Schröer (1998), S. 93 (beide Zitate).

625 Nach Schröer (1998), S. 93 „galt bis in die 60er Jahre [des 20. Jahrhunderts] die Bestimmung des ausschüttbaren Betrages als Primärzweck des Jahresabschlusses".

626 Vgl. Schröer (1998), S. 95 (auch das Zitat). Zur Vorrangigkeit der Informationsfunktion ferner auch Schmidt (2002), S. 67; McCourt/Radcliffe (2002), S. 267; Eierle (2004a), S. 358 f.; Küting/Hayn (1995), S. 113; Scholz (2008), S. 131. Zur Abgrenzung der so verstandenen Informationsfunktion von der (bis in die 1970er-Jahre geltenden) herrschenden Informationsfunktion i. S. v. Rechenschaft (*stewardship*) umfassend Schröer (1998), S. 98-104.

627 Vgl. Eierle (2004a), S. 358 f.

628 Eierle (2004a), S. 361 f.

629 So Hole (2003), S. 79 („assets/liabilities approach")und passim.

630 McMahon/Weetman (1997), S. 8 ("In its Statement of Principles, the ASB takes a 'balance-sheet-approach' in which the changes in assets and liabilities are measured in order to determine the profit of the period."). Vgl. auch Benston et al. (2006), S. 92 ("balance sheet approach"); Oats/Tuck (2010), Rz. 5.29 („'balance sheet' view");

631 Zu dieser Entwicklung vgl. bereits auch Schröer (1998), S. 95-98.

632 Vgl. Kersting (2005), S. 286.

633 Zur geschichtlichen Entwicklung des *True and fair view*-Grundsatzes im Vereinigten Königreich vgl. nur Hoffmann (1989), S. 13-27; Scholtissek (1986), S. 966 f.

634 Ehedem war der *True and fair view*-Grundsatz in den sections 226 (2) sowie 227 (3) CA 1985 verankert.

lichen" Verhältnissen entsprechendes Bild zu vermitteln haben.[635] Es besteht nicht nur die Erlaubnis, sondern vielmehr die Obliegenheit, von den „gesetzlichen Rechnungslegungsvorschriften des CA (...) [abzuweichen], wenn dies zur Vermittlung eines *true and fair view* erforderlich ist"[636]. Der *True and fair view*-Grundsatz wird mithin als *overriding principle* anerkannt.[637] Die Ausübung dieses *true and fair view override* dürfte nicht nur formal vorgesehen, sondern auch in der britischen Bilanzierungspraxis „weit verbreitet" sein.[638] Eine Legaldefinition des *true and fair view* existiert indes nicht.[639] Auch eine allgemein akzeptierte inhaltliche Begriffsbestimmung hat sich bis dato nicht herausgebildet.[640] Da die *accounting standards* „gerade mit der Zielsetzung entwickelt werden, dass ihre Anwendung zur Vermittlung eines den tatsächlichen Verhältnissen entsprechenden Bildes führt, dürfte eine Nichteinhaltung nach Auffassung des ASB nur in Ausnahmefällen erforderlich sein"[641].

Trotz der eindeutigen Priorisierung der Informationsfunktion ist auch der handelsrechtliche Einzelabschluss im Vereinigten Königreich nicht durch einen strengen Zweckmonismus geprägt. Vielmehr dient der Jahresabschluss (zumindest bei *companies*) auch als Grundlage der Ausschüttungsbemessung.[642] Mithin spielt die Ausschüttungsbemessungsfunktion im Vereinigten Königreich „eine größere Rolle als häufig angenommen wird"[643]. Allerdings wird die Ausschüttungsbemessungsfunktion weniger mit Gläubigerschutzerwägungen in Verbindung gebracht, als vielmehr unter die allgemeine Informationsfunktion des Jahresabschlusses subsumiert.[644] Dem (bilanziellen) Gläubigerschutz wird – insbesondere mit Blick auf Deutschland – eine vergleichsweise geringere Bedeutung beigemessen.[645] Der bilanziell ermittelte Gewinn wird daher auch nicht unmittelbar als „entziehbarer Betrag" verstanden.[646] Die Regeln, die den bilanziellen Gewinn ermitteln, sind dem

---

635 Vgl. Grundke (2006), S. 32; Kersting (2005), S. 286; Witt (2009), S. 900.

636 Kersting (2005), S. 287. Zu diesem sog. *true and fair view override* vgl. auch Nobes/Parker (2010), S. 351 f.; Eierle (2004a), S. 287; Schröer (1998), S. 108-115; Alexander (2007), S. 50 f.; Alexander/Eierle (2006), S. 30 ff.; McCourt/Radcliffe (2002), S. 259; Schmidt (2002), S. 66 f.; Eisolt (1986), S. 1237 f.; Nieland/Scott (1997), S. 349; Blaufus (2005), S. 106; Weiß (2006), S. 23; Scholtissek (1986), S. 967; Oestreicher/Spengel (1999b), S. 334; Oats/Tuck (2010), Rz. 2.15; Köhler/Rotter (1994), S. 387; Davies/Rickford (2008), S. 249 f.; Wüstemann/Bischof (2011), S. 226; Ekkenga (2007), S. 397 f.

637 Vgl. Schröer (1998), S. 93 ff., der diesen Befund indessen als zu stereotyp kritisiert.

638 So Wüstemann/Bischof (2011), S. 226 m. w. N.

639 Zur Diskussion um die inhaltliche Ausfüllung vgl. Cooke/Choudhury/Wallace (2001), S. 2620-2623.

640 Vgl. Köhler/Rotter (1994), S. 387; zu den einzelnen Auffassungen vgl. etwa Walton (2003), S. 162 ff.

641 So Eierle (2004a), S. 287.

642 Vgl. Eierle (2004a), S. 360; Zimmermann/Kilian/Schymczyk (2010), S. 16.

643 Schröer (1998), S. 104.

644 Vgl. Schröer (1998), S. 104; Weiß (2006), S. 24.

645 Dieser Unterschied wird vor allem auf das jeweils vorherrschende Finanzsystem zurückgeführt: in Deutschland die Fremdfinanzierung durch Banken (bzw. durch den Staat), im Vereinigten Königreich die traditionell gewichtigere Bedeutung einer (Eigen-) Finanzierung über den Kapitalmarkt. Vgl. McCourt/Radcliffe (2002), S. 267-270; vgl. zum unterschiedlichen institutionellen Kontext in Deutschland und im Vereinigten Königreich allgemein auch Jödicke (2009), S. 143-145.

646 Sog. unrealisierte Gewinne (*unrealised profits*) unterliegen einem strikten Ausschüttungsverbot (vgl. Schmidt [2002], S. 70; Scholz [2008], S. 130; Micheler [2004], S. 329; Noke [2000], S. 84 ff.; Ekkenga [2007], S. 398 f.). Aus Gründen des Kapital- und Gläubigerschutzes wird daher auf Gewinnverwendungsebene zwischen *accounting profit* und *realised profit* differenziert (vgl. Zimmermann/Kilian/Schymczyk [2010], S. 16; Wüstemann/Bischof/Kierzek [2007b], S. 16; Lanfermann/Richard [2008], S. 1929 f.; Fresl [2000], S. 176 ff.). Nur

true and fair view verpflichtet, d. h. primär informationsorientiert und damit zu „unvorsichtig", um dem Ausschüttungsbemessungszweck adäquat zu sein. Es besteht demnach ein Unterschied zu einem auf Basis der handelsrechtlichen GoB ermittelten Gewinn, der im Grundsatz auch die Ausschüttungsrichtgröße bildet. Die überkommene Einschätzung, wonach der handelsrechtliche Einzelabschluss im Vereinigten Königreich keine Steuerbemessungsfunktion zu erfüllen habe, ist allerdings überholt; vielmehr nähern sich, wie noch zu zeigen ist, handels- und steuerrechtliche Gewinnermittlung im Vereinigten Königreich zunehmend an.

UK GAAP und handelsrechtliche GoB dürften im Ganzen wohl kaum miteinander zu vereinbaren sein. Unterschiede werden auf Ebene der Normgewinnung deutlich: Während die Ermittlung der UK GAAP induktiv erfolgt,[647] werden handelsrechtliche GoB nach h. M. hermeneutisch gewonnen. Auch auf Ebene der Normauslegung und -konkretisierung scheinen Unterschiede auf. Die hauptsächliche Orientierung der UK GAAP an der Informationsfunktion steht einer Vergleichbarkeit mit den ausschüttungsorientierten (Gewinnanspruchs-) GoB grundlegend entgegen. Dass die UK GAAP gegenüber den handelsrechtlichen GoB mithin auf gänzlich anderen Wertungen basieren, kann insbesondere an der abweichenden Stellung des Vorsichtsprinzips festgemacht werden. Sowohl aus dem *Statement of Principles*[648] als auch aus den einzelnen Rechnungslegungsnormen ist abzuleiten, dass das Vorsichtsprinzip des britischen Bilanzrechts (*prudence principle*) von geringerer systematischer Bedeutung ist als das Vorsichtsprinzip der handelsrechtlichen GoB.[649] Das *prudence principle* bildet keinen systembildenden Grundsatz,[650] wie im deutschen Bilanzrecht.

---

der sich als Saldo aus *accumulated realised profits* und *accumulated realised losses* ergebende realisierte Gewinn (*realised profit*) kommt als Ausschüttungsgröße (*distributable profit*) in Betracht (sec. 830 (2) CA 2006; hierzu auch z. B. Lanfermann/Röhricht [2009], S. 1220). Der Wortlaut der sec. 830 (2) CA 2006 war zuvor in sec. 263 (3) CA 1985 verankert; dazu auch Barz [1997], S. 64 f.; Eierle [2004a], S. 360 f.; Wüstemann/Bischof/Kierzek [2007b], S. 16; Levedag [2002], S. 172; Elliott/Elliott [2008], S. 267 ff.; Oats/Tuck [2010], Rz. 5.16; Möhlmann-Mahlau/Gerken/Grotheer [2004], S. 923). Somit ist der bilanzielle Gewinn zunächst um bestimmte Elemente zu bereinigen bzw. zu ergänzen, bevor die unrealisierten Gewinnbestandteile eliminiert werden (vgl. Lanfermann/Richard [2008], S. 1930). Diese „periodisch fortzuführende Ausschüttungsrechnung (..), in der die kumulierten und noch nicht für Ausschüttungszwecke verwendeten *realised profits* den kumulierten *realised losses* gegenübergestellt werden" (Eierle (2004a), S. 360), wird als *earned surplus test* bezeichnet (vgl. Scholz [2008], S. 130). Für Gesellschaften in der Rechtsform einer *plc* gelten zusätzliche Ausschüttungsbegrenzungen (sog. *net asset restriction*, sec. 831 CA 2006 [ehedem: sec. 264 CA 1985]; dazu auch Scholz [2008], S. 131). Zu der eigentlichen Schlüsselfrage, ab welchem Zeitpunkt von einer Realisation auszugehen ist, trifft der CA 2006 eine nur grobe Aussage (vgl. Elliott/Elliott [2008], S. 266). Hiernach seien *realised profits* und *realised losses* "such profits or losses of the company as fall to be treated such profits or losses of the company as fall to be treated as realised in accordance with principles generally accepted at the time when the accounts are prepared, with respect to the determination for accounting purposes of realised profits or losses" (sec. 853 (4) CA 2006). Weitere Hinweise zur Bereinigung der *accounting profits* sind den fachtechnischen Empfehlungen des ICAEW zu entnehmen (vgl. ICAEW/ICAS [2010]), die allerdings keine Rechtsverbindlichkeit besitzen, sodass Rechtsunsicherheiten verbleiben; vgl. Siebler (2008), S. 323.

647 Vgl. Schröer (1998), S. 90-93.

648 Vgl. Benston et al. (2006), S. 92, mit Blick auf das SoP ("In line with the emphasis on decision-making, the Statement of Principles is not transaction-oriented, and it reduces the explicit roles of prudence and realization in the accounting framework"); ebenso Macdonald (2002), S. 21 ff.

649 Vgl. Schmidt (2002), S. 68 f. u. S. 72; Weiß (2006), S. 24; McCourt/Radcliffe (2002), S. 268.

650 So Najderek (2009), S. 153.

5.1.2 Einflüsse der IFRS auf die handelsrechtliche Gewinnermittlung im Vereinigten Königreich

5.1.2.1 Unmittelbare Einflussnahmen

Die unmittelbaren Einwirkungen der IFRS auf die handelsrechtliche Gewinnermittlung im Vereinigten Königreich sind vergleichsweise umfangreich; die in der IAS-Verordnung vorgesehenen Wahlrechte wurden (annähernd[651]) vollständig ausgeschöpft und an die Bilanzierenden weitergegeben.[652] Neben der gem. Art. 4 IAS-Verordnung bestehenden Pflicht, die IFRS in den Konzernabschlüssen börsennotierter *parent companies* zur Anwendung zu bringen (sec. 403 (1) CA 2006), wird eine Optionsmöglichkeit gewährt, die Konzernabschlüsse sämtlicher *other companies* nach IFRS zu erstellen (sec. 403 (2)(a), (b) CA 2006).[653] Aus Konsistenzgründen fordert sec. 403 (4) CA 2006, dass die IFRS auch in sämtlichen subsequent *group accounts* zu befolgen sind, wenn die dazugehörige *parent company* (wahlweise oder verpflichtend) ihren Konzernabschluss nach IFRS erstellt und das erste Geschäftsjahr nach Erstellung desselben (*IAS first year*) beendet ist. Der Geltungsbereich der IFRS wird dadurch noch ausgeweitet.[654]

Über die Applikation der IFRS in den *group accounts* hinaus ist sämtlichen, d. h. sowohl kapitalmarktorientierten als auch nicht-kapitalmarktorientierten *companies* eine Wahlmöglichkeit eröffnet, die handelsrechtlichen Jahresabschlüsse (*individual accounts*) entweder auf Basis tradierter Regeln (*companies act individual accounts*) oder nach Maßgabe der IFRS (*IAS individual accounts*) zu erstellen (sec. 395 (1) CA 2006).[655] UK GAAP und IFRS sind insofern gleichberechtigt. Die genannte Verpflichtung der sec. 403 (4) CA 2006 besteht hierbei analog. Somit löst die (wahlweise) Anwendung der IFRS im handelsrechtlichen Jahresabschluss die Obliegenheit aus, sämtliche *subsequent individual accounts* ebenfalls nach IFRS zu erstellen, sobald das sog. *first IAS year* beendet ist (sec. 395 (3) CA 2006) und kein „relevant change of circumstance“ (sec. 395 (4) CA 2006) geltend gemacht wird. In Bezug auf die Option zur Applikation der IFRS auf Jahresabschlussebene ist einschränkend die Vorschrift sec. 407 CA 2006 zu beachten („consistency of financial reporting within group“), wonach „für alle Gesellschaften einer Unternehmensgruppe grundsätzlich dieselben Regeln gewählt werden [müssen]“[656]. Sofern eine Muttergesellschaft (*parent company*) nach UK GAAP Rechnung legt, ist grundsätzlich sicherzustellen, dass deren Tochtergesellschaften (*subsidiaries*) ebenfalls nach diesem Rechnungslegungsstandard bilanzieren. Bilanziert sie indessen

---

651 Mit Ausnahme von Art. 9 IAS-Verordnung.

652 Vgl. Davies/Rickford (2008), S. 249: „The UK approach to implementation of this regulation was to give the maximum of flexibility to all companies“. Vgl. auch Eierle (2004a), S. 314.

653 Vgl. auch Enchelmaier (2010), S. 63.

654 Eine Ausnahme von dieser Verpflichtung besteht bei einem „relevant change of circumstance“ (sec. 403 (2)(b) CA 2006). Dieser Tatbestand wird in sec. 403 (5) CA 2006 konkretisiert. Hierzu Enchelmaier (2010), S. 64 f.

655 Vgl. Shea (2007), S. 33; Nobes/Parker (2010), S. 374; PwC (2006), S. 33; Eierle (2004a), S. 315; Benston et al. (2006), S. 93; Zimmermann/Kilian/Schymczyk (2010), S. 16; Ekkenga (2007), S. 396; Enchelmaier (2010), S. 63.

656 Witt (2009), S. 900.

nach IFRS, besteht nicht die Pflicht, dass sämtliche Tochtergesellschaften in ihren Jahresabschlüssen nach diesem Regelwerk Rechnung legen (sec. 407(5) CA 2006).[657]

Sofern die IFRS gemäß den vorstehenden Grundsätzen im handelsrechtlichen Jahresabschluss angewendet werden, bestimmen sie grundsätzlich auch die Höhe des verteilbaren Gewinns.[658] Die Verpflichtung, den *accounting profit* in einen *distributable profit* überzuleiten, besteht analog.[659] Diese Überleitungsrechnung hat sich inzwischen wohl derart verkompliziert, dass sie „als nicht mehr tragfähig"[660] gilt. Die Suche nach Alternativen zum bisherigen bilanzbasierten Kapitalschutzmodell wird deshalb vor allem im Vereinigten Königreich mit Nachdruck vorangetrieben.[661]

5.1.2.2 Mittelbare Einflussnahmen

Die weitreichende Öffnung des britischen Bilanzrechts zugunsten der IFRS[662] ist im Grundsatz folgerichtig. Bereits vor der IAS-Verordnung hat der britische Standardsetzer ASB die Annäherung seiner Verlautbarungen an die internationalen Rechnungslegungsstandards intensiv vorangetrieben. Erste deutliche Bemühungen zeigten sich bereits im Jahr 1999 mit der Einführung des *Statements of Principles*, das sich formal und inhaltlich eng an das *Framework* des IASB anlehnt.[663] Der ASB verfolgt die Grundsatzstrategie,[664] „durch Anpassungen der eigenen Normen an die IAS/IFRS als auch durch gemeinsame Projekte mit dem IASB und entsprechende Lobbying-Akitivitäten die bestehenden Divergenzen zwischen IAS/IFRS und UK GAAP zu eliminieren und somit eine Konvergenz der beiden Normensysteme zu erreichen"[665]. In seinem Diskussionspapier „UK Accounting Standards: A Strategy for Convergence with IFRS" aus dem Jahr 2004 hat der ASB seine Selbstverpflichtung zur Anpassung der UK GAAP an die IFRS erneut bekräftigt.[666] *De lege lata* sind die UK GAAP den IFRS bereits „in vielen Bereichen ähnlich"[667]. Das britische Schrifttum konstatiert daher einen „high degree of commonality"[668]. Dieser Befund gilt „at the basic accounting level", während Distanzen in „advanced and technical areas of accounting and financial reporting" in höhrer Zahl zu konstatieren sind.[669] Eine Kongruenz zwischen UK GAAP und IFRS besteht (noch) nicht.[670] Aufgrund frühzeitig forcierten Annäherungen der UK GAAP an die IFRS dürfte die Über-

657 Vgl. auch Haworth/Hollis (2010), S. 23 Fn. 2; Enchelmaier (2010), S. 65.
658 Vgl. Scholz (2008), S. 130 f.; vgl. Wüstemann/Bischof/Kierzek (2007b), S. 16; Böcking/Gros (2010c), S. 132.
659 Zur Kritik aus deutscher Sicht vgl. nur Wüstemann/Bischof/Kierzek (2007b), S. 16.
660 Lanfermann/Röhricht (2009), S. 1221.
661 Vgl. Lanfermann/Röhricht (2009), S. 1221. Einen Überblick über die einzelnen Reformvorschläge geben Vella/Prentice (2009), S. 276 ff.; Micheler (2004), S. 330 ff.
662 Für einen Ländervergleich vgl. Kajüter et al. (2008), S. 592.
663 Vgl. Benston et al. (2006), S. 92; Stittle (2004), S. 148; Fürwentsches (2010), S. 71 f.
664 Vgl. ASB (2004).
665 Eierle (2004a), S. 313. Zu den Konvergenzbemühungen vgl. Nobes/Parker (2010), S. 350 f. (zu zentralen Annäherungen) u. S. 374 f. (zu zentralen Abweichungen).; ferner auch Benston et al. (2006), S. 93; Haworth/Hollis (2010), S. 23; Freedman (2008), S. 80; Oats/Tuck (2008), S. 2 f.; dies. (2004a), S. 9.
666 Vgl. ASB (2004); dazu auch Mainwaring (2004), S. 473.
667 Eierle (2004a), S. 311.
668 So Wilson (2001), S. 88.
669 Oats/Tuck (2010), Rz. 4.10 (beide Zitate).
670 Vgl. Benston et al. (2006), S. 93; Stittle (2004), S. 148; Elliott/Elliott (2008), S. 378; Mainwaring (2004), S. 473.

nahme der IFRS in den britischen Jahresabschluss infolge der IAS-Verordnung auf weitaus weniger Friktionen gestoßen sein als in anderen EU-Mitgliedstaaten, deren lokales Bilanzrecht größere Unvereinbarkeiten mit den IFRS aufweist. Aus britischer Sicht kann es kaum sinnvoll sein, "to maintain a system of national accounting standards in competition with global accounting standards which are, in any event, very similar to existing UK standards in both philosophy and detail"[671]. Die selektive Anwendung der IFRS auf Jahresabschlussebene wurde daher bereits zum Zeitpunkt der Transformation der IAS-Verordnung lediglich als „temporäre Zwischenlösung"[672] verstanden.

In einem „Policy Proposal: The future of UK GAAP" aus dem Jahre 2009 hat der ASB neuerlich zur Fortentwicklung der UK GAAP Stellung bezogen. Für den (Groß-) Teil der Bilanzierenden im Vereinigten Königreich soll die Anwendung der IFRS im Konzern- und Jahresabschluss in Zukunft verpflichtend werden. „The result will be that the existing body of UK GAAP effectively ceases to exist, although the ASB reserves the right to set UK GAAP in future"[673]. Im Kern wird die Errichtung eines *three tier framework* (Drei-Stufen-Modell) präferiert. Danach sollen Unternehmen der *tier 1* (*publicly accountable entities*) künftig ausschließlich nach IFRS, Unternehmen der *tier 2* (*all other UK entities*) nach den IFRS for SME und Unternehmen der *tier 3* (*small entities*) nach FRSSE bilanzieren.[674]

5.2 Steuerliche Gewinnermittlung im Vereinigten Königreich unter dem Einfluss der IFRS

5.2.1 Verhältnis zwischen handels- und steuerrechtlicher Gewinnermittlung im Vereinigten Königreich

Das britische Steuerrecht kennt traditionell keine Einzelsteuergesetze.[675] Bedeutendste Rechtsquelle sind die *finance acts* (FA).[676] Ebenso wie die *companies acts* behalten die in einem FA kodifizierten Vorschriften ihre Gültigkeit, bis sie durch einen neueren FA explizit aufgehoben werden. Aus Gründen der Übersichtlichkeit werden die zu einer Steuerart gehörenden Bestimmungen „in größeren Zeitabständen und bei entsprechender Dringlichkeit (...) zu einer Art Einzelsteuergesetz zusammengefasst"[677]. Zu den speziellen Rechtsgrundlagen, die bisher aus einer solchen Konsolidierung hervorgegangen sind und für die Besteuerung von Körperschaften gelten, zählen im Wesentlichen der *Income and Corporate Tax Act 1988* (ICTA 1988), der *Capital Allowances Act 2001* (CAA 2001) sowie der *Taxation of Chargeable Gains Act 1992* (TCGA 1992).[678] Im Rahmen des

671 So Wilson (2001), S. 88.
672 Eierle (2004a), S. 314.
673 Oats/Tuck (2010), Rz. 32.4.
674 Zur Diskussion vgl. Oats/Tuck (2010), Rz. 32.4.
675 Vgl. Grundke (2006), S. 21.
676 Vgl. Alsheimer (1993), S. 12 f.
677 Alberts (2008), Rz. 4.
678 Vgl. Obuoforibo (2010), S. 63; Eierle (2004a), S. 301; Grundke (2006), S. 21 f.

tax law rewrite project wurden die körperschaftsteuerlichen Regelungen im *Corporation Tax Act 2009* (CTA 2009) gebündelt.

Die (Unternehmens-) Besteuerung im Vereinigten Königreich basiert auf „zwei Säulen"[679]. Neben der Besteuerung von Einkommen kennt das britische Steuerrecht eine spezielle, auf *chargeable gains* erhobene Wertzuwachssteuer. Diese Zweiteilung ist Ausdruck einer charakteristischen, mitunter aber diffizilen Trennung von Einkommens- und Kapitalsphäre (*capital/revenue distinction*),[680] die an die klassische Trennung zwischen Reinvermögenszugangstheorie und Quellentheorie erinnert.[681] Körperschaftsteuer (*corporation tax*), der insbesondere Kapitalgesellschaften unterliegen,[682] wird auf *profits* erhoben, d. h. auf eine kumulierte Rechengröße, die sich aus *income* sowie *chargeable (capital) gains* zusammensetzt.[683] Veräußerungsgewinne von Kapitalgesellschaften bilden somit einen Bestandteil des körperschaftsteuerpflichtigen Gesamteinkommens.[684] Auch wenn auf eine separate Erhebung der Wertzuwachssteuer verzichtet wird,[685] sind *chargeable gains* separat nach Maßgabe des TCGA 1992 zu ermitteln.[686] Für Zwecke der körperschaftsteuerlichen Gewinnermittlung definierte der ICTA 1988 bis zum Jahr 2009 einkunftsartenbezogene *schedules*, mit teilweise weiter untergliederten Fallgruppen (*cases*).[687] Die Einkunftsarten wurden getrennt voneinander ermittelt und anschließend zusammengerechnet. Für eine Körperschaft waren „im Normalfall Einkünfte nach Schedule D Case I von Bedeutung", sog. Einkünfte aus Handel (*trade*).[688] Dieses Schedulensystem wurde im Zuge des CTA 2009 abgeschafft.[689]

Nach überkommener Lehre stehen handels- und steuerrechtliche Gewinnermittlungskreise im Vereinigten Königreich (weitestgehend) isoliert nebeneinander. "In the United Kingdom (...) taxable profit and accounting profit are distinct and separate"[690]. Die in historischer Betrachtung in der Tat

---

[679] Kersting (2004), S. 292; vgl. auch Küppers (2005), S. 61 f.

[680] Zur *capital/revenue distinction* vgl. auch Grundke (2006), S. 28 f.; McAree/Svasti-Salee (2007), S. 648; Eierle (2004a), S. 303; Küppers (2005), S. 62 ff.; Krever (2007), S. 357; zu nicht umgesetzten Reformbestrebungen, die Unterscheidung zwischen Kapital- und Einkommensphäre abzuschaffen, vgl. Kersting (2005), S. 352 f.

[681] Vgl. Küppers (2005), S. 62.

[682] Vgl. Mückl (2003), S. 98.

[683] Vgl. Tiley (2010), S. 156; Kersting (2005), S. 292 f.; Eierle (2004a), S. 304; Stoschek/Reichel/Peter (2001), S. 388.

[684] Vgl. Marflow (1994), S. 107. Zur *capital gains taxation* vgl. im deutschen Schrifttum grundlegend Küppers (2005), S. 61-124.

[685] Vgl. Eierle (2004a), S. 304.

[686] Vgl. Obuoforibo (2010), S. 68; Eierle (2004a), S. 304.

[687] Zu diesem Schedulensystem vgl. noch Kent (2006), Rz. 11 ff.; Grundke (2006), S. 23-30; McAree/Svasti-Salee (2007), S. 648; Gabert (2011), S. 191 f. Für Zwecke der britischen Einkommensteuer wurde das Schedulensystem bereits im Rahmen des *Income Tax (Trading and Other Income) Act 2005* (ITTOIA 2005) verworfen; vgl. hierzu Grundke (2006), S. 25 f.; Kent (2006), Rz. 10 f.; Martin (2008), S. 468.

[688] Vgl. Eberhartinger (1997), S. 281 (auch Zitat); vgl. auch Kersting (2005), S. 293.

[689] Vgl. Obuoforibo (2010), S. 66. Das *taxable income* wird im CTA 2009 nun in folgende Kategorien unterteilt: *trading income, property income, profits arising from loan relationships, profits arising from derivative contracts, gains in respect of intangible fixed assets, profits arising from disposals of know-how and sales of patent rigths, miscellaneous income*; vgl. Obuoforibo (2010), S. 66 f.; PwC (2011), S. 1687.

[690] Goddard/Rogers (2007), S. 315; vgl. auch Lamb (1996), S. 933; Tiley (2010), S. 164; Schön (2005d), S. 118; Eberhartinger (2005), S. 28; Ruppe (2005), S. 9; Broer (2001), S. 142; Dziadkowski/Henselmann (2004), Rz. 231; Niemann (2005), S. 59; Lauth (2000), S. 1369; Eisolt (1986), S. 1239; Broer (2001), S. 146. Zur Darstellung und Diskussion der Verbindung von handels- und steuerrechtlicher Gewinnermittlung im Vereinigten Königreich vgl.

weitgehende Autarkie der steuerrechtlichen von der handelsrechtlichen Gewinnermittlung[691] wird in der Literatur im Wesentlichen dem Umstand zugerechnet, dass zum Zeitpunkt der erstmaligen Einführung einer Einkommensteuer im Vereinigten Königreich,[692] anders als etwa in Frankreich und Deutschland, noch keine handelsrechtlichen Gewinnermittlungsregeln verfügbar waren, auf welche die steuerliche Gewinnermittlung hätte aufsetzen können.[693] Insofern war der britische Steuergesetzgeber gehalten, originäre Vorschriften für die Einkommensermittlung zu etablieren; indessen wurde bis heute darauf verzichtet, umfassende materielle Ansatz- und Bewertungsregeln der Gewinnermittlung zu kodifizieren.[694]

Die Konzeption der steuerrechtlichen Gewinnermittlung im Vereinigten Königreich ist im Wesentlichen durch das *case law* geprägt.[695] Seit etwa Mitte der 1980er-Jahre ist innerhalb des *case law* eine bemerkenswerte Trendwende zu verzeichnen.[696] Ging die ältere Rechtsprechung zunächst noch selbst der Frage nach der „zutreffenden" handelsrechtlichen Bilanzierungs- und Bewertungsmethode (*correct principles of commercial accountancy*[697]) nach, um sodann zu klären, ob diese auch für steuerliche Zwecke adäquat sei, so wird die Entwicklung der *correct principles of commercial accountancy* nunmehr dem ASB übertragen.[698] Das britische *case law* konzentriert sich inzwischen darauf, ausschließlich „Abweichungen von den Standards durch geltendes Steuerrecht"[699] aufzudecken. Dabei hat sich die Überzeugung gefestigt, den handelsrechtlichen Gewinnermittlungsregeln zunehmend auch für Zwecke der steuerlichen Gewinnermittlung zu folgen.[700] Allerdings folgt die Übernahme handelsrechtlicher Gewinnermittlungsnormen keiner stringenten Systematik. Die steuerrechtliche Gewinnermittlung im Vereinigten Königreich wird in rechtsvergleichender Betrachtung als „Sammelsurium unsystematischer und kasuistischer Normen"[701] kritisiert.

Freedman (1987), S. 61 ff. u. S. 104 ff.; dies. (1993), S. 468 ff.; dies. (1995), S. 434 ff.; dies. (2004b), S. 71 ff.; dies. (2008), S. 71 ff.; Oats/Tuck (2008), S. 1 f.; Alley/James (2005); dies. (2006), S. 31 ff.; James (2002); Macdonald (1995), S. 484 ff.; Macdonald (2002); Nobes (2003), S. 11 ff.; Roxburgh (2009), S. 447 f.; Green (1995), S. 445 ff.; Hole (1998), S. 405 ff.; Whittington (1995), S. 452 ff.; Farrell (2008), S. 414-416; Wilson (2001), S. 86 ff.; Lamb (1996), S, 933 ff.; McMahon/Weetman (1997), S. 6 ff.; Broke (1995), S. 457 ff.; Whiting (2006), S. 267 ff.; Haworth/Hollis (2010), S. 23 f.; Goddard/Rogers (2006), S. 298 ff.; dies. (2007), S. 315 ff.; Eberhartinger (1997), S. 279 ff.; dies. (1999), S. 107 ff.; Kersting (2005), S. 283 ff.; Broer (2001), S. 142-148.

691 Für einen historischen Rückblick vgl. z. B. Macdonald (2002), S. 4 Rz. 2.5 ff.; Lamb (1996), S. 933 ff.

692 Die im Jahr 1799 zur Finanzierung des Krieges gegen das Napoleonische Frankreich eingeführte Einkommensteuer in Großbritannien war zugleich die erste Einkommensteuer im modernen Verständnis. Vgl. Walton (2003), S. 16; Lang, J. (2011), S. 153; Küppers (2005), S. 64 f.; Blaufus (2005), S. 117.

693 Zu diesem Erklärungsansatz vgl. Eberhartinger (1999), S. 107 f.; dies. (2000), S. 214 f.; Schmidt (2002), S. 72; Pannen (2000), S. 241; Eierle (2004a), S. 305; Gabert (2011), S. 193.

694 Vgl. Eierle (2004a), S. 305.

695 Vgl. Eberhartinger (1999), S. 107; Eierle (2004a), S. 305; Broer (2001), S. 146; Schildbach (2007b), S. 142; Gabert (2011), S. 192.

696 Zu dieser Rechtsprechungsentwicklung vgl. Tiley (2010), S. 165; Eberhartinger (1997), S. 279 ff.; Schön (2004b), S. 431; Weiß (2006), S. 29; Gabert (2011), S. 193; Eierle (2004a), S. 306.

697 Zum Begriff vgl. Freedman (1995), S. 434.

698 Vgl. Eberhartinger (1997), S. 282 f.; Blaufus (2005), S. 117.

699 Eberhartinger (1997), S. 283.

700 Vgl. Kersting (2005), S. 295; Broer (2001), S. 146.

701 So Eberhartinger (2003), S. 112.

Als seminal in dieser Rechtsentwicklung gilt das Judikat des britischen *Court of Appeal* in der Rs. *Gallagher v Jones*,[702] in dem erstmals explizit herausgestellt wurde, dass keine Regel des Richterrechts Vorrang haben kann vor der Anwendung einer allgemein anerkannten Rechnungsregel, die (a) auf die fragliche Situation anwendbar ist, (b) nicht eine von zwei oder mehreren auf die fragliche Situation anwendbaren Regeln ist, und (c) sich nicht als unvereinbar mit den tatsächlichen Gegebenheiten oder in anderer Weise als unpassend erweist, die wahren Gewinne oder Verluste des Geschäftes festzustellen.[703] Diese „grundsätzliche[.] Anerkennung gesellschaftsrechtlicher Rechnungslegungsnormen für die steuerliche Gewinnermittlung" wurde inzwischen mehrfach bekräftigt.[704]

Die Angleichung von handels- und steuerrechtlicher Gewinnermittlung wurde in der Folge auch auf legislativer Ebene vorangetrieben,[705] indem das *statute law* in Teilen an die *accounting practice* angepasst wurde.[706] Die britische Finanzverwaltung (HMRC) beschreitet diesen Weg mit, indem sie „in verstärktem Maße bereit [ist], Standardbuchführungsprinzipien und -ansätze weitestgehend auch ohne steuerrechtliche Anpassungen anzuerkennen"[707]. Als Kulminationspunkt in dieser Rechtsentwicklung wird man die Kodifizierung der sec. 42 (1) FA 1998, nunmehr sec. 46 CTA 2009,[708] betrachten können. Diese, aus Gewinnermittlungssicht zentrale Vorschrift „was introduced to codify the approach already adopted by the courts in determining taxable profits"[709].

In ihrem Ursprungswortlaut ordnete sie an, dass "[f]or the purposes of Case I or II of Schedule D the profits of a trade (…) must be computed on an accounting basis which gives a true and fair view, subject to any adjustment required or authorised by law in computing profits for those purposes". Damit wurde dem obersten Bilanzierungsgrundsatz, namentlich dem *true and fair view*

702 Vgl. *Gallagher v Jones* [1993], STC 537.

703 Übersetzung bei Eberhartinger (1997), S. 283 Fn. 58. Zu den Implikationen des Urteils auch Freedman (1993), S. 468 ff.; dies. (1995), S. 434 ff.; Tiley (2010), S. 165; Macdonald (1995), S. 484 ff.; ders. (2002), S. 37 Rz. 4.22 ff.; Goddard/Rogers (2007), S. 316; Alley/James (2006), S. 35 f.; dies. (2005), S. 9 u. S. 11 f.; Grandinetti (2008), S. 36 f.; Farrell (2008), S. 414 Fn 100; Lamb (1996), S. 940; Porcano/Tran (1998), S. 440; Lamb/Nobes/Roberts (1998), S. 176; Eberhartinger (1997), S. 283; dies. (1999), S. 108 f.; Kersting (2005), S. 295; Blaufus (2005), S. 117 Fn. 525; Eierle (2004a), S. 306; Küppers (2005), S. 62 Fn. 8.

704 Eine Zusammenstellung und Diskussion weiterer zentraler, das Verhältnis von handels- und steuerrechtlicher Gewinnermittlung prägender *cases* findet sich z. B. bei Oats/Tuck (2010), Appendix A; Alley/James (2006), S. 35-37; dies. (2005), S. 12-14; Freedman (1995), S. 434 ff.

705 Vgl. Freedman (2004a), S. 9; Schön (2005d), S. 118.

706 Vgl. im Überblick z. B. Macdonald (2002), S. 39 Rz. 4.33 ff.

707 Grundke (2006), S. 34; vgl. auch Farrell (2008), S. 414 f.; Schmidt (2002), S. 73.

708 Vgl. Oats/Tuck (2010), Rz. 31.8; dies. (2006), S. 7 f.; Freedman (2004b), S. 78 u. 82-84; dies. (2008), S. 84; dies. (2004a), S. 9; Roxburgh (2009), S. 447; Tiley (2010), S. 165; Akin (2010), S. 13 ff.; Muray/Tilakapala (2009), S. 621; Goddard/Rogers (2007), S. 316; dies. (2006), S. 298; James/Nobes (2008), S. 250; Nobes (2003), S. 11; Tiley (2004), S. 131; McAree/Svasti-Salee (2007), S. 648; Essers/Russo (2009), S. 34; Ault/Arnold (2010), S. 304 f.; Mainwaring (2004), S. 472; Grabo (2008), S. 23; Edgley (2010), S. 562; Endres et al. (2007), S. 168; Haworth/Hollis (2010), S. 23 f.; Davis (2004), S. 9; Macdonald (2002), S. 1 und passim; Macdonald/Martin (2004), insb. S. 2; Kersting (2005); Schön (2005d), S. 118; ders. (2004b), S. 431; Blaufus (2005), S. 117; Eierle (2004a), S. 306; Grundke (2006), S. 34; Farrell (2008), S. 414; Gotch (2004); Hole (1998), S. 405 ff.; ders. (2002), S. 326.

709 Goddard/Rogers (2006), S. 298; vgl. auch McCourt/Radcliffe (2002), S. 262 f. (Die Vorschrift des sec. 42 FA 1998 „represents a clear statutory endorsement of the courts' established practice of determining taxable profit by reference to accounting principles").

erstmals auch Geltung für Zwecke der steuerlichen Gewinnermittlung verschafft.[710] Dies hat zur Folge, dass neben den gewinnermittlungsrelevanten Regelungen der *companies acts*[711] auch die *accounting standards* des ASB, soweit sie materielle Ansatz- und Bewertungsregeln betreffen, an steuerlicher Relevanz gewinnen, konkretisieren diese doch nach gängiger Vorstellung den *true and fair view*.[712]

Indessen werden die handelsrechtlichen Periodisierungsregeln nicht unbesehen in die steuerliche Gewinnermittlung übernommen; sie stehen nach sec. 42 (1) Halbs. 2 FA 1998 vielmehr unter steuerlichem Generalvorbehalt (*tax rule override*[713]). Hiernach ist jede einzelne handelsrechtliche Norm „subject to any adjustment required or authorised by law in computing profits for those purposes".[714] Die bedeutendste Durchbrechung der handelsrechtlichen Periodisierungsregeln folgt aus dem steuersystematischen Schnitt in Kapital- und Einkommenssphäre (*capital/revenue divide*).[715] Dieser tradierten Doktrin zufolge sind Einnahmen und Ausgaben der Kapitalsphäre und damit auch „realisierte Wertänderungen der Vermögensebene" im Rahmen der Einkommensermittlung unbeachtlich und nur für Zwecke der Wertzuwachssteuer von Relevanz.[716] Handelsrechtliche Gewinnermittlungsregeln konkretisieren folglich „nur" die Periodisierung (*timing*) jener Einnahmen und Ausgaben, die steuerlich der Einkommenssphäre zugerechnet werden.[717]

Die Inanspruchnahme der handelsrechtlichen Periodisierungsregeln über sec. 42 (1) FA 1998 impliziert, dass die Gewinnermittlung formal auf Basis eines Betriebsvermögensvergleichs (*accrual basis*) zu erfolgen hat.[718] Durch Einführung der sec. 42 (1) FA 1998 sollte die in der britischen Besteuerungspraxis bis dato gängige Einkommensermittlung auf *cash basis* gebannt werden.[719] Nach Einführung der sec. 42 (1) FA 1998 hat sich die Anzahl der steuerlichen Periodisierungen mithin erhöht. In der britischen Besteuerungspraxis wird nach wie vor keine Steuerbilanz an sich, sondern eine Überleitungsrechnung erstellt, indem die handelsrechtliche Gewinn- und Verlust-Rechnung

---

710 Vgl. McCourt/Radcliffe (2002), S. 262; Kersting (2005), S. 296; Hole (1998), S. 415; ders. (2002), S. 326.

711 Vgl. Macdonald (2002), S. 35 Rz. 4.16 mit Verweis auf sec. 42 (2)(a) CA 1998.

712 Vgl. Eierle (2004a), S. 306 f.; Macdonald (2002), S. 35 Rz. 4.17.

713 Vgl. Hole (1998), S. 417.

714 Die Geltungsreichweite dieses Modifikationsvorbehaltes ist umstritten. Es ist unklar, ob der Terminus *law* neben dem *statutory law* auch das *case law* umfasst (vgl. Kersting [2005], S. 297). Nach *Freedman* dürfte dem *case law* bei der Konkretisierung steuerlicher Gewinnermittlungsregeln – und damit auch der Festsetzung steuerlicher *adjustments* – weiterhin überragende Bedeutung zukommen. Vgl. Freedman [2004b], S. 78; dies. [2008], S. 84-86; gl. A. Roxburgh [2009], S. 447; wohl auch Edgley [2010], S. 562; Alley/James [2005], S. 20). *Freedman* wendet sich damit gegen die (Mehrheits-) Position in der britischen Literatur, wonach „accounting standards would always be followed, subject only to statute" (Freedman [2008], S. 84); so z. B. Macdonald (2007), S. 369: „the wording of FA 1988, section 42(1) means that only *statute* can require or authorize adjustment to profits as computed according to GAAP" (keine Kursivierung im Original).

715 Vgl. Goddard/Rogers (2006), S. 298; dies. (2007), S. 316.

716 Vgl. Küppers (2005), S. 62 (auch Zitat).

717 Vgl. Oats/Tuck (2010), Rz. 5.31 und passim.

718 Vgl. Grundke (2006), S. 35.

719 Vgl. Hole (1998), S. 405 ff.; Freedman (2004b), S. 82; Nobes (2003), S. 12; Kersting (2005), S. 298 u. S. 304; Roxburgh (2009), S. 447; Collison (2000), S. 454; Oats/Tuck (2010), Rz. 31.8.

zum Ausgangspunkt genommen und steuerlich modifiziert wird.[720] Die zunehmende Annäherung von handels- und steuerrechtlicher Gewinnermittlung im Vereinigten Königreich steht (vordergründig) im Kontrast zu dem Entwicklungspfad der anderen hier betrachteten EU-Mitgliedstaaten,[721] insbesondere Deutschland.[722] *Freedman* betont indessen, dass das Urteil *Gallagher v Jones* (und die anschließende Einführung der sec. 42 (1) FA 1998) „did not mark a radical departure in the relationship between taxable profits and accounting profits. At no time was there complete independence of tax accounting and financial accounting in the UK, despite the statements suggesting otherwise in some of the books and commentaries comparing the UK with other jurisdictions"[723].

Durch den FA 2002 wurde der Verweis auf den *true and fair view* in sec. 42 (1) FA 1998 durch den Begriff der *generally accepted accounting practice* (GAAP) substituiert, der steuerliche Modifikationsvorbehalt indes aufrechterhalten (sec. 103 (5) FA 2002).[724] Da die GAAP ihrerseits mit Blick auf den *True and fair view*-Grundsatz konkretisiert werden, ist in der Ersetzung des Begriffs *true and fair view* durch den der *generally accepted accounting practice* indes „keine wesentliche Änderung“[725] zu sehen sein.[726] Indessen dürfte der (*fiscal*) *true and fair view* sogar noch gestärkt worden sein.[727] Durch den CTA 2009 wurde sec. 42 (1) FA 1998 abermals reformuliert. So wurde der Rekurs auf die Fälle I und II der Schedule D – der Aufgabe des körperschaftsteuerlichen Schedulensystems geschuldet – entfernt. In der auf sec. 42 (1) FA 1998 basierenden[728] Vorschrift der sec. 46 (1) CTA 2009 findet sich der folgende Wortlaut: „The profits of a trade must be calculated in accordance with generally accepted accounting practice, subject to any adjustment required or authorised by law in calculating profits for corporation tax purposes".[729]

Ob und inwieweit Vergleichbarkeit zwischen den sec. 42 (1) FA 1998, 103(5) FA 2002, 46(1) CTA 2009 und dem Maßgeblichkeitsgrundsatz gemäß § 5 Abs. 1 S. 1 EStG besteht, wird in der deutschen[730] Literatur uneinheitlich beurteilt.[731] Eine Einschätzung ist wohl davon abhängig, welches

720 Vgl. Kersting (2005), S. 305; Grundke (2006), S. 35.

721 Vgl. Freedman (2004a), S. 9; Schön (2005d), S. 118; Essers (2006), S. 359.

722 Vgl. Herzig/Vossel (2010), S. 57; Dziadkowski (2007), S. 361.

723 Freedman (2004b), S. 80.

724 Zu sec. 103 FA 2002 vgl. im Einzelnen Hole (2002), S. 326 ff.; Kersting (2005), S. 296; Freedman (2004b), S. 83; Oats/Tuck (2010), Rz. 31.8; dies. (2008), S. 1; Nobes (2003), S. 12; Edgley (2010), S. 562.

725 Kersting (2005), S. 296.

726 Vgl. sec. 836A (1) (a) ICTA 1988 (eingfügt durch sec. 103 (2) FA 2002), wonach der in den *Tax Acts* verwendete Terminus *generally accepted accounting practices* „means generally accepted accounting practice with respect to accounts of UK companies that are intended to give a true and fair view". Vgl. auch Freedman (2004b), S. 83; Roxburgh (2009), S. 447; Mainwaring (2004), S. 472; Hole (2002), S. 326 f.; Oats/Tuck (2010), Rz. 31.8.

727 So Hole (2002), S. 327.

728 Vgl. die *Explanatory Notes* zum CTA 2009, Rz. 202.

729 Vgl. auch Oats/Tuck (2010), S. 1 und passim.

730 Im schwedischen Schrifttum wird hervorgehoben, dass die steuerlichen Inbezugnahme der GAAP nach britischem Steuerrecht „annähernd identisch“ („närmaste identisk“) sei mit der Inbezugnahme der *god redovisningssed* i. S. d. 14 kap. 2 § IL. Vgl. Thorell (2007), S. 726 u. S. 734 (auch Zitat).

731 Für eine Maßgeblichkeit vgl. Schanz/Schanz (2009), S. 319; Schmidt (2002), S. 73; gegen eine Maßgeblichkeit vgl. Küppers (2005), S. 62; Kajüter et al. (2008), S. 590 u. S. 592; Alberts (2008), Rz. 53; Woltering/Pott (2007), S. 820 u. 823; Weiß (2006), S. 29; Gabert (2011), S. 193; für eine Zwischenposition vgl. Eierle (2004a), S. 309; Sigloch (2000), S. 166; Kersting (2005), S. 302.

Maßgeblichkeitsverständnis dem Rechtsvergleich (implizit) zugrunde gelegt wird. Außer Streit steht, dass eine umgekehrte Maßgeblichkeit im Vereinigten Königreich nicht existent ist.[732]

5.2.2 Einflüsse der IFRS auf die steuerrechtliche Gewinnermittlung im Vereinigten Königreich

5.2.2.1 Unmittelbare Einflussnahmen

Die sich aus einer Übernahme der IFRS ergebenden *tax risks* wurden im Vereinigten Königreich seit dem Jahre 2002 systematisch in zahlreichen Studien untersucht.[733] Die Frage nach einer steuerlichen Anknüpfung an die IFRS ist inzwischen Schwerpunkt der „long-standig debate“[734] über das *alignment* zwischen handels- und steuerrechtlicher Gewinnermittlung.[735] Wie dargelegt, besteht nach der IAS-Verordnung im Vereinigten Königreich ein grundsätzliches Wahlrecht, den handelsrechtlichen Jahresabschluss auf Basis der IFRS zu erstellen und einen solchen auch zur Ausschüttungsbemessung heranzuziehen, wobei vielfältige Modifikationen erforderlich sind, um den *distributable profit* zu ermitteln.

Der britische (Steuer-) Gesetzgeber ist dieser unmittelbaren Anknüpfung an die IFRS auch für Zwecke der Steuerbemessung gefolgt. Gelangen die IFRS im handelsrechtlichen Jahresabschluss zur Anwendung, so werden sie auch als Ausgangspunkt der körperschaftsteuerlichen Gewinnermittlung akzeptiert. Rechtstechnisch folgt dieser steuerliche Direkteinfluss aus der (Re-)Definition der in sec. 46 (1) CTA 2009 genannten „generally accepted accounting practice“. So stellt sec. 50 (1) FA 2004 nunmehr klar, dass dem Terminus „generally accepted accounting practice“ innerhalb der *tax acts*[736] eine zweifache Bedeutung beizulegen ist;[737] er umfasst neben der *UK generally accepted accounting practice* (sec. 50 (1)(b), 50 (4) FA 2004) nunmehr auch die (*endorsed*) IFRS (sec. 50 (1) (a), 50 (4) FA 2004).[738] UK GAAP und IFRS werden für Zwecke der steuerlichen Gewinnermittlung gleichgestellt:[739] „Wherever a tax provision refers to GAAP, it will now also refer to the use of the IAS”[740]. Mit Einführung der sec. 50 (1) FA 2004 hat der britische Steuergesetzgeber mithin be-

---

732 Vgl. Kersting (2005), S. 302; Eierle (2004a), S. 309; Pannen (2000), S. 242; Schmidt (2002), S. 74; Eberhartinger (2000), S. 218 f.; Weiß (2006), S. 29; Gabert (2011), S. 193.

733 Vgl. Shea (2007), S. 33.

734 Farrell (2008), S. 414.

735 Für einen Diskussionsüberblick vgl. Schön (2005d), S. 119; Grandinetti (2008), S. 37.

736 Die Geltung von sec. 50 (1) FA 2004 für sec. 46 (1) CTA 2009 ergibt sich nach sch. 4 CTA 2009, welche auf sec. 50 (1) FA 2004 verweist.

737 Vgl. Goddard/Rogers (2006), S. 298.

738 Zu sec. 50 (1) FA 2004 vgl. eingehend Freedman (2004a), S. 9; dies. (2004b), S. 78; Farrell (2008), S. 415; Roxburgh (2009), S. 447; Norberg (2007), S. 20; Thorell (2007), S. 726; Grandinetti (2008), S. 37; Muray/Tilakapala (2009), S. 621; Haworth/Hollis (2010), S. 23; Goddard/Rogers (2006), S. 298; Oats/Tuck (2010), Rz. 31.8; dies. (2008), S. 2; Mainwaring (2004), S. 473; Elliott/Elliott (2008), S. 378 f.; Laukkanen (2007), S. 211; Alley/James (2005), S. 21 f.; Kersting (2005), S. 298.

739 Vgl. Oats/Tuck (2008), S. 2.

740 Farrell (2008), S. 415.

kräftigt, dass er das *alignment* von handels- und steuerrechtlicher Gewinnermittlung weiter voranzutreiben intendiert; es wird sogar eine steuerliche Anknüpfung an die IFRS in Kauf genommen.[741]

Die britische Finanzadministration (HMRC) hat in einer umfangreichen Leitlinie „International Accounting Standards – the UK tax implications" frühzeitig zu der steuerlichen Problematik der IFRS Position bezogen; sie akzeptiert die IFRS im Grundsatz, behält sich dabei aber einige Abweichungen vor.[742] Von einer formalen „IFRS-Maßgeblichkeit"[743] im Vereinigten Königreich zu sprechen, erscheint angesichts dieser und der gesetzlichen Abweichungen in der Gesamtschau möglicherweise überzogen.

5.2.2.2 Mittelbare Einflussnahmen

Da die UK GAAP bereits seit einigen Jahren an die IFRS angenähert werden und diese Annäherungen deutlich über eine punktuelle Konvergenz hinausgehen, können die IFRS auch in mittelbarer Weise vielfältig in die steuerliche Gewinnermittlung einwirken,[744] vielmehr noch, als dies nach geltender deutscher, französischer und schwedischer Rechtslage der Fall ist. Detailunterschiede zwischen den UK GAAP und IFRS dürften eher akademischer Natur und weniger von praktischer Relevanz sein: "This means [...] that taxation of most companies in reality is based on IFRS"[745]. Mittelbare ertragsteuerliche Auswirkungen entfalten die IFRS inzwischen auch außerhalb der sec. 50 (1) FA 2004. Wie etwa das Ertragsteuerrecht Deutschlands und Frankreichs verfügt auch das britische Steuerrecht über eine „Zinsschranke" (*worldwide debt cap*, sch. 15 FA 2009), die in ihren Ausnahmeregelungen (sog. *financial tests*) auf die IFRS Bezug nimmt.[746]

6 Zwischenfazit

Auf Grundlage des tradierten ausschüttungsstatischen GoB-Systems als Maßstab des Rechtsvergleichs lassen sich in der Gesamtsicht erhebliche Abweichungen zwischen den handelsrechtlichen GoB, den französischen *principles comptables*, den polnischen Rechnungslegungsvorschriften, der

741 Vgl. Grandinetti (2008), S. 37; Schön (2005d), S. 119; Kirsch, H.-J. (2006c), S. 1202 f. Dass die steuerliche Gewinnermittlung im Vereinigten Königreich nunmehr an zwei unterschiedliche Regelwerke anknüpft, je nachdem, ob die IFRS oder UK GAAP zur Anwendung gebracht werden, erscheint zunächst nicht unkritisch; vgl. z. B. McAree/Svasti-Salee (2007), S. 649. Eingedenk der fortgeschritten Konvergenz der UK GAAP an die IFRS dürfte diese Ungleichheit allerdings ohne gravierende materielle Konsequenzen bleiben.

742 Vgl. HMRC (2006).

743 So z. B. Köhrle (2010), S. 137.

744 Vgl. auch Koch (2010), S. 43.

745 Norberg (2007), S. 21.

746 Vgl. Haworth/Hollis (2010), S. 24; zu diesem Zinsabzugsbeschränkungsregime allgemein auch Gutiérrez et al. (2011), S. 1090. Durch das *worlwide debt cap* soll der Zinsabzug jener UK-*companies* restringiert werden, die Teil einer sog. *large group* sind. Die Ermittlung des nicht abzugsfähigen Aufwands erfolgt, indem der sog. *tested amount* dem sog. *available amount* gegenübergestellt wird. Ersterer bezeichnet die im Vereinigten Königreich anfallenden (Netto-) Zinsaufwendungen, letzterer die konzernweiten (Brutto-) Zinsaufwendungen. Aus Gründen der Vergleichbarkeit sollen diese beiden Größen grundsätzlich auf Basis von IFRS-Abschlüssen ermittelt werden. Soweit der *tested amount* den *available amount* übersteigt, wird der steuerliche Schuldzinsenabzug im Vereinigten Königreich versagt. Insoweit entscheiden die IFRS faktisch auch im Vereinigten Königreich über die Höhe der insgesamt abzugsfähigen Schuldzinsenaufwendungen.

schwedischen *god redovisningssed* sowie den britischen *UK GAAP* feststellen. Es ist diesen traditionellen Unterschieden in Gewinnung, Auslegung und letztlich auch Systemcharakter geschuldet, dass sich die IFRS in abweichendem Maß auf die lokalen Gewinnermittlungsregeln auswirken können. Auch wenn die Anwendung der IFRS im handelsrechtlichen Einzelabschluss nicht durchgehend gewährt bzw. vorgeschrieben wird, kommen vor allem die mittelbaren Einflussnahmen verstärkt zum Tragen, indem auf Einzelnormebene punktuelle Annäherungen geschaffen wurden oder in Auslegungsfragen und zur Lückenschließung verstärkt auf die IFRS rekurriert wird. Die durchgehend als Modernisierung des nationalen Bilanzrechts verstandene Hinwendung zu den IFRS ist jenseits der deutschen Landesgrenzen wesentlich früher und intensiver vollzogen worden.

Die Annäherung an die IFRS auf Ebene des handelsrechtlichen Einzelabschlusses in Frankreich, Schweden und dem Vereinigten Königreich wird vor allem auf Ebene der nationalen Standardsetzung forciert. Die im Vergleich zu Deutschland weitergehende Adaption der IFRS in anderen Ländern des hier betrachteten Mitgliedstaatenspektrums wird durch verschiedene Faktoren begünstigt. Erklärungsursachen können insbesondere sein: abweichendes (fehlendes) Systemverständnis bzw. -stringenz (insbesondere Frankreich), fehlendes historisch gewachsenes Bilanzrecht (Polen), hohe Bedeutung der Bilanzierungspraxis (insbesondere Schweden) sowie traditionelle Nähe zu den IFRS (Vereinigtes Königreich). Mit dieser Entwicklung einhergehend scheint die traditionelle Gläubigerschutzorientierung des deutschen, französischen und schwedischen Bilanzrechts zunehmend zugunsten der Informationsfunktion an Gewicht zu verlieren, indem eine mehr oder weniger starke konzeptionelle Anlehnung an das zeitwertstatische Bilanzierungskonzept der IFRS (*asset-liaibility-approach*) gesucht wird. Als Konsequenz weisen alle Bilanzrechte deutliche Wertungsinkonsistenzen auf.

Eine Verknüpfung von handels- und steuerrechtlicher Gewinnermittlung ist sowohl in Deutschland (§ 5 Abs. 1 EStG), Frankreich (Art. 38 *quater de l'annexe* III CGI), Schweden (14 kap. IL) als auch im Vereinigten Königreich (sec. 46 CTA 2009) gesetzlich verankert. Allein in Polen sind die Querverbindungen vergleichsweise schwach ausgeprägt. Die handelsrechtlichen IFRS-Einflussnahmen wirken sich somit unterschiedlich stark auf die steuerliche Gewinnermittlung aus. Entgegen der Rechtsentwicklung in Deutschland hat ein Auseinanderdriften der handels- und steuerrechtlichen Gewinnermittlung in den anderen EU-Mitgliedstaaten, die eine Verbindung beider Gewinnermittlungskreise grundsätzlich vorsehen, infolge der IFRS-Konvergenz in geringerem Umfang stattgefunden. Im Vereinigten Königreich wurde das *alignment* von handels- und steuerrechtlicher Gewinnermittlung sogar noch gestärkt. Es wird insgesamt deutlich, dass der Einfluss der IFRS über die handelsrechtliche Gewinnermittlung hinaus auch innerhalb der steuerlichen Gewinnermittlung *de jure* und vor allem *de facto* gewachsen ist. Dies gilt auch für Fragen der steuerlichen Gewinnermittlung außerhalb des klassischen Bilanzsteuerrechts, so etwa auf dem Gebiet der Unterkapitalisierungsvorschriften. Reformbestrebungen in den Mitgliedstaaten lassen die Einschätzung zu, dass sich die Bedeutung der IFRS in Zukunft noch verstärken wird.

Die in der deutschen Diskussion oft getroffene Einschätzung, eine Übernahme der IFRS in den handelsrechtlichen Jahresabschluss werde zwangsweise in einer Aufgabe der Maßgeblichkeit resultieren, hat sich im Vereinigten Königreich nicht bewahrheitet, vielmehr wurde die *Starting point*-These hier bereits realisiert. In Frankreich und Schweden hat sich das steuerliche Gewinnermittlungsrecht wegen der grundsätzlich aufrechterhaltenen Anbindung an das Handelsrecht und dessen IFRS-Annäherungen deutlich verkompliziert. Der (formale) Vorstoß des schwedischen Bilanzrechts, eine *Fair value*-Bewertung in Anlehnung an die IFRS zu übernehmen, hat erhebliche, bis heute ungelöste steuerliche Zweifelsfragen aufgeworfen. In Polen stellt sich diese IFRS-Problematik aufgrund der weitgehenden Trennung von handels- und steuerrechtlicher Gewinnermittlung indes nicht. Eine direkte Anlehnung an die IFRS erfolgt in keinem der hier betrachteten Mitgliedstaaten; auch im Vereinigten Königreich sind einige steuerliche Modifikationen vorzunehmen.

III. Zur (potenziellen) Bedeutung der IFRS für die Harmonisierung der steuerlichen Gewinnermittlung in der EU *de lege ferenda*

1 Harmonisierungsnotwendigkeiten

Während viele integrierte Wirtschaftsräume[747] über eine ebenso integrierte Unternehmensbesteuerung verfügen, ist die Besteuerung grenzüberschreitender Konzerne im europäischen Binnenmarkt derzeit noch durch eine erhebliche Heterogenität gekennzeichnet.[748] Im Gegensatz zu den indirekten Steuern (Art. 13 AEUV; *ex*-Art. 93 EGV) ist ein Harmonisierungsauftrag auf dem Gebiet der direkten Steuern im AEUV nicht angelegt.[749] Eine Harmonisierung kommt daher nur auf Basis des Art. 115 AEUV (*ex*-Art. 94 EGV) in Betracht, der besagt, dass zumindest jene Rechts- und Verwaltungsvorschriften abzustimmen sind, die sich direkt auf die Errichtung oder das Funktionieren des Gemeinsamen Marktes auswirken.[750] Versuche einer steuerlichen Gewinnermittlungsharmonisierung in der EU sind in der Vergangenheit allesamt gescheitert.

Die fortbestehende Pluralität der steuerlichen Gewinnermittlungsvorschriften geht aus gesamteuropäischer Perspektive mit vielfältigen ökonomischen Nachteilen einher. Die Transparenz über die Höhe der effektiven Steuerbelastung wird beeinträchtigt, denn „bei unterschiedlicher Bemessungsgrundlage reicht ein Blick auf die Steuersätze nicht aus, um die Höhe der effektiven Steuerbelas-

---

747 Zu nennen sind etwa die USA oder China; vgl. Spengel/Braunagel (2006), S. 47; Scheffler, W. (2009b), S. 343.

748 Vgl. Hey (2008b), S. 3.

749 Vgl. Jacobs (2005), S. 133; Czakert (2008), S. 433; ders. (2007), S. 190 u. S. 193; Spengel (2007b), S. 255; Schraufl (2004), S. 80 f.; Seitz (2010), S. 868; Sauerland (2007), S. 62.

750 Vgl. Hey (2009a), S. 76; Kahle (2006a), S. 1401; van der Hoek (2003), S. 28; Spengel (2007b), S. 255; ders. (2006c), S. 116; ders. (2004a), S. 103; ders. (2004d), S. 135 u. S. 148.

tung bestimmen zu können"[751]. Hinzu treten die immensen Befolgungskosten (*compliance costs*), die sich aus der Beachtung von siebenundzwanzig abweichenden nationalen Regelwerken zur steuerlichen Gewinnermittlung ergeben.[752] Auch führen die in den Bemessungsgrundlagenelementen angelegten Divergenzen regelmäßig zu Doppelbesteuerungen, rufen Diskriminierungen sowie Beschränkungen hervor und verkomplizieren die Lösung von Sachproblemen, wie dies insbesondere im Rahmen der grenzüberschreitenden Verlustverrechnung, der Verrechnungspreisermittlung oder bei grenzüberschreitenden Umstrukturierungen der Fall ist.[753] Es bestehen ökonomische Anreize, dieses Steuerbelastungsgefälle durch die Verlagerung von Investitionen oder Buchgewinnen auszunutzen.[754] Entscheidungen über Standortwahl sowie Investitions- und Finanzierungsalternativen werden vielfach verzerrt.[755] Grenzüberschreitende Konzerne werden in ihrer Geschäftstätigkeit beeinträchtigt; sie erleiden gegenüber außereuropäischen Marktteilnehmern Wettbewerbsnachteile.[756] Diese ökonomischen Konsequenzen widersprechen den im EGV verankerten Zielsetzungen, Wettbewerbsverfälschungen zu vermeiden sowie eine effiziente Ressourcenallokation zu sichern.[757] Ein höheres Maß an Koordinierung der Bemessungsgrundlagen ist auf lange Frist unumgänglich, will man die derzeit investitionshemmenden Rahmenbedingungen innerhalb des Gemeinschaftsgebiets abbauen.[758]

2 Zentrale Vorfragen einer europäischen Gewinnermittlungsharmonisierung

2.1 Prinzip gegenseitiger Anerkennung oder Harmonisierungslösung?

2.2.1. Systematisierung der umfassenden Lösungsansätze aus Gewinnermittlungssicht

Die von der EU Modelle der HST, CCCTB, HTB und EUCIT weisen spezifische Vor- und Nachteile auf, die hier nicht in Einzelheiten gewürdigt werden können. Eine Ideallösung ist nicht auszumachen.[759] Aus Gewinnermittlungssicht bestehen folgende Unterschiede und Gemeinsamkeiten. Die von *Gammie* konzipierte und von der *Stockholm Group*[760] fortentwickelte HST[761] bzw. Sitzlandbesteuerung[762] fußt auf dem (Binnenmarkt-) Prinzip der gegenseitigen Anerkennung, das auf die Un-

751 Herzig (2006c), S. 74.
752 Vgl. Kahle (2006a), S. 1402; Czakert (2008), S. 435; ders. (2007), S. 194; Jacobs (2005), S. 141; Spengel/Oestreicher (2009), S. 779; Spengel/Wendt (2007b), S. 300.
753 Vgl. Herzig (2006c), S. 74; Kahle (2006a), S. 1402; Jacobs (2005), S. 141.
754 Vgl. ausführlich Schreiber, U. (2009a), S. 535 ff.
755 Vgl. Spengel/Oestreicher (2009), S. 773; Spengel/Braunagel (2006), S. 34; Kahle (2006a), S. 1402; Dahlke/Kahle (2009), S. 229.
756 Vgl. Kahle (2006a), S. 1401 f.
757 Vgl. Schreiber, U. (2009a), S. 544; Spengel/Oestreicher (2009), S. 773.
758 Vgl. nur Dahlke/Kahle (2009), S. 230; Spengel (2007b), S. 275.
759 Vgl. Diemer (2004), S. 107; Diemer/Neale (2004), S. 75; Mors (2002), S. 22 f.
760 Zur personellen Zusammensetzung der *Stockholm Group* vgl. Zipfel (2008), S. 152 Fn. 556.
761 Vgl. Gammie (1998), S. 159 ff.; ders. (2001), S. 245 f.; Lodin/Gammie (2001), passim; zu den Arbeiten der Stockhom Group vgl. auch z. B. Russo (2005), S. 2 Fn. 6.
762 Für eine umfassende kritische Auseinandersetzung mit dem Modell der HST vgl. Zipfel (2008), S. 152-188; komprimiert Diemer/Neale (2004), S. 75-77.

ternehmensbesteuerung übertragen wird (*mutual recognition approach*).[763] Hiernach müssten folglich sämtliche konzernzugehörigen Tochtergesellschaften bzw. Betriebsstätten, die in einem Mitgliedstaat der EU ansässig bzw. belegen sind, die steuerlichen Gewinnermittlungsvorschriften des Sitzstaates der Konzernobergesellschaft befolgen.[764]

Jeder an der Sitzlandbesteuerung partizipierende Mitgliedstaat müsste mithin anerkennen, dass eine in seinem Territorium ansässige Konzerntochter (bzw. Betriebsstätte) die steuerliche Bemessungsgrundlage gegebenenfalls nicht nach seinen Regeln, sondern nach den Regeln des Sitzstaates der Konzernmutter ermittelt.[765] Einer Harmonisierung der steuerlichen Gewinnermittlungsregeln würde es nicht bedürfen.[766] Nach dem auf einen Vorschlag der UNICE zurückgehenden Modell der CCCTB dagegen wäre der steuerliche Gewinn einer Gruppe auf Basis neuartiger, genuin europäischer Gewinnermittlungsregeln zu ermitteln.[767] Der zentrale Unterschied gegenüber der HST liegt mithin darin, dass die CCCTB nicht auf bereits existierende (nationale) Gewinnermittlungsnormen aufsetzen könnte, sondern die Konzeption eines Gewinnermittlungsregelwerks erfordert.[768] Eine solche Neukonzeption impliziert auch die HTB,[769] wobei das Regelwerk aber rechtsformübergreifend[770] von allen Unternehmen in der EU verpflichtend anzuwenden wäre, und zwar unabhängig

---

763 Zur Diskussion vgl. Mors (2007), S. 211; ders. (2002), S. 22; Diemer/Neale (2004), S. 75; Oestreicher (2002), S. 347; Spengel (2004a), S. 106; Spengel/Frebel (2003), S. 788; Schreiber, U./Führich (2009), S. 261; Schön (2007c), S. 433; ders. (2002), S. 284; Schneider (2003b), S. 663; Hey (2004), S. 204; Terra/Wattel (2008), S. 212 f.; Baumgartner (2006), S. 96; Adda (2008), S. 284; Dürrschmidt (2007), S. 161; Wehrheim/Marquardt (2003), S. 17; Marquardt (2003), S. 252; Radulescu (2002), S. 14; Fuest/Huber (2003), S. 383; Mayer (2009b), S. 46; Patek (2007), S. 231; González Sánchez/Fluxà (2006), S. 200; Herzig (2007), S. 32; Micossi/Parascandolo (2010), S. 3; Weninger (2009), S. 30; Sørensen (2004), S. 101; Martens Weiner (2002), S. 12 f.; Mintz (2002), S. 3 u. S. 6; Mintz/Martens Weiner (2003), S. 696; McLure (2005), S. 34; Sauerland (2007), S. 74 f.; Binnewies (2010), S. 490; Scholz (2006), S. 187; Adamczyk (2008), S. 328; Hüttemann (2007), S. 1267; Aujean (2010), S. 45 f.; Witt (2006), S. 77 f.; Kunz (2011), S. 190 f.; Dahlke (2011), S. 119.

764 Vgl. z. B. Kroppen/Rasch (2002), S. 504. Damit ist entscheidend, wo sich der effektive Sitz der Konzernobergesellschaft befindet. Diese Lokalisierung dürfte in Einzelfällen allerdings Probleme aufwerfen; vgl. Diemer/Mors (2006), S. 113; Diemer/Neale (2004), S. 76.

765 Vgl. Krawitz/Karthaus (2008), S. 343; Kessler/Dorfmueller (2002), S. 3.

766 Vgl. Kahle (2006b), S. 92. Das europäische Subsidiaritätsprinzip (Art. 5 Abs. 3 EUV) bliebe folglich unangetastet. Vgl. diesem allgemein von Brocke/Rottenmoser (2011), S. 622 f. Die HST wäre optional und bei nur bei Ausübung für alle qualifizierenden Gesellschaften eines Konzerns bindend; vgl. Poppe (2008), S. 31.

767 Vgl. Sureth/Bäumer (2010), S. 176; Külper (2009), S. 26; Kahle (2006b), S. 92; Devereux/Fuest (2010), S. 26. Vom Anwendungsbereich der CCCTB sollen grundsätzlich nur (grenzüberschreitende) Körperschaften erfasst werden. Vgl. im Einzelnen Bünning/Möser (2011), S. 2648. Die CCCTB soll in Form eines Optionsmodells ausgestaltet werden. Vgl. Lohr/Görges (2010), S. 2580; Adamczyk (2008), S. 328. Diese Frage ist umstritten. Für Optionalität vgl. Barenfeld (2007), S. 260 (wohl Mindermeinung). Gegen Optionalität vgl. Krawitz/Karthaus (2008), S. 346; Herzig (2006a), S. 277; Patek (2007), S. 241; Binnewies (2010), S. 522; Mayr (2010), S. 260 f.; ders. (2011), S. 349; Czakert (2008), S. 437; ders. (2007), S. 199. Abwägend: Aujean (2010), S. 49 f.; Axer (2008),
S. 16; Kußmaul/Niehren/Pfeifer (2010a), S. 180; Seitz (2010), S. 879; Schön (2008a), S. 66 f.

768 Vgl. Osterweil (2002), S. 273; Sørensen (2002), S. 32; ders. (2004), S. 102; Fuest/Huber (2003), S. 385 f.; Külper (2009), S. 26; Kobetsky (2008), S. 210; Martens Weiner/Mintz (2002), S. 347; Mintz/Martens Weiner (2003), S. 696; Klemm (2001), S. 36 u. 41; Spengel (2004a), S. 106; Spengel/Frebel (2003), S. 788; Herzig/Lochmann (2006), S. 156; Kroppen/Rasch (2002), S. 505; Terra/Wattel (2008), S. 210 f.; Kroppen/Rasch (2002), S. 505; Sauerland (2007), S. 75.

769 Vgl. Binnewies (2010), S. 499. Im Gegensatz zur CCCTB wäre die Anwendung der HTB nicht optional, sondern obligatorisch anzuwenden.

770 Vgl. Spengel (2007b), S. 279; ders. (2006c), S. 117; ders. (2004d), S. 136; ders. (2003a), S. 255; ders. (2004a), S. 106; Spengel/Frebel (2003), S. 788; Frebel (2006), S. 86; Oestreicher et al. (2008), S. 287; Kahle (2005), S. 10; ders. (2006a), S. 1405; ders. (2006b), S. 92; Herzig/Lochmann (2006), S. 155; Wissenschaftlicher Beirat beim BMF (2007), S. 25; Böcking (2007), S. 71; Binnewies (2010), S. 499. In der Literatur wird die HTB allerdings z.

davon, ob diese rein innerstaatlich oder grenzüberschreitend tätig sind. Die HTB impliziert damit eine „völlige Harmonisierung der steuerlichen Gewinnermittlung"[771] in der EU. Dies wäre auch nach der von *Plasschaert* in die Diskussion eingebrachten EUCIT[772] der Fall; es intendiert darüber hinaus noch eine Steuersatzharmonisierung.[773]

2.2.2. Würdigung

Die aus Gewinnermittlungsperspektive zu klärende Grundsatzfrage lautet mithin, ob dem Prinzip der gegenseitigen Anerkennung (HST) oder einer echten Harmonisierungslösung (CCCTB, HTB, EUCIT) der Vorzug gegeben werden sollte,[774] wobei die Vorteile und Nachteile ohne Erkenntnisverlust anhand der CCCTB und der HST abgewogen werden können. Aus Sicht europaweit aufgestellter Konzerne wäre der zentrale Vorteil des Prinzips gegenseitiger Anerkennung zunächst in der Arbeitsvereinfachung und Kosteneinsparung zu sehen, weil konzernweit nur noch ein einziges und (aus Sicht der Konzernmutter) vertrautes Regelwerk zu befolgen wäre.[775] Allerdings kann hierin nur auf den ersten Blick ein Vorsprung gegenüber der CCCTB gesehen werden;[776] denn tatsächlich müssten die teilnehmenden Mitgliedstaaten auch im Rahmen der HST eine Reihe von Detailfragestellungen klären, die denen der CCCTB in ihrer Komplexität durchaus nahe kommen.[777]

Der zentrale Nachteil der HST gegenüber der CCCTB liegt darin, dass der Wettbewerb der europäischen Gewinnermittlungssysteme unvermindert fortbestehen würde.[778] Die HST schafft aus Konzernsicht einen ökonomischen Anreiz, den Sitz der Konzernmutter in einen Mitgliedstaat mit vergleichsweise „günstigem Steuerbilanzrecht" zu verlegen, um dieses Regelwerk sodann auf sämtliche konzernzugehörige Tochtergesellschaften und Betriebsstätten auszudehnen (*tax base shop-*

T. auch dahingehend verstanden, dass sie in ihrem persönlichen Geltungsbereich auf *Körperschaften* beschränkt bleiben, d. h. nicht rechtsformübergreifend anzuwenden sein soll; diese Ansicht würde insb. einen Ausschluss körperschaftsteueroptierender Personengesellschaften implizieren. Vgl. Sievert (2006), S. 268; Sørensen (2004), S. 93 u. S. 103. Differenzierend dagegen Oestreicher (2002), S. 348 („körperschaftsteuerpflichtige[.] Unternehmen"); ebenso Ban (2007), S. 227; Patek (2007), S. 232; Poppe (2008), S. 34.

771 Frebel (2006), S. 86.

772 Vgl. Plasschaert (1997), S. 2 ff.; ders. (2002), S. 336 ff.; zur EUCIT auch Bond et al. (2000), S. 68-71; Dahlke (2011), S. 124 f.; Diemer/Neale (2004), S. 78.

773 Vgl. Oestreicher et al. (2008), S. 287; Binnewies (2010), S. 500; Bond et al. (2000), S. 68; Sauerland (2007), S. 74. Hinsichtlich der Steuersatzfestsetzung, des Anwendungsbereichs sowie der Ausgestaltung als Wahlrecht oder -pflicht sind verschiedene Ausprägungen diskutiert worden. In ihrer Grundform würde die EUCIT auf europäischer Ebene erhoben und administriert werden (vgl. Sørensen [2004], S. 93). Dementsprechend würden die Steuereinnahmen vorrangig der Finanzierung von EU-Institutionen dienen. Eine formelhafte Gewinnaufteilung würde sich daher erübrigen; nur ein nach Erfüllung dieses Finanzierungszwecks verbleibender Überschuss soll nach Maßgabe eines bestimmten Schlüssels auf die Mitgliedstaaten aufgeteilt werden (vgl. Weninger [2009], S. 34; Oestreicher [2002], S. 348; Radulescu [2002], S. 14; Westberg [2002], S. 324). Offenkundig würde die EUCIT die fiskalische Souveränität der Mitgliedstaaten erheblich beschränken (vgl. Mintz [2002], S. 6; Schön [2002], S. 279; Diemer/Neale [2004], S. 78). Allein schon deshalb spielt die EUCIT in der laufenden Diskussion keine Rolle mehr (vgl. nur Dahlke [2011], S. 125).

774 Vgl. Diemer/Mors (2006), S. 111; Fülbier/Pferdehirt (2006), S. 175.

775 Vgl. Arginelli (2007), S. 114; Herzig/Lochmann (2006), S. 156; Diemer/Neale (2004), S. 76.

776 So z. B. Kessler/Dorfmueller (2002), S. 4; Niznik (2006), S. 983; Wehrheim/Marquardt (2003), S. 18.

777 Vgl. Giannini (2002), S. 27; Diemer/Neale (2004), S. 76 f.

778 Vgl. Schröer (2004), S. 213.

ping[779] oder auch *jurisdiction-shopping*[780]).[781] Derart ließe sich die (effektive) Gesamtsteuerlast eines Konzerns offenkundig reduzieren.[782] Aus Sicht der Mitgliedstaaten verleitet die HST m. a. W. dazu, sich durch eine Verminderung der Bemessungsgrundlage gegenüber anderen Mitgliedstaaten einen Standortvorteil zu verschaffen,[783] Die CCCTB indessen würde zumindest[784] diesen Wettbewerb um die Wahl des Konzernsitzes ausschalten, da dieser ohne Relevanz ist, solange er sich im Gemeinschaftsgebiet befindet.[785]

Die HST würde zudem mit erheblichen Wettbewerbsverzerrungen und Diskriminierungen einhergehen. Unternehmen, die zwar auf ein und demselben lokalen Markt zueinander in Konkurrenz träten, müssten dennoch abweichende Gewinnermittlungsregeln befolgen, je nachdem, in welchem Mitgliedstaat deren Konzernspitze domiziliert.[786] Äußerstenfalls würden auf einem einzigen lokalen Markt Teilnehmer agieren, die ihren steuerlichen Gewinn nach Maßgabe von siebenundzwanzig unterschiedlichen Regelwerken bestimmen.[787] Das Problem des *tax base shopping* würde sich dadurch noch potenzieren.[788] Diese Verzerrungen würden zwar grundsätzlich auch im Rahmen der CCCTB auftreten, hier jedoch in abgeschwächter Form, weil lediglich zwei verschiedene Gewinnermittlungsregelwerke – das nationale sowie das harmonisierte – nebeneinander Bestand hätten.[789]

Der HST mangelt es damit an einer konsistenten ökonomisch Fundierung: Während sie aufgrund des *tax base shopping* das ökonomische Postulat der Kapitalimportneutralität verletzt (und vielmehr dem Kapitalexportneutralitätspostulat folgt),[790] entspricht sie diesem insoweit, als die Besteuerung des zugesprochenen Gewinnanteils nach Maßgabe des im Quellenstaat vorherrschenden Steuersatzes erfolgt. Die HST gilt mit Recht als „strange hybrid“[791], da sie weder das eine noch das andere Postulat vollständig respektiert. Der Kritik, die HST sei „likely to perpetuate distortions in regards

---

779 Zum Begriff vgl. Weninger (2009), S. 31 f.

780 Zum Begriff vgl. Terra/Wattel (2008), S. 213.

781 Zur Diskussion vgl. auch Schön (2007c), S. 434; Oestreicher (2002), S. 352; Westberg (2002), S. 329; Giannini (2002), S. 26; Mintz (2002), S. 7; Mintz/Martens Weiner (2003), S. 701; Herzig/Lochmann (2006), S. 156; Benshalom (2008), S. 635; Fuest/Huber (2003), S. 384; Loukota (2004), S. 299; Sørensen (2002), S. 32; Sievert (2006), S. 266; Schröer (2004), S. 213; Binnewies (2010), S. 491. Diesen Gestaltungsmöglichkeiten könnte möglicherweise durch spezielle Missbrauchsnormen begegnet werden werden; vgl. Thömmes/Rasch/Koch (2006), S. 119. Diese dürften allerdings ein neues Konfliktpotenzial schaffen.

782 Vgl. González Sánchez/Fluxà (2006), S. 200.

783 Oestreicher (2002), S. 347; vgl. auch Poppe (2008), S. 32; Dietrich (2009), S. 22; Schröer (2004), S. 213.

784 Allerdings beseitigt die CCCTB bei Beibehaltung unterschiedlicher nationaler Steuersätze nicht den Steuersatzwettbewerb innerhalb der EU; vgl. Feld (2011), S. 82; Prinz (2011d), S. R113. Zur Diskussion um die Steuersatzharmonisierung bzw. Einführung eines Mindestkörperschaftsteuersatzes vgl. insb. Jacobs (2011), S. 251; Hey (2004), S. 206; Spengel/Oestreicher (2009), S. 775 f.

785 Vgl. Sørensen (2004), S. 102; Martens Weiner (2002), S. 12.

786 Vgl. Oestreicher (2002), S. 352; McLure (2005), S. 36 f.; Loukota (2004), S. 298 f.; Herzig/Lochmann (2006), S. 156; Poppe (2008), S. 32; Martens Weiner/Mintz (2002), S. 347 f.; Mintz (2004), S. 227; Diemer (2004), S. 108; Fuest/Huber (2003), S. 384; Sørensen (2002), S. 32; Sievert (2006), S. 266 f.

787 Vgl. Mintz/Martens Weiner (2003), S. 697; Diemer/Neale (2004), S. 76 f.

788 Vgl. Poppe (2008), S. 32.

789 Vgl. Kobetsky (2008), S. 210.

790 Vgl. Sørensen (2004), S. 102; Giannini (2002), S. 27; Schröer (2004), S. 212.

791 So McLure (2005), S. 36; vgl. auch Zipfel (2008), S. 175 ff.

to investments within the Internal Market“[792], ist daher Recht zu geben. Die CCCTB erscheint aus Sicht des Kapitalimportneutralitätspostulats – sofern man dieses favorisiert[793] – überlegen.[794] Um die ökonomischen Wettbewerbsverzerrungen in Grenzen zu halten, dürfte die HST also im Vorhinein „nur für Teilnehmer in Betracht kommen, deren Gewinnermittlungsvorschriften weitgehend miteinander vergleichbar sind“[795]. Dass es unter dem Regime der HST zu einer eigendynamischen Angleichung der lokalen Gewinnermittlungsvorschriften kommt,[796] ist zu bezweifeln.[797] Das Herausbilden von *de facto* konvergierten Gewinnermittlungsvorschriften unter den anfänglich partizipierenden Mitgliedstaaten dürfte ein späteres Ausweiten auf weitere Mitgliedstaaten wohl eher erschweren. Die CCCTB hingegen ist bereits im Grundsatz auf eine EU-weite Harmonisierung der Bemessungsgrundlagen angelegt. Harmonisierte Gewinnermittlungsregeln dürften von Mitgliedstaaten demzufolge auch nicht als Eintrittsblockade, sondern als *benchmark* aufgefasst werden.[798]

Die HST hätte mit einem weiteren gravierenden Akzeptanzproblem zu kämpfen. So würde den Mitgliedstaaten qua formelhafter Gewinnzerlegung ein anteiliger Gewinn zugewiesen werden, der nicht nach den lokalen, sondern den „fremden“ Gewinnermittlungsregeln anderer Mitgliedstaaten bemessen wird.[799] Bei der CCCTB indessen würde der zu verteilende Gewinn auf Basis von Vorschriften ermittelt werden, über die immerhin eine grundsätzliche Übereinkunft zwischen den (teilnehmenden) Mitgliedstaaten getroffen wurde.

Nach Abwägung der zentralen Vor- und Nachteile erscheint eine Harmonisierung der steuerlichen Bemessungsgrundlagen dem Prinzip der gegenseitigen Anerkennung klar überlegen.[800] Die HST wäre – wie ohnehin angedacht – allenfalls als Zwischenlösung[801] für KMU „mit typischerweise starkem Sitzlandbezug und beschränkten Auslandsaktivitäten akzeptabel“[802] So erscheint es nur folgerichtig, dass die CCCTB als langfristige und Erfolg versprechende Lösung herausgestellt wird.[803]

792 Benshalom (2008), S. 635; vgl. auch Cnossen (2003), S. 640; ders. (2004), S. 144; Mintz (2002), S. 7.

793 Für eine Ausrichtung der CCCTB an der Kapitalimportneutralität vgl. z. B. Andersson (2007a), S. 106 u. 109; ders. (2006), S. 399 f.; ders. (2008b), S. 99; Barenfeld (2007), S. 264 ff.; Kemmeren (2008), S. 122 ff.

794 Vgl. Sørensen (2004), S. 102; Weninger (2009), S. 35.

795 Oestreicher (2002), S. 347; vgl. auch Witt (2006), S. 78; Weninger (2009), S. 31; Radulescu (2002), S. 14; Wehrheim/Marquardt (2003), S. 17; Westberg (2002), S. 324; Klemm (2001), S. 42; González Sánchez/Fluxà (2006), S. 200; Köth (2006), S. 19; Adda (2008), S. 284.

796 So z. B. Loukota (2004), S. 299; Sørensen (2004), S. 102.

797 So auch Kobetsky (2008), S. 210.

798 Zur Diskussion vgl. Schön (2002), S. 284; Giannini (2002), S. 26; Mintz/Martens Weiner (2003), S. 697; Weninger (2009), S. 32.

799 Vgl. Cerioni (2010), S. 104.

800 Hey (2004), S. 205.

801 Vgl. Dürrschmidt (2007), S. 161; Diemer (2004), S. 108.

802 Vgl. Herzig/Lochmann (2006), S. 156 (auch Zitat).

803 Vgl. Oestreicher (2002), S. 353; Poppe (2008), S. 43; Martens Weiner (2002), S. 12.

2.2 CCTB als Minimalziel?

Eine Harmonisierung der steuerlichen Gewinnermittlungsregeln ohne zusätzlich Konsolidierung und Aufteilung des konsolidierten Konzerngewinns gilt als Minimalziel des Reformprojekts.[804] Eine solche *Common Corporate Tax Base* (CCTB) wäre in (mindestens) zwei Ausprägungen denkbar.[805] In einer ersten Variante der CCTB würden ausschließlich die steuerlichen Gewinnermittlungsregeln harmonisiert werden. Bereits dadurch könnte eine „gewaltige Reduktion" der steuerlichen Befolgungskosten (*compliance costs*) realisiert werden, weil nur noch ein einziges gemeinsames Regelwerk zur steuerlichen Gewinnermittlung zu befolgen wäre.[806] Eine zweite Variante könnte neben der Harmonisierung der steuerlichen Gewinnermittlungsregeln auch (unilaterale) Verbesserungen im Bereich der grenzüberschreitenden Verlustverrechnung vorsehen, etwa eine Berücksichtigung von Verlusten ausländischer Tochtergesellschaften und Betriebsstätten mit anschließender Nachversteuerung i. S. d. § 2a Abs. 3 EStG a. F.[807] Eine harmonisierte Gewinnermittlung würde hierbei insbesondere eine Umrechnung ausländischer Verluste in das jeweilige nationale Steuerrecht obsolet werden lassen.[808] Es wäre gleichfalls sichergestellt, dass die Verluste ausschließlich die Steuerbasis im Quellenstaat mindern, ein Verlustimport ist dabei ausgeschlossen.[809]

Eine weitergehende Konsolidierung und formelhafte Gewinnaufteilung, namentlich eine Common *Consolidated* Corporate Tax Base (CCCTB), würde mit weiteren wesentlichen Vorteilen einhergehen.[810] Infolge der Zusammenrechnung der positiven und negativen Steuerbemessungsgrundlagen wäre ein weitreichender grenzüberschreitender Verlustausgleich zwischen Mutter- und Tochtergesellschaften sowie zwischen verschiedenen Tochtergesellschaften und EU-Betriebsstätten eines Konzerns sichergestellt.[811] Da eine solche Form der Verlustverrechnung derzeit weder in Deutschland noch in anderen EU-Mitgliedstaaten möglich ist, würde die CCCTB fraglos zu einer wesentlichen Verbesserung führen.[812] Darüber hinaus würde die Vornahme steuerlicher Konsolidierungsmaßnahmen in Form einer Kapital-, Forderungs- und Schuldenkonsolidierung gewährleisten, dass konzerninterne Finanzierungsvorgänge ohne Einfluss auf das aufzuteilende Nettokonzernergebnis

---

804 Vgl. Kahle (2006a), S. 1405; Spengel (2010a), S. 890; Spengel/Braunagel (2006), S. 46; Braunagel (2008), S. 186; Oestreicher/Reister/Spengel (2009), S. 46; Oestreicher/Spengel (2007), S. 437; Jacobs (2011), S. 244; Mayr (2008b), S. 288 ff.; ders. (2008c), S. 1317; Herzig/Lochmann (2006), S. 158; Endres (2010), S. 208; Sauerland (2007), S. 76; Marx (2011b), S. 548.

805 Vgl. Gammie et al. (2005), S. 4.

806 Vgl. Schön (2007), S. 428 (auch Zitat); vgl. auch Spengel (2007b), S. 286; Spengel/Braunagel (2006), S. 47; Oestreicher/Spengel (2009), S. 779; Kahle (2006a), S. 1405; Mayr (2008b), S. 289; ders. (2011), S. 348; Jacobs (2011), S. 244; Czakert (2008), S. 435; Schratzenstaller (2007), S. 119; Sørensen (2004), S. 105; a. A. Fuest (2009), S. 105.

807 Vgl. Jacobs (2011), S. 244; Kußmaul/Niehren/Pfeifer (2010b), S. 270; Endres/Günkel (2006), S. S12; Scheffler, W. (2005c), S. 156 ff.; Scheffler/Weber (2007), insb. S. 16 ff.; Oestreicher et al. (2008), S. 316; Rödder (2007), S. 391.

808 Vgl. Mayr (2008b), S. 290; ders. (2011), S. 350.

809 Vgl. Spengel/Braunagel (2006), S. 47; Kußmaul/Niehren/Pfeifer (2010b), S. 270.

810 So Spengel/Braunagel (2006), S. 47 ff.; Jacobs (2011), S. 244; Kußmaul/Niehren/Pfeifer (2010b), S. 270; Merks (2008), S. 6.

811 Vgl. Rautenstrauch (2011), S. 162; Scheffler, W. (2005c), S. 158; Quilitzsch (2010), S. 58; Esterer (2010), S. 641; Panayi (2008), S. 115 f.; Simonis (2009), S. 21; von Brocke (2008), S. 927 f.; Micossi/Parascandolo (2010), S. 3.

812 Vgl. z. B. Külper (2009), S. 53; Quilitzsch (2010), S. 58.

bleiben, was ökonomisch ebenfalls sachgerecht erscheint.[813] Komplexen Missbrauchsvermeidungsregeln, insbesondere im Bereich der Gesellschafterfremdfinanzierung[814] und der Hinzurechnungsbesteuerung,[815] wäre im Grundsatz die Rechtfertigung genommen.[816] Konzerninterne Finanzierungsgesellschaften bzw. Koordinationszentren würden ihren steuerplanerischen Anreiz einbüßen. Die anhaltenden Diskussionen um die Angemessenheit von Verrechnungspreisen würden an Schärfe (nicht aber gänzlich an Bedeutung[817]) verlieren.[818] Schließlich wäre zu bedenken, dass die Verlagerung betrieblicher Funktionen ebenso neutral erfolgen könnte wie die Durchführung grenzüberschreitender Umstrukturierungen, da diese „im Verlauf der Konsolidierung nicht zu einer Aufdeckung und Besteuerung von stillen Reserven führen“[819].

Dies zusammengenommen zeigt, dass die CCCTB einer bloßen CCTB theoretisch überlegen wäre.[820] Das Minimalziel CCTB lässt sich nur auf das (gewichtige) Argument stützen, dass die realpolitische Umsetzung einer zusätzlichen Konsolidierung und formelhafte Gewinnaufteilung von geringer Wahrscheinlichkeit ist.[821] Auch wenn die Konsolidierung und Gewinnaufteilung als zentrales Argument der CCCTB gilt,[822] steht zu befürchten, dass die politische Brisanz der zweiten und dritten Stufe der CCCTB das gesamte Projekt gefährden und damit auch einen Konsens bezüglich einheitlicher Gewinnermittlungsregeln entwerten könnte.[823] Daher wird im wissenschaftlichen Schrifttum und auch auf politischer Entscheidungsebene[824] verstärkt eine zweiphasige Vorgehensweise favorisiert. Hiernach sollte der Projektanspruch dahingehend reduziert werden, dass in einer ersten

---

813 Vgl. Rautenstrauch (2011), S. 162.

814 Zu verbleibenden Problemstellungen vgl. Panayi (2008), S. 118-123; Gammie/Panayi (2008), S. 821 ff.; Dourado/de la Feria (2008), S. 785 ff.;

815 Zu diesem Problemkreis vgl. eingehend Kofler (2008), S. 725 ff.

816 Vgl. Schön (2007c), S. 428.

817 So aber wohl Eicker (2008), S. 52; Krause-Junk (2002), S. 9; Stählin/Heidemann (2011), S. 505.

818 Vgl. Dahlke/Kahle (2009), S. 235; Gérard (2002), S. 38; Rautenstrauch (2011), S. 162.

819 Vgl. hierzu im Einzelnen Kußmaul/Niehren/Pfeifer (2010b), S. 271.

820 Vgl. dezidiert Hey (2008b), S. 4: „harmonisation of the tax base would be only half the battle“. In diesem Sinne auch z. B. Esterer (2010), S. 641; Cnossen (2005), S. 195 f. Des Weiteren ist zu bedenken, dass harmonisierte steuerliche Gewinnermittlungsregeln im Rahmen einer CCTB von jedem Mitgliedstaat imitiert oder vollumfänglich übernommen werden könnten, ohne sich offiziell an der CCTB zu beteiligen. Mitgliedstaaten könnten ihren national tätigen Unternehmen die gleichen Gewinnermittlungsregeln anbieten, ohne die eigene Flexibilität und Souveränität zu verlieren (sog. „Kopierstrategie“). Dieselbe Gefahr droht in Bezug auf Drittstaaten. Die Konsolidierung und formelhafte Gewinnaufteilung wäre als Exklusivitätsargument zu verstehen; es würde den Druck erhöhen, an dem gemeinsamen Besteuerungsregime zu partizipieren. Vgl. Mayr/Wiesner (2008), S. 161 (auch zum Begriff „Kopierstrategie“), die sich gleichwohl dafür aussprechen, „zunächst nur eine gemeinsame Bemessungsgrundlage (CCTB) einzuführen und auf die Konsolidierung zu verzichten“; dies. (2008), S. 162.

821 Während Deutschland und Frankreich die CCCTB bislang politisch eher befürwortet haben, gehört das Vereinigte Königreich seit Projektbeginn zu den offenen Gegnern der CCCTB; vgl. z. B. Parillo (2011b), S. 472; van den Hurk (2011), S. 260; O'Shea (2007), S. 813 f.; Krawitz/Karthaus (2008), S. 345 f. Auch die Regierungen Polens und Schwedens haben unterdessen vorgebracht, dass der RL-E nicht mit dem Subsidiaritätsprinzip vereinbar sei. Vgl. Parillo (2011a), S. 693; von Brocke/Rottenmoser (2011), S. 623 f.; zur Problematik auch Mitroyanni (2011), S. 250 f.

822 Vgl. Hey (2009a), S. 85.

823 So Herzig/Lochmann (2006), S. 158; vgl. auch Herzig (2006b), S. 161.

824 Vgl. BT-Drs. 17/5748. Hiernach spricht sich die deutsche Bundesregierung nunmehr für die Anwendung einer (obligatorischen) CCTB anstelle einer (optionalen) CCCTB aus. Hierzu kritisch Prinz (2011b), S. 462 („harsch“ und „vorschnell“); ferner auch von Brocke/Rottmoser (2011), S. 625 f.; differenzierter erscheint die diesbezügliche Stellungnahme des Bundesrates; vgl. BR-Drs. 155/11.

Phase zunächst ausschließlich Fragen der Bemessungsgrundlagenermittlung und erst in einer zweiten, anschließenden Phase Fragen der Konsolidierung und Gewinnaufteilung aufgegriffen werden.[825] Auf Basis der verstärkten Zusammenarbeit (Artt. 20 EUV, 326-334 AEUV) wird zumindest die Einführung einer CCTB als realisierbar erachtet.[826] Für die Zwecke dieser Arbeit soll über die politischen Umsetzungschancen einer Konsolidierung und anschließenden Gewinnaufteilung nicht weiter spekuliert werden. Die Ausgestaltung harmonisierter steuerlicher Gewinnermittlungsregeln wäre bei einer CCTB und CCCTB gleichermaßen erforderlich; die Regeln zur Ermittlung der Bemessungsgrundlage wären in beiden Szenarien deckungsgleich.[827]

2.3 *Starting point*-These der EU-Kommission

2.3.1 (Abnehmende) Bedeutung der IFRS im Projektverlauf

Das CCCTB-Projekt wird gerade auch deshalb scharf kritisiert und im Ergebnis abgelehnt, weil scheinbar beabsichtigt ist, den IFRS hierbei eine zentrale Rolle zukommen zu lassen.[828] Eine unmittelbare Anknüpfung an die IFRS im Bereich der Gewinnermittlung ist indes nicht (mehr[829]) geplant.[830] Im Gegenteil ist bei genauerem Hinsehen des Projektverlaufs sogar eine „tendency of reducing the importance" der IFRS festzustellen.[831] Während die IFRS im Jahr 2001 noch als mate-

---

825 Vgl. Herzig (2006b), S. 161; ders. (2009b), S. 762; ders. (2007), S. 40; ders. (2011a), S. 619; ders. (2011e), S. M1; Herzig/Kuhr (2011), S. 2053; Herzig/Stock (2011), S. 478 f.; Spengel (2010a), S. 895; Oestreicher/Spengel (2008), S. 303; Kußmaul/Niehren (2011), S. 349; Mayr (2008b), S. 288; ders. (2008c), S. 1317; ders. (2010), S. 260; ders. (2011), S. 348 f.; Mayr/Wiesner (2008), S. 142; Rammert/Thies (2009), S. 45; Prinz (2010b), S. 72*; ders. (2011d), S. R114; Jacobs (2011), S. 252; Lenz/Rautenstrauch (2011), S. 727; Scheffler/Krebs (2011), S. 13*; Bünning/Möser (2011), S. 2649; im internationalen Schrifttum z. B. Mitroyanni (2011), S. 252; kritisch insb. Hey (2011), S. 142.

826 Vgl. Mitroyanni (2011), S. 251 f.; zur Diskussion auch Hey (200b), S. 38 f.; dies. (2009a), S. 85; van den Hurk (2011), S. 263 f.; Rautenstrauch (2011), S. 161; Cerioni (2006), S. 187 ff.; Rödder (2007), S. 386 f.; Marx (2011b), S. 548; Vascega/van Thiel (2011), S. 380 f.; skeptisch insb. Herzig (2011a), S. 619.

827 Vgl. allerdings Schröer (2004), S. 216, der aus den Faktoren der Aufteilungsformel Rückschlüsse auf die Ausgestaltung der Gewinnermittlungsregeln zu ziehen versucht.

828 So z. B. Stahlschmidt (2005), S. 497, der weitergehend befürchtet, das Anknüpfen an die IFRS im Rahmen der CCCTB habe zur Konsequenz, die „Bundesrepublik Deutschland" müsse die IFRS „als Gewinnermittlungsvorschriften im Einzelabschluss zulassen". „Dies würde bedeuten, dass die Rechnungslegungsvorschriften und damit auch ein wesentlicher Teil der Besteuerung nicht mehr vom nationalen Gesetzgeber, sondern von einem privatrechtlichen Standardsetter bestimmt werden". Diese These ist allein schon deshalb unbegründet, weil die CCCTB eine Harmonisierung der *handelsrechtlichen* Gewinnermittlung nicht anstrebt; vgl. Neale (2008), S. 40; Stählin/Heidemann (2011), S. 506; Mitroyanni (2011), S. 247.

829 Zu Projektbeginn wurde offenbar noch eine vollständige Anknüpfung an die IFRS erwogen. Vgl. Oestreicher et al. (2008), S. 328; Koch (2010), S. 89; Konrad (2009), S. 253; von der Laage/Reusch (2009), S. 246; Strik/van de Streek (2009), S. 48.

830 Vgl. Kubik/Massoner (2008), S. 138; von der Laage/Reusch (2009), S. 246; Kiekebeld/Smit (2008), S. 321; Mamut (2006), S. 427; Merks (2008), S. 6; Schweizer (2007), S. 15; Ries (2009b), S. 5.

831 So Essers (2008b), S. 371; vgl. auch ders. (2008a), S. 107; ders. (2008c), S. 389; ders. (2010), S. 631; Essers/Russo (2009), S. 31; Mamut/Schlager (2008), S. 83; Ceriani (2008), S. 163; Zornoza/Báez (2008), S. 274 f.; Konrad (2009), S. 253; Jansen (2008), S. 106; Treisch/Müßig (2008), S. 118; Strik/van de Streek (2009), S. 48.
In der Mitteilung KOM (2001) 582 endg. wurde seitens der EU-Kommission erstmals die wichtige und viel beachtete These aufgestellt, IFRS könnten „in gewisser Hinsicht als Ausgangspunkt für die Entwicklung einer gemeinsamen Besteuerungsgrundlage dienen"; diese würden „in gewissem Maße einen nützlichen Bezugspunkt" für die Konzipierung harmonisierter steuerlicher Gewinnermittlungsregeln bilden (vgl. Europäische Kommission [2001], S. 20 f., Zitat auf S. 20; sog. *Starting Point*-These). Deren Bezeichnung als *Ausgangspunkt* indizierte bereits, dass eine Anbindung i. S. einer Maßgeblichkeit nicht beabsichtigt war (vgl. nur Herzig [2009a], S. 1038). Um den potenziellen Nutzen der IFRS im Rahmen der CCCTB zu evaluieren, wurde seitens der EU-Kommission von Februar bis Ende April 2003 eine öffentliche Konsultation durchgeführt (hierzu Neale [2006], S. 369). Auch wenn die

rieller Ausgangspunkt (*starting point*) anerkannt wurden, sollte ihnen im Jahr 2006 mithin nur noch die Funktion eines „Hilfsmittel“ (*tool*[832]) i. S. eines (groben) Orientierungspunktes zukommen.[833] Inzwischen hat sich herausgestellt, dass die Umschreibung der IFRS als Hilfsmittel im Wesentlichen so zu verstehen ist, dass bei den steuertechnischen Fragestellungen in den jeweiligen Unterarbeitsgruppen auf die Vorarbeiten der IFRS abgestellt und evaluiert wird, welche Elemente bei der gemeinsamen konsolidierten Bemessungsgrundlage Verwendung finden könnten. Dies bedeutet, dass verschiedentlich auf die Terminologie und diverse Grundsätze der IFRS rekurriert wird, diese aber jeweils bestimmten Modifikationen unterzogen werden.[834] Dementsprechend lässt der nunmehr vorliegende RL-E punktuelle IFRS-Einflussnahmen erkennen, ohne deren (Rest-) Maßgeblichkeit anzuordnen.[835]

Für Irritationen hat die EU-Kommission nun allerdings insofern gesorgt, als sie in einem jüngeren Arbeitspapier CCCTB/WP057 überraschenderweise betonte, dass „die meisten Unternehmen von Abschlüssen ausgehen würden, die entsprechend einer Anzahl verschiedener nationaler GAAP (...) erstellt wurden“, weshalb zu akzeptieren ist, dass „an den Hauptelementen dieser Abschlüsse eine Anzahl von Anpassungen vorgenommen werden müssten, um den Regelungen und Definitionen zur Berechnung einer einheitlichen Bemessungsgrundlage nachzukommen“. Das europäische Gewinnermittlungsregelwerk soll daher lediglich die Definition der gemeinsamen Bemessungsgrundlage enthalten, nicht jedoch die notwendigen Modifikationen, die erforderlich sind, um zu ebendieser zu gelangen. Mehr noch: „Man muss sich also im Klaren sein, dass die gemeinsame Steuerbemessungsgrundlage unter Bezugnahme auf nationale GAAP ermittelt würde, wenn der Rechtsakt nicht ausdrücklich eine einheitliche Behandlung vorsieht“[836]. Diese Ansicht hat möglicherweise nun auch

eingegangenen Stellungnahmen zeigten, dass das Meinungsbild in dieser Hinsicht geteilt war (vgl. Europäische Kommission [2003b], S. 19; Diemer/Neale [2004], S. 88), hielt die Kommission an ihrer Absicht fest, in dem IFRS-Regelwerk einen geeigneten Ansatzpunkt zur Konzeption gemeinsamer Gewinnermittlungsregeln zu sehen (vgl. auch Fülbier [2006b], S. 229). Allerdings wurde die *Starting point*-These nun dahingehend präzisiert, dass ein IFRS-konformer Abschluss bestenfalls als „Ausgangspunkt für die Ermittlung einer einheitlichen Steuerbemessungsgrundlage“ in Betracht zu ziehen sei, aber „nicht die Bemessungsgrundlage selbst“ bilden könne (EU-Kommission [2003a], S. 3, beide Zitate; dazu auch z. B. Diemer [2004], S. 115). Bekräftigte die EU-Kommission in der Mitteilung KOM (2003) 726 endg. zunächst erneut, die Inbezugnahme der IFRS könne „zur Schaffung einer einheitlichen Steuerbemessungsgrundlage beitragen“ (EU-Kommission [2003b], S. 18; im Original kursiviert), wurde deren Bedeutung durch die Mitteilung KOM (2006) 157 endg. relativiert, indem erklärt wurde, IFRS seien im Rahmen der CCCTB „nur als Hilfsmittel für die Konzipierung der Bemessungsgrundlage“ zu verstehen, da „sie über eine gemeinsame Sprache und einige gemeinsame Definitionen“ verfügten; zugleich wurde herausgestellt, dass „keine direkte förmliche Verknüpfung“ intendiert sei; „die Elemente der internationalen Standards, die für die GKKB nicht geeignet sind, [können] auch nicht in die GKKB übernommen werden“ (EU-Kommission [2006], S. 8, alle Zitate; im Original Fettdruck).

832 Commission of the European Communities (2006), S. 23.

833 Vgl. Norberg (2007), S. 24; Schön (2007c), S. 435; Essers (2008b), S. 371; ders. (2008c), S. 388; ders. (2007), S. 741 f.; Essers/Russo (2009), S. 30 f.; Konrad (2009), S. 253; Treisch/Müßig (2008), S. 118; Patek (2007), S. 242.

834 Vg. Herzig/Lochmann (2006), S. 157 f.; zum Einfluss der IFRS auf die Vorschläge der Unterarbeitsgruppen auch Czakert (2008), S. 436; ders. (2007), S. 196; ders. (2006), S. 562 f.; ferner Koch (2010), S. 89.

835 Vgl. im Detail unten, 5. Kap.

836 Europäische Kommission (2007), S. 5 f. Rz. 9. Vgl. hierzu auch Freedman (2008), S. 82; Aujean (2010), S. 48; Galeano/Rhode (2008), S. 60.

Eingang in Art. 7 RL-E gefunden. Art. 7 RL-E betont, dass eine für die CCCTB optierende Gesellschaft hinsichtlich „alle[r] in dieser Richtlinie geregelten Fragen, sofern nichts anderes bestimmt ist, nicht länger den nationalen Körperschaftsteuerregelungen" unterliegt, was im Umkehrschluss heißen könnte, dass nicht geregelte Rechtsfragen auf Basis der nationalen Regelungen zu lösen sind.[837]

2.3.2 Würdigung

2.3.2.1 Faktisch-induktives Harmonisierungspotenzial der IFRS

Für die Ausgestaltung eines harmonisierten Regelwerks zur steuerlichen Gewinnermittlung sind (mindestens) die folgenden zwei Vorgehensweisen denkbar; entweder sie werden neu entwickelt oder sie setzen auf bestehende auf. Lehnt man die Neukonzeption steuerlicher Gewinnermittlungsnormen wegen zu hoher Errichtungskosten ab, ist zu klären, welches existierende Regelwerk als Ausgangspunkt in Frage kommt. Eine Anbindung an nationale Gewinnermittlungssysteme erscheint (mindestens) aus zwei Gründen problematisch. Erstens wurde gezeigt,[838] dass das Prinzip der gegenseitigen Anerkennung gegenüber einer echten Harmonisierungslösung aus ökonomischer Sicht inferior ist. Zweitens würde das einheitliche Anknüpfen an ein *einziges* nationales Gewinnermittlungssystem Einvernehmen darüber voraussetzen, welchem der derzeit existenten Regelwerke eine solche Vorreiterrolle zuteilwerden könnte.[839] Die Grundsatzentscheidung der EU-Kommission, IFRS bei der Konzipierung harmonisierter steuerlicher Gewinnermittlungsregeln in Bezug zu nehmen, ist daher im Grundsatz stützenswert.[840] Man wird nicht darauf vertrauen können, dass ein real bestehendes lokales Gewinnermittlungssystem in dem Maße ökonomische und rechtliche Überzeugungskraft besäße, dass es sich innerhalb der europäischen Staatengemeinschaft durchgängiger Akzeptanz sicher sein könnte.[841] In realistischer Betrachtung besteht die einzige Chance, eine einheitli-

837 Zur Diskussion vgl. Herzig/Kuhr (2011), S. 2057; Kahle/Schulz (2011c), S. 298.

838 Vgl. oben, 2. Kap. III. 2.2.2.

839 Vgl. Fuest (2008b), S. 19.

840 Vgl. IFRS im Rahmen der CCCTB als Ausgangspunkt eines harmonisierten Gewinnermittlungsregelwerks anerkennend u. a. Spengel/Ernst/Finke (2010), S. 287; Freedman/Macdonald (2008), S. 244; Jacobs (2005), S. 142; Jacobs et al. (2005), S. 415; Herzig (2005a), S. 130; Herzig/Gellrich (2006b), S. 758; Oestreicher et al. (2008), S. 330; Schreiber, U. (1998b), S. 131; Kahle (2006a), S. 1405 ff.; ders. (2006b), S. 93 f.; Mayr (2008a), S. 87; ders. (2010), S. 259; ders. (2011), S. 344 f.; Sigloch (2005a), S. 560 u. 565; Russo (2005), S. 12; Sievert (2006), S. 268; Diemer/Neale (2004), insb. S. 90; Essers (2005), S. 333; ders. (2006), S. 362; ders. (2008b), S. 382 f.; ders. (2008a), S. 107; ders. (2010), S. 633; Baumgärtel (2008), S. 95; Hausen (2009), S. 348; Haverals (2007), S. 70-72; Haarmann (2006), S. S24; Poppe (2008), S. 61 f.; Furuseth (2007), S. 278; Lüdenbach/Hoffmann (2007b), S. 549; Link (2005), S. 266; Prinz (2006b), S. 293 f.; ders. (2006a), S. 571; Mamut (2006), S. 427; Mamut/Schlager (2008), S. 87; Scheunemann (2005), S. 477; Koch (2010), S. 89; Braunagel (2008), S. 209-211; Wendt (2009), S. 113-116; Ceriani (2008), S. 163; Fuest (2008a), S. 734; Giannini (2002), S. 28; Wissenschaftlicher Beirat beim BMF (2007), S. 39-42; Bielen (2008), S. 497; Barenfeld (2007), S. 269; Binnewies (2010), S. 495; Schröer (2004), S. 219; Kußmaul/Niehren/Pfeifer (2010b), S. 268; Mintz (2004), S. 227; Kunz (2011), S. 191; Rückle (2009), S. 41; Böcking/Gros (2007), S. 2342; Malke (2010), S. 193; Hrehorovska (2006), S. 159; Kobetsky (2008), S. 210 f.; Westberg (2002), S. 324; Treisch (2011), S. 150 f.; kritisch: Breithecker/Klapdor/Rokitta (2007); Loukota (2004), S. 301; Patek (2007), S. 242; offen Schanz/Schanz (2009), S. 314 f.; Sauerland (2007), S. 138.

841 Vgl. auch Koch (2010), S. 88 f.

che steuerliche Gewinnermittlung auf europäischer Ebene zu etablieren, darin, sich an die Standards der internationalen Rechnungslegung anzulehnen.[842]

Dass eine steuerliche Anknüpfung an die IFRS freilich nicht gänzlich abwegig ist, hat die obige Skizze der jüngeren Rechtsentwicklung in ausgewählten Mitgliedstaaten gezeigt.[843] Als hilfreich für den Harmonisierungsprozess könnten sich insbesondere die mittelbaren Einflüsse der IFRS herausstellen (*de facto*-Harmonisierung). Die sich in der faktischen Konsensmobilisierung ausdrückende Überlegenheit der IFRS ist in den übergeordneten Vorteilen einer einheitlichen steuerlichen Gewinnermittlung zu sehen.[844] Hält man sich dieses Harmonisierungsziel vor Augen, ist der Verweis auf divergierende Zielsetzungen zwischen den IFRS und der Steuerbilanz – oft pauschal als Konflikt zwischen Informations- und Leistungsfähigkeitsermittlung wiedergegeben[845] – nicht hinreichend, um eine steuerliche Indienstnahme der IFRS pauschal zu negieren.[846] Hoffnungen auf eine faktische Harmonisierung der steuerlichen Gewinnermittlung werden nur insofern getrübt, als die IFRS als „umfangreiche, aufwendige und kasuistisch differenzierende Rechnungslegungsstandards"[847] gelten, die in Ermangelung einer einheitlichen Rechtsprechung mitgliedstaatenübergreifend abweichend ausgelegt werden.[848] Eine Harmonisierung auf Basis der IFRS kann also nur gelingen, wenn bisherige nationale Wertvorstellungen hintangestellt werden.[849]

2.3.2.2 Theoretisch-konzeptionelles Harmonisierungspotenzial der IFRS

Mit der Vorentscheidung zugunsten des IFRS-Regelwerks als induktiver Ausgangspunkt einer gemeinsamen Gewinnermittlungskonzeption ist indessen noch keine Aussage über deren Adäquanz unter dem Gesichtspunkt bestimmter ökonomischer oder rechtlicher Kriterien getroffen, denen eine steuerliche Gewinnermittlung möglichst verpflichtet werden sollte. Um die konzeptionell-theoretische steuerliche Zweckadäquanz der IFRS scheint es der EU-Kommission in ihrem Verständnis der *Starting point*-These nicht in erster Line zu gehen. Allerdings sollte nach hier vertretener Ansicht gleich zu Beginn der CCCTB die Gelegenheit ergriffen werden, diese theoretisch konsistent zu fundieren. In einer rein induktiven Sammlung von Gewinnermittlungsregeln kann auf

842 Vgl. u. a. auch Schön (2008a), S. 73; ders. (2007c), S. 435; ders. (2007a), S. 1075; Esterer (2010), S. 645; Treisch/Müßig (2008), S. 116; Fuchs (2007), S. 92; Frebel (2006), S. 119; Hoffmann (2007), S. III; Lüdenbach/Hoffmann (2007b), S. 549; Oestreicher (2007a), S. 254.

843 Vgl. oben, 2. Kap. II.

844 Vgl. Spengel (2007b), S. 284; Spengel/Oestreicher (2009), S. 778; Spengel (2006b), S. 683; Spengel/Malke (2008), S. 90; Spengel/Ernst/Finke (2010), S. 287; Kußmaul/Niehren/Pfeifer (2010b), S. 268; Jacobs (2011), S. 242 f.

845 Kritisch Oestreicher/Spengel (2001), S. 893.

846 Vgl. Spengel (2004b), S. 137 f.

847 Kahle (2006b), S. 94.

848 Vgl. Hennrichs (2011c), S. 1068. Zu nationalen Abweichungen am Beispiel des IAS 38 vgl. von Keitz (2007), S. 321 ff.; zur Auslegung von IFRS (*endorsed*) allgemein auch Hauck/Prinz (2005), S. 635 ff.; Schön (2004c), S. 763 ff.

849 Vgl. Kahle (2006a), S. 1407; ders. (2006b), S. 94; Kahle/Dahlke/Schulz (2007), S. 12; dies. (2008a), S. 520; dies. (2008b), S. 279.

lange Sicht kein Vorteil erkannt werden. Es dürfte als ausdiskutiert gelten, dass eine direkte steuerliche Anknüpfung an die IFRS aus verschiedenen materiellen und formellen Gründen nicht in Betracht kommt; diese Ansicht wird über alle Mitgliedstaaten hinweg vertreten.[850]

Es erscheint vielmehr erstrebenswert, im Rahmen einer steuerlichen Gewinnermittlungsrichtlinie[851] ein eigenständiges und inhaltlich abschließendes steuerliches Gewinnermittlungsrecht zu schaffen (Trennungs- oder Abkopplungsmodell[852]), indem „grundlegende internationale Standards, die steuerlich geeignet sind, in die gemeinsame Bemessungsgrundlage aufgenommen werden. Internationale Rechnungslegungsgrundsätze sind dann ein Mittel zum Zweck der Schaffung eines in der Union einheitlichen Rechts der steuerlichen Gewinnermittlung. Danach benötigt man sie nicht mehr“[853]. Autarke steuerliche Gewinnermittlungsnormen müssten in zwei Fällen formuliert werden: zum einen, wenn die IFRS bestimmten steuerlichen Zweckanforderungen entgegenstehen; zum anderen, wenn spezielle steuerliche Fragestellungen im IFRS-Normengefüge nicht adressiert werden.[854] Im Ergebnis sollte die Gewinnermittlungsrichtlinie weder einen Verweis auf die IFRS noch auf das nationale Gewinnermittlungsrecht enthalten.[855] Eine permanente Evaluation, wie sie bei einem (partiellen) Verweis auf die als änderungsanfällig[856] geltenden IFRS erforderlich wäre, ließe sich dadurch vermeiden.[857] Eine Fortentwicklung der CCCTB ist dadurch nicht ausgeschlossen; man begibt sich jedoch nicht in die Abhängigkeit des Standardsetzers.

Das Vorgehen der Kommissionsarbeitsgruppen, „den IAS/IFRS lediglich die Fachterminologie zu entnehmen und in der Sache zu vielfach abweichenden Lösungen zu gelangen“, könnte zwar die Mitgliedstaaten darin bestärken, ihre eigene Gewinnermittlungstradition zu bewahren, was von Teilen der Literatur als Kritikpunkt gewertet wird.[858] Indessen erscheint ein Abweichen von den IFRS

---

850 Gegen eine unmittelbare IFRS-Maßgeblichkeit im Rahmen der CCCTB vgl. u. a. Kahle (2006a), S. 1406; Spengel (2006a), S. 28; Dahlke/Kahle (2009), S. 231; Herzig (2006b), S. 160; Rautenstrauch (2009), S. 116; Patek (2007), S. 242; Oestreicher (2007b), S. 576; Ries (2009b), S. 5; Krawitz/Karthaus (2008), S. 347; Mamut (2006), S. 427; Watrin (2010), S. 499; Fuchs (2007), S. 92; Mintz (2008), S. 131; Koch (2010), S. 89; Axer (2008), S. 16 f.; Aujean (2010), S. 48; Staringer (2010), S. 446; Mayr (2011), S. 344 f.; Haverals (2007), S. 72.

851 Zur Vorteilhaftigkeit einer Richtlinie (Art. 115 AEUV) als Rechtsgrundlage gegenüber einer (Gewinnermittlungs-) Verordnung vgl. Spengel (2007b), S. 284; ders. (2006c), S. 129; ders. (2004a), S. 111 u. S. 115; ders. (2004d), S. 148; Jacobs (2011), S. 243. Zur Abgrenzung dieser beiden Rechtsakte vgl. Schön (2006), S. 13.

852 Vgl. Herzig/Bär (2003), S. 5 f.; Sievert (2006), S. 268; Treisch/Müßig (2008), S. 110.

853 Schreiber, U. (2004), S. 225; vgl. auch Kahle (2006a), S. 1406; ders. (2006b), S. 93 f.; Rautenstrauch (2009), S. 116; Endres/Günkel (2006), S. S15.

854 Dies betrifft insb. die Problembereiche der Vermeidung der Doppelbesteuerung von in- und ausländischen Beteiligungserträgen, die Besteuerung von Veräußerungserfolgen sowie die Verlustverrechnung; vgl. Jacobs (2011), S. 243; Spengel/Ernst/Finke (2010), S. 286; Spengel/Oestreicher (2009), S. 779; Krawitz/Karthaus (2008), S. 347.

855 Vgl. Spengel/Malke (2008), S. 91; Barenfeld (2007), S. 260.

856 Vgl. Haaker (2010), S. 666.

857 Der einer solchen Vorgehensweise entgegengebrachte Einwand, es sei nicht hinreichend, die steuerliche Eignung einzelner IFRS in den Blick zu nehmen, über die Übernahmetauglichkeit gebe vielmehr nur das (künftige) übergeordnete bilanztheoretische Leitbild Aufschluss (vgl. Fülbier [2006b], S. 228 ff.; ders. [2006a], S. 237 ff.; Fülbier/Gassen [1999], S. 1512; Link [2005], S. 256), leuchtet zwar ein, jedoch wird man für Zwecke der CCCTB um eine initiale Prüfung einzelner internationaler Rechnungslegungsstandards nicht umhinkommen, sofern man zumindest eine selektive Anknüpfung befürwortet (so auch Fülbier [2006a], S. 253, der zutreffend eine Beweislastumkehr fordert, wonach jeder einzelne Standard unter dem Verdacht der Übernahmeuntauglichkeit steht, solange nicht das Gegenteil belegt ist).

858 So Schön (2007c), S. 435 (auch Zitat); vgl. auch ders. (2007a), S. 1076.

aus theoretisch-deduktiver Perspektive nicht *per se* schädlich; vielmehr sollte sich die Auswahl der Gewinnermittlungsnormen „im Wettbewerb der nationalen Gewinnermittlungssysteme vollziehen, indem die besten Lösungen aus allen Systemen in die gemeinsame Bemessungsgrundlage einfließen. Dies mag es den Mitgliedstaaten erleichtern, einer derartigen Harmonisierungsmaßnahme zuzustimmen“[859].

Auch sollte die neuerliche Inbezugnahme der nationalen GAAP seitens der EU-Kommission entgegen einer Literaturmeinung nicht als pauschaler „change of approach from IFRS towards national GAAP“[860] gewertet werden. Hierbei ist vielmehr zwischen Ermittlungs- und Regelungsebene zu differenzieren.[861] Ein Verweis auf nationale GAAP geht mit keinen materiellen Konsequenzen einher, wenn diese nur als technischer Ausgangspunkt fungieren sollen und durch bestimmte Maßnahmen an die harmonisierte Bemessungsgrundlage angepasst werden (Ermittlungsebene). Kritischer hingegen erscheint, sämtliche von der Gewinnermittlungsrichtlinie nicht geregelten Bilanzierungseinzelfragen unter Rückgriff auf nationale GAAP konkretisieren zu wollen (Regelungsebene).[862] Konsequenz wäre, dass lokale und damit abweichende Einflüsse virulent werden, was dem übergeordneten Harmonisierungsanliegen evident entgegensteht.[863] Die Idee eines gemeinsamen Ausgangspunkts wäre *ad absurdum* geführt.[864]

IV. Zwischenfazit

Das europäische Ertragsteuerrecht ist reformbedürftig und verlangt (mindestens) eine Harmonisierung der steuerlichen Gewinnermittlung (CCTB). Auch wenn eine Harmonisierungslösung nicht frei von Kritik ist, erscheint sie dem Prinzip der gegenseitigen Anerkennung überlegen, da sie ökonomische Verwerfungen infolge des *tax base shopping* vermeidet. IFRS als Ausgangspunkt (*starting point*) oder wenigstens Hilfsmittel (*tool*) zur Ausgestaltung einer harmonisierten Gewinn-

859 Dies betont völlig zu Recht Hey (2007), S. 311; vgl. auch dies. (2004), S. 205.

860 So aber ausdrücklich Mosquera Valderrama (2008), S. 359 ff; wohl auch Cline et al. (2011), S. 48; von der Laage/Reusch (2009), S. 246; von Brocke (2008), S. 929 f.; Eicker (2008), S. 53; Aujean (2010), S. 47.

861 Vgl. Herzig (2006b), S. 159 f.; ders. (2006c), S. 81 f.; ders. (2006a), S. 272 f.; ders. (2007), S. 36 f.

862 Dabei ist schon nicht ersichtlich, warum auf nationale GAAP, d. h. handelsrechtliche und nicht steuerrechtliche Gewinnermittlungsprinzipien abgestellt werden soll; vgl. kritisch Freedman/Macdonald (2008), S. 225; Aujean (2010), S. 47. Auch ein unreflektierter Rekurs auf die IFRS zur Konkretisierung und Lückenschließung erscheint fragwürdig, denn dann könnte man gleich für eine isomorphe Übernahme des IFRS-Regelwerks plädieren, zumal die IFRS in einigen speziellen Fragestellungen selbst keine befriedigenden Antworten geben. Vgl. daher mit Recht kritisch Herzig/Kuhr (2011), S. 2057.

863 Vgl. Axer (2008), S. 17; ähnlich Cline et al. (2011), S. 48 („It is inevitable that every state participating in the CCCTB would, to a greater or lesser degree, interpret or implement the rules differently or where there are no explicit rules fill in the gaps differently“). Dieses Rückgriffsproblem würde sich noch verstärken, wenn anstelle einer CCCTB nur eine CCTB eingeführt werden sollte. Da eine abweichende Auslegung bzw. Lückenschließung der Gewinnermittlungsregeln in Ermangelung einer anschließenden Konsolidierung und Gewinnaufteilung ohne Auswirkunge auf den zugewiesenen Gewinnanteil bliebe, würde der „faktische Druck zur Einheitlichkeit“ (Lenz/Rautenstrauch [2011], S. 730) entfallen.

864 Das tatsächliche Ausmaß der jeweiligen Abweichungen hängt davon ab, wie stark sich nationale GAAP von den harmonisierten Einzelvorschriften unterscheiden; vgl. Cline et al. (2011), S. 48.

ermittlung zu wählen, erscheint unter induktiven Gesichtspunkten zunächst ebenso naheliegend wie sachgerecht.

Gleichwohl ist es nicht hinreichend, IFRS nur anhand ihres faktischen Konsenspotenzials (erste Wertungsdimension) zu beurteilen; sie sind vielmehr an bestimmten theoretischen Grundanforderungen zu messen (zweite Wertungsdimension). Im Idealfall sollten ausgewählte Einzelstandards beide Anforderungen erfüllen. Welchem der beiden Dimensionen im Konfliktfall Vorrang eingeräumt werden sollte, ist nur durch eine Wertung zu entscheiden. Die Bedeutung der IFRS hat im Verlauf des CCCTB-Projekts merklich abgenommen.

Ein Rekurs auf nationale Rechtsanschauungen und Gepflogenheiten im Fall von (unvermeidbaren) Regelungslücken und Interpretationsfragen des RL-E konfligiert mit dem erstrebenswerten Harmonisierungsziel und ist abzulehnen. Vielmehr sollte ein möglichst geschlossenes Gewinnermittlungssystem geschaffen werden, das aus sich heraus ausgelegt wird.

3. Kapitel: Reform und Harmonisierung der steuerlichen Gewinnermittlung auf Basis einer vereinfachten Vermögensrechnung

I. Deduktion steuerlicher Gewinnermittlungsregeln

1 Zur Problematik einer prinzipienbasierten steuerlichen Gewinnermittlung

1.1 Zielpluralismus

Das kardinale Problem einer europäischen steuerlichen Gewinnermittlungsharmonisierung liegt in der Festlegung eines Einkommensbegriffs i. S. eines geschlossenen theoretischen Konzepts.[865] Nach einer bekannten Sentenz ist Gewinn „kein in der Realität zu beobachtender Sachverhalt. Vielmehr handelt es sich um eine im Hinblick auf den Ermittlungszweck konstruierte Größe“[866]. Es muss Klarheit erlangt werden, welchen Zielsetzungen ein paneuropäisches Regelwerk verpflichtet werden sollte. Diese Zielsetzungen haben sich dabei in die jeweilige Wirtschaftsordnung einzufügen. Konsensfähig erscheint es zunächst, mit *Schneider* von einer Wettbewerbsordnung unter Regeln gerechten Verhaltens auszugehen.[867] Dass es bei der Konzeption einer steuerlichen Gewinnermittlung nicht um eine bloße Einnahmenbeschaffung gehen kann, steht außer Streit.[868] Aus den gewählten Zielsetzungen sind sodann steuerliche Einzelnormen der Gewinnermittlung zu deduzieren.[869] Nur anhand eines so errichteten Referenzrahmens ist die Übernahmetauglichkeit der IFRS oder nationaler Gewinnermittlungsregeln aus konzeptionell-theoretischer Perspektive zu würdigen,[870] will man sich nicht mit einer induktiven Normensammlung zufrieden geben.

Der persistente Dissens,[871] welchen Leitbildern eine steuerliche Gewinnermittlung (*de lege ferenda*) verpflichtet werden sollte, könnte sich im Kontext der CCCTB noch dadurch verschärfen, dass unterschiedliche nationale Zielvorstellungen aufeinandertreffen. Aus der Fülle der in der internationa-

---

865 Vgl. Kellersmann/Treisch (2002), S. 292; Fuest (2009), S. 113.

866 Schreiber, U. (2002), S. 109. Prägnant auch Ballwieser (2001), S. 161: „Es gibt keinen richtigen Gewinn. Er ist lediglich ein Konstrukt mit wünschenswerten Eigenschaften“. Vgl. auch ders. (2005), S. 730 f.; Hennrichs (2001), S. 309; Küting (2006), S. 1449; ders. (2007), S. 235; Nientimp (2003), S. 12; Hettich (2007), S. 8; Schulemann (2008), S. 83.

867 Vgl. Schneider (1999b), S. 2.

868 Vgl. nur Bareis (2004), S. 3.

869 Dass eine Deduktion von steuerlichen Einzelnormen *de lege ferenda* schlechthin fehlgehen muss, versucht *Schmiel* darzulegen. Die mangelnde Deduktionstauglichkeit bestimmter steuerlicher Zielsetzungen gelte sowohl für die von *Schmiel* abgelehnte Investitionsneutralität als auch die von ihr vertretenen „Leitlinien“ („Relevanz von Liquiditätsproblemen“, „Vorteilhaftigkeit von Marktentscheidungen“, „Förderung der Variationsfähigkeit“, „Gleichmäßigkeit der Besteuerung“). Vgl. Schmiel (2008), 2008), S. 333 ff.; zustimmend offenbar Ballwieser (2011), S. 583. *Schmiel* begibt sich bei ihrer Kritik allerdings in einen argumentativen Widerspruch, wenn sie zunächst feststellt, dass das Investitionsneutralitätspostulat aufgrund seiner unrealistischen Prämissen keine Deduktionsbasis sein könne, sodann aber konzediert, dass sich aus den vorgenannten Leitlinien *„anders als aus der Leitlinie Investitionsneutralität* keine Gewinnermittlungskonzeption im strengen Sinne deduzieren lässt“ (Schmiel [2008], S. 346; keine Kursivierung im Original).

870 Vgl. Jacobs (2005), S. 142.

871 Zum Streitstand in der deutschsprachigen betriebswirtschaftlichen Steuerlehre vgl. Schneeloch (2011), insb. S. 247-249.

len Literatur vorgetragenen steuerlichen Zielsetzungen (Zielpluralismus) lassen sich zunächst die beiden zentralen Postulate der Entscheidungsneutralität sowie der Gleichmäßigkeit der Besteuerung isolieren (Zieldualismus).[872] Folglich sollte eine steuerliche Gewinnermittlung „möglichst geringe allokative Verzerrungen auslösen und eine gleichmäßige Belastung der Steuerpflichtigen garantieren“[873]. Auch über die Mitgliedstaaten hinweg wird die (theoretische) Güte eines steuerlichen Gewinnermittlungssystems i. d. R. nach dessen Entscheidungs- und Verteilungswirkungen beurteilt.[874] Dass steuerliche Gewinnermittlungsregeln weiteren formellen und materiellen (Rahmen-) Grundsätzen genügen sollten, steht völlig außer Streit; es erscheint daher nicht notwendig, diese im Folgenden erneut zu erörtern.[875]

1.2 Ökonomische versus konstitutive Ziele der Besteuerung?

Dass bei der Konzipierung einer harmonisierten steuerlichen Gewinnermittlung *de lege ferenda* auch genuin verfassungsrechtliche Kriterien (sog. systemtragende Prinzipien[876]) zu respektieren sind, erscheint nach hier geteilter Ansicht kaum zweifelhaft. Denn als Element des Steuerrechts sind die Regelungen über eine steuerliche Gewinnermittlung zwingend „in den allgemeinen verfassungsrechtlichen Kontext eingebettet“; ökonomisch fundierte Entwürfe einer steuerlichen Gewinnermittlung *de lege ferenda* müssen sich damit stets auch (verfassungs-) rechtlich bewähren.[877] „Das bedeutet nicht, daß die einzelnen Normen des Bilanzsteuerrechts unmittelbar aus der Verfassung abgeleitet werden können; diese Normen müssen aber mit der Verfassung vereinbar sein“[878]. Zudem muss ein paneuropäisches Gewinnermittlungsregelwerk zwingend die Anweisungen des Gemeinschaftsrechts, die sich „den körperschaftsteuerlichen EU-Richtlinien, der EuGH-Rechtsprechung und auch den Mitteilungen der Europäischen Kommission entnehmen lassen“, respektieren.[879] Fraglich bleibt allein, welche konkreten Einzelvorgaben für die Ausgestaltung steuerlicher Gewinnermittlungsregeln aus diesen Rahmenbedingungen gewonnen werden können.

Der nicht nur in der deutschsprachigen Literatur gängigen Kategorisierung der steuerlichen Zielsetzung in ökonomische Kriterien einerseits und verfassungsrechtliche Kriterien andererseits soll hier nicht gefolgt werden. So wird Entscheidungsneutralität der Besteuerung oft einer ökonomischen Sichtweise, Gleichmäßigkeit der Besteuerung (Leistungsfähigkeitsprinzip) einer (verfassungs-)

---

872 Vgl. etwa Shaviro (2009), S. 430 f.

873 Schreiber, U. (2000), S. 91; vgl. auch Schreiber, U./Stellpflug (1999), S. 186; Nguyen-Thanh/Rose/Thalmeier (2003), S. 169; Treisch (2001), S. 308.

874 Vgl. treffend Andersson (2007a), S. 100, der von einem fundamentalen „equity-efficiency trade off“ spricht. Vgl. auch ders. (2007b), S. 376; ferner auch Déak (2006), S. 281.

875 Vgl. hierzu nur Herzig (2004a), S. 24-26. *Herzig* unterscheidet zwischen formellen Rahmengrundsätzen (Grundsätze der Klarheit sowie der formellen Stetigkeit) sowie materiellen Rahmengrundsätzen (Grundsätze der Wahrheit, Vollständigkeit, Wesentlichkeit, materiellen Stetigkeit, Nominalwertprinzip sowie *Going-Concern*-Prinzip).

876 Vgl. statt vieler Lang, J. (2010), § 4 Rz. 70 ff.; Herzig (2004a), S. 15-22.

877 Vgl. Herzig (2004c), S. 188 (auch Zitat); ders. (2004b), S. 85; Herzig/Bär (2003), S. 6; Hennrichs (2001), S. 307 f.; Schreiber, U. (1996), S. 104; Köhrle (2010), S. 102; Pottgießer (2006), S. 208; Wehrheim/Lenz (2005), S. 460; Herlinghaus (2005), S. 1192; Schlotter (2007), S. 951 ff.; Kunz (2011), S. 192.

878 Weber-Grellet (1999b), S. 315.

879 Vgl. Rautenstrauch (2009), S. 116 (auch Zitat); Hey (2008a), S. 97.

rechtlichen Sichtweise zugeschlagen.[880] In dieser Zweiteilung reflektiert sich offenbar die überkommene Grundansicht, wonach die betriebswirtschaftliche Steuerlehre „in ihrer normativen Ausrichtung insbesondere effizienzorientiert" sei, wohingegen die (Steuer-) Rechtswissenschaft „ganz anders" vorgehe, indem sie „in ihrer ebenfalls normativen Ausprägung stärker mit vermeintlichen übergeordneten gesellschaftlichen Grundwerten wie Gerechtigkeit, Fairness oder Solidarität" argumentiere.[881] Eingedenk der zunehmenden Interdisziplinarität[882] erscheint dieser Schnitt zu scharf; es sollte vielmehr versucht werden, Entscheidungsneutralität und Gleichmäßigkeit der Besteuerung sowohl ökonomisch als auch (verfassungs-) rechtlich zu motivieren, d. h. neben einer ökonomischen Sichtweise (möglichst) auch eine ökonomische Analyse der rechtlichen Sichtweise zu unternehmen.

1.3 Ökonomische Irrelevanz einer Prinzipienorientierung im Rahmen der steuerlichen Gewinnermittlung?

In der deutschsprachigen steuerbetriebswirtschaftlichen Literatur ist behauptet worden, eine Ausrichtung der steuerlichen Gewinnermittlung *de lege ferenda* an bestimmten Grundsätzen sei aus ökonomischer Sicht ohne Relevanz. So will insbesondere *F. W. Wagner* zu den *prinzipienbasierten* bzw. *wertungsbasierten* Ansätzen – in Abgrenzung zu den von ihm favorisierten *wirkungsbasierten* Ansätzen – jene zählen, die unter Rekurs auf verfassungsrechtliche Vorgaben, Prinzipien und Grundsätze untersuchen, ob und inwieweit handelsrechtliche Periodisierungsregeln wünschenswert gehaltene Lösungen für Ansatz- und Bewertungsprobleme einer steuerlichen Gewinnermittlung *de lege ferenda* bereitstellen. Zu diesen Grundsätzen werden explizit Leistungsfähigkeit, Gleichmäßigkeit, Übermaßverbot und Rechtssicherheit gezählt.[883] Da diese nicht explizit als Argument der Zielfunktion der Steuerpflichtigen (Kapitalwertkriterium) eingehen, d. h. keinen Einfluss auf den Steuerbarwert nehmen und somit das Entscheidungsverhalten des Steuerpflichtigen unberührt lassen, sind sie aus dieser Sichtweise ohne ökonomische Relevanz. Mit derselben Begründung wird eine Indifferenz der Steuerpflichtigen gegenüber tradierten deutschen Bilanzierungsprinzipien postuliert; dies gelte ausdrücklich mit Blick auf das Vorsichtsprinzip, Imparitätsprinzip, Realisationsprinzip und Prinzip der Periodengerechtigkeit.[884]

Diese Kritik kann hier nicht mitgetragen werden;[885] eine Ausrichtung an bestimmten Grundprinzipien erscheint ökonomisch keineswegs irrelevant. Indem die Beachtung steuerlicher Grundsätze

880 Vgl. z. B. Haustein (2007), S. 32-45; Herlinghaus (2005), S. 1192.

881 So ausdrücklich Fülbier (2005), S. 20 (alle Zitate).

882 Vgl. Bareis (1989), S. 1 ff.; Siegel (2009b), S. 177.

883 Zur Fundamentalkritik an wertungsbasierten Reformentwürfen und der Abgrenzung gegenüber wirkungsbasierten Reformentwürfen vgl. Wagner, F. W. (2004), S. 237 ff.; ders. (2005c), S. 611 ff.; ders. (2008), S. 97 ff.; ders. (2010a), S. 25 ff.

884 Vgl. Wagner, F. W. (2002c), S. 1889.

885 Mit Recht gegen diesen (unnötig) scharfen Schnitt zwischen Wirkungs- und Wertungsbasierung vgl. Siegel (2009b), S. 175 ff.; Schneider (2000c), S. 423; Schmiel (2009b), S. 1193 ff.

eine gewisse Regelhaftigkeit der steuerlichen Gewinnermittlung impliziert, tragen sie vielmehr dazu bei, die Unsicherheit über die zukünftigen Konsequenzen gegenwärtiger Entscheidungen zu vermindern. Diese ökonomisch mithin wichtige Beständigkeit der Bemessungsgrundlagenermittlung, die im Übrigen immer stärker als Standortfaktor wahrgenommen wird,[886] ist nur zu gewährleisten, wenn sie an bestimmten, im Vorhinein festgelegten Grundprinzipien ausgerichtet wird.[887] In diesem Sinne schützt eine so verstandene Prinzipienhaftigkeit der steuerlichen Gewinnermittlung vor gezielten, intervenierenden Eingriffen in die marktwirtschaftliche Ordnung und kommt so dem ökonomischen Leitbild der Entscheidungsneutralität nahe.[888] Denn ein „kasuistisch aufgebautes Gewinnermittlungsrecht wäre ungleich anfälliger für fiskalisch motivierte Änderungen, aber auch für schnelle Überreaktionen auf aktuelle Ereignisse, wie Bilanzskandale oder konjunkturelle Erscheinungen“[889]. Zudem dürfte nicht zu bestreiten sein, dass eine steuerliche Gewinnermittlung nur dann konsistent fortentwickelt werden kann, wenn sie auf bestimmten Grundsätzen aufbaut.[890] So gesehen ist einer prinzipienorientierten Ausformung und Konkretisierung der steuerlichen Gewinnermittlung eine erhebliche ökonomische Relevanz beizumessen; sie leistet zudem einen wichtigen Beitrag zur Erhaltung des Rechtsfriedens.

1.4 Harmonisierungsgefährdung durch Prinzipienorientierung?

Ferner findet sich vereinzelt die These, es sei „in keinem anderen Staat der Welt üblich, Steuernormen aus einer Verfassung deduzieren zu wollen“[891]. Auch dieser Ansicht ist zu widersprechen, wenn hiermit die mangelnde Akzeptanz des Gleichmäßigkeits- bzw. Leistungsfähigkeitspostulat (Art. 3 GG) und weiterer systemtragender Prinzipien im europäischen Harmonisierungsprozess nahegelegt werden soll. Auch wenn die Bedeutung steuerlicher Fundamentalprinzipien, wie der Steuergerechtigkeit, in den Mitgliedstaaten durchaus differieren mag,[892] kann eine wertungsbasierte, Gerechtigkeitsfragen einschließende Diskussion schwerlich als ein rein „deutsches Phänomen“[893] aufgefasst werden.

Diese (Gegen-) Einschätzung gestattet insbesondere eine unvoreingenommene Durchsicht der steuerbetriebswirtschaftlichen Literatur des Vereinigten Königreichs, die das Gleichmäßigkeits- bzw. Leistungsfähigkeitsgebot als Anforderung einer steuerlichen Gewinnermittlung *de lege ferenda* trotz des Umstandes betont,[894] dass das Vereinigte Königreich über keine geschriebene Verfassung verfügt.[895] Insofern kann das Gleichmäßigkeitspostulat kaum als ein verfassungsseitig aufoktroyiertes Postulat bezichtigt werden. Die Diskussion in den weiteren hier betrachteten Mitgliedstaaten

886 Vgl. Hey (2004), S. 208.
887 So auch Wagner, F. W. (2000b), S. 187 f.
888 Vgl. Schreiber, U. (2009b), S. 424-426.
889 Wendt (2007), S. 195.
890 Vgl. Herzig/Lochmann (2006), S. 148.
891 So Wagner, F. W. (2005d), S. 621.
892 Vgl. Hey (2004), S. 205.
893 Fülbier (2006b), S. 234.
894 Vgl. James/Nobes (2008), S. 77 ff.
895 Vgl. Bourgeois (2005), S. 87 f.; Fehling (2007), S. 61 f.

bekräftigt den Eindruck, dass bestimmten steuerlichen Fundamentalprinzipien ein hoher Stellenwert eingeräumt wird.[896] Es erscheint im Gegenteil doch eher zweifelhaft, dass die ökonomische Effizienz „weltweit“[897] die Geltung eines Primärziels der steuerlichen Gewinnermittlung beanspruchen kann, zumal dieses Postulat nicht durchweg i. S. d. wirkungsorientierten Zweigs der deutschen betriebswirtschaftlichen Steuerlehre konkretisiert wird. Ein monistisch[898] und damit auch gewissermaßen einseitig an ökonomischen Effizienzzielen ausgerichteter Problemzugriff dürfte einer gemeinschaftsweiten Lösungsfindung wenig zuträglich sein. Vielmehr dürfte der einzige Weg, europaweit einheitliche geltende Normen zu schaffen, darin liegen, eine steuerliche Gewinnermittlung *de lege ferenda* prinzipienbasiert zu entfalten.[899] „Die große Kluft zwischen den beiden großen Rechtstraditionen in Europa, nämlich dem romanischen System der abstrakt generellen Norm und dem angloamerikanischen Case Law, wird sich am besten dadurch überbrücken lassen, dass man sich auf bestimmte in beiden Systemen beachtete Prinzipien besinnt und auf diesen aufbaut“[900]. Zu konzedieren bleibt lediglich, dass auch „gemeinsame, international gültige Prinzipien zu ganz unterschiedlichen Regelungen führen“[901] könnten und einer näheren Diskussion bedürfen.

1.5 Unzureichende Prinzipiendiskussion seitens der EU-Kommission

Vor diesem Hintergrund bleibt es unerfindlich, weshalb sich die EU-Kommission einer Prinzipiendiskussion im bisherigen Projektverlauf weitgehend versperrt hat,[902] sieht man von der flüchtigen und unsystematischen Diskussion einzelner Gewinnermittlungsgrundsätze (i. w. S.) im Kommissionsarbeitspapier WP\001[903] ab. Die Kommission ist der Ansicht, dass eine Verständigung auf steuerliche Grundprinzipien eine schnelle und pragmatische Findung von Sachlösungen zwischen den Mitgliedstaaten behindert. Diese Auffassung ist aus mehreren Gründen kritisch zu sehen. So erscheint die Auswahl der in diesem Arbeitspapier genannten Prinzipien (u. a. Äquivalenzprinzip) unglücklich, da diese für die steuerliche Gewinnermittlung i. e. S. tatsächlich nur mittelbar relevant sind. Indessen erscheint eine Verständigung auf die – im WP\001 allerdings nur beiläufig genannten – Postulate der Entscheidungsneutralität und Gleichmäßigkeit der Besteuerung zwischen dem Mitgliedstaaten durchaus vorstellbar.

---

896 Mit Blick auf die CCCTB vgl. insb. Andersson (2007a), S. 100: „Any design of tax base must of course be based on sound tax principles“. Vgl. auch ders. (2008a), S. 95 f.; für eine Prinzipienfundierung im Rahmen der CCCTB auch Freedman/Macdonald (2008), S. 31 ff.; Bielen (2008), S. 484-489; Gammie/Giannini (2005), S. 10 ff.; für weitere Quellen (außerhalb der CCCTB-Diskussion) Fülbier (2006a), S. 109.

897 So Wagner, F. W. (2008), S. 99, allerdings ohne hinreichenden Quellenbeleg; hierauf weist Siegel (2009b), S. 177 Fn. 46 kritisch hin.

898 Gewinnermittlungskonzepte, die sowohl Steuerwirkungen als auch (verfassungsrechtliche) Grundprinzipien zu vereinen versuchen, bezeichnet *F. W. Wagner* als widersprüchlich, denn „[m]an [könne] nicht gleichzeitig beides wollen: dem Steuerbarwert innerhalb von Steuerwirkungen Bedeutung zumessen und für steuerliche Ideale eintreten, die kategorial ohne Bezug auf Steuerbarwerte definiert sind“; so Wagner, F. W. (2005d), S. 621; vgl. auch ders. (2004), S. 248.

899 Vgl. Wendt (2007), S. 195; Dahlke (2011), S. 146 f.

900 Wendt (2007), S. 195; vgl. auch Hey (2005), S. 326.

901 Vgl. Lang, J. (2000), S. 126 (auch Zitat).

902 Vgl. Krawitz/Karthaus (2008), S. 347.

903 Vgl. Europäische Kommission (2004); kritisch hierzu mit Recht Marx (2011b), S. 549.

Die Herangehensweise der Unterarbeitsgruppen, „zunächst den größten gemeinsamen Nenner zu suchen", ohne die dabei gefundenen Vorschriften an bestimmten steuerlichen Vorgaben zu spiegeln, „unterscheidet sich von einer – aus wissenschaftlicher Sicht zu fordernden – umfassenden und prinzipienbasierten Deduktion von Gewinnermittlungsregeln"[904]. Das Ergebnis ist ein Konglomerat unsystematischer Normen, nicht aber ein „geschlossenes System"[905]. Eine konsistente Auslegungsbasis fehlt. Eine induktive (empirische) Gewinnung von steuerlichen Gewinnermittlungsnormen i. S. eines solchen *best practice approach* kann daher auf lange Sicht nicht überzeugen.[906] Die Erkenntnisse der ökonomischen und juristischen Steuerforschung sollte die EU-Kommission nicht gänzlich ignorieren.

Wie defizitär diese akzeptanzorientierte Vorgehensweise[907] ist, zeigt in aller Schärfe der neuerliche Vorstoß der EU-Kommission, im Fall von Regelungslücken und Auslegungsfragen i. S. einer *ultima ratio* auf die nationalen Gewinnermittlungsregelwerke der partizipierenden Mitgliedstaaten abstellen zu wollen. Von harmonisierten Gewinnermittlungsregeln könnte bei dieser Vorgehensweise offenkundig keine Rede mehr sein, weil das Regelwerk in national abweichende Rechtsansichten zersplittern würde. Bei einem kohärenten und prinzipienbasierten Regelwerk würde sich die Notwendigkeit eines Rückgriffs auf nationale Normen nicht, aber zumindest nicht in dieser Breite stellen. Schließlich ist zu bedenken, dass eine supranationale Rechtsprechung aus den zu entscheidenden Sachregelungen der CCCTB implizit Wertungen herauszulesen versuchen wird. Dass es auf diese Weise doch zu einer (nachträglichen) Prinzipienfundierung kommt, ist nicht zu vermeiden.

Im Schrifttum wird die Prinzipienaversion der EU-Kommission mit den Argumenten zu rechtfertigen versucht, dass auch im deutschen Steuerrecht „weder systemtragende Prinzipen des Steuerrechts noch ökonomische Grundanforderungen" kodifiziert seien und die EU-Kommission primär die Einfachheit und Transparenz der steuerlichen Gewinnermittlung als übergeordnete Zielsetzungen anerkenne.[908] Diese Ansicht kann aus zweierlei Gründen nicht ganz überzeugen: Erstens dürfte dem geltenden deutschen Ertragsteuerrecht aufgrund seiner unbestrittenen Reformbedürftigkeit kaum Vorbildcharakter für eine Harmonisierung der steuerlichen Gewinnermittlung eingeräumt werden. Zweitens fällt es schwer, in der Einfachheit und Transparenz einen ökonomischen Selbstzweck zu erblicken; beide stehen nach hier vertretener Ansicht im Dienst der nachfolgend zu diskutierenden Entscheidungsneutralität sowie Gleichmäßigkeit der Besteuerung.

---

904 So Marx (2007), S. 885 (beide Zitate); vgl. auch ders. (2011c), S. 1004; ders. (2011b), S. 549.
905 Scheffler/Krebs (2011), S. 16*.
906 Vgl. allgemein kritisch Schneider (2010a), S. 716 (ohne direkte Bezugnahme auf die CCCTB).
907 Vgl. zum Begriff Patek (2007), S. 234.
908 Vgl. Herzig/Kuhr (2011), S. 2056 f. (Zitat auf S. 2057).

2 Entscheidungsneutralität der Besteuerung

2.1 Kernaussagen des Neutralitätspostulats aus ökonomischer, verfassungs- und europarechtlicher Perspektive

Aus ökonomischer Sicht sollte die Neugestaltung der (harmonisierten) steuerlichen Gewinnermittlung vor allem darauf ausgerichtet sein, ökonomisch schädliche Entscheidungsverzerrungen zu vermeiden oder doch wenigstens zu reduzieren.[909] In der betriebswirtschaftlichen Steuerlehre nimmt die Analyse der Wirkungen des Steuerrechts und mithin der steuerlichen Gewinnermittlung ihren Ausgangspunkt in den Individualkalkülen der Steuerpflichtigen hinsichtlich der Wahl zwischen alternativen Handlungsmöglichkeiten in einer konkreten Entscheidungssituation.[910] Versteht man die durch die gewählten Alternativen ausgelösten Gewinnsteuerzahlungen als negative Erfolgsbeiträge, wird die ökonomische Wahl eines rational Entscheidenden verzerrt, wenn die Handlungsalternativen unter dem Eindruck einer steuerlichen Rechtsetzung in eine andere Rangfolge gebracht werden, als dies ohne Berücksichtigung (bzw. Existenz) der Besteuerung der Fall wäre. Steuerwirkung meint mithin die Veränderung der Entscheidungshandlung (sog. *law-in-action*), nicht die Steuerzahlung an sich.[911] Positiv formuliert ist Entscheidungsneutralität verwirklicht, wenn eine gegebene Präferenzreihenfolge von Handlungsalternativen durch die Besteuerung nicht verändert wird.[912]

Der Ruf nach einer neutralen Besteuerung (Gewinnermittlung) wird sowohl auf gesamtwirtschaftliche als auch einzelwirtschaftliche Erwägungen gestützt.[913] Dabei stellt die (nachgeschobene[914]) gesamtwirtschaftliche Betrachtungsweise nach Ansicht vieler das „weitaus gewichtigere Argument“[915] bereit. Diese Ansicht fußt auf der von der neoklassischen Wohlfahrtstheorie geprägten[916] Grundannahme, dass sich das gesamtwirtschaftliche Optimum unter Außerachtlassung der Besteuerung und staatlicher Eingriffe infolge einer marktmäßigen Ressourcenallokation einstellt (*Laissez faire-Allokation*). Es wird gedanklich unterstellt, dass ein freier Wettbewerb aller Akteure in Abstinenz von Marktversagen zu einem effizienten und mithin optimalen Einsatz der Produktionsfakto-

---

909 Vgl. Knirsch (2006a), S. 233; Kahle (1999), S. 1145.

910 Vgl. Kahle (2002c), S. 187.

911 Vgl. Wagner, F. W. (1989), S. 264; Kahle (1999), S. 1145. Teile der Literatur unterscheiden begrifflich zwischen Entscheidungs*ein*wirkungen und Entscheidungs*aus*wirkungen; vgl. Marx/Löffler/Kläne (2010), S. 66.

912 Vgl. Jansen (2006b), S. 755.

913 Vgl. Wissel (1997), S. 39; Schreiber, U. (2002), S. 111; Treisch (2000), S. 368; Knoll (2000), S. 640; Bambynek (2007a), S. 430; Paschke (2007), S. 46; Jensen-Nissen (2007), S. 50; Malke (2010), S. 16 f.; Zoll (2001), S. 54 ff.; Prinz (2009a), S. 594.

914 Der Begriff der Investitionsneutralität wurde in der Betriebswirtschaftlichen Steuerlehre zunächst allein mit Blick auf die Vermeidung steuerlicher Planungskosten erörtert und erst in der Folge „wurde die Idee der volkswirtschaftlichen Begründung Allokationsneutralität als Begründung für steuerliche Rangfolgenneutralität übernommen“; so Wagner, F. W. (2010a), S. 26 mit Verweis auf Wenger (1983), S. 207 (ff.).

915 Wagner, F. W. (1992), S. 4; vgl. auch ders. (1989), S. 265; Wagner, F. W./Wissel (1995), S. 66 f.; Wissel (1997), S. 40; Bambynek (2007a), S. 430; dies. (2011), S. 7; Sava (2007), S. 79; Eichhorn (2001), S. 72; Müller (2001), S. 56.

916 Zu der allgemeinen Bedeutung der neoklassischen Theorie in der Betriebswirtschaftslehre vgl. grundlegend Jansen (2004), S. 406 ff.; ders. (2005), S. 49 ff.

ren und mithin zu einem größtmöglichen Volkswohlstand führt.[917] Eine erneute Verteilung der Ressourcen kann die Wohlfahrtsposition des Einzelnen nicht mehr verbessern, ohne gleichzeitig die eines anderen Marktakteurs zu beeinträchtigen. Es herrscht Pareto-Effizienz (allokative Effizienz).[918]

Auf dieser Grundlage wird eine die Entscheidungen der marktwirtschaftlichen Akteure verzerrende Besteuerung als ökonomisch schädlich betrachtet, da sie über die beabsichtigten, mithin unvermeidbaren Einkommenseffekte hinaus zusätzliche Substitutionseffekte entstehen lässt.[919] Letztere bewirken eine Veränderung der relativen Preise an den Primärgütermärkten und damit auch die am Markt bewirkte, als effizient erachtete Ressourcenallokation.[920] Die unter dem Eindruck der Besteuerung verzerrten Mengenverhältnisse (gemessen an den ursprünglichen Präferenzen) führen zu einer gesamtwirtschaftlichen Wohlfahrtseinbuße, die über die reine Steuerzahlung hinausreicht (sog. Zusatzlast oder *excess burden*).[921] Allokationseffizienz ist zerstört. Das Desideratum der allokativen Effizienz wird in der Literatur allerdings nicht unisono geteilt. Vor allem *Schneider* lehnt die Allokationseffizienz als steuerpolitische Handlungsempfehlung ab: Weder bestehe ein neoklassisches Marktgleichgewicht noch sei eine Tendenz zu seiner Verwirklichung zu unterstellen. *Schneider* stellt dem Ziel der gesamtwirtschaftlichen Allokationseffizienz ein evolutorisches Paradigma entgegen; Entscheidungsneutralität habe nur einen Sinn, und zwar einen messtheoretischen.[922]

Das (allgemeine) Ziel der Steuerneutralität wird gleichfalls als ökonomisches Leitbild der (harmonisierten) Unternehmensbesteuerung im europäischen Binnenmarkt betont,[923] ohne dass die EU-Kommission dieses bislang näher konkretisiert hat.[924] Das Neutralitätsziel lässt sich dem europäischen Vertragswerk, allen voran den europäischen Grundfreiheiten in ihrer Ausprägung als Be-

917 Vgl. Wagner, F. W. (1995), S. 741; ders. (1992), S. 4; Wissel (1997), S. 40; Treisch (2000), S. 368; dies. (2001), S. 307; dies. (2004), S. 45; Wehrheim/Krause (2007), S. 511; Herzig/Watrin (2000), S. 379; Hundsdoerfer (2002), S. 15 f.; Streim/Esser (2003a), S. 737; de Wilde (2010), S. 288; Schmidt (1998), S. 29.

918 Vgl. grundlegend Pareto (1906). Zum Konzept der Allokations- bzw. Pareto-Effizienz vgl. nur Schwalbe (2008).

919 Vgl. Seidl (1991), S. 605.

920 Vgl. Wagner, F. W. (1995), S. 741.

921 Vgl. Wagner, F. W. (1995), S. 741; ders. (1992), S. 4; Wagner, F. W./Wissel (1995), S. 67; Wissel (1997), S. 40; Schreiber, U. (2008a), S. 555; ders. (2007), S. 41; Schreiber, U./Stellpflug (1999), S. 190; Kahle (2002d), S. 182; Siegel (1999c), S. 359; Schmidt (1998), S. 29; Sauerland (2007), S. 47; Treisch (2004), S. 46; dies. (2001), S. 307; dies. (2000), S. 368; Meier (2010), S. 17; Eichhorn (2001), S. 72; Seidl (1991), S. 605; Fülbier (2006a), S. 27; Müller (2001), S. 9 f.; Marquardt (2003), S. 53; Wala/Riener-Micheler (2000), S. 102; Stöber/Wala (2001), S. 114; Malke (2010), S. 17. Homburg (2010), S. 238-240 stellt demgegenüber aus finanzwissenschaftlicher Perspektive heraus, dass die in der betriebswirtschaftlichen Steuerlehre vorherrschende Konkretisierung einer entscheidungsneutralen Besteuerung als eine solche, die die relativen Preise am Markt unverändert lässt, „weder wünschenswert noch überhaupt möglich [sei], weil selbst erstbeste Steuern die relativen Preise verändern" (S. 238). Zu fragen sei aus finanzwissenschaftlicher Sicht vielmehr, „wie man Entscheidungen in zweitbester Manier optimal verzerrt" (S. 239). *Homburg* konstatiert, dass Deckungsgleichheit zwischen den Postulaten der betriebswirtschaftlichen Entscheidungsneutralität und der finanzwissenschaftlichen Produktionseffizienz nur herrscht, wenn ersteres sich auf den Produktionssektor beschränkt (S. 239 f.). So auch Schröer (2004), S. 61-64; Sauerland (2007), S. 48. Zum Begriff der Produktionseffizienz nur Homburg (2010), S. 160 ff.

922 Vgl. etwa Schneider (1999b), S. 2 ff.

923 Vgl. Schön (2007c), S. 415; Spengel (2003c), S. 223; Spengel/Wendt (2007b), S. 298; Jacobs (2011), S. 230 f.

924 Zur Kritik vgl. etwa Jaeger (2001), S. 98.

schränkungs- und Diskriminierungsverbote,[925] entnehmen.[926] Beide Grundfreiheitsdimensionen sollen „eine optimale Kapitalallokation in dem Sinne garantieren, dass Kapital dort eingesetzt wird, wo es am produktivsten verwendet werden kann“[927]. Es überrascht nicht, dass die Grundfreiheiten mitunter sogar als „kodifizierte ökonomische Effizienzbegriffe“ bezeichnet werden.[928] Auf dem Gebiet der Unternehmensbesteuerung gelten dabei die Freiheiten des Kapitalverkehrs (Art. 63 ff. AEUV) sowie der Niederlassung (Art. 49 ff. AEUV) als die zentralen Dimensionen der Grundfreiheiten.[929] Es mag daher zwar naheliegen, eine Verbindung zwischen der Forderung nach Kapitalexportneutralität[930] und Kapitalverkehrsfreiheit[931] einerseits sowie zwischen Kapitalimportneutralität

[925] In ihrer Ausformung als Diskriminierungsverbote zielen die Grundfreiheiten auf die Gleichbehandlung von Unternehmen ungeachtet der Ansässigkeit ab, wodurch sie für Inbound-Investitionen von Relevanz sind. Demgegenüber sollen die Grundfreiheiten als Beschränkungsverbot verstanden eine Benachteiligung von Outbound-Investitionen gegenüber rein inländischen Investitionen verhindern; vgl. Hey (2004), S. 195; Schön (2006), S. 10 f.

[926] Die ökonomischen Zielsetzungen des AEUV bestehen vor allem darin, eine Konvergenz der Wirtschaftsleistung zu erreichen, Wettbewerbsverfälschungen zu verhindern sowie einen effizienten Ressourceneinsatz zu sichern. Vgl. Schön (2000a), S. 193; Kußmaul/Niehren/Pfeifer (2010a), S. 178; Elschner/Heckemeyer/Spengel (2011), S. 47; Spengel/Wendt (2007a), S. 12; dies. (2007b), S. 298; Spengel (2007b), S. 253; Ruf (2008), S. 62; Schraufl (2004), S. 80. Gleichwohl ergeben sich aus diesen Zielen „weder konkrete Anhaltspunkte für die Bezugspunkte von Steuerneutralität noch für die Gestaltung der nationalen Steuersysteme“; Spengel (2003c), S. 245; Paschke (2007), S. 60; im internationalen Schrifttum z. B. García Novoa (2010), S. 568 („In European Community Law, neutrality is not a proper principle. Instead, it is a general rule that serves as an interpretative criterion“).

[927] So Ruf (2008), S. 62 (auch Zitat). Zur ökonomischen Begründung der Grundfreiheiten vgl. Jacobs (1999a), S. 268 f.; ders. (1999b), S. 93 f.; Spengel/Braunagel (2006), S. 35; Schön (2000a), S. 193 f.; ders. (2004a), S. 290; ders. (2010), S. 306; ders. (2005b), S. 503; ders. (2008b), S. 578 f.; ders. (1997), S. 745 f. (speziell zur Kapitalverkehrsfreiheit); ders. (2007b), S. 742 f. (speziell zur Niederlassungsfreiheit); Schmidtmann (2008), S. 939; Dürrschmidt (2010), S. 137; Steibert (2002), insb. S. 51 (zur Niederlassungsfreiheit) u. S. 74 (zur Kapitalverkehrsfreiheit); Raupach/Pohl (2005), S. 489; Nowak (2009), S. 151 f.; Tietje (2009), § 10 Rz. 4 (zur Niederlassungsfreiheit); Kraft/Bron (2006), S. 26; Rödder (2004), S. 1629; ders. (2010a), S. 352; Heuer (2009), S. 159; Zipfel (2007), S. 5; Führich (2009), S. 11 f.; Hey (1999), Einf. KSt Rz. 110 (zur Kapitalverkehrsfreiheit); Lenz (2008), S. 24.

[928] So Bambynek (2007a), S. 434; dies. (2011), S. 131; ähnlich Heuer (2009), S. 160; noch weitergehend Schönfeld (2006), S. 2121, der die Grundfreiheiten als „Ausdruck der (klassisch-) neoklassischen Wirtschaftstheorie“ verstanden wissen will; vgl. auch ders. (2005a), S. 16-18; ders. (2005b), S. 160; Rödder/Schönfeld (2005), S. 525.

[929] Vgl. Hey (2004), S. 194 f.; Homburg (2000), S. 39; Sauerland (2007), S. 62 f.; Sedemund/Laboranowitsch (2008), S. 414.

[930] Sofern im grenzüberschreitenden Kapitalverkehr der Staat, in dem eine Direktinvestition vorgenommen wird (Quellenstaat), und der Staat, in dem die investierende Unternehmung ihren Sitz hat (Wohnsitzstaat), Steueransprüche auf den nach ihrem jeweiligen Steuerrecht ermittelten Erfolg geltend machen, kommt es zur Doppelbesteuerung. Diese kann beseitigt werden, indem entweder der Wohnsitzstaat auf sein Besteuerungsrecht verzichtet, sodass der Investitionsertrag der Besteuerung am Auslandsmarkt unterworfen wird (*kapitalimportneutrale Besteuerung*) oder der Wohnsitzstaat zwar die auf ausländischen Märkten erzielten Erfolge besteuert, die im Ausland gezahlte Steuer aber auf die von ihm beanspruchte Steuer anrechnet (*kapitalexportneutrale Besteuerung*). Vgl. Schreiber, U. (1988), S. 229. *Kapitalimportneutralität* führt in der Theorie zu einer weltweiten Angleichung der Nettorenditen. Ein Investor ist indifferent zwischen Inland- und Auslandsmarkt, wenn folgende (steuersatzabhängige) Bedingung herrscht: $r_i \cdot (1 - s_i) = r_a \cdot (1 - s_a)$. Eine kapitalimportneutrale Besteuerung fördert die internationale Konsumeffizienz (die Grenzraten der Substitution zwischen gegenwärtigen und künftigem Konsum stimmen in sämtlichen Ländern überein), verletzt jedoch Produktionseffizienz, weil bei national unterschiedlichen Steuersätzen die Bruttorenditen und Kapitalkosten vom jeweiligen Produktionsstandort abhängig sind (unterschiedliche Grenzproduktivität des Kapitals an verschiedenen Standorten). *Kapitalexportneutralität* hingegen führt aus ökonomischer Sicht zu einer weltweiten Angleichung der Bruttorenditen und somit zu einer weltweit produktionseffizienten Verteilung des Kapitals. Es gilt folgende Indifferenzbedingung: $r_i \cdot (1 - s_i) = r_a \cdot (1 - s_i)$. Kapitalimportneutralität wird daher auch als Synonym für Konsumeffizienz, Kapitalexportneutralität als Synonym für Produktionseffizienz verstanden; vgl. Homburg (2000), S. 18. Zu den ökonomischen Implikationen der beiden Neutralitätspostulate vgl. detailliert Homburg (2010), S. 303 ff.; Lammersen (2005), S. 240 f.; Treisch (2004), S. 50-53; Kellersmann/Treisch (2002), S. 74 f.; Haun (1996), S. 43 ff.; Zuber (1991), S. 115 ff.; Ruf (2008), S. 63 f.; Sauerland (2007), S. 51 ff.; Führich (2009), S. 5 ff.

und Niederlassungsfreiheit[932] andererseits zu suchen.[933] Ob eine so weitreichende Nähe zwischen den Diskriminierungs- und Beschränkungsverboten und dem Postulat der Steuerneutralität besteht, wird man indessen bezweifeln müssen; vielmehr dürften die Neutralitätsanforderungen im ökonomischen Verständnis über die EU-rechtlichen Anforderungen hinausreichen.[934] Dies bedeutet aber zugleich auch, dass eine entscheidungsneutrale steuerliche Gewinnermittlung stets europarechtsfest wäre.[935]

In *einzelwirtschaftlicher* Betrachtungsweise wird eine entscheidungsneutrale Besteuerung, die sich zunächst entweder über eine entscheidungsfixe Besteuerung oder eine Zielgrößenbesteuerung erreichen ließe,[936] vor allem deshalb als erstrebenswert erachtet, weil sie kostenträchtige Steuerplanungsaktivitäten (nicht aber Steuererhebungskosten[937]) vermeidet, die in der Intention begangen werden, steuerlichen Benachteiligungen auszuweichen, respektive steuerliche Begünstigungen zum eigenen Vorteil auszuschöpfen.[938] Steuerplanung ist indes risikobehaftet, weil keine Kenntnis über den schlussendlichen Planungserfolg besteht. Herrschte Neutralität, könnte *ex ante* auf die Abschätzung von Steuerwirkungen verzichtet werden, ohne hierbei ein systematisches Fehlerrisiko eingehen zu müssen.[939]

---

931 Die Kapitalverkehrsfreiheit unterbindet Beschränkungen des Kapitalverkehrs zwischen den Mitgliedstaaten sowie zwischen Mitgliedstaaten und Drittländern; zu Einzelheiten vgl. Spengel (2003c), S. 249-251; Jacobs (2011), S. 211-215.

932 Die Niederlassungsfreiheit soll den Angehörigen eines Mitgliedstaates die freie Wahlhandlung der unternehmerischen Betätigung in einem anderen Mitgliedstaat unter den dort geltenden Bestimmungen ermöglichen; zu Einzelheiten vgl. z. B. Spengel (2003c), S. 247-249; Jacobs (2011), S. 207-211. Die Abgrenzung von Kapitalverkehrsfreiheit und Niederlassungsfreiheit ist nicht endgültig geklärt; zur Diskussion vgl. Jacobs (2011), S. 215-217; Bröhmer (2011), Art. 63 AEUV Rz. 16 ff. Teile der Literatur erwägen, diese Abgrenzung auf Basis der IFRS (IAS 27) vorzunehmen; vgl. Sedemund/Laboranowitsch (2008), S. 414 ff.

933 Mitunter wird auch eine grundsätzliche Übereinstimmung von Niederlassungsfreiheit und Rechtsformneutralität sowie von Kapitalverkehrsfreiheit und Finanzierungsneutralität angenommen; vgl. mit Recht kritisch Treisch (2004), S. 96-100; Jaeger (2001), S. 109-115; Hey (2005), S. 318; dies. (2009b), S. 770 (zur Ableitung der Rechtsformneutralität aus der Niederlassungsfreiheit).

934 Vgl. im Einzelnen Jacobs (1999a), S. 268 ff.; ders. (1999b), S. 93 ff.; Spengel (2003c), S. 256-262; Treisch (2004), S. 100 f.; Jaeger (2001), S. 115; Dahlke (2011), S. 59 f.

935 Vgl. Treisch (2004), S. 101.

936 Im Fall einer entscheidungsfixen Besteuerung hängt die Steuerlast nicht von der Auswahl der dem Entscheidungsträger zur Auswahl stehenden Alternativen ab, weswegen diese Wahl von der Besteuerung unberührt bleibt. Dagegen erfasst eine Zielgrößenbesteuerung die Zielbeiträge der Handlungsalternativen. Die Zielgrößenbesteuerung kann nur umgangen werden, wenn auf das Ziel selbst verzichtet wird (Selbstschädigung); vgl. Elschen (1991), S. 104 f.; Wagner, F. W./Wissel (1995), S. 67; Schmidt (1998), S. 31 f.; Haun (1996), S. 43; Knoll (2000), S. 640. Eine entscheidungsfixe Besteuerung (Pauschalbesteuerung), etwa in Form einer Kopfsteuer (gleichmäßige Verteilung des zu erzielenden Steueraufkommens), wird einhellig abgelehnt, vor allem deshalb, weil sie mit der gängigen Vorstellung von Verteilungsgerechtigkeit nicht zu vereinbaren ist; vgl. Wehrheim/Krause (2007), S. 512; König/Wosnitza (2004), S. 146-148; Wagner, F. W. (2005b), S. 531; ders. (2006a), S. 23-25; ders. (2005c), S. 97 f.; Wagner, F. W./Wissel (1995), S. 67; Müller (2001), S. 12.

937 Diese setzen sich zusammen aus den Deklarationskosten des Steuerpflichtigen und den Vollzugskosten der Finanzbehörden; vgl. hierzu z. B. Knirsch/Niemann (2006), S. 880.

938 Vgl. Wagner, F. W. (1992), S. 4; ders. (2005b), S. 531 ff.; ders. (2005c), S. 95 ff.; ders. (2006b), S. 102; ders. (2007), S. 142; Wagner, F. W./Wissel (1995), S. 67; Schwinger (1994), S. 40; Wehrheim/Krause (2007), S. 511; Eichhorn (2001), S. 72; Siebler (2008), S. 380; Kruschwitz/Schneider/Husmann (2003a), S. 328; Knirsch/Niemann (2006), S. 880; Schanz (2011), S. 239; Binnewies (2010), S. 537; Haustein (2007), S. 43; Heuer (2009), S. 75; Jaeger (2001), S. 98; Müller (2001), S. 10 f.; Briesemeister (2006), S. 61 f.; Bambynek (2011), S. 6 f.

939 Vgl. Kahle (2002c), S. 189; Knödler (2004), S. 54.

Wenn auch die gesamtwirtschaftliche Allokationseffizienz und einzelwirtschaftliche Entscheidungsneutralität „aufgrund unterschiedlicher Ableitungen und Anwendungsgebiete nicht ohne weiteres gleichgesetzt werden [dürfen]“[940], stehen beide nach h. L. in einem engen Zusammenhang,[941] und zwar insofern, als das Anstreben von Entscheidungsneutralität zugleich auch dem Ziel der Allokationseffizienz zuträglich sei. Eine entscheidungsneutrale sei stets auch eine allokationseffiziente Besteuerung.[942] Negativ ausgedrückt habe eine Verzerrung des unternehmerischen Entscheidungskalküls mithin „unweigerlich eine gesamtwirtschaftlich ineffiziente Faktorallokation verbunden mit Wohlfahrtsverlusten für die betroffenen Volkswirtschaften“[943] zur Folge. Entscheidungsneutralität stellt sich nach dieser Sichtweise als Bestandteil des übergeordneten Allokationsziels dar. Lehnt man das gesamtwirtschaftliche Ziel der Allokationseffizienz indessen ab, muss die Vorstellung einer solchen Verbindung kritisch erscheinen.

Auch im (deutschen) *steuerrechtswissenschaftlichen* Schrifttum wird das genuin ökonomische Kriterium der Entscheidungsneutralität bei der Ausgestaltung eines steuerlichen Gewinnermittlungsrechts in erkennbar zunehmendem Maß betont. Es sei inzwischen „[a]llgemein anerkannt, das wirtschaftswissenschaftliche Postulat der Entscheidungsneutralität weitgehend deckungsgleich [sei] mit dem Gebot gleichmäßiger Besteuerung nach der wirtschaftlichen Leistungsfähigkeit“[944]. Auf diese allgemeine Kongruenzthese wird unten,[945] nach der Diskussion des Gleichmäßigkeitspostulats einzugehen sein.

---

940 Spengel (2003c), S. 226; vgl. auch Braunagel (2008), S. 6; Malke (2010), S. 17. Eine detaillierte Gegenüberstellung von (gesamtwirtschaftlicher) Allokationseffizienz und (einzelwirtschaftlicher) Entscheidungsneutralität findet sich bei Hundsdoerfer (2002), S. 16 ff.; Elschen/Hüchtebrock (1983), S. 253 ff.

941 Vgl. Schreiber, U. (2002), S. 111; Spengel (2007b), S. 254; Wenger (1986), S. 137; Meier (2010), S. 23; Herzig/Watrin (2000), S. 378.

942 Vgl. Wissel (1997), S. 40.

943 Kessler (2010), S. 292.

944 So Hey (2010c), S. 11 m. w. N. aus dem steuerjuristischen Schrifttum; so auch bereits dies. (2005), S. 323. Vgl. in Ergänzung insbes. Lang, J. (2001b), S. 101 („Investitionssteuergerechtigkeit“; im Original kursiviert); kritisch aus steuerrechtlicher Sicht gegen eine (tendenzielle) Gleichsetzung von Entscheidungsneutralitäts- und Gleichmäßigkeitspostulat (Leistungsfähigkeitspostulat) indessen Sieker (2002), S. 151; differenzierend Schön (2001b), S. 123. Im betriebswirtschaftlichen Schrifttum für eine (weitgehende) Entsprechung z. B. Herzig/Watrin (2000), S. 380 („Aus steuerjuristischer Sicht entspricht die Forderung nach der Neutralität der Besteuerung dem Gleichheitsgebot [Art. 3 Abs. 1 GG]“); Wagner, F. W. (1999), S. 1522 („Eine ökonomisch gleichmäßige bedeutet, daß die Besteuerung in bezug auf wirtschaftliche Entscheidungen neutral ist“); vgl. auch ders. (2003), S. 377; Treisch (2004), S. 62 („Das Neutralitätspostulat entspricht aus steuerwissenschaftlicher Sicht dem Gebot der Gleichmäßigkeit der Besteuerung bzw. der Besteuerung nach der Leistungsfähigkeit“); Braunagel (2008), S. 16 („Der betriebswirtschaftlichen Forderung nach entscheidungsneutraler Besteuerung wird [.] durch das juristische Verständnis des Leistungsfähigkeitsprinzips [...] entsprochen“).

945 Vgl. 3. Kap. I. 3.3.3.

2.2 Investitionsneutralität der steuerlichen Gewinnermittlung

2.2.1 Begriffsentfaltung

Der bislang verwendete Begriff der Entscheidungsneutralität bezeichnet ein ökonomisches Gesamtpostulat, das je nach vorliegendem Entscheidungsszenario unterschiedlich konkretisiert wird.[946] Für die im Rahmen dieser Arbeit interessierende steuerliche Gewinnermittlung gilt die sog. Investitionsneutralität als besonders relevante[947] Ausprägung des Entscheidungsneutralitätspostulats. Sie steht im Zentrum der folgenden Ausführungen. Diese Einschränkung erscheint insofern gerechtfertigt, als die Investitionsneutralität als die ökonomisch wichtigste, da unmittelbar allokativ wirkende Anforderung angesehen wird.[948] Das Postulat der Investitionsneutralität, zunächst im nationalen Kontext begriffen, verlangt in seinem Kern, dass der steuerliche Zugriff weder zu einer Änderung der Rangfolge vorteilhafter Projekte noch zu einer Änderung des Investitionsumfangs führt.[949] Auch wenn eine Investitionsentscheidung nicht nur durch die ausgelösten Steuerzahlungen beeinflusst wird, besteht empirische Evidenz, dass die Besteuerung zu den wesentlichen Einflussfaktoren zählt;[950] dabei sind insbesondere Entscheidungen zwischen Real- und Finanzinvestitionen angesprochen.[951]

Unter Berücksichtigung grenzüberschreitender Investitionstätigkeit können weitere Steuerwirkungen hinzutreten.[952] Im internationalen Kontext wäre Investitionsneutralität erzielt, wenn nicht nur die Wahl des Investitionsprojekts, sondern auch die Wahl des Standortes unter dem Eindruck der Besteuerung unverändert bleibt. Dies würde grundsätzlich[953] voraussetzen, dass beide Staaten ein (investitions-) neutrales Steuersystem etablieren, und zwar dasselbe, woraus sich die Forderung nach Harmonisierung der steuerlichen Bemessungsgrundlage ableiten lässt. Indessen wird der Ter-

946 Vgl. als Überblick bspw. Meyering (2011a), S. 165 f. Dabei werden primär Investitionsneutralität, Finanzierungsneutralität sowie Rechtsformneutralität unterschieden; vgl. z. B. Knödler (2004), S. 56 f.; Wala/Riener-Micheler (2000), S. 103; König/Wosnitza (2004), S. 142 ff.; Haustein (2007), S. 43; zur Diskussion um das Postulat der Finanzierungsneutralität vgl. u. a. Fischer (1970), S. 313 ff.; Maiterth/Sureth (2006), S. 225 ff.; Schneider (2009a), S. 126 ff.; aus rechtlicher Sicht Musil/Leibohm (2008), S. 808 f.; zur Diskussion um das Postulat der Rechtsformneutralität vgl. u. a. Schmiel (2006b), S. 246 ff.; Wagner, F. W. (2006), S. 101 ff.; ders. (2007), S. 137 ff.; Schneider (2004b), S. 1517 ff.; Haase (1991), S. 243 ff.; aus steuerrechtlicher Sicht Hennrichs/Lehmann (2007), S. 16 ff.; Hey (2001), S. 155 ff.; Heinrich (2007), S. 205 ff.; Musil/Leibohm (2008), S. 810 ff.; Sieker (2002), S. 145 ff.

947 Vgl. Fritz-Schmied (2005), S. 283.

948 Vgl. Wagner, F. W. (2007), S. 143; Knoll (2001b), S. 336. Diese Ansicht basiert auf der Grundprämisse, dass etwa die Wahl einer bestimmten Rechtsform (Rechtsformneutralität) von einem bereits gegebenen Investitionsprogramm ausgeht. Da die Rechtsformentscheidung insofern keinen Einfluss auf eine bereits feststehende Investitionsentscheidung ausübt, erweist sie sich als ein steuerliches Suboptimierungsproblem, mit dem folglich auch keine realwirtschaftlichen Konsequenzen einhergehen. Nur für den Fall, dass Investitions- und Rechtsformentscheidungen nicht voneinander separierbar sind, d. h. nur simultan getroffen werden können, lässt sich Rechtsformneutralität als Unterfall der Investitionsneutralität charakterisieren. Nur in diesem Fall gewinnt Rechtsformneutralität an ökonomischer Relevanz. Vgl. im Einzelnen Wagner, F. W. (2007), S. 144-146. Vorstehende Argumentation lässt sich analog auf das Verhältnis von Investitionsneutralität und Finanzierungsneutralität übertragen.

949 Zum Begriff der Investitionsneutralität vgl. u. a. Homburg (2010), S. 240 ff.; Schreiber, U./Stellpflug (1999), S. 190; Köth (2006), S. 117; Knödler (2004), S. 57; Stöber/Wala (2001), S. 114; Kruschwitz/Schneider/Husmann (2003a), S. 329; Marquardt (2003), S. 57; Meier (2010), S. 26 ff.; Fritz-Schmied (2005), S. 285-287 u. S. 290 f.

950 Vgl. Schreiber, U./Ruf (2007), S. 1104 m. w. N.

951 Vgl. Jaeger (2001), S. 101.

952 Vgl. Knirsch/Niemann (2008), S. 319.

953 Unter Außerachtlassung von außersteuerlichen Standortvorteilen, vgl. Ruf (2004), S. 999.

minus der internationalen Investitionsneutralität überwiegend in einem reduzierten Sinne verstanden, wonach „lediglich" die Verzerrungsfreiheit der Standortwahl sicherzustellen sei (Standortneutralität).[954] Intersektorale Verzerrungen im Rahmen des nationalen Steuerrechts sind dabei hinzunehmen, weil es sich bei ihnen „um allgemeine Phänomene handelt, die nicht speziell mit internationalen Sachverhalten korreliert sind"[955].

In der steuerökonomischen Theorie besteht indes kein Einvernehmen, ob diese schwächere Anforderung[956] an internationale Investitionsneutralität durch das Kapitalexportneutralitätspostulat oder das Kapitalimportneutralitätspostulat angestrebt werden sollte.[957] Die h. M. im deutschsprachigen[958] und insbesondere im anglo-amerikanischen ökonomischen Schrifttum[959] spricht sich für das erstgenannte Konzept aus.

Die Judikate des EuGH lassen derweil keine Parteinahme für eines der beiden Konzepte erkennen.[960] Auch die EU-Kommission hat sich bisher weder zu dem einen noch zu dem anderen Leitbild bekannt.[961] Diese Diskussion kann im Folgenden dahingestellt bleiben, da weder aus dem Postulat der Kapitalexportneutralität noch aus dem der Kapitalimportneutralität klare Leitlinien für die Ausgestaltung (harmonisierter) steuerlicher Gewinnermittlungsnormen i. e. S. ableitbar sind. Eine weitergehende Erörterung brächte keinen wesentlichen Erkenntnisgewinn für die Themenstellung dieser Arbeit.[962]

954 Vgl. Sauerland (2007), S. 42 f.; Elschner/Heckemeyer/Spengel (2011), S. 47; Bambynek (2011), S. 8 f.

955 So Spengel (2003c), S. 230; vgl. auch ders. (1998), S. 349; Wendt (2009), S. 45.

956 Vgl. Sauerland (2007), S. 42.

957 Die Gegensätze zwischen Kapitalimportneutralitäts- und Kapitalexportneutralitätspostulat würden sich nur bei Existenz eines vollkommenen Kapitalmarkts auflösen; vgl. eingehend Schreiber, U. (1988), S. 229 f.

958 Vgl. z. B. Elschen/Heckmeyer/Spengel (2011), S. 47; Knödler (2004), S. 59-69; Treisch (2004), S. 60-62; Köth (2006), S. 124-129; vorsichtiger Ruf (2008), S. 64; für das finanzwissenschaftliche Schrifttum nur Homburg (2000), insb. S. 17-19; Homburg (2005), insb. S. 18-21 (unter Bezugnahme auf das internationale Produktionseffizienztheorem). Für eine Abwägung der postulatsspezifischen Vor- und Nachteile vgl. Jacobs (2011), S. 18-22.

959 Vgl. Rudat (2010), S. 51 m. w. N.

960 Für eine eingehende Analyse vgl. Ruf (2008), S. 62 ff. Einer neueren Untersuchung zufolge hat die bisherige Rechtsprechung des EuGH auf dem Gebiet der Unternehmensbesteuerung bisher nicht zu einem Abbau, sondern vielmehr zu einem Anwachsen der steuerlich induzierten Verzerrungen der Ressourcenallokation im Europäischen Binnenmarkt geführt. Vgl. eingehend de la Feria/Fuest (2011), S. 1043 ff.

961 Vgl. kritisch Jacobs (2011), S. 232. Im Rahmen der CCCTB würde „im Ergebnis Kapitalimportneutralität verwirklicht" werden. So Herzig (2010b), S. 223. Zur Ausrichtung der CCCTB an der Kapitalimportneutralität (Quellenprinzip) vgl. auch Andersson (2006), S. 399 f.; ders. (2007a), S. 100 f.; Aujean (2010), S. 48; Spengel (2008c), S. 557.

962 So lässt sich aus dem Kapitalexportneutralitätspostulat (in Umsetzung des Wohnsitzprinzips) nur grob folgern, dass im Ausland erzielte Gewinne nach inländischen Gewinnermittlungsvorschriften zu ermitteln und im Feststellungszeitpunkt in die steuerliche Bemessungsgrundlage einzubeziehen sind. Wie diese Normen inhaltlich-materiell auszugestalten sind, wäre insoweit nachrangig. Dagegen wäre dem Kapitalimportneutralitätspostulat (in Umsetzung des Quellenprinzips) zu entnehmen, dass Faktorentgelte, die aus dem Quellenstaat in das Ausland abfließen (insb. Zinsen), einer Besteuerung im Quellenstaat unterliegen sollten, was einem materiellen Abzugsverbot gleichkommt; vgl. Spengel (2003c), S. 228-235.

2.2.2 Explikation der Neutralitätsbedingungen am Modell der Besteuerung des kapitaltheoretischen Gewinns

2.2.2.1 Modellskizze

Nimmt man die Richtungsentscheidung der EU-Kommission für eine Besteuerung von Einkommen (und nicht Konsum) im Rahmen der CCCTB als Datum, würde Investitionsneutralität i. S. einer Zielgrößenbesteuerung bei einer Besteuerung des kapitaltheoretischen („ökonomischen") Gewinns[963] herrschen.[964] Die aus dem Modell des kapitaltheoretischen Gewinns folgenden Anforderungen an eine investitionsneutrale steuerliche Gewinnermittlung sind zwar formal eindeutig, aber rigide.[965] Sie werden am bekannten (Kapitalwert-) Standardmodell nach Ertragsteuern expliziert.[966] Zentrale Modellprämisse ist die Existenz vollständiger und vollkommener Kapitalmärkte im Gleichgewicht. Der marktseitige Wettbewerb ist ausgeschaltet. Liquiditätsaspekte spielen keine Rolle.[967] Unter diesen Bedingungen entspricht der kapitaltheoretische Gewinn der Periode der Verzinsung des Ertragswertes zu Beginn der Periode mit dem seiner Berechnung zugrunde liegenden Marktzinssatz.[968] Um den Bezug zur steuerlichen Gewinnermittlung herauszustellen, bietet es sich indessen an, den kapitaltheoretischen Gewinn mathematisch äquivalent zu definieren als „den Einnahmenüberschuß aus einer Periode (vor Zins-, Tilgungs- und Gewinnsteuerzahlungen sowie Entnahmen) abzüglich eines Periodisierungsbetrags in Höhe der rechnerischen Ertragswertminderung zwischen Anfang und Ende der Periode"[969].

963 Zum Konzept des kapitaltheoretische Gewinns vgl. grundlegend von Böhm-Bawerk (1902); Fisher (1906); Lindahl (1933); Hicks (1939). In der deutschsprachigen Literatur wurde der kapitaltheoretische Gewinn aus bilanztheoretischer Sicht vor allem in den 1960er- und 1970er-Jahren intensiv diskutiert; vgl. insb. Schneider (1963), S. 457 ff.; ders. (1966), S. 571 ff.; Koch (1968), S. 389 ff.; Jaensch (1972), S. 540 ff.; Linn (1974), S. 197 ff.; Münstermann (1966), S. 579 ff.; Hax (1964), S. 642 ff.; Drukarczyk (1973), S. 183 ff; ders. (1974), S. 764 ff.; Schildbach (1972), S. 40 ff.

964 Vgl. Wagner, F. W. (2000b), S. 190; ders. (2003), S. 377 f.; Schreiber, U. (1991), S. 62; Richter (1986), S. 435; Oestreicher (2007a), S. 249. Zur Besteuerung des ökonomischen Gewinns vgl. grundlegend Preinreich (1951), S. 372 ff.; Johansson (1969), S. 104 ff.; Samuelson (1964), S. 604 ff.; Schneider (1963), S. 457 ff.; ders. (1969b), S. 297 ff. Die Besteuerung des kapitaltheoretischen Gewinns wird im weiteren Schrifttum entsprechend als „Johansson-Samuelson-Steuer" bezeichnet; vgl. etwa Wehrheim/Krause (2007), S. 512; Sigloch (2004b), S. 214; Homburg (2010), S. 243-246. Der Alternative einer ebenfalls Investitionsneutralität anstrebenden *Cashflow*-Steuer wird hier nicht nachgegangen.

965 Vgl. Elschen/Hüchtebrock (1983), S. 270.

966 Zum Standardmodell mit Ertragsteuern vgl. Schneider (1992a), S. 206-251; Georgi (1994), S. 6 ff.; Schmidt (1998), S. 38 ff.; Kiesewetter (1997), S. 25 f.; Kiesewetter/Dietrich (2007), S. 235 ff.; Schanz (2011), S. 239-242; Meier (2010), S. 32 ff.; Krawitz (2007), S. 258 ff.; zum Kapitalwert als Entscheidungskriterium vgl. insb. Wagner, F. W./Wissel (1995), S. 65 f.; Japes (2011), S. 15 ff.

967 Vgl. Kahle (1995), S. 217; Schreiber, U. (1988), S. 230.

968 Vgl. Johansson (1999), S. 170; Elschen/Hüchtebrock (1983), S. 271; Schreiber, U. (1992), S. 830; formal demnach (1) $G_t = E_{t-1} \cdot i$. Zu mathematisch äquivalenten Darstellungsvarianten vgl. Treisch (2000), S. 369; dies. (2001), S. 311.

969 Schneider (1999a), S. 105; vgl. auch ders. (2004a), S. 299; ders. (1993a), S. 35; Oestreicher (2007a), S. 249; Sigloch (1987), S. 173. Formale Herleitung (in Anlehnung an Kahle [1995], S. 214): Wird der im Zeitpunkt t anfallende Zahlungsüberschuss (Z_t) entnommen, sinkt der Ertragswert um diesen Betrag; es gilt: (2) $E_t = E_{t-1} \cdot (1 + i) - Z_t$. Die Ertragswertänderung (D_t) entspricht: (3) $D_t = E_{t-1} - E_t$. Unter Berücksichtigung von (1) – vgl. vorherige Fußnote – und (2) resultiert (4) $D_t = Z_t - i \cdot E_{t-1}$ sowie (5) $G_t = Z_t - D_t$. Für eine Herleitung vgl. insb. auch König/Wosnitza (2004), S. 164-166.

Die Kernaussage des Modells dürfte folglich weniger im kapitaltheoretischen Gewinn als vielmehr in der Periodisierung des Ertragswerts, d. h. der (nicht ganz korrekt bezeichneten[970]) Ertragswertabschreibung[971] zu sehen sein.[972] Um Investitionsneutralität zu wahren, müsste die steuerliche Abschreibung mithin der Ertragswertabschreibung folgen.[973] Die kapitaltheoretische Periodisierungsregel bedingt, dass nicht die Anschaffungsauszahlungen der Investition (grob gesprochen: die Anschaffungs- oder Herstellungskosten), sondern der Ertragswert der Investition steuerfrei gestellt wird.[974] Bei gegebener Anschaffungsauszahlung bleibt damit auch der Kapitalwert als das „entscheidungsrelevante Spezifikum des Investitionsobjekts" steuerlich unberührt.[975] Es herrscht Niveau-Invarianz, d. h. Identität von Kapitalwert vor Steuer und Kapitalwert nach Steuer.[976] Die Korrektur des Einnahmenüberschusses durch die Ertragswertabschreibung erzeugt eine entscheidungsneutral wirkende Innenfinanzierung aus Gewinnermittlung.[977] Der kapitaltheoretische Gewinn ist mithin jener Betrag, der ohne Schmälerung des Ertragswerts entnommen werden kann (Ertragswerterhaltung).[978]

Die hinreichende und steuersatzunabhängige[979] Bedingung für Entscheidungsneutralität im Modell des ökonomischen Gewinns lautet, dass die steuerliche Abschreibung zu jedem Zeitpunkt der Ertragswertänderung gleicht.[980] Notwendige, indes steuersatzabhängige Voraussetzung ist, dass der Barwert der steuerlichen Abschreibung dem Barwert der Ertragswertänderung entspricht (jeweils

970 Treffender wäre die Bezeichnung Ertragswertänderung, da diese sowohl Ertragswertabschreibungen als auch Ertragswertzuschreibungen umfasst; vgl. Schneider (1992a), S. 220.

971 Vgl. Elschen/Hüchtebrock (1983), S. 271; Georgi (1994), S. 33; Sigloch (1987), S. 173 f.; Niehus (2000a), S. 14 f.; Oestreicher (2007a), S. 249.

972 Vgl. Schneider (1989c), S. 37.

973 Vgl. Voß (2007), S. 1154.

974 Vgl. Scheffler, W. (2010b), S. 93; Schneider (1996b), S. 148.

975 Vgl. Diller/Grottke (2010), S. 125 (auch Zitat); vgl. auch Schreiber, U. (2008a), S. 558; Sigloch (2004b), S. 214.

976 Vgl. Wagner, F. W./Wissel (1995), S. 67; Lammersen (1999), S. 33; Kruschwitz/Schneider/Husmann (2003a), S. 332; König/Wosnitza (2004), S. 163; Kiesewetter/Niemann (2002), S. 49. Bei Identität der Kapitalwerte vor und nach Steuer handelt es sich um eine hinreichende, aber nicht notwendige Voraussetzung für Investitionsneutralität. Letztere wäre bereits bei Rangfolge-Invarianz gegeben. Diese liegt vor, wenn die Besteuerung zu einer proportionalen Kürzung der Kapitalwerte um den Steuersatz s führen würde. Die Menge der niveau-invarianten Besteuerungssysteme stellt eine echte Teilmenge der rangfolge-invarianten Steuersysteme dar; vgl. Wagner, F. W. (1989), S. 266 f.; ders. (2004), S. 242; Wagner, F. W./Wissel (1995), S. 67; König (1997), S. 45; Treisch (2000), S. 368; dies. (2004), S. 48 f.; Kellersmann/Treisch (2002), S. 73; Wissel (1997), S. 44; Knödler (2004), S. 57; Schmidt (1998), S. 32; Schreiber, U./Stellpflug (1999), S. 191; Wala/Riener-Micheler (2000), S. 106; Knoll (2001b), S. 336; Eichhorn (2001), S. 77 u. S. 83; Sigloch (2004b), S. 215; Diller/Grottke (2010), S. 124; Jaeger (2001), S. 99 f.; Müller (2001), S. 18.

977 Vgl. Gröning (2002), S. 59.

978 Vgl. grundlegend Schneider (1963), S. 457 ff.; Wagner, F. W. (1978), S. 195 ff.; Schreiber, U. (1980), S. 61 ff.; Wehrheim/Krause (2007), S. 512; König/Wosnitza (2004), S. 169; Dietz (1971), S. 47; Oestereicher (2007a), S. 249; Sigloch (1995), S. 680.

979 Vgl. Wagner, F. W. (1989), S. 268; Georgi (1994), S. 34 f.

980 Formale Herleitung (in Anlehnung an Kahle [1995], S. 215): Soll entscheidungsneutrale Besteuerung herrschen, muss der Ertragswert vor Steuer (2) dem Ertragswert nach Steuer (E_t^s) entsprechen. Dieser ermittelt sich als (5) $E_t^s = E_{t-1}^s \cdot (1 + i_s) - (Z_t - s \cdot [Z_t - AfA_t])$. Durch Gleichsetzen von (2) und (5) gelangt man zu: $E_{t-1} \cdot (1 + i) - Z_t = E_{t-1}^s \cdot (1 + i_s) - (Z_t - s \cdot [Z_t - AfA_t])$. Auflösung nach AfA_t (unter der Voraussetzung, dass $E_{t-1} = E_{t-1}^s$) führt zu $AfA_t = Z_t - i \cdot E_{t-1}^s$, was unter Beachtung von (4) äquivalent ist mit $AfA_t = D_t$. Der steuerliche Periodisierungsbetrag muss demnach zu jedem Zeitpunkt der Ertragswertabschreibung entsprechen. Für eine formale Herleitung vgl. auch Schreiber, U. (2008), S. 556 ff.; Japes (2011), S. 135 ff.

berechnet zum Zinssatz nach Steuern).[981] Eine steuerliche Vergünstigung (Benachteiligung) im Rahmen der steuerlichen Gewinnermittlung liegt mithin vor, wenn die Summe der Barwerte der steuerlichen Periodisierungsbeträge größer (kleiner) ist als die Summe der Barwerte der entscheidungsneutralen Periodisierungsbeträge.[982]

2.2.2.2 Modellgrenzen

Es steht außer Frage, dass eine Besteuerung des kapitaltheoretischen Gewinns durch real existierende steuerliche Gewinnermittlungssysteme nicht zu verwirklichen ist. Es sind zunächst die Unsicherheiten und Unvollkommenheiten der Kapitalmärkte, die gegen eine Ableitung steuerlicher Gewinnermittlungsregeln entlang des Modells sprechen. Sämtliche Größen, die auf den Ertragswert einwirken, stellen sich außerhalb des Modellkontexts als unsichere Schätzgrößen dar. Aufgrund seiner Prospektivität bleibt der kapitaltheoretische Gewinn eine subjektive Größe, die mit der tradierten Vorstellung von einer rechtssicheren und tatbestandsmäßigen steuerlichen Gewinnermittlung nicht in Einklang zu bringen ist. Das Modell des kapitaltheoretischen Gewinns erweist sich insofern als ein unrealistisches Ideal.[983] Auch der Gedanke, den kapitaltheoretischen Gewinn *ex post* zu besteuern,[984] stellt nur eine scheinbare Lösung der Zukunftsproblematik dar und würde spätestens bei der Auswahl des Kalkulationszinsfußes an erhebliche praktische Grenzen stoßen.[985] Weil aber auch eine empirische Tendenz zur Erreichung eines neoklassischen Marktgleichgewichts unter Unsicher-

---

981 Vgl. Scheffler, W. (2010b), S. 83. Formal ausgedrückt: $\sum_{t=1}^{n} AfA_t \cdot (1+i_s)^{-t} = \sum_{t=1}^{n} D_t \cdot (1+i_s)^{-t}$. Für eine ausführlichere Herleitung vgl. Schneider (1992a), S. 224-226; Georgi (1994), S. 32 ff.; Wagner, F. W./Wissel (1995), S. 67 f.; Eichhorn (2001), S. 80-82; Meier (2010), S. 36 f.

982 Die investitionsneutrale Eigenschaft der Besteuerung des kapitaltheoretischen Gewinns findet ihre (intuitive) Erklärung darin, dass die Sachinvestition nach demselben Prinzip besteuert wird wie die (zinstragende) Finanzinvestition, mit der sie mittels des Kapitalwertkriteriums in Beziehung gesetzt wird; dies gilt unter Annahme eines identischen Steuertarifs (Kruschwitz/Schneider/Husmann [2003a], S. 331). Während bei der Finanzinvestition die Trennung von Zins und festgelegter Kapitalrückzahlung eindeutig ist, da der periodische Zinsertrag der Verzinsung des Ertragswerts zu Beginn dieser Periode entspricht, werden die aus der Sachinvestition fließenden periodischen Zahlungen im Wege der Ertragswertabschreibung gleichsam in Zins und Kapitalrückzahlung zerlegt; die Differenz zwischen Zahlung und Ertragswertabschreibung gleicht der Verzinsung des jeweils zu Beginn der Periode bestehenden Ertragswerts, also dem ökonomischen Gewinn, und nur dieser unterliegt der Besteuerung (vgl. Kruschwitz/Schneider/Husmann [2003a], S. 332; Schreiber, U./Stellpflug [1999], S. 190;).

983 Zur Diskussion vgl. u. a. Wagner, F. W./Wissel (1995), S. 68; Wagner, F. W. (2005b), S. 535; ders. (2000b), S. 190; Schreiber, U. (2009b), S. 429; ders. (1998b), S. 130; ders. (1993a), S. 148; ders. (1993b), S. 7; ders. (1998b), S. 130; Kahle (2002c), S. 192; ders. (2002d), S. 183; Eichhorn (2001), S. 83; Siebler (2008), S. 384; Sigloch (2004b), S. 215 f.; ders. (1990), S. 237; ders. (1987), S. 173 f.; Schmidt (1998), S. 50 f.; Kruschwitz/Schneider/Husmann (2003b), S. 396 f.; Oestreicher (2007a), S. 251 f.; Wala/Riener-Micheler (2000), S. 107; Treisch (2000), S. 370; Köth (2006), S. 117 f.; Pottgießer (2006), S. 260; Wendt (2009), S. 42; Neidhardt (2008), S. 91; Fritz-Schmied (2005), S. 293 f.; Hausen (2009), S. 38 f.; Gröning (2002), S. 61 f.; Fülbier (2006a), S. 34-37; Kiesewetter/Dietrich/Rumpf (2008), S. 260; Pollak (2001), S. 51; Kraft (1991), S. 49 f.; Niehus (2000a), S. 17 f.; ders. (2000b), S. 699; Siegel (1999c), S. 360; Schlotter (2005), S. 94 f.; Heurung (2000), S. 428; Eberhartinger (2000), S. 393; Dietrich (2009), S. 140; Dziadkowski/Henselmann (2004), B 120 Rz. 314; Herzig/Lochmann (2006), S. 146; Haase (1991), S. 251 f.

984 Dieser (Schein-) Lösung ist bspw. Müller (2001), S. 21 u. S. 40 f. zugeneigt. Erforderlich hierfür wäre aber die Vornahme verzinster *ex post*-Korrekturen, d. h. die Differenz zwischen dem realisierten und dem prognostizierten Zahlungsüberschuss müsste unter Beachtung der zeitlichen Abweichung zwischen dem Zeitpunkt der Entstehung und dem Zeitpunkt der Steuerzahlung nachversteuert werden. Vgl. Kruschwitz/Schneider/Husmann (2003b), S. 396.

985 Vgl. Kahle (1995), S. 217 f.; ders. (2002c), S. 192.

heit und Ungleichverteilung des Wissens nicht unterstellt werden kann,[986] bleibt Investitionsneutralität in modellhafter Strenge nicht umsetzbar.[987]

Sieht man von der offenkundigen Realitätsferne und der sich darauf berufenden erfahrungswissenschaftlichen Kritik an dem Modell der Besteuerung des kapitaltheoretischen Modells ab, kann es aber allein schon deshalb keine instruktiven Vorgaben für die Ausgestaltung der Ansatz- und Bewertungsregeln einer auf Einzelvermögensvergleich basierenden steuerlichen Gewinnermittlung bereitstellen, weil es konzeptionell auf einem Gesamtvermögensvergleich basiert. Der neutralitätswahrende Verlauf der Ertragswertabschreibung könnte sich daher aus einem arbiträren Zusammenspiel verschiedener Periodisierungselemente ergeben. „So ist es letztlich gleichgültig, ob der neutrale Gewinnausweis durch eine Kombination z. B. von linearen Abschreibungen der Anlagen und einer Lifo-Bewertung der Vorräte oder degressiver Abschreibung und einer Fifo-Bewertung zustande kommt"[988]. Hierin liegt der methodische Haupteinwand gegen eine Verwendung des Modells als theoretischer Maßstab für die Konkretisierung steuerlicher Periodisierungsregeln im Rahmen eines Einzelvermögensvergleichs.[989] So müsste die Ermittlung des ökonomischen Gewinns auf eine wie auch immer geartete Bilanzierung von Ertragswerten hinauslaufen.[990] Eine derartige Effektivvermögensbilanzierung[991] erscheint indes abwegig, weil der Ertragswert sich kaum willkürfrei auf einzelne, aber im Verbund wirkende Wirtschaftsgüter allokieren lässt.[992] Die Idee der Ertragswertbilanzierung müsste daher „in eine Art umfassenderer Projektbewertung überführt werden"[993], was nicht weniger kritisch erscheint.

Abseits der Sicherheit und Gleichverteilung des Wissens verbietet es sich aus methodischer Sicht, Einzelfragen des Ansatzes und der Bewertung auf Basis der Ertragswertkonzeption lösen zu wollen: „Die Gefahr des Modellmißbrauches droht, wenn Aussagen, die nur im Kapitalmarktgleichgewicht gelten, auf die Rechnungslegung übertragen werden"[994]. Damit offenbart sich, dass es unter realen

---

986 Vgl. Schneider (1999b), S. 3; ders. (2000a), S. 38.

987 Vgl. statt vieler Johansson (1999), S. 169 ff.

988 Wagner, F. W. (2000b), S. 191; vgl. auch ders. (2002c), S. 1889 f.; ders. (2004), S. 243; ders. (2005b), S. 535; ders. (2005d), S. 619; ders. (2005c), S. 101; ders. (2010a), S. 26; zur mangelnden Deduktionsfähigkeit des Modells vgl. auch Kahle (2001b), S. 132; ders. (2002d), S. 184; Siebler (2008), S. 385 f.; Spengel (2008b), S. 420; Herzig/Lochmann (2006), S. 146; Schmiel (2008), S. 335.

989 Sehr deutlich Wagner, F. W. (2004), S. 243.

990 Vgl. Wagner, F. W. (1997), S. 520; Kahle (1999), S. 1145.

991 Zum Begriff des Effektivvermögens vgl. Moxter (1979), S. 143; ders. (1982), S. 43 ff.; ders. (1986b), S. 346; ders. (1991a), S. 170.

992 Vgl. Moxter (1980b), S. 207 f.; Schreiber, U. (1991), S. 65; Sigloch (1990), S. 237.

993 Fülbier (2006b), S. 237.

994 Schreiber, U. (1999), S. 900; vgl. auch Kahle (2001b), S. 132; ders. (2002d), S. 184; Eichhorn (2001), S. 89. Vgl. aber zum Konzept der sog. Wertpotenzialbilanzierung Ordelheide (1988a), S. 275 ff.; ders. (1988b), S. 269 ff.; ders. (1989), S. 21 ff.; ders. (1999), S. 507 ff.; sehr kritisch zu diesem Konzept vgl. Pannen (2000), S. 164-171; verteidigend Ballwieser (1996), S. 514-516. Das Konzept der Wertpotenzialbilanzierung als Maßstab für die (vermeintlichen) Neutralitätseigenschaften steuerlicher Periodisierungsregeln heranzuziehen, erscheint in der Tat kritisch. Es dient im Folgenden nicht als Maßstab für die steuerliche Zweckeignung der IFRS.

Verhältnissen auch „keine materiell richtige Gewinnermittlung durch Vermögensvergleich gibt“[995]. Auch als Leitmodell und Orientierungsmaßstab einer europäischen Gewinnermittlungsharmonisierung wäre das Modell des kapitaltheoretischen Gewinns zunächst diskreditiert.[996] Eine im Modell entscheidungsneutrale Gewinnermittlung kann keinen Aufschluss darüber geben, an welche IFRS sich ein gemeinsames Regelwerk zur steuerlichen Gewinnermittlung anlehnen sollte.

Schließlich muss berücksichtigt werden, dass die vorstehende Begriffsausdeutung der steuerlichen Entscheidungsneutralität (Investitionsneutralität) der in der deutschsprachigen Literatur gängigen entspricht. Der Begriff der steuerlichen Effizienz bzw. Neutralität wird über die hier betrachteten EU-Mitgliedstaaten aber nicht einheitlich i. S. d. neoklassischen Wirtschaftstheorie ausgelegt. In der polnischen betriebswirtschaftlichen Steuerlehre etwa entspricht es der wohl h. M., „die Neutralität des Steuerrechts vor allem als ein Diskriminierungsverbot [anzusehen] (.), nach welchem Steuerpflichtige in gleicher wirtschaftlicher Situation auch vergleichbar belastet werden sollen; dem darüber hinausgehenden Neutralitätsverständnis, daß das Steuerrecht weder Einfluß auf die Ressourcenallokation noch auf die Entscheidungen der Steuerpflichtigen nehmen soll, wird nicht gefolgt“[997]. Insofern ist zu konzedieren, dass der Konsenserfolg einer Inbezugnahme des neoklassischen Modellrahmens durchaus an Grenzen – im Wortsinne – stößt.

2.2.3 Allgemeine Approximationsthese

Es wäre aber zu hinterfragen, ob das Modell des kapitaltheoretischen Gewinns zumindest Anhaltspunkte für Näherungslösungen bereitstellt, mit deren Hilfe eine Verbesserung der Entscheidungsneutralität herbeigeführt werden könnte.[998] In diesem Sinne wird einer nach IFRS ermittelten Gewinngröße vereinzelt attestiert, einen höheren Neutralitätsgrad zu erreichen, als dies bei einer Maßgeblichkeit handelsrechtlicher GoB oder einer Einnahmen-Überschuss-Rechnung nach § 4 Abs. 3 EStG der Fall sei.[999] Dieser Befund erklärt sich offenbar mit der zunehmend zeitwertstatischen Ausrichtung innerhalb des IFRS-Normengefüges,[1000] hinter der sich das implizite, aber unerreichbare Anliegen einer effektiven Stichtagsvermögensermittlung verbirgt (sog. *Fair value*-Statik[1001] oder

---

995 Schreiber, U. (2000), S. 93.

996 Vgl. Schreiber, U. (1993a), S. 148.

997 Ellebrecht (2010), S. 366.

998 Vgl. Herzig/Lochmann (2006), S. 146.

999 Vgl. Wagner, F. W. (2005b), S. 541; vgl. auch ders. (2005c), S. 106 f.; ders. (2006a), S. 30 f.; ders. (2008), S. 101; wohl auch Oestreicher (2007b), S. 581.

1000 Vgl. (kritisch) Wüstemann/Wüstemann (2010b), S. 12; Wüstemann/Kierzek (2007a), S. 364 f.; Ballwieser (2009d), S. 215 und passim; ders. (2006), S. 26; Schildbach (2010a), S. 139; ders. (2009a), S. 371 ff.; ders. (2009b), S. 581; ders. (2009c), S. 108 f.; ders. (2010b), S. 69 ff.; Hommel (2005), S. 290; ders. (2007b), S. 183; Hommel/Hermann (2003), S. 2504; Bischof (2008), S. 15; Küting (2007), S. 234; Wich (2009), S. 28-37; Antonakopoulos (2007), S. 28; Weindel (2008), S. 6; Franke (2009), S. 185; Seifert (2011), S. 30; Najderek (2009), S. 82 f.; Kvifte (2008), S. 81 ff.; Höllerschmid/Janschek (2008), S. 50; Hayn (2005), S. 424 u. 426 f.; Haaker (2010), S. 666; ders. (2009b), S. 208; Pellens/Crasselt/Sellhorn (2007), S. 280; Fülbier (2006b), S. 236; Pfaff/Kukule (2006), S. 542; Lüdenbach/Hoffmann (2011), § 1 Rz. 115. Zum *asset-liability-approach* im angloamerikanischen Schrifttum vgl. grundlegend Sprouse/Moonitz (1962); hierzu auch Seifert (2011), S. 21-24; Jacobi (2003), S. 39-43; Gebhardt (2009), S. 159-164.

1001 Diese Bezeichnung wählt Schildbach (2009b), S. 581; ders. (2010c), S. 2051; ders. (2011), S. 71 ff.

asset-liability-approach), demnach also „die Idee und Konzeption des ökonomischen Gewinns stärker in die Bilanzierung zu übernehmen“[1002]. Auch wenn das Modell des kapitaltheoretischen Gewinns keine Aussage über die Zweckadäquanz einzelner Standards der internationalen Rechnungslegung liefert, lege es nahe, die steuerliche Gewinnermittlung nach dem Vorbild der IFRS prospektiver auszugestalten (allgemeine Approximationsthese[1003]).

Diesbezüglich ist anzumerken, dass auch die Zeitwertstatik nicht imstande ist, das ökonomische Vermögen i. S. d. Unternehmensgesamtwerts heuristisch auf bilanziellem Wege zu erfassen (was von den Anhängern dieser allgemeinen Approximationsthese aber auch nicht behauptet wird). Die am Modell des kapitaltheoretischen Gewinns angebrachte (Annahmen-) Kritik gilt für den *asset-liability-approach* analog. Der Versuch einer bilanziellen Effektivvermögensapproximation hat sich längst als ein unüberwindbarer „Bilanzvermögensmythos“[1004] entpuppt; aufgrund von ökonomischen Verbundeffekten wird auch eine nach IFRS erstellte Bilanz nicht das Effektivvermögen umfassend abbilden können.[1005] Der Gewinn nach IFRS wird folglich auch regelmäßig nicht der im Geschäftsjahr erreichten Effektivvermögenssteigerung i. S. ökonomischen Gewinns entsprechen.[1006] Diesen strengen Anspruch dürften die IFRS aber wohl auch gar nicht erheben; vielmehr scheint „die nach IFRS abzubildende Vermögenslage (...) in einzelbewertungsorientierter Betrachtung des Unternehmens hinreichend im Stichtagswert der einzelnen Bilanzposten ausgedrückt“[1007]. Das Vermögenskonzept der IFRS verbleibt völlig unklar. Damit ist die investitionsneutrale Wirkung der IFRS unter Berücksichtigung unvollkommener Information, begrenzter Rationalität und Opportunismus kaum noch realistisch.[1008] Eine Indienstnahme des IFRS-Regelwerks *in toto* könnte Entscheidungsneutralität im Rahmen der CCCTB nicht sichern.[1009]

Die vorgebliche Verbesserung der Entscheidungsneutralität kann letztlich kein abschließendes Argument für eine isomorphe Übernahme des IFRS-Regelwerks sein, wenn die Standards der internationalen Rechnungslegung nicht monistisch dem Entscheidungsneutralitätspostulat, sondern weiteren Kriterien, so vor allem dem Gleichmäßigkeitspostulat standhalten müssen, um Eingang in die CCCTB zu finden. Wie noch zu exemplifizieren ist, dürften gerade die dem *asset-liability-approach* konzeptionell folgenden, jüngeren Standards der internationalen Rechnungslegung mit dem Gebot einer gleichmäßigen Gewinnermittlung in unbefriedbarem Konflikt stehen.

1002 Küting (2006), S. 1442; vgl. auch ders. (2007), S. 234; zustimmend Heinhold/Hüsing (2007), S. 43; vgl. auch die Einzelbelege bei Sigloch (2004b), S. 219 f.; Höllerschmid/Janschek (2008), S. 31 ff.

1003 Zur Bezeichnung vgl. Schmiel (2007b), S. 5; dies. (2008), S. 335. *Schmiel* lehnt diese These aufgrund ihrer neoklassischen Fundierung jedoch dezidiert ab.

1004 So Moxter (2000c), S. 2143 (Zwischenüberschrift II.1.).

1005 Vgl. Coenenberg/Straub (2008), S. 22.

1006 Vgl. Moxter (2000c), S. 2144; Kahle (2002b), S. 98; ders. (2001a), S. 1206; Hommel/Schmidt/Wüstemann (2004), S. S89.

1007 So Wüstemann/Bischof (2006), S. 85.

1008 Vgl. Fülbier (2006b), S. 237.

1009 Vgl. Treisch (2011), S. 150; Fülbier (2006b), S. 237; Heinhold/Hüsing (2007), S. 43.

2.3 Zentrale Folgerungen aus dem (Investitions-) Neutralitätspostulat für die Ausgestaltung steuerlicher Gewinnermittlungsregeln *de lege ferenda*

2.3.1 Barrealisationsprinzip zur Eindämmung liquiditätsinduzierter Entscheidungsverzerrungen

Aus den aufgezeigten Modellgrenzen des kapitaltheoretischen Gewinns werden im Hinblick auf die Ausgestaltung steuerlicher Periodisierungsregeln abweichende Schlüsse gezogen. Der vereinzelt vertretenen (Extrem-) Wertung, die Suche nach einer verzerrungsfreien Gewinnermittlung im Rahmen eines auf Einzelbewertung basierenden Vermögensvergleichs müsse beendet werden, steuerliche Periodisierung seien bloße Konventionen ohne ökonomischen Gehalt, solange sie nicht an den von ihnen ausgehenden empirischen Anreizwirkungen orientiert werden,[1010] vermag hier nicht zugestimmt zu werden, zumal der empirische Aussagegehalt dieser Thesen zunehmend in Zweifel gezogen wird.[1011] Einer Diskussion steuerlicher Periodisierungsregeln dürfte ihre ökonomische Relevanz kaum kategorisch abzusprechen sein,[1012] auch wenn sie außerhalb eines vorgeblich engen modelltheoretischen und empirischen Methodenkanons stattfinden mag.[1013]

Auch der wiederkehrend[1014] vorgetragenen Fundamentalkritik, Entscheidungsneutralität (Investitionsneutralität) als Leitbild einer steuerlichen Gewinnermittlung aufgrund seines unrealistischen neoklassischen Prämissenbündels zu Fall zu bringen,[1015] kann nicht zugestimmt werden. Es wird bei aller Kritik nicht ersichtlich, warum auf eine wohlverstandene Anwendung des Modells der Besteuerung des ökonomischen Gewinns verzichtet werden sollte, wenn es weiterhin i. S. eines Eichstrichs, also in einem messtheoretischen, nicht instruktiven Sinn herangezogen wird. Wenn feststeht, dass eine Einkommensteuer Investitionsentscheidungen verzerrt, „dann sollte die steuerliche Gewinnermittlung zumindest so ausgestaltet sein, dass die Verzerrungen möglichst gering ausfal-

---

1010 So Wagner, F. W. (2004), S. 237 ff.; ders. (2005d), S. 611 ff.; ders. (2008), S. 97 ff.; ders. (2010a), S. 25 ff.

1011 Nach *F. W. Wagner* und *Schwenk* bedingen Rückstellungen und Teilwertabschreibungen aus empirischer Sicht Steuerbarwertausfälle, sie schaffen aber keine Investitionsanreize, weil sie im Planungskalkül (Kapitalwert-Standardmodell nach Steuern) unbeachtet bleiben. Eine Antizipation der von diesen Gewinnermittlungselementen ausgehenden Wirkungen würde erfordern, dass mehrwertige Zukunftserwartungen modelliert werden, was zu einer erheblichen Komplexitätssteigerung des Investitionskalküls führe. Dagegen würden planmäßige Abschreibungen empirisch überwiegend als entscheidungserheblicher Investitionsanreiz wahrgenommen werden. Daraus sei zu schließen, dass die im Vorsichtsprinzip gründenden, aber von den Steuerpflichtigen nicht als Anreiz empfundenen Gewinnermittlungselemente bei einer Reform der steuerlichen Gewinnermittlung zurückgedrängt werden sollten. Vgl. Wagner, F. W. (2000b), insb. S. 192 ff.; ders. (2002c), S. 1889 ff.; ders. (1998c), S. 59 ff.; ders. (2004), insb. S. 243 ff.; ders. (2005d), S. 620; Wagner, F. W./Schwenk (2003), S. 373 ff.; Schwenk (2003).
Nach *Schmiel* indes ist dieser Befund aber allein schon deshalb nicht überraschend, weil das Kapitalwert-Standardmodell sich in seiner komplexitätsreduzierten Grundform eben auf die Erfassung von planmäßigen Abschreibungen als einzig zahlungsverschiedenes Gewinnelement (sog. *accrual*) beschränkt. Mangels einer entsprechenden Empfehlung seitens der betriebswirtschaftlichen Steuerlehre, das Kapitalwert-Standardmodell um Rückstellungen und Teilwertabschreibungen zu erweitern, können Gewinnelemente dieser Art keine empirischen Anreizwirkungen entfalten. *Schmiel* spricht daher von einer „Beratungsbeeinflussungshypothese; vgl. hierzu und zu weitergehenden Kritikpunkten dies. (2007b), S. 7 f.; dies. (2009a), S. 153-160; dies. (2009b), insb. S. 1197-1199; dies. (2005b), S. 79-84; dies. (2006a), S. 149 und passim; kritisch ferner auch Sava (2007), S. 87 f.

1012 Vgl. Siegel (2009b), S. 179.

1013 So aber Wagner, F. W. (2008), S. 112 f.

1014 Ablehnend bereits z. B. Haase (1990), S. 112 f. („steuerliche Sandkastenspiele im akademischen Unterricht"); hiergegen dezidiert Richter (1990), S. 760 f.

1015 Zur Kritik vgl. Schmiel (2005a), S. 26-28; dies. (2007b), S. 3-10; dies. (2010), S. 461-465.

len“[1016]. Immerhin liefert das Modell gewisse Einsichten für die Ausgestaltung der steuerlichen Gewinnermittlung.[1017] Die Forderung nach Entscheidungsneutralität sollte sich auf die Beseitigung offensichtlicher Neutralitätsverstöße reduzieren.[1018] Auf Ebene der materiellen Einzelnormen sollte vor allem „einer Begünstigung der langfristigen Auftragsproduktion gegenüber Branchen mit kurzen Fertigungszeiten, einer Begünstigung der Forschung, Entwicklung und Herstellung gegenüber dem Erwerb von Wirtschaftsgütern oder einer Begünstigung von Produkten mit starken Preis- und Währungsschwankungen“[1019] entgegengewirkt werden.

Das Modell des kapitaltheoretischen Gewinns lenkt vor allem aber den Blick auf die Liquiditätswirkungen der steuerlichen Gewinnermittlung, die erst außerhalb des Modellrahmens an Relevanz gewinnen.[1020] Denn in diesem Szenario und dem gedanklichem Ausschluss externer Finanzierungsmöglichkeiten muss Liquidität und deren freie Disponibilität gewährleistet sein, um Gewinnsteuerzahlungen entrichten zu können (Selbstfinanzierungshypothese).[1021] Selbst wenn man diese Selbstfinanzierungshypothese lockert, würde sich das Liquiditätsproblem keineswegs verlieren. Vielmehr würde ein steuerlicher Zugriff auf unrealisierte Gewinne für die Steuerpflichtigen mit der negativen ökonomischen Konsequenz einhergehen, Gewinnsteuerzahlungen durch vorhandene liquide Mittel i. S. einer „Vorsichtskasse“[1022] oder durch Verschuldung (vor-) finanzieren zu müssen,[1023] woraus sich eine individuelle Minderung der zu Konsum- bzw. Investitionszwecken verfügbaren Liquidität bzw. eine Verengung des Verschuldungsspielraums ergibt.[1024] Äußerstenfalls wäre ein Wirtschaftsgut zu veräußern oder zu beleihen, um die Gewinnsteuerzahlung leisten zu können.[1025] Dabei kann indes nicht ausgeschlossen werden, dass eine Zwangsveräußerung oder -beleihung in der erforderlichen Höhe nicht oder nur eingeschränkt möglich ist. Eine Vorfinanzierung der Steuerzahlung löst Zinsbelastungen aus, die bei hinreichend langer Laufzeit die unrealisierten Vermögensmehrungen aufzehren und damit zu einer steuerinduzierten Enteignung,

---

1016 Kahle (2002c), S. 195; vgl. auch Schreiber, U. (1996), S. 107; Marx (2007), S. 886; Siebler (2008), S. 386; Herzig (2004a), S. 23; vgl. auch Homburg (2010), S. 246: „Eine angenähert investitionsneutrale Besteuerung ist (..) praktikabel, wenn man sie will“.

1017 Vgl. auch Oestreicher/Spengel (2007), S. 439.

1018 Vgl. Schneider (2002), S. 103; ders. (1992a), S. 738; ebenso Schreiber, U. (2009b), S. 429; Gröning (2002), S. 62; Treisch (2004), S. 47; Fülbier (2006a), S. 36 f.; ders. (2006b), S. 233. Ablehnend gegenüber dieser sog. „abgeschwächten Entscheidungsneutralität“ Schmiel (2008), S. 339 f. (auch zum Begriff); dies. (2007b), S. 8-10.

1019 Oestreicher (2007b), S. 580.

1020 Vgl. Schneider (2010a), S. 717; Schreiber, U. (1993b), S. 9; Schmiel (2008), S. 342; dies. (2007b), S. 11; dies. (2007a), S. 698; dies. (2011), S. 121; Sava (2007), S. 92 f., 104 f.; Wendt (2009), S. 110; Heibel (1981), S. 45 ff.; Fülbier (2006b), S. 237; Wissenschaftlicher Beirat beim BMF (2007), S. 40. Insofern verwundert die Festellung von Fuest (2009), S. 105, der „Zusammenhang von Besteuerung und Liquidität“ werde „von der Steuertheorie kaum beachtet“.

1021 Vgl. Schreiber, U. (2002), S. 108.

1022 Schneider (1992a), S. 573.

1023 Vgl. Schreiber, U. (1993a), S. 157; Lüders (1987), S. 37.

1024 Vgl. Schreiber, U. (1993a), S. 157.

1025 Vgl. Schneider (1986b), S. 235; Schreiber, U. (2009c), S. 85; Sava (2007), S. 105; Herzig/Bär (2003), S. 5; Nientimp (2003), S. 14; Möhlmann-Mahlau/Gerken/Grotheer (2004), S. 920; Nobes (2003), S. 40; Breithecker/Klapdor/Rokitta (2007), S. 147; Sigloch (2005a), S. 555; Krawitz/Kalbitzer (2008), S. 162 f.; Treisch/Müßig (2008), S. 115; Treisch (2011), S. 148; Link (2005), S. 223; Wendt (2009), S. 110; Hennrichs (2001), S. 316 f.; Kußmaul (2005), S. 196; Elicker (2002), S. 217 ff.; a. A. Báez Moreno/Kaiser (2007), S. 178-180.

also einer faktischen Substanzbesteuerung werden.[1026] Folge ist, dass ökonomisch sinnvolle Investitionen in ihrer Durchführung verhindert werden.[1027] Ein gesamtwirtschaftlicher Rückgang der Investitionsbereitschaft wäre zu erwarten.[1028] Damit zeigt sich, dass es eine Einflusslosigkeit gewinnabhängiger Zwangsausgaben nicht geben kann;[1029] es besteht ein ökonomisches „Liquiditätsproblem“[1030].

Für die steuerliche Gewinnermittlung *de lege ferenda* ist aus dieser – keineswegs neuen – Erkenntnis der zentrale Schluss zu ziehen, die Erfolgsrealisierung an den Zeitpunkt des Zahlungsmittelzuflusses heranzuführen: Sofern man das Realisationsprinzip mit den Liquiditätswirkungen der Besteuerung begründet, wäre es nur konsequent, dieses i. S. eines Barrealisationsprinzips auszuformen.[1031] Zwar steht außer Frage, dass Investitionsneutralität auch unter der Herrschaft eines zahlungsnahen Realisationsprinzips unerreichbar bleibt;[1032] zumindest aber könnten liquiditätsinduzierte Entscheidungsverzerrungen unter realistischen Bedingungen gemindert werden.[1033]

Während das (Bar-) Realisationsprinzip unter Verweis auf die Entscheidungswirkungen bei Unsicherheit und unvollkommenem Kapitalmarkt ökonomisch begründet werden kann,[1034] ist das im Vorsichtsprinzip wurzelnde Imparitätsprinzip unter Neutralitätsgesichtspunkten nicht zu rechtfertigen, da es eine „Gleichbehandlung im Sinne von Investitionsneutralität nicht einmal programma-

1026 Vgl. Sigloch (2005a), S. 555; Treisch (2011), S. 149.

1027 Vgl. Sigloch (2004b), S. 216.

1028 Vgl. Spengel/Zinn (2011), S. 173.

1029 Vgl. Schneider (1997a), S. 250 ff.; Pannen (2000), S. 151.

1030 Schreiber, U. (1980), S. 84; vgl. auch Sigloch (2000), S. 177.

1031 Vgl. Schreiber, U. (1993a), S. 157. Für eine zahlungsnahe Interpretation des Realisationsprinzips im Rahmen der steuerlichen Gewinnermittlung *de lege ferenda* (mit graduell abweichender Konkretisierung) vgl. Schneider (1971b), S. 330; ders. (1971c), S. 379; ders. (1976), S. 102 ff.; ders. (1978c), insb. S. 60-62; ders. (2002a), S. 284; ders. (1984a), S. 420; ders. (2009b), S. 414; ders. (2010a), S. 717; ders. (1996d), S. 486; ders. (2003a), S. 301; ders. (2003b), S. 667; ders. (2000d), S. 1243; ders. (2004a), S. 303; ders. (1988), S. 1226; Siegel (1994b), S. 2244; ders. (2009a), S. 458; ders. (2008b), S. 303 f.; ders. (2008a), S. 361 f.; ders. (2008d), S. 348; ders. (2007b), S. 419; ders. (2011a), S. 783 f.; ders. (2011b), S. 46 Fn. 16; Pittroff/Schmidt/Siegel (2011), B 161 Rz. 144; Jacobs (1971), S. 122-125; ders. (1972), S. 178; Lemm (1981), insb. S. 156-159; Spengel (2006b), S. 682; ders. (2009), S. 105; ders. (2008b), S. 421; ders. (2003b), S. 32; Spengel/Malke (2008), S. 71; Spengel/Ernst/Finke (2010), S. 287; Schreiber, U. (2002), S. 107-109; ders. (2004), S. 225 f.; Schreiber, U./Kahle (2002), Sp. 1641; Kahle (2002c), S. 212 u. S. 268; ders. (2002d), S. 186; ders. (2001b), S. 132; ders. (2005a), S. 11; ders. (2006b), S. 89; Dahlke/Kahle (2009), S. 232; Kahle/Schulz (2011b), S. 455 ff.; Gröning (2002), S. 63; Pannen (2000), S. 151-156 u. S. 225 f.; Fülbier (2006b), S. 234; ders. (2006a), S. 65-67; Schröer (2004), S. 219; Nientimp (2003), S. 13 f.; Wendt (2009), S. 110; Robisch/Treisch (1997), S. 166; Dicken (2003), insb. S. 82 f.; Schmidt (1994), S. 195 f.; Meyering (2011a), S. 243; vorsichtiger wohl Oestreicher (2006), S. 289. Die Forderung nach einer Barrealisation im Kontext der steuerlichen Gewinnermittlung wird im deutschsprachigen Schrifttum bereits seit den 1950er-Jahren erhoben. Vgl. insb. Kottke (1953), S. 762 f.; ders. (1987), S. 1577 ff.; Pohmer (1957), S. 461 ff., S. 498 ff., 523 ff., 551 ff.; Götzen (1963), S. 321 ff.; Dietrich (1968), S. 108 ff.; weitere Quellen älteren Datums nennt Dicken (2003), S. V. Für eine wissenschaftsgeschichtliche Darstellung und Auseinandersetzung mit dem Barrealisationsprinzip vgl. auch Schneider (1978a), S. 342-345.

1032 Vgl. Schreiber, U. (1991), S. 68; Kahle (2002c), S. 201; Schröer (2004), S. 218 f.; Spengel (2003c), S. 313.

1033 Ob sich das Barrealisationsprinzip auch auf eine europa- bzw. verfassungsrechtliche Stütze berufen könnte, vermag an dieser Stelle nicht abschließend beurteilt zu werden. Zumindest das Realisationsprinzip i. S. d. geltenden deutschen Bilanzsteuerrechts wird als Verfassungsprinzip postuliert. Vgl. Schlotter (2007), S. 957; Helios/Schotter (2009), S. 552. Auch wenn ein Barrealisationsprinzip nicht verfassungs*geboten* ist (vgl. Schlotter/Pinkernell [2011], S. 690), so heißt dies keineswegs, dass es nicht ebenso verfassungs*konform* wäre.

1034 Vgl. Schreiber, U. (1993), S. 157; Kahle (2002c), S. 202.

tisch anstrebt"[1035]. Vielmehr retardiert es Gewinnsteuerzahlungen, mindert den Steuerbarwert und lässt zugleich den Ertragswert nach Steuern wachsen.[1036] Indessen müsste ein entscheidungsneutraler Gewinn positive als auch negative Wertänderungen in symmetrischer Weise berücksichtigen.[1037] Eine Ausschaltung des Vorsichts- bzw. Imparitätsprinzips würde „eher dem steuerlichen Leitbild einer unverzerrten Gewinnermittlung"[1038] nachkommen. Da die Geltung des Barrealisationsprinzips vorstehend außerhalb des neoklassischen Modellrahmens begründet wurde, muss dieses Szenario auch der Ablehnung des Imparitätsprinzips zugrunde gelegt werden. Weil das Imparitätsprinzip allerdings schon innerhalb des Modells Entscheidungswirkungen provoziert, ist kaum einsehbar, weshalb es außerhalb des Modellrahmens einen Beitrag zur Minderung liquiditätsbedingter Entscheidungswirkungen leisten sollte. Auch vom Standpunkt der Liquidität aus erscheint ein Imparitätsprinzip im Rahmen der steuerlichen Gewinnmessung – unter bestimmten Bedingungen – entbehrlich,[1039] worauf an späterer Stelle[1040] dieser Arbeit vertieft einzugehen ist.

2.3.2 Kritik am Barrealisationsprinzip und deren Widerlegung

An der hier favorisierten zahlungsnahen Ausdeutung des Realisationszeitpunkts wird Kritik geltend gemacht.[1041] *Schmiel* wendet sich aus methodologischer Sicht gegen das Barrealisationsprinzip, indem sie vorbringt, das Barrealisationsprinzip gründe in einem neoklassischen Paradigma, dieses aber sei aufgrund seines unrealistischen Prämissenrahmens als Leitbild einer steuerlichen Gewinnermittlung *de lege ferenda* abzulehnen.[1042] Diesen (scheinbaren) Zusammenhang zwischen Barrealisationsprinzip und neoklassischer Theorie will *Schmiel* weiter zum Anlass nehmen, jenen Gewinnermittlungskonzeptionen, die auf dem Barrealisationsprinzip basieren, die theoretische Fundierung abzuerkennen.[1043]

1035 Wagner, F. W. (1998c), S. 59; ders. (1998a), S. 2075; vgl. auch Kahle (2002c), S. 202; Oestreicher/Spengel (1999a), S. 594.

1036 Vgl. Schreiber, U. (1991), S. 66.

1037 Vgl. Schreiber, U. (1997), S. 504; Kahle (2002c), S. 202.

1038 Schreiber, U. (1997), S. 505; vgl. auch etwa Siebler (2008), S. 387.

1039 A. A. Schmiel (2008), S. 346 f.; wohl beipflichtend Ballwieser (2011), S. 583.

1040 Vgl. unten, 3. Kap. II. 1.4.

1041 Zur Kritik an der zahlungsorientierten Ausdeutung des Realisationszeitpunkts vgl. (mit unterschiedlichen Überlegungen) Ballwieser (1995a), S. 731; ders. (1996), S. 513 f.; Luik (1981), S. 101 f.; Koniarski (1984), S. 152-157; Lüders (1987), S. 58 ff.; Leffson (1987), S. 258-260; Kohl (1994), S. 115 f.; Kraft (1991), S. 71 ff.; Knobbe-Keuk (1993), S. 245; Gelhausen (1985), S. 111-114; Dauber (2003), S. 132-134; Mayr (2001a), S. 16 ff.; Döring (1977), S. 271 ff.; Heibel (1981), S. 39-61; Scholz (2003), S. 98-104; Köhle (2003), S. 117-120; Müller-Dahl (1979), S. 109 f.; Schmiel (2007b), S. 8-10; dies. (2008), S. 346; Schmitt (2005), S. 80-84 (der ein eng an *Schneider* angelehntes Gewinnermittlungskonzept vorträgt, in diesem zentralen Punkt aber abrückt). Ablehnend aus Sicht ausschüttungsstatischer GoB *de lege lata* Moxter (1976), S. 292; ders. (2003b), S. 41; ders. (2005), S. 1008; Euler (1989), S. 68 f.; Hommel (1992), S. 34; Berndt (1998), S. 55 f.; Burkhardt (1988), S. 41-43 Sessar (2007), S. 43-49. Die Frage, ob ein Barrealisationsprinzip auch handelsrechtlich geboten ist, soll im Folgenden dahingestellt bleiben.

1042 So die Kritik bei Schmiel (2007b), S. 8-10.

1043 Vgl. Schmiel (2007b), S. 10.

Diese Kritik übergeht, dass auch zwischen den Vertretern solcher Gewinnermittlungskonzeptionen Uneinigkeit besteht, inwieweit das Barrealisationsprinzip aus dem Modell der Besteuerung des kapitaltheoretischen Gewinns gefolgert werden kann. Eine argumentative Nähe zum Modell des kapitaltheoretischen Gewinns zur Herleitung des Barrealisationsprinzips suchen allein *Schneider* und seine Schüler. Wohlgedeutet besagt diese argumentative Nähe aber nur, dass das Modell jene Bedingungen aufzeigt, unter denen Liquidität zum Problem der steuerlichen Gewinnermittlung wird. Weitere Vertreter der vereinfachten Vermögensrechnung stellen daher heraus, dass ein (liquidationsnahes) Realisationsprinzip zwar im Hinblick auf die liquiditätsbedingten Entscheidungswirkungen auf unvollkommenen Märkten begründbar ist, es damit aber gerade nicht auf ein Neutralitätspostulat bezogen werden kann, dessen Geltung mit der Existenz vollkommener Märkte steht und fällt.[1044] Der Anspruch nach einem zahlungsnahen Realisationsprinzip kann damit gerade nicht unmittelbar auf das neoklassische Modell der Besteuerung des kapitaltheoretischen Gewinns gestützt werden, weil ein positiver ökonomischer Gewinn (etwa bei *Zero-Bonds*) im Modell vorliegen kann, ohne dass liquide Mittel in der Periode zugeflossen sind.[1045] Der Bezug zum Modell der Besteuerung des kapitaltheoretischen Gewinns ist keineswegs hinreichend, das Barrealisationsprinzip zu verwerfen.

Die zahlungsnahe Ausdeutung des Realisationsprinzips wird im weiteren Schrifttum aber vor allem deshalb abgelehnt, weil es die Liquiditätsproblematik im Rahmen der handels- und steuerlichen Gewinnermittlung überzeichne.[1046] Der Grundsatz der Barrealisation stelle sich m. a. W. als eine „Extremposition“ der Risikobewältigung dar, derer es aus Liquiditätssicht nicht bedürfe.[1047] Der gängigste Einwand gegen ein Barrealisationsprinzip lautet dementsprechend, dass eine werthaltige Forderung im Grundsatz liquidisierbar (geldnah) und damit hinreichend liquide sei, um die Leistung gewinnabhängiger Zwangsausgaben bestreiten zu können.[1048]

1044 Vgl. Schreiber, U. (1996), S. 107. In einer neueren Veröffentlichung räumt *Schmiel* ein, dass der Barrealisationsgrundsatz „zumindest nicht“ aus der abgeschwächten Entscheidungsneutralität herzuleiten sei, womit die Geltung des Barrealisationsgrundsatzes wohl nicht mehr bereits im Grundsatz abgelehnt wird; vgl. Schmiel (2008), S. 340 (auch Zitat).

1045 Vgl. Ballwieser (1995a), S. 731; ders. (1996), S. 513; Schreiber, U. (1996), S. 106; Kahle (2001b), S. 132 Fn. 78; ders. (2002c), S. 194; Siebler (2008), S. 385 Fn. 48; Müller (2001), S. 40. Allerdings wird man dieser Kritik ihrerseits entgegenzustellen haben, dass der ökonomische Gewinn einen Liquiditätszugang nur dann nicht verlangt, wenn man ihn als „Zinsen auf den Ertragswert der Vorperiode“ definiert (sog. *ex ante*-Formulierung). Indessen wird der Liquiditätszugang sehr wohl zur empirischen Voraussetzung, wenn man den kapitaltheoretischen Gewinn – mathematisch äquivalent – als „Zahlungsüberschuss weniger Ertragswertabschreibung“ begreift. Vgl. Jansen (2000), S. 61; Pannen (2000), S. 150-152; für eine wissenschaftsgeschichtliche Betrachtung verschiedener dogmatischer Ausdeutungen des kapitaltheoretischen Gewinns eingehend Schneider (1981), S. 141 ff.

1046 Vgl. z. B. Koniarski (1984), S. 153; Müller-Dahl (1979), S. 109.

1047 Vgl. Ballwieser (1996), S. 514; Scholz (2003), S. 98.

1048 Vgl. Schmitt (2005), S. 80-84; Drescher (2002), S. 119 f.; Müller-Dahl (1979), S. 109; Dahlke (2011), S. 170; Schmiel (2008), S. 346 mit Verweis auf Moxter (2003b), S. 41. Der Verweis auf *Moxter* ist unpassend. *Moxter* lehnt das Barrealisationsprinzip nur zur Konkretisierung des gesetzlichen (handeslrechtlichen) Realisationsprinzips i. S. d. § 252 Abs. 1 Nr. 4 HGB ab und konzediert, dass dieses Realisationsverständnis für die Messung der steuerlichen Leistungsfähigkeit nur bedingt taugt. Vgl. ders. (1984b), S. 1784-1786; vgl. hierzu bereits auch Schreiber, U. (1991), S. 66 Fn. 13.

An dieser Kritik ist zutreffend, dass lediglich solche Gewinnsteuerzahlungen die Liquiditätslage gefährden können, die vor Fälligkeit einer Forderung zu entrichten sind. Die hierbei implizit unterstellte Prämisse, der Zeitraum zwischen dem Zeitpunkt der Steuerzahlung und dem des Zahlungseingangs sei komplikationslos zu überbrücken, gilt indes nur, wenn das Zahlungsziel kurzfristig ist. Man wird indes schlechterdings davon ausgehen können, dass im Allgemeinen nur kurzfristige Forderungen im Bestand gehalten werden. Die pauschal unterstellte Kurzfristigkeit von Forderungen ist damit kein hinreichendes Argument, um die dem tradierten Realisationsprinzip immanente Liquiditätsproblematik zu entkräften und mithin die Notwendigkeit eines Barrealisationsprinzips zu bestreiten.[1049] Dem gängigen „Quasi-Liquiditäts-Argument" ist weiter entgegenzusetzen, dass bei einer Verwertung der Forderung vor ihrer Erfüllung, etwa im Weg des *Factoring*,[1050] i. d. R. gerade nicht der volle Forderungsbetrag (Einzahlungswert), sondern nur ein geringerer Geldbetrag einbringbar ist, sodass eine nicht unbeträchtliche systematische Finanzierungslücke unverändert klafft.[1051] Das Argument der Quasiliquidität von Forderungen erweist sich damit als Scheinlösung, von der nicht unproblematischen Unterstellung abgesehen, eine solche Forderungsverwertung sei jederzeit und problemlos möglich.[1052]

Das Gegenargument, der Abschlag vom Nennwert der Forderung sei kein Problem des Forderungsansatzes,[1053] reduziert das Liquiditätsproblem in unzulässiger Weise auf eine bloße Bewertungsfrage und überzeugt daher nicht. Wird zusätzlich in Rechnung gestellt, dass eine *Factoring*-Bank dem Forderungsveräußerer stets auch entsprechende Zinsen berechnen wird und diese Zinslast von Überschussermittlern nicht getragen werden muss, so zeigt sich umso deutlicher, dass der Rekurs auf eine nur „grundsätzliche" Liquidisierbarkeit nicht nur ökonomisch schädliche Entscheidungsverzerrungen auszulösen vermag, sondern auch gleichheitswidrige Disparitäten zwischen Gewinnermittlern und Überschussermittlern befördert, die es nach dem Gleichmäßigkeitsgebot auszuschalten gilt.[1054]

Desgleichen will der von Kritikern typischerweise angeführte Einwand nicht durchschlagen, dass ein Barrealisationsprinzip nicht sichern könne, „dass das vereinnahmte Geld zum Zeitpunkt der Steuerzahlung noch vorhanden ist und nicht schon auf andere Weise wieder verbraucht oder reinvestiert wurde"[1055]. Entgegen seiner Intention vermöge mithin auch ein liquiditätsorientiertes Realisationsprinzip keinen wirksamen Schutzschild gegen drohende Illiquidität aufzubauen. Der ent-

1049 So aber Burkhardt, D. (1988), S. 42; ähnlich Koniarski (1984), S. 154; zustimmend Kraft (1991), S. 74; langfristige Zahlungsziele immerhin als Problem anerkennend Lüders (1987), S. 61.

1050 So z. B. Heibel (1981), S. 51 ff.; Lüders (1987), S. 62; Mayr (2001a), S. 25; Scholz (2003), S. 99; Schön (2005c), S. 66; Koniarski (1984), S. 155.

1051 Vgl. Siegel (1992), S. 593; Dicken (2003), S. 60 f.; Lemm (1981), S. 191; Lüders (1987), S. 37.

1052 So Heibel (1981), S. 50.

1053 Vgl. Scholz (2003), S. 99 f.; Drescher (2002), S. 119 Fn. 581.

1054 Vgl. Dicken (2003), S. 61.

1055 So Dauber (2003), S. 133; ähnlich auch Pietsch (2007), S. 297; Kraft (1991), S. 74; Moxter (2005), S. 1008; ders. (2003b), S. 41; Drescher (2002), S. 119; Koniarski (1984), S. 155; Döring (1977), S. 275; Lüders (1987), S. 62.

scheidende Unterschied zu einem Realisationsprinzip traditioneller Provenienz liegt indes darin, dass unter Geltung des Barrealisationsgrundsatzes bereits einmal Liquidität empfangen worden sein muss. Dass indes eine nach der Vereinnahmung der Geldmittel erforderliche Veräußerung oder Beleihung *ceteris paribus* dem Steuerpflichtigen selbst anzulasten ist, erscheint unstrittig und lässt sich daher kaum spezifisch gegen eine Geldrealisation in Position bringen.[1056] Es ist nicht die Schwäche des Barrealisationsprinzips, sondern die Schwäche der individuellen Finanzplanung des Steuerpflichtigen, die eine Liquiditätsaufnahme erforderlich werden lässt. Die auf die zahlungsnahe Interpretation des Realisationsprinzips gerichtete Kritik kann schließlich nicht mehr hingenommen werden, wenn sie in der Abwegigkeit kulminiert, „es [sei] generell Sache des Steuerpflichtigen (.), für ausreichende Liquidität (...) zu sorgen“[1057]. Die (Gegen-) Kritik lässt die Vorteilhaftigkeit des Barrealisationsprinzips gegenüber dem tradierten Realisationsprinzip insgesamt nur noch deutlicher aufscheinen.

3 Gleichmäßigkeit der Besteuerung

3.1 Ökonomische Relevanz

Die Erörterung von Gleichmäßigkeitsfragen ist umstritten; insbesondere das Leistungsfähigkeitsprinzip gilt als zu vage, um diesem steuerliche Gewinnermittlungsnormen entnehmen zu können. Auch wenn die Steuergerechtigkeit und mithin die Gleichmäßigkeit der Besteuerung vornehmlich als ein ethisches, gewissermaßen metaökonomisches[1058] Postulat betrachtet wird,[1059] können die von einer steuerlichen Gewinnermittlung ausgehenden Verteilungsfolgen allerdings durchaus mit ökonomischen Methoden diskutiert werden.[1060] Dass Periodisierungsregeln auf unvollkommenen Märkten (endgültige) Verteilungsfolgen auslösen, lässt sich anhand des Konzepts der impliziten Besteuerung demonstrieren.[1061] Gleichmäßigkeit der Besteuerung lässt sich aber nicht nur ökonomisch grei-

1056 Vgl. Jacobs (1971), S. 124 f.; Schneider (1978c), S. 61; Siegel (1992), S. 593; Sava (2007), S. 105.

1057 So Koniarski (1984), S. 155.

1058 Vgl. etwa Schneeloch (2011), S. 248.

1059 So bezeichnet Siegel (1999c), S. 355 das Prinzip der Gleichmäßigkeit der Besteuerung als ein „unstrittiges ethisches Leitprinzip“. Vgl. auch z. B. Schneider (1980c), S. 533; Jansen (2006a), S. 17; Walzer (1987), S. 38; Miessl (1991), S. 2131; Küpper (2004), S. 117; in der steuerrechtlichen Literatur z. B. Tipke (2009), S. 534.

1060 Vgl. Hundsdoerfer (2002), S. 22. Für eine entscheidungstheoretische Interpretation vgl. Walzer (1987).

1061 Wird angenommen, dass eine Investition durch eine steuerliche Gewinnermittlungsregel begünstigt wird, so hat dies zur Konsequenz, dass der aus ihr fließende Zahlungsüberschuss nach Steuern steigt. Die Nachfrage nach dieser Investition wird unter dem Eindruck der Besteuerung zunehmen. Infolgedessen erhöht sich der Preis, zu dem diese Investition am Markt gehandelt wird. Aufgrund der Preissteigerung wird die Bruttorendite der begünstigten Investition sinken. Aus ökonomischer Sicht kommt diese marktbestimmte Renditeminderung einer impliziten Steuer gleich, da sie nicht als Steuerzahlung abfließt, sondern aus einer steuerinduzierten Preiserhöhung herrührt. Existieren vollkommene Kapitalmärkte unter Sicherheit, wird die begünstigte Investition so lange nachgefragt, bis der Steuervorteil aufgrund des gestiegenen Anschaffungspreises vollständig erodiert ist. Der marktliche Wettbewerb bewirkt, dass die Nachsteuerrenditen sämtlicher Investitionen und damit auch die *ex post*-Reinvermögenszugänge aller Steuerpflichtigen im Gleichgewicht identisch sind. Gleichmäßigkeitsverletzende Umverteilungswirkungen durch ungleichmäßig belastende Steuern werden (nur) in diesem Fall vermieden. „Offenbar verliert die Sorge um eine gleichmäßige Belastung durch Steuern erheblich an Bedeutung, wenn Vermögen regelmäßig gehandelt wird und Steuervorteile sich in den Marktpreisen niedergeschlagen haben. Denn für besteuerte Investoren ergeben sich immer *ex post* identische Reinvermögenszugänge und Nettorenditen“ (Schreiber, U. [1993b], S. 6). Indessen sind Märkte i. d. R. unvollkommen, sodass gewinnermittlungsbedingte Steuervorteile unter diesen Bedingungen nicht mehr vollständig in den gestiegenen Marktpreisen reflektiert werden; steuerliche Gewinnermitt-

fen, sondern auch ökonomisch begründen. So sieht *Siegel* den „ökonomischen Grund“ für eine gleichmäßigkeitswahrende Ermittlung des steuerlichen Gewinns ausdrücklich darin, dass „eine potentielle Gefährdung des Vermögens und damit auch der unternehmerischen Betätigung infolge von Delikten oder sozialen Unruhen zu befürchten“ wäre, „[j]e weiter Einkommens- und Vermögensverteilung auseinander klaffen“[1062]. Ähnlich betont auch *Schneider*, dass „eine Gesellschaft, in der Interessengegensätze möglichst gewaltfrei bereinigt werden sollen, nicht allein unter Effizienzgesichtspunkten geordnet werden kann“[1063]. Ferner wird auch die bekannte Verfassungskonferenz von *Rawls*[1064] als „[b]etriebswirtschaftliche Begründung“[1065] für eine dem Gleichmäßigkeitsgedanken verpflichtete steuerliche Gewinnermittlung herangezogen.

Folgt man diesen zentralen Einsichten, stellt sich die Gleichmäßigkeit der Besteuerung ebenfalls als ein „betriebswirtschaftliches Problem“[1066] dar. Es ist daher auch nicht ersichtlich, weshalb eine ökonomische Analyse der steuerlichen Gewinnermittlung nicht auch die von ihr ausgehenden Verteilungsfolgen in den Blick nehmen sollte.[1067] Dass hierbei keine formal-analytische bzw. empirische, sondern eine als systematisch-analytische zu bezeichnende Vorgehensweise[1068] gewählt wird, sollte nicht als unwissenschaftlich abgetan werden.[1069] Hier wird sich vielmehr der Ansicht jener Ökonomen angeschlossen, die eine monistische Ausrichtung an steuerlichen Effizienzzielen für unzureichend halten.[1070] Indessen erscheint es auch umgekehrt nicht hinreichend, die steuerliche Gewinnermittlung allein unter das Gleichmäßigkeitsgebot zu stellen.[1071]

---

lungsregeln vermögen damit (endgültige) Verteilungswirkungen auszulösen. Vgl. im Einzelnen Schreiber, U. (1993b), S. 5 ff.; Kahle (2002c), S. 203 f.; Hundsdoerfer (2002), S. 27 ff.

1062 Siegel (1999c), S. 359 (alle Zitate).

1063 Schneider (1992a), S. 750.

1064 Vgl. grundlegend Rawls (1971). Zur Gerechtigkeitstheorie *Rawls'* im steuerlichen Kontext vgl. insb. Bareis (2001), S. 97; ders. (2002a), S. 20; ders. (2002c), S. 136; (kritisch) Schneider (1997b), S. 490; ders. (2002a), S. 258-260.

1065 So Sava (2007), S. 98-100 mit Verweis auf Rawls (1989), S. 89 ff u. S. 421 ff.; vgl. auch Schmiel (2005), S. 184 ff.; Bareis (2002c), S. 136.

1066 Knödler (2004), S. 76.

1067 Vgl. Schneider (1992a), S. 646; Hundsdoerfer (2002), S. 22 ff.; vorsichtiger Fülbier (2006a), S. 60. Vgl. aus finanzwissenschaftlicher Sicht nur Homburg (2010), S. 195 f., der sich dezidiert dafür ausspricht, die Frage nach einer gerechten Besteuerung auch wissenschaftlich zu diskutieren.

1068 Vgl. Küpper (2005), S. 736.

1069 Vgl. auch Schmiel (2009b), S. 1204 f.; Bareis (2002c), S. 136.

1070 Vgl. Siegel (2000c), S. 737; ders. (2001a), Sp. 1999; Schneeloch (2005), S. 259 f.; ders. (2009), S. 380; ders. (2011), S. 248. Auch ein einseitig effizienzbasierter Ansatz kann nicht für sich in Anspruch nehmen, im ökonomisch denkbar strengsten Sinn ausgerichtet zu sein, worauf *Schmiel* mit Recht hinweist, denn „auch die der Leitlinie Entscheidungsneutralität übergeordnete Zielsetzung Allokationseffizienz weist mit ihrer Verankerung im Utilitarismus ein ethisches Fundament [auf]“. So gesehen unterscheiden sich die Postulate der Effizienz und Gerechtigkeit nicht dahin, dass „erstere ethisch und letztere ökonomisch fundiert ist, sondern darin, dass beiden Zielsetzungen ethische Konzeptionen zugrunde liegen, wenn auch verschiedene“; so Schmiel (2009b), S. 1204 (beide Zitate); vgl. auch dies. (2010), S. 461.

1071 So aber wohl etwa Schramm (2005), S. 300-302.

3.2 Kernaussagen des Gleichmäßigkeitspostulats aus ökonomischer, verfassungs- und europarechtlicher Perspektive

Die Erörterung von Gleichmäßigkeitsfragen im Kontext der steuerlichen Gewinnermittlung bedarf einer Explikation des zugrunde gelegten Gleichmäßigkeitsbegriffs.[1072] Gleichmäßigkeit der Besteuerung ist nach hier geteilter Ansicht im Sinne einer horizontalen Gerechtigkeit als Unterfall der distributiven Gerechtigkeit (*iustitia distributiva*) zu verstehen.[1073] Gleichmäßigkeit der Besteuerung als Ausprägung dieser Steuerverteilungsgerechtigkeit verlangt in ihrem Kern zunächst grob, dass Steuerpflichtige in gleicher wirtschaftlicher Lage gleich besteuert werden sollten. Das Postulat zielt damit unmittelbar auf die Frage nach einer gerechten Bemessungsgrundlagenermittlung ab[1074] und steht deshalb im Blickfeld dieser Arbeit. Von der horizontalen Gerechtigkeit zu trennen ist die vertikale Gerechtigkeit als zweite und noch umstrittenere[1075] Dimension der Verteilungsgerechtigkeit.[1076] Die vertikale Gerechtigkeit hat ihre Wurzel in einem „Umverteilungs-Werturteil“[1077]; denn sie verlangt, dass Steuerpflichtige in unterschiedlicher wirtschaftlicher Lage auch unterschiedlich besteuert werden sollten, und zwar dergestalt, dass derjenige mit einer vergleichsweise höheren steuerlichen Leistungsfähigkeit eine stärkere Steuerbelastung trägt.[1078] Es geht ihr also in erster Linie um Fragen des Tarifverlaufs,[1079] die in dieser Arbeit indes nicht problematisiert werden.[1080]

Horizontale Gerechtigkeit als Vorbedingung der vertikalen Gerechtigkeit[1081] kann folglich nur gewahrt werden, wenn Klarheit über die gleiche wirtschaftliche Lage besteht. Es muss deshalb ein Maßstab gefunden werden, mit dem empirische Sachverhalte für Zwecke der Besteuerung vergleichbar gemacht werden können.[1082] Hierzu dient nach h. L. der Begriff der steuerlichen Leistungsfähigkeit.[1083] Gleichmäßigkeit der Besteuerung ist mithin verwirklicht, wenn Zensiten mit gleich hoch gemessener Leistungsfähigkeit die gleichen Gewinnsteuerzahlungen leisten.[1084]

1072 Vgl. Fülbier (2006b), S. 53.

1073 Vgl. Walzer (1987), S. 39; Zuber (1991), S. 29; Gröning (2002), S. 52 f. Zur Abgrenzung gegenüber der kommutativen Tauschgerechtigkeit (*iustitia commutativa*) sowie Gesetzesgerechtigkeit (*iustitia legalis*) vgl. Fülbier (2006a), S. 53 f.; Zuber (1991), S. 27-30.

1074 Vgl. Wosnitza/Treisch (1999), S. 352; Fülbier (2006a), S. 58; Schmiel (2011), S. 120.

1075 Vgl. Schmiel (2011), S. 120.

1076 Die Unterscheidung zwischen horizontaler und vertikaler Gerechtigkeit der Besteuerung „wird als Fortschritt der Wissenschaft, die Vermengung dieser beiden Problemkreise als Ursache für begriffliche Ungenauigkeiten und wissenschaftliche wie politische Fehlurteile angesehen“; so Hundsdoerfer (2002), S. 25 m. w. N.

1077 Schneider (2002), S. 234; vgl. auch ders. (1984b), S. 357; Fülbier (2006a), S. 58; Lammersen (1999), S. 43.

1078 Vgl. Wosnitza/Treisch (1999), S. 352; Knödler (2004), S. 76.

1079 Nach h. M. ist aus der vertikalen Gerechtigkeit heraus keine Forderung nach Progression der Besteuerung abzuleiten; vielmehr folgt aus ihr, dass mit einer steigenden Bemessungsgrundlage eine streng monoton steigende absolute Steuerbelastung einhergehen muss; vgl. Wosnitza/Treisch (1999), S. 352.

1080 Vgl. nur Homburg (2010), S. 205-210.

1081 Vgl. Schneider (1984b), S. 360.

1082 Vgl. Schneider (2002), S. 231; Bareis (1991), S. 42; Marx (2009), S. 306.

1083 Das Leistungsfähigkeitsprinzip enstammt ursprünglich der Finanzwissenschaft; für eine ausführliche theoriengeschichtliche Auseinandersetzung vgl. Pohmer/Jurke (1984).

1084 Vgl. Kahle (2002c), S. 204.

Das Postulat der Besteuerung nach der Leistungsfähigkeit wird nach Literatureinschätzung „weltweit anerkannt“[1085], es habe „gesamteuropäische Wurzeln“[1086], es bilde „a common framework for all involved countries when it comes to the definition of income as such“[1087]. Folgt man dieser zutreffenden Einschätzung, erscheint eine Ausrichtung am Leistungsfähigkeitsprinzip auch unter dem Aspekt der Konsensmobilisierung unabdingbar.

Auch das Gerechtigkeits- bzw. Gleichmäßigkeitsanliegen besitzt eine internationale Dimension; es ist hierbei streng zu trennen zwischen der *inter-taxpayer equity* und der *inter-nation equity*. Zur Konkretisierung der erstgenannten Dimension hat sich bisher keine einvernehmliche Theorie herausgebildet; es konkurrieren im Wesentlichen Denkansätze, die eine Kombination von Welteinkommens- und Wohnsitzprinzip präferieren, mit jenen, die eine Kombination von Territorial- und Quellenprinzip für überlegen erachten. Die Entscheidung zugunsten einer dieser beiden (oder einer anderen) Vorgehensweise zur Sicherung der *inter-taxpayer equity* ist ökonomisch nicht eindeutig und dürfte vielmehr einer nationalen Wertentscheidung vorbehalten sein.[1088] Im Blickfeld der interjurisdiktionellen Steuergerechtigkeit (*inter-nation equity*[1089]) indessen steht die Aufteilung einer ***bereits ermittelten*** Bemessungsgrundlage auf verschiedene Fiskalhoheiten, namentlich auf den Quellenstaat sowie den (Wohn-) Sitzstaat. Stellt man bei der Allokation der Besteuerungsrechte auf den Gewinn und dessen wertbildenden Erfolgsquellen ab (*source of profits formula*), konkurrieren die beiden Ansätze des *supply approach* und *supply-demand approach.*[1090] Es ist offenkundig, dass aus dieser Dimension der internationalen Steuergerechtigkeit keine nähren Vorgaben für die *vorgelagerte* Bemessungsgrundlagenermittlung zu gewinnen sind.

Die Negation einer Erörterung von Gerechtigkeits- bzw. Gleichmäßigkeitsfragen im Kontext der steuerlichen Gewinnermittlung beruft sich im Wesentlichen[1091] auf die Unschärfe des Leistungsfä-

1085 Tipke (1988), S. 270; vgl. auch ders. (1985), S. 347; ders. (1990), S. 239; ders. (2007b), S. 635 f.; ders. (2010), S. 33; ferner auch Lang, J. (2000), S. 129; Hey (1997), S. 114; dies. (1999), Einf. KSt Rz. 27; Nientimp (2003), S. 18 f.; Kuntschik (2004), S. 35; Köth (2006), S. 102; Fülbier (2006a), S. 51; Zoll (2001), S. 13; Oestreicher (2007b), S. 577; Dietel (2004), S. 49; Wehrum (2011), S. 31.

1086 Hey (2005), S. 325 (beide Zitate).

1087 So Schön (2009), S. 73.

1088 Zum Diskussionsstand vgl. Heuer (2009), S. 67-69; Blankenburg (2004), S. 164-171.

1089 Vgl. grundlegend Musgrave/Musgrave (1972), S. 63 ff.

1090 Vgl. Braunagel (2008), S. 17. Nach dem *supply approach* ist die Quelle des Einkommens dort zu finden, wo die zur Erwirtschaftung dieses Einkommen notwendigen Produktionsfaktoren lokalisiert sind; entscheidend ist demnach der Ort der Produktion (*produktionsorientierte Quellenregel*). Dagegen stellt der *supply-demand approach* auf den Ort des Verkaufs ab (*marktorientierte Quellenregel*). Da der (juristische) Begriff der Quelle aus ökonomischer Sicht nicht greifbar ist, kann letztlich auch nicht entschieden werden, welchem der beiden Ansätze der Vorzug gegeben werden sollte. Zur Diskussion vgl. Jacobs/Spengel/Schäfer (2003), S. 220 f.; dies. (2004), S. 270 f.; Knödler (2004), S. 86-90; Schäfer (2006), S. 79-81; Paschke (2007), S. 57-59; Spengel/Wendt (2007a), S. 11 f.; Wendt (2009), S. 39.

1091 Im älteren Schrifttum wurde die Außerachtlassung von Fragen dieser Art noch überwiegend mit der Forderung nach Werturteilfreiheit der betriebswirtschaftlichen Steuerlehre gerechtfertigt. Zudem wurde die Kompetenz der steuerökonomischen Theorie, Aussagen zur steuerlichen Gerechtigkeit zu treffen, gänzlich in Abrede gestellt; so z. B. (aus betriebswirtschaftlicher Sicht) Rose (1985), S. 330 ff. Beide Ansichten mit Recht zurückweisend Bareis (2006b), S. 229 f.

higkeitsprinzips, aufgrund derer es einer interessengelenkten Beliebigkeit preisgegeben zu sein scheint. „Gemeinsamer Kern aller Kritik des Leistungsfähigkeitsprinzips ist seine inhaltliche Unbestimmtheit“[1092]. Anders als dem Investitionsneutralitätspostulat mangelt es dem Gleichmäßigkeitspostulat in der Tat an einem formalen Referenzpunkt.[1093] Eine begriffliche Entfaltung der Deduktionsbasis Leistungsfähigkeitsprinzip in einem streng objektiv-logischen Sinne ist nicht möglich.[1094] Die sich hierauf stützende Zentralkritik, das Leistungsfähigkeitsprinzip entziehe sich einer ökonomischen Auseinandersetzung, ist nicht neu und wird selbstverständlich auch nicht nur im deutschen Schrifttum vorgetragen.[1095] Eine Übertragung des Modells des kapitaltheoretischen Gewinns zur Konkretisierung der steuerlichen Gleichmäßigkeit und mit ihr auch der steuerlichen Leistungsfähigkeit mag daher zwar naheliegen;[1096] sie ist aber nicht überzeugend, wie nachfolgend zu diskutieren sein wird.

Wesentlich gefestigter erscheint indessen der Status des Gleichmäßigkeits- bzw. Leistungsfähigkeitsprinzips in der Steuerrechtswissenschaft. Das Leistungsfähigkeitsprinzip wird dort ungebrochen als Fundamentalprinzip und mithin als ein Verfassungsgebot anerkannt.[1097] Das BVerfG hat sich wiederholt mit dem Gebot einer gleichmäßigen Besteuerung nach der wirtschaftlichen Leistungsfähigkeit auseinandergesetzt, wobei es „von Anfang an“[1098] aus Art. 3 Abs. 1 GG, dem allgemeinen Gleichheitssatz, den Grundsatz der Steuergerechtigkeit und aus diesem den Grundsatz der Besteuerung nach der Leistungsfähigkeit entnommen hat. Urteile, die sich mit Einzelfragen der steuerlichen Gewinnermittlung auseinandersetzen, sind indes rar.[1099] Auch könnte der Einfluss des BVerfG auf die steuerliche Gewinnermittlung noch weiter abnehmen. Nach einer „stereotyp wiederholten Formel“[1100] wird dem (deutschen) Gesetzgeber bei der Auswahl des Steuergegenstandes (und des Steuersatzes) zwar eine weitreichende Gestaltungsfreiheit belassen,[1101] allerdings muss die

---

1092 Schreiber, U. (1987), S. 150. Für eine Zusammenstellung der vielfältigen Kritikpunkte vgl. Reil (2003), S. 55-103.

1093 Vgl. Jansen (2007), S. 325; mit Blick auf die übergeordnete Steuergerechtigkeit auch Sureth (2006), S. 16.

1094 Vgl. Schreiber, U. (1993b), S. 1 f.; vgl. auch Herzig (2004c), S. 188.

1095 Sehr kritisch zum Leistungsfähigkeitsprinzip insb. Wagner, F. W. (2002b), S. 79 f.; ders. (1998b), S. 19-23; Wenger (2003), S. 179 ff.

1096 Vgl. Sureth (2006), S. 17; Fülbier (2006a), S. 56 (die diese Ansicht allerdings nicht unbedingt teilen).

1097 Vgl. Tipke (1988), S. 264; Lang, J. (1988), S. 97 ff.; ders. (2010), § 4 Rz. 83; Hey (2005), S. 318; dies. (1997), S. 114; dies. (1999), Einf. KSt Rz. 27; Kirchhof, P. (1985), S. 319 ff.; Weber-Grellet (1999b), S. 312; Schaumburg (1995), S. 125; Schaumburg/Schaumburg (2005), S. 316; Hahn (2004), S. 167; Pezzer (1991), S. 7; Köhrle (2010), S. 109 f.; Möller (2006), S. 427; Büssen (2009), S. 33; Droege (2011), S. 105. Kritisch z. B. Kruse (1990), S. 327, der sich gegen die vorrangige Stellung des Leistungsfähigkeitsprinzips ausspricht, aber dessen grundsätzliche Tauglichkeit als Differenzierungsmaßstab des allgemeinen Gleichheitssatzes (Art. 3 GG) nicht grundsätzlich negiert. Ähnlich gelagerte Kritik findet sich z. B. bei Kischel (2008), S. 179 ff. Das Leistungsfähigkeitsprinzip bereits im Grundsatz ablehnend Gassner/Lang, M. (2000). Beide Positionen (insb. letztere) zurückweisend Lang, J. (2001a), S. 313 ff. Das Leistungsfähigkeitsprinzip im betriebswirtschaftlichen Schrifttum als „Fundamentalprinzip“ bezeichnend (und damit wohl auch als ein solches anerkennend) vgl. u. a. Herzig (2004a), S. 18; Hausen (2009), S. 29; Gellrich (2008), S. 61; Pottgießer (2006), S. 257; Fülbier (2006a), S. 51; ders. (2006b), S. 234; Zuber (1991), S. 39; Quilitzsch (2010), S. 28; Heuer (2009), S. 12; Wittkowski (2008), S. 25; Köth (2006), S. 102; Bambynek (2007a), S. 494; Bohn (2009), S. 35; Marx (2011c), S. 1005; Fritz-Schmied (2005), S. 51.

1098 Papier (2007), S. 975; vgl. auch z. B. Schulze-Osterloh (2009), S. 278.

1099 Vgl. Hey (2010c), S. 9; dies. (2009c), S. 2562.

1100 Hennrichs (2010b), S. 240; vgl. auch Hey (2009c), S. 2562.

1101 Der Gleichheitssatz des Art. 3 Abs. 1 GG wird in der Rechtsprechung des BVerfG abweichend interpretiert. Überwiegend findet sich die Ausdeutung desselben als Willkürverbot. Danach ist der Gleichheitssatz verletzt, wenn sich ein vernünftiger, aus der Natur der Sache ergebender oder sonst einleuchtender Grund für die gesetzli-

Ausgestaltung des gewählten Ausgangstatbestandes folgerichtig i. S. einer Belastungsgleichheit umgesetzt werden (sog. „System- und Wertungskonsequenz“[1102]). Ausnahmen von diesem Grundsatz verlangen besondere sachliche Gründe.[1103]

Diesem Folgerichtigkeitsgebot[1104] – gleichsam in Art. 3 Abs. 1 GG angesiedelt[1105] – wird in Bezug auf die steuerliche Gewinnermittlung eine „herausragende Rolle“ zugewiesen, „weil das Leistungsfähigkeitsprinzip keine präzisen Vorgaben für die nähere Ausgestaltung – und insbesondere die Periodisierung – steuerlich relevanter Einkunftstatbestände bietet“[1106]. Indessen scheint der Zweite Senat des BVerfG die Klärung „komplexer dogmatischer Streitfragen“[1107] des Bilanzsteuerrechts i. S. einer sog. richterlichen Selbstbeschränkung[1108] (*judicial self restraint*[1109]) zunehmend dem deutschen Gesetzgeber überlassen zu wollen. Das Folgerichtigkeitsgebot wird tiefgreifend geschwächt; es marginalisiert sich auf ein schlichtes Willkürverbot.[1110] Diese Kritik dürfte sich aus ökonomischer Sicht indes insofern relativieren, als das Folgerichtigkeitsgebot ohnehin zu abstrakt erscheint, um Vorgaben für die Ausgestaltung steuerlicher Gewinnermittlungseinzelregeln i. e. S. zu geben.[1111] Insofern leidet es unter derselben Schwäche wie das Leistungsfähigkeitsprinzip.

Während der Grundsatz der Steuergerechtigkeit bzw. einer gleichmäßigen Besteuerung (*principe d'égalité devant les charges communes*) nach Maßgabe der steuerlichen Leistungsfähigkeit (*capacité contributive* oder *facultés contributives*) auch in Frankreich verfassungsrechtlich verbürgt ist,[1112] ist dessen rechtliche Stellung in Polen, Schweden und im Vereinigten Königreich wohl

---

che Differenzierung oder Ungleichbehandlung nicht festmachen lässt (sog. Willkürformel). Der weitreichende Gestaltungsspielraum des Gesetzgebers besteht unabhängig von der zugrunde gelegten Formel. Vgl. z. B. Schaumburg/Schaumburg (2011), S. 174 f.

1102 Schaumburg/Schaumburg (2011), S. 175.

1103 Vgl. Hey (2009c), S. 2563; Birk (2009), S. 881; Papier (2007), S. 975; Hennrichs (2010b), S. 241; Kühbacher (2009), S. 151, Mellinghoff (2005), S. 181 f.; ders. (2011), S. 162, Droege (2011), S. 109, jeweils m. w. N.

1104 Zum Folgerichtigkeitsgebot vgl. allgemein Tipke (2007a), S. 201 ff.; ders. (2009), S. 533 ff.; ders. (2010), S. 39-41; Englisch (2010), S. 167 ff.; Wernsmann (2009), 164-167; Birk (2009), S. 881 f.; Kühbacher (2009), S. 151; Mellinghoff (2005), S. 181 f.; ders. (2011), S. 164-167; Schaumburg/Schaumburg (2011), S. 175; Hausen (2009), S. 28.

1105 Insofern sind das Leistungsfähigkeitsprinzip und das Folgerichtigkeitsgebot „eng verbunden“; Schulze-Osterloh (2009), S. 280 m. w. N. zur Verfassungsjudikatur.

1106 So Schön (2005c), S. 13 f. (beide Zitate); vgl. auch Schlotter (2007), S. 952-954; Mellinghoff (2011), S. 164 f.

1107 BVerfG v. 12.05.2009, 2 BvL 1/00, BVerfGE 123, S. 111, Rz. 32.

1108 Zu diesem Grundsatz allgemein Lang, J. (2010), § 4 Rz. 74; zur Kritik auch z. B. Mellinghoff (2011), S. 157 f.

1109 Vgl. (kritisch) Schlotter (2009), S. 1412; Hüttemann (2011b), S. 510.

1110 Vgl. Marx (2011c), S. 1003; zur Diskussion und Kritik auch Hey (2010a), S. 3; dies. (2011), S. 142; dies. (2009c), S. 2561 ff.; dies. (2010c), S. 18; Schulze-Osterloh (2011a), S. 1969; Drüen (2010), S. 91 ff.; Schlotter (2009), S. 1411 f.; Schlotter/Pinkernell (2011), S. 689 f.; Hennrichs (2010b), insb. S. 252 f.; Hüttemann (2011a), S. 627 ff.; ders. (2011c), S. 509 f.; Prinz (2011a), S. 177; Englisch (2010), S. 203 ff.
Das BVerfG sieht in dem Passivierungsverbot für Jubiläumsrückstellungen im Übrigen keine Verletzung dieses Willkürverbots, weil zur Wahrung des objektiven Nettoprinzips nur sichergestellt sein muss, dass der Aufwand dem Grunde nach geltend gemacht werden kann, auch wenn dies im Fall des Rückstellungsverbots zu einem vergleichsweise späteren Zeitpunkt geschieht. Vgl. Schlotter/Pinkernell (2011), S. 689.

1111 Vgl. Marx (2007), S. 886.

1112 Vgl. umfassend Marx (2001), insb. S. 124-151; Bourgeois (2005), insb. S. 96 f.; Marchessou (1999), S. 75 ff.; Binisti-Jahndorf (2001), insb. S. 346-349; ferner Stankiewicz (2008), S. 73.

schwächer.[1113] So wird das Leistungsfähigkeitsprinzip (*zdolność do zapłacenia podatku*[1114]) in Polen zwar nach Aussage der deutschen Literatur als ein das polnische Steuerrecht insgesamt kennzeichnendes Prinzip anerkannt, ihm aber gleichwohl nicht der Status eines Fundamentalprinzips eingeräumt.[1115] Eine gleichmäßige Besteuerung nach der steuerlichen Leistungsfähigkeit ist in der polnischen Verfassung nicht (ausdrücklich) verankert; das Gebot ließe sich allenfalls aus dem allgemeinen Gleichheitssatz der polnischen Verfassung herleiten.[1116] Im Rahmen von steuerlichen Reformentwürfen wird wohl nur selten auf den Gleichmäßigkeitsgrundsatz rekurriert.[1117] Auch wenn der Gleichmäßigkeitsgrundsatz bzw. das Leistungsfähigkeitsprinzip (*skatteförmågeprincipen*) in Schweden offenbar nicht verfassungsrechtlich gestützt wird, wird es seitens des schwedischen Gesetzgebers „stets als leitendes Grundprinzip"[1118] im Rahmen von Reformentwürfen angeführt, dies allerdings zumeist nur floskelhaft. Auch in der schwedischen Literatur scheint eine relativ große Einigkeit über die grundsätzliche Bedeutung des Postulats zu bestehen;[1119] soweit ersichtlich, wird aber kaum der Versuch unternommen, das Postulat für Zwecke der steuerlichen Gewinnermittlung als Ausgestaltungsdirektive i. e. S. brauchbar zu machen.

Im Vereinigten Königreich ist der Grundsatz der Gleichmäßigkeit (*tax equity* bzw. *tax equality*) ebenso wenig wie das Leistungsfähigkeitsprinzips (*ability-to-pay principle*) im Verfassungsrecht verankert, was schlicht daran liegt, dass es im Vereinigten Königreich keine geschriebene Verfassung gibt. Das Gerechtigkeits- bzw. Gleichmäßigkeitsgebot ist deshalb bislang auch „kein Prüfmaßstab für die britische Rechtsprechung"[1120]. Wohl aber dürfte es inzwischen als Bestandteil des *customary law* betrachtet werden.[1121] „Während in der deutschen Steuerrechtswissenschaft traditionell versucht wird, im Rahmen der Darstellungen des Einkommensteuerrechts dieses Fundamentalprinzip zu entfalten, spielt die Frage, welche Vorgaben sich aus diesem Prinzip für das geltende

[1113] Zur verfassungsrechtlichen Geltung des Gleichmäßigkeits- bzw. Leistungsfähigkeitsprinzip in den EU-Mitgliedstaaten vgl. Bourgeois (2005), S. 79 ff.; im Überblick auch Englisch (2005), S. 211 f.

[1114] Zur Terminologie vgl. Ellebrecht (2010), S. 367. Die deutsche Übersetzung lautet: „Fähigkeit, die Steuerlast zu tragen".

[1115] Vgl. Ellebrecht (2010), S. 394.

[1116] Vgl. Bourgeois (2005), S. 86.

[1117] Vgl. Ellebrecht (2010), S. 63. Die Grundrechte der polnischen Verfassung dürften im Bereich des Steuerrechts nur von limitierter Bedeutung sein, was vor allem darauf zurückzuführen ist, dass die polnische Verfassung erst 1997 in Kraft getreten ist. Insofern konnte sich bislang auch „noch keine ausdifferenzierte Rechtsprechung des Verfassungsgerichtshofs zum Steuerrecht entwickeln". So Ellebrecht (2010), S. 364. Hinsichtlich der Gleichmäßigkeitsproblematik scheint sich die polnische Steuerwissenschaft – die betriebswirtschaftliche Steuerlehre eingeschlossen – in einer gewissen Selbstbeschränkung zu üben. Nach weit vertretener Ansicht seien Fragen der steuerlichen Gerechtigkeit auf politischer Ebene zu beantworten und wissenschaftlich kaum zu durchdringen. Die Bedeutung von Gerechtigkeit und Gleichheit wird in der polnischen Wissenschaft entweder verneint oder im Sinne des Gesetzgebers verstanden. Danach müsse ein gerechtes Steuersystem neben der Gleichbehandlung der Steuerpflichtigen auch die fiskalischen Interessen des Gesetzgebers wahren. Vgl. Ellebrecht (2010), S. 364 f.

[1118] So zutreffend Katzer (2008), S. 82 ff.; zur mangelnden verfassungsrechtlichen Verankerung auch Kirsch/Olsson (2008), S. 754.

[1119] Vgl. Fjellström (2002), S. 16 („relativt stor enighet"); Katzer (2008), S. 84. Eine grundlegende Auseinandersetzung mit dem *skatteförmågeprincip* bzw. dem Begriff der Steuergerechtigkeit (*skatterättvisa*) findet sich bei Gunnarsson (1995), insb. S. 116-124; vgl. ferner auch Lindencrona (1984), S. 337 ff.

[1120] So Küppers (2005), S. 112.

[1121] Vgl. Englisch (2005), S. 311 f.

Recht ergeben, in Großbritannien kaum eine Rolle“[1122]. Diese Einschätzung dürfte – wenn überhaupt – nur (noch) in Bezug auf das steuerrechtliche Schrifttum gelten; in der steuerökonomischen Literatur des Vereinigten Königreichs hat der Gleichmäßigkeits- bzw. Leistungsfähigkeitsgrundsatz längst einen festen Platz eingenommen. Dem Leistungsfähigkeitsprinzip wird damit zwar mitgliedstaatenübergreifend in der Tat ein hoher Stellenwert eingeräumt, Regeln für eine diesem Postulat adäquate Bemessungsgrundlagenermittlung haben die Verfassungsgerichte in den hier betrachteten Mitgliedstaaten bislang aber nicht näher konkretisiert.[1123]

Ferner scheint auch das europäische Gemeinschaftsrecht die Wahrung des Gleichmäßigkeitsgebots bzw. Leistungsfähigkeitsprinzips zu gebieten. Zwischen dem allgemeinen Gleichheitssatz und den europäischen Grundfreiheiten werden juristische Verbindungslinien gezogen.[1124] Einsichten für die Ausgestaltung materieller Ansatz- und Bewertungseinzelvorschriften, namentlich des hier im Vordergrund stehenden, klassischen Bilanzsteuerrechts,[1125] lassen sich aber auch den Grundfreiheiten nicht unmittelbar entnehmen.[1126] Zur Wahrung der Grundfreiheiten kommt es nämlich gerade „nicht darauf an, wie leistungsfähigkeitskonform (...) die nationale Vorschrift ist, solange nur Gebietsansässige und Gebietsfremde, Inland- und Auslandsinvestitionen gleichbehandelt werden. Weitergehende Aussagen lassen sich nicht ableiten“[1127]. Daher spielt das Leistungsfähigkeitsprinzip in der Judikatur des Gerichtshofs bislang auch nur eine untergeordnete Rolle; ein *European ability-to-pay-principle* hat sich bis dato nicht etabliert.[1128] Wenn der Gerichtshof die Wahrung der Grundfreiheiten prüft, ist für ihn in erster Linie die Anwendungs- bzw. Regelgleichheit ausschlaggebend.[1129] Als Maßstab für die materiell-inhaltliche Prüfung handels- und steuerrechtlicher Gewinnermittlungsnormen hebt der EuGH in seinen bisherigen bilanzrechtlich i. e. S. relevanten Judikaten – namentlich *Tomberger*,[1130] *DE + ES*[1131] sowie *BIAO*[1132] – den Grundsatz des *True and fair-view* hervor;[1133] auf ein *ability-to-pay-principle* rekurriert der Gerichtshof indes nicht.

1122 Birk (1996), S. 66. Es dürfte der mangelnden verfassungsrechtlichen Verankerung zuzuschreiben sein, dass Fragen einer gerechten bzw. gleichmäßigen Besteuerung nach Maßgabe des Leistungsfähigkeitsprinzips in der britischen steuerrechtlichen Literatur dagegen kaum diskutiert werden. Vgl. Weisflog (1995), S. 552; Birk (1996), S. 66 f. Zur Diskussion in der jüngeren britischen steuerrechtlichen Literatur vgl. z. B. Boyron (2003), S. 33 ff.; Baker (1999), S. 165 ff.

1123 Vgl. Marx (2011c), S. 1005; allgemein auch Mellinghoff (2005), S. 179: „Zu Inhalt und Umfang des Leistungsfähigkeitsprinzips hat sich das Bundesverfassungsgericht bisher zurückhaltend geäußert“.

1124 Vgl. insb. Schaumburg/Schaumburg (2005), S. 306 ff.

1125 Insoweit ergiebiger dürften die Grundfreiheiten in Bezug auf allgemeine Gewinnermittlungsregeln sein, etwa im Bereich spezifischer Missbrauchsregeln.

1126 Vgl. Lenz (2008), S. 37.

1127 Hey (2005), S. 318.

1128 Vgl. Bardini (2010), S. 2 ff., auch zum Begriff „European ability-to-pay-principle“.

1129 Vgl. eingehend Furuseth (2007), S. 277-280.

1130 Vgl. EuGH v. 27.06.1996, Rs. C-234/94, *Tomberger*, Slg. 1996, S. I-3133.

1131 Vgl. EuGH v. 14.09.1999, Rs. C-275/97, *DE + ES*, Slg. 1999, S. I-5331.

1132 Vgl. EuGH v. 07.01.2003, Rs. C-306/99, *BIAO*, Slg. 2003, S. I-1.

1133 Vgl. Luttermann (2010a), S. 353; Lenz (2008), S. 37; Berndt/Hommel (2005), S. 414; Najderek (2009), S. 70-74; Herzig (2001a), S. 155.

3.3 Einzelfragen des Gleichmäßigkeitspostulats

3.3.1 Personeller Bezugspunkt des Gleichmäßigkeitspostulats

Über den persönlichen Bezugspunkt des Gleichmäßigkeits- bzw. Leistungsfähigkeitspostulats herrscht interdisziplinärer Disput. Es entspricht einer gefestigten steuerökonomischen Erkenntnis, dass juristische Personen über keine eigene Leistungsfähigkeit verfügen; sie ist ausschließlich auf natürliche Personen (Eigenkapitalgeber) zu beziehen, weil nur diese Einkommen erzielen und konsumieren können (*methodologischer Individualismus*).[1134] „Eine steuerliche Gewinnermittlung (…) wäre demzufolge gleichmäßig, wenn sie das wirtschaftliche Einkommen der unmittelbar oder mittelbar hinter dem Unternehmen als Eigenkapitalgeber stehenden natürlichen Personen bestimmen würde“[1135]. Diese Sichtweise steht gegen die steuerjuristische Lehre, den allgemeinen Gleichheitssatz qua Art. 19 Abs. 3 GG auf juristische Personen zu übertragen und somit dem Schutzbereich des Art. 3 Abs. 1 GG zuzuführen.[1136]

Der Topos einer eigenständigen, sog. objektiven Leistungsfähigkeit juristischer Personen ist nicht nur ökonomisch zweifelhaft, sondern wohl auch wenig harmonisierungsstiftend, bedenkt man, dass eine spezifische, dem Art. 19 Abs. 3 GG entsprechende oder zumindest in ihrem Gehalt nach vergleichbare Norm den Konstitutionen der anderen Mitgliedstaaten nicht zwingend immanent sein muss.[1137] Im polnischen Verfassungsrecht etwa findet die Norm kein Pendant.[1138] Die Diskussion um steuerliche Gleichmäßigkeitsaspekte im Rahmen der CCCTB ist deshalb aber keineswegs hinfällig; es ist vielmehr „unterschiedlose Besteuerung wirtschaftlich gleicher Sachverhalte und Geschäftsvorfälle zwischen körperschaftsteuerpflichtigen Institutionen bzw. internationalen Konzernen im Besonderen“[1139] zu fordern.

3.3.2 Sachlicher und zeitlicher Bezugspunkt des Gleichmäßigkeitspostulats

Auch in der Wahl des Leistungsfähigkeitsindikators herrscht ungebrochener Dissens. Um den Leistungsfähigkeitsbegriff zu operationalisieren und dadurch dem Vorwurf der ökonomischen Beliebigkeit zu entziehen, wird oft versucht, eine Brücke zu schlagen zwischen der Entscheidungsneutralität und der Gleichmäßigkeit der Besteuerung, indem der ökonomische Gewinn i. S. einer ökonomi-

---

1134 Vgl. Bareis (1987), S. 35; ders. (2003), S. 2315; Siegel (1999c), S. 359; ders. (2004b), S. 204; Schneider (2002), S. 235; ders. (1980c), S. 535; Schmiel (2011), S. 1120; Treisch (2003), S. 251 f.; Sava (2007), S. 106; Maiterth/Müller (2006), S. 1862; Kiesewetter/Dietrich/Rumpf (2008), S. 259; Dietrich (2009), S. 140; Marquardt (2003), S. 55; Nientimp (2003), S. 17; Jansen (2006a), S. 16; Schramm (2005), S. 300; Heinhold/Hüsing (2007), S. 40; im internationalen Schrifttum z. B. Shaviro (2009), S. 432 f.

1135 Schmiel (2011), S. 120.

1136 Vgl. Lang, J. (2010), § 4 Rz. 90 f.; Hennrichs (2002), S. 205; Hey (2010c), S. 10; dies. (2001), S. 170; Heger (2009), S. 117* f.; Witt (2006), S. 414-417; Jachmann (2000), S. 16 ff.; Möller (2006), S. 425.

1137 Da nach ausländischem Recht errichtete juristische Personen nicht zu den Normadressaten des Art. 3 Abs. 1 GG i. V. m. Art. 19 Abs. 3 GG gehören, weist der allgemeine Gleichheitssatz des Art. 3 Abs. 1 GG bei internationalen Sachverhalten ohnehin eine nur eingeschränkte Geltung auf. Vgl. Zoll (2001), S. 10 f.

1138 Vgl. Ellebrecht (2010), S. 70.

1139 Schneider (2003b), S. 665 (erstes Zitat); ders. (2003a), S. 300 (zweites Zitat).

schen Interpretation des Leistungsfähigkeitsprinzip gewissermaßen zu einem „idealen Indikator"[1140] derselben, m. a. W. zu einer idealen Bezugsgröße einer gleichmäßigkeitswahrenden steuerlichen Gewinnermittlung[1141] erhoben wird.[1142] Nun wäre aus erfahrungswissenschaftlicher Sicht gegen eine solche Bezugnahme des ökonomischen Gewinns unmittelbar einzuwenden, dass das Modell außerhalb des neoklassischen Modellszenarios kaum rechtlich verbindliche Maßstäbe für Belastungsgleichheit i. S. d Art. 3 Abs. 1 GG zu definieren vermag.[1143] Fehlt es dem Gleichmäßigkeitsanliegen insofern bereits an einem formalen Referenzpunkt, „hängt die Vorstellung, eine bestimmte Zahlungsperiodisierung sei unter Unsicherheit fairer als eine andere, ökonomisch in der Luft"[1144].

Dies führt zu der zentralen Einsicht, dass die Wahl des Gleichmäßigkeitskriteriums bzw. Leistungsfähigkeitsindikators zwingend werturteilsbehaftet bleiben muss in dem Sinn, dass die Richtigkeit des Leistungsfähigkeitsmaßstabs wissenschaftlich weder bestätigt noch bestritten werden kann;[1145] wohl aber ist zu fordern, dass das der Argumentation zugrunde gelegte Werturteil expliziert wird, sodass geprüft werden kann, ob aus den gesetzten Ausgangspunkten konsequente und konsistente Folgerungen gezogen werden.[1146] Im Einklang mit der EU-Kommission und der weithin akzeptierten, aber nicht unumstrittenen Ansicht im betriebswirtschaftlichen Schrifttum wird im Folgenden das Einkommen i. S. eines (in Geld[1147]) realisierten periodischen Reinvermögenszugangs als Indikator der steuerlichen Leistungsfähigkeit betrachtet.[1148] Mit der Wahl des periodischen

---

1140 So Kraft (1991), S. 49; vgl. auch Müller (2001), S. 34.

1141 Vgl. Kiesewetter/Niemann (2002), S. 48 f.

1142 Nach einer alternativen ökonomischen Interpretation des Leistungsfähigkeitsprinzips wird Leistungsfähigkeit im ökonomischen Sinne nur dann zutreffend erfasst, wenn die effektive Steuerbelastung der jährlichen Einkommen für Steuerpflichtige, die vergleichbare Zahlungsströme erwarten und über die gleichen (periodischen) Konsummöglichkeiten verfügen, gleich ist. Hiernach müssten gleiche Ertragswerte zu einer gleichen Besteuerung i. S. eines gleichen Steuerbarwerts führen (Gleichheit effektiver Steuerbelastung). Vgl. Schreiber, U. (1999), S. 899; Kahle (2002c), S. 205; Schröer (2004), S. 218; Paschke (2007), S. 56 f.; zu einem barwertbasierten Konkretisierungsversuch des Leistungsfähigkeitsbegriffs ferner auch Wenger (2003), S. 182 ff. Bei dieser Ausdeutung wird die Leistungsfähigkeit wohl nicht im Einkommen einer bestimmten Teilperiode, sondern in dem Lebenseinkommen gesehen; im Zentrum steht die überperiodische Gleichmäßigkeit bzw. die intertemporale Neutralität. Dazu auch Siegel (2005c), S. 373 f. Die Ermittlung dieser lebenszeitbezogenen Leistungsfähigkeit kommt aus praktischen Gründen indes nicht in Betracht; vgl. Kahle (2002c), S. 205; Sava (2007), S. 106 f.

1143 Vgl. Schreiber, U. (1996), S. 105. Gegen eine Gleichsetzung von Gleichmäßigkeit und Entscheidungsneutralität vgl. insb. auch Schmiel (2010), S. 462 ff.

1144 Kahle (2002c), S. 205.

1145 Vgl. Wenger (1983), S. 210; Schreiber, U. (1999), S. 900; Dziadkowski/Henselmann (2004), B 120 Rz. 297.

1146 Vgl. Kahle (2001b), S. 132, ders. (2002c), S. 206; Bareis (2006b), S. 229; Schneeloch (2011), S. 248 f.; Schröer (2004), S. 58; Meier (2010), S. 42.

1147 Zum Begriff des „Geldes" in diesem Zusammenhang vgl. Lemm (1981), S. 159 f.

1148 Für Einkommen i. S. eines realisierten Reinvermögenszugangs als Maßstab steuerlicher Leistungsfähigkeit u. a. auch Bareis (2006b), S. 233; ders. (2008), S. 33; Siegel (1999c), S. 364-368; ders. (2005c), S. 361; ders. (2011a), S. 783; Lemm (1981), S. 35-39; Gröning (2002), S. 62-65; Fülbier (2006a), S. 60-67; Dahlke (2011), S. 144. Zu alternativen Bezugsgrößen der steuerlichen Leistungsfähigkeit vgl. grundlegend Schneider (1979), S. 26 ff.; ferner auch Siegel (1999c), S. 362 ff.; Wosnitza/Treisch (1999), S. 353 ff. Die anhaltende Diskussion, ob einer einkommens- oder konsumorientierten Besteuerung der Vorzug zu geben ist, soll im Folgenden nicht erneut aufgerollt werden, zumal unter ökonomischen Gesichtspunkten nicht zu entscheiden ist, ob Einkommen oder Konsum der geeignete Maßstab für steuerliche Leistungsfähigkeit ist; vgl. Schreiber, U./Stellpflug (1999), S. 186 ff.; Siegel (2000c), S. 724 ff.

Reinvermögenszugangs wird zugleich die Vorstellung zurückgewiesen, die Leistungsfähigkeit sei im Lebenseinkommen zu messen.

3.3.3 Kongruenz von Gleichmäßigkeit und Investitionsneutralität?

Nachdem das Gleichmäßigkeitspostulat skizziert wurde, kann die oben[1149] noch offen gelassene Frage geklärt werden, inwieweit dieses mit dem Entscheidungsneutralitätspostulat in Einklang zu bringen ist. Ein (grober) Berührungspunkt zwischen den Postulaten besteht fraglos insofern, als das Steuerrecht und damit auch die steuerliche Gewinnermittlung aus juristischer Perspektive „kein richtiges Recht" sein kann, wenn es „ökonomisch unsachgemäß verfaßt ist" und dadurch „ökonomische Verzerrungen" hervorruft.[1150] Entscheidungsneutralität (Investitionsneutralität) und Gleichmäßigkeit der Besteuerung dürfen dennoch nicht unbesehen gleichgesetzt werden.[1151] Juristische Zweifel an dieser Kongruenzthese werden aber schon deshalb angemeldet, als der Begriff der Investition als solcher mit den gängigen rechtswissenschaftlichen Methoden nicht greifbar ist und daher in Teildimensionen (z. B. Standortneutralität) aufgespaltet werden muss, um als Rechtsproblem an Kontur zu gewinnen.[1152] Auf eine generelle konstitutive Verankerung kann sich die betriebswirtschaftliche Forderung nach Investitionsneutralität der Besteuerung – anders als die Gleichmäßigkeit (Art. 3 Abs. 1 GG) – nicht berufen.

Auch aus ökonomischer Sicht bestehen essenzielle „Brückenprobleme"[1153]. Folgt man – wie hier – einer noch näher zu konkretisierenden Reinvermögenszugangstheorie,[1154] ist der These, eine investitionsneutrale Steuerbemessungsgrundlage genüge zugleich dem Postulat der Gleichmäßigkeit, zu widersprechen, und zwar aus folgenden Gründen: Fragen der distributiven Steuergerechtigkeit i. S. einer gleichmäßigen Besteuerung werden im Modell der Besteuerung des kapitaltheoretischen Gewinns ausgeblendet; sie gelten als „vorab gelöst"[1155]. „Entscheidungsneutralität könnte damit allenfalls als Vorstufe von distributiver Gerechtigkeit angesehen werden, indem über eine Vermeidung von Entscheidungswirkungen das zu Verteilende minimiert wird"[1156]. Ein weiteres Brückenproblem besteht darin, dass das Investitionsneutralitätspostulat eine Gleichbehandlung von Investitionsalternativen anstrebt, wohingegen das Gleichmäßigkeits- bzw. Leistungsfähigkeitspostulat – als ethisches Gebot begriffen – Schutzwirkung zugunsten von natürlichen Personen entfalten sollte.[1157]

1149 Vgl. 3. Kap. I. 2.

1150 Vgl. Schreiber, U. (1996), S. 105 (auch die Zitate).

1151 Vgl. Elschen (1991), insb. S. 114 f.; Heuer (2009), S. 77.

1152 So Musil/Leibohm (2008), S. 807 f.

1153 So treffend Schreiber, U. (1996), S. 105.

1154 Die Reinvermögenszugangstheorie wird gemeinhin Schanz, G. (1896) zugeschrieben. Im internationalen (angelsächsischen) Schrifttum hat sich die Bezeichnung Schanz-Haig-Simons-Konzept durchgesetzt (vgl. z. B. Holmes [2001], S. 55 ff.; Zimmer [2003], S. 395; Norberg [2007], S. 12), benannt nach Schanz, G. (1896), Haig (1921) sowie Simons (1938).

1155 Pannen (2000), S. 228; so auch Gröning (2002), S. 55.

1156 Gröning (2002), S. 55 mit Verweis auf (u. a.) Schneider (1989d), S. 329; ders. (1992a), S. 750; vgl. auch z. B. Fülbier (2006a), S. 57.

1157 Vgl. Gröning (2002), S. 55.

Eine effizienzorientierte Ausdeutung der distributiven Gerechtigkeit ist letztlich und primär deshalb abzulehnen, weil im (Grund-) Modell der Besteuerung des ökonomischen Gewinns realisierte *ex-post*-Kapitalgewinne und -verluste[1158] (*windfall gains* bzw. *losses*[1159]) dem steuerlichen Zugriff systematisch entzogen sind.[1160] Da der (positive) Anfangskapitalwert i. S. eines Vermögensstamms m. a. W. steuerfrei bleibt, kann der kapitaltheoretische Gewinn zwar als eine modellmäßige Ausformung der Quellentheorie verstanden werden.[1161] Indessen verlangt ein „ethisch akzeptables" Gleichheitsmaß, auf den „vollständigen", d. h. auf den durch Marktransaktionen realisierten (*ex post*) Reinvermögenszugang der Periode zuzugreifen.[1162] Aus dieser Sicht sind folglich auch unvorhergesehene Kapitalgewinne (Veräußerungsgewinne) sowie Kapitalverluste (Veräußerungsverluste) zu berücksichtigen.[1163] Damit wird deutlich, „daß für die Beurteilung von Entscheidungswirkungen durchaus nicht dieselben ökonomischen Bezugsgrößen geeignet sind wie für die Beurteilung von Verteilungsfolgen im Hinblick auf Gleichmäßigkeit der Besteuerung"[1164]. Vielmehr stehen der Verwendung des kapitaltheoretischen Gewinns im Bereich der steuerlichen Gleichmäßigkeit „schwerwiegende Bedenken gegenüber, die mit den einschlägig bekannten Problemen der Praktikabilität und Rechtssicherheit nicht das geringste zu tun haben"[1165]. Die Kongruenzthese kann in ihrer Allgemeinheit keinen Bestand haben; nicht jede neutrale Besteuerung ist zugleich gleichmäßig.[1166] Nur im Fall von Grenzinvestitionen ohne Über- und Unterrenditen würde sich dieses „Messdilem-

---

1158 In umgekehrter Weise lösen negative Kapitalwerte (Kapitalverluste) keine steuerliche Verlustberücksichtigung aus, obwohl diese im Fall von Investitionen unter Unsicherheit für einige Zukunftslagen nicht auszuschließen sind; vgl. Schneider (2010b), S. 235.

1159 Diese entstehen, wenn die tatsächlichen Zahlungsüberschüsse nicht mit den erwarteten übereinstimmen oder die Erwartungen hinsichtlich der Zahlungsüberschüsse verändert werden; vgl. Jansen (2000), S. 62 f. *Windfalls* treten mithin als unerwartet oder vernachlässigte Vermögensänderungen auf; vgl. Moxter (1985c), S. 233 ff.

1160 Ähnlich gelagert ist die Kritik, dass bei einer Besteuerung des ökonomischen Gewinns nur ein Teil der tatsächlichen Erträge, namentlich die investitionsbezogene Mindestrendite der Besteuerung unterliegt, während die Differenz zur höheren Effektivrendite unversteuert bleibt. So Haase (1990), S. 113; ders. (1991), S. 252.

1161 So Schneider (1992a), S. 228; ders. (1992b), S. 1741; vgl. auch Sigloch (1995), S. 680; Jansen (2000), S. 63; a. A. wohl Richter (1986), S. 436, der das Johansson-Samuelson-Theorem als den „eigentliche[n] theoretische[n] Kern der Reinvermögenszugangstheorie" bezeichnet.

1162 Vgl. Gröning (2002), S. 55 f.

1163 Vgl. Schneider (1992b), S. 1741 (auch Zitat); ders. (1992a), S. 228; ders. (1999a), S. 106; ferner auch Sigloch (1995), S. 677; Eichhorn (2001), S. 90; Kadel (2005), S. 349; für einen diesbezüglichen Lösungsvorschlag vgl. Diller/Grottke (2010), S. 123 ff. Materiell ähnlich und daher zutreffend ist das Argument, die Besteuerung des ökonomischen Gewinns verstoße gegen die Gleichmäßigkeit der Besteuerung, weil im Modell der Ertragswert und nicht (wie nach geltendem Recht) die anfängliche Investitionsausgabe abgeschrieben wird. Sofern also der Ertragswert größer als die Investitionsausgabe ist, mithin ein positiver Kapitalwert vorliegt, „würde bei gleichen Investitionsausgaben bei unterschiedlichen Investitionen ungleich viel abgeschrieben werden"; Siegel (1999c), S. 360 (auch zu einem diesbezüglichen Lösungsvorschlag); vgl. kritisch auch Schneider (1992b), S. 1741; Schreiber, U. (1998b), S. 130; Scheffer, W. (2010b), S. 93 f.; Elschen/Hüchtebrock (1983), S. 271. Zu weiteren Argumenten gegen den kapitaltheoretischen Gewinn aus Gerechtigkeitssicht vgl. Haase (1990), S. 113; zurückweisend Richter (1986), S. 761.

1164 Schneider (1992a), S. 229.

1165 Wenger (1983), S. 250. Während eine Übertragung des kapitaltheoretischen Gewinns als Maßgröße der Gleichmäßigkeit mithin kritisch zu sehen ist, wird die gleichmäßigkeitskonforme Reinvermögenszugangstheorie – in umgekehrter Blickrichtung – von Teilen des ökonomischen Schrifttums „als praktikables Surrogatmaß für den ökonomischen Gewinn" bezeichnet. So Kiesewetter/Dietrich/Rumpf (2008), S. 260; vgl. auch Dietrich (2009), S. 141; Déak (2006), S. 281.

1166 So aber z. B. Hiller (2003), S. 14; Paschke (2007), S. 56.

ma"[1167] auflösen und der kapitaltheoretische Gewinn könnte zugleich auch als Maßstab für Entscheidungs- sowie Verteilungswirkungen einer steuerlichen Gewinnermittlung fungieren.[1168]

Wenn sich die Zielsetzungen Investitionsneutralität und Gleichmäßigkeit der steuerlichen Gewinnermittlung demnach schon theoretisch nicht bedingungslos vereinen lassen, bleibt letztlich zu klären, in welchem Rangverhältnis beide Postulate im potenziellen Konfliktfall[1169] zueinander stehen sollten.[1170] In dieser Arbeit wird dem Werturteil gefolgt, dass Gleichmäßigkeit vor Entscheidungsneutralität anzustreben ist.[1171] „Wird eine Gerechtigkeitsvorstellung akzeptiert, nach der das Einkommen vollständig zu besteuern ist, so kann entscheidungsneutrale Besteuerung nur noch dazu dienen, Entscheidungsverzerrungen aufzudecken, und, soweit mit einer umfassenden Besteuerung vereinbar, zu vermeiden"[1172].

3.4 Zentrale Folgerungen aus dem Gleichmäßigkeitspostulat für die Ausgestaltung einer steuerlichen Gewinnermittlung *de lege ferenda*

3.4.1 Dualismus der Einkünfteermittlung als zentraler Gleichmäßigkeitsverstoß

Die fortwährend gerügte Dehnbarkeit des Leistungsfähigkeitsprinzips sollte nach hier geteilter Ansicht nicht vorschnell zum Anlass (Vorwand) genommen werden, von Gerechtigkeitsfragen bei der Ausgestaltung harmonisierter steuerlicher Gewinnermittlungsregeln zu abstrahieren. Selbst wenn man den ideologisch gefärbten und politisierten Begriff der steuerlichen Leistungsfähigkeit verwirft, sind in einer „erweiterten Sichtweise"[1173], in der man sich auf das übergeordnete Gleichmäßigkeitsgebot rückbesinnt, grobe, gleichwohl zentrale Leitlinien für eine harmonisierte steuerliche Gewinnermittlung *de lege ferenda* zu gewinnen. Wird die steuerliche Leistungsfähigkeit im Einkommen gesehen, so verlangt das Gebot der Gleichmäßigkeit der Besteuerung grundlegend, dass sämtliche Steuerpflichtige den Gewinn nach gleichen Regeln ermitteln (*Grundsatz der Gleichbehandlung in der Ermittlung des steuerpflichtigen Betrages*).[1174] Es ist nicht eine Gleichbehandlung zwischen Fiskus und Steuerpflichtigen, sondern vielmehr eine Gleichbehandlung von Unternehmensgewinnen mit anderen Einkunftsarten anzustreben.[1175] Dies entspricht der Wertung der Zweckdivergenzthese.[1176]

1167 Schneider (2011), S. 172 (im Original Fettdruck); vgl. auch ders. (2010b), S. 235; ders. (1992b), S. 1741.

1168 Vgl. Kahle (1995), S. 217; Eichhorn (2001), S. 84; Sigloch (1995), S. 680.

1169 Nach Homburg (2010), S. 222 besteht zwischen Effizienz und Steuergerechtigkeit eine weitgehende „Zielharmonie", denn eine „unterschiedliche Belastung wirtschaftlich gleicher Sachverhalte ist einerseits ungerecht und andererseits fast immer ineffizient" (im Original teilw. kursiviert).

1170 Vgl. auch Bareis (1995), S. 97.

1171 Vgl. auch Schneider (2006), S. 274; ders. (2003b), S. 657; a. A. (Effizienz vor Gerechtigkeit) z. B. Fülbier (2006a), S. 60; Bareis (1995), S. 97.

1172 Jansen (2000), S. 64.

1173 Fülbier (2006a), S. 62.

1174 Vgl. Schreiber, U. (2008), S. 7; Siegel (2005b), S. 83; Kahle (2006b), S. 89; ders. (2005), S. 11.

1175 Vgl. Hennrichs (1999a), S. 144; Steck (2002), S. 490; Arnold (2005), S. 149 f.; Dziadkowski/Henselmann (2004), B 120 Rz. 295.

1176 Vgl. 2. Kap. II. 1.2.1.1.

Das Gleichmäßigkeitspostulat schließt eine parallele Anwendung abweichender Einkommensermittlungsmodelle aus.[1177] Dass der tradierte[1178] sog. Dualismus[1179] der (steuerlichen) Einkünfteermittlung[1180] der Forderung nach gleichmäßiger Gewinnermittlung in diametraler Weise entgegensteht, ist in der steuerökonomischen Theorie seit Langem erkannt.[1181] Dieser Dualismus gilt als der Gleichmäßigkeitsverstoß schlechthin. Während die Ermittlung der Gewinneinkünfte (§§ 2 Abs. 2 Nr. 1 EStG i. V. m. 4 bis 7k und 13a EStG) auf Basis eines Betriebsvermögensvergleich mit umfangreichen Zahlungsperiodisierungen (§§ 4 Abs. 1, 5 EStG) vorgenommen und die Anwendung der periodisierungsreduzierten Einnahmen-Überschuss-Rechnung i. S. d. § 4 Abs. 3 EStG nur unter bestimmten (engen) Bedingungen zugelassen wird, ermittelt sich die Höhe der Überschusseinkunftsarten durch den Überschuss der Einnahmen über die Werbungskosten (§§ 2 Abs. 2 Nr. 2

1177 Vgl. Spengel (2009), S. 105; Schreiber, U. (2000), S. 92.

1178 Dieser Dualismus der Einkünfteermittlung ist rechtshistorisch auf einen finanzwissenschaftlichen Theorienstreit zwischen Anhängern der Reinvermögenszugangstheorie und denen der Quellentheorie zurückzuführen. Zur Reinvermögenszugangstheorie (*accretion theory*) vgl. grundlegend Schanz (1896), zur Quellentheorie vgl. grundlegend Fuisting (1902). Zu der historischen Entstehung des Einkünftedualismus vgl. eingehend Tipke (1973), S. 391 ff.; ders. (2003), S. 716 f.; Pezzer (1991), S. 12 f.; ders. (2011), S. 209 f.; Uhländer (1996), S. 71 ff.; Drüen (2001), S. 993 f.; Lang, J. (2006), S. 2209; Karrenbauer (1993), S. 33-35; Sachs (1998), S. 106. Weder die Reinvermögenszugangstheorie noch die Quellentheorie (*source theory*) konnte sich im deutschen Steuerrecht einkunftsartenübergreifend durchsetzen; grob gesprochen findet die Reinvermögenszugangstheorie in den Gewinneinkünften, die Quellentheorie in den Überschusseinkünften ihren Niederschlag. Vgl. Tipke (2003), S. 717; Sigloch (1998), S. 108. Aufgrund der Änderung des § 20 EStG im Rahmen des UntStRefG 2008 und der Einführung einer generellen Wertzuwachssteuer (Abs. 2) gilt die Quellentheorie im Bereich der Einkünfte aus Kapitalvermögen nicht mehr; vgl. Homburg (2010), S. 253.

1179 In der Gesamtschau weist das EStG „mindestens fünf" verschiedene Methoden zur Einkünfteermittlung auf, im Einzelnen: (1) originärer Betriebsvermögensvergleich gem. § 4 Abs. 1 EStG), (2) derivativer Betriebsvermögensvergleich gem. § 5 EStG); (3) Einnahmen-Überschuss-Rechnung gem. § 4 Abs. 3 EStG; (4) Überschussrechnung gem. §§ 8, 9a EStG sowie (5) pauschalierte Gewinnermittlung (§§ 5a, 13a EStG, 162 AO). Vgl. (kritisch) Bareis (1995), S. 102 f. (auch Zitat); zu den einzelnen Gewinnermittlungsarten vgl. nur Meyering (2011a), S. 23 ff. Zum Teil werden – je nach Zählweise – auch nur vier bzw. drei verschiedene Methoden differenziert; vgl. Drüen (1999a), S. 28 m. w. N. Angesichts dieser Vielfalt wäre es treffender, von einem „Pluralismus der Einkünfteermittlung" zu sprechen. So Kruse (1997), S. 422 (Zwischenüberschrift III.3.); vgl. auch Kanzler (1998), S. 234; Jachmann (2000), S. 42; Drüen (1999a), S. 28.

1180 Das geltende deutsche Einkommensteuerrecht basiert auf zwei Säulen; es unterscheidet grundlegend zwischen Gewinneinkünften (§ 2 Abs. 1 Nr. 1-3 EStG) und Überschusseinkunftsarten § 2 Abs. 1 Nr. 4-7 EStG). Die Einkünfte werden nach der Art der Ermittlung der Einkünfte unterschieden. Diese Aufspaltung wird in der juristischen Literatur zum Teil auch als *formeller* Einkünftedualismus bezeichnet, in Abgrenzung zum *materiellen* Dualismus, der sich mittelbar aus den jeweils anwendbaren Normen ergibt. Vgl. Goetze (2010), S. 75 f. m. w. N. Der Begriff des Dualismus der Einkunftsarten wird zum Teil auch als Oberbegriff für den – hier interessierenden – Dualismus der Einkünfteermittlung und den Dualismus der Veräußerungsgewinnbesteuerung verstanden; so Sava (2007), S. 6.

1181 Zur berechtigten Kritik aus *ökonomischer Sicht* vgl. Schneider (1984a), S. 421; Wagner, F. W. (1978), S. 225 ff.; ders. (1997), S. 517 ff.; ders. (2000a), S. 432 ff.; ders. (1998b), S. 30 f.; Wenger (1983), S. 207 ff.; Schreiber, U. (1991), S. 68; ders. (2002), S. 107; ders. (1996), S. 108; Schreiber, U./Stellpflug (1999), S. 187; Homburg (2010), S. 252 ff.; Ballwieser (1990), S. 489; ders. (2011), S. 583 f.; Kahle (2002c), S. 210 f.; Spengel (2003c), S. 306 f.; ders. (2009), S. 105; ders. (2008b), S. 420; ders. (2006b), S. 681; ders. (1995), S. 691 f.; Sigloch (1998), S. 108 ff.; ders. (2004a), S. 335; Sava (2007), S. 5 ff.; Wala/Knoll (2001), S. 144; Siebler (2008), S. 382 f.; Robisch/Treisch (1997), S. 166; Müller (1996), S. 693 f.; Karrenbauer (1993), S. 33 ff.; Küpper (2004), S. 107; aus *rechtswissenschaftlicher Sicht* kritisch vgl. Tipke (1973), S. 391 ff.; ders. (2003), S. 716-725; Lang, J. (1988), S. 273; ders. (2000), S. 141; Hey (2003), S. 418; Hennrichs (1999a), S. 153; Zugmaier (2002), § 2 EStG Rz. 522; Elicker (2002), S. 229 ff.; Jachmann (2000), S. 48 ff.; Goetze (2010), S. 75 ff.; Jehner (1988), S. 267 ff.; ders. (1990), S. 8 f.; Sachs (1998), S. 105; a. A. (kein Verstoß gegen Art. 3 Abs. 1 GG) z. B. Kruse (1997), S. 420; abwägend Birk (2011), S. 25 f.

EStG i. V. m. 8 bis 9a EStG) auf Grundlage eines – allerdings nicht strikt befolgten[1182] – Zu- und Abflussprinzips (§§ 8 Abs. 1, 11 EStG).[1183]

Genau genommen ist die bloße Koexistenz verschiedener Einkünfteermittlungsmethoden (sog. *formeller* Dualismus) aber noch kein Gleichmäßigkeitsverstoß, wenn bedacht wird, dass ein als Gleichmäßigkeitsmaß verstandener Reinvermögenszugang formal über einen Vermögensvergleich ebenso wie über eine (Einnahmen-) Überschuss-Rechnung unter Nebenbedingungen (Erhalt des Anfangsvermögens) zu ermitteln ist.[1184] Allgemein ausgedrückt lassen sich alle derzeit bekannten Modelle zur (steuerlichen) Gewinnmessung[1185] auf einen gemeinsamen Konzeptionskern zurückführen, der darin besteht, dass „dem Vermögensbestand am Ende der Periode der Vermögensbestand zu Beginn der Periode gegenübergestellt wird und während der Periode erfolgte Vermögensentnahmen und Vermögenseinlagen korrigiert werden“[1186]. Es ist die logische Konsequenz des doppischen Systems der Buchführung,[1187] dass sich jeder Bestandsrechnung stets auch eine korrespondierende Stromgrößenrechnung zuordnen lässt (und umgekehrt).[1188] Eingedenk dieser rudimentären gemeinsamen Definitionsbasis lässt sich ein fundamentaler Antagonismus zwischen den Messmethoden nicht feststellen.[1189] Folglich kann aus Sicht der Reinvermögenszugangstheorie vorderhand weder einem Betriebsvermögensvergleich noch einer (Einnahmen-) Überschuss-Rechnung mit Anfangskapitalerhaltung ökonomische Vorteilhaftigkeit zugesprochen werden.[1190]

Nun handelt es sich bei dem Dualismus nicht um ein bloßes buchhalterisches Problem. Es sind primär[1191] die auf Gewinnermittlungseinzelnormebene angelegten Periodisierungsdiskrepanzen (*materieller Dualismus*), die Ursache sind für sog. ökonomische Zinseffekte (synonym: Zeiteffekte[1192])

1182 Zu den Durchbrechungen vgl. im Überblick Sava (2007), S. 14 f.

1183 Vgl. z. B. Lang, J. (1981), S. 50. Im Schrifttum ist deshalb auch von einer „Dualität zwischen Zahlungen und Vermögen“ die Rede. So Küpper (2004), S. 107.

1184 Vgl. Pannen (2000), S. 232; Gröning (2002), S. 65.

1185 Zu verschiedenen Einkommensermittlungskonzepten vgl. insb. Sigloch (1995), S. 676 ff.; ders. (2003), S. 239 ff.; ders. (2004b), S. 210 ff.; ders. (2005b), S. 383 f.; ders. (2007), S. 453 ff.

1186 Sigloch (2007), S. 453 f. (erstes Zitat auf S. 453, zweites Zitat auf S. 454); so auch Wagner, F. W. (1978), S. 232 f.

1187 Die erstmalige systematische Beschreibung der doppelten Buchführung wird dem Franziskanermönch *Luca Pacioli* im Jahre 1494 zugeschrieben.

1188 Vgl. Wagner, F. W. (1978), S. 233; Sigloch (2003), S. 140; ders. (2007), S. 454; Wenger (1985), S. 711 f.

1189 Vgl. Wagner, F. W. (1978), S. 233.

1190 Nur insoweit lässt es sich noch ökonomisch begründen, dass es dem deutschen Gesetzgeber anheimstellt, die steuerliche Gewinnermittlung auf einen Vermögensvergleich oder eine (Einnahmen-) Überschuss-Rechnung aufzusetzen. Vgl. Meyering (2011a), S. 113.

1191 Vgl. Wala/Knoll (2001), S. 144. Auf die Problematik des unterschiedlichen Zugriffs auf Wertzuwächse wird im Folgenden nicht näher eingegangen (sog. Dualismus der Veräußerungsgewinnbesteuerung). Vgl. hierzu die umfassende Kritik bei Sava (2007), S. 18-21 und passim. Zur programmatischen Kritik an der Überbetonung von Zeit-Elementen und der tendenziellen Vernachlässigung von Bemessungsgrundlageneffekten vgl. Wagner, F. W. (2008), S. 112 f. (Zitat auf S. 112); hiergegen Siegel (2009b), S. 179.

1192 Vgl. Wagner, F. W. (1984), S. 212; Knirsch (2006b), S. 465. Steuerwirkungen lassen sich in *Zeiteffekte, Bemessungsgrundlageneffekte* und *Steuertarifeffekte* unterteilen; vgl. grundlegend Wagner, F. W. (1984), S. 211 ff.; ders. (2005a), S. 454 ff.; ders. (2008), S. 100 ff.; ders. (2010a), S. 35; ders. (2005b), S. 99 ff.; ferner auch z. B. Hiller (2003), S. 21. Steuerliche Wirkungen in Form von *Zeiteffekten* liegen im Allgemeinen vor, wenn Entscheidungsalternativen (mit mehr als einperiodischer Wirkungsdauer), die bezogen auf die Gesamtheit der Besteuerungsperioden die gleiche Höhe der steuerlichen Bemessungsgrundlage aufweisen und jeweils auch denselben Steuersätzen unterliegen, nur deshalb unterschiedlich vorteilhaft sind (gemessen am Steuerbarwert), weil die zeitliche Struktur der (Gesamt-) Bemessungsgrundlagen bis zum Wirkungshorizont abweicht und dadurch auch die damit einherge-

und die ihrerseits Ungleichbehandlungen und Verwerfungen in der Effektivsteuerbelastung zwischen den Zensiten hervorrufen (können). Im (begründeten) Verdacht des Neutralitäts- und Gleichmäßigkeitsverstoßes stehen insbesondere jene dem Betriebsvermögensvergleich immanenten Zahlungsperiodisierungen (Erfolgsverrechnungen), die dem Vorsichtsprinzip folgen. Die steuerliche Geltung dieser Periodisierungsprinzipien bringt es zwangsweise mit sich, dass der Zeitpunkt, in dem die Einkünfte erzielt werden, in der Regel ein anderer ist, als er sich auf Grundlage des Zu- und Abflussprinzips einstellt. Bedenkt man indessen, dass „der ökonomische Wert zeitlicher Verschiebungen von Zahlungsströmen am Kapitalmarkt ermittelt wird, schlagen sich Abweichungen zwischen Zahlung und Erfolgsverrechnung zwangsläufig in Zinseffekten nieder“[1193]. Da diesen Zinseffekten in den Ansatz- und Bewertungsvorschriften einer steuerbilanziellen Gewinnermittlung regelmäßig nicht adäquat Rechnung getragen wird, sind ökonomische Verwerfungen die unmittelbare Konsequenz,[1194] deren Gewicht von der Höhe der zu periodisierenden Beträge und der zeitlichen Spanne der Periodisierung abhängig ist. Dass der Dualismus eine Quelle vielschichtiger Systemlücken (Korrespondenzlücken) ist, lässt sich aus betriebswirtschaftlicher Sicht kaum leugnen.[1195]

Aussagen über Neutralitäts- und Gleichmäßigkeitsverstöße können nicht an formalen Ermittlungsmethoden fixiert werden; sie sind vielmehr nur auf Ebene der materiellen Einzelnormen nachzuweisen.[1196] Der häufig im juristischen Schrifttum vertretenen Gegenansicht, es sei „ohne Sinn, einzelne Teilelemente verschiedener Gewinnermittlungssysteme miteinander zu vergleichen“[1197], man müsse auf den äußeren Rahmen (System) schauen, ist zurückzuweisen. Begreift man das Einkommen als Maßstab einer gleichmäßigen Besteuerung, bleibt es dabei, dass die Einkommensermittlung für alle Steuerpflichtigen nach (möglichst) gleichen Regeln zu erfolgen hat.[1198] Diese *materielle* Konsequenz[1199] (materieller Dualismus) ist nicht nur ein „wesentliche[r] Faktor der Ungleichbehandlung der Einkunftsarten“[1200], sondern zählt auch zu den Hauptgründen für die Verzerrungen des derzeiti-

---

henden Gewinnsteuerzahlungen zu unterschiedlichen Zeitpunkten fällig werden. Zum Zweck der Steuerbarwertminimierung liegt es aus Sicht des Steuerpflichtigen nahe, steuerpflichtige Erfolge möglichst weit in spätere Besteuerungsperioden zu verlagern bzw. Minderungen der Bemessungsgrundlage möglichst früh geltend zu machen. Vgl. Wagner, F. W. (1984), S. 211; ders. (2005a), S. 454. Infolge dieser Zinseffekte kann es sich bspw. ergeben, dass der Kapitalwert eines Investitionsobjekts nach Steuern gegenüber seinem Kapitalwert vor Steuern zunimmt. Zu diesem sog. *Steuerparadoxon* vgl. Wagner, F. W. (2005a), S. 454; Schanz/Schanz (2010a), S. 182 ff.

1193 Knoll (2001c), S. 397.

1194 Vgl. Knoll (2001c), S. 397.

1195 Vgl. Wala/Knoll (2001), S. 144; Homburg (2010), S. 252 f. Die ökonomische Problematik dieser Korrespondenzlücken wird unten, im Zusammenhang mit der Rückstellungsbilanzierung, aufgegriffen; vgl. 3. Kap. II. 2.1.2.2.1.

1196 Vgl. Pannen (2000), S. 232.

1197 So Hüttemann (2003), S. 45; vgl. auch z. B. Mayr (2001a), S. 20. Nach h. L. im steuerrechtlichen Schrifttum stehe es dem Steuergesetzgeber frei, eine Koexistenz von Vermögensrechnung und Überschussrechnung vorzusehen; es müsse nur im jeweiligen *Subsystem* eine zutreffende Abschnittsbesteuerung gewährleistet werden. Vgl. Hennrichs (1999a), S. 145 f.; ders. (2001), S. 310; ders. (2010b), S. 250; Schlotter (2005), S. 245 f.; ders. (2007), S. 953; ders. (2009), S. 1412; Schlotter/Pinkernell (2011), S. 689 f.; Drüen (2001), S. 998 f.; Hey (2009c), S. 2565; dies. (2010c), S. 18; Schön (1995), S. 370 f.; Kuntschik (2004), S. 40 f.; Niemann (2005), S. 67 f.; Scholz (2003), S. 101; Dauber (200), S. 241; Kadel (2005), S. 347.

1198 Vgl. Schreiber, U. (2002), S. 108 mit Verweis auf Schneider (1997a), S. 284 f.

1199 Vgl. Goetze (2010), S. 81.

1200 Hey (2003), S. 418.

gen Steuerrechts.[1201] Die Abschaffung der dualistischen Einkünfteermittlung ist zwingend geboten, um die Entscheidungsverzerrungen der steuerlichen Gewinnermittlung zu vermeiden oder wenigstens zu lindern und zugleich auch einen wirksamen Beitrag zur Gleichmäßigkeit der Besteuerung erzielen zu können. Eine überzeugende Begründung für die dualistische Einkünfteermittlung ist nicht zu erkennen. Gewinneinkünfte und Überschusseinkünfte sind ökonomisch gleichartig.[1202] Aus ökonomischer Sicht der Dinge kann es überhaupt keinen Unterschied machen, „ob das Effektivvermögen des Steuerpflichtigen aus der Nutzung von Sachkapital, Finanzkapital oder der Arbeitskraft resultiert“[1203].

Dass der Dualismus der Einkünfteermittlung von der (deutschen) Verfassungsrechtsprechung noch immer als gleichmäßigkeitskonform erachtet und mithin gebilligt wird,[1204] ist nicht nachvollziehbar.[1205] Auch die aus der Judikatur des BFH[1206] ergangene These von einer Total- oder Gesamtgewinngleichheit[1207] zwischen Betriebsvermögensvergleich und (Einnahmen-) Überschuss-Rechnung kann fernab von gleichgewichtigen (Kapital-) Märkten keine ökonomische Plausibilität beanspruchen.[1208] Diese Rechtsfigur ist unvollständig, da sie gewinnermittlungsinduzierte Zinseffekte ignoriert.[1209] Bezieht man diese in die Betrachtung mit ein, führen Betriebsvermögensvergleich und (Einnahmen-) Überschuss-Rechnung eben nicht „zu demselben (Total-) Ergebnis“[1210]. Statt einer vorgeblichen Totalgewinnidentität sind vielfältige Abweichungen im ökonomisch verstandenen Endvermögen die Regel, wobei Zinsvorteile zu Endvermögenssteigerungen und Zinsnachteile zu Endvermögensminderungen führen.[1211]

1201 Vgl. Sigloch (1990), S. 230, auch zur Differenzierung zwischen offenkundigen und verdeckten Neutralitätsverletzungen.

1202 Vgl. grundlegend Sava (2007). A. A. etwa Kruse (1997), S. 422 („Das üblicherweise gewählte Vergleichspaar – hier Unternehmer, dort Arbeitnehmer – läßt sich nicht vergleichen“); im betriebswirtschaftlichen Schrifttum für eine Unvergleichbarkeit z. B. arqus (2008b), S. 958, ohne dabei allerdings ein Differenzierungskriterium zu nennen. Hiergegen mit Recht Schneider (2010a), S. 715; ders. (2010b), S. 237; Siegel (2008a), S. 303 Fn. 14.

1203 Kahle (2002c), S. 211; vgl. auch ders. (2005), S. 11; ders. (2006b), S. 89.

1204 Kritisch Tipke (2003), S. 718 ff.; dem BVerfG indessen beipflichtend (Minderheitsmeinung) Kruse (1997), S. 420 m. w. N. Ders. (2011), S. 26 merkt verteidigend an, dass es sich bei dem Dualismus um „tradiertes Recht [handele], das bereits der Verfassungsgeber vorgefunden [habe]“. In der jüngeren Rechtsprechung des BVerfG (vgl. etwa v. 07.07. 2010, 2 BvR 748/05, 2 BvR 753/05, 2 BvR 1738/05, DStR 2010, S. 1733) wird die gleichheitsrechtliche Frage nicht mehr thematisiert, sondern problemverkürzend von einer historisch gewachsenen Grundentscheidung zugunsten des Dualismus gesprochen.

1205 Vgl. Wagner, F. W. (2000a), S. 434.

1206 Vgl. z. B. BFH v. 08.09.1988, IV R 66/87, BStBl. II 1989, S. 32. Zu umfangreichen (älteren) Rechtsprechungsbelegen vgl. insb. Lang, J. (1988), S. 449.

1207 So z. B. Mayr (2001a), S. 19. Zur Kritik am Grundsatz der Total-/Gesamtgewinngleichheit unter verschiedenen Teilaspekten Drüen (1999a), S. 57 ff.; ders. (1999b), S. 1097 ff.; zur Diskussion auch Kruse (1997), S. 423; Eisgruber (2011), S. 194 f.; Hey (2010b), § 17 Rz. 257; Prinz (2010a), S. 918; ders. (2011a), S. 139; Treisch/Müßig (2007), S. 22 f.; Hausen (2009), S. 31; Ismer (2011), S. 108; Schaumburg (2004), S. 546; Wacker (1998), S. 247 f.; Büssen (2009), S. 32 f.; Kanzler (1998), S. 242 f.; Meyering (2011a), S. 201 ff.

1208 So auch aus verfassungsrechtlicher Sicht Elicker (2002), S. 230: „Die Beachtung des ‚Prinzips der Gesamtgewinngleichheit‘ kann daher (…) dem Dualismus der Gewinnermittlung das Verdikt des Verstoßes gegen den Gleichheitssatz nicht ersparen“. A. A. Kanzler (1998), S. 242 f.

1209 Vgl. Wagner, F. W. (2000a), S. 433; Sava (2007), S. 119; Kußmaul/Klein (2001), S. 550; Lenz (2008), S. 40 f.; sehr kritisch auch Schneider (2004a), S. 297 f. („Fehlintuition“); im steuerrechtlichen Schrifttum mit ebendieser Begründung zu Recht kritisch Hey (2003), S. 418; Elicker (2002), S. 229 f.

1210 BFH v. 08.09.1988, IV R 66/87, BStBl. II 1989, S. 32.

1211 Vgl. aus ökonomischer Sicht nur Sigloch (1995), S. 684 ff.

Der Widerstreit zwischen Vermögensvergleich (*accrual method*) und Zahlungsrechnung (*cash method*) ist dabei auch keine Alleinerscheinung des deutschen Steuerrechts.[1212] Vielmehr ist der Dualismus dem Steuerrecht in „praktisch allen entwickelten Volkswirtschaften"[1213] und damit auch den hier betrachteten Mitgliedstaaten bekannt.[1214] Die Dualitätsproblematik würde sich im Rahmen der CCCTB noch verschärfen. Zumindest in der Anfangsphase käme es zu einer Parallelität von Gewinnermittlungsnormen, die von rein national tätigen und nicht für die CCCTB optierenden Körperschaften anzuwenden wären, und solchen mit Geltung allein für die der CCCTB unterliegenden Körperschaften.[1215] Es wäre nicht angängig, dass rein national tätige Unternehmen ihren Gewinn nach anderen Regeln ermitteln als grenzüberschreitende Konzerne; denn je nach zugrunde gelegtem Rechenwerk ergäbe sich eine abweichende steuerliche Effektivbelastung.[1216] Schwer abzuschätzen ist,[1217] ob die europäischen Bemessungsgrundlagenelemente im Zeitverlauf auf die nationalen Gewinnermittlungsvorschriften abfärben und so eine faktische Konvergenz zwischen den Systemen bewirken. Auch eine optionale Anwendung harmonisierter steuerlicher Gewinnermittlungsregeln würde mit dem Gleichmäßigkeitsgebot kontrastieren, solange diese Wahlmöglichkeit nur einem auserwählten Kreis von Steuerpflichtigen offensteht.[1218]

Zwar wird der Dualismus der Einkünfteermittlung in keinem der europäischen Steuerreformvorschläge problematisiert, jedoch sollte die Neuordnung der Bemessungsgrundlagenermittlung im

---

1212 Vgl. Spengel (2003c), S. 307; ders. (2004b), S. 135; Wagner, F. W. (2000), S. 432.

1213 So Knoll (2001c), S. 397; ähnlich bereits Wenger (1983), S. 207.

1214 Für einen Rechtsvergleich der Koexistenz von *cash method* und *accrual method* vgl. Avi-Yonah/Sartori/Marian (2011), S. 80-83; Ault/Arnold (2010), S. 300-306; Ehrhardt-Rauch (2001), S. 425 f. (jeweils auch zu Frankreich, Schweden, Vereinigtes Königreich); zu Polen ergänzend Cloer (2004), S. 111 f. (der allerdings darauf hinweist, dass dieser Einkünftedualismus sich nicht in einer formalen Unterscheidung zwischen Gewinn- und Überschusseinkünften widerspiegelt); ferner auch (ohne direkten Länderbezug) Thuronyi (2003), S. 267 f. A. A. möglicherweise in Bezug auf die französische Rechtslage Sachs (1998), S. 107: „In Frankreich existiert kein Dualismus der Einkünfteermittlung nach deutschem Muster". Allerdings stellt *Sachs* auf S. 131 selbst fest, dass das französische Steuerrecht drei verschiedene Gewinnermittlungsarten (Betriebsvermögensvergleich, Einnahmen-Ausgaben-Rechnung, pauschalierte Gewinnermittlung) kennt.

1215 Vgl. Cnossen (2004), S. 144; Sørensen (2004), S. 93; Devereux/Fuest (2010), S. 26; Fuest/Huber (2003), S. 386; González Sánchez/Fluxà (2006), S. 198; Mintz/Martens Weiner (2003), S. 696; Staringer (2010), S. 446.

1216 Vgl. Lenz/Rautenstrauch (2011), S. 728.

1217 A. A. Mayr (2007), S. 478 (mit Blick auf die österreichische Rechtslage): „Eine gemeinsame Körperschaftsteuer-Bemessungsgrundlage würde *natürlich* auch auf die (nationale) Einkommensteuer-Bemessungsgrundlage ausstrahlen" (keine Kursivierung im Original); so auch ders. (2011), S. 348 f. Aus deutscher Sicht dürfte z. B. die Pool- bzw. Sammelpostenabschreibung (§ 6 Abs. 2a EStG) durch die Arbeiten der EU-Kommission inspiriert sein; vgl. Herzig (2009a), S. 1039. Allerdings handelt es sich hierbei derzeit noch Einzelfälle. Im deutschen Schrifttum wird häufig betont, bei der Reform des Bilanzsteuerrechts die Entwicklungen auf EU-Ebene zu berücksichtigen und deutsche Insellösungen zu vermeiden. Vgl. Oestreicher/Spengel (2008), S. 303; Spengel (2009), S. 102; ders. (2006b), S. 682; Herzig (2009b), S. 765; ders. (2006d), S. 560; Rautenstrauch (2009), S. 114 ff.; Mayr (2011), S. 343; Herlinghaus (2005), S. 1192; Prinz (2011b), S. 463. Indessen hat der deutsche Gesetzgeber mit dem BilMoG einen „ausschliesslich national ausgerichteten Lösungsansatz gewählt". So Herzig (2011a), S. 619.

1218 In diesem Sinne (mit Blick auf die CCCTB) Schreiber, U. (2004), S. 225; Breithecker/Klapdor/Rokitta (2007), S. 149; Herzig (2006a), S. 277; ders. (2007), S. 40 f.; Patek (2007), S. 241; Fuest (2009), S. 106; Schweizer (2007), S. 16; wohl auch Sørensen (2002), S. 32 f.; ders. (2004), S. 102; Mintz/Martens Weiner (2003), S. 697 („tax distinction between purely domestic firms and multinational firms"). Allgemein auch Busse von Colbe (2002a), S. 169: „Ein Wahlrecht für ein Rechnungslegungssystem zur Besteuerung des Gewinns kann es nach dem Grundsatz der Gleichmäßigkeit offenbar nicht geben". Der Vorwurf eines Gleichmäßigkeitsverstoßes ließe sich möglicherweise dadurch ausräumen, dass auch rein innerstaatlich tätigen Unternehmen die Anwendung harmonisierter Gewinnermittlungsregeln eröffnet wird; so Hey (2008a), S. 98; Seitz (2010), S. 879.

Zuge des CCCTB-Projekts gerade (auch) als Chance begriffen werden, die im Dualismus angelegten Gleichmäßigkeitsverletzungen zu überwinden, wenigstens aber zu reduzieren.[1219] Es würde zu kurz greifen, bei der Ausgestaltung harmonisierter steuerlicher Gewinnermittlungsregeln allein grenzüberschreitende Konzernstrukturen in den Blick zu nehmen. Eine konsequente Harmonisierung in Richtung einer „true common base“[1220] dürfte vor der steuerlichen Gewinnermittlung aller Unternehmen nicht haltmachen.[1221] Langfristiges Ziel kann nur sein, harmonisierte Regeln zur steuerlichen Gewinnermittlung auf alle Steuerpflichtigen auszudehnen.

3.4.2 Annäherung der Einkünfteermittlungsmethoden auf Basis des Barrealisationsprinzips

Um gewinnermittlungsinduzierte Steuerbelastungsdifferenzen theoretisch gänzlich einzuebnen, müsste „das Einkommen für alle Steuerpflichtigen gleich definiert sein, und die Methoden, mit denen ermittelt wird, dürften keine Unterschiede aufweisen“[1222]. Der Umfang der steuerlichen Periodisierungen erhebt sich damit zur „zentrale[n] materielle[n] Frage“[1223]. Zur Überwindung des Dualismus finden sich Vorschläge, die eine Einheitsmethode vorsehen und solche, die aus pragmatischen Gründen eine Annäherung der Einkünfteermittlungsmethoden anstreben.[1224] Es ist in der Tat unwahrscheinlich, dass sich eine einheitliche Messmethode für alle Einkünfte finden lässt.[1225] Eine derart weit begriffene Gleichschaltung würde nämlich implizieren, dass sämtliche Steuerpflichtige entweder auf Basis einer (Einnahmen-) Überschuss-Rechnung oder eines Vermögensvergleichs besteuert werden.[1226] Die Mitgliedstaaten müssen sich mithin „entweder eindeutig für eine durchgängig zahlungsstromorientierte Einkünfteermittlung entscheiden oder einer systematischen Grundsätzen folgenden Gewinnermittlung für unternehmerische Einkünfte den Vorzug einräumen“[1227]. Ein Betriebsvermögensvergleich[1228] dürfte schon aus Gründen der Praktikabilität und Einfachheit nicht als einheitliche Einkommensermittlungsmethode infrage kommen.[1229] Umgekehrt ist auch eine Überschussrechnung als Referenzmodell für sämtliche Steuerpflichtige kaum vorstellbar.[1230]

1219 Vgl. Knirsch/Niemann (2008), S. 322.

1220 Gammie et al. (2005), S. 21.

1221 Vgl. Fuchs/Wiederwohl (2006), S. 127 mit Verweis auf Spengel (2003b), S. 32.

1222 So Schreiber, U. (1991), S. 64; vgl. auch ders. (2004), S. 225.

1223 Schreiber, U. (2004), S. 225; vgl. auch Kahle (2006a), S. 1407.

1224 Vgl. als Überblick Sava (2007), S. 24-39 und zu deren Würdigung S. 143-160.

1225 Vgl. Hey (2003), S. 418.

1226 Vgl. Wagner, F. W. (1997), S. 519; ders. (1998d), S. 404; ders. (1998b), S. 30; ders. (1999), S. 1523; Sigloch (1998), S. 114; Wala/Knoll (2001), S. 145.

1227 Jacobs/Spengel/Wünsche (1999), S. 62 (ohne direkten Bezug zur CCCTB).

1228 Für ein Festhalten an einem Betriebsvermögensvergleich z. B. Wehrheim/Lenz (2005), S. 459; Prinz (2006b), S. 292; ders. (2010a), S. 917 ff.

1229 Vgl. Hey (2003), S. 418; Spengel (2004b), S. 135; ders. (2006b), S. 681; Wagner, F. W. (1998d), S. 404; ders. (1999), S. 1523; Elicker (2002), S. 230; ferner auch Kruse (1997), S. 421; a. A. offenbar Schmitt (2005), S. 83. Eine Umstellung der Ermittlung der Arbeitseinkommen auf einen Vermögensvergleich würde eine Art Humankapitalbilanzierung erfordern, die mithin „nach dem Ertragswert der Arbeitskraft“ zu bemessen wäre; vgl. Wagner, F. W. (1997), S. 519 (auch Zitat); ders. (1998b), S. 31; ders. (1999), S. 1523; ders. (1989), S. 268. Ferner auch Neidhardt (2008), S. 259.

1230 Vgl. Sava (2007), S. 151; Dziadkowski (2000), S. 401; Neidhardt (2008), S. 262; a. A. bspw. Wagner, F. W. (1999), S. 1523, der die Überschussrechnung „als einheitliche steuerliche Ermittlungsmethode für alle Einkünfte“ propagiert.

Man wird wohl auch im Rahmen der CCCTB um einen – gleichwohl periodisierungsreduzierten – Betriebsvermögensvergleich nicht umhinkommen.[1231] Sofern das Einkommen im realisierten Reinvermögenszugang der Periode gemessen wird, kann auf eine Periodisierung nicht gänzlich verzichtet werden; auch deshalb scheidet eine reine Zahlungsrechnung aus.[1232]

Daraus ist zu schließen: Wenn die Überschussrechnung unvermeidbar ist, Gleichmäßigkeit der Besteuerung aber verwirklicht werden soll, „dann muß die Gewinnermittlung so gestaltet werden, daß sie möglichst weitgehend an die Überschußrechnung angenähert wird“[1233]. Der Schlüssel für einen wirkungsvollen Beitrag zur Verbesserung der steuerlichen Gleichmäßigkeit kann nur darin liegen, Wertungen aus dem Bereich der Überschusseinkünfte so weit es geht auch bei der Ermittlung der Gewinneinkünfte einfließen zu lassen.[1234] Lehnt man auch diesen kompromissgeborenen[1235] Weg ab,[1236] muss man weiterhin in Kauf nehmen, dass die steuerlichen Einkünfte nach verschiedenen Methoden ermittelt werden. „Dann braucht man allerdings hochtrabende Absichten einer gleichmäßigen Besteuerung nicht weiter zu verkünden“[1237]. Damit ist auch dem Gleichmäßigkeitspostulat die zentrale Botschaft zu entnehmen, dass die dem Betriebsvermögensvergleich immanenten Periodisierungen nach Maßgabe des Barrealisationsprinzips zurückgedrängt, aber nicht gänzlich ausgeschaltet werden sollte.[1238] Es sollte auf einen in Geld realisierten Reinvermögenszugang abgestellt werden. Nur so ist (annähernd) zu gewähren, dass gleiche wirtschaftliche Sachverhalte auch steuerlich eine gleiche Behandlung erfahren.[1239]

Mag man das tradierte, auf den Zeitpunkt der Lieferung oder Leistung rekurrierende Realisationsprinzip unter Liquiditätsgesichtspunkten noch als weiterhin akzeptable Konventionslösung erach-

---

1231 Vgl. Dahlke (2011), S. 144.

1232 Vgl. Kahle (2006b), S. 89 mit Verweis auf Schneider (1997a), S. 263.

1233 So bereits Schneider (1971b), S. 330.

1234 Vgl. Herzig/Bär (2003), S. 7.

1235 Zum Kompromisscharakter der vereinfachten Vermögensrechnung vgl. Spengel (2003c), S. 312.

1236 So etwa Mayr (2001a), S. 18, der kritisiert, dass die Ausnahme (Überschussrechnung) zur Regel (Betriebsvermögensvergleich) erhoben werde; nur ein Betriebsvermögensvergleich sei imstande, ein präzises Bild über den wirklichen und periodengerechten Gewinn zu zeichnen. Abgesehen davon, dass die Attribute „präzise“ und „wirklich“ bei allen „Messungsproblemen (…) von vornherein fehl am Platze sind“ (Schneider [1980b], S. 98), dürften sie – wenn überhaupt – nur auf den ökonomischen Gewinn zutreffen. Ein auf dem Einzelbewertungsgrundsatz basierender Vermögensvergleich ist erwiesenermaßen nicht geeignet, den ökonomischen Gewinn abzubilden. Man kann den Betriebsvermögensvergleich schwerlich mit Eigenschaften verteidigen, die er nicht aufweist. Periodengerechtigkeit ist ein konkretisierungsbedürftiger, zwingend zweckabhängiger Begriff. Es gibt nicht *den* periodengerechten Gewinn, „sondern lediglich Periodengewinne als Ergebnis bestimmter Periodisierungsregeln, die in bezug auf ausgewählte Zwecksetzungen mehr oder weniger geeignet sein können“; Wagner, F. W. (1978), S. 269 Fn. 138. Insofern wird man einer Überschussrechnung nicht *a priori* absprechen können, einen periodengerechten Gewinn zu ermitteln. Des Weiteren dürfte nicht die Überschussrechnung, sondern vielmehr der Vermögensvergleich Ausnahmecharakter tragen (vgl. Wagner, F. W. [1997], S. 519; arqus [2008a], S. 1845 mit Verweis auf den geringeren Anteil am Steuergesamtaufkommen). Damit ist auch das Argument, der Vermögensvergleich sei die Regelmethode, von der Wahl des Maßstabs abhängig.

1237 Wagner, F. W. (1997), S. 519.

1238 A. A. Schmiel (2008), S. 350; Mayr (2001a), insb. S. 20.

1239 Vgl. Kottke (1987), S. 1579.

ten,[1240] dürfte es mit dem Gleichmäßigkeitsgrundsatz kaum mehr zu vereinbaren sein. So würden die im tradierten Realisationsprinzip angelegten Gleichmäßigkeitsmissachtungen in zweierlei Richtung fortwirken. Zum einen wären weiterhin nur gewinnermittelnde Steuerpflichtige verpflichtet, einen Betrag in Höhe der auf den noch nicht bar realisierten Gewinn entfallenden Steuern liquide zu halten, während Überschussermittler von dieser Einnahmenantizipation nicht betroffen wären.[1241] Zum anderen und insbesondere lassen sich die periodisierungsbedingten Gleichmäßigkeitsverletzungen zum Nachteil der Überschussrechner nur durch Ausrichtung an einem auf den Moment der Liquidation abwartenden Realisationsprinzip mindern. So gesehen stellt das Gleichmäßigkeitspostulat die noch gewichtigeren Argumente zugunsten eines Barrealisationsprinzips bereit.

3.4.3 Grundsätze der Allgemeinheit, Manipulationsfreiheit und Einfachheit der steuerlichen Gewinnermittlung

Dem Gleichmäßigkeitsgrundsatz lassen mit *Schneider* ferner noch die Grundsätze der Allgemeinheit, der Manipulationsfreiheit sowie der Einfachheit der steuerlichen Gewinnermittlung entnehmen.[1242] Nach dem *Grundsatz der Allgemeinheit der Besteuerung* sind Steuerbefreiungen jeglicher Art zu vermeiden.[1243] Insbesondere subventionelle oder lenkende Steuervergünstigungen – etwa in Form von Sonderabschreibungen oder steuerfreien Rücklagen – sind von einer harmonisierten steuerlichen Bemessungsgrundlage fernzuhalten.[1244] Dies heißt indes nicht, dass den nationalen Gesetzgebern der Spielraum für Lenkungs- und Subventionspolitik gänzlich genommen wäre, nur sollte sich dieser auf Tarifermäßigungen oder auf Maßnahmen (z. B. Zuschüsse, Zulagen, *tax credits*) konzentrieren, die an die Steuerschuld anknüpfen und nicht über die Bemessungsgrundlagenermittlung vollzogen werden.[1245] Dieses Vorgehen ist international üblich und kann damit auch im Rahmen der CCCTB als konsensfähig gelten.[1246]

Nach dem *Grundsatz der Manipulationsfreiheit* (oder *Nachprüfbarkeit*) der steuerlichen Gewinnermittlung sind individuelle Wertungen im Hinblick auf den Ansatz und die Bewertung von Gewinnermittlungselementen (möglichst) auszuschalten.[1247] Steuerliche Wahl- und Optionsrechte sowie implizite Ermessensspielräume sind mit diesem Grundsatz offenkundig nicht zu vereinbaren;[1248] sie verstoßen gegen die Tatbestandsmäßigkeit der steuerlichen Gewinnermittlung und führen zu Benachteiligungen gegenüber jenen Steuerpflichtigen (z. B. Arbeitnehmern), denen es an

1240 Vgl. z. B. Schmitt (2005), S. 82; Siegel (2011a), S. 783 f.
1241 Vgl. Pannen (2000), S. 234; Schneider (1978c), S. 57-61; Glade (1999), S. 402; kritisch zu diesem Argument Heibel (1981), S. 46; Köhle (2003), S. 119.
1242 Vgl. Schneider (1971c), S. 354; vgl. auch Gröning (2002), S. 53 f.; Lemm (1981), S. 38 f.; Meyering (2011a), S. 154.
1243 Vgl. Schneider (1998b), S. 1287.
1244 Vgl. Spengel (2003b), S. 33; vgl. auch Barenfeld (2007), S. 263.
1245 Vgl. Spengel (2008b), S. 420 f.; ders. (2006c), S. 121; ders. (2006b), S. 682; ders. (2003a), S. 257; Wendt (2009), S. 109 u. S. 460; Pottgießer (2006), S. 291 f.; Rautenstrauch (2009), S. 116.
1246 Vgl. Schön (2007c), S. 435; ders. (2005c), S. 117 f.; Gammie et al. (2005), S. 19 f.
1247 Vgl. Lemm (1981), S. 28 f.
1248 Vgl. Kahle (2002c), S. 211; Haustein (2007), S. 37; Pezzer (1991), S. 6 f.

gleichartigen Flexibilitäten in der Gewinnbemessung fehlt.[1249] Der Grundsatz der Manipulationsfreiheit korrespondiert insofern mit der Objektivierung der steuerlichen Gewinnermittlung (*de lege ferenda*), die zu Recht als *conditio sine qua non*[1250] einer steuerlichen Gewinnermittlung *de lege ferenda* hervorgehoben wird. Mit Art. 20 Abs. 3 GG und dem darin enthaltenen Rechtsstaatprinzip wird das Objektivierungsgebot zudem verfassungsrechtlich gestützt.[1251]

Der *Grundsatz der Einfachheit* (Praktikabilitätsprinzip[1252]) stellt innerhalb der vereinfachten Vermögensrechnung „kein Ziel an sich"[1253] dar, sondern folgt unmittelbar aus dem Gleichmäßigkeitsgrundsatz. Denn von einer gleichmäßigen Besteuerung (Gewinnermittlung) kann überhaupt nur die Rede sein, wenn die „Höhe der Steuerzahlung nicht von der Begabung und Erfahrung des Steuerpflichtigen und seiner Helfer im Umgang mit Steuergesetzen"[1254] abhängt. Dabei meint Einfachheit nicht die „absolute Schlichtheit des Steuerrechts"; Gleichmäßigkeit ist vielmehr „nur über ein differenziertes, aber nicht übermäßig differenziertes Recht"[1255] zu verwirklichen. Aus dieser Einsicht heraus lässt sich insbesondere die Vornahme von Typisierungen im Rahmen der steuerlichen Gewinnermittlung begründen.[1256]

Der Grundsatz der Einfachheit ist gerade für Zwecke der europäischen Bemessungsgrundlagenharmonisierung von besonderer Wichtigkeit.[1257] Fallen die vertrauten und durch die höchstrichterliche Judikatur im Grundsatz gefestigten[1258] Normen weg, entstehen (anfängliche) Rechtsunsicherheiten, denen nur durch ein hinreichend „einfaches" Gewinnermittlungsrecht entgegengewirkt werden kann.[1259] Auch dieser Vereinfachungsaspekt spricht für eine stärkere Zahlungsorientierung auf Grundlage des Barrealisationsgrundsatzes: „Die Streitanfälligkeit des Steuerbilanzrechts liegt eben

1249 Vgl. Dziadkowski/Henselmann (2004), B 120 Rz. 293.

1250 Schmiel (2008), S. 340. Zur Forderung nach Objektivierung der steuerlichen Gewinnermittlung *de lege ferenda* vgl. u. a. auch Dietel (2004), S. 45 ff.; Schön (2005c), S. 24 f.; Scheffler, W. (2011), S. 39-42.

1251 Vgl. Herzig (2004a), S. 16; Herzig/Lochmann (2006), S. 145; Esterer (2005), S. 117; Büsse (2009), S. 34.

1252 Vgl. Oestreicher (2007b), S. 577; Köth (2006), S. 131-134.

1253 Bareis (2002a), S. 22; vgl. auch ders. (1997), S. 56; ders. (2008), S. 35; Schmitt (2005), S. 225; Dicken (2003), S. 37.

1254 So Schneider (1971c), S. 354; zur Ableitung des Gebots der Steuervereinfachung aus dem Gerechtigkeits- bzw. Gleichmäßigkeitsgebot vgl. auch Kahle (2002), S. 211; Mayr (2009), S. 474; Schmitt (2005), S. 35.

1255 So zutreffend Gröning (2002), S. 53.

1256 Vgl. Oestreicher (2007a), S. 233; ders. (2007b), S. 577; Oestreicher/Spengel (2007), S. 439; Spengel/Malke (2008), S. 68; Schmitt (2005), S. 38. Es wird allerdings auch die Ansicht vertreten, dass die Objektivierung und Praktikabilität einer „leistungsfähigkeitsgerechte[n] Besteuerung" entgegenstehe, denn eine solche müsse auch „schwer feststellbare und bewertbare finanzielle Vorteile und Lasten des Steuerpflichtigen" berücksichtigen (Einzelfallgerechtigkeit); so Schön (2005c), S. 24 f. (beide Zitate). Typisierungen werden nach der Rechtsprechung des BVerfG weiterhin nur unter den Bedinungen als zulässig erachtet, dass (1) ein entsprechendes Bedürfnis besteht; (2) sie zur Vereinfachung geeignet und (3) nicht unverhältnismäßig sind; vgl. Herzig (2004a), S. 23 f.; Büssen (2009), S. 35, jeweils m. w. N. Zu den verfassungsrechtlichen Grenzen von Typisierungen und Standardisierungen allgemein Jochum (2010), insb. S. 310.

1257 Vgl. Gammie et al. (2005), S. 15; Oestreicher/Spengel (2007), S. 438 f.

1258 Vgl. Ballwieser (2011), S. 586.

1259 Vgl. Mayr (2010), S. 260; Schreiber, U. (2002), S. 108; Oestreicher/Spengel (2008), S. 302; Barenfeld (2007), S. 269.

in der dem Betriebsvermögensvergleich immanenten Aufgabe der Periodisierung begründet"[1260]. Einfachheit erlangt eine steuerliche Gewinnermittlung letztlich nur, wenn sie wenige Periodisierungen vorsieht.[1261]

4 Zwischenfazit: Vereinfachte Vermögensrechnung als Leitbild einer (harmonisierten) steuerlichen Gewinnermittlung *de lege ferenda*

Investitionsneutralität der Besteuerung ist außerhalb des modelltheoretischen Rahmens nicht umsetzbar; es verbleibt, steuerliche Gewinnermittlungsregeln so auszugestalten, dass Entscheidungen über Investitionen nicht allein aus Liquiditätsgründen verzerrt werden. Dies verlangt eine konsequente Orientierung am Barrealisationsprinzip. Noch mehr ist die zahlungsnahe Ausgestaltung des Realisationsprinzips aber erforderlich, um die zentralen periodisierungsbedingten steuerlichen Ungleichheiten zwischen Gewinnermittlern und Überschussermittlern abzubauen. Damit lehren Investitionsneutralitäts- und Gleichmäßigkeitspostulat gemeinsam, die steuerliche Gewinnermittlung *de lege ferenda* am Barrealisationsprinzip auszurichten.

Die weiteren verfassungs- bzw. europarechtlichen Anforderungen an eine steuerliche Gewinnermittlung sprechen aufgrund ihrer spärlichen Aussagen zur Ausgestaltung einer steuerlichen Gewinnermittlung (*de lege ferenda*) zwar nicht zwingend für ein Barrealisationsprinzip, sie widersprechen diesem aber auch nicht. Eine Angleichung der steuerlichen Gewinnermittlungsregeln in der EU auf Basis eines Barrealisationsprinzips erscheint auch mit Blick auf die Entscheidung der EU-Kommission, von einer Vereinheitlichung des Körperschaftsteuertarifs abzusehen, sinnvoll.[1262] Wenn es zu einer Angleichung der steuerlichen Gewinnermittlung in der EU kommt, werden grenzüberschreitende Investitionen noch stärker vom tariflichen Steuersatz abhängen, als dies gegenwärtig der Fall ist.[1263] Indem die gemeinsame Steuerbasis von periodisierungsbedingten Steuervergünstigungen befreit wird, eröffnen sich aus Sicht der Mitgliedstaaten finanzielle Spielräume, den lokalen Steuersatz zu senken.[1264] Auch aus diesem Grund sollte ein gemeinsames Interesse bestehen, den Umfang der steuerlichen Periodisierungen zu reduzieren.[1265]

Auf diesen zentralen Einsichten basiert das Reformmodell der vereinfachten Vermögensrechnung,[1266] das ebenso wie die modifizierte Einnahmen-Überschuss-Rechnung[1267] zu den sog. Misch-

1260 So Kahle (2002c), S. 267; ähnlich, aber vorsichtiger Hennrichs (1999a), S. 152.

1261 Vgl. arqus (2008a), S. 1845.

1262 Vgl. Kahle (2006a), S. 1407.

1263 Vgl. Schreiber, U. (2002), S. 114.

1264 Vgl. Schreiber, U. (2004), S. 226; Kahle (2006a), S. 1407; Spengel (2003c), S. 313 f.

1265 Vgl. Schreiber, U. (2002), S. 114.

1266 Für eine vereinfachte Vermögensrechnung im Rahmen der steuerlichen Gewinnermittlung *de lege ferenda* eintretend Schreiber, U. (1991), S. 68; ders. (2002), S. 108 f.; ders. (2004), S. 225 f. (*Schreiber* plädiert gerade nicht für eine „konsumorientierte Cashflow-Rechnung"; so aber Kußmaul [2005], S. 193 Fn. 66; Kußmaul/Zabel [2005], S. 803 Fn. 38); Kahle (2002c), S. 212-215 u. S. 266-269; ders. (2002d), S. 183 f.; ders. (2001b), S. 132; ders. (2006b), S. 89; ders. (2005a), S. 11; Dahlke/Kahle [2009], S. 231 f.; Jacobs (2007), S. 281-284; Schröer (2004), S. 218 f.; Spengel (2003c), S. 306-314; ders. (2003b), S. 33 f.; ders. (2006c), S. 121-125; ders. (2009), S. 105-107; Gröning (2002), S. 49-65; Wendt (2009), S. 109-112; Fülbier (2006a), insb. S. 66 f.; ders. (2006b), S. 233 f.;

konzepten[1268] oder Angleichungskonzepten[1269] einer steuerlichen Gewinnermittlung *de lege ferenda* gehört.[1270] Beide Konzepte entsprechen der in der deutschsprachigen betriebswirtschaftlichen Steuerlehre zunehmend geforderten Zahlungsorientierung der steuerlichen Gewinnermittlung.[1271] So bestehen für eine Annäherung[1272] der Gewinnermittlungsmethoden auf der Basis von Zahlungsströmen zwei Optionen: Zum einen könnte eine zahlungsstromorientierte Konzeption durch einzelne periodisierende Elemente erweitert werden (modifizierte Einnahmen-Überschuss-Rechnung), zum anderen könnte der umgekehrte Weg gegangen werden, eine bilanzielle Gewinnermittlung auf Basis eines Einzelvermögensvergleichs um bestimmte Periodisierungselemente zu bereinigen, ohne aber die Periodisierung gänzlich aufzugeben[1273] (vereinfachte Vermögensrechnung).[1274] Vereinfach-

Streim/Esser (2003a), S. 736 ff.; dies. (2003b), S. 781 ff.; dies. (2004), S. 117 ff.; Dziadkowski/Henselmann (2004), B 120 Rz. 317-319. Da die vorgenannten Autoren mehr oder weniger auf die bei Schneider vorgeschlagene Gewinnermittlungskonzeption Bezug nehmen, kann diese als gemeinsamer Ausgangspunkt festgemacht werden. *Schneider* selbst bezeichnet seine Gewinnermittlungskonzeption uneinheitlich als „[s]teuerbetriebswirtschaftliche Gewinnermittlung" (ders. [2008a], S. 294) oder auch als einen „an Zahlungen angenäherte[n] steuerliche[n] Vermögensvergleich" (ders. [2004a], S. 302). Eine Gewinnermittlungskonzeption auf Basis des Barrealisationsprinzips favorisiert auch *Siegel*. Vgl. ders. (2008b), S. 301 ff.; ders. (2007b), S. 416 ff.; ders. (2004b), S. 194 ff.

1267 Vgl. grundlegend Hausen (2009); Herzig/Hausen (2004), S. 1 ff.; Herzig (2004a), S. 334 ff.; ders. (2005b), S. 231-234; ders. (2004b), S. 92-94; ders. (2004c), S. 194; Herzig/Lochmann (2006), S. 154. Kritisch gegenüber einer „Vermischung von Elementen einer periodisierten und einer an Zahlungsströmen orientierten Gewinnermittlung" noch Herzig/Rieck (1998), S. 315. Für eine Ausdehnung der Einnahmen-Überschuss-Rechnung i. S. d. § 4 Abs. 3 EStG auf „Unternehmen aller Rechtsformen" vgl. auch z. B. Ruppe (2005), S. 19 Rz. 20 (auch Zitat); enger, auf alle „bisher bilanzierende Unternehmen" auch arqus (2008a), S. 1845 f. (Zitat auf S. 1846); die Ausweitung dieses Einkommensermittlungsmodells indessen ablehnend z. B. Schüppen (2003), S. 176 f.; kritisch auch Sigloch (2007), S. 447 ff.

1268 Vgl. Herzig/Vossel (2010), S. 55.

1269 Diese Bezeichnung wählt Prinz (2006b), S. 291. *Prinz* lehnt diese Angleichungskonzepte dezidiert ab. Der Vorwurf, dem Barrealisationsprinzip und einer darauf aufsetzenden steuerlichen Gewinnermittlung mangele es an Folgerichtigkeit, bleibt jedoch ebenso unbegründet wie die These, dass „Systemvermischungen zwischen kaufmännischer Rechnungslegung und ‚Geldrechnung'zwangsläufig Brüche im Leistungsfähigkeitskonzept" hervorrufen; so Prinz (2010c), S. 2075 Fn. 49 (erstes Zitat) und ders. (2010a), S. 918 (zweites Zitat); wortgleich ders. (2011a), S. 139 u. S. 165 Fn. 88. Ebenfalls kritisch gegenüber steuerlichen Angleichungskonzepten z. B. Sigloch (2005b), S. 383 f. („Halbheiten"); Schön (2005c), S. 64-68 (*Schön* spricht von „Überschussrechnung", verweist aber auf Vertreter der vereinfachten Vermögensrechnung; vgl. S. 64 Fn. 226).

1270 Auch wenn die vereinfachte Vermögensrechnung und die modifizierte Einnahmen-Überschuss-Rechnung gewisse Parallelen aufweisen, handelt es sich um eigenständige Gewinnermittlungskonzeptionen, sie sind also nicht synonym zu verstehen; so aber wohl Pottgießer (2006), S. 277. Zu weiteren Vorschlägen, die eine Annäherung der Einkünfterermittlungsmethoden vorsehen, vgl. als Überblick Sava (2007), S. 27-29.

1271 Hieraus werden ganz unterschiedliche Schlüsse gezogen. Für eine „Einnahmen-Überschussrechnung" vgl. z. B. Lauth (2000), S. 1371 f.; Grotherr/Jorewitz (2001), S. 149; für eine „Überschussrechnung" vgl. Weber-Grellet (1998), S. 1348 f.; ders. (1999a), S. 2666; nun aber offenbar ablehnend („unzureichend") ders. (2010), S. 2303; Dziadkowski (2001), S. 14 ff.; ders. (2000), S. 399 ff.; Kanzler (1998), S. 247; Elicker (2002), S. 231; ferner Wagner, F. W. (1997), S.520 f.; bereits auch ders. (1978), insb. S. 270; Wala/Knoll (2001), S. 145; vgl. auch Hennrichs (1999a), S. 152 f.; Jachmann (2000), S. 50 (die mit Überschussrechnung wohl aber eine *Cashflow*-Steuer, also eine Konsumsteuer meinen); für eine strikte „Einnahmen-Ausgaben-Rechnung" Dicken (2003, insb. S. 98 ff.; für ein „Drei-Komponenten-System" (speziell mit Blick auf KMU) Meyering (2011a), S. 829 ff.; umfassend ders. (2011b), insb. S. 173 ff.; zu den Modellen einer vereinfachten Vermögensrechung bzw. modifizierten Einnahmen-Überschuss-Rechnung vgl. nachfolgend. Kritisch gegenüber dem Reformweg einer (Einnahmen-) Überschuss-Rechnung u. a. Clemm (1999), S. 642-644; Endris (2003), S. 4544 f.; Ehrhardt-Rauch (2001), insb. S. 427 f.; Eberhartinger (2000), S. 387-389; Buchholz/Weis (2002); Kußmaul/Klein (2001), S. 550.

1272 Der Grundsatz der Allgemeinheit der steuerlichen Gewinnermittlung wird also nicht vollständig gewahrt.

1273 So aber anscheinend Weber-Grellet (2010), S. 2299.

1274 Die angestrebte Zahlungsorientierung stempelt weder die vereinfachte Vermögensrechnung noch die modifizierte Einnahmen-Überschuss-Rechnung zu einer Variante der *Cashflow*-Steuer (so aber Versin [2003], S. 205-208; Lenz [2008], S. 118-130; Böcking [2007], S. 70 Fn. 111; vgl. auch Treisch [2011], S. 142, die annimmt, ein Bar-

te Vermögensrechnung und modifizierte Einnahmen-Überschuss-Rechnung sind eng verwandt, aber nicht identisch.[1275] Da keines der beiden Konzepte *a priori* konzeptionell-theoretische Überlegenheit beanspruchen kann, sind Praktikabilitäts- bzw. Umsetzungsaspekte in die Methodenauswahl einzubeziehen.

Welche Bedeutung die modifizierte Einnahmen-Überschuss-Rechnung oder vereinfachte Vermögensrechnung für Zwecke der CCCTB erlangen könnte, wird von deren jeweiligen Vertretern ganz unterschiedlich beurteilt. *Hausen* stuft die Umsetzungschancen der modifizierten Einnahmen-Überschuss-Rechnung als gering ein.[1276] Diese Zurückhaltung überrascht insofern, als *Herzig/Vossel* an anderer Stelle konstatieren, die derzeitigen Pläne der EU-Kommission sähen eine „„modifizierte Einnahmen-Überschuss-Rechnung"" vor.[1277] Indessen plädiert das von *Herzig/Vossel* in Bezug genommene Arbeitspapier nicht für die Übernahme einer modifizierten Einnahmen-Überschuss-Rechnung. Es ist aber immerhin angedacht, die Gewinnermittlung in einem eher technisch zu verstehenden Sinn[1278] auf die Gewinn- und Verlust-Rechnung aufzusetzen, mithin stromgrößenorientiert auszurichten (*profit and loss account method*).[1279] Die Erstellung einer förmlichen Steuerbilanz (*balance sheet method*) würde bei Geltung dieser GuV-Methode entfallen.[1280] Es han-

realisationsprinzip führe zu einer „Cash-Flow-Besteuerung"; wohl auch Meinert [2007], S. 340 („sehr nahe an der Cashflow-Besteuerung"). Einer *Cashflow*-Besteuerung sind beide Modelle allein schon deshalb nicht zuzuordnen, weil sie weder eine Sofortabzugsfähigkeit von Investitionsausgaben noch eine Steuerfreiheit für Zinserträge vorsehen. Vgl. Dziadkowski/Henselmann (2004), B 120 Rz. 318 (in Bezug auf die vereinfachte Vermögensrechnung).

1275 So aber Pottgießer (2006), S. 277.

1276 Vgl. Hausen (2009), S. 395; ebenso Neidhardt (2008), S. 261 f. Eine Ablehnung der (modifizierten) Einnahmen-Überschuss-Rechnung unter Verweis auf einen Einbruch im Steueraufkommen dürfte quantitativen Untersuchungen zufolge unbegründet sein. *Knirsch* ermittelt, dass die Einführung einer Einnahmen-Überschuss-Rechnung im Sinne des geltenden § 4 Abs. 3 EStG eben nicht zur einer einheitlichen Mehr- oder Minderbelastung der Unternehmen führt, sondern vielmehr branchen- und rechtsformabhängige Steuerverschiebungen nach sich ziehen würde. Vgl. Knirsch (2006a), S. 231 ff. Dieser Befund ist wohl auch auf die potenzielle Einführung einer modifizierten Einnahmen-Überschuss-Rechnung übertragbar; so arqus (2008a), S. 1846 mit Verweis auf Herzig (2004a).

1277 Vgl. Herzig/Vossel (2010), S. 58 (auch Zitat) unter Verweis auf Czakert (2008), S. 441; vgl. auch ders. (2007), S. 204.

1278 Vgl. Scheffler/Krebs (2011), S. 15*.

1279 Vgl. Mitroyanni/Putzolu (2009), S. 438.

1280 Vgl. Spengel/Malke (2008), S. 77; Scheffler/Krebs (2011), S. 14*. Die Bezeichnungen *balance sheet method* sowie *profit and loss account method* verwendet Neale (2008), S. 43. Im deutschen Schrifttum ist entsprechend von „Bilanzmethode" sowie „Gewinn-und-Verlust-Methode" die Rede; Czakert (2008), S. 441. Letztere wird mitunter auch als „eine Art Einnahmen-Ausgaben-Rechnung" bezeichnet; Mamut (2007), S. 126. Welcher der beiden Methoden Vorrang eingeräumt werden sollte, wird in der Literatur kontrovers beurteilt. Es handelt sich nicht um eine reine Darstellungsfrage. Nimmt man über die erste Stufe der Gewinnermittlung auch die Konsolidierung (2. Stufe der CCCTB) in den Blick, könnte die methodische Ausrichtung der Gewinnermittlung an der Gewinn- und Verlust-Rechnung unmittelbare Folgen für „Gegenstand und Umfang der erforderlichen Konsolidierungsmaßnahmen" nehmen; so Herzig (2009c), S. 649. Die technische Ausgestaltung einer Kapitalkonsolidierung auf Basis der *profit and loss account-based method* ist derzeit noch ungeklärt. Für die sich an die Konsolidierung anschließende formelhafte Gewinnzerlegung wäre das Aufstellen einer Steuerbilanz erforderlich, sofern in die Zerlegungsformel der Faktor Vermögen eingeht und diese Vermögen dem in der (Steuer-) Bilanz ausgewiesenen entsprechen soll. Dagegen könnten die Faktoren Umsatz und Lohn auch der Gewinn- und Verlust-Rechnung entnommen werden; vgl. Ries (2009a), S. 50 f. u. S. 83. Die derzeit wohl h. M. im internationalen Schrifttum favorisiert im Einklang mit der EU-Kommission die *profit and loss account method*. Vgl. Neal (2008), S. 43; zur Diskussion auch Norberg (2007), S. 24; Cussons/Lüdicke/Rödler (2007), S. 89 f.; Mors/Rautenstrauch (2008), S. 99; Mamut (2007), S. 126; Sheppard (2007), S. 978; ders. (2008), S. 731; a. A. (für eine „Steuerbilanz") z. B. Mayr (2008a), S. 89 f.; abwägend Baumgärtel (2008), S. 95. Die *profit and loss account-based method* dürfte der international üblichen Praxis entsprechen, die Gewinn- und Verlust-Rechnung als Anknüpfungspunkt für die Ermittlung des steuerlichen Ergebnisses heranzuziehen; so Herzig (2010a), S. 2. Für Frankreich, Polen, Schweden und das Vereinigte König-

delt sich bei dieser Art der Einkommensermittlung aber nicht um eine (Einnahmen-) Überschuss-Rechnung,[1281] da einzelne Periodisierungen verbleiben.[1282]

Demgegenüber ist die vereinfachte Vermögensrechnung in der deutschsprachigen Literatur bereits zielgerichtet für Zwecke der europäischen Bemessungsgrundlagenharmonisierung fortentwickelt worden. Mit ihr liegt damit ein konzeptionell in seinen Grundzügen durchdachtes Gewinnermittlungskonzept vor, das den zentralen ökonomischen Anforderungen genügt sowie den europa- und verfassungsrechtlichen Vorgaben standhält. An einer Barrealisation orientierte steuerliche Gewinnermittlungskonzeptionen finden auch in der europäischen (wissenschaftlichen) Diskussion zunehmend Beachtung.[1283] Die relativen Umsetzungsvorteile dürften bei der vereinfachten Vermögensrechnung liegen. So dürfte auch mit dem angestrebten *profit and loss account method* (Art. 10 RL-E) zu vereinbaren sein; denn die förmliche Erstellung einer Bilanz ist nicht erforderlich, „wenn ein steuerliches Vermögensverzeichnis genügt, um die Grundlage für Abschreibungen und den für Veräußerungen geltenden Buchwert festzuhalten"[1284]. Die vereinfachte Vermögensrechnung wird im Folgenden als Leitbild einer Reform der steuerlichen Gewinnermittlung in der EU verstanden; sie bildet den Referenzrahmen zur Beurteilung der Übernahmetauglichkeit ausgewählter Standards der internationalen Rechnungslegung.[1285]

II. Zentrale Strukturelemente der vereinfachten Vermögensrechnung

1 Gewinnbegriff

1.1 Gewinn als realisierter Reinvermögenszugang

Mit der Wahl des (realisierten) Einkommens als Bezugspunkt einer gleichmäßigen steuerlichen Gewinnermittlung verlagert sich „das Maßgrößenproblem (..) auf die Definition und Ermittlung desselben"[1286]. Einkommen bzw. Gewinn stellt formal nur eine arithmetische Saldogröße dar, näm-

reich kann diese Einschätzung geteilt werden. A. A. Breithecker/Klapdor/Rokitta (2007), S. 146 Fn. 9, die bemerken, dass eine bilanzielle Gewinnermittlung „in allen europäischen Staaten" zur Anwendung komme.

1281 Vgl. Czakert (2007), S. 204 Fn. 11, der zutreffend hervorhebt, dass die im Projektverlauf vorgesehene „Gewinn-und-Verlust-Methode" nicht mit einer Gewinnermittlung auf Basis einer Einnahme-Überschuss-Rechnung i. S. d. § 4 Abs. 3 EStG verwechselt werden dürfe.

1282 Vgl. auch Scheffler/Krebs (2011), S. 15*. Die Bezeichnung der im RL-E vorgesehenen Ermittlungsmethode als Einnahmen-Überschuss-Rechnung erscheint sprachlich und inhaltlich unpassend. Auch mit einer *Cashflow*-Besteuerung hat die *profit and loss account method* der CCCTB nichts gemein. Dies betont zutreffend Prinz (2011b), S. 462.

1283 Vgl. Cerioni (2010), S. 112. Ob eine verstärkte Zahlungsausrichtung auch politisch durchsetzbar wäre, ist schwer abzuschätzen. So entwachsen die Inbezugnahmen der handelsrechtlichen Gewinnermittlung nach britischem (sec. 42 (1) FA 1998; sec. 46 CTA 2009) und schwedischem (14 kap. 2 § IL) Steuerrecht gerade auch dem neuerlichen Anliegen, die bis dato gängigen Zahlungsrechnungen (*cash base accounting* bzw. *kontantmetod*) zurückzudrängen.

1284 Schreiber, U. (2002), S. 108.

1285 Vgl. Spengel (2006a), S. 28; ders. (2003b), S. 35; ders. (2006c), S. 129.

1286 Fülbier (2006a), S. 60.

lich eine Vermögensmehrung bzw. der Periodenüberschuss, der entnommen werden kann, ohne das Anfangsvermögen zu mindern.[1287] Einkommen bzw. Gewinn[1288] wird in der vereinfachten Vermögensrechnung dem in Geld realisierten periodischen Zugang des Reinvermögens gleichgesetzt.[1289] Nach dem Grundsatz der Allgemeinheit der Besteuerung sind sämtliche regelmäßigen und einmaligen Reinvermögensveränderungen und mithin auch Kapitalgewinne und -verluste in das Einkommen einzubeziehen.[1290] Ein realisierter Reinvermögenszugang liegt vor, wenn das Periodenendvermögen (korrigiert um Einlagen und Entnahmen) das Periodenanfangsvermögen übersteigt.[1291] Welche positiven und negativen Vermögensbestandteile zum Ansatz gelangen und in welcher Höhe sie zu bewerten sind, wird zentral durch das Barrealisationsprinzip bestimmt.

1.2 Nominelle Kapitalerhaltung als Kompromisslösung

Einkommen im Wege eines Reinvermögenszugangs zu bestimmen, erfordert eine Inhaltsbestimmung des zu erhaltenden Anfangsreinvermögens.[1292] Die Erhaltung des Anfangsvermögens wird durch die Periodisierung gewährleistet; es wird deutlich, dass die Periodisierung im Rahmen der vereinfachten Vermögensrechnung nicht vollständig aufgegeben werden kann. Bei der Suche nach einer geeigneten Kapitalerhaltungskonzeption wäre es aus ökonomischer Sicht zwar naheliegend, das zu erhaltende Anfangsvermögen dem Ertragswert gleichzusetzen (Ertragswerterhaltung), aus den bereits dargelegten Gründen[1293] kann dieser Gedanke jedoch keine strenge Umsetzung finden. Es wäre lediglich zu erwägen, die Ertragswerterhaltung als Referenzmaßstab heranzuziehen. Unter Berücksichtigung von Unsicherheit, Ungleichverteilung des Wissens und unvollkommenen Kapitalmärkten sollte eine Einkommensdefinition auf beobachtbare Markthandlungen und dabei gegebenenfalls auf Normierungen abstellen. Vor diesem Hintergrund lässt sich die nominale Kapitalerhaltung[1294] im Rahmen der steuerlichen Gewinnermittlung *de lege ferenda* als sachgerechte Kompromisslösung verstehen,[1295] auch wenn sie jenseits einer stationären Wirtschaft mit dem Zweck der Messung des Einkommens als realisierten Reinvermögenszugang ökonomisch unvereinbar ist.[1296] Bei Geltung der nominalen Kapitalerhaltung bleibt die Aufwandsverrechnung auf die tatsächlich geleisteten Ausgaben beschränkt.[1297]

1287 Vgl. Kahle (2001b), S. 131; ders. (2002d), S. 185.

1288 Vgl. Oestreicher (2007b), S. 576.

1289 Vgl. Schneider (1986b), S. 230.

1290 Vgl. Gröning (2002), S. 63; Pannen (2000), S. 229; Wendt (2009), S. 110.

1291 Vgl. Schreiber, U. (2002), S. 108; Kahle (2002c), S. 268; Schmitt (2005), S. 58.

1292 Vgl. Schneider (1971c), S. 357; Pannen (2000), S. 226; Oestreicher (2007b), S. 576.

1293 Vgl. oben, 3. Kap. I. 2.2.2.2.

1294 Nominelle Kapitalerhaltung bedeutet, dass „ein Gewinn erst dann abgelesen [wird], nachdem der ursprünglich investierte Geldbetrag gem. den Ansatz- und Bewertungsvorschriften erhalten ist"; Schneider (1982), S. 190. Vgl. auch z. B. Lemm (1981), S. 26 f.

1295 Vgl. Schneider (2003b), S. 666; ders. (1984a), S. 420; ders. (1999a), S. 106; Pannen (2000), S. 229; Gröning (2002), S. 64; Fülbier (2006b), S. 234; Hausen (2009), S. 48; Lemm (1981), S. 26 f.

1296 Zum Begriff vgl. Schneider (1978b), S. 1579. Eine stationäre Wirtschaft zeichnet sich dadurch aus, dass „in allen Jahren gleichmäßige Einnahmenüberschüsse zu erwarten sind, keine Geldwertänderungen und Preisänderungen auftreten und der errechnete Gewinn die Einnahmenüberschüsse nicht übersteigt"; Schneider (1978b), S. 1579. Zur Kritik an der nominalen Kapitalerhaltung auch ders. (1997a), S. 315-324; ders. (1982), S. 190 ff.; Gröning (2002), S. 121.

1297 Vgl. Pannen (2000), S. 229; Gröning (2002), S. 64; Fülbier (2006a), S. 67; Oestreicher (2007b), S. 576.

1.3 Barrealisationsprinzip als Grundpfeiler der vereinfachten Vermögensrechnung

1.3.1 Erfassung positiver Gewinnbeiträge

Die gebotene Zahlungsorientierung wird innerhalb der vereinfachten Vermögensrechnung durch Anerkennung des Barrealisationsprinzips als zentralem Abrechnungsgrundsatz erreicht. Nach dem Grundsatz der Barrealisation ist Gewinn im Rahmen zweiseitiger Geschäftsbeziehungen[1298] realisiert, wenn eine gütermäßige Leistung erbracht wurde (sog. Marktleistungsabgabe[1299]) und zusätzlich die dazugehörigen Einnahmen[1300] zugegangen sind.[1301] Beide Bedingungen müssen kumulativ vorliegen.[1302] Da sich Gewinn innerhalb der vereinfachten Vermögensrechnung als Differenz zwischen Ertrag und Aufwand ergibt, ist das Barrealisationsprinzip zugleich Ertragsrealisations- und Aufwandsrealisationsregel. Das Barrealisationsprinzip regelt sowohl den Realisationsumfang als auch den Realisationszeitpunkt.

Das Abwarten auf den Zeitpunkt der Zahlungsmittelbewegung trägt dem Umstand Rechnung, dass die Einkommensermittlung der Bemessung gewinnabhängiger Zwangsausgaben dient; das Barrealisationsprinzip sichert, dass diese aus verfügbarer Liquidität geleistet werden können. Der Ansatz von umsatzbasierten Forderungen aus Lieferungen und Leistungen ist damit hinfällig.[1303] Angewendet auf die im Blickfeld der CCCTB stehenden Konzernstrukturen verlangt das Barrealisationsprinzip, dass eine Marktleistungsabgabe an nicht konzerngebundene Nachfrager erfolgt und die zugehörige Einnahme zugeflossen ist; konzerninterne Transaktionen sind im Wege der Zwischenergebniseliminierung zu bereinigen.[1304] „Schließlich entschärft das Barrealisationsprinzip die Gewinnbesteuerung in der Inflation gegenüber der heutigen Handhabung des Realisationsprinzips, die eine Gewinnentstehung schon im Zeitpunkt des Forderungszugangs vorsieht“[1305].

1298 Schneider (1996a), S. 937 spricht auch von „Bewegungen inventarfähiger Güter“.

1299 Der Zeitpunkt der Marktleistungsabgabe entspricht aus (deutscher) zivilrechtlicher Sicht „dem des Übergangs für die Gefahr des Untergangs, der Beschädigung usw. auf den Käufer“ (Schneider [1997a], S. 50). Wenn die Marktleistungsabgabe an das Ausscheiden eines Wirtschaftsguts geknüpft wird, gilt dies nicht nur für Warenverkäufe; die vereinfachte Vermögensrechnung basiert auf der Grundannahme, dass auch Anlagengegenstände „irgendwann“ ausscheiden. Vgl. Schmitt (2005), S. 60 (auch Zitat).

1300 Respektive „die für die Marktleistungsabgabe statt Einnahmen ertauschten Dienste oder Sachen“; Schneider (2002), S. 285.

1301 Zu dieser Konkretisierung des Barrealisationsprinzips vgl. auch Schneider (1971a), S. 609; ders. (1971c), S. 379; ders. (1978c), S. 57; (neutral) Mellwig/Heibel (1981), S. 122; kritisch z. B. Döring (1977), S. 273 f.

1302 Wegen des zusätzlichen Abstellens auf den Zahlungszufluss geht das Barrealisationsprinzip über das auf den Preisgefahrenübergang abstellende Realisationsprinzip hinaus, weshalb es auch als „„reines Realisationsprinzip““ (Schneider [1978c], S. 60) bzw. als „Realisationsprinzip in seiner schärfsten Form“ (ders. [1976], S. 113) bezeichnet wird. Nach *Schneider* bedingt das Barrealisationsprinzip – im Vergleich zu einem lediglich auf den Zeitpunkt der Lieferung und Leistung abstellenden Realisationsprinzip – im Regelfall eine Gewinnverlagerung in die Zukunft; vgl. ders. (2003b), S. 667; ders. (2003a), S. 301.

1303 Vgl. Spengel (2009), S. 105; ders. (2008b), S. 421; ders. (2004b), S. 136; Schröer (2004), S. 219; kritisch z. B. Clemm/Nonnenmacher (1985), S. 236. Für einen Barwertansatz aus „pragmatischen Gründen“ vgl. Siegel (2007b), S. 419 (auch Zitat); vgl. auch ders. (2008b), S. 308 („Hilfslösung“).

1304 Vgl. Schneider (2003a), S. 301; ders. (2003b), S. 667; Sauerland (2007), S. 44 f.

1305 Schneider (2011), S. 175.

Die Ausrichtung der steuerlichen Gewinnermittlung an dem Grundsatz der Barrealisation darf indes nicht mit einem Leistungsfähigkeitsverständnis i. S. eines *ability-to-pay* im Wortsinn verwechselt werden.[1306] Der Unterschied zwischen einer strikten Zahlungsrechnung (Geldflussrechnung) und einer auf dem Barrealisationsprinzip basierenden steuerlichen Gewinnermittlung wird offenbar verdeckt,[1307] wenn vorgebracht wird, der Grundsatz der Barrealisation sei höchst manipulationsanfällig, da Zahlungsflüsse beliebig zwischen Perioden verschoben werden könnten.[1308] Solche Periodenverschiebungen wären aber nur möglich, wenn beide Kontraktpartner gewissermaßen „unter einer Decke stecken"[1309]. Auch ein auf den Moment der Lieferung oder Leistung rekurrierendes (konventionelles) Realisationsprinzip wäre so gesehen nicht minder manipulierbar.[1310]

Es ist evident, dass eine Besteuerung unrealisierter Gewinne i. S. gestiegener, am Absatzmarkt nicht bestätigter Zeitwerte unter Geltung des Barrealisationsprinzips ausgeschlossen ist.[1311] Vermögenssteigerungen sind vielmehr erst dann zu erfassen, wenn sich die Wertsteigerung durch einen Zufluss geldwerter Mittel konkretisiert hat.[1312] Ein steuerlicher Zugriff auf diese unrealisierten Gewinnbeiträge wäre zwar nicht an sich ausgeschlossen,[1313] aber nur unter Gewährung eines vollständigen und sofortigen Verlustausgleichs, einer Liquiditätshilfe (Stundung der Steuerzahlung) und einer Verzinsung der zu viel entrichteten Steuern tragbar, denn andernfalls käme es zu einer realen Vermögensabgabe.[1314] Die Einführung derartiger Kompensationsmechanismen erscheint indes unrealistisch.[1315]

1.3.2 Erfassung negativer Gewinnbeiträge

Während ein weitreichender Konsens zumindest darin besteht, dass ein – wie auch immer konkretisiertes – Realisationsprinzip auch künftig den Fixpunkt der steuerlichen Gewinnermittlung bilden sollte,[1316] zählt die Frage nach der Geltung eines Imparitätsprinzips (Verlustantizipationsgrundsat-

---

1306 So aber wohl Mayr (2001a), S. 23. Zur Gleichsetzung von Leistungsfähigkeit mit *abilty-to-pay* (außerhalb der vereinfachten Vermögensrechnung) vgl. etwa Beiser (2001a), S. 1017. Gegen eine solche Interpretation des Leistungsfähigkeitsprinzip dezidiert Schneider (2002), S. 236 f.

1307 Vgl. Schmiel (2007b), S. 15, die das Barrealisationsprinzip in *Schneiders* Verständnis offenbar als eine (strikte) Zahlungsrealisation verstehen will.

1308 Vgl. Schneider (1978c), S. 62 Fn. 22, der Moxter (1976), S. 292 als Urheber dieser Kritik benennt; ebenso bei Schneider (1997a), S. 281 Fn. 26. Vgl. zu dieser Kritik auch z. B. Luik (1981), S. 102; Heibel (1981), S. 40 f.; Kohl (1994), S. 1116; Clemm/Nonnenmacher (1985), S. 236; Groh (1999), S. 980; Sessar (2007), S. 43-47; Schlotter (2005), S. 104; Pietsch (2007), S. 297; Mayr (2001a), S. 22; Euler (1989), S. 68.

1309 Schneider (1997a), S. 281; ders. (2002), S. 286; vgl. auch Gröning (2002), S. 64; Kahle (2002c), S. 212 Fn. 264. Hiergegen Mayr (2001a), S. 22, der diesem Argument entgegenhält, es „überzeugt nicht". *Mayr* begründet indes nicht, warum es diesem Argument an Überzeugung mangelt.

1310 Vgl. Lemm (1981), insb. S. 188 f.; dies konzedieren bspw. auch Mellwig/Heibel (1981), S. 122 als Befürworter eines konventionellen Realisationsprinzips; a. A. strikt Schön (2005c), S. 66.

1311 Vgl. Wendt (2009), S. 110; Meinert (2007), S. 340; Schlotter (2005), S. 103.

1312 Vgl. Schlotter (2005), S. 104.

1313 So aber scheinbar Prinz (2010c), S. 2075.

1314 Vgl. Schneider (1978c), S. 57; ders. (1978b), S. 1580; ders. (2003a), S. 302; ders. (1996c), S. 489; vgl. auch Kahle (2002c), S. 212; ders. (2002d), S. 186; ders. (2004), S. 271; Gröning (2002), S. 121 u. S. 125; Malke (2010), S. 18.

1315 Vgl. Fülbier (2006b), S. 239. Die Ansicht, eine Neutralisierung unrealisierter Gewinne sei daher „ohne Weiteres" möglich, kann somit nicht geteilt werden; so aber Schüppen (2003), S. 175 (auch Zitat).

1316 Vgl. insb. Herzig (2000b), S. 113: Das Realisationsprinzip „muss als zentraler Eckpfeiler jedweder steuerbilanzieller Gewinnermittlung (..) auch in Zukunft Geltung besitzen".

zes) zu den klassischen Streitpunkten des Bilanzsteuerrechts schlechthin.[1317] Innerhalb der vereinfachten Vermögensrechnung legt der Grundsatz der Barrealisation auch die zeitliche Erfassung von negativen Erfolgsbeiträgen fest.[1318] Vermögensminderungen sind mithin erst zu dem Zeitpunkt anzuerkennen, zu dem sie durch die Marktleistungsabgabe und den entsprechenden Zahlungsfluss eine (Markt-) Bestätigung erfahren haben.[1319] Ein Imparitätsprinzip – gleich welcher bilanztheoretischen Fundierung[1320] – wird als Periodisierungsgrundsatz innerhalb der vereinfachten Vermögensrechnung nicht anerkannt,[1321] weil die sich hieraus ergebende asymmetrische Behandlung von positiven und negativen Erfolgsbeiträgen einer gleichmäßigen Besteuerung von Gewinnermittlern und Überschussermittlern diametral entgegensteht[1322] und zudem vielschichtige Entscheidungsverzerrungen hervorruft, wie nachfolgend exemplifiziert wird.

1.4 Umfassender Verlustausgleich als Grundvoraussetzung und Vorbedingung für eine Einschränkung der Zahlungsperiodisierung *de lege ferenda*

1.4.1 Sofortiger Verlustausgleich

Ein Zurückdrängen der dem Betriebsvermögensvergleich immanenten Periodisierungsregeln verlangt nach einem ökonomisch gleichwertigen Ersatz: Um eine effektive Besteuerung von Verlusten zu vermeiden, ist die Gewährung umfassender Verlustverrechnungsmöglichkeiten, namentlich eines sofortigen Verlustausgleichs, unabdingbar.[1323] Es handelt sich bei dem sofortigen Verlustausgleich um eine Voraussetzung, die nicht nur flankierend, sondern vielmehr entscheidend ist für die Legitimation der vereinfachten Vermögensrechnung; sie muss deshalb an den Anfang der Diskussion gestellt werden.

Die Problematik der intratemporalen Verlustverrechnung würde im Rahmen der CCCTB aufgrund der grenzüberschreitenden Verlustnutzung zwar entschärft werden. „Tritt allerdings insgesamt ein Verlust auf, so ist die Unternehmung auf den Verlustausgleich angewiesen“[1324]. Zwischen der steuerlichen Zahlungsperiodisierung und dem Verlustausgleich existieren sachlogische Beziehun-

---

1317 Vgl. Herzig (2004c), S. 191; ders. (2004b), S. 90; Pottgießer (2006), S. 288.

1318 Vgl. Lemm (1981), S. 158 f.

1319 Vgl. Schlotter (2005), S. 104.

1320 Zur Gegenüberstellung von gewinnorientiertem (ausschüttungsstatischem) und vermögensorientiertem (zeitwertstatischem) Verständnis des Imparitätsprinzips vgl. grundlegend Wüstemann (1995), S. 1029 ff.

1321 Die handelsrechtliche Zulässigkeit bzw. Notwendigkeit einer Verlustantizipation wird hiermit indes nicht bestritten. Vgl. Siegel (2002a), Sp. 199.

1322 Vgl. Jacobs/Spengel/Wünsche (1999), S. 61; Oestreicher (2007a), S. 243; Spengel (2006a), S. 28; ders. (2004b), S. 136; Wendt (2009), S. 112; Lemm (1981), insb. S. 67 f. (jeweils als Vertreter einer am Barrealisationsprinzip ausgerichteten vereinfachten Vermögensrechnung). Im weiteren Schrifttum gegen die Geltung eines Imparitätsprinzips im Rahmen einer steuerlichen Gewinnermittlung (*de lege ferenda*) im Ergebnis auch Seicht (2003), S. 65; Marquardt (2003), S. 269; Köhrle (2010), S. 178-180; Pietsch (2007), S. 294 und passim; Dauber (2003), S. 105-117; Neidhardt (2008), S. 260; Robisch/Treisch (1997), S. 166; Thiel (1999), S. 829; a. A. Pezzer (1991), S. 23-25; Moxter (1997d), S. 197 f.; Esterer (2010), S. 645; Mössner (2007), S. 171-175; Strobl (1995), S. 77 ff.; Arnold (2005), S. 155; Kuntschik (2004), S. 71-75; explizit offen lassend Kunz (2011), S. 196.

1323 Vgl. Schreiber, U. (2000), S. 92; Gröning (2002), S. 64 f.; Sigloch (2000), S. 178.

1324 Schreiber, U. (2004), S. 226.

gen;[1325] beide sind zwingend aufeinander abzustimmen.[1326] Denn je umfassender Zahlungen im Rahmen der steuerlichen Gewinnermittlung periodisiert werden, desto stärker werden die Periodenerfolge geglättet. Negativ formuliert erhöht sich die Volatilität der Periodenerfolge in dem Maß, in dem eine Reduktion des Periodisierungsumfangs vorgenommen wird, und damit steigt auch der Druck auf den Verlustausgleich. Einschränkungen im steuerlichen Verlustausgleich führen somit zu einer Erhöhung der effektiven Steuerbelastung, wenn sie auf einen volatilen Gewinn stoßen. „Zu befürchten sind Zinsverluste durch Verzögerung der Verlustverrechnung oder gar der völlige Ausfall der Verlustverrechnung“[1327].

Begrenzungen der Verlustverrechnung sind aus ökonomischer Sicht insbesondere[1328] deshalb schädlich, weil sie riskante Realinvestitionen hemmen bzw. gegenüber risikoarmen Finanzinvestitionen diskriminieren.[1329] Indes entspricht es einer gefestigten Erkenntnis der betriebswirtschaftlichen Steuerwirkungslehre, dass Entscheidungsneutralität einen vollständigen und sofortigen Verlustausgleich, folglich eine symmetrische Partizipation des Fiskus an Gewinnen und Verlusten erfordert.[1330] Sofortiger Verlustausgleich im Rahmen der vereinfachten Vermögensrechnung meint, dass die nach Maßgabe des Barrealisationsprinzips ermittelten Gewinn- und Verlustbeiträge zunächst ohne Einschränkungen gegeneinander verrechnet werden. Für einen sich hiernach ergebenden Restverlust ist sodann eine „fiskalische Barsubvention“[1331] (Negativsteuer[1332]) zu gewähren. Deren Höhe bestimmt sich „nach dem Produkt Restverlust mal Steuersatz, wie er für entsprechend hohe Gewinne gilt“[1333]. Wider ihre Bezeichnung reflektiert diese Verlustsubvention aber keine Subvention i. S. einer Steuerbegünstigung, da sie nicht auf eine Bevorteilung bestimmter Investitionen abzielt, sondern vielmehr einer negativen Beeinträchtigung der Risikobereitschaft entgegenwirkt. Eine

1325 Vgl. Spengel (2006c), S. 122; ders. (2009), S. 107; ders. (2008b), S. 422; ders. (2004b), S. 137; Wissenschaftlicher Beirat beim BMF (2007), S. 45.

1326 Vgl. Hundsdoerfer/Hechtner (2010), S. 191 ff.; Schreiber, U. (2004), S. 226.

1327 Wissenschaftlicher Beirat beim BMF (2007), S. 46.

1328 Zu weiteren Bedenken vgl. z. B. Braunagel (2010a), S. 55 f.

1329 Zu den negativen ökonomischen Wirkungen von Verlustverrechnungsbeschränkungen, insbes. in Form einer sog. „Mindestbesteuerung“ vgl. Schneider (2011), S. 177 f.; ders. (2008a), S. 295; ders. (2004a), S. 295; Schreiber, U./Overesch (2005), S. 223; Bareis (2006a), S. 34; ders. (2004), S. 24 f.; Wosnitza (2000), S. 763 ff.; Diller (2005), S. 668 ff.; Maiterth (2005), S. 372; Maiterth/Müller (2003), S. 254 ff.; dies. (2006), S. 1861 ff.; Djanani/Pummerer (2004), S. 158 ff.; Niemann (2004), S. 359 ff.; Herzig/Briesemeister (1999), S. 299 ff.; Herzig/Wagner, T. (2004), S. 63; Sigloch (2005b), S. 390 f.; Braunagel (2010a), S. 55; Dorenkamp (2010), S. 9 f.; Köth (2006), S. 107; Dahle (2011); aus juristischer Sicht kritisch z. B. Lüdicke (2010), S. 436. Für einen Rechtsvergleich von Mindestbesteuerungsregeln in EU-Mitgliedstaaten (u. a. Frankreich, Polen) vgl. Watrin/Wittkowski/Ullmann (2008), S. 238 ff.; (modellhaft) Dahle (2011), S. 29-50.

1330 Vgl. Wosnitza (2000), S. 770; Sigloch (1990), S. 234; Sureth/Mehrmann/Dahle (2010), S. 163 f.; Bambynek (2011), S. 207.

1331 Schneider (1989e), S. 324.

1332 Vgl. Bareis (2004), S. 25; Wittkowski (2008), S. 22.

1333 Schneider (2004a), S. 295; vgl. auch Bareis (1999), S. 170 f. Die Festsetzung eines konstanten Grenzsteuersatzes wäre einfacher; sie würde die Gleichbehandlung von Gewinnen und Verlusten aber nicht vollständig sichern; vgl. im Einzelnen Schneider (2003a), S. 300.

pauschale Gleichstellung der steuerlichen Verlustverrechnung mit einer Steuervergünstigung ist ökonomisch haltlos.[1334]

Ein Sofortverlustausgleich ist nicht nur aus Sicht des Investitionsneutralitätspostulats zwingend, sondern leistet vielmehr auch einen notwendigen und wesentlichen Beitrag zur Verbesserung der Gleichmäßigkeit der Besteuerung,[1335] denn „Großunternehmungen mit teilweise gewinnbringenden Geschäftsbereichen verfügen seit jeher über eine interne Verlustverrechnung für verlustbringende Investitionen in anderen Geschäftsbereichen“, wohingegen kleinere und weniger stark diversifizierte Unternehmungen von dieser internen Verlustverrechnung bislang ausgenommen sind.[1336] Die Forderung nach einer umfassenden Verlustverrechnung i. S. eines sofortigen Verlustausgleichs korreliert insofern mit dem objektiven Nettoprinzip,[1337] das vor allem in der steuerrechtswissenschaftlichen Literatur traditionell als Subprinzip des Leistungsfähigkeitsprinzips postuliert wird.[1338] Dass das BVerfG sich bislang nicht eindeutig zum Verfassungsgebot des objektiven Nettoprinzips bekannt hat,[1339] ist indes auch aus ökonomischer Sicht schwer verständlich. Es ist eben dieses objektive Nettoprinzip, dass sich als Vorgabe für ein reales steuerliches Gewinnermittlungssystem unmittelbar aus dem Modell der Besteuerung des kapitaltheoretischen Gewinns deduzieren lässt, ohne dabei einem Modellmissbrauch zu verfallen.[1340] Das objektive Nettoprinzip hat also „einen ökonomischen Grund“[1341].

1334 Vgl. Schneider (1988), S. 1225; Förster (2004), S. 1259; Maiterth (2005), S. 371 f.; Maiterth/Müller (2003), insb. S. 258; Herzig/Briesemeister (1999), S. 303; Reusch (2003), S. 58; Braunagel (2010a), S. 53 f.; Becker/Loitz/Stein (2009), S. 23 Rz. 6.

1335 A. A. Schmiel (2011), S. 123 f.

1336 Vgl. Schneider (2011), S. 177; ders. (2008a), S. 295 f.; ders. (2004a), S. 295; ders. (2003a), S. 301; ders. (1989b), S. 50; vgl. auch Braunagel (2010a), S. 56.

1337 Vgl. Schreiber, U. (2007), S. 48. Vom objektiven Nettoprinzip wird in der steuerrechtswissenschaftlichen Literatur das sog. subjektive Nettoprinzip (Berücksichtigung existenzsichernder, indisponibler Privatausgaben) abgegrenzt. Es wird demnach zwischen objektiver und subjektiver Leistungsfähigkeit differenziert. Vgl. z. B. Lang, J. (2000), S. 130 ff.; Möller (2006), S. 429 f. In der betriebswirtschaftlichen Steuerlehre wird die steuerjuristische Lehre vom subjektiven Nettoprinzip indessen abgelehnt. Vgl. nur Bareis/Siegel (2006), S. 749 ff. Zum Streitstand vgl. auch Birk (2011), S. 16 f. Für eine rechtsvergleichende Betrachtung des objektiven Nettoprinzips in ausgewählten Ländern (u. a. Frankreich, Schweden, Vereinigtes Königreich) vgl. insb. Reimer (2009), S. 122* ff.

1338 Vgl. Lang, J. (2000), S. 139; ders. (2011), S. 151; Hennrichs (2010b), S. 246 f.; Wendt (2007), S. 196; Schaumburg/Schaumburg (2011), S. 175; Mellinghoff (2005), S. 178 f.; Droege (2011), S. 106; Elicker (2002), S. 220; Loritz (2009), S. 287; Möller (2006), S. 428 f.; im betriebswirtschaftlichen Schrifttum u. a. Förster (2004), S. 1260; Herzig/Briesemeister (1999), S. 302 f.; Herzig (2004a), S. 18 f.; Bambynek (2007b), S. 494; Reusch (2003), S. 58; Fritz-Schmied (2005), S. 68.

1339 Zur Diskussion vgl. Lang, J. (2007), S. 3 ff., Hennrichs (2010b), S. 245 ff.; Frye (2010), S. 603 ff.; Schulze-Osterloh (2010a), S. 256; Schön (2005c), S. 12 u. S. 20-22; Englisch (2009b), S. 92* ff.; Schlotter (2005), S. 219-227; Mohr (2010), S. 30 ff.; Dorenkamp (2010), S. 10-14; Kühbacher (2009), S. 152 f.; Mellinghoff (2011), S. 163 f.; Schaumburg/Schaumburg (2011), S. 178; Bohn (2009), S. 38-40; Loritz (2009), S. 287 f.; Droege (2011), S. 109.

1340 Vgl. Schreiber, U. (2009b), insb. S. 428-430; ders. (2011), S. 134. Zur Diskussion auch Wagner, F. W. (2010a), S. 24 ff.

1341 Schreiber, U. (2007), S. 48. Ebenso aus finanzwissenschaftlicher Sicht Homburg (2010), S. 166 f., der betont, dass das Nettoprinzip „überragenden Stellenwert“ besitzt, da es Produktionseffizienz sichert.

Auch wenn der sofortige Verlustausgleich als theoretisch überzeugende Lösung[1342] gilt, erscheint er unter aus zweierlei Gründen kritisch. Erstens käme ein Staat, der einen sofortigen Verlustausgleich gewährt, faktisch einem (mitsprachelosen) Teilhaber gleich, der Steueraufkommen riskant investiert.[1343] Jedoch wird kein Mitgliedstaat bereit sein, im Verlustfall eine unmittelbare Zubuße in Form einer Verlustsubvention zu leisten.[1344] Es überrascht daher nicht, dass das Instrument des sofortigen Verlustausgleichs bislang in keinem der EU-Mitgliedstaaten verwirklicht ist. Die steuerpolitische Durchsetzbarkeit eines sofortigen Verlustausgleichs erscheint unwahrscheinlich.[1345] Zweitens ist zu bedenken, dass die nationalen Körperschaftsteuersätze speziell im Rahmen der CCCTB nicht angeglichen werden sollen. Die Höhe der gewährten Verlustsubvention wäre damit von dem jeweiligen nationalen Körperschaftsteuersatz abhängig. Es käme zu einer „Inhaltsänderung von Gleichmäßigkeit der Besteuerung", da gleichartige Sachverhalte anstelle einer unterschiedslosen einer national abweichenden Besteuerung unterliegen würden.[1346] Erforderlich wäre eine Angleichung auch der Steuertarife. Damit verbleibt, nach ökonomischen Näherungslösungen für einen sofortigen Verlustausgleich zu suchen.

1.4.2 Verlustvortrag oder Verlustrücktrag als ökonomische Näherungslösungen

Als ökonomisch akzeptable Hilfslösung wäre zunächst das Instrument eines in der Höhe unbegrenzten Verlustrücktrags[1347] in Erwägung zu ziehen, der aus verwaltungstechnischen Überlegungen etwa auf fünf Jahre limitiert werden könnte.[1348] Um sich dem sofortigen Verlustausgleich anzunähern, müsste der Verlustrücktrag zwingend eine Verzinsung der zu viel gezahlten Steuern vorsehen.[1349] Allerdings ist ein steuerlicher Verlustrücktrag problembehaftet, weil er ins Leere greift, wenn in den Vorperioden keine versteuerten Gewinne (Verlustverrechnungspotenzial) vorliegen.[1350] Das Instrument des Verlustrücktrags stellt europaweit eine Ausnahme dar.[1351] Als alternative bzw. ergänzende Vorgehensweise bliebe damit ein in der Höhe unbegrenzter Verlustvortrag zu erwägen, wobei die vorgetragenen Verluste bis zum Zeitpunkt ihrer Berücksichtigung gleichsam zwingend zu verzinsen

[1342] Vgl. Schneider (1971c), S. 386. A. A. Schmiel (2011), S. 123 f.

[1343] Vgl. Schreiber, U. (1993a), S. 158; kritisch auch ders. (1991), S. 66 f.

[1344] Vgl. Kahle (2002c), S. 201.

[1345] Zur mangelnden politischen Umsetzbarkeit eines sofortigen Verlustausgleichs vgl. bereits Schneider (1971c), S. 387; ders. (2005c), S. 288; Wittkowski (2008), S. 23.

[1346] Vgl. Schneider (2003a), S. 300 (auch Zitat).

[1347] Für einen Verlustrücktrag vgl. insb. Jacobs (2000), S. 94 ff.; kritisch Schneider (1971c), S. 387.

[1348] Vgl. Schneider (1971c), S. 387; ders. (2005c), S. 288; ders. (1969a), S. 311; ders. (2011), S. 177; kritisch Schmiel (2011), S. 123 f.; dieser Kritik offenbar beipflichtend Ballwieser (2011), S. 583 Fn. 30.

[1349] Vgl. Schneider (1984a), S. 420; Bareis (2004), S. 25; Wosnitza (2000), S. 770 f. Die geforderte Verzinslichkeit eines Verlustrücktrags verkennen z. B. Clemm/Nonnenmacher (1985), S. 237, wenn sie kritisieren, dass die Substitution des Imparitätsprinzips durch einen sofortigen Verlustausgleich oder einen Verlustrücktrag deshalb nicht infrage käme, weil „[d]ie spätere Korrektur bei Realisierung der Verluste zwar zu einer entsprechenden Steuerminderung oder -rückzahlung, nicht aber zum Ausgleich des ‚Zinsverlustes' führe(.), der durch die frühere, zu hohe Steuerzahlung entsteht".

[1350] Dies betrifft insb. neu errichtete Unternehmen, die in den Anfangsjahren einen Verlust erleiden; vgl. Schneider (1989b), S. 50; ders. (1971c), S. 386; ders. (1988), S. 1228; ferner auch Wosnitza (2000), S. 771; Lemm (1981), S. 202; Kadel (2005), S. 342; hiergegen z. B. Zimmermann (1978), S. 392 f.

[1351] Ein Verlustrücktrag wird derzeit in Deutschland, Frankreich, Irland, in den Niederlanden sowie im Vereinigten Königreich gewährt. Vgl. Spengel/Oestreicher/Koch (2011), S. 6 f. Zum Ausnahmecharakter des Verlustrücktrags im europaweiten Vergleich vgl. auch Rückle (2009), S. 31; Oestreicher (2007a), S. 244.

wären.[1352] Ein solcher Verlustvortrag könnte aus verwaltungstechnischen Motiven auf zehn Jahre begrenzt werden.[1353] Um die steuerliche Wirksamkeit eines verfügbaren Verlustvortrags im Liquidationsfall zu sichern, sollte dieser nach einem Vorschlag *Schneiders* in handelbare Verlustverrechnungsgutscheine umgewandelt werden.[1354] Die beim Verlustvortrag ebenfalls vorausgesetzte Existenz eines Verlustverrechnungspotenzials in Form einer positiven Bemessungsgrundlage[1355] könnte damit entschärft werden. Zusammengenommen erscheint daher eine Kombination von verzinslichem Verlustvor- und -rücktrag als Kompromisslösung sachgerecht, wohlwissend, dass ökonomische Äquivalenz zum sofortigen Verlustausgleich nur bestünde, wenn der Steuersatz konstant bleibt, der Kapitalmarkt die Rückansprüche gegen den Fiskus zum Barwert beleiht bzw. der Fiskus die Gewinnsteuerzahlungen stundet (Liquiditätshilfe), diese Voraussetzungen aber in realiter kaum gegeben sein dürften.[1356]

2 Einzelfragen materieller Gewinnermittlungsregeln

2.1 Grundsätze der Aktivierung und Passivierung

2.1.1 Positive Wirtschaftsgüter

2.1.1.1 Materielle positive Wirtschaftsgüter

Der Begriff des positiven Wirtschaftsguts wird in der vereinfachten Vermögensrechnung abschließend durch das Barrealisationsprinzip und das daraus abgeleitete[1357] Einzelbewertungsprinzip determiniert.[1358] Wenn Gewinn auf Basis einer Einzelbewertung ermittelt wird und Gewinn nach dem Barrealisationsprinzip (erst) im Moment der Marktleistungsabgabe und der zugehörigen Zahlungsmittelbewegung realisiert wird, können innerhalb der vereinfachten Vermögensrechnung überhaupt nur jene Sachen, Rechte und wirtschaftlichen Vorteile einer Aktivierung zugänglich sein, die das Merkmal der Einzelverkehrsfähigkeit tragen.[1359] Dabei wird Einzelverkehrsfähigkeit restriktiv[1360] i. S. einer Einzelveräußerbarkeit verstanden.[1361] Verlangt wird eine isolierte Veräußerung ohne

1352 Vgl. Schneider (1984a), S. 420.
1353 Vgl. Schneider (2008), S. 295; ders. (2011), S. 177.
1354 Vgl. Schneider (1988), S. 1229; ders. (2003a), S. 300; ders. (1999a), S. 108; ders. (2005c), S. 288; ders. (2008a), S. 295; ders. (2011), S. 177; zustimmend offenbar auch Schreiber, U. (1993a), S. 67 Fn. 17.
1355 Vgl. Schmiel (2011), S. 123.
1356 Vgl. Schneider (1984a), S. 420.
1357 Vgl. Schneider (1972), S. 182; Kahle (2002c), S. 212.
1358 Vgl. Schneider (1997a), S. 120; Kahle (2002c), S. 212.
1359 Vgl. Schneider (1971a), S. 608.
1360 Vgl. Berlage (1993), S. 67.
1361 Für Einzelveräußerbarkeit als zentrales Aktivierungskriterium im Rahmen der steuerlichen Gewinnermittlung *de lege ferenda* vgl. Schneider (1978c), S. 61; ders. (1970a), S. 1700; ders. (1971b), S. 329; ders. (1971c), S. 377; ders. (1971a), S. 608; ders. (1972), S. 182; ders. (1978a), S. 329; ders. (1978b), S. 1577 f.; ders. (1996d), S. 486; ders. (1986c), S. 342; Siegel (2008b), S. 308; ders. (2008d), S. 346; Kahle (2002c), S. 212; ders. (2002d), S. 186; ders. (2005a), S. 11; ders. (2001b), S. 132; Pannen (2000), S. 22, 207 f., 235; Gröning (2002), S. 131; Schmitt (2005), S. 60 u. S. 227; Schmidt (1994), S. 193 f. Zur Kritik an dieser Aktivierungskonzeption vgl. z. B. Mellwig/Heibel (1981), S. 122.

gleichzeitige Aufgabe anderer Güter oder gar des gesamten Unternehmens.[1362] Dabei erscheint es hinreichend, auf die sog. abstrakte Einzelveräußerbarkeit abzustellen; der Gegenstand muss zumindest seiner Eigenart nach[1363] eine „selbständige Tauglichkeit für einzelne Markttransaktionen"[1364] aufweisen.[1365] Folgt man dieser (abstrakten) Einzelveräußerbarkeit, sind jene Sachen, Rechte und wirtschaftlichen Vorteile, die nie einzeln abgehen können[1366] (ewige Wirtschaftsgüter[1367]), zwingend von einer Aktivierung auszuschließen.[1368] So stellt etwa der Geschäfts- oder Firmenwert kein positives Wirtschaftsgut i. S. der vereinfachten Vermögensrechnung dar, weil er nicht selbstständig am Markt veräußert werden kann.[1369]

Es zeigt sich, dass das an der Einzelveräußerbarkeit ausgerichtete Wirtschaftsgutsverständnis der vereinfachten Vermögensrechnung zwar „wesentlich enger" ist als die investitionstheoretischen Begriffe der Investition bzw. des ökonomischen Gutes (Effektivvermögensanteil);[1370] der Versuch einer Aktivierung derartiger Effektivträger wäre unter Objektivierungsgesichtspunkten aber kaum hinnehmbar.[1371]

2.1.1.2 Immaterielle positive Wirtschaftsgüter

Das Kriterium der (abstrakten) Einzelveräußerbarkeit schließt eine Aktivierung selbst geschaffener immaterieller Vermögenswerte zwar nicht aus,[1372] da diese im Grundsatz einer Marktleistungsabgabe zugänglich sind. Indessen erscheint die Einzelveräußerbarkeit insoweit nicht hinreichend, um

---

1362 Vgl. Schneider (1970a), S. 1700.

1363 Vgl. Pannen (2000), S. 208. Zum Begriff der abstrakten Einzelveräußerbarkeit vgl. Kahle/Günter (2008), S. 71 f.

1364 Fülbier (2006a), S. 66.

1365 Zur Kritik an der (abstrakten) Einzelveräußerbarkeit als Aktivierungskriterium vgl. Ballwieser (1990), S. 484.

1366 Vgl. Schneider (1978b), S. 1578; ders. (1978c), S. 121.

1367 Zum Begriff vgl. Schneider (1970a), S. 1700.

1368 Vgl. Schmitt (2005), S. 228.

1369 Vgl. Schneider (1983b), S. 155; Kahle (2002c), S. 212; Pittroff/ Schmidt/Siegel (2011), B 161 Rz. 77; Schreiber, U. (1993a), S. 169; Eichhorn (2001), S. 95.

1370 Vgl. Mitschke, J. (1998), S. 116 (auch Zitat).

1371 *Schmiel* behauptet, das Barrealisationsprinzip impliziere, dass „jede Anschaffungsauszahlung sofort steuerwirksam" zu verrechnen sei. So Schmiel (2007b), S. 15 (*Schmiel* definiert das von ihr kritisierte Barrealisationsprinzip nicht; da die Autorin aber wiederholt auf *Schneider* Bezug nimmt, dürfte die Kritik sich gegen das auch hier vertretene Barrealisationsprinzip richten). So wohl auch Groh (1999), S. 980. Dieser Ansicht ist zu widersprechen. So verlangt das Barrealisationsprinzip im hier dargelegten Sinn, dass eine über die Periode hinaus gehende Investition in einzeln veräußerbare Sachen, Rechte oder wirtschaftliche Vorteile erst im Moment der Marktleistungsabgabe (oder der privaten Entnahme) zu Aufwand wird, womit eine Sofortabschreibung in der Periode des Zugangs ausgeschlossen wird. Vgl. auch Pannen (2000), S. 235. Eine Sofortabschreibung ist wenig sachgerecht, da eine solche (bei sofortigem Verlustausgleich) zu einem kapazitätserweiternden Effekt führte. Ein solcher aber ist mit dem weiter unten noch zu diskutierenden Periodisierungsgrundsatz der vereinfachten Vermögensrechnung nicht zu vereinbaren. Vgl. Schneider (1989c), S. 40; zur Kritik an einer Sofortabschreibung auch ders. (1989e), S. 317-319. Entgegenzutreten ist weiterhin dem Vorwurf, nach Maßgabe des Barrealisationsprinzips würden ungerechtfertigter Weise „einzelne Betriebseinnahmen/-ausgaben doppelt erfasst werden, (…) z. B. die Auszahlung für ein Wirtschaftsgut des Anlagevermögens in der ersten Periode sowie die zusätzliche Abschreibung in den Folgeperioden". So Pottgießer (2006), S. 279. Die Auszahlung für ein (abschreibungsfähiges) Wirtschaftsgut wird nach dem Barrealisationsprinzip nicht unmittelbar erfolgswirksam erfasst, sondern im Wege der Aktivierung neutralisiert. Das Barrealisationsprinzip schließt eine Abschreibung vor der Marktleistungsabgabe aus. Allein eine Endabschreibung zum Zeitpunkt der Marktleistungsabgabe wäre mit dem Barrealisationsprinzip in Einklang zu bringen. Sigloch (1995), S. 684 bezeichnet die vereinfachte Vermögensrechnung daher zutreffend als konsequente „Anschaffungswertbilanz mit Barrealisation".

1372 Vgl. Siegel (2008d), S. 346.

dem Gebot der Gleichmäßigkeit gerecht zu werden.[1373] Das Einzelveräußerbarkeitsmerkmal sollte verschärft werden,[1374] indem eine zusätzliche Objektivierung über den (Beschaffungs-) Markt gefordert wird.[1375] Der Kreis der aktivierbaren (und aktivierungspflichtigen) wirtschaftlichen Vorteile ist mithin auf jene zu beschränken, die von fremden Dritten gegen Entgelt erworben wurden.[1376]

Die erste Komponente der *Entgeltlichkeit* ist eine zwingende Folge der angestrebten Zahlungsorientierung durch leitgedankliche Ausrichtung am Barrealisationsprinzip.[1377] Es kann „als pauschalierende Anwendung des Grundsatzes der Einzelveräußerbarkeit interpretiert werden, indem hier vorsichtshalber das Fehlen einer Einzelveräußerbarkeit (bis zu einer Veräußerung) unwiderlegbar fingiert wird"[1378]. Es folgt im Umkehrschluss, dass *selbst erstellte* immaterielle Wirtschaftsgüter des Anlagevermögens mit einem Aktivierungsverbot belegt sind.[1379] In Bezug auf die hier interessierenden konzernverbundenen Unternehmen sollte das Merkmal des *Erwerbs* – als zweite Komponenten des entgeltlichen Erwerbs – streng ausgelegt werden: Sieht man den Sinn und Zweck des entgeltlichen Erwerbs in der objektivierenden Marktbestätigung, erscheint es sinnverletzend, einen entgeltlichen Erwerb bereits bei konzerninternen Erwerben zu bejahen.[1380]

Legt man den modelltheoretischen Investitionsneutralitätsbegriff als Denkhilfe an, ist eine abweichende steuerliche Behandlung verschiedener Investitionsformen schwerlich zu begründen. Aus Modellsicht ist es belanglos, ob immaterielle Wirtschaftsgüter entgeltlich von Dritten erworben oder mit Ausgaben in gleicher Höhe vom Steuerpflichtigen selbst geschaffen wurden.[1381] Das Modell demonstriert, dass eine unmittelbare Aufwandsverrechnung der für den immateriellen Gegenstand angefallenen Investitionsausgaben zu einer Erhöhung des Nach-Steuer-Kapitalwerts führt. Demgegenüber sind die Entscheidungswirkungen bei Aktivierung und anschließender (linearer) Abschreibung unbestimmt.[1382] Folgewirkung ist daher i. d. R. eine ökonomische Begünstigung selbst erstellter immaterieller Wirtschaftsgüter des Anlagevermögens in doppelter Hinsicht, zum

1373 Vgl. Pannen (2000), S. 208.

1374 Vgl. Schneider (1978c), S. 121; Pannen (2000), S. 208.

1375 Vgl. Dahlke/Kahle (2009), S. 233.

1376 Vgl. Schneider (2004a), S. 298; Spengel (2009), S. 105; ders. (2006c), S. 122; ders. (2004a), S. 114; ders. (2004b), S. 136; Kahle (2005), S. 11; Schreiber, U. (2002), S. 108; Schmitt (2005), S. 228 f.; Pannen (2000), S. 208.

1377 Vgl. Spengel (2008b), S. 421; ders. (2004b), S. 136; ders. (2003b), S. 33; Dahlke/Kahle (2009), S. 233.

1378 Siegel/Schmidt (2005), B 161 Rz. 159.

1379 Nach *Schneider* könnte dieses Aktivierungsverbot lediglich bei solchen selbst erstellten Immaterialgütern durchbrochen werden, die rechtlich geschützt sind, etwa durch ein Patent. Vgl. ders. (1997a), S. 125. Ähnlich Sigloch (2004a), S. 345, der allerdings darauf hinweist, dass eine „differenzierte bilanzielle Behandlung der Entwicklungskosten (..) nicht ohne Einfluss auf die Patentanmeldung bleiben [dürfte]". Kritisch gegenüber einem generellen Aktivierungsverbot im Rahmen der steuerlichen Gewinnermittlung *de lege ferenda* z. B. Schmidt (1994), S. 195; Mayr (2011), S. 337 f.; offener auch Jacobs (1971), S. 128-131.

1380 Vgl. Moxter (1989), S. 238; wohl auch Kußmaul/Ollinger (2011), S. 288.

1381 Vgl. Pannen (2000), S. 208.

1382 Vgl. Gröning (2002), S. 156-161; für eine ökonomische Analyse vgl. auch Pannen (2000), S. 209; Sigloch/Weber (2008), S. 114 ff.

einen gegenüber *derivativen* immateriellen Wirtschaftsgütern, zum anderen gegenüber *materiellen* Wirtschaftsgütern des Anlagevermögens.[1383]

Es ist bis zum gegenwärtigen Stand der Forschung nicht gelungen, die schwerwiegenden Objektivierungsprobleme im Bereich der Immaterialgüterbilanzierung befriedigend zu lösen,[1384] und es ist nicht ersichtlich, dass dies jemals gelingen wird. Auch ein Wahlrecht zur Aktivierung selbst erstellter immaterieller Güter bleibt aus Gleichmäßigkeitssicht abzulehnen (*Grundsatz der Manipulationsfreiheit*).[1385] Nimmt man dies alles als Erkenntnis hin, sollte auf das Kriterium des entgeltlichen Erwerbs auch im Rahmen einer künftigen steuerlichen Gewinnermittlung nicht verzichtet werden, will man schwerwiegende Auslegungs- und Gestaltungsspielräume und damit Gefahren einer gleichheitswidrigen Selbstbemessung von Gewinnsteuerlasten bannen.[1386] Der dafür zu zahlende Preis sind die mit dem Aktivierungsverbot einhergehenden Steuerwirkungen.[1387]

2.1.1.3 Bilanzielle Zurechnung von Leasingobjekten

Die Frage nach der persönlichen Zurechnung von Wirtschaftsgütern stellt sich insbesondere bei Leasingvereinbarungen. Im Hinblick auf die steuerbilanzielle Behandlung von Leasingvereinbarungen bestehen im Grundsatz (mindestens) zwei Wege: Zum einen könnte das Leasingobjekt stets dem Leasinggeber als dem zivilrechtlichen Eigentümer zugerechnet werden (*legal approach*), zum anderen wäre zu erwägen, die Zurechnung an ein wirtschaftliches Eigentum zu knüpfen, sodass gegebenenfalls nicht der Leasinggeber, sondern der als wirtschaftlicher Eigentümer betrachtete Leasingnehmer das Leasingobjekt bilanziell erfasst (*economic ownership approach*). Letztere Vorgehensweise impliziert, Leasingverhältnisse zu kategorisieren in jene, die auf einen Übergang des wirtschaftlichen Eigentums schließen lassen und jene, bei denen dies nicht der Fall ist. Dem gängigen Sprachgebrauch folgend kann die erstgenannte Kategorie als Finanzierungs-Leasing, die zweitgenannte als Operating-Leasing bezeichnet werden.

1383 Vgl. Wagner, F. W. (1998a), S. 2075; ders. (2000b), S. 193; Pannen (2000), S. 209; Streim/Esser (2004), S. 125; Schreiber, U. (1993a), S. 168; ders. (1993b), S. 10; Sigloch (1990), S. 231; Sigloch/Weber (2008), S. 114 ff.; Schön (2005c), S. 34 u. S. 77; Scheffler, W. (2010b), S. 100. In der Literatur wird allerdings zum Teil auch die Ansicht vertreten, gewinnermittlungsinduzierte Anreize zugunsten einer Selbsterstellung von Immaterialgütern seien gerade anzustreben, um die gesamtwirtschaftliche Innovationsbereitschaft anzureizen (vgl. u. a. Schmiel [2008], S. 349; dies. [2007b], S. 17; dies. [2007a], S. 708; Russo [2008], S. 381). Dieses Argument vermag nicht vollends zu überzeugen: Es fragt sich, weshalb der Innovationsgrad gerade über eine Begünstigung selbst erstellter immaterieller Wirtschaftsgüter gesteigert werden soll, wäre dieses Anliegen doch durch eine Begünstigung materieller Wirtschaftsgüter wohl ebenso umsetzbar (vgl. Gröning [2002], S. 161). Auch besteht empirische Evidenz, dass implizite, an der steuerlichen Gewinnermittlung ansetzende Begünstigungen alternativen Maßnahmen, wie insbesondere *tax credits*, in ihren Anreizwirkungen deutlich unterlegen sind. Erachtet man eine steuerinduzierte Innovationsförderung im Rahmen der CCCTB als rechtspolitisch erstrebenswert, wäre es mithin näherliegend, auf diese, in ihren Wirkungen besser abschätzbaren Förderinstrumente zu setzen (vgl. Spengel/Herbold [2009], S. 348). In der Begründung dürften somit die aus dem Gleichmäßigkeitsgrundsatz folgenden Erwägungen die stärkeren Argumente für das Verbot einer Aktivierung selbst erstellter immaterieller Wirtschaftsgüter des Anlagevermögens bereitstellen.

1384 Vgl. Hennrichs (2001), S. 317.

1385 Vgl. Gröning (2002), S. 163; Wendt (2009), S. 111; Mayr (2011), S. 337 f.

1386 Vgl. im Ergebnis auch Herzig (2004a), S. 104; Hennrichs (2001), S. 317.

1387 Vgl. Spengel/Malke (2008), S. 81; Schreiber, U. (1993a), S. 169; Gröning (2002), S. 163.

Diese Differenzierung zwischen Finanzierungs- und Operating-Leasing dürfte aus einer Fehlvorstellung über die Gründe der steuerlichen Vorteilhaftigkeit von Leasingvereinbarungen herrühren.[1388] So wird die Vorteilhaftigkeit einer Leasingfinanzierung oftmals darin vermutet, dass eine leasingnehmerseitige Zurechnung des Leasingobjekts unterbleibt (Operating-Leasing) und infolgedessen nicht die planmäßige Abschreibung sowie der Zinsanteil (Finanzierungs-Leasing), sondern eine vergleichsweise höhere Leasingrate in den Anfangsperioden des Leasingverhältnisses als Aufwand verrechnet wird. Soll diese „Aufwandsvorwegnahme“ unterbunden werden, muss das Leasingverhältnis aufseiten des Leasingnehmers bilanzwirksam erfasst werden. Dazu bedarf es spezieller Zurechnungsregeln, die eine Übertragung der Risiken und Chancen an dem Leasingobjekt indizieren. Das hiermit verbundene Grundproblem besteht indes darin, dass für einen rational handelnden Leasingnehmer stets der Anreiz besteht, diese Regeln zu umgehen. Er wird auf eine Modifikation der Zurechnungsregeln regelmäßig mit einer zielentsprechenden Anpassung der Vertragsmodalitäten reagieren, was wiederum eine verkomplizierende Anpassung der Zurechnungsregeln seitens der Finanzadministration provoziert. Dieses alternierende Neuregulieren und Wiederausweichen stellt ein klassisches (spieltheoretisches) Gefangenendilemma dar.[1389] Dabei bewirkt eine Zurechnung des Leasingobjekts zum Leasingnehmer indes nur, dass die planmäßige AfA vom Leasinggeber auf den Leasingnehmer verlagert wird.[1390] Eine gegenüber dem Zinsaufwand höhere Leasingrate (die für Vergleichszwecke um die AfA zu korrigieren wäre) ist aber keine Steuervermeidung im ökonomischen Sinn, da höhere Leasingraten aufseiten des Leasingnehmers zugleich einen entsprechend höheren Ertrag beim Leasinggeber nach sich ziehen.

Die Vorzugswürdigkeit von Leasingvereinbarungen ist unter steuerlichen Gesichtspunkten vielmehr nur durch das Bestehen eines ökonomischen Preisvorteils zu erklären, der von den Leasingvertragsparteien gemeinschaftlich abgeschöpft wird. Bedingung ist, dass die Grenzsteuerbelastung des Leasinggebers niedriger ist als diejenige des Leasingnehmers.[1391] Dieser ökonomische Preisvorteil besteht also nur deshalb, weil das Steuerrecht außerhalb der neoklassischen Modellwelt verzerrt. Denn erst in unvollkommenen und unvollständigen Märkten werden (Leasing-) Verträge „ökonomisch erklärbar und Vertragsgestaltung ein ökonomisches Problem“[1392]. Leasingvereinbarungen sind ein Musterbeispiel institutionenbildender Steuerausweichhandlungen, jener rechtlichen Vertragsgestaltungen also, die durch das „Schaffen und Veräußern von Verfügungsrechten, insbesondere das Bilden von Vertragsformen“ steuerliche Regelungen gezielt ausnutzen, um Arbitragegewinne zu erzie-

[1388] Vgl. Schneider (1985), S. 352 ff.
[1389] Vgl. eingehend Schneider (1985), S. 345 ff.
[1390] Vgl. Schneider (1985), S. 352.
[1391] Vgl. Rückle/Zilch (2008), S. 377.
[1392] Schreiber, U. (1993b), S. 11.

len.[1393] Die Aufteilung des Vorteils zwischen Leasinggeber und Leasingnehmer ist „eine Frage der Preisbildung am Markt“[1394].

Akzeptiert man, dass unter realen Bedingungen Aneutralität herrscht, erweist sich die bilanzielle Zurechnungsfrage als obsolet.[1395] Durch eine schlichte Übertragung der AfA-Verpflichtung auf den Leasingnehmer lassen sich leasinginduzierte Steuerarbitragen nicht beseitigen. Es ist mithin auch erfolgslos zu fragen, unter welchen Bedingungen ein Finanzierungs-Leasing vorliegt; eine Neutralitätsverbesserung würde eine leasingnehmerseitige Zurechnung nicht sichern.

Fraglich ist jedoch, ob ein genereller Nicht-Ansatz von Leasingobjekten mit dem Gleichmäßigkeitspostulat zu vereinbaren wäre. Zwar liegt die Ansicht nahe, eine Besteuerung nach der wirtschaftlichen Leistungsfähigkeit dürfe nicht allein auf das zivilrechtliche Eigentum schauen; vielmehr gebe nur das wirtschaftliche Eigentum Aufschluss über die „tatsächliche“ steuerliche Leistungsfähigkeit. Jedoch hat die Erfahrung gelehrt, dass eine auf dem Risiken-Chancen-Ansatz basierende Zurechnungsregel materiell einem Zurechnungswahlrecht gleichkommt und damit den Grundsatz der Manipulationsfreiheit verletzt. Es ist nicht ersichtlich, dass das Konzept des wirtschaftlichen Eigentums jemals in einer Weise konkretisiert werden kann, dass es den stringenten Objektivierungsanforderungen der steuerlichen Gewinnermittlung genügt.

Die Alternative wäre, eine generelle leasingnehmerseitige Zurechnung vorzunehmen. Allerdings dürfte auch eine solche Pauschalzurechnung der Vorstellung von einer leistungsfähigkeitskonformen Bilanzierung widersprechen, weil das wirtschaftliche Eigentum eben nicht stets aufseiten des Leasingnehmers liegen muss. Es ist gleichwohl zu prüfen, ob das im Rahmen der vereinfachten Vermögensrechnung geltende Kriterium der Einzelveräußerbarkeit eine leasingnehmerseitige Zurechnung gebietet. Wirtschaftsguteigenschaft des Leasingobjekts wäre allenfalls möglich, wenn auf die *abstrakte* Einzelveräußerbarkeit abgestellt wird. Allerdings ist mit dem Vorliegen eines Wirtschaftsguts noch nicht entschieden, welcher Vertragspartei dieses zuzurechnen ist.[1396] Eine Zurechnungsregel lässt sich dem Kriterium der abstrakten Einzelveräußerbarkeit nicht entnehmen, was aber nicht die Einzelveräußerbarkeit als Aktivierungskriterium entwertet. Unter Geltung der *konkreten* Einzelveräußerbarkeit als Aktivierungsmerkmal hingegen ist die Zurechnungsfrage augenblicklich zugunsten des Leasinggebers beantwortet.

Es wäre ferner daran zu denken, sich von dem gängigen Konzept auf Grundlage des wirtschaftlichen Eigentums zu lösen und zu versuchen, neuartige Bilanzierungsmodelle, wie sie in der handelsrechtlichen Diskussion nun erörtert werden, auch für Zwecke der steuerlichen Gewinnermittlung

---

1393 Vgl. Schneider (1986a), S. 348 (auch Zitat). Ein weiteres beredtes Beispiel für institutionenbildende Steuerausweichung sind Arbeitsverträge; hierzu im Einzelnen Schreiber, U. (1993b), S. 18 ff.

1394 Schneider (1985), S. 353.

1395 Vgl. Schneider (2002), S. 224.

1396 Vgl. Baetge/Ballwieser (1978), S. 9.

fruchtbar zu machen. Zur Disposition stehen insbesondere Modelle einer Nutzungsrechtebilanzierung[1397] auf Basis der *Property Rights-Theory* (Theorie der Verfügungsrechte).[1398] Die Aktivierung eines Nutzungsrechts käme allenfalls unter Geltung der abstrakten Einzelveräußerbarkeit infrage.[1399] Allerdings ist hierbei zu sehen, dass diese Modelle dem zweifelhaften Anliegen entwachsen, den Informationswert der handelsrechtlichen Bilanzierung bezüglich des (effektiven) Vermögens zu steigern. Die steuerliche Gewinnermittlung dient anderen Zielen: Unter dem Gesichtspunkt der steuerlichen Gleichmäßigkeit – und hier insbesondere den Objektivierungs- und Vereinfachungserfordernissen – erscheinen Bilanzierungsmodelle dieser Art kaum mehr akzeptabel; deren Effizienzbeitrag wäre ohnehin zweifelhaft.[1400]

Nach alledem sollte ein Leasinggegenstand im Rahmen der steuerlichen Gewinnermittlung stets dem Leasinggeber (zivilrechtlichen Eigentümer) zugerechnet werden.[1401] Das persistente Problem, komplizierte, aber letztlich wirkungslose Kriterien zur Konkretisierung des wirtschaftlichen Eigentums zu formulieren, wäre hinfällig und die steuerliche Gewinnermittlung zumindest in diesem strittigen Bereich vereinfacht.[1402] Auch wenn sich ökonomische und formal-juristische Wertung insoweit treffen, darf die leasinggeberseitige Zurechnung von Leasingobjekten nicht pauschal mit einem *legal approach* gleichgesetzt werden.

Im Hinblick auf das hier verfolgte Ziel, harmonisierte steuerliche Gewinnermittlungsregeln zu gestalten, soll weiterhin nicht verdeckt werden, dass eine generelle Zurechnung des Leasingobjekts zum Leasinggeber (zivilrechtlichen Eigentümer) einer Harmonisierung insofern entgegensteht, als der Begriff des zivilrechtlichen Eigentums nach dem nationalen Recht möglicherweise abweichend ausgedeutet wird.[1403] Insofern nimmt die hier favorisierte Zurechnungsregel keinesfalls in Anspruch, eine Ideallösung zu sein, auch wenn sie einem Risiken-Chancen-Ansatz oder einem in der *Property Rights-Theory* gründenden Bilanzierungsmodell überlegen erscheint.

1397 Zur Aktivierungsfähigkeit von Nutzungsrechten allgemein auch Kußmaul/Ollinger (2011), S. 282 ff.

1398 Vgl. bspw. Matena (2004). Zur *Property-Rights*-Theorie (Theorie der Verfügungsrechte) vgl. grundlegend Demsetz (1967), S. 347 ff.

1399 Zur Diskussion vgl. insb. Mujkanovic/Muggenthaler (2011), S. 523-525; Kußmaul/Ollinger (2011), S. 286 f.

1400 Vgl. Löcke (1998), insb. S. 130 f.

1401 A. A. (für die Geltung eines wirtschaftlichen Eigentums im Rahmen der steuerlichen Gewinnermittlung) z. B. Gröning (2002), S. 112 f.; Hausen (2009), S. 251 (als Vertreter einer vereinfachten Vermögensrechnung bzw. modifizierten Einnahmen-Überschuss-Rechnung); im weiteren Schrifttum z. B. auch Fritz-Schmied (2005), S. 145 f.

1402 So auch Nobes (2003), S. 45 f.

1403 Vgl. insofern kritisch gegenüber einer generellen Zurechnung des Leasingobjekts zum Leasinggeber (zivilrechtlichen Eigentümer) Spengel/Malke (2008), S. 88; Mayr (2008a), S. 89; Czakert (2007), S. 201. Das Problem eines möglicherweise nur eingeschränkten effektiven Harmonisierungserfolgs stellt sich indes bei jeglichen Anknüpfungen an nationale zivilrechtliche Wertungen, so etwa im Bereich der Ertragsrealisierung (vgl. 4. Kap. I.) sowie der Rückstellungsbilanzierung (vgl. 4. Kap. V.).

2.1.2. Negative Wirtschaftsgüter

2.1.2.1 (Sichere) Verbindlichkeiten

Der Ansatz von (sicheren) Verbindlichkeiten im Rahmen der vereinfachten Vermögensrechnung richtet sich zentral nach dem Merkmal der selbstständigen Verkehrsfähigkeit i. S. einer Einzelveräußerbarkeit.[1404] Als Verbindlichkeiten qualifizieren demnach alle „sicher durchsetzbare[n] Zahlungs- oder Leistungsansprüche Dritter auf das Vermögen“[1405], die am „Kapital-Beschaffungsmarkt“[1406] aufgenommen werden. Verpflichtungen des Steuerpflichtigen gegen sich selbst (sog. Innenverpflichtungen) treffen diese Anforderungen erkennbar nicht und werden daher vom Kreis der zu passivierenden negativen Wirtschaftsgüter ausgeschlossen.[1407]

2.1.2.2 Rückstellungen

2.1.2.2.1 Korrespondenzlücken als zentraler Gleichmäßigkeitsverstoß

Ein weiterer zentraler und daher umstrittener Bilanzierungskomplex betrifft die unter dem Rückstellungsbegriff zusammengefassten unsicheren Verbindlichkeiten.[1408] Die steuerökonomische Kernproblematik der Rückstellungsbilanzierung liegt in deren (Innen-) Finanzierungswirkungen begründet.[1409] Es ist hinlänglich bekannt, dass der Ansatz von Rückstellungen im Rahmen der steuerlichen Gewinnermittlung Möglichkeiten schafft, Aufwand in Höhe des nominellen Erfüllungsbetrags vor dem späteren Zeitpunkt der Zahlung geltend zu machen, sodass die nicht an den Fiskus abfließenden Mittel (oder die bei Bestehen eines sofortigen Verlustausgleichs im Verlustfall erstatteten Zahlungsmittel) bis zum Erfüllungszeitpunkt zinsbringend am Kapitalmarkt angelegt werden können, „gleichzeitig aber der Fiskus für den Steuerkredit keine Zinsen verlangt“[1410]. Nicht selten führt der dabei gewonnene (Netto-) Zinseffekt zu einer Überkompensation des reklamierten Vorsorgebedarfs.[1411] Voraussetzung hierfür ist freilich, dass den Rückstellungsbeträgen „entsprechende Gegenwerte in Form von baren Umsatzerlösen gegenüberstehen“, sie also verdient werden.[1412] Der durch die Rückstellungsbildung erlangte steuerliche Effektivvorteil ergibt sich folglich als Differenz zwischen der sofortigen Steuerminderzahlung und dem erwarteten Barwert der bei den später (annahmegemäß) eintretenden Verlustrealisationen anfallenden Steuerminderzahlungen.[1413] Es ist ersichtlich, dass dieser Steuerstundungseffekt insbesondere von Unternehmen in Branchen mit breiten Möglichkeiten zur Rückstellungsbildung und entsprechend langen Rückstellungslaufzeiten realisiert

1404 Vgl. Schneider (1971c), S. 378; Kahle (2002c), S. 212; Schmitt (2005), S. 60 u. S. 227.
1405 Pannen (2000), S. 329, S. 22.
1406 Schneider (1986c), S. 341.
1407 Vgl. Kahle (2002c), S. 212; Spengel/Malke (2008), S. 72.
1408 Vgl. Mayr (2011), S. 338.
1409 Zu den Finanzierungswirkungen vgl. Jacobs (2000), S. 86-90; Rogall/Spengel (2000), S. 1234 ff.; Grünberger (2001a), S. 259 ff.; ders. (2001b), S. 284; Bieg (1998), S. 225 ff.; Haring/Wala (2002), S. 4 ff.; Schön (2005c), S. 39.
1410 Pannen (2000), S. 210.
1411 Vgl. Kahle (2002c), S. 208; Sigloch (2000), S. 173 f. (der diesen Finanzierungseffekt aber für gerechtfertigt hält).
1412 Vgl. Jacobs (2000), S. 90 (auch Zitat).
1413 Vgl. Siegel (1994b), S. 2244.

wird.[1414] Dass Rückstellungen Zinseffekte hervorrufen und damit – gemessen am Eichstrich der modelltheoretischen Investitionsneutralität – zu ökonomischen Steuervergünstigungen führen, ist kaum zu leugnen.[1415]

Bisher wurden nur die ökonomischen Auswirkungen aufseiten des rückstellungsbildenden Steuerpflichtigen betrachtet. Theoretisch könnten sich die beschriebenen Effekte unter Berücksichtigung aller von der besteuerungsrelevanten Transaktion Betroffenen nivellieren, nämlich dann, wenn – gleiche Steuersätze unterstellt – der „vorgezogene(.) Aufwand beim Schuldner mit analog vorgezogenem Ertrag beim Gläubiger korrespondiert"[1416]. Das rückstellungsinduzierte Finanzierungsproblem wäre (nur) in diesem Fall entschärft. Dass eine solche zeitliche Korrespondenz von Aufwand und Ertrag regelmäßig jedoch nicht besteht, ist abermals der dualistischen Einkünfteermittlung anzurechnen.[1417] Als sog. Korrespondenzlücke[1418] (oder Steuerpause[1419]) bezeichnet man in der steuerökonomischen Theorie hierbei den Umstand, dass zwar aufseiten eines Leistungsverpflichteten eine Rückstellungspassivierung erfolgt, beim Leistungsbegünstigten der gegengleiche ökonomische Vorteil zu diesem Zeitpunkt aber noch nicht als Betriebseinnahme erfasst wird.[1420] Diese zeitlichen Verwerfungen werden bei Pensionsrückstellungen realisiert,[1421] können aber bei Rückstellungen (sofern steuerlich zulässig) generell verwirklicht werden.[1422] Diese mangelnde Korrespondenz „lädt die Steuerzahler ein, sich gegen den Fiskus zu verbünden und den gemeinsam erzielbaren Überschuss einvernehmlich unter sich aufzuteilen"[1423]. Für den Fiskus entsteht zwangsweise ein entsprechender Zwischenfinanzierungsbedarf.[1424]

Es liegt auf der Hand, dass Korrespondenzlücken nur auftreten können „bei Geschäftsbeziehungen zwischen bilanzierungspflichtigen Unternehmen und Steuerpflichtigen, die ihr Einkommen vorwiegend auf der Basis von Zahlungsüberschüssen ermitteln"[1425]. Erneut erweist sich der Einkünfte-

---

1414 Vgl. Pannen (2000), S. 234; Doralt (1998a), S. 1357; ders. (1998b), S. 514. Zu denken ist etwa an Kraftwerksbetreiber; vgl. Wagner, F. W. (1998d), S. 404; ders. (1998a), S. 2075. Kritisch Merkert/Koths (1998), S. 1937.

1415 So aber (jeweils ohne ökonomische Beweisführung) Merkert/Koths (1998), S. 1937 ff.; Versin (2000), S. 1208 f. (Rückstellungen als „Steuersubventionen" zu bezeichnen, sei ein „Missverständnis"; beide Zitate auf S. 1208); Kessler, H. (2006), S. 100, der den ökonomischen Begünstigungscharakter als „abwegig" abtun will.

1416 Knoll (2001c), S. 398.

1417 Vgl. Knoll (2001c), S. 398.

1418 Vgl. Wagner, F. W. (2003), S. 381; ders. (2000a), S. 432 f.; ders. (1997), S. 518; ders. (1998a), S. 2077; ders. (1998b), S. 30 f.; ders. (1998c). S. 65-67; ders. (2001), S. 360; ders. (2003), S. 381 f.; Homburg (2010), S. 252 ff.; Siegel (2007c), S. 633; ders. (2001a), Sp. 2008; Bareis (2002c), S. 141 f.; Knoll (2001c), S. 398 f.; ders. (2001a), S. 780; Kahle (2002c), S. 208; Sava (2007), S. 150; Heurung (2000), S. 428 f.; Dziadkowski (2001), S. 14.

1419 Diesen Terminus verwendet Sigloch (1998), S. 109 ff.; ders. (1999), S. 1794; vgl. auch Siegel (2011a), S. 782 ff.

1420 Zur Problematik vgl. Rogall/Spengel (2000), S. 1237; Wissenschaftlicher Beirat beim BMF (2007), S. 46; Pannen (2000), S. 236; Heurung (2000), S. 428 f.

1421 Vgl. (kritisch) Homburg (2010), S. 253 f.; Wala/Knoll (2001), S. 14 ff.; Sigloch (1990), S. 232 ff.; Siegel (1999c), S. 367; Kahle (2002c), S. 214; Rogall/Spengel (2000), S. 1237; Wagner, F. W. (2003), S. 381 f.; ders. (2000a), S. 433; Scholz (2006), S. 10 f.

1422 Vgl. Wagner, F. W. (1997), S. 519; Siegel (2002c), Sp. 2008.

1423 Knoll (2001a), S. 780; vgl. auch Wala/Knoll (2001), S. 144.

1424 Vgl. Wagner, F. W. (2000a), S. 433; Kahle (2002c), S. 214; Sava (2007), S. 150; Grünberger (2001a), S. 259.

1425 Kahle (2002c), S. 214.

dualismus als der „Dreh- und Angelpunkt für einzelwirtschaftliche Steuerspargestaltungen und damit korrespondierend zu einer Hauptquelle für Steuerrechtskomplizierungen“[1426]. Würden (theoretisch) alle Kapitaleinkommen nach der gleichen Methode ermittelt werden, wären diese Korrespondenzlücken *ex definitione* beseitigt.[1427]

Auch Drohverlustrückstellungen vermögen diesen beschriebenen Finanzierungseffekt herbeizuführen;[1428] sie stellen gleichsam „zweckgebundenes Risikokapital zeitlich befristet zur Verfügung“[1429]. Der Vorwurf des Gleichmäßigkeitsverstoßes ist damit auch auf sie zutreffend.[1430] Im Modell der Besteuerung des kapitaltheoretischen Gewinns wird Verlusten indessen durch einen sofortigen Verlustausgleich Rechnung getragen. Eine steuerliche Verlustvorwegnahme in Form einer Drohverlustrückstellung wäre modelltheoretisch nur entscheidungsneutral, „wenn der Barwert der kapitaltheoretischen Gewinne bei Berücksichtigung einer Verlustvorwegnahme dem bei Geltung eines sofortigen Verlustausgleichs entspricht“[1431].

Kommt es daher bereits im Kreis der Gewinnermittler zu einem branchenverschiedenen,[1432] indes gleichheitswidrigen Ausnutzen von rückstellungsbedingten Finanzierungseffekten, so bleiben Überschussermittler aus ermittlungsmethodischen Gründen von dieser Form der Periodisierung gänzlich ausgeschlossen.[1433] Die Rückstellungsbildung begünstigt mithin einseitig und verstößt damit im Verhältnis zu Überschussermittlern eklatant gegen den Grundsatz der gleichmäßigen Gewinnermittlung.[1434] Unmittelbare Konsequenz ist eine „Umverteilung von Steuerlasten von denjenigen, die Korrespondenzlücken ausnutzen, zu anderen [Steuerpflichtigen]“[1435], die ökonomisch nicht gerechtfertigt erscheint.

2.1.2.2.2 Rückstellungsverbot

Da eine Ausweitung der Rückstellungsbilanzierung auf sämtliche Steuerpflichtigen wohl ausscheiden dürfte, wäre eine Gleichbehandlung insoweit nur zu erreichen, wenn der rückstellungsrelevante Aufwand effektiv erst im (späteren) Zeitpunkt der Zahlung verrechnet wird, d. h. zu einem Termin, zu dem die korrespondierende Einnahmen- bzw. Ertragserfassung beim Zahlungsempfänger gewährleistet ist.[1436] Nur durch dieses „Prinzip zeitlicher Korrespondenz“[1437] lässt sich das gleich-

1426 So Sigloch (1998), S. 109.
1427 Vgl. Rogall/Spengel (2000), S. 1239; Wagner, F. W. (1998a), S. 2077.
1428 Vgl. Jacobs (2000), S. 86 ff.; Kahle (2002c), S. 208; Herzig/Rieck (1998), S. 315.
1429 Jacobs (2000), S. 90 mit Verweis auf Schneider (1995), S. 1421 ff.; vgl. auch ders. (1989f), S. 891.
1430 Vgl. z. B. Köhle (2003), S. 131 mit Verweis auf Schneider (1997a), S. 282.
1431 Gröning (2002), S. 239.
1432 Für einen quantitativen Beleg vgl. Jacobs/Spengel/Wünsche (1999), S. 57 ff.
1433 Vgl. Jacobs/Spengel/Wünsche (1999), S. 62.
1434 Vgl. Streim/Esser (2003a), S. 742; Doralt (1998a), S. 1357 f.; ders. (1998b), S. 514 f.; Heyd (2001), S. 374; Haring/Wala (2002), S. 7.
1435 Siegel (2000d), S. 32; vgl. auch ders. (2006c), S. 62 f.; Wala/Knoll (2001), S. 144.
1436 Vgl. Schreiber, U. (1999), S. 900; Pannen (2000), S. 235; Kahle (2002c), S. 208; Meinert (2007), S. 339 f.
1437 Siegel (1999c), S. 367.

heitswidrige Ausnutzen von rückstellungsbedingten Periodisierungsarbitragen ausmerzen.[1438] Eine Passivierung von Rückstellungen vor dem Auszahlungszeitpunkt sollte mithin im Rahmen der steuerlichen – nicht aber handelsrechtlichen[1439] – Gewinnermittlung *de lege ferenda* untersagt werden.[1440] Ein Rückstellungsverbot würde den Vermögensvergleich an die Überschussrechnung annähern und einen entscheidenden Beitrag zur Gleichbehandlung der Einkunftsarten leisten.[1441]

Auch das BVerfG hat inzwischen judiziert, dass Rückstellungen[1442] wegen der durch sie erzielbaren Zins- und Liquiditätsvorteile zugunsten der Bilanzierenden „mit Blick auch auf die Überschusseinkünfte ihrerseits einer Rechtfertigung" bedürfen. Im Ergebnis spricht sich das BVerfG für eine Einschränkung der Rückstellungsbilanzierung (hier: Jubiläumsrückstellungen) im Rahmen der steuerlichen Gewinnermittlung aus.[1443] Nach Ansicht des BVerfG bewirkt dieses Rückstellungsverbot „weder eine relevante Abweichung von einer verfassungsrechtlich gebotenen Besteuerung nach finanzieller Leistungsfähigkeit noch eine Durchbrechung des (einfachgesetzlichen) objektiven Nettoprinzips, das grundsätzlich für Gewinn- und Überschusseinkunftsarten gleichermaßen gilt"[1444]. Der BFH hat sich dieser Rechtsauffassung angeschlossen.[1445] Diese neuere Rechtsprechung kann als Hinwendung zu einem „zahlungsorientierten Leistungsfähigkeitsverständnis"[1446] gedeutet wer-

1438 Vgl. Kahle (2002c), S. 214; Wissenschaftlicher Beirat beim BMF (2007), S. 46.

1439 Vgl. Weber-Grellet (2003), S. 275; ders. (2002), S. 703; Doralt (1998b), S. 515.

1440 Gegen eine Passivierung von Rückstellungen (unter der Voraussetzung eines sofortigen Verlustausgleich oder einer ökonomische Näherungslösung) im Rahmen der steuerlichen Gewinnermittlung *de lege ferenda* auch Kahle (2002c), S. 213 f. u. S. 268; ders. (2005a), S. 11; Schreiber, U. (2002), S. 109; ders. (2003c), S. 308 f.; Spengel (2003b), S. 33; ders. (2003a), S. 257; ders. (2004b), S. 136; ders. (2006c), S. 122; ders. (2009), S. 105; ders. (2008b), S. 421; Spengel/Malke (2008), S. 74; Pannen (2000), S. 235; Doralt (1998a), S. 1357 f.; ders. (1998b), S. 514 ff.; Meier (2010), S. 47; Meinert (2007), S. 339; Grünberger (2001a), S. 259 ff.; ders. (2001b), S. 284; tendenziell auch Oestreicher (2006), S. 201; im internationalen Schrifttum auch z. B. Déak (2006), S. 283; a. A. indessen (mit Blick auf die modifizierte Einnahmen-Überschuss-Rechnung) indes Hausen (2009), S. 288 ff. Der Bemerkung *Schulze-Osterlohs* ([2010a], S. 259), es werde in Bezug auf Verbindlichkeitsrückstellungen „nirgends erwogen, daß sie nicht die steuerliche Leistungsfähigkeit minderten", kann daher nicht zugestimmt werden. Die Position *Schneiders* zur Passivierung von Rückstellungen für ungewisse Verbindlichkeiten ist uneindeutig. Einerseits bemerkt *Schneider*, dass „ein sofortiger Verlustausgleich (…) Rückstellungsbildungen entbehrlich" werden lasse. So ders. (1989e), S. 325. Andererseits konstatiert Schneider, dass „das Entfallen von (..) Rückstellungen für ungewisse Verbindlichkeiten zu Fragwürdigkeiten" führe; so ders. (2004a), S. 296. Aus den Ausführungen bei Schneider (1995), S. 1421 f. wird im weiteren Schrifttum teilweise herausgelesen, *Schneider* befürworte im Grundsatz eine Bildung von Verbindlichkeits- und Drohverlustrückstellungen. Vgl. bspw. Schmitt (2005), S. 221. Wenn *Schneider* feststellt, dass Rückstellungen für ungewisse Verbindlichkeiten „bereits nach dem Realisationsprinzip zu bilden *sind*" (S. 1422; keine Kursivierung im Original), dürfte dies nicht als Forderung nach einer Rückstellungsbildung im Rahmen einer dem Grundsatz der Barrealisation folgenden steuerlichen Gewinnermittlung *de lege ferenda* gemeint sein. *Schneider* trifft die vorstehende Aussage wohl nur aus dem *geltenden handelsrechtlichen* Kontext heraus.

1441 Vgl. Jacobs/Spengel/Wünsche (1999), S. 62. Gl. A. im Grundsatz auch Knoll (2001c), S. 396, der jedoch kritisiert, dass ein steuerliches Rückstellungsverbot allein zu einem „steuersystematischen Niemandsland zwischen Vermögensvergleich und Überschussrechnung" führe; vielmehr sei eine zinsbereinigte Einkommensteuer anzustreben; vgl. (S. 397 f.); ebendiesen Rückschluss wollen auch Haring/Wala (2002), S. 7 f. ziehen.

1442 Damit sind wohl auch Verbindlichkeitsrückstellungen gemeint; vgl. Hoffmann (2011b), S. 437.

1443 Vgl. BVerfG v. 12.05.2009, 2 BvL 1/00, BVerfGE 123, S. 111, Rz. 36. Kritisch hierzu Prinz (2011a), S. 171; ders. (2011c), S. 492; Hoffmann (2011b), S. 437.

1444 BVerfG v. 12.05.2009, 2 BvL 1/00, BVerfGE 123, S. 111, Rz. 37.

1445 Vgl. BFH v. 05.05.2011, IV R 32/07, BB 2011, S. 1965, Rz. 46. Kritisch Schulze-Osterloh (2011a), S. 1969.

1446 Schlotter/Pinkernell (2011), S. 689.

den; es stellt sich zugleich gegen das bisherige Bekenntnis zum Dualismus der Einkünfteermittlung und verdient damit Zustimmung.[1447]

Es besteht Konsens, dass ein Rückstellungsverbot nicht ersatzlos herrschen kann. Im Vergleich zu der Bildung von Rückstellungen würden Gewinnsteuerzahlungen früher anfallen und das steuerliche Ergebnis wäre erst dann belastet, wenn die Zahlungen aus der Verpflichtung erfolgen. Ob es dadurch zu einer Erhöhung der steuerlichen Effektivbelastung kommt, hängt von den Verlustausgleichsmöglichkeiten ab. Der eingangs genannte enge Zusammenhang zwischen der Zahlungsperiodisierung und dem Verlustausgleich wird insbesondere an dieser Rückstellungsproblematik deutlich. Ein Rückstellungsverbot im Rahmen der vereinfachten Vermögensrechnung ist nur sachgerecht und legitim, wenn ein sofortiger Verlustausgleich oder eine ökonomisch annähernd adäquate Verlustverrechnung besteht.

Das Rückstellungsverbot sollte sich sowohl auf Rückstellungen beziehen, die nach überkommener Auffassung im Realisationsprinzip (Verbindlichkeitsrückstellungen) gründen, als auch auf jene, die als unmittelbare Konsequenz des Imparitätsprinzips angesehen werden (Drohverlustrückstellungen). Die Zurückdrängung von Rückstellungen für ungewisse Verbindlichkeiten folgt systematisch unmittelbar aus dem Barrealisationsprinzip im dargelegten Sinn. „Dieses fordert eben hinsichtlich der Aufwandsverwirklichung spiegelbildlich zur Ertragsverwirklichung neben der Marktleistung eine Zahlung“[1448].

Lehnt man das Imparitätsprinzip im Rahmen der steuerlichen Gewinnermittlung *de lege ferenda* mit besten Gründen ab, können auch die aus ihm fließenden, gleichmäßigkeitswidersprechenden Drohverlustrückstellungen keine Geltung beanspruchen.[1449] Wer der Steuer*wirksamkeit* von Drohverlust-

[1447] A. A. Hoffmann (2011b), S. 437 f.

[1448] Pannen (2000), S. 235. A. A. Schmitt (2005), S. 220 f., der den Ansatz von Rückstellungen für ungewisse Verbindlichkeiten auf das Realisationsprinzip – offenbar als Barrealisationsprinzip verstanden – stützt. Hiernach sei „der die Aufwandsrealisierung auslösende Tatbestand, die ‚Marktleistungsabgabe‘, bereits erfolgt“. Dies mag zwar zutreffen, jedoch ist die Marktleistungsabgabe nur die erste Bedingung für die Ertrags- und Aufwandsrealisierung, die Zahlungsmittelbewegung als zweite Bedingung ist regelmäßig nicht erfüllt.

[1449] Für die Ausschaltung von Drohverlustrückstellungen im Rahmen der steuerlichen Gewinnermittlung (unter der Prämisse umfassender Verlustverrechnungsmöglichkeiten) Schneider (2010a), S. 717 f.; ders. (1988), S. 1226 f.; Schreiber, U. (1993a), S. 161 f.; ders. (2002), S. 108; Jacobs (2000), S. 94 ff.; Bareis (2002b), Sp. 2116; Kahle (2002c), S. 213; Dahlke/Kahle (2009), S. 234; Dahlke (2011), S. 205 ff.; Scheffler, W. (2001b), S. 154; ders. (2011), S. 38 f.; Pannen (2000), insb. S. 237; Gröning (2002), S. 233-235; Wendt (2009), S. 112; Siegel (1994b), S. 2243 f.; ders. (1999a), S. 196 f.; ders. (1999b), S. 431; ders. (2004b), S. 198-201; ders. (1999c), S. 366 f.; ders. (2006c), S. 63; ders. (2008b), S. 305-307 u. 317-319 (allerdings Barwertansatz ohne spätere Aufzinsung erwägend); Hauser/Meurer (1998), S. 271; strikter Hausen (2009), S. 299-301 (mit Blick auf die modifizierte Einnahmen-Überschuss-Rechnung, ohne einen sofortigen Verlustausgleich zu fordern, allein mit Objektivierungs- und Praktikabilitätsproblemen rechtfertigend); im weiteren Schrifttum (außerhalb der vereinfachten Vermögensrechnung argumentierend) auch z. B. Wagner, F. W. (2002c), S. 1892; ders. (2002b), S. 88 f.; (mangels empirischer Investitionsanreizwirkungen); Weber-Grellet (2002), S. 703; ders. (2003), S. 275; ders. (2008a), S. 148; Schulze-Osterloh (2000b), S. 72 ff.; Müller (1996), S. 693 ff.; Schmitt (2005), insb. S. 211; Doralt (1998a), S. 1357 f.; ders. (1998b), S. 514 ff.; Patek (2011), S. 297 (nur grundsätzliches, kein kategorisches Passivierungsverbot für Drohverlustrückstellungen, mit Ausnahmen in Bezug auf „quasi-sichere Verluste“); Dauber (2003), S. 208-217; Fritz-Schmied (2005), S. 130-135; Krüger, R. (2008), S. 625 ff.; Köhle (2003), S. 131.

rückstellungen das Wort redet,[1450] verkennt deren gleichmäßigkeitswidrige Steuer*wirkungen* oder nimmt sie absichtsvoll in Kauf.[1451] Eine Ausschaltung von Drohverlustrückstellungen ist letztlich auch unter Vereinfachungsgesichtspunkten angezeigt. So „erweist sich die Abgrenzung, ob aus einem schwebenden Geschäft ein bereits wirtschaftlich verursachter Verlust droht oder ob erst die bloße Möglichkeit eines Verlustes besteht, als ebenso streitanfällig wie die Frage, ob und gegebenenfalls. welche Vorteile aus dem schwebenden Vertrag mit möglicherweise zu erwartenden Verlusten saldiert werden müssen“[1452]. Es ist allerdings klar, dass auch die Eliminierung dieser Verlustrückstellungen die Existenz umfassender steuerlicher Verlustverrechnungsmöglichkeiten verlangt.[1453] Aufwandsrückstellungen hingegen stellen nach heute wohl akzeptiertem Allgemeinverständnis Verpflichtungen des bilanzierenden Steuerpflichtigen gegenüber sich selbst dar[1454] und sind nach den oben skizzierten Grundsätzen auszuschalten, ohne durch einen sofortigen Verlustausgleich kompensiert werden zu müssen.[1455]

Eine steuerliche Gewinnermittlung, die eine Bildung von Rückstellungen jeglicher Art untersagt, ist daher auch nicht *per se* unvollständig oder systemverletzend,[1456] weil über die Vollständigkeit oder Folgerichtigkeit einer Vermögensrechnung ohne eine aus dem Zweck der Rechnungslegung deduzierte Periodisierungsregel nicht befunden werden kann.[1457] Der in der deutschen Diskussion oft angebrachte Vorwurf des Systembruchs mag allenfalls im Hinblick auf die ursprüngliche Systemidee der GoB-Maßgeblichkeit zutreffen. Dem hierbei oft angebrachten Argument, eine Aufwandsverrechnung im Rahmen des Betriebsvermögensvergleichs müsse grundsätzlich unbesehen des Zah-

---

1450 So Prinz (2010d), S. M1; vgl. auch ders. (2010c), S. 2075; ders. (2006b), S. 296. Ebenfalls für eine Anerkennung von Drohverlustrückstellungen im Rahmen der steuerlichen Gewinnermittlung (*de lege ferenda*) hingegen (mit unterschiedlicher Begründung) Moxter (1998), S. 510 („selbst dann, wenn man flankierend einen unbegrenzten Verlustrücktrag zuließe“); ferner auch Herzig/Gellrich (2006b), S. 763 f.; Jensen-Nissen (2007), S. 67; Lenz (2008), S. 198-203; Wassermeyer (2001), S. 923; Schmiel (2008), S. 347; Pottgießer (2006), S. 290; Beiser (2001b), S. 296; Egner (1999), S. 149 ff.; Hoffmann (2000), S. 248 ff.; Prinz/Adrian (2011b), S. 171 f.

1451 Insofern kann auch der vorherrschenden Ansicht im Schrifttum mit Blick auf die geltende deutsche Rechtslage nicht beigepflichtet werden, wonach ein Verbot für Drohverlustrückstellungen i. S. d. geltenden § 5 Abs. 4a EStG unmittelbar gegen das Leistungsfähigkeitsprinzip bzw. das daraus abgeleitete objektive Nettoprinzip verstoße (so z. B. Moxter [1997e], S. 1477; Esterer [2005], S. 124; Schaumburg [2004], S. 546), „ökonomisch nicht begründbar“ (Sigloch [2004a], S. 347; Egner [1999], S. 149 ff.), „systemlos und lediglich fiskalisch motiviert“ (Raupach [2001], S. 809; ähnlich Hennrichs [2009b], S. 590; Endris [2003], S. 4542 f.), „verfassungsrechtlich problematisch“ (Herzig/Teschke [2006], S. 579) und im Ergebnis „unverzeihlich“ (Groh [2000], S. 169) sei. Zur Gegenkritik vgl. mit Recht Jacobs (2000), S. 90 ff.; Hauser/Meurer (1998), S. 271; Thiel (1999), S. 829; ferner auch Schulze-Osterloh (2000b), S. 80; Krüger, R. (2008), S. 625 ff.; Dauber (2003), insb. S. 124, jeweils aus verfassungsrechtlicher Sicht.

1452 Hauser/Meurer (1998), S. 271.

1453 Vgl. etwa Schreiber, U. (1993a), S. 161.

1454 Vgl. nur Herzig (1991), S. 227.

1455 Gleichfalls gegen eine Bildung von Aufwandsrückstellungen im Rahmen der steuerlichen Gewinnermittlung *de lege ferenda* z. B. Sigloch (2004a), S. 347; Herzig (2001a), S. 159; Hausen (2009), S. 298 f.; a. A. Dauber (2003), S. 218-228; Fritz-Schmied (2005), S. 135-139.

1456 Zum Vorwurf des Systembruchs eines Rückstellungsverzichts bzw. zum Systemgebot einer Rückstellungsbildung vgl. Hennrichs (2001), S. 320; ders. (2010b), S. 249; Schulze-Osterloh (2010a), S. 258 f.; Schlotter (2009), S. 1412; Prinz (2011c), S. 492 u. S. 496; ders. (2011a), S. 177 f.; Prinz/Adrian (2011b), S. 172 (speziell zu Drohverlustrückstellungen); Hey (2011), S. 142; Sigloch (2000), S. 173 f.; Glade (1999), insb. S. 402; Schmitt (2005), S. 225 (in Bezug auf Verbindlichkeitsrückstellungen); Clemm/Nonnenmacher (1985), S. 237 f.

1457 Vgl. Schreiber, U. (2002), S. 109.

lungs- bzw. Ausgabenzeitpunkts erfolgen, schließlich seien unter Geltung des tradierten Realisationsprinzips auch Forderungen gleichsam vor der Zahlungsmittelbewegung anzusetzen,[1458] kann allenfalls in der *de lege lata*-Diskussion Überzeugungskraft zugestanden werden. Argumentiert man hingegen im Modell der vereinfachten Vermögensrechnung, bedarf es dieser kompensatorischen Rückstellungsbildung nicht (mehr), da sich auch die Vereinnahmung positiver Gewinnbeiträge gleichsam nach der Zahlungsmittelbewegung (und der korrespondierenden Marktleistungsabgabe) und nicht nach dem vorgelagerten, forderungsauslösenden Moment der Lieferung und Leistung richtet.[1459]

Die Befreiung der steuerlichen Gewinnermittlung von der Rückstellungsbildung stellt entgegen einer verbreiteten Ansicht keineswegs *per se* einen „Fremdkörper“[1460] im Rahmen eines steuerlichen Betriebsvermögensvergleichs dar. Ein Rückstellungsverbot markiert insbesondere nicht das Ende der steuerlichen Gewinnermittlung durch Betriebsvermögensvergleich.[1461] Das aus dem Barrealisationsprinzip herzuleitende Passivierungsverbot für Rückstellungen ist innerhalb der vereinfachten Vermögensrechnung nicht systemwidrig, sondern *systemkonsequent*, da eine Minderung des Reinvermögens – wie bereits dargelegt[1462] – erst im Zeitpunkt der Erfüllung durch Zahlung vorliegen und damit auch erst zu diesem Zeitpunkt das Periodenergebnis beeinflussen kann.[1463]

Die Erwiderung, ein Rückstellungsverzicht widerspräche (handelsrechtlichen) Vorstellungen von einer nominalen Kapitalerhaltung, weil bereits eingetretene Änderungen des Reinvermögens unberücksichtigt bleiben, trägt mit Blick auf die vereinfachte Vermögensrechnung nicht, denn diese kommt unter den aufgezeigten Bedingungen ohne eine gläubigerschutzverpflichtete Kapitalerhaltung aus.[1464] Auch der wiederkehrend erhobene Einwand, eine steuerliche Gewinnermittlung, die Rückstellungen vor dem Moment der Zahlung nicht zulasse, vermenge „systemwidrig“ die dem Betriebsvermögensvergleich immanenten Elemente mit jenen einer (Einnahmen-) Überschuss-

---

1458 Vgl. z. B. Schön (2005c), S. 67 („Symmetrieprinzip“); ders. (1995), S. 371; Söffing (1995), S. 663 f.; Hey (2011), S. 142; Reuter (2007), S. 31 f.; Glade (1999), S. 401; Arnold (2005), S. 154; Versin (2000), S. 1208; ferner auch Hennrichs (1999a), S. 142 (mit ebendiesem Argument zur Begründung von Teilwertabschreibungen). Ähnlich argumentiert Sigloch (2000), S. 174, der betont, es dürfe im Kontext eines zu diskutierenden Rückstellungsverbots nicht „einseitig“ die Passivseite (Rückstellungen) in den Blick genommen werden. *Sigloch* will anhand eines Beispiels eine „Nachverrechnung der Auszahlungen im Bereich der Aktivseite“ (Zinsverluste) belegen, indem die Sofortabschreibung mit einer linearen Abschreibung verglichen wird. So auch Haring/Wala (2002), S. 4 Fn. 4. Eine Sofortabschreibung ist allerdings nur dann ein geeigneter Referenzpunkt, wenn man dem Übergang auf eine Konsumsteuer zuspricht. Im System der hier diskutierten Einkommensteuer stellt sie indessen eine wenig erstrebenswerte Alternative dar.

1459 Ebenso wenig überzeugt das spiegelbildliche Argument (so z. B. Heibel [1981], S. 53 f.), eine Einnahmenantizipation unter Geltung des Realisationsprinzips könne durch eine Ausgabenkompensation in Form von Rückstellungen geheilt werden, „da der Sinn und Zweck eines jeden Prinzips einzeln begründet werden sollte und zufällig auftretende Kompensationseffekte keine Basis einer gesicherten Gegenargumentation darstellen“; so mit Recht Dicken (2003), S. 71.

1460 Vgl. Dauber (2003), S. 134.

1461 Vgl. Uelner (1999), S. 87.

1462 Vgl. oben, 3. Kap. II. 1.3.2.

1463 Vgl. Gröning (2002), S. 234.

1464 Vgl. Schreiber, U. (2002), S. 109; ders. (1997), S. 504; Scheffler, W. (2000), S. 494.

Rechnung,[1465] trägt nicht und kehrt sich vielmehr in einen entscheidenden Vorteil um, wenn man einsieht, dass in einer heuristischen Annäherung beider Einkommensermittlungsmethoden – Betriebsvermögensvergleich und Überschussrechnung – der einzig gangbare Schlüssel liegt, die im Dualismus der Gewinnermittlung angelegten Gleichmäßigkeitsverstöße zurückzudrängen.

2.1.2.2.3 Barwertansatz als Kompromisslösung?

Während *Siegel* eine steuerliche Anerkennung von *Drohverlustrückstellungen* nachdrücklich und mit Recht ablehnt,[1466] da diese Ausdruck eines handelsrechtlich gebotenen, steuerlich indes entbehrlichen Gläubigerschutzes sind,[1467] sollten Rückstellungen für ungewisse Verbindlichkeiten auch in der Steuerbilanz angesetzt werden, da sie direkt oder indirekt mit einer Aktivamehrung (Passivaminderung) in Verbindung stehen. Unterbleibt deren Passivierung, so werde ein „nicht vorliegender Gewinn zum Ausdruck gebracht“[1468], wodurch es zeitweilig zu einer Gewinnbesteuerung von „Nicht-Gewinnen“[1469] käme.[1470] Allerdings seien diese Rückstellungen in ihrer Höhe auf den Barwert der erwarteten Auszahlung zu begrenzen (Diskontierung mit dem Nettozinssatz). Eine Aufzinsung dieses Barwerts in den Folgeperioden bis zum Erfüllungszeitpunkt habe zu unterbleiben.[1471]

Diese Barwertlösung macht sich den Umstand zunutze, dass eine Diskontierung von Rückstellungen grundsätzlich denselben ökonomischen Effekt entfaltet wie ein Rückstellungsverbot: „Die Steuerersparnis aus dem Abzug einer Auszahlung im Zahlungszeitpunkt (Überschussrechnung) gleicht im Barwert der Steuerersparnis aus dem Abzug einer abgezinsten Zahlung im Zahlungszeitpunkt (Vermögensvergleich), wenn mit dem gleichen Zinssatz diskontiert wird“[1472]. Unter Gleichmäßigkeitsgesichtspunkten erscheint diese Barwertlösung daher zunächst zutreffend; im System der Einkommensteuer besteht steuerliche Gleichbehandlung, wie bereits diskutiert, nur dann, wenn Auszahlungen und Aufwandsberücksichtigung durch vorgezogene Rückstellungspassivierung die-

1465 Vgl. z. B. Merkert/Koths (1998), S. 1937 ff.; Glade (1999), S. 402; Hoffmann (2011b), S. 437; wohl auch Sigloch (2000), S. 174.

1466 Nach *Siegel* aber nur unter der Prämisse, dass eine steuerliche Teilwertabschreibung gewährt wird.

1467 Vgl. Siegel (1999a), S. 197; jüngst wieder ders. (2011a), S. 782 ff.

1468 So Siegel (2008b), S. 317; vgl. auch bereits ders. (1999a), S. 196 f.

1469 Siegel (1999a), S. 197.

1470 Dabei erachtet *Siegel* die Unentziehbarkeit der erwarteten Auszahlung als notwendige, nicht aber hinreichende Bedingung für einen Rückstellungsansatz; es müsse „hinzukommen, dass der erwarteten Auszahlung kein entsprechender Gegenwert gegenübersteht“; vgl. im Einzelnen ders. (2004a), S. 508 (auch Zitat; im Original Fettdruck); ders. (2002c), S. 1192 ff.; ders. (2006b), S. 18-20. Zur Abgrenzung zwischen Rückstellungen für ungewisse Verbindlichkeiten und Rückstellungen für drohende Verluste aus schwebenden Geschäften vgl. ders. (2005d), S. 360.

1471 Vgl. Siegel (1999a), S. 197 f.; ders. (2000d), S. 33; ders. (2001b), S. 1675. Technisch gesehen könnte eine Diskontierung des Erfüllungsbetrags auch mit dem Bruttozinssatz erfolgen (in diesem Fall wäre eine aufwandswirksame Erhöhung des Rückstellungsbetrags um den Zinsfaktor am jeweiligen Periodenende vorzunehmen). Um Arbitragemöglichkeiten durch Ausnutzen von Korrespondenzlücken weitestgehend zu vermeiden, erscheint jedoch die Verwendung eines Nettozinssatzes geboten; vgl. eingehend Rogall/Spengel (2000), S. 1236 ff.

1472 Schreiber, U. (2000), S. 92; vgl. auch ders. (1999), S. 895 f.; Rogall/Spengel (2000), S. 1234 ff.; Kahle (2002c), S. 214; Haring/Wala (2002), S. 7; Meinert (2007), S. 339; Siebler (2008), S. 396.

selben finanziellen Konsequenzen auslösen.[1473] Dementgegen wären Rückstellungen, und zwar sowohl Verbindlichkeits- als auch Drohverlustrückstellungen, nach hier vertretener Auffassung unter Geltung eines sofortigen Verlustausgleichs bzw. verzinslichem Verlustvor- und -rücktrags selbst dann nicht zu akzeptieren, wenn dem Rückstellungssachverhalt eine Gegenleistung des Marktpartners gegenübersteht.[1474] Diese abweichende Vorgehensweise rührt in einer unterschiedlichen Konkretisierung des Barrealisationsprinzips.[1475] Im Ergebnis dürften beide Lösungsmöglichkeiten aber insofern kompatibel sein, als sie den gleichmäßigkeitsverletzenden Finanzierungseffekt von Rückstellungen zu eliminieren intendieren.[1476]

Eine Barwertlösung wiese zwar den Vorzug auf, dass sie im Bilanzansatz eine konsistente Behandlung von gewissen und ungewissen Verbindlichkeiten gewährleistet.[1477] Jedoch verletzte auch sie die angestrebte Gleichmäßigkeit, wenn bedacht wird, dass die mit dem Abzinsungssatz unterstellte Mindestverzinsung stets von der tatsächlichen und damit interpersonell abweichenden Anlage der rückstellungsbedingten Innenfinanzierungsbeträge abhängt.[1478] Gegenüber einer barwertorientierten Rückstellungskasuistik – Verbot von Drohverlustrückstellungen einerseits und Barwertansatz von Verbindlichkeitsrückstellungen andererseits – hätte ein Rückstellungsverbot den zentralen Vorteil, dass es die zahllosen, mit der Rückstellungsbildung einhergehenden Fragestellungen vermieden werden könnten.[1479] Die bisherigen Versuche einer europäischen Bemessungsgrundlagenharmonisierung dürften nicht zuletzt an der ewigen Rückstellungsproblematik gescheitert sein.

2.2 Grundsätze der Zugangsbewertung

2.2.1 Anschaffungskosten

Positive und inventarisierungsfähige Wirtschaftsgüter, die (entgeltlich) im Wege des Fremdbezugs zugehen, sind in der vereinfachten Vermögensrechnung anfänglich in Höhe ihrer sog. Anschaffungskosten[1480] zu bewerten.[1481] Das Bewertungsziel liegt also darin, den Anschaffungsvorgang zunächst erfolgsneutral zu stellen. Diese anfängliche Erfolgsneutralität ist mithin eine „logische Fortsetzung“[1482] des Barrealisationsprinzips: „Wenn Ertrag erst durch den Verkauf von Waren entsteht, dann sind alle Zahlungen für einen Vermögensgegenstand bis zu seinem Verkauf gewinnun-

1473 Vgl. Rogall/Spengel (2000), S. 1241; Knoll (2001a), S. 780.

1474 So auch Pannen (2000), S. 235.

1475 *Siegel* konkretisiert das Barrealisationsprinzip wie folgt: „Erträge und Aufwendungen gelten grundsätzlich mit ihrem Zu- bzw. Abfluß als realisiert; Aufwendungen sind jedoch nur insoweit zu berücksichtigen, wie ‚kein realisierbarer Gegenwert oder spätere sicher erscheinende Einzahlungen gegenüberstehen‘“; Siegel (2007b), S. 419 mit Verweis auf dens. (2004b), S. 195.

1476 Vgl. auch Meinert (2007), S. 339 f.

1477 Vgl. Siegel (2004b), S. 199.

1478 Vgl. Pannen (2000), S. 235 f.

1479 So konzediert *Siegel* nun selbst, dass diese Barwertlösung ohne Aufzinsung unter Steuervereinfachungsaspekten der Alternative „keine Rückstellung“ unterlegen ist. Vgl. ders. (2011a), S. 783.

1480 Die Bezeichnung Anschaffungs*kosten* ist terminologisch unscharf, weil auch die vereinfachte Vermögensrechnung dem Grundsatz der Pagatorik folgt. „Es wäre klarer, von Anschaffungs- und Herstellungs*ausgaben* zu sprechen“; Schneider (1971b), S. 333 (ohne Kursivierung im Original).

1481 Vgl. Schneider (2004a), S. 303; Dahlke/Kahle (2009), S. 233; Spengel (2009), S. 105; Schlotter (2005), S. 103.

1482 Schmitt (2005), S. 60.

wirksam (erfolgsneutral) zu verbuchen“[1483]. Aus dem Barrealisationsprinzip lässt sich mithin ein zwingendes Anschaffungswertprinzip folgern.[1484] Bis zum Moment der Marktleistungsabgabe bilden die Anschaffungskosten zugleich auch die Bewertungsober- und grundsätzlich[1485] auch Bewertungsuntergrenze des Wirtschaftsguts. Nach üblichem Sprachgebrauch, der sich auf die derzeit gültige (deutsche) Rechtslage stützt, bestehen Anschaffungsausgaben aus den Bestandteilen: Anschaffungspreis, Anschaffungsnebenkosten, nachträglichen Anschaffungskosten sowie Anschaffungspreisminderungen.[1486] Dieser (Grob-) Differenzierung kann in der vereinfachten Vermögensrechnung gefolgt werden.

Die inhaltliche Abgrenzung der Anschaffungskosten wird in der vereinfachten Vermögensrechnung durch das Barrealisationsprinzip und den Einzelbewertungsgrundsatz bestimmt. „Nimmt man das Anschaffungswertprinzip ernst“[1487], so dürfen nur jene Ausgaben in die Anschaffungsausgaben einbezogen werden, die durch die Anschaffung eines zusätzlichen Wirtschaftsguts entstanden sind. „Streng genommen sind das nur die Grenzkosten, die (…) am ehesten mit den ‚Einzelaufwendungen‘ gleichgesetzt werden können“[1488]. Infolge dieser Grenzbetrachtung könnten Gemeinkosten (besser: Gemeinausgaben), d. h. Ausgaben, die auch entstehen, wenn kein zusätzliches Wirtschaftsgut erworben wird, keinen Bestandteil der Anschaffungsausgaben bilden. Diese Gemeinkostenproblematik stellt sich im Rahmen der Herstellungskostenbemessung umso mehr und soll daher nachfolgend problematisiert werden.

2.2.2 Herstellungskosten

2.2.2.1 Vollkosten- versus Teilkostenansatz

2.2.2.1.1 Gemeinkostenproblematik

Selbst erstellte Wirtschaftsgüter, d. h. fertige und unfertige Erzeugnisse (Vorratsvermögen), selbst erstellte Anlagegüter und die nicht dem Aktivierungsverbot unterliegenden selbst erstellten Immaterialgüter, die bis zum Periodenende noch nicht abgegangen sind, sind in der vereinfachten Vermögensrechnung anfänglich zu den sog. Herstellungskosten zu bewerten.[1489] Dies erscheint unstrittig; der Herstellungsvorgang soll ebenso wie der Anschaffungsvorgang erfolgsneutral erfasst werden. Die Erfolgswirksamkeit setzt in der vereinfachten Vermögensrechnung einen Umsatzakt am Ab-

---

1483 Schneider (1997a), S. 159.

1484 Vgl. Schneider (1972), S. 183; ders. (1997a), S. 159; ders. (1978c), S. 61; ders. (2002), S. 285; Dahlke/Kahle (2009), S. 233; Spengel (2009), S. 105; ders. (2008b), S. 421; ders. (2004b), S. 136; Schreiber, U. (2002), S. 108; Schröer (2004), S. 219.

1485 Zur Vornahme von plan- und außerplanmäßigen Abschreibungen im Rahmen der vereinfachten Vermögensrechnung vgl. unten, 3. Kap. II. 2.3.

1486 Vgl. Meyering (2009), S. 44; Schneider (1997a), S. 160.

1487 Pittroff/Schmidt/Siegel (2011), B 161 Rz. 147.

1488 Vgl. auch Schmitt (2005), S. 200.

1489 Zutreffender wäre es, von Herstellungs*ausgaben* zu sprechen; vgl. z. B. Lemm (1981), S. 90. Dem gängigen Sprachgebrauch folgend wird hier dennoch der Terminus Herstellungskosten verwendet.

satzmarkt und den dazugehörigen Zahlungsfluss voraus; bis dahin sind die selbst erstellten Wirtschaftsgüter im Grundsatz[1490] zu ihren Herstellungskosten zu bewerten.

Während die Subsumtion von Einzelkosten unter den Herstellungskostenbegriff aus konzeptionell-theoretischer Sicht wohl als unstrittig bezeichnet werden darf,[1491] liegt das „Kernproblem" einer handels- und steuerrechtlich zweckadäquaten Herstellungskostendefinition seit jeher in der Gemeinkostenbehandlung.[1492] Die Frage, ob der Herstellungskostenbegriff auf Basis eines Teilkostenansatzes oder Vollkostenansatzes konkretisiert werden sollte, ist nach wie vor umstritten.[1493]. Beide Ansätze unterscheiden sich im Kern darin, dass der Teilkostenansatz den Einbezug ausschließlich der variablen Kosten fordert, während der Kreis zu aktivierenden Kostenkomponenten im Rahmen eines Vollkostenansatzes um (anteilige) fixe Gemeinkosten erweitert wird.[1494] Selbst Autoren, die sich übereinstimmend für eine steuerliche Gewinnermittlung *de lege ferenda* auf Basis eines Barrealisationsprinzips aussprechen, nehmen zu dieser Frage diametral unterschiedliche Positionen ein. *Siegel* verteidigt den Teilkostenansatz mit ungebrochener Vehemenz.[1495] Dem folgend bezeichnet *Bareis* den Teilkostenansatz als „ökonomisch richtig"[1496]. *Schneider* indessen hat diese Auffassung nur bis zum Erscheinen seiner „Steuerbilanzen" im Jahr 1978 geteilt;[1497] seitdem spricht *Schneider* sich für einen Ansatz aus, der bei *Siegel* als „„gemilderte(.) Vollkostenrechnung"" tituliert und zugleich scharf kritisiert wird.[1498] Nunmehr scheint *Schneider* allerdings wiederum dem Teilkostenansatz zuzuneigen.[1499] Demgegenüber favorisieren *Kahle*,[1500] *Schreiber*[1501] sowie *Spengel*[1502] – auch mit Blick auf die CCCTB – einen (produktionsbezogenen) Vollkostenansatz.[1503] Eine vermittelnde Position nimmt etwa *Oestreicher* ein, der konstatiert, dass letztlich „[a]lle Lösungen auf dem Boden der zentralen Besteuerungsgrundsätze stehen"[1504].

1490 Zu den Abweichungen aufgrund des Periodisierungsgrundsatzes vgl. unten, 3. Kap. II. 2.3.1.

1491 Vgl. Lemm (1981), S. 90.

1492 Vgl. Dahlke/Kahle (2009), S. 233 (auch Zitat).

1493 Vgl. Siegel (2006a), S. 2357.

1494 Vgl. z. B. Karrenbrock (2008), S. 139.

1495 Zur Anwendung des Teilkostenansatzes im Rahmen der steuerlichen Gewinnermittlung *de lege ferenda* („Sollkonzept") vgl. Siegel (2008b), S. 313-315; zur Anwendung *de lege lata* (Argument: GoB-Konformität) vgl. ders. (1995), S. 672a; ders. (2002b), Sp. 1129. Im handelsrechtlichen Kontext nachdrücklich ders. (1998a), S. 168: Es „sollte de lege ferenda der Teilkostenansatz vorgeschrieben werden"; vorsichtiger dagegen noch ders. (1995), S. 672d: „Bei einer hier nicht beabsichtigten de-lege-ferenda-Diskussion wäre zu erörtern, ob die bei Vollkostenbewertung durch den Verstoß gegen das Realisationsprinzip ausgelöste Verletzung des Vorsichtsprinzips weiterhin akzeptiert werden kann".

1496 Bareis (2002c), S. 140; vgl. auch ders. (2004), S. 21 Fn. 42.

1497 Vgl. auch Kahle (2002c), S. 213.

1498 Vgl. Schneider (1978c), S. 142-144; zur Kritik Siegel (1995), S. 653-655; ders. (1998a), S. 153, ders. (2006a), S. 2358.

1499 Vgl. Schneider (2011), S. 175 („einzeln zurechenbaren Ausgaben").

1500 Vgl. Kahle (2002c), S. 213 u. 268; ders. (2005), S. 11; Dahlke/Kahle (2009), S. 234.

1501 Vgl. Schreiber, U. (2002), S. 108.

1502 Vgl. Spengel (2009), S. 105 f.; ders. (2004b), S. 136; ders. (2008b), S. 421; ders. (2003a), S. 257; ders. (2003b), S. 33; ders. (2002), S. 11; Spengel/Malke (2008), S. 72 f.

1503 So auch Schröer (2004), S. 219; Wendt (2009), S. 111; ferner auch Lenz (2008), S. 231.

1504 Oestreicher (2007a), S. 241; ders. (2007b), S. 579.

2.2.2.1.2 Teilkostenansatz

Barrealisationsprinzip und Einzelbewertungsgrundsatz verlangen streng genommen eine Marginalbetrachtung, d. h. eine Bewertung zu Grenzkosten. Der Umfang der Herstellungskosten müsste analog[1505] zur Anschaffungskostenbemessung auf solche Ausgaben beschränkt werden, die durch die Herstellung jeweils eines zusätzlichen Wirtschaftsguts entstehen, demnach also auf die einzelzurechenbaren Ausgaben (Einzelaufwendungen).[1506] „Jene Ausgaben, die auch anfallen würden, wenn dieses eine zu bewertende Erzeugnis nicht hergestellt worden wäre, sind hingegen nicht zu aktivieren"[1507]. Mithin können nach dieser Sichtweise (fixe) Gemeinkosten keinen Bestandteil der steuerlichen Herstellungskosten bilden.

Auf eben diesem Grundgedanken fußt der von *Siegel* vertretene Teilkostenansatz.[1508] Hiernach sollten ausschließlich die mit dem Herstellungsvorgang in unmittelbarem Zusammenhang stehenden Ausgaben in die Herstellungskosten eingezogen werden,[1509] wobei *Siegel* diese Ausgaben als umsatzkausale Ausgaben bezeichnet und den variablen Kosten gleichsetzt.[1510] Ausgaben indessen, die auch dann entstehen, wenn ein zusätzliches Wirtschaftsgut nicht hergestellt wird, sind nach *Siegel* nicht umsatzkausal, sondern umsatzfinal und demzufolge nicht in die Herstellungskosten einzurechnen. Ein Einbezug beschäftigungsunabhängiger, fixer Gemeinkosten verstoße gegen das Barrealisationsprinzip und damit auch gegen die Gleichmäßigkeit der Besteuerung.[1511] Ein Vollkostenansatz sei strikt abzulehnen.[1512]

2.2.2.1.3 Gemilderter Vollkostenansatz

Dass ein über die Einzelaufwendungen hinausgehender Einbezug von Gemeinkosten gegen das Barrealisationsprinzip verstößt, wird auch von *Schneider* nicht bestritten.[1513] Allerdings spricht

1505 Vgl. Schneider (1972), S. 183: „Der Begriffsinhalt der Herstellungskosten ist aus dem Realisationsprinzip abzuleiten, und er ist dem Begriff der Anschaffungsausgaben *analog* zu bilden" (ohne Kursivierung im Original).

1506 Die terminologische Gleichsetzung von Einzelaufwendungen und variablen Kosten ist laut *Schneider* zu vermeiden (so aber ders. [2003a], S. 302). *Schneider* zufolge stellen die „‚variablen Kosten' einen sprachlichen Fehlgriff dar, weil Begriffe aus der Kostentheorie und Kostenrechnung in der Rechnungslegung nicht zur Klärung helfen"; so ders. (1999a), S. 107. „Es versteht sich von selbst, daß über das, was als Herstellungskosten aktiviert werden kann, nicht Kostenbegriff und Kostenverursachung entscheiden können, sondern allein die Bilanzierungsgrundsätze"; ders. (1971a), S. 609. *Schneider* folgert: „Besser wäre, von ‚einzeln zurechenbaren Aufwendungen' zu reden"; ders. (1999a), S. 107.

1507 Schneider (1972), S. 183; ders. (1978c), S. 144.

1508 Für einen Teilkostenansatz im Rahmen der steuerlichen Gewinnermittlung *de lege ferenda* spricht sich auch z. B. Schmitt (2005), S. 200 aus.

1509 Vgl. Siegel (1995), S. 640 u. S. 657.

1510 Vgl. Siegel (1995), S. 641.

1511 Vgl. Siegel (1995), S. 672c.

1512 Nach *Siegel* kommt ein (steuerlicher) Vollkostenansatz einem Steuersparmodell gleich; vgl. (mit Beispiel) ders. (2008b), S. 313 f. (Zitat auf S. 314). Im handelsrechtlichen Kontext vertritt *Siegel* wiederholt die Auffassung, ein Vollkostenansatz ermögliche eine Erhöhung des Gewinnausweises durch Produktion ohne zusätzlichen Absatz; den Nachweis will *Siegel* anhand seines sog. Silvesterbeispiels führen. Vgl. ders. (1981), S. 390 ff.; ders. (1995), S. 660 ff.; ders. (1998a), S. 151 ff.; ders. (1992), S. 589; ders. (1994a), S. 10 f.; kritisch hierzu z. B. Baetge (1996), S. 62; Oestreicher (2010), B 163 Rz. 115 f. Auf die handelsrechtliche Diskussion wird hier nicht eingegangen.

1513 Vgl. z. B. Schneider (2004a), S. 303.

Schneider sich für die Geltung eines Periodisierungsgrundsatzes[1514] aus, wonach die Anschaffungs- oder Herstellungskosten einer mehrjährig nutzbaren Anlage periodisch i. S. einer planmäßigen Abschreibung aufwandswirksam zu verrechnen sind. *Schneider* folgert, dass neben Einzelaufwendungen auch jene aus dem Periodisierungsgrundsatz resultierenden Aufwendungen in die Herstellungskosten einzubeziehen seien, dies aber nur insoweit, als diese auf die Bestandserhöhung an unfertigen Erzeugnissen, fertigen Erzeugnissen und selbst erstellten Anlagen entfallen. Dadurch soll ein Teil dieses Periodisierungsaufwandes in einer Periode, in der die Bestände an unfertigen oder fertigen Erzeugnissen und selbst erstellten Anlagen wachsen, erfolgsrechnerisch neutralisiert werden.[1515] Die neutralisierten Beträge sollen mithin erst dann zu Aufwand werden, wenn eine Veräußerung der Erzeugnisse am Absatzmarkt (Marktleistungsabgabe) bzw. eine Verrechnung des Abschreibungsaufwands erfolgt. Gemildert ist dieser Vollkostenansatz insofern, als „Gemeinausgaben je Stück, die bei Einzelerfassung nicht dem Periodisierungsprinzip unterliegen“, nicht eingerechnet werden dürfen.[1516]

2.2.2.1.4 Vollkostenansatz

Für einen produktionsbezogenen Vollkostenansatz[1517] im Rahmen der vereinfachten Vermögensrechnung spricht sich vor allem *Spengel* aus. Ein Abstellen auf die produktionsbezogenen Vollkosten sei geboten, um die Gleichbehandlung von Anschaffungs- und Herstellungsvorgängen einerseits und die Gewährleistung der Erfolgsneutralität des Herstellungsvorgangs bis zum Zeitpunkt der Marktleistungsabgabe andererseits zu sichern.[1518] Die „Aktivierung von verwaltungsbezogenen Gemeinkosten“ (*overhead costs*) sowie von „[b]eschäftigungsunabhängigen Gemeinkosten“ sei zu untersagen.[1519]

2.2.2.2 Würdigung

Aus Sicht der vereinfachten Vermögensrechnung ist weder dem Teilkosten- noch dem Vollkostenansatz eindeutige ökonomische Überlegenheit zuzuerkennen. Die Zweckgeeignetheit ist davon ab-

---

1514 Zu Einzelheiten vgl. unten, 3. Kap. II. 2.3.1.1.

1515 Vgl. im Einzelnen Schneider (1997a), S. 164-169 u. S. 294-296; vorsichtiger dagegen noch ders. (1978c), S. 144.

1516 Vgl. Schneider (1997a), S. 295. *Schneider* nennt beispielhaft „Werkmeistergehälter“ und „Verwaltungsgemeinkosten“. *Oestreicher* lehnt diese Beschränkung ab: „Wird akzeptiert, dass ein Teil der Periodenaufwendungen auf die Bestandserhöhung an unfertigen Erzeugnissen, fertigen Erzeugnissen und selbst erstellten Anlagen entfällt, entspricht es dem Realisationsprinzip, wenn dieser Teil durch Einrechnung in die Herstellungskosten neutralisiert und in der Periode der Marktleistungsabgabe verrechnet wird (…). Hierbei kann es jedoch keinen Unterschied machen, ob der Aufwand aus dem Periodisierungsprinzip oder auf Gemeinausgaben je Stück zurückzuführen ist, die nicht dem Periodisierungsprinzip unterliegen (…). Die auch im Interesse einer Gewinnverwendungsneutralität bestehende Notwendigkeit einer Zurechnung des Aufwandes zum Umsatz trifft Periodisierungsaufwand und andere Gemeinausgaben gleichermaßen“; so ders. (2010), B 163 Rz. 116.

1517 Der Zusatz „produktionsbezogen“ findet sich erst in jüngsten Veröffentlichungen, so z. B. Spengel (2009), S. 106; ders. (2008b), S. 421; vgl. dagegen noch allein von Vollkosten sprechend ders. (2006c), S. 123.

1518 Vgl. Spengel (2009), S. 105; ders. (2008b), S. 421; ders. (2006c), S. 123; Dahlke/Kahle (2009), S. 233 f.

1519 So Spengel (2006c), S. 123 (beide Zitate, das zweite in Fn. 44); vgl. auch Spengel/Malke (2008), S. 73. Einen Konflikt zwischen diesem produktionsbezogenen Vollkostenansatz sieht *Spengel* offenbar weder zu einem gemilderten Vollkostenansatz noch zu einem Teilkostenansatz, wenn er (zustimmend) auf Schneider (1997a), S. 295 sowie Bareis (2002c), S. 140 verweist. Während *Schneider* aber den gemilderten Vollkostenansatz favorisiert, spricht *Bareis* sich mit *Siegel* für einen Teilkostenansatz aus.

hängig, ob die steuerliche Gewinnermittlung unter dem Primat der Entscheidungsneutralität oder der Gleichmäßigkeit steht. Unter dem Gesichtspunkt der Entscheidungsneutralität wären „bei insgesamt vorteilhaften Herstellungsvorgängen alle im Rahmen eines Produktionsprozesses anfallenden Aufwendungen bis zum Abgang des produzierten Vermögensgegenstandes zu aktivieren“[1520]. So könnte eine (partikulare) Sofortverrechnung in den Fertigungsperioden vor der Marktleistungsabgabe einen Verlustausweis bewirken. Aufgrund des im Modell gewährten sofortigen Verlustausgleichs wäre eine (entscheidungsverzerrende) Steuervergünstigung die Folge. Diese Steuervergünstigung wäre (bei einem unterstellten sofortigen Verlustausgleich[1521]) umso größer, je mehr Perioden zwischen Herstellung und Marktleistungsabgabe liegen; insofern wären branchenspezifische Bevorteilungen zu erwarten.[1522] Unter dem Neutralitätsaspekt wäre somit ein Vollkostenansatz zu favorisieren. Ein breiter Aktivierungsumfang würde zudem vermeiden, dass eine Herstellung gegenüber einem Erwerb des betreffenden Wirtschaftsgutes steuerlich begünstigt wird, sofern man vernünftigerweise unterstellt, dass in den Anschaffungskosten i. d. R. auch Gemeinkosten des Veräußerers enthalten sind.[1523] „[I]n dem Maße, in dem sich Anschaffungs- und Herstellungskosten angleichen, kommt es zum Abbau von Entscheidungsverzerrungen in Richtung Erwerb zu Lasten der Selbsterstellung“[1524].

Ein Vollkostenansatz erscheint dagegen nicht mehr vorzugswürdig, wenn der Einbezug von Gemeinkosten mit Blick auf die Gleichmäßigkeit der Besteuerung, insbesondere die sich hieraus ergebenen Einzelanforderungen der Nachprüfbarkeit und Sicherheit der steuerlichen Gewinnermittlung diskutiert wird.[1525] Unter stringenter Befolgung des Grundsatzes der Barrealisation wären ausschließlich Einzelaufwendungen einzubeziehen; folgerichtig müsste, wie dies von *Siegel* vorgetragen wird, ein Teilkostenansatz zur Anwendung gelangen. Gegen einen Einbezug von Gemeinkosten spricht auch der ihnen innewohnende Ermessensspielraum; Wahlrechte zur Einbeziehung von Gemeinkostenbestandteilen sind aus Gleichmäßigkeitssicht abzulehnen.[1526] „Durch den Verzicht auf die Aktivierung von anteiligen Gemeinkosten wird die Gewinnermittlung und ihre Nachprüfbarkeit ganz entscheidend vereinfacht, zahlreiche Manipulationsmöglichkeiten über die Gemeinkostenzuschläge werden vermieden“[1527].

1520 Gröning (2002), S. 146.

1521 Sofern man davon ausgeht, dass weder ein sofortiger Verlustausgleich noch gleichwertige Möglichkeiten zur Verlustverrechnung bestehen, würde diese Steuervergünstigung „wesentlich geringer“ ausfallen. Wird weiter angenommen, dass ein Verlust lediglich zinslos bis zum Zeitpunkt der Marktleistungsabgabe vorgetragen werden kann, wäre „die Höhe der Steuervergünstigung nicht vom Umfang der Herstellungskosten abhängig“; Gröning (2002), S. 146 (beide Zitate).

1522 Vgl. Oestreicher/Spengel (2007), S. 442; Spengel/Malke (2008), S. 73.

1523 So Spengel (2003b), S. 33 mit Verweis auf Scheffler (2001a), S. 907; vgl. auch Spengel/Malke (2008), S. 73; Gröning (2002), S. 146; Dahlke/Kahle (2009), S. 233 f.; Wagner, F. W. (1998d), S. 404.

1524 Streim/Esser (2003b), S. 782.

1525 Vgl. Lemm (1981), S. 91.

1526 Vgl. Streim/Esser (2003b), S. 782 f.; Oestreicher (2007a), S. 241; ders. (2007b), S. 579.

1527 Kahle (2002c), S. 213.

Während demnach zu einer möglichst weitgehenden Reduktion von Entscheidungswirkungen ein Herstellungskostenansatz zu Einzel- und anteiligen Gemeinkosten impliziert, verlangt die (vorrangige) Ausrichtung am Gleichmäßigkeitspostulat einen Teilkostenansatz.[1528] Letztlich kann jeder der vorgenannten Ansätze Argumente zu seinen Gunsten beanspruchen; die Wahl des Herstellungskostenumfangs muss damit auf eine Konventionsentscheidung hinauslaufen.

2.3 Grundsätze der Folgebewertung

2.3.1 Planmäßige Abschreibungen

2.3.1.1 Periodisierungsgrundsatz

Unter strenger Geltung des Barrealisationsprinzips ist eine planmäßige Verteilung der Anschaffungs- oder Herstellungskosten auf deren Nutzungsdauer unzulässig. Aufwand (wie Ertrag) kann nach der Logik des Barrealisationsprinzips eben erst bei einem Umsatzakt am Absatzmarkt entstehen.[1529] Bei mehrjährig nutzbaren Wirtschaftsgütern wird die Aufwandsverrechnung erst bei deren Ausscheiden aus dem Betriebsvermögen (durch Ausbuchen der gesamten Anschaffungs- oder Herstellungskosten) vorgenommen.[1530] Die mit dem Barrealisationsprinzip allein zu vereinbarende Abschreibungsregel ist mithin eine Endabschreibung.[1531]

Eine Endabschreibung[1532] ist allerdings insofern problematisch, als bei einem Verzicht auf eine planmäßige Abschreibung in den Perioden zwischen Anschaffung bzw. Herstellung sowie Ausscheiden des Wirtschaftsgutes Gewinnsteuerzahlungen anfallen könnten, ohne dass die anfänglichen Investitionsausgaben Berücksichtigung fänden.[1533] Eine Endabschreibung erschiene mithin nur dann akzeptabel, wenn der Grenzsteuersatz konstant gesetzt wird, das Barrealisationsprinzip uneingeschränkt gilt, ein sofortiger Verlustausgleich gewährt wird und die Finanzierungsfunktion der Abschreibungen durch (steuerpflichtige) Investitionszulagen bzw. Investitionszuschüsse aufrechterhalten wird.[1534] Da diese Bedingungen *gemeinsam* kaum realisierbar sind, ist die Vornahme von planmäßigen Abschreibungen im Rahmen der steuerlichen Gewinnermittlung weiterhin geboten.[1535]

1528 Vgl. Gröning (2002), S. 147; Streim/Esser (2003b), S. 782 f.

1529 Vgl. Schneider (1978c), S. 65; ferner Schlotter (2005), S. 103; Eichhorn (2001), S. 96.

1530 Vgl. Schneider (1978c), S. 65; ders. (2005b), S. 17; Gröning (2002), S. 132 f.

1531 Vgl. Schneider (1974a), S. 365 f.; so auch z. B. Schmitt (2005), S. 60, 202, 296; ferner Jäger (1996), S. 17 (ohne diese Position zu teilen). Karrenbauer (1993), S. 136 f. mit Bezug auf Schneider (1974a), S. 365 f. lehnt die Schlussfolgerung, dass das Barrealisationsprinzip eine Endabschreibung impliziert, ab, verkennt dabei aber den grundlegenden Unterschied zwischen dem bilanzrechtlichen Realisationsprinzip (aus dem Karrenbauer mit *Moxter* – allerdings ohne Quellenangabe – das ausschüttungsstatische Abschreibungsprinzip herleitet; hierzu unten, 4. Kap. II. 2.2.1.1) und dem bei *Schneider* vertretenen Barrealisationsprinzip.

1532 Eine Sofortabschreibung scheidet aus, „weil sie die gewinnabhängigen Auszahlungsansprüche der Empfänger der Rechnungslegung untergräbt" (Schneider [2005b], S. 22; kritisch auch Bareis [2002c], S. 140) und zudem Wesenszüge einer *Cashflow*-Besteuerung trägt (vgl. Schmitt [2005], S. 206).

1533 Vgl. Schneider (2005b), S. 17.

1534 Vgl. Schneider (2008), S. 297; ders. (2006), S. 272; ders. (2011), S. 178; ders. (1998b), S. 1290; ders. (2002), S. 287; Pannen (2000), S. 215 f.

1535 Auch wenn die Vornahme von planmäßigen Abschreibungen im Rahmen der vereinfachten Vermögensrechnung ökonomisch erklärt werden kann, erscheint sie aus Gleichmäßigkeitssicht nicht unproblematisch, da sie nur Ge-

Das Barrealisationsprinzip ist deshalb um einen *Periodisierungsgrundsatz* als weiteren materiellen Gewinnermittlungsgrundsatz zu ergänzen und gleichzeitig einzuschränken.[1536] Er besagt in seinem Kern,[1537] dass Ausgaben für Anlagegüter aufwandswirksam auf die Dauer ihrer Nutzung zu verteilen sind.[1538] In zulässiger Durchbrechung des Barrealisationsprinzips begründet erst dieser Periodisierungsgrundsatz die systematische Vornahme von planmäßigen Anlageabschreibungen innerhalb der vereinfachten Vermögensrechnung.

2.3.1.2 Minimum an Innenfinanzierung

Eingedenk des Umstandes, dass die Einführung eines rechtssicheren und zugleich entscheidungsneutralen Abschreibungsverfahrens (Ertragswertabschreibung) nicht möglich ist,[1539] beschränkt sich die ökonomische Funktion von (verdienten) Abschreibungen im Rahmen der vereinfachten Vermögensrechnung auf die Finanzierung von Ersatzbeschaffungen für abnutzbare Anlagen.[1540] Diese Ersatzbeschaffungsfunktion[1541] leitet sich aus der Grundüberlegung ab, dass planmäßige Abschrei-

---

winnermittlern, nicht aber Überschussermittlern offensteht. Eine planmäßige Abschreibung „verstößt damit nach der reinen Lehre gegen Gleichmäßigkeit der Besteuerung". So Schneider (2009b), S. 414.

1536 Vgl. Schneider (2005b), S. 17. Nach *Schneider* beinhaltet dieser Periodisierungsgrundsatz drei grundlegende Bedingungen: (1) Der Periodisierungsgrundsatz dient der Ermittlung des Periodengewinns und nicht umgekehrt der Periodengewinn der Ermittlung des Periodisierungsbetrags. (2) Der in den Nutzungsjahren des Wirtschaftsgutes nach dem Periodisierungsgrundsatz insgesamt zu verrechnende Aufwand darf nicht höher sein als die Ausgaben, die periodisiert werden sollen. Abschreibungsverfahren, die eine Zuschreibung erzwingen, sind daher zu verwerfen. (3) Das Periodisierungsprinzip regelt die Bilanzierung der Höhe nach und nicht die Bilanzierung dem Grunde nach. Einer Abschreibung zugänglich sind nur solche (abnutzbaren) Wirtschaftsgüter, die nach den dargestellten Aktivierungsgrundsätzen als solche qualifizieren. Vgl. im Einzelnen Schneider (1971c), S. 381; ders. (1978c), S. 65-68; ders. (1989a), S. 4; ders. (2008), S. 296-298; ders. (1996c), S. 489; ders. (1996a), S. 938; ders. (1995), S. 1421; ders. (1988), S. 1227; ders. (2011), S. 152 f.; ders. (2005a), S. 397; ders. (1986c), S. 341; ders. (2002), S. 287; ferner auch Fülbier (2006a), S. 67.

1537 *Schneider* zieht diesen Periodisierungsgrundsatz auch heran, um die Bildung von Rechnungsabgrenzungsposten zu begründen. Vgl. ders. (1995), S. 1421; ders. (1996a), S. 938; ders. (1988), S. 1227; ders. (1996c), S. 489; ders. (2004a), S. 303; ders. (2011), S. 153; ders. (2008), S. 297; ders. (1986c), S. 341. So auch Schmitt (2005), S. 229 f. Nach gegenteiliger Ansicht sollte auf die Bildung von Rechnungsabgrenzungsposten im Rahmen der vereinfachten Vermögensrechnung grundsätzlich verzichtet werden. Vgl. Spengel (2002), S. 11; ders. (2009), S. 105; ders. (2004b), S. 136; Kahle (2005), S. 11. Die vorgenannten Autoren befürworten allerdings eine Ausnahme für Disagien. So auch Herzig/Hausen (2004), S. 9 f.; strikter (ausnahmslos keine Rechnungsabgrenzungsposten) Schreiber, U. (2002), S. 109; Schröer (2004), S. 219; so auch noch Spengel (2002), S. 11. Auf dieses Bilanzierungsproblem wird hier nicht eingegangen.

1538 Vgl. Schneider (2011), S. 152.

1539 Vgl. Schneider (1989b), S. 55; Sigloch (1987), S. 171.

1540 Vgl. Schneider (1988), S. 1227. Zu der (Innen-) Finanzierungsfunktion von planmäßigen Anlagenabschreibungen vgl. auch ders. (2006), S. 263 f.; ders. (1993b), S. 497; kritisch indes Dicken (2003), S. 71-73, der auf die aufwandsbedingte (inflatorische) Finanzierungslücke verweist; sie entstehe, weil die Beschaffungsausgaben für ein Wirtschaftsgut in die nachfolgenden Perioden verlagert werden. Beschaffungsausgaben seien damit zwar liquiditätsmäßig, nicht aber (unmittelbar) erfolgswirksam zu erfassen. *Dicken* fordert stattdessen eine Festwertabschreibung; vgl. zur Argumentation im Einzelnen ders. (2003), S. 91-94.

1541 Diese wiederbeschaffungsorientierte Abschreibungsmethodik stößt insbesondere auch bei *Siegel* auf Kritik. *Siegel* führt an, dass eine Wiederbeschaffung i. d. R. nicht beabsichtigt sei bzw. mit Ablauf der Nutzung der betreffenden Anlage eine Beendigung der Unternehmung erfolge. Eine Endabschreibung folge aus dem Barrealisationsprinzip nicht; vielmehr verlange es, ein mehrjährig nutzbares Wirtschaftsgut zum Ende jeder Nutzungsperiode zu seinem Zeitwert i. S. eines Netto-Einzelveräußerungspreises anzusetzen. Vgl. im Einzelnen Siegel (2005a), S. 400 ff.; ders. (2004b), S. 195-197; ders. (2008b), S. 308-311; ders. (1998b), S. 600 f.; ders. (1999c), S. 382. *Siegel* argumentiert im Kern wie folgt: Die steuerliche Leistungsfähigkeit sei infolge einer Investitionsauszahlung zunächst nicht gemindert, da ihr ein Gegenwert in mindestens gleicher Höhe gegenüberstehe. Eine Minderung der Leistungsfähigkeit trete nur insoweit ein, wie der Wert des in Rede stehenden Wirtschaftsgutes abnehme. Da dieser

bungen Möglichkeiten zur Innenfinanzierung ohne zusätzliche Finanzierungsausgaben eröffnen, wohingegen die kapitalmarktseitige Beschaffung von Finanzbedarf für die Neubeschaffung von (abnutzbaren) Anlagegegenständen oder die Tilgung fälliger Schulden auf unvollkommenen und unvollständigen Kapitalmärkten unsicher ist (Selbstfinanzierungshypothese).[1542]

Innenfinanzierungsmöglichkeiten durch Anlagenabschreibungen sollten indes nicht grenzenlos gewährt werden. Der Interessenkonflikt zwischen Steuerpflichtigen und Fiskus, einerseits gewinnabhängige Ausgaben zu begrenzen (Steuerpflichtiger), andererseits hohe gewinnabhängige Zahlungen zu empfangen (Fiskus), kann nur zum Ausgleich gebracht werden, indem diese grenzkostenlose[1543] Innenfinanzierung aus Anlagenabschreibung auf ein Minimum beschränkt wird (*Minimum an Innenfinanzierung*).[1544] Ein über die Finanzierung der Ersatzbeschaffung hinausgehender Kapazitätserweiterungseffekt[1545] ist zu verhindern. Wachstum sollte in einer Wettbewerbsordnung über marktgelenktes Risikokapital finanziert werden und nicht über Abschreibungsregeln, die zu Kapazitätserweiterungen führen.[1546]

2.3.1.3 Einzelfragen der Abschreibungsmodalitäten

Den Abschreibungsausgangsbetrag den Anschaffungs- oder Herstellungskosten des Wirtschaftsgutes gleichzusetzen, ist zwar unmittelbar naheliegend, aus ökonomischer Sicht aber nicht unkritisch. Sofern nämlich die jährliche Steigerung der Anschaffungskosten neu zu beschaffender Anlagen unter (über) der Rendite nach Steuern bei Wiederanlage der verdienten Abschreibungen liegt, übersteigen (unterschreiten) die nominellen Anschaffungs- oder Herstellungskosten den zur Finanzierung der Neubeschaffung erforderlichen Betrag. Die Aufwandsverrechnung wäre also insgesamt zu hoch (wenn von zwischenzeitlichen Zinserträgen sowie Restverkaufserlösen abstrahiert wird). Hin-

---

Wert an der (hypothetischen) kurzfristigen Realisierbarkeit zu messen sei, komme auch nur eine Abschreibung auf den jeweiligen Einzelveräußerungswert in Betracht.
Dieses zeitwertorientierte Abschreibungskonzept ist mit der gängigen Vorstellung von einer planmäßigen Abschreibung methodisch unvereinbar; es ist offenkundig ausgeschlossen, einen hinreichend verlässlichen Abschreibungsplan auf Basis von geschätzten Netto-Einzelveräußerungspreisen aufzustellen. *Siegel* entgegnet zwar, die planmäßige Abschreibung sei „kein Dogma“ und könne *de lege ferenda* aufgegeben werden (so Siegel [2005a], S. 403; vgl. auch ders. [2004b], S. 196). Dies mag im Grundsatz zutreffen, jedoch wäre der Verzicht auf eine planmäßige Abschreibung, wie dargelegt, nur unter rigiden Prämissen gerechtfertigt. Zudem müssten erhebliche Objektivierungs- und Praktikabilitätseinschränkungen in Kauf genommen werden, die sich bei einer konventionellen planmäßigen Abschreibung nicht in diesem Maß stellen. Zur (Gegen-) Kritik an einer „Abschreibung“ auf Basis von Einzelveräußerungswerten vgl. daher mit Recht Bareis (2004), S. 23; ders. (2002b), S. 140; Schneider (2005a), S. 396 f.; ders. (2005b), S. 21; Schmitt (2005), S. 61-63; Oestreicher/Spengel (2003b), S. 931; Ballwieser (2008c), § 253 HGB Rz. 26 (aus handelsrechtlicher Sicht).

1542 So Schneider (2005b), S. 17.

1543 Vgl. Schneider (2006), S. 272; ders. (2000b), S. 1325.

1544 Vgl. Schneider (2005b), S. 16 f.; ders. (1998c), S. 34 f.; ders. (2006), S. 271 ff.; ders. (2005a), S. 397; ders. (1999a), S. 106. Ein „(modellmäßig) ‚entscheidungsneutrales‘ Minimum an Innenfinanzierung“ strebt *Schneider* unterdessen nicht mehr an (so noch z. B. ders. [1996a], S. 941). „Überlegungen zu einem Mindestmaß an Finanzierung aus Abschreibungen [seien] statt dessen an den Verteilungsfolgen der Abschreibungen auszurichten“; vgl. ders. (2006), S. 271-274 (Zitat auf S. 273).

1545 Zu abschreibungsbedingten Kapazitätserweiterungseffekten vgl. auch z. B. Voß (2006b), S. 179-182.

1546 Vgl. Schneider (1988), S. 1227; ders. (1989e), S. 326.

reichend wäre es indessen, die Abschreibungsbasis nach dem Barwert der künftigen Neubeschaffungsausgaben zu bemessen.

Allerdings erscheint auch dieser Weg nicht minder problematisch, denn naturgemäß bestehen erhebliche Unsicherheiten darüber, „ob die künftigen Einnahmenüberschüsse zur Deckung des Abschreibungsaufwands ausreichen und in welcher Höhe verdiente Abschreibungen zinsbringend nach Steuern angelegt werden können“[1547]. Ob diesen Unsicherheiten im Rahmen einer planmäßigen oder außerplanmäßigen Abschreibung Rechnung getragen werden sollte, ist unter den Befürwortern der vereinfachten Vermögensrechnung umstritten. *Schneider* spricht sich für die letztgenannte Variante aus; es sei daher angemessen, „den Periodisierungsaufwand mit Kürzung durch wahrscheinliche Zinserträge anzusetzen“, wobei auf einen normierten Zinssatz abgestellt werden könne.[1548] *Spengel/Oestreicher* betonen indessen, dass es gerade nicht hinreichend ist, den Abschreibungsausgangsbetrag auf den Barwert der künftigen Ersatzbeschaffungsausgaben zu beschränken, weil „Wiederanlagezinsen in den Gewinn der Anlageperiode eingehen, so dass sie in Form von Steuerzahlungen und Gewinnausschüttungen aus dem Unternehmen abfließen können“[1549]. Dieser Ansicht ist zuzustimmen; es erscheint sinnvoll, einer Periodisierungsregel den Vorzug zu geben, die ohne Rückgriffe auf Zinssätze auskommt.[1550]

Fraglich ist ferner die Berücksichtigung eines Restwerts. Die Gewährleistung eines Minimums an Innenfinanzierung würde zwar Restwertberücksichtigung bei der Bemessung des Abschreibungsausgangsbetrags verlangen, jedoch dürfte eine solche im Allgemeinen nicht willkürfrei möglich sein, sodass es unter Objektivierungsgesichtspunkten hinnehmbar erscheint, den Abschreibungsausgangsbetrag ungeachtet eines etwaigen Restwerts zu ermitteln.[1551]

Die Abschreibungsmethode sollte weitestgehend normiert werden,[1552] um so zumindest eine formale steuerliche Gleichbehandlung zwischen den Steuerpflichtigen zu sichern.[1553] Zwar ist dem Grunde nach bekannt, dass der Wert abnutzbarer Wirtschaftsgüter bis zum Ende der Nutzungsdauer sinkt; wenn aber genaue Kenntnis über den Abschreibungsverlauf fehlt, bleibt nach dem (entscheidungstheoretischen) „Satz vom mangelnden Grunde“[1554] nur die plausibelste Vermutung, dass diese Wertminderung sich gleichmäßig vollzieht[1555] (Gleichverteilungsthese[1556]). Aus Gründen der Ob-

1547 Schneider (2005b), S. 19.
1548 Vgl. Schneider (2005b), S. 19 (auch Zitat).
1549 Oestreicher/Spengel (2003b), S. 931; zur Kritik auch Voß (2006b), S. 164.
1550 Vgl. Schreiber, U. (1993a), S. 158 (der in diesem Zusammenhang auch die Möglichkeit einer Festwertberechnung diskutiert); ferner auch Pannen (2000), S. 232.
1551 Im Ergebnis wie hier Breithecker/Klapdor/Rokitta (2007), S. 156.
1552 Vgl. Schneider (2008), S. 298; Schreiber, U. (2002), S. 108; Kahle (2005), S. 11; Spengel (2003b), S. 33.
1553 Vgl. Schneider (2008), S. 297; Schreiber, U./Stellpflug (1999), S. 191.
1554 Schneider (1974b), S. 402; vgl. auch Bareis (2004), S. 23. Das Prinzip des unzureichenden Grundes entstammt originär der Entscheidungstheorie; vgl. grundlegend Sinn (1980), S. 32 ff.
1555 Vgl. Bareis (2002c), S. 140; ders. (2004), S. 23.
1556 Vgl. Jäger (1996), S. 16-20.

jektivierung empfiehlt es sich, die lineare (gleichbleibende) Abschreibung als einzige Abschreibungsmethode festzuschreiben.[1557] Diese strenge Typisierungsentscheidung leistet zugleich einen Beitrag zur Vereinfachung.[1558] Eine stichhaltige Begründung für einen von der linearen Abschreibung abweichenden Verlauf lässt sich schwerlich finden.[1559] So hat vor allem die Forderung nach einer geometrisch-degressiven Abschreibung ein Begründungsproblem; es erscheint vielmehr zweifelhaft, dass sich die Nutzungsmöglichkeiten einer Anlage in den ersten Nutzungsjahren stärker mindern.[1560] Zudem strebt eine geometrisch-degressive Abschreibung eine rasche Verrechnung der Investitionsausgabe und damit eine Verbesserung des Innenfinanzierungspotenzials an (Kapazitätserweiterungseffekt). Gelänge dies, verkürzte sich der Steueranspruch des Fiskus in unzulässiger Weise.[1561]

Demgegenüber bildet die lineare Abschreibung nach hier geteilter Ansicht einen sachgerechten Kompromiss zwischen den gegenläufigen Interessen von Fiskus und Steuerpflichtigen,[1562] wohl wissend, dass (auch) dieses Verfahren stets nur für einen bestimmten, nämlich bei einem im Zeitablauf leicht fallenden Zahlungsstromverlauf (bei gegebenem Zinssatz)[1563] entscheidungsneutral ist.[1564] „In Abhängigkeit von Rückflußstruktur, Laufzeit, Höhe der Vorteilhaftigkeit sowie Zins- und Steuersatz kann lineare Abschreibung ‚fördernd' oder ‚verbösernd' wirken"[1565]. Folglich muss akzeptiert werden, dass die lineare Abschreibung – wie jegliche Form der AfA[1566] – Entscheidungsverzerrungen auslöst. Verstöße gegen den Gleichmäßigkeitsgrundsatz ergeben sich jedoch nur, wenn neben der linearen Abschreibung weitere Abschreibungsverfahren zugelassen werden; das Problem, der planmäßigen Abschreibung eine Verteilungsfiktion zugrunde zu legen, würde sich dann nämlich noch vervielfältigen.[1567] Eine Gewährung von Methodenwahlrechten wäre mit dem Gleichmäßigkeitsgebot ohnehin nicht kompatibel.

1557 Vgl. Schneider (2002a), S. 288; ders. (2008a), S. 297; ders. (2005b), S. 23; ders. (1971c), S. 381; ders. (2004a), S. 303; ders. (2011), S. 178; ders. (1989b), S. 56; Kahle (2002c), S. 212 u. S. 268; ders. (2005a), S. 11; Dahlke/Kahle (2009), S. 234; Spengel (2002), S. 11; ders. (2003c), S. 309; ders. (2003b), S. 33; ders. (2006c), S. 123; ders. (2009), S. 106; Oestreicher/Spengel (2003b), S. 931 u. S. 933; Oestreicher (2007a), S. 579; Schmitt (2005), S. 68, 74, 203; Pannen (2000), S. 216 u. S. 236; Gröning (2002), S. 133 f.; Dietz (1971), S. 165; Wendt (2009), S. 110 u. S. 112; Hausen (2009), S. 255; Dahlke (2011), S. 235; im weiteren Schrifttum Niehus (2000a), S. 126-129; Fritz-Schmied/Rutter/Schwarz (2008), S. 478; Fritz-Schmied (2005), S. 224 f.; Lenz (2008), S. 248 f.; kritisch z. B. Sigloch (1990), S. 231.

1558 Kritisch Moxter (1980b), S. 231 („Rigorismus"). Nach *Moxter* birgt die Einschränkung auf Linearabschreibungen die Gefahr, dass in vielen Fällen ein Teilwert nachgewiesen werden könnte, der den auf Basis der linearen Anschreibung ergebenden Buchwert unterschreitet, sodass ein persistenter Bedarf an Wertkorrekturen entstünde. Diese Kritik teilt bspw. Karrenbauer (1993), S. 148; zur Diskussion auch Niehus (2000a), S. 128. Diese Befürchtung ist mit Blick auf die vereinfachte Vermögensrechnung ohne Grundlage, weil das Instrument der Teilwertabschreibung in dieser Gewinnermittlungskonzeption durch einen sofortigen Verlustausgleich ersetzt wird.

1559 Vgl. Pannen (2000), S. 216; Schmitt (2005), S. 68.

1560 Vgl. Schneider (1971c), S. 381. A. A. z. B. Marx (2007), S. 881.

1561 Vgl. Oestreicher/Spengel (2003a), S. 459.

1562 Vgl. Pannen (2000), S. 216. Vgl. kritisch Sigloch (1990), S. 231.

1563 Vgl. Schneider (1992a), S. 222; Oestreicher (2007a), S. 250; ders. (2007b), S. 581; Oestreicher/Spengel (2007), S. 443.

1564 Vgl. Spengel/Malke (2008), S. 73; Kraft/Krengel (2003), S. 33 ff.; Wagner, F. W. (2001), S. 359; Voß (2007), S. 1154.

1565 Sigloch (1990), S. 231.

1566 Vgl. Schneider (1999a), S. 109.

1567 Vgl. Niehus (2000a), S. 127; Gröning (2002), S. 134; Pannen (2000), S. 236.

Da ein kapitaltheoretisch begründetes Abschreibungsverfahren außerhalb des neoklassischen Modellrahmens nicht implementierbar ist, schlägt diese ökonomische Unbestimmtheit zwangsläufig auch auf die Bestimmung der Abschreibungsdauer durch.[1568] Eine Ausrichtung an der individuellen wirtschaftlichen Nutzungsdauer wäre denkbar, aber problematisch, weil sowohl der optimale Ersatzzeitpunkt[1569] als auch der voraussichtliche Restverkaufserlös geschätzt werden müssten, was naturgemäß unsicher ist. Auch das Abstellen auf Abschreibungsursachen, jener Einflussgrößen also, die auf ein Ende der wirtschaftlichen Nutzungsdauer einer Anlage hinwirken, erscheint kritisch. Um aus diesen ökonomisch überzeugende Aussagen herleiten zu können, „wären die einzelnen Bestimmungsgründe für den Ertragswert und die Nutzungsdauer in Zahlungsströmen zu quantifizieren“[1570]. Eine alternative Orientierung an der technischen (objektiven) Nutzungsdauer erscheint nur vordergründig vorteilhaft. Auch sie dürfte im Interesse nicht wesentlich zielführend sein, berücksichtigt man, dass eine genaue Bestimmung der technischen Nutzungsdauer *ex ante* mit erheblichen Schwierigkeiten behaftet ist.[1571] Die Ermittlung empirischer Nutzungsdauern bliebe ein sehr aufwendiges Verfahren. Aus Gründen der (formalen[1572]) Gleichmäßigkeit, der Praktikabilität und auch der Verwaltungsökonomie empfiehlt es sich, auch den Abschreibungszeitraum zu normieren,[1573] in Kauf nehmend, dass auch diese Lösung im Lichte ökonomischer Theorie wenig mehr als einen Kompromiss[1574] bildet.[1575]

2.3.2 Außerplanmäßige Abschreibungen

2.3.2.1 Teilwertabschreibungen als (weiterer) zentraler Gleichmäßigkeitsverstoß

Bei einer strikten Bewertung zu fortgeführten Anschaffungs- oder Herstellungskosten nach Maßgabe des Barrealisationsprinzips bzw. Periodisierungsgrundsatzes erwächst die Gefahr, dass die so ermittelten Wertansätze sich nur in geringerer Höhe realisieren könnten. Es würden m. a. W. „heute ‚Gewinne‘ errechnet und besteuert, die später nicht durch Einnahmen gedeckt sind, so daß praktisch

1568 Vgl. Schmitt (2005), S. 206.

1569 Aus betriebswirtschaftlicher Sicht „ist die Nutzungsdauer erschöpft, wenn im Vergleich zur weiteren Nutzung die alternative Verwendung des in der Anlage gebundenen Kapitals vorteilhafter erscheint“; Oestreicher/Spengel (2003a), S. 459.

1570 Vgl. Schneider (2005b), S. 19 (auch Zitat).

1571 Vgl. Oestreicher/Spengel (2003b), S. 936. Vgl. aber Oestreicher (2007a), S. 579, wonach „der Verteilungszeitraum an der technischen Nutzungsdauer des Wirtschaftsguts auszurichten [sei]“.

1572 Vgl. Schneider (2011), S. 178.

1573 Vgl. Oestreicher/Spengel (2003b), S. 936. Für eine weitergehende Standardisierung der steuerlichen Abschreibungsmodalitäten im weiteren Schrifttum auch z. B. Schön (2005c), S. 90; Lemm (1981), S. 39.

1574 So Schneider (2008), S. 298.

1575 Mit einer stärkeren Normierung oder Vereinfachung der Abschreibungsregeln dürften entgegen einer verbreiteten Ansicht aus steuerpolitischer Sicht keine Nachteile einhergehen. So führt etwa eine Verlängerung des Abschreibungszeitraums zwar isoliert gesehen zu einer Erhöhung der Kapitalkosten sowie des effektiven Durchschnittssteuersatzes; wenn aber die dabei entstehenden Aufkommenszuwächse für Steuersatzsenkungen verwendet werden, ist die Verschlechterung der Abschreibungsbedingungen mit Blick auf die Standortattraktivität unschädlich. Einem drohenden Rückgang der Investitionsnachfrage könnte mit Maßnahmen begegnet werden, die außerhalb der Bemessungsgrundlagenermittlung an der Steuerschuld ansetzen, wobei insbesondere Zuschüsse, Zulagen oder Steuergutschriften (*tax credits*) zu erwägen wären. Vgl. Oestreicher/Spengel (2003b), S. 936 (auch Zitat); dies. (2003a), S. 460; Wissenschaftlicher Beirat beim BMF (2007), S. 46 f.

Verluste besteuert werden“[1576]. Es wäre daher zu fragen, ob das Barrealisationsprinzip eine (weitere[1577]) Durchbrechung zugunsten des Grundsatzes der Verlustvorwegnahme (Imparitätsprinzip[1578]) erfahren sollte, wonach nur realisierte Gewinne ausgewiesen werden dürfen, aber unrealisierte, drohende Verluste vorwegzunehmen sind.[1579]

Eine aus dem Imparitätsprinzip fließende Teilwertabschreibung kann in der vereinfachten Vermögensrechnung indessen keine Geltung beanspruchen, da sie „eklatant“[1580] gegen die Gleichmäßigkeit der Besteuerung, im Einzelnen gegen die Grundsätze der Gleichbehandlung, Manipulationsfreiheit sowie Einfachheit verstößt. Denn die Geltung des Grundsatzes der Verlustvorwegnahme bringt es zwangsweise mit sich, dass steuerrechtlich Verluste anfallen können, Jahre bevor Ausgabenüberschüsse respektive Einnahmenminderungen entstehen.[1581] Auf diese Weise wird Gewinnermittlern (mindestens) ein zinsloser Steuerkredit verschafft.[1582] Beziehern von Überschusseinkünften und jenen Steuerpflichtigen, die ihren Gewinn auf Basis der Einnahmen-Überschuss-Rechnung erstellen, bleiben Teilwertabschreibungen verwehrt.[1583] Der Grundsatz der Verlustvorwegnahme erweist sich damit als weitere einseitige Steuervergünstigung.[1584]

Mit dem Barrealisationsprinzip sind Teilwertabschreibungen systematisch inkompatibel. Vermögensminderungen wie Vermögensmehrungen sind steuerlich vielmehr erst dann anzuerkennen, wenn sie eine Bestätigung durch einen Umsatzakt am Absatzmarkt erfahren haben; die Vorwegnahme auf eine Periode vor diesem Zeitpunkt ist nach dem Barrealisationsprinzip ausgeschlossen.[1585] Auch unter Verweis auf den Periodisierungsgrundsatz lassen sich Teilwertabschreibungen

---

1576 Schneider (1970b), S. 69; vgl. auch Schreiber, U. (2002), S. 109; ders. (2004), S. 226.

1577 Neben der Durchbrechung durch den Periodisierungsgrundsatz.

1578 Zum Begriff und weiteren Ausdeutungen vgl. Pittroff/Schmidt/Siegel (2011), B 161 Rz. 23 u. 160 ff.

1579 Vgl. Schneider (1970a), S. 1701.

1580 So Schneider (2011), S. 175; vgl. auch Müller (1996), S. 695.

1581 Vgl. Schneider (1988), S. 1226.

1582 Vgl. Schneider (1971b), S. 338; ders. (1998b), S. 1290; ders. (1999a), S. 108; ders. (2000b), S. 1325; Gröning (2002), S. 138; Pannen (2000), S. 236.; Müller (1996), S. 693-695. Ein zinsloser Kredit entsteht sowohl bei proportionalen als auch progressiven Steuersätzen. Es ist deshalb von „mindestens“ die Rede, weil eine Teilwertabschreibung bei progressiven Steuersätzen und „abflachender Wirtschaftslage“ i. S. v. sinkenden Einkommen auch zu einer Milderung der Progression und damit zu endgültigen Steuerersparnissen führen kann; vgl. Schneider (1970b), S. 71. Insofern kommt es zu einem weiteren Verstoß gegen die Gleichmäßigkeit. „Die Aufwandsvorwegnahme über Teilwertabschreibungen kann sich aber auch gegen den Kaufmann wenden“. So führt ein Zwang zur Teilwertabschreibung bei „gleichbleibenden (u. U. sogar leicht sinkenden) Einnahmenerwartungen und erst recht in Zeiten des Konjunkturaufschwungs“ i. S. v. steigenden Einkommen zu einer Verstärkung der Progression und damit zu einer stärkeren Steuerbelastung, so Schneider (1971c), S. 385 (alle Zitate). Auch darin wäre ein Verstoß gegen die Gleichmäßigkeit der Besteuerung zu sehen; vgl. ders. (1971c), S. 385. Vgl. im Einzelnen (mit Zahlenbeispiel) auch ders. (1971c), S. 384-389; ders. (1970b), S. 68 ff.; ders. (1978c), S. 63 f.; ders. (2011), S. 175 f.; ferner auch Pannen (2000), S. 236 f.; Gröning (2002), S. 138 f.

1583 Vgl. Zugmaier (2003), § 2 EStG Rz. 530; Kruse (1997), S. 419 ff. (der diese Einschränkung aber für gerechtfertigt hält).

1584 Vgl. Schneider (1999a), S. 108; ders. (1996b), S. 152; Müller (1996), S. 695. Einem Arbeitnehmer etwa, dessen gesamter Verdienst des abgelaufenen Jahres der Besteuerung unterworfen wird, ist es steuerrechtlich offenkundig verwehrt, möglicherweise durch Arbeitsplatzverlust induzierte Einkommensausfälle zu antizipieren. Vgl. auch Schneider (1970b), S. 70; Pannen (2000), S. 236 f.; Dicken (2003), S. 87; Schmitt (2005), S. 211 ff.; Kraus-Grünewald (1997), S. 290 (die eine Verlustantizipation für bilanzierende Steuerpflichtige gleiwchwohl für berechtigt hält).

1585 Vgl. Bareis (1999), S. 170.

im Rahmen der vereinfachten Vermögensrechnung systematisch nicht rechtfertigen. Das Verbot für Teilwertabschreibungen stellt keinen Systembruch dar;[1586] es führt insbesondere nicht zu einer Aufgabe der Reinvermögenszugangskonzeption.[1587] Vielmehr sollte im Interesse einer möglichst weitgehenden[1588] Gleichbehandlung aller Zensiten ein steuerliches Paritätsprinzip greifen, wonach positive und negative Erfolgsbeiträge nach den gleichen Maßstäben beurteilt werden.[1589]

Es ist weiterhin wohl nicht zu bestreiten, dass das Teilwertkonzept (des geltenden deutschen Bilanzsteuerrechts) in seiner praktischen Anwendung die Grundsätze der Manipulationsfreiheit (Nachprüfbarkeit) und Einfachheit der Besteuerung fortwährend missachtet.[1590] Gerade auch dieser Befund legt nahe, die steuerliche – nicht aber die handelsbilanzielle[1591] – Gewinnermittlung von Teilwertabschreibungen zu befreien. Der Wegfall des Teilwerts (oder eines Ersatzmaßstabs) würde den Kreis der Wertmaßstäbe innerhalb der vereinfachten Vermögensrechnung auf die (fortgeführten) Anschaffungs- oder Herstellungskosten beschränken. „Damit wäre die Bewertung entscheidend vereinfacht, die Nachprüfbarkeit erhöht, zahlreiche Manipulationsmöglichkeiten und Streitfälle wären ausgeräumt“[1592].

Auch wäre „eine Verlustvorwegnahme bei der Gewinnermittlung entbehrlich, um steuerbedingte Verzerrungen bei Investitionsentscheidungen zu vermeiden; denn Entscheidungsneutralität sichert der sofortige Verlustausgleich, nicht aber eine zusätzliche Innenfinanzierung durch Vorlustvorwegnahmen in Gewinnjahren“[1593]. Dem Leitbild einer neutralen steuerlichen Gewinnermittlung steht die asymmetrische Erfassung von Risiko und Chance entgegen.[1594]

Nach alledem sollte die Teilwertabschreibung durch einen sofortigen Verlustausgleich (oder eine ökonomisch annähernd vergleichbare Verlustverrechnungsmöglichkeit) substituiert werden.[1595]

1586 So aber z. B. Uelner (1999), S. 87.

1587 So aber z. B. Moxter (1998), S. 510; ders. (2000b), S. 160.

1588 Eine vollständige Gleichbehandlung von Gewinnermittlern und Überschussrechnern ist durch die Ausschaltung von Teilwertabschreibungen allein nicht möglich, was aber auch von keinem Vertreter der vereinfachten Vermögensrechnung behauptet wird. Dies explizit unterstellend Heibel (1981), S. 153.

1589 Vgl. Bareis (1999), S. 170 f.; ders. (2001b), S. 105; Dauber (2003), insb. S. 128; Dziadkowski/Henselmann (2004), B 120 Rz. 294; vorsichtiger Patek (2011), S. 284; zum Paritätsprinzip – mit Differenzierung zwischen effektiver und fiktiver Parität – vgl. bereits auch Rhein (1953), S. 27 f.

1590 Vgl. Schneider (1971c), S. 384; Lemm (1981), S. 67; Dicken (2003), S. 87-89.

1591 Vgl. nur Jacobs (2000), S. 94-97.

1592 Schneider (1969), S. 312 (auch Zitat); vgl. auch z. B. Schmitt (2005), S. 200.

1593 Schneider (1988), S. 1227.

1594 Vgl. Schreiber, U. (1997), S. 504. Der Konflikt zwischen dem sofortigen Verlustausgleich und der Verlustvorwegnahme löst sich nur auf, wenn es sich bei der Verlustvorwegnahme um eine kapitalwertgleiche Umperiodisierung des sofortigen Verlustausgleichs handelt und ein im Zeitablauf gleichbleibender proportionaler Grenzsteuersatzes unterstellt wird. Vgl. Gröning (2002), S. 139; Pannen (2000), S. 222-224.

1595 Vgl. Schneider (1969a), S. 311 ff.; ders. (1970b), S. 68 ff.; ders. (1970a), S. 1701 f.; ders. (1971b), S. 330 u. S. 337-339; ders. (1971c), S. 384-389; ders. (1988), S. 1226 f.; ders. (1992a), S. 268 f.; ders. (1998b), S. 1290; ders. (1998a), S. 32; ders. (1999a), S. 108; ders. (2003a), S. 301; ders. (2003b), S. 657; ders. (2004a), S. 302 f.; ders. (2005c), S. 288; ders. (2008a), S. 294; ders. (2010a), S. 717 f.; Bareis (1999), S. 170 f.; ders. (2002b), S. 140 f.; Schreiber, U. (2002), S. 108; ders. (2004), S. 226; ders. (2000), S. 92; ders. (1997), S. 504; ders. (1993a), S. 161; Spengel (2009), S. 106; ders. (2008b), S. 421; ders. (2006c), S. 123; ders. (2004b), S. 136; Kahle (2002c),

Diese Eliminierung aktivischer Verlustantizipationen ist unproblematisch, solange „die Möglichkeit zu einem innerbetrieblichen Verlustausgleich durch die Kompensation von Verlusten mit (realisierten) Gewinnen besteht“[1596]. Liegt indessen ein periodischer Gesamtverlust vor, müssen andere Verlustberücksichtigungsregeln zur Anwendung kommen. Eine Untersagung von Teilwertabschreibungen bei gleichzeitiger Eingrenzung der Verlustverrechnungsmöglichkeiten ist abzulehnen, weil dies zu ökonomisch bedenklichen „Liquiditätsnachteilen und einer Benachteiligung riskanter Investitionen“[1597] führt. Anders gesprochen: Nur solange es an einem sofortigen Verlustausgleich mangelt, ist das Imparitätsprinzip als Bewertungsprinzip als zweit- bzw. drittbeste Lösung für die steuerliche Gewinnermittlung hinzunehmen.[1598] „Dann gehen aber die Vorteile einer Vereinfachung der Vermögensrechnung verloren“[1599] – dieser Weg erscheint kaum erstrebenswert.

2.3.2.2 Rechtfertigungsversuche für ein Beibehalten der Teilwertabschreibung und deren Widerlegung aus Sicht der vereinfachten Vermögensrechnung

2.3.2.2.1 Risikoargument

Es ist fraglich, ob die durch Teilwertabschreibungen hervorgerufenen Gleichmäßigkeitsdurchbrechungen gerechtfertigt werden können. Im betriebswirtschaftlichen, mehr noch im steuerrechtlichen Schrifttum wird häufig das Argument vorgebracht, ein Fortbestand der Teilwertabschreibung sei gerechtfertigt, weil unternehmerische Tätigkeiten, die zu Gewinneinkünften führen, typischerweise mit „besonderen und langfristigen Risiken“ verbunden seien, wohingegen andere Erwerbstätigkeiten (nicht betriebliche Einkünfte) einem ungleich geringeren Risiko ausgesetzt seien.[1600] Der hierbei zugrunde gelegte Risikobegriff wird im Allgemeinen nicht spezifiziert. Stellt man auf das zivilrechtliche Haftungsrisiko und das Renditerisiko als Bezugspunkte der Risikowirkung ab, lässt sich nach hier geteilter Ansicht keine risikoinduzierte Differentiation von Gewinn- und Überschusseinkunftsarten derart erkennen, dass sie eine Sonderbevorteilung betrieblicher Einkünfte im Wege

---

S. 213; Dahlke/Kahle (2009), S. 234; Oestreicher (2007a), S. 580; Fülbier (2006a), S. 67; Wendt (2009), S. 112; Hausen (2009), S. 258-260; Schröer (2004), S. 219; im weiteren Schrifttum (außerhalb der vereinfachten Vermögensrechnung argumentierend) ebenfalls gegen die Vornahme imparitätischer Teilwertabschreibungen (mit unterschiedlichen Begründungen) Fritz-Schmied (2005), S. 238-240; Niehus (2000a), S. 120-124. Die Aufgabe einer Teilwertabschreibung oder deren Ersetzung durch einen sofortigen Verlustausgleich (oder eine Hilfslösung) indessen scharf ablehnend Groh (1999), S. 978 ff. (die Steuerbilanz degeneriere zu „einer unrealistischen Geisterbilanz“; hiergegen mit Recht z. B. Fritz-Schmied [2005], S. 80 Fn. 554); ebenfalls kritisch u. a. Hüttemann (2003), S. 44; Küting/Kessler, H. (1998), S. 1940; Lange (2011), S. 198 f.; Prinz (2006b), S. 291; Hennrichs (2001), S. 322; Pottgießer (2006), S. 290; Clemm/Nonnenmacher (1985), 236-238.

1596 Heibel (1981), S. 164.

1597 Spengel (2010b), S. 67. Gegen eine gleichzeitige Begrenzung von Verlustverrechnungsmöglichkeiten und Aufgabe des Imparitätsprinzips mit Recht auch Jacobs (2000), S. 98 f.; Schreiber, U. (2000), S. 92; ders. (2002), S. 109; Spengel (2010b), S. 91; Spengel/Zinn (2010), S. 418; dies. (2011), S. 175; Scheffler, W. (2001a), S. 908; ders. (2001b), S. 154; ders. (2011), S. 39; Löhr (2003), S. 649; Breithecker/Klapdor/Rokitta (2007), S. 147; Hennrichs (2001), S. 324; Herzig (2000a), S. 76; ders. (2001b), S. 53 f. u. S. 58; ders. (2006a), S. 278 f.; ders. (2006b), S. 162; Herzig/Gellrich (2006b), S. 761; Kadel (2005), S. 343; Hüttemann (2003), S. 48; Schmitt (2005), S. 218 f.; Siebler (2008), S. 397; Sigloch (2000), S. 177 f.

1598 Vgl. Schneider (1978c), S. 64 (auch Zitat); vgl. auch Kahle (2002c), S. 213 u. S. 268.

1599 Schreiber, U. (2002), S. 109.

1600 Vgl. Herzig/Lochmann (2006), S. 150 (auch Zitat); i. d. S. auch Söffing (1995), S. 663; Moxter (1997e), S. 1478; Schön (2005c), S. 15; Mössner (1998), S. 147; Kadel (2005), S. 347; Lenz, T. (2008), S. 54; Blasius (2006), S. 202; Arnold (2005), S. 154 u. S. 155.

der Teilwertabschreibung zu rechtfertigen vermag.[1601] „Ein besonderes ökonomisches Risiko, welches einseitig nur die Gewinnermittler trifft, ist nicht nachweisbar“[1602]. Das gängige Risikoargument überzeugt daher nicht.

2.3.2.2.2 Teilwertabschreibung zur Wahrung einer eigentumsschonenden Besteuerung?

In der Literatur wird oft auf den verfassungsrechtlichen Grundsatz der eigentumsschonenden Besteuerung (Art. 14 GG[1603]) rekurriert, um das Imparitätsprinzip und die aus ihm entnommenen Periodisierungsregeln zu verteidigen.[1604] Auch mit Blick auf die Wahrung europäischen Rechts wird postuliert, Einschränkungen des Imparitätsprinzips bedürften „mit Blick auf die gemeinschaftsrechtliche Garantie der Unternehmerfreiheit einer besonderen Rechtfertigung“[1605]. Während der EuGH sich zu dieser allgemeinen Verlustantizipationsproblematik bis dato nicht eingehend geäußert hat, hat das deutsche BVerfG in einem richtungsweisenden Beschluss vom 12.05.2009 hervorgehoben, dass es das Vorsichtsprinzip und damit auch das Imparitätsprinzip als systemübergreifende Entscheidung des Gesetzgebers über eine gerechte Lastenverteilung nicht anerkennt.[1606] Eine verfassungsrechtliche Stütze oder gar Vorgabe zur Vornahme von Teilwertabschreibungen im Rahmen der steuerrechtlichen Gewinnermittlung besteht demnach nicht; vielmehr dürfte sich auch eine paritätische, das Imparitätsprinzip zurückdrängende steuerliche Gewinnermittlung auf verfassungsrechtlich sicherem Terrain bewegen.[1607]

In ökonomisch-modellhafter Problemsicht wäre die mit Art. 14 GG verbundene Bestandssicherung ohnehin nur für eine entscheidungsneutrale Gewinnermittlung gewahrt, denn nur für diese gilt, dass Gewinne entnommen werden können, ohne dabei das als schutzwürdig erachtete Anfangsvermögen anzutasten (Ertragswerterhaltung).[1608] Dass Entscheidungsneutralität durch das Vorsichts- bzw. Imparitätsprinzip und die daraus abgeleitete Vornahme von Teilwertabschreibungen aber gerade

---

1601 Vgl. Sava (2007), S. 114-117 (mit Blick auf das geltende deutsche Steuerrecht); zurückweisend auch Schmitt (2005), S. 200 u. 212 f.; Heibel (1981), S. 155 ff.; Schneider (1971), S. 388; ders. (1992a), S. 269.

1602 Heibel (1981), S. 170.

1603 Zu Art. 14 GG im Kontext der steuerlichen Gewinnermittlung vgl. Schön (1995), S. 372 f.; ders. (2005c), S. 22 f.; Hennrichs (2001), S. 312; Lang, J. (1981), S. 78-81; Schlotter (2005), insb. S. 238-244; ders. (2007), S. 954; Kuntschik (2004), S. 43-45; Herzig (2004a), S. 16 f.; Herzig/Lochmann (2006), S. 145; Jensen-Nissen (2007), S. 43 f.; Hausen (2009), S. 25 ff.; Esterer (2005), S. 116 f.; Zeitler (2003), S. 1531; Lenz (2008), insb. S. 10-12; Reuter (2007), S. 26; Köhrle (2010), S. 123-126; Siebler (2008), S. 383; Winkelmann (2007), S. 25.

1604 Vgl. im steuerrechtlichen Schrifttum z. B. Arnold (2005), S. 155; Schlotter (2007), S. 957 (der allerdings konzediert, dass die eigentumsschonende Fundierung des Imparitätsprinzips schwach ausgeprägt sei); a. A. (aus steuerrechtlicher Sicht) Dauber (2003), S. 117 f.; Kadel (2005), S. 348. Im betriebswirtschaftlichen Schrifttum für eine Begründung der Teilwertabschreibung mit Verweis auf Art. 14 GG z. B. Pottgießer (2006), S. 290; Hommel/Berndt (2000b), S. 1306; Jensen-Nissen (2007), S. 67; Fritz-Schmied (2005), S. 80; hiergegen mit Recht Müller (1996), S. 694 f.

1605 Englisch (2009a), S. 79.

1606 Vgl. auch BFH v. 25.02.2010, IV R 37/07, BStBl. II 2010, S. 784.

1607 Vgl. Patek (2011), S. 284, der allerdings zugleich betont, dass dieser Teil der Entscheidungsbegründung nur dann überzeugt, „wenn bei einer paritätischen Gewinn- und Verlusterfassungsvorgabe auch eine annähernd paritätische Regelung der Steuerfolgen in Gewinn- und Verlustsituationen besteht“.

1608 Vgl. Schreiber, U. (1993b), S. 8.

verletzt wird und stattdessen eine symmetrische Erfassung von positiven und negativen Wertänderungen (bei sofortigem Verlustausgleich) verlangt,[1609] wurde bereits darzulegen versucht. Demnach impliziert eine ökonomische Ausdeutung des Art. 14 GG gerade nicht das Erfordernis einer imparitätischen Gewinnermittlung. Diese Aussage gilt, wenn das zu erhaltende Vermögen im Ertragswert gesehen wird (sog. einkommenstheoretischer Ansatz[1610]).

2.3.2.2.3 Rechtfertigung von Teilwertabschreibung *de lege ferenda* wegen Verlustbeschränkungen *de lege lata*?

Häufig wird im Rahmen von *de lege ferenda*-Diskussionen zwar zunächst zutreffend erkannt, dass ein Verzicht auf das Imparitätsprinzip umfassende Verlustausgleichsmöglichkeiten erfordert, sodann aber resignierend festgestellt, dass diese im *geltenden* Ertragsteuerrecht vielfach eingeschränkt seien und *deshalb* auch zukünftig nicht auf eine Verlustantizipation im Rahmen der steuerlichen Gewinnermittlung verzichtet werden könne.[1611]

Ob das Steuerrecht *de lege lata* ein Präjudiz für die steuerliche Gewinnermittlung *de lege ferenda* sein sollte, erscheint im Kontext von wissenschaftlichen Diskussionen indes hinterfragbar; eine gewisse Indikation dürfte der jetzigen Rechtssituation freilich nicht abzusprechen sein. Doch selbst bei einem Fortbestehen steuerlicher Verlustverrechnungsbeschränkungen, denen aus wissenschaftlicher Sicht unvermindert entgegenzutreten ist, darf nicht verdeckt werden, dass diese schon nach geltendem deutschen Ertragsteuerrecht alle Einkunftsarten gleichermaßen treffen (§ 10d EStG). Das Argument einer begrenzten Verlustverrechnung ist deshalb weiterhin keine hinreichende Rechtfertigung, um die ökonomische Privilegierung ausgewählter Einkunftsarten zu konservieren.[1612]

2.3.2.2.4 Teilwertabschreibungen zur notwendigen Liquiditätswahrung?

Vereinzelt wird bestritten, dass ein unbeschränkter Verlustausgleich (bzw. ein verzinslicher Verlustrücktrag oder -vortrag als ökonomische Näherung) eine imparitätische Gewinnermittlung adäquat ersetzt. Unter der impliziten Annahme eines vollkommenen und vollständigen Kapitalmarktes wer-

---

[1609] Vgl. Ballwieser (1990), S. 489. A. A. offenbar Herzig/Lochmann (2006), S. 150, die erkennen wollen, dass ein steuerliches Imparitätsprinzip mit einer entscheidungsneutralen Besteuerung zu vereinbaren sei, weil eine solche „die sofortige Verlustwirksamkeit" erfordere. So wohl auch Braunagel (2010a), S. 52 f. Wenn mit „sofortiger Verlustwirksamkeit" (zutreffend) der im Modell gewährte sofortige Verlustausgleich gemeint ist, liegt ein Widerspruch vor, weil dann nämlich für eine imparitätische Verlustantizipation kein Bedarf mehr besteht.

[1610] Vgl. eingehend Schreiber, U. (1980), S. 60 ff.

[1611] So z. B. Herzig (2005b), S. 219 unter der Zwischenüberschrift „Steuerrecht de lege ferenda" (II.1.2.3.). Vgl. auch ders. (2004c), S. 192; ders. (2004b), S. 91; Herzig/Gellrich (2006b), S. 761; Watrin (2010), S. 498; Hausen (2009), S. 61-63; Lenz (2008), S. 254; Arnold (2005), S. 155; Pottgießer (2006), S. 289. Die vorgenannten Autoren beziehen sich auf das geltende deutsche Ertragsteuerrecht. Auch in den hier betrachteten Ländern bestehen Formen einer Mindestbesteuerung. In Frankreich ist ein Verlustvortrag unbegrenzt möglich; ein Verlustrücktrag auf 3 Jahre beschränkt. In Polen ist der Verlustvortragszeitraum auf 5 Jahre begrenzt. In Schweden ist der Verlustvortrag unbegrenzt möglich, ein Verlustrücktrag indessen ausgeschlossen. Während ein Verlustvortrag auch im Vereinigten Königreich unbegrenzt möglich ist, wird der Verlustrücktrag auf ein Jahr limitiert; vgl. als Überblick z. B. Kok (2010), S. 665; Braunagel (2010b), S. 276 ff. Vertiefend zur Verlustverrechnung in Frankreich z. B. Sedlaczek (2006a), S. 1457 ff.; in Polen z. B. Stiller (2010), S. 765 ff.; in Schweden z. B. Sedlaczek (2006c), S. 179 ff.; im Vereinigten Königreich z. B. Sedlaczek (2006b), S. 431 ff.

[1612] Vgl. Pannen (2000), S. 237; zustimmend Streim/Esser (2004), S. 129; dies. (2003a), S. 742.

de allein auf die Rentabilität geblickt. Bei einer steuerwirksamen Berücksichtigung des Verlustes erst im Zeitpunkt der Verlustrealisierung bestünde die Gefahr, dass der Steuerpflichtige nicht in Höhe seiner Steuerzahlung liquide sei. Teilwertabschreibungen seien insofern aus Liquiditätssicht geboten.[1613]

Diese Kritik erscheint in Bezug auf die vereinfachte Vermögensrechnung schwer verständlich, weil nach dem Barrealisationsprinzip ein zu versteuernder Gewinn, der eine Steuerzahlung überhaupt erst auszulösen vermag, nur vorliegen kann, wenn die Erträge die Aufwendungen übersteigen. Erträge sind nach dem Barrealisationsprinzip aber erst dann verwirklicht, wenn neben der Marktleistungsabgabe auch ein Zahlungszufluss erfolgt ist. Liquiditätsfragen werden nicht in den Hintergrund gerückt,[1614] im Gegenteil begründen sie das Barrealisationsprinzip erst.

Auch die in diesem Zusammenhang wiederholt formulierte These: „Beziehen Gläubiger des Steuerpflichtigen jedoch diese noch nicht realisierten, aber zu erwartende[n] Verluste bereits in die Entscheidung über eine Kreditvergabe oder -prolongation ein, [könne] die Steuerzahlung zu Liquiditätsproblemen führen"[1615], ist von *Siegel* in seiner Auseinandersetzung mit *Küting/Kessler*[1616] bereits überzeugend zurückgewiesen worden. So dürfte mangelnde Kreditwürdigkeit auf eine wirtschaftliche Krise hindeuten und weniger der Versagung einer antizipativen Verlustberücksichtigung im Rahmen der steuerlichen Gewinnermittlung zuzuschreiben sein.[1617] Wenn ein Kreditgeber keinen Kredit gewährt, „dann ist es weder ein ‚böser' Kreditgeber noch der ‚böse' Fiskus, der die Krise der Unternehmung zu verantworten und/oder zu beseitigen hat"[1618]. Im Übrigen dürften sich Kreditvergabeentscheidungen eher an handelsrechtlichen Jahresabschlussdaten[1619] und nicht an der steuerlichen Gewinnermittlung orientieren; die Abschaffung der außerplanmäßigen Abschreibung in der handelsrechtlichen Gewinnermittlung zieht derweil kein Vertreter einer vereinfachten Vermögensrechnung ernsthaft in Erwägung.[1620]

2.3.2.3.5 Beibehaltung der Teilwertabschreibung trotz (wegen) Aufgabe von Drohverlustrückstellungen?

Während die hier verfolgte Gewinnermittlungskonzeption sowohl Drohverlustrückstellungen als auch Teilwertabschreibungen (unter den angegebenen Prämissen) nicht anerkennt, fordert *Siegel*,

---

1613 Für den Versuch einer Rechtfertigung mit Liquiditätserwägungen vgl. z. B. Siebler (2008), S. 396.
1614 So aber z. B. Schmiel (2007b), S. 15 („Liquiditätsaspekte werden außer Acht gelassen"); vgl. auch dies. (2008), S. 346.
1615 Schmiel (2008), S. 347; dies. (2007b), S. 15.
1616 Vgl. Küting/Kessler, H. (2000), S. 21 ff.
1617 Indes wird auch der Ersatz der Teilwertabschreibung durch einen sofortigen Verlustausgleich vereinzelt als „‚Subventionierung' vor allem strukturschwacher Unternehmen" kritisiert. So Zimmermann (1978), S. 391. Dass es sich bei der Verlustsubvention eben nicht um eine Subvention im landläufigen Sinn handelt, wurde bereits oben verdeutlicht.
1618 Siegel (2000b), S. 1098 (beide Zitate).
1619 Für eine empirische Erhebung vgl. Ruhnke/Schmiele/Sanyang (2009), S. 2726.
1620 Vgl. nur Jacobs (2000), S. 95.

nur Drohverlustrückstellungen zu eliminieren, Teilwertabschreibungen dagegen anzuerkennen. Vielmehr erachtet *Siegel* ein Streichen von Drohverlustrückstellungen nur dann als zulässig, wenn *zugleich* eine Teilwertabschreibung gewährt wird.[1621] Die vielfach geäußerte Ansicht, eine Abschaffung von Drohverlustrückstellungen müsse konsequenterweise auch zu einer Beseitigung von Teilwertabschreibungen führen[1622] (*et vice versa*[1623]) weist *Siegel* zurück.[1624] Die nur scheinbar widersprüchliche Vorgehensweise bei *Siegel* löst sich dadurch auf, dass eine Vermögensminderung i. S. einer verminderten Leistungsfähigkeit nach *Siegels* Position vorliegt, wenn einer bereits erfolgten Auszahlung kein realisierbarer Gegenwert (mehr) gegenübersteht. Bei einem Verlustauftrag kommt eine Rückstellung für drohende Verluste (zunächst) nicht in Betracht, weil es an einer entsprechenden Auszahlung mangelt. Anders sei die Situation bei einem Beschaffungsgeschäft, da hier bereits eine Auszahlung abgeflossen ist. Eine Teilwertabschreibung ist nach dieser Logik also insoweit vorzunehmen, wie der Einzelveräußerungswert des betreffenden Wirtschaftsgutes unter die Beschaffungskosten gesunken ist.[1625] In dieser Höhe liege nach *Siegel* eine Minderung der Leistungsfähigkeit vor. Verlustauftrag und Beschaffungsgeschäft unterscheiden sich grundlegend hinsichtlich ihres Zahlungsprofils; dies gebiete daher auch eine differenzierte Erfassung von Vermögensminderungen.

Insofern erscheint *Siegels* Vorgehensweise wohlbegründet,[1626] auch wenn sie von der hier präferierten Lösung (wegen der graduell abweichenden Konkretisierung des Barrealisationsprinzips) abweicht. Inwieweit die im weiteren Schrifttum vorgebrachte Kritik an *Siegels* Vorgehensweise, bei Wertsteigerungen auf den Absatzmarkt und bei Vermögensminderungen auf den Beschaffungsmarkt zurückzugreifen,[1627] berechtigt ist, mag hier dahingestellt bleiben. Die vereinfachte Vermögensrechnung ist von diesem Vorwurf insofern befreit, als sie – mit Ausnahme des entgeltlichen Erwerbs[1628] – konsequent auf den Absatzmarkt schaut.[1629]

2.3.2.3 Außerordentliche Abschreibungen bei wirtschaftlicher oder technischer Abnutzung

Während Teilwertabschreibungen aus einer (steuerlichen) Gewinnermittlung *de lege ferenda* zurückgedrängt werden sollten, sprechen sich Autoren einer vereinfachten Vermögensrechnung für

1621 Vgl. Siegel (2000a), S. 564 ff.; ders. (1999a), S. 200 f.; ders. (2000d), S. 33. *Siegel* fordert eben nicht eine simultane Aufgabe von Drohverlustrückstellungen und Teilwertabschreibungen; so aber Pottgießer (2004), S. 289 mit Verweis auf Siegel (1999a), S. 196.

1622 Vgl. dezidiert Groh (1999), S. 981 („Wer dem Imparitätsprinzip eine Absage erteilt und deshalb die Verlustrückstellung abschafft, muß konsequenterweise auch die Teilwertabschreibung abschaffen"); vgl. auch ders. (1998), S. 190; ferner auch Sigloch (2000), S. 162; Küting/Kessler, H. (2000), S. 22; Herzig/Rieck (1998), S. 314; Herzig/Teschke (2006), S. 579; Scheffler, W. (2000), S. 493; ders. (2001a), S. 909; Drescher (2002), S. 235 ff.; Hausen (2009), S. 301; Hoffmann (2011b), S. 438; Dahlke (2011), S. 239.

1623 Vgl. Mayr (2001b), S. 231: „Wer die Teilwertabschreibung gutheißt, sollte sich konsequenterweise auch der Verlustrückstellung gegenüber öffnen"; vgl. auch Herzig/Gellrich (2006b), S. 764.

1624 Vgl. Siegel (2004b), S. 200 m. w. N. zum Schrifttum.

1625 Vgl. Siegel (1999a), S. 200.

1626 A. A. Dauber (2003), S. 232 f.

1627 Vgl. m. w. N. Schlotter (2005), S. 107 f.

1628 Im Rahmen des Kriteriums des entgeltlichen Erwerbs wird auf den Beschaffungsmarkt abgestellt.

1629 Zur Kritik vgl. Schlotter (2005), S. 108-111 m. w. N.

die Geltung einer außerordentlichen Abschreibung aufgrund wirtschaftlicher oder technischer Abnutzung aus, vergleichbar der AfaA des geltenden deutschen Steuerrechts (§ 7 Abs. 1 S. 7 EStG). Es erscheint hiernach geboten, außerplanmäßige Abschreibungen im Rahmen der vereinfachten Vermögensrechnung auf endgültig wertlose Vermögensgegenstände zu beschränken.[1630] Dieser Ansicht ist zu folgen. Es handelt sich bei den in Rede stehenden Posten um wirtschaftlich nicht mehr existente Wirtschaftsgüter, deren Endabschreibung das Barrealisationsprinzip systematisch gebietet.[1631] Durch das Abstellen auf das Kriterium der Endgültigkeit der Verluste wird zugleich gewahrt, dass „lediglich auf Wertschwankungen beruhenden und damit zeitliche begrenzten Wertminderungen", ihrer Art nach also durch das Imparitätsprinzip zu erfassende Verluste, weiterhin keine Berücksichtigung finden.[1632] Die AfaA bleibt innerhalb der vereinfachten Vermögensrechnung die einzige Ausnahme zu dem grundsätzlich geltenden Verbot, außerplanmäßige Abschreibungen zu berücksichtigen.

III. Zwischenfazit

Die Kernelemente der vereinfachten Vermögensrechnung als Vorschlag einer (harmonisierten) steuerlichen Gewinnermittlung *de lege ferenda* lassen sich wie folgt zusammentragen: Die vereinfachte Vermögensrechnung basiert auf der zentralen Prämisse der Gewährung eines sofortigen Verlustausgleichs oder annähernd gleichwertiger Verlustverrechnungsmöglichkeiten. Im Sinne einer Kompromisslösung gilt der Grundsatz der nominalen Kapitalerhaltung. Das Periodeneinkommen ergibt sich als ein in Geld realisierter Reinvermögenszugang. Zentraler materieller Gewinnermittlungsgrundsatz ist das Barrealisationsprinzip, das die Entstehung von Gewinn (Aufwand und Ertrag) an die Marktleistungsabgabe und die dazugehörige Zahlungsmittelbewegung bindet. Aus dem Barrealisationsprinzip ist der Grundsatz der Einzelbewertung zu folgern. Die einzige zulässige Durchbrechung erfährt das Barrealisationsprinzips in Form des Periodisierungsgrundsatzes.

Eine Besteuerung von unrealisierten i. S. nicht in Geld realisierter Gewinne ist nach dem Barrealisationsprinzip ebenso ausgeschlossen wie eine antizipative Berücksichtigung von Verlusten vor dem Zeitpunkt der Marktleistungsabgabe. Das Imparitätsprinzip wird innerhalb der vereinfachten Vermögensrechnung verworfen. Die Aktivierung von positiven Wirtschaftsgütern wird durch den

[1630] Vgl. Scheffler, W. (2001a), S. 908 Fn. 20 (mit Blick auf wertlose Forderungen und Beteiligungen); vgl. auch Schreiber, U. (2002), S. 108; Bareis (2002c), S. 141; Spengel (2008b), S. 421; ders. (2009), S. 106; ders. (2004b), S. 136; Kahle (2005), S. 11; wohl auch Schneider (1999a), S. 108. Damit erledigt sich wohl auch die Kritik, wonach ein Ausschalten von Teilwertabschreibungen dazu führe, dass „Nonvaleurs als werthaltig ausgewiesen werden: unverkäufliche Ladenhüter, nicht beitreibbare Forderungen, Beteiligungen an bankrotten Unternehmen"; so Groh (1999), S. 981; Hennrichs (2001), S. 323; ders. (1999a), S. 142 (in Bezug auf Forderungen); Hüttemann (2003), S. 44; Kadel (2005), S. 336, Kuntschik (2004), S. 73.

[1631] In diesem Sinne wohl Spengel (2009), S. 106. Man könnte die AfaA daher auch als bloße „Korrektur der bisher vorgenommenen planmäßigen Abschreibung" interpretieren; so Hausen (2009), S. 261.

[1632] Vgl. ausführlich Hausen (2009), S. 260-263 (Zitat auf S. 262).

Grundsatz der (abstrakten) Einzelveräußerbarkeit bestimmt. Die Aktivierung immaterieller Wirtschaftsgüter des Anlagevermögens setzt zwingend deren entgeltlichen Erwerb voraus. Selbst erstellte immaterielle Wirtschaftsgüter sind einer Aktivierung im Rahmen der vereinfachten Vermögensrechnung nicht zugänglich. Auf eine leasingnehmerseitige Zurechnung von Leasingobjekten ist zu verzichten. Das Leasingobjekt ist stets dem Leasinggeber zuzurechnen. Für sichere Verbindlichkeiten gilt das Prinzip der Einzelveräußerbarkeit. Die Passivierung von Rückstellungen – Verbindlichkeits-, Drohverlust- und Aufwandsrückstellungen gleichermaßen – ist unzulässig. Aus dem Barrealisationsprinzip resultiert ein Anschaffungswertprinzip. Der Herstellungskostenumfang ist maximal auf produktionsbezogene Vollkosten zu beziehen. Abnutzbare Wirtschaftsgüter werden auf Basis des Periodisierungsgrundsatzes einer planmäßigen Abschreibung zugeführt. Die Abschreibungsmethode ist dabei auf das lineare Abschreibungsverfahren zu beschränken. Nutzungsdauern sind zu standardisieren. Ein über das Minimum an Innenfinanzierung hinausgehender Kapazitätserweiterungseffekt hat zu unterbleiben. Die Vornahme von außerplanmäßigen Abschreibungen (Teilwertabschreibungen) ist ausgeschlossen. Lediglich eine außerplanmäßige Abschreibung für wertlose Wirtschaftsgüter kommt in Betracht, da sie wirtschaftlich einer Endabschreibung gleichkommt.

Damit ist der theoretische Analyserahmen errichtet, um im Folgenden die Zweckadäquanz ausgewählter Gewinnermittlungsregeln der internationalen Rechnungslegung sowie des Handels- und Steuerrechts Deutschlands, Frankreichs, Polens, Schwedens sowie des Vereinigten Königreichs beurteilen zu können. Gleichmäßigkeitsverstöße sind nach der vereinfachten Vermögensrechnung folglich immer dann auszumachen, wenn es zu Abweichungen von der Erfassung der Zahlungsströme (einschließlich einer Einbeziehung von realisierten Kapitalgewinnen und -verlusten), einer Berücksichtigung unrealisierter Verluste sowie zu Abweichungen von der normierten Periodisierungsvorschrift kommt.[1633]

[1633] Vgl. Pannen (2000), S. 233; Gröning (2002), S. 64.

4. Kapitel: Kritische Würdigung ausgewählter Gewinnermittlungsregeln nach IFRS und dem nationalen Recht ausgewählter EU-Mitgliedstaaten

I. Ertragsrealisierung

1 Grundsätze der Ertragsrealisierung nach IFRS

1.1 Allgemeine Ertragsvereinnahmungskriterien

Der als übergeordneter Ertragsbegriff dienende Terminus *income*[1634] wird im *Framework* zunächst tendenziell zeitwertstatisch grundiert, nämlich als „Zunahme des wirtschaftlichen Nutzens in der Berichtsperiode in Form von Zuflüssen oder Erhöhungen von Vermögenswerten" respektive „Abnahme von Schulden", die zu einer gleichzeitigen „Erhöhung des Eigenkapitals" führt und „nicht auf eine Einlage der Anteilseigner zurückzuführen ist" (F.1989.70 (a); F.2010.4.25 (a)). Entsprechend dem *asset-liability-approach*[1635] wird die Vereinnahmung von Erträgen mithin als Folge des Zugangs oder der Wertsteigerung von Vermögenswerten bzw. des Abbaus oder der Abnahme von Schulden begriffen (F.1989.92; F. 2010.4.47). Außerhalb des *Framework* ist die Ertragsvereinnahmung weitgehend vom dynamischen Bilanzdenken geprägt (*revenue-expense-approach*).[1636] Nach dem *Framework* setzt die Ertragsvereinnahmung weiterhin voraus, dass der Zufluss des künftigen wirtschaftlichen Nutzens wahrscheinlich ist; zudem muss die Ertragshöhe verlässlich bestimmbar sein (F.1989.83, F.1989.92; F.2010.4.38, F.2010.4.47).

Diese allgemeinen Ertragsvereinnahmungskriterien werden erst auf Ebene der Einzelstandards konkretisiert. Zentralvorschrift ist IAS 18.[1637] Der Standard regelt die Vereinnahmung von Erträgen, die sich aus dem Verkauf von Gütern, dem Erbringen von Dienstleistungen sowie der Überlassung von Vermögenswerten an Dritte ergeben.[1638] IAS 18.7 definiert Ertrag als einen „aus der gewöhnlichen Geschäftstätigkeit eines Unternehmens resultierende[n] Bruttozufluss wirtschaftlichen Nutzens während der Berichtsperiode, der zu einer Erhöhung des Eigenkapitals führt, soweit er nicht aus Einlagen der Anteilseigner stammt".

Abgesehen von dieser (geschäftsvorfallübergreifenden) Ertragsdefinition findet sich ein konsistentes Vereinnahmungskriterium im IFRS-Normengefüge derzeit nicht verankert. Die Ertragsverein-

1634 Das *Framework* differenziert zwischen Erlösen (*revenue*) sowie anderen Erträgen (*gains*); F.1989.74; F.2010.4.29. Zur Abgrenzung vgl. Sessar (2007), S. 223 f.

1635 Vgl. Wüstemann/Wüstemann/Neumann (2009), IAS 18 Rz. 12; Sessar (2007), S. 221; Zülch (2007), S. 791 f.; Kühne (2006), S. 1395.

1636 Vgl. Sessar (2007), S. 221.

1637 Vgl. Hommel/Schmitz/Wolf (2007), S. 1016.

1638 Vgl. Wagenhofer (2009), S. 151; Lauer/Bremer (2005), S. 449. Spezialregelungen zur Ertragsrealisierung sind in weiteren Standards und Interpretationen vorzufinden; vgl. als Überblick Fink/Kunath (2009), S. 226.

nahmung richtet sich vielmehr nach einer geschäftsvorfallabhängigen Kasuistik.[1639] Diese Einzelfallbetrachtung ist indes problematisch, weil sich die jeweiligen Ertragsvereinnahmungsvoraussetzungen voneinander unterscheiden und teilweise auch in Konflikt zueinander stehen.[1640]

1.2 Ertragsformspezifische Konkretisierung

Die Ertragsrealisierung im Zusammenhang mit Kaufverträgen erfordert gem. IAS 18.14 im Wesentlichen[1641] eine Übertragung der dem Eigentum innewohnenden „maßgeblichen Risiken und Chancen" auf den Käufer (*risks-and-rewards-approach*); die weiteren Kriterien des IAS 18.14 gelten als bloße Nebenbedingungen.[1642] Die Risiken- und Chancen-Übertragung dürfte nach – deutschem Zivilrechtsverständnis – „üblicherweise beim Übergang der Preisgefahr, der meist zum Zeitpunkt der Warenübergabe erfolgt (§ 446 BGB), erfüllt sein"[1643]. Die rechtliche Eigentumsübertragung stellt nach IAS 18.17 für die Ertragsvereinnahmung mithin „weder eine notwendige noch eine hinreichende Bedingung dar"[1644]. Während Erträge bei einem Verkauf von Gütern demnach also als „Wertsprung"[1645] im Zeitpunkt der Risiken- und Chancenübertragung realisiert werden, sind Erträge aus Dienstleistungs- und Fertigungsaufträgen gemäß dem Leistungsfortschritt bzw. dem Fertigstellungsgrad zu erfassen (*Percentage-of-completion*-Methode, IAS 18.20-23; IAS 11.22-29).[1646]

1639 Vgl. Manegold/Wüstemann/Wüstemann (2011), S. 74 f.; Kierzek/Wüstemann (2006b), S. 119; Fürwentsches (2010), S. 9; Herzig/Lochmann (2006), S. 149.

1640 So Wüstemann/Kierzek (2006b), S. 250; vgl. zur Kritik auch dies. (2007b), S. 903; Wüstemann/Wüstemann/Neumann (2009), IAS 18 Rz. 13; Kierzek/Wüstemann (2006b), S. 119; Hommel/Schmitz/Wüstemann (2009), S. 374; Manegold/Wüstemann/Wüstemann (2011), S. 75; Fink/Kunath (2009), S. 226 f.; Zimmermann/Schweinberger (2007), S. 75 f. Gerade im Bereich der Ertragsvereinnahmung werden bilanztheoretische Inkonsistenzen zwischen *asset-liability-approach* und *revenue-expense-approach* manifest. Vgl. Wüstemann/Kierzek (2005b), S. 75 ff.; Jacobi (2003), S. 143-145. Aktuelle Reformbestrebungen im Bereich der Ertragsrealisierung lassen erkennen, dass dieser Konflikt zugunsten des *asset-liability-approach* aufgelöst werden soll. Vgl. Hommel/Schmitz (2011), S. 17.

1641 Vgl. detailliert Wüstemann/Wüstemann/Neumann (2009), IAS 18 Rz. 22 ff.; Kuhner (2008), IAS 18 Rz. 61 ff.; Ernstberger (2004), S. 80-84.

1642 Vgl. Wüstemann/Kierzek (2008), S. 144; Wüstemann/Wüstemann/Neumann (2009), IAS 18 Rz. 22; Wüstemann, /Wüstemann (2009), S. 46; Manegold/Wüstemann/Wüstemann (2011), S. 75; Hayn/Hold (2011a), Abschn. 9 Rz. 21; Brücks/Kerkhoff/Richter (2008), IAS 18 Rz. 164; Dreisbach/Gros (2011), S. 134.

1643 Wüstemann/Kierzek (2008), S. 144; vgl. auch Wüstemann/Wüstemann/Neumann (2009), IAS 18 Rz. 24; Wüstemann/Bischof/Kierzek (2007), Abt. I/3 Rz. 212; Manegold/Wüstemann/Wüstemann (2011), S. 77.

1644 Wüstemann/Bischof/Kierzek (2010), Abt. I/3 Rz. 212. Rücktrittsrechte stehen einer Ertragsvereinnahmung im Zeitpunkt der Übergabe der Ware nicht entgegen, vorausgesetzt, die „Rücktrittswahrscheinlichkeit" bzw. „Rückgabequote" kann aufgrund von Vergangenheitswerten oder auf Basis anderer Anhaltspunkte verlässlich geschätzt werden (IAS 18.16 (d) i. V. m. IAS 18.17). Vgl. Kierzek/Wüstemann (2006b), S. 121 (erstes Zitat); Wüstemann/Bischof/Kierzek (2007a), Abt. I/3 Rz. 213 (zweites Zitat). Sofern eine verlässliche Schätzung ausgeschlossen ist, wird das Risiko als wesentlich eingestuft und der Ertrag darf erst bei Ablauf der Rücktrittsfrist vereinnahmt werden (IAS 18.16(d); IAS 18.A2 (b)). Vgl. z. B. von Keitz/Schmieszek (2005), S. 121; Pellens et al. (2011), S. 254; de la Paix/Roth (2008), IRZ, S. 441 f. Auch Garantie- und Forderungsausfallrisiken hemmen die Ertragsvereinnahmung zum Zeitpunkt der Warenübergabe nicht, sofern die Gewährleistung (IAS 18.16 (a)) respektive die Unsicherheit über die Einbringlichkeit der Forderung (IAS 18.14 (d) i. V. m. IAS 18.18) das geschäftsübliche Maß nicht überschreiten und die mit einer potenziellen Inanspruchnahme einhergehenden Garantieaufwendungen verlässlich bestimmbar sind (IAS 18.14 (e) i. V. m. IAS 18.19). In diesem Fall wird das verbleibende Risiko als unmaßgeblich erachtet. Gewährleistungs-, Delkredere- und Rückgaberisiken ist durch die Bildung einer Rückstellung oder eine entsprechende Forderungsbewertung Rechnung zu tragen (IAS 18.17). Vgl. auch Wüstemann/Bischof/Kierzek (2007a), Abt. I/3 Rz. 213; Vgl. Kierzek/Wüstemann (2006b), S. 122; Manegold/Wüstemann/Wüstemann (2011), S. 77.

1645 Kümpel (2002b), S. 441.

1646 Vgl. Ernstberger (2004), S. 84; Dreisbach/Gros (2011), S. 134 f. Diese Ertragsvereinnahmung nach dem Leistungsfortschritt dürfte mit dem *risks-and-rewards-approach* des IAS 18.14 nur in Bezug auf *Dienstverträge* in

Zwischen den nach IAS 18 bzw. IAS 11 auf Dienstleistungsaufträge bzw. Fertigungsaufträge anzuwendenden Regeln bestehen „keine wesentlichen Unterschiede“[1647]; IAS 18.21 verweist explizit auf IAS 11.[1648] Die *Percentage-of-completion*-Methode „berücksichtigt, dass der Erfolgsbeitrag nicht erst bei Endabnahme bzw. vollständig erbrachter Leistung entsteht, sondern über die Dauer des Projekts“[1649]; dies soll eine Gewinnglättung bewirken.[1650] Aus bilanztheoretischer Sicht ist die *Percentage-of-completion*-Methode Ausfluss des *revenue-expense-approach*, (implizites) Anliegen ist die „periodengerechte“ Ermittlung des Gewinns als Indikator der künftigen Unternehmensperformance.[1651]

Grundvoraussetzung für die Anwendung der *Percentage-of-completion*-Methode ist eine verlässliche Schätzung des Ergebnisses des Dienstleistungsgeschäfts bzw. Fertigungsauftrags. Im Einzelnen müssen Ertragshöhe, Fertigstellungsgrad am Abschlussstichtag sowie die bereits aufgewendeten, dem Vertrag zurechenbaren und die bis zur vollständigen Vertragsabwicklung noch anfallenden Kosten verlässlich bestimmt werden können; zudem muss der Zufluss des künftigen Nutzens wahrscheinlich sein (IAS 18.20; IAS 11.22 ff.).[1652] Eine verlässliche Schätzung soll nach IAS 18.23 und IAS 11.29 – „überraschend großzügig“[1653] – bereits dann gewährleistet sein, „wenn der Vertrag von beiden Parteien rechtlich durchsetzbar ist, die Erfüllungshandlung des Auftragnehmers sowie die Gegenleistungsverpflichtung des Auftraggebers und die Modalitäten der Abwicklung bzw. Erfüllung vertraglich fixiert sind und der Bilanzierende über ein wirksames Budgetierungs- und Berichtssystem verfügt“[1654]. Bei der Ermittlung des Fertigstellungsgrads bzw. Leistungsfortschritts wird im Grundsatz zwischen input-orientierten (IAS 18.24 (a); IAS 18.24 (c); IAS 11.30 (a)) und

---

Einklang zu bringen sein, weil bei diesen die Preisgefahr mit fortschreitender Leistungserbringung übergeht. Dagegen stellt die Teilgewinnrealisierung nach dem Leistungsfortschritt bei *Werkverträgen* eine Durchbrechung des *risks-and-rewards-approach* dar, „da der Preisgefahrenübergang erst bei Abnahme des vollendeten Werks oder vollendeter Teile des Werks erfolgt“; vgl. Wüstemann/Wüstemann/Neumann (2008), IAS 18 Rz. 63 (auch Zitat); vgl. zu dieser bilanztheoretischen Inkonsistenz auch Wüstemann/Bischof/Kierzek (2007a), Abt. I/3 Rz. 214; Fink/Kunath (2009), S. 227.

1647 Kierzek/Wüstemann (2006b), S. 122; vgl. auch Moxter (2004a), S. 277; von Keitz/Schmieszek (2004), S. 121; Achleitner/Behr/Schäfer (2009), S. 178; Kuhner (2008), IAS 18 Rz. 96.

1648 Zur Abgrenzung des Geltungsbereichs beider Standards vgl. Brücks/Kerkhoff/Richter (2008), IAS 18 Rz. 213-216.

1649 Kühne (2006), S. 1394; dies. (2005), S. 7; vgl. auch von Keitz/Schmieszek (2004), S. 121; Hommel/Schmitz/Wolf (2007), S. 1013.

1650 Vgl. Hommel/Schmitz/Wolf (2007), S. 1013.

1651 Vgl. Wüstemann/Kierzek (2005a), S. 429; dies. (2008), S. 144; Wüstemann/Wüstemann/Neumann (2009), IAS 18 Rz. 60; Wüstemann/Wüstemann (2009), S. 49 (jeweils in Bezug auf IAS 11); Wüstemann/Bischof/Kierzek (2007a), Abt. I/3 Rz. 214; Schildbach (1994), S. 711-713; Sessar (2007), S. 319; Wolf (2010), S. 151; Moxter (2004a), S. 289; a. A. („asset-liability-view“) Lukas/Rapp (2010), S. 134.

1652 Zu Einzelheiten vgl. Wüstemann/Wüstemann/Neumann (2009), IAS 18 Rz. 61-64; ferner Kierzek/Wüstemann (2006b), S. 122; von Keitz/Schmieszek (2004), S. 121; Kuhner (2008), IAS 18 Rz. 94; Pellens et al. (2011), S. 256 f.; Hayn/Hold (2011a), Abschn. 9 Rz. 29; Kümpel (2002b), S. 440. Bei (kumulativem) Zutreffen der genannten Voraussetzungen ist die *Percentage-of-completion*-Methode zwingend anzuwenden, es besteht kein Wahlrecht; vgl. Wagenhofer (2009), S. 287 f.

1653 So kritisch Moxter (2004a), S. 277.

1654 Kierzek/Wüstemann (2006b), S. 122 f.; vgl. auch Hayn/Hold (2011a), Abschn. 9 Rz. 31; Bieg et al. (2009a), S. 348.

output-orientierten (IAS 18.24 (b); IAS 11.30 (b); IAS 11.30 (c)) Verfahren differenziert.[1655] Beide Verfahrensweisen dürften erhebliche Manipulations- und Ermessensspielräume eröffnen.[1656] Sind diese vorgenannten Voraussetzungen zur Anwendung der *Percentage-of-completion*-Methode nicht gegeben, ist Ertrag nur in Höhe jener aufgewendeten Kosten zu vereinnahmen, die wahrscheinlich einbringbar sind (*Zero-profit-margin*-Methode); es ergibt sich ein erfolgsneutraler Ergebnisausweis (IAS 18.26; IAS 11.32).[1657] Falls die Erstattung der bereits angefallenen Kosten nicht wahrscheinlich ist, hat eine Ertragsvereinnahmung während der Leistungserbringung gänzlich zu unterbleiben (IAS 18.28; IAS 11.34).[1658]

Nach IAS 18.5 führt die Zurverfügungstellung von Vermögenswerten des Unternehmens zu Umsatzerlösen in Form von Zinsen,[1659] Nutzungsentgelten[1660] oder Dividenden.[1661] IAS 18.30 (a)-(c) sieht diesbezüglich unterschiedliche Realisationskriterien vor.[1662] Als Ausfluss des neuerlich ver-

---

1655 Vgl. von Keitz (2008), IAS 11 Rz. 208-215; von Keitz/Schmieszek (2004), S. 122 f.; Hayn/Hold (2011a), Abschn. 9 Rz. 158; Bieg et al. (2009a), S. 347 f.; Sessar (2007), S. 307-310; Jacobi (2003), S. 139; Riese (2009), § 9. Rz. 56 ff.; Ruhnke (2008b), S. 608 f.; Patzak/Kerscher-Preis (2008), IAS 11 Rz. 87-97; Kirsch, H. (2006a), S. 53 f.; Dobler (2006), S. 163 f.; Pottgießer/Velte/Weber (2005), S. 315 f.; Lenz (2008), S. 222.

1656 Vgl. Sessar (2007), S. 308 ff.; Schildbach (2002b), S. 266. Nach der in der Bilanzierungspraxis wohl gängigen *cost-to-cost-method* (inputorientiertes Verfahren) ist der Ertrag entsprechend dem Verhältnis der bislang angefallenen Kosten zu den erwarteten Gesamtkosten verteilt über die Perioden der Leistungserbringung zu vereinnahmen (IAS 11.30(a)). Vgl. Wüstemann/Wüstemann/Neumann (2009), IAS 18 Rz. 67; Buhleier (2008), IAS 11 Rz. 131; Groh (1997), S. 211; für eine statistische Erhebung vgl. von Keitz/Schmieszek (2004), S. 126. Sofern Dienstleistungen mit unbestimmten Teilleistungen über einen bestimmten Zeitraum erbracht werden, kann nach IAS 18.25 aus Gründen der Vereinfachung auch eine lineare Realisation der Erträge *pro rata temporis* unterstellt werden, sofern eine andere Methode den Fertigstellungsgrad nicht besser reflektiert. Vgl. Wüstemann/Wüstemann/Neumann (2009), IAS 18 Rz. 68; Kuhner (2008), IAS 18 Rz. 99; Wagenhofer (2009), S. 153; Achleitner/Behr/Schäfer (2009), S. 178.

1657 Vgl. Wüstemann/Wüstemann/Neumann (2009), IAS 18 Rz. 69; Pellens et al. (2011), S. 257; von Keitz/Schmieszek (2004), S. 122; Wagenhofer (2009), S. 154 u. S. 289; Jacobi (2003), S. 140; Brücks/Kerkhoff/Richter (2008), IAS 18 Rz. 236; Ruhnke (2008b), S. 606 f.; Buhleier (2008), IAS 11 Rz. 67; Patzak/Kerscher-Preis (2008), IAS 11 Rz. 46-51; Pottgießer/Velte/Weber (2005), S. 312 f.

1658 Vgl. auch Achleitner/Behr/Schäfer (2009), S. 178; Pellens et al. (2011), S. 257.

1659 Zinsen werden definiert als Entgelte für die Überlassung von Zahlungsmitteln oder Zahlungsmitteläquivalenten oder für die Stundung von Zahlungsansprüchen (IAS 18.5 (a)).

1660 Unter Nutzungsentgelten werden Entgelte für die Überlassung langlebiger immaterieller Vermögenswerte des Unternehmens verstanden (IAS 18.5 (b)).

1661 Dividenden sind Gewinnausschüttungen an die Inhaber von Kapitalbeteiligungen im Verhältnis zu den von ihnen gehaltenen Anteilen einer bestimmten Kapitalgattung (IAS 18.5 (c)).

1662 Zinsen sind nach IAS 18.30 (a) „unter Anwendung der Effektivzinsmethode (…) zu erfassen", wie sie in IAS 39.9 und AG5-AG8 beschrieben ist. Hierzu im Einzelnen Scharpf/Kuhn (2005), S. 154 ff.; Kuhner (2008), IAS 18 Rz. 109 ff.; Brücks/Kerkhoff/Richter (2008), IAS 18 Rz. 243 ff. Eine ertragswirksame Vereinnahmung von Nutzungsentgelten soll „periodengerecht in Übereinstimmung mit den Bestimmungen des zugrunde liegenden Vertrages" erfolgen (IAS 18.30 (b)). Lizenzgebühren oder Nutzungsentgelte aus der zeitlich befristeten Überlassung von Lizenzen oder sonstigen Nutzungsrechten sind üblicherweise linear über die vertraglich vereinbarte Nutzungsdauer als Ertrag zu vereinnahmen. Vgl. Kierzek/Wüstemann (2006b), S. 125. Unter bestimmten Voraussetzungen ist eine Nutzungsüberlassung in wirtschaftlicher Betrachtungsweise als Veräußerungsakt anzusehen, sodass das Nutzungsentgelt in Analogie zu einem Kaufvertrag zum Zeitpunkt der Nutzungsgewährung als Ertrag zu erfassen ist (IAS 18.33 i. V. m. IAS 18.A20). Vgl. Kierzek/Wüstemann (2006b), S. 125; Wüstemann/Bischof/Kierzek (2007a), Abt. I/3 Rz. 217; Kuhner (2008), IAS 18 Rz. 120. Dividenden sind nach IAS 18.30(c) zu vereinnahmen, wenn ein Rechtsanspruch auf Zahlung entstanden ist; die Ertragsvereinnahmung folgt insoweit also einem „streng formalrechtliche[n] Kriterium". So Wüstemann/Kierzek (2007b), S. 903; vgl. auch dies. (2005a), S. 427 u. S. 429. Die Anforderung an die Wahrscheinlichkeit des Dividendenzuflusses erweist sich damit als regelungsschärfer als die Vereinnahmung von Erträgen aus dem Verkauf von Gütern oder Dienstleistungs- oder Fertigungsaufträgen. Vgl. Wüstemann/Kierzek (2006b), S. 250. Umstritten ist allerdings nach wie vor, ob unter der Geltung des IAS 18.30 (c) eine phasengleiche Dividendenvereinnahmung erfolgt. Vgl. Wüstemann/Wüstemann/Neumann (2009), IAS 18 Rz. 104 ff. Auf diese Diskussion wird hier nicht näher eingegangen.

stärkt angestrebten zeitwertstatischen *asset-liability-approach*[1663] sehen die IFRS ferner in wachsendem Umfang eine ertragswirksame Vereinnahmung von Zeitwertsteigerungen vor, so etwa bei bestimmten finanziellen Vermögenswerten (IAS 39.46; IAS 39.55 (a)), als Finanzinvestitionen gehaltenen Immobilien (IAS 40.33; IAS 40.35) sowie biologischen Vermögenswerten (IAS 41.12; IAS 41.26).[1664] Eine Zuschreibung auf einen gestiegenen beizulegenden Zeitwert führt bei diesem Vermögenswerten grundsätzlich auch zu einer Ertragsvereinnahmung in ebendieser Höhe.[1665]

2 Ertragsrealisierung nach dem Handels- und Steuerrecht Deutschlands im Vergleich zu IFRS

Die Grundsätze der steuerlichen Gewinnverwirklichung sind „in weitgehender Anlehnung an die handelsrechtlichen Vorgaben entwickelt worden"[1666]. Der Zeitpunkt der steuerbilanziellen Gewinnrealisierung wird kraft der Maßgeblichkeit durch die GoB, namentlich das Realisationsprinzip des § 252 Abs. 1 Nr. 4 letzter Halbs. HGB bestimmt, wonach Gewinne „nur zu berücksichtigen [sind], wenn sie am Abschlußstichtag realisiert sind".[1667] Zusätzlich bestehen „spezifisch steuerrechtliche[.] Prinzipien der Gewinn- und Verlustrealisierung, die festlegen, wann ein Gewinn oder Verlust erwirtschaftet ist"[1668]. Bei Letzteren handelt es sich um sog. Ersatzrealisationstatbestände zum Zweck der (finalen) Erfassung stiller Reserven, auf die im Folgenden nicht näher einzugehen ist.[1669] Die handelsrechtlichen GoB regeln damit „nur einen – wenn auch großen Teil der einkommenswirksamen Vorgänge"[1670]. Anders als in den Überschussrechnungen hat das Zuflussprinzip im Kontext der steuerbilanziellen Gewinnermittlung grundsätzlich keine Geltung.[1671]

Nach einer bekannten, von *Beisse* stammenden Sentenz fordert das bilanzrechtliche Realisationsprinzip (§ 252 Abs. 1 Nr. 4 HGB) vom Gewinn eine „‚Vermögensmehrung in disponibler

1663 Vgl. Jacobi (2003), S. 144.

1664 Vgl. Wüstemann/Kierzek (2005a), S. 430; dies. (2005b), S. 83 f.; Pittrofff/Schmidt/Siegel (2011), B 161 Rz. 110.

1665 Vgl. Zimmermann/Schweinberger (2007), S. 76; Treisch (2011), S. 148.

1666 Schön (2005c), S. 98.

1667 Vgl. Beisse (1981b), insb. S. 15 f.; Hey (2010b), § 17 Rz. 201; Treisch/Müßig (2007), S. 22; Leplow (2002), S. 151; Köhrle (2010), S. 166; Schreiber, U./Storck (1979), S. 175; Baldauf (2009), S. 30. Die Geltung des Realisationsprinzips im Rahmen der steuerlichen Gewinnermittlung wird in der Literatur auch daran festgemacht, dass nach § 2 Abs. 1 S. 1 EStG die dort aufgezählten Einkünfte nur dann der Einkommensteuer unterliegen, wenn sie „erzielt" wurden. Vgl. Baldauf (2009), S. 30 m. w. N., auch zu weiteren Belegen für die Existenz eines Realisationsprinzips im Rahmen der steuerlichen Gewinnermittlung.

1668 Hey (2010b), § 17 Rz. 200; vgl. auch Schreiber, U./Storck (1979), S. 175; Pezzer (1991), S. 23.

1669 *Beisse* unterscheidet zwei Kategorien von Realisierungstatbeständen, namentlich Realisationstatbestände i. e. S. (z. B. Veräußerungsvorgänge) sowie Realisationstatbestände i. w. S. (Entstrickungstatbestände, z. B. Entnahme oder Betriebsaufgabe). Während bei den Realisationstatbeständen der erstgenannten Kategorie „auch handelsrechtlich eine Gewinnverwirklichung vorliegt oder wenigstens in Betracht kommen könnte", haben die Entstrickungstatbestände „keine oder doch keine unmittelbare handelsrechtliche Parallele". Vgl. im Einzelnen Beisse (1981b), S. 18 ff. (beide Zitate auf S. 18; im Original teilw. kursiviert).

1670 Schreiber, U./Storck (1979), S. 175.

1671 Vgl. Schreiber, U./Storck (1979), S. 175; Hey (2010b), § 17 Rz. 200; Hennrichs (2001), S. 310; ders. (1999a), S. 145; zur Handelsbilanz speziell Berndt (1998), S. 40 f.

Form‘“[1672]. Auf dieser gedanklichen Grundlage wird das Realisationsprinzip i. S. eines Ertragsrealisationsprinzips[1673] nach h. M. durch das *Prinzip des quasi-sicheren Anspruchs*[1674] konkretisiert. Nach diesem Prinzip sind Gewinne nur zu erfassen, wenn sie „so gut wie sicher“[1675] sind. Dementsprechend wird die Gewinnrealisierung an einen vollzogenen Umsatzakt, d. h. eine Lieferung oder Leistung im Rechtssinn gebunden.[1676] Der Bilanzierende muss die ihn treffende Leistungsverpflichtung wirtschaftlich erfüllt haben, der Einzahlungsanspruch darf „nicht mehr durch ausstehende, bedeutsame und risikobehaftete Leistungshandlungen bedroht“[1677] sein. Maßgebend ist hierbei der (zivilrechtliche) Übergang der Preisgefahr. Forderungsausfall- und Gewährleistungsrisiken stehen dem nicht entgegen.[1678]

Nach dieser Interpretation des gesetzlichen Realisationsprinzips wird der bilanzielle Gewinn mithin einem Umsatzgewinn gleichgesetzt.[1679] Eine Erfassung von Marktwertgewinnen ohne Umsatzbestätigung ist folglich unzulässig.[1680] Indem das Realisationsprinzip den Ausweis und die Ausschüttung unrealisierter (unvorsichtiger) Gewinne verhindern soll, die Gewinngröße also als grundsätzlich verteilbarer bzw. entziehbarer Gewinn konkretisiert wird, soll in erster Linie dem Gläubigerschutz Rechnung getragen werden, in dem die zentrale Grundwertung des Bilanzrechts erblickt wird.[1681] Gibt man dem Realisationsprinzip des § 252 Abs. 1 Nr. 4 HGB diese (ausschüttungsstatische) Deutung und stellt hinsichtlich des Realisationszeitpunktes auf den Moment der Lieferung und Leistung ab, so wird der insoweit nachfolgende Moment des Zahlungszuflusses als bilanzzweckinadäquater Realisationszeitpunkt erachtet, da er den Ausschüttungsanspruch der Anteilseigner in unzulässiger Weise zum Vorteil der Gläubiger untergräbt. Das Barrealisationsprinzip konnte sich in der hiesigen

1672 Beisse (1981b), S. 20 (im Original kursiviert); vgl. auch Moxter (2004a), S. 270; ders. (1985a), S. 23; Wüstemann/Kierzek (2005a), S. 427.

1673 Umstritten ist, ob das Realisationsprinzip als Aufwandsrealisationsprinzips zu verstehen ist. So die durchgehende Ansicht im ausschüttungsstatischen Schrifttum, vgl. nur Hommel/Berndt (2009), S. 2190; kritisch Siegel (1992), S. 585 ff.

1674 Zum Prinzip des quasi-sicheren Anspruchs vgl. eingehend Moxter (2007a), S. 45 ff.; Hommel (1992), S. 27-30; Euler (1989), S. 67 ff.; ders. (1996), S. 112 f. u. S. 185 ff.; Kierzek/Wüstemann (2006b), S. 127; Grau (2002), S. 73 ff.; Wüstemann (2010), S. 1196; Wüstemann/Kierzek (2005a), S. 427; Burkhardt (1988), S. 36 f.; Wolf (2010), S. 50 f.; Pilhofer (2002), S. 148; Scholz (2003), S. 104-131.

1675 Woerner (1984), S. 494; vgl. auch Beisse (1993), S. 84; ders. (1994), S. 18; Moxter (1989), S. 237; ders. (2003b), S. 43; ders. (2007a), S. 45; ders. (2004a), S. 272; ders. (1989), S. 237; ders. (1995a), S. 497; ders. (1993b), S. 538; Breidert/Moxter (2007), S. 914; Wüstemann (1999a), S. 159; Wüstemann/Kierzek (2005a), S. 427; Manegold/Wüstemann/Wüstemann (2011), S. 66; Kierzek/Wüstemann (2006), S. 127; Wirth (2009), S. 42; Hommel/Berndt (2000b), S. 1306; Euler (2002), S. 877; Wehrheim/Fross (2010a), S. 83; Mayr (2001a), S. 32 f.; Schreiber, J. (2005), S. 1352.

1676 Vgl. Moxter (1986a), S. 174; Hommel/Hermann (2003), S. 2504; Hommel/Berndt (2000), S. 1306.

1677 Hommel/Berndt (2009), S. 2193.

1678 Vgl. Hommel/Berndt (2000b), S. 1306.

1679 Vgl. Moxter (1983), S. 304; ders. (1987), S. 365; ders. (1985b), S. 17; ders. (1985a), S. 22; ders. (1997c), S. 353; ders. (1995a), S. 497; ders. (1989), S. 233; Hommel/Schmidt/Wüstemann (2004), S. S92; Wüstemann/Wüstemann (2010a), S. 769; Hommel/Berndt (2000b), S. 1306; Euler (1997), S. 179; ders. (2002), S. 877; ders. (1996), S. 112.

1680 Vgl. Moxter (1984b), S. 1783; ders. (1987), S. 365; Hommel/Schmidt/Wüstemann (2004), S. S92; Hommel/Hermann (2003), S. 2504; Hommel/Berndt (2009), S. 2194; Euler (2002), S. 877.

1681 Vgl. Fülbier/Kuschel/Selchert (2010), § 252 HGB Rz. 90.

handelsrechtlichen Diskussion daher nicht als Konkretisierung des Realisationsprinzips durchsetzen;[1682] es gilt als „übervorsichtig“[1683].

Im Gegensatz zu den heterogenen und inkonsistenten Ertragsvereinnahmungskriterien der IFRS weisen die GoB mit dem Prinzip des quasisicheren Anspruchs mithin ein übergeordnetes Gewinnrealisierungsprinzip auf, das für „alle ertragsgenerierenden Geschäftsvorfälle einheitlich ausgelegt wird“[1684]. Aufgrund der Verschiedenartigkeit der einzelnen schuldrechtlichen Vertragstypen ist das Prinzip des quasisicheren Anspruchs allerdings fallorientiert zu konkretisieren, indem der notwendige Risikoabbau sich an der zugrunde liegenden Zivilrechtsstruktur des betreffenden Geschäftsvorfalls zu orientieren hat.[1685] Dies wird zum einen mit der erforderlichen Objektivierung begründet, zum anderen ergäben sich Chancen und Risiken erst aus den rechtlichen Regelungen für den entsprechenden Geschäftsvorfall“[1686].

Die Gegenüberstellung mit geschäftsvorfallabhängigen Ertragsvereinnahmungskriterien der IFRS (IAS 11 und IAS 18) zeigt Übereinstimmungen und Gemeinsamkeiten. Bei Kaufverträgen ist nach ausschüttungsstatischem GoB-Verständnis auf die wirtschaftliche Erfüllung abzustellen, „die sich an der Übergabe orientiert und damit am Übergang der Preisgefahr (der Gefahr des zufälligen Untergangs und der zufälligen Verschlechterung der Sache)“[1687]. Zwischen dem Übergang der Preisgefahr und der Übertragung der maßgeblichen Eigentumsrisiken und -chancen nach IAS 18.14 (a) sieht das bilanzrechtliche Schrifttum eine grundsätzliche Vereinbarkeit.[1688] Auch die für Dienstverträge nach IAS 18 vorgesehene Art der Ertragsvereinnahmung dürfte den ausschüttungsstatischen GoB nicht grundlegend fremd sein.[1689] Vielmehr sind Gewinne aus Dienstverträgen auch nach GoB „mit fortschreitender Leistungserbringung zu realisieren, da der Anspruch auf Gegenleistung nicht durch die fehlende oder nicht vertragsgemäße Erbringung der noch ausstehenden Leistung gefährdet ist“[1690].

Zur bilanziellen Behandlung von langfristigen Fertigungsaufträgen, die nach deutschem Zivilrechtsverständnis regelmäßig als Werkvertrag qualifizieren, existieren keine speziellen Regelungen.[1691] Auch in der deutschen Literaturdiskussion hat sich bisher keine einheitliche Auffassung

---

1682 Vgl. auch Dietel (2004), S. 37.

1683 So für viele Fresl (2000), S. 209.

1684 Vgl. Kierzek/Wüstemann (2006b), S. 127 (auch Zitat); Manegold/Wüstemann/Wüstemann (2011), S. 74.

1685 Vgl. Moxter (1993b), S. 538; ders. (2003b), S. 43 f.; Kronner (1995), S. 7.

1686 Manegold/Wüstemann/Wüstemann (2011), S. 66.

1687 So Moxter (2003b), S. 43 f.

1688 Vgl. Euler (2002), S. 878; Moxter (2004a), S. 276; Schreiber, J. (2005), S. 1353; Fülbier/Kuschel/Selchert (2010), § 252 HGB Rz. 156.

1689 Vgl. Euler (2002), S. 878. A. A. wohl Pellens et al. (2011), S. 278 (Ertrag sei erst dann zu realisieren, „wenn die Dienstleistung vollständig erbracht wurde“).

1690 Manegold/Wüstemann/Wüstemann (2011), S. 67; vgl. auch Kierzek/Wüstemann (2006), S. 128.

1691 Vgl. Esterer (2005), S. 121 f.

herausgebildet.[1692] Nach (ausschüttungsstatischer) GoB-Auffassung ist eine sukzessive Ertragsvereinnahmung i. S. d. *Percentage-of-completion*-Methode im Grundsatz[1693] ausgeschlossen, da „die Unsicherheit über die Vertragsmäßigkeit des erstellten Werks erst mit Billigung des vollendeten Werks durch den Auftragsgeber beseitigt [ist] und auch erst zu diesem Zeitpunkt geht nach § 640 BGB die Preisgefahr auf den Auftraggeber über“[1694]. Die Einführung einer handelsrechtlichen *Percentage-of-completion*-Methode hat der deutsche Gesetzgeber im Rahmen des BilMoG ausdrücklich abgelehnt.[1695] Auch für Zwecke der steuerlichen Gewinnermittlung wird nach geltendem Rechtsstand der *Completed-contract*-Methode gefolgt.[1696] Eine Ausnahme zugunsten einer Teilgewinnrealisierung nimmt die höchstrichterliche Rechtsprechung lediglich bei Vorliegen von echten Teilleistungen (Teilabnahmen) vor, die aber nicht mit der *Percentage-of-completion*-Methode der internationalen Rechnungslegung gleichzusetzen ist.[1697] Es ergibt sich insoweit eine weitere Distanz zu den IFRS (IAS 11, IAS 18). [1698]

Als eine der umstrittensten Maßnahmen[1699] des BilMoG überhaupt wurde der Wertmaßstab des beizulegenden Zeitwerts in das deutsche Bilanzrecht integriert (§ 255 Abs. 4 HGB),[1700] dessen konzeptionelles Vorbild sich augenscheinlich im *Fair value*-Konzept der internationalen Rechnungslegung findet.[1701] Trotz dieser Neuerung ist das deutsche Bilanzrecht noch weit davon entfernt, Zeitwerte als zentralen, durchgängigen Wertmaßstab anzuerkennen.[1702] Die Zeitwertbewertung ist auch „nicht (allein) der Überzeugung des Gesetzgebers entsprungen“, sondern kommt den (umsetzungspflichtigen) Vorgaben der *Fair value*-Richtlinie nach.[1703]

1692 Zu den unterschiedlichen Auffassungen vgl. Kahle (2001a), S. 1203-1205.

1693 Aus ausschüttungsstatischer Sicht erscheint eine Teilgewinnrealisierung (ausnahmsweise) „im Einklang mit dem handelsrechtlichen Realisationsprinzip nur dann geboten, wenn der Besteller für einen selbständig funktionsfähigen Teil des Werks eine echte Teilabnahme erteilt hat, die erbrachte und abgenommene Teilleistung separat abgerechnet wurde und aus den noch ausstehenden Teilleistungen keine Verluste drohen“; so Wüstemann/Wüstemann (2010a), S. 771 f.; zur Herleitung dies. (2009), S. 41 ff.

1694 Kierzek/Wüstemann (2006), S. 128; vgl. auch Moxter (1997a), S. 511; Euler (2002), S. 878; Hayn/Hold (2011a), Abschn. 9 Rz. 184 ff.; Riese (2009), § 9. Rz. 126 f. Zur Kritik an der *Percentage-of-completion*-Methode aus (ausschüttungsstatischer) GoB-Sicht auch Moxter (1995d), S. 421-423; Groh (1997), S. 212.

1695 Vgl. BT-Drs. 16/10067, S. 38; vgl. hierzu auch Hennrichs (2008a), S. 419 f.; ders. (2011), S. 869; Wüstemann/Wüstemann (2010a), S. 772; Fülbier/Kuschel/Selchert (2010), § 252 HGB Rz. 106; Gros (2010), S. 163; Theile (2009a), S. 123; Lorson (2009), S. 24; Günther, A. (2010), S. S24.

1696 Vgl. Kahle (2001a), S. 1203; Köhrle (2010), S. 168.

1697 Vgl. Hey (2010b), § 17 Rz. 208; Buciek (2010), § 5 EStG Rz. 946; Ellrott/Brendt (2010), § 255 HGB Rz. 461, jeweils m. w. N.

1698 Indessen dürfte die Ertragsvereinnahmung von Zinsen und Nutzungsentgelten, wie sie in IAS 18 vorgesehen ist, mit den GoB grundsätzlich in Einklang zu bringen sein. So hat eine Ertragsvereinnahmung im Rahmen dieser Dauerschuldverhältnisse (nach ausschüttungsstatischer GoB-Interpretation) grundsätzlich zeitproportional zu erfolgen. Vgl. Kierzek/Wüstemann (2006), S. 128 f.; Sessar (2007), S. 295 f.; Euler (2002), S. 878.

1699 Einen Diskussionsüberblick gibt bspw. Kunz (2011), S. 95 f.

1700 Zum Begriff und der Ermittlung des beizulegenden Zeitwerts i. S. d. § 255 Abs. 4 HGB vgl. im Einzelnen Brüggemann (2010), S. 118-168; Müller, R. (2010), S. 46 ff.; Ekkenga (2011b), § 255 HGB Rz. 153-164; Bitz/Schneeloch/Wittstock (2011), S. 257 f.; Böcking/Torabian (2008), S. 265 ff.; Scharpf/Schaber (2008), S. 2556 f.; Gemeinhardt/Bode (2008a), S. 170 ff.; dies. (2008b), S. 460 ff.; zur Kritik auch Jessen/Haaker (2009), S. 499 ff.

1701 Kritisch zu dieser intendierten IFRS-Annäherung vgl. nur Bieg (2011), S. 341 ff.

1702 In diesem Sinne auch Zwirner/Künkele (2009), S. 643.

1703 Vgl. Bieker (2008), S. 366 (auch Zitat).

Die wenigen Anwendungsfälle dieser neuerlichen Zeitwertbewertung bleiben zudem grundsätzlich ohne steuerliche Folgewirkung. Ausnahme bildet die Bewertung von Finanzinstrumenten des Handelsbestands zum beizulegenden Zeitwert abzgl. eines Risikoabschlags[1704] bei Kredit- und Finanzdienstleistungsinstituten (§ 340e Abs. 3 S. 1 HGB).[1705] Namentlich (nur) bei diesen Steuerpflichtigen wird nunmehr – in Aufrechterhaltung der materiellen Maßgeblichkeit – die paritätische Zeitwertbewertung in die steuerliche Gewinnermittlung übernommen (§ 6 Abs. 1 Nr. 2b EStG).[1706] Negativvoraussetzung ist, dass diese Finanzinstrumente außerhalb einer Bewertungseinheit (§ 5 Abs. 1a S. 2 EStG) erfasst werden (§ 6 Abs. 1 Nr. 2b EStG).[1707]

Indem die Regelungen der Teilwertabschreibung ausgeschaltet werden (§ 6 Abs. 1 Nr. 2b S. 2 EStG), ist der beizulegende Zeitwert weder nach oben noch nach unten durch die Anschaffungskosten limitiert.[1708] Wertsteigerungen und -minderungen werden damit gleichsam bilanziell und erfolgsrechnerisch erfasst.[1709] Dies kann vor allem dazu führen, dass Zeitwerterhöhungen eine Erfassung und Besteuerung von unrealisierten Gewinnen nach sich ziehen, worin eine Missachtung und nicht Konkretisierung des tradierten Realisationsprinzips (§ 252 Abs. 1 Nr. 4 HGB) zu sehen ist; das hieraus fließende Erfolgsneutralitäts- bzw. Anschaffungskostenprinzip wird (nur[1710]) insoweit suspendiert.[1711] Auch mit dem (funktionalen) Imparitätsprinzip des deutschen Bilanzrechts wird

---

[1704] Zur Ermittlung des Risikoabschlags vgl. grundlegend Brüggemann (2010), S. 169-221; ferner auch z. B. Braun (2011d), § 340e HGB Rz. 129-135; Bieg (2011), S. 343. Des Weiteren schreibt § 340e Abs. 4 HGB vor, dass im Rahmen der Gewinnverwendung eine Zuführung zum Fonds für allgemeine Bankrisiken (§ 340g HGB) zu erfolgen hat. In jedem Geschäftsjahr, in dem ein Nettoertrag aus dem Handelsbestand erzielt wurde, sind daher mindestens 10 % dieses Nettoertrags in diesen Fonds einzustellen, bis dieser 50 % des durchschnittlichen Nettoertrags der vergangenen fünf Geschäftsjahre erreicht hat. Vgl. eingehend Brüggemann (2010), S. 221-235.

[1705] Zu Einzelfragen der Bilanzierung von Finanzinstrumenten nach BilMoG vgl. u. a. Lühn (2009), S. 993; Nguyen (2009), S. 230 ff.; speziell im Vergleich zu IFRS vgl. App/Wiehagen-Knopke (2010), S. 93 ff.; Bartsch (2010), S. 411 ff.

[1706] Die Einführung dieser Sondervorschrift macht zugleich deutlich, dass eine steuerliche Übernahme der Zeitwertbewertung i. S. d. § 255 Abs. 4 HGB in anderen Fällen grundsätzlich nicht möglich ist. Zur Diskussion um § 6 Abs. 1 Nr. 2b EStG vgl. Helios/Schlotter (2009), S. 547 ff.; Herzig (2008b), S. 1343; Prinz (2009b), S. 1028 f.; ders. (2010c), S. 2070; ders. (2011a), S. 152 f.; Meurer (2009), S. 119; Mitschke (2010), S. 216 f.; Rödder (2009), S. 233 f.; Stahl (2008), S. 16296; Förster/Schmidtmann (2009), S. 1345; Groß (2009), S. 145; Hottmann (2009), S. 8; Hahne (2010), S. 506 ff.; Köhrle (2010), S. 64 f.,170, 231; von der Laage/Reusch (2009), S. 246; Ehmcke (2010), § 6 EStG Rz. 877 ff.; Wehrheim/Fross (2010a), S. 80 f.; Kahle (2011), S. 169; Günter (2009), S. 401 f.; Kahle/Günter (2008), S. 91 f.; Kahle/Schulz/Vogel (2011), S. 180 f.

[1707] Vgl. Helios/Schlotter (2010), S. 874; Pfirmann/Schäfer (2009), S. 142 f.

[1708] Vgl. Ehmcke (2010), § 6 EStG Rz. 878a.

[1709] Vgl. Helios/Schlotter (2010), S. 874; Herzig (2008b), S. 1343; Kahle/Schulz/Vogel (2011), S. 180 f.

[1710] Vgl. Arbeitskreis Bilanzrecht der Hochschullehrer Rechtswissenschaft (2008b), S. 211, der angesichts des eingeschränkten Anwendungsbereichs betont, dass die Zeitwertbewertung (zumindest) „keinen Fundamentalangriff auf den historischen und bewährten Anschaffungskostenbegriff darstellt". Ähnlich Kunz (2011), S. 96.

[1711] Vgl. Schulze-Osterloh (2008a), S. 69; ders. (2010b), Abt. I/1 Rz. 18; Siegel (2008d), S. 352-354; Löw (2008), S. 12; Fülbier/Gassen (2007), S. 2608 f.; Bieg (2011), insb. S. 349-352; Wehrheim/Fross (2010a), S. 79 f., Wüstemann/Wüstemann (2010a), S. 769-771; Herzig (2008a), S. 7; Luttermann (2008), S. 1611; Ekkenga (2011b),
§ 255 HGB Rz. 155; Prinz (2009b), S. 1029; Helios/Schlotter (2009), S. 551 f.; Küting (2009b), S. 833; Strahl (2008), S. 16296; Mujkanovic (2009), S. 333; Bartsch (2010), S. 424; Gemeinhardt/Bode (2008a), S. 173 ff.; dies. (2008b), S. 460 ff.; Pellens/Jödicke/Schmidt (2008), S. 14; Hennrichs (2009b), S. 585; Ehmcke (2010), § 6 EStG Rz. 878a; Kahle/Günter (2008), S. 90; Jessen/Haaker (2009), S. 501 ff.; a. A. (Konkretisierung des Realisationsprinzip) Böcking/Torabian (2008), S. 267; zustimmend Mayer (2009a), S. 129; anscheinend auch von der Laage/Reusch (2009), S. 246; abwägend und im Ergebnis offen Baetge/Kirsch/Solmecke (2009), S. 1217.

gebrochen. Dieser Ausnahmefall darf jedoch nicht darüber hinwegtäuschen, dass die Erfassung von Zeitwertgewinnen i. S. d. *asset-liability-approach* der IFRS weiterhin einen fundamentalen Unterschied zum deutschen Bilanzsteuerrecht markiert.

3 Ertragsrealisierung nach dem Handels- und Steuerrecht Frankreichs im Vergleich zu IFRS

Der Zeitpunkt der Ertragsrealisierung nach französischem Handelsbilanzrecht wird durch ein in Art. L. 123-21 CCom verankertes Realisationsprinzip bestimmt. Es soll in erster Linie eine Aktivierung jener Forderungen verhindern, die „dem Grunde nach noch nicht als sicher erscheinen und noch nicht realisiert sind“[1712]. Dieses als *principe des créances acquises* bezeichnete Gebot gilt über Art. 38 *quater de l'annexe* III CGI auch für die steuerliche Gewinnermittlung. In Art. 38-2 *bis* CGI wird das Realisationsprinzip noch einmal hervorgehoben, „indem der Realisationszeitpunkt bestimmter Ertragspositionen explizit festgelegt wird“[1713]. Der Zeitpunkt, zu dem eine Kundenforderung als realisiert gilt, d. h. als quasi-sicher betrachtet werden kann, bestimmt sich auch nach französischem Bilanzsteuerrecht „anhand der sie begründenden Zivilrechtsstruktur“[1714]. Bei Kaufverträgen wird in der Regel[1715] auf den Zeitpunkt der Lieferung (*livraison*) abgestellt (Art. 38-2 bis CGI), wobei dieser – im Einklang mit dem französischen Handelsrecht[1716] – als „Zeitpunkt des Übergangs des tatsächlichen Verfügungsgewalt über die Kaufsache“[1717] interpretiert wird. Damit ist „im Regelfall die tatsächliche Übergabe (...) des Kaufgegenstands an den Erwerber bzw. im Fall des Versendungskaufs an die Transportperson“[1718] gemeint. Ein vereinbarter Eigentumsvorbehalt steht der Forderungsrealisierung im Zeitpunkt der Übergabe der Kaufsache nicht entgegen.[1719]

Während der Zeitpunkt des Vertragsschlusses nach der bis zum Jahr 1978 geltenden Rechtslage als Entstehungszeitpunkt der Forderung (*naissance*) als relevanter Gewinnrealisierungszeitpunkt angesehen wurde,[1720] spielt der Zahlungsfluss inzwischen „keine Rolle“[1721] mehr. Eine Ausrichtung an den Zahlungsmodalitäten war bis dato insbesondere bei Verträgen über Dienstleistungen geboten; seither ist in Art. 38-2 bis CGI ein – für „Nichtveräußerungsgeschäfte“[1722] geltendes – Kriterium der Beendigung der Leistungen (*achèvement des prestations*) fixiert.[1723]

1712 Osterloh-Konrad (2005), S. 414; vgl. auch Brodhag (1997), S. 62 f.; Oestreicher/Spengel (1999b), S. 343.

1713 Brodhag (1997), S. 63; vgl. auch Oestreicher/Spengel (1999b), S. 348; Osterloh-Konrad (2005), S. 414; Wagner, S. (2000), S. 162.

1714 Wagner, S. (2000), S. 161 f.

1715 Zu Ausnahmefällen vgl. Hellio/Thill (2002), Rz. 237.

1716 Vgl. Oestreicher/Spengel (1999b), S. 343.

1717 Hellio/Thill (2002), Rz. 237; vgl. auch Brodhag (1997), S. 63; Wagner, S. (2000), S. 162 f.; Osterloh-Konrad (2005), S. 415; Endres et al. (2007), S. 30 Tab. 12 u. S. 202; Forszpaniak/Scholtissek (1985), S. 20.

1718 Wagner, S. (2000), S. 163.

1719 So Hellio/Thill (2002), Rz. 237; Forszpaniak/Scholtissek (1985), S. 20.

1720 Vgl. Hellio/Thill (2002), Rz. 237; Osterloh-Konrad (2005), S. 415.

1721 Wagner, S. (2000), S. 162.

1722 Wagner, S. (2000), S. 162.

1723 Vgl. Osterloh-Konrad (2005), S. 416 f. (Zitat auf S. 416); Brodhag (1997), S. 63; Oestreicher/Spengel (1999b), S. 348; Wagner, S. (2000), S. 162 u. S. 164 f.; Forszpaniak/Scholtissek (1985), S. 20.

Ein zentraler IFRS-Einfluss im Rahmen der Gewinnrealisierung äußert sich bei der bilanzsteuerrechtlichen Abbildung von *contrats à long terme* (langfristige Fertigungsaufträge). So wurde im Wege des *règlement* CRC 99-08 ein Wahlrecht geschaffen,[1724] diese *contrats à long terme* nach Maßgabe der *Completed-contract*-Methode (*méthode à l'achèvement*) oder der *Percentage-of-completion*-Methode (*méthode à l'avancement*) zu erfassen (Art. 380-1 PCG). Die *Percentage-of-completion*-Methode wird zwar als bevorzugte Methode (*méthode préférentielle*) anerkannt;[1725] anders als nach IAS 11 ist deren Anwendung aber nicht obligatorisch.[1726] Hinter der *Percentage-of-completion*-Methode steht offenbar die implizite Zielsetzung, ein *image fidèle* zu erreichen[1727] Die Option zugunsten einer Gewinnrealisierung nach Maßgabe des Leistungsfortschritts stellt dabei indessen einen Bruch mit dem *principe des créances acquises* dar. Dieser Bruch wird allerdings durch den Umstand relativiert, dass die *Percentage-of-completion*-Methode in der französischen Bilanzierungspraxis offenbar nur geringfügig zur Anwendung gebracht wird.[1728] Nur für den Fall, dass die *Percentage-of-completion*-Methode in der Handelsbilanz zur Anwendung gebracht wird, ist sie auch für Zwecke der steuerlichen Gewinnermittlung bindend.[1729] In diesem Fall erzeugen IAS 11 bzw. IAS 18 implizit auch steuerliche Wirkungskraft.

Eine erfolgswirksame Erfassung von Zeitwertgewinnen etwa bei zu Handelszwecken gehaltenen Finanzinstrumenten i. S. d. IAS 39 ist nach französischem Steuerrecht weiterhin unzulässig.[1730] Insoweit hält das französische Bilanzsteuerrecht an einer strengen Auslegung des Realisationsprinzips (Art. L. 123-21 CCom) fest.

4 Ertragsrealisierung nach dem Handels- und Steuerrecht Polens im Vergleich zu IFRS

Allgemeine Regeln zur Gewinnrealisierung kennt das RLG nicht.[1731] Das polnische Körperschaftsteuerrecht hingegen enthält einige explizite Gewinnrealisierungsgrundsätze. Die steuerrechtliche Gewinnermittlung basiert, wie an früherer Stelle bereits beschrieben,[1732] auf einem (modifizierten) Zufluss-/Abflussprinzip. Aus diesem Grund musste in Art. 12 PDOPrU „im Einzelnen definiert werden, was zu den Einnahmen i. S. d. Gesetzes zählt und was nicht“[1733]. So werden bspw. Zins-

1724 Zu diesem Wahlrecht vgl. auch Gélard (2001), S. 1086; Grünberger (1999), S. 546.

1725 Vgl. Dandon/Didelot (2006), S. 32; Schulte (2010), S. 50; Gélard (2001), S. 1086; Hoarau (2003), S. 144 Tab. 5.2; Nobes/Parker (2010), S. 368; Kajüter et al. (2008), S. 591 Tab. 2.

1726 Vgl. Hoarau (2003), S. 144.

1727 Vgl. Wagner, S. (2000), S. 165.

1728 Vgl. Nobes/Parker (2010), S. 368.

1729 Vgl. Osterloh-Konrad (2005), S. 418; Schön (2005c), S. 100 Fn. 383; ders. (2004b), S. 439; Russo (2008), S. 372 Fn. 10; a. A. (aber ohne Nennung von Rechtsgrundlagen) Gammie et al. (2005), S. 26 Tab. 4 u. S. 73, die von einer obligatorischen Anwendung der *Percentage-of-completion method* im Rahmen der steuerlichen Gewinnermittlung in Frankreich ausgehen; so auch Endres et al. (2007), S. 216; Oestreicher (2007a), S. 578 Tab. 1.

1730 Vgl. Endres et al. (2007), S. 74 Tab. 74 u. S. 568.

1731 So Jaruga/Schroeder (2003), S. 25.23.

1732 Vgl. 2. Kap. II. 3.2.1.

1733 Weigel (2003), S. 88. Zu Art. 12 PDOPrU vgl. auch Wollgarten (2005), S. 213 f.; Nabiałek (2007), S. 141 f.

zahlungen nach polnischem Körperschaftsteuerrecht nicht periodisiert; vielmehr kommt hier eine strenge Zahlungsorientierung (*cash basis*) zum Tragen.[1734] Indem das modifizierte Zufluss-/Abflussprinzip dabei partiell zugunsten eines Realisationsprinzips durchbrochen wird,[1735] ergibt sich ein (unbefriedigendes) „Konglomerat mit Elementen aus Realisations- und Zuflußprinzip“[1736]. So wird etwa bei Forderungen im Zusammenhang mit Lieferungs- und Leistungsbeziehungen der Zeitpunkt der Lieferung bzw. Erbringung als maßgebender Realisationszeitpunkt betrachtet, wobei allerdings spätestens zum Zeitpunkt der Rechnungserstellung oder zum Zeitpunkt der Zahlung eine Ertragsrealisierung zu erfolgen hat.[1737]

Art. 34a Abs. 1 RLG sieht bei langfristigen Dienst- oder Werkverträgen eine an IAS 18 bzw. IAS 11 angelehnte Teilgewinnrealisierung vor.[1738] Indessen dürfte diese *Percentage-of-completion*-Methode nach Maßgabe des modifizierten Zufluss-/Abflussprinzips nicht zulässig sein.[1739] Allerdings ist die Rechtslage derzeit noch ungeklärt.[1740] Eine Ausnahme scheint bei Vorliegen echter Teilabnahmen zu bestehen.[1741] Eine steuerliche Erfassung von Zeitwertgewinnen, etwa im Zusammenhang mit Finanzinstrumenten, ist nach dem polnischen Körperschaftsteuergesetz (anders als nach dem RLG) untersagt.[1742]

5 Ertragsrealisierung nach dem Handels- und Steuerrecht Schwedens im Vergleich zu IFRS

Die zentrale Vorschrift des 2 kap. 4 § Abs. 1 Nr. 3a ÅRL enthält ein explizites Realisationsprinzip, wonach lediglich jene Erträge (*intäkter*) erfasst werden dürfen, die sich im laufenden Geschäftsjahr realisiert haben. Dieses Realisationsprinzip ist über die Vorschrift des 14 kap. 2 § IL auch im Rahmen der steuerlichen Gewinnermittlung gültig.[1743] Im Grundsatz soll damit die *god redovisningssed* den Zeitpunkt der Ertragsrealisierung bestimmen, sofern keine originären steuerlichen Regeln dem

1734 Vgl. Migdał/Namysłowski/Ziółek (2010), S. 35; Jungmann (2009), Rz. 61 f.; Kudert/Jamrozy (2010), S. 280; Adamczyk (2008), S. 330; Endres et al. (2007), S. 31 Tab. 13 u. S. 207.

1735 Vgl. Weigel (2003), S. 88.

1736 So (kritisch) Kudert/Jamrozy (1996), S. 781; vgl. auch Reith (2006), Rz. 70, der von einem „Prinzipien-Mix“ aus Zuflussprinzip und Realisationsprinzip spricht (im Original Fettdruck).

1737 Vgl. Migdał/Namysłowski/Ziółek (2010), S. 35.

1738 Vgl. Eberhartinger/Wilczynska-Stöckl (2009), S. 71; Fil (2007), S. 777 ff.; Jaruga/Schroeder (2003), S. 25.22; Kiziukiewicz/Sawicki/Winiarska (2005), S. 149; Reczek/Lachowski (2002), S. 103; Leśko (2007), S. 61.

1739 Vgl. Endres et al. (2007), S. 32 Tab. 15 u. S. 207; a. A. möglicherweise Nabiałek (2007), S. 142.

1740 Vgl. Gammie et al. (2005), S. 73.

1741 So Migdał/Namysłowski/Ziółek (2010), S. 35.

1742 Vgl. Endres et al. (2007), S. 74 Tab. 74 u. S. 574 (in Bezug auf Finanzinstrumente). Vgl. zur handelsrechtlichen Bilanzierung von Finanzinstrumenten umfassend Nabiałek (2003); im Überblick Eberhartinger/Wilczynska-Stöckl (2009), S. 66-70.

1743 Vgl. SOU 2008:80, Del 2, S. 25 f.

entgegenstehen.[1744] Diese Rechtsauffassung wird auch seitens der schwedischen Finanzverwaltung bekräftigt.[1745]

Zur Konkretisierung des Realisationsprinzips ist in Ermangelung näherer gesetzlicher Vorgaben im Wesentlichen auf die Verlautbarungen der schwedischen Standardsetzer (komplettierende Normsetzung) zurückzugreifen. Mit den beiden Rechnungslegungsstandards RR 10 und RR 11 wurde eine wesentliche Annäherung an die Ertragsrealisierungsgrundsätze des IAS 11 und IAS 18 vollzogen. Durchbrechungen zu IAS 18 sieht der nun gültige RFR 2 (2011) in seiner gegenwärtigen Fassung nur in Bezug auf die Spezialregelungen im Zusammenhang mit dem sog. schwedischen Konzernbeitragssystem[1746] vor. Damit ist IAS 18 in der handels- und steuerrechtlichen Gewinnermittlung der unter RFR 2 (2011) fallenden juristischen Personen zu berücksichtigen.[1747] Auch das schwedische Schrifttum greift zur Konkretisierung des Realisationszeitpunktes regelmäßig auf die Vorgaben des IAS 18 zurück,[1748] was den faktischen Einfluss der IFRS auf die handels- und steuerrechtliche Gewinnermittlung unterstreicht. Die Auslegung des in 2 kap. 4 § Abs. 1 Nr. 3a ÅRL verankerten Realisationsprinzips bedeutet, dass Erträge im Rahmen von Kaufverträgen nur dann als realisiert anzusehen sind, wenn im Wesentlichen die mit dem Vermögenswert verbundenen Risiken und Chancen auf den Käufer übertragen wurden. Eine Konkretisierung des 2 kap. 4 § Abs. 1 Nr. 3a ÅRL i. S. eines Barrealisationsprinzips schließt sich nach dieser Interpretation aus.[1749]

Hinsichtlich der Ertragsrealisierung bei langfristigen Auftragsfertigungen (*pågående arbeten*) besteht auf Gesetzesebene ein grundsätzliches Methodenwahlrecht, die *Percentage-of-completion*-Methode (*successiv vinstavräkning*) oder die *Completed-contract*-Methode (*färdigställandemetoden*) zur Anwendung zu bringen (4 kap. 9 u. 10 § ÅRL). Während langfristige Fertigungsaufträge nach schwedischem Bilanzrecht traditionell nach der *Completed-contract*-Methode erfasst wurden, ist auf Ebene der komplettierenden Normgebung (RR 10, RR 11 bzw. RFR 2 [2011]) inzwischen eine eindeutige Präferenz zugunsten der *Percentage-of-completion*-Methode (*successiv vinstavräkning*) in Anlehnung an IAS 11 bzw. IAS 18 zu konstatieren.[1750] Dies belegt abermals den wachsenden IFRS-Einfluss. Gleichwohl ist zu berücksichtigen, dass RFR 2 (2011) ein steuerrechtliches Ventil zu IAS 11 vorsieht, wonach von Anwendung der *Percentage-of-completion*-Methode

---

1744 Das IL enthält eine nur geringe Anzahl originärer Regeln zur Bestimmung des Realisationszeitpunkts, so z. B. in Bezug auf Kapitalgewinne (14 kap. 9 § u. 44 kap. 26-32 §§ IL) und Forderungen und Schulden in ausländischer Währung (14 kap. 8 § IL). Vgl. als Überblick SOU 2008:80, Del 2, S. 22.

1745 Vgl. Skatteverket (2011), S. 525 („Av 14 kap. 2 § IL framgår att vid beräkningen av resultatet i näringsverksamheten gäller bokföringsmässiga grunder och att inkomster ska tas upp som intäkt det beskattningsår som de hänför sig till enligt god redovisningssed, om inte någon särskild skatteregel finns").

1746 Für einen Überblick über das schwedische Konzernbeitragssystem vgl. Kahle/Schulz (2011a), S. 319-323.

1747 Vgl. SOU 2008:80, Del 2, S. 22 f.

1748 Vgl. Kellgren/Bjuvberg (2009), S. 52 f.; Rundfelt (2001), S. 2384.

1749 Zur Diskussion alternativer Realisationszeitpunkte vgl. SOU 2008:80, Del 2, S. 41 ff.

1750 Vgl. SOU 2008:80, Del 2, S. 84; ferner auch Rundfelt (2001), S. 2396 f.

aus steuerlichen Gründen abgesehen werden darf.[1751] Eine solche Abweichung (sog. *undantag*) ist auch in RR 10.45 bzw. RR 11.36 verankert.[1752]

Eigenständige steuergesetzliche Regeln zu Ertragsrealisierung bei langfristigen Fertigungsaufträgen finden sich in 17 kap. 23-33 §§ IL.[1753] Sie unterscheiden hierbei grundlegend zwischen Verträgen mit laufender Abrechnung (*löpande räkning*) und Verträgen zu einem fest vereinbarten Preis (*fast pris*).[1754] Eine solche Differenzierung wird nach RR 10 und RR 11 bzw. IAS 11 und IAS 18 indes nicht vorgenommen. Nach der Grundregel des 17 kap. 23 § IL sind die handelsrechtlichen Grundsätze der Ertragsvereinnahmung bei langfristigen Fertigungsaufträgen (*pågående arbeten*) auch in die steuerliche Gewinnermittlung zu übernehmen, wodurch ein Anwendungsfall des materiellen Zusammenhangs zwischen handels- und steuerrechtlicher Gewinnermittlung geschaffen wird (14 kap. 2 § IL). Die Vorschriften des 17 kap. 23-33 §§ IL werden dabei allerdings nur als sog. steuerrechtliche Minimalregeln (*skatterättsliga minimireglerna*) interpretiert: Führt die handelsrechtlich gewählte Methode zu einem früheren Ertragsausweis als er sich bei Anwendung der 17 kap. 23-33 §§ IL ergäbe, ist die handelsrechtliche Methode grundsätzlich auch für Zwecke der steuerlichen Gewinnermittlung bindend.[1755]

Wird ein Fertigungs- bzw. Dienstleistungsauftrag auf laufende Rechnung (*löpande räkning*) durchgeführt, ist der jeweils im Geschäftsjahr in Rechnung gestellte Betrag als Ertrag zu vereinnahmen (17 kap. 26 § IL). Man könnte dies als eine Art Teilgewinnrealisierung deuten. Nach deutschem Bilanzrechtsverständnis spricht die Anforderung einer laufenden Rechnungsstellung allerdings eher für das Vorliegen von echten Teilabnahmen, was nach IAS 11 bzw. IAS 18 nicht gefordert wird.[1756] Ein noch deutlicherer Unterschied zu den internationalen Rechnungslegungsstandards zeigt sich mit Blick auf die Ertragsvereinnahmung bei Verträgen mit Festpreisvereinbarung (*fast pris*); denn bei diesen darf es vor dem Zeitpunkt der Endabrechnung (*slutredovisning*) zu keiner Ertragsvereinnahmung kommen (17 kap. 27 ff. § IL). Im Ergebnis entspricht diese Vorgehensweise einer *Completed-contract*-Methode. Der mittelbare IFRS-Einfluss wird insofern durchbrochen.

Eine Anwendung dieser Regeln für Festpreisverträge wäre nach der Interpretation der 17 kap. 23 ff. § IL als Minimalregel ausgeschlossen, wenn in der Handelsbilanz eine Teilgewinnrealisierung nach Maßgabe von IAS 11, also eine frühere Ertragserfassung, erfolgt. Damit wird deutlich, dass die Einzelregelungen des 17 kap. 23-33 §§ IL teilweise im Konflikt zueinander stehen.

1751 Vgl. im Einzelnen Bjuvberg (2004), S. 319 f.
1752 Vgl. SOU 2008:80, Del 2, S. 84.
1753 Vgl. Skatteverket (2011), S. 526.
1754 Vgl. SOU 2008:80, Del 2, S. 77.
1755 Vgl. Bjuvberg (2004), S. 319 f.
1756 Vgl. auch Bjuvberg (2004), S. 320.

Die *Percentage-of-completion*-Methode erweist sich aus steuerlicher Sicht als nachteilig, da sie zu einer früheren Erfassung von positiven Erfolgsbeiträgen führt. Dies gilt offenkundig mit Blick auf Verträgen mit Festpreisvereinbarung (*fast pris*), aber auch bei Verträgen mit laufender Abrechnung (*löpande räkning*) könnte es zu einer vorgezogenen Ertragserfassung kommen, wenn man davon ausgeht, dass IAS 11 das Vorliegen laufender Rechnungen nicht verlangt.[1757] In Anbetracht dessen trifft die *Percentage-of-completion*-Methode in der schwedischen Literatur auf Ablehnung; sie gilt als nicht übernahmetauglich für steuerliche Zwecke.[1758] Um den steuerlichen Nachteil der *Percentage-of-completion*-Methode abzuwenden bzw. die vorteilhaften steuerlichen Regeln zur Anwendung zu bringen, ist es daher zulässig, sowohl in der handels- auch steuerrechtlichen Gewinnermittlung auf die *Completed-contract*-Methode abzustellen. Hierin liegt das den Rechnungslegungsstandards (RR 10, RR 11 und RFR 2 [2011]) inhärente steuerrechtliche Ventil (*skatterättslig ventil*) zu IAS 11 begründet.[1759] Auch die schwedische Finanzverwaltung geht im Einklang mit der höchsten Finanzrechtsprechung (*högsta förvaltningsdomstolen*) von einer regelmäßigen Nichtanwendbarkeit der *Percentage-of-completion*-Methode im Rahmen der steuerlichen Gewinnermittlung aus.[1760]

Komplex ist weiterhin die Frage der Gewinnrealisierung im Zusammenhang mit der neuerlich eingeführten Zeitwertbewertung; die steuerlichen Folgewirkungen sind nicht abschließend geklärt. Die steuerliche Behandlung von Finanzinstrumenten, die nach 4 kap. 14 a-e § ÅRL (optional) zum Zeitwert (*verkligt värde*) bewertet werden können, ist im Grundsatz von der handelsrechtlichen Bilanzierung freigekoppelt (*frikopplade området*).[1761] Aus steuerlicher Sicht wird unterschieden, ob Finanzinstrumente Bestandteil der gewöhnlichen Geschäftstätigkeit sind oder nicht. Finanzinstrumente gehören zur gewöhnlichen Geschäftstätigkeit, wenn das Unternehmen ein Wertpapiergeschäft (*värdepappersrörelse*) unterhält, wobei ein solches i. d. R. nur bei Banken oder Versicherungen (*finanzinstitutionen*) vorliegt.[1762] Für diese Steuerpflichtigen gelten spezielle, in 17 kap. 17-20c §§ IL verankerte (Bewertungs-) Vorschriften, die in gewisser Hinsicht den handelsrechtlichen Regelungen gleichen oder auf sie verweisen.[1763] Die Zeitwertbewertung soll steuerlich nur durchschlagen, wenn die Finanzinstrumente im Umlaufvermögen (*lagertillgångar*) gehalten werden (17 kap. 20 § IL). Im Fall einer Zeitwerterhöhung hätte diese eine Besteuerung unrealisierter Gewinne zur Konsequenz.[1764]

[1757] Vgl. Bjuvberg (2004), S. 320.
[1758] Vgl. Knutsson (2005), S. 513; zur Diskussion auch Bjuvberg (2004), S. 319-320; SOU 2008:80, Del 2, S. 75 ff.
[1759] Vgl. Bjuvberg (2004), S. 320.
[1760] Vgl. Skatteverket (2011), S. 525 mit Rechtsprechungshinweisen.
[1761] Vgl. Norberg (2009), S. 135; Melbi (2009), S. 3; Hilling (2007), S. 173.
[1762] Vgl. Hilling (2007), S. 59 f.
[1763] Vgl. Norberg (2009), S. 135; Melbi (2009), S. 3.
[1764] Vgl. Melbi (2009), S. 3.

Indes muss die Bewertung im Umlaufvermögen gehaltener Finanzinstrumente nicht zwingend zum *fair value* (*verkligt värde*) erfolgen. Eine Bewertung zu (fortgeführten) Anschaffungs- oder Herstellungskosten (*anskaffningsvärde*) ist statthaft, um die Besteuerung unrealisierter Gewinne zu verhindern.[1765] Diese wahlweise steuerliche Anschaffungskostenbewertung ist nicht an eine entsprechende Bewertung in der Handelsbilanz gebunden; der *frikopplade området* wird insofern um eine weitere Regelung erweitert.[1766] Wird in der Handelsbilanz erfolgswirksam zum Zeitwert (*verkligt värde*) bewertet und dadurch das Ausschüttungspotenzial erhöht, steuerlich dagegen unverändert die (fortgeführten) Anschaffungs- oder Herstellungskosten zugrunde gelegt, weicht das handelsrechtliche Ergebnis bei Zeitwerterhöhungen positiv vom steuerrechtlichen Ergebnis ab. Gelangen diese Zeitwertgewinne zur Ausschüttung, greift zur Aufrechterhaltung der „ökonomischen Doppelbesteuerung" ein spezieller Schutzmechanismus, indem die handelsrechtliche Zeitwerterhöhung insoweit auch steuerlich nachvollzogen und (nachträglich) der Besteuerung unterworfen wird (17 kap. 21 § IL).[1767] Aus ökonomischer Sicht werden diese unrealisierten Gewinne faktisch ausschüttungsgesperrt.[1768] Es ist daher auch anschaulich von einer sog. steuerlichen Ausschüttungssperre („skattemässig utdelningsspärr"[1769]) die Rede.

Für alle anderen Steuerpflichtigen, bei denen der Handel mit Finanzinstrumenten nicht zur gewöhnlichen Geschäftstätigkeit zählt und die Finanzinstrumente ihrer Art nach Kapitalvermögen (*kapitaltillgångar*) und nicht Vorratsvermögen (*lagertillångar*) darstellen, erfolgt die steuerliche Berücksichtigung von Wertänderungen nach Maßgabe der für Kapitalgewinne bzw. -verluste geltenden einkommensteuerlichen Regelungen. Wertänderungen werden hiernach im Grundsatz erst zum Zeitpunkt der Veräußerung berücksichtigt. Das Realisationsprinzip wird insoweit respektiert,[1770] das Gebot der ökonomischen Doppelbesteuerung indessen verletzt. Die handelsrechtliche Periodisierung ist (wiederum) unmaßgeblich; es liegt ein Fall der *frikopplade området* vor.[1771]

Ob und inwieweit die weiteren in 14 kap. 14f und 14g §§ ÅRL genannten Anwendungsfälle der Zeitwertbewertung (u. a. als Finanzinvestitionen gehaltene Immobilien, biologische Vermögenswerte) steuerlich ausstrahlen, ist nicht restlos geklärt und wiederum vor dem Hintergrund des Kon-

1765 Vgl. Melbi (2009), S. 3. Es müssen sich alle Unternehmen eines sog. „Interessenverbunds" für die Bewertung ihrer im Umlaufvermögen gehaltenen Finanzinstrumente enscheiden (17 kap. 20 § IL); vgl. Jasmand (2007), S. 31; Olsson (2006), S. 87.

1766 Vgl. Melbi (2009), S. 3.

1767 Vgl. Norberg (2007), S. 20; Knutsson (2005), S. 516; Kirsch/Olsson (2008), S. 755; Hilling (2007), S. 173 f.

1768 Vgl. Hilling (2007), S. 173 f.; Levin (2006), S. 43 spricht von einer „dividend-distribution-blocking-rule"; im deutschen Schrifttum Jasmand (2007), S. 31.

1769 Knutsson (2005), S. 516.

1770 Vgl. Norberg (2007), S. 20; ders. (2009), S. 135; Jasmand (2007), S. 32. Zur steuerlichen Behandlung von Finanzinstrumenten nach schwedischem Steuerrecht detailliert Hilling (2007), S. 51 ff.; im Überblick auch Hilling (2008), S. 119 ff.; Norberg (2009), S. 127 ff.

1771 Hierbei ist zu erwähnen, dass die Kategorie Vorratsvermögen (*lagertillgångar*) generell den *kopplade området* und die Kategorie Kapitalvermögen generell den *frikopplade området* betrifft. Die Unterscheidung zwischen den beiden Vermögenskategorien ist mit Blick auf die steuerlichen Wirkungen der handelsrechtlichen Zeitwertbewertung von erheblicher Bedeutung. Vgl. auch Jasmand (2007), S. 31. Die Unterscheidung wird nach eigenständigen steuerlichen Wertungen vollzogen, die handelsrechtliche Kategorisierung ist nicht maßgebend. Vgl. Melbi (2009), S. 2.

flikts zwischen der Besteuerung unrealisierter Gewinne einerseits und dem Verstoß gegen das Prinzip der ökonomischen Doppelbesteuerung andererseits zu sehen. Eine Besteuerung unrealisierter Gewinne ergäbe sich nur, wenn die in den Vorschriften genannten Vermögenswerte als Vorratsvermögen (*lagertillgångar*) qualifizieren und mithin den *kopplade området* liegen; eine steuerliche Ausschüttungssperre i. S. d. 17 kap. 21 § IL ist bei Vermögenswerten dieser Art bisher nicht vorgesehen.

6 Ertragsrealisierung nach dem Handels- und Steuerrecht des Vereinigten Königreichs im Vergleich zu IFRS

Sch. 5 par. 12 CA 1985 betont, dass Einnahmen erfolgswirksam zu erfassen sind, wenn sie am Bilanzstichtag als realisiert gelten. Zur Konkretisierung diese Grundsatzes wird auf die Rechnungslegungsstandards verwiesen (Ergänzungsregel der sec. 262 (3) CA). Einen übergeordneten Standard zur Ertragsrealisierung weisen die UK GAAP – anders als die IFRS – nicht auf. Grundlegende Vorgaben zur Gewinnrealisierung finden sich in der *Application Note G* zu FRS 5.[1772] Die in der *Application Note G* für fünf spezifische Problembereiche[1773] definierten Ertragsrealisierungsgrundsätze sind denen des IAS 18 ähnlich.[1774] Schon vor Verabschiedung der *Application Note G* wurde für Zwecke der Auslegung und Lückenfüllung auf IAS 18 Bezug genommen.[1775]

Der Realisationszeitpunkt ist in den britischen Steuergesetzen nicht eindeutig definiert.[1776] Es wird daher im Grundsatz auf die (weiten) handelsrechtlichen Ertragsvereinnahmungsgrundsätze abgestellt.[1777] Dabei sind die im *case law* entwickelten Vorgaben zu respektieren, die sich regelmäßig an den handelsrechtlichen Ertragsrealisierungsprinzipien orientieren.[1778] Allerdings hebt das *case law* seit jeher das sog. *non-anticipation of profits principle* hervor, nach dem antizipierte, d. h. unrealisierte Gewinne nicht dem steuerlichen Zugriff unterliegen.[1779] So wird etwa bei Kaufverträgen regelmäßig auf den Zeitpunkt der Lieferung bzw. Leistungserbringung abgestellt;[1780] im Rahmen von Dienstleistungsvereinbarungen wird die vollständige Erbringung der Leistung verlangt.[1781]

1772 Vgl. Kersting (2005), S. 328-330.

1773 Im Einzelnen: *long-term contractual performance*, *separation and linking of contractual arrangements* (Mehrkomponentenverträge), *bill and hold arrangements*, *sales with rights of return* sowie *presentation of turnover as principle or as agent*. Dazu z. B. Hole (2003), S. 86-90; zur Behandlung von Mehrkomponentenverträgen vgl. eingehend Fischer (2010), S. 177-179; Fürwentsches (2010), S. 68.

1774 So Freedman (2004b), S. 91: „very similar"; vgl. auch PwC (2005), S. 17: „Application Note G is considered to have moved UK accounting closer to IAS 18".

1775 Vgl. PwC (2005), S. 17 (ohne Nennung von Rechtsgrundlagen).

1776 Vgl. Oestreicher/Spengel (1999b), S. 349; Göbes (1996), S. 51.

1777 Vgl. HMRC (2006), unter 6. („In general, reporting of revenue in accounts is followed for tax purposes").

1778 Vgl. Kersting (2005), S. 330 f.

1779 Vgl. z. B. *Duple Motor Bodies Ltd. v Ostime* [1961] 39 TC 537 („it is a cardinal principle that profit shall not be taxed until realised").

1780 Vgl. Blaufus (2005), S. 118.

1781 Vgl. Oestreicher/Spengel (1999b), S. 349; Kersting (2005), S. 330; Oats/Tuck (2010), Rz. 12.6.

„[T]he timing of invoicing and payments is not relevant“[1782]. Auf ein Barrealisationsprinzip wird damit auch nach britischem Recht nicht abgestellt.

Zudem erfährt das Realisationsprinzip in einigen Bereichen eine – aus deutscher Sicht – weite Auslegung, wie dies insbesondere an der Behandlung von *long-term contracts* (langfristige Auftragsfertigung) deutlich wird. In Übereinstimmung mit IAS 11[1783] sieht auch der hierfür einschlägige SSAP 9 eine – im *matching principle* gründende[1784] – Ertragsvereinnahmung nach Maßgabe der *Percentage-of-completion*-Methode vor.[1785] Auch wenn beide Standards nicht identisch sind,[1786] bestehen zwischen ihnen keine materiellen Unterschiede.[1787]

Die im Einklang mit den GAAP (SSAP 9 bzw. IAS 11) stehende *Percentage-of-completion*-Methode findet auch im Rahmen der steuerlichen Gewinnermittlung Anwendung.[1788] Diese Ansicht hat die britische Finanzbehörde bestätigt.[1789] Eine weitere Durchbrechung des Realisationsprinzips lässt sich (aus deutscher Sicht) insbesondere bei Finanzderivaten konstatieren, indem es in bestimmten, hier nicht näher aufzuzeigenden Fällen zu einer Besteuerung unrealisierter Zeitwertsteigerungen kommt.[1790] Dabei wird für Zwecke dieser *Fair value*-Bewertung auf die GAAP (IAS 39, FRS 26) rekurriert, die sich damit implizit auch steuerlich auswirken. Allerdings bleibt zu betonen, dass eine steuerliche Erfassung von Zeitwertgewinnen nur bei bestimmten Steuerpflichtigen erfolgt, insbesondere Banken und Derivathändlern. Die britische Zeitwertbesteuerung ist damit – § 6 Abs. 1 Nr. 2b EStG vergleichbar – in ihrem persönlichen Anwendungsbereich beschränkt.[1791]

1782 Oats/Tuck (2010), Rz. 12.6.

1783 Vgl. Köhler/Rotter (1994), S. 402; Nowotny (2000), S. 41.

1784 Vgl. Schlaak (2005), S. 170.

1785 Zur *Percentage-of-completion*-Methode des SSAP 9 vgl. eingehend Schröer (1998), S. 259-314; ferner auch Nieland/Scott (1997), S. 380; dies. (1998), S. 2024; Barz (1997), S. 175 f.; Eisolt (1986), S. 1240; Küting/Hayn (1995), S. 129 f.; Köhler/Rotter (1994), S. 402; Walton (2003), S. 169. Nach Einschätzung der deutschen rechtsvergleichenden Literatur belegt diese Teilgewinnrealisierung des SSAP 9, dass das Realisationsprinzip im britischen Bilanzrecht streng am *true and fair view* orientiert ist und die Gewinnanspruchsermittlung – anders als etwa in Deutschland – hinter diesen Zweck zurücktritt. Vgl. Najderek (2009), S. 57. Nach deutscher (ausschüttungsstatischer) Anschauung handelt es sich bei der nach SSAP 9 angeordneten Teilgewinnrealisierung „eher um eine unvorsichtige Ausschüttungsermittlung und damit um eine Vernachlässigung des Gläubigerschutzzwecks“; so Fresl (2000), S. 179.

1786 So aber Kajüter et al. (2008), S. 591 Tab. 2.

1787 Zu (Detail-) Unterschieden vgl. Oats/Tuck (2010), Rz. 14.9. Es ist zudem zu beachten, dass Dienstleistungsverträge gem. dem im März 2005 verabschiedeten UITF 40 vom Anwendungsbereich des SSAP 9 ausgenommen sind. Das Verhältnis von *Application Note G* zu SSAP 9 war lange Zeit umstritten. Anders als nach IAS 18 kommt die *Percentage-of-completion*-Methode bei *service contracts* nach UK GAAP mithin nicht zum Tragen; vgl. Oats/Tuck (2010), Rz. 12.4 f.

1788 Vgl. Oats/Tuck (2010), Rz. 14.10; Obuoforibo (2010), S. 68; Schön (2004b), S. 439; Endres et al. (2007), S. 32 Tab. 15; Gammie et al. (2005), S. 26 Tab. 4 u. S. 73; Kersting (2005), S. 332 f. Oestreicher/Spengel (1999b), S. 349 gehen dabei von einer wahlweisen Anwendung der *Percentage-of-completion*-Methode aus. So auch Kersting (2005), S. 332; Göbes (1996), S. 51; Blaufus (2005), S. 118.

1789 Vgl. HMRC (2006), unter 2. Die steuerliche Übernahme der *Percentage-of-completion*-Methode dürfte aus britischer Sicht insofern folgerichtig sein, als der *True and fair view*-Grundsatz (implizit) auch im Rahmen der steuerlichen Gewinnermittlung zu respektieren ist.

1790 Vgl. grundlegend zur Besteuerung von Finanzinstrumenten nach britischem Steuerrecht Weiß (2006), insb. S. 97-136; speziell zur IFRS-Problematik Haworth/Hollis (2010), S. 23 ff.

1791 Vgl. Endres et al. (2007), S. 74 Tab. 74 u. S. 577.

7 Kritische Würdigung

7.1 Zur induktiven Übernahmetauglichkeit

Hinsichtlich des Realisationszeitpunkts im Rahmen von Kaufverträgen wird in den hier betrachteten Ländern quasi durchgehend auf den Zeitpunkt abgestellt, zu dem die vertragliche Leistungspflicht erfüllt ist und dementsprechend der Anspruch auf Gegenleistung entsteht.[1792] Insoweit kann zwar keine generelle Unvereinbarkeit mit den Ertragsrealisierungsgrundsätzen des IAS 18.14 konstatiert werden.[1793] Jedoch besteht diese faktische Harmonie nur vordergründig. Wird das Moment der Realisation an zivilrechtliche Wertungen angeknüpft und bedenkt man, dass „das Zivilrecht der Mitgliedstaaten unterschiedliche Kriterien für zum Beispiel den Übergang der Preisgefahr kennt", so ergibt sich in Abhängigkeit von dem jeweils geltenden nationalen Zivilrecht ein abweichender (steuerlicher) Realisationszeitpunkt.[1794] Einer europaweiten Vereinheitlichung der Gewinnrealisierungsgrundsätze auf Basis zivilrechtlicher Kriterien sind damit Grenzen gesetzt.[1795]

Auch die in IAS 11 und IAS 18 vorzufindende *Percentage-of-completion*-Methode erscheint wenig harmonisierungsstiftend, da sie innerhalb des hier betrachteten Mitgliedstaatenspektrums allein nach französischer und britischer Steuerrechtspraxis angewandt wird. Eine Zustimmung der anderen Mitgliedstaaten kann nicht als gesichert angesehen werden. Aber auch umgekehrt dürfte das Harmonisierungspotenzial der *Completed-contract*-Methode kaum größer sein; auch sie kann unter Harmonisierungsgesichtspunkten schlechterdings als Ideallösung bezeichnet werden (aus konzeptionell-theoretischer Sicht ist sie hingegen überlegen).

Eine Besteuerung von Gewinnen am ruhenden Vermögen erfolgt in den hier betrachteten Mitgliedstaaten nur in Ausnahmefällen. Im Bereich der Finanzinstrumente hat sich gezeigt, dass eine Besteuerung von Zeitwertgewinnen bislang ganz überwiegend nur einen kleinen Kreis von Steuerpflichtigen, die ihre Finanzinstrumente zu Handelszwecken im Umlaufvermögen halten (im Wesentlichen Banken und Finanzdienstleister), betrifft. Das erfolgswirksame *Fair value*-Modell der IFRS kann schlechterdings als gemeinsamer Ausgangspunkt i. S. einer allgemeingültigen *best practice* gewürdigt werden. Die Besteuerung von Zeitwertgewinnen ist damit zwar in ihrem faktischen Anwendungsbereich beschränkt,[1796] ihre symbolische Wirkung ist aber kaum zu unterschätzen, da sie zu einer Durchbrechung des ehemals uneingeschränkt geltenden Realisationsprinzips führt. In-

---

1792 Vgl. Wissenschaftlicher Beirat beim BMF (2007), S. 42.

1793 Vgl. Wissenschaftlicher Beirat beim BMF (2007), S. 42.

1794 Vgl. Oestreicher (2006), S. 289 (auch Zitat); vgl. auch bereits Kraft (1991), S. 74 (die dieses Problem im deutsch-amerikanischen Rechtsvergleich als entschärft betrachtet, weil die zivilrechtlichen Kriterien hinsichtlich des Preisgefahrenübergangs in beiden Ländern übereinstimmen).

1795 Vgl. zur allgemeinen Problematik Moxter (2003b), S. 44 (ohne konkreten Bezug zur CCCTB).

1796 A. A. offenbar mit Blick auf die schwedische Rechtslage Norberg (2007), S. 21. *Norberg* räumt ein, dass die Zeitwertbewertung von Finanzinstrumenten zwar als „big change" erscheinen mag, im Ergebnis aber doch nicht so gravierend sei, weil diese nur bei Finanzinstrumenten des Umlaufvermögens zur Anwendung kommt, und auch nur dann, wenn das (steuerlich eigenständige) Wahlrecht dahingehend ausgeübt wird.

sofern verwundert es nicht, dass die Besteuerung von Zeitwertgewinnen über die Mitgliedstaaten hinweg auf heftigen Protest stößt.

7.2 Zur theoretisch-konzeptionellen Übernahmetauglichkeit

Die Grundsätze des IAS 18 zur Realisierung von Erträgen im Rahmen von Kaufverträgen erscheinen aus Sicht der vereinfachten Vermögensrechnung insofern kritisch, als der Zahlungseingang grundsätzlich[1797] irrelevant ist. Einem Barrealisationsprinzip folgt IAS 18 erkennbar nicht.[1798] Aus theoretisch-konzeptioneller Sicht kann der Standard nicht überzeugen.[1799] Einem Barrealisationsprinzip i. S. d. vereinfachten Vermögensrechnung wird allerdings auch nach dem Steuerrecht der hier betrachteten Mitgliedstaaten nicht gefolgt. Die vergleichsweise höchste Zahlungsorientierung weist das polnische Gewinnermittlungsrecht in Form des modifiziertes Zufluss-/Abflussprinzips (Art. 12 PDOPrU) auf. Allerdings wird dieses punktuell durchbrochen, ohne dass dabei eine bestimmte Systematik zutage tritt. Insoweit kann auch Art. 12 PDOPrU – entgegen seinem ersten Anschein – nur bedingt mit dem Barrealisationsprinzip in Verbindung gebracht werden.

Eine Erfolgsrealisation vor der zugehörigen Zahlungsmittelbewegung, wie sie im Kontext von Kaufverträgen nach den lokalen Ertragsrealisierungsgrundsätzen quasi durchgängig vorgenommen wird, verträgt sich nur bedingt mit dem Barrealisationsprinzip. So ist vor allem die Konkretisierung des Realisationsprinzips i. S. d. Ausschüttungsstatik aus handelsrechtlichen, gläubigerschützenden Motiven heraus geboren, und nur aus dieser Blickrichtung kann das Barrealisationsprinzip als übervorsichtig kritisiert werden. Im steuerlichen Kontext indessen ist eine solche Attribution ohne Grundlage. Die Überlegenheit des Barrealisationsprinzips unter Neutralitäts- und Gleichmäßigkeitserwägungen wurde bereits belegt. Es ist vielmehr die ausschüttungsstatische Auslegungshypothese des Realisationsprinzips, die aus steuersystematischer Sicht Bedenken hervorruft. Die Kontroverse, ob das Barrealisationsprinzip auch unter handelsrechtlichen Ausschüttungsgesichtspunkten zweckgeeignet ist, mag dahingestellt bleiben.

Von dem Vorwurf des mangelnden Harmonisierungspotenzials der Ertragsrealisierung (Preisgefahrenübergang), wie er auf ein zivilrechtlich konkretisiertes Realisationsprinzip zutrifft, wäre allerdings auch das Barrealisationsprinzip nicht gänzlich frei, da die Marktleistungsabgabe als erste Teilbedingung der Gewinnrealisation dem Kriterium der Lieferung oder Leistung (Leistungshandlung) gleichkommt. Allerdings weist die zweite Teilbedingung des Barrealisationsprinzips, namentlich die Zahlungsmittelbewegung, keinen strengen zivilrechtlichen Bezug auf und gibt daher weniger Raum für eine mitgliedstaatenübergreifend abweichende Auslegung. Somit ließe sich die Har-

---

1797 Ein dem Barrealisationsprinzip gemäße Ertragsrealisierung ließe sich nach IAS 18 nur in Ausnahmefällen konstruieren, nämlich dann, wenn „zum Zeitpunkt der Entstehung der Forderung mit deren Eintreibung nicht hinreichend sicher gerechnet werden kann und diese Unsicherheit bis zum Zeitpunkt de Geldeinganges fortbesteht"; vgl. Pilhofer (2002), S. 145 (auch Zitat).

1798 So explizit Plock (2004), S. 109; vgl. auch Dahlke (2011), S. 171.

1799 So auch Dahlke (2011), S. 171.

monisierungsproblematik im Bereich der Ertragsrealisierung durch ein Abstellen auf das Barrealisationsprinzip zumindest entschärfen.

Eine dem Leistungsfortschritt bzw. Fertigstellungsgrad entsprechende Teilgewinnrealisierung (*Percentage-of-completion*-Methode) ist aus Sicht der vereinfachten Vermögensrechnung abzulehnen, weil diese die Ertragsvereinnahmung noch weiter vom Zahlungszeitpunkt wegführt und daher noch stärker mit dem Maßstab eines in Geld realisierten Reinvermögenszugangs bricht.[1800] Ein steuerlicher Zugriff auf diese unrealisierten Gewinne würde sich nur unter rigiden Prämissen nicht in eine reale Vermögensabgabe umwandeln. Richtigerweise wird eine (echte) Teilgewinnrealisierung nach deutschem, schwedischem und mutmaßlich auch polnischem Steuerrecht *de lege lata* unterbunden. Die der *Percentage-of-completion*-Methode immanente, dem dynamischen Bilanzdenken verhaftete Absicht, eine „getreuere Darstellung der Performance zu gewähren“[1801] (*revenue-expense-approach*), ist für die vereinfachte Vermögensrechnung belanglos. Auch das Argument, „the percentage-of-completion method leads to a periodical stream of revenue, avoiding high volatility of profits and losses“[1802], überzeugt nicht, wenn hinreichende Verlustausgleichsmöglichkeiten bestehen, die diese Volatilitäten kompensieren.

Es liegt in der Natur der Sache, dass eine anteilige Gewinnrealisierung auf Basis der *Percentage-of-completion*-Methode von erheblichen Ermessens- und Gestaltungsspielräumen begleitet wird.[1803] Aus betriebswirtschaftlicher Sicht sind langfristige Aufträge mit einer Vielzahl von Risiken belegt.[1804] Zwar fordern die IFRS eine verlässliche Schätzung, doch dürfte dieses Kriterium kaum hinreichend objektivieren.[1805] Die *Percentage-of-completion*-Methode im Rahmen einer steuerlichen Gewinnermittlung würde breite Selbsteinsteuerungsmöglichkeiten eröffnen und damit eklatant gegen den Gleichmäßigkeitsgrundsatz verstoßen. Eine Teilgewinnrealisierung i. S. d. IAS 11 und IAS 18 sollte keinesfalls in ein harmonisiertes Regelwerk zur steuerlichen Gewinnermittlung eingehen,[1806] stattdessen die *Completed-contract*-Methode vorgezogen werden.[1807] Das Barrealisations-

---

1800 Vgl. Schneider (2003a), S. 201; Löhr (2003), S. 648.

1801 Wüstemann/Kierzek (2005a), S. 429.

1802 So Schön (2004b), S. 439, der allerdings differenziert und die steuerliche Tauglichkeit der *Percentage-of-completion*-Methode im Ergebnis offen lässt. Für die *Completed-contract*-Methode dagegen explizit ders. (2005c), S. 100.

1803 Dass das IASB von seiner *Percentage-of-completion*-Methode inzwischen selbst nicht mehr überzeugt ist, zeigen die neuerlichen Reformbestrebungen im Bereich des *revenue recognition* (ED/2010/6). Konkret ist eine Aufgabe der *Percentage-of-completion*-Methode beabsichtigt. Hierzu im Einzelnen Hommel/Schmitz/Wolf (2007), S. 1012 ff.; Wüstemann (2010), S. 1194 ff.

1804 Vgl. Kahle (2001a), S. 1202. *Kahle* unterscheidet im Einzelnen Unternehmensrisiko, Absatzrisiko, Angebotsrisiko, Mengen- und Preisermittlungsrisiko, Kalkulationsrisiko, Funktionsrisiko, Gewährleistungsrisiko, Terminrisiko, Zahlungsrisiko, Währungsrisiko sowie politische Risiken.

1805 Zu den vielfältigen Ermessens- und Gestaltungsspielräumen vgl. z. B. Wüstemann/Kierzek (2005a), S. 429; Dobler (2006), S. 168 f.; Pottgießer/Velte/Weber (2005), S. 310 ff.; Hennrichs (2006b), S. 702.

1806 Gleichfalls ablehnend vgl. Spengel (2009), S. 107; ders. (2006b), S. 682; ders. (2004a), S. 114; ders. (2004d), S. 147; ders. (2003b), S. 34; Kahle (2002c), S. 215; ders. (2002d), S. 186; ders. (2001a), S. 1205 f.; Dahlke/Kahle (2009), S. 232; Dahlke (2011), S. 172 ff.; Kahle/Dahlke/Schulz (2008), S. 279; Wendt (2009), S. 117; offen Oestreicher (2006), S. 290 („Eine Gewinnrealisierung nach dem Auftragsfortschritt widerspricht nicht den steuer-

prinzip ist dabei uneingeschränkt zu respektieren; so sollte auch die Anwendung der *Completed-contract*-Methode nicht zu einer „Ertragsvorverrechnung gegenüber dem Einnahmenzufluß“[1808] führen.[1809] Frankreich und das Vereinigte Königreich müssten demnach ihre bisherige steuerrechtliche Praxis aufgeben, mit Blick auf Deutschland, Schweden und wohl auch Polen ergäbe sich keine Umstellung.

Nicht nur die dynamische, sondern auch – oder vor allem – die zeitwertstatische Interpretation des Realisationsprinzips (IAS 39, IAS 40, IAS 41) ist für steuerliche Zwecke inakzeptabel.[1810] Denn eine Besteuerung dieser zeitwertstatischen Gewinne brächte es mit sich, dass der „zeitliche[.] Abstand zwischen Gewinnrealisation und Zahlung“ und mithin „das Maß der Ungleichbehandlung von Beziehern von Überschusseinkünften gegenüber Bilanzierenden“ weiter zunähme.[1811] Die Liquiditätsproblematik würde sich noch weiter verschärfen.[1812] Der Vorwurf der Gleichmäßigkeitsverletzung gilt umso mehr, als sich *fair values* wohl allgemein einer objektivierten Ermittlung entziehen.[1813] Eine Besteuerung unrealisierter Gewinne würde zusätzlich mit dem verfassungsrechtlichen Gebot einer eigentumsschonenden Besteuerung (Art. 14 GG) brechen, wie dies aus verfassungsrechtlicher Sicht regelmäßig angemerkt wird.[1814] Die Kritik, “the IAS/IFRS will only provide for a

lichen Gewinnermittlungsgrundsätzen“). Ebenfalls gegen eine steuerliche Übernahme der *Percentage-of-completion*-Methode (nicht aus der vereinfachten Vermögensrechnung heraus argumentierend): Schildbach (2007a), S. 94; Breithecker/Klapdor/Rokitta (2007), S. 153; Mössner (2007), S. 186; Schreiber, J. (2005), S. 1353; Hennrichs (2001), S. 317; Lenz (2008), S. 220-223; Binnewies (2010), S. 497; Winkeljohann (2006), S. 422; Kirsch, H.-J. (2003), S. 276; Euler (2000), S. 197; Strunk (2003), S. 402; Winkelmann (2007), S. 59-61; Tanski (2006), S. 305; Czakert (2008), S. 440; ders. (2007), S. 203. A. A. (für die steuerliche Geltung der *Percentage-of-completion*-Methode) Prinz (2006b), S. 296; ders. (2011a), S. 166; ders. (2010c), S. 2075 (dagegen aber noch ders. [2003], S. 1361); ferner auch Egger (2008), S. 540; Köhrle (2010), S. 174; Bohl (2004b), S. 2382; ders. (2004a), S. 238; im internationalen Schrifttum z. B. Freedman/Macdonald (2008), S. 258 f.; differenzierend Esterer (2005), S. 121-123.

1807 Vgl. auch Wissenschaftlicher Beirat beim BMF (2007), S. 43; Herzig (2000a), S. 77 f.; ders. (2000b), S. 114.

1808 Pannen (2000), S. 235.

1809 Ebenfalls für die *Completed-contract*-Methode aus Sicht einer zahlungsorientierten Gewinnermittlung spricht sich z. B. Kahle (2001a), S. 1207 aus.

1810 Zur Kritik aus dem Blickwinkel der vereinfachten Vermögensrechnung vgl. Kahle (2005), S. 11; ders. (2002d), S. 186; ders. (2002c), S. 215; Dahlke/Kahle (2009), S. 234; Spengel/Malke (2008), S. 70; Spengel (2006b), S. 683; ders. (2004a), S. 114; ders. (2004d), S. 147; ders. (2003b), S. 34; im weiteren Schrifttum ebenfalls gegen eine *Fair value*-Bewertung für steuerliche Zwecke: Schön (2005c), S. 93-97; Köhrle (2010), S. 174; Baumgärtel (2008), S. 95; Bohl (2004b), S. 2382; Arnold (2005), S. 150; Binnewies (2004), S. 605; Breithecker/Klapdor/Rokitta (2007), S. 157; Eberhartinger (2005), S. 30 f.; Eberhartinger/Ruprecht (2008), S. 236; Eberhartinger/Klostermann (2007), S. 145 f.; Esterer (2005), S. 123 f.; Herlinghaus (2005), S. 1194; Kirsch, H.-J. (2003), S. 276; Mössner (2007), S. 186; Schaumburg (2004), S. 549; Schreiber, J. (2005), S. 1353; Prinz (2006b), S. 289 f.; ders. (2010c), S. 2075; ders. (2006a), S. 571; Binnewies (2010), S. 497; Rädler (2003), S. 469; von der Laage/Reusch (2009), S. 247 f.; Pottgießer (2006), S. 287 f.; Jensen-Nissen (2007), S. 65; Hennrichs (2001), S. 316; Herzig (2006d), S. 560; Kußmaul (2005), S. 196; Kußmaul/Zabel (2005), S. 800 f.; Schildbach (2007a), S. 94; Mayr (2008a), S. 88; Zeitler (2003), S. 1531; Schmiel (2007b), S. 14 f.; Winkeljohann (2006), S. 422; Grotherr (2003a), S. 262; Hauser/Meurer (1998), S. 278; Strunk (2003), S. 402; Haverals (2007), S. 72; Treisch (2011), S. 148; Neale/Diemer (2004), S. 89. A. A. (Mindermeinung) z. B. Báez Moreno/Kaiser (2007), S. 172 ff.

1811 Streim/Esser (2003b), S. 785 (beide Zitate); vgl. auch dies. (2004), S. 137.

1812 Vgl. Köhrle (2010), S. 176.

1813 Zur Fundamentalkritik vgl. Streim/Bieker/Esser (2005), S. 102-104; Treisch/Müßig (2008), S. 113. Fragen der Entscheidungsrelevanz des *Fair value* sind für steuerliche Zwecke unbeachtlich und sollen im Folgenden nicht diskutiert werden.

1814 Vgl. Hennrichs (2004), S. 131 f.; Helios/Schlotter (2010), S. 877; Helios/Schlotter (2009), S. 552; Schön (2005c), S. 23; Herzig (2005b), S. 217; Wehrheim/Lenz (2005), S. 460; Gros (2010), S. 100; Niemann (2005), S. 43; Möhlmann-Mahlau/Gerken/Grotheer (2004), S. 920; Krawitz/Kalbitzer (2008), S. 163; Köhrle (2010), S. 240 und passim; Arnold (2005), S. 154 f.; a. A. indes Pietsch (2007), S. 297 ff.

practical 'starting point' for a common consolidated tax base if fair value accounting does not become the paramount standard for the valuation of assets and liabilities"[1815], erscheint berechtigt: Negativ formuliert dürfte die steuerliche Tauglichkeit der IFRS in dem Maße abnehmen, in dem sich das Normengefüge verstärkt dem *asset-liability-approach* zuwendet.[1816] Bei einer (künftigen) Alleinausrichtung der IFRS an diesem Bilanzierungsleitbild wäre ihnen in der Tat eine generelle Systemuntauglichkeit für Zwecke der steuerlichen Gewinnermittlung zu attestieren.[1817]

Zusammenfassend können die Ertragsrealisierungskriterien der IFRS weder aus Harmonisierungs- noch aus konzeptionell-theoretischer Sicht zur Übernahme empfohlen werden. Zurückzuweisen sind dabei vor allem die *Percentage-of-completion*-Methode sowie das erfolgswirksame *Fair value*-Modell. Aber auch die nationalstaatlichen Gewinnrealisierungsgrundsätze, die sich von den IFRS distanzieren, überzeugen aus Sicht der vereinfachten Vermögensrechnung nur bedingt. Das Barrealisationsprinzip erscheint unter Gleichmäßigkeits- und Neutralitätserwägungen noch immer überlegen. Um eine realistische, gleichwohl wesentliche konzeptionell-theoretische Verbesserung im Bereich der Gewinnerzielung zu erreichen, müssten die Mitgliedstaaten ihre bisherigen Gepflogenheiten aufgeben, was für die Mitgliedstaaten (mit Ausnahme von Polen) eine nicht unproblematische Bedingung darstellt.

II. Materielles Anlagevermögen

1 Aktivierungsregeln

1.1 Aktivierung des materiellen Anlagevermögens nach IFRS

Die Bilanzierung von Sachanlagen wird im Normengefüge der IFRS im Wesentlichen durch IAS 16 geregelt.[1818] Sachanlagen werden in IAS 16.6 bestimmt als materielle[1819] Vermögenswerte (*assets*), die ein Unternehmen für Zwecke der Herstellung oder der Lieferung von Gütern und Dienstleistungen, zur Vermietung an Dritte oder für Verwaltungszwecke hält und die erwartungsgemäß länger als eine Periode[1820] genutzt werden.[1821] Trotz dieses Versuchs einer Definition bleibt der genaue

[1815] So Schön (2004b), S. 439; zustimmend Essers (2006), S. 362; ders. (2008b), S. 379.

[1816] Vgl. Oestreicher (2006), S. 289.

[1817] So Fülbier (2006b), insb. S. 234 ff.

[1818] Daneben sind IAS 20, 21, 23 und IAS 36 zu beachten; vgl. Theile (2009d), Rz. 1100 f. IAS 16 ist nicht anwendbar auf Sachanlagen, die gem. IFRS 5 als zur Veräußerung bestimmt eingestuft werden, biologische Vermögenswerte, die mit einer landwirtschaftlichen Tätigkeit im Zusammenhang stehen (IAS 41), den Ansatz und die Bewertung von Vermögenswerten aus Exploration und Evaluierung (IFRS 6) sowie auf Abbau- und Schürfrechte sowie Bodenschätze, wie Öl, Erdgas und ähnliche nicht-regenerative Ressourcen (IAS 16.3). Auf Grundstücke, die als Finanzinvestitionen gehalten werden, ist IAS 40 anzuwenden. Den Ansatz von Sachanlagen im Rahmen von Leasingverhältnissen regelt IAS 17.

[1819] Materialität i. S. d. IAS 16 setzt eine körperliche oder physische Substanz voraus.

[1820] Offen ist, ob damit eine Nutzung über mindestens zwölf Monate oder eine (kürzere) Nutzung über zwei Geschäftsjahre gemeint ist; zur Diskussion Ballwieser (2009d), S. 52.

Umfang des Sachanlagevermögens vage, zumindest aber der Einzelfallprüfung überlassen.[1822] Die Definition einer Sachanlage als langfristig genutzter *Vermögenswert* impliziert, dass diese Vermögenswerteigenschaften aufweisen muss, um einer Aktivierung zugänglich zu sein. Auf eine eigenständige Definition wird in IAS 16 verzichtet; es ist daher auf die allgemeinen Kriterien des *Framework* abzustellen.[1823]

Das Framework zeigt ein zeitwertstatisches Verständnis des Vermögenswertbegriffs.[1824] Ein Vermögenswert ist nach F.1989.49 (a) bzw. F.2010.4.4 (a) eine Ressource, die „auf Grund von Ereignissen der Vergangenheit in der Verfügungsmacht des Unternehmens steht, und von der erwartet wird, dass dem Unternehmen aus ihr künftiger wirtschaftlicher Nutzen zufließt" (Definitionskriterien). Anhand des Kriteriums des vergangenen Ereignisses soll eine Abgrenzung vorgenommen werden zwischen eingetretenen und künftigen Ereignissen, Ergebnissen und Geschäftsvorfällen. Es ist Ausdruck des Stichtagsprinzips.[1825] Die bloße Absicht, eine Sachanlage zu erwerben, begründet keinen Vermögenswert (F.1989.58; F.2010.4.13), so wie auch das Nichtvorliegen einer Ausgabe die Existenz eines Vermögenswerts nicht ausschließt (F.1989.59; F.2010.4.14).[1826]

Indem nur solche Ressourcen, die in der Verfügungsmacht des Unternehmen stehen, einer Vermögenswertaktivierung zugänglich sind, soll offenbar eine objektivierte Werthaltigkeit belegt werden.[1827] Das zivilrechtliche Eigentum stellt indes keine abschließende Bedingung für das Vorliegen von Verfügungsmacht dar (F.1989.57; F.2010.4.12); dies ist Ausdruck des *Substance over form*-Grundsatzes.[1828] Der künftige wirtschaftliche Nutzen, das „zentrale Element"[1829] der allgemeinen Vermögenswertdefinition, wird vage definiert als das Potenzial, direkt oder indirekt zum Zufluss von Zahlungsmitteln oder Zahlungsmitteläquivalenten zum Unternehmen beizutragen. Der künftige

---

1821 Zum Begriff des Sachanlagevermögens vgl. Franke/Hommel (2006), S. 66 f.; Bieg et al. (2006a), S. 130 f.; zur (unscharfen) Abgrenzung gegenüber Vorratsvermögen vgl. Freiberg (2011), S. 51 f.

1822 Vgl. kritisch Dutzi (2009), S. 101.

1823 Vgl. Bieg et al. (2009a), S. 140; dies. (2006a), S. 133; Dutzi (2009), S. 104; Müller (2008), S. 409; Coenenberg/Haller/Schultze (2009), S. 167.

1824 Vgl. Wüstemann/Bischof/Kierzek (2007a), Abt. I/3 Rz. 128; Schildbach (2010b), S. 298; Jensen-Nissen (2007), S. 74; Blasius (2006), S. 268 f.; Jonas/Elprana (2011), § 246 HGB Rz. 29; in der Tendenz auch Jacobi (2003), S. 78-81. Entgegen einer verbreiteten Ansicht im Schrifttum gründet die Aktivierungskonzeption der IFRS mithin nicht in der dynamischen Bilanzauffassung. So aber Baetge/Beermann (1998), S. 162 f.; Baetge/Zülch (2010), Abt. I/2 Rz. 268; Jacobs (2002), Sp. 2514; Jacobs/Braunagel/Spengel (2006), S. 5999 f.; Thiele (2002), § 246 HGB Rz. 525; Fülbier/Gassen (2007), S. 2609; Schnorr (2004), S. 310 und passim; Bieg et al. (2009a), S. 77; Lenz (2008), S. 152; Wagner, F. W. (2002a), Sp. 107; Dahlke (2011), S. 181; Lutz/Schlag (2010), Abt. I/4 Rz. 58; Fuchs (2008), S. 66; Buchholz/Weis (2002), S. 515; Luttermann (2010a), S. 349; Schreiber, J. (2005), S. 1354; Zornoza/Báez (2008), S. 281; Tiedchen (2006), Abt. II/11 Rz. 129; Herzig (2000a), S. 77; zutreffend dagegen ders. (2004a), S. 61 mit Hinweis auf den *asset-liability-approach*; abwägend Hettich (2007), S. 8.

1825 Vgl. Brinkmann (2006), S. 107.

1826 Vgl. Bieg et al. (2009a), S. 75.

1827 Vgl. Wüstemann/Neumann/Duhr (2011), S. 33; Wüstemann/Neumann (2011), S. 818. Unter welchen Bedingungen Verfügungsmacht gegeben ist, „dürfte weniger bei Sachen (Leasing ausgenommen) und Rechten als bei immateriellen Posten ein Problem" darstellen; so Ballwieser (2009d), S. 49. Insofern erklärt es sich, dass IAS 16 im Gegensatz zu IAS 38 keine diesbezüglichen Vorgaben enthält.

1828 Vgl. Ballwieser (2009b), B 131 Rz. 66; Bieg et al. (2009a), S. 75; Brinkmann (2006), S. 107; Jacobi (2003), S. 76.

1829 Theile (2009b), Rz. 304; vgl. auch Treisch (2011), S. 147; Hennrichs (2006b), S. 700; Köhrle (2010), S. 187; Jacobi (2003), S. 73; Oestreicher/Spengel (2007), S. 441; Steiner/Gross (2004), S. 557.

wirtschaftliche Nutzen könne sich allerdings auch in der Fähigkeit zeigen, den Mittelabfluss zu verringern (F.1989.53; F.2010.4.8).[1830] Die vorgenannten Definitionskriterien werden in der Literatur als abstrakt und tautologisch kritisiert; der künftige Nutzenzufluss sei eben „das Kennzeichen jeder (werthaltigen) Ressource". Auch der Rekurs auf das vergangene Ereignis sei insofern gehaltlos, als ohne ein solches „kaum irgendein ökonomischer Effekt entstehen"[1831] könne.

Neben diesen Definitionskriterien setzt die Aktivierung von Sachanlagen das Vorliegen von zwei zusätzlichen *Ansatzkriterien* voraus. Es muss zum einen hinreichend wahrscheinlich sein, dass der künftige wirtschaftliche Nutzen zufließt, zum anderen müssen die Anschaffungs- oder Herstellungskosten des Vermögenswerts verlässlich bewertet werden können (F.1989.83; F.2010.4.38).[1832] Die Wahrscheinlichkeit des Nutzenzuflusses bleibt nach den Ausführungen des *Framework* und IAS 16 insgesamt unbestimmt, wodurch dem Steuerpflichtigen erhebliche Ermessensspielräume eröffnet wären.[1833] Eine überzeugende Problemlösung ist bislang nicht gelungen.[1834] Das zweite Ansatzkriterium, die verlässliche Bewertbarkeit, soll schon erfüllt sein, wenn der Wert sich wenigstens im Wege einer Schätzung angeben lässt (F.1989.86; F.2010.4.41). An das Kriterium sind demnach „keine überzogenen Anforderungen"[1835] zu richten. Es dürfte regelmäßig keine Ansatzblockade begründen. Auch die Regelungsschärfe dieses Kriteriums wird in der Literatur mit Recht in Abrede gestellt.[1836] Der *Asset*-Begriff bleibt mithin auch unter Einbeziehung dieser weiteren Ansatzkriterien – Wahrscheinlichkeit des Nutzenzuflusses, zuverlässige Bewertbarkeit – auslegungsoffen.[1837]

1.2 Aktivierung des materiellen Anlagevermögens nach dem Handels- und Steuerrecht Deutschlands im Vergleich zu IFRS

Eine Gegenüberstellung der Aktivierungsvoraussetzungen für sächliche Vermögensgegenstände des Anlagevermögens[1838] mit dem eben skizzierten Vermögenswertbegriff der IFRS ist mit der Schwierigkeit konfrontiert, dass der Terminus Vermögensgegenstand auch nach dem BilMoG nicht legal

1830 Betont wird, dass dieser Nutzen „auf verschiedene Weise zufließen" könne; dazu (kritisch) Brinkmann (2006), S. 107 f.

1831 So Lüdenbach/Hoffmann (2011), § 1 Rz. 86 (beide Zitate).

1832 Vgl. auch z. B. Lüdenbach/Hoffmann (2011), § 1 Rz. 87. Diese Ansatzkriterien finden sich wortgleich in IAS 16 wieder (IAS 16.7).

1833 Vgl. Ballwieser (2009d), S. 49; Wüstemann/Bischof/Kierzek (2007a), Abt. I/3 Rz. 129; Brinkmann (2006), S. 108 f.; Bieg et al. (2009a), S. 77 f.; Bieg/Käufer (2009), S. 13; Theile (2009b), Rz. 304; Franke/Hommel (2006), S. 68.

1834 Der in der Literatur regelmäßig unternommene Versuch, Wahrscheinlichkeitsschwellen zu quantifizieren, erscheint einerseits naheliegend, um der Norm zur Praktikabilität zu verhelfen; eine solche Quantifizierung läuft aber andererseits auch stets Gefahr, Scheingenauigkeiten zu vermitteln. Zur Diskussion vgl. insb. Scheinpflug (2009b), § 5. Rz. 12; Brinkmann (2006), S. 108 f.

1835 So Franke/Hommel (2006), S. 68.

1836 Vgl. insbes. Brinkmann (2006), S. 109 f.

1837 Vgl. nur Lutz/Schlag (2010), Abt. I/4 Rz. 53.

1838 Zur Abgrenzung von Anlage- und Umlaufvermögen nach deutschem Bilanzrecht vgl. z. B. Kußmaul/Huwer (2010), S. 2471 ff.; dies. (2011), S. 290 ff.; Braun (2011b), § 247 HGB Rz. 27-33; Wohlgemuth (2008), S. 1168 ff. Die handelsrechtliche Abgrenzung gilt auch für Zwecke der steuerlichen Gewinnermittlung; vgl. Hey (2010b), § 17 Rz. 150.

definiert ist[1839] und es damit an einem eindeutigen Maßstab des Rechtsvergleichs mangelt.[1840] Der steuerliche Bilanzansatz wird im Grundsatz vom Handelsrecht bestimmt.[1841] So ist nach § 5 Abs. 1 S. 1 EStG in der Steuerbilanz dasjenige Betriebsvermögen anzusetzen, das nach den handelsrechtlichen GoB auszuweisen ist. Dass das Steuerrecht den abweichenden Terminus Wirtschaftsgut verwendet, steht dieser Übernahme nicht entgegen.[1842] Folglich wird die Rechtsunsicherheit über die inhaltliche Ausfüllung des Vermögensgegenstandsbegriffs in die steuerliche Gewinnermittlung hineingetragen. Über das Verhältnis von Vermögensgegenstand und Wirtschaftsgut herrscht Streit;[1843] die h. M. geht von einer (weitgehenden) Identität der beiden Begriffe aus.[1844] Der Vermögens- bzw. Wirtschaftsgutbegriff ist damit auf Basis der GoB auszulegen. Es lassen sich im Wesentlichen „zwei grundsätzlich verschiedene“[1845] Aktivierungslehren unterscheiden, die beide für sich GoB-Konformität beanspruchen.

Die h. M. rekurriert zur Abgrenzung des (handelsrechtlichen) Vermögensgegenstandes auf das Kriterium der selbstständigen Verkehrsfähigkeit; dieses wird indes uneinheitlich i. S. einer abstrakten bzw. konkreten Einzelveräußerbarkeit, noch öfter i. S. einer selbstständigen Verwertbarkeit ausgedeutet.[1846] Die Forderung nach Einzelverwertbarkeit – gleich welcher Ausdeutung – beruft sich zumeist auf die Schuldendeckungskontrolle, die den Primärzweck der handelsbilanziellen Gewinnermittlung bilde.[1847] Auch der deutsche Gesetzgeber hat sich im Zuge des BilMoG nun „unmissverständlich“[1848] zur selbstständigen Verwertbarkeit bekannt, ohne diese gesetzlich zu verankern.[1849] Autoren, die sich bereits vor dem BilMoG für die Einzelverwertbarkeit als zentrale Aktivierungseigenschaft eines Vermögensgegenstandes ausgesprochen haben, sehen sich gestärkt.[1850] Das BilMoG hat aus dieser Sicht zu keiner Annäherung des handelsrechtlichen Vermögensgegenstandsbegriffs

1839 Vgl. Hennrichs (2010c), S. 18; ders. (2009b), S. 586; Schülke (2010), S. 992; Schüttler/Berthold (2011), S. 934; Wehrheim/Fross (2010a), S. 75; Thiele (2002), § 246 HGB Rz. 31; Jonas/Elprana (2010), § 246 HGB Rz. 8; Hoffmann/Lüdenbach (2011), § 246 HGB Rz. 8; Kußmaul/Ollinger (2011), S. 284.

1840 Vgl. Lüdenbach/Freiberg (2009), S. 147.

1841 Vgl. Mellwig (1983), S. 1619.

1842 Vgl. Kahle/Günter (2008), S. 73; Thiele (2002), § 246 HGB Rz. 32; Hey (2010b), § 17 Rz. 91; Schön (2005c), S. 69; dies gilt nach dem BilMoG unverändert, vgl. Lutz/Schlag (2010), Abt. I/4 Rz. 38.

1843 Vgl. Buciek (2010), § 5 EStG Rz. 303; Sommerhoff (2010), S. 67.

1844 Zum Diskussionsstand vgl. insb. Kahle/Günter (2008), S. 77-82; Kußmaul/Ollinger (2011), S. 286.

1845 Baetge/Kirsch/Thiele (2011), S. 157.

1846 Vgl. zur Diskussion Arbeitskreis Bilanzrecht der Hochschullehrer Rechtswissenschaft (2008c), S. 157; Fülbier/Gassen (2007), S. 2609; Baetge/Kirsch/Solmecke (2009), S. 1215; Zwirner/Künkele (2009), S. 642; Reinke (2010), S. 6; Müller (2010), S. 7; Castedello/Kreher (2010), S. 70; Kußmaul/Ollinger (2011), S. 284; Mindermann (2008), S. 273; ders. (2010), S. 659; Keller (2009), S. 100; Küting/Pfirmann/Ellmann (2008), S. 690; Küting/Ellmann (2009), S. 268 f.; Laubach/Kraus/Bornhofen (2009), S. 20; Hülsberg/Thiele (2010), S. 692 f.; Dobler/Kurz (2008), S. 486; Dörner/Neubert (2008), S. 451; Oser/Wader (2008), S. 17; Tiedchen (2006), Abt. II/11 Rz. 129; Wulf (2010), S. 333; Mujkanovic/Raatz (2008), S. 248 f.; Braun (2011a), § 246 HGB Rz. 14; Thiele (2002), § 246 HGB Rz. 43-46; Hey (2010b), § 17 Rz. 91; Kozikowski/Huber, F. (2010), § 247 HGB Rz. 377; Sommerhoff (2010), S. 59 ff.; Schüttler/Berthold (2011), S. 934; zum Streitstand insb. Kahle/Günter (2008), S. 70 ff.; Rade/Stobbe (2009), S. 1111 f.

1847 Vgl. Lutz/Schlag (2010), Abt. I/4 Rz. 3 ff.; Schülke (2010), S. 993.

1848 Rade/Stobbe (2009), S. 1112.

1849 Vgl. auch Kozikowski/F. Huber (2010), § 247 HGB Rz. 377; Gelhausen/Fey/Kämpfer (2009), § 248 Abs. 2 HGB Rz. 58; Radde/Stobbe (2009), S. 1112; Arbeitskreis Bilanzrecht der Hochschullehrer Rechtswissenschaft (2008c), S. 157; Hennrichs (2010c), S. 18.

1850 Vgl. z. B. Lutz/Schlag (2010), Abt. I/4 Rz. 41.

an die Vermögenswertkonzeption nach IFRS geführt.[1851] Die Einzelverwertbarkeit ist kein Aktivierungsmerkmal der IFRS.[1852] Eine Heranziehung des *Asset*-Begriffs für Auslegungszwecke erscheint damit „weder möglich noch geboten“[1853].

Indessen lehnen Vertreter der Ausschüttungsstatik die Aktivierungskriterien der Einzelverwertbarkeit, Einzelveräußerbarkeit sowie Einzelvollstreckbarkeit mit der Begründung ab, dass der Sinn und Zweck des handelsrechtlichen Jahresabschlusses nicht (primär) in einer zerschlagungsstatischen Schuldendeckungskontrolle, sondern in der Ermittlung eines ausschüttungsfähigen Gewinns unter der Annahme der Unternehmensfortführung liege.[1854] Vielmehr seien die in der ständigen Rechtsprechung des BFH entwickelten Aktivierungsvoraussetzungen auch für die Handelsbilanz maßgebend.[1855] Auch Vertreter dieser Denkrichtung reklamieren, dass das BilMoG keine Veränderung des Vermögensgegenstands- bzw. Wirtschaftsgutsbegriffs herbeigeführt habe.

Die höchstrichterliche Rechtsprechung beurteilt das Vorliegen eines Wirtschaftsguts bzw. Vermögensgegenstandes gegen den Gesetzgeber und die h. M. in der Literatur.[1856] Einzelveräußerbarkeit bzw. Einzelverwertbarkeit ist nach der Judikatur des BFH kein Begriffsmerkmal des (positiven) Wirtschaftsguts.[1857] Vielmehr ist die Wirtschaftsguteigenschaft nach Ansicht des BFH gegeben, wenn ein vermögenswerter Vorteil (Vermögenswertprinzip) besteht, der greifbar (Greifbarkeitsprinzip) sowie selbstständig bewertbar (Prinzip selbstständiger Bewertbarkeit) ist.[1858] Diese Kriterien sollen im Folgenden dem *Asset*-Begriff gegenübergestellt werden.

1851 Vgl. Hennrichs (2008d), S. 481; ders. (2010c), S. 19; Kahle/Günter (2008), S. 82 f.

1852 Zur Diskussion vgl. unten, 4. Kap. III. 1.2.

1853 Sommerhoff (2010), S. 69 f. (Zitat auf S. 70); vgl. auch Hennrichs (2011b), S. 869.

1854 Vgl. Wüstemann (2010), S. 2365; Jäger (1996), S. 53-58.

1855 Diese Ansicht stützt sich auf das Argument, dass der BFH im Rahmen seiner Vorabfragenkompetenz „im Regelfall handelsrechtliche Grundsätze ordnungsmäßiger Buchführung aus[lege] und [.] diese wertend und somit bindend auch für die Handelsbilanz [konkretisiere]“. Die Begriffe Vermögensgegenstand und Wirtschaftsgut seien daher „zwingend identisch“; Wüstemann/Wüstemann (2010a), S. 755 (erstes Zitat; im Original teilw. kursiviert) u. S. 761 (zweites Zitat); vgl. auch z. B. Moxter (2002), S. 245. Kritisch zu dieser Auffassung z. B. Lutz/Schlag (2010), Abt. I/4 Rz. 46: „Der BFH verleiht in formaler Befolgung des Maßgeblichkeitsbefehls dem Wirtschaftsgut den Titel Vermögensgegenstand (‚Vermögensgegenstand = Wirtschaftsgut‘), unterschiebt jedoch gleichzeitig dem Vermögensgegenstand den materiellen Inhalt des Wirtschaftsguts“; zur Kritik auch Costede (1995), S. 116.

1856 Vgl. Hommel/Berndt (2009), S. 2192.

1857 Vgl. Hey (2010b), § 17 Rz. 92; Lutz/Schlag (2010), Abt. I/4 Rz. 47; Ballwieser (2011), S. 590; Weber-Grellet (2011), § 5 EStG Rz. 95; Mellwig (1983), S. 1619; Kahle/Günter (2008), S. 73 f., Laubach/Kraus/Bornhofen (2009), S. 20; Drescher (2002), S. 122; Hennrichs (1999a), S. 147.

1858 Vgl. Moxter (2007a), S. 6-9; Ballwieser (2009b), B 131 Rz. 16; ders. (2011), S. 590; Kahle/Günter (2008), S. 73-77. Gegenüber dem Kriterium der selbstständigen Verwertbarkeit wird der Umfang der zu aktivierenden Güter durch das Abstellen auf Greifbarkeit und selbstständige Bewertbarkeit ausgeweitet, da „selbständig verwertbare Güter stets auch bewertbar und bilanziell greifbar sind, während umgekehrt bewertbare und bilanziell greifbare Güter nicht notwendigerweise auch selbständig verwertbar sein müssen“. So Baetge/Zülch (2010), Abt. I/2 Rz. 86; vgl. auch Sommerhoff (2010), S. 68; Kußmaul/Ollinger (2011), S. 286.

Das aus dem Prinzip wirtschaftlicher Betrachtungsweise[1859] fließende Vermögenswertprinzip[1860] besagt, dass die Existenz von Sachen und Rechten weder hinreichende noch notwendige Aktivierungsvoraussetzung ist; aktivierungsfähig sind in „jahrzehntelanger ständiger Rechtsprechung des RFH und des BFH“[1861] vielmehr „auch tatsächliche Zustände, konkrete Möglichkeiten und sämtliche Vorteile für den Betrieb“ (rein wirtschaftliche Güter[1862]), falls diese „einen zukünftigen Ertragswertbeitrag erwarten und sich als Einzelheit hinreichend konkretisieren lassen“[1863]. Entscheidend ist, dass der wirtschaftliche Vermögenswert direkt oder indirekt zukünftige Nettoeinnahmen verkörpert.[1864] In dieser Hinsicht ist das geforderte Merkmal des künftigen wirtschaftlichen Nutzens eben nicht bloß nach IFRS, sondern „auch nach überkommenem deutschen Bilanzrecht ein zentrales Vermögensgegenstandskriterium“[1865]. Ein „entscheidender Unterschied“ zwischen den Aktivierungskonzeptionen dürfte allerdings darin liegen, dass der *Asset*-Begriff der IFRS wesentlich mehr Ermessensspielräume im Hinblick auf die Wahrscheinlichkeit des Nutzenzuflusses eröffnet.[1866]

Die Existenz eines wirtschaftlichen Vermögenswerts wird in der bilanzrechtlichen (ausschüttungsstatischen) Aktivierungskonzeption als nicht ausreichend erachtet, um die Vermögensgegenstand- bzw. Wirtschaftsguteigenschaft zu bestätigen.[1867] Das Prinzip wirtschaftlicher Betrachtungsweise wird deshalb „auf einer zweiten Stufe durch nachfolgende Objektivierungskriterien“, namentlich durch die Kriterien der Greifbarkeit sowie selbstständigen Bewertbarkeit, „eingeschränkt und präzisiert“[1868]. Greifbarkeit fordert die Trennung des vermögenswerten Vorteils vom Geschäfts- oder Firmenwert dem Grunde nach.[1869] Dabei bestehen (widerlegbare) Typisierungsvermutungen,[1870] wonach Sachen und Rechte (des bürgerlichen Rechts“ greifbar sind, wohingegen rein wirtschaftliche Güter typisierend als nicht vom Geschäfts- oder Firmenwert isolierbar sind, da sie sich nicht unmittelbar durch einen Rechtsanspruch konkretisieren lassen.[1871] Letztere müssen daher die zu-

1859 Zum Prinzip wirtschaftlicher Betrachtungsweise i. S. d. Ausschüttungsstatik vgl. Beisse (1981), S. 1 ff.; Euler (1996), S. 115-118; kritisch Schneider (1980a), S. 1225 ff.

1860 Vgl. Moxter (1993b), S. 535 f.; zum Vermögenswertprinzip vgl. auch ders. (2007a), S. 6; Jäger (1996), S. 59-61; Wolf (2010), S. 81; Wüstemann/Neumann (2011), S. 818; Duhr/Neumann/Wüstemann (2011), S. 18-20.

1861 Lutz/Schlag (2010), Abt. I/ Rz. 46.

1862 Moxter (2007a), S. 7.

1863 Hommel (1997), S. 353 (beide Zitate); vgl. auch z. B. Jacobs/Braunagel/Spengel (2006), S. 5993.

1864 Vgl. Kahle/Günter (2008), S. 74.

1865 Hommel (1997), S. 352; vgl. auch Wüstemann/Neumann (2011), S. 818; Hoffmann/Lüdenbach (2011), § 246 HGB Rz. 9. Sofern man sich dieser Ansicht anschließt, kann die zuweilen vorzufindende Ansicht, „[d]as Merkmal des künftigen wirtschaftlichen Nutzens (…) begründe[.] den zentralen Unterschied zum steuerlichen Wirtschaftsgut“ (Herzig [2004a], S. 68), wohl nicht bestätigt werden. Das Vermögenswertprinzip wird in der Rechtsprechung des BFH durch die Subkriterien des Erwerberfiktionsprinzips, des Prinzips des unternehmensspezifischen Nutzens sowie des Prinzips des längerfristigen Nutzens konkretisiert. Auch auf Ebene dieser Detailprinzipien wird im ausschüttungsstatischen Schrifttum eine Übereinstimmung mit dem *Asset*-Begriff des Rahmenkonzepts konstatiert. Für eine Detailanalyse vgl. Duhr (2006), S. 46 ff.

1866 Vgl. Lüdenbach/Hoffmann (2011), § 1 Rz. 95.

1867 Vgl. Jäger (1996), S. 61.

1868 Hommel (1997), S. 359 (beide Zitate); vgl. auch Moxter (1995a), S. 495; Jäger (1996), S. 61.

1869 Zum Prinzip der Greifbarkeit vgl. eingehend Moxter (1989), S. 234; ders. (1993b), S. 536 f.; ders. (2007a), S. 6-8; Hommel (1997), S. 354-358; Jäger (1996), S. 61 f.; Lorenz (2002), S. 32; Schülke (2010), S. 993 f.

1870 Vgl. Moxter (2003b), S. 73 f.; ders. (1993b), S. 536 f.; Lorenz (2002), S. 32.

1871 Die Annahme einer fehlenden Greifbarkeit bei rein wirtschaftlichen Gütern könne „durch einen objektivierten Nachweis der Existenz des Vorteils widerlegt werden, wobei an den formalen Existenznachweis hohe Anforderungen zu stellen sind“; Pauly/Hommel (2006), S. 53; vgl. auch Moxter (2003b), S. 73.

sätzlichen Aktivierungsvoraussetzungen der Übertragbarkeit mit dem gesamten Unternehmen (Übertragbarkeitsprinzip) und der Greifbarkeit i. e. S. erfüllen, um einer Aktivierung als Wirtschaftsgut zugänglich zu sein.[1872] Eine dieser Greifbarkeit vergleichbare Anforderung ist dem Vermögenswertbegriff i. S. d. Framework und IAS 16 fremd.[1873]

Das Vorliegen einer Übertragbarkeit mit dem gesamten Unternehmen, als Minimalbedingung für Greifbarkeit, wird unterstellt, wenn ein (gedachter) fremder Erwerber den Vermögenswert unter der Annahme der Unternehmensfortführung bei der Bemessung des Gesamtkaufpreises berücksichtigen würde.[1874] Dem Übertragbarkeitsprinzip wird dabei jedoch eine nur schwache Objektivierungswirkung zuerkannt,[1875] weshalb auf ein (zusätzliches) Prinzip der (aktivischen) Unentziehbarkeit abgestellt wird. Hiernach sei ein vermögenswerter Vorteil greifbar, „wenn er dem Bilanzierenden aufgrund rechtlicher oder faktischer Gegebenheiten von keinem Dritten entzogen werden [könne]“[1876]. Voraussetzung hierfür sei die Wahrscheinlichkeit des Nutzenzuflusses. „Ohne dass die handelsrechtlichen GoB ein Prinzip der Wahrscheinlichkeit des Nutzenzuflusses in expliziter Form kennen oder gar formulieren würden, [sei] dieses Gedankengut (zumindest implizit) erkennbar“[1877]. Es besteht insofern Vergleichbarkeit zum Vermögenswertbegriff der IFRS.

Mithilfe des Prinzips selbstständiger Bewertbarkeit[1878] – als weiteres Objektivierungsprinzip neben dem Greifbarkeitsprinzip[1879] – soll die Trennbarkeit des vermögenswerten Vorteils von dem Geschäfts- oder Firmenwert der Höhe nach indiziert werden.[1880] Es wird – dem Prinzip wirtschaftli-

[1872] Vgl. Hommel (1997), S. 354.

[1873] In der Literatur wird allerdings darauf hingewiesen, dass die fehlende Existenz einer solchen Norm für nichtimmaterielle Vermögenswerte insofern nicht überrascht, als auch nach handelsrechtlichen (ausschüttungsstatischen) GoB die Greifbarkeit „faktisch ein Problem nur bei immateriellen Vermögensgegenständen“ ist; so Duhr (2006), S. 73. Zum Verhältnis von Greifbarkeit und Identifizierbarkeit (Separierbarkeit) i. S. d. IAS 38 vgl. unten, 4. Kap. III. 1.2.

[1874] Vgl. Moxter (2003b), S. 20; Lorenz (2002), S. 36; Jäger (1996), S. 62; Schnorr (2004), S. 315. Greifbarkeit i. S. d. Übertragbarkeit verlangt damit nicht Einzelveräußerbarkeit oder -verwertbarkeit; beide Merkmale hat die höchstrichterliche Rechtsprechung in Deutschland in ständiger Rechtsprechung als Konkretisierung der Greifbarkeit verworfen; vgl. Kahle/Günter (2008), S. 75; Schnorr (2004), S. 315. Vielmehr wurde das Übertragbarkeitsprinzip mit Absicht als ein „Anti-Einzelveräußerbarkeitsprinzip“ bzw. „Anti-Einzelübertragbarkeitsprinzip“ konzipiert; so Hommel (1997), S. 354 u. S. 358. Vgl. auch Moxter (1983), S. 302; ders. (1993b), S. 535; Breidert/Moxter (2007), S. 914; Ballwieser (2011), S. 590; Euler (1996), S. 61. Zur (handelsrechtlichen) Kritik an den Eigenschaften der Einzelveräußerbarkeit und Einzelverwertbarkeit vgl. z. B. Ballwieser (1990), S. 483 f.; ders. (2009b), B 131 Rz. 10-15; Lorenz (2002), S. 33 ff.

[1875] Es ließen „sich kaum potentielle Vermögensgegenstände denken, die nicht zumindest mit dem gesamten Unternehmen übertragbar [seien]“; so Duhr (2006), S. 117. Das Übertragbarkeitsprinzip schließt nach *Hommel* lediglich jene Vermögenswerte von einer Aktivierung aus, die in der „Person des Bilanzierenden begründet liegen“ und solche, die „im Allgemeingebrauch stehen“; Hommel (1997), S. 355; vgl. auch Ballwieser (2009b), B 131 Rz. 19.

[1876] Hommel (1997), S. 357.

[1877] Duhr (2006), S. 83. Diese Gemeinsamkeit wird im weiteren Schrifttum übergangen, wenn festgestellt wird, dass lediglich die IFRS auf die Wahrscheinlichkeit des Nutzenzuflusses Bezug nähmen, während eine vergleichbare Problematik sich im deutschen Bilanzsteuerrecht nicht stelle; so Herzig (2004a), S. 69.

[1878] Zum Prinzip selbstständiger Bewertbarkeit vgl. Moxter (2003b), S. 81-87; Hommel (1997), S. 361; Jäger (1996), S. 62 ff.; Lorenz (2002), S. 32 f.; Schülke (2010), S. 993.

[1879] Zur Abgrenzung von Greifbarkeit und selbstständiger Bewertbarkeit vgl. Moxter (2003b), S. 81; Duhr (2006), S. 120 f.

[1880] Vgl. Lorenz (2002), S. 32.

cher Betrachtungsweise folgend – in einem „weniger strengen Sinne“[1881] ausgelegt; dem Objektivierungserfordernis werde mithin bereits entsprochen, „wenn bei der Konkretisierung des Vermögensgegenstandes der Nachweis eines isoliert feststellbaren Zugangswertes und zumindest eine hinreichende ökonomische Schätzbarkeit der Folgewerte möglich ist“[1882]. Auch zwischen dem Prinzip der selbstständigen Bewertbarkeit und dem Ansatzkriterium der verlässlichen Bewertung nach IFRS wird ein grundsätzlicher Gleichlauf festgestellt, auch wenn das erstgenannte Kriterium objektivierungsbedingt wohl enger auszulegen ist.[1883] Sofern man also die Wirtschaftsgutkriterien des BFH als Vergleichsmaßstab anlegt, können im Ganzen wohl keine „erheblichen materiellen Differenzen“[1884] zwischen dem Vermögenswertbegriff nach IFRS und dem Wirtschaftsgut- und Vermögensgegenstandsbegriff nach deutschem Bilanzsteuerrecht festgestellt werden.[1885]

1.3 Aktivierung des materiellen Anlagevermögens nach dem Handels- und Steuerrecht Frankreichs im Vergleich zu IFRS

Durch das im Jahr 2004 erlassene *règlement* CRC 2004-06 wurden die allgemeinen Definitions- und Ansatzkriterien des *Framework* und IAS 16 nahezu wörtlich (*verbatim approach*[1886]) in den PCG integriert.[1887] Eine Sachanlage (*immobilisation corporelle*) wird nach Art. 211-1.2 PCG definiert als ein „actif physique“, das mit der Absicht gehalten wird, in der Herstellung oder Lieferung von Gütern und Dienstleistungen („pour être utilisé dans la production ou la fourniture de biens ou de services“), zur Vermietung an Dritte („pour être loué à des tiers“) oder für interne Zwecke eingesetzt zu werden („à des fins de gestion interne“) und dabei erwartungsgemäß über das laufende Geschäftsjahr hinaus genutzt wird („l’entité attend qu’il soit utilisé au-delà de l’exercice en cours“).

Bei einem *actif* handelt es sich gem. Art. 211-1.1 PCG um ein „élément identifiable du patrimoine ayant une valeur économique positive pour l’entité, c’est-à-dire un élément générant une ressource que l’entité contrôle du fait d’événements passés et dont elle attend des avantages économiques futurs“. Diese Definition lehnt sich in ihrem Wortlaut eng an F.1989.49 (a) bzw. F.2010.4.4 (a) an; sie weicht aber insoweit ab, als das Vorliegen eines „élément identifiable“ des „patrimoine“ verlangt wird. Dabei ist nicht klar, ob „patrimoine“ neben dem zivilrechtlichen möglicherweise auch das wirtschaftliche Vermögen meint. Liegen die in Art. 211-1.1 PCG genannten Definitionsmerkmale vor, wird eine Aktivierung nach Art. 311-1 PCG – in Analogie zu F.1989.83 (F.2010.4.38) respektive IAS 16.7 – nur dann als zulässig (bzw. geboten) erachtet, wenn der künftige Zufluss

1881 Moxter (2007a), S. 9.
1882 Hommel (1997), S. 361; vgl. auch Pauly/Hommel (2006), S. 53; Ballwieser (2009b), B 131 Rz. 23 ff.
1883 Vgl. Wüstemann/Neumann (2011), S. 821; Hommel (1997), S. 361 f.; Pauly/Hommel (2006), S. 53; Duhr (2006), S. 124.
1884 So Jacobs/Braunagel/Spengel (2006), S. 6001. Herzig/Gellrich/Jensen-Nissen (2004), S. 557 wollen ebenfalls „gravierende[.] Divergenzen“ konstatieren.
1885 Vgl. auch Lutz/Schlag (2010), Abt. I/4 Rz. 46 Fn. 111 u. Rz. 58 Fn. 149 („Der asset-Begriff weist [.] große Ähnlichkeit mit dem Wirtschaftgutbegriff der BFH-Rechtsprechung auf“); Schreiber, J. (2005), S. 1354; Herlinghaus (2005), S. 1195.
1886 Vgl. Schulte/Wüstemann/Hommel (2009), S. 13 ff.
1887 Vgl. Marchessou (2006), S. 300; Villemot (2008), S. 8; Rosenberg (2006), S. 129 f.

wirtschaftlichen Nutzens wahrscheinlich („probable") und eine zuverlässige Bewertbarkeit der Anschaffungs- oder Herstellungskosten möglich („évalué avec une fiabilité suffisante") ist.

Die Adaption der IFRS-Aktivierungsgrundsätze ist insofern bedeutsam, als der Vermögenswertbegriff des französischen Bilanzrechts – offenbar in Anerkenntnis eines (ehemals) zerschlagungsstatischen Bilanzprimärzwecks[1888] – vor dem CRC 2004-06 noch unter strikter Bezugnahme auf das Zivilrecht konkretisiert wurde. Eine (abschließende) Definition des Vermögensgegenstandbegriffs enthielten bis dato weder der CCom noch der PCG. Diese traditionelle zivilrechtliche Verwurzelung des französischen Bilanzrechts findet im Prinzip der *patrimonialité* (Grundsatz der formalrechtlichen Vermögensorientierung der Bilanz[1889]) ihren Ausdruck. Hiernach umfasst das bilanziell abgebildete Vermögen (*patrimoine*) ausschließlich jene Rechte (*droits patrimoniaux*), die einen ökonomischen Wert verkörpern und sich in Geld ausdrücken lassen, demnach also dingliche Rechte (*droits réels*), Immaterialgüterrechte (*droits intellectuals*) sowie obligatorische Rechte bzw. Forderungsrechte (*droits personnels bzw. droits de créance*).[1890] Aus diesem formalrechtlichen Vermögensverständnis wurde vor dem CRC 2004-06 der zentrale handelsrechtliche Aktivierungsgrundsatz abgeleitet, dass eben nur jene (ökonomisch werthaltigen) Güter aktiviert werden dürfen respektive zu aktivieren sind, die auf einem vertraglichen oder gesetzlichen Recht basieren. Die Indienstnahme des IFRS-Definitionskriteriums der Kontrolle (*contrôle*) durch das CRC 2004-06 deutet auf einen tatsächlichen Konzeptionswandel hin.[1891]

Es erscheint gleichwohl zu flüchtig, die traditionell formalrechtliche Aktivierungskonzeption nach französischem Bilanzrecht (*form over substance*) und die „ökonomische" Aktivierungskonzeption nach IFRS (*substance over form*) als Gegensatzpaar anzusehen.[1892] So wurde die formalrechtlich geprägte Vermögenswertkonzeption des französischen Bilanzrechts bereits vor dem CRC 2004-06 partiell aufgeweicht, so etwa bei der (wahlweisen) Aktivierung bestimmter Entwicklungsausgaben, die nicht notwendigerweise durch ein Recht geschützt sein müssen. Mithin waren schon vor dem CRC 2004-06 Spuren eines *substance over form* im französischen Bilanzrecht zu konstatieren.

Auch nach dem CRC 2004-06 dürfte ein Spannungsfeld zwischen rechtlichem und ökonomischem Aktivierungsansatz bestehen. Das tradierte Prinzip der zivilrechtlichen *patrimonialité* wurde nicht vollends aufgegeben.[1893] Vielmehr enthält Art. 211-1 PCG, wie gerade genannt, einen (residualen)

1888 Vgl. Altmeier (1999), S. 184. A. A. Hahn (1998), S. 150 (das französische Bilanz(-steuer)recht und damit auch der Wirtschaftsgutbegriff gründe in „der dynamischen Bilanztheorie").

1889 Vgl. Günther (1999), S. 139. Zum Prinzip der patrimonialité vgl. Baert/Yanno (2009), S. 27 f.; Villemot (2003), S. 1583; Altmeier (1999), insb. S. 183 f.; Gélard (2001), S. 1067; Wüstemann/Maucher (2004), S. 7 f.; Degos/Ouvrard (2010), S. 214; Nobes/Parker (2010), S. 367; Naciri/Hoarau (2001), S. 237.

1890 Vgl. eingehend Wagner, S. (2000), S. 109-113.

1891 Vgl. i. d. S. Marchessou (2006), S. 300.

1892 So z. B. Baert/Yanno (2009), S. 27 f.

1893 Vgl. Evraert/des Robert (2008), S. 135 („the French approach to accounting is still based upon the Civil and Commercial Code, and on the patrimonial nature of accounting"). Vgl. auch Colasse/Standish (2004), S. 421.

Verweis auf das *patrimoine*. Es ist unklar, ob diese Verknüpfung eine engere Auslegung gegenüber dem zum Vorbild genommenen *Asset*-Begriff der IFRS impliziert. Dass das französische Bilanzrecht auch nach dem CRC 2004-06 nicht uneingeschränkt dem *Substance over form*-Grundsatz folgt, wird etwa bei der Bilanzierung von Leasingverhältnissen sichtbar.[1894] Es zeigt sich, dass PCG trotz aller IFRS-Annäherungen letztlich noch immer eine „mélange hybride de l'approache patrimoniale et de l'approche économique, de la tradition comptable française et des solutions IFRS“[1895] ist.

Der Begriff des steuerlichen Wirtschaftsgutes wird in der französischen Literatur „offenbar nicht in dem Maße diskutiert wie in Deutschland“[1896]. Eine steuerrechtliche Legaldefinition existiert nicht; vielmehr ist der handelsrechtliche Vermögenswertbegriff auch für die Ermittlung der steuerlichen Bemessungsgrundlage bindend (Art. 38 *quater de l'annexe* III CGI).[1897] Dies hat zur Konsequenz, dass die durch das CRC 2004-06 eingeführten IFRS-adjustierten Definitions- und Ansatzkriterien für Vermögenswerte auch im Rahmen der steuerlichen Gewinnermittlung Geltung erfahren.[1898] Diese Ansicht hat unterdessen auch die französische Finanzadministration bekräftigt.[1899]

1.4 Aktivierung des materiellen Anlagevermögens nach dem Handels- und Steuerrecht Polens im Vergleich zu IFRS

Nach Ansicht der rechtsvergleichenden (deutschsprachigen) Literatur unterscheidet sich die Bilanzierung von Sachanlagen nach polnischem Bilanzrecht „dem Grunde nach (..) grundsätzlich nicht von den Regelungen nach HGB und IAS“[1900]. Sofern diese Einschätzung die allgemeinen Aktivierungsvoraussetzungen betrifft, kann ihr nur zum Teil, nämlich in Bezug auf die konstatierte Nähe zu den IFRS, beigepflichtet werden. Als Aktiva i. S. d. polnischen Bilanzrechts qualifizieren gemäß der – erst durch das RLG 2000 bzw. RLG 2002 eingeführten[1901] – Vorschrift des Art. 3 Abs. 1 Nr. 12 RLG sämtliche „von der Gesellschaft kontrollierten Vermögensbestände, deren Wert glaubwürdig ermittelt wurde, die durch Geschäftsvorfälle in der Vergangenheit entstanden und die der Gesellschaft in Zukunft wirtschaftliche Vorteile bringen werden“[1902].

[1894] Vgl. hierzu näher unten, 4. Kap. IV. 3.

[1895] Baert/Yanno (2009), S. 54. Ähnlich Dandon/Didelot (2006), S. 33 („la version actuelle du PCG constitute un mélange hybride de l'approche patrimoniale et de l'approche économique qui se répercute sur l'information financière“). Ferner auch Degos/Ouvrard (2008), S. 68.

[1896] Brodhag (1997), S. 52.

[1897] Vgl. Marchessou (2006), S. 300; Endres et al. (2007), S. 283; Osterloh-Konrad (2005), S. 383; Wagner, S. (2000), S. 114; Villemot (1998), S. 504; Oestreicher/Spengel (1999b), S. 354; Salamito (2006), S. 7.

[1898] Vgl. Oestreicher (2007a), S. 239 Tab. 3.3.3.

[1899] Vgl. Direction générale des impôts v. 30.12.2005, 4 A-13-05, Tz. 3 ff.

[1900] So Kamping/Becker (2004), S. 515.

[1901] Vgl. Jaruga/Kabalski (2010), S. 154.

[1902] Zu Art. 3 Abs. 1 Nr. 12 RLG vgl. Nabiałek (2003), S. 48; Jungmann/Tacakiewicz (2007), S. 719; Wollgarten (2005), S. 110 u. S. 118; Endres et al. (2007), S. 285; König (1997), S. 109 f.

Die allgemeine Vermögenswertdefinition des Art. 3 Abs. 1 Nr. 12 RLG erinnert an den *Asset*-Begriff des *Framework.*[1903] Auch wenn im Detail auffällt, dass Art. 3 Abs. 1 Nr. 12 RLG seinem Wortlaut nach nicht explizit auf die Wahrscheinlichkeit des Nutzenzuflusses rekurriert, wird man annehmen können, dass der Vermögenswertbegriff des RLG jenem nach IFRS entspricht.[1904] Aus theoretisch-konzeptioneller Sicht soll die Aktivierung von Aktivposten in erster Linie der Ermittlung eines zutreffenden Stichtagsvermögens dienen.[1905] Dies entspricht der Wertung der IFRS, wobei aber zu bedenken ist, dass das polnische Bilanzrecht (ebenso wenig wie die IFRS) stringent einem zeitwertstatischen *asset-liability-approach* folgt. Diese Übereinstimmung zwischen Art. 3 Abs. 1 Nr. 12 RLG und dem *Asset*-Begriff des *Framework* impliziert zugleich eine Diskrepanz zu dem Vermögensgegenstands- bzw. Wirtschaftsgutsbegriffs des geltenden deutschen Handels- und Steuerrechts, unabhängig davon, welcher Aktivierungslehre man folgt.[1906]

Welche Aktiva im Einzelnen als Anlagegüter einzustufen sind, bestimmt die Vorschrift des Art. 3 Abs. 1 Nr. 15 RLG;[1907] im Einzelnen sind dies sämtliche materiellen „Gegenstände des Anlagevermögens und ihnen gleichgestellte Vermögensgegenstände (..), deren unterstellte wirtschaftliche Nutzungsdauer mehr als ein Jahr beträgt und die vollständig, gebrauchsfähig sowie für die Zwecke der Gesellschaft bestimmt sind“. Dazu zählen insbesondere (nicht gemäß Art. 3 Abs. 1 Nr. 17 RLG als Renditeobjekte genutzte) Immobilien, Maschinen, Anlagen, Transportmittel und sonstige Gegenstände, Verbesserungen an fremden Anlagegütern und lebendes Inventar (Art. 3 Abs. 1 Nr. 15 RLG).

Das polnische Steuerrecht (PDOPrU) definiert den Wirtschaftsgutsbegriff nicht.[1908] Nach Art. 4a Nr. 2 PDOPrU sollen unter den steuerlichen Wirtschaftsgütern die „Aktiva im Sinne des Rechnungslegungsgesetzes zu verstehen“ sein. Auf diesem Weg wird der – IFRS-konforme – Vermögensgegenstandsbegriff des Art. 3 Abs. 1 Nr. 12 RLG offenbar auch in die steuerliche Gewinnermittlung übertragen.

1.5 Aktivierung des materiellen Anlagevermögens nach dem Handels- und Steuerrecht Schwedens im Vergleich zu IFRS

Nach der Generalnorm des 3 kap. 1 § ÅRL hat die Handelsbilanz sämtliche Vermögensgegenstände („samtliga tillgångar“) zu erfassen. Eine allgemeine Definition des Vermögensgegenstandsbegriffs

---

1903 Vgl. Jungmann/Tacakiewicz (2007), S. 718; Endres et al. (2007), S. 35 Tab. 19.

1904 So auch Jungmann/Tacakiewicz (2007), S. 718; Reczek/Lachowski (2002), S. 104 („consistent with IAS“).

1905 Vgl. Nabiałek (2003), S. 47 f.

1906 Vgl. Jungmann/Tacakiewicz (2007), S. 718, die feststellen wollen, dass „[i]n der polnischen Bilanz (..) auch Sachverhalte als Vermögensgegenstände angesetzt [werden können], die in der deutschen nicht aktivierungsfähig sind“, wobei das deutsche Vermögensgegenstandsverständnis als Vergleichsmaßstab nicht expliziert wird.

1907 Vgl. Jungmann/Tacakiewicz (2007), S. 719.

1908 Vgl. Endres et al. (2007), S. 285.

findet sich im ÅRL nicht.[1909] Auch die Definition eines Vermögensgegenstands des Sachanlagevermögens (*anläggningstillgång*) als Vermögensgegenstand (*tillgång*), der – in negativer Abgrenzung zu einem Vermögensgegenstand des Umlaufvermögens (*omsättningstillgång*) – dauerhaft im Unternehmen genutzt werden soll (4 kap. 1 § ÅRL), gibt keine weiteren Anhaltspunkte, unter welchen Voraussetzungen eine Aktivierung handelsrechtlich zu erfolgen hat. In der schwedischen Literatur ist der bilanzsteuerrechtliche Vermögensbegriff – soweit ersichtlich – bis dato kaum problematisiert worden.

Von entscheidender Bedeutung sind damit (erneut) die in den Verlautbarungen der schwedischen Standardsetzer formulierten Aktivierungsvoraussetzungen. Für die hier betrachteten juristischen Personen, die im persönlichen Anwendungsbereich des RFR 2 (2011) liegen, hat dies hinsichtlich des materiellen Sachanlagevermögens (*materiella anläggningstillgångar*) eine grundsätzliche Geltung des IAS 16 zur Konsequenz. Der Regelungstechnik des RFR 2 (2011) entsprechend steht die Anwendung des Standards zwar unter dem Vorbehalt spezieller handelsrechtlicher Durchbrechungen; in Bezug auf die Aktivierungsvoraussetzungen des IAS 16 sieht RFR 2 (2011) indessen keine Abweichungen vor.

Auch im schwedischen Einkommen- bzw. Körperschaftsteuergesetz (IL) ist der Wirtschaftsgutbegriff nicht explizit niedergelegt. Auf der Grundlage des materiellen Zusammenhangs zwischen handels- und steuerrechtlicher Gewinnermittlung (14 kap. IL) ist wohl davon auszugehen, dass für steuerliche Zwecke auf die handelsbilanziellen Aktivierungsgrundsätze abgestellt wird.[1910] Steuerlich motivierte Durchbrechungen (*skatterätsliga ventiler*) in Bezug auf die Aktivierungsregeln des IAS 16 sieht RFR 2 (2011) in seiner gegenwärtigen Fassung jedenfalls nicht vor. Dies dürfte zur Konsequenz haben, dass der handelsrechtliche, an IFRS-angelehnte Vermögenswertbegriff indirekt auch im Rahmen der steuerlichen Gewinnermittlung Gültigkeit erlangt.[1911]

1.6 Aktivierung des materiellen Anlagevermögens nach dem Handels- und Steuerrecht des Vereinigten Königreichs im Vergleich zu IFRS

Bei der Bilanzierung von Sachanlagen (*tangible fixed assets*) nach britischem Bilanz(-steuer)recht ist zunächst zu differenzieren, ob das *financial statement* auf Basis der UK GAAP oder der IFRS erstellt wird. Sofern nach UK GAAP bilanziert wird, sind im Rahmen der handelsrechtlichen Sachanlagenbilanzierung im Wesentlichen die Regeln des FRS 15 zu beachten,[1912] in Ergänzung FRS 5 sowie FRS 11; auf diese Regelungen ist im Folgenden einzugehen. *Tangible fixed assets* werden nach FRS 15.2 zunächst definiert als "[a]ssets that have physical substance and are held for use in

1909 Vgl. Rundfelt (2001), S. 2383.
1910 So wohl Endres et al. (2007), S. 286.
1911 Vgl. Kellgren/Bjuvberg (2008), S. 48-50, die bei der Diskussion des Vermögensgegenstands- bzw. Wirtschaftsgutbegriffs des schwedischen Steuerrechts (*tillgång*) lediglich die diesbezüglichen IFRS-Kriterien repetieren. Vgl. auch z. B. Oestreicher (2007a), S. 239 Tab. 3.3.3., der feststellt, dass der schwedische Wirtschaftsgutbegriff im Einklang mit den „internationale[n] Standards" (gemeint sind die IFRS) steht.
1912 Vgl. Oats/Tuck (2010), Rz. 15.1.

the production or supply of goods or services, for rental to others, or for administrative purposes on a continuing basis in the reporting entity's activities" (FRS 15.2). Der in der Definition genannte *Asset*-Begriff wird in FRS 15 selbst allerdings nicht näher konkretisiert; es ist daher auf die in FRS 5 verankerten Definitions- und Ansatzkriterien abzustellen.[1913]

Assets sind „[r]ights or other access to future economic benefits controlled by an entity as a result of past transactions or events" (FRS 5.2). *Control* bezeichnet „[t]he ability to obtain the future economic benefits relating to an *asset* and to restrict the access of others to those benefits" (FRS 5.3). Die Aktivierung eines *asset* i. S. d. UK-GAAP setzt somit zunächst das Vorliegen der Definitionsmerkmale des Ereignisses der Vergangenheit, der Verfügungsmacht sowie des erwarteten künftigen wirtschaftlichen Nutzens voraus. Die Aktivierung eines *asset* verlangt zudem (Ansatzkriterien), dass „there is sufficient evidence of the existence of the item (including, where appropriate, evidence that a future inflow (..) of benefit will occur)" und „the item can be measured at a monetary amount with sufficient reliability" (FRS 5.20). Diese beiden Anforderungen stimmen mit denen des F.1989.83 (jetzt: F.2010.4.38) bzw. IAS 16.7 überein.

Im Bereich des Ansatzes von Wirtschaftsgütern folgt die steuerliche Gewinnermittlung (bezogen auf die Einkommensermittlung) regelmäßig den handelsrechtlichen Bilanzierungsgrundsätzen; es „gelten dieselben Regeln für die Aktivierung wie im Handelsrecht"[1914]. Sofern im handelsrechtlichen Einzelabschluss nach UK GAAP Rechnung gelegt wird, strahlt der *Asset*-Begriff der IFRS über den weitgehend deckungsgleichen FRS 15 i. V. m. FRS 5 indirekt auch in die steuerliche Gewinnermittlung (bezogen auf die Einkommenssphäre) ein. Bei zulässiger Anwendung der IFRS im handelsrechtlichen Einzelabschluss ist der Vermögenswertbegriff der IFRS von direkter steuerlicher Relevanz.

1.7 Kritische Würdigung

1.7.1 Zur induktiven Übernahmetauglichkeit

Unter dem Aspekt der induktiven Konsensmobilisierung wäre ein Abstellen auf den Vermögenswertbegriff der IFRS insofern tragfähig, als diesem – von Detailabweichungen abgesehen – sowohl in Frankreich, Polen, Schweden als auch im Vereinigten Königreich nicht nur handelsrechtlich, sondern faktisch wohl auch für Zwecke der steuerlichen Gewinnermittlung (weitgehend) gefolgt wird. Allein im deutschen Steuerrecht wird an den in der höchstrichterlichen Finanzrechtsprechung

---

1913 Vgl. Kersting (2005), S. 306; Cooke/Choudhury/Wallace (2001), S. 2638.

1914 Kersting (2005), S. 309; so auch Schön (2004b), S. 437 („UK tax law looks at the financial accounts where roughly the same definition applies as under IAS/IFRS"); Göbes (1996), S. 43. A. A., aber missverständlich Endres et al. (2007). Im Rahmen der steuerlichen Gewinnermittlung gelte ein „Continental approach referring to civil law and other test criteria" (S. 35 Tab. 19); indessen findet sich auf S. 286 die Feststellung: „[t]here is no overriding concept of the term ‚asset' for tax purposes". Möglicherweise wird hierbei auf die *Asset*-Definition des TCGA (sec. 21 (1)) Bezug genommen; vgl. dazu ferner auch Zornoza/Báez (2008), S. 282 Fn. 54; Küppers (2005), S. 83.

entwickelten Wirtschaftsgutkriterien festgehalten, die sich aber ebenfalls nicht grundlegend von dem Vermögenswertbegriff der IFRS unterscheiden dürften.

1.7.2 Zur theoretisch-konzeptionellen Übernahmetauglichkeit

Zieht man zur (theoretischen) Beurteilung die vereinfachte Vermögensrechnung heran, kann ein Abstellen auf den *Asset*-Begriff der IFRS für steuerliche Zwecke nicht befürwortet werden. Mit dem sich aus dem Barrealisationsprinzip sowie dem Einzelbewertungsgrundsatz ergebenden Aktivierungskonzept ist dieses Vermögenswertverständnis der IFRS unvereinbar.[1915] Die Einzelverwertbarkeit respektive Einzelveräußerbarkeit ist keine innerhalb des IFRS-Normengefüges verankerte Vermögenswerteigenschaft.[1916] Dies mag eingedenk der heterogenen (bilanz-) theoretischen Fundierung des Vermögenswertbegriffs nicht überraschen: Der IFRS-Vermögenswertbegriff ist Ausdruck einer zeitwertstatischen Stichtagsvermögensapproximation, also einem bilanztheoretischen Leitbild, das der vereinfachten Vermögensrechnung fremd ist.

Zwischen den Aktivierungskonzeptionen nach IFRS und der vereinfachten Vermögensrechnung besteht nur insoweit Strukturgleichheit, als sowohl Sachen, Rechte als auch wirtschaftliche Vorteile einer Aktivierung als Vermögenswert respektive als positives Wirtschaftsgut zugänglich sind. Jedoch ist der *Asset*-Begriff aus Sicht der vereinfachten Vermögensrechnung zu weit gefasst: Er umfasst auch jene ökonomischen Vorteile, die für eine Marktleistungsabgabe nicht zur Disposition (ewige Wirtschaftsgüter) stehen, denen es an Einzelveräußerungsfähigkeit mangelt und die unter Geltung des Barrealisationsprinzips niemals zu einem positiven Wirtschaftsgut erstarken können.

Die aus Neutralitäts- und Gleichmäßigkeitssicht gebotene Liquiditätsorientierung wäre gefährdet, gestattete man die Aktivierung dieser „ewigen Wirtschaftsgüter" im Rahmen einer harmonisierten steuerlichen Gewinnermittlung *de lege ferenda*. Der IFRS-Vermögenswertbegriff erscheint im Ganzen aber auch zu entobjektiviert, um der Gleichmäßigkeit der steuerlichen Gewinnermittlung im hier verstandenen Sinne adäquat zu sein.[1917] Die nach IFRS intendierte Vollständigkeit der bilanziell erfassten Effektivvermögensträger kann nur um den Preis einer weitgehenden Aktivierungsfreiheit erkauft werden. Die (vagen) Aktivierungskriterien der IFRS leisten insofern einen negativen Beitrag zur gleichmäßigkeitswidrigen Selbstbemessung steuerlicher Lasten. Das Kriterium der Einzelveräußerbarkeit weist hier eindeutige Objektivierungsvorzüge auf; eine Überobjektivierung ist nicht zu erkennen.

1915 Vgl. auch Streim/Esser (2003a), S. 739 f.

1916 Vgl. Streim/Esser (2004), S. 123; Heyd (2001), S. 377; Wagner, F. W. (2002a), Sp. 105; Baetge/Zülch (2010), Abt. I/2 Rz. 268; Tiedchen (2006), Abt. II/11 Rz. 129.

1917 Ebenfalls gegen eine steuerliche Übernahme des (allgemeinen) *Asset*-Begriffs der IFRS vgl. Kahle (2002c), S. 215; Dahlke/Kahle (2009), S. 232 f.; ferner auch (nicht anhand der vereinfachten Vermögensrechnung argumentierend) Strunk (2003), S. 402; Mössner (2007), S. 183; Breithecker/Klapdor/Rokitta (2007), S. 151; Lenz (2008), S. 153; Herzig/Gellrich/Jensen-Nissen (2004), S. 557 ff.; Hausen (2009), S. 250 f.; Jensen-Nissen (2007), S. 151.

Da der Vermögenswertbegriff der IFRS nach Maßgabe der vereinfachten Vermögensrechnung als wenig überzeugend einzuschätzen ist, gilt dies mithin auch für die quasi-kongruenten Vermögenswert- bzw. Wirtschaftsgutbegriffe des französischen, polnischen, schwedischen und britischen Handels- und Steuerrechts; auch diese haben auf die zentralen Objektivierungsprobleme des *Asset*-Begriffs bislang keine befriedigenden Antworten gefunden.

Fragwürdig bleibt allerdings auch die (steuerliche) Zieladäquanz der in der deutschen höchstrichterlichen Finanzrechtsprechung entwickelten Aktivierungskriterien. Es erscheint aus Sicht der vereinfachten Vermögensrechnung paradox, in diesen einen tragfähigen Kompromiss für eine steuerliche Aktivierungskonzeption zu erblicken,[1918] wurden diese doch in bewusster Abkehr von der barrealisationsprinzipkonformen Einzelveräußerbarkeit konzipiert. Auch eine Modifikation der BFH-Aktivierungsprinzipien zugunsten der Einzelverwertbarkeit muss daher ausscheiden. Nach *Schneider* liegt das zentrale Defizit des Wirtschaftsgutbegriffs der höchstrichterlichen Rechtsprechung in seiner dem Teilwertgedanken verhafteten Fundierung.[1919] Der Teilwert seinerseits verlangt aber *ex definitione*, „daß die Anzahl der Wirtschaftsgüter bekannt ist, auf die der Erwerber den Gesamtkaufpreis verteilen soll. Was alles zu den Wirtschaftsgütern zählt, wird aber nach der Rechtsprechung erst durch den Teilwert, d. h. die Zurechnung, definiert“. Dies erscheint zirkulär:[1920] „Und mit Zirkelschlüssen kann man Gleichmäßigkeit der Besteuerung sicher nicht verwirklichen“[1921].

Mit derselben Argumentation verwirft *Schneider* das Übertragbarkeitsprinzip als Mindestanforderung für das Vorliegen von Greifbarkeit. Auch kollidiert es mit dem Einzelbewertungsgrundsatz der vereinfachten Vermögensrechnung, weil Wirtschaftsgüter fingiert werden, die nicht einzeln, sondern erst bei Aufgabe der Unternehmung als Ganzes (oder eines Teilbetriebs) an den Markt abgegeben werden können. Letztlich vermag auch das gleichfalls am Teilwertbegriff orientierte[1922] Merkmal der selbstständigen Bewertbarkeit den Ausweis jener Wirtschaftsgüter nicht zu verhindern, die niemals einzeln ausscheiden können, sodass es gleichsam mit dem Grundsatz der Einzelveräußerbarkeit der vereinfachten Vermögensrechnung in Konflikt steht.[1923]

Auch wenn die Wertungen der ausschüttungsstatischen Aktivierungslehre für die Abgrenzung des Wirtschaftsgutbegriffs *de lege ferenda* wenig überzeugen, ist ihnen fraglos zuzuerkennen, dass sie dem *Asset*-Begriff der IFRS und den sich hieran anschließenden Aktivierungskonzeptionen der hier betrachteten Mitgliedstaaten unter Objektivierungsgesichtspunkten noch immer überlegen sind. Nur

1918 So ist wohl Lenz (2008), S. 153 zu verstehen.
1919 Vgl. Schneider (1983a), S. 1044; ders. (1983b), S. 155; ders. (1980a), S. 1230; ders. (1971c), S. 377; ders. (1971b), S. 332; ders. (1970a), S. 1700; ders. (1978c), S. 122 u. S. 128.
1920 Vgl. Schneider (1980a), S. 1230; ders. (1971c), S. 378.
1921 Schneider (1978c), S. 128.
1922 Vgl. Schneider (1986c), S. 342; ders. (1980a), S. 1230; Gröning (2002), S. 15.
1923 Zur Kritik am Kriterium der selbstständigen Bewertbarkeit vgl. Schneider (1986c), S. 342; Kahle (2002c), S. 212.

insofern ließe sich ein Rückgriff auf die ausschüttungsstatische Aktivierungskonzeption (konzeptionell) rechtfertigen, auch wenn deren Harmonisierungserfolg gering sein dürfte.

Zusammenfassend ist festzuhalten, dass die Vermögenswertkonzeption der internationalen Rechnungslegung zwar durchaus Harmonisierungspotenzial besitzt, gemessen an der vereinfachten Vermögensrechnung aber wenig zweckdienlich erscheint, wohingegen das theoretisch vorzugswürdige Prinzip der Einzelveräußerbarkeit in keinem der hier betrachteten Länder steuerlich von Geltung ist und damit wenig (politische) Aussicht auf eine Übernahme in die CCCTB haben dürfte. Dem *Asset*-Begriff der IFRS bleibt insofern eine bedingte (induktive) Übernahmetauglichkeit beizumessen. Aus (vorrangiger) konzeptioneller Sicht steht weder der *Asset*-Begriff nach IFRS noch der Wirtschaftsgutbegriff des deutschen Steuerrechts mit den Anforderungen an einer steuerlichen Gewinnermittlung *de lege ferenda* in Einklang. Da die Schnittmenge zwischen theoretischen und induktiven Anforderungen mithin gering ist, empfiehlt es sich, den erstgenannten Vorzug zu geben und das Merkmal der Einzelveräußerbarkeit als zentrales Aktivierungskriterium zu etablieren.

2 Bewertungsregeln

2.1 Zugangsbewertung des materiellen Anlagevermögens

2.1.1 Zugangsbewertung des materiellen Anlagevermögens nach IFRS

2.1.1.1 Anschaffungskosten

Sachanlagevermögen i. S. d. IAS 16 ist zum Zeitpunkt des erstmaligen Ansatzes in Höhe der Anschaffungs- oder Herstellungskosten zu bewerten (IAS 16.15).[1924] IAS 16 verwendet den Terminus *cost*. Eine systematische Unterscheidung zwischen Anschaffungs- oder Herstellungskosten wird (anders als nach IAS 2) nicht vorgenommen.[1925] Anschaffungskosten (*costs of purchase*) oder Herstellungskosten (*costs of conversion*) von Sachanlagen werden in IAS 16.6 zunächst gemeinsam definiert als der „zum Erwerb oder zur Herstellung eines Vermögenswerts entrichtete Betrag an Zahlungsmitteln oder Zahlungsmitteläquivalenten". Bei einer „anderen Entgeltform" sollen die Anschaffungs- oder Herstellungskosten dem beizulegenden Zeitwert derselben zum Zeitpunkt des Erwerbs oder der Herstellung entsprechen" (IAS 16.6). Die Anschaffungs- oder Herstellungskosten können, „falls zutreffend", auch jenem Betrag entsprechen, der dem Vermögenswert nach den besonderen Bestimmungen anderer Standards „beigelegt wird" (IAS 16.6).

Die Anschaffungskosten einer Sachanlage beinhalten im Grundsatz[1926] den Anschaffungspreis,[1927] der zu vermindern ist um Anschaffungspreisminderungen[1928] und zu erhöhen um Anschaffungsne-

1924 Vgl. auch Bieg et al. (2009a), S. 142; Dutzi (2009), S. 102; Franke/Hommel (2006), S. 68; Coenenberg/Haller/Schultze (2009), S. 168.

1925 Vgl. Dutzi (2009), S. 103; Coenenberg/Haller/Schultze (2009), S. 168; Thiele/Eckert (2008), IAS 16 Rz. 162; Hoffmann (2011d), § 8 Rz. 11; Wüstemann/Dänzer (2011a), Rz. 26.

1926 Zu Spezialfällen der Anschaffungskostenermittlung (Tausch etc.) vgl. im Überblick Ballwieser (2009d), S. 92 f.

benkosten, nachträgliche Anschaffungskosten sowie „erstmalig geschätzte(.) Kosten für den Abbruch und die Beseitigung des Gegenstands und die Wiederherstellung des Standorts, an dem er sich befindet“ (IAS 16.16). Explizite Ansatzverbote bestehen nach IAS 16.19 und IAS 16.20 für Kosten, die nicht mit der Anschaffung im Zusammenhang stehen respektive erst nach deren Ende anfallen.[1929]

Als Anschaffungsnebenkosten werden „alle direkt zurechenbaren Kosten (sic!)“ betrachtet, die „anfallen, um den Vermögenswert an den ihm zugedachten Standort zu bringen und in den vom Management geplanten, betriebsbereiten Zustand zu versetzen“ (IAS 16.16(b)). Dazu gehören nach expliziter Aufzählung etwa die „Kosten der Standortvorbereitung“, „Kosten der erstmaligen Lieferung und Verbringung“ sowie „Installations- und Montagekosten“ (IAS 16.17).[1930] Der Einbezug von Gemeinkosten im Rahmen der Anschaffungskostenermittlung wird in IAS 16 nicht eindeutig geklärt und ist daher umstritten.[1931] Nach wohl h. M. setzt IAS 16.16 (b) nicht das Vorliegen von Einzelkosten voraus; es sind vielmehr auch (bestimmte) Gemeinkosten in die Anschaffungskosten einzubeziehen.[1932] Aus dieser Sicht ist folglich (auch[1933]) bei der Zugangsbewertung von Vermögenswerten des Sachanlagevermögens von der Geltung eines produktions- bzw. anschaffungsbezogenen Vollkostenbegriffs auszugehen.[1934]

1927 Einschließlich Einfuhrzölle und nicht erstattungsfähiger Umsatzsteuern. Der Anschaffungspreis entspricht im Allgemeinen dem vereinbarten Rechnungspreis. Wird aufgrund unüblich langer Zahlungsfristen ein verdeckter Kredit gewährt, ist der Anschaffungspreis zu diskontieren, mithin ein Barpreisäquivalent anzusetzen. Die Differenz zwischen dem nominalen und diskontierten Preis ist über die Zahlungsfrist als Zinsaufwand zu verteilen (IAS 16.23). Vgl. mit Einzelheiten Peemöller (2011b), Abschn. 10 Rz. 17; Franke/Hommel (2006), S. 69; Ellrott/Pastor (2010), § 255 HGB Rz. 571; Hammen (2009), § 5.G. Rz. 353; Wohlgemuth/Radde (2000), S. 907 f.; Böcking/Lopatta/Rausch (2005b), B 165 Rz. 42; Theile (2009d), Rz. 1128; Quick (2008b), IAS 16 Rz. 22; Wüstemann/Bischof/Kierzek (2007a), Abt. I/3 Rz. 172. Die Üblichkeit einer Zahlungsfrist dürfte sich „nach der tatsächlichen Branchenübung des jeweiligen Lieferanten“ richten; vgl. z. B. Scheinpflug (2009b), § 5. Rz. 25 mit Verweis auf Wohlgemuth/Radde (2000), S. 907. Anschaffungen, die in *Fremdwährung* fakturiert sind, werden grundsätzlich mit dem Kassakurs zum Transaktionszeitpunkt umgerechnet (IAS 21.21 f.). Vgl. auch Theile (2009d), Rz. 1128.

1928 Unter die bei der Anschaffungskostenermittlung abzusetzenden *Anschaffungspreisminderungen* fallen ausdrücklich Rabatte, Skonti und Boni (IAS 16.16 (a)). Dazu nur Dutzi (2009), S. 102.

1929 Vgl. Ballwieser (2009d), S. 92. Der Anschaffungsvorgang endet, wenn die Sachanlage bestimmungsgemäß genutzt werden kann; es kommt hierbei auf die Betriebsbereitschaft aus subjektiver Sicht an; vgl. Theile (2009d), Rz. 1126 f.

1930 Zu den weiteren, in IAS 16.17 genannten Beispielen vgl. Quick (2008b), IAS 16 Rz. 24.

1931 Vgl. Hoffmann (2011d), § 8 Rz. 13.

1932 Vgl. stellvertretend Scheinpflug (2009b), § 5. Rz. 32 i. V. mit Rz. 24. Einschränkend z. B. Dutzi (2009), S. 103, der lediglich unechte Gemeinkosten als Bestandteil der Anschaffungsnebenkosten verstanden wissen will; „Verwaltungs- und andere (echte) Gemeinkosten“ seien indessen kein Bestandteil der Anschaffungs(-neben)kosten. Ebenso Hoffmann (2007a), S. 30; offen dagegen Hoffmann (2011d), § 8 Rz. 13. Wohlgemuth/Radde (2009), B 162 Rz. 174 vertreten in diesem Zusammenhang die Ansicht, fixe Gemeinkosten dürften „in keinem Fall Teil der Anschaffungskosten“ bilden; ebenso Wohlgemuth (2011), Abt. I/9 Rz. 111; ferner auch Theile (2009d), Rz. 1130. Noch konsequenter Quick (2008a), S. 2208, der generell eine Begrenzung der Anschaffungsnebenkosten auf „Einzelkosten“ fordert.

1933 Die Anschaffungskosten von Vorräten werden – insoweit unstrittig – auf Basis eines (produktionsbezogenen) Vollkostenansatzes ermittelt; so spricht der auf Vorratsvermögen anzuwendende IAS 2 explizit von „allen Kosten“ (IAS 2.10); vgl. Dexheimer-Elgg/Maucher/Wüstemann (2011), S. 191.

1934 Vgl. Wüstemann/Bischof/Kierzek (2007a), Abt. I/3 Rz. 169; Wüstemann/Dänzer (2011a), Rz. 26.

Die speziell im Sachanlagevermögen anfallenden[1935] „Kosten für den Abbruch und die Beseitigung des Gegenstands und die Wiederherstellung des Standorts" sind als Teil der Anschaffungskosten anzusetzen,[1936] „und zwar in dem Maße, wie sie gemäß IAS 37 (...) als Rückstellung zu passivieren sind"[1937] (IAS 16.16(c)).[1938] Die Aktivierung dieser Kosten als Anschaffungsnebenkosten ist ein „Reflex auf die Passivierungsgrundsätze", wodurch die Erfolgsneutralität im Zugangszeitpunkt gewährt wird.[1939]

Bei der Erfassung von nachträglichen Anschaffungskosten ist zu beachten, dass Sachanlagen nicht als Bewertungseinheit, sondern als Zusammenfassung mehrerer einzeln bewertbarer Komponenten betrachtet werden (Komponentenansatz).[1940] Während die allgemeine Wartung und Reparatur bei bereits in Betrieb genommenen Sachanlagen zu Aufwand in der Periode ihrer Vornahme führt (IAS 16.12), werden wesentliche Bestandteile einer Sachanlage, die in erwarteten Zeitabständen einer Ersetzung bedürfen, als nachträgliche Anschaffungskosten aktiviert, sofern sie die allgemeinen Vermögenswertkriterien erfüllen.[1941] Dies gilt auch dann, wenn der Ersatz lediglich der Erhaltung der Sachanlage dient.[1942]

Fremdkapitalkosten werden nach Maßgabe von IAS 23 erfasst.[1943] Hiernach sind Fremdkapitalkosten, die der Anschaffung oder Herstellung eines sog. qualifizierenden Vermögenswerts[1944] (*qualifying asset*) zugerechnet werden können, obligatorisch als Anschaffungs- bzw. Herstellungskosten zu aktivieren.[1945] Die Behandlung von (nicht zurückzahlbaren) Zuwendungen der öffentlichen Hand, die im Zusammenhang mit einer Investition, d. h. Anschaffung oder Herstellung be-

---

1935 Vgl. Wüstemann/Bischof/Kierzek (2007a), Abt. I/3 Rz. 171.

1936 Dabei ist zu differenzieren zwischen Beseitigungskosten, die bereits durch die Installation oder Inbetriebnahme der Sachanlage verursacht sind und (2) Beseitigungskosten, die erst mit der Nutzung der Sachanlage in der betreffenden Periode entstehen, mithin Kosten für solche Verpflichtungen, die sich erst im Zeitablauf der Nutzung der Sachanlage aufbauen. Vgl. im Einzelnen Ballwieser (2009d), S. 91.

1937 Beyhs/Wagner (2009b), § 5.B. Rz. 49; vgl. auch Dutzi (2009), S. 102 f.; Scheinpflug (2009b), § 5. Rz. 51; Wobbe (2008), S. 34-37; Baetge/Kirsch/Thiele (2011), S. 287; Theile (2009d), Rz. 1132.

1938 Zu IAS 16.16(c) vgl. mit weiteren Details Theile (2009d), Rz. 1132; Wohlgemuth (2011), Abt. I/9 Rz. 112; Baetge/Kirsch/Thiele (2011), S. 287; Coenenberg/Haller/Schultze (2009), S. 169; Ballwieser (2009e), IAS 16 Rz. 17; Quick (2008b), IAS 16 Rz. 28; Peemöller (2011b), Abschn. 10 Rz. 18 ff.; Witteler/Lewe (2009), S. 2450 f.; Kümpel (2004), S. 1227 ff.

1939 Vgl. Franke/Hommel (2006), S. 69 (auch Zitat).

1940 Vgl. Wüstemann/Bischof/Kierzek (2007a), Abt. I/3 Rz. 174; Mujkanovic/Raatz (2008), S. 247; Müller (2008), S. 410; Kahle/Dahlke (2010), Abt. II/2 Rz. 454; Ruhnke (2008b), S. 291.

1941 Vgl. Baetge/Kirsch/Thiele (2011), S. 287; Bieg et al. (2009a), S. 142; Müller (2008), S. 410.

1942 Vgl. Wüstemann/Bischof/Kierzek (2007a), Abt. I/3 Rz. 174.

1943 Zu Einzelfragen vgl. Heintges/Urbanczik/Wulbrand (2009), S. 633 ff.; Esser/Brendle (2010), S. 249 ff.; Zeyer/Eppinger/Seebacher (2010), S. 67 ff.; Milla/Butollo (2009), S. 209 ff.; Esser/Schulz-Danso/Woltering (2009), S. 93 ff.; Kaliebe (2008), S. 560 ff.; Kahle/Dahlke (2010), Abt. II/2 Rz. 459 f.; Theile (2009d), Rz. 1141-1147.

1944 Ein Vermögenswert gilt als qualifizierender Vermögenswert, wenn ein beträchtlicher Zeitraum erforderlich ist, um diesen in seinen beabsichtigten und gebrauchs- bzw. verkaufsfähigen Zustand zu versetzen (IAS 23.4.). Der Einbezug erfordert (u. a.), dass die Fremdkapitalkosten diesem qualifizierenden Vermögenswert direkt zugerechnet werden können. Zur Begriffsdiskussion vgl. Hoffmann (2011e), § 9 Rz. 10 f.

1945 Dieses (neuerliche) Aktivierungsgebot ist konzeptionell ein Niederschlag des *matching principle*. Vgl. z. B. Hoffmann (2011e), § 9 Rz. 4. Diese Grundwertung ist aus bilanztheoretischer Sicht insofern inkonsistent, als die IFRS sich zunehmend am *asset-liability-approach* orientieren. Zur Kritik vgl. nur Kaliebe (2008), S. 570.

stimmter Vermögenswerte gewährt werden, regelt IAS 20.[1946] Hinsichtlich der Erfassung dieser Investitionszuschüsse gewährt IAS 20.24 „zwei gleichwertige Alternativen“[1947]. So kann einerseits eine aktivische Erfassung der Zuschüsse vorgenommen werden, indem der Wertansatz des Vermögenswerts um den Betrag der Zuwendung reduziert wird (Nettomethode).[1948] Andererseits ist es auch zulässig, die Zuschüsse in einen passivischen Abgrenzungsposten einzustellen (Bruttomethode).[1949] Hingegen ist eine sofortige ertragswirksame Erfassung von vermögenswertbezogenen Zuwendungen untersagt (IAS 20.17).[1950]

2.1.1.2 Herstellungskosten

Bei der Ermittlung von Herstellungskosten im Zusammenhang mit selbst erstellten Sachanlagen sollen jene Grundsätze beachtet werden, die beim Erwerb von Sachanlagen angelegt werden, da IAS 16, wie ausgeführt, nicht explizit zwischen Anschaffungs- und Herstellungskosten trennt.[1951] Weiterhin verweist IAS 16.22 auf IAS 2, „sodass für die Herstellungskosten von Sachanlagen und Vorräten die gleichen Vorschriften greifen“[1952]. Der Herstellungskostenbegriff wird in IAS 2.10 näher bestimmt. Danach sind „alle Kosten (…) der Herstellung sowie sonstigen Kosten einzubeziehen, die angefallen sind, um die Vorräte an ihren derzeitigen Ort und in ihren derzeitigen Zustand zu versetzen“. Der geforderte Einbezug „alle[r] Kosten“ (IAS 2.10) indiziert einen weiten Herstellungskostenbegriff. IFRS folgen damit einem produktionsbezogenen Vollkostenbegriff;[1953] eine Teilkostenrechnung ist unzulässig.[1954] Eine Aktivierungspflicht für Einzelkosten folgt aus IAS 2.12; hiernach bilden „Kosten, die den Produktionseinheiten direkt zuzurechnen sind“, einen zwingenden Bestandteil der Herstellungskosten.[1955] Zudem verlangt IAS 2.12 den Einbezug von „systematisch

---

1946 Der Standard differenziert zwischen Zuwendungen für Vermögenswerte (*grants related to assets*) und erfolgsbezogenen Zuwendungen (*grants related to income*). Vgl. zur Abgrenzung z. B. Fülbier et al. (2008), S. 476. Die nachfolgenden Ausführungen beziehen sich auf Zuwendungen für Vermögenswerte.

1947 Scheinpflug (2009b), § 5. Rz. 70; so auch Thiele/Eckert (2008), IAS 16 Rz. 207.

1948 In diesem Fall wird die Zuwendung durch den reduzierten Abschreibungsbetrag über die Nutzungsdauer des (abschreibungsfähigen) Vermögenswerts, mithin proportional zum Abschreibungsverlauf als Ertrag erfasst.

1949 Dieser ist sodann über die Nutzungsdauer des Vermögenswerts planmäßig erfolgswirksam aufzulösen. Vgl. im Einzelnen Kahle/Dahlke (2010), Abt. II/2 Rz. 458; Dutzi (2009), S. 103; Wobbe (2008), S. 42; Müller (2008), S. 410; Freiberg (2005), S. 94; Coenenberg/Haller/Schultze (2009), S. 168; Theile (2009g), Rz. 1271; Ruhnke (2008b), S. 297; Quick (2008b), IAS 16 Rz. 23; Fülbier et al. (2008), S. 476; Hommel (2002), Sp. 84; Thiele/Eckert (2008), IAS 16 Rz. 207. Aus konzeptioneller Sicht gründet IAS 20 – wie der skizzierte IAS 23 – im *matching principle*; vgl. Freiberg (2005), S. 94.

1950 Sofern es sich bei den Zuwendungen um Ertragszuschüsse handelt, sind diese entweder sofort als Ertrag zu erfassen oder vom Aufwand abzugrenzen (IAS 20.29). Vgl. Coenenberg/Haller/Schultz (2009), S. 168 f.

1951 Vgl. Franke/Hommel (2006), S. 70; Dutzi (2009), S. 103.

1952 Dutzi (2009), S. 103; vgl. auch Ballwieser (2009e), IAS 16 Rz. 20; Coenenberg/Haller/Schultze (2009), S. 168; Bieg et al. (2006a), S. 103; Quick (2008b), IAS 16 Rz. 37; Meier (2010), S. 214.

1953 Vgl. Dutzi (2009), S. 103; Theile (2009d), Rz. 1140 u. Rz. 1620; Wobbe (2008), S. 32; Manegold/Weindel/Wüstemann (2011), S. 211; Wüstemann/Dänzer (2011b), Rz. 1 u. Rz. 18 ff.; Ellrott/Pastor (2010), § 255 HGB Rz. 585; Böcking/Lopatta/Rausch (2005b), B 165 Rz. 118; Quick (2008b), IAS 16 Rz. 38; ders. (2008a), S. 2207; Breithecker/Klapdor/Rokitta (2007), S. 154; Heinhold/Pasch (1998), S. 396; Jessen/Weller (2005), S. 534; Hennrichs (2004), S. 115.

1954 Vgl. Peemöller (2011a), Abschn. 8 Rz. 33.

1955 Neben beispielhaft angeführten „Fertigungslöhne[n]“ (Fertigungseinzelkosten) sind auch Materialeinzelkosten und Sondereinzelkosten der Fertigung unter den Begriff der Einzelkosten zu fassen. Vgl. Manegold/Weindel/Wüste-

zugerechnete[n] fixe[n] und variable[n] Produktionsgemeinkosten".[1956] Die Aufschlüsselung der fixen Produktionsgemeinkosten soll grundsätzlich nach Maßgabe der Normalbeschäftigung erfolgen (IAS 2.13).[1957] Die variablen Produktionsgemeinkosten hingegen werden gemäß IAS 2.13 stets auf Basis des tatsächlichen Einsatzes der Produktionsmittel zugerechnet (Ist-Beschäftigung).

Sonstige Kosten werden nach IAS 2.15 – in bloßer Wiederholung von IAS 2.10 – „nur insoweit (…) einbezogen, als sie angefallen sind, um die Vorräte an ihren derzeitigen Ort und in ihren derzeitigen Zustand zu versetzen". Zu den sonstigen Kosten zählen (u. a.) Verwaltungsgemeinkosten.[1958] Eine Einbeziehungspflicht besteht nur für den auf den Produktionsbereich (Material- und Fertigungsbereich) entfallenden Anteil.[1959] Folglich besteht ein Einbeziehungsverbot für solche Verwaltungsgemeinkosten, die den übrigen (produktionsfernen) Bereichen zuzurechnen sind.[1960] Die geforderte Produktionsbezogenheit dürfte auch in Bezug auf Kosten für freiwillige soziale Leistungen, für soziale Einrichtungen des Betriebes sowie für betriebliche Altersversorgung (soziale Kosten) gelten, obgleich diese nicht explizit in IAS 2 adressiert werden.[1961] Überdies betont IAS 2.15, dass es „[b]eispielsweise sachgerecht sein [kann], nicht produktionsbezogene Gemeinkosten oder die Kosten der Produktentwicklung für bestimmte Kunden in die Herstellungskosten der Vorräte einzubeziehen".

In IAS 2.16 finden sich „einige Beispiele für sonstige Kosten, die die Aktivierungsvoraussetzung des Anfalls zur Versetzung der Vorräte an ihren derzeitigen Ort und Zustand nicht erfüllen und deshalb als Periodenaufwand zu verrechnen sind"[1962]. Dazu gehören insbesondere „anormale Beträge für Materialabfälle, Fertigungslöhne oder andere Produktionskosten" (IAS 2.16). Die Aktivierung von Lagerkosten ist ausgeschlossen, sofern diese nicht „für eine Ersteinlagerung oder eine Zwi-

---

mann (2011), S. 211; Kahle/Dahlke (2010), Abt. II/2 Rz. 467; Ruhnke (2008b), S. 299 f.; Quick (2008b), IAS 16 Rz. 38.

1956 Vgl. Hammen (2009), § 5.G. Rz. 353; Bieg et al. (2009a), S. 196. Fixe Produktionsgemeinkosten werden definiert als „solche nicht direkt der Produktion zurechenbare Kosten, die unabhängig vom Produktionsvolumen relativ konstant anfallen". Dazu zählen (neben anderem) „planmäßige Abschreibungen und Instandhaltungskosten von Betriebsgebäuden und -einrichtungen sowie die Kosten des Managements und der Verwaltung" (IAS 2.12). Variable Gemeinkosten sind „solche nicht direkt der Produktion zurechenbare Kosten, die unmittelbar oder nahezu unmittelbar mit dem Produktionsvolumen variieren"; exemplarisch werden Materialgemeinkosten und Fertigungsgemeinkosten genannt. Unechte Gemeinkosten – mithin Kosten, die einem Produkt zwar direkt zurechenbar wären, aber eine Zurechnung aus wirtschaftlichen Erwägungen unterbleibt – sind ebenfalls unter diese variablen Produktionsgemeinkosten zu subsumieren. Vgl. Kahle/Dahlke (2010), Abt. II/2 Rz. 467.

1957 Vgl. z. B. Peemöller (2011a), Abschn. 8 Rz. 28; Quick (2008a), S. 2209; Theile (2009f), Rz. 1626. Sofern die Ist-Beschäftigung unter der Normalbeschäftigung liegt, ist weiterhin auf die Normalbeschäftigung abzustellen. Dadurch soll ein Einbezug von Leerkosten (Unterbeschäftigungskosten) verhindert werden. Sofern umgekehrt die Ist-Beschäftigung die Normalbeschäftigung übersteigt, ist die Ist-Beschäftigung maßgebend. Auf diese Weise wird sichergestellt, dass maximal nur die tatsächlich angefallenen Ist-Kosten angesetzt werden. Vgl. im Einzelnen Hammen (2009), § 5.G. Rz. 356; Achleitner/Behr/Schäfer (2009), S. 158.

1958 Vgl. Manegold/Weindel/Wüstemann (2011), S. 212.

1959 Vgl. Manegold/Weindel/Wüstemann (2011), S. 213; Bieg et al. (2009a), S. 104; Kahle/Dahlke (2010), Abt. II/2 Rz. 469; Quick (2008b), IAS 16 Rz. 39; ders. (2008a), S. 2209.

1960 Vgl. Ruhnke (2008b), S. 300.

1961 Vgl. Manegold/Weindel/Wüstemann (2011), S. 212; Wüstemann/Dänzer (2011b), Rz. 24; Bieg et al. (2009a), S. 104; Kahle/Dahlke (2010), Abt. II/2 Rz. 470; Ruhnke (2008b), S. 301; Quick (2008b), IAS 16 Rz. 39.

1962 Manegold/Weindel/Wüstemann (2011), S. 215.

schenlagerung zwischen zwei Produktionsstufen angefallen sind (IAS 2.16).[1963] Der Einbezug von Vertriebskosten (IAS 2.16 (d)) ist untersagt, „weil sie erst beim Ansatz und nicht bei der Fertigung anfallen"[1964].

2.1.2 Zugangsbewertung des materiellen Anlagevermögens nach dem Handels- und Steuerrecht Deutschlands im Vergleich zu IFRS

2.1.2.1 Anschaffungskosten

Die Ermittlung der Anschaffungskosten folgt im deutschen Bilanzsteuerrecht dem sog. Erfolgsneutralitätsprinzip, das als Ausfluss des Realisationsprinzips gilt (Anschaffungswertprinzip).[1965] Das deutsche Einkommensteuerrecht benutzt in § 6 Abs. 1 Nr. 1 und Nr. 2 EStG den Begriff der Anschaffungskosten; eine steuerliche Legaldefinition enthält es indes nicht.[1966] Die in § 255 Abs. 1 HGB fixierte und durch das BilMoG insoweit unveränderte Begriffsdefinition[1967] ist aufgrund von § 5 Abs. 1 EStG grundsätzlich[1968] auch steuerlich bindend.[1969] Anschaffungskosten werden in § 255 Abs. 1 S. 1 HGB definiert als „Aufwendungen, die geleistet werden, um einen Vermögensgegenstand zu erwerben und ihn in einen betriebsbereiten Zustand zu versetzen, soweit sie den Vermögensgegenständen einzeln zugeordnet werden können". Ebenso wie nach IFRS werden dem eigentlichen Anschaffungspreis auch die Anschaffungsnebenkosten sowie nachträgliche Anschaffungskosten als obligatorische Anschaffungskostenbestandteile betrachtet (§ 255 Abs. 1 S. 2 HGB). Anschaffungspreisminderungen, wie Rabatte, Boni, Skonti, sind wie nach IAS 16.16 (a) von den Anschaffungskosten abzusetzen (§ 255 Abs. 1 S. 3 HGB).[1970]

Zu den Anschaffungsnebenkosten gehören nach deutschem Handels- und Steuerrecht „alle Ausgaben, die in unmittelbarem Zusammenhang mit dem Erwerb und der Versetzung des Vermögensgegenstandes in den betriebsbereiten Zustand stehen, soweit sie dem Gut einzeln zugeordnet werden können"[1971]. Eine Distanz ist zunächst in der Vorschrift des IAS 16.16 (c) auszumachen, die keine Entsprechung in den kodifizierten handels- und steuerrechtlichen Regelungen findet.[1972] Somit

---

1963 Vgl. auch z. B. Wüstemann/Dänzer (2011b), Rz. 10 u. Rz. 26.

1964 Kahle/Dahlke (2010), Abt. II/2 Rz. 473; vgl. auch Ruhnke (2008b), S. 301; Quick (2008b), IAS 16 Rz. 39.

1965 Vgl. Moxter (2003b), S. 147; ders. (1984b), S. 1783; ders. (1985a), S. 22; ders. (1993b), S. 540 f.; ders. (1984b), S. 1783; Burkhardt (1988), S. 33; Ballwieser (1987), S. 11; Hommel (2002), Sp. 78; Küting/Cassel (2011), S. 283 f.; Fülbier/Kuschel/Selchert (2010), § 252 HGB Rz. 90; Brösel/Olbrich (2010), § 253 HGB Rz. 36 ff; Kronner (1995), S. 8 f.; Hennrichs (2001), S. 315; Drescher (2002), S. 132; auch Hoffmann (2011d), § 8 Rz. 84, allein aus „Vereinfachungsgründen" (im Original Fettdruck).

1966 Vgl. Hey (2010b), § 17 Rz. 132; Köhrle (2010), S. 207; Ehmcke (2010), § 6 EStG Rz. 90.

1967 Vgl. Hoffmann (2009a), S. 207.

1968 Unter der Prämisse, dass § 6 Abs. 1 Nr. 1a EStG nicht greift. Vgl. Ehmcke (2010), § 6 EStG Rz. 90.

1969 Vgl. Kulosa (2011a), § 6 EStG Rz. 31; Kahle (2009), § 255 HGB Rz. 26; Hey (2010b), § 17 Rz. 132; Meyering (2009), S. 42; Wohlgemuth (2011), Abt. I/9 Rz. 4; Wohlgemuth/Radde (2009), B 162 Rz. 5; Bitz/Schneeloch/Wittstock (2011), S. 415; Ehmcke (2010), § 6 EStG Rz. 90.

1970 Vgl. Küting/Cassel (2011), S. 286.

1971 Kahle (2009), § 255 HGB Rz. 101.

1972 Vgl. Ellrott/Pastor (2010), § 255 HGB Rz. 571; Küting/Cassel (2011), S. 286; Küting/Ranker (2007a), S. 194; Franke/Hommel (2006), S. 69 u. S. 76 f.; Wohlgemuth (2011), Abt. I/9 Rz. 112; Wohlgemuth/Radde (2000), S. 909; dies. (2009), B 162 Rz. 176; Beyhs/Wagner (2009b), § 5.B. Rz. 79; Fink/Kunath (2010), S. 2346; Tanski

scheidet eine Aktivierung von Kosten für den Abbruch und das Abräumen einer Sachanlage und für die Wiederherstellung des Standortes nach deutschem Bilanzsteuerecht im Grundsatz[1973] aus.

Aus der im zweiten Halbsatz des § 255 Abs. 1 S. 1 HGB geforderten Zurechenbarkeit[1974] ergibt sich, dass ausschließlich Einzelkosten als handelsrechtliche Anschaffungskosten qualifizieren. Gemeinkosten werden „typisierend als nicht werthaltig [betrachtet] und führen nicht zu Anschaffungskosten“[1975]. Dieses Einbeziehungsverbot gilt ebenso für Zwecke der steuerlichen Anschaffungskostenbemessung.[1976] Mit anderen Worten sind handels- und steuerrechtlich ausschließlich Einzelkosten als Anschaffungsnebenkosten zu erfassen.[1977] Zwar steht diese Einschränkung nach Meinung im Schrifttum einer allein in Vereinfachungserwägungen gründenden Pauschalierung bestimmter Anschaffungsnebenkosten nicht entgegen; zu einem Einbezug von echten Gemeinkosten darf es aber auch hierbei nicht kommen.[1978] Die steuerliche Behandlung von Anschaffungsnebenkosten folgt den handelsrechtlichen Grundsätzen.[1979] Diese Einzelkostenorientierung kontrastiert insoweit mit dem produktionsbezogenen Vollkostenansatz, dem die IFRS nach h. M. auch bei der Errechnung der Anschaffungskosten von Sachanlagevermögenswerten folgen (IAS 16.16 (b)).[1980]

Eine weitere Gegenläufigkeit zwischen den Regelwerken ist bei der Behandlung von nachträglichen Anschaffungskosten auszumachen.[1981] Während die IFRS die Aktivierung nachträglicher Anschaffungsausgaben i. S. d. Komponentenansatzes an das Vorliegen der allgemeinen Aktivierungskriterien (IAS 16.7) knüpfen, wird nach deutschem Bilanzsteuerrecht auf die Bedingung abgestellt, „dass

(2005), S. 25; Siegel (2007a), S. 610 f.; Theile (2009d), Rz. 1132; Dietel (2004), S. 110; Nordmeyer/Göbel (2011), B 212 Rz. 242; Bitz/Schneeloch/Wittstock (2011), S. 805. Die Vereinbarkeit der Regelung des IAS 16.16(c) mit den (ausschüttungsstatischen) GoB ist umstritten. Während *Hommel* die Auffassung vertritt, dass eine Aktivierung von Abbruchkosten als Erwerbsnebenkosten i. S. d. IAS 16.16(c) nicht zwingend mit dem Anschaffungs- oder Herstellungskostenbegriff des HGB in Konflikt steht (ders. [2009], S. 75), führt die Regelung nach *Wüstemann* „zu einer bilanztheoretisch und betriebswirtschaftlich nicht einsichtigen Aktivierung zukünftiger Aufwendungen“ (ders. [2004], S. 295 f.) Zur Diskussion auch Haaker/Hoffmann (2010), S. 21 f.

1973 Allerdings werden Abbruchkosten für ein Gebäude handels- und steuerrechtlich als Anschaffungsnebenkosten des Grund und Bodens qualifiziert, wenn im Erwerbszeitpunkt die Absicht bestand, das Grundstück unbebaut zu nutzen; vgl. im Einzelnen Kahle (2009), § 255 Rz. 104 ff.; Wohlgemuth/Radde (2009), B 162 Rz. 120 ff.; Wohlgemuth (2011), Abt. I/9 Rz. 42 f.

1974 Vgl. Wohlgemuth/Radde (2000), S. 904.

1975 Hommel (2002), Sp. 78; vgl. auch Kahle (2009), § 255 HGB Rz. 107; Wohlgemuth/Radde (2000), S. 904; Dexheimer-Elgg/Maucher/Wüstemann (2011), S. 181; Siegel (2007a), S. 601; Meyering (2009), S. 43 f.; Hoffmann (2007a), S. 27; Ekkenga (2011b), § 255 HGB Rz. 36; Hey (2010b), § 17 Rz. 133; Drescher (2002), S. 135.

1976 Vgl. Kahle (2009), § 255 HGB Rz. 107; Ehmcke (2010), § 6 EStG Rz. 269.

1977 Vgl. Knop/Küting (2010), § 255 HGB Rz. 33; Wohlgemuth/Radde (2009), B 162 Rz. 91; Hey (2010b), § 17 Rz. 133; kritisch zur Einschränkung auf Einzelkosten insoweit Baetge/Kirsch/Thiele (2011), S. 194.

1978 Vgl. detailliert Wohlgemuth/Radde (2009), B 162 Rz. 106; Wohlgemuth (2011), Abt. I/9 Rz. 11 u. Rz. 28 ff.; Knop/Küting (2010), § 255 HGB Rz. 34.

1979 Vgl. Wohlgemuth (2011), Abt. I/9 Rz. 24.

1980 Vgl. Theile (2009d), Rz. 1107; Scheinpflug (2009b), § 5. Rz. 235. A. A. Tanski (2005), S. 25, der insoweit „kaum Unterschiede zwischen dem HGB und den IFRS“ konstatiert. *Tanski* geht entgegen der h. M. davon aus, dass nur Einzelkosten zu den Anschaffungskosten eines Sachanlagevermögenswerts zählen.

1981 Vgl. Ballwieser (2009e), IAS 16 Rz. 28a. Unter den Begriff der nachträglichen Anschaffungskosten fallen nach deutschem Bilanz(-steuer)recht nachträgliche Aufwendungen für bereits beschaffte Vermögensgegenstände sowie nachträgliche Erhöhungen des ursprünglichen Anschaffungspreises und der ursprünglichen Anschaffungsnebenkosten. Vgl. Kahle (2009), § 255 HGB Rz. 109; Meyering (2009), S. 45; Baetge/Kirsch/Thiele (2011), S. 194 f.

der betreffende Vermögensgegenstand durch die nachträglich auf ihn verwendeten Aufwendungen nach allgemeiner Verkehrsanschauung eine erhebliche Wertsteigerung erfahren hat"[1982].

Fremdkapitalzinsen, die dem Bilanzierenden entstanden sind, zählen „nicht zu den Anschaffungskosten, und zwar selbst dann nicht, wenn die direkte Zuordnung der Finanzierung zum Anschaffungsvorgang möglich wäre"[1983]. Das Einbeziehungsverbot gilt auch steuerrechtlich.[1984] Das Einbeziehungsgebot für Fremdkapitalzinsen, wie es IAS 23 für qualifizierte Vermögenswerte vorsieht, ist mit den handelsrechtlichen GoB nach Literaturansicht nicht in Einklang zu bringen.[1985]

Diskrepanzen ergeben sich ferner auch bei der Behandlung von Zuwendungen der öffentlichen Hand. Bezogen auf den deutschen Rechtsraum lassen sich Zuwendungen der öffentlichen Hand in Investitionszuschüsse und Investitionszulagen unterteilen.[1986] Eine solche Differenzierung nehmen die IFRS nicht vor; in der Terminologie des IAS 20 handelt es sich bei beiden öffentlichen Förderungsmaßnahmen um *grants related to assets*.[1987] „Während Investitionszuschüsse grundsätzlich steuerpflichtig sind, sind Investitionszulagen stets steuerfrei"[1988]. Sofern der Erwerb von Anlagegütern mittels Zuschüssen finanziert wird, besteht für Zwecke der steuerlichen Gewinnermittlung ein – höchstrichterlich bestätigtes – Abbildungswahlrecht (R 6.5 Abs. 2 EStR).[1989] Danach können Investitionszuschüsse[1990] entweder als sofortige Betriebseinnahme vereinnahmt oder zunächst erfolgsneutral behandelt werden. Im ersten Fall bleiben die Anschaffungs- oder Herstellungskosten des betreffenden Wirtschaftsgutes von den Investitionszuschüssen unberührt, im zweiten Fall werden sie um die Investitionszuschüsse gemindert, sodass sich auch das Abschreibungsvolumen in den folgenden Wirtschaftsjahren reduziert.[1991] Dieses Wahlrecht ist nach Inkrafttreten des BilMoG mit der h. M. losgelöst von der Handelsbilanz auszuüben.[1992] Im Gegensatz hierzu ist eine sofortige

---

1982 Kahle (2009), § 255 HGB Rz. 108. Die Irrelevanz eines Komponentenansatzes zur Behandlung von nachträglichen Anschaffungskosten gilt auch nach dem neuerlichen Komponentenansatz i. S. d. IDW RH HFA 1.016. Vgl. Ellrott/Brendt (2010), § 255 HGB Rz. 391. Zu IDW RH HFA 1.016 vgl. unten, 4. Kap. II. 2.2.1.1.

1983 Kahle (2009), § 255 HGB Rz. 78; Kahle/Heinstein (2010), Abt. II/2 Rz. 78; ebenso strikt Siegel (2007a), S. 602 f. Teile der Literatur betrachten das Aktivierungsverbot hingegen nur als Grundsatz, von dem in Ausnahmefällen zugunsten eines Aktivierungswahlrechts bzw. Aktivierungsgebots abzuweichen sei, und zwar dann, wenn Anschaffungsvorgänge mit längerer Bauzeit vorliegen; vgl. Hoffmann (2011e), § 9 Rz. 3; diese Ansicht zurückweisend Kahle (2009), § 255 HGB Rz. 80; Kahle/Heinstein (2010), Abt. II/2 Rz. 78; Baetge/Kirsch/Thiele (2011), S. 195; zum Diskussionsstand auch Wohlgemuth (2011), Abt. I/9 Rz. 35-40.

1984 Vgl. Fischer (2011), § 6 EStG Rz. 44.

1985 Vgl. Scheinpflug (2009b), § 5. Rz. 236; Herzig (2005b), S. 227; Bitz/Schneeloch/Wittstock (2011), S. 815.

1986 Vgl. Ruhnke (2008b), S. 296.

1987 Vgl. Hoffmann (2011g), § 12 Rz. 45.

1988 Künkele/Zwirner (2010a), S. 341; vgl. auch Meyering (2009), S. 48; Küting/Pfirmann/Ellmann (2010), S. 2208.

1989 Vgl. Ruhnke (2008b), S. 298.

1990 Anders als Investitionszuschüsse verringern Investitionszulagen nicht die Anschaffungs- oder Herstellungskosten; sie sind stets gewinnerhöhend, aber steuerfrei zu vereinnahmen. Vgl. Künkele/Zwirner (2010b), S. 2268.

1991 Vgl. Pfitzer/Wirth/Staß (2008), IAS 20 Rz. 52; Kahle (2009), § 255 Rz. 86; Herzig/Briesemeister (2010a), S. 294; dies. (2010b), S. 920; Wohlgemuth/Radde (2009), B 162 Rz. 78; Baetge/Kirsch/Thiele (2011), S. 193; Ruhnke (2008b), S. 298.

1992 Vgl. Kahle (2009), § 255 HGB Rz. 86; Künkele/Zwirner (2010a), S. 342; dies. (2010b), S. 2268; Winkeljohann/Buchholz (2010), § 274 HGB Rz. 181; Kulosa (2011a), § 6 EStG Rz. 73. Vor dem BilMoG konnte das Wahlrecht nur in Einklang mit der handelsbilanziellen Vorgehensweise ausgeübt werden.

ertragswirksame Vereinnahmung von Investitionszuschüssen nach IAS 20.17 untersagt.[1993] Umgekehrt ist die Bildung eines Passivpostens i. S. d. Bruttomethode (IAS 20.24) steuerlich unzulässig[1994] und aus GoB-Sicht weiterhin umstritten.[1995]

In der Gesamtschau ist der deutsche bilanzsteuerrechtliche Anschaffungsnebenkostenbegriff formal zwar „enger“[1996] als derjenige nach IFRS (IAS 16). Die Abweichungen in der Behandlung von Rückstellungsbeträgen (IAS 16.16 (c)), von nachträglichen Anschaffungskosten[1997] sowie von Fremdkapitalzinsen (aus bilanzierungspraktischer Sicht) werden allerdings als „recht unbedeutend(.)“[1998] eingestuft. Sofern man auf reguläre Anschaffungsvorgänge blickt, dürften die Grundsätze der Anschaffungskostenbemessung trotz der aufgezeigten Detaildiskrepanzen also nicht weit auseinander liegen.[1999]

2.1.2.2 Herstellungskosten

Eine eigenständige steuerliche Herstellungskostendefinition existiert nicht; die zentrale Bewertungsnorm des § 6 EStG ordnet lediglich einen Ansatz zu Herstellungskosten an, ohne deren Umfang zu definieren.[2000] Es ist im Grundsatz auf den handelsrechtlichen Herstellungskostenbegriff abzustellen; der Bewertungsvorbehalt des § 5 Abs. 6 EStG steht dem insoweit nicht entgegen.[2001] Konkretisierende Vorgaben für die steuerliche Herstellungskostenermittlung finden sich zudem in R 6.3 EStR.[2002] Im Rahmen des BilMoG wurde der handelsrechtliche Herstellungskostenumfang an den produktionsbezogenen Vollkostenansatz der IFRS angenähert.[2003] Im Ganzen dürften „nur noch geringe Unterschiede bei der nationalen und internationalen Herstellungskostenermittlung“[2004] verbleiben.

Pflichtbestandteile der handelsrechtlichen Herstellungskosten sind mit Geltung des BilMoG die Einzelkosten, mithin Material- und Fertigungseinzelkosten sowie die Sondereinzelkosten der Fertigung, darüber hinaus auch die angemessenen Teile der Materialgemeinkosten, der Fertigungsgemeinkosten und des Werteverzehrs des Anlagevermögens, soweit dieser durch die Fertigung veranlasst ist (§ 255 Abs. 2 S. 2 HGB). Letztere Gemeinkostenbestandteile waren vor dem BilMoG ein-

1993 Vgl. Wohlgemuth/Radde (2009), B 162 Rz. 283; Ruhnke (2008b), S. 298; Hoffmann (2011g), § 12 Rz. 45.
1994 Vgl. Ellrott/Brendt (2010), § 255 Rz. 121; Baetge/Kirsch/Thiele (2011), S. 193.
1995 Vgl. eingehend Wolf (2010), S. 23-143.
1996 Küting/Cassel (2011), S. 286.
1997 Die Vergleichbarkeit nimmt freilich in dem Maße ab, in dem ein Einbezug von (bestimmten) Gemeinkosten in die Anschaffungsnebenkosten nach IAS 16 gefordert wird. Vgl. Wohlgemuth (2011), Abt. I/9 Rz. 121.
1998 So Küting/Cassel (2011), S. 286 u. S. 289.
1999 Vgl. Wohlgemuth (2011), Abt. I/9 Rz. 121; Hommel (2002), Sp. 84.
2000 Vgl. Oestreicher (2010), B 163 Rz. 7; Hey (2010b), § 17 Rz. 139.
2001 Vgl. Hey (2010b), § 17 Rz. 139.
2002 Vgl. Coenenberg/Haller/Schultze (2009), S. 98.
2003 Vgl. Kahle (2009), § 255 HGB Rz. 153; Castedello/Kreher (2010), S. 73; Küting (2009a), S. 290; Manegold/Weindel/Wüstemann (2011), S. 203; Ruhnke (2008b), S. 303; Rossmanith (2010), S. 163 u. S. 169; Laubach/Kraus/Bornhofen (2009), S. 23; Zwirner/Künkele (2009), S. 643; Lorson (2009), S. 26; Bieg et al. (2009b), S. 257; Striegel (2009), § 2 Rz. 23; Küting/Cassel (2011), S. 287-289; Theile (2009f), Rz. 1607.
2004 So Knop/Küting (2010), § 255 HGB Rz. 131 f.; vgl. auch Küting (2008), S. 420.

beziehungsfähig, anders als nach IFRS aber nicht einbeziehungspflichtig. Ein (explizites) Einbeziehungswahlrecht besteht für die angemessenen Teile der Kosten der allgemeinen Verwaltung sowie die angemessenen[2005] Aufwendungen für soziale Einrichtungen des Betriebs, für freiwillige soziale Leistungen und für die betriebliche Altersversorgung, soweit diese auf den Zeitraum der Herstellung entfallen (§ 255 Abs. 2 S. 3 HGB).[2006]

Während die in § 255 Abs. 2 S. 2 HGB genannten Gemeinkosten auch nach IFRS zwingend in die Herstellungskosten einzubeziehen sind und somit ein grundsätzlicher Gleichlauf zwischen den beiden Regelwerken besteht,[2007] bedürfen die in § 255 Abs. 2 S. 3 HGB genannten Gemeinkostenkomponenten – allgemeine Verwaltungskosten und soziale Kosten – einer differenzierten Betrachtung. Während für diese nach deutschem Bilanzrecht ein Einbeziehungswahlrecht besteht, sind sie nach IFRS nur insoweit verpflichtend anzusetzen, als sie der Produktion zuzurechnen sind (Einbeziehungsgebot), andernfalls als Aufwand zu behandeln (Einbeziehungsverbot). Die nach IFRS mithin vorzunehmende Aufspaltung der Verwaltungs- und sozialen Kosten in produktionsbezogene (*production overheads*) und nicht-produktionsbezogene Bestandteile (*non-production overheads*) wird in § 255 HGB bislang nicht nachvollzogen. Insofern wird der Produktionsbezug nach IFRS „umfassender umgesetzt“[2008]. Das Wahlrecht des § 255 Abs. 2 S. 3 HGB steht einer Angleichung an den produktionsbezogenen Vollkostenansatz der IFRS weiterhin entgegen.[2009]

Zu den Pflichtbestandteilen der steuerlichen Herstellungskosten gehörten schon vor dem BilMoG und gehören weiterhin neben den Einzelkosten auch die angemessenen Teile der notwendigen Material- und Fertigungsgemeinkosten sowie der Wertverzehr des Anlagevermögens, soweit dieser durch die Herstellung des Wirtschaftsguts veranlasst ist.[2010] Durch die Anhebung der handelsrechtlichen Herstellungskostenuntergrenze (§ 255 Abs. 2 S. 2 HGB) wurde mithin auch eine Annäherung an die steuerliche Herstellungskostenuntergrenze gemäß der Auslegung des § 6 Abs. 1 EStG durch die Rechtsprechung und Finanzverwaltung (R 6.3 EStR) bewirkt.[2011] Eine vollständige Identität von handels- und steuerrechtlicher Herstellungskostenuntergrenze besteht allerdings nicht. [2012] So sind insbesondere selbst geschaffene immaterielle Vermögensgegenstände des Anlagevermögens nur handelsrechtlich qua Wahlrecht zu aktivieren, wohingegen eine Aktivierung steuerrechtlich an § 5 Abs. 2 EStG scheitert. „Wenn diese aktivierten immateriellen Vermögensgegenstände bei der Produktion von Gütern eingesetzt werden, müssen ihre planmäßigen Abschreibungen in die handels-

2005 Zu diesem Angemessenheitsprinzip vgl. eingehend Küting (2009c), S. 171 f.; Rade (2011), S. 1334 ff.
2006 Vgl. auch Coenenberg/Haller/Schultze (2009), S. 99; Velte (2011), S. 65.
2007 Vgl. Scheinpflug (2009b), § 5. Rz. 239.
2008 Herzig (2005b), S. 226; vgl. auch Meier (2010), S. 213.
2009 Vgl. Karrenbrock (2008), S. 142; Knop/Küting (2010), § 255 HGB Rz. 451 u. Rz. 453; Freidank/Velte (2010b), S. 364; Ekkenga (2011b), § 255 Rz. 84; Küting/Cassel (2011), S. 288; Lüdenbach/Hoffmann (2003b), S. 145; Meier (2010), S. 213; Hoffmann (2011d), § 8 Rz. 20 ff.
2010 Vgl. Kahle (2009), § 255 HGB Rz. 153.
2011 Vgl. Kahle (2009), § 255 HGB Rz. 153; Kahle/Haas (2010), S. 35.
2012 So aber wohl Künkele/Zwirner (2010a), S. 339.

rechtlichen Herstellungskosten der Erzeugnisse eingerechnet werden, was steuerlich gerade nicht erlaubt ist"[2013].

Der Einbezug der in § 255 Abs. 2 S. 3 HGB genannten Kosten war vor dem BilMoG auch in der Steuerbilanz wahlweise möglich, jedoch an eine analoge Verfahrensweise in der Handelsbilanz gebunden (R 6.3 Abs. 4 EStR 2008).[2014] Sofern man der weiten Auslegung des § 5 Abs. 1 S. 1 Halbs. 2 EStG (Wahlrechtsvorbehalt) folgt, könnte über die Einrechnung dieser Gemeinkostenpositionen nunmehr losgelöst von der handelsbilanziellen Behandlung befunden werden.[2015] Nach nun geänderter Ansicht des BMF sollen diese Gemeinkosten zwingend in die steuerlich anzusetzenden Herstellungskosten eingerechnet werden (Einbeziehungsgebot).[2016] Die steuerlichen Herstellungskosten würden demnach um die nicht produktionsbezogenen Gemeinkostenbestandteile von dem Herstellungskostenumfang nach IFRS (positiv) abweichen. Steuerliche Wahlrechtsbestandteile in Bezug auf den Herstellungskostenumfang gäbe es nicht mehr.[2017] Auf die erhebliche Kritik[2018] an dieser Vorgehensweise hat die deutsche Finanzverwaltung reagiert; bis zur Veröffentlichung einer geänderten Fassung von R 6.3 Abs. 4 EStR 2008 ist weiterhin von einem Wahlrecht gemäß R 6.3 Abs. 4 EStR 2008 auszugehen.[2019]

Fremdkapitalzinsen gelten nicht als Herstellungskosten (§ 255 Abs. 3 S. 1 HGB).[2020] Sie sind nach § 255 Abs. 3 S. 2 HGB nur ausnahmsweise, und zwar optional, einzubeziehen, sofern das in Anspruch genommene Fremdkapital zur Finanzierung der Herstellung eines Vermögensgegenstandes dient und die Zinsen auf den Zeitraum der Herstellung entfallen.[2021] In diesem Fall „gelten" (Fiktion) Zinsen für Fremdkapital als Herstellungskosten.[2022] Im Unterschied zu IAS 23 (bei qualifizier-

---

2013 Kahle (2009), § 255 HGB Rz. 153.

2014 Vgl. Frank/Wittmann (2010), S. 364.

2015 Vgl. Küting (2009c), S. 174 f.; Dörfler/Adrian (2009a), S. 393; Kirsch, H. (2009b), S. 324; Ortmann-Babel/Bolik (2010a), S. 2101. Kritisch Velte/Sepetauz (2010), S. 524.

2016 Vgl. BMF v. 12.03.2010, IV C 6 – S 2133/09/10001, BStBl. I 2010, S. 239, Rz. 8. Darin wird mit Recht eine Neuinterpretation des steuerbilanziellen Herstellungskostenbegriffs gesehen; es scheint, als sei ein Übergang auf einen „uneingeschränkten Vollkostenansatz" (Scheffler [2010e], S. 297) beabsichtigt, d. h. „einen Vollkostenansatz inklusive der nicht unmittelbar produktionsbezogenen Herstellungskosten" (Wehrheim/Fross [2010b], S. 1350).

2017 Vgl. Künkele/Zwirner (2010b), S. 2268.

2018 Das von der Finanzverwaltung als zentrale Begründung für die Vorgehensweise herangezogene Urteil des BFH v. 21.10.1993 (IV R 87/92, BStBl. II 1994, S. 176) lässt die Frage nach dem Einbezug der in § 255 Abs. 2 S. 3 HGB genannten Gemeinkosten offen; es bezieht sich ausschließlich auf die Gemeinkostenbestandteile des § 255 Abs. 2 S. 2 HGB. Eine Einbeziehungspflicht kann aus diesem Urteil nicht abgeleitet werden. Auch die Vorstellung, die Ermittlung eines „vollen" Gewinns erfordere den Ansatz der „vollen" Herstellungskosten überzeugt nicht, weil diese Gemeinkostenbestandteile regelmäßig nicht eng mit der Herstellung verbunden sind. Vgl. zu diesen und weiteren Kritikpunkten Freidank/Velte (2010b), S. 365 f.; Velte/Sepetauz (2010), S. 526 ff.; Velte (2011), S. 66 f.; Richter (2010), S. 507; Wehrheim/Fross (2010b), S. 1350; Günkel/Teschke (2010), S. 401 ff.; Philipps (2010),
S. 472; Prinz (2010c), S. 2071 f.; ders. (2011a), S. 156; Ernsting (2010), S. 1071-1073; Bitz/Schneeloch/Wittstock (2011), S. 416 f.; Kahle (2011), S. 167 f.; Patek (2010), S. 394 f.; Künkele/Zwirner (2010b), S. 2266 f.; Kußmaul/Gräbe (2010b), S. 266.

2019 Vgl. BMF v. 22.06.2010, IV C 6 – S 2133/09/10001, BStBl. I 2010, S. 597.

2020 Vgl. Manegold/Weindel/Wüstemann (2011), S. 206; Richter (2010), S. 507; Ellrott/Brendt (2010), § 255 Rz. 502.

2021 Vgl. Oestreicher (2010), B 163 Rz. 170 ff.

2022 Der Charakter dieses Einbeziehungswahlrechts ist umstritten. Von der h. M. im Schrifttum wird es als Bewertungshilfe eingestuft; demgegenüber geht die höchstrichterliche Finanzrechtsprechung (neuerdings) von einem Bewertungswahlrecht aus; vgl. Kaliebe (2008), S. 570 f. m. w. N.

ten Vermögenswerten) sieht das deutsche Bilanzrecht insoweit keine Aktivierungspflicht vor.[2023] Das handelsrechtliche Einbeziehungswahlrecht des § 255 Abs. 3 S. 2 HGB kommt auch steuerlich zur Geltung (R 6.3 Abs. 4 EStR).[2024] Eine autonome steuerliche Wahlrechtsausübung (§ 5 Abs. 1 S. 1 Halbs. 2 EStG) scheidet nach Ansicht der Finanzverwaltung aus. Sofern in der handelsrechtlichen Gewinnermittlung Fremdkapitalzinsen in die Herstellungskosten einbezogen worden, sind sie gem. § 5 Abs. 1 S. 1 Halbs. 1 EStG auch in der steuerlichen Gewinnermittlung als Herstellungskosten zu qualifizieren.[2025] Demnach sind Fremdkapitalzinsen steuerlich verpflichtend in die Herstellungskosten einzubeziehen, wenn sie handelsrechtlich aktiviert wurden.[2026] Geschieht dies nicht, kann auch steuerlich ein Einbezug der Fremdkapitalzinsen unterbleiben.[2027] Die Ansicht der Finanzverwaltung erscheint inkosistent, denn R 6.3 Abs. 4 S. 1 EStR gewährt ein diesbezügliches Wahlrecht und dieses sollte auf Grundlage des steuerlichen Wahlrechtsvorbehalts autonom ausgeübt werden können.[2028] Einem expliziten Einbeziehungsverbot in die Herstellungskosten unterliegen insbesondere – wie nach IAS 2.16 (d)[2029] – Forschungs- und Vertriebskosten (§ 255 Abs. 2 S. 4 HGB). Dieses gilt auch steuerlich.[2030]

2.1.3 Zugangsbewertung des materiellen Anlagevermögens nach dem Handels- und Steuerrecht Frankreichs im Vergleich zu IFRS

2.1.3.1 Anschaffungskosten

Nach Art. 321-1 PCG sind entgeltlich zugegangene Sachanlagen (*actifs acquis à titre onéreux*) in Höhe der Anschaffungskosten (*coût d'acquisition*) und Sachanlagen, die selbst erstellt wurden (*actifs produit par l'entité*), in Höhe der Herstellungskosten (*coût de production*) anzusetzen. Der allgemeine handelsrechtliche Anschaffungskostenbegriff ist in Art. 123-18 CCom sowie Art. 7 DC niedergelegt.[2031] Einzelheiten zur Anschaffungskostenermittlung finden sich im PCG. Die handelsrechtlichen Anschaffungskosten umfassen nach Art. 321-10 PCG neben dem Anschaffungspreis (nach Abzug von Anschaffungspreisminderungen) auch die direkt zurechenbaren Kosten, die angefallen sind, um die Sachanlage zu dem Standort und in den bestimmungsgemäßen betriebsbereiten Zustand zu bringen („les coûts directement attribuables engagés pour mettre l'actif en place et en

---

2023 Vgl. Küting/Ellmann (2010), S. 1302; Küting/Cassel (2011), S. 288. Für einen detaillierten Vergleich von § 255 Abs. 3 HGB und IAS 23 vgl. Kaliebe (2008), S. 560 ff.

2024 Vgl. auch Baetge/Kirsch/Thiele (2011), S. 201.

2025 Vgl. BMF v. 12.03.2010, IV C 6 – S 2133/09/10001, BStBl. I 2010, S. 239, Rz. 6. Dazu auch Kahle (2011), S. 168.

2026 Vgl. Meurer (2010), S. 822; Kußmaul/Gräbe (2010b), S. 266. Scheffler (2010d), S. 297 zufolge lässt sich diese Forderung nach übereinstimmender Vorgehensweise bei der Aktivierung von Fremdkapitalzinsen nur dann nachvollziehen, „wenn man dieses Wahlrecht als Billigkeitsregelung versteht".

2027 Vgl. Kaminski (2010), S. 773.

2028 Zur Kritik vgl. Kahle (2011), S. 168 m. w. N.

2029 Vgl. Ellrott/Pastor (2010), § 255 HGB Rz. 587; Coenenberg/Haller/Schultze (2009), S. 112.

2030 Vgl. Velte/Sepetauz (2010), S. 524.

2031 Zum Anschaffungskostenbegriff nach französischem Bilanz(-steuer)recht vgl. Osterloh-Konrad (2005), S. 392 f.; Robert (2010), S. 56; Schäfer (2004), S. 115; in der älteren Literatur (vor IFRS-Anpassungen) z. B. Brodhag (1997), S. 71 f.; Oestreicher/Spengel (1999b), S. 369-371; Schwandtner (1994), S. 187 f.; Merker (1984), S. 8-10; Sachs (1998), S. 154 ff.; Fischer (1996), S. 106.

état de fonctionner selon l'utilisation prévue par la direction").[2032] Die Inhalte des IAS 16.16 (a) und IAS 16.16 (b) wurden insoweit annähernd wortgleich in den PCG übertragen. Erstmalig geschätzte Kosten für den Abbruch und das Abräumen des Gegenstandes und die Wiederherstellung des Standortes werden – der Vorgabe des IAS 16.16 (c) entsprechend – in die Anschaffungskosten eingerechnet (Art. 321-10 PCG).

Auf Basis des Art. 38 *quater de l'annexe* III CGI wird die Erstbewertung von Wirtschaftsgütern in der steuerlichen Gewinnermittlung prinzipiell nach den diesbezüglichen handelsrechtlichen Grundsätzen vorgenommen.[2033] Dass der Anschaffungskostenbegriff (*valeur d'origine*) für steuerliche Zwecke eigenständig (Art. 38 *quinquies de l'annexe* III CGI) definiert wird,[2034] steht einer grundsätzlichen Deckungsgleichheit zwischen dem handels- und steuerrechtlichen Anschaffungskostenbegriff nicht entgegen.[2035] Somit umfassen auch die steuerlichen Anschaffungskosten – formal und inhaltlich dem handelsrechtlichen Anschaffungskostenbegriff entsprechend – den Anschaffungspreis (abzgl. etwaiger Anschaffungspreisminderungen[2036]) sowie die mit dem Anschaffungsvorgang in Zusammenhang stehenden Anschaffungsnebenkosten, die sog. *coûts directement engagés pour la mise en état d'utilisation du bien*.[2037] Die Behandlung von Anschaffungsnebenkosten zeigt im Detail Inkonsistenzen. Indem für bestimmte Anschaffungsnebenkosten (*frais d'acquisition*), insbesondere Grunderwerbsteuer (*droits de mutation*), Honorare (*honoraires*), Provisionen (*commissions*) und Notarkosten (*frais d'actes*) ein explizites Einbeziehungswahlrecht (Art. 321-10 PCG) besteht,[2038] wird die nach IAS 16 bestehende Einbeziehungspflicht direkt zurechenbarer Anschaffungsnebenkosten (aus steuerlichen Erwägungen) durchbrochen.[2039]

2032 Vgl. auch Osterloh-Konrad (2005), S. 392.

2033 Vgl. Brodhag (1997), S. 70; Oestreicher/Spengel (1999b), S. 372.

2034 Vgl. auch Robert (2010), S. 56; Schulze-Osterloh (2005), S. 393.

2035 Vgl. auch Schäfer (2004), S. 121.

2036 Vgl. Direction générale des impôts v. 30.12.2005, 4 A-13-05, Tz. 56 f.; dazu auch RF Comptable (2006), S. 21 f.

2037 Vgl. Direction générale des impôts v. 30.12.2005, 4 A-13-05, Tz. 58 (zu den *coûts directement engagés pour la mise en état d'utilisation du bien*) sowie Rz. 60 (zu den *coûts non attribuables au coût d'acquisition*); dazu auch RF Comptable (2006), S. 25.

2038 Vgl. RF Comptable (2006), S. 24; Tort (2006a), S. 27 f.; Geslin (2006), S. 13.

2039 Diese Abweichung zu dem Anschaffungskostenumfang i. S. d. IAS 16 ist abermals steuerlichen Erwägungen geschuldet (vgl. Tort [2006a], S. 28; zur Problematik auch Baert/Yanno [2009], S. 92 f.; verkürzt diskutiert auch bei Robert [2010], S. 56; Dandon/Didelot [2006], S. 30 f.; Ouvrard/Degos [2008], S. 21 f.; Rosenberg [2006], S. 130). Hintergrund ist, dass Art. 38 *quinquies de l'annexe* III CGI für diese speziellen Anschaffungsnebenkosten zwar ein steuerliches Wahlrecht eröffnet, diese zu aktivieren oder aufwandswirksam zu behandeln (vgl. Direction générale des impôts v. 30.12.2005, 4 A-13-05, Tz. 68; a. A. [für ein Einbeziehungsverbot von *frais d'acquisition*] Merker [1984], S. 8 f.; Brodhag [1997], S. 72, allerdings in Bezug auf die inzwischen überholte Rechtslage). Jedoch darf diese Option nicht unabhängig von der handelsrechtlichen Vorgehensweise ausgeübt werden; vielmehr ist die Option „exercée par la simple comptabilisation des frais d'acquisition concernés en immobilisation ou en charges" (Direction générale des impôts v. 30.12.2005, 4 A-13-05, Tz. 70). Folglich wäre eine unmittelbare steuerliche Aufwandsverrechnung immer dann ausgeschlossen, wenn in der Handelsbilanz eine Aktivierung erfolgt. Würden die genannten Ausgaben handelsrechtlich aktiviert werden, könnten sie steuerlich nicht mehr direkt – und bei nicht abschreibungsfähigen Wirtschaftsgütern auch nicht indirekt über eine planmäßige Abschreibung (*amortissement*) – geltend gemacht werden. Aus diesem Grund gewährt CRC 2004-06 eine handels- und steuerrechtlich gleichförmig auszuübende Option, Ausgaben der vorgenannten Art zu aktivieren oder unmittelbar als Aufwand zu erfassen. Diese Option ist einheitlich ("global") für sämtliche Sachanlagen auszuüben; vgl. RF Comptable (2006), S. 24.

Fremdkapitalkosten (*coûts d'emprunt*) sind nach Maßgabe des Art. 321-5 PCG in die Anschaffungskosten einzubeziehen.[2040] Die Norm entspricht IAS 23 in seiner bis zum Jahr 2008 gültigen Fassung. Demnach besteht in Bezug auf bestimmte (qualifizierte) Vermögenswerte (französisch: *actifs éligibles*) ein explizites Wahlrecht, externe Finanzierungskosten in die Anschaffungskosten einzubeziehen oder als Aufwand zu erfassen (Artt. 321-10 i. V. m. 321-5 PCG).[2041] Im Rahmen der steuerlichen Gewinnermittlung besteht nach dem (novellierten) Art. 38 *undecies de l'annexe* III CGI eine Option, (bestimmte) Finanzierungskosten in die Anschaffungskosten einzubeziehen oder, was die Regel sein dürfte, unmittelbar zum Abzug zu bringen.[2042] Dieses steuerliche Wahlrecht ist ein Reflex auf die an IAS 23 angepasste Behandlung von Fremdkapitalkosten in der Handelsbilanz.[2043] Hierin wird der mittelbare Einfluss der IFRS erneut manifest.

2.1.3.2 Herstellungskosten

Durch das CRC 2004-06 wurde der französische handelsrechtliche Begriff der Herstellung (*coût de production*) an den produktionsbezogenen Vollkostenansatz i. S. d. IFRS (IAS 2, IAS 16) herangeführt.[2044] Art. 321-13 PCG stellt dabei klar, dass bei der Herstellungskostenermittlung grundsätzlich dieselben Prinzipien gelten sollen wie bei der Bemessung der Anschaffungskosten. Diese Vorgabe steht im Einklang mit IAS 16, der systematisch ebenfalls nicht nach Anschaffungs- und Herstellungskosten differenziert; gem. Art. 321-13 PCG sind die Bestimmungen der Herstellungskostenermittlung von Vorräten (Art. 321-21 PCG) auch der Ermittlung der Herstellungskosten von Sachanlagen zugrunde zu legen, was sich mit dem Verweis von IAS 16.22 auf IAS 2 deckt. Nach Art. 321-21 PCG sind neben den direkt zurechenbaren Einzelkosten hinaus auch systematisch zugerechnete fixe und variable Produktionsgemeinkosten (*frais généraux fixes et variables*) in die Herstellungskosten einzubeziehen. Art. 321-21 basiert auf der Normalkapazitätsannahme. Finanzierungskosten (*coûts d'emprunt*) werden nach Maßgabe des an IAS 23 orientierten Art. 321-5 PCG erfasst. Für Finanzierungskosten, die im Zusammenhang mit der Herstellung eines Vermögenswerts stehen, wird mithin ein Einbeziehungswahlrecht gewährt.[2045]

Eine steuerliche Herstellungskostendefinition für Wirtschaftsgüter des Anlagevermögens findet sich in Art. 38 *quinquies de l'annexe* III CGI. Der steuerliche Herstellungskostenumfang wird im

2040 Vgl. auch RF Comptable (2006), S. 22.

2041 Das Wahlrecht ist für alle Vermögenswerte derselben Art einheitlich auszuüben; vgl. RF Comptable (2006), S. 22.

2042 Ebenfalls ein Wahlrecht feststellend Robert (2010), S. 56; Endres et al. (2007), S. 47 Tab. 38; im (älteren) deutschsprachigen Schrifttum wird indessen regelmäßig ein striktes steuerliches Einbeziehungs*verbot* für Fremdkapitalkosten festgestellt. Vgl. etwa Merker (1984), S. 9. Diese Ansicht stützt sich auf eine inzwischen überholte Rechtslage. Zu Einzelheiten der optionalen Behandlung von Fremdkapitalkosten aus Sicht der französischen Finanzadministration vgl. BOI 4 A 13-05, Rz. 63; dazu auch RF Comptable (2006), S. 22-24.

2043 Vgl. Direction générale des impôts v. 30.12.2005, 4 A-13-05, Tz. 62: „Il s'agit en pratique d'un alignement nouveau sur le traitement comptable des frais d'emprunt" (im Original Fettdruck). Vgl. auch Tort (2006a), S. 27.

2044 Vgl. auch Osterloh-Konrad (2005), S. 392. Dabei ist zu berücksichtigen, dass das französische Bilanzrecht schon vor dieser Anpassung einen (produktionsbezogenen) Vollkostenansatz vorsah (Art. 7 DC). Zu Einzelheiten vgl. Brodhag (1997), S. 75-78; Oestreicher/Spengel (1999b), S. 371-373.

2045 Vgl. auch Schäfer (2004), S. 115.

Grundsatz aus dem handelsrechtlichen Herstellungskostenbegriff abgeleitet. Es ist von einer weitgehenden Übereinstimmung des handels- und steuerrechtlichen Herstellungskostenbegriffs auszugehen.[2046] Dies gilt auch für die Behandlung von Finanzierungskosten, für die nach dem insoweit eindeutigen Wortlaut des Art. 38 *undecies de l'annexe* III CGI[2047] ein steuerliches Einbeziehungswahlrecht gewährt wird.[2048] Den IFRS-Einflüssen wird insofern auch steuerliche Geltung verschafft.

2.1.4 Zugangsbewertung des materiellen Anlagevermögens nach dem Handels- und Steuerrecht Polens im Vergleich zu IFRS

2.1.4.1 Anschaffungskosten

Nach Art. 7 Abs. 1 RLG hat die handelsbilanzielle „Bewertung der einzelnen Bestandteile der Aktiva" auf Basis der zu „ihrem Erwerb (ihrer Herstellung) tatsächlich gezahlten Preise (getragenen Kosten)" zu erfolgen.[2049] Als maßgebliche Wertmaßstäbe im Zugangszeitpunkt dienen mithin die Anschaffungs- respektive Herstellungskosten (Art. 28 Abs. 1 Nr. 1 RLG).[2050] Eine explizite Definition des handelsrechtlichen Anschaffungskostenbegriffs findet sich in Art. 28 Abs. 2 RLG.[2051] Zu den Anschaffungskosten gehören nach Art. 28 Abs. 2 RLG der Anschaffungspreis, Anschaffungsnebenkosten sowie die nachträglichen Anschaffungskosten. Anschaffungspreisminderungen sind auch nach polnischem Bilanzrecht von den Anschaffungskosten auszuschließen. Mit der h. M. unterscheidet sich der Anschaffungskostenbegriff des polnischen Bilanzrechts nicht wesentlich von demjenigen der IFRS; dabei wird auch eine Nähe zu dem Anschaffungskostenbegriff des deutschen Bilanzrechts konstatiert.[2052]

Eine eigenständige steuerrechtliche Anschaffungskostendefinition ist in Art. 16g Abs. 3 PDOPrU niedergelegt. Es kann von einer grundsätzlichen Deckungsgleichheit des handels- und steuerrechtlichen Anschaffungskostenbegriffs ausgegangen werden. Während in Bezug auf den Anschaffungspreis sowie die Anschaffungspreisminderungen – wenig überraschend – keine materiellen Differenzpunkte des handels- und steuerrechtlichen Anschaffungskostenbegriffs zu demjenigen nach

---

2046 Vgl. Sachs (1998), S. 157; Brodhag (1997), S. 76; Oestreicher/Spengel (1999b), S. 373; Osterloh-Konrad (2005), S. 392 f.; Schäfer (2004), S. 121.

2047 Wörtlich heißt es: „Les coûts d'emprunt engagés pour l'acquisition ou la production d'une immobilisation, corporelle ou incorporelle, ou d'un élément inscrit en stock ou en encours, *peuvent être, au choix de l'entreprise*, soit compris dans le coût d'origine de l'immobilisation ou du stock, soit déduits en charge au titre de l'exercice au cours duquel les intérêts sont courus" (Kursivierungen durch Verf. hinzugefügt).

2048 A. A. einerseits z. B. Endres et al. (2007), S. 49 Tab. 41, die eine Einbeziehungs*pflicht* von Fremdkapitalkosten in die Herstellungskosten sehen (so auch z. B. Merker [1984], S. 12] sowie andererseits Osterloh-Konrad (2005), S. 393, die ein steuerliches Einbeziehungs*verbot* für Fremdkapitalkosten in die Herstellungskosten erkennen will (so auch z. B. Schäfer, R. [2004], S. 121).

2049 Vgl. auch Jungmann/Tacakiewicz (2007), S. 714; Lange (2011), S. 229.

2050 Vgl. Djanani/Brähler/Lösel (2005), S. 52.

2051 Vgl. Jungmann/Tacakiewicz (2007), S. 714; Eberhartinger/Wilczynska-Stöckl (2009), S. 50; Wollgarten (2005), S. 111; Djanani/Brähler/Lösel (2005), S. 48 f.; Brockhuis/Schnell (2003), S. 90 f.

2052 Vgl. Kamping/Becker (2004), S. 515; Djanani/Brähler/Lösel (2005), S. 49.

IFRS (IAS 16) ersichtlich sind, bedarf die Behandlung von Anschaffungsnebenkosten und nachträglichen Anschaffungskosten einer näheren Betrachtung.

Zu den Anschaffungsnebenkosten zählen nach Art. 28 Abs. 2 RLG jene „Kosten, die unmittelbar mit dem Kauf des betreffenden Vermögensgegenstandes, seiner Versetzung in einen gebrauchsfähigen Zustand oder seiner Überführung in den Verkehr verbunden sind", darunter „auch Kosten für Transport, Beladung, Ausladung, Lagerung oder Überführung in den Verkehr".[2053] Auch Art. 16g Abs. 3 PDOPrU sieht einen Einbezug „der mit dem Kauf verbundenen und bis zum Tage der Ingebrauchnahme der Sachanlage (...) berechneten Aufwendungen" vor.[2054]

Den Wortlauten des Art. 28 Abs. 8 RLG und Art. 16g Abs. 3 PDOPrU zufolge wäre von einer Beschränkung der Anschaffungskosten auf Einzelkosten auszugehen, wohingegen bei der Anschaffungskostenbemessung nach IFRS auch ein Einbezug (bestimmter) Gemeinkostenteile erwogen wird. Allerdings ist die Rechtslage weder nach IFRS noch nach polnischem Handels- und Steuerrecht eindeutig. Eine dem IAS 16.16 (c) vergleichbare Vorschrift ist weder im RLG noch PDOPrU zu finden. Die Berücksichtigung von Kosten für den Abbruch und die Beseitigung eines Vermögensgegenstandes und die Wiederherstellung des Standorts im Rahmen der Anschaffungskostenbemessung dürfte damit sowohl handelsrechtlich als auch steuerrechtlich untersagt sein.[2055]

Die Anschaffungskosten eines Anlageguts sind handelsbilanziell gem. Art. 31 Abs. 1 RLG nachträglich um „Kosten für seine Verbesserung" zu erhöhen (nachträgliche Anschaffungskosten). Darunter sind solche Aufwendungen zu fassen, die im Zusammenhang mit einem „Umbau", „Ausbau", einer „Modernisierung oder Rekonstruktion" des zu bewertenden Anlageguts anfallen (Art. 31 Abs. 1 RLG). Vorausgesetzt wird, dass „der Gebrauchswert (...) nach seiner Verbesserung höher ist als zum Zeitpunkt (der) Gebrauchsübernahme", was etwa anhand einer Verlängerung der voraussichtlichen Nutzungsdauer, einer Erhöhung der Produktionskapazität oder einer qualitativen Verbesserung der mithilfe der modifizierten Sachanlage hergestellten Erzeugnisse dokumentiert werden kann (Art. 31 Abs. 1 RLG).[2056]

Auch im Rahmen der steuerrechtlichen Gewinnermittlung sind die Anschaffungs- und Herstellungskosten (nur) unter der Grundvoraussetzung zu aktivieren, dass sie für „Umbau, Ausbau, Rekonstruktion, Anpassung oder Modernisierung" getätigt werden und eine „Verbesserung" der Sach-

2053 Vgl. auch Eberhartinger/Wilczynska-Stöckl (2009), S. 50; Nabiałek (2003), S. 64.

2054 Exemplarisch („insbesondere") genannt werden die „Kosten des Transports, der Be- und Entladung, der Transportversicherung, der Montage, der Installation und Ingangsetzung von Computerprogrammen und -systemen", „Notar-, Stempel- und andere(.) Gebühren" sowie „Zinsen und Provisionen" (Art. 16g Abs. 3 PDOPrU).

2055 So Endres et al. (2007), S. 336.

2056 Vgl. zu Art. 31 Abs. 1 RLG auch Brockhuis/Schnell (2003), S. 91; Djanani/Brähler/Lösel (2005), S. 52; Jungmann/Tacakiewicz (2007), S. 721; Eberhartinger/Wilczynska-Stöckl (2009), S. 56.

anlage bewirken (Art. 16g Abs. 13 PDOPrU).[2057] Im Gegensatz hierzu stellen die IFRS bei der Erfassung von nachträglichen Anschaffungskosten auf die allgemeinen Aktivierungskriterien ab, sodass hier eine weitere Detailabweichung vorliegt.

Fremdkapitalkosten sind handelsbilanziell gemäß Art. 28 Abs. 8 Nr. 2 RLG seit dem RLG 2000 verpflichtend in die handelsbilanziellen Anschaffungskosten (und Herstellungskosten) einzubeziehen, soweit sie auf den Anschaffungs- oder Herstellungszeitraum entfallen und ausdrücklich zur Finanzierung der Anschaffung oder Herstellung aufgenommen wurden.[2058] Insofern kann von einem grundsätzlichen Gleichklang mit IAS 23 ausgegangen werden.[2059] Auch für Zwecke der steuerlichen Gewinnermittlung ist ein Einbezug von Fremdkapitalkosten („Zinsen“) geboten.[2060] In diesem Fall werden sie entsprechend nicht mehr als sofort abzugsfähige Betriebsausgaben behandelt.[2061] Bedingung für deren Einbezug ist, dass sie mit dem Kauf verbunden und bis zum Tage der Ingebrauchnahme der Sachanlage angefallen sind (Art. 16g Abs. 3 PDOPrU).[2062] Die Behandlung von Zuwendungen der öffentlichen Hand regeln weder das RLG noch das PDOPrU explizit. Auf Grundlage des Art. 10 Abs. 3 RLG erscheint zumindest handelsrechtlich eine Orientierung an IAS 20 denkbar. Ob der Standard auch steuerlich durchschlägt, bleibt indes offen.

2.1.4.2 Herstellungskosten

Pflichtbestandteil der handelsrechtlichen Herstellungskosten sind gem. Art. 28 Abs. 3 RLG die „Produktionseinzelkosten“, d. h. jene „Kosten, die in unmittelbarem Zusammenhang mit der Herstellung des betreffenden Erzeugnisses stehen“, sowie die „Produktionsgemeinkosten“, die definiert werden als jene „Kosten, die mittelbar mit der Herstellung (..) verbunden sind“[2063]. Das polnische Bilanzrecht sieht mithin – IFRS folgend – einen produktionsbezogenen Vollkostenansatz vor; ein Teilkostenansatz ist untersagt.[2064] Eine eigenständige steuerrechtliche Legaldefinition des Herstellungskostenbegriffs enthält Art. 16g Abs. 4 PDOPrU.[2065] Analog zu Art. 28 Abs. 3 RLG ist auch im Rahmen der steuerrechtlichen Herstellungskostenbemessung ein (produktionsbezogener) Vollkostenansatz zugrunde zu legen.[2066]

2057 Hiervon soll i. d. R. auszugehen sein, wenn die für die Verbesserungsmaßnahmen angefallenen Aufwendungen einen Betrag von 3.500 Zł übersteigen und die Sachanlage durch diese Aufwendungen „einen im Vergleich zum Wert vom Tage der Ingebrauchnahme höheren Gebrauchswert“ erlangt, wobei wie nach Art. 31 Abs. 1 RLG auf verschiedene Faktoren abzustellen ist (Art. 16g Abs. 13 PDOPrU).

2058 Vgl. Eberhartinger/Wilczynska-Stöckl (2009), S. 51 f.

2059 Vgl. Jungmann/Tacakiewicz (2007), S. 716; Reczek/Lachowski (2002), S. 103.

2060 Vgl. Endres et al. (2007), S. 49 Tab. 41.

2061 Vgl. Kudert/Jamrozy (2011), S. 68 u. S. 70 ff. (zu den polnischen Unterkapitalisierungsregeln).

2062 Vgl. auch Endres et al. (2007), S. 47 u. S. 335.

2063 Zu Art. 28 Abs. 3 RLG vgl. auch Eberhartinger/Wilczynska-Stöckl (2009), S. 51; Kamping/Becker (2004), S. 515.

2064 Vgl. Jungmann/Tacakiewicz (2007), S. 715; Eberhartinger/Wilczynska-Stöckl (2009), S. 52; Djanani/Brähler/Lösel (2005), S. 49; Brockhuis/Schnell (2003), S. 91; Kamping/Becker (2004), S. 515.

2065 Zur steuerrechtlichen Herstellungskostendefinition vgl. Migdał/Namysłowski/Ziółek (2008), S. 36 f.

2066 Vgl. Endres et al. (2007), S. 48 Tab. 40.

Produktionseinzelkosten umfassen die Materialeinzelkosten, die Fertigungseinzelkosten sowie die Sondereinzelkosten der Fertigung.[2067] Produktionsgemeinkosten werden in variable und fixe Produktionsgemeinkosten unterteilt (Art. 28 Abs. 3 RLG). Eine Einrechnung von Verwaltungskosten, Aufwendungen für soziale Einrichtungen, für freiwillige soziale Leistungen sowie für die betriebliche Altersversorgung setzt zwingend deren Fertigungsbezogenheit voraus. Die Zuteilung der fixen Produktionsgemeinkosten hat – wie nach IAS 2.13 – auf Basis einer „normale[n] Auslastung" zu erfolgen (Art. 28 Abs. 3 RLG).[2068] Als normale Auslastung gilt „die durchschnittliche, unter normalen Bedingungen zu erwartende Produktionskapazität in der angegebenen Anzahl von Perioden oder Saisonen, unter Berücksichtigung der geplanten Reparaturen"[2069]. Derartige Vorgaben enthält das PDOPrU nicht; gleichwohl ist davon auszugehen, dass sie auch steuerrechtlich gelten.

Explizite handelsrechtliche Einbeziehungsverbote bestehen – im Einklang mit den IFRS[2070] – für Kosten, die aufgrund nicht genutzter Kapazitäten entstanden sind (Leerkosten), ferner für allgemeine Verwaltungskosten, Lagerungskosten für Fertig- und Halbfertigerzeugnisse, es sei denn, diese Kosten sind „unabdingbar" für den Produktionsprozess, sowie für Vertriebskosten (Art. 28 Abs. 3 RLG).[2071] In ähnlicher Weise schließt Art. 16g Abs. 4 PDOPrU einen Einbezug von „allgemeine[n] Verwaltungskosten, Vertriebskosten und sonstige[n] betrieblichen Aufwendungen" aus.

Die handelsbilanzielle Behandlung von Fremdfinanzierungskosten im Rahmen der Herstellungskostenermittlung richtet sich – wie bei der Bemessung der Anschaffungskosten – nach Art. 28 Abs. 8 RLG.[2072] Es besteht folglich Aktivierungspflicht, wenn die Fremdkapitalzinsen auf den Herstellungszeitraum entfallen und das Fremdkapital ausdrücklich zur Finanzierung der Herstellung bestimmt ist.[2073] Für steuerliche Zwecke ist eine Aktivierung von Fremdkapitalzinsen (ausnahmsweise) angezeigt, soweit diese „bis zum Tage der Ingebrauchnahme der Sachanlage berechnet wurden" (Art. 16g Abs. 4 PDOPrU).[2074] Nachträgliche Herstellungskosten werden nach Maßgabe des oben bereits skizzierten Art. 31 Abs. 1 RLG erfasst, steuerrechtlich gemäß Art. 16g Abs. 13.

[2067] Vgl. Eberhartinger/Wilczynska-Stöckl (2009), S. 52 Tab. 7; Jungmann/Tacakiewicz (2007), S. 716 Abb. 2; Wollgarten (2005), S. 112; Kamping/Becker (2004), S. 515.
[2068] Vgl. auch Jungmann/Tacakiewicz (2007), S. 715; Wollgarten (2005), S. 112.
[2069] Eberhartinger/Wilczynska-Stöckl (2009), S. 51.
[2070] Vgl. Jungmann/Tacakiewicz (2007), S. 715.
[2071] Vgl. auch Eberhartinger/Wilczynska-Stöckl (2009), S. 51; Wollgarten (2005), S. 112.
[2072] Vgl. Kamping/Becker (2004), S. 515.
[2073] Vgl. auch Endres et al. (2007), S. 357; Kamping/Becker (2005), S. 515.
[2074] Vgl. auch Endres et al. (2007), S. 49 Tab. 41.

2.1.5 Zugangsbewertung des materiellen Anlagevermögens nach dem Handels- und Steuerrecht Schwedens im Vergleich zu IFRS

2.1.5.1 Anschaffungskosten

Zentraler Wertmaßstab für die Erstbewertung der materiellen Vermögenswerte des Anlagevermögens (*materiella anläggningstillgångar* gem. 4 kap. 1 § ÅRL) ist der sog. *anskaffningsvärdet*, wobei der Begriff "Anschaffung" (*anskaffning*) sowohl den Erwerb als auch die Eigenerstellung umfasst. Es wird also begrifflich nicht zwischen Anschaffungskosten und Herstellungskosten unterschieden. Handelsgesetzlich verankert ist der *anskaffningsvärdet* in 4 kap. 3 § ÅRL. Die Vorschrift bestimmt, dass der Anschaffungswert im Fall des Erwerbs dem Einkaufspreis (*inköpspriset*) entspricht; darüberhinaus sind sämtliche Kosten, die dem Erwerb direkt zurechenbar sind (*som är direkt hänförliga till förvärvet*), in den Anschaffungswert einzurechnen. Nähere Vorgaben enthält das ÅRL nicht. Deshalb muss ergänzend bzw. konkretisierend auf die Verlautbarungen der komplettierenden Normgebung (*kompletterade normgivning*) zurückgegriffen werden.

RR 12, der den Ansatz und die Bewertung des materiellen Sachanlagevermögens regelt, basiert auf IAS 16 (RR 12 *bilaga* 2).[2075] Dementsprechend stellt RR 12 zunächst klar, dass der Einkaufspreis um eventuell angefallene Zölle (*tullavgifter*) und Verbrauchssteuern (*punktskatter*) zu erhöhen und um Rabatte, Boni und sonstige Kaufpreisvergünstigungen zu vermindern ist (RR 12.7). Unter Kosten, die dem Erwerb direkt zurechenbar (*direkt hänförbara*) sind, versteht RR 12 in Anlehnung an IAS 16 jene, die angefallen sind, um den Vermögenswert an seinen Bestimmungsort und in einen seinen Zweck entsprechenden Zustand zu versetzen (RR 12.7). Administrationskosten und andere allgemeine Kosten (*administrationskoster och andra allmänna omkostnader*) bilden ausdrücklich keinen Bestandteil des Anschaffungswerts (RR 12.8). RR 12 nennt verschiedene Beispiele für direkt zurechenbare (u. a. Installationskosten), die wiederum an IAS 16 (IAS 16.17) angelehnt sind. Insofern kann von einer grundsätzlich gleichlaufenden Auslegung der direkt zurechenbaren Kosten ausgegangen werden. Hervorzuheben ist weiterhin, dass RR 12.7 eine Aktivierung von Abbruch-, Beseitigungs- und Wiederherstellungskosten fordert, sofern eine korrespondierende Bildung einer Rückstellung (*avsättning*) erfolgt; auch dies entspricht der Vorgehensweise des IAS 16 (IAS 16.16(c)). Auch die von (börsennotierten) juristischen Personen nunmehr zu berücksichtigende Rechnungslegungsempfehlung RFR 2 (2011) behält diese Nähe zu IAS 16 bei.

Für Zwecke der steuerlichen Gewinnermittlung hat die Zugangsbewertung von Vermögenswerten des Sachanlagevermögens (*inventarier*[2076]) gleichermaßen in Höhe des Anschaffungswerts (*anskaffningsvärdet*) zu erfolgen (18 kap. 7 § IL). Die Vorschrift dürfte rein deklaratorisch sein. So ist der Begriff *anskaffningsvärdet* auch im Rahmen der steuerlichen Gewinnermittlung auf Basis der

---

2075 Zu verbleibenden (Detail-) Abweichungen zwischen RR 12 und IAS 16 vgl. RR 12 *bilaga* 2. In Bezug auf Ermittlung von Anschaffungskosten werden indes keine Abweichungen genannt.

2076 Vermögenswerte, auf die sich die Vorschrift des 18 kap. IL bezieht, werden im Einklang mit dem Handelsrecht (4 kap. 1 § ÅRL) als *anläggningstillgångar* betrachtet. Vgl. Skatteverket (2011), S. 550.

god redovisningssed zu konkretisieren (14 kap. 2 § IL). Es besteht insofern ein (materieller) Zusammenhang zwischen handels- und steuerrechtlicher Gewinnermittlung (*samband mellan redovisning och beskattning*).[2077] Indem der handelsrechtliche, auf IAS 16 basierende Anschaffungskostenbegriff faktisch als *god redovisningssed* anerkannt wird, gelangt dieser mittelbar auch steuerlich zur Entfaltung. Auch die schwedische Finanzverwaltung scheint diese Konsequenz zu akzeptieren.[2078]

Gleichwohl sieht RFR 2 (2011) in Bezug auf einzelne Detailregelungen der Anschaffungskostenermittlung nach IFRS steuerlich motivierte Abweichungen (sog. steuerrechtliche Ventile) vor. So darf für Zwecke der steuerlichen Gewinnermittlung von einem Einbezug etwaiger Abbruch-, Beseitigungs- und Wiederherstellungskosten in die Anschaffungskosten abgesehen werden. Die Vorschrift des IAS 16.16 (c) wird insofern konterkariert. Auch die schwedische Finanzverwaltung (*Skatteverket*) lässt einen Einbezug solcher Kosten in die steuerlichen Anschaffungskosten explizit nicht zu.[2079]

Ferner sieht RFR 2 (2011) für die Behandlung von Fremdkapitalkosten nach IAS 23 ein steuerrechtliches Ventil vor, sodass von einer Aktivierung im Rahmen der steuerlichen Gewinnermittlung abgesehen werden kann. Diese Option gilt ungeachtet einer etwaigen handelsbilanziellen Aktivierung. Hinsichtlich der Behandlung von Zuwendungen der öffentlichen Hand sieht RFR 2 (2011) indes keine steuerlichen motivierten Durchbrechungen zu IAS 20 vor. Zusammengenommen dürfte mithin auch die Anschaffungskostenermittlung im Rahmen der steuerlichen Gewinnermittlung mit den diesbezüglichen Grundsätzen der IFRS grundsätzlich kompatibel sein.

2.1.5.2 Herstellungskosten

Wie vorstehend genannt unterscheidet das schwedische Bilanzsteuerrecht systematisch nicht zwischen Anschaffungs- oder Herstellungskosten. Maßgebender Wertmaßstab für die Erstbewertung von selbst erstellten materiellen Vermögenswerten des Sachanlagevermögens ist damit ebenfalls der *anskaffningsvärdet*. Nach der Generalnorm des 4 kap. 3 § ÅRL umfasst der *anskaffningsvärdet* im Fall eines selbst erstellen Vermögenswerts (*tillverkad tillgång*) die direkt der Produktion dieses Vermögenswerts zurechenbaren Kosten (*kostnader som direkt kan hänföras till produktionen av tillgången*) und darüber hinaus auch den angemessenen Teil (*skälig andel*) der indirekten Herstellungskosten (*indirekta tillverkningskostnader*). Weitergehende Vorgaben enthält das ÅRL indes nicht.

2077 Vgl. Skatteverket (2011), S. 550.
2078 Vgl. Skatteverket (2011), S. 543 ff.
2079 Vgl. Skatteverket v. 19.03.2008, Dnr. 131 164537-08/111, unter 4.

Es überrascht (aus deutscher Sicht), dass RR 12 den Herstellungskostenbegriff nicht weiter problematisiert. Der Standard belässt es bei dem Hinweis, dass die für den Erwerb geltenden Grundsätze der Anschaffungswertbestimmung im Fall der Selbsterstellung analog greifen (RR 12.9). Der nunmehr geltende RFR 2 (2011) verfolgt eine andere Regelungstechnik als RR 12, indem lediglich Abweichungen und Ergänzungen zu einzelnen internationalen Rechnungslegungsstandards formuliert werden. In Bezug auf die Herstellungskostenermittlung nach IAS 16 (bzw. IAS 2) sieht RFR 2 (2011) jedenfalls keine Durchbrechung vor. Daraus ergibt sich, dass die nach 4 kap. 3 § ÅRL einzurechnenden indirekten Herstellungskosten (*indirekta tillverkningskostnader*) wohl im Sinne von produktionsbezogenen Gemeinkosten zu verstehen sind. Mithin ist davon auszugehen, dass das schwedische Handelsrecht dem (produktionsbezogenen) Vollkostenansatz nach dem Vorbild der IFRS folgt.[2080]

Auch für Zwecke der Erstbewertung von selbst erstellten Vermögenswerten des Sachanlagevermögens stellt das schwedische Steuerrecht auf den *anskaffningsvärdet* ab. Weitere steuergesetzliche Vorgaben zur Herstellungskostenermittlung existieren nicht; auch die (ansonsten umfassenden) Leitlinien der schwedischen Finanzverwaltung zur steuerlichen Gewinnermittlung gehen auf die Ermittlung der Herstellungskosten von materiellen Vermögenswerten nicht näher ein. Eine Diskussion der Herstellungskostenproblematik, wie sie insbesondere in Deutschland traditionell geführt wird, findet in der (rechtsvergleichenden) Literatur – soweit ersichtlich – nicht statt.[2081] Wie bei der Anschaffungskostenermittlung ist bei der Bestimmung der Herstellungskosten des materiellen Sachanlagevermögens auf das Handelsrecht respektive die *god redovisningssed* abzustellen (14 kap. 2 § IL). Somit können die IFRS-Herstellungskostengrundsätze – als *god redovisningssed* verstanden – wohl auch in die steuerliche Gewinnermittlung einstrahlen. Im Ergebnis lässt sich jedenfalls festhalten, dass auch das schwedische Steuerrecht einem produktionsbezogenen Vollkostenansatz folgt. Ob in Detailfragen eine abweichende Konkretisierung vorgenommen wird, kann nicht abschließend beurteilt werden, erscheint aber unwahrscheinlich.

2.1.6 Zugangsbewertung des materiellen Anlagevermögens nach dem Handels- und Steuerrecht des Vereinigten Königreichs im Vergleich zu IFRS

2.1.6.1 Anschaffungskosten

Wenn der handelsrechtliche Einzelabschluss auf Basis der UK GAAP erstellt wird, sind materielle Vermögenswerte des Sachanlagevermögens im Zugangszeitpunkt analog zu IAS 16.15 „at its cost" zu bewerten (FRS 15.6); dabei wird systematisch (ebenfalls) nicht strikt zwischen Anschaffungs- oder Herstellungskosten getrennt. Im Bereich der Anschaffungskostenbemessung sind keine Abweichungen gegenüber IAS 16.16 auszumachen. Die handelsrechtlichen Anschaffungskosten um-

2080 Vgl. Endres et al. (2007), S. 48 Tab. 40 u. S. 361; Gammie et al. (2005), S. 89.

2081 Eine Ausnahme bildet – soweit ersichtlich – der Beitrag von Nilsson (2006), der sich aber in erster Linie mit der Anschaffungskostenermittlung in Spezialfällen (Einlage etc.) auseinandersetzt, die hier nicht weiter problematisiert werden.

fassen – in Analogie zu IAS 16.16 (a) sowie IAS 16.16 (b) – neben dem Anschaffungspreis (abzgl. Anschaffungspreisminderungen) als Anschaffungsnebenkosten auch jene „[c]osts, but only those costs, that are directly attributable to bringing the asset into working condition for its intended use" (FRS 15.7; 15.8). Zu den *directly attributable costs* zählen explizit „the labour costs of own employees (…) arising directly from the (…) acquisition" sowie „incremental costs to the entity that would have been avoided only if the fixed asset had not been (..) acquired" (FRS 15.9).

Geschätzte Kosten für den Abbruch und die Beseitigung des *asset* sowie die Wiederherstellung des Standorts sind analog zu IAS 16.16 (c) und IAS 16.18 in die Anschaffungskosten einzurechnen, nämlich „to the extent that it is recognised as a provision under FRS 12" (FRS 15.10).[2082] Eine (nicht abschließende) Auflistung verschiedener *directly attributable costs* – ähnlich IAS 16.17 – findet sich in FRS 15.10. Aus der Beschränkung der einzurechnenden Kosten auf *directly attributable costs* folgt nach FRS 15.9, dass „administration and other general overhead costs" keinen Bestandteil der Anschaffungskosten bilden, sowie dies auch IAS 16.19 (d) betont.

Nachträgliche (handelsrechtliche) Anschaffungskosten liegen vor, „where the subsequent expenditure provides an enhancement of the economic benefits of the tangible fixed asset in excess of the previously assessed standard of performance"; „where a component of the tangible fixed asset that has been treated separately for depreciation purposes and depreciated over its individual useful economic life, is replaced or restored" und „where the subsequent expenditure relates to a major inspection or overhaul of a tangible fixed asset that restore the economic benefits of the asset that have been consumed by the entity and have already been reflected in depreciation" (FRS 15.36).[2083] Es besteht mithin eine grundsätzliche Übereinstimmung mit IAS 16 (16.12 ff.), wobei es nach diesem Standard nicht (mehr) auf eine Nutzensteigerung gegenüber dem ursprünglichen Nutzenpotenzial ankommt.

Finanzierungskosten (*finance costs*[2084]) dürfen nach Maßgabe des FRS 15 wahlweise in die Anschaffungskosten einbezogen werden. Entgegen IAS 23 besteht keine Einbeziehungspflicht. Hiervon abgesehen gilt die Behandlung von Finanzierungskosten nach FRS 15 und IAS 23 als weitgehend gleichlaufend, auch wenn Detailabweichungen verbleiben.[2085] Im Rahmen der steuerlichen Gewinnermittlung sind Finanzierungskosten unmittelbar abzugsfähig (sch. 9 par. 14 FA 1996).[2086] Die handelsrechtliche Behandlung von Zuwendungen der öffentlichen Hand (*government grants*) ist

2082 Vgl. auch Oats/Tuck (2010), Rz. 15.2.

2083 Die beiden letztgenannten Voraussetzungen beziehen sich auf sog. *complex assets*. Darunter werden Vermögenswerte verstanden, die komponentenweise abgeschrieben werden. Vgl. hierzu eingehend Oats/Tuck (2010), Rz. 15.5.

2084 Der Begriff *finance costs* wird in FRS 4 konkretisiert. Vgl. Oats/Tuck (2010), Rz. 15.4.

2085 Vgl. PwC (2005), S. 21.

2086 Vgl. HMRC (2006), unter 11. Vgl. dazu auch Oats/Tuck (2010), Rz. 16.19.

in SSAP 4 normiert.[2087] Auch SSAP 4 differenziert zwischen *revenue-based grants* (nach IAS 20: *grants related to income*) und *capital-based grants* (nach IAS 20: *grants related to assets*), mit den entsprechenden Abbildungsalternativen.[2088] Zu beachten ist, dass die steuerliche Gewinnermittlung der handelsrechtlichen Vorgehensweise bei *government grants* (SSAP 4) nur in Bezug auf *revenue-based grants* folgt.[2089] Die (steuerliche) Behandlung von *capital-based grants* ist unklar.[2090]

Im Steuerrecht des Vereinigten Königreichs ist der Anschaffungskostenbegriff nicht explizit geregelt. Vielmehr werden die Anschaffungskosten „grundsätzlich durch die handelsrechtlichen Vorschriften bestimmt"[2091]. Die skizzierten Parallelen zu den Anschaffungskostenermittlungsgrundsätzen nach IFRS sind damit zugleich auch aus Sicht der steuerlichen Gewinnermittlung gültig.

2.1.6.2 Herstellungskosten

Selbst erstellte materielle Vermögenswerte des Sachanlagevermögens sind nach den Vorgaben des britischen Bilanzrechts zum Zeitpunkt ihres erstmaligen Erfassung in Höhe der Herstellungskosten (*production cost*) zu bewerten, unabhängig davon, ob im Rahmen der Folgebewertung das Anschaffungskosten- oder Neubewertungsmodell zur Anwendung gebracht wird.[2092] Die ursprünglichen Vorgaben zur Herstellungskostenermittlung wurden Sch. 4 par. 26 des CA 1985 verankert.[2093] Pflichtbestandteile der Herstellungskosten sind hiernach die Anschaffungskosten für Roh-, Hilfs- und Betriebsstoffe (*raw materials and consumables*) sowie die dem Produktionsprozess direkt zurechenbaren Kostenbestandteile (sch. 4 par. 26 (2) CA 1985).[2094] Überdies wird nach sch. 4 par. 26 (3) CA 1985 ein Wahlrecht gewährt, den angemessenen Teil der nur indirekt zurechenbaren Kosten, wie etwa allgemeine Verwaltungskosten, sowie Fremdkapitalzinsen, die zur Finanzierung der Herstellung des *asset* getragen werden, in die Herstellungskosten einzubeziehen.[2095] Auch ein Einbezug von Vertriebskosten ist zulässig.[2096] Die *statutory provisions* geben dabei allerdings keine näheren Hinweise, auf welcher Grundlage die angemessenen Anteile zu ermitteln sind.[2097]

2087 Vgl. Nobes (2003), S. 46; PwC (2005), S. 19; Cooke/Choudhury/Wallace (2001), S. 2659 f.

2088 Vgl. im Einzelnen Oats/Tuck (2010), Rz. 21.3-21.7. Allerdings ist die Nettomethode nicht zulässig. Vgl. weiterführend PwC (2005), S. 19.

2089 Vgl. HMRC (2006), unter 8.

2090 Vgl. Oats/Tuck (2010), Rz. 21.8.

2091 Oestreicher/Spengel (1999b), S. 370 (im Original z. T. fett und kursiviert).

2092 Vgl. Oats/Tuck (2010), Rz. 15.2. Zu den Folgebewertungsgrundsätzen vgl. unten, 4. Kap. II. 2.2.6.

2093 Vgl. Kersting (2005), S. 311; Eisolt (1986), S. 1239; Oestreicher/Spengel (1999b), S. 372; Nieland/Scott (1997), S. 380; Barz (1997), S. 143 f.; Hoffmann (1989), S. 78 f.; Köhler/Rotter (1994), S. 390.

2094 Vgl. Barz (1997), S. 143; Oestreicher/Spengel (1999b), S. 372;

2095 Vgl. Oestreicher/Spengel (1999b), S. 372; Kersting (2005), S. 311; Eisolt (1986), S. 1239; Köhler/Rotter (1994), S. 390; Barz (1997), S. 144; Hoffmann (1989), S. 78; Fischer (1996), S. 107. Übertragen in die Begrifflichkeiten des deutschen Bilanzrechts ergibt sich damit die folgende Herstellungskostenuntergrenze: Materialeinzelkosten, Fertigungseinzelkosten, Sondereinzelkosten der Fertigung, variable Gemeinkosten, variable Fertigungsgemeinkosten; die Herstellungskostenobergrenze ergibt sich durch zusätzliche Addition der fixen Materialgemeinkosten, fixen Fertigungsgemeinkosten, Kosten der allgemeinen Verwaltung, Aufwendungen für freiwillige soziale Leistungen, Fremdkapitalzinsen sowie Vertriebskosten. Vgl. Köhler/Rotter (1994), S. 391; Nieland/Scott (1997), S. 380.

2096 Vgl. Köhler/Rotter (1994), S. 391. Ein Aktivierungs*verbot* für Vertriebskosten besteht in Bezug auf das Vorratsvermögen (sch. 4 par. 26 (4) CA 1985). Vgl. Oestreicher/Spengel (1999b), S. 372; Kersting (2005), S. 311.

2097 Vgl. Barz (1997), S. 144.

Da die Vorgaben in den *companies acts* insofern rudimentär bleiben, wird die Ermittlung der Herstellungskosten von *tangible fixed assets* im Wesentlichen durch FRS 15 konkretisiert.[2098] Gegenüber den *statutory provisions* (Sch. 4 par. 26 CA 1985) sind die Bestimmungen des FRS 15 zur Herstellungskostenbemessung restriktiver gehalten. Im Grundsatz gilt, dass nur solche *costs* in die Herstellungskosten eingerechnet werden dürfen bzw. einzurechnen sind, die „directly attributable" (FRS 15.7) sind, um den Vermögenswert seinem bestimmungsgemäßen Gebrauch zuzuführen.[2099] Einzelkosten (nach deutschem Rechtsverständnis) sind damit stets Bestandteil der handelsrechtlichen Herstellungskosten. Die nach Sch. 4 par. 26 CA 1985 bestehende Option gewährt FRS 15 nicht; der Standard sieht mithin kein Einbeziehungswahlrecht für die nur indirekt zurechenbaren Kosten vor.[2100]

Allerdings wird der Einbezug bestimmter Gemeinkostenanteile durch FRS 15 nicht generell ausgeschlossen.[2101] FRS 15 differenziert vielmehr zwischen *production overheads* und sonstigen *general overheads*, und nur die erstgenannten „produktionsbezogenen" Gemeinkosten gehen pflichtweise in die Herstellungskosten ein, während die letztgenannten unmittelbar aufwandswirksam zu erfassen sind (FRS 15.9).. Daraus ergibt sich, dass der Standard die Herstellungskostenuntergrenze der *statutory provisions* erhöht und die Herstellungskostenobergrenze auf einen *produktionsbezogenen* Vollkostenansatz eingrenzt, wodurch zugleich eine systematische Nähe zu der Herstellungskostenmethodik des IAS 16 geschaffen wird. Einbeziehungspflichtig sind mithin nur solche Kosten, die dem Produktionsbereich zuzuordnen sind.[2102]

Nicht in die Herstellungskosten einzubeziehen sind nach FRS 15 folglich allgemeine Gemeinkosten, wie Verkaufskosten, Vertriebskosten, Verwaltungskosten sowie Kosten der allgemeinen Geschäftsführung, sofern diese nicht anfallen, um den selbsterstellten *asset* in seinen betriebsbereiten Zustand zu versetzen.[2103] Indem FRS 15 einen Einbezug von „abnormal costs" (FRS 15.11) explizit ausschließt,[2104] dürfte von einer Schlüsselung der produktionsbezogenen Gemeinkosten auf Grundlage der Normalkapazität auszugehen sein,[2105] was ebenfalls im Einklang mit IAS 16 steht. Der

2098 Vgl. Oats/Tuck (2010), Rz. 15.2. Da FRS 15 systematisch nicht zwischen Anschaffungskosten und Herstellungskosten unterscheidet, gelten die obigen Ausführungen (4. Kap. II. 2.1.6.1) analog. Im Folgenden ist daher vor allem auf die Gemeinkostenproblematik einzugehen.

2099 Vgl. auch Cooke/Choudhury/Wallace (2001), S. 2638; Oats/Tuck (2010), Rz. 15.1 ff.;

2100 Vgl. auch Barz (1997), S. 145.

2101 Vgl. auch Barz (1997), S. 145.

2102 Während etwa Kosten der allgemeinen Geschäftsleitung nicht in die Herstellungskosten einzubeziehen sind, zählen Kosten der Geschäftsleitung, die in die Produktionsüberwachung eingeschaltet ist, zu den Herstellungskosten, da jene der Produktion zugeordnet werden können. Kosten der Personalabteilung, des Rechnungswesens und der allgemeinen Verwaltung zählen dann und nur soweit zu den Herstellungskosten, wie diese Abteilungen Tätigkeiten ausüben, die der laufenden Produktion zugeordnet werden können. Lagerhaltungskosten werden nur dann in die Herstellungskosten eingerechnet, wenn die Lagerung produktionstechnisch bedingt ist. Vgl. eingehend Barz (1997), S. 146 f.

2103 Vgl. Barz (1997), S. 146; Kersting (2005), S. 311.

2104 Vgl. hierzu auch Cooke/Choudhury/Wallace (2001), S. 2638.

2105 Vgl. Barz (1997), S. 145 f.; Nieland/Scott (1997), S. 380.

Produktionsvorgang endet, wenn der *asset* in einem betriebsbereiten Zustand angelangt ist; danach anfallende Kosten dürfen nur aktiviert werden, sie zur Verbesserung beitragen, sodass Instandhaltungsaufwendungen nicht in die Herstellungskosten eingehen dürfen.[2106]

Das britische Steuerrecht enthält wie bei der Anschaffungskostenermittlung „keine gesetzlichen Bestimmungen, so daß die handelsrechtlichen Grundsätze maßgeblich sind“[2107]. Damit greift handels- wie steuerrechtlich ein (produktionsbezogener) Vollkostenansatz.[2108] Mithin kann von einer grundsätzlich Kompatibilität zu der Herstellungskostenmethodik des IAS 16 ausgegangen werden.

2.1.7 Kritische Würdigung

2.1.7.1 Zur induktiven Übernahmetauglichkeit

Die Anschaffungskostengrundsätze der IFRS im Bereich des Sachanlagevermögens erscheinen unter dem Aspekt der Konsensmobilisierung grundsätzlich geeignet, als Ausgangspunkt einer europäischen steuerlichen Gewinnermittlung zu fungieren. Die Kernmethodik, die Anschaffungskosten nach Maßgabe des Anschaffungspreises abzüglich der Anschaffungspreisminderungen (Rabatte, Boni, Skonti) und zzgl. der direkt zurechenbaren Anschaffungsnebenkosten zu ermitteln, wird nach sämtlichen nationalen Steuerrechten der EU-Mitgliedstaaten befolgt und ist damit völlig unstrittig.[2109] Abweichungen ergeben sich im Detail, wobei sich deren praktische Relevanz in Grenzen halten dürfte. Auch mit Blick auf die Herstellungskostenbemessung dürfte der (produktionsbezogene) Vollkostenansatz der IFRS unter Harmonisierungsgesichtspunkten eine prinzipiell tragfähige Konvention darstellen; er gelangt bereits nach geltendem deutschen, französischen, polnischen, schwedischen sowie britischen Bilanzsteuerrecht gleichermaßen zur Anwendung.[2110]

Wie vorstehend aufgezeigt bestehen Residualabweichungen insbesondere bei der Frage des Gemeinkosteneinbezugs, der Behandlung von Fremdkapitalkosten, öffentlichen Zuwendungen sowie von Abbruch-, Beseitigungs- und Wiederherstellungskosten. Selbiges gilt für die Behandlung von nachträglichen Anschaffungs- oder Herstellungskosten. In diesen Detailfragen folgen die nationalen Regeln den IFRS-Vorgaben nicht durchgängig; sie weichen auch untereinander ab. Ob eine Ausrichtung an den IFRS bestehende Wertungsdifferenzen zwischen den Mitgliedstaaten in diesen Fragen zum Ausgleich bringen könnte, erscheint nicht gesichert. Allerdings sollte man die bilanzpraktische Relevanz dieser Abweichungen nicht zu stark werten.

[2106] Eine Verbesserung wird dabei angenommen, „wenn die Nutzungsdauer wesentlich verlängert wird, wenn die Kapazität erweitert wird, wenn eine wesentliche Verbesserung der mit diesem Vermögensgegenstand produzierten Güter erfolgt, aber auch dann, wenn eine wesentlichen Erhöhung des Marktwertes des Gegenstandes im Falle seiner Veräußerung erreicht wird“. Barz (1997), S. 148.

[2107] Oestreicher/Spengel (1999b), S. 373; Göbes (1996), S. 62.

[2108] Vgl. auch Fischer (1996), S. 107.

[2109] Vgl. als Überblick Endres et al. (2007), S. 47 Tab. 37.

[2110] Vgl. auch Wendt (2009), S. 118.

2.1.7.2 Zur theoretisch-konzeptionellen Übernahmetauglichkeit

Aus ökonomischer Sicht kann weder einem Teilkostenansatz noch einem (produktionsbezogenen) Vollkostenansatz eindeutig Vorzug gegeben werden; dies öffnet den Raum für Konventionslösungen. Eingedenk seines Konsenspotenzials würden insofern auch die Vorgaben der vereinfachten Vermögensrechnung nicht gegen die Übernahme eines produktionsbezogenen Vollkostenansatzes i. S. d. IFRS in die CCCTB weisen.[2111] Allerdings sollten die produktionsbezogenen Vollkosten zugleich die Obergrenze des Herstellungskostenumfangs bilden. Ein wahlweiser oder verpflichtender Einbezug allgemeiner Verwaltungskosten, wie er in einigen Mitgliedstaaten *de lege lata* vorgesehen ist,[2112] sollte vermieden werden. Die Aktivierung von Vertriebskosten wird insoweit zutreffend sowohl nach IFRS als auch nach dem Handels- und Steuerrecht der hier betrachteten Mitgliedstaaten verhindert. Dieses Verbot sollte im Rahmen der CCCTB fortgelten. Um Überbewertungen zu vermeiden, sind die Gemeinkosten auf Basis der Normalbeschäftigung zu schlüsseln.[2113]

Auch bei einer grundsätzlichen Verständigung auf einen produktionsbezogenen Vollkostenansatz als gemeinsamem Konzeptionskern der Herstellungskostenbemessung sollten die diesbezüglichen Vorgaben des IAS 2 bzw. IAS 16 nicht unbesehen in einen Richtlinientext übernommen werden, da sie nicht durchgängig die steuerlich erforderliche Regelungsschärfe und Objektivierung aufweisen. (Implizite) Wahlrechte im Bereich der Herstellungskostenermittlung sind – wie bereits ausgeführt – aus Gleichmäßigkeitsgründen zu vermeiden, auch wenn zu konzedieren ist, dass die Gemeinkostenproblematik letztlich immer Ermessensspielräume beibehalten wird.

Weitere Kritik richtet sich gegen Detailregelungen. Anders als nach IAS 23 sollte etwa im Rahmen der steuerlichen Anschaffungskostenermittlung auf eine Aktivierung von Fremdkapitalkosten als Anschaffungsnebenkosten verzichtet werden.[2114] In die Herstellungskosten sollten weiterhin nur solche Fremdkapitalkosten eingehen, die im Zusammenhang mit der Produktion stehen. Auch von einer Aktivierung von Kosten für den Abbruch und die Beseitigung eines Vermögenswerts und die Wiederherstellung des Standorts i. S. d. IAS 16.16 (c) ist bei der Anschaffungs- und Herstellungskostenermittlung Abstand zu nehmen.[2115] IAS 16.16 (c) erscheint aus Sicht der vereinfachten Vermögensrechnung schon allein deshalb kritisch, weil ein Einbezug dieser Kosten zwingend einen korrespondierenden Rückstellungsansatz (IAS 37) verlangt. Indessen sollten Rückstellungen im Rahmen der steuerlichen Gewinnermittlung *de lege ferenda* generell nicht zum Ansatz gelangen. Entfällt die Rückstellungsbildung, wird zugleich auch die Idee hinfällig, den damit einhergehenden Aufwand zu glätten. Zudem erscheint IAS 16.16 (c) ermessensbehaftet und entobjektiviert,[2116] so-

[2111] Vgl. Schreiber, U. (2002), S. 114; Dahlke (2011), S. 212 ff.; a. A. Schneider (2003a), S. 302.
[2112] Vgl. als Überblick Endres et al. (2007), S. 49 Tab. 42.
[2113] Vgl. Dahlke/Kahle (2009), S. 234.
[2114] So auch Siegel (2007a), S. 602 f.; Breithecker/Klapdor/Rokitta (2007), S. 154.
[2115] So auch Winkelmann (2007), S. 63.
[2116] Vgl. Siegel (2007a), S. 611.

dass die Regelung mit dem Gleichmäßigkeitsgrundsatz kollidiert. Damit erscheint auch die dem IAS 16.16 (c) im Grundsatz folgende Vorgehensweise des französischen und britischen Bilanzsteuerrechts wenig überzeugend; wohlweislich wird nach deutschem, schwedischem und polnischem Steuerrecht auf ein vergleichbares Vorgehen verzichtet. Auch die Erfassung von nachträglichen Anschaffungs- oder Herstellungskosten nach Maßgabe des Komponentenansatzes ist aus Sicht der vereinfachten Vermögensrechnung abzulehnen.

Eine unmittelbare erfolgswirksame Vereinnahmung von vermögenswertbezogenen Zuwendungen ist aus Sicht des Barrealisationsprinzips abzulehnen.[2117] Zwar liegt ein Zahlungsfluss vor, jedoch steht die Marktleistungsabgabe des – erst noch zu beschaffenden – Wirtschaftsguts aus. Aus Sicht der vereinfachten Vermögensrechnung dürfte die Nettomethode i. S. d. IAS 20 sachgerecht sein. Aus dem Zusammenspiel von Barrealisationsprinzip und Einzelbewertungsprinzip folgt, dass nur jene Ausgaben in die steuerlichen Anschaffungskosten eingerechnet werden dürfen, die für die Anschaffung oder Herstellung eines Wirtschaftsguts tatsächlich aufgebracht wurden. Demnach sind nur die um die Zuwendungen gekürzten Ausgaben zu aktivieren und im Zeitpunkt der späteren Marktleistungsabgabe aufwandswirksam zu verrechnen. Nichts anderes folgt aus dem Periodisierungsgrundsatz: Das zu wahrende Minimum aus Innenfinanzierung zur Ersatzbeschaffung des Wirtschaftsgutes ist in den um die Zuwendungen verminderten Betrag zu sehen, und nur dieser ist über die Nutzungsdauer des Wirtschaftsgutes planmäßig (linear) abzuschreiben. Folglich sind die Anschaffungskosten um die Zuwendungen zu kürzen.[2118]

Zusammenfassend können die Regeln der IFRS zur Ermittlung der Anschaffungs- und Herstellungskosten sowohl aus Harmonisierungssicht als auch aus Sicht der vereinfachten Vermögensrechnung als ein geeigneter Anknüpfungspunkt bezeichnet werden. Die Zugangsbewertungsgrundsätze der IFRS für materielle Vermögenswerte des Anlagevermögens könnten und sollten daher – unter den genannten Einschränkungen – auch in die CCCTB eingehen.

2.2 Folgebewertung

2.2.1 Folgebewertung des materiellen Anlagevermögens nach IFRS

2.2.1.1 Planmäßige Folgebewertung

2.2.1.1.1 Anschaffungskostenmodell

Nach IAS 16.29 sind Sachanlagen nach ihrem erstmaligen Ansatz wahlweise auf Basis des Anschaffungskostenmodells (*cost model*) oder des Neubewertungsmodells (*revaluation model*) zu be-

2117 In diesem Sinne auch Siegel (2007a), S. 602. A. A. etwa Nobes (2003), S. 46.

2118 A. A. Siegel (2007a), S. 602, der sich für eine passivische Abgrenzung („„indirekte Methode"")ausspricht. *Siegel* leitet dieses Ergebnis systematisch aus der bei ihm favorisierten Konzeption der Einzelveräußerungswertabschreibung ab (vgl. dazu oben, 3. Kap. II. 2.3.1.4.), der im Rahmen der hier vertretenen vereinfachten Vermögensrechnung nicht gefolgt wird.

werten.[2119] Die Folgebewertungsgrundsätze für Sachanlagevermögen stellen sich insofern als ein *mixed model* aus Anschaffungswert- und Zeitwertorientierung dar.[2120] IAS 16.29 ordnet einschränkend an, dass für jede Gruppe von Sachanlagen[2121] eine Methode auszuwählen und einheitlich anzuwenden ist.[2122] Auch ist ein beliebiger Wechsel zwischen den Methoden untersagt.[2123] Im Rahmen des Anschaffungskostenmodells ist eine Sachanlage zu ihren Anschaffungs- oder Herstellungskosten, vermindert um kumulierte planmäßige Abschreibungen und kumulierte Wertminderungsaufwendungen, anzusetzen (IAS 16.30).[2124] Auch die Neubewertungsmethode erfordert die Berücksichtigung „nachfolgender kumulierter planmäßiger Abschreibungen und nachfolgender kumulierter Wertminderungsaufwendungen“ (IAS 16.31).

IAS 16 fußt auf der Grundannahme, dass eine komplexe Sachanlage sich aus mehreren Komponenten zusammensetzt (Komponentenansatz).[2125] Für Zwecke der planmäßigen Abschreibung impliziert dies, dass ein Vermögenswert des sächlichen Anlagevermögens im Zeitpunkt des Zugangs in seine (wesentlichen) Komponenten aufzuteilen ist, welche separat nach Maßgabe der spezifischen Nutzungsdauern planmäßig abzuschreiben sind.[2126] Dieser Komponentenansatz ist an zwei grundlegende Bedingungen geknüpft; zum ersten müssen die einzelnen Komponenten bedeutsam sein, zum zweiten müssen sich diese bedeutsamen Teile sowohl in Bezug auf die Nutzungsdauer als auch auf den Abschreibungsverlauf voneinander unterscheiden (IAS 16.45).[2127] Der hiernach verbleibende Rest der Sachanlage, der insofern nur noch aus wertmäßig unbedeutsamen Teilen besteht, ist gleichsam gesondert abzuschreiben (IAS 16.46).[2128] Das Kriterium der Bedeutsamkeit bleibt undefiniert,[2129] infolgedessen sich weitere Bilanzierungsspielräume eröffnen.[2130]

2119 Vgl. Ballwieser (2008c), § 253 HGB Rz. 134; Beyhs/Wagner (2009b), § 5.A. Rz. 53; Bieg et al. (2009a), S. 104; Wobbe (2008), S. 45; Quick (2008b), IAS 16 Rz. 50; Wehrheim (2010), B 164 Rz. 38. Beide Methoden werden als gleichwertig erachtet, sodass ein „echtes Methodenwahlrecht“ besteht; Ballwieser (2009e), IAS 16 Rz. 29; vgl. auch Müller/Reinke (2010a), S. 13; Müller (2008), S. 414; Coenenberg/Haller/Schultze (2009), S. 169; Nordmeyer/Göbel (2011), B 212 Rz. 245.

2120 Vgl. Hommel (2005), S. 293.

2121 So z. B. die Betriebsausstattung oder Grundstücke.

2122 Vgl. auch Franke/Hommel (2006), S. 71; Beyhs/Wagner (2009b), § 5.B. Rz. 55; Bieg et al. (2009a), S. 142; Quick (2008b), IAS 16 Rz. 48; Ballwieser (2009e), IAS 16 Rz. 29; Nordmeyer/Göbel (2011), B 212 Rz. 245.

2123 Vgl. Nordmeyer/Göbel (2011), B 212 Rz. 245.

2124 Vgl. auch Beyhs/Wagner (2009b), § 5.B. Rz. 53; Bieg et al. (2009a), S. 142; Dexheimer-Elgg/Wüstemann (2011), S. 245.

2125 Zur Diskussion vgl. Bertl/Fröhlich (2006), S. 149 ff.; Hoffmann (2006a), S. 124 ff.; Andrejewski/Böckem (2005), S. 75 ff.; Mujkanovic/Raatz (2008), S. 245 ff.; Knorr (2005), S. 6 ff.; Hoffmann/Lüdenbach (2004), S. 375 ff.; Beck (2004), S. 590 ff.; Küting/Ranker (2007b), S. 753 ff.; Steiner (2004), S. 777 ff.; Wiechers (2006), S. 2153 ff.; Wüstemann/Dänzer (2011a), Rz. 43-46.

2126 Vgl. Böcking/Lopatta/Rausch (2005b), B 165 Rz. 143. Die Aufteilung der Sachanlage führt nicht zu einem bilanziellen Ansatz getrennter Vermögenswerte; die separierten Bewertungseinheiten müssen folglich nicht die Ansatzkriterien erfüllen; vgl. Ballwieser (2009e), IAS 16 Rz. 40; Dexheimer-Elgg/Wüstemann (2011), S. 247; Bertl/Fröhlich (2006), S. 150; Hoffmann (2006a), S. 125; Andrejweski/Böckem (2005), S. 77; Kahle/Dahlke (2010), Abt. II/2 Rz. 481.

2127 Vgl. Franke/Hommel (2006), S. 73; Peemöller (2011b), Abschn. 10 Rz. 39; Bieg et al. (2006a), S. 134.

2128 Vgl. auch Böcking/Lopatta/Rausch (2005b), B 165 Rz. 143.

2129 Vgl. Bieg et al. (2009a), S. 144; Böcking/Lopatta/Rausch (2005b), B 165 Rz. 41; Quick (2008b), IAS 16 Rz. 14; Kahle/Dahlke (2010), Abt. II/2 Rz. 482; Hoffmann (2011f), § 10 Rz. 7.

2130 Vgl. Franke/Hommel (2006), S. 73; kritisch auch Müller (2008), S. 419; Tanski (2005), S. 59; Husemann/Hofer (2008), S. 2664. Im Schrifttum wird regelmäßig erwogen, die Bedeutsamkeit an einer bestimmten Relation der

Das Abschreibungsvolumen ermittelt sich als Unterschiedsbetrag zwischen Anschaffungs- und Herstellungskosten und einem geschätzten Restwert (IAS 16.53).[2131] Ein solcher Restwert (*residual value*) ist allerdings nur zu berücksichtigen, wenn die gebrauchte Sachanlage am Ende der betrieblichen Nutzungsdauer veräußert werden soll und mit einem nennenswerten Verwertungserlös zu rechnen ist;[2132] der Restwert muss m. a. W. „wesentlich“[2133] sein. Die der planmäßigen Abschreibung zugrunde zu legende Nutzungsdauer soll sich entweder (zeitlich) durch die voraussichtliche Nutzungsdauer im Unternehmen oder (produktionsbezogen) durch die voraussichtlich durch die Sachanlage zu erzielende Anzahl an Produktionseinheiten oder ähnlichen Maßgrößen bestimmen (IAS 16.6).[2134] Dabei ist nach IAS 16.57 auf die jeweils unternehmensspezifische Nutzungsdauer (*useful life*) abzustellen.[2135] Bei der Nutzungsdauerschätzung sollen verschiedene „Faktoren“ Berücksichtigung finden (IAS 16.56).[2136]

Hinsichtlich der Wahl der Abschreibungsmethode enthält IAS 16 keine verbindlichen Vorgaben.[2137] Der Standard fordert lediglich, dass die Abschreibungsmethode „dem erwarteten Verlauf des Verbrauchs des künftigen wirtschaftlichen Nutzens des Vermögenswertes durch das Unternehmen zu entsprechen“ hat (IAS 16.60). Als hiernach zulässige Verfahren nennt IAS 16.62 exemplarisch,[2138] aber präferenzlos[2139] die lineare (*straight-line-method*), die degressive (*diminishing-balance-method*) sowie die leistungsabhängige Abschreibungsmethode (*unit-of-production-method*).[2140] Es soll jener Methode Vorrang eingeräumt werden, die „am genauesten den erwarteten Verlauf des Verbrauchs des künftigen wirtschaftlichen Nutzens des Vermögenswertes widerspiegelt“ (IAS

Kosten des Bestandteils zu den Kosten der gesamten Sachanlage festzumachen, wobei i. d. R. eine 5 %-Grenze genannt wird. Vgl. z. B. Küting/Ranker (2007b), S. 753 f.; Andrejewski/Böckem (2005), S. 78; Thiele/Eckert (2008), IAS 16 Rz. 248; Kahle/Dahlke (2010), Abt. II/2 Rz. 482; Baetge/Kirsch/Thiele (2011), S. 290; Quick (2008b), IAS 16 Rz. 14; Peemöller (2011b), Abschn. 10 Rz. 39. Es wird auch vorgeschlagen, weitere Faktoren, wie etwa die Ersatzpolitik, als Abgrenzungskriterien heranzuziehen; vgl. Mujkanovic/Raatz (2008), S. 246; ferner auch Hoffmann (2011f), § 10 Rz. 7.

2131 Vgl. auch Kahle/Dahlke (2010), Abt. II/2 Rz. 491; Focken/Schaefer (2004), S. 2344.

2132 Vgl. Franke/Hommel (2006), S. 72. IAS 16.53 weist darauf hin, dass der Restwert in der Praxis „oft unbedeutend“ und demzufolge „für die Berechnung des Abschreibungsbetrags unwesentlich“ sei. Hierzu auch Böcking/Lopatta/Rausch (2005b), B 165 Rz. 144; Quick (2008b), IAS 16 Rz. 64; Peemöller (2011b), Abschn. 10 Rz. 52; Hoffmann (2011f), § 10 Rz. 20.

2133 So Beyhs/Wagner (2009a), § 5.A. Rz. 62. Nach Ansicht in der Literatur ist ein Restwert zu berücksichtigen, wenn er mindestens 10 % der ursprünglichen Anschaffungs- oder Herstellungskosten beträgt. Vgl. Tanski (2005), S. 71; Kahle/Dahlke (2010), Abt. II/2 Rz. 492. Zur Diskussion auch Peemöller (2011b), Abschn. 10 Rz. 52-55.

2134 Vgl. auch z. B. Hoffmann (2011f), § 10 Rz. 32; Baetge/Kirsch/Thiele (2011), S. 293. Der erste Fall impliziert eine zeitabhängige Abschreibung, der zweite Fall eine leistungsbezogene Abschreibung Vgl. Tankski (2005), S. 66; Kahle/Dahlke (2010), Abt. II/2 Rz. 492.

2135 Vgl. Franke/Hommel (2006), S. 72; Tanski (2005), S. 66; Wobbe (2008), S. 57; Theile (2009d), Rz. 1164.

2136 Bspw. Reparatur- und Instandhaltungsregeln sowie technologische Änderungen und Änderungen im Absatzmarkt; vgl. Peemöller (2011b), Abschn. 10 Rz. 56.

2137 Vgl. Dexheimer-Elgg/Wüstemann (2011), S. 247.

2138 Die Anwendung einer anderen als der genannten Abschreibungsmethoden ist möglich; vgl. Theile (2009d), Rz. 1165.

2139 Vgl. Hoffmann (2011f), § 10 Rz. 26.

2140 Vgl. auch Kahle/Dahlke (2010), Abt. II/2 Rz. 502; Theile (2009d), Rz. 1165; Baetge/Kirsch/Thiele (2011), S. 292 f.; Böcking/Lopatta/Rausch (2005b), B 165 Rz. 148; Coenenberg/Haller/Schultze (2009), S. 170; Bieg et al. (2006a), S. 135; Ballwieser (2009e), IAS 16 Rz. 46; Quick (2008b), IAS 16 Rz. 67; Peemöller (2011b), Abschn. 10 Rz. 40; Nordmeyer/Göbel (2011), B 212 Rz. 251; Dutzi (2009), S. 106; Wehrheim (2010), B 164 Rz. 40; Ernstberger (2004), S. 96. Zu den Methoden im Einzelnen auch Tanski (2005), S. 74-85; Peemöller (2011b), Abschn. 10 Rz. 41-51.

16.62).[2141] Indes ist der Verbrauch des wirtschaftlichen Nutzens „kein klares Kriterium“[2142]. Es bleibt zwangsweise offen, in welchem Maßstab der Nutzenverbrauch am besten zum Ausdruck kommen soll. So könnte entweder auf den Erfolgsbeitrag der Sachanlage (direkter Maßstab) oder auf die Leistungsabgabe abgestellt (indirekter Maßstab) werden.[2143]

2.2.1.1.2 Neubewertungsmodell

Nach dem Neubewertungsmodell sind (Gruppen von) Sachanlagen zu ihrem beizulegenden Zeitwert (*fair value*) im Zeitpunkt der Neubewertung abzüglich nachfolgender kumulierter planmäßiger Abschreibungen und nachfolgender kumulierter Wertminderungsaufwendungen zu bewerten (IAS 16.31). Den Sinn und Zweck dieses Neubewertungsmodells wird seitens des IASB wohl „vor allem in der Vermittlung eines besseren Einblicks in die Vermögenslage gesehen, da die fortgeführten Buchwerte der Sachanlagen häufig von ihren aktuellen Zeitwerten abweichen“[2144]. Die Neubewertung scheint aus konzeptioneller Sicht damit im zeitwertstatischen *asset-liability-approach* zu gründen. Allerdings findet dieser Gedanke keine konsequente Umsetzung. So dürfte die erfolgsneutrale Bildung (bzw. Erhöhung und Minderung) einer Neubewertungsrücklage konzeptionell noch eher mit der organischen Bilanztheorie i. S. *Fritz Schmidts*[2145] in Verbindung zu bringen sein. Aus Sicht des angestrebten *asset-liability-approach* führt die Neubewertungsmethode des IAS 16 (und IAS 38[2146]) „zu einer fehlerhaften Information über den Perioden- und Unternehmensgesamtgewinn“[2147].

Eine Neubewertung hat in „hinreichend regelmäßigen Abständen“ zu erfolgen, um sicherzustellen, dass der derzeitige Buchwert der Sachanlage (*carrying amount*) nicht wesentlich von ihrem *fair value* abweicht, wie er sich am Abschlussstichtag ergäbe (IAS 16.31),[2148] da dies offenkundig den Sinn und Zweck dieser Methode untergraben würde.[2149] Die Frequenz der Neubewertung ist von der sachanlagenspezifischen *Fair value*-Volatilität abhängig.[2150] Nur bei signifikanten Schwankungen ist eine jährliche Neubewertung vorgeschrieben; ändert sich der *fair value* im Zeitablauf dagegen nur geringfügig, genügt es, die Sachanlage nur alle drei bis fünf Jahre neuzubewerten (IAS

2141 Vgl. Hoffmann (2011a), S. 88. Eine einmal gewählte Abschreibungsmethode ist so lange beizubehalten, bis sich der Nutzenverlauf ändert (IAS 16.62). Hierzu auch Bieg et al. (2009a), S. 106; Böcking/Lopatta/Rausch (2005b), B 165 Rz. 148; Hoffmann (2011f), § 10 Rz. 25.

2142 Ballwieser (2009d), S. 108 (im Original Fettdruck); vgl. auch ders. (2009e), IAS 16 Rz. 48.

2143 Vgl. Tanski (2005), S. 64; Franke/Hommel (2006), S. 72.

2144 Weindel/Wüstemann (2010), S. 285.

2145 Vgl. grundlegend Schmidt (1929).

2146 Vgl. hierzu unten, 4. Kap. III. 2.2.1.1.2.

2147 Hommel/Wolf (2005), S. 317. Zu den Verbindungen zwischen Neubewertungsmethode und organischer Bilanztheorie vgl. grundlegend Hommel (2005), S. 287 ff.; ferner auch Bieg (2011), S. 345-348.

2148 Vgl. auch z. B. Müller/Reinke (2010a), S. 14.

2149 Vgl. Peemöller (2011b), Abschn. 10 Rz. 65.

2150 Vgl. Hommel (2005), S. 205; Müller/Reinke (2010a), S. 16; Peemöller (2011b), Abschn. 10 Rz. 64; Hoffmann/Lüdenbach (2003), S. 565; Tanski (2005), S. 91; Theile (2009d), Rz. 1186; Baetge/Kirsch/Thiele (2011), S. 295; Coenenberg/Haller/Schultze (2009), S. 171; Ruhnke (2008b), S. 334; Quick (2008b), IAS 16 Rz. 56; Nordmeyer/Göbel (2011), B 212 Rz. 247.

16.34).[2151] Die Entscheidung über die Häufigkeit einer Neubewertung dürfte faktisch im Ermessen des Bilanzierenden liegen.[2152]

Grundvoraussetzung für die Anwendung des Neubewertungsmodells ist eine verlässliche Ermittlung des *fair value*. Dieser soll nach IAS 16.6 bzw. IFRS 13 demjenigen Betrag entsprechen, zu dem ein Vermögenswert zwischen sachverständigen, vertragswilligen und voneinander unabhängigen Geschäftspartnern getauscht werden könnte; er wird dabei als Marktwert i. S. eines hypothetischen Veräußerungswertes (*exit value*) verstanden.[2153] Von diesem Grundsatz finden sich im Bereich der Sachanlagen zwei Ausnahmen.[2154] So soll der *fair value* von Grundstücken und Gebäuden vorzugsweise durch einen hauptamtlichen Gutachter mittels gebräuchlicher Bewertungsmethoden ermittelt werden (IAS 16.32).[2155] Dagegen ist der *fair value* für technische Anlagen und für die Betriebs- und Geschäftsausstattung auf der Grundlage eines aktiven Marktes oder durch marktbasierte Schätzungen zu bestimmen (IAS 16.32).[2156] Sind indes keine marktbasierten Daten verfügbar, ist nachrangig auf ein Ertragswertverfahren respektive auf die fortgeführten Wiederbeschaffungskosten abzustellen (IAS 16.33).[2157] Die *Fair value*-Bestimmung erweist sich als ein erhebliches Problem. So dürften Marktpreise bzw. adäquate (absatzmarktbezogene) Schätzwerte für Sachanlagen regelmäßig nicht existieren; auch bleibt unklar, ob auf markttypische oder individuelle Wiederbeschaffungskosten abzustellen ist.[2158] Die damit einhergehenden Bewertungsunsicherheiten können zu gravierenden Entobjektivierungen führen.[2159]

Der auf diese Weise ermittelte beizulegende Zeitwert (oder Ersatzmaßstab) kann grundsätzlich unterhalb oder oberhalb des Buchwerts liegen. Führt die erstmalige Neubewertung zu einer Verringerung des Buchwerts, ist diese negative Neubewertungsdifferenz als Aufwand der Periode zu erfassen.[2160] Sofern der *fair value* umgekehrt den Buchwert übersteigt, liegt eine positive Neubewer-

---

2151 Vgl. auch Beyhs/Wagner (2009b), § 5.B. Rz. 54; Coenenberg/Haller/Schultze (2009), S. 171; Kozikowski/Pastor (2010), § 253 HGB Rz. 711.

2152 Vgl. Müller/Reinke (2010a), S. 16.

2153 Vgl. Streim/Leippe (2001), S. 377; Scheinpflug (2009b), § 5. Rz. 125; Hitz/Zachow (2011), S. 966 (in Bezug auf IFRS 13).

2154 Vgl. Streim/Leippe (2001), S. 377 f.

2155 Vgl. auch Bieg et al. (2009a), S. 143; Peemöller (2011b), Abschn. 10 Rz. 66; Böcking/Lopatta/Rausch (2005b), B 165 Rz. 173; Ballwieser (2009e), IAS 16 Rz. 32; Dutzi (2009), S. 107.

2156 Vgl. Böcking/Lopatta/Rausch (2005b), B 165 Rz. 173; Ballwieser (2009e), IAS 16 Rz. 32.

2157 Vgl. Ballwieser (2009e), IAS 16 Rz. 32; Weindel/Wüstemann (2011a), S. 285.

2158 Vgl. die treffende Kritik bei Weindel/Wüstemann (2011a), S. 286.

2159 Vgl. Peemöller (2011b), Abschn. 10 Rz. 72; Müller/Reinke (2010a), S. 15; Ballwieser (2009e), IAS 16 Rz. 32. Die *Fair Value*-Ermittlungsmethodik soll künftig durch IFRS 13 vereinheitlicht werden. Das *Endorsement* steht derzeit noch aus. Der Objektivierungsbeitrag des IFRS 13 dürfte wohl nur begrenzt sein. Für eine kritische Würdigung vgl. Hitz/Zachow (2011), S. 971 f.

2160 Vgl. Baetge/Beermann (1999), S. 344; Tanski (2005), S. 91; Baetge/Kirsch/Thiele (2011), S. 295. Im Fall einer solchen Abwertung „konkurrieren zwei Wertänderungsregelungen". So Müller (2008), S. 415. So wäre einerseits der *Impairment-Test* (IAS 36) grundsätzlich auch im Rahmen des Neubewertungsmodells zu beachten, andererseits könnte eine Wertminderung auch direkt durch eine Neubewertung erfasst werden. Im Allgemeinen dürfte von einem Anwendungsvorrang des IAS 36 gegenüber dem (optionalen) Neubewertungsmodell auszugehen sein; auf eine Anwendung des IAS 36 kann nur dann verzichtet werden, wenn der *fair value* durch Rückgriff auf einen aktiven Markt (Marktpreis) ermittelt wurde und wenn zusätzlich keine oder nur unbedeutende Veräußerungskosten

tungsdifferenz vor, die (unter Abzug passiver latenter Steuern) erfolgsneutral in eine Neubewertungsrücklage (*revaluation surplus*) als Bestandteil des Eigenkapitals einzustellen ist.[2161] Die Neubewertungsrücklage ist in der Folge in die Gewinnrücklage (*retained earnings*) umzugliedern. Maßgebend ist die sog. Realisierung dieser Rücklage;[2162] dabei ist zwischen Voll- und Teilrealisation zu differenzieren.[2163]

Bei weiteren Neubewertungen in den Folgeperioden sind die Ergebniseffekte aus der Vorperiode zu berücksichtigen.[2164] Eine positive Neubewertungsdifferenz führt insoweit zu einer Erhöhung der ergebniswirksamen Erträge, wie sie eine in den Vorperioden erfolgswirksam erfasste Wertminderung[2165] derselben Sachanlage rückgängig macht. Ein darüber hinausgehender Betrag der positiven Neubewertungsdifferenz ist erfolgsneutral in eine Neubewertungsrücklage einzustellen (IAS 16.39).[2166] In entsprechender Weise ist eine negative Neubewertungsdifferenz zunächst so lange mit einer vorhandenen (erfolgsneutral gebildeten) Neubewertungsrücklage ergebnisneutral zu verrechnen, bis diese aufgezehrt ist; ein dann noch verbleibender Abwertungsbedarf ist erfolgswirksam zu erfassen (IAS 16.40).[2167] Der erfolgswirksame Teil der Abwertung entspricht folglich der Differenz zwischen dem *fair value* am Neubewertungsstichtag und den fortgeführten Anschaffungs- oder Herstellungskosten der Sachanlage.[2168] Damit bilden die fortgeführten Anschaffungs- oder Herstellungskosten stets den Maßstab für die Behandlung der Neubewertungsdifferenzen: „Wertänderungen unterhalb der fortgeführten Anschaffungs- oder Herstellungskosten sind stets erfolgswirksam,

anfallen (IAS 36.5 (a) (i)). Zur Diskussion vgl. Streim/Leippe (2001), S. 385-387; Müller/Reinke (2010a), S. 16 f.; Müller (2008), S. 415; Schmidt/Seidel (2006), S. 597; Quick (2008b), IAS 16 Rz. 81.

2161 Vgl. Tanski (2005), S. 91; Baetge/Kirsch/Thiele (2011), S. 294 f.; Ernstberger (2004), S. 121.

2162 Vgl. Hommel (2005), S. 296.

2163 Eine vollständige Umgliederung (Vollrealisation) hat spätestens bei Stilllegung oder Veräußerung des betreffenden Gegenstandes zu erfolgen. Alternativ kann die Neubewertungsrücklage während der Nutzungsdauer der (abnutzbaren) Sachanlage schrittweise in die Gewinnrücklage aufgelöst werden (Teilrealisation). Dabei entspricht der zu realisierende Betrag der Differenz zwischen der planmäßigen Abschreibung auf Basis des Buchwertes nach Neubewertung und der planmäßigen Abschreibung auf Basis der ursprünglichen (fortgeführten) Anschaffungs- bzw. Herstellungskosten ohne Berücksichtigung der zwischenzeitlichen Neubewertung. Zuführungen aus der Neubewertungsrücklage in die Gewinnrücklage sind nach IAS 16.41 stets und damit sowohl bei Voll- als auch Teilrealisation ergebnisneutral. Vgl. im Detail Streim/Leippe (2001), S. 380 f.; Müller/Reinke (2010a), S. 18; Kahle/Dahlke (2010), Abt. II/2 Rz. 527; Theile (2009d), Rz. 1188; Baetge/Kirsch/Thiele (2011), S. 294 f.; Coenenberg/Haller/Schultze (2009), S. 171; Ruhnke (2008b), S. 335; Quick (2008b), IAS 16 Rz. 60; Kümpel (2004), S. 1230; Ernstberger (2004), S. 122.

2164 Vgl. Dutzi (2009), S. 107; Streim/Leippe (2001), S. 379.

2165 Eine Wertminderung kann entweder aus einer Neubewertung oder einer außerplanmäßigen Abschreibung i. S. d. IAS 36 herrühren; vgl. Hommel (2005), S. 295.

2166 Vgl. auch Ballwieser (2009e), IAS 16 Rz. 36; Antonakopoulos (2005), S. 106; Müller (2008), S. 416; Wengel/Schnell (2008), S. 2265; Tanski (2005), S. 92; Kahle/Dahlke (2010), Abt. II/2 Rz. 523; Ruhnke (2008b), S. 334; Quick (2008b), IAS 16 Rz. 57.

2167 Vgl. Hoffmann/Lüdenbach (2003), S. 567; Ballwieser (2009e), IAS 16 Rz. 37; Müller (2008), S. 415 f.; Antonakopoulos (2005), S. 106; Hommel (2005), S. 295; Schmidt/Seidel (2006), S. 597; Weindel/Wüstemann (2011a), S. 286; Tanski (2005), S. 92; Kahle/Dahlke (2010), Abt. II/2 Rz. 524; Ruhnke (2008b), S. 334 f.; Quick (2008b), IAS 16 Rz. 57; Ernstberger (2004), S. 121.

2168 Vgl. Baetge/Beermann (1999), S. 346.

Wertänderungen oberhalb der fortgeführten Anschaffungs- oder Herstellungskosten dagegen stets erfolgsneutral zu behandeln“[2169].

Die planmäßigen Abschreibungen[2170] müssen an Neubewertungen angepasst werden,[2171] weil diese „unmittelbar das Abschreibungsvolumen des neubewerteten Bilanzobjektes“[2172] verändern. Diese Änderung könnte im Fall der positiven Neubewertung eine Erhöhung der planmäßigen Abschreibungen in den Folgeperioden bewirken.[2173] IAS 16 enthält indes keine Vorgabe, ob ein zusätzlicher planmäßiger Abschreibungsbedarf aufgrund einer Neubewertung ergebnisneutral oder ergebniswirksam zu erfassen ist.[2174] Nach h. M. ist die zusätzliche Abschreibung ergebniswirksam zu verbuchen. Es ist mithin „nicht zulässig, den Abschreibungsbetrag in einen erfolgswirksamen und in einen erfolgsneutralen Betrag, der die Höhe Abschreibung des Erhöhungsbetrags widerspiegelt, aufzuteilen“[2175].

2.2.1.2 Außerplanmäßige Folgebewertung

2.2.1.2.1 Erfassung von Wertminderungen

Die Erfassung von Wertminderungen bei Vermögenswerten des Sachanlagevermögens richtet sich nach IAS 36 (IAS 16.63).[2176] Aus bilanztheoretischer Sicht liegt die Zielsetzung von IAS 36 in einer „zutreffende[n] quantitative[n] Bestimmung des verminderten Nettoeinnahmenpotenzials und mithin einer Wertminderung des jeweiligen Vermögenswerts im Sinne des *asset-liability-approach*“[2177]. Der Standard kann damit als Ausdruck eines vermögensorientierten, nicht aber eines gewinnorientierten Imparitätsprinzips betrachtet werden. Nach der Grundmethodik des IAS 36 hat ein bilanzierendes Unternehmen, unabhängig davon, ob das Anschaffungskosten- oder Neubewertungsmodell zur Anwendung gelangt, mindestens zu jedem Abschlussstichtag eine Einschätzung abzugeben, ob Anhaltspunkte für eine Wertminderung einer Sachanlage vorliegen.

2169 Quick (2008b), IAS 16 Rz. 58; vgl. auch Kahle/Dahlke (2010), Abt. II/2 Rz. 525; Müller/Reinke (2010a), S. 17; Dutzi (2009), S. 107.

2170 Sachanlagen sind in den Perioden zwischen den Neubewertungen planmäßig über ihre voraussichtliche Nutzungsdauer abzuschreiben. Vgl. Müller (2008), S. 415; Müller/Reinke (2010a), S. 17.

2171 Vgl. Küting/Reuter (2009), S. 173; Schmidt/Seidel (2006), S. 596.

2172 Hommel (2005), S. 296; vgl. auch Wengel/Schnell (2008), S. 2265.

2173 Vgl. Müller (2008), S. 415; Hommel (2005), S. 296; Baetge/Beermann (1999), S. 345.

2174 Vgl. Tanski (2005), S. 130 f.

2175 Kahle/Dahlke (2010), Abt. II/2 Rz. 526. Für eine erfolgswirksame Verrechnung der Zusatzabschreibung auch: Baetge/Kirsch/Thiele (2011), S. 295; Küting/Reuter (2009), S. 173; Kirsch, H. (2006b), S. 216; Schmidt/Seidel (2006), S. 598; Hennrichs (2004), S. 114; Hoffmann/Lüdenbach (2003), S. 567; Theile (2009d), Rz. 1186; Wengel/Schnell (2008), S. 2265; Meier (2010), S. 225. Die Neubewertungsmethode bricht damit mit dem Kongruenzprinzip (*clean surplus accounting*), weil die Erhöhung des Buchwerts durch die Neubewertung nie ertragswirksam, die planmäßige Abschreibung dieser Erhöhung (durch Verwendung des höheren Neubewertungsbetrags als Abschreibungsbasis) stets aufwandswirksam erfasst wird; so (kritisch) Schmidt/Seidel (2006), S. 599. Vgl. auch Ballwieser (2009d), S. 122-124; ders. (2009b), B 131 Rz. 1; Wagenhofer (2009), S. 371 f.; Meier (2010), S. 224.

2176 Vgl. auch Bieg et al. (2006a), S. 135; Wehrheim (2010), B 164 Rz. 62.

2177 So Weindel (2008), S. 170. A. A. Jacobi (2003), S. 180 f., der insb. den Nutzungswert (*value in use*; vgl. nachfolgend im Text) der dynamischen Bilanzauffassung zuweisen will. Diese Einschätzung kann nicht geteilt werden. Vgl. auch Lienau/Zülch (2006), S. 320 ff., die den *value in use* ebenfalls dem *asset-liability-approach* zuordnen.

Dazu sieht IAS 36.12 einen nicht abschließenden, aber mindestens zu prüfenden[2178] Katalog von unternehmensexternen sowie unternehmensinternen Informationsquellen vor (qualitativer Wertminderungstest).[2179] Sofern hiernach auf eine Wertminderung dem Grunde nach zu schließen ist,[2180] hat eine Quantifizierung derselben zu erfolgen[2181] (sog. anlassabhängiger quantitativer Wertminderungstest), indem der aktuelle Buchwert dem als Verlustmaßstab dienenden erzielbaren Betrag (*recoverable amount*) gegenüber gestellt wird. Der erzielbare Betrag entspricht dem Maximum[2182] aus dem beizulegenden Zeitwert abzüglich der Verkaufskosten (*fair value less costs to sell*) und dem Nutzungswert (*value in use*) des betreffenden Vermögenswerts bzw. der zahlungsmittelgenerierenden Einheit (IAS 36.18).[2183]

Der beizulegende Zeitwert abzüglich der Veräußerungskosten wird in IAS 36.6 definiert als „der Betrag, der durch den Verkauf eines Vermögenswerts oder einer zahlungsmittelgenerierenden Einheit in einer Transaktion zu Marktbedingungen zwischen sachverständigen, vertragswilligen Parteien nach Abzug der Veräußerungskosten erzielt werden könnte“ (IAS 36.6).[2184] Es kommt dabei nicht auf die tatsächliche Verkaufsabsicht an.[2185] Der Nutzungswert[2186] wird verstanden als „Bar-

---

2178 Bieg et al. (2009a) S. 111; vgl. auch Beyhs (2002), S. 80; Ruhnke (2008b), S. 316.

2179 Die terminologische Differenzierung zwischen *anlassabhängigem* und *anlassunabhängigem* Impairment-Test findet sich bei Ruhnke/Canitz (2010), S. 13. Zu den externen und internen Wertminderungsindikatoren vgl. ausführlich Freiberg/Hoffmann (2011), § 11 Rz. 15-25; Brücks/Kerkhoff/Richter (2010), IAS 36 Rz. 121-132.2; Baetge et al. (2008), IAS 36 Rz. 23-30; Graumann (2004a), S. 172; Kümpel (2002a), S. 983 f.

2180 Dies gilt in Bezug auf Vermögenswerte des Sachanlagevermögens. Für immaterielle Vermögenswerte mit zeitlich unbegrenzter Nutzungsdauer oder bei solchen, die noch nicht betrieblich genutzt werden, sowie aktivierten Geschäfts- oder Firmenwerten schreibt IAS 36.10 indessen einen jährlichen (anlassunabhängigen) quantitativen Wertminderungstest vor, unabhängig davon, ob Anzeichen für eine Wertminderung vorliegen oder nicht (IAS 36.10(a)-36.10(b)). Vgl. Wüstemann/Bischof/Kierzek (2007a), Abt. I/3 Rz. 202. Die vorgenannten Vermögenswerte stehen also „unter dem Generalverdacht, dass eine negative Wertentwicklung während des Geschäftsjahres eingetreten ist“; so Hachmeister (2008b), S. 234.

2181 Auf einen (erneuten) quantitativen Wertminderungstest kann gem. IAS 36.15 aus Gründen der Wesentlichkeit verzichtet werden. Dazu auch Bieg et al. (2009a), S. 113; Hachmeister (2008b), S. 235; Ruhnke/Canitz (2010), S. 14; Bieker/Esser (2004), S. 451 f.; Graumann (2004a), S. 173.

2182 Das Heranziehen des höheren der beiden oben genannten Werte entspringt der investitionstheoretischen Verhaltensannahme, dass ein rational handelnder Unternehmer stets die ihm günstigere Verwendungsalternative – Veräußerung oder Weiternutzung – wählen wird. Vgl. Ballwieser (2009e), IAS 16 Rz. 56; Beyhs (2002), S. 88; Kahle/Dahlke (2010), Abt. II/2 Rz. 543; Jacobi (2003), S. 174; Kuhner/Hitz (2009), IAS 36 Rz. 30; Barckow (2005), S. 8; Weindel/Wüstemann (2011a), S. 287; Ruhnke/Canitz (2010), S. 13; Müller/Reinke (2009), S. 523 f.; Küting/Dawo/Wirth (2003), S. 178 f.; Kümpel (2002a), S. 984; Achleitner/Behr/Schäfer (2009), S. 277; Peemöller (2011b), Abschn. 10 Rz. 90; Ruhnke (2008b), S. 315; Quick (2008b), IAS 16 Rz. 75; Wehrheim (2010), B 164 Rz. 64; Böcking/Lopatta/Rausch (2005b), B 165 Rz. 220; Lüdenbach (2010), S. 109; Baetge et al. (2008), IAS 36 Rz. 37.

2183 Vgl. z. B. Kuhner/Hitz (2009), IAS 36 Rz. 30; Graumann (2004a), S. 171; zum Konzept des erzielbaren Betrags eingehend Kasperzak (2011), S. 5-12. In der Bilanzierungspraxis dürfte i. d. R. der Nutzungswert die relevante Ausprägung des erzielbaren Betrags sein; vgl. Gollnow/Himmel (2011), S. 185.

2184 Die Konkretisierung erfolgt nach einer dreistufigen Hierarchie; hiernach entspricht der potenzielle Veräußerungspreis auf der ersten Stufe einem vertraglich fixierten Preis unter unabhängigen Vertragspartnern, auf der zweiten Stufe einem aktuellen oder zeitnahen Preis auf einem aktiven Markt und auf der dritten Stufe einem möglichst genauen Schätzpreis, der theoretisch zwischen vertragswilligen und voneinander unabhängigen Vertragspartnern erzielt werden könnte (IAS 36.25-36.27). Vgl. im Einzelnen Ballwieser (2008d), S. 354; Müller/Reinke (2010b), S. 27; Budde, T. (2005), S. 2568; Erdmann/Focken (2010), S. 185; Wehrheim (2010), B 164 Rz. 66; Baetge et al. (2008), IAS 36 Rz. 43-48; Freiberg/Hoffmann (2011), § 11 Rz. 27 ff. In Zukunft soll der *fair value less costs to sell* nach Maßgabe des IFRS 13 konkretisiert werden. Vgl. Hitz/Zachow (2011), S. 965.

2185 In diesem Fall ist IFRS 5 einschlägig. Vgl. Freiberg/Hoffmann (2011), § 11 Rz. 28.

wert der künftigen Cashflows, der voraussichtlich aus einem Vermögenswert oder einer zahlungsmittelgenerierenden Einheit abgeleitet werden kann“ (IAS 36.6). Er entspricht methodisch also „einem im Rahmen einer Unternehmensbewertung ermittelten Ertragswert für den betreffenden Vermögenswert“[2187]. Es verbleibt wiederum „ein großer Ermessensspielraum“[2188]. Soweit der so ermittelte erzielbare Betrag unter dem Buchwert liegt, ist eine – grundsätzlich[2189] aufwandswirksame – außerplanmäßige Abschreibung vorzunehmen (IAS 36.59). Die Dauer der Wertminderung ist irrelevant.[2190] Der Betrag der Wertminderung ist auf den zuletzt ermittelten Buchwert beschränkt.[2191]

Nach IAS 36.66 ist der Wertminderungstest im Grundsatz für einzelne Vermögenswerte durchzuführen.[2192] Indes wird sich ein erzielbarer Betrag, insbesondere bei Sachanlagen, regelmäßig nicht feststellen lassen: Da sich die Zahlungsströme einer Unternehmung aufgrund von ökonomischen Verbundeffekten kaum willkürfrei einem einzelnen Vermögenswert „verursachungsgerecht“ zuteilen lassen, bleibt die Bestimmung des Nutzungswerts auf dieser Einzelvermögenswertebene faktisch ausgeschlossen.[2193] Als Hilfslösung[2194] ist der (quantitative) Wertminderungstest in diesem Fall – unter Durchbrechung des Einzelbewertungsprinzips[2195] – auf Ebene einer zahlungsmittelge-

2186 Eine Schätzung des Nutzungswerts kann unterbleiben, wenn er nicht wesentlich vom Nettoveräußerungswert abweicht oder den Buchwert bereits übersteigt (IAS 36.19; IAS 36.21).

2187 Weindel/Wüstemann (2010), S. 289; vgl. auch Ballwieser (2008d), S. 354-359; Ruhnke (2008b), S. 318; Wehrheim (2010), B 164 Rz. 68; Beyhs/Hausen (2009), § 5.C. Rz. 107. Zur Ermittlung des Nutzungswerts allgemein auch Bieg et al. (2009a), S. 89-93; Beyhs/Hausen (2009), § 5.C. Rz. 107-121; Kahle/Dahlke (2010), Abt. II/2 Rz. 552-570; Wehrheim (2010), B 164 Rz. 67; Müller/Reinke (2010b), S. 24-27; Erdmann/Focken (2010), S. 185 f.; Streim/Bieker/Esser (2005), S. 95 f.; Böcking/Lopatta/Rausch (2005b), B 165 Rz. 229-257; aus Praxissicht: Gollnow/Himmel (2011), S. 186 ff.; zur Ermittlung der *cashflows* im Einzelnen Beyhs (2002), S. 118-130; Hachmeister (2006a), S. 257 ff.; Königsmaier (2009), S. 317 ff.; Ruhnke (2008b), S. 319; Graumann (2004a), S. 174 f.; zur Ermittlung des Diskontierungssatzes im Einzelnen Freiberg (2010), Rz. 331-356; Kuhner (2010), S. 609 ff.; Freiberg/Lüdenbach (2005), S. 479 ff.; Husmann/Schmidt (2008), S. 49 ff.; Beyhs (2002), S. 130-152; Ruhnke (2008b), S. 320-326; Ruhnke (2008a), S. 43 ff.; Peemöller (2011b), Abschn. 10 Rz. 100-106; Vettiger/Hirzel (2010), S. 387 ff.

2188 Weindel/Wüstemann (2010), S. 289.

2189 In Anwendung des Neubewertungsmodells gebildete Neubewertungsrücklagen sind erfolgsneutral aufzulösen, sodass eine Wertberichtigung nur in dem Maße erfolgswirksam ist, wie die Anschaffungs- oder Herstellungskosten unterschritten werden (IAS 36.59 f.). Vgl. Barckow (2005), S. 10; Klingels (2005), S. 26 f.; Achleitner/Behr/Schäfer (2009), S. 282.

2190 Vgl. Ballwieser (2009e), IAS 16 Rz. 55.

2191 Vgl. Hachmeister (2008b), S. 236; Bieg et al. (2009a), S. 114. Wertminderungen, die diesen Betrag überschreiten, sind als Rückstellung anzusetzen, sofern dies von einem anderen Standard als IAS 36 angeordnet wird (IAS 36.62).

2192 Vgl. Kasperzak (2011), S. 3; Bieg et al. (2009a), S. 113; Wehrheim (2010), B 164 Rz. 65; Böcking/Lopatta/Rausch (2005b), B 165 Rz. 222; Kuhner/Hitz (2009), IAS 36 Rz. 33; Budde, T. (2005), S. 2567; Wirth (2005), S. 11; Ernstberger (2004), S. 149; Küting/Eichenlaub (2011), S. 1198; Freiberg/Hoffmann (2011), § 11 Rz. 83; Jacobi (2003), S. 176.

2193 Vgl. Wüstemann/Bischof/Kierzek (2007), Abt. I/3 Rz. 203; Ballwieser (2009d), S. 110; ders. (2009e), IAS 16 Rz. 56; Freiberg (2009), S. 145; Müller/Reinke (2009), S. 524; Kümpel (2002a), S. 984; Achleitner/Behr/Schäfer (2009), S. 280; Budde, T. (2005), S. 2568; Sigloch (2005a), S. 564; Lange (2011), S. 209; Hoffmann (2009b), S. 120.

2194 Vgl. Brinkmann (2006), S. 220.

2195 Vgl. Küting (2011a), S. 1409 f.; ders. (2011b), S. 132; Küting/Wirth (2003), S. 1848; Brücks/Kerkhoff/Richter (2010), IAS 36 Rz. 202; Wehrheim (2010), B 164 Rz. 65; Klingels (2005), S. 41; Freiberg/Hoffmann (2011), § 11 Rz. 83. Auch wenn ein ausdrückliches Gebot der Einzelbewertung nicht genannt wird, ist es dem IFRS-Normensystem nach h. M. grundsätzlich immanent. Vgl. Küting/Eichenlaub (2011), S. 1197-1199; Küting (2011a), S. 1409; Streim/Bieker/Esser (2005), S. 94; Herzig (2005b), S. 220; Jensen-Nissen (2007), S. 68; Wawrzinek (2009), § 2. Rz. 52; Ernstberger (2004), S. 175; Niemann (2005), S. 22 f.; Lange (2011), S. 209; Kah-

nerierenden Einheit (ZGE) vorzunehmen, zu der der in Rede stehende Vermögenswert gehört (IAS 36.66).[2196] Eine ZGW wird entsprechend begriffen als die „kleinste identifizierbare Gruppe von Vermögenswerten, die Mittelzuflüsse erzeugen, die weitestgehend unabhängig von Mittelzuflüssen anderer Vermögenswerte oder anderer Gruppen von Vermögenswerten sind“ (IAS 36.6).[2197]

Der erzielbare Betrag ist für die ZGE als solche zu ermitteln;[2198] er ergibt sich mithin als der höhere der beiden Beträge aus beizulegendem Zeitwert abzüglich Verkaufskosten und Nutzungswert, jeweils bezogen auf die in Rede stehende ZGE (IAS 36.74).[2199] Indes dürfte ein beizulegender Zeitwert abzüglich der Verkaufskosten für eine ZGE „regelmäßig nicht willkürfrei zu ermitteln“ sein, sodass „häufig nur die Bestimmung des Nutzungswerts [verbleibt]“[2200]. Eine Wertminderung wird entsprechend angenommen, wenn die Summe der Buchwerte[2201] der zusammengefassten Vermögenswerte den erzielbaren Betrag der ZGE unterschreitet.[2202] Dies könnte bedingen, „dass im Verbund Wertverluste einzelner Vermögenswerte durch Wertsteigerungen anderer Vermögenswerte ausgeglichen und durch die Aufhebung eines Einzelbewertungsgrundsatzes Niederstwertabschreibungen verhindert werden können“[2203].

Sofern dem Buchwert der ZGE ein (anteiliger) Geschäfts- oder Firmenwert bzw. gemeinschaftlicher Vermögenswert auf einer vernünftigen und stetigen Basis zugeschlagen werden kann, wird ein festgestellter Wertminderungsaufwand in einer fest angeordneten Reihenfolge zunächst gegen den (anteiligen) Geschäfts- oder Firmenwert verrechnet und sodann buchwertproportional auf die einzelnen Vermögenswerte der ZGE verteilt (IAS 36.80; IAS 36.102 (a); IAS 36.104).[2204] Dabei ist indes zu beachten, dass die Vermögenswerte der ZGE nur bis zum höchsten Wert aus individuellem Nutzungswert, beizulegendem Zeitwert abzüglich Veräußerungskosten bzw. null reduziert werden dürfen, sodass ein residualer Wertminderungsaufwand den anderen Vermögenswerten (erneut) propor-

le/Dahlke (2010), Abt. II/2 Rz. 439; Mujkanovic (2008), S. 649; Fülbier/Kuschel/Selchert (2010), § 252 HGB Rz. 156; Rahlf (2000), S. 49.

2196 Vgl. Hachmeister (2008b), S. 236; Streim/Bieker/Esser (2005), S. 94.

2197 Das Konzept der ZGE stellt mithin „den Versuch dar, das Verbundenheitsproblem durch eine Erfassung der anteilig generierten *cashflows* auf der übergeordneten Ebene der an dieser Einzahlungsüberschusserwirtschaftung beteiligten Elemente zu lösen“, so Wobbe (2008), S. 68. Die Abgrenzung einer ZGE hat nach unternehmensinternen Kriterien unter Anwendung von Einschätzungen des Managements (IAS 36.68) sowie des Stetigkeitsgrundsatzes (IAS 36.72) zu erfolgen; sie dürfte dennoch nicht willkürfrei möglich sein. Vgl. Weindel/Wüstemann (2011a), S. 290. Zu der hier nicht näher problematisierten ZGE-Abgrenzung vgl. eingehend Klingels (2005), S. 60-242; Müller/Reinke (2009), S. 526-528; Freiberg/Hoffmann (2011), § 11 Rz. 84 ff.

2198 Vgl. Fuchs/Eppinger/Zeyer (2009), S. 516.

2199 Vgl. Streim/Bieker/Esser (2005), S. 95.

2200 Weindel/Wüstemann (2011a), S. 290; vgl. auch Streim/Bieker/Esser (2005), S. 95.

2201 Nach IAS 36.76 hat der Gesamtbuchwert der ZGE die Bilanzwerte jener Vermögenswerte zu umfassen, die der ZGE „direkt zugerechnet oder auf einer vernünftigen Basis und stetigen Basis zugeordnet werden können“ sowie zu den Mittelzuflüssen der Einheit beitragen. Der Buchwert der ZGE umfasst damit auch den (anteiligen) Buchwert eines der ZGE zuzuordnenden derivativen Geschäfts- oder Firmenwerts (IAS 36.80) sowie eines sog. gemeinschaftlichen Vermögenswerts (IAS 36.102(a)).

2202 Vgl. Bieg et al. (2009a), S. 114; Hachmeister (2008b), S. 238; Küting/Dawo/Wirth (2003), S. 184.

2203 Wüstemann/Bischof/Kierzek (2007a), Abt. I/3 Rz. 204.

2204 Vgl. Weindel/Wüstemann (2011a), S. 290 f.; Freiberg (2009), S. 146; Beyhs/Hausen (2009), § 5.C. Rz. 134; Peemöller (2011b), Abschn. 10 Rz. 110.

tional zum Buchwert zuzurechnen ist (IAS 36.105).[2205] Die innerhalb einer ZGE vorzunehmenden Wertminderungen sind unter Beachtung der oben geschilderten Grundsätze erfolgswirksam zu erfassen.[2206]

Sofern diese Repartition des Geschäfts- oder Firmenwerts bzw. gemeinschaftlichen Vermögenswerts ausscheidet, hat die Erfassung der Wertminderung zweistufig zu erfolgen.[2207] Auf der ersten Stufe wird der Buchwert der ZGE ohne Berücksichtigung eines (anteiligen) Geschäfts- oder Firmenwerts bzw. gemeinschaftlichen Vermögenswerts ermittelt und sodann mit dem erzielbaren Betrag der ZGE verglichen; sofern hierbei ein Wertminderungsbedarf festzustellen ist, wird dieser den übrigen Vermögenswerten der ZGE[2208] im Verhältnis ihrer Buchwerte weiter belastet (IAS 36.88; IAS 36.102 (b) (i); IAS 36.104 (b)). In einem zweiten Schritt ist eine nächsthöhere ZGE zu identifizieren, welche die zu prüfende ZGE umfasst und der ein (anteiliger) Geschäfts- oder Firmenwert bzw. gemeinschaftlicher Vermögenswert auf vernünftiger und stetiger Basis zugerechnet werden kann („Meta-ZGE“[2209]).[2210] Diese ist ihrerseits einem quantitativen *Impairment-Test* zu unterziehen.[2211] Dabei umfasst der Buchwert dieser Meta-ZGE (u. a.) die Buchwerte des anteiligen Geschäfts- oder Firmenwerts bzw. gemeinschaftlichen Vermögenswerts; auch die bereits wertgeminderten Buchwerte der Vermögenswerte der niedrigeren Einheit fließen in die Summe der Buchwerte der Meta-ZGE ein. Der so ermittelte Buchwert wird dem erzielbaren Betrag der Meta-ZGE gegenübergestellt. Ergibt sich hiernach ein weiterer Wertminderungsbedarf, ist dieser zunächst mit dem Geschäfts- oder Firmenwert zu verrechnen und erst anschließend, sofern die Wertminderung größer ist als der Buchwert des Geschäfts- oder Firmenwerts, auf diejenigen ZGE buchwertproportional zu verteilen, die gemeinsam eine Meta-ZGE bilden (IAS 36.102 (b) (ii)-(iii); IAS 36.104).[2212] „Sollte auch dies nicht ausreichen und sind alle Vermögenswerte auf null abgeschrieben worden, ist der zu bilanzierende Betrag als Schuld zu erfassen“[2213].

2.2.1.2.2 Erfassung von Wertaufholungen

IAS 36 sieht ein grundsätzliches Wertaufholungsgebot vor.[2214] So ist nach IAS 36.110 ff. an jedem Abschlussstichtag verpflichtend zu überprüfen, ob Anhaltspunkte dafür vorliegen, dass eine Wertminderung, die in früheren Perioden erfasst wurde, ganz oder teilweise nicht mehr besteht.[2215] Eine

---

2205 Vgl. auch Beyhs/Hausen (2009), § 5.C. Rz. 137 f.; Graumann (2004b), S. 374; Kümpel (2002a), S. 985.

2206 Vgl. Beyhs/Hausen (2009), § 5.C. Rz. 139.

2207 Vgl. Küting/Dawo/Wirth (2003), S. 185; Kümpel (2002a), S. 984; Keller, K. (2002), S. 113. Die erste Stufe wird in der Literatur als Bottom Up-Test, die zweite Stufe als Top Down-Test bezeichnet; vgl. Beyhs/Hausen (2009), § 5.C. Rz. 129; Fuchs/Eppinger/Zeyer (2009), S. 518.

2208 Sofern diese in den Anwendungsbereich des IAS 36 fallen, vgl. Freiberg (2009), S. 146; Wobbe (2008), S. 69.

2209 In Anlehnung an die Terminologie bei Hachmeister (2008b), S. 239 („Meta-CGU“).

2210 Vgl. auch Müller/Reinke (2009), S. 526.

2211 Vgl. Klingels (2006), S. 277.

2212 Vgl. Weindel/Wüstemann (2011a), S. 291 f.; Streim/Bieker/Esser (2005), S. 96 f.

2213 Barckow (2005), S. 10.

2214 Vgl. Böcking/Gros (2010b), B 169 Rz. 54; Wüstemann/Dänzer (2011a), Rz. 92.

2215 Es handelt sich bei diesen, in IAS 36.111 (nicht abschließend) benannten Indikatoren „um eine Umkehrung jener Anzeichen (.), die eine Wertminderung begründet haben“; Bieg et al. (2009a), S. 116; vgl. auch

grundsätzlich erfolgswirksame[2216] Wertaufholung (*reversal of an impairment loss*) hat zu erfolgen, wenn und soweit der erzielbare Betrag den aktuellen Buchwert übersteigt und dies den Änderungen jener Schätzungen zuzuschreiben ist, die auch bei der Bestimmung des erzielbaren Betrags herangezogen wurden (IAS 36.114).[2217] Die Dauerhaftigkeit der Wertaufholung ist nach Meinung der Literatur irrelevant.[2218] Die Höchstgrenze wird durch den Buchwert markiert, „der bestimmt worden wäre (…), wenn in den früheren Jahren kein Wertminderungsaufwand erfasst worden wäre", d. h. durch die fortgeführten Anschaffungs- oder Herstellungskosten (IAS 36.117).[2219]

Auch bei einer ZGE wird eine Wertaufholung spiegelbildlich zur ursprünglichen Wertminderung erfasst.[2220] Somit erfolgt die Zuschreibung der einzelnen Vermögenswerte „im Maße ihres Buchwertverhältnisses zur Gruppe"[2221]. Allerdings darf der Buchwert hierbei nicht über jenen niedrigeren Betrag aus erzielbarem Betrag und dem Buchwert hinausgehen, der sich ergäbe, wenn in früheren Perioden kein Wertminderungsaufwand für diesen Vermögenswert erfasst worden wäre (IAS 36.123).[2222] Jener Anteil, der einem Vermögenswert zuzuweisen wäre, aber gemäß dieser Regel nicht mehr berücksichtigt werden darf, ist (in Analogie zu der Verteilung des Wertminderungsaufwands) buchwertproportional auf die übrigen Vermögenswerte der ZGE zu verteilen,[2223] soweit deren Bewertungsobergrenzen eine höhere Bewertung gestatten.[2224]

2.2.2 Folgebewertung des materiellen Anlagevermögens nach dem Handels- und Steuerrecht Deutschlands im Vergleich zu IFRS

2.2.2.1 Planmäßige Folgebewertung

Vermögensgegenstände des Anlagevermögens, deren Nutzung zeitlich begrenzt ist, sind nach deutschem Bilanzrecht planmäßig abzuschreiben (§ 253 Abs. 3 S. 1 HGB). Nach ausschüttungsstati-

---

Streim/Bieker/Esser (2005), S. 97; Kuhner/Hitz (2009), IAS 36 Rz. 132; Baetge et al. (2008), IAS 36 Rz. 111 f.; Böcking/Gros (2010b), B 169 Rz. 54; Kahle/Dahlke (2010), Abt. II/2 Rz. 601; Peemöller (2011b), Abschn. 10 Rz. 116.

2216 Vgl. Böcking/Gros (2010b), B 169 Rz. 58; Winkeljohann/Taetzner (2010), § 253 HGB Rz. 668. Bei Sachanlagen indes, die dem Neubewertungsmodell unterliegen, werden Wertaufholungen erfolgsneutral über eine Neubewertungsrücklage erfasst, es sei denn, für diese neu bewertete Sachanlage wurde in früheren Perioden eine aufwandswirksame Wertminderung erfasst; insoweit ist die Wertaufholung ertragswirksam zu erfassen (IAS 36.120); vgl. auch Ballwieser (2009d), S. 110; Ernstberger (2004), S. 128 f.; Beyhs/Hausen (2009), § 5.C. Rz. 148; Peemöller (2011b), Abschn. 10 Rz. 120.

2217 Vgl. auch Kozikowski/Pastor (2010), § 253 HGB Rz. 720; Wüstemann/Dänzer (2011a), Rz. 91.

2218 Es sind allerdings nur solche Wertaufholungen zu berücksichtigen, die „zu einer wesentlichen Wertänderung führen"; Böcking/Gros (2010b), B 169 Rz. 56.

2219 Vgl. Winkeljohann/Taetzner (2010), § 253 HGB Rz. 668; Peemöller (2011b), Abschn. 10 Rz. 117. Eine darüber hinaus gehende Erhöhung des Buchwerts stellt keine Wertaufholung, sondern eine Neubewertung dar; vgl. Böcking/Gros (2010b), B 169 Rz. 57.

2220 Vgl. Achleitner/Behr/Schäfer (2009), S. 286; Kahle/Dahlke (2010), Abt. II/2 Rz. 611.

2221 Barckow (2005), S. 10; vgl. auch Brücks/Kerkhoff/Richter (2010), IAS 36 Rz. 283. Der Geschäfts- oder Firmenwert ist hiervon ausgenommen; dieser unterliegt indes einem expliziten Wertaufholungsverbot (IAS 36.124); vgl. auch Peemöller (2011b), Abschn. 10 Rz. 119; Brücks/Kerkhoff/Richter (2010), IAS 36 Rz. 285.

2222 Vgl. auch Böcking/Gros (2010b), B 169 Rz. 60.

2223 Wiederum mit Ausnahme des einer ZGE zugewiesenen Geschäfts- oder Firmenwerts.

2224 Vgl. Barckow (2005), S. 10; Beyhs/Hausen (2009), § 5.C. Rz. 147.

scher GoB-Lehre folgt der Sinn und Zweck dieses „Abschreibungsprinzips (..) unmittelbar aus dem Realisationsprinzip: Grundgedanke der Abschreibungen ist die anteilige Zuordnung der Anschaffungskosten auf die von ihnen alimentierten Geschäftsjahresumsätze“[2225]. Mithin hat eine „umsatzproportionale Belastung der einzelnen Geschäftsjahre mit den sich aus der Anlagenutzung ergebenden Aufwendungen“[2226] zu erfolgen. Die handelsrechtlich planmäßigen Abschreibungen beim abnutzbaren Anlagevermögen finden ihre steuerrechtliche Entsprechung in der Absetzung für Abnutzung (AfA) nach § 7 Abs. 1 EStG sowie der Absetzung für Substanzverringerung (AfS).[2227] Dies gilt „formal, inhaltlich allerdings dominiert im Steuerrecht eine weitgehende Schematisierung im Dienste verwaltungsmäßiger Vereinfachung“[2228]. Während handelsbilanziell das sog. Wertverzehrprinzip dominiert, ist die planmäßige AfA in der Steuerbilanz eher an der (vereinfachungsbedingten) Aufwandsverteilungsthese ausgerichtet.[2229] Die steuerrechtlichen Abschreibungsvorschriften zeichnen sich durch eine wesentlich stärkere Reglementierung aus.[2230]

Den Abschreibungsausgangsbetrag bilden auch nach deutschem Bilanzsteuerrecht die Anschaffungs- oder Herstellungskosten (Anschaffungswertprinzip). Stellt man von den oben aufgezeigten Divergenzen im jeweiligen Anschaffungs- oder Herstellungskostenumfang nach IFRS und GoB zurück, wird ein „gravierender Unterschied“[2231] hinsichtlich des Abschreibungsvolumens in der Berücksichtigung eines Restwerts nach IAS 16 gesehen, weil nach deutschem Bilanzsteuerrecht ein „Prinzip der Restwertvernachlässigung“[2232] herrscht. Zutreffend hieran ist, dass ein Restwert nach deutschem Bilanzsteuerrecht allenfalls in Ausnahmefällen[2233] zu berücksichtigen ist, wobei Veräußerungserlöse – anders als nach IAS 16.53 – generell außer Betracht bleiben. Eingedenk des Umstandes, dass die Berücksichtigung eines Restwerts gemäß IAS 16.6 in der handelsrechtlichen Bilanzierungspraxis ebenfalls nur in Ausnahmefällen erfolgt, dürfte sich die als gravierend erachtete Distanz in der Restwertberücksichtigung aber verflüchtigen, sodass insoweit keine „nennenswerte

2225 So Böcking (1989), S. 496.

2226 Moxter (2003b), S. 206; vgl. zu diesem Abschreibungsprinzip auch ders. (1984b), S. 1783 f.; Hommel (1992), S. 23; Hommel (2001), S. 248; Hommel/Rößler (2009), S. 2526; Jäger (1996), S. 47 f.; Breidert (1994), S. 9 f.; Euler (1996), S. 216 f.; Fritz-Schmied (2005), S. 220-225. Zur Kritik an diesem Alimentationsgedanken vgl. Siegel (1992), S. 597; ders. (1994a), S. 9 f.; Ballwieser (2008c), § 253 Rz. 29; Wehrheim (2010), B 164 Rz. 27; Schlotter (2005), S. 26 ff.

2227 Vgl. Wehrheim (2010), B 164 Rz. 15.

2228 Wehrheim (2010), B 164 Rz. 15.

2229 Vgl. Moxter (1993b), S. 542; zu den diesbezüglichen Inkonsistenzen der höchstrichterlichen Rechtsprechung („Aufwandsverteilungs- versus Wertverzehrthese“) vgl. Breidert (1994), S. 57-59 m. w. N.; zur Diskussion auch Jäger (1996), S. 7-40; Kulosa (2011b), § 7 Rz. 2 f.; Karrenbauer (1993), S. 94 ff.; Drescher (2002), S. 141 f.; Dauber (2003), S. 191 ff.; Schmitt (2005), S. 64 f.; Fritz-Schmied (2005), S. 220-225; Erhart (2003), S. 40-54.

2230 Vgl. Hommel/Rößler (2009), S. 2530; Schlotter (2005), S. 29.

2231 So Herzig (2004a), S. 176; vgl. zu dieser Abweichung insb. auch Hennrichs (2011a), S. 790.

2232 Herzig (2004a), S. 177; vgl. auch Moxter (1993b), S. 542.

2233 Die Ausnahme bezieht sich auf den Schrott- bzw. Altmaterialwert bei beweglichen Vermögensgegenständen bzw. Wirtschaftsgütern, „wenn dieser im Vergleich zu den Anschaffungs- oder Herstellungskosten nach objektiven Maßstäben erheblich ist und auch in absoluter Höhe ins Gewicht fällt“; vgl. mit Einzelheiten Kahle/Heinstein (2010), Abt. II/2 Rz. 126 f. (Zitat in Rz. 126). Ferner auch Herzig (2004a), S. 177; Brösel/Olbrich (2010), § 253 Rz. 455; Wehrheim (2010), B 164 Rz. 25.

Abweichung" [2234] in der Bemessung des Abschreibungsvolumens nach IFRS und handels- bzw. steuerrechtlicher Gewinnermittlung verbleibt.

Die Dauer der in der Handelsbilanz vorzunehmenden planmäßigen Abschreibungen soll der betriebsgewöhnlichen Nutzungsdauer des betreffenden Vermögensgegenstandes nach Maßgabe des vernünftigen kaufmännischen Ermessens entsprechen. Dagegen ist die Ermittlung der Abschreibungsdauer im deutschen steuerlichen Gewinnermittlungsrecht (AfA-Sätze) durch eine weitergehende Reglementierung geprägt.[2235] Durch die Vorgabe von typisierten Nutzungsdauern in Form der AfA-Tabellen der deutschen Finanzverwaltung werden die „Ermessensspielräume hinsichtlich des Nutzungsdaueransatzes (...) erheblich eingeschränkt"[2236]. Dies führt im Vergleich zu der betriebsindividuellen Nutzungsdauerermittlung nach IAS zu einer höheren Objektivierung.[2237] Eine Übernahme der IFRS-Nutzungsdauern für Zwecke der handels- und steuerrechtlichen Gewinnermittlung wird abgelehnt; begründet wird dies mit einer abweichenden Gewichtung des Vorsichtsprinzips.[2238]

Nach den AfA-Tabellen soll grundsätzlich die technische Nutzungsdauer (in neuerer Terminologie: die „tatsächliche Nutzungsdauer") eines Wirtschaftsguts maßgebend sein.[2239] Die wirtschaftliche Nutzungsdauer soll erst dann Relevanz erlangen, „wenn der wirtschaftliche Verschleiß objektiv nachgewiesen werden kann"[2240]. Auch wenn die AfA-Tabellen aus formaler Sicht keinen Gesetzesrang aufweisen, sind sie dennoch von „hohe[r] Bindungswirkung"[2241], da ein Unterschreiten der dort enthaltenen Nutzungsdauervorgaben stets auf der Grundlage objektiv nachvollziehbarer Gründe vom Steuerpflichtigen zu rechtfertigen ist.[2242] Ob die in der Handelsbilanz zugrunde gelegten Abschreibungsdauern nach dem BilMoG weiterhin maßgeblich sind für die steuerliche Gewinnermittlung, ist umstritten.[2243]

2234 So zutreffend Hoffmann (2011f), § 10 Rz. 21.
2235 Vgl. Hennrichs (2011a), S. 788 f.
2236 Moxter (2004c), S. 188.
2237 Vgl. Köhrle (2010), S. 233.
2238 Vgl. Hennrichs (2011a), S. 791 ff., der seiner Argumentation die Prämisse zugrunde legt, dass die zentrale Geltung des Vorsichtsprinzips durch das BilMoG keine Änderung erfahren hat.
2239 Vgl. Dietel (2004), S. 108. Kritisch Hommel (2001), S. 247 ff.
2240 Herzig (2004a), S. 178; vgl. auch Voß (2006a), S. 611.
2241 Voß (2006a), S. 611.
2242 Vgl. Voß (2007), S. 1150; Lambrecht (2011), § 7 Rz. 54; Breidert (1994), S. 64; Jäger (1996), S. 113; Mayer (2005), S. 181; Drescher (2002), S. 144; Hennrichs (2011a), S. 791 u. 795 f.
2243 Für eine Unmaßgeblichkeit der handelsbilanziellen Abschreibungsdauern Künkele/Zwirner (2010b), S. 2265; a. A. (für den Fall einer in der Handelsbilanz längeren Nutzungsdauer im Vergleich zu den AfA-Tabellen) Hennrichs (2011a), S. 796, der vorbringt, die Schätzung der Nutzungsdauer nach HGB und EStG beruhe auf denselben konzeptionellen Grundsätzen, insbesondere gelte hierbei das Vorsichtsprinzip in beiden Rechnungen gleichermaßen. Die steuerliche Geltung des Vorsichtsprinzips ist indes die zentrale Grundsatzfrage schlechthin, so dass diese Begründung nicht überzeugt.

Vergleichbar den Abschreibungsgrundsätzen des IAS 16 legt sich auch das HGB nicht auf eine bestimmte Abschreibungsmethode fest.[2244] Die so eröffnete Methodenfreiheit wird allein durch die Forderung nach GoB-Konformität der gewählten Methode begrenzt.[2245] Nach ausschüttungsstatischem GoB-Verständnis ist der Abschreibungsverlauf dabei am Realisationsprinzip i. S. eines Nettorealisationsprinzips auszurichten; dies erfordere eine „umsatzproportionale Belastung der einzelnen Geschäftsjahre mit den sich aus der Anlagenutzung ergebenden Aufwendungen“[2246].

Gegenüber der handelsrechtlichen planmäßigen Abschreibung sind die steuerlichen Abschreibungsmethoden „streng reglementiert“[2247]; von den verschiedenen Abschreibungsverfahren sind ausschließlich die lineare, geometrisch-degressive sowie leistungsabhängige Abschreibung zulässig (§ 7 EStG).[2248] Mit Geltung des BilMoG besteht nach h. M. keine Bindung mehr an die handelsrechtlich gewählte (planmäßige) Abschreibungsmethode; die in § 7 EStG gewährten Methodenwahlrechte können insofern autonom gewählt ausgeübt werden.[2249]

Die lineare AfA stellt steuerlich die Regelmethode dar, sie genießt mithin „Vorrangstellung“[2250]. Die steuerliche Linearabschreibung ist auf alle abnutzbaren Wirtschaftsgüter sowie für Gebäude und Gebäudeteile anzuwenden (§ 7 Abs. 1 S. 1, Abs. 4 und 5a EStG).[2251] Dementgegen können geometrisch-degressive Abschreibung nach § 7 Abs. 2 EStG bzw. Leistungsabschreibung nach § 7 Abs. 1 S. 6 EStG nur bei beweglichen Wirtschaftsgütern des Anlagevermögens zur Anwendung gebracht werden, die geometrisch-degressive AfA weiter einschränkend nur bei jenen, die nach dem 31.12.2008 und vor dem 01.01.2011 angeschafft wurden; sie ist zudem an bestimmte Höchstsätze gebunden (2,5-faches der linearen AfA; maximal 25 %). Eine Diskrepanz zu IAS 16 kann also dahingehend festgestellt werden, dass lineare, (geometrisch-) degressive und leistungsabhängige Abschreibung zwar auch in IAS 16.62 aufgeführt werden, dort jedoch nur exemplarisch, sodass andere als diese Methoden (oder Mischformen) infrage kommen, was steuerrechtlich infolge des strengeren Typisierungsgedankens untersagt ist.

2244 Vgl. Ballwieser (2008c), § 253 HGB Rz. 19 u. Rz. 24; Lüdenbach/Hoffmann (2003b), S. 148.

2245 Vgl. Kahle/Heinstein (2010), Abt. II/2 Rz. 148; Ruhnke (2008b), S. 307; Bitz/Schneeloch/Wittstock (2011), S. 277; Hoffmann (2011a), S. 88; Hennrichs (2006b), S. 699; Brösel/Olbrich (2010), § 253 Rz. 477; Ruhnke (2008b), S. 307; Nordmeyer/Göbel (2011), B 212 Rz. 153; Mujkanovic/Raatz (2008), S. 248.

2246 Moxter (2003b), S. 206.

2247 Schlotter (2005), S. 29.

2248 Vgl. Voß (2006a), S. 611.

2249 Vgl. BMF v. 12.03.2010, IV C 6 – S 2133/09/10001, BStBl. I 2010, S. 239, Rz. 18. Vgl. auch Herzig (2011b), S. 87; Herzig/Briesemeister (2009b), S. 977; dies. (2010a), S. 295; dies. (2010b), S. 918; dies. (2010c), S. 74; Wehrheim (2010), B 164 Rz. 29; Kußmaul/Gräbe (2010b), S. 267; Hey (2010b), § 17 Rz. 160; Thiel (2010), S. 745; Kahle (2011), S. 166; Hennrichs (2010a), S. 271; ders. (2011a), S. 789; Brandis (2011), § 7 EStG Rz. 329b; Günkel (2010a), S. 334 f.

2250 Schlotter (2005), S. 29; vgl. auch Brösel/Olbrich (2010), § 253 Rz. 498; Ruhnke (2008b), S. 308; Breidert (1994), S. 59.

2251 Vgl. Kahle/Heinstein (2010), Abt. II/2 Rz. 153.

Ein viel deutlicherer Unterschied konnte nach bisheriger Rechtslage[2252] hinsichtlich des Komponentenansatzes (IAS 16.43) festgestellt werden, der dem deutschen Bilanzsteuerrecht in Bezug auf die planmäßige Abschreibung von Wirtschaftsgütern des Sachanlagevermögens an sich fremd ist. Nach IDW RH HFA 1.016 soll nunmehr aber eine an IAS 16.43 angelehnte[2253] Komponentenabschreibung bzw. -nachaktivierung auch im HGB-Jahresabschluss statthaft sein (Wahlrecht).[2254] Trotz verbleibender Detailkritik wird dieser Komponentenabschreibung nunmehr[2255] auch von der h. M. GoB-Konformität eingeräumt, was als Beleg dafür zu werten ist, „dass IFRS-Gedankengut und IFRS-Erfahrungen zumindest mittel- und langfristig auf die kodifizierten und nicht kodifizierten handelsrechtlichen GoB Einfluss nehmen“[2256]. Infolge des akzeptierten GoB-Rangs ist zu klären, ob diese Komponentenmethode auch in die steuerrechtliche Gewinnermittlung einstrahlt (§ 5 Abs. 1 S. 1 Halbs. 1 EStG).[2257] Diese steuerliche Folgewirkung dürfte indessen mit der h. M. an dem Bewertungsvorbehalt (§ 5 Abs. 6 EStG) sowie den typisierenden Abschreibungsvorschriften des § 7 EStG scheitern.[2258]

Auch der BFH hat entschieden, dass die Anwendung eines Komponentenansatzes im Rahmen der steuerlichen Gewinnermittlung nicht infrage kommt; ohne auf IDW RH HFA 1.016 näher einzugehen, fokussiert er in seiner Urteilsbegründung direkt die IFRS[2259] (hier: IAS 16) und betont: „Diese Standards haben für die steuerliche Gewinnermittlung keine Bedeutung (…) und sind deshalb nicht geeignet, den für den steuerlichen Wirtschaftsgutbegriff maßgeblichen Nutzungs- und Funktionszusammenhang durch einen Komponentenansatz zu ersetzen“[2260]. Die höchstrichterliche Finanzrechtsprechung nutzt damit *en passant* die Gelegenheit, die steuerliche Tauglichkeit der IFRS insgesamt zu bestreiten; einer verstärkt ergebnisorientierten Übernahme von IFRS-Wertungen in das deutsche Bilanz(-steuer)recht wird entgegengetreten.[2261] Allerdings hätte der BFH die GoB-Konformität des Komponentenansatzes stärker hinterfragen können.

2252 Zu diesem Befund vgl. bereits Lüdenbach/Hoffmann (2003b), S. 147 f.; Herzig (2005b), S. 224.

2253 Vgl. Prinz (2010c), S. 2074; Herzig/Briesemeister/Schäperclaus (2011), S. 2; Linder (2011), S. 1238. Nach *Hennrichs* verbleiben allerdings „beachtliche Unterschiede“ zu IAS 16. So ist eine „Aktivierung von Aufwendungen (sic!) für Generalüberholungen und Großreparaturen“ durch IDW RH HFA 1.1016 nicht abgedeckt. Vgl. ders. (2011a), S. 790 (auch die beiden Zitate).

2254 Vgl. IDW (2009). Zu IDW RH HFA 1.016 im Einzelnen Kahle/Heinstein (2010), Abt. II/2 Rz. 177a-177f; Husemann (2010), S. 507 ff.; Gelhausen/Fey/Kämpfer (2009), § 249 HGB Rz. 10-15 u. § 253 HGB Rz. 8 f.; Herzig et al. (2010), S. 561 ff.; Prinz (2010c), S. 2074; ders. (2011a), S. 163; Hennrichs (2011b), S. 870; Keller/Gütlbauer (2011), S. 11 ff.; Fink/Kunath (2010), S. 2346 f.; Scheffler, W. (2011), S. 21; Willeke (2009), S. 679 ff.; Wiechers (2009), S. 836 ff.; Haaker/Hoffmann (2009), S. 240 f.; Ekkenga (2011a), § 253 HGB Rz. 101; Hommel/Rößler (2009), S. 2526 ff.; Künkele/Zwirner (2009b), S. 442 ff.; Nordmeyer/Göbel (2011), B 212 Rz. 151 f.; Linder (2011), S. 1238 ff.

2255 Vgl. hingegen noch Franke/Hommel (2006), S. 77: „Der in IAS 16.43 geregelte Komponentenansatz ist den GoB fremd“.

2256 So Prinz (2010c), S. 2074; wortgleich ders. (2011a), S. 162.

2257 Vgl. Herzig/Briesemeister (2010a), S. 300.

2258 Vgl. Herzig et al. (2010), S. 571-573; dies. (2010a), S. 300; Herzig/Briesemeister/Schäperclaus (2011), S. 2 f.

2259 Vgl. auch Schmid (2011), S. 1650.

2260 BFH v. 14.04.2011, IV R 46/09, BStBl. II 2011, S. 1024, Rn. 24. Hierzu auch Schmid (2011), S. 1650; Urbahns (2011), S. 537 ff.; Briesemeister/Joisten/Vossel (2011), S. 666 f.; Hennrichs (2011b), S. 870.

2261 Vgl. Briesemeister/Joisten/Vossel (2011), S. 667.

Abweichungen in der planmäßigen Abschreibung nach IFRS und dem deutschen steuerlichen Gewinnermittlungsrecht sind ferner in der Gewährung von Sonderabschreibungen und erhöhten Absetzungen sowie der Behandlung von geringwertigen Wirtschaftsgütern auszumachen.[2262] Bei Wirtschaftsgütern, deren Anschaffungs- oder Herstellungskosten mehr als 150 € aber nicht mehr als 410 € betragen, besteht eine Option, diese entweder sofort und in voller Höhe als Betriebsausgabe abzuziehen (§ 6 Abs. 2 EStG) oder in einen Sammelposten[2263] (§ 6 Abs. 2a EStG) einzustellen.[2264] In Bezug auf Wirtschaftsgüter, die Anschaffungs- oder Herstellungskosten von mehr als 410 € und nicht mehr als 1.000 € aufweisen, besteht ein Wahlrecht, diese in einem Sammelposten zu erfassen (§ 6 Abs. 2a EStG).[2265] Diese Sammelpostenmethode wird von einigen als „nicht IFRS-konform" eingestuft,[2266] von anderen wird eine Übernahme in die handelsrechtliche Bilanzierung nach HGB bzw. IFRS erwogen.[2267]

Eine Neubewertung von Wirtschaftsgütern des Sachanlagevermögens findet im deutschen Bilanzsteuerrecht keine Entsprechung.[2268] So würde eine Neubewertung (im Fall der erfolgswirksamen Zuschreibung) gegen das aus dem bilanzrechtlichen Realisationsprinzip hergeleitete Anschaffungskostenprinzip verstoßen.[2269] Bei Sachanlagen bilden insofern zwingend die fortgeführten Anschaffungs- oder Herstellungskosten die Bewertungsobergrenze.[2270] Eine erfolgswirksame Inbezugnahme von Zeitwerten erfolgt in der steuerlichen Gewinnermittlung allein für Zwecke der Verlustantizipation (sog. imparitätisches *Fair value*-Konzept[2271]). Daneben sind Zeitwerte auch bei der Rückgän-

---

2262 Für geringwertige Wirtschaftsgüter bestehen nach §§ 6 Abs. 2, Abs. 2a EStG fallgruppenabhängige Wahlrechte (vgl. im Einzelnen BMF v. 30.09.2010, IV C 6 – S 2180/09/10001, BStBl. I 2010, S. 755; Kußmaul/Weiler (2011), S. 169 ff.; Happe (2010), S. 1065 ff.; Ortmann-Babel/Bolik (2010b), S. 872 ff.; Pitzke/Wißborn (2010), S. 3522 ff.). Diese Wahlrechte beziehen sich auf abnutzbare, bewegliche und einer selbstständigen Nutzung zugängliche Wirtschaftsgüter. Es besteht der Grundsatz, dass diese Wirtschaftsgüter in Höhe ihrer Anschaffungs- oder Herstellungskosten (genauer: die Anschaffungs- oder Herstellungskosten oder der nach § 6 Abs. 1 Nr. 5 und Nr. 6 [bei Einlage oder Eröffnung eines Betriebs] an deren Stelle tretende Wert) zu aktivieren und über ihre jeweilige Nutzungsdauer abzuschreiben sind (Regelabschreibung; vgl. BMF v. 30.09.2010, IV C 6 – S 2180/09/10001, BStBl. 2010 I S. 755, Tz. 1). Bei Wirtschaftsgütern im vorstehenden Sinn, deren Anschaffungs- oder Herstellungskosten bis zu 150 € betragen, besteht ein Wahlrecht, diese unmittelbar und in voller Höhe als Betriebsausgaben geltend zu machen (§ 6 Abs. 2 EStG). Es handelt sich hierbei um ein wirtschaftsgutbezogenes Wahlrecht, das mithin für jedes Wirtschaftsgut isoliert beansprucht werden kann (wirtschaftsgutbezogenes Wahlrecht). Vgl. BMF v. 30.09.2010, IV C 6 – S 2180/09/10001, BStBl. I 2010, S. 755, Tz. 2.

2263 Für eine kritische Würdigung des § 6 Abs. 2a EStG aus GoB-Sicht (und im Ergebnis als GoB-inkonform erachtend) vgl. Rade/Kropp (2008), S. 13 ff. Zu Detailfragestellungen vgl. Pitzke/Wißborn (2010), S. 3524-3526.

2264 Vgl. BMF v. 30.09.2010, IV C 6 – S 2180/09/10001, BStBl. I 2010, S. 755, Tz. 4-6. Die zweite Option kann nach § 6 Abs. 2a S. 5 EStG nur einheitlich für alle Wirtschaftsgüter des Wirtschaftsjahres mit Aufwendungen von mehr als 150 Euro und nicht mehr als 1000 € beansprucht werden (wirtschaftsjahrbezogenes Wahlrecht); vgl. BMF v. 30.09.2010, IV C 6 – S 2180/09/10001, BStBl. I 2010, S. 755, Tz. 6.

2265 Vgl. BMF v. 30.09.2010, IV C 6 – S 2180/09/10001, BStBl. I 2010, S. 755, Tz. 7. Wirtschaftsgüter mit Anschaffungs- oder Herstellungskosten von mehr als € 1.000 sind zu aktivieren und planmäßig abzuschreiben; für sie besteht weder eine Option zur Vornahme eines Sofortabzugs noch zur Einstellung in einen Sammelposten.

2266 So Müller/Wobbe/Reinke (2008), S. 631. Gl. A. Ballwieser (2009e), IAS 16 Rz. 61; Rade/Kropp (2008), S. 21.

2267 Vgl. die Diskussion bei Haaker/Brösel (2009), S. 272 f.

2268 Vgl. Schanz/Schanz (2010b), S. 313.

2269 Vgl. Bitz/Schneeloch/Wittstock (2011), S. 806.

2270 Vgl. Schanz/Schanz (2010b), S. 313; Meier (2010), S. 224.

2271 Vgl. Baetge/Zülch (2001), S. 545 f.; Baetge/Zülch/Matena (2002), S. 366 f.; Baetge (2003), S. 232; Küting/Lauer (2009), S. 553; Jessen/Haaker (2009), S. 500; Bieker (2006), S. 122 ff.; Thiele (2007), S. 630 f.; Fülbier/Gassen (2007), S. 2608 f.; Böcking/Dreisbach/Gros (2008), S. 207 u. S. 209; Köhrle (2010), S. 230; Wehrheim/Rupp (2009), S. 357; Meier (2010), S. 218; Kahle/Schulz (2009), § 255 HGB Rz. 332 und Rz. 335.

gigmachung von Teilwertabschreibungen relevant.[2272] Nur insoweit besteht „konzeptionell kein Unterschied“[2273] zwischen den Regelwerken. Auch die durch das BilMoG in Anlehnung an den *Fair value*-Begriff der IFRS eingeführte Wertkategorie des beizulegenden Zeitwerts (§ 255 Abs. 4 HGB) bleibt, wie bereits oben genannt, „auf eng umschriebene Ausnahmefälle beschränkt“[2274]. Im Sachanlagevermögen ist eine die (fortgeführten) Anschaffungs- oder Herstellungskosten übersteigende Zeitwertbewertung untersagt; eine steuerliche Erfassung von Zeitwertgewinnen kommt weiterhin nicht in Betracht.

2.2.2.2 Außerplanmäßige Folgebewertung

Nach deutschem Bilanzrecht sind Vermögensgegenstände des Anlagevermögens bei voraussichtlich dauernder Wertminderung außerplanmäßig auf den (niedrigeren) beizulegenden Wert abzuschreiben, unabhängig davon, ob diese Vermögensgegenstände in ihrer Nutzung zeitlich begrenzt sind (§ 253 Abs. 3 HGB). Referenzmaßstab ist der Buchwert des Vermögensgegenstandes, wie er sich am jeweiligen Bilanzstichtag darstellt.[2275] Dieses sog. gemilderte Niederstwertprinzip[2276] ist Ausfluss des bilanzrechtlichen Imparitätsprinzips.[2277]

Das Imparitätsprinzip wird in der ausschüttungsstatischen Bilanztheorie als Gewinnermittlungsprinzip und nicht, wie nach zeitwertstatischem Denkansatz (IAS 36), als Vermögensermittlungsprinzip (zeitwertstatisches Imparitätsprinzip) charakterisiert.[2278] Das Imparitätsprinzip „dient im System der handelsrechtlichen GoB nicht etwa einer zutreffenden Erfassung des ‚richtigen‘ Stichtagsvermögens (…), sondern antizipiert zukünftig drohende Ausschüttungsbelastungen“[2279] und dient damit letztlich dem Zweck, eine umsatzbezogene Ausschüttungsrichtgröße zu bestimmen.[2280] In theoretisch-konzeptioneller Diskrepanz zu IAS 36 entstammt die außerplanmäßige Abschreibung einer Sachanlage nach deutschem Bilanzrecht gerade nicht (primär) dem Anliegen, eine ökonomisch zutreffende Stichtagsvermögenslage zu approximieren (*asset-liability-approach*). Eine *konzeptionelle* Verbindung zwischen der außerplanmäßigen Abschreibung auf den erzielbaren Betrag einerseits und auf den niedrigeren beizulegenden Wert bzw. Teilwert andererseits zu erkennen, fällt daher schwer.[2281]

In seiner Ausprägung als Verlustantizipationsgrundsatz fordert das bilanzrechtliche Imparitätsprinzip eine Vorwegnahme von sämtlichen, noch nicht durch einen Umsatzakt realisierten Risiken und

2272 Vgl. Wehrheim/Lenz (2005), S. 458 f.
2273 Hoffmann (2011d), § 8 Rz. 9.
2274 Hennrichs (2009b), S. 585; ders. (2008d), S. 481 f.
2275 Vgl. Kahle/Heinstein (2010), Abt. II/2 Rz. 185.
2276 Vgl. Wehrheim (2010), B 164 Rz. 42; Schlotter (2005), S. 36.
2277 Vgl. Ruhnke (2008b), S. 308.
2278 Vgl. Schlotter (2005), S. 42 (ohne Bezugnahme auf IAS 36).
2279 Hommel/Berndt (2000b), S. 1306; vgl. auch Moxter (1994a), S. 715; Ciric (1995), S. 13.
2280 Vgl. Schlotter (2005), S. 42.
2281 So aber ausdrücklich Hoffmann (2009b), S. 118.

Verlusten bei am Bilanzstichtag vorhandenen Vermögensgegenständen, Schulden und schwebenden Geschäften, die zu Aufwandsüberschüssen führen und mithin die künftigen Gewinn- und Verlust-Rechnungen belasten.[2282] Ein zu antizipierender Verlust wird mithin angenommen, wenn der künftige Abgangswert unter dem Buchwert des betreffenden Vermögensgegenstandes liegt; es muss sich folglich um einen Abgangsverlust handeln. Das ausschüttungsstatische Schrifttum sieht hierin die sog. funktionale oder bilanzzweckadäquate Interpretation des Imparitätsprinzips.[2283]

Der Begriff der Dauerhaftigkeit wird gesetzlich ebenso wenig definiert wie der des niedrigeren beizulegenden Werts.[2284] Zur Abgrenzung werden in Rechtsprechung und Literatur sowohl qualitative[2285] als auch quantitative, vorwiegend auf die Restnutzungsdauer[2286] rekurrierende Kriterien bemüht.[2287] Nach ausschüttungsstatischer Lehre werden diese Erklärungsansätze abgelehnt; vielmehr sei eine Wertminderung nur anzunehmen, wenn der „gegenwärtige(.) Bilanzansatz den im fernen Abgangszeitpunkt erwarteten Wert voraussichtlich übersteigt und insoweit ein Abgangsverlust im Sinne einer Belastung künftiger Gewinn- und Verlustrechnungen droht“[2288].

Der (niedrigere) beizulegende Wert muss mithilfe von Hilfswerten bestimmt werden. In der Literatur werden hierbei vor allem Ertragswerte, Einzelveräußerungspreise sowie Wiederbeschaffungswerte erwogen.[2289] Nach dem BilMoG wird verstärkt die These geäußert, dass „[s]ämtliche Bewertungsverfahren, die nach IFRS für den *fair value* herangezogen werden, (.) in die nach HGB zur Konkretisierung des beizulegenden Werts diskutierten Wertansätze überführt werden [könnten]“[2290]. Dieser (scheinbar) lückenfüllende Rekurs erscheint zweifelhaft, weil der deutsche Gesetzgeber sich im Rahmen des BilMoG entschieden hat, den Begriff des niedrigeren beizulegenden Werts eben nicht durch den Begriff des niedrigeren beizulegenden *Zeitwert*s zu substituieren.[2291] Zwischen dem beizulegenden Wert nach HGB und dem *fair value* i. S. d. IFRS bestehen daher noch immer „gravierende konzeptionelle Unterschiede“[2292]. Noch unverständlicher wäre ein Abstellen

2282 Vgl. Naumann/Naumann (2004), S. S131; Wehrheim/Fross (2010a), S. 84.

2283 Vgl. Wüstemann (1995), S. 1029 ff.; Moxter (1994c), S. 827 ff.; ders. (1991b), S. 473 ff.; Wolf (2010), S. 87 f.; zur Kritik an dieser Ausdeutung vgl. Lange (2011), S. 137 ff.; Schlotter (2005), S. 58 f.

2284 Vgl. Wehrheim (2010), B 164 Rz. 43 ff.; Breidert (1994), S. 22.

2285 So wird „Dauerhaftigkeit“ vielfach mit dem Synonym „Nachhaltigkeit“ zu konkretisieren versucht, was augenscheinlich keinen Erkenntnisgewinn bringt.

2286 So sieht etwa der BFH bei abnutzbaren Anlagegegenständen das Merkmal der Dauerhaftigkeit als erfüllt an, wenn der Wert des in Rede stehenden Wirtschaftsgutes zum Bilanzstichtag mindestens für die halbe Restnutzungsdauer unter dem geplanten Restbuchwert liegt. Vgl. BFH v. 14.03.2006, I R 22/05, BStBl. II 2006, S. 680. Vgl. hierzu auch Kahle/Heinstein (2010), Abt. II/2 Rz. 192.

2287 Zu derartigen Konkretisierungsversuchen vgl. kritisch Weindel (2008), S. 154-159.

2288 So Weindel (2008), S. 159.

2289 Vgl. Küting (2009b), S. 831; Baetge/Kirsch/Thiele (2011), S. 206 ff.; Ruhnke (2008b), S. 310 f.; Breidert (1994), S. 23-26; Kahle/Heinstein (2010), Abt. II/2 Rz. 185; Gabert (2011), S. 88-90.

2290 Castedello/Kreher (2010), S. 76; vgl. auch Arbeitskreis „Immaterielle Werte im Rechnungswesen“ der Schmalenbach-Gesellschaft für Betriebswirtschaft e. V. (2008), S. 1820.

2291 Vgl. Weindel (2008), S. 168-170; Kirsch, H. (2008c), S. 227.

2292 So mit Recht Küting (2009b), S. 831 ff. (im Original z. T. Fettdruck); vgl. auch Küting/Lauer (2009), S. 551-554. A. A. Böcking/Lopatta/Rausch (2005a), S. 97, die aus konzeptioneller Sicht eine „Analogie zwischen dem *fair value* nach IAS/IFRS und dem beizulegenden Wert nach HGB“ erkennen wollen. Vgl. aber noch Böcking (2004a), S. 33, der betont, dass sich der beizulegende (Zeit-) Wert i. S. d. § 253 Abs. 2 S. 3 und Abs. 3 S. 2 HGB (a. F.) und *fair value* nach IFRS sowohl hinsichtlich Funktion als auch Ermittlung unterscheiden.

auf den beizulegenden Zeitwert des § 255 Abs. 4 HGB, der von Teilen der Literatur (fälschlich) mit dem *fair value* der IFRS gleichgesetzt wird. Die Folgebewertung des Anlagevermögens ist vom Anwendungsbereich des § 255 Abs. 4 HGB ausgenommen.[2293] Eine Bewertung zum beizulegenden Zeitwert wäre dann keine außerplanmäßige Abschreibung mehr, sondern eine Neubewertung. IAS 36 stellt nicht pauschal auf den *fair value*, vielmehr auf den erzielbaren Betrag ab. Auch zwischen dem (niedrigeren) beizulegenden Wert und dem beizulegenden Zeitwert bestehen (konzeptionelle) Unterschiede, sonst hätte es der Einführung des § 255 Abs. 4 HGB nicht bedurft.[2294]

Die außerplanmäßige Abschreibung nach § 253 Abs. 3 S. 3 HGB findet ihre (formelle) steuerrechtliche Entsprechung in der Teilwertabschreibung und der Absetzung für außergewöhnliche technische und wirtschaftliche Abnutzung (§ 7 Abs. 1 S. 7 EStG).[2295] Bei abnutzbaren Wirtschaftsgütern ist die AfaA vorrangig anzuwenden. Liegen die Voraussetzungen der AfaA vor, ist sie zwingend zu vollziehen.[2296] Teilwertabschreibungen „dürfen" nach dem Gesetzeswortlaut vorgenommen werden, wenn von einer voraussichtlich dauernden Wertminderung auszugehen ist (§ 6 Abs. 1 Nr. 1, Nr. 2 S. 2 EStG). Während dieses Wahlrecht vor dem BilMoG nach h. M. von der materiellen Maßgeblichkeit verdrängt wurde,[2297] besteht nunmehr ein steuerlich autonomes Wahlrecht (§ 5 Abs. 1 S. 1 Halbs. 2 EStG), sodass etwa auf die Vornahme einer Teilwertabschreibung verzichtet werden kann, obwohl in der Handelsbilanz eine außerplanmäßige Abschreibung auf den niedrigeren beizulegenden Wert durchgeführt wird (§ 253 Abs. 3 S. 3, Abs. 4 HGB).[2298] Diese Rechtsauffassung wird seitens der deutschen Finanzverwaltung gestützt.[2299] Die Dauerhaftigkeit der Wertminderung ist gleichsam Bedingung für die Vornahme einer Teilwertabschreibung; der Begriff wird aber auch steuergesetzlich nicht definiert. Das Dauerhaftigkeitsmerkmal ist daher nach dem Handelsrecht auszulegen, sodass die auslegungsoffenen Abgrenzungskriterien in die steuerliche Gewinnermittlung einstrahlen.[2300]

[2293] Vgl. zu Recht zurückweisend Ekkenga (2011a), § 253 HGB Rz. 116.

[2294] Vgl. weiterführend Kahle/Schulz (2009), § 255 HGB Rz. 335 ff.

[2295] Vgl. Kahle/Heinstein (2010), Abt. II/2 Rz. 183; Brösel/Olbrich (2010), § 253 Rz. 584; Baetge/Kirsch/Thiele (2011), S. 208; Ruhnke (2008b), S. 312; für eine umfassende Darstellung und Diskussion der AfaA vgl. insb. Breidert (1994), S. 66-108. Zum (Rang-) Verhältnis von AfaA und Teilwertabschreibung auch z. B. Hey (2010b), § 17 Rz. 164.

[2296] Vgl. Brösel/Olbrich (2010), § 253 HGB Rz. 584.

[2297] Vgl. z. B. Döllerer (1993), S. 351 f.; Söffing (1995), S. 646 f.

[2298] Für eine eigenständige steuerliche Wahlrechtsausübung insoweit Herzig/Briesemeister (2009d), S. 162-164; dies. (2010b), S. 918 f.; Herzig (2011b), S. 87 f.; Hey (2010b), § 17 Rz. 153; Ortmann-Babel/Bolik (2010a), S. 2101; Ortmann-Babel/Bolik/Gageur (2009), S. 935; Dörfler/Adrian (2009a), S. 390 f.; Ernsting (2010), S. 1069 ff.; Rätke/Theile (2010), S. 311; Günkel (2010a), S. 336 f.; Theile/Hartmann (2008), S. 2034; Theile (2009h), S. 2385; Förster/Schmidtmann (2009), S. 1345 f.; Buciek (2010), § 5 EStG Rz. 202; Ehmcke (2010), § 6 EStG Rz. 561 ff.; Künkele/Zwirner (2010b), S. 2266; Patek (2010), S. 395 f.; Mitschke (2010), S. 218; Werth (2009), S. 510; Frank/Wittmann (2010), S. 364; Ballwieser (2011), S. 591; Korth (2010), S. 21; Kahle (2011), S. 164; Kahle/Heinstein (2010), Abt. II/2 Rz. 192; Kahle/Schulz/Vogel (2011), S. 179; kritisch dagegen Schulze-Osterloh (2011b), S. 536 ff.; Hennrichs (2010a), S. 271 f.; ders. (2010c), S. 21; Hoffmann (2010b), S. 210; ders. (2011), S. 437; Wehrheim/Fross (2010b), S. 1349 f.; Arbeitskreis Bilanzrecht der Hochschullehrer Rechtswissenschaft (2009), S. 2571 f.; Anzinger/Schleiter (2010), S. 398; Fischer/Kalina-Kerschbaum (2010), S. 400; abwägend Richter (2010), S. 508 f.; Kußmaul/Gräbe (2010b), S. 266.

[2299] Vgl. BMF v. 12.03.2010, IV C 6 – S 2133/09/10001, BStBl. I 2010, S. 239, Tz. 15.

[2300] Vgl. Wehrheim (2010), B 164 Rz. 53.

Der Teilwert wird nach der sich im Gesetz niederschlagenden „Erwerberformel“[2301] abstrakt definiert (fingiert) als jener „Betrag, den ein Erwerber des ganzen Betriebs im Rahmen des Gesamtkaufpreises für das einzelne Wirtschaftsgut ansetzen würde; dabei ist davon auszugehen, dass der Erwerber den Betrieb fortführt“ (§ 6 Abs. 1 Nr. 1 S. 3 EStG). Teile des Schrifttums – vornehmlich Anhänger der Ausschüttungsstatik – postulieren eine (Zweck-) Identität der beiden Begriffe niedrigerer beizulegender Wert und Teilwert; die (steuerliche) Teilwertabschreibung habe dieselbe funktionale Bedeutung wie die (handelsrechtliche) außerplanmäßige Abschreibung nach § 253 Abs. 3 S. 3 HGB.[2302] Der Teilwert i. S. d. vorstehenden Legaldefinition ist „ein in sich widersprüchliches Konstrukt“, da er die Idee einer Gesamtbewertung mit der Idee einer Einzelbewertung zu kombinieren versucht.[2303] Indes wird die Teilwertdefinition zumeist unter Berücksichtigung des Einzelbewertungsgrundsatzes ausgelegt. Hiernach ermittelt sich der Teilwert nicht durch Aufteilung eines auf Basis eines Ertragswertverfahrens ermittelten Unternehmenswertes auf die individuellen Wirtschaftsgüter, sondern als Substanzwert.[2304]

Es ist kaum überraschend, dass der Teilwert als die „am heftigsten umstrittene Bewertungskonzeption“[2305] des deutschen Bilanzsteuerrechts bezeichnet wird; es bestehen noch immer ganz unterschiedliche „Teilwertlehren“[2306]. In einer umfangreichen Rechtsprechung hat die höchstrichterliche Finanzrechtsprechung den Begriff des Teilwerts durch Teilwertgrenzen, Teilwertvermutungen sowie Widerlegungsgründe zu konkretisieren versucht.[2307] Danach bewege sich der geschätzte Teilwert zwischen dem Einzelveräußerungspreis als Untergrenze und den Wiederbeschaffungskosten oder Wiederherstellungskosten als Obergrenze (Teilwertgrenzen).[2308] Nach den Teilwertvermutungen soll der Teilwert (betriebsnotwendiger) Wirtschaftsgüter im Zeitpunkt der Anschaffung bzw. Herstellung entsprechen. Die Teilwertvermutungen in den Folgeperioden richten sich nach der Beschaffenheit des Wirtschaftsgutes. Sie sind nach der Rechtsprechung des BFH vor allem zu entkräften, wenn der Nachweis gelingt, dass die Wiederbeschaffungskosten gesunken sind, eine Fehlmaßnahme vorliegt oder die erwarteten Verkaufserlöse die Selbstkosten nicht mehr decken.[2309]

2301 Peuthert/Hurlebaus/Hering (2010), S. 2681.

2302 Vgl. Moxter (1999b), S. 628 f.; Wehrheim (2010), B 164 Rz. 49; wohl auch Gabert (2011), S. 90 f.; a. A. Schulze-Osterloh (1986), S. 548 f.; ders. (1991), S. 291; Kahle/Heinstein (2010), Abt. II/2 Rz. 191; Lange (2011), S. 136 f.

2303 Vgl. Seicht (2003), S. 61.

2304 Vgl. Kahle/Heinstein (2010), Abt. II/2 Rz. 191; Diller/Grottke (2007), S. 70 f.; Köhrle (2010), S. 227 f.

2305 Gabert (2009), S. 812.

2306 Vgl. Schneider (1969), S. 305 ff.

2307 Vgl. Mujkanovic (1994), S. 343.

2308 Vgl. Lange (2011), S. 142 mit umfangreichen Rechtsprechungsnachweisen; vgl. auch Hey (2010b), § 17 Rz. 145; Kußmaul/Meyering (2007), S. 464; Buchholz/Weis (2002), S. 559; Diller/Grottke (2007), S. 70; Köhrle (2010), S. 228; Kirsch, H. (2002), S. 647; Weindel (2008), S. 167.

2309 Zu den Teilwertvermutungen (und deren Widerlegung) im Einzelnen vgl. Ehmcke (2010), § 6 EStG Rz. 600 ff.; Kozikowski/Roscher/Schramm (2010), § 253 HGB Rz. 327 ff.; Kulosa (2011a), § 6 EStG Rz. 241 ff.; Fischer (2011), § 6 EStG Rz. 95 ff.; Uelner (1999), S. 85 f.; Knobbe-Keuk (1993), S. 176 ff.; Breidert (1994), S. 120 ff.; Köhrle (2010), S. 228; Leplow (2002), S. 145 f.; Schlotter (2005), S. 63 ff.; Lemm (1981), S. 78 f.; Lange (2011), S. 144 ff.; Hommel/Berndt (2000), S. 1310 ff.

Aus formaler Sicht sticht zunächst heraus, dass eine Teilwertabschreibung nach h. M. mit Geltung des BilMoG wahlweise vorzunehmen ist, wohingegen eine Wertminderung nach IAS 36 (unter den genannten Bedingungen) obligatorisch abzubilden ist.[2310] Konträr zur (handelsrechtlichen) außerplanmäßigen Abschreibung respektive (steuerrechtlichen) Teilwertabschreibung wird das Kriterium der Dauerhaftigkeit in IAS 36 auch nicht (explizit) verlangt.[2311] Allenfalls die in IAS 36 aufgeführten Indikatoren deuten auf eine „implizit geforderte(.) grundsätzliche(.) Dauerhaftigkeit der Wertminderung“[2312] hin.

Hinsichtlich des Verlustmaßstabs ist ein regelwerkübergreifender Vergleich insofern schwierig, als die beiden Rechtsbegriffe des beizulegenden Werts respektive Teilwerts abweichend konkretisiert werden.[2313] Der zeitwertstatisch unterlegte erzielbare Betrag des IAS 36 wird aus ausschüttungsstatischer GoB-Perspektive ebenso abgelehnt wie der *fair value* des Neubewertungsmodells. Von einer (konzeptionellen) Übereinstimmung bzw. Kompatibilität dieser Verlustmaßstäbe kann kaum auszugehen sein.[2314] Ein Rückgriff auf das Konzept des erzielbaren Betrags i. S. einer Rechtserkenntnisquelle wird (mit Recht) zurückgewiesen.[2315]

Trotz der begrifflichen Nähe sind beizulegender Wert nach HGB und beizulegender Zeitwert respektive *fair value* (abzüglich Veräußerungskosten) der IFRS nicht synonym zu verstehen. Sofern man den Teilwert als Wiederbeschaffungskosten versteht, bestehen Unterschiede sowohl gegenüber dem als *exit price* verstandenen *fair value less costs to sell*[2316] als auch dem als Ertragswert verstandenen Nutzungswert (*value in use*).[2317] Wird der Teilwert dagegen (i. S. einer Wertuntergrenze) als Einzelveräußerungspreis verstanden, besteht zumindest eine Nähe zum *fair value less costs to sell*; gegenüber dem Nutzungswert verbleibt indessen eine Distanz.[2318]

2310 Vgl. Herzig (2004a), S. 198.

2311 Vgl. Ballwieser (2009e), IAS 16 Rz. 55; Dietel (2004), S. 211; Seidel/Grieger/Muske (2009), S. 1289; Arbeitskreis „Immaterielle Werte im Rechnungswesen“ der Schmalenbach-Gesellschaft für Betriebswirtschaft e. V. (2008), S. 1820; Quick (2008b), IAS 16 Rz. 79; Schön (2005c), S. 93; Nowotny (2000), S. 55; Thiele/Eckert (2008), IAS 16 Rz. 216; Brücks/Kerkhoff/Richter (2010), IAS 36 Rz. 203; Kuntschik (2004), S. 148; Kozikowski/Pastor (2010), § 253 HGB Rz. 719; a. A. Köhrle (2010), S. 234, der in dem Kriterium der Dauerhaftigkeit eine „Gemeinsamkeit“ zwischen HGB/EStG und IFRS erkennen will.

2312 Weindel (2008), S. 165; vgl. auch Meier (2010), S. 223. Nach weitergehender Ansicht von Herzig (2004a), S. 196 f. sind Teilwertabschreibungen und Wertminderung nach IAS 36 gleichgerichtet nur dann zu erfassen, wenn das Kriterium der Dauerhaftigkeit gegeben ist. Vgl. auch Laubach/Kraus/Bornhofen (2009), S. 24.

2313 Vgl. Buchholz/Weis (2002), S. 559.

2314 Vgl. Weindel (2008), S. 170-184. A. A. Kirsch, H. (2002), S. 648; Hoffmann (2009a), S. 118; wohl auch Lange (2011), S. 207, der den erzielbaren Betrag des IAS 36 als „Äquivalent“ des Teilwertbegriffs bezeichnet.

2315 Vgl. Lange (2011), S. 206 ff.

2316 Vgl. Weindel (2008), S. 174.

2317 Vgl. auch Köhrle (2010), S. 235.

2318 Vgl. Dietel (2004), S. 211.

Die bedeutendste Abweichung zwischen den Regelwerken betrifft die Ermittlungsebene des Verlusts.[2319] Das den IAS 36 prägende ZGE-Konzept ist dem deutschen Bilanz(-steuer)recht zwar nicht gänzlich fremd,[2320] doch ist eine gesamtbewertungsorientierte Verlustermittlung nach geltender Rechtslage ausgeschlossen. Steuerrechtlich wird insoweit streng am Einzelbewertungsgrundsatz festgehalten.[2321] Auch das Konzept der ZGE wird im bilanzrechtlichen Schrifttum dezidiert abgelehnt. So könnten infolge des Einbezugs von verschiedenen Vermögenswerten in eine zahlungsmittelgenerierende Einheit Saldierungseffekte entstehen, d. h. Wertverluste eines Vermögenswerts durch Wertsteigerungen eines anderen Vermögenswerts kompensiert werden.[2322] Außerplanmäßige Abschreibungen, die aus Sicht des bilanzrechtlichen Vorsichtsprinzips angezeigt wären, könnten dadurch unterdrückt werden.

Im deutschen Bilanzrecht besteht nach dem BilMoG ein (rechtsformunabhängiges) Wertaufholungsgebot. So bestimmt § 253 Abs. 5 HGB, dass ein niedrigerer Wertansatz nach § 253 Abs. 3 S. 3 oder 4 und Abs. 4 HGB nicht beibehalten werden darf, sofern die Gründe dafür nicht mehr bestehen.[2323] Hinsichtlich der Vornahme von Wertaufholungen im Rahmen der steuerlichen Gewinnermittlung gilt, dass der Steuerpflichtige im Grundsatz an jedem Bilanzstichtag nachzuweisen hat, „dass und in welchem Umfang der Teilwert unter der Bewertungsobergrenze liegt"[2324] (Beweislastumkehr[2325]). Fehlt es an einem solchen Nachweis, sind zwangsweise die fortgeführten Anschaffungs- oder Herstellungskosten anzusetzen (Wertaufholungsgebot des § 6 Abs. 1 Nr. 1 S. 4 EStG).[2326] Auf die weitere Existenz der ursprünglichen Abschreibungsgründe kommt es dabei grundsätzlich[2327] nicht an.[2328] Es liegt damit eine weitere Differenz zu den Wertaufholungsregeln des IAS 36 vor, die auf die ursprünglichen Wertminderungsindikatoren Rekurs nehmen.

2319 Vgl. Köhrle (2010), S. 235. Eine noch im BilMoG-RefE angedachte Einführung eines sog. bewertungstechnisch einheitlichen Vermögensgegenstands, also „eine in der Grundanlage mit IAS 36 vergleichbare Variante der Gruppierung von Vermögensgegenständen" (Weindel [2008], S. 196), wurde letztlich nicht materialisiert. Dazu auch Beyhs/Melcher (2008), S. 21; Zülch/Hoffmann, S. (2008), S. 45 ff.; Hoffmann (2009b), S. 118 f.; Herzig (2008a), S. 8 f.

2320 So Beyhs/Hausen (2009), § 5.C. Rz. 157; Dietel (2004), S. 211. Zu der inzwischen aufgegebenen Gruppen- und Einheitstheorie des RFH und BFH vgl. Weindel (2008), S. 185-187.

2321 Vgl. Köhrle (2010), S. 235.

2322 Zur Problematik vgl. Wirth (2005), S. 12 f.; Kirsch, H. (2002), S. 646; Schön (2005c), S. 92; Brinkmann (2006), S. 220; Peemöller (2011b), Abschn. 10 Rz. 98.

2323 Vgl. Böcking/Gros (2010b), B 169 Rz. 17-50; Winkeljohann/Taetzner (2010), § 253 HGB Rz. 632-653.

2324 Böcking/Gros (2010b), B 169 Rz. 51.

2325 Vgl. Prinz (2010), S. 43; Küting (2000), S. 232; Ehmcke (2010), § 6 EStG Rz. 579a.

2326 Vgl. Köhrle (2010), S. 230. Dieses (rechtsformunabhängige) Wertaufholungsgebot gilt für abnutzbares und nicht abnutzbares Anlagevermögen (sowie das hier nicht näher betrachtete Umlaufvermögen); vgl. Küting (2000), S. 229-237.

2327 Nur in Fällen einer zuvor erfolgten AfaA (§ 7 Abs. 1 S. 6 EStG) „wird ein Wegfall der ursächlichen Gründe für die Zuschreibung gefordert"; Winkeljohann/Taetzner (2010), § 253 HGB Rz. 654.

2328 Vgl. Küting (20000), S. 231; Böcking/Gros (2010b), B 169 Rz. 51; Winkeljohann/Taetzner (2010), § 253 HGB Rz. 663; Köhrle (2010), S. 230.

2.2.3 Folgebewertung des materiellen Anlagevermögens nach dem Handels- und Steuerrecht Frankreichs im Vergleich zu IFRS

2.2.3.1 Planmäßige Folgebewertung

Die Vorschriften des PCG zur handelsbilanziellen planmäßigen Folgebewertung von Sachanlagen (*amortissement*) wurden frühzeitig im Wege des *règlement* CRC 2002-10 terminologisch[2329] und materiell-inhaltlich an den IFRS (IAS 16, IAS 36) ausgerichtet.[2330] Als bilanzrechtliches *actif amortissable* qualifiziert nach Art. 322-1.1 PCG jedes Aktivum, dessen Nutzungsdauer durch das bilanzierende Unternehmen bestimmbar (*déterminable*) ist.[2331] Bestimmbarkeit soll gegeben sein, wenn die Nutzung zeitlich begrenzt ist, was etwa durch physische, technische oder juristische Kriterien bedingt sein kann (Art. 322-1.2 PCG). Die planmäßige Abschreibung (*amortissement*) wird nach Art. 322-1.3 PCG als die systematische Verteilung des Abschreibungsvolumens über die Nutzungsdauer verstanden. Das Abschreibungsvolumen (*montant amortissable*) entspricht dem *valeur brute* (Art. 322-1.3 PCG).[2332] Dieser wird seinerseits den Anschaffungs- oder Herstellungskosten oder einem etwaigen Neubewertungsbetrag (*valeur de réévaluation*) gleichgesetzt (Art. 322-1.5 PCG). Ein etwaiger Restwert (*valeur résiduelle*), der in Analogie zu IAS 16.6 als der bei (fiktivem) Abgang des Vermögenswerts zu erzielende (Netto-) Betrag verstanden wird, mindert das Abschreibungsvolumen nur, wenn er als „significative et mesurable“ einzustufen ist (Art. 322-1.6 PCG).

Zur Bestimmung des Abschreibungszeitraums wird wie nach IAS 16 auf die unternehmensspezifische Nutzungsdauer, die *durée (réelle) d'utilisation*, des Vermögenswerts abgestellt (Art. 322-1.2 PCG).[2333] Die handelsrechtliche Abschreibungsmethode (*plan d'amortissement*) soll in Anlehnung an IAS 16.60 den erwarteten „rythme de consommation des avantages économiques attendus“ reflektieren (Art. 322-1.3 PCG). Ein bestimmtes Verfahren wird dabei nicht vorgegeben. Die grundsätzlich bestehende Methodenfreiheit wird insofern eingeschränkt, als die lineare Abschreibungsmethode dann zur Anwendung gelangen soll, wenn der Nutzenverlauf nicht durch eine andere Methode besser (*mieux*) darstellbar ist (Art. 322-4.5 PCG).[2334] Im Zuge des CRC 2002-10 wurde auch der Komponentenansatz (*methode d'amortissement par composants*) der IFRS (IAS 16.43 ff.) in den PCG integriert (Art. 322-3 PCG). Gerade diese Konvergenzmaßnahme hat erhebliche Zweifelsfragen aufgeworfen.[2335]

Auch im Rahmen der steuerlichen Gewinnermittlung finden planmäßige Abschreibungen im Allgemeinen Anerkennung, nach Art. 39-1-2 CGI allerdings nur unter der Bedingung, dass sie in der

2329 Vgl. Degos/Ouvrard (2008), S. 69.
2330 Vgl. Barbe Dandon/Didelot (2007), S. 28; Osterloh-Konrad (2005), S. 400.
2331 Vgl. auch Osterloh-Konrad (2005), S. 400.
2332 Vgl. auch Marchessou (2006), S. 301.
2333 Vgl. auch Marchessou (2006), S. 301; RF Comptable (2006), S. 36.
2334 Vgl. Direction générale des impôts v. 30.12.2005, 4 A-13-05, Tz. 102.
2335 Zur Diskussion vgl. Osterloh-Konrad (2005), S. 401 f.; Schevin (2005a), S. 42 ff.; ders. (2005b), S. 34 ff.; Geslin (2006), S. 13; Villemot (2003), S. 1584.

Handelsbilanz entsprechend vollzogen werden (*réellement effectués*).[2336] Während die handelsrechtlichen Regeln zur planmäßige Abschreibung von Sachanlagen im weiten Einklang mit IAS 16 stehen, sind im Kontext der steuerrechtlichen Gewinnermittlung einige Abweichungen zu konstatieren, die im Wesentlichen einer stärkeren Standardisierung geschuldet sind. So stellt der *prix de revient* die zwingende Abschreibungsausgangsbasis im Rahmen der steuerlichen Gewinnermittlung dar (Artt. 15 *de l'annexe* II i. V. m. 38 *quinquies de l'annexe* III CGI). Die Finanzadministration vertritt die Rechtsansicht, ein Abstellen auf den *prix de revient* schließt die Berücksichtigung eines etwaigen Restwerts generell aus.[2337]

Im Hinblick auf die Bemessung der steuerlichen Abschreibungsperiode wird anders als in der Handelsbilanz nicht auf die unternehmensspezifische *durée d'utilisation* abgestellt, stattdessen ist nach Art. 39-1-2° CGI die *durée d'usage*, d. h. die branchenspezifische Nutzungsdauer (*les usages de chaque nature d'industrie, de commerce ou d'exploitation*) maßgebend.[2338] An der (Allein-) Geltung der *durée d'usage* hält die französische Finanzverwaltung ungeachtet der vorgenannten IFRS-Annäherungen durch das CRC 2004-06 fest.[2339] Das ehedem geltende Prinzip, wonach handels- und steuerrechtliche Abschreibungsdauer zwingend identisch sind, erfährt insoweit eine Durchbrechung.[2340] Die Typisierung der steuerlichen Abschreibungsdauer anhand der branchenspezifischen Nutzungsdauer ist jedoch nicht streng; sie wird insofern durchbrochen, als die französische Finanzverwaltung regelmäßig die Wahl von Abschreibungszeiträumen unbeanstandet lässt, die nicht mehr als 20 % von der branchenüblichen Nutzungsdauer abweichen.[2341] Diese Ansicht hat die französische Finanzadministration in ihrer *instruction fiscale* BOI 4 A-13-05 vom 30.12.2005 bestätigt.[2342] AfA-Tabellen, vergleichbar der deutschen Finanzverwaltungspraxis, existieren indes nicht.[2343]

2336 Vgl. Brodhag (1997), S. 108; Merker (1984), S. 23; Burlaud/Messina/Walton (1996), S. 303; RF Comptable (2006), S. 35; Robert (2010), S. 74; Hellio/Thill (2002), Rz. 292; Osterloh-Konrad (2005), S. 398; Colasse/Standish (2004), S. 422; Voß (2006a), S. 611; Hahn (1997), S. 698; Grünberger (1999), S. 544. Die in Art. 39-1-2 CGI vorzufindende Formulierung „réellement effectués" ist nach Ansicht der Finanzverwaltung und der ständigen Rechtsprechung i. S. v. „réellement comptabilisés" zu verstehen; vgl. McCourt/Radcliffe (1995), S. 469 m. w. N.

2337 Vgl. Direction générale des impôts v. 30.12.2005, 4 A-13-05, Tz. 91; dazu auch z. B. RF Comptable (2006), S. 35; Geslin (2006), S. 14.

2338 Vgl. Villemot (2003), S. 1584; McCourt/Radcliffe (1995), S. 469; Voß (2006b), S. 82; ders. (2006a), S. 612; Osterloh-Konrad (2005), S. 396 u. S. 401; Merker (1984), S. 24; Hellio/Thill (2002), Rz. 292 u. Rz. 301; Hellio/Crucifix (2010), Rz. 65; RF Comptable (2006), S. 36; Grotherr (1987), S. 185; Gabert (2011), S. 205; Kämpf (2002), S. 685.

2339 Vgl. Direction générale des impôts v. 30.12.2005, 4 A-13-05, Tz. 96-99; dazu auch RF Comptable (2006), S. 36; Tort (2006a), S. 26; Salamito (2006), S. 7.

2340 Vgl. Direction générale des impôts v. 30.12.2005, 4 A-13-05, Tz. 97; dazu auch RF Comptable (2006), S. 36; Robert (2010), S. 69.

2341 Vgl. Burlaud/Messina/Walton (1996), S. 304; Hellio/Thill (2002), Rz. 301; Osterloh-Konrad (2005), S. 396; Marchessou (2006), S. 302; Robert (2010), S. 70-72; Voß (2006a), S. 612; Oestreicher/Spengel (2003b), S. 934; Schäfer (2004), S. 121.

2342 Vgl. Direction générale des impôts v. 30.12.2005, 4 A-13-05, Tz. 99; dazu auch RF Comptable (2006), S. 37.

2343 Vgl. Hellio/Thill (2002), Rz. 292; Marchessou (2006), S. 302 (im Vergleich zur spanischen Rechtslage); Grotherr (1987), S. 185; Kämpf (2002), S. 685; a. A. offenbar Gabert (2011), S. 205.

Die zulässigen Abschreibungsmethoden grenzt der CGI auf das lineare sowie degressive Verfahren ein;[2344] die leistungsabhängige Abschreibung wird nur „in eng begrenzten Ausnahmefällen"[2345] akzeptiert. Die lineare Abschreibungsmethode ist unbestritten die „règle générale"[2346]. Die geometrisch-degressive Methode (*amortissement dégressif*) ist nur nur unter bestimmten Voraussetzungen (fakultativ) anzuwenden[2347] und ermittelt sich durch Multiplikation der linearen Abschreibungssätze mit einem nutzungsdauerabhängigen Koeffizienten (Art. 39 A CGI).[2348] Die degressiv abschreibungsfähigen Wirtschaftsgüter werden in Art. 22 *de l'annexe* II CGI abschließend benannt.[2349] Ein Übergang zur linearen Abschreibung ist nicht erlaubt.[2350]

Als unmittelbare Konsequenz der handelsbilanziellen IFRS-Annäherungen hat die Finanzadministration im Wege der *instruction fiscale* 4 A-13-05 klargestellt, dass der handelsrechtliche Komponentenansatz (Art. 322-3 PCG) mit Geltung ab dem 1. Januar 2005 auch steuerlich greifen soll.[2351] Eine steuergesetzliche Verankerung des Komponentenansatzes findet sich nunmehr auch in Art. 15 *bis de l'annexe* II CGI.[2352] Es verbleiben lediglich kleinere (Detail-) Abweichungen zum handelsrechtlichen Komponentenansatz, auf die im Folgenden nicht näher einzugehen ist.[2353]

Divergenzen in der handels- und steuerrechtlichen planmäßigen Abschreibung sind problematisch, weil eine planmäßige Abschreibung nach Art. 39-1-2 CGI steuerlich nur unter der Bedingung anerkannt wird, dass diese auch in der Handelsbilanz entsprechend vorgenommen wurde (*réellement effectués* respektive *comptabilisés*). Im Fall, dass die steuerrechtliche planmäßige Periodenab-

2344 Vgl. Hellio/Crucifix (2010), Rz. 63; Sachs (1998), S. 169; Baconnier (1994), S. 83; Schreiber, U./Künne (1996), S. 54; Brodhag (1997), S. 110; Kämpf (2002), S. 685; Oestreicher/Spengel (1999b), S. 389; dies. (1997), S. 1033; Gail/Greth/Schumann (1991), S. 1396; Gélard (2001), S. 1078; Grünberger (1999), S. 544; Spengel (1995), S. 88; Gabert (2011), S. 205; Fischer (1996), S. 118; Fraedrich (2008), S. 79; Gelin/Bonnet (2009), S. 34.

2345 Oestreicher/Spengel (1999b), S. 389; vgl. auch Sachs (1998), S. 169.

2346 Marchessou (2006), S. 302; vgl. auch Robert (2010), S. 69; Osterloh-Konrad (2005), S. 396; Meussen (1999), S. 17; Merker (1984), S. 24; Brodhag (1997), S. 110; Grotherr (1987), S. 183; Voß (2006b), S. 82; Müller (2001), S. 75; Schäfer (2004), S. 121; Gelin/Bonnet (2009), S. 34.

2347 Die Anwendung der degressiven Abschreibung kommt nur für jene Wirtschaftsgüter in Betracht, die eine Nutzungsdauer von mindestens drei Jahren aufweisen und im Zeitpunkt ihrer Anschaffung neuartig sind. Vgl. Merker (1984), S. 26 ff.; Schäfer (2004), S. 122; Hellio/Thill (2002), Rz. 303; Robert (2010), S. 70-72; Hellio/Crucifix (2010), Rz. 67; Voß (2006a), S. 612; ders. (2006b), S. 82; PwC (2011), S. 517.

2348 Für Wirtschaftsgüter, die zwischen dem 04.12.2008 und dem 31.12.2009 erworben oder hergestellt wurden, gelten folgende Abschreibungssätze: 1,75 (bei einer Nutzungsdauer von drei oder vier Jahren), 2,25 (bei einer Nutzungsdauer von fünf oder sechs Jahren) und 2,75 (bei einer Nutzungsdauer von mehr als sechs Jahren). Für Wirtschaftsgüter, die nach dem 31.12.2009 erworben oder hergestellt wurden, gelten indes folgende Abschreibungssätze: 1,25 (bei einer Nutzungsdauer von drei oder vier Jahren), 1,75 (bei einer Nutzungsdauer von fünf oder sechs Jahren) und 2,25 (bei einer Nutzungsdauer von mehr als sechs Jahren). Vgl. PwC (2011), S. 517.

2349 Vgl. Schreiber, U./Künne (1996), S. 54. Vgl. als Übersicht z. B. Robert (2010), S. 73; Merker (1984), S. 26.

2350 Vgl. Oestreicher/Spengel (1999b), S. 389; Voß (2006b), S. 82.

2351 Vgl. im Detail BOI 4 A 13-05 v. 30.12.2005, Rz. 30 ff.; zu diesem (steuerlichen) Komponentenansatz auch Robert (2010), S. 69; Hellio/Kling/Crucifix (2010), S. 560; Steuerberater Handbuch Europa (2008), Rz. 128; PwC (2011), S. 517.

2352 Vgl. detailliert RF Comptable (2006), S. 41 ff.

2353 So stellen etwa Komponenten der sog. zweiten Kategorie (nach handelsrechtlicher Einteilung) steuerlich im Allgemeinen Aufwand dar bzw. sie werden durch eine Aufwandsrückstellung berücksichtigt. Handelsrechtlich sind sie dagegen einer komponentenweisen Abschreibung zugänglich (Wahlrecht).

schreibung betragsmäßig größer ist als die handelsrechtliche Abschreibung[2354] (*amortissement technique*[2355]), ist in der handelsrechtlichen Gewinn- und Verlust-Rechnung eine sog. *amortissement dérogatoire* (außerordentlicher Aufwand) und in der Handelsbilanz eine korrespondierende *provision pour amortissement dérogatoire* (als Bestandteil der sog. *provisions réglementées*) zu bilden, um die steuerliche Wirksamkeit dieser steuerlichen Mehrabschreibung sicherzustellen.[2356] Eine *provision pour amortissement dérogatoire* kann ihrer Art nach mithin als fiskalischer Sonderposten mit Rücklageanteil bezeichnet werden.[2357] Es liegt demnach eine der umgekehrten Maßgeblichkeit vergleichbare, steuerliche induzierte Rückwirkung in die Handelsbilanz vor. Ist indessen die handelsrechtliche (Perioden-) Abschreibung höher als die steuerrechtliche, hat in Höhe des die steuerliche Abschreibung übersteigenden Betrags eine *réintégration extracomptable* zu erfolgen, da dieser Anteil das steuerliche Ergebnis nicht mindern darf.[2358]

Eine – aus deutscher Sicht – weitere Besonderheit des französischen Bilanzsteuerrechts ist die Vorschrift des Art. 39B CGI. Hiernach besteht die Verpflichtung, in jeder Periode eine Abschreibung in der Höhe vorzunehmen, dass sich in Summe mindestens der Betrag ergibt, der kumuliert bei Anwendung der linearen Abschreibung verrechnet worden wäre.[2359] Dabei ist die *durée normale d'utilisation* maßgebend.[2360] Diese Minimalabschreibung (*amortissement minimal obligatoire*) hat ohne Rücksicht auf eine vorliegende Gewinn- und Verlustsituation zu erfolgen.[2361] Ein Verstoß gegen die minimale Abschreibung hat zur Folge, dass der Differenzbetrag zwischen den auf Basis der linearen Methode ermittelten Minimalabschreibungen und den tatsächlich durchgeführten Abschreibungen auch in späteren Jahren nicht mehr abzugsfähig ist.[2362]

Gegen diese Minimalabschreibung verstoßenden Abschreibungen werden als *amortissements irrégulièrement différés* bezeichnet. Von diesen zu unterscheiden sind die sog. *amortissements régulièrement différés*, die vorliegen, wenn unter Wahrung der Mindestabschreibung auf die Vornahme einer an sich zulässigen Abschreibung (partiell) verzichtet wird, um diesen Betrag auf ein

---

2354 Dies ist etwa im Fall eines (nur) handelsbilanziell zu berücksichtigenden Restwerts denkbar. Abweichungen, die zur Vornahme einer *amortissement dérogatoire* führen, können aber auch einer unterschiedlichen Abschreibungsdauer oder einer unterschiedlichen Abschreibungsmethode geschuldet sein.

2355 Der PCG unterscheidet begrifflich zwischen *amortissement technique* und *amortissement dérogatoire*; hierzu Marchessou (2006), S. 303.

2356 Vgl. RF Comptable (2006), S. 35 f.; Burlaud/Messina/Waltin (1996), S. 305; Pellas (2006), S. 58; Sachs (1998), S. 170; Lamb/Nobes/Roberts (1998), S. 182; Gélard (2001), S. 1078; Grünberger (1999), S. 544.

2357 Vgl. Osterloh-Konrad (2005), S. 398; Sachs (1998), S. 170; Marchessou (2006), S. 303; Grünberger (1999), S. 544; Schäfer (2004), S. 113 f.

2358 Vgl. RF Comptable (2006), S. 37; Sachs (1998), S. 170.

2359 Voß (2006b), S. 81 f.; zu Art. 39 B CGI auch Burlaud/Messina/Walton (1996), S. 303; Schäfer (2004), S. 122; Hellio/Thill (2002), Rz. 292; Osterloh-Konrad (2005), S. 399; Robert (2010), S. 70-72; McCourt/Radcliffe (1995), S. 470; Schreiber, U./Künne (1996), S. 54; Hellio/Crucifix (2010), Rz. 64; Baconnier (1994), S. 83; Hahn (1998), S. 156 f.; RF Comptable (2006), S. 36; Meussen (1999), S. 17; Brodhag (1997), S. 109; Grünberger (1999), S. 544; Kämpf (2002), S. 685; Fischer (1996), S. 118; Bauer (2011), S. 192.

2360 Vgl. RF Comptable (2006), S. 36.

2361 Vgl. Hellio/Thill (2002), Rz. 292.

2362 Vgl. Osterloh-Konrad (2005), S. 399. Zur Problematik auch Baconnier (1994), S. 83; Brodhag (1997), S. 109 f.; Grünberger (1999), S. 544.

anderes Wirtschaftsjahr vorzutragen (sog. aufgeschobene Abschreibung).[2363] „Von Bedeutung ist dieses Wahlrecht insbesondere dann, wenn das Unternehmen Verluste erwirtschaftet und aufgrund der in Frankreich zeitlich begrenzten Verrechnungsmöglichkeit Gefahr läuft, bestehende Verlustvorträge zu verlieren“[2364].

Die Möglichkeit einer sog. freiwilligen[2365] Neubewertung kannte das französische Bilanzsteuerrecht (in Umsetzung von Art. 33 der 4. EG-Richtlinie[2366]) schon vor dem CRC 2002-10 (Art. L 123-18 al. 4 CCom; Art. 350-1 PCG).[2367] Sofern die Option zur Anwendung dieser *réévaluation libre* ausgeübt wird, ist das (materielle) Sach- und Finanzanlagevermögen in seiner Gesamtheit neuzubewerten, indem die hierzu gehörigen Vermögenswerte in Höhe des jeweiligen *valeur actuelle* (Art. 7 al. 4 DC) angesetzt werden.[2368] Daran zeigt sich, dass die Anschaffungs- oder Herstellungskosten nach französischem Bilanzsteuerrecht nicht zwingend die „Bewertungshöchstgrenze“ bilden.[2369] Zu dem Neubewertungsmodell nach IAS 16 bestehen Differenzen. So wird, wie gerade genannt, auf den *valeur actuelle* und nicht auf den *fair value* (*juste valeur*) neubewertet. Zudem hat eine globale und nicht gruppenweise Neubewertung (*réévaluation catégorielle*) des Sach- und Finanzanlagevermögens zu erfolgen. Auch ist die freiwillige Neubewertung des französischen Bilanz(-steuer)rechts nicht zwingend in hinreichend regelmäßigen Abständen wie nach IAS 16.31 durchzuführen. Es besteht keine echte Wahlmöglichkeit, das Anschaffungskostenmodell oder das Neubewertungsmodell zur Anwendung zu bringen.[2370]

Im Rahmen einer *réévaluation catégorielle* entstehende Neubewertungsgewinne werden handelsrechtlich in eine Neubewertungsrücklage (*écart de réévaluation*) eingestellt; sie unterliegen damit einer Ausschüttungssperre (L 232-11 CCom).[2371] Für steuerliche Zwecke hingegen werden Neubewertungsgewinne als steuerpflichtiger Gewinnbeitrag (*bénéfice imposable*) betrachtet.[2372] Diese

---

2363 Vgl. Osterloh-Konrad (2005), S. 399 f.; Hellio/Thill (2002), Rz. 306; Hahn (1998), S. 157; Brodhag (1997), S. 110; Merker (1984), S. 31-36.

2364 Brodhag (1997), S. 110.

2365 Davon zu unterscheiden ist die sog. *réévaluation légale*, also eine pflichtgemäße Neubewertung in Zeiten hoher Inflationsraten. Hierzu eingehend Hein (1988), S. 119-175; Daumas (2009), S. 187; Forszpaniak/Scholtissek (1985), S. 18; Martens (1983), S. 7; Perlewitz/Belie (2000), S. 80.

2366 Vgl. Daumas (2009), S. 187.

2367 Vgl. Dandon/Didelot (2006), S. 31 f.; zur *réévaluation libre* im Einzelnen auch Gélard (2001), S. 1093-1096; Daumas (2009), S. 187 ff.; Tort (2008), S. 22 ff.; Poulard (2008), S. 37 f.; Hein (1988), S. 176-195; Sachs (1998), S. 158-160; Oestreicher/Spengel (1999b), S. 405 f.; Forszpaniak/Scholtissek (1985), S. 18; Martens (1983), S. 7; Grünberger (1999), S. 545; Schäfer (2004), S. 118; Schwandtner (1994), S. 197 f.; Osterloh-Konrad (2005), S. 394.

2368 Vgl. Oestreicher/Spengel (1999b), S. 405. Zum Wertmaßstab des *valeur actuelle* vgl. Heinen (1988), S. 184-186.

2369 So aber Gabert (2011), S. 205.

2370 Für eine Gegenüberstellung von *réévaluation libre* und *revaluation model* nach IFRS vgl. Tort (2008), S. 22 ff.; Tort (2006b), S. 39 f.; Rosenberg (2006), S. 129.

2371 Vgl. Daumas (2009), S. 188; Schäfer (2004), S. 118.

2372 Vgl. Osterloh-Konrad (2005), S. 394; Schäfer (2004), S. 124; Hein (1988), S. 179 ff.; Marchessou (2006), S. 310 f.; Poulard (2008), S. 38; Tort (2008), S. 25; Robert (2010), S. 57; Gélard (2001), S. 1068; Endres et al. (2007), S. 33 Tab. 16 u. S. 202; Grünberger (1999), S. 545; Oestreicher/Spengel (2007), S. 440; Wendt (2009), S. 117; Wagner, M. (2003), S. 109. Die Qualifikation eines Neubewertungsgewinns als steuerpflichtiger Gewinn muss

materielle Konsequenz entnimmt die französische höchstrichterliche Rechtsprechung im Einklang mit der französischen Finanzadministration der Vorschrift des Art. 38-2 CGI.[2373] Es kommt somit zu einer echten Scheingewinnbesteuerung.[2374]

2.2.3.2 Außerplanmäßige Folgebewertung

Durch das CRC 2002-10 wurde die handelsrechtliche Methodik zur Vornahme von außerplanmäßigen Abschreibungen (*dépréciations*[2375]) an IAS 36 angenähert.[2376] Deckungsgleichheit besteht indes nicht.[2377] Die Pflicht zur Berücksichtigung von außerplanmäßigen Abschreibungen ergab sich vor dem CRC 2002-10 bereits aus der Norm des L. 123-18 CCom.[2378] In Analogie zu IAS 36 ist zunächst an jedem Bilanzstichtag qualitativ zu überprüfen, ob die zu bewertende Sachanlage in ihrem Wert gemindert sein könnte; dazu werden in Art. 322-5 PCG verschiedene unternehmensexterne und -interne Wertminderungsindikatoren bereit gestellt, die inhaltlich mit IAS 36.12 übereinstimmen.[2379]

Im Fall einer so indizierten Wertminderung ist auf nachfolgender Stufe der qualitative *test de dépréciation* durchzuführen, indem der aktuelle Buchwert, der sog. *valeur nette comptable*, mit dem *valeur actuelle* der Sachanlage verglichen wird (Art. 322-5.1 PCG).[2380] Der letztgenannte Verlustmaßstab wird – der Wertkonzeption des erzielbaren Betrags nach IAS 36 entsprechend – als der höhere der beiden Beträge aus *valeur vénale* und *valeur d'usage* konkretisiert (Artt. 322-1.8 i. V. m. 322-1.10 und 322-1.11 PCG).[2381] Liegt der *valeur actuelle* hiernach „significative" (*principe d'importance relative*) unterhalb des *valeur nette comptable*, ist eine *dépréciation* in Höhe dieser Wertdifferenz vorzunehmen (Art. 322-5.3 PCG). Diese Abwertung wird in der französischen Literatur als Konsequenz des bilanzrechtlichen Vorsichtsprinzips (*principe du prudence*) gedeutet.[2382] Während der *valeur vénale* dem *fair value less costs to sell* nach IAS 36 entspricht, weicht die Ermittlung des *valeur d'usage* von der des Nutzungswerts nach IAS 36 insoweit (erheblich) ab, als die künftigen *cashflows* nach französischem Bilanzrecht nicht diskontiert werden, wodurch die Wahrscheinlichkeit einer außerplanmäßigen Abschreibung reduziert werden könnte.[2383] Es handelt sich

---

nicht zwangsläufig nachteilig sein, da es gestattet ist, diesen Gewinn mit bestehenden Verlustvorträgen zu verrechnen. Vgl. Osterloh-Konrad (2005), S. 394.

2373 Nach Art. 38-2 CGI wird der steuerliche Gewinn durch Betriebsvermögensvergleich ermittelt. Da sich das Betriebsvermögen (Eigenkapital) durch die Neubewertung erhöht, wird darauf geschlossen, dass diese Neubewertungsdifferenz der Steuerpflicht unterliegt. Vgl. Sachs (1998); Daumas (2009), insb. S. 188-190; McCourt/Radcliffe (1995), S. 473.

2374 Vgl. kritisch Sachs (1998), S. 159 f.

2375 Bis dato war der Begriff der *provisions pour dépréciation* (Wertminderungsrückstellung) gebräuchlich; vgl. Dandon/Didelot (2006), S. 32.

2376 Vgl. im Einzelnen Schevin (2005c), S. 22 ff.

2377 So aber Kajüter et al. (2008), S. 591 Tab. 2.

2378 Vgl. Schevin (2005c), S. 22.

2379 Vgl. Schevin (2005c), S. 22; Barbe Dandon/Didelot (2007), S. 27.

2380 Vgl. auch Barbe Dandon/Didelot (2007), S. 27.

2381 Vgl. Schevin (2005c), S. 23.

2382 So z. B. Schevin (2005c), S. 22.

2383 Vgl. Schevin (2005c), S. 23.

hierbei keineswegs um eine punktuelle Ausnahme; die Diskontierung (*actualisation*) ist dem französischen Bilanzrecht schlechthin fremd.[2384]

Auch im Hinblick auf die Ermittlungsebene der Wertminderung zeigt sich eine erhebliche Abweichung insofern, als Art. 322-1.9 PCG betont, dass die Gegenüberstellung von *valeur actuelle* und *valeur nette comptable* „élément par élément", d. h. auf Einzelvermögenswertebene zu erfolgen hat. Das Konzept der zahlungsmittelgenerierenden Einheiten (französisch: *unités génératrices de trésorerie*) nach IAS 36 wurde bewusst nicht in das französische Bilanzrecht übertragen.[2385]

Außerplanmäßige Abschreibungen sind unter bestimmten Bedingungen auch im Rahmen der steuerrechtlichen Gewinnermittlung zulässig bzw. geboten.[2386] Die an IAS 36 angenäherten Regeln zur Vornahme von außerplanmäßigen Abschreibungen in der Handelsbilanz sind steuerlich indes nicht nachvollzogen worden. Eine Berücksichtigung von (grundsätzlich reversiblen[2387]) Wertminderungen erfolgt in Form von sog. *provisions pour dépréciation* (Art. 39-1-5° CGI).[2388] Diese *provisions pour dépréciation* sind „funktionell einer Teilwertabschreibung"[2389] nach deutschem Rechtsverständnis vergleichbar, auch wenn sie „indirekt (offen) von den jeweiligen Aktivposten abzusetzen"[2390] sind und damit (in technischer Sicht) den Charakter eines negativen Korrekturpostens tragen.[2391] Die konzeptionelle Wurzel dieser *provisions pour dépréciation* liegt in einem insoweit auch steuerlich geltenden Imparitätsprinzip;[2392] sie sollen folglich drohende Abgangsverluste antizipieren.[2393] Allerdings ist ein dem Teilwert entsprechender Wertbegriff dem französischen Steuerrecht fremd.[2394] Auch auf die Dauerhaftigkeit der Wertminderung kommt es – anders als etwa nach deutschem Bilanzsteuerrecht – nicht an.[2395]

Die französische Finanzadministration hat in der *instruction fiscale* BOI 4 A-13-05 zu der Novellierung der handelsrechtlichen *dépréciation* Stellung genommen. Nach ihrer Auffassung setzt die steuerliche Abzugsfähigkeit von Wertminderungsrückstellungen unverändert voraus, dass Aufwendungen (*charges*) oder Verluste (*pertes*) antizipiert werden, die bestimmbar (*nettement precisées*) und

2384 Vgl. Marchessou (2006), S. 313; Dandon/Didelot (2006), S. 32; Rosenberg (2006), S. 124. Lediglich im Bereich der Bilanzierung latenter Steuern wird eine Diskontierung vorgenommen; vgl. Dandon/Didelot (2006), S. 32.

2385 Vgl. Schevin (2005c), S. 23.

2386 A. A. Gabert (2011), S. 203, die offenbar davon ausgeht, dass Teilwertabschreibungen dem französischen Steuerrecht gänzlich fremd seien.

2387 Vgl. Gutiérrez et al. (2011), S. 357. Irreversiblen (endgültigen) Wertminderungen wird durch sog. *amortissements exceptionelles* Rechnung getragen; vgl. Osterloh-Konrad (2005), S. 397; Altmeier (1999), S. 190 f.; Brodhag (1997), S. 116; Schevin (2005c), S. 23; Sachs (1998), S. 185.

2388 Vgl. Marchessou (2006), S. 303; Hellio/Thill (2002), Rz. 313; Robert (2010), S. 76; Schreiber, U./Künne (1996), S. 55; Brodhag (1997), S. 82; Spengel (1995), S. 72; Merker (1984), S. 14 ff.

2389 Hahn (1997), S. 699; a. A. Merker (1984), S. 14.

2390 Wagner, S. (2000), S. 169.

2391 Vgl. Jödicke (2009), S. 154 unter Verweis auf Altmeier (1999), S. 190 f.

2392 Vgl. Wagner, S. (2000), S. 170 u. S. 197 ff.; David (2008), S. 431.

2393 So Wagner, S. (2000), S. 170.

2394 Vgl. Merker (1984), S. 14.

2395 Vgl. Brodhag (1997), S. 82 f. u. S. 116.

aufgrund laufender Ereignisse (*événement en cours*) wahrscheinlich (*probable*) sind. Zwischen der Berücksichtigung einer (*provision pour*) *dépréciation* nach Handels- und Steuerrecht bestehen einige Unterschiede. Die französische Finanzadministration lehnt die steuerliche Abzugsfähigkeit einer auf Basis des *valeur d'usage* ermittelten Wertminderungsrückstellung ab.[2396] Als Verlustmaßstab lässt die französische Finanzadministration nur den *valeur vénale*[2397] gelten, und zwar ungeachtet, ob eine Veräußerung des betreffenden Vermögenswerts intendiert ist. Auch eine auf Basis des *valeur d'usage* ermittelte Wertminderungsrückstellung wird nicht akzeptiert, da diese regelmäßig einer Rückstellung für entgangene Gewinne (*provision pour manque à gagner*) gleichkommen.[2398]

Sofern der *valeur actuelle* i. S. d. (handelsrechtlichen) Maximalkalküls dem *valeur vénale* entspricht, ist die handelsrechtliche *dépréciation* mithin auch steuerlich abzugsfähig.[2399] Wird der *valeur vénale* indes durch den *valeur d'usage* konkretisiert, muss dieser aufgrund des Maximalkalküls zwingend höher sein als der *valeur vénale*. Die *dépréciation* auf den *valeur d'usage* wäre also höher, als wenn sie auf den *valeur vénale* vorgenommen würde. Daher ist nur die (geringere) *dépréciation* auf den *valeur d'usage* steuerlich abzugsfähig.[2400] Zudem findet die sich infolge des Abstellens auf den *valeur vénale* ergebende Einschränkung keine Anwendung, wenn ein ebensolcher nicht ermittelbar ist. Bei der Ermittlung des *valeur vénale* ist zu beachten, dass von Veräußerungskosten im Rahmen der steuerlichen Gewinnermittlung – konträr zu Art. 322-1.10 PCG – generell abstrahiert wird. Der auf die Veräußerungskosten entfallende Anteil der handelsrechtlichen außerplanmäßigen Abschreibung ist mithin steuerlich nicht abzugsfähig. Weiterhin ist beachtlich, dass der *valeur vénale* nicht mit dem handelsrechtlichen Buchwert (*valeur nette comptable*), sondern vielmehr mit dem steuerlichen Buchwert (*valeur nette fiscale*) in Relation gesetzt wird, um die Höhe der *dépréciation* zu quantifizieren. Letztere ergibt sich nach Berücksichtigung jener planmäßigen Abschreibungen, die handelsrechtlich nur in Form der oben skizzierten *amortissements dérogatoires* Berücksichtigung finden. Die Vornahme einer steuerlichen *dépréciation* geht somit von einem vergleichsweise niedrigen Ausgangspunkt aus, sodass mithin auch die Höhe der *dépréciation* vergleichsweise niedriger bleiben muss.

Schließlich führt eine steuerliche *dépréciation* anders als nach Handelsrecht im Grundsatz zu keiner Anpassung des Buchwerts; die planmäßigen Abschreibungen (*amortissements*) sind unverändert auf Basis des *prix de revient* (art. 15 *de l'annexe* II CGI) zu ermitteln.[2401] Gleichwohl erachtet es die französische Finanzadministration mit Blick auf die handelsrechtliche Vorgehensweise als statthaft, die steuerliche Abschreibungsbasis entsprechend anzupassen.[2402] Diese Abweichungen sind ihrer-

2396 Vgl. auch Degos/Ouvrard (2008), S. 70; Barbe Dandon/Didelot (2007), S. 28.
2397 Ein dem Teilwert entsprechender Wertmaßstab existiert im französischen Steuerrecht nicht; vgl. Brodhag (1997), S. 82.
2398 Vgl. auch RF Comptable (2006), S. 40; Barbe Dandon/Didelot (2007), S. 28.
2399 Vgl. Barbe Dandon/Didelot (2007), S. 28.
2400 Vgl. Barbe Dandon/Didelot (2007), S. 28.
2401 Vgl. Barbe Dandon/Didelot (2007), S. 28.
2402 Vgl. Direction générale des impôts v. 30.12.2005, 4 A-13-05, Tz. 93; dazu auch RF Comptable (2006), S. 35.

seits allerdings insofern problematisch, als steuerliche Abschreibungen – wie dargelegt – im Allgemeinen nur dann abzugsfähig sind, wenn sie synchron in der Handelsbilanz vorgenommen wurden. Um die steuerliche Abzugsfähigkeit zu erhalten, sind verschiedene Anpassungsrechnungen erforderlich, auf die im Folgenden nicht näher einzugehen ist.[2403]

2.2.4 Folgebewertung des materiellen Anlagevermögens nach dem Handels- und Steuerrecht Polens im Vergleich zu IFRS

2.2.4.1 Planmäßige Folgebewertung

Vermögenswerte des Anlagevermögens, die in ihrer Nutzung zeitlich begrenzt sind, unterliegen auch nach polnischem Bilanzrecht einer planmäßigen Abschreibung, indem die Anschaffungs- oder Herstellungskosten systematisch und planmäßig auf „den festgelegten Abschreibungszeitraum" verteilt werden (Art. 32 Abs. 1 RLG).[2404] Somit sind Abschreibungszeitraum, Abschreibungssatz und Abschreibungsmethode zu bestimmen (Art. 32 Abs. 3 RLG). Der handelsrechtliche Abschreibungszeitraum wird der wirtschaftlichen Nutzungsdauer des betreffenden Sachanlagevermögenswerts gleichgesetzt (Art. 32 Abs. 2 RLG),[2405] die ihrerseits unter Rückgriff auf verschiedene wertbestimmende Faktoren zu konkretisieren ist.[2406] Spezifische Abschreibungsmethoden schreibt das RLG für Sachanlagen nicht vor; Art. 32 RLG gewährt – IAS 16 insoweit vergleichbar – eine grundsätzliche Methodenfreiheit.[2407] Der Komponentenansatz der IFRS ist dem polnischen Bilanzrecht nach wie vor fremd. Auch für Zwecke der steuerlichen Gewinnermittlung sind abnutzbare Sachanlagen einer planmäßigen Abschreibung (in der polnischen Gesetzesterminologie: Absetzung für Abnutzung) zu unterziehen (Art. 16a PDOPrU). Art. 15 Abs. 6 PDOPrU stellt hierbei klar, dass die planmäßige Abschreibung eine steuerlich relevante Betriebsausgabe darstellt.[2408] Eingedenk des Umstandes, dass im Rahmen der steuerlichen Gewinnermittlung in Polen ein (modifiziertes) Zufluss-/Abflussprinzip gilt, erscheint diese Periodisierung keineswegs selbstverständlich.

In Ermangelung einer formellen und materiellen Verknüpfung der handels- und steuerrechtlichen Gewinnermittlung in Polen sind die in der Handelsbilanz vorgenommenen planmäßigen Abschreibungen steuerlich irrelevant.[2409] Die in der polnischen Handelsbilanz festzustellenden IFRS-Einflüsse können sich damit auch im Bereich der planmäßigen Abschreibungen steuerlich nicht entfalten. Gegenüber der handelsrechtlichen planmäßigen Abschreibung (und den IFRS) ist die

2403 Vgl. hierzu eingehend Barbe-Danden/Didelot (2007), S. 28 ff.

2404 Vgl. Kamping/Becker (2004), S. 516; Djanani/Brähler/Lösel (2005), S. 49; Jungmann/Tacakiewicz (2007), S. 721.

2405 Vgl. auch Eberhartinger/Wilczynska-Stöckl (2009), S. 54.

2406 Vgl. zu den Faktoren im Einzelnen Eberhartinger/Wilczynska-Stöckl (2009), S. 54.

2407 Vgl. Jungmann/Tacakiewicz (2007), S. 722; Kamping/Becker (2004), S. 516; Eberhartinger/Wilczynska-Stöckl (2009), S. 54; a. A. wohl Lange (2011), S. 229.

2408 Vgl. Weigel (2003), S. 88; Wollgarten (2005), S. 218; Steuerberater Handbuch Europa (2007a), Rz. 55; PwC (2011), S. 1295.

2409 In diesem Sinne Brzezinski/Kardach/Wojcik (2003), S. 383. Vielmehr dürfte umgekehrt den steuerrechtlichen Abschreibungen in der Bilanzierungspraxis faktische Geltung für die handelsbilanziellen Abschreibungen zukommen; vgl. Kamping/Becker (2004), S. 516.

steuerrechtliche planmäßige Abschreibung zudem wesentlich stärker reglementiert (Art. 16a bis 16m PDOPrU).[2410] Vermögenswertspezifische Abschreibungssätze sind in einer Art AfA-Tabelle (Anlage Nr. 1 zum PDOPrU) fixiert.[2411] Die steuerliche Regelmethode für Vermögenswerte des Sachanlagevermögens ist die lineare AfA.[2412] Lediglich bestimmte Maschinen, technische Anlagen sowie Transportmittel (außer Pkw) dürfen degressiv abgeschrieben werden (Art. 16k PDOPrU).[2413] Dabei ist jeweils der lineare Standardabschreibungssatz um einen fixen Koeffizienten von 2,0 bzw. 3,0[2414] zu erhöhen (Art. 16k Abs. 1 PDOPrU).[2415] Bei Wirtschaftsgütern, deren Anschaffungs- oder Herstellungskosten einen Betrag von 3.500 Zł nicht übersteigen (GWG), besteht ein ausdrückliches Wahlrecht, auf die Vornahme einer planmäßigen AfA zu verzichten; „die zu deren Anschaffung geleisteten Aufwendungen stellen dann im Monat der Ingebrauchnahme Betriebsausgaben dar“ (Art. 16d PDOPrU).[2416]

Das polnische Bilanzrecht sieht in grundsätzlicher Anlehnung an die IFRS[2417] (IAS 16.31 ff.) die (formale) Möglichkeit einer Neubewertung von Sachanlagen vor (Artt. 28 Abs. 1, 31 Abs. 3 RLG).[2418] Allerdings dient die Neubewertungsmethode des polnischen Bilanzrechts in erster Linie der Berücksichtigung von Inflationseffekten[2419] und weniger der Darstellung einer zutreffenden Vermögenslage i. S. d. *asset-liability-approach.*[2420] Neubewertungsmaßstab ist der beizulegende Zeitwert, der in Anlehnung an die (standardübergreife) *Fair value*-Definition der IFRS definiert wird (Art. 28 Abs. 6 RLG).[2421]

Die Anwendung einer Neubewertung wird insofern eingeschränkt, als sie nur auf der Grundlage „gesonderter Vorschriften“ vorzunehmen ist (Art. 31 Abs. 3 RLG), d. h. auf ministerielle Anordnung in Zeiten hoher Inflationsraten (Art. 15 Abs. 5 PDOPrU). Sofern die Neubewertungsmethode in diesem Ausnahmefall zur Anwendung gelangt, ist sie auch steuerlich nachzuvollziehen.[2422] Diese Einschränkung ist „fundamentally different“[2423] zu der Vorgehensweise des IAS 16, der eine Neu-

---

2410 Vgl. Wollgarten (2005), S. 236.

2411 Vgl. als Übersicht zu den einzelnen Abschreibungssätzen Wollgarten (2005), S. 242-246; Migdał/Namysłowski/Ziółek (2010), S. 42; Brockhuis/Schnell (2003), S. 130; Heimann (2005), S. 181; Schmitt (2004), S. 150 f.; Gutiérrez et al. (2011), S. 858; Jungmann (2009), Rz. 50; PwC (2011), S. 1295.

2412 Vgl. Migdał/Namysłowski/Ziółek (2010), S. 44; Kamping/Becker (2004), S. 516; Heimann (2005), S. 181; Gutiérrez et al. (2011), S. 858; Schmitt (2004), S. 150; Wollgarten (2005), S. 239; Jungmann/Tacakiewicz (2007), S. 727 Abb. 3; PwC (2011), S. 1295.

2413 Vgl. Kamping/Becker (2004), S. 516; Eberhartinger/Wilczynska-Stöckl (2009), S. 26; Endres et al. (2007), S. 493; Wollgarten (2005), S. 237; PwC (2011), S. 1295.

2414 Vgl. Art. 16k Abs. 2 PDOPrU. Hiernach wird die Erhöhung des degressiven Abschreibungssatzes auf das Dreifache des linearen Satzes unter der Voraussetzung gestattet, dass der betreffende Vermögensgegenstand in einem Betrieb zum Einsatz gelangt, der sich in einer Gemeinde mit hoher Arbeitslosigkeit befindet; vgl. Wollgarten (2005), S. 237 f.

2415 Vgl. Migdał/Namysłowski/Ziółek (2010), S. 44; Wollgarten (2005), S. 237.

2416 Vgl. Endres et al. (2007), S. 494; Wollgarten (2005), S. 230; Brockhuis/Schnell (2003), S. 130.

2417 Vgl. König (1997), S. 120; a. A. Reczek/Lachowski (2002), S. 103.

2418 Vgl. auch Jaruga/Schroeder (2003), S. 25.23; Lange (2011), S. 230.

2419 Vgl. König (1997), S. 121.

2420 In diesem Sinne Vellam (2004), S. 157.

2421 Zu Art. 28 Abs. 6 RLG vgl. auch z. B. Eberhartinger/Wilczynska-Stöckl (2009), S. 53.

2422 Vgl. Endres et al. (2007), S. 61 Tab. 55.

2423 Vellam (2004), S. 157.

bewertung bei Anwendung dieses Modells (zumindest) in regelmäßigen Abständen verlangt. Dass die Neubewertungsmethode des polnischen Handels- und Steuerrechts faktisch irrelevant ist, belegt die Tatsache, dass sie zuletzt im Jahr 1995 durchgeführt wurde.[2424] Insofern erscheint es nicht geboten, diese Methode hier im Einzelnen zu erörtern.[2425]

2.2.4.2 Außerplanmäßige Folgebewertung

In der Handelsbilanz sind Anlagegüter im Fall einer *dauerhaften* Wertminderung außerplanmäßig abzuschreiben (Art. 28 Abs. 1 Nr. 1 RLG). Das Merkmal der Dauerhaftigkeit soll vorliegen, „wenn die Wahrscheinlichkeit groß ist, dass aus einem von der Einheit kontrollierten Vermögensgegenstand in Zukunft die erwarteten wirtschaftlichen Vorteile nicht oder nicht vollständig erzielt werden können“ (Art. 28 Abs. 7 RLG).[2426] Diese Erfassung von (dauerhaften) Wertminderungen wird konzeptionell aus dem Vorsichtsprinzip bzw. Imparitätsprinzip abgeleitet;[2427] sie steht damit nicht, wie nach IAS 36, unter dem Primat der Stichtagsvermögensmessung (*asset-liability-approach*).

Der Einfluss des IAS 36 auf die handelsbilanzielle außerplanmäßige Abschreibung (bzw. Wertaufholung) von Sachanlagen bleibt gering. Betrachtet man die Dauerhaftigkeit im Kontext des IAS 36 als (formal) belangloses Merkmal, wird die Vornahme von außerplanmäßigen Abschreibungen nach dem polnischen Handelsbilanzrecht, das dieses Merkmal indes zwingend verlangt, stärker eingegrenzt.[2428] Weiterhin stellt das RLG auf den Netto-Veräußerungspreis als Verlustmaßstab ab (Art. 28 Abs. 7 i. V. m. Abs. 5 RLG).[2429] Nur wenn dieser nicht ermittelbar ist, soll hilfsweise auf den beizulegenden Zeitwert i. S. d. Art. 28 Abs. 6 RLG rekurriert werden (Art. 28 Abs. 7 RLG).[2430] Der Begriff des erzielbaren Betrags (*recoverable amount*) indes ist ebenso wenig in das RLG übernommen worden wie das Konzept des Nutzungswerts (*value in use*).[2431] Hervorzuheben ist zudem, dass die Berücksichtigung von außerplanmäßigen Abschreibungen streng einzelbewertungsbezogen erfolgt; ein der zahlungsmittelgenerierenden Einheit i. S. d. IAS 36 vergleichbares Konzept ist dem polnischen Bilanzrecht weiterhin fremd.[2432]

Die Differenz zwischen dem Buchwert und dem Netto-Veräußerungspreis (bzw. beizulegenden Zeitwert) der betreffenden Sachanlage wird gemäß Art. 32 Abs. 4 RLG als „sonstiger betrieblicher Aufwand“ erfasst. Wenn die Gründe für eine Wertberichtigung aufgrund dauerhafter Wertminde-

[2424] Vgl. Jungmann/Tacakiewicz (2007), S. 725; Eberhartinger/Wilczynska-Stöckl (2009), S. 56 f.; Kamping/Becker (2004), S. 516; Vellam (2004), S. 157.

[2425] Zur Diskussion vgl. Jungmann/Tacakiewicz (2007), S. 724 f.; Eberhartinger/Wilczynska-Stöckl (2009), S. 56 f.; Wollgarten (2005), S. 120 f.; Kamping/Becker (2004), S. 515 f.; König (1997), S. 120 f.

[2426] Vgl. auch Lange (2011), S. 229.

[2427] Vgl. Nabiałek (2003), S. 57; Lange (2011), S. 231.

[2428] Vgl. Reczek/Lachowski (2002), S. 103.

[2429] Vgl. Lange (2011), S. 229.

[2430] Vgl. Lange (2011), S. 230.

[2431] Vgl. Reczek/Lachowski (2002), S. 103.

[2432] Vgl. Jungmann, J./Tacakiewicz (2007), S. 724, Fn. 84.

rung in späteren Perioden entfallen, ist eine (erfolgswirksame) Wertaufholung vorzunehmen (Art. 35c RLG).[2433] Demgegenüber ist für Zwecke der steuerrechtlichen Gewinnermittlung eine erfolgswirksame Antizipation nicht realisierter Wertminderungen generell ausgeschlossen.[2434] Die steuerliche Geltung des Vorsichtsprinzips bzw. Imparitätsprinzips wird insoweit negiert. Entsprechend bleibt auch eine Wertaufholung ohne steuerliche Folgewirkung.[2435]

2.2.5 Folgebewertung des materiellen Anlagevermögens nach dem Handels- und Steuerrecht Schwedens im Vergleich zu IFRS

2.2.5.1 Planmäßige Folgebewertung

Für handelsrechtliche Zwecke sind nach RFR 2 (2011) im Grundsatz die Folgebewertungsregeln des IAS 16 zu beachten. Insoweit schlagen die IFRS-Abschreibungsregeln für Zwecke der handelsrechtlichen Gewinnermittlung unmittelbar durch. Auch im Rahmen der steuerlichen Gewinnermittlung ist eine planmäßige Abschreibung zur Erfassung des jährlichen Wertminderungsabzugs (*årliga värdeminskningsavdrag*) zu berücksichtigen. Abnutzbare[2436] Wirtschaftsgüter des Sachanlagevermögens[2437] unterliegen bei Steuerpflichtigen,[2438] die laufend und ordnungsgemäß Bücher führen sowie nach schwedischem Handelsrecht zur Jahresabschlusserstellung verpflichtet sind, im Grundsatz der sog. „buchführungsmäßigen Abschreibung" (*räkenskapsenlig avskrivning*; 18 kap. 14 § IL).[2439] Dies bedeutet, dass die im Rahmen der steuerlichen Gewinnermittlung vorzunehmende Abschreibung betragsmäßig zwingend mit der handelsrechtlichen planmäßigen Abschreibung übereinstimmen muss. Diese Verbindung von Handels- und Steuerrecht im Bereich der planmäßigen Abschreibung wird dabei als Ausdruck des formellen Zusammenhangs (*formellt samband*) zwischen handels- und steuerrechtlicher Gewinnermittlung begriffen.[2440]

Die steuerliche planmäßige Abschreibung ist gegenüber dem Handelsrecht durch eine wesentlich stärkere Typisierung (*schablonisering*) geprägt. Bei der *räkenskapsenlig avskrivning* wird die Wahl der Abschreibungsmethode auf die degressive sowie die lineare Abschreibungsmethode beschränkt, wobei die erstgenannte Methode als Regelmethode (*huvudregel*, 18 kap. 13 § IL) anerkannt wird und die zweitgenannte (lediglich) als Ergänzungsmethode (*kompletteringsregel*; 18 kap. 17 § IL)

2433 Vgl. Kamping/Becker (2004), S. 516; Lange (2011), S. 230.

2434 Vgl. Kudert/Jamrozy (2010), S. 280; Jamrozy (2002), S. 34; Endres et al. (2007), S. 63 Tab. 58 u. S. 494.

2435 Vgl. Endres et al. (2007), S. 64.

2436 Kunstwerke und andere Wirtschaftsgüter des Sachanlagevermögens von dauerhaftem Wert (*bestående värde*) sind von einer planmäßigen Abschreibung explizit ausgenommen, 18 kap. 4 § IL.

2437 Statt des handelsrechtlichen Begriffs *anläggningstillgång* wird im IL der Begriff *inventarier* verwendet; vgl. Skatteverket (2011), S. 522.

2438 Das Recht auf die Vornahme einer planmäßigen Abschreibung wird steuerlich im Grundsatz dem zivilrechtlichen Eigentümer (*ägare*) zugesprochen; vgl. Nilsson (2010), S. 42. Eine Abschreibung aufseiten des wirtschaftlichen Eigentümers ist insbesondere im Rahmen von Leasingverhältnissen denkbar. Vgl. dazu unten, 4. Kap. IV. 5.

2439 Vgl. Wunderlich (2009), Rz. 15; Lüdicke/Naumburg (2001), Rz. 33; Strömberg/Kristoffersson (2009), Rz. 77; Nilsson (2010), S. 45; Katzer (2008), S. 185 f. Unternehmen die nicht zur Jahresabschlusserstellung verpflichtet sind, wenden dagegen die sog. Restwertabschreibung an; vgl. Strömberg/Kristoffersson (2009), Rz. 77; Nilsson (2010), S. 46 f.

2440 Vgl. Kellgren/Bjuvberg (2008), S. 121 ff. Dieser formelle Zusammenhang gilt indes nicht uneingeschränkt. So erfolgt etwa die Abschreibung von Gebäuden nach eigenständigen steuerlichen Regelungen.

fungiert.[2441] Letzteres Verfahren soll dem Umstand Rechnung tragen, dass ein Wirtschaftsgut bei Anwendung der degressiven Methode (aufgrund des asymptotischen Abschreibungsverlaufs) mathematisch niemals auf einen Buchwert von null abgeschrieben werden könnte.[2442] Die Wahl der Abschreibungsmethode bindet den Steuerpflichtigen grundsätzlich nur für ein Wirtschaftsjahr, sodass ein periodisches Alternieren im Grundsatz möglich erscheint.[2443] Die präferierte Methode ist auf das gesamte (abschreibungsfähige) Anlagevermögen zu beziehen.

Der Abschreibungssatz bei Anwendung der degressiven-buchhalterischen Abschreibung darf maximal 30 % p. a. betragen.[2444] Die Abschreibungsbasis (*avskrivningsunderlaget*) errechnet sich bei Anwendung der degressiven Methode aus dem Wert des Sachanlagevermögens zum Ende des vorangegangen Jahres, der um die Anschaffungs- und Herstellungskosten der im laufenden Jahr zugegangen Wirtschaftsgüter (des Anlagevermögens) erhöht und um den Veräußerungspreis der im laufenden Jahr abgegangenen Wirtschaftsgüter (des Anlagevermögens) gemindert wird. Für die lineare buchhalterische Abschreibung ist ein Abschreibungssatz von maximal 20 % p. a. festgeschrieben.[2445] Abschreibungsgrundlage ist der (steuerliche) *anskaffningsvärdet* (18 kap. 17 § IL).[2446]

Die steuerlich-buchhalterische Abschreibung kann insbesondere wegen der steuerlich fixierten Abschreibungssätze von der handelsrechtlichen Abschreibung betragsmäßig abweichen. Diese Abweichung wäre insofern problematisch, als eine steuerlich-buchhalterische Abschreibung, wie genannt, nur dann geltend gemacht werden kann, wenn sie handelsrechtlich in nämlicher Höhe erfasst wurde. Gegebenenfalls wird es daher erforderlich, eine zusätzliche – an sich gegen die *god redovisningssed* verstoßende – Abschreibung im handelsrechtlichen Jahresabschluss zu erfassen, um die steuerliche Abzugsfähigkeit sicherzustellen.[2447] Eine solche Zusatzabschreibung (*avskrivning över plan* oder *överavskrivning*) wird im handelsrechtlichen Jahresabschluss indes nicht als planmäßige Abschreibung, sondern als Korrekturposten in der Gewinn- und Verlust-Rechnung (sog. *bokslutsdisposition*) sowie als „unbesteuerte Reserve“ (*obeskattad reserv*) auf der Passivseite der Bilanz ausgewiesen.[2448] Wirtschaftsgüter mir einer voraussichtlichen Nutzungsdauer von maximal drei Jahren (sog.

2441 Vgl. Alhager/Alhager (2003), S. 29; Katzer (2008), S. 185 f.; Steuerberater Handbuch Europa (2007b), Rz. 103.

2442 Vgl. Nilsson (2010), S. 45; Alhager/Alhager (2003), S. 31.

2443 Vgl. Alhager/Alhager (2003), S. 30.

2444 Vgl. Endres et al. (2007), S. 499; Lüdicke/Naumburg (2001), Rz. 33; Wunderlich (2009), Rz. 15; Alhager/Alhager (2003), S. 30; Katzer (2008), S. 186; Steuerberater Handbuch Europa (2007b), Rz. 103.

2445 Vgl. auch Steuerberater Handbuch Europa (2007b), Rz. 103.

2446 Vgl. Melz (2010), S. 141; Strömberg/Kristoffersson (2009), Rz. 77; Alhager/Alhager (2003), S. 31; Katzer (2008), S. 186.

2447 Vgl. Kellgren/Bjuvberg (2008), S. 122.

2448 Vgl. Kellgren/Bjuvberg (2008), S. 122 u. S. 48; Jasmand (2007), S. 27; Alhager/Alhager (2003), S. 32; Rundfelt (2001), S. 2394 f.

korttidsinventarier) können wahlweise im ersten Jahr abgeschrieben werden (*omedelbart avdrag* gemäß 18 kap. 4 § IL).[2449]

Die Anwendung des Neubewertungsmodells (*omvärderingsmetoden*) i. S. d. IAS 16 wird weiterhin[2450] als nicht mit dem ÅRL vereinbar erachtet; ihre Anwendung ist nach RFR 2 (2011) bis zum 01.01.2012 ausgesetzt. Auch für Zwecke der steuerlichen Gewinnermittlung ist das Neubewertungsmodell untersagt.[2451] Es besteht allerdings die Möglichkeit zur Vornahme einer *uppskrivning* (4 kap. 6-8 §§ ÅRL). Anders als nach IAS 16 handelt es sich hierbei um eine sog. *ad hoc*-Neubewertung, d. h. sie ist weder gruppenweise noch regelmäßig durchzuführen, zudem muss der Wert, auf den neubewertet wird, dauerhaft und wesentlich höher sein als der Buchwert. Steuerlich ist diese *uppskrivning* indessen unzulässig.[2452]

2.2.5.2 Außerplanmäßige Folgebewertung

Die handelsrechtliche Grundlage zur Vornahme von außerplanmäßigen Abschreibungen im Bereich des materiellen Anlagevermögens ist in 4 kap. 5 § ÅRL verankert.[2453] Nach der Vorschrift ist ein Vermögensgegenstand des Sachanlagevermögens (*anläggningstillgång*) auf einen niedrigeren Wert als den fortgeführten Anschaffungswert (*anskaffningsvärdet*) abzuschreiben, sofern angenommen werden kann, dass diese Wertminderung dauerhaft (*bestående*) ist. Abgesehen von dieser Generalnorm finden sich im ÅRL keine weiteren diesbezüglichen Vorgaben; offen bleibt insbesondere der Verlustmaßstab.[2454] Für Zwecke der Konkretisierung der Wertminderung ist auf die Ausführungen der komplettierenden Normsetzung abzustellen.

Eine Rechnungslegungsempfehlung in Bezug auf außerplanmäßige Abschreibungen wurde seitens des *Redovisningsrådet* in Form des RR 17 formuliert; die Verlautbarung basiert auf IAS 36.[2455] Folglich ist an jedem Bilanzstichtag zu prüfen, ob interne oder externe Indikatoren für eine Wertminderung vorliegen (RR 17.6). Verlustmaßstab ist der sog. *återvinningsvärdet*, der sich ermittelt als der höhere Betrag aus *nettoförsäljningsvärdet* und *nyttjandevärdet*, wobei die Ermittlung in Analogie zu IAS 36 erfolgt. Eine Wertminderung ist mithin zu erfassen, wenn der

---

2449 Dasselbe gilt für Wirtschaftsgüter mit geringem Wert, ungeachtet ihrer jeweiligen Nutzungsdauer; vgl. Strömberg/Kristoffersson (2009), Rz. 78; Katzer (2008), S. 185; Endres et al. (2007), S. 499; Gutiérrez et al. (2011), S. 994.

2450 Die Frage nach der Übernahme des IFRS-Neubewertungsmodells wird in Schweden seit mehr als zehn Jahren diskutiert; vgl. bereits den Diskussionsüberblick bei Rundfelt (2001), S. 2389 f.

2451 Vgl. Endres et al. (2007), S. 499.

2452 Wird eine *uppskrivning* in der Handelsbilanz durchgeführt, geht daher zunächst das Recht auf Inanspruchnahme der steuerlich-buchhalterischen Abschreibung vorerst (teilweise) verloren, weil handelsrechtlich der zugeschriebene Buchwert den Ausgangspunkt der künftigen Abschreibungen bildet, wohingegen der steuerliche Abschreibungsausgangswert in Ermangelung einer korrespondierenden *uppskrivning* unverändert bleibt. Die steuerlich-buchhalterische Abschreibung kann erst wieder vollständig genutzt werden, wenn der Zuschreibungsbetrag der Besteuerung unterworfen wird. Vgl. Jasmand (2007), S. 29.

2453 Vgl. Rundfelt (2001), S. 2389.

2454 Vgl. Rundfelt (2001), S. 2389.

2455 Vgl. auch Rundfelt (2001), S. 2389. Zu RR 17 im Einzelnen auch Skatteverket (2011), S. 605-608.

återvinningsvärde den Buchwert unterschreitet (RR 17.5).[2456] Anders als 4 kap. 5 § IL fordert RR 17 nicht explizit die Dauerhaftigkeit der Wertminderung. Hierin wird allerdings kein Konflikt gesehen, weil nach Ansicht des *Redovisningsrådet* auch RR 17 (IAS 36) implizit auf die Dauerhaftigkeit der Wertminderung abstelle.[2457] In Durchbrechung des ansonsten geltenden Einzelbewertungsprinzip ist hinsichtlich der Verlustebene auf eine zahlungsmittelgenerierende Einheit (*kassagenererande enhet*) abzustellen, wenn die Ermittlung des *återvinningsvärdet* für einen einzelnen Vermögenswert (*enskild tillgång*) ausscheidet (RR 17.62 ff.). Hinsichtlich der Erfolgswirksamkeit der Wertminderungserfassung gelten dieselben Grundsätze wie nach IAS 36. Dies gilt auch für die Erfassung etwaiger Wertaufholungen; auch hierbei folgt RR 17 der Methodik des IAS 36 (RR 17.24 ff.). Somit lässt sich festhalten, dass das schwedische Bilanzrecht die besonders strittigen Elemente des IAS 36 bereits adaptiert hat.

RFR 2 (2011) setzt diese Anlehnung an IAS 36 fort.[2458] Es entspricht der Regelungstechnik des RFR 2 (2011), den internationalen Rechnungslegungsstandards grundsätzlich zu folgen und lediglich spezielle, handels- oder steuerrechtlich bedingte Abweichungen zu formulieren. Da RFR 2 (2011) in Bezug auf IAS 36 indes keine Durchbrechung dieser Art vorsieht, ist davon auszugehen, dass IAS 36 weiterhin in breitem Umfang in die handelsrechtliche Gewinnermittlung einstrahlt. Bei den unter RFR 2 (2011) fallenden juristischen Personen soll die Generalnorm des 4 kap. 5 § ÅRL mithin im Grundsatz durch IAS 36 konkretisiert werden.

Nach schwedischem Einkommen- bzw. Körperschaftsteuerrecht (IL) sind Teilwertabschreibungen im Bereich des materiellen Anlagevermögens grundsätzlich zulässig.[2459] Dies lässt auf eine grundsätzliche Anerkennung eines Vorsichts- bzw. Imparitätsprinzips schließen. So dürfen (Wahlrecht[2460]) als *inventarier* qualifizierende Wirtschaftsgüter außerplanmäßig abgeschrieben werden, wenn der sich unter Berücksichtigung des jährlichen Wertminderungsbetrags[2461] (*årliga värdeminskningsavdrag*) ergebende steuerliche Buchwert (*skattemässiga värdet*) den wirklichen Wert (*verkligt värdet*) übersteigt und dies vom Steuerpflichtigen nachgewiesen wird (18 kap. 18 § IL).[2462] Auf die Dauerhaftigkeit der Wertminderung soll es nach dem Wortlaut des 18 kap. 18 § IL wohl nicht ankommen. Diese steuerliche *nedskrivning* soll sicherstellen, dass der steuerliche Buchwert nicht von jenem handelsrechtlichen Buchwert abweicht, der sich nach Vornahme einer außerplanmäßigen Abschreibung ergibt. Denn ein Auseinanderlaufen der handels- und steuerrechtlichen Ab-

2456 Vgl. Skatteverket (2011), S. 606 f.
2457 Vgl. RR 17 *bilaga* 2. Dazu auch Skatteverket (2011), S. 608.
2458 RR 17 ist zunächst in RR 32 eingegangen. RR 32 wurde sodann von RFR 2 (2011) ersetzt.
2459 A. A. Gabert (2011), S. 203, die von einem diesbezüglichen *Verbot* ausgeht.
2460 Vgl. auch Endres et al. (2007), S. 499.
2461 Es kommt hierbei nach Ansicht der schwedischen Finanzverwaltung nicht darauf an, ob der jährliche Wertminderungsbetrag durch die *räkenskapsenlig avskrivning* oder die *restvärdeavskrivning* ermittelt wird. Vgl. Skatteverket (2011), S. 609.
2462 Vgl. Alhager/Alhager (2003), S. 36; Gutiérrez et al. (2011), S. 994.

schreibungsbemessungsgrundlagen wäre insofern problematisch, als die sog. steuerlich-buchhalterische Abschreibungsmethode Übereinstimmung mit der handelsrechtlichen planmäßigen Abschreibung verlangt. Während die Vornahme von außerplanmäßigen Abschreibungen möglich ist, gilt steuerlich ein Wertaufholungsverbot.[2463]

Fraglich ist, ob sich die dargelegten Einflüsse der IFRS (IAS 36) auch auf die steuerliche Gewinnermittlung auswirken. Die schwedische Finanzadministration (*Skatteverket*) hat zu dieser Frage am 16.12.2009 (partiell) Stellung genommen;[2464] Anlass war die Frage nach der Konkretisierung des wirklichen Werts (*verkligt värde*), wie er in 18 kap. 18 § IL als Verlustmaßstab genannt, aber nicht konkretisiert wird. Die schwedische Finanzadministration stellt heraus, dass weder die Steuergesetzgebung noch die Steuerrechtsprechung zur Bestimmung des wirklichen Werts beigetragen haben.[2465] In Ermangelung konkreter steuerlicher Vorgaben sei innerhalb der handelsrechtlichen Bilanzierungsgrundsätze nach möglichen Lösungswegen zu suchen, wobei vor allem ein Rückgriff auf RR 17 bzw. IAS 36 angezeigt sei.[2466] Infolgedessen soll der wirkliche Wert (*verkligt värde*) nach Ansicht der schwedischen Finanzverwaltung durch das Konzept des erzielbaren Betrags konkretisiert werden; jener ergibt sich mithin als höherer der beiden Werte aus Nettoveräußerungswert (*nettoförsäljningsvärdet*) und Nutzungswert (*nyttjandevärdet*).[2467]

Diese Vorgehensweise begründet das *Skatteverket* damit, dass IAS 36 qua RFR 2 (2011) als *god redovisningssed* angesehen werden könne; einer steuerlichen Übernahme des erzielbaren Betrags könne daher wenig entgegengebracht werden.[2468] Die schwedische Finanzverwaltung geht sogar soweit, das Abstellen auf eine zahlungsmittelgenerierende Einheit zu fordern, wenn die Allokation von Zahlungsströmen auf ein einzelnes Wirtschaftsgut nicht möglich ist.[2469] Diese weite IFRS-Anlehnung erstaunt nur auf den ersten Blick; sie dürfte in erster Linie fiskalisch motiviert sein. So betont das *Skatteverket*, dass Wertminderungen einzelner Wirtschaftsgüter im Rahmen einer *kassagenererande enhet* im Ergebnis unberücksichtigt bleiben könnten, und zwar dann, wenn diese Wertminderungen durch höhere wirkliche Werte anderer Wirtschaftsgüter kompensiert werden.[2470] Eine außerplanmäßige Abschreibung hat in diesem Fall zu unterbleiben. Aus theoretisch-konzeptioneller Sicht bedeutet dieses Unterbleiben zugleich eine Einschränkung des steuerlich – mithin nur vordergründig – geltenden Imparitätsprinzips.

2463 Vgl. Endres et al. (2007), S. 499.
2464 Vgl. Skatteverket v. 16.10.2009, Dnr. 131 754857-09/111.
2465 Vgl. Skatteverket v. 16.10.2009, Dnr. 131 754857-09/111, unter 4.
2466 Vgl. Skatteverket (2011), S. 609.
2467 Vgl. Skatteverket v. 16.10.2009, Dnr. 131 754857-09/111, unter 3.
2468 Vgl. Skatteverket v. 16.10.2009, Dnr. 131 754857-09/111, unter 3.
2469 Skatteverket (2011), S. 609 („För enskilda inventarier för vilka det inte går att fastställa löpande inbetalningar måste beräkning av dessa värden göras utifrån den kassagenererande enhet som inventariet tillhör").
2470 Skatteverket (2011), S. 609 („Trots att vissa inventarier har ett mycket lågt värde kan värderingsprinciperna således få till följd att det verkliga värdet på andra inventarier är så högt, att det verkliga värdet på samtliga inventarier inte är lägre än det skattemässiga värdet").

2.2.6 Folgebewertung des materiellen Anlagevermögens nach dem Handels- und Steuerrecht des Vereinigten Königreichs im Vergleich zu IFRS

2.2.6.1 Planmäßige Folgebewertung

In Analogie zu IAS 16.29 sieht FRS 15[2471] ein Wahlrecht vor, Sachanlagevermögen in den Folgeperioden auf Basis des Anschaffungskostenmodells (*policy of historical cost*) oder des Neubewertungsmodells (*policy of revaluation*) zu bewerten. Das Vereinigte Königreich hat frühzeitig von der in der 4. EG-Richtlinie gewährten Möglichkeit (Art. 33) Gebrauch gemacht, eine alternative Neubewertung zu gestatten (sch. 4 par. 31 CA 1985).[2472] Die planmäßige Abschreibung im Rahmen des Anschaffungskostenmodells nach FRS 15.77 ff. (*depreciation*) folgt faktisch denselben Prinzipien wie IAS 16; dies gilt gleichermaßen für die Bestimmung des Abschreibungsausgangsbetrags, der Abschreibungsmethode sowie der Abschreibungsdauer. Auch FRS 15 sieht eine komponentenweise Abschreibung von Sachanlagen vor (FRS 15.83 ff.). Unterschiede zwischen FRS 15 und IAS 16 bestehen nur im Detailbereich.[2473] Ein essentieller Unterschied gegenüber dem in IAS 16 angelegten Neubewertungsmodell liegt indes darin, dass FRS 15 auf den *current value* und nicht den *fair value* als Neubewertungsmaßstab rekurriert.[2474] Bei Vermögenswertung der Kategorie *plant and machinery* ist der *current value* grundsätzlich auf Basis von Marktwerten zu bestimmen. Nur sofern ein Marktwert nicht verfügbar ist, sind die (fortgeführten) Wiederbeschaffungskosten maßgebend.[2475]

Für Zwecke der steuerlichen Gewinnermittlung sind die handelsrechtlichen Abschreibungsregeln hingegen ohne Belang.[2476] Die Folgebewertung von Sachanlagen betrifft traditionell „the most important differences between accounting practice and the tax rules“[2477]. Hintergrund ist, dass Abschreibungen[2478] nach überkommener Doktrin die Kapitalsphäre (*capital expenditures*) und nicht die Einkommenssphäre betreffen.[2479] Anders als etwa im deutschen Steuerrecht[2480] wird im britischen Recht systematisch strikt zwischen Kapital (*capital*) und Einkommen (*revenue*) unterschieden

2471 Die folgenden Ausführungen unterstellen die Anwendung der UK GAAP im handelsrechtlichen Einzelabschluss.

2472 Vgl. Blaufus (2005), S. 109; McCourt/Radcliffe (2002), S. 268; Küting/Hayn (1995), S. 126-129; Köhler/Rotter (1994), S. 391-393.

2473 So spricht FRS 15 sich etwa explizit für die Anwendung der linearen Abschreibungsmethode aus, „[w]here the pattern of an asset's economic benefits is uncertain“ (FRS 15.81), wohingegen IAS 16.62 ein solches Bekenntnis zur Linearität nicht enthält.

2474 Vgl. Oats/Tuck (2010), Rz. 15.12; detailliert Blaufus (2005), S. 109-115; Cooke/Choudhury/Wallace (2001), S. 2640.

2475 Vgl. Oats/Tuck (2010), Rz. 15.6.

2476 Vgl. Schreiber, U./Künne (1996), S. 55.

2477 Goddard/Rogers (2006), S. 298; vgl. auch dies. (2007), S. 316; Freedman (2004b), S. 81; im deutschen Schrifttum z. B. Sigloch (2002), S. 166 f. Die rechtliche Grundlage für diese „Unmaßgeblichkeit“ der handelsrechtlichen Abschreibungsregeln war bislang sec. 74 (1) (f) ICTA 1998 (vgl. Goddard/Rogers [2006], S. 299; Whitting [2006], S. 279; Macdonald [2007], S. 366); sie ist nunmehr in sec. 53 CTA 2009 verankert.

2478 Damit sind plan- wie außerplanmäßige Abschreibungen gemeint.

2479 Vgl. Alberts (2008), Rz. 54 u. Rz. 60; Kent (2006), Rz. 42; Obuoforibo (2010), S. 75; Alsheimer (1993), S. 117; Martin (2008), S. 470; Muray/Tilakapala (2009), S. 621; Schreiber, U. (1993a), S. 151 f.; Schreiber, U./Künne (1996), S. 55; Gutiérrez et al. (2011), S. 1091.

2480 Vgl. in rechtsvergleichender Betrachtung Schön (2005a), S. 620 ff.

(*capital/revenue divide*). Abschreibungen auf Wirtschaftsgüter der Kapitalsphäre, die in der Handelsbilanz berücksichtigt wurden, müssen deshalb im Rahmen der steuerlichen Gewinn- bzw. Einkommensermittlung zunächst wieder hinzugerechnet werden.[2481] Eine (mittelbare) steuerliche Übernahme der IFRS-Abschreibungsgrundsätze muss grundsätzlich bereits an dieser *capital/revenue divide* scheitern.

Auch wenn sich unter Geltung dieser Sphärentrennung die Kapitalausgaben (*capital expenditures*) erst im Zeitpunkt der Veräußerung (oder einem Ersatzzeitpunkt), also i. S. einer Endabschreibung[2482] steuerlich auswirken dürften, ist es bei bestimmten, gesetzlich fixierten Klassen von *assets*[2483] gleichwohl gestattet, sog. *capital allowances* (oder *writing down allowances*) geltend zu machen, um dem wirtschaftlichen oder physischen Wertverzehr des Vermögenswerts Rechnung zu tragen.[2484] Faktisch werden die handelsrechtlichen Abschreibungen (*depreciations*) also durch diese standardisierten *capital allowances* ersetzt.[2485] Das *Capital allowance*-Regime ist mithin „completely separate from accounting depreciation"[2486]. Es ist in einem eigenständigen Gesetz, dem *Capital Allowances Act* 2001 (CAA), kodifiziert;[2487] Einzelheiten zur Vornahme von *capital allowances* in Bezug auf das sächliche Anlagevermögen[2488] (*plant and machinery*) finden sich in Part 2.

Hiernach sind bewegliche *assets*, die steuerlich als *plant and machinery* qualifizieren, im Grundsatz[2489] in einen Pool einzustellen und mithin gemeinsam „abzuschreiben" (Poolabschreibung).[2490] Da nach der Poolabschreibung jeweils vom Buchwert abzuschreiben ist, kann sie mithin als „eine

2481 Vgl. Grundke (2006), S. 37 f.; vgl. auch Oestreicher/Spengel (1999b), S. 389 u. S. 416; Wessling (1994), S. 56; Grabo (2008), S. 58; Schmidt (2002), S. 89; Shea (2007), S. 32; Gail/Greth/Schumann (1991), S. 1396; Göbes (1996), S. 121; Gabert (2011), S. 194.

2482 Vgl. Schmidt (2002), S. 89.

2483 Vgl. als Überblick z. B. Obuoforibo (2010), S. 75; Gutiérrez et al. (2011), S. 1091.

2484 Vgl. Schreiber, U. (1993a), S. 152; Grundke (2006), S. 38 f.; Mückl (2003), S. 94; Adam/Browne/Heady (2010), Mirrlees, S. 70; Marflow (1994), S. 113; Kent (2006), Rz. 42; Alsheimer (1993), S. 117; Martin (2008), S. 470; Grabo (2008), S. 58; Muray/Tilakapala (2009), S. 621; Kämpf (2002), S. 686; Eierle (2004a), S. 308; Nobes (2003), S. 13; Freedman (2004b), S. 81; Roxburgh (2009), S. 447; Shea (2007), S. 32; James/Nobes (2008), S. 251 u. S. 292; Gail/Greth/Schumann (1991), S. 1396; Göbes (1996), S. 121; Auerbach/Devereux/Simpson (2010), S. 844; Napier (2010), S. 251 f.; Burlaud/Messina/Walton (1996), S. 306 f.; Steuerberater Handbuch Europa (2006), Rz. 103 ff.; Krever (2007), S. 357.

2485 Vgl. Walton (2003), S. 162; Grundke (2006), S. 39; PwC (2011), S. 1693.

2486 Freedman (2008), S. 87. Bei der Vornahme von *capital allowances* handelt es sich um ein (antragsgebundenes) Wahlrecht, „so dass diese nicht sofort genutzt werden müssen, sondern in Perioden, in denen mit ihnen sinnvoller ein anderenfalls zu versteuernder Gewinn ausgeglichen werden kann, verschoben werden können"; Grundke (2006), S. 43.

2487 Vgl. Kent (2006), Rz. 42; Gabert (2011), S. 189.

2488 So die Terminologie bei Schreiber, U. (1993a), S. 152. Zum Teil wird auch von „Anlagengegenständen und Maschinen" gesprochen, so bspw. Gabert (2011), S. 195. Der Terminus *plant and machinery* ist gesetzlich indes nicht definiert; vgl. Wessling (1994), S. 56; Grabo (2008), S. 66; Gabert (2011), S. 195 Fn. 1139.

2489 Zu Ausnahmekonstellationen vgl. Obuoforibo (2010), S. 84 f.; Mückl (2003), S. 94 f.; Voß (2006a), S. 612.

2490 Vgl. Adam/Browne/Heady (2010), S. 70; Obuoforibo (2010), S. 76 u. S. 81 ff.; Marflow (1994), S. 113 f.; Gutiérrez et al. (2011), S. 1091 f.; Alberts (2008), Rz. 61 u. Rz. 63; Kent (2006), Rz. 44; Voß (2006b), S. 84; ders. (2006a), S. 612; ders. (2007), S. 1151; Schreiber, U./Künne (1996), S. 55; Wessling (1994), S. 56; Kämpf (2002), S. 686 f.; Grabo (2008), S. 70; Spengel (1995), S. 87 f.; Oestreicher/Spengel (1997), S. 1033; dies. (1999b), S. 390 f.; dies. (2003b), S. 934; Müller (2001), S. 81 f.; Göbes (1996), S. 124; Grotherr (1987), S. 199 ff.; Jenzen/Gläser (2010), S. 95*; Gabert (2011), S. 195-197; Fischer (1996), S. 119 f.; Steuerberater Handbuch Europa (2006), Rz. 105.

Variante der degressiven Abschreibungsmethode“ betrachtet werden.[2491] Ein Übergang zu der linearen Abschreibung ist untersagt.[2492] Es werden verschiedene Arten von Pools unterschieden, insbesondere *main pool*, *special rate pool*, *small pool* und *single asset pool*,[2493] auf die spezifische Abschreibungssätze angewendet werden. Der *main pool* etwa unterliegt derzeit einem jährlichen Abschreibungssatz von (grundsätzlich[2494]) 20 %.[2495] Die Abschreibungspools sind kontinuierlich fortzuentwickeln, indem sie um die Anschaffungs- oder Herstellungskoten neu aufgenommener Wirtschaftsgüter erhöht und um Erlöse aus der Veräußerung poolzugehöriger Wirtschaftsgüter gemindert werden.[2496]

2.2.6.2 Außerplanmäßige Folgebewertung

Sofern der handelsrechtliche Einzelabschluss auf Basis der UK GAAP erstellt wird, sind außerplanmäßige Abschreibungen (Wertaufholungen) bei Vermögenswerten des Sachanlagevermögens nach Maßgabe des FRS 11 zu berücksichtigen. Zwischen FRS 11 und IAS 36 bestehen indes keine wesentlichen materiellen Divergenzen.[2497] Beide Standards sind aus einem Gemeinschaftsprojekt von ASB und IASB im Jahr 1998 hervorgegangen.[2498]

Demgegenüber ist eine antizipative Berücksichtigung von Verlusten (ebenso wie von Gewinnen) im Rahmen der steuerlichen Gewinnermittlung nach dem sog. *non-anticipation principle* (oder auch *cardinal rule of tax law*) ausgeschlossen.[2499] Eine Teilwertabschreibung kennt das britische Steuerrecht somit nicht.[2500] Der Grundsatz, dass „[t]he principle of prudence (...) is not accepted under British tax law“[2501], gilt im Bereich des hier betrachteten Anlagevermögens „uneingeschränkt“[2502].

2491 Kämpf (2002), S. 686 (im Original Fettdruck).

2492 Vgl. Mückl (2003), S. 94; Voß (2006a), S. 612; Schreiber, U./Künne (1996), S. 55; Wessling (1994), S. 56; Oestreicher/Spengel (1999b), S. 390; Spengel (1995), S. 88.

2493 Vgl. im Einzelnen Tiley (2008), S. 517 ff.

2494 Bei sog. *ring-fence trades* greift ein Satz von 25 %, so wie er vor dem 01.04.2008 für sämtliche Wirtschaftsgüter des *main pool* galt. Vgl. im Einzelnen Obuoforibo (2010), S. 84.

2495 Vgl. Obuoforibo (2010), S. 84. Ab dem im April 2012 beginnenden Steuerjahren sll der Satz im Hauptpool von derzeit 20 % auf 18 % reduziert werden; vgl. Alberts (2011a), S. 174; PwC (2011), S. 1693.

2496 Vgl. Gabert (2011), S. 196 f.

2497 Eine Abweichung bildet insb. der *subsequent cashflow test*, der nach FRS 11 obligatorisch durchzuführen, nach IAS 36 indes nicht vorgesehen ist. Der *subsequent cashflow test* lässt sich wie folgt skizzieren: Sofern der erzielbare Betrag durch den *value in use* konkretisiert wurde, besteht die Verpflichtung, in den nächsten fünf auf den Wertminderungstest folgenden Perioden zu überprüfen, ob die der Berechnung des *value in use* zugrunde gelegten *cashflows* den tatsächlich realisierten *cashflows* entsprechen. Sofern die realisierten *cashflows* signifikant geringer sind als die prognostizierten, muss die Berechnung auf Basis der nunmehr realisierten *cashflows* wiederholt werden. Wenn sich hierbei zeigt, dass eine Wertminderung hätte berücksichtigt werden müssen, ist diese in der laufenden Periode zwingend nachzuholen. Vgl. eingehend Eisel/Leushacke (2009), S. 12 ff. Zu weiteren (Detail-) Unterschieden Oats/Tuck (2010), Rz. 15.12.

2498 Vgl. Eiselt/Leushacke (2009), S. 10.

2499 Zu diesem *non-anticipation principle* vgl. bereits die frühen Judikate *Edward Collins & Sons Ltd. v CIR* (12 TC 773) und *Whimster & Co. v CIR* (12 TC 813) aus den 1920er-Jahren; zu diesem Grundsatz ferner auch (z. T. ohne explizite Nennung) Freedman (1987), S. 76; Thorell (2007), S. 728; Macdonald (2007), S. 369; ders. (2002), S. 26; Kersting (2005), S. 294 u. S. 324 ff.; Broke (1995), S. 458; Chandler/Edgley (1999), S. 310; Göbes (1996), S. 54 f., 72; Schreiber, U. (1998a), S. 36; Gabert (2011), S. 192.

2500 Vgl. Gabert (2011), S. 198 u. S. 200 f.

2501 Wittsiepe (2008), S. 50; vgl. auch Eberhartinger (1999), S. 109.

Infolgedessen sind sämtliche hierfür in der Handelsbilanz erfassten außerplanmäßigen Abschreibungen (bzw. Zuschreibungen) im Rahmen der steuerlichen Gewinnermittlung rückgängig zu machen.[2503] Das Verbot einer steuerlichen Verlustberücksichtigung im Bereich der *plant and machinery* lässt sich systematisch in erster Linie damit begründen, dass Wertänderungen des Anlagevermögens im Vereinigten Königreich für die Wertzuwachssteuer von Bedeutung sind, diese aber erst bei Veräußerung des betreffenden Wirtschaftsgutes fällig wird.[2504] Außergewöhnliche Wertverluste im Anlagevermögen können vor diesem Zeitpunkt nicht in Erscheinung treten: „Verluste, die noch nicht entstanden sind, können nicht antizipiert werden“[2505]. Auch die Vornahme von außerplanmäßigen im Bezug poolzugehörige Wirtschaftsgüter scheidet offenkundig aus.[2506] IAS 36 strahlt im Ergebnis weder unmittelbar noch mittelbar über den als Pendant zu verstehenden FRS 11 in die steuerliche Gewinnermittlung ein.[2507]

2.2.7 Kritische Würdigung

2.2.7.1 Zur induktiven Übernahmetauglichkeit

Eine grundlegende Übereinstimmung zwischen den betrachteten Regelwerken äußert sich darin, dass materielle und abnutzbare materielle Wirtschaftsgüter des Anlagevermögens einer planmäßigen „Abschreibung“ (*capital allowance*) unterworfen werden. Die Regeln des IAS 16 zur Vornahme von planmäßigen Abschreibungen von Sachanlagen dürften dabei ein eher geringes Harmonisierungspotenzial aufweisen. Zwar strahlen die IFRS-Abschreibungsregeln für materielle Vermögenswerte des Anlagevermögens jenseits der deutschen Grenzen bereits nach geltendem Recht mehr oder weniger breit in die handelsrechtliche Gewinnermittlung ein, die Übernahme dieser Grundsätze in die steuerrechtliche Gewinnermittlung wird dort jedoch weiterhin durch eigenständige und vorrangige steuerliche Vorschriften blockiert. Gerade mit Blick auf die Rechtslage in Frankreich und Schweden, die durch eine unverändert enge Verbindung der handels- und steuerrechtlichen Gewinnermittlung gekennzeichnet ist, wäre eine umfänglichere (implizite) Anknüpfung an die IFRS-Abschreibungsregeln für Sachanlagen zu erwarten gewesen. Allein das französische Steuerrecht hat mit der Übernahme des Komponentenansatzes einen weiteren Vorstoß in Richtung IFRS unternommen.

Auch das deutsche Handelsrecht wird offenbar zunehmend durch die IFRS-Abschreibungsregeln beeinflusst, wie der Versuch einer Annäherung an den Komponentenansatz des IAS 16 (IDW RH HFA 1.016) gezeigt hat; das deutsche Steuerrecht bleibt von dieser Entwicklung einstweilen unberührt. Diese Befunde lassen den Rückschluss zu, dass die Tauglichkeit der IFRS-Abschreibungs-

---

2502 Spengel (1995), S. 71. Ausnahmen bestehen lediglich für (bestimmte) Wirtschaftsgüter des Umlaufvermögens; vgl. ders. (1995), S. 71.
2503 Vgl. Eierle (2004a), S. 308 f.
2504 Vgl. Kersting (2005), S. 320.
2505 So Schreiber, U. (1993a), S. 162.
2506 Vgl. Endres et al. (2007), S. 500.
2507 Vgl. Eierle (2004a), S. 309 Fn. 415 (in Bezug auf FRS 11).

regeln für Zwecke der steuerlichen Gewinnermittlung in den betrachteten Mitgliedstaaten als gering, zumindest aber inferior gegenüber den bestehenden Abschreibungsvorschriften angesehen wird. Nur so lässt sich die Inkaufnahme komplexer Anpassungsregeln in Frankreich und Schweden zur Abstimmung der handels- und steuerrechtlichen Abschreibungsbeträge erklären; durch eine steuerliche Adaption der handelsrechtlichen Abschreibungsregeln jedenfalls ließen sich diese leicht beheben. Mit Blick auf die Rechtslage in Polen sowie im Vereinigten Königreich überrascht die steuerliche Nichtübernahme der IFRS-Abschreibungsregeln wegen der weitgehenden Trennung von handels- und steuerrechtlicher Gewinnermittlung (Polen) respektive der Trennung von Kapital- und Einkommensphäre (Vereinigtes Königreich) weniger, sie erscheint vom Standpunkt des jeweiligen Gewinnermittlungssystems insoweit konsequent.

Eine Neubewertung von Wirtschaftsgütern des Sachanlagevermögens ist unter den hier betrachteten Mitgliedstaaten lediglich im französischen sowie im polnischen Handels- und Steuerrecht (formal) angelegt.[2508] Abgesehen davon, dass die Neubewertungsmethode in den beiden Mitgliedstaaten praktisch keine Rolle spielt, dürfte sie, wie aufgezeigt wurde, mit dem Neubewertungsmodell des IAS 16 jeweils nur bedingt in Einklang stehen. Dies gilt vor allem für die französische *réévaluation libre*. Die weiteren Mitgliedstaaten halten ganz überwiegend an historischen Preisen und Kosten als steuerliche Wertmaßstäbe fest.[2509] Das Neubewertungsmodell des IAS 16 dürfte von geringem Harmonisierungsnutzen sein.

Die (IFRS-fremde) Poolabschreibung stellt über die hier betrachteten Mitgliedstaaten hinweg eine eindeutige Ausnahme dar;[2510] sie ist derzeit allein im Vereinigten Königreich sowie Deutschland vorgesehen.[2511] Berücksichtigt man indes, dass bereits diese beiden Formen der Poolabschreibung erhebliche Unterschiede aufweisen,[2512] erscheint das Harmonisierungspotenzial einer solchen Abschreibungsmethodik gering. Auch eine dem IAS 36 entsprechende oder zumindest nachempfundene Methodik der Berücksichtigung von Wertminderungen im Sachanlagevermögen kommt in keinem der hier betrachteten Länder für steuerliche Zwecke zum Tragen.[2513] So bleibt auch der „Pseudo-*Impairment-Test*“ des französischen Handelsrechts ohne größere steuerliche Auswirkungen. Auch der deutsche Gesetzgeber hat eine Annäherung an IAS 36 bereits im RegE des BliMoG wieder verworfen, ehe deren potenzielle steuerlichen Folgewirkungen erörtert werden konnten. Die deutsche Teilwertabschreibung sowie die schwedische *nedskrivning* unterscheiden sich im Ergebnis deutlich von der Wertminderungskonzeption des IAS 36. Insgesamt weist IAS 36 ein geringes Konsenspotenzial auf.

2508 Für einen Länderüberblick vgl. auch Russo (2008), S. 367 Fn. 2.
2509 Vgl. Wissenschaftlicher Beirat beim BMF (2007), S. 42.
2510 Vgl. Russo (2008), S. 370.
2511 Für eine vergleichende Gegenüberstellung vgl. Voß (2007), S. 1152.
2512 Vgl. Gabert (2011), S. 200.
2513 Dies gilt mit Blick auf jene Mitgliedstaaten, die eine Teilwertabschreibung im Rahmen der steuerlichen Gewinnermittlung überhaupt vorsehen.

2.2.7.2 Zur theoretisch-konzeptionellen Übernahmetauglichkeit

Aus konzeptioneller Sicht sind die Grundsätze der planmäßigen Abschreibung nach IFRS und den nationalen Steuerrechten am Periodisierungsgrundsatz der vereinfachten Vermögensrechnung zu messen. Alle hier betrachteten Rechtssysteme halten den Anforderungen des Periodisierungsgrundsatzes zunächst insofern stand, als sie formal eine planmäßige Abschreibung bzw. *capital allowance* vorsehen. Die Vornahme planmäßiger Abschreibungen wird allerdings konzeptionell abweichend begründet. Der deutlichste Unterschied zeigt sich mit Blick auf die handelsrechtlichen GoB: Während die planmäßige Abschreibung in der ausschüttungsstatischen Lehre durch das (Netto-) Realisationsprinzip erklärt wird, schließt das Barrealisationsprinzip eine planmäßige AfA gerade aus.

Wurde die Eignung der Abschreibungsgrundsätze des IAS 16 bereits unter (induktiven) Harmonisierungsgesichtspunkten infrage gestellt, so gilt dies erst recht aus theoretisch-konzeptioneller Perspektive. Kritisch erscheinen die Folgebewertungsgrundsätze des IAS 16 schon deshalb, weil ein formelles Wahlrecht gewährt wird, das Anschaffungskostenmodell oder das Neubewertungsmodell anzuwenden. Indes sollte die Gewährung von Methodenwahlrechten im Rahmen der CCCTB zwingend ausgeschlossen werden. Weitere Kritikpunkte ergeben sich nachgelagert auf Ebene der Folgebewertungsmodelle.

Im Licht des Periodisierungsgrundsatzes der vereinfachten Vermögensrechnung fällt es insgesamt schwer, in dem Anschaffungskostenmodell des IAS 16 einen konzeptionell überzeugenden Ausgangspunkt für steuerliche Abschreibung *de lege ferenda* zu erkennen. Der Nutzenverlauf erscheint viel zu vage, um als Orientierungsgröße einer steuerlichen Abschreibungsmethode *de lege ferenda* erwogen zu werden. Ein Objektivierungsbeitrag mag zwar noch darin gesehen werden, dass IAS 16 die Anwendung der linearen Abschreibung vorschreibt, sofern der Nutzenverlauf nicht hinreichend bestimmbar ist.[2514] Eine Einschränkung auf dieses Verfahren nimmt der Standard aber keineswegs vor.[2515] Aus Sicht der vereinfachten Vermögensrechnung müsste IAS 16 sich noch stärker zur Linearität bekennen, um dessen Übernahme in die CCCTB zu rechtfertigen. Auch eine unternehmensspezifische Nutzungsdauerbestimmung, wie sie IAS 16 vorsieht, scheidet aus Sicht der vereinfachten Vermögensrechnung aus. Auch ein Restwert sollte bei der Bemessung des Abschreibungsbetrags keine Berücksichtigung finden. Hier erscheint es aus Objektivierungsgründen wiederum notwendig, von IAS 16 Abstand zu nehmen, zumal der Standard eine jährliche Restwertüberprüfung vorschreibt, die eine weitere, an sich unnötige Verkomplizierung der steuerlichen Gewinnermittlung bedingt.[2516]

2514 So Oestreicher/Spengel (2007), S. 443.
2515 Vgl. Egger (2008), S. 540.
2516 A. A. offenbar Russo (2008), S. 370.

Die Abschreibungsregeln des IAS 16 eröffnen zahlreiche (implizite) Wahlrechte und erweisen sich in der Gesamtschau als viel zu anwendungsunscharf,[2517] um die gebotene Gleichmäßigkeit der steuerlichen Gewinnermittlung (annähernd) zu sichern.[2518] Bei einer Übernahme der IFRS-Abschreibungsgrundsätze würde man Gefahr laufen, die Abschreibungsmodalitäten vollständig in das individuelle Ermessen zu begeben. Breite Selbsteinsteuerungsmöglichkeiten wären die Folge, vergleichbare wirtschaftliche Sachverhalte würden eine inkonsistente und mithin ungleichmäßige Behandlung erfahren.

Diese negative Einschätzung wird mit Blick auf den Komponentenansatz der IFRS noch verstärkt. Die Komponentenabschreibung gründet in dem (dynamisch geprägten) Glauben an eine „periodengerechte" Gewinnermittlung[2519] unter Informationsgesichtspunkten. Die Funktion der planmäßigen Abschreibung im Rahmen der vereinfachten Vermögensrechnung dagegen liegt allein der Sicherung eines Innenfinanzierungsminimums; eine wie auch immer geartete Periodengerechtigkeit ist kein Anliegen der vereinfachten Vermögensrechnung.[2520] Der vermeintliche Hauptvorteil der Komponentenabschreibung ist damit ohne Belang. Der Einzelbewertungsgrundsatz sollte nicht so weit ausgelegt werden, dass eine Atomisierung eines einzelnen Wirtschaftsguts gestattet wird. Denn die Aufteilung eines Wirtschaftsgutes in seine „bedeutenden" Bestandteile bleibt willkürbehaftet.[2521] Weitere Abschreibungsfreiheiten und damit Gleichmäßigkeitsverstöße wären die Folge. Mit besten Gründen wird vor dem „Abschreibungschaos"[2522] gewarnt, das infolge einer Komponentenabschreibung herrschen würde. So belegen denn auch die (negativen) Erfahrungen des französischen Bilanzsteuerrechts mit Nachdruck, dass eine Übernahme eines Komponentenansatzes erhebliche Verkomplizierungen der handels- und steuerrechtlichen Gewinnermittlung zur Folge hätte. In den anderen hier betrachteten Mitgliedstaaten wird ein Komponentenansatz mit Recht abgelehnt; er sollte auch nicht in ein harmonisiertes Regelwerk zur steuerlichen Gewinnermittlung eingehen.[2523]

Es erscheint in Übereinkunft mit dem Periodisierungsgrundsatz vielmehr angeraten, die durchgehende Grundwertung der hier betrachteten Mitgliedstaaten beizubehalten und die steuerlichen Abschreibungsvorschriften zu normieren. Insofern könnten die IFRS immerhin negativ integrieren, indem sie einen Kern an Abschreibungsregeln anbieten, denen steuerlich gerade nicht gefolgt werden sollte. Die Linearität wird der planmäßigen Abschreibung von Sachanlagen nach geltendem

2517 Vgl. Moxter (2004c), S. 187 f.

2518 Kritisch auch Meier (2010), S. 222.

2519 Zur inhaltlichen und sprachlichen Kritik am Begriff der Periodengerechtigkeit vgl. Schneider (2005a), S. 397; ders. (2005b), S. 20 f.; Bieker (2008), S. 368.

2520 Vgl. allgemein auch Wagner, F. W. (2002b), S. 78 f.

2521 Vgl. aus steuerlicher Sicht Zornoza/Báez (2008), S. 299.

2522 So bereits Döllerer (1975), S. 298; vgl. im neueren Schrifttum auch z. B. Zornoza/Báez (2008), S. 299; Briesemeister/Joisten/Vossel (2011), S. 667.

2523 Den Komponentenansatz für steuerliche Gewinnermittlungszwecke ebenfalls ablehnend u. a. Herzig (2005b), S. 224 f.; Herzig/Gellrich/Jensen-Nissen (2004), S. 562; Schildbach (2007a), S. 94; Winkelmann (2007), S. 55 f. u. S. 69; Lenz (2008), S. 154 f.; Zornoza/Báez (2008), S. 299; Fritz-Schmied/Rutter/Schwarz (2008), S. 476; a. A. Bohl (2004b), S. 2382 f.

Steuerrecht in Deutschland, Frankreich und Polen faktisch als Regelmethode zugrunde gelegt. Sie wäre damit nicht nur mit Blick auf den Periodisierungsgrundsatz geboten, sondern insoweit auch als konsensfähig einzustufen. Dieser Einschätzung steht allerdings entgegen, dass das schwedische Steuerrecht *de lege lata* die degressive Abschreibungsmethode als Hauptregel anerkennt. Die Poolabschreibung des britischen Steuerrechts führt zwar auch zu einem unendlich-degressiven Abschreibungsverlauf, sie weist aber weitere Besonderheiten auf, die nachfolgend zu diskutieren sind.

Auch die einer individuellen Nutzungsdauerbestimmung nach Maßgabe des Periodisierungsgrundsatzes vorzuziehende Normierung der steuerlichen Abschreibungszeiträume „qua politischer Entscheidung“[2524] erscheint gangbar. Konzeptionelles Vorbild könnten die AfA-Tabellen der deutschen steuerlichen Gewinnermittlungspraxis sein. Dem Periodisierungsgrundsatz entspricht es, dass etwa auch das französische Steuerrecht mit der *durée d'usage* auf typisierte Abschreibungszeiträume abstellt.

Das Neubewertungsmodell ist im Spiegel der vereinfachten Vermögensrechnung abzulehnen. Die durch die Neubewertungsmethode angestrebte Approximation einer zutreffenden Stichtagsvermögenslage gehört nicht zu den mit der vereinfachten Vermögensrechnung verfolgten Zielen. Wie diskutiert, bleibt der Versuch einer synthetischen Effektivvermögensabbildung außerhalb des neoklassischen Modellrahmens ökonomisch höchst zweifelhaft. Das (naive) Argument, eine zeitwertorientierte Bewertung würde die Ertragswertabschreibung approximieren und mithin eine Verbesserung der Entscheidungsneutralität bewirken, ist auch mit Blick auf das Neubewertungsmodell des IAS 16 zurückzuweisen – zumal es durch die im Grundsatz erfolgsneutrale Erfassung von Zeitwertveränderungen zu einem aus Sicht der Zeitwertstatik fehlerhaften Gewinnausweis führt. Das Neubewertungsmodell würde insofern gerade nicht dazu beitragen, den ökonomischen Gewinn der Periode zu approximieren.

Eine aus Sicht des Barrealisationsprinzips abzulehnende Besteuerung von Zeitwertgewinnen lässt sich damit zwar nicht gegen das Neubewertungsmodell des IAS 16 in Stellung bringen.[2525] Die erfolgsneutral zu bildenden Neubewertungsrücklagen ließen sich immerhin noch als steuerfreie Rücklagen deuten.[2526] Vielmehr steht die Neubewertungsmethode in Konflikt mit dem Periodisierungsgrundsatz i. S. d. vereinfachten Vermögensrechnung. Denn eine Zuschreibung erhöht nach h. M. die Basis für die Bemessung der Abschreibungen in den auf die Zuschreibung folgenden Perioden, wodurch der insgesamt zu verrechnende Aufwand die anfängliche Investitionsausgabe übersteigt.[2527] Auf diese Weise fingiert das Neubewertungsmodell „niemals zu Zahlungen führende Aufwendun-

2524 Oestreicher/Spengel (2003b), S. 932.
2525 Vgl. Streim/Esser (2003b), S. 785; Strunk (2003), S. 401.
2526 Vgl. Streim/Esser (2003b), S. 785.
2527 Aus steuerlicher Sicht kritisch vgl. Breithecker/Klapdor/Rokitta (2007), S. 157; Lenz (2008), S. 237; Meier (2010), S. 225; Fülbier (2006b), S. 231. Dies gilt, sofern man mit der h. M. davon ausgeht, dass ein (positiver) Neubewertungsbetrag die neue Abschreibungsbasis bildet und die anhand derselben ermittelten Abschreibungen in Gänze erfolgswirksam zu erfassen sind.

gen“[2528], was mit dem Periodisierungsgrundsatz der vereinfachten Vermögensrechnung erkennbar nicht in Einklang zu bringen ist. Sofern diese erhöhten Abschreibungen am Markt verdient werden, tritt ein gleichmäßigkeitsverzerrender Kapazitätserweiterungseffekt ein. Dazu addieren sich die hinlänglich bekannten Unschärfen bei der Ermittlung des *fair value* (bzw. eines Ersatzmaßstabs). Auch der französischen *réévaluation libre*, die eine unmittelbare Besteuerung von Neubewertungsgewinnen nach sich zieht, kann kein Vorbildcharakter zuerkannt werden. Selbiges gilt für die nur formal bestehende Neubewertung des polnischen Handels- und Steuerrechts. Mit Recht wird zu einer Neubewertung von Sachanlagen in den übrigen hier betrachteten Mitgliedstaaten Distanz gehalten.[2529] Das Neubewertungsmodell ist damit abzulehnen.[2530]

Zu diskutieren bleiben die IFRS-fremden, spezifischen Abschreibungsgrundsätze. Eine Sofortabschreibung von geringwertigen Wirtschaftsgütern, wie sie der gängigen Praxis der Mitgliedstaaten entspricht, wäre aus Sicht der vereinfachten Vermögensrechnung unter Vereinfachungsaspekten rechtfertigbar, auch wenn sie streng genommen mit dem Periodisierungsgrundsatz kollidiert. Die Festlegung einer Betragsgrenze bleibt Konvention. Eine Poolabschreibung hingegen ließe sich weitaus schwieriger in die vereinfachte Vermögensrechnung einfügen. Deren Durchbrechung des Einzelbewertungsgrundsatzes verlangt daher eine besondere Begründung. Der Hauptvorteil einer Poolabschreibung wird darin gesehen, dass eine Festlegung von EU-weit anerkannten Abschreibungsdauern in Bezug auf die poolzugehörigen Wirtschaftsgüter entfallen würde.[2531] Für die Übernahme einer Poolabschreibung dürfte zunächst die weitreichende Objektivierung, Praktikabilität und Vereinfachung sprechen.[2532] Allerdings schafft die Poolabschreibung Möglichkeiten einer Innenfinanzierung, die über das gleichmäßigkeitswahrende Minimum an Innenfinanzierung hinausgehen.[2533] Die Poolabschreibung würde damit nicht nur den Einzelbewertungsgrundsatz, sondern zusätzlich noch den Periodisierungsgrundsatz der vereinfachten Vermögensrechnung missachten. Diese Problematik wäre zwar zu entschärfen, indem verschiedene Pools mit jeweils unterschiedlichen

2528 So Schildbach (2007a), S. 94.

2529 Vgl. als Überblick Endres et al. (2007), S. 64.

2530 Vgl. auch Russo (2008), S. 370; Spengel/Malke (2008), S. 80; Wendt (2009), S. 117.

2531 Vgl. Herzig (2007), S. 42; ders. (2006a), S. 279; Krawitz/Karthaus (2008), S. 350 f.; Jenzen/Gläser (2010), S. 95*.

2532 Vgl. Spengel (2004b), S. 136; ders. (2009), S. 106; ders. (2008a), S. 5; ders. (2008b), S. 421; Spengel/Malke (2008), S. 73; Kahle (2005), S. 11.

2533 Legt man der Poolabschreibung etwa einen Abschreibungssatz von 25 % zugrunde, so wäre der Abschreibungsbetrag nach acht Jahren zu etwa 90 % verrechnet. Im Hinblick auf vergleichsweise langlebige Wirtschaftsgüter könnte damit frühzeitig der Hauptteil des Abschreibungsbetrags verrechnet werden; dieser stünde – unter der Annahme, dass diese Abschreibungsbeträge am Markt erwirtschaftet werden – bis zum Zeitpunkt der Durchführung der Ersatzinvestition für eine zwischenzeitliche Anlage zur Verfügung. Vgl. Voß (2007), S. 1155. Zu diesem Innenfinanzierungseffekt auch Oestreicher/Spengel (2007), S. 443. *Voß* zeigt weiterhin auf, dass bei einer nutzungsdauerunabhängigen Poolabschreibung – anders als bei einer herkömmlichen nutzungsdauerabhängigen planmäßigen Abschreibung – „Abweichungen von der Ertragswertabschreibung bereits im Abschreibungskonzept angelegt [sind], da die Poolabschreibung im Unterschied zur Ertragswertabschreibung grundsätzlich nicht gewährleistet, dass der vollständige Abschreibungsbetrag über den Zeitraum der Nutzungsdauer verteilt wird“, ders. (2007), S. 1155. Demnach könnten solche Branchen, die sich durch einen hohen Anteil an langfristig nutzbaren Wirtschaftsgütern auszeichnen bei Anwendung einer Poolabschreibung relative Vorteile sichern, was aus Gleichmäßigkeitssicht abzulehnen ist. Vgl. Oestreicher/Spengel (2003b), S. 935; dies. (2007), S. 443; Spengel/Malke (2008), S. 73.

Nutzungsdauern geschaffen werden bzw. speziell für kurz- und langlebige Wirtschaftsgüter eine individuelle Abschreibung gestattet oder vorgeschrieben wird.[2534] Eine solche Kategorienbildung könnte aber den Widerstand der Mitgliedstaaten provozieren.[2535] Um die Wirtschaftsgüter verschiedenen Pools zuordnen zu können, wäre eine anfängliche Schätzung der individuellen Nutzungsdauer erforderlich, was zulasten des beabsichtigten Vereinfachungsaspekts ginge.[2536] Da die Verletzungen des Einzelbewertungs- und Periodisierungsgrundsatzes somit nur bedingt zu rechtfertigen sind, kann die Poolabschreibung eben nur unter diesen Vorbehalten zur Übernahme in die CCCTB nahegelegt werden.[2537]

Eine konzeptionelle Indienstnahme des IAS 36 ist aus Sicht der vereinfachten Vermögensrechnung bereits deshalb abzulehnen,[2538] weil von einer Verlustantizipation im Rahmen der vereinfachten Vermögensrechnung zugunsten des Neutralitäts- und Gleichmäßigkeitsziels Abstand genommen werden sollte.[2539] IAS 36 kann kein Vorbildcharakter für die harmonisierte steuerliche Gewinnermittlung zuerkannt werden; entgegen einer in der Literatur vertretenen Ansicht erscheint es wenig zielführend, die vermeintliche Zwangsläufigkeit einer Teilwertabschreibung im Rahmen eines steuerlichen Betriebsvermögensvergleichs[2540] durch Verweis auf IAS 36 systematisch stützen zu wollen. Sofern man IAS 36 eine zeitwertstatische Deutung gibt,[2541] erweist dieser sich als eine schlechte Begründungshilfe, weil sein Abschreibungskonzept auf einer völlig anderen Grundwertung basiert als die Vornahme von imparitätischen außerplanmäßigen Abschreibungen im Rahmen der handels- und steuerlichen Gewinnermittlung unter Herrschaft handelsrechtlicher (ausschüttungsstatischer) GoB. Dort dient die Verlustberücksichtigung eben „nicht etwa einer zutreffenden Erfassung des ‚richtigen' Stichtagsvermögens (...), sondern antizipiert zukünftig drohende Ausschüttungsbelastungen"[2542] (funktionales Teilwertverständnis).[2543]

Aus dem Blickwinkel der vereinfachten Vermögensrechnung kann daher allein der Grundwertung des britischen sowie polnischen Steuerrechts, imparitätische außerplanmäßige Abschreibungen von (materiellen) Sachanlagen zu untersagen, beigepflichtet werden. Allerdings sehen weder das briti-

2534 Vgl. Oestreicher/Spengel (2007), S. 443; Spengel/Malke (2008), S. 73; Jenzen/Gläser (2010), S. 95*.

2535 Vgl. Almeida Fernandes/Tenore (2008), S. 403. So wird etwa in der schwedischen Literatur betont: „A horror scene was held out, where the traditionally generous and simple depreciation rules under the Swedish Income Tax Act would be remodeled in accordance with some foreign pattern distinguishing any number of asset categories"; Mutén (2007), S. 1218.

2536 Deshalb im Ergebnis ablehnend Fritz-Schmied/Rutter/Schwarz (2008), S. 471-475.

2537 Offener Herzig (2007), S. 42; ders. (2006a), S. 279; ders. (2006b), S. 163; ders. (2006c), S. 85.

2538 Ablehnend auch z. B. Winkelmann (2007), S. 70-74.

2539 So auch Dahlke (2011), S. 240.

2540 Vgl. Hennrichs (2001), S. 323; zustimmend Gabert (2011), S. 96 f.

2541 Auch wenn IAS 36 als Ausfluss dynamischen Bilanzdenkens verstanden wird (so Jacobi [2003], S. 180 f.), bildet er für die Vornahme von vorsichtsgeprägten Teilwertabschreibungen keine konzeptionelle Grundlage.

2542 Hommel/Berndt (2000), S. 1306; vgl. auch Moxter (1989), S. 236: „Im geltenden Bilanzrecht hat das Imparitätsprinzip indessen nicht primär die Aufgabe, Zeitwerte bzw. das von ihnen verkörperte Vermögen wiederzugeben; ein Konglomerat aus Gewinn- und Vermögensermittlung ergäbe keinen rechten Sinn"; ders. (1993a), S. 83.

2543 Dabei wird nicht übersehen, dass den IFRS eine imparitätische Behandlung von Gewinnen und Verlusten nicht gänzlich unbekannt ist. Zu einem durchgehenden Imparitätsprinzip bekennt das IFRS-Normensystem sich indes nicht.

sche noch das polnische steuerliche Gewinnermittlungsrecht einen sofortigen Verlustausgleich (oder ein ökonomisches Äquivalent) vor; ein solcher aber ist, wie bereits angemerkt wurde, zwingende Voraussetzung für ein Zurückdrängen des Imparitätsprinzips aus der künftigen harmonisierten steuerlichen Gewinnermittlung. Die Erfahrungen des britischen und polnischen Steuerrechts mögen dennoch als Beleg dienen, dass das Imparitätsprinzip keineswegs zu den ausgemachten Systemelementen einer harmonisierten steuerlichen Gewinnermittlung *de lege ferenda* gehört, wie dies in der deutschen Literatur unter selektiver Bezugnahme ausländischer Rechtsordnungen nahegelegt wird.[2544]

Sollte sich die ökonomisch begründete Forderung nach einem sofortigen Verlustausgleich im Rahmen der CCCTB nicht durchsetzen, lässt sich eine Abschaffung der außerplanmäßigen Abschreibung argumentativ nicht mehr halten. Auf Basis der vereinfachten Vermögensrechnung lässt sich keine Aussage treffen, wie eine außerplanmäßige Abschreibung materiell-inhaltlich konzipiert sein sollte, sie gibt jedoch Hinweise, wie sie nicht aussehen sollte. Der *Impairment-Test* des IAS 36 weist infolge seiner erheblichen Unschärfen eine geringe Gleichmäßigkeitsqualität auf. Kann zumindest noch der *fair value less costs to sell* „als halbwegs objektiviert gelten“[2545], kommt eine Verwendung des *value in use* als steuerlicher Verlustmaßstab augenscheinlich nicht infrage, zumal das ZGE-Konzept des IAS 36 zusätzlich noch gegen den Einzelbewertungsgrundsatz der vereinfachten Vermögensrechnung verstößt. Der Standard ist damit auch i. S. einer zweit- bzw. drittbesten Lösung für steuerliche Zwecke unbrauchbar. Desgleichen kann auch der inkonsequenten Adaption des IAS 36 durch das französische Bilanzrecht schlechterdings Vorbildcharakter zuerkannt werden, wie die vielen Zweifelsfragen und damit einhergehende Diskussionen in Frankreich überdeutlich machen. Es ist allerdings ebenso wenig anzuraten, sich an der theoretisch und praktisch hochgradig problematischen Teilwertabschreibung des deutschen Steuerrechts zu orientieren. Vage bleibt auch die außerplanmäßige Abschreibung auf den „wirklichen Wert“ (*verkliga värdet*) i. S. d. schwedischen *nedskrivning*.

Ein Wahlrecht zur Vornahme von Teilwertabschreibungen, wie es von der h. M. in Bezug auf die deutsche Rechtslage befürwortet und nach geltender schwedischer Rechtslage vorgesehen ist, ist unter Gleichmäßigkeitsaspekten in jedem Fall zu verwerfen.[2546] Im Fall begrenzter Verlustausgleichsmöglichkeiten kommt nur eine generelle Abschreibungspflicht in Betracht. Denn nur so würde das Imparitätsprinzip eine konsequente Umsetzung finden. Sofern eine außerplanmäßige Abschreibung im Rahmen der CCCTB zugelassen bzw. vorgeschrieben wird, ergibt sich zugleich die Notwendigkeit zur Vornahme von korrespondierenden Wertaufholungen. Beide bilden eine

2544 So etwa Groh (1999), S. 981, der zur Verteidigung der Teilwertabschreibung anführt, auch „im ausländischen Steuerrecht“ sei es generell üblich, auf den niedrigeren Zeitwert abzuschreiben. Ebenso argumentierend Hennrichs (2001), S. 320.

2545 Hennrichs (2006b), S. 701.

2546 Vgl. Mayr (2011), S. 332 f.; kritisch auch z. B. Patek (2011), S. 293 (aus rechtssystematischer Perspektive).

Einheit; die Wertaufholung ist aus ökonomischer Sicht nichts anderes als die „Stornierung einer unter dem Gesichtspunkt der Gleichmäßigkeit der Besteuerung ungerechtfertigten Vorwegnahme unrealisierter Verluste“[2547]. Dass insbesondere das schwedische Steuerrecht eine Wertaufholung ausschließt, bleibt daher zu kritisieren. In der Gesamtschau bleibt festzuhalten, dass eine Geltung von (imparitätischen) außerplanmäßigen Abschreibungen und deren korrespondierenden Wertaufholungen im Rahmen der CCCTB althergebrachte Streitfragen aufwerfen wird, die es anlässlich der Neukonzipierung der steuerlichen Gewinnermittlung zu vermeiden gilt. Spätestens jetzt sollte deutlich werden, dass außerplanmäßigen Abschreibungen im Rahmen der CCCTB kein Platz geboten werden darf.

III. Immaterielles Anlagevermögen

1 Aktivierungsregeln

1.1 Aktivierung des immateriellen Anlagevermögens nach IFRS

IAS 38 definiert immaterielle Vermögenswerte als identifizierbare, nicht monetäre *Vermögenswerte* ohne physische Substanz. Deren Aktivierung verlangt mtihin das Vorliegen der allgemeinen Definitionskriterien eines *asset*, die dementsprechend in IAS 38 repetiert werden.[2548] So verlangt IAS 38.8 zunächst das Vorliegen einer Ressource, die ein „Ergebnis von Ereignissen der Vergangenheit“ darstellt bzw. „auf Grund von Ereignissen der Vergangenheit“ in der Verfügungsmacht des Bilanzierenden steht. Zentralkriterium für die Existenz von Verfügungsmacht ist daher auch bei immateriellen Vermögenswerten die Kontrolle (Beherrschung) des künftigen wirtschaftlichen Nutzens.[2549] Sie soll nach IAS 38.13 vorliegen, wenn der „künftige(.) wirtschaftliche(.) Nutzen, der aus der zu Grunde liegenden Ressource zufließt“, „verschaff[t]“ und gleichzeitig der „Zugriff Dritter auf diesen Nutzen beschränk[t]“ werden kann.[2550] Hierbei stellt IAS 38.13 in Befolgung des *Substance over form*-Grundsatzes[2551] heraus, dass die so verstandene Verfügungsmacht „normalerweise auf juristisch durchsetzbaren Ansprüchen“ beruht. Juristische Durchsetzbarkeit sei aber nur eine hinreichende, keine notwendige Bedingung. Verfügungsgewalt könne auch auf „andere Weise“ ausgeübt werden (IAS 38.13).[2552]

2547 Vgl. Pannen (2000), S. 238 f. (Zitat auf S. 239); ähnlich auch Dahlke (2011), S. 239.

2548 Vgl. Jacobi (2003), S. 91.

2549 Vgl. Pellens/Fülbier (2000), S. 130.

2550 Der Sinn und Zweck dieses Kriteriums liegt in der Abgrenzung bereits eingetretener Ergebnisse oder Ereignisse oder Geschäftsvorfälle von grundsätzlich zukünftigen Geschäftsvorfällen oder Ereignissen; vgl. Duhr/Neumann/Wüstemann (2011), S. 33; vgl. auch Hülsberg/Thiele (2010), S. 683; Mindermann/Hartmann (2009), S. 86.

2551 Vgl. Sommerhoff (2010), S. 138.

2552 Dies dürfte indessen ungleich schwieriger nachzuweisen sein. Vgl. Beyhs/Wagner (2009a), § 5.A. Rz. 4. Man wird hierbei wohl auf die in IAS 38.14-IAS 38.16 genannten Beispiele zurückgreifen müssen. Folglich dürften Marktkenntnisse, technische Erkenntnisse, andere Mitarbeiterfähigkeit oder Kundenbeziehungen, sofern sie rechtlich nicht geschützt sind, im Grundsatz „kaum als immaterielle Vermögenswerte“ i. S. d. IAS 38 in Betracht kommen. Vgl. Wüstemann/Bischof/Kierzek (2007a), Abt. I/3 Rz. 139 (auch Zitat); vgl. auch Hülsberg/Thiele (2010), S. 683 f.; Küting/Dawo (2003), S. 402; Rohatschek (2011), S. 165 f. Beherrschung ohne Rechtsanspruch ist insb. anzunehmen, wenn die vorgenannten Güter „im Rahmen einer Markttransaktion getauscht werden“; so Wüstemann/Bischof/Kierzek (2007a), Abt. I/3 Rz. 139.

Der Begriff des künftigen wirtschaftlichen Nutzens wird weit verstanden; er könne durch „Erlöse aus dem Verkauf von Produkten“ bzw. der „Erbringung von Dienstleistungen“, durch „Kosteneinsparungen“ oder durch „andere Vorteile“ im Wege der „Eigenverwendung“ entstehen (IAS 38.17).[2553] Eine Definition der (fehlenden) physischen Substanz findet sich in IAS 38 nicht, obgleich die damit verbundene Grundproblematik durchaus erkannt wird. So weist IAS 38.4 darauf hin, dass „[e]inige“ immaterielle Vermögenswerte „in oder auf einer physischen Substanz enthalten“ sein können und insofern „sowohl immaterielle als auch materielle Elemente in sich verein[en] können“. Dabei soll ausdrücklich „nach eigenem Ermessen“ eingeschätzt werden, „welches Element wesentlicher ist“ (IAS 38.4).[2554] Die Nichtmonetarität, als weitere Merkmalsausprägung der Immaterialität, wird negativ definiert, indem hervorgehoben wird, dass monetäre Vermögenswerte „im Bestand befindliche Geldmittel“ und solche Vermögenswerte seien, „für die das Unternehmen einen festen oder bestimmbaren Geldbetrag erhält“ (IAS 38.8).[2555] Es soll mithin der Abgrenzung gegenüber finanziellen Vermögenswerten dienen.[2556]

Von „herausragender Bedeutung“[2557] für den Ansatz eines immateriellen Vermögenswerts ist das Kriterium der Identifizierbarkeit. Es schafft eine weitere Aktivierungshürde, indem es die Abgrenzbarkeit des (potenziellen) immateriellen Vermögenswerts vom (originären) Geschäfts- oder Firmenwert verlangt.[2558] Die geforderte Identifizierbarkeit, die sich konzeptionell mit dem statischen Bilanzdenken trifft,[2559] wird durch die Separierbarkeit (IAS 38.12 (a)) sowie das *Contractual-legal*-Kriterium (IAS 38.12 (b)) konkretisiert,[2560] wobei das Vorliegen eines der beiden vorgenannten Merkmalsausprägungen genügt, um Identifizierbarkeit zu belegen.[2561]

Separierbarkeit soll vorliegen, wenn der betreffende Vermögenswert „vom Unternehmen getrennt und verkauft, übertragen, lizenziert, vermietet oder getauscht werden“ kann, wobei es nicht darauf ankommt, ob diese Verwertung des künftigen wirtschaftlichen Nutzens „einzeln oder in Verbindung

2553 Zur Diskussion dieses Kriteriums vgl. im Einzelnen Küting/Dawo (2003), S. 402 f.; Beyhs/Wagner (2009a), § 5.A. Rz. 5; Esser/Hackenberger (2004), S. 403; Rossmanith (2010), S. 162; Hülsberg/Thiele (2010), S. 684; Mindermann/Hartmann (2009), S. 86; Wagenhofer (2009), S. 218; Sommerhoff (2010), S. 139.

2554 Vgl. Achleitner/Behr/Schäfer (2009), S. 95 f.; Küting/Dawo (2003), S. 401; Hüttche/Moser (2008), S. 369 f.; Esser/Hackenberger (2004), S. 403 f.; Hülsberg/Thiele (2010), S. 684; Heyd/Lutz-Ingold (2005), S. 35 f.

2555 Vgl. auch Hülsberg/Thiele (2010), S. 684; Wüstemann/Neumann (2011), S. 818 f.

2556 Vgl. Wüstemann/Bischof/Kierzek (2007a), Abt. I/3 Rz. 138; Mindermann/Hartmann (2009), S. 86; Pauly/Hommel (2006), S. 42; Hülsberg/Thiele (2010), S. 684.

2557 Brinkmann (2006), S. 119. Insofern wird auch die Auffassung vertreten, dass es sich bei der Identifizierbarkeit nicht um ein „bloßes Begriffsmerkmal“, sondern vielmehr um ein „konkretes Ansatzkriterium“ handelt; so Brinkmann (2006), S. 120 (beide Zitate).

2558 Vgl. Hüttche/Moser (2008), S. 368; Mindermann/Hartmann (2009), S. 86; Esser/Hackenberger (2005), S. 709; dies. (2004), S. 403 f.; Buchholz/Weis (2002), S. 516; Hülsberg/Thiele (2010), S. 685; Steiner/Gross (2004), S. 557; Ernstberger (2004), S. 107; Schmidbauer (2004), S. 1443; Rossmanith/Heß (2011), S. 193; Köhrle (2010), S. 244; Schnorr (2004), S. 310; Brinkmann (2006), S. 120; Sommerhoff (2010), S. 139.

2559 Vgl. Jacobi (2003), S. 95 f.

2560 Vgl. Küting/Dawo (2003), S. 401 f.; Heyd/Lutz-Ingold (2005), S. 34; Schreiber, S. (2005), S. 454 f.; Hülsberg/Thiele (2010), S. 685; Rossmanith/Gerlach (2008), S. 161; Hüttche/Moser (2008), S. 368 f.; Esser/Hackenberger (2004), S. 404; Wulf (2009), S. 110; Wagenhofer (2009), S. 218; Rohatschek (2011), S. 165.

2561 Vgl. Hüttche/Moser (2008), S. 369; Sommerhoff (2010), S. 139.

mit einem Vertrag, einem identifizierbarem Vermögenswert oder einer identifizierbaren Schuld" erfolgt (IAS 38.12 (a)).[2562] Ein (potenzieller) Vermögenswert soll nach dem *Contractual-legal-*Kriterium auch dann identifizierbar sein, wenn er aufgrund „vertragliche[r] oder andere[r] gesetzliche[r] Rechte entsteht". Unbeachtlich ist, ob „diese Rechte vom Unternehmen oder von anderen Rechten und Verpflichtungen übertragbar oder separierbar sind" (IAS 38.12 (b)).[2563] Bei Vorliegen eines Rechts soll das Kriterium der Identifizierbarkeit in typisierender Betrachtungsweise also stets erfüllt sein.[2564] Beide Ausprägungen der Identifizierbarkeit sind gleichsam dem Vorwurf der Unbestimmtheit ausgesetzt.[2565]

Sofern ein immaterielles Gut die vorgenannten Ansatzkriterien erfüllt, ist es für seine Aktivierung als ein immaterieller Vermögenswert erforderlich, dass zwei zusätzliche Ansatzkriterien (kumulativ) vorliegen.[2566] Die beiden zusätzlichen Ansatzkriterien der Wahrscheinlichkeit des Nutzenzuflusses sowie der zuverlässigen Bemessbarkeit stehen formal im Dienst der Objektivierung.[2567] Die Wahrscheinlichkeit des Nutzenzuflusses (IAS 38.21 (a)) soll anhand von „vernünftigen und begründeten Annahmen" ermittelt werden, wobei diese der „bestmöglichen Einschätzung seitens des Managements" zu entsprechen haben (IAS 38.22). Es ist ersichtlich, dass diese „inhaltsleeren Formulierungen (…) erhebliche Gestaltungsspielräume schaffen"[2568]. Bei einer gesonderten Anschaffung wird das Wahrscheinlichkeitskriterium des IAS 38.21 (a) „stets als erfüllt angesehen" (IAS 38.25), weil mit der „Aufbringung der Anschaffungskosten [eine] Einschätzung einer (hinreichend hohen) Wahrscheinlichkeit nachgewiesen"[2569] sei.[2570]

Das Kriterium der zuverlässigen Bemessbarkeit verlangt, dass die Anschaffungs- oder Herstellungskosten zuverlässig ermittelt werden können. Eine „Grenze der Zuverlässigkeit"[2571] zieht IAS 38 indes nicht. Indem die Art der Bewertung an die Zugangsform geknüpft wird, soll sich die Überprüfung des Merkmals nach der im Einzelfall anzutreffenden Form des Zugangs richten.[2572] Bei einer gesonderten Anschaffung dürfte eine zuverlässige Bemessbarkeit regelmäßig gegeben sein, vorausgesetzt, „der Erwerbspreis [wird] in Form von Zahlungsmitteln oder sonstigen monetären

---

2562 Vgl. auch Rossmanith/Heß (2011), S. 193 f.

2563 Zu diesem Kriterium vgl. auch z. B. Heyd/Lutz-Ingold (2005), S. 34; Blasius (2006), S. 263 f.; Rossmanith/Heß (2011), S. 194; Wüstemann/Neumann (2011), S. 819.

2564 Vgl. Wüstemann/Neumann (2011), S. 819.

2565 Zur Kritik vgl. nur Brinkmann (2006), S. 120-123.

2566 Vgl. Sommerhoff (2010), S. 140.

2567 Die Objektivierungsintention dieses Kriteriums wird daran erkennbar, dass „externen substanziellen Hinweise[n]", sofern diese verfügbar sind, gegenüber internen Einschätzungen ein „größeres Gewicht" beigemessen werden soll (IAS 38.23). Vgl. auch Hüttche/Moser (2008), S. 370; Esser/Hackenberger (2004), S. 405.

2568 Brinkmann (2006), S. 127.

2569 Wüstemann/Bischof/Kierzek (2007a), Abt. I/3 Rz. 142; vgl. auch Achleitner/Behr/Schäfer (2009), S. 98; Beyhs/Wagner (2009a), § 5.A. Rz. 7; Mindermann/Hartmann (2009), S. 86; Hüttche/Moser (2008), S. 372.

2570 Nach überwiegender Ansicht in der Literatur wird eine Wahrscheinlichkeit von mindestens 50 % als erforderlich angesehen. Vgl. Hülsberg/Thiele (2010), S. 686; Rossmanith/Gerlach (2008), S. 163.

2571 Duhr/Neumann/Wüstemann (2010), S. 40.

2572 Vgl. Küting/Dawo (2003), S. 404; Schreiber, S. (2005), S. 455; Rossmanith/Heß (2011), S. 196.

Vermögenswerten beglichen" (IAS 38.26).[2573] Das Kriterium der zuverlässigen Bewertbarkeit stellt damit nur schwache Anforderungen an die Aktivierbarkeit; sein erreichter Objektivierungsgrad bleibt gering.[2574]

Eine Aktivierung von selbst erstellten immateriellen Vermögenswerten schließt IAS 38 nicht aus,[2575] auch wenn der Standard betont, dass die Ansatzfähigkeit jener Güter „schwierig" zu beurteilen sei. Da die allgemeinen Ansatzkriterien im Fall der Selbsterstellung als nicht praktikabel erachtet werden, bestehen zusätzliche Ansatzvoraussetzungen (IAS 38.51).[2576] Zur weitergehenden Prüfung des Wahrscheinlichkeitskriteriums ist daher zunächst zu beurteilen, ob sich der Erstellungsprozess noch in der Forschungsphase[2577] befindet oder bereits in die Entwicklungsphase[2578] eingetreten ist (IAS 38.52).[2579] Ausgaben, die in der Forschungsphase anfallen, werden „mangels Erfüllung des Wahrscheinlichkeitskriteriums"[2580] unmittelbar mit einem Aktivierungsverbot belegt (IAS 38.54).[2581]

Die Abgrenzung der Forschungs- von der Entwicklungsphase erweist sich damit als entscheidend; gelingt sie nicht, sind die insoweit angefallenen Ausgaben vollständig der Forschungsphase zuzurechnen und damit als Periodenaufwand zu erfassen (IAS 38.53; IAS 38.55).[2582] Indes werden die Begriffe Forschung und Entwicklung in IAS 38 nur wenig trennscharf konkretisiert, infolgedessen sich ein potenzieller Gestaltungsspielraum ergibt, einzelne Sachverhalte als Forschungs- oder Entwicklungsausgaben zu klassifizieren.[2583] Die im Rahmen der Entwicklungsphase anfallenden Ausgaben sind dann und nur dann zu aktivieren, wenn bestimmte, in IAS 38.57 genannte Nachweise (kumulativ) erbracht werden.[2584] Sind sie gegeben, besteht Aktivierungspflicht.[2585] Die Aktivierung

---

2573 Vgl. auch Pauly/Hommel (2006), S. 44; Wulf (2009), S. 110; Hülsberg/Thiele (2010), S. 686; Hüttche/Moser (2008), S. 370; Hülsberg/Thiele (2010), S. 686; Rossmanith (2010), S. 163; Heyd/Lutz-Ingold (2005), S. 37; Rossmanith/Heß (2011), S. 196. Zur Konkretisierung im Zusammenhang mit alternativen Zugangsarten (Unternehmenszusammenschluss, Tausch etc.) vgl. z. B. Küting/Dawo (2003), S. 405-407; Wüstemann/Neumann (2011), S. 819 ff.

2574 Vgl. Brinkmann (2006), S. 127-131.

2575 Vgl. Achleitner/Behr/Schäfer (2009), S. 101; Bieg et al. (2009a), S. 127.

2576 Vgl. auch Esser/Hackenberger (2004), S. 405; Hoffmann (2011h), § 13 Rz. 26.

2577 Der Begriff Forschung wird definiert als „die eigenständige und planmäßige Suche mit der Aussicht, zu neuen wissenschaftlichen oder technischen Erkenntnissen zu gelangen" (IAS 38.8). Vgl. im Einzelnen auch Rossmanith/Heß (2011), S. 197.

2578 Entwicklung bezeichnet „die Anwendung von Forschungsergebnissen oder von anderem Wissen auf einen Plan oder Entwurf für die Produktion von neuen oder beträchtlich verbesserten Materialien, Vorrichtungen, Produkten, Verfahren, Systemen oder Dienstleistungen"; sie „findet dabei vor Beginn der kommerziellen Produktion oder Nutzung statt" (IAS 38.8). Vgl. auch z. B. Rossmanith/Heß (2011), S. 198.

2579 Vgl. Achleitner/Behr/Schäfer (2009), S. 102; Beyhs/Wagner (2009a), § 5.A. Rz. 9; Küting/Dawo (2003), S. 408; Esser/Hackenberger (2004), S. 405; Hülsberg/Thiele (2010), S. 687; Rohatschek (2011), S. 168.

2580 Pauly/Hommel (2006), S. 47.

2581 Vgl. Mindermann/Hartmann (2009), S. 87; Brinkmann (2006), S. 132; Achleitner/Behr/Schäfer (2009), S. 102; Schreiber, S. (2005), S. 456 f.; Förschle/Usinger (2010b), § 248 HGB Rz. 66; Haller/Froschhammer/Groß (2010), S. 681.

2582 Vgl. Heyd/Lutz-Ingold (2005), S. 39.

2583 Vgl. Pellens/Fülbier (2000), S. 131; Kuntschik (2004), S. 143 f.

2584 Im Einzelnen: (1) Nachweis der technischen Realisierbarkeit; (2) Nachweis der Absicht der Fertigstellung; (3) Nachweis der Fähigkeit, den immateriellen Vermögenswert zu nutzen oder zu verkaufen; (4) Nachweis der Art

von Forschungskosten bilanztheoretisch kann nur dem Bemühen entspringen, eine vollständige Vermögensapproximation i. S. d. *asset-liability-approach* zu sichern.[2586] Das Schrifttum beanstandet allerdings mit Recht die mit diesem Kriterium einhergehenden Interpretations- und Ermessensspielräume; es ist von einem faktischen Aktivierungswahlrecht auszugehen.[2587] Das bilanztheoretische Ziel wird damit verfehlt.

Weitere Aktivierungsrestriktionen sind dem Kriterium der zuverlässigen Bemessbarkeit geschuldet. So dürften zwar die in IAS 38.63 genannte Positionen, wie selbst geschaffene Markennamen, Drucktitel, Verlagsrechte, Kundenlisten sowie „ihrem Wesen nach ähnliche Sachverhalte"[2588] die Definitionsmerkmale eines immateriellen Vermögenswertes erfüllen, sie werden aber wegen der nicht möglichen Trennung der im Rahmen ihrer Erstellung angefallenen (Entwicklungs-) Aufwendungen von den sonstigen Aufwendungen mit einem expliziten Aktivierungsverbot (IAS 38.64) belegt.[2589] Dieses gilt unabhängig von der Trennung des Herstellungsprozesses in Forschungs- und Entwicklungsphase.[2590]

1.2 Aktivierung des immateriellen Anlagevermögens nach dem Handels- und Steuerrecht Deutschlands im Vergleich zu IFRS

Nach deutschem Bilanzsteuerrecht wird die Aktivierung immaterieller Vermögensgegenstände grundsätzlich durch dieselben Prinzipien bestimmt, die im Zusammenhang mit materiellen Vermögensgegenständen skizziert wurden.[2591] Eine erneute Darstellung und Gegenüberstellung mit dem allgemeinen Vermögenswertbegriff nach IFRS kann daher unterbleiben. Es ist vielmehr auf das umstrittene Verhältnis zwischen der Greifbarkeit bzw. Einzelverwertbarkeit und dem in IAS 38

und Weise, wie der immaterielle Vermögenswert einen voraussichtlichen künftigen Nutzen erzielen wird; (5) Nachweis der Verfügbarkeit adäquater technischer, finanzieller und sonstiger Ressourcen, um die Entwicklung abschließen zu können; (6) Nachweis der Fähigkeit, die dem immateriellen Vermögenswert während seiner Entwicklung zurechenbaren Ausgaben verlässlich ermitteln zu können. Zu diesen Voraussetzungen vgl. detailliert Baetge/von Keitz (2010), IAS 38 Rz. 60-69; Wulf (2008), S. 37-40; Heyd/Lutz-Ingold (2005), S. 40-46; Förschle/Usinger (2010b), § 248 HGB Rz. 67; Rossmanith/Gerlach (2008), S. 166-170; Rossmanith/Heß (2011), S. 199-204; Küting/Dawo (2003), S. 408 f.; von Eitzen/Moog/Pyschny (2010), S. 358 f.; Achleitner/Behr/Schäfer (2009), S. 102; Bertl/Fröhlich (2008), S. 375 f.; Sigloch/Weber (2008), S. 109 f.; Jacobs/Braunagel/Spengel (2006), S. 5999; Kuntschik (2004), S. 145 f.; Schulze-Osterloh (2008b), S. 415 f.; Henckel/Ludwig/Lüdke (2008), S. 197; Haller/Froschhammer/Groß (2010), S. 681; Rohatschek (2011), S. 168 f.; Sommerhoff (2010), S. 142 ff.; Seifert (2011), S. 71-73.

2585 Vgl. auch bspw. Brinkmann (2006), S. 133.

2586 Vgl. Jacobi (2003), S. 98.

2587 Vgl. Pauly/Hommel (2006), S. 48; Esser/Hackenberger (2004), S. 405 f.; Ballwieser (2009d), S. 66; Schulze-Osterloh (2008b), S. 416; Achleitner/Behr/Schäfer (2009), S. 102 f.; Bieg et al. (2009a), S. 128; Wulf (2008), S. 39 f.; dies. (2009), S. 111; Jacobi (2003), S. 98; Küting/Dawo (2003), S. 410; Hüttche/Moser (2008), S. 371; Dahlke (2011), S. 192; Hülsberg/Thiele (2010), S. 689; Eberhartinger (2005), S. 32; Sigloch/Weber (2008), S. 110; Heyd/Lutz-Ingold (2005), S. 46; Schreiber, S. (2005), S. 461; Wagenhofer (2009), S. 221; a. A. Burger/Ulbrich/Knoblauch (2006), S. 729 ff.

2588 Eine Erläuterung, was unter „ihrem Wesen nach ähnliche Sachverhalte" zu verstehen sein soll, gibt IAS 38 nicht; vgl. auch Wulf (2009), S. 110.

2589 Vgl. Pauly/Hommel (2006), S. 48; Hennrichs (2008c), S. 540; Bieg et al. (2009a), S. 128; Kahle/Günter (2008), S. 86.

2590 Vgl. Pauly/Hommel (2006), S. 48.

2591 Nach ausschüttungsstatischer Sicht also im Wesentlichen Vermögenswertprinzip, Greifbarkeitsprinzip sowie Prinzip selbstständiger Bewertbarkeit. Vgl. oben, 4. Kap. II. 1.2.

geforderten Kriterium der Identifizierbarkeit einzugehen. Nach *Wagenhofer* „entspricht die Forderung nach bilanzieller Greifbarkeit der notwendigen Identifizierbarkeit von immateriellen Vermögenswerten“[2592]. Auch *Hommel* sieht zwischen dem Kriterium der Identifizierbarkeit und dem Greifbarkeitsprinzip des deutschen Bilanzsteuerrechts eine weitgehende Kongruenz. Bei der Konkretisierung der nach IAS 38 verlangten Identifizierbarkeit komme der „Möglichkeit der selbständigen Verwertbarkeit eine Schlüsselrolle“ zu, wohingegen „Einzelveräußerbarkeit (..) kein notwendiges [Vermögenswert-]kriterium“[2593] sei. Demnach sei davon auszugehen, dass „die selbständige Verwertbarkeit im handelsrechtlichen Sinne weitestgehend dem Kriterium der Separierbarkeit des IAS 38.12 (a)“[2594] entspricht. Im weiteren Schrifttum wird die Gleichsetzung von Separierbarkeit und Einzelverwertbarkeit mit Recht bestritten. Separierbarkeit nach IAS 38 kann nicht i. S. einer Einzelverwertbarkeit, erst recht nicht i. S. einer Einzelveräußerbarkeit verstanden werden, weil eine isolierte Separierbarkeit nicht verlangt wird, sondern vielmehr eine Separierbarkeit in Verbindung mit einem Vertrag, einem Vermögenswert oder einer Schuld genügt.[2595] Aus dieser Sichtweise umfasst das Konzept der Separierbarkeit die Einzelverwertbarkeit (Einzelveräußerbarkeit), „geht aber im Einzelfall darüber hinaus“[2596].

Eine signifikante Annäherung an die IFRS-Bilanzierung wurde im Bereich der selbst erstellten Vermögensgegenstände vollzogen,[2597] indem das IFRS-fremde[2598] Prinzip des entgeltlichen Er-

---

2592 So Wagenhofer (2009), S. 148. Zustimmend Baetge/Zülch (2010), Abt. I/2 Rz. 268; ferner auch Heyd/Lutz-Ingold (2005), S. 34 („ein immaterieller Vermögenswert [...] muss bilanziell greifbar sein“); Blasius (2006), S. 263 („das Kriterium der Identifizierbarkeit [entspricht] im Wesentlichen dem Greifbarkeitskriterium nach deutschem Bilanzrecht“); Jacobi (2003), S. 93.

2593 Hommel (1997), S. 353 (beide Zitate; terminologische Anpassung durch Verf.). Es überrascht indes, dass *Hommel* eine Nähe zwischen Greifbarkeit und Identifizierbarkeit herstellen will, indem er in IAS 38.12 (a) das Kriterium der selbstständigen Verwertbarkeit nachzuweisen glaubt; jenes nämlich verwirft *Hommel* als Konkretisierung der Greifbarkeit. Konsequenterweise müsste *Hommel* das von ihm favorisierte *Übertragbarkeitsprinzip* nachweisen, um eine Vergleichbarkeit von Greifbarkeitsprinzip sowie Identifizierbarkeit feststellen zu können. Diesen Gleichlauf wollen *Küting/Dawo* feststellen: Identifizierbarkeit führe „kaum zu anderen Ergebnissen (.) als das im deutschen Handelsrecht (sic!) entwickelte Kriterium der Übertragbarkeit mit dem Gesamtbetrieb“; dies. (2003), S. 413. Dieser Ansicht ist mit *Wüstemann/Neumann* zu widersprechen. Sofern nämlich der immaterielle Vermögenswert nur gemeinsam mit einer Gruppe von Vermögenswerten in Gestalt einer wirtschaftlich selbstständigen Einheit übertragen werden kann, ist Separierbarkeit gerade nicht gegeben, wohingegen Greifbarkeit, als Übertragbarkeit mit dem gesamten Unternehmen verstanden, vorliegt. Separierbarkeit ist in dieser Hinsicht mithin enger als Greifbarkeit auszulegen. Vgl. Wüstemann/Neumann (2011), S. 819.

2594 Pauly/Hommel (2006), S. 53; vgl. auch Küting/Dawo (2003), S. 413; Ernstberger (2004), S. 107; Wulf (2008), S. 31; Köhrle (2010), S. 261 f.; Hülsberg/Thiele (2010), S. 685; Jacobi (2003), S. 93; vorsichtiger Duhr (2006), S. 102.

2595 Gegen eine (ausschließliche) Interpretation von Identifizierbarkeit als Einzelverwertbarkeit/-veräußerbarkeit vgl. Hennrichs (2008c), S. 539; Schulze-Osterloh (2008a), S. 67; Müller (2010), S. 7; Lenz (2008), S. 161; Kuntschik (2004), S. 141 f.; Lutz/Schlag (2010), Abt. I/4 Rz. 57; Schnorr (2004), S. 310; Kahle/Günter (2008), S. 85; Velte (2008), S. 154; Dietel (2004), S. 231; Brinkmann (2006), S. 121 f.; Braun (2011c), § 248 HGB Rz. 15; Scheinpflug (2009a), § 4. Rz. 6; Sommerhoff (2010), S. 140; Pittroff/Schmidt/Siegel (2011), B 161 Rz. 92.

2596 Schruff/Haaker (2011), Abschn. 11 Rz. 122 u. Rz. 22. Separierbarkeit i. S. d. IAS 38 stellt ferner auch nicht auf Übertragbarkeit mit „mehreren *assets* (...) oder gar dem gesamten Unternehmen“ (so mit Recht Duhr [2006], S. 107; Kursivierung aus Original übernommen), wie dies bspw. Küting/Dawo (2003), S. 413 erkennen wollen.

2597 Vgl. Fülbier/Gassen (2007), S. 2609; Böcking/Gros (2010c), S. 136; von Eitzen/Moog/Pyschny (2010), S. 357; Küting (2009a), S. 293; Bitz/Schneeloch/Wittstock (2011), S. 826 f.; Rückle (2009), S. 35; Prinz (2011a), S. 162.

2598 Vgl. Moxter (2003b), S. 78; Euler (1998), S. 22; Lenz (2008), S. 162; Steiner/Gross (2004), S. 557; Buchholz/Weis (2002), S. 516.

werbs[2599] – nach h. M. Ausfluss des bilanzrechtlichen Objektivierungsprinzips[2600] – aufgegeben wurde.[2601] Diese Änderung gilt als das Kernstück des BilMoG.[2602] Nach dem novellierten § 248 Abs. 2 S. 1 HGB besteht nun ein explizites Wahlrecht, selbst geschaffene[2603] immaterielle Vermögensgegenstände des Anlagevermögens als Aktivposten in der Handelsbilanz anzusetzen. In Abweichung zu IAS 38 besteht keine Aktivierungs*pflicht*.[2604] Aus Gründen des Gläubigerschutzes ist die Ausübung dieses Wahlrechts (bei Kapitalgesellschaften) an eine Ausschüttungssperre gekoppelt (§ 268 Abs. 8 HGB).[2605]

Die neuerliche Aktivierungsoption bezieht sich auf Entwicklungskosten (§ 255 Abs. 2a S. 1 HGB); eine Aktivierung während der Forschungsphase angefallener Ausgaben ist wie nach IAS 38.54[2606] untersagt (§ 255 Abs. 2 S. 2 HGB).[2607] Es ist damit wie nach IAS 38 erforderlich, zwischen For-

---

2599 Zum (bilanzrechtlichen) Prinzip des entgeltlichen Erwerbs (und seinen Ausnahmen) vgl. Moxter (2003b), S. 74-77; ders. (2008), S. 1515 f.; ders. (1978), S. 1804 ff.; ders. (1980b), S. 215 f.; ders. (1987), S. 367; ders. (1989), S. 238; ders. (1993b), S. 537; ders. (1994b), S. 100; ders. (1995a), S. 498; Kronner (1995), S. 13 ff.; Euler (1996), S. 199-203.

2600 Vgl. Ballwieser (1987), S. 11. Von Teilen der bilanzrechtlichen Literatur wurde das Aktivierungsverbot (auch) mit dem Vorsichtsprinzip begründet; vgl. ders. (2009b), B 131 Rz. 31 m. w. N. (ohne sich dieser Sicht anzuschließen).

2601 Zur Kritik vgl. Moxter (2008), S. 1514 ff.; Wüstemann/Wüstemann (2010a), S. 765 f.; Schüttler/Berthold (2011), S. 932 ff.; Wehrheim/Fross (2010a), S. 74-79; zustimmend zur Aufgabe des § 248 Abs. 2 HGB a. F. dagegen z. B. Arbeitskreis Externe Unternehmensrechnung der Schmalenbach-Gesellschaft für Betriebswirtschaft e. V. (2008), S. 995.

2602 Vgl. Arbeitskreis Bilanzrecht der Hochschullehrer Rechtswissenschaft (2008c), S. 152; Mayr (2011), S. 335.

2603 Für entgeltlich erworbene immaterielle Vermögensgegenstände des Anlagevermögens besteht eine Aktivierungspflicht, ebenso für immaterielle Vermögensgegenstände des Umlaufvermögen, ungeachtet, ob diese selbst erstellt oder entgeltlich erworben wurden. Dies ergibt sich aus dem Vollständigkeitsgebot des § 246 Abs. 1 HGB. Vgl. Braun (2011c), § 248 HGB Rz. 26; Mindermann (2010), S. 658; Hülsberg/Thiele (2010), S. 693.

2604 Vgl. Zwirner/Künkele (2009), S. 642. Ein dem IAS 38 entsprechendes, im Gesetzgebungsverfahren noch vorgesehenes Aktivierungsgebot wurde angesichts vielfach geäußerter Kritik wieder verworfen; vgl. Ballwieser (2009b), B 131 Rz. 32; Müller (2010), S. 6; Böcking/Gros (2010c), S. 135; Oser et al. (2009), S. 576 f.; Runke/Schmiele/Sanyang (2009), S. 2725; Braun (2011c), § 248 HGB Rz. 10; Hey (2010b), § 17 Rz. 97; Schüttler/Berthold (2011), S. 932; Mayr (2011), S. 335.

2605 Vgl. Hennrichs (2008c), S. 541; ders. (2009d), S. 923; Sommerhoff (2010), S. 117-122; Küting et al. (2011), S. 3 f.; Küting/Pfirmann/Ellmann (2008), S. 695; Wulf (2010), S. 332; Schruff/Haaker (2011), Abschn. 11 Rz. 127; Rade/Stobbe (2009), S. 1114; Böcking/Gros (2010c), S. 135; Esterer (2010), S. 630; Sigloch/Weber (2008), S. 112; Mindermann (2008), S. 277 f.; Weinand/Wolz (2010), S. 131; Oser et al. (2009), S. 578; Kirsch, H. (2009b), S. 322; Lühn (2007), S. 929; Treisch (2011), S. 141; Rossmanith/Heß (2011), S. 185; Bitz/Schneeloch/Wittstock (2011), S. 148 f.; Rückle (2009), S. 35.

2606 Vgl. Bieg et al. (2009b), S. 254; Böcking/Gros (2010c), S. 136.

2607 Vgl. von Eitzen/Moog/Pyschny (2010), S. 357; Schüttler/Berthold (2011), S. 932 u. S. 934. Es ist allerdings noch immer völlig unklar, „was bei Entwicklungskosten aktiviert wird" (Ballwieser [2011], S. 590). Für erhebliche Irritationen hat eine im RegE zum BilMoG enthaltene Formulierung gesorgt, wonach die Aktivierung in der Entwicklungsphase bereits dann möglich sei, wenn mit hoher Wahrscheinlichkeit davon ausgegangen werden kann, dass ein einzeln verwertbarer immaterieller Vermögensgegenstand des Anlagevermögens zur Entstehung gelangt (vgl. BT-Drs. 16/10067, S. 60; diese Aktivierungsvoraussetzung offenbar ebenfalls anerkennend Oser et al. [2009], S. 577; Bieg et al. [2009], S. 255; Dobler/Kurz [2008], S. 487; Boecker/Froschhammer [2010], S. 306; Coenenberg/Haller/Schultze [2009], S. 177 f.; Weinand/Wolz [2010], S. 131). Demnach wäre bei interperiodischen Herstellungs- bzw. Entwicklungsprozessen eine Einschätzung dahingehend erforderlich, ob nach Beendigung der Entwicklungstätigkeiten mit dem Entstehen eines einzelverwertbaren Vermögensgegenstandes zu rechnen ist (vgl. Gelhausen/Fey/Kämpfer [2009], § 248 Abs. 2 HGB Rz. 64). Bei einer hinreichend hohen Wahrscheinlichkeit wäre ein „Vermögensgegenstand in der Entstehung" (Kahle/Haas (2010), S. 35) in der Handelsbilanz anzusetzen. Ein dem IAS 38.57 nachempfundener Katalog wurde nicht in das HGB übernommen (vgl. Bitz/Schneeloch/Wittstock [2011], S. 829). Das Schrifttum erwägt dennoch mehrheitlich, sich der dort genannten Kriterien zu bedienen, um Aussagen über die Wahrscheinlichkeit des Entstehens eines Vermögensgegenstandes treffen zu können (vgl. GelhausenFey/Kämpfer [2009], § 248 Abs. 2 HGB Rz. 46; Oser/Wader [2008], S. 18; Mindermann [2010], S. 659; Castedello/Kreher [2010], S. 71; Keller [2009], S. 102; Theile [2009a], S. 120; Boecker/Künkele [2010], S. 485; Weinand/Wolz [2010], S. 132; Lüdenbach/Hoffmann [2009], S. 293; Lau-

schungs- und Entwicklungsphase zu differenzieren.[2608] Ist eine solche Aufspaltung nicht möglich, scheidet eine Aktivierung in Analogie zu IAS 38.53[2609] aus (§ 255 Abs. 2a S. 4 HGB).[2610] Ein dem IAS 38.63 entsprechendes[2611] Aktivierungsverbot wurde für „selbst geschaffene Marken, Drucktitel, Verlagsrechte, Kundenlisten oder vergleichbare immaterielle Vermögensgegenstände des Anlagevermögens" geschaffen (§ 248 Abs. 2 S. 2 HGB).[2612] Dieses Aktivierungsverbot wird seitens des deutschen Gesetzgebers mit der fehlenden selbstständigen Bewertbarkeit begründet, wobei diese Vermutung nicht widerlegbar ist.[2613] Nach dem BilMoG dürften im Ganzen „keine nennenswerten Unterschiede hinsichtlich des Ansatzes immaterieller Werte zwischen IFRS und HGB mehr [bestehen]"[2614], sofern verbleibende (Detail-) Unterschiede zwischen den Regelwerken durch eine entsprechende Ausübung impliziter und expliziter Wahlrechte eingeebnet werden.[2615]

---

bach/Kraus/Bornhofen [2009], S. 22; Henckel/Ludwig/Lüdke [2008], S. 198; Braun [2011c], § 248 HGB Rz. 17. Ein solches Vorgehen zu Recht kritisierend Sommerhoff [2010], S. 74 ff.; Ballwieser [2011], S. 590). Nach gegenteiliger Ansicht kann es einen solchen „Noch-nicht-Vermögensgegenstand(.)" (so die Bezeichnung bei Theile [2008], S. 1066, Zwischenüberschrift II.2.(a)) bilanzrechtlich überhaupt nicht geben; eine Aktivierung komme vielmehr erst dann in Betracht, wenn die Vermögensgegenstandseigenschaft des selbst geschaffenen immateriellen Vermögensgegenstandes des Anlagevermögens abschließend gegeben sei (so Wüstemann/Wüstemann [2010a], S. 763; Wüstemann [2010], S. 2365; Hennrichs [2010c], S. 19; Mindermann [2010], S. 660; zur Diskussion auch Schruff/Haaker [2011], Abschn. 11 Rz. 126; Küting/Ellmann [2010], S. 1303; Reinke [2010], S. 11 f.; Schülke [2010], S. 996; Rückle [2009], S. 36).

2608 Vgl. Hennrichs (2008c), S. 540; Kahle/Haas (2010), S. 35 ff.; Arbeitskreis Bilanzrecht der Hochschullehrer Rechtswissenschaft (2008c), S. 158; Oser/Wader (2008), S. 17; Laubach/Kraus/Bornhofen (2009), S. 22; Theile (2008), S. 1065; Castedello/Kreher (2010), S. 68; zur Abgrenzung vgl. im Einzelnen auch Hülsberg/Thiele (2010), S. 694 f.

2609 Vgl. Bieg et al. (2009b), S. 254; Dörner/Neubert (2008), S. 451; Seidel/Grieger/Muske (2009), S. 1287; Boecker/Froschhammer (2010), S. 306; Zwirner/Künkele (2009), S. 642.

2610 Vgl. Kahle/Haas (2010), S. 35; Hülsberg/Thiele (2010), S. 695; von Eitzen/Moog/Pyschny (2010), S. 357; Hey (2010b), § 17 Rz. 97. Entgegen seiner Bezeichnung „Bewertungsmaßstäbe" hat § 255 HGB insoweit auch Bedeutung für den Ansatz; vgl. Hülsberg/Thiele (2010), S. 694.

2611 Vgl. Schruff/Haaker (2011), Abschn. 11 Rz. 124; Hennrichs (2011b), S. 868; Wulf (2010), S. 333; Küting et al. (2011), S. 3; Dörner/Neubert (2008), S. 451; Theile (2008), S. 1064; ders. (2009a), S. 120; Müller (2010), S. 7; Hülsberg/Thiele (2010), S. 695; Sigloch/Weber (2008), S. 112; Mayer (2009a), S. 130; Förschle/Usinger (2010b), § 248 HGB Rz. 63; Kirsch, H. (2008c), S. 225; ders. (2009a), S. 185; Oser et al. (2009), S. 577; Bitz/Schneeloch/Wittstock (2011), S. 829; Schülke (2010), S. 997; Zwirner/Künkele (2009), S. 642. Trotz der Wortlautnähe erscheint ein (pauschaler) Rückgriff auf IAS 38.63 zur Auslegung dieses handelsrechtlichen Verbots kritisch; so auch Gelhausen/Fey/Kämpfer (2009), § 248 Abs. 2 HGB Rz. 84.

2612 Vgl. hierzu umfassend Sommerhoff (2010), S. 86-95. Dieses Aktivierungsverbot wirft (weitere) systematische Zweifelsfragen auf. Anhand des Gesetzeswortlauts könnte darauf geschlossen werden, dass bereits vorliegende immaterielle Vermögensgegenstände aufgrund fehlender selbstständiger Bewertbarkeit von einer Aktivierung ausgeschlossen wären. Demzufolge wäre die selbstständige Bewertbarkeit nicht (mehr) als Vermögensgegenstandskriterium, sondern erst im Rahmen des Ansatzes immaterieller Vermögensgegenstände zu prüfen (vgl. Wüstemann/Wüstemann [2010a], S. 762 mit Verweis auf Hommel/Berndt [2009], S. 2192 sowie Rade/Stobbe [2009], S. 1113). Bei der Benennung von Marken, Drucktiteln, Verlagsrechten und Kundenlisten als immaterielle *Vermögensgegenstände* dürfte es sich um eine Unachtsamkeit des Gesetzgebers handeln (vgl. Wüstemann/Wüstemann [2010a], S. 763). Vielmehr dürfte das Prinzip der selbstständigen Bewertbarkeit als Vermögensgegenstandskriterium durch das BilMoG – je nach Betrachtungsweise – eine Bestätigung (vgl. Wüstemann/Wüstemann [2010a], S. 762 f.; Hennrichs [2010c], S. 18) bzw. eine Stärkung (vgl. Kahle/Günter [2008], S. 86; Küting/Pfirmann/Ellmann [2008], S. 690; Küting/Ellmann [2009], S. 269; Laubach/Kraus/Bornhofen [2009], S. 19) erfahren haben (a. A. – selbstständige Bewertbarkeit als konkretes und nicht abstraktes Kriterium der handelsrechtlichen Aktivierungsfähigkeit – Sommerhoff [2010], S. 87; Schruff/Haaker [2011] Abschn. 11 Rz. 44).

2613 Vgl. Braun (2011c), § 248 HGB Rz. 12.

2614 So Schruff/Haaker (2011), Abschn. 11 Rz. 124. A. A. Tanski (2010), S. 15, der „erhebliche Unterschiede" erkennen will (im Original Fettdruck); vgl. auch Böcking/Gros (2010c), S. 136 („wesentliche Unterschiede").

2615 Vgl. Schruff/Haaker (2011), Abschn. 11 Rz. 124; Bitz/Schneeloch/Wittstock (2011), S. 829; Zwirner/Künkele (2009), S. 642.

Mit der neuerlichen Aktivierungsoption des § 248 Abs. 2 S. 1 HGB gehen – zumindest in kurzfristiger Betrachtung[2616] – keine steuerlichen Folgewirkungen einher, auch wenn aus dem handelsrechtlichen Wahlrecht zunächst eine steuerliche Aktivierungspflicht resultierte. Der steuerbilanzielle Ansatz von selbst geschaffenen immateriellen Wirtschaftsgütern des Anlagevermögens wird weiterhin durch § 5 Abs. 2 EStG blockiert. Danach wird für die Aktivierung selbst erstellter immaterieller Wirtschaftsgüter des Anlagevermögens zwingend[2617] ein entgeltlicher Erwerb vorausgesetzt.[2618] § 5 Abs. 2 EStG, die vor dem BilMoG eine deklaratorische Parallelvorschrift zu § 248 Abs. 2 HGB a. F. war, erfährt nunmehr also eine wesentlich höhere Bedeutung.[2619] Damit unterliegen insbesondere und entgegen IAS 38 auch Entwicklungsausgaben einem steuerlichen Aktivierungsverbot;[2620] sie sind stattdessen Betriebsausgaben (§ 4 Abs. 4 EStG).[2621] Dabei legt der BFH das Erfordernis des entgeltlichen Erwerbs streng aus.[2622] Es wird ein Erwerb i. S. d. Rechts der gegenseitigen Verträge (§§ 320 ff. BGB) gefordert, wobei diese Voraussetzung aber nicht als Extremwertung[2623] zu verstehen ist. Vielmehr entspricht es dem Prinzip wirtschaftlicher Betrachtungsweise (im ausschüttungsstatischen Sinn), wenn „nach dem Willen der Vertragsparteien die Leistung der einen Partei die Gegenleistung, das so zu verstehende Entgelt, für die Leistung der anderen Partei bildet“[2624] (*wirtschaftliches Synallagma*).

1.3 Aktivierung des immateriellen Anlagevermögens nach dem Handels- und Steuerrecht Frankreichs im Vergleich zu IFRS

Durch das CRC 2004-06 wurden die für immaterielle Vermögenswerte geltenden Ansatz- und Bewertungsvorschriften des PCG annähernd wortgetreu (*verbatim approach*) an IAS 38 angepasst. Ein immaterieller Vermögenswert (*immobilisation incorporelle*) wird handelsrechtlich nunmehr definiert als „actif non monétaire sans substance physique“ (Art. 211.1-3 PCG).[2625] Die Aktivierung eines immateriellen Vermögenswerts verlangt damit zunächst das Vorliegen der allgemeinen Definitionsmerkmale eines *actif* i. S. d. Art. 211-1.1 PCG,[2626] die den in F.1989.49 (a) bzw.

2616 Auch wenn das Aktivierungswahlrecht des § 248 Abs. 2 HGB keine steuerlichen Folgewirkungen auslöst, ist möglicherweise abzusehen, dass „die handelsrechtliche Aktivierung auch zu einer gleichartigen Behandlung in der Steuerbilanz führen wird“. So Rückle (2009), S. 36; vgl. auch Moxter (2008), S. 1517; Marx (2007), S. 884.

2617 Zu beachten ist allerdings, dass die steuerrechtlichen Regeln über Einlagen gegenüber § 5 Abs. 2 EStG vorrangig anzuwenden sind. Vgl. Weber-Grellet (2011), § 5 EStG Rz. 164.

2618 Vgl. BMF v. 12.03.2010, IV C 6 – S 2133/09/10001, BStBl. I 2010, S. 239, Tz. 3; Kahle/Haas (2010), S. 34; Hey (2010b), § 17 Rz. 97; Kußmaul/Ollinger (2011), S. 288; Förster/Schmidtmann (2009), S. 1344; Dörner/Neubert (2008), S. 453; Oser/Wader (2008), S. 18; Groß (2009), S. 141 f.; Kaminski (2009), S. 201; Künkele/Zwirner (2009a), S. 1280 f.; Strahl (2008), S. 16293; Böcking/Gros (2010c), S. 137; Sigloch/Weber (2008), S. 114 f.; Schanz/Schanz (2010b), S. 313; Rückle (2009), S. 36; Herzig/Briesemeister/Schäperclaus (2011), S. 2; Rammert/Thies (2009), S. 43; Meurer (2009), S. 119; Mitschke (2010), S. 216; Müller (2010), S. 8; Dobler/Kurz (2008), S. 487; Weber-Grellet (2008a), S. 147; Kirsch, H. (2009b), S. 322; Treisch (2011), S. 141; Rödder (2009), S. 231; Hottmann (2009), S. 7; Braun (2011c), § 248 HGB Rz. 27.

2619 Vgl. Herzig/Briesemeister (2009b), S. 976.

2620 Vgl. Rammert/Thies (2009), S. 43; Küting/Ellmann (2010), S. 1302.

2621 Vgl. Ekkenga (2011b), § 255 HGB Rz. 133.

2622 Vgl. Moxter (2007a), S. 26; ders. (1993b), S. 537; ders. (2007a), S. 412; Ballwieser (2009b), B 131 Rz. 39.

2623 Vgl. Wüstemann (1999a), S. 141.

2624 Moxter (2007a), S. 26; vgl. auch ders. (1989), S. 238.

2625 Vgl. auch Villemot (2008), S. 8.

2626 Vgl. auch Villemot (2008), S. 8.

F.2010.4.4 (a) fixierten Vermögenswerteigenschaften nahezu entsprechen. Allerdings verweist Art. 211-1.1 PCG auch[2627] bei immateriellen Vermögenswerten auf das (zivilrechtliche) *patrimoine* des Bilanzierenden, was erneut eine engere Auslegung des Vermögenswertbegriffs zulassen könnte.

Insoweit folgerichtig wurden auch die für immaterielle Vermögenswerte zusätzlich geforderten Definitionsmerkmale der Immaterialität (Nichtmonetarität sowie Substanzlosigkeit) sowie der Identifizierbarkeit in den PCG integriert (Artt. 211-1.2; 211-3 PCG). Das letztgenannte Kriterium soll zum einen in Gleichklang mit IAS 38.12 (a) durch ein Kriterium der Separierbarkeit konkretisiert werden (Art. 211-3 PCG).[2628] Zum anderen wird Identifizierbarkeit in Analogie zu dem *Contractual-legal*-Kriterium des IAS 38.12 (b) angenommen, wenn das betreffende Immaterialgut „resulte d'un droit légal ou contractuel même si ce droit n'est pas transférable ou séparable de l'entité ou des autres droits et obligations" (Art. 211-3 PCG).[2629] Liegt ein immaterieller Vermögenswert im diesem Sinne vor, ist dieser nach Art. 311-1 PCG – in Übereinstimmung mit den Ansatzkriterien des F.1989.83 (nunmehr: F.2010.4.38), IAS 38.18 (b) und IAS 38.21 – in der Handelsbilanz zu aktivieren, wenn der Zufluss künftigen wirtschaftlichen Nutzens wahrscheinlich (*probable*) ist und die Anschaffungs- oder Herstellungskosten des immateriellen Vermögenswerts zuverlässig bemessen werden können (*évalué avec une fiabilité suffisante*).

Die Aktivierung immaterieller Vermögenswerte im Rahmen der steuerlichen Gewinnermittlung ist im CGI nicht ausdrücklich geregelt und daher noch immer umstritten. In Ermangelung einer eigenständigen Definition wäre im Grundsatz auf den handelsrechtlichen Begriff des immateriellen Vermögenswerts abzustellen. Nach der Rechtsprechung des *Conseil d'État* (sog. *SA Sife-Judikatur*[2630]) ist ein Recht für steuerliche Zwecke – unter Wahrung des fundamentalen Prinzips der *patrimonialité*[2631] – nur dann als *immobilisation incorporelle* zu aktivieren, wenn dieses eine regelmäßige Einnahmequelle (*source régulière de profits*) darstellt sowie die Merkmale der Dauerhaftigkeit (*pérennité*) sowie Übertragbarkeit (*cessibilité*) aufweist.[2632] Letzteres Kriterium wird offenbar eng i. S. einer (konkreten) Einzelverwertbarkeit bzw. -übertragbarkeit ausgelegt.[2633]

Nach Meinung der französischen Finanzadministration soll es nach dem CRC 2004-06 nun nicht mehr auf das Kriterium der (Einzel-) Übertragbarkeit (*cessibilité*) ankommen; dieses sei durch das

2627 Auf diese Problematik wurde bereits im Zusammenhang mit materiellen Vermögenswerten des Anlagevermögens eingegangen; vgl. hierzu 4. Kap. II. 1.3.

2628 Vgl. auch Marchessou (2006), S. 304; Villemot (2008), S. 8.

2629 Vgl. auch Marchessou (2006), S. 304; Villemot (2008), S. 8.

2630 Vgl. grundlegend *Conseil d'État* v. 21.08.1996, 8e/9e sous-section, n° 154488, Rec. CE 1996, S. 343.

2631 Vgl. Villemot (2003), S. 1583.

2632 Vgl. Villemot (1998), S. 504 ff.; ders. (2003), S. 1583; ders. (2008), S. 9; Cozian/Rossignol (2007), S. 914 ff.; de Kergos/Monsenego (2010), S. 19; RF Comptable (2006), S. 28; Endres et al. (2007), S. 288; Günther (1999), S. 151-161; Osterloh-Konrad (2005), S. 385-388; Wagner, S. (2000), S. 115 ff.

2633 Vgl. Wagner, S. (2000), S. 133 und passim. Zum Teil wird noch strenger von einer geforderten Einzelveräußerbarkeit ausgegangen; vgl. Günther (1999), S. 151; Osterloh-Konrad (2005), S. 386.

Kriterium der Identifizierbarkeit (Art. 211-3 PCG) ersetzt worden.[2634] Allerdings soll die *cessibilité* in Bezug auf jene Sachverhalte, die vom Anwendungsbereich der neuen Vermögenswertdefinition ausgenommen sind, weiterhin Gültigkeit behalten.[2635] Dagegen scheinen die weiteren von der Rechtsprechung entwickelten Ansatzvoraussetzungen (Einnahmequelle, Dauerhaftigkeit) aus Sicht der französischen Finanzadministration mit den neuartigen handelsrechtlichen Aktivierungskriterien vereinbar. So kann die geforderte Einnahmenquelle offenbar mit dem geforderten Vorliegen einer Ressource bzw. mit dem Zufluss von wirtschaftlichem Nutzen in Einklang gebracht werden; das Kriterium der Dauerhaftigkeit scheint dem Kriterium der Kontrolle nicht grundsätzlich entgegenzustehen.[2636]

Durch das CRC 2004-06 wurden weiterhin die Vorschriften des IAS 38 zur Aktivierung von Entwicklungskosten einschließlich der Regelungen bezüglich der Abgrenzung von Forschungs- und Entwicklungskosten in den PCG eingeführt.[2637] Der gesamte Erstellungsprozess wird nunmehr in Analogie zu IAS 38 in Forschungs- und Entwicklungsphase unterteilt. Sofern eine solche Unterscheidung nicht möglich ist, werden wie nach IAS 38.53 sämtliche projektbezogenen Ausgaben pauschal der Forschungsphase zugerechnet, sodass eine Aktivierung ausscheidet (Art. 311-3.4 PCG).

Für die in der Forschungsphase angefallenen Ausgaben (*dépenses engagées pour la recherche*) besteht nach Art. 311-3.1 PCG ein explizites Aktivierungsverbot; sie sind zwingend als Periodenaufwand zu erfassen („doivent être comptabilisées en charges"). Die Aktivierung von Entwicklungskosten (*coûts de développement*) indessen verlangt nach Art. 311-3.2 PCG, dass diese „bestimmten individualisierbaren Projekten zugeordnet werden können und mit deren wirtschaftlicher Rentabilität zu rechnen ist"[2638]. Dazu enthält Art. 311-3.2 PCG einen Katalog von spezifizierten Nachweiserfordernissen, die denen des IAS 38.57 quasi wortgleich nachgeahmt sind. Ein materieller Unterschied zu IAS 38 besteht nur darin, dass Art. 311-3.2 PCG bei Erfüllung dieser Anforderungen keine Aktivierungspflicht anordnet, sondern vielmehr ein Aktivierungswahlrecht gewährt. Diese Abweichung ist dem Umstand geschuldet, dass der hierarchisch übergeordnete Art. 19 DC unverändert ein Aktivierungswahlrecht enthält.[2639] Eine durch Art. 311-3.2 PCG angeordnete Aktivierungspflicht würde somit ins Leere greifen. Es verbleibt, die Aktivierungsalternative als *méthode préférentielle*[2640] zu benennen (Art. 311-1.2 PCG). In Übereinstimmung mit IAS 38.63 besteht da-

---

2634 Vgl. Direction générale des impôts v. 30.12.2005, 4 A-13-05, Tz. 8; dazu auch RF Comptable (2006), S. 28; Geslin (2006), S. 12.

2635 Vgl. Villemot (2008), S. 9; Geslin (2006), S. 12 f.

2636 So Villemot (2008), S. 9.

2637 Vgl. Schulte (2010), S. 167.

2638 Osterloh-Konrad (2005), S. 388.

2639 Vgl. Schulte (2010), S. 167; Schäfer (2004), S. 112; Schwandtner (1994), S. 191 f.

2640 Vgl. Picq/Escaut (2010), S. 14; Geslin (2003), S. 13; Lévesque (2006), S. 11; Tort (2006a), S. 27; im deutschen Schrifttum: Schulte/Wüstemann/Hommel (2009), S. 15. Dieses Problem der Anwendungsinferiorität des PCG gegenüber dem CCom sowie dem DC stellt sich auch bei weiteren Bilanzierungsfragen, insbesondere auch bei der Behandlung von Gründungsaufwendungen (*frais d'établissement*). Diese müssen handelsrechtlich nicht sofort abgezogen, sondern dürfen alternativ (Wahlrecht) nach Maßgabe des Art. 19 Abs. 1 DC aktiviert und über fünf Jahre

bei ein explizites Aktivierungsverbot für selbst geschaffene Geschäfts- oder Firmenwerte (*fonds commerciaux*), Markennamen, Drucktitel, Verlagsrechte, Kundenlisten sowie „autres éléments similaires en substance" (Art. 311-3.2 PCG).

Die steuerrechtliche Grundlage zur Behandlung von Forschungs- und Entwicklungsausgaben findet sich in der Vorschrift des Art. 236-I CGI.[2641] Die Norm gewährt grundsätzlich für sämtliche Forschungs- und Entwicklungskosten ein Wahlrecht zwischen der Aktivierung und dem sofortigen Abzug als Betriebsausgaben.[2642] Der entgeltliche Erwerb stellt damit weder handels- noch steuerrechtlich eine Bedingung für die Aktivierung immaterieller Wirtschaftsgüter dar.[2643] Die steuerliche Behandlung von Forschungs- und Entwicklungsausgaben wird durch die jeweilige handelsbilanzielle Vorgehensweise bestimmt, wodurch in diesem Bilanzierungsbereich eine enge Verknüpfung von handels- und steuerrechtlicher Gewinnermittlung geschaffen wird.[2644] Die Bindung an die Handelsbilanz soll nach Ansicht der französischen Finanzadministration ungeachtet der Einführung des IFRS-angenäherten *régime comptable* gelten.[2645] Somit können die Aktivierungsgrundsätze der IFRS auch mittelbare steuerliche Relevanz erlangen. Sofern in der Handelsbilanz i. S. der *méthode préférentielle* eine Aktivierung von Entwicklungsausgaben vorgenommen wurde, ist diese Aktivierung zwingend für steuerliche Gewinnermittlungszwecke nachzuvollziehen; ein sofortiger Betriebsausgabenabzug ist demnach ausgeschlossen.[2646] Aus der insoweit geltenden Vorrangigkeit des Handelsrechts ergibt sich, dass steuerlich eine Aktivierung von Forschungsausgaben (*frais de recherche*) unzulässig ist.[2647]

1.4 Aktivierung des immateriellen Anlagevermögens nach dem Handels- und Steuerrecht Polens im Vergleich zu IFRS

Nach geltendem polnischen Bilanzrecht sind als „immaterielle Vermögenswerte und Rechte" im Grundsatz sämtliche „von der Einheit erworbenen und zu den langfristigen Vermögenswerten zu

---

abgeschrieben werden. (vgl. Perlewitz/Belie [2000], S. 73; Schäfer, R. [2004], S. 112; Hellio/Crucifix [2010], Rz. 57; Schwandtner [1994], S. 191; Merker [1984], S. 24), obwohl sie nach Maßgabe der IFRS-angenäherten Definition eines (immateriellen) Vermögenswerts (CRC 2004-06) an sich von einer Aktivierung ausgeschlossen wären. Zu dieser Problematik Dandon/Didelot (2006), S. 31; Degos/Ouvrard (2008), S. 68; Nobes/Parker (2010), S. 368.

2641 Das Wahlrecht zur Aktivierung von Entwicklungsausgaben ist für sämtliche Projekte einheitlich anzuwenden ist (*option globale*); vgl. RF Comptable (2006), S. 29.

2642 Vgl. Osterloh-Konrad (2005), S. 388; Schäfer (2004), S. 119; Gelin/Bonnet (2009), S. 33; Kemmeren (1996), S. 93; RF Comptable (2006), S. 29; Brodhag (1997), S. 53 f.; McCourt/Radcliffe (1995), S. 473; Sachs (1998), S. 146. Wörtlich heißt es: „Pour l'établissement de l'impôt sur le revenu ou de l'impôt sur les sociétés, les dépenses de fonctionnement exposées dans les opérations de recherche scientifique ou technique peuvent, au choix de l'entreprise, être immobilisées ou déduites des résultats de l'année ou de l'exercice au cours duquel elles ont été exposées". Vgl. hierzu auch Direction générale des impôts v. 30.12.2005, 4 A-13-05, Tz. 15.

2643 Vgl. Osterloh-Konrad (2005), S. 387.

2644 Vgl. McCourt/Radcliffe (1995), S. 473; Katiya/Cordier-Deltour/Berger (2007), S. 14.

2645 Vgl. Direction générale des impôts v. 30.12.2005, 4 A-13-05, Tz. 18. Vgl. auch Picq/Escaut (2010), S. 15; Lévesque (2006), S. 11; RF Comptable (2006), S. 29.

2646 Vgl. Kemmeren (1996), S. 93. Eine Ausnahme besteht indes bei Softwareentwicklung; vgl. Picq/Escaut (2010), S. 15.

2647 Vgl. RF Comptable (2006), S. 30.

rechnenden Vermögensrechte" zu aktivieren (Art. 3 Abs. 1 Nr. 14 RLG).[2648] Demnach muss der zu aktivierende immaterielle Vermögensgegenstand die allgemeinen Definitions- und Ansatzkriterien eines Vermögenswerts erfüllen (Art. 3 Abs. 1 Nr. 12 RLG).[2649] Auf eine explizite Nennung zusätzlicher Definitionskriterien verzichtet das RLG. Jedoch ist die Aktivierung an die drei folgenden (abstrakten) Bedingungen geknüpft, dass das in Rede stehende Immaterialgut zur „wirtschaftlichen Nutzung" taugt, eine unterstellte „wirtschaftliche Nutzungsdauer" von mehr als einem Jahr aufweist und „zum Gebrauch für den Eigenbedarf der Gesellschaft" vorgesehen ist (Art. 3 Abs. 1 Nr. 14 RLG).[2650]

Wie im Zusammenhang mit materiellen Sachanlagen bereits dargelegt wurde, enthält das polnische Steuerrecht keine eigenständige Definition eines Wirtschaftsguts; vielmehr wird diesbezüglich auf die Definition des Handelsrechts verwiesen (Art. 4a Nr. 2 PDOPrU). Vermutlich gilt diese Inbezugnahme auch für immaterielle Vermögenswerte, infolgedessen die Vorschrift des Art. 3 Abs. 1 Nr. 14 RLG auch für die steuerrechtliche Gewinnermittlung an Geltung gewinnt.[2651]

Obgleich Art. 3 Abs. 1 Nr. 14 RLG den Kreis der zu aktivierenden immateriellen Vermögenswerte und Rechte seinem Wortlaut nach auf jene beschränkt, die erworben wurden, und damit auf ein Kriterium des entgeltlichen Erwerbs hindeutet, ist die Aktivierung (bestimmter) selbst erstellter immaterieller Vermögenswerte nach polnischem Bilanzrecht nicht grundsätzlich untersagt. Die handelsrechtliche Vorgehensweise zur Behandlung von selbst erstellten immateriellen Vermögensgegenständen weist dabei auch eine gewisse Nähe zu IAS 38 auf. So ist der Herstellungsprozess eines (potenziellen) immateriellen Vermögenswerts i. S. d. polnischen Bilanzrechts analog in eine Forschungs- und eine Entwicklungsphase zu unterteilen. Forschungsausgaben sind von einer Aktivierung ausgeschlossen.[2652] Dagegen ist die Aktivierung von Entwicklungsausgaben unter den folgenden IAS 38.57 entlehnten Voraussetzungen obligatorisch (Art. 33 Abs. 2 RLG):[2653]

- Das Erzeugnis bzw. die Technologie sind genau definiert und die für die Entwicklungsarbeit anfallenden Kosten können in glaubwürdiger Höhe ermittelt werden.
- Die technische Nutzungsmöglichkeit des Produktes oder der Technologie sind bestätigt und ausreichend dokumentiert und das bilanzierende Unternehmen hat auf dieser Grundlage entschieden, diese Produkte herzustellen bzw. diese Technologie anzuwenden.
- Die geschätzten Entwicklungskosten können mit den aus dem Verkauf der Produkte oder der Anwendung der Technologie erzielten Umsatzerlösen gedeckt werden.

2648 Langfristige Vermögenswerte sind in negativer Abgrenzung jene Aktiva, die nicht den kurzfristigen Vermögenswerten i. S. d. Art. 3 Abs. 1 Nr. 18 RLG) zuzurechnen sind; vgl. Art. 3 Abs. 1 Nr. 13 RLG. Weitere Hinweise gibt das RLG nicht. Auch der (deutschsprachigen) Literatur sind keine weiteren Einzelheiten zu entnehmen.

2649 Zur allgemeinen Aktivadefinition (Art. 3 Abs. 1 Nr. 12 RLG) vgl. bereits oben, 4. Kap. II. 1.4.

2650 Zu Art. 3 Abs. 1 Nr. 14 RLG vgl. Jungmann/Tacakiewicz (2007), S. 728; Wollgarten (2005), S. 114; König (1997), S. 110; Jaruga/Schroeder (2003), S. 25.08.

2651 Vgl. Migdał/Namysłowski/Ziółek (2010), S. 35.

2652 Vgl. Jungmann/Tacakiewicz (2007), S. 730.

2653 Vgl. auch Wollgarten (2005), S. 116; Eberhartinger/Wilczynska-Stöckl (2009), S. 61; Jungmann/Tacakiewicz (2007), S. 730; König (1997), S. 110 f.

Im Kontext der steuerrechtlichen Gewinnermittlung ist eine Aktivierung (bestimmter) selbst erstellter immaterieller Wirtschaftsgüter ebenfalls nicht ausgeschlossen. Ein striktes Prinzip des entgeltlichen Erwerbs ist im polnischen Steuerrecht nicht angelegt. Allein Forschungsausgaben unterliegen einem strikten Aktivierungsverbot.[2654] Zwar sollen auch „Aufwendungen für Entwicklungsarbeiten" im Grundsatz zu Betriebsausgaben führen (Art. 15 Absatz 4a PDOPrU), die Norm stellt jedoch zugleich heraus, dass gegebenenfalls eine Aktivierung als immaterielles Wirtschaftsgut (ausnahmsweise) nach Maßgabe Art. 16b Abs. 2 Nr. 3 PDOPrU in Betracht kommt. Nach der letztgenannten Norm verlangt eine Aktivierung zunächst das Vorliegen von „Aufwendungen für mit positivem Ergebnis abgeschlossene und für Zwecke der Wirtschaftstätigkeit des Steuerpflichtigen nutzbare Entwicklungsarbeiten" (Art. 16b Abs. 2 Nr. 3 PDOPrU).[2655] Eine Aktivierung ist allerdings an die zusätzlichen Voraussetzungen geknüpft:[2656]

- dass das Erzeugnis oder die Herstellungstechnologie genau festgestellt werden kann;
- die sie betreffenden Entwicklungsausgaben glaubwürdig bestimmbar sind;
- die technische Gebrauchsfähigkeit des Erzeugnisses oder der Technologie durch den Steuerpflichtigen ordnungsgemäß dokumentiert wird;
- der Steuerpflichtige auf dieser Grundlage eine Entscheidung über die Herstellung dieser Erzeugnisse oder die Anwendung der Technologien getroffen hat;
- eine Dokumentation vorliegt, aus der hervorgeht, dass die Entwicklungsaufwendungen durch erwartete Erlöse aus dem Verkauf (Umsatzerlöse) dieser Erzeugnisse oder der Anwendung der Technologie gedeckt sind.

Die vorgenannten Aktivierungskriterien dürften den Kriterien des IAS 38.57 in ihrer Unschärfe und Weitläufigkeit in nichts nachstehen. Sind die vorgenannten Voraussetzungen nach Ansicht des Steuerpflichtigen gegeben, besteht ein – vermutlich an IAS 38 angelehntes – Aktivierungsgebot.[2657]

1.5 Aktivierung des immateriellen Anlagevermögens nach dem Handels- und Steuerrecht Schwedens im Vergleich zu IFRS

Entsprechend seiner Ausgestaltung als Rahmengesetz (*ramlag*) enthält das schwedische Jahresabschlussgesetz (ÅRL) nur kursorische Vorgaben zur Bilanzierung von (selbst erstellten) immateriellen Vermögensgegenständen des Anlagevermögens (*immateriella tillgångar*). Grobe Hinweise finden sich in der Vorschrift des 4 kap. 2 § S. 1 ÅRL.[2658] Die Norm gewährt ihrem Wortlaut nach (*får tas upp*) ein explizites Wahlrecht, jene Ausgaben für Forschungs- und Entwicklungstätigkeit (*utgifter för forsknings- och utvecklingsarbeten*), die in kommenden Geschäftsjahren von wesentli-

---

2654 Vgl. Herbold (2009), S. 97 Abb. 6.
2655 Vgl. auch Endres et al. (2007), S. 294.
2656 Vgl. auch Endres et al. (2007), S. 294; Brockhuis/Schnell (2003), S. 92.
2657 Vgl. Herbold (2009), S. 98.
2658 Vgl. Bjuvberg (2006a), S. 334; Rundfelt (2001), S. 2387.

chem Wert (*väsentligt värde*) für die Geschäftstätigkeit (*rörelse*) des Bilanzierenden sind, als immaterielle Vermögensgegenstände des Anlagevermögens (*anläggningstillgång*) anzusetzen. Dies gilt nach 4 kap. 2 § S. 2 ÅRL ausdrücklich auch in Bezug auf Konzessionen (*koncessioner*), Patente (*patent*), Lizenzen (*licenser*), Warenzeichen (*varumärken*), Miet- und Pachtrechte (*hyresrätter*) und vergleichbare Rechten (*liknande rättigheter*) sowie den Goodwill (*goodwill*). Es überrascht (aus deutscher Sicht), dass dieses Wahlrecht in der schwedischen Literatur – soweit ersichtlich – kritiklos hingenommen wird; die Vorgabe zweier Erfassungsmöglichkeiten – unmittelbare Aufwandserfassung (*kostnadsföring*) einerseits oder Aktivierung (*aktivering*) andererseits – reflektiere lediglich die intrinsische Subjektivität (*inneboende subjektivitäten*) der *god redovisningssed*.[2659]

Indem das ÅRL in 4 kap. 2 § das Vorliegen eines wesentlichen Wertes (*väsentligt värde*) fordert, weicht es (positiv) von der 4. EG-Richtlinie ab, die ein solches Erfordernis in ihren Art. 34 u. 37 nicht vorsieht.[2660] Der (unscharfe) Terminus *väsentligt värde* entstammt der ursprünglichen Fassung des ÅRL, die bis zur Umsetzung der Bilanzrichtlinie Gültigkeit hatte, dort aber nicht näher konkretisiert wurde.[2661] Offensichtlich wurde es seitens des schwedischen Gesetzgebers für erforderlich gehalten, den Begriff auch nach Umsetzung der Bilanzrichtlinie in nationales Recht beizubehalten; allerdings enthält das ÅRL weiterhin keine Definition desselben. Nach Ansicht der schwedischen Literatur stellt der Begriff im Wesentlichen auf die aus dem Immaterialwert fließenden künftigen ökonomischen Vorteile (*ekonomiska fördelar*) für das bilanzierende Unternehmen ab.[2662]

Dieser gängige Konkretisierungsversuch dient zugleich als zentraler argumentativer Brückenschlag zu der Aktivierungskonzeption der IFRS, die sowohl in ihrem Rahmenkonzept als auch auf Standardebene auf eine künftigen Nutzen bringende ökonomische Ressource abstellen.[2663] Insofern ist es kaum überraschend, dass die Rechnungslegungsempfehlungen der schwedischen Standardsetzer frühzeitig eine Anlehnung an die Aktivierungskonzeption des IAS 38 gesucht haben. Der auf den Regelungsbereich der Immaterialgüterbilanzierung erstmals eingehende Verlautbarung RR 15 des *Redovisningsrådet* „är i allt väsentlig baserad på IAS 38"[2664] Diese Einschätzung ist ebenso für die nach RR 15 ergangenen Rechnungslegungsempfehlungen RR 32 bzw. RFR 2 gültig.[2665]

Auch die schwedische Literatur[2666] scheint der Aktivierungskonzeption des IAS 38 zu folgen. Der Begriff des immateriellen Vermögensgegenstandes (*immateriella tillgång*) wird – soweit ersichtlich

---

2659 So Bjuvberg (2006a), S. 336.

2660 Vgl. Bjuvberg (2006a), S. 334. Zum Begriff der intrinsischen Subjektivität der *god redovisningssed* vgl. oben, 2. Kap. II. 4.1.1.

2661 Vgl. Bjuvberg (2006a), S. 335.

2662 Vgl. Bjuvberg (2006a), S. 335.

2663 Vgl. Bjuvberg (2006a), S. 335.

2664 Bjuvberg (2006a), S. 335.

2665 RR 15 ist später in RR 32 eingegangen; Letzterer wurde seinerseits durch RFR 2 ersetzt.

2666 Zu berücksichtigten ist, dass eine wirkliche Diskussion – soweit ersichtlich – im schwedischen Schrifttum nicht stattfindet und insbesondere nicht mit der Intensität der deutschen Literaturdiskussion vergleichbar ist. Eine Ausnahme bildet die Arbeit von Bjuvberg (2006a). Dieser Unterschied könnte insbesondere darin begründet liegen, dass ein Wahlrecht zugunsten einer Aktivierung von selbst erstellten immateriellen Vermögenswerten (For-

– im Gleichklang mit IAS 38 ausgelegt. Ein Vermögenswert definiert sich hiernach als eine Ressource (*resurs*), über die Kontrolle aufgrund vergangener Ereignisse (*kontroll på grund av inträffade händelser*) ausgeübt wird und die künftige ökonomische Vorteile (*framtida ekonomiska fördelar*) erwarten lässt; auch muss die Voraussetzung der Identifizierbarkeit (*identifierbarhetskravet*) vorliegen. Darüber hinaus muss der Nutzenzufluss wahrscheinlich sein und eine zuverlässige Bewertbarkeit der Anschaffungs- oder Herstellungskosten vorliegen (*tillförlitlig beräknat anskaffningsvärde*).[2667]

Da RFR 2 (2011) eine grundsätzliche Übernahme des IAS 38 vorsieht, würde sich mithin auch die Behandlung von selbst erstellten immateriellen Vermögenswerten (Entwicklungskosten) analog nach dem Kriterienkatalog des IAS 38.57 ff. richten. Bei Vorliegen der dort genannten Kriterien wäre eine Aktivierung pflichtweise vorzunehmen. Allen nationalen schwedischen Rechnungslegungsempfehlungen zur Behandlung von immateriellen Vermögenswerten ist indessen eine zentrale Abweichung gegenüber IAS 38 gemein. Entgegen IAS 38 ist eine Aktivierung von selbst erstellten immateriellen Vermögenswerten (bei Vorliegen der entsprechenden Bedingungen) nicht verpflichtend, sondern (nur) wahlweise möglich, womit dem genannten Wahlrecht des 4 kap. 2 § ÅRL Rechnung getragen wird. Vordergründig handelt es sich bei der Durchbrechung des IAS 38 um ein ÅRL-Ventil, also um eine der Aufrechterhaltung der Kompatibilität des IAS 38 mit dem ÅRL dienende Durchbrechung. Bei näherer Betrachtung wird jedoch ersichtlich, dass es sich schon bei der Vorschrift des 4 kap. 2 § ÅRL um eine steuerrechtlich induziertes Wahlrecht handelt.[2668] Insofern erweist sich auch die in RFR 2 (2011) verankerte Abweichung zu der Aktivierungspflicht nach IAS 38 als ein (weiteres) steuerrechtliches Ventil. Die Ausübung dieses Aktivierungswahlrechts dürfte in der schwedischen Bilanzierungspraxis dementsprechend einen Ausnahmefall darstellen.[2669] Im (Ausnahme-) Fall der Aktivierung sieht das schwedische Handelsrecht allerdings keine Ausschüttungssperre vor.[2670]

Steuergesetzliche Vorgaben zur steuerlichen Behandlung von immateriellen Wirtschaftsgüter finden sich in der Vorschrift des 18 kap. 1 § IL.[2671] Sie stellt klar, dass Konzessionen (*koncessioner*), Patente (*patent*), Lizenzen (*licenser*), Warenzeichen (*varumärken*), Miet- und Pachtrechte (*hyresrätter*), Goodwill (*goodwill*) sowie gleichartige Rechte (*liknande rättigheter*) für Zwecke der steuerlichen Gewinnermittlung als *inventarier* qualifizieren.[2672] Unter welchen Voraussetzungen eine Ak-

schungs- und Entwicklungskosten) in Schweden bereits seit Umsetzung der 4. EG-Richtlinie möglich ist. Insofern wäre eine Umstellung auf IAS 38 weniger einschneidend als in Ländern, die bislang weder eine diesbezügliche Aktivierungsoption noch -verpflichtung vorsehen.

2667 Vgl. eingehend Bjuvberg (2006a), S. 337 ff.

2668 Vgl. Bjuvberg (2006a), S. 336; ders. (2004), S. 319.

2669 Vgl. Rundfelt (2001), S. 2387.

2670 Vgl. Rundfelt (2001), S. 2387.

2671 Vgl. auch Skatteverket (2011), S. 578.

2672 Diese Aufzählung entspricht der des 4 kap. 2 § IL. Vgl. Skatteverket (2011), S. 578.

tivierung zu erfolgen hat, wird indes nicht gesagt. Es ist mithin davon auszugehen, dass die (unklare) handelsrechtliche Aktivierungskonzeption auch für Zwecke der steuerlichen Gewinnermittlung maßgebend ist. Rechtliche Grundlage ist 14 kap. IL, die einen materiellen Zusammenhang zwischen handels- und steuerrechtlicher Gewinnermittlung (*sambandet mellan redovisning och beskattning*) herstellt.

Die steuerliche Behandlung von Forschungs- und Entwicklungskosten wird in 16 kap. 9 § IL geregelt.[2673] Für Zwecke der steuerlichen Gewinnermittlung gilt, dass Ausgaben für Forschungs- und Entwicklungstätigkeit abzugsfähig sind, wenn sie für den Steuerpflichtigen von wesentlicher Bedeutung sind oder voraussichtlich eine wesentliche Bedeutung erlangen werden („har eller kan antas få betydelse").[2674] Die Bedingung der wesentlichen Bedeutung zielt darauf ab, dass zwischen den Forschungs- und Entwicklungsausgaben und der Geschäftstätigkeit des Steuerpflichtigen ein gewisser Zusammenhang bestehen muss (sog. *verksamhetssambandet*).[2675] Allerdings werden an die wesentliche Bedeutung offenbar keine hohen Voraussetzungen geknüpft.[2676] Tatsächlich dürften an den Abzug gewöhnlicher Betriebsausgaben vergleichsweise höhere Anforderungen gestellt werden (16 kap. 1 § IL).[2677] Problematisch ist, dass 16 kap. 9 § IL nur die grundsätzliche Abzugsfähigkeit von Forschungs- und Entwicklungskosten berührt; die Vorschrift beantwortet also nur die sog. Umfangsfrage (*omfångsfrågan*) (positiv), lässt aber die sich hieran anschließende Frage nach der Periodisierung (*periodiseringsfrågan*), also nach der zeitlichen Entstehung des Aufwands, offen.[2678]

Die Periodisierung von Forschungs- und Entwicklungsausgaben fällt in den Bereich des materiellen Zusammenhangs zwischen handels- und steuerrechtlicher Gewinnermittlung (14 kap. 2 § IL).[2679] Es handelt sich mithin um einen Anwendungsfall des gekoppelten Bereichs (*kopplade området*) zwischen handels- und steuerrechtlicher Gewinnermittlung. Diese Maßgeblichkeit der handelsrechtlichen Periodisierungsregeln musste allerdings im Jahr 2004 erst höchstrichterlich geklärt werden, da 16 kap. 9 § IL keinen expliziten Verweis auf das Handelsrecht bzw. die *god redovisningssed* enthält.[2680]

Während die Aktivierung von Forschungsausgaben – wie in der Handelsbilanz[2681] – ausscheidet, ist ein sofortiger Abzug von Entwicklungsausgaben im Rahmen der steuerlichen Gewinnermittlung nicht (mehr) zulässig, wenn diese Ausgaben handelsrechtlich (wahlweise) aktiviert wurden.[2682] Die

---

2673 Vgl. auch Skatteverket (2011), S. 584.
2674 Vgl. Nilsson (2010), S. 42; Lüdicke/Naumburg (2001), Rz. 34; Endres et al. (2007), S. 295; Katzer (2008), S. 181.
2675 Vgl. Bjuvberg (2006a), S. 293.
2676 Zur Diskussion vgl. eingehend Bjuvberg (2006a), S. 293 ff.
2677 Vgl. Bjuvberg (2006a), S. 293 ff.
2678 Vgl. Bjuvberg (2004), S. 319. Zu den hier nicht näher behandelten steuerlichen Sonderregelungen (F&E-*incentives*) vgl. umfassend Wittendorf (2011), insb. S. 348-350.
2679 Vgl. Jasmand (2007), S. 25; Rundfelt (2001), S. 2387; Wittendorff (2011), S. 350.
2680 Vgl. Bjuvberg (2006a), S. 283.
2681 Vgl. von Keitz (2007), S. 335.
2682 Vgl. Wittendorff (2011), S. 350.

steuerliche Aufwandsverrechnung erfolgt in diesem Fall nur zeitlich gestreckt im Wege der planmäßigen Abschreibung.[2683] Um jedoch die als vorteilhaft erachtete Sofortabzugsfähigkeit nutzen zu können, ist es statthaft, sowohl handels- als auch steuerrechtlich von einer Aktivierung der Entwicklungsausgaben abzusehen, und genau darin liegt das handelsrechtliche Aktivierungswahlrecht begründet. Es überrascht indes nicht, dass diese in Abstimmung mit der Handelsbilanz auszuübende Wahlrechtsmöglichkeit in der schwedischen steuerrechtlichen Praxis als besonders streitanfällig gilt.[2684]

Die beschriebene Inbezugnahme der handelsrechtlichen Periodisierungsregeln bringt es mit sich, dass die breiten IFRS-Einflüsse im Bereich der (selbst erstellten) immateriellen Vermögenswerte auch steuerlich Geltung erfahren (können). Für den Fall der Selbsterstellung (Entwicklungskosten) gilt dieser Befund nur unter der Prämisse, dass das Aktivierungswahlrecht ausgeübt wird; andernfalls bleiben IFRS-Annäherungen insoweit ohne steuerliche Implikation.

1.6 Aktivierung des immateriellen Anlagevermögens nach dem Handels- und Steuerrecht des Vereinigten Königreichs im Vergleich zu IFRS

Vorschriften zur Bilanzierung von immateriellen Vermögenswerten nach UK GAAP sind im Wesentlichen in FRS 10 (*goodwill and intangible assets*) und SSAP 13 (*accounting for research and development*) enthalten.[2685] Ein *intangible asset* wird nach FRS 10.2 definiert als ein „non-financial fixed asset that does not have physical substance, but is identifiable and is controlled by the entity through custody or legal rights“ (FRS 10.2). Die Aktivierung eines *intangible asset* setzt somit auch nach UK GAAP zunächst das Vorliegen der allgemeinen *Asset*-Kriterien gemäß FRS 5.2 voraus. *Control* wird in FRS 10 (eigenständig) konkretisiert: „Control is normally secured by legal rights. In the abscence of legal rights, it is more difficult to demonstrate control“ (FRS 10.2). Es zeigt sich eine (mindestens) grundsätzliche Übereinstimmung mit dem *Control*-Verständnis nach IAS 38.13.

FRS 10 enthält spezifische, auf *intangible assets* gemünzte Definitionsmerkmale. Während die Voraussetzungen der Nichtmonetarität („non-financial fixed asset“) sowie der fehlenden physischen Substanz („not have physical substance“) mit den Definitionsmerkmalen des IAS 38 (IAS 38.8) übereinstimmen,[2686] zeigt sich bei der Konkretisierung der Identifizierbarkeit eine Abweichung zu IAS 38.12 dahingehend, dass es nach FRS 10.2 allein auf die Separierbarkeit als notwendige (und hinreichende) Bedingung ankommt: „An intangible asset is identifiable when it can be disposed of separately from the revenue earning activity to which it contributes“ (FRS 10.2).[2687] Nach FRS 10

[2683] Vgl. Jasmand (2007), S. 25 f.
[2684] Vgl. Wittendorff (2011), S. 350.
[2685] Sofern der handelsrechtliche Einzelabschluss auf Basis der IFRS erstellt wird, ist IAS 38 sogar unmittelbar anzuwenden. Die nachfolgenden Ausführungen konzentrieren sich auf die Bestimmungen der UK GAAP.
[2686] Vgl. PwC (2005), S. 34.
[2687] Vgl. Oats/Tuck (2010), Rz. 25.20; PwC (2005), S. 34.

wird damit offenbar Einzelverwertbarkeit verlangt.[2688] Das *Contractual-legal*-Kriterium des IAS 38.12 (b) ist FRS 10.2 fremd.[2689] Auch wenn FRS 10 formal anders als IAS 38 (IAS 38.18, IAS 38.21) nicht explizit die Ansatzvoraussetzungen der Wahrscheinlichkeit des künftigen Nutzenzuflusses sowie der verlässlichen Bewertbarkeit nennt, unterscheidet der Standard ebenfalls verschiedene Zugangsformen und trifft dabei implizit die gleichen Wertungen wie IAS 38. So wird insbesondere in Analogie zu IAS 38.25 f. unterstellt, dass bei einem separaten Erwerb sowohl das Wahrscheinlichkeits- als auch das Bemessbarkeitskriterium regelmäßig erfüllt sind (FRS 10.9).

Nach den (rudimentären) Vorschriften des CA 1985 sind Forschungskosten von einer Aktivierung ausgeschlossen, wohingegen Entwicklungskosten unter bestimmten Umständen („special circumstances") aktiviert werden dürfen (sch. 4 par. 20 CA 1985).[2690] „Nachdem der britische Gesetzgeber aber weder bestimmte Abgrenzungskriterien zwischen Forschungs- und Entwicklungskosten definierte noch die bestimmten Umstände konkretisierte, muß für die Bilanzierung von Forschungs- und Entwicklungskosten auf SSAP 13 zurückgegriffen werden"[2691]. SSAP 13 unterscheidet faktisch ebenfalls zwischen Ausgaben der Forschungsphase und jenen der Entwicklungsphase, auch wenn eine Separierung des Herstellungsprozesses, wie nach IAS 38.52, nicht explizit gefordert wird. „Expenditure on pure and applied research"[2692] ist unmittelbar aufwandswirksam zu erfassen (SSAP 13.24). Dieselbe Behandlung sollen grundsätzlich auch die als *development expenditure* qualifizierenden Ausgabenbestandteile erfahren (SSAP 13.25).

Letztere dürfen nur ausnahmsweise[2693] aktiviert werden, wenn bestimmte, in SSAP 13.25 genannte Voraussetzungen (kumulativ) erfüllt sind.[2694] Diese entsprechen im Wesentlichen denen des IAS 38.57.[2695] Anders als nach IAS 38 ist eine Aktivierung von Entwicklungskosten bei Vorliegen dieser Bedingungen aber nicht obligatorisch, sondern fakultativ („may" im Gegensatz zu „shall").[2696] In der Gewährung dieses Wahlrechts dürfte zugleich auch „main difference"[2697] zwischen SSAP 13 und IAS 38 liegen.[2698] Die Aktivierungsvoraussetzungen des IAS 38.57 gelten weiterhin als stren-

2688 Vgl. Grottel (2002), S. 144.

2689 Vgl. PwC (2005), S. 34.

2690 Vgl. Küting/Hayn (1995), S. 119; Kersting (2005), S. 307 f.; Köhler/Rotter (1994), S. 395.

2691 Grottel (2002), S. 93; ähnlich auch Köhler/Rotter (1994), S. 395.

2692 SSAP 13 unterscheidet definitorisch zwar (im Einklang mit der sog. *Frascati*-Definition der OECD) zwischen *pure (or basic) research*, *applied research* und *development* (SSAP 13.21); vgl. auch Cooke/Choudhury/Wallace (2001), S. 2637; Nieland/Scott (1997), S. 378; Collison (2000), S. 455; Oats/Tuck (2010), Rz. 26.3. Dennoch wird faktisch „nur zwischen Forschung und Entwicklung differenziert"; so Grottel (2002), S. 93.

2693 Vgl. Grottel (2002), S. 94.

2694 Vgl. im Einzelnen Küting/Hayn (1995), S. 120; Barz (1997), S. 217 f.; Nieland/Scott (1997), S. 378; Kersting (2005), S. 308; Oats/Tuck (2010), Rz. 26.12; Høegh-Krohn/Knivsflå (2000), S. 248; Köhler/Rotter (1994), S. 395 f.; Eisolt (1998), S. 1238.

2695 Vgl. PwC (2005), S. 34.

2696 Hierauf weist bereits Nonnenmacher (1993), S. 1233 hin; im jüngeren Schrifttum auch Wittsiepe (2008), S. 51. Zu dem nach SSAP 13 gewährten Aktivierungswahlrecht vgl. auch bereits Küting/Hayn (1995), S. 120; Nieland/Scott (1997), S. 378 f.; dies. (1998), S. 2021; Göbes (1996), S. 44.

2697 Oats/Tuck (2010), Rz. 26.12.

2698 Dieser Befund relativiert sich eingedenk des Umstandes, dass auch IAS 38 faktisch eine solche Option gewährt; vgl. Oats/Tuck (2010), Rz. 26.12.

ger, da sie vom Bilanzierenden *nachgewiesen* werden müssen, wohingegen SSAP 13 es dabei bewenden lässt, dass eine „reasonable expectation" hinsichtlich deren Erfüllung besteht (SSAP 13.9; SSAP 13.25). Für den Fall der Aktivierung von Entwicklungskosten sieht sec. 269 Abs. 1 CA 1985 eine Ausschüttungssperre vor.[2699]

Die Behandlung von immateriellen Wirtschaftsgütern[2700] des Anlagevermögens (*intangible fixed assets*) für Zwecke der steuerlichen Gewinnermittlung wurde im Jahr 2002 novelliert und dabei sowohl für Zwecke des Ansatzes als auch der Bewertung an die diesbezüglichen Regelungen des Handelsrechts (GAAP) herangeführt. Im Kern richtet sich die steuerliche Periodisierung nunmehr nach den GAAP. Aufwendungen und Erträge im Zusammenhang mit immateriellen Wirtschaftsgütern werden steuerlich nur noch unter der Voraussetzung anerkannt, dass sie im handelsrechtlichen Jahresabschluss (genauer: in den sog. *GAAP compliant accounts*) entsprechend verbucht wurden.[2701] Die Implementierung dieses neuartigen „accounts-based regime"[2702] in sch. 29 des FA 2002[2703] (nunmehr: Part 8 CA 2009[2704]) gilt als bedeutender Schritt in der sich seit einigen Jahren vollziehenden Angleichung der handels- und steuerrechtlichen Gewinnermittlung im Vereinigten Königreich.[2705] Das britische Schrifttum spricht von einem „radical change"[2706].

Entgegen ihrer eigentlichen Kapitalsphärenzugehörigkeit werden (bestimmte) immaterielle Wirtschaftsgüter für steuerliche Belange nicht (mehr) der Kapitalsphäre, sondern der Einkommenssphäre zugewiesen; sie werden m. a. W. dem System der *capital gains tax* bzw. *capital allowances* entzogen.[2707] Die Einführung dieses speziellen *tax regime* für *fixed intangible assets* ist deshalb so bedeutsam, weil in einem weiteren[2708] zentralen Bilanzierungsbereich die „common law distinction

---

2699 Vgl. Grottel (2002), S. 95; Barz (1997), S. 214; Cooke/Choudhury/Wallace (2001), S. 2637 f.

2700 Der Begriff umfasst *intellectual property*, *goodwill* und andere *intangible assets*; vgl. im Einzelnen Shipwright (2002), S. 304 f.; Hole (2002), S. 326; zu den Ausnahmen vgl. Oats/Tuck (2010), Rz. 25.23.

2701 Vgl. Oats/Tuck (2010), Rz. 25.22.

2702 Hole (2002), S. 326. Dieses Besteuerungssystem ist in seinem persönlichen Anwendungsbereich auf *companies* beschränkt; vgl. Oats/Tuck (2010), Rz. 25.22. Es gilt zudem nur für solche Wirtschaftsgüter, die am oder nach dem 01.04.2002 erstellt oder erworben wurden.

2703 Vgl. im Einzelnen Shipwright (2002), S. 301 ff.; im Überblick Gutiérrez et al. (2011), S. 1090 f.

2704 Vgl. Nias (2009), S. 89.

2705 Vgl. Tiley (2010), S. 165; Kersting (2005), S. 318; Freedman (2008), S. 83; Muray/Tilakapala (2009), S. 623 u. S. 629; Oats/Tuck (2010), Rz. 25.22; dies. (2008), S. 2; Macdonald (2002), S. 42 f.; Davis (2004), S. 10; Whiting (2006), S. 276; Schmidt (2007), S. 105.

2706 So Oats/Tuck (2010), Rz. 25.22.

2707 Vgl. Grundke (2006), S. 40; Kersting (2005), S. 318.

2708 Durch Einführung sog. *foreign exchange rules* (eingeführt durch den FA 1993), *financial instrument rules* (eingeführt durch den FA 1994) sowie *loan relationship rules* (eingeführt durch den FA 1996) wurde die *capital/revenue divide* schon vorher punktuell durchbrochen und damit „erste Schritte hin zu einem umfassenden, an der Reinvermögenszugangstheorie orientierten Einkommensbegriff unternommen"; vgl. Küppers (2005), S. 62 Fn. 8 (auch Zitat); zu den Änderungen im Einzelnen auch Tiley (2008), S. 917-945; Oats/Tuck (2008), S. 2; Freedman (2004b), S. 81; Whitting (2006), S. 275 f.; Macdonald (2002), S. 39 f.; Roxburgh (2009), S. 447; Weiß (2006), S. 27 und passim; PwC (2011), S. 1688; Laukkanen (2007), S. 158-160 (zu *loan relationships*).

between capital and income“[2709] zugunsten einer stärkeren Annäherung von handels- und steuerrechtlicher Gewinnermittlung durchbrochen wurde.[2710]

Nach sec. 712 (1) CTA 2009 ist der Begriff *intangible asset* i. S. der „accounting purposes“ auszudeuten,[2711] nach Auffassung des HMRC mithin i. S. d. *generally accepted accounting practices* (GAAP), die ihrerseits entweder in den UK GAAP oder den IFRS ihre Ausprägung finden (sec. 50 (1) FA 2004). Dies hat zur Folge, dass die IFRS auch mittelbare (über FRS 10) bzw. unmittelbare (über IAS 38) steuerliche Folgewirkungen auslösen können.[2712] Die Begriffe Forschung (*research*) und Entwicklung (*development*) sind steuerlich im Grundsatz[2713] nach Maßgabe der *generally accepted accounting practice*, also nach SSAP 13 oder IAS 38 zu bestimmen (sec. 837A(2) ICTA 1988, eingefügt durch sch. 19 par. 1 FA 2000; sec. 1041 CTA 2009).[2714]

Die Anknüpfung des Steuerrechts an die GAAP wird jedoch insofern durchbrochen, als Forschungs- und Entwicklungsausgaben unmittelbar als Betriebsausgaben abgezogen werden können. Dies gilt sowohl für Forschungs- und Entwicklungsausgaben, die als *revenue expenditure*[2715] (*revenue R&D*) qualifizieren, als auch für solche, die *capital expenditure* (*capital R&D*) darstellen.[2716] Sec. 53 (1) FA 2004 stellt klar, dass „[e]xpenditure by a company on research and development, if not a capital nature, is not prevented from being regarded for tax purposes as deductible in computing profits by reason of the fact that for accounting purposes it is brought into account by the company in determining the value of an intangible asset”.[2717] Bei forschungs- und entwicklungsbezogenen Ausgaben i. S. v. *capital expenditure* wird die Betriebsausgabenabzugsfähigkeit durch sog. *research and development allowances* i. H. v. 100 % sichergestellt (sec. 437-451 CAA 2001).[2718]

2709 Freedman (2004b), S. 81; vgl. auch Martin (2005), S. 34.

2710 Vgl. auch z. B. Oats/Tuck (2008), S. 2.

2711 Vgl. Kersting (2005), S. 318.

2712 Vgl. Nobes (2006), S. 235.

2713 Die Definition der Begriffe Forschung und Entwicklung in sec. 837A ICTA 1988 wird ergänzt durch das Statutory Instrument SI 2004/712. Hierzu auch Nias (2009), S. 82. Nach Ansicht der britischen Finanzverwaltung sind zudem die „Guidelines on the Meaning of Research and Development for Tax Purposes“ des Secretary of State for Trade and Industry (jetzt: Department of Business, Innovations and Skills) v. 05.03.2004 (sog. *DTI Guidelines*) zu beachten. Die Finanzverwaltung behält sich insofern das Recht vor, die handelsrechtlichen Definitionen gegebenenfalls zu durchbrechen. Hierzu auch Oats/Tuck (2010), Rz. 26.13; IBFD (2004), S. 184; Nias (2009), S. 90 ff.

2714 Vgl. Collison (2000), S. 454; Bertram (2004), S. 14; IBFD (2004), S. 184; Macdonald (2002), S. 41.

2715 In Bezug auf *R&D revenue* sieht das britische Steuerrecht zahlreiche (Bemessungsgrundlagen-) Begünstigungen (*tax reliefs*) vor, die u. a. einen einen Sofortabzug von mehr als 100 % der ursprünglichen Ausgaben ermöglichen (sec. 1039 ff. CTA 2009); dabei wird zwischen *small companies* (175 %) und *large companies* (135 %) differenziert. Vgl. im Einzelnen Oats/Tuck (2010), Rz. 26.13; Nias (2009), S. 85 ff.

2716 Vgl. Alberts (2008), Rz. 78.

2717 Vgl. dazu auch Mainwaring (2004), S. 477 f.

2718 Vgl. Nias (2009), S. 82 f. u. S. 84 f.; Obuoforibo (2010), S. 87; Gutiérrez et al. (2011), S. 1091 u. S. 1093; IBFD (2004), S. 185; Grabo (2008), S. 51; Auerbach/Devereux/Simpson (2010), S. 844.

1.7 Kritische Würdigung

1.7.1 Zur induktiven Übernahmetauglichkeit

Unter dem Gesichtspunkt der (induktiven) Konsensmobilisierung erscheint eine Übernahme der Aktivierungsgrundsätze des IAS 38 in die CCCTB nicht abwegig. Die aufgezeigten Abweichungen im Verhältnis zu IAS 38 dürften jeweils nur noch im Detailbereich liegen. Größere Divergenzen weist lediglich der Wirtschaftsgutbegriff der deutschen höchstrichterlichen Finanzrechtsprechung auf. Desgleichen lassen sich zwischen der Identifizierbarkeit und der Einzelverwertbarkeit bzw. Einzelveräußerbarkeit nur schwerlich Verbindungen belegen. Gleichwohl steht zu vermuten, dass sich diese theoretisch-konzeptionellen Aktivierungsdiskrepanzen in der Bilanzierungspraxis verflüchtigen dürften.

Bemerkenswert ist, dass die Steuerrechte Frankreichs, Polens, Schwedens sowie des Vereinigten Königreichs IAS 38 auch in der Wertung gleichen, selbst erstellte immaterielle Vermögenswerte des Anlagevermögens i. S. v. Entwicklungskosten zu aktivieren, wenn auch mehrheitlich (Frankreich, Schweden und Vereinigtes Königreich) ein Wahlrecht gewährt wird. In Schweden, Frankreich und im Vereinigten Königreich hat der handelsrechtliche IFRS-Einfluss in diesem Bilanzierungsbereich inzwischen auch auf die steuerrechtliche Gewinnermittlung durchgeschlagen. Die polnische Rechtslage ist insofern auffallend, als trotz der formal nicht existenten Verbindung von handels- und steuerrechtlicher Gewinnermittlung (bei Vorliegen bestimmter Voraussetzungen) eine Aktivierungspflicht gefordert wird, die Wertung des IAS 38 demnach "autonom" übernommen wurde. Anders als der 4. EG-Richtlinie ist es den IFRS insoweit also tatsächlich gelungen, Bilanzierungsabweichungen im Bereich der Immaterialgüterbilanzierung einzuebnen.

Die Ausnahme bildet insoweit noch immer das deutsche Steuerrecht, das sich im Bereich der Behandlung von selbst erstellten immateriellen Wirtschaftsgütern weiterhin jeglichen IFRS-Einflüssen versperrt, obgleich durch das BilMoG ein dahingehendes handelsbilanzielles Wahlrecht geschaffen wurde. Deutschland befindet sich dabei in einer eindeutigen Minderheitsposition.[2719] Unter induktiven Gesichtspunkten ist eine (wahlweise) Aktivierung selbst erstellter immaterieller Wirtschaftsgüter im Rahmen der CCCTB zusammenfassend durchaus als konsensfähig einzuschätzen.

1.7.2 Zur theoretisch-konzeptionellen Übernahmetauglichkeit

Die theoretisch-konzeptionelle Unverträglichkeit des allgemeinen *Asset*-Begriffs mit dem nach der vereinfachten Vermögensrechnung zu fordernden Kriterium der Einzelveräußerbarkeit wurde bereits an früherer Stelle, im Zusammenhang mit materiellem Anlagevermögen identifiziert.[2720] Dieser Negativbefund gilt gleichsam für die in IAS 38 vorgesehenen zusätzlichen Aktivierungsvoraus-

[2719] Vgl. auch Oestreicher (2006), S. 286.
[2720] Vgl. oben, 4. Kap. II. 1.7.2.

setzungen für (selbst erstellte) immaterielle Vermögenswerte. So ist die Identifizierbarkeit in ihrer Ausprägung als Separierbarkeit nach h. M. nicht als eine von IAS 38 geforderte Einzelverwertbarkeit auszudeuten; somit ist auch eine noch strengere Interpretation der Separierbarkeit als Einzelveräußerbarkeit auszuschließen. Auch nach dem *Contractual-legal*-Kriterium kommt es nicht darauf an, ob das Recht einzeln übertragbar oder separierbar ist (IAS 38.12 (b)). Wirtschaftsgüter können nach der vereinfachten Vermögensrechnung aber nur jene Rechte sein, die einer Marktleistungsabgabe zugänglich sind. Auch die in IAS 38 zusätzlich verlangten Ansatzvoraussetzungen der Wahrscheinlichkeit des Nutzenzuflusses sowie der zuverlässigen Bewertbarkeit verhindern eine Aktivierung jener geschäftswertbildenden Faktoren nicht,[2721] die aus Sicht der vereinfachten Vermögensrechnung ewige Vermögensvorteile bilden und damit von einer Aktivierung als Wirtschaftsgut ausgeschlossen sind.

Die Nähe bzw. Deckungsgleichheit der Aktivierungskriterien des französischen, polnischen, schwedischen sowie britischen Handels- und Steuerrechts lässt diese im Lichte der vereinfachten Vermögensrechnung gleichsam kritisch erscheinen. Allerdings weisen auch die IFRS-autarken Aktivierungskriterien der deutschen höchstrichterlichen Finanzrechtsprechung i. S. d. Ausschüttungsstatik steuerliche Zweckinadäquanzen auf, sofern man sie wie hier an der vereinfachten Vermögensrechnung misst. Allein das in der französischen höchstrichterlichen Rechtsprechung in Bezug auf Immaterialgüter entwickelte Aktivierungskriterium der *cessibilité* harmoniert mit dem aus Gleichmäßigkeitssicht gebotenen Kriterium der (abstrakten) Einzelveräußerbarkeit. Allerdings wird dieses von der französischen Finanzadministration nicht mehr anerkannt. Auch die Deutung der Identifizierbarkeit bzw. Separierbarkeit nach britischem Bilanzsteuerrecht i. S. einer Einzelverwertbarkeit kommt dem Kriterium der Einzelveräußerbarkeit der vereinfachten Vermögensrechnung zumindest nahe.

Nach der vereinfachten Vermögensrechnung erscheint es gleichsam kritisch, dass IAS 38 eine Aktivierung selbst erstellter immaterieller Anlagewerte zulässt, zumal dies „in relativ weiten Grenzen“[2722] geschieht. Die Aktivierung von Entwicklungskosten verstößt eklatant gegen das innerhalb der vereinfachten Vermögensrechnung geltende Kriterium des entgeltlichen Erwerbs und ist demnach abzulehnen. Dem „mit Ermessensspielräumen und faktischen Wahlrechten durchzogenen“[2723] Standard gelingt es nicht, die mit der Bilanzierung selbst erstellter immaterieller Vermögenswerte einhergehenden Fragestellungen mit der steuerlich gebotenen Rechtssicherheit zu lösen. Die zentrale Frage nach der Trennung von der Forschungs- und Entwicklungsphase wird auch nach den nationalen Bilanzierungsvorschriften nur unbefriedigend objektiviert. Auch die sich an IAS 38.57 anlehnenden Kriterienkataloge leisten hierzu kaum einen Beitrag. Das teilweise in Abweichung zu IAS

2721 Vgl. Brinkmann (2006), S. 125-131.
2722 Moxter (2003b), S. 78.
2723 Dahlke/Kahle (2009), S. 233.

38.57 gewährte Aktivierungswahlrecht für selbst erstellte immaterielle Wirtschaftsgüter ist aus Gleichmäßigkeitssicht zusätzlich kritisch.

Allein die Wertung des deutschen Steuerrechts (§ 5 Abs. 2 EStG), die Aktivierung selbst erstellter immaterieller Wirtschaftsgüter des Anlagevermögens zu unterbinden, vermag aus Sicht der vereinfachten Vermögensrechnung zu überzeugen. Es würde der vereinfachten Vermögensrechnung entsprechen, auch im Rahmen der CCCTB von einer Aktivierung selbst erstellter immaterieller Wirtschaftsgüter des Anlagevermögens nach dem Vorbild des IAS 38 abzusehen und streng an dem Kriterium des entgeltlichen Erwerbs festzuhalten.[2724] Eine Aktivierungsoption bliebe aus Gleichmäßigkeitssicht in jedem Fall inakzeptabel.[2725]

2 Bewertungsregeln

2.1 Zugangsbewertung

2.1.1 Zugangsbewertung des immateriellen Anlagevermögens nach IFRS

2.1.1.1 Anschaffungskosten

Die nach IFRS für immaterielle Vermögenswerte geltenden Zugangs- und Folgebewertungsregeln stimmen weitestgehend mit denen für das sächliche Anlagevermögen überein.[2726] Die Art der Ermittlung hängt ebenfalls davon ab, unter welchen Umständen der Vermögenswert zugegangen ist. Angeschaffte, d. h. entgeltlich fremdbezogene immaterielle Vermögenswerte des Anlagevermögens werden im Moment ihres erstmaligen Ansatzes zu Anschaffungskosten bewertet (IAS 38.24),[2727] die sich in gängiger handelsrechtlicher Terminologie[2728] zusammensetzen aus dem Kaufpreis (einschließlich Einfuhrzölle und nicht erstattungsfähiger Erwerbsteuern) abzüglich etwaiger Kaufpreisminderungen (IAS 38.27 (a)) und zuzüglich „direkt zurechenbare[r] Kosten für die Vorbereitung des Vermögenswerts auf seine beabsichtigte Nutzung“ (IAS 38.27(b)).[2729] IAS 38.28 nennt beispielhaft Aufwendungen für Leistungen an Arbeitnehmer, Honorare und „Kosten für Testläufe“.

Dissens herrscht vor allem in der Frage, ob und in welchem Umfang ein Einbezug von anschaffungsbezogenen Gemeinkosten hinaus gestattet bzw. geboten ist.[2730] Ein Einbezug von bestimmten Rückstellungsbeträgen in Analogie zu IAS 16.16 (c) wird in jüngerer Zeit verstärkt auch für die

---

[2724] Gegen eine steuerliche Übernahme des IAS 38 vgl. auch Dahlke/Kahle (2009), S. 233; Spengel/Malke (2008), S. 81; Rutter/Schwarz (2009), S. 501 ff.; Strunk (2003), S. 402.

[2725] So auch Dahlke (2011), S. 190.

[2726] Vgl. Pauly/Hommel (2006), S. 49; Hoffmann (2011i), § 14 Rz. 18.

[2727] Vgl. Esser/Hackenberger (2004), S. 407; Mindermann/Hartmann (2009), S. 88.

[2728] Vgl. Wohlgemuth (2011), Abt. I/9 Rz. 99 f.

[2729] Vgl. Esser/Hackenberger (2005), S. 710.

[2730] Zum Diskussionsstand vgl. Wohlgemuth/Radde (2009), B 162 Rz. 146-149; Wohlgemuth (2011), Abt. I/9 Rz. 110 (die Autoren sprechen sich allerdings für eine Einschränkung auf Einzelkosten aus).

Bemessung der Anschaffungskosten von immateriellen Vermögenswerten befürwortet,[2731] obgleich IAS 38 dies nicht explizit anordnet. Ausgaben nach dem erstmaligen Ansatz eines immateriellen Vermögenswerts werden den Anschaffungskosten nachträglich hinzugerechnet, wenn sie die Aktivierungsvoraussetzungen eines immateriellen Vermögenswerts i. S. d. IAS 38 erfüllen.[2732] Indessen hebt IAS 38.20 einschränkend hervor, dass immaterielle Vermögenswerte so beschaffen sind, „dass es in vielen Fällen keine Erweiterungen eines solchen Vermögenswerts bzw. keinen Ersatz von Teilen eines solchen gibt“. Ausgaben dieser Art dürften daher i. d. R. zu (Erhaltungs-) Aufwand (IAS 38.20) führen.[2733] Die Behandlung von Fremdkapitalaufwendungen erfolgt nach Maßgabe des IAS 23. Insoweit sind keine Besonderheiten für immaterielle Vermögenswerte zu beachten.[2734] Selbiges gilt grundsätzlich auch für die Behandlung von öffentlichen Zuwendungen i. S. d. IAS 20.[2735]

2.1.1.2 Herstellungskosten

Ansatzfähige bzw. -pflichtige selbst erstellte immaterielle Vermögenswerte sind nach IAS 38.24 erstmalig zu ihren Herstellungskosten zu bewerten.[2736] Die Herstellungskosten beinhalten gemäß IAS 38.66 zunächst „alle direkt zurechenbaren Kosten, die erforderlich sind, den Vermögenswert zu entwerfen, herzustellen und so vorzubereiten, dass er für den vom Management beabsichtigten Gebrauch betriebsbereit ist“. In Übereinstimmung mit IAS 16 zählen hierzu etwa Material- und Dienstleistungskosten, Löhne und Gehälter, Registrierungskosten eines Rechtsschutzes sowie Abschreibungen („Amortisationen“) auf Patente und Lizenzen, die zur Herstellung genutzt werden (IAS 38.66).[2737] Vertriebs- und allgemeine Verwaltungskosten werden explizit ausgeschlossen (IAS 38.67).[2738] Die Herstellungskosten werden demnach, wie bei Sachanlagen, als produktionsbezogene Vollkosten konkretisiert.[2739] Gemeinkosten müssen also stets einen Bezug zur Produktion aufweisen, um in die Herstellungskosten eines immateriellen Vermögenswerts eingerechnet zu werden.[2740]

Aufgrund des vorgenannten Aktivierungsverbots für Forschungsausgaben können überhaupt nur Entwicklungsausgaben Bestandteil der Herstellungskosten bilden. Nach IAS 38.65 sind die Herstellungskosten eines selbst erstellten immateriellen Vermögenswerts erstmals ab dem Zeitpunkt zu erfassen, ab dem die Ansatzkriterien erfüllt sind.[2741] Eine Nachaktivierung „von Kosten, die zuvor bereits als Aufwand erfasst wurden“, ist untersagt (IAS 38.65; IAS 38.71).[2742] Da Entwicklungspro-

2731 Vgl. Schruff/Haaker (2011), Abschn. 11 Rz. 33.
2732 Vgl. Böckig/Wiederhold (2008), IAS 38 Rz. 116 f.
2733 Vgl. auch Hüttche/Moser (2008), S. 380; Wohlgemuth (2011), Abt. I/9 Rz. 108.
2734 Allerdings dürften immaterielle Vermögenswerte nur selten als qualifizierte Vermögenswerte (*qualifying assets*) zu betrachten sein. Vgl. Wohlgemuth (2011), Abt. I/9 Rz. 103.
2735 Vgl. auch Wohlgemuth (2011), Abt. I/9 Rz. 106.
2736 Vgl. Heyd/Lutz-Ingold (2005), S. 63; Böcking/Wiederhold (2010), IAS 38 Rz. 112; Mindermann/Hartmann (2009), S. 89; Rossmanith/Heß (2011), S. 205.
2737 Vgl. auch Esser/Hackenberger (2004), S. 408; Hülsberg/Thiele (2010), S. 691.
2738 Vgl. Rossmanith/Heß (2011), S. 205.
2739 Vgl. Schruff/Haaker (2011), Abschn. 11 Rz. 46; Wulf (2008), S. 65.
2740 Vgl. Rossmanith/Heß (2011), S. 205.
2741 Vgl. auch Mindermann/Hartmann (2009), S. 89; Wulf (2008), S. 65.
2742 Vgl. auch Bertl/Fröhlich (2008), S. 376; Beyhs/Wagner (2009a), § 5.A. Rz. 17; Hülsberg/Thiele (2010), S. 691.

jekte i. d. R. einen beträchtlichen Zeitraum in Anspruch nehmen, dürfte in den meisten Fällen ein qualifizierter Vermögenswert gegeben sein,[2743] sodass eine Aktivierung etwaiger Fremdkapitalaufwendungen nach den Regelungen des IAS 23 zu erfolgen hat.[2744]

2.1.2 Zugangsbewertung des immateriellen Anlagevermögens nach dem Handels- und Steuerrecht Deutschlands im Vergleich zu IFRS

2.1.2.1 Anschaffungskosten

Die Erstbewertung von (selbst erstellten) immateriellen Vermögensgegenständen bzw. Wirtschaftsgütern nach deutschem Bilanzsteuerrecht hat wie nach IAS 38 zu Anschaffungs- bzw. Herstellungskosten zu erfolgen;[2745] sie entspricht in etwa der Erstbewertung von materiellen Sachanlagen.[2746] Selbst erstellte immaterielle Vermögensgegenstände (Wirtschaftsgüter) sind im Rahmen der steuerrechtlichen Gewinnermittlung von einer Aktivierung ausgeschlossen; sie sind daher auch keiner steuerlichen Zugangs- bzw. Folgebewertung zugänglich. Im Fall des entgeltlichen Erwerbs erfolgt die Erstbewertung zu Anschaffungskosten (§§ 253 Abs. 1 S. 1 i. V. m. 255 Abs. 1 HGB; § 6 Abs. 1 Nr. 1 EStG).[2747] Abweichungen gegenüber den Grundsätzen der Anschaffungskostenermittlung gemäß IAS 38 dürften im Ganzen gesehen klein sein.[2748] Die oben[2749] bereits im Zusammenhang mit der Anschaffungskostenermittlung bei Sachanlagen genannten Befunde gelten analog.

2.1.2.2 Herstellungskosten

Wird das handdelsrechtliche Wahlrecht[2750] zur Aktivierung selbst erstellter immaterieller Vermögensgegenstände des Sachanlagevermögens in Anspruch genommen (§ 248 Abs. 2 HGB), bilden die Herstellungskosten den anfänglichen Bewertungsmaßstab. Dabei konkretisiert § 255 Abs. 2a HGB den allgemeinen, oben skizzierten Herstellungskostenbegriff des § 255 Abs. 2 und 3 HGB in Bezug auf selbst erstellte immaterielle Vermögensgegenstände.[2751] Mangels steuerrechtlicher Relevanz (§ 5 Abs. 2 EStG) soll auf Details des handelsrechtlichen Herstellungskostenumfangs für selbst erstellte immaterielle Vermögensgegenstände und dessen Verhältnis zu IAS 38 hier nicht näher eingegangen werden.[2752]

2743 So Bertl/Fröhlich (2008), S. 376.
2744 Zu IAS 23 vgl. bereits die obigen Ausführungen in Gliederungspunkt II. 2.1.1. des 4. Kapitels.
2745 Vgl. Schruff/Haaker (2011), Abschn. 11 Rz. 128.
2746 Vgl. Kuhner (2007), Abt. II/1 Rz. 306.
2747 Vgl. Baetge/Kirsch/Thiele (2011), S. 246.
2748 So auch bspw. Wohlgemuth (2011), Abt. I/9 Rz. 109.
2749 Vgl. 4. Kap. II. 2.1.2.1.
2750 Vgl. oben, 4. Kap. III. 1.2.
2751 Vgl. Kahle/Haas (2010), S. 34.
2752 Zu Einzelfragen vgl. Kahle/Haas (2010), S. 34 ff.; Küting/Ellmann (2010), S. 1300 ff.; Ekkenga (2011b), § 255 HGB Rz. 132-148; Hennrichs (2010c), S. 19.

2.1.3 Zugangsbewertung des immateriellen Anlagevermögens nach dem Handels- und Steuerrecht Frankreichs im Vergleich zu IFRS

2.1.3.1 Anschaffungskosten

Der für immaterielle Vermögenswerte geltende handelsrechtliche Anschaffungskostenbegriff (*coût d'acquisition*) entspricht grundsätzlich dem für das materielle Sachanlagevermögen skizzierten, an IAS 16 angelehnten Anschaffungskostenbegriff, wie er in Art. 321-10 PCG niedergelegt ist.[2753] Die Vorschrift des Art. 321-1 PCG, die eine Zugangsbewertung bei erworbenen immateriellen Vermögenswerten in Höhe der Anschaffungskosten (*coût d'acquisition*) verlangt, nimmt keine Differenzierung zwischen *immobilisations corporelles* und *immobilisations incorporelles* vor. Gleichwohl wurde durch das CRC 2004-06 mit Art. 321-15 PCG eine an IAS 38.27 angelehnte, eigenständige Anschaffungskostendefinition für separat erworbene[2754] immaterielle Vermögenswerte (*immobilisations incorporelles acquises séparément*) in das französische Bilanzrecht eingeführt. Seit dem CRC 2004-06 ist von einer grundsätzlichen[2755] Deckungsgleichheit zu der Anschaffungskostenermittlung nach IAS 38 auszugehen.

Nach Art. 321-15 PCG umfassen die Anschaffungskosten eines separat erworbenen immateriellen Vermögenswerts dessen Kaufpreis (*prix d'achat*) einschließlich Zölle und nicht erstattungsfähiger Steuern (*taxes non récupérables*) und abzüglich etwaiger Preisnachlässe wie Rabatte, Boni, Skonti (*remises, rabais commerciaux et escomptes de règlement*). Dies entspricht der Wertung des IAS 38.27(a). Darüber hinaus sind grundsätzlich sämtliche Kosten einzubeziehen, die angefallen sind, um den immateriellen Vermögenswert auf seinen bestimmungsgemäßen Gebrauch vorzubereiten (Art. 321-15 PCG). Hierin spiegelt sich offenkundig der Wortlaut des IAS 38.27(b) wider. Es ist mithin davon auszugehen, dass diese *coûts directement attribuables* grundsätzlich in Richtung IAS 38 ausgelegt werden, wobei allerdings, wie bei materiellen Vermögenswerten auch, eine Abweichung zu dessen Grundsätzen der Anschaffungskosten insofern verbleibt, dass bestimmte Anschaffungsnebenkosten, nämlich die Grunderwerbsteuer (*droits de mutation*), Honorare (*honoraires*), Provisionen (*commissions*) und Notarkosten (*frais d'actes*), nicht zwingend, sondern (aus steuerlichen Gründen) nur wahlweise in die Anschaffungskosten einzurechnen sind, gleichwohl sie der Anschaffung direkt zurechenbar wären.[2756] Hinsichtlich des Einbezugs von Fremdkapitalkosten verweist Art. 321-15 PCG auf die Vorschrift des Art. 321-5 PCG, d. h. es besteht ein an IAS 23 a. F. angelehntes Wahlrecht, diese *coûts d'emprunt* unmittelbar aufwandswirksam zu erfassen oder in die Anschaffungskosten einzubeziehen. Voraussetzung für die letztgenannte Vorgehensweise ist, dass ein *actif éligible*, also ein qualifizierter Vermögenswert, in Anlehnung an IAS 23 vorliegt.[2757]

[2753] Vgl. oben, 4. Kap. II. 2.1.3.1.

[2754] Immaterielle Vermögenswerte, die unentgeltlich oder durch Tausch zugegangen sind, werden grundsätzlich zu ihrem *valeur vénale* (Art. 322-1.10 PCG) bewertet (Artt. 321-1, 321-4 PCG).

[2755] Zur zentralen Abweichung vgl. nachfolgend im Text.

[2756] Zur Problematik vgl. oben, 4 Kap. II. 2.1.3.1.

[2757] Vgl. zu Art. 321-5 PCG ebenfalls oben, 4. Kap. II. 2.1.3.1.

Für steuerliche Zwecke hat die Erstbewertung von separat erworbenen immateriellen Vermögenswerten auf Basis des *valeur d'origine* zu erfolgen, wie er in Art. 38 *quinquies de l'annexe* III CGI verankert ist. Die Vorschrift wurde durch das *décret* n° 2005-1702 vom 28.12.2005 in Reaktion auf die IFRS-Annäherungen des handelsrechtlichen Anschaffungs- bzw. Herstellungskostenbegriffs im Zuge des CRC 2004-06 angepasst. Nunmehr ist von einer handels- und steuerrechtlichen Deckungsgleichheit des Anschaffungskostenbegriffs für immaterielle Vermögenswerte des Anlagevermögens auszugehen; wie die französische Finanzadministration herausstellt, gilt dies insbesondere mit Blick auf die einzubeziehenden Anschaffungsnebenkosten.[2758] Die Einflüsse der IFRS (IAS 38) auf die Ermittlung der Anschaffungskosten von separat erworbenen immateriellen Vermögenswerten schlagen sich insofern auch im Rahmen der steuerlichen Gewinnermittlung nieder.

2.1.3.2 Herstellungskosten

Selbst erstellte immaterielle Vermögenswerte des Anlagevermögens (*immobilisations incorporelles générées en interne*), die nach den beschriebenen Regelungen des PCG zulässigerweise aktiviert wurden,[2759] sind anfänglich in Höhe ihrer Herstellungskosten (*coût de production*) anzusetzen (Art. 321-17 PCG). Die Herstellungskosten für selbst erstellte immaterielle Vermögenswerte des Anlagevermögens umfassen dabei in Befolgung des IAS 38.66 alle direkt zurechenbaren Kosten, die zur Schaffung, Produktion und Vorbereitung des immateriellen Vermögenswerts erforderlich sind, damit dieser im Hinblick auf die ihm seitens des Managements zuerkannten Verwendung Betriebsbereitschaft erlangt (Art. 321.17 PCG). Weitere Vorgaben enthält das CRC 2004-06 indes nicht.

Aus der wörtlichen Übernahme des IAS 38.66 dürfte zu folgern sein, dass die Bemessung der Herstellungskosten von selbst erstellten immateriellen Vermögenswerten den weiteren, indes ebenfalls knappen Vorgaben des IAS 38 folgt. Dies gilt insbesondere hinsichtlich der in IAS 38.66 aufgezählten Beispiele für direkt zurechenbare Kosten. Des Weiteren wären insbesondere Vertriebs- und Verwaltungsgemeinkosten nach dem Vorbild des IAS 38.67 aus den Herstellungskosten auszuschließen. Hinsichtlich des Einbezugs von Fremdfinanzierungskosten (*coûts d'emprunt*) wird explizit auf die Vorschrift des Art. 321-5 verwiesen; folglich besteht wie bei der Anschaffungskostenermittlung eine an IAS 23 a. F. angelehnte Option, jene unmittelbar im Aufwand zu erfassen oder in die Herstellungskosten einzurechnen. Negativ formuliert bedeutet die enge Ausrichtung an den Herstellungskostenbegriff des IAS 38, dass das französische Bilanzrecht zugleich auch sämtliche Unklarheiten des IAS 38 übernommen hat, ohne dabei den Versuch zu unternehmen, eine eigenständige Lösung zu finden. Immerhin lässt sich festhalten, dass das französische Bilanzsteuerrecht wohl

2758 Vgl. eingehend BOI 4 A 13-05 v. 30.12.2005, Rz. 54 ff.
2759 Vgl. 4. Kap. III. 1.3.

auch bei der Herstellungskostenermittlung von selbst erstellten immateriellen Vermögenswerten einen produktionsbezogenen Vollkostenansatz folgt.[2760]

Wie aufgezeigt,[2761] ist eine Aktivierung selbst erstellter immaterieller Wirtschaftsgüter des Sachanlagevermögens unter bestimmten Bedingungen auch steuerlich zulässig. Auch in diesem Fall (Aktivierung) stellt Art. 38 *quinquies de l'annexe* III CGI auf den *valeur d'origine* als den relevanten Wertmaßstab im Zugangszeitpunkt ab. Die Vorschrift dürfte (abermals) deklaratorisch zu verstehen sein. Es ist – soweit ersichtlich – von einer inhaltlichen Deckungsgleichheit des handels- und steuerrechtlichen Herstellungskostenbegriffs in Bezug auf selbst erstellte immaterielle Vermögenswerte des Anlagevermögens auszugehen. Grundlage für eine steuerliche Übernahme der handelsrechtlichen Herstellungskostenbegriffs ist weiterhin die Generalnorm des Art. 38 *quater de l'annexe* III CGI. Abweichungen gegenüber diesem handelsrechtlichen Herstellungskostenbegriff formuliert die französische Finanzverwaltung in ihrer umfassenden Stellungnahme zum CRC 2004-06 nicht; sie scheint den durch das *règlement* eingeführten produktionsbezogenen Vollkostenbegriff mithin auch für steuerliche Zwecke zu akzeptieren.[2762] Dies wird insbesondere daran ersichtlich, dass die Finanzverwaltung auf die in IAS 38.66 f. genannten Beispiele für (nicht) direkt zurechenbare Kosten (zustimmend) Bezug nimmt.[2763] Folgt man dieser Rechtsauffassung, entfaltet der Herstellungskostenbegriff (produktionsbezogene Vollkostenbegriff) des IAS 38 nunmehr auch im Rahmen der steuerlichen Gewinnermittlung Geltung. Mithin liegt eine (weitere) Einflussnahme der IFRS auf die steuerliche Gewinnermittlung in Frankreich vor.

2.1.4 Zugangsbewertung des immateriellen Anlagevermögens nach dem Handels- und Steuerrecht Polens im Vergleich zu IFRS

2.1.4.1 Anschaffungskosten

Erworbene immaterielle Vermögensgegenstände des Sachanlagevermögens werden in der polnischen Handelsbilanz zu Anschaffungskosten bewertet, wie sie in Art. 28 RLG definiert werden (Art. 28 Abs. 1 Nr. 1 RLG). Die Bemessung der Anschaffungskosten von immateriellen und materiellen Vermögenswerten ist übereinstimmend. Auch aus steuerlicher Sicht bestehen keine Unterschiede zwischen der Anschaffungskostenermittlung bei materiellen und immateriellen Wirtschaftsgütern (Art. 16g Abs. 1 Nr. 1 i. V. m. Abs. 3 PDOPrU). Die bereits im Zusammenhang mit materiellen Vermögenswerten aufgezeigten IFRS-Parallelen des handels- und steuerrechtlichen Anschaffungskostenbegriffs kommen damit auch im Bereich der Immaterialgüterbewertung zum Tragen.

2760 Vgl. auch Endres et al. (2007), S. 48, 347 f., 400; Gammie et al. (2005), S. 89.
2761 Vgl. 4. Kap. III. 1.3.
2762 Vgl. BOI 4 A 13-05 v. 30.12.2005, Rz. 81.
2763 Vgl. BOI 4 A 13-05 v. 30.12.2005, Rz. 81.

2.1.4.2 Herstellungskosten

Entwicklungsausgaben, die nach den genannten Grundsätzen zulässigerweise aktiviert werden, sind handelsbilanziell zu Herstellungskosten zu bewerten (Art. 28 Abs. 1 Nr. 1 i. V. m. Abs. 3 RLG). Die Herstellungskosten von immateriellen Vermögenswerten werden damit wie bei materiellen Vermögenswerten auf Basis eines (produktionsbezogenen) Vollkostenansatzes ermittelt. Auch steuerlich wird bei der Herstellungskostenermittlung grundsätzlich nicht zwischen materiellen und immateriellen Wirtschaftsgütern differenziert. Es greift demnach auch bei immateriellen Vermögenswerten ein produktionsbezogener Vollkostenansatz (Art. 16g Abs. 1 Nr. 2 i. V. m. Abs. 4 PDOPrU), wodurch implizit auch im Rahmen der steuerlichen Gewinnermittlung eine konzeptionelle Nähe zum produktionsbezogenen Vollkostenansatz der IFRS geschaffen wird.

2.1.5 Zugangsbewertung des immateriellen Anlagevermögens nach dem Handels- und Steuerrecht Schwedens im Vergleich zu IFRS

2.1.5.1 Anschaffungskosten

Erworbene immaterielle Vermögenswerte des Anlagevermögens sind nach schwedischem Handelsbilanzrecht in Höhe des Anschaffungswerts (*anskaffningsvärde*, 4 kap. 3 § ÅRL) anzusetzen. Eine nähere Definition dieses Wertmaßstabs gibt das ÅRL indes nicht; zur Konkretisierung haben juristische Personen daher die Verlautbarungen des RFR heranzuziehen. Da die von juristischen Personen zu berücksichtigende Empfehlung RFR 2 (2011) keine Abweichungen i. S. eines *ÅRL-ventils* gegenüber IAS 38 vorsieht, ist wohl davon auszugehen, dass sich auch die Auslegung bzw. Konkretisierung des Anschaffungskostenbegriffs i. S. d. 4 kap. 3 § ÅRL an IAS 38 zu orientieren hat.

Eine eigenständige steuerliche Definition des Anschaffungskostenbegriffs (*anskaffningsvärde*, 18 kap. 7 § IL) enthält das schwedische Einkommensteuergesetz nicht. Immaterielle Vermögenswerte, die als Anlagevermögen im steuerlichen Sinne (*inventarier*) qualifizieren (18 kap. 1 § IL), werden für Zwecke der Bewertung dem materiellen Anlagevermögen gleichgestellt. Aufgrund des materiellen Zusammenhangs von handels- und steuerrechtlicher Gewinnermittlung (14 kap. 2 § IL) ist der auf Basis des IAS 38 ausgedeutete handelsrechtliche Anschaffungskostenbegriff auch der Ermittlung des steuerlichen Gewinns von juristischen Personen zugrunde zu legen. IAS 38 vermag insoweit auch in die steuerliche Gewinnermittlung einzustrahlen; ein diese implizite Wirkung durchbrechendes steuerrechtliches Ventil enthält RFR 2 (2011) derzeit nicht.

2.1.5.2 Herstellungskosten

In der Handelsbilanz zulässigerweise aktivierte selbst erstellte immaterielle Vermögenswerte sind zu Herstellungskosten, d. h. auf Basis eines (produktionsbezogenen) Vollkostenansatzes zu bewerten, der grob gesagt der Herstellungskostenermittlung i. S. d. IFRS (IAS 38) entspricht. Die steuerliche Gewinnermittlung von juristischen Personen greift bei der Herstellungskostenbemessung von immateriellen Vermögenswerten auf die *god redovisningssed* zurück (14 kap. 2 § IL). Der IFRS-angenäherte, handelsrechtliche produktionsbezogene Vollkostenansatz greift damit wohl auch in der steuerlichen Gewinnermittlung. Abweichungen (steuerrechtliche Ventile) gegenüber IAS 38 formuliert RFR 2 (2011) bei der Herstellungskostenermittlung von immateriellen Vermögenswerten nicht.

2.1.6 Zugangsbewertung des immateriellen Anlagevermögens nach dem Handels- und Steuerrecht des Vereinigten Königreichs im Vergleich zu IFRS

2.1.6.1 Anschaffungskosten

Wie an obiger Stelle ausgeführt,[2764] unterliegt die Behandlung immaterieller Vermögenswerte des Anlagevermögens seit Einführung der sch. 29 FA 2002 einem besonderen, den handelsrechtlichen GAAP (UK GAAP oder IFRS) im Grundsatz folgendem Besteuerungsregime. Damit gilt auch im Rahmen der Anschaffungskostenermittlung von immateriellen Vermögenswerten der Grundsatz: „follow the accounts". Auch wenn die auf (selbst erstellte) immaterielle Vermögenswerte anzuwendenden SSAP 13 und FRS 10 lediglich vorgeben, *at cost* zu bewerten, ohne diesen Wertmaßstab zu konkretisieren,[2765] ist nicht davon auszugehen, dass signifikante Unterschiede zu der Anschaffungskostenermittlung für Sachanlagen bestehen. Der Anschaffungskostenbegriff nach IFRS bzw. sein Pendant nach UK GAAP erlangen insofern auch (mittelbare) steuerliche Relevanz.

2.1.6.2 Herstellungskosten

Für die Ermittlung der Herstellungskosten von (selbst erstellten) immateriellen Vermögenswerten in der Handelsbilanz werden die für materielle Vermögenswerte geltenden Grundsätze in Bezug genommen.[2766] In Ermangelung einer eigenständigen Herstellungskostendefinition wird steuerlich, wie bereits aufgezeigt, auf den Herstellungskostenbegriff i. S. d. GAAP – UK GAAP oder IFRS – zurückgegriffen.[2767] Dies gilt entsprechend sch. 29 FA 2002 auch für die Bemessung der Herstellungskosten von selbst erstellten immateriellen Vermögenswerten des Anlagevermögens i. S. d. SSAP 13. Damit gelangt auch bei immateriellen Vermögenswerten ein produktionsbezogener Vollkostenansatz zur Anwendung.

2.1.7 Kritische Würdigung

Die Zugangsbewertung von immateriellen Vermögenswerten zeigt im länderübergreifenden Vergleich keine materiell erheblichen Abweichungen, weder untereinander noch im Verhältnis zu IFRS (IAS 38). Der bereits im Zusammenhang mit der Anschaffungs- und Herstellungskostenbewertung

2764 Vgl. 4. Kap. III. 1.6.
2765 Vgl. auch Grottel (2002), S. 95 (auf SSAP 13 Bezug nehmend).
2766 Vgl. Küting/Hayn (1995), S. 117, die allerdings auf verbleibende, eher technische Differenzen hinweisen. Zu der Herstellungskostenermittlung des *materiellen* Sachanlagevermögens vgl. oben, 4. Kap. II. 2.1.6.2.
2767 Vgl. auch Göbes (1996), S. 62; Oestreicher/Spengel (1999b), S. 373.

von materiellen Vermögenswerten gewonnene Eindruck, dass IFRS unter induktiven Gesichtspunkten ein geeigneter Ausgangspunkt zur Anschaffungs- und Herstellungskostenbemessung im Rahmen eines europäischen Regelwerks zur steuerlichen Gewinnermittlung sein könnte, wird insofern noch bekräftigt. Da eine Aktivierung selbst erstellter immaterieller Vermögenswerte des Anlagevermögens im Rahmen der vereinfachten Vermögensrechnung aber an das Kriterium des entgeltlichen Erwerbs gebunden werden sollte, können die Grundsätze der Herstellungskostenermittlung nach IAS 38 gleichwohl nicht in die CCCTB übernommen werden.

2.2 Folgebewertung

2.2.1 Folgebewertung des immateriellen Anlagevermögens nach IFRS

2.2.1.1 Planmäßige Folgebewertung

2.2.1.1.1 Anschaffungskostenmodell

Im Hinblick auf die Folgebewertung von immateriellen Vermögenswerten besteht – wie bei materiellen Sachanlagen – ein gruppenbezogenes Wahlrecht, das Anschaffungskostenmodell oder das Neubewertungsmodell anzuwenden (IAS 38.72).[2768] Beide Methoden sind formal gleichrangig; allerdings wird die Anwendung des Neubewertungsmodells an bestimmte Zusatzvoraussetzungen geknüpft, sodass das Anschaffungskostenmodell „faktisch vorangestellt"[2769] ist.[2770] Unabhängig von der gewählten Bewertungsmethode – Anschaffungskosten- oder Neubewertungsmodell – sind immaterielle Vermögenswerte (grundsätzlich) planmäßig sowie (stets) außerplanmäßig abzuschreiben. Eine planmäßige Abschreibung ist nach IAS 38.89 allerdings nur dann vorzunehmen, wenn die Nutzungsdauer des betreffenden immateriellen Vermögenswerts begrenzt ist.[2771] Es ist daher, unabhängig vom gewählten Bewertungsmodell, zunächst die „elementare Frage"[2772] zu beantworten, ob die Nutzungsdauer des vorliegenden immateriellen Vermögenswerts begrenzt oder unbegrenzt ist.[2773] Dabei ist unbegrenzt indes nicht mit endlos gleichzusetzen; unbegrenzt meint vielmehr unbe-

---

2768 Vgl. Böcking/Wiederhold (2010), IAS 38 Rz. 119; Thiele/Kühle (2008), IAS 38 Rz. 317; Heyd/Lutz-Ingold (2005), S. 72; Ruhnke (2008b), S. 465; Coenenberg/Haller/Schultze (2009), S. 188; Bieg et al. (2006a), S. 132; Wagenhofer (2009), S. 235; Esser/Hackenberger (2004), S. 408; Mindermann/Hartmann (2009), S. 89; Rossmanith/Gerlach (2008), S. 174; Burger/Ulbrich/Knoblauch (2006), S. 731; Theile (2009c), Rz. 1060; Baetge/Kirsch/Thiele (2011), S. 289; Rossmanith/Heß (2011), S. 207; Wüstemann/Duhr (2011), Rz. 63.

2769 Thiele/Kühle (2008), IAS 38 Rz. 318; vgl. auch Sommerhoff (2010), S. 153; Wulf (2008), S. 70; Schruff/Haaker (2011), Abschn. 11 Rz. 83.

2770 Weiter einschränkend ist zu beachten, dass dieses Methodenwahlrecht (analog zu Sachanlagen) nicht individuell ausgeübt werden kann, sondern Gruppen gleichartiger immaterieller Vermögenswerte auf Basis eines Modells konsistent zu bewerten sind; vgl. Böcking/Wiederhold (2010), IAS 38 Rz. 119; Hoffmann (2011d), § 8 Rz. 74.

2771 Vgl. Wulf (2009), S. 113; dies. (2008), S. 69; Pauly/Hommel (2006), S. 51; Mindermann/Hartmann (2009), S. 89; Rossmanith/Gerlach (2008), S. 177; Theile (2009c), Rz. 1061; Baetge/Kirsch/Thiele (2011), S. 290; Böcking/Wiederhold (2010), IAS 38 Rz. 120; Esser/Hackenberger (2005), S. 711.

2772 Brinkmann (2006), S. 193.

2773 Vgl. Seifert (2011), S. 124; Coenenberg/Haller/Schultze (2009), S. 188; Sommerhoff (2010), S. 154; Bieg et al. (2006a), S. 132; Esser/Hackenberger (2004), S. 408; dies. (2005), S. 711; Wulf (2009), S. 113; Mindermann/Hartmann (2009), S. 89; Rossmanith/Gerlach (2008), S. 176; Rossmanith/Heß (2011), S. 209; Coenenberg/Haller/Schultze (2009), S. 188; Theile (2009c), Rz. 1061; Achleitner/Behr/Schäfer (2009), S. 105; Baet-

stimmt.[2774] Von einer unbegrenzten (unbestimmten) Nutzungsdauer soll auszugehen sein, wenn das Ende der Nutzungsdauer – auch unter Beachtung der in IAS 38.90 genannten, rechtlichen und wirtschaftlichen Faktoren[2775] – nicht verlässlich geschätzt werden kann.[2776] Vermögenswerte, deren Nutzungsdauer in diesem Sinne unbegrenzt ist, werden ausschließlich außerplanmäßig abgeschrieben (IAS 38.107 i. V. m. IAS 36).[2777] Diese unscharfe Abgrenzung zwischen Bestimmbarkeit und Unbestimmbarkeit erweist sich als eine offene Flanke für Ermessensentscheidungen des Bilanzierenden.

Den Abschreibungsausgangsbetrag bilden auch nach IAS 38 die Anschaffungs- oder Herstellungskosten. Ein Restwert ist – anders als bei Sachanlagen – allerdings grundsätzlich „mit Null anzusetzen" (IAS 38.100).[2778] Die Nutzungsdauerbemessung erfolgt wie bei materiellen Sachanlagen im Grundsatz auf betriebsindividueller Basis.[2779] Im Hinblick auf immaterielle Vermögenswerte, die aus gesetzlichen oder vertraglichen Rechten erwachsen, sieht IAS 38 Besonderheiten vor, auf die hier nicht näher einzugehen ist.[2780] Auf eine bestimmte Abschreibungsmethode legt sich IAS 38 nicht fest, wenn der Standard exemplarisch das lineare, degressive sowie leistungsabhängige Verfahren nennt (IAS 38.98).[2781] Es soll jene Abschreibungsmethode Anwendung finden, die den er-

ge/Kirsch/Thiele (2011), S. 290; Madeja/Roos (2008), S. 347; Scheinpflug (2009b), § 5. Rz. 71; Heyd/Lutz-Ingold (2005), S. 73.

2774 Vgl. Wulf (2009), S. 113; Heyd/Lutz-Ingold (2005), S. 73 f.; Wagenhofer (2009), S. 226; Schruff/Haaker (2011), Abschn. 11 Rz. 94; Baetge/Kirsch/Thiele (2011), S. 290; Esser/Hackenberger (2005), S. 711; Rohatschek (2011), S. 174.

2775 Vgl. mit Einzelheiten Wulf (2009), S. 113 f.; Thiele/Kühle (2008), IAS 38 Rz. 358; Rossmanith/Gerlach (2008), S. 176.

2776 Vgl. Bieg et al. (2006a), S. 132.

2777 Vgl. auch Wüstemann/Duhr (2011), Rz. 65; Rossmanith/Gerlach (2008), S. 177; Rossmanith/Heß (2011), S. 210; Ruhnke (2008b), S. 466; Esser/Hackenberger (2004), S. 409; dies. (2005), S. 711; Wagenhofer (2009), S. 226; Wulf (2009), S. 113; Mindermann/Hartmann (2009), S. 90; Bertl/Fröhlich (2008), S. 376; Coenenberg/Haller/Schultze (2009), S. 188; Schruff/Haaker (2011), Abschn. 11 Rz. 93; Pauly/Hommel (2006), S. 51; Achleitner/Behr/Schäfer (2009), S. 106; Baetge/Kirsch/Thiele (2011), S. 291; Böcking/Wiederhold (2010), IAS 38 Rz. 120 u. Rz. 154 ff.; Heyd/Lutz-Ingold (2005), S. 74; Brinkmann (2006), S. 191; Rohatschek (2011), S. 174 f.; Hoffmann (2011h), § 13 Rz. 83.

2778 Vgl. Rohatschek (2011), S. 176; Wehrheim (2010), B 164 Rz. 39; Böcking/Lopatta/Rausch (2005b), B 165 Rz. 144. Eine Ausnahme besteht zum einen, wenn eine „Verpflichtung seitens einer dritten Partei besteht, den Vermögenswert am Ende seiner Nutzungsdauer zu erwerben" (IAS 38.100 (a)), zum anderen, wenn ein „aktiver Markt für den Vermögenswert" existiert, der „Restwert auf diesem Markt ermittelt werden kann" und dieser Markt am Ende der Nutzungsdauer des Vermögenswerts mit hinreichender Wahrscheinlichkeit bestehen wird (IAS 38.100 (b)). Vgl. zur Restwertbehandlung im Einzelnen auch Böcking/Wiederhold (2010), IAS 38 Rz. 147-149; Heyd/Lutz-Ingold (2005), S. 84; Rossmanith/Gerlach (2008), S. 178; Rossmanith/Heß (2011), S. 211 f.; Ruhnke (2008b), S. 466; Wagenhofer (2009), S. 227; Esser/Hackenberger (2004), S. 409; dies. (2005), S. 711; Hüttche/Moser (2008), S. 380; Theile (2009c), Rz. 1064; Schruff/Haaker (2011), Abschn. 11 Rz. 105-108; Achleitner/Behr/Schäfer (2009), S. 106; Baetge/Kirsch/Thiele (2011), S. 290 f. u. S. 292; Scheinpflug (2009a), § 4. Rz. 74; Sommerhoff (2010), S. 157.

2779 Vgl. im Einzelnen z. B. Böcking/Wiederhold (2010), IAS 38 Rz. 137 ff.

2780 Vgl. Rossmanith/Heß (2011), S. 210. Maßgebend ist grundsätzlich die jeweilige rechtliche Schutzfrist (IAS 38.94). Eine kürzere Nutzungsdauer als die Laufzeit des Rechts ist nur dann maßgebend, wenn sie der beabsichtigten, unternehmensspezifischen Nutzungsdauer entspricht. Dagegen ist eine längere Nutzugsdauer als die gesetzliche Schutzfrist insb. bei prolongierbaren Rechten denkbar. Die Nutzungsdauer darf die Verlängerungsperioden indes nur dann umfassen, „wenn es bewiesen ist, dass das Unternehmen die Verlängerung ohne erhebliche Kosten unterstützt" (IAS 38.94). Dieser Nachweis soll anhand verschiedener, in IAS 38.96 genannter Faktoren geführt werden, die auf eine Verlängerung von vertraglichen oder gesetzlichen Rechten hindeuten. Zu den damit verbundenen Gestaltungsspielräumen vgl. Brinkmann (2006), S. 192 f.

2781 Vgl. auch Hüttche/Moser (2008), S. 379; Rossmanith/Gerlach (2008), S. 178; Rossmanith/Heß (2011), S. 211; Schruff/Haaker (2011), Abschn. 11 Rz. 96; Böcking/Lopatta/Rausch (2005b), B 165 Rz. 148.

warteten Verbrauch des künftigen wirtschaftlichen Nutzens reflektiert (IAS 38.97 f.).[2782] Allerdings soll die Linearabschreibung obligatorisch anzuwenden sein, wenn der Verlauf des wirtschaftlichen Nutzenverbrauchs nicht mit hinreichender Verlässlichkeit zu bestimmen ist (IAS 38.97).[2783] Hieran zeigt sich, anders als nach IAS 16,[2784] eine Präferenz zugunsten der linearen Abschreibung.[2785]

2.2.1.1.2 Neubewertungsmodell

Gegenüber der Neubewertung von materiellen Sachanlagen (IAS 16), die lediglich eine zuverlässige Ermittlung des *fair value* verlangt, sind die diesbezüglichen Vorschriften für immaterielle Vermögenswerte restriktiver gehalten.[2786] IAS 38 verlangt insoweit das Vorliegen eines aktiven Marktes (IAS 38.75), d. h. eines Marktes, auf dem homogene Produkte gehandelt werden, vertragswillige Käufer und Verkäufer „in der Regel jederzeit gefunden werden" können und die hierbei herausgebildeten Preise der Öffentlichkeit zugänglich sind (IAS 38.8).[2787] „Da immaterielle Werte aufgrund ihres heterogenen Charakters grundsätzlich nicht auf einem aktiven Markt gehandelt werden, ist eine Anwendung der Neubewertungsmethode bei immateriellen Vermögenswerten allgemein unzulässig"[2788]. In IAS 38.78 wird eingeräumt, dass es für „Markennamen, Drucktitel bei Zeitungen, Musik- und Filmverlagsrechte, Patente oder Warenzeichen" keinen aktiven Markt gibt, „da jeder dieser Vermögenswerte einzigartig ist". Die Voraussetzungen eines aktiven Marktes dürften allein bei Taxilizenzen, Fischereilizenzen oder Produktionsquoten bestehen (IAS 38.78). In diesen Ausnahmefällen würden dieselben Grundsätze greifen, die bereits oben im Zusammenhang mit dem sächlichen Anlagevermögen skizziert wurden.[2789]

2782 Vgl. auch Mindermann/Hartmann (2009), S. 89; Rohatschek (2011), S. 175.

2783 Vgl. Hüttche/Moser (2008), S. 379 f.; Wulf (2008), S. 71; Pauly/Hommel (2006), S. 51; Böcking/Wiederhold (2010), IAS 38 Rz. 150; Thiele/Kühle (2008), IAS 38 Rz. 373; Rossmanith/Gerlach (2008), S. 178; Ruhnke (2008b), S. 466; Esser/Hackenberger (2005), S. 711; dies. (2004), S. 409; Bertl/Fröhlich (2008), S. 377; Theile (2009c), Rz. 1067; Schruff/Haaker (2011), Abschn. 11 Rz. 97; Achleitner/Behr/Schäfer (2009), S. 104; Baetge/Kirsch/Thiele (2011), S. 293; Baetge/von Keitz (2010), IAS 38 Rz. 137; Scheinpflug (2009a), § 4. Rz. 88; Kozikowski/Pastor (2010), § 253 HGB Rz. 705; Heyd/Lutz-Ingold (2005), S. 83; Ernstberger (2004), S. 97; Rohatschek (2011), S. 175; Sommerhoff (2010), S. 157; Rahlf (2000), S. 69; Seifert (2011), S. 125.

2784 A. A. Hennrichs (2011a), S. 790.

2785 Vgl. Hoffmann (2011h), § 13 Rz. 82; Brinkmann (2006), S. 191; Wüstemann/Duhr (2011), Rz. 79; Seifert (2011), S. 127.

2786 Vgl. Hoffmann (2011d), § 8 Rz. 72; Seifert (2011), S. 128; Böcking/Wiederhold (2010), IAS 38 Rz. 123; Baetge/von Keitz (2010), IAS 38 Rz. 110; Heyd/Lutz-Ingold (2005), S. 78; Ruhnke (2008b), S. 467; Wagenhofer (2009), S. 225; Esser/Hackenberger (2004), S. 409; Rossmanith/Gerlach (2008), S. 175; Theile (2009c), Rz. 1060.

2787 Vgl. auch Mindermann/Hartmann (2009), S. 90; Wulf (2009), S. 113; Rohatschek (2011), S. 177; Beyhs/Wagner (2009a), § 5.A. Rz. 20.

2788 Pauly/Hommel (2006), S. 50 f.; so auch Mindermann/Hartmann (2009), S. 90; Bertl/Fröhlich (2008), S. 376; Hüttche/Moser (2008), S. 378; Böcking/Lopatta/Rausch (2005b), B 165 Rz. 179 ff.; Böcking/Wiederhold (2010), IAS 38 Rz. 122 f.; Beyhs/Wagner (2009a), § 5.A. Rz. 24; Achleitner/Behr/Schäfer (2009), S. 106; Bieg et al. (2009a), S. 132; dies. (2006a), S. 132; Hoffmann (2011d), § 8 Rz. 72; Sommerhoff (2010), S. 153; Rossmanith/Gerlach (2008), S. 175; Ruhnke (2008b), S. 467; Coenenberg/Haller/Schultze (2009), S. 188; Esser/Hackenberger (2004), S. 410; dies. (2005), S. 711; Mindermann/Hartmann (2009), S. 90; Schruff/Haaker (2011), Abschn. 11 Rz. 86; Haaker (2007), S. 258; Madeja/Roos (2008), S. 348; Kuntschik (2004), S. 151 f.; Kozikowski/Pastor (2010), § 253 HGB Rz. 702; Wulf (2008), S. 72 f.; Pellens/Fülbier (2000), S. 132 f.; Ernstberger (2004), S. 142; Rohatschek (2011), S. 177; Buchholz/Weis (2002), S. 559; Brinkmann (2006), S. 207.

2789 Vgl. Hüttche/Moser (2008), S. 378.

2.2.1.2 Außerplanmäßige Folgebewertung

Die Berücksichtigung von Wertminderungen bei immateriellen Vermögenswerten richtet sich nach IAS 36 (IAS 38.111).[2790] Der Standard ist für sämtliche immateriellen Vermögenswerte von Relevanz, unabhängig davon, ob sie eine begrenzte oder unbestimmte (unbegrenzte) Nutzungsdauer aufweisen.[2791] Es gelten die bereits im Zusammenhang mit Sachanlagen beschriebenen Grundsätze.[2792] Nachfolgend werden Spezifika für (selbst erstellte) immaterielle Vermögenswerte genannt. Zu berücksichtigen ist insbesondere, dass der (quantitative) Wertminderungstest bei immateriellen Vermögenswerten mit einer unbestimmten Nutzungsdauer nicht nur bei Vorliegen testauslösender Indikatoren, sondern mindestens einmal jährlich durchzuführen ist, „[u]nabhängig davon, ob irgendein Anhaltspunkt für eine Wertminderung vorliegt“ (IAS 36.10 (a)); Selbiges gilt für „noch nicht nutzungsbereite(.) immaterielle Vermögenswert[e]“ (IAS 36.10 (b)), deren planmäßige Abschreibung also noch nicht begonnen hat.[2793] Bei immateriellen Vermögenswerten mit bestimmter Nutzungsdauer ist ein quantitativer Wertminderungsrest „nur bei festgestellten Anzeichen für eine Wertminderung notwendig“[2794].

Eine Wertaufholung erfolgt „spiegelbildlich zur ursprünglichen Abwertung“[2795]. Sofern mithin entsprechende Indikatoren für den Wegfall einer vorherigen Wertminderung vorliegen, ist der erzielbare Betrag zu ermitteln und dem Buchwert gegenüberzustellen.[2796] Sollte sich hierbei zeigen, dass der erzielbare Betrag aufgrund einer Schätzungsänderung über dem Buchwert liegt, ist zwingend eine Zuschreibung vorzunehmen.[2797] Die Wertaufholung ist der Höhe nach auf die planmäßig fortgeführten Anschaffungs- oder Herstellungskosten begrenzt, die sich ohne die Vornahme einer außerplanmäßigen Abschreibung ergeben hätten.[2798] Ein Überschreiten dieser Grenze ist nur im Rahmen der Neubewertung statthaft.[2799]

[2790] Vgl. auch Rossmanith/Gerlach (2008), S. 179; Hoffmann (2011h), § 13 Rz. 82; Rossmanith/Heß (2011), S. 212; Coenenberg/Haller/Schultze (2009), S. 188; Bieg et al. (2006a), S. 132; Wehrheim (2010), B 164 Rz. 62; Rohatschek (2011), S. 178.

[2791] Vgl. Wulf (2009), S. 114; Rossmanith/Gerlach (2008), S. 179; Erdmann/Focken (2010), S. 184; Esser/Hackenberger (2004), S. 410.

[2792] Vgl. Wüstemann/Duhr (2011), Rz. 86.

[2793] Vgl. Esser/Hackenberger (2004), S. 410; Wagenhofer (2009), S. 226; Wulf (2009), S. 114; Hüttche/Moser (2008), S. 381; Rossmanith/Gerlach (2008), S. 177; Bertl/Fröhlich (2008), S. 377; Baetge/Kirsch/Thiele (2011), S. 291; Theile (2009c), Rz. 1061; Sommerhoff (2010), S. 158; Pauly/Hommel (2006), S. 52; Pellens et al. (2011), S. 328; Wehrheim (2010), B 164 Rz. 63; Kozikowski/Pastor (2010), § 253 HGB Rz. 706; Wulf (2008), S. 77; Kasperzak (2011), S. 3.

[2794] Bertl/Fröhlich (2008), S. 377; vgl. auch Kozikowski/Pastor (2010), § 253 HGB Rz. 706.

[2795] Rossmanith/Gerlach (2008), S. 179.

[2796] Vgl. Esser/Hackenberger (2005), S. 713.

[2797] Vgl. Rossmanith/Gerlach (2008), S. 179; Wulf (2009), S. 114.

[2798] Vgl. Hüttche/Moser (2008), S. 381 f.; Mindermann/Hartmann (2009), S. 90; Böcking/Wiederhold (2010), IAS 38 Rz. 161; Esser/Hackenberger (2005), S. 713; Rossmanith/Heß (2011), S. 213.

[2799] Vgl. Hüttche/Moser (2008), S. 382.

2.2.2 Folgebewertung des immateriellen Anlagevermögens nach dem Handels- und Steuerrecht Deutschlands im Vergleich zu IFRS

2.2.2.1 Planmäßige Folgebewertung

Für die Folgebewertung von (selbst erstellten) immateriellen Vermögensgegenständen sieht das deutsche Handelsrecht auch nach dem BilMoG keine gesonderten Regeln vor; es gelten damit die allgemeinen Bewertungsregeln des § 253 HGB.[2800] Immaterielle Vermögensgegenstände des Anlagevermögens sind planmäßig abzuschreiben, sofern deren Nutzung zeitlich begrenzt ist (§ 253 Abs. 3 S. 1 HGB). Selbiges gilt mit abweichender Terminologie („der Abnutzung unterliegen“) für Zwecke der steuerlichen Gewinnermittlung (§ 6 Abs. 1 Nr. 1 EStG). Die Nutzungsbegrenzung erweist sich damit als entscheidende Frage.[2801] Nach Ansicht im Schrifttum sind grundsätzlich auch immaterielle Vermögensgegenstände mit einer unbestimmten Nutzungsdauer planmäßig abzuschreiben; dies gebietet das Vorsichtsprinzip.[2802] Die Kategorie von immateriellen Vermögenswerten, die aufgrund ihrer unbegrenzten Nutzungsdauer ausschließlich einer außerplanmäßigen Abschreibung zugänglich sind, dürften „nach HGB eine Ausnahme darstellen“[2803]. Ein genereller *impairment-only-approach* i. S. d. IAS 38 stößt im bilanzrechtlichen Schrifttum (mit Recht) auf Ablehnung.[2804] Auch die Anwendung des Neubewertungsmodells i. S. d. IAS 38.75 ff. wird nicht gestattet.[2805] Bedenkt man, dass das Neubewertungsmodell in seiner Anwendbarkeit aufgrund des geforderten Vorliegens eines aktiven Marktes (IAS 38.75) in erheblichem Maße eingeschränkt ist, dürfte ein faktischer Gleichlauf in der generellen Anwendung des Anschaffungskostenmodells zu konstatieren sein.[2806]

Die Berücksichtigung eines Restwerts ist bei immateriellen Vermögenswerten mit begrenzter Nutzungsdauer (IAS 38.100 f.) an vergleichsweise restriktive Voraussetzungen gebunden. Insofern scheint eine grundsätzliche Vergleichbarkeit mit dem bilanzsteuerrechtlichen Prinzip der Restwertvernachlässigung zu bestehen. Es verbleibt der Unterschied, dass nach IAS 38.100 ausnahmsweise ein Veräußerungserlös Berücksichtigung findet. Ein solcher aber kann bilanzrechtlich keine Ausnahme vom Prinzip der Restwertvernachlässigung rechtfertigen.

2800 Vgl. Hennrichs (2010c), S. 19; Braun (2011c), § 248 HGB Rz. 14a; Küting/Pfirmann/Ellmann (2008), S. 694; Küting/Ellmann (2009), S. 277; Laubach/Kraus/Bornhofen (2009), S. 23; Seidel/Grieger/Muske (2009), S. 1289; Bitz/Schneeloch/Wittstock (2011), S. 832; Keller (2009), 104; Kozikowski/Roscher/Schramm (2010), § 253 HGB Rz. 381.

2801 Vgl. Sommerhoff (2010), S. 111.

2802 Vgl. Pauly/Hommel (2006), S. 55; Küting/Pfirmann/Ellmann (2008), S. 694; Küting/Ellmann (2009), S. 278; Seidel/Grieger/Muske (2009), S. 1289; Arbeitskreis „Immaterielle Werte im Rechnungswesen“ der Schmalenbach-Gesellschaft für Betriebswirtschaft e. V. (2008), S. 1819 f.

2803 Laubach/Kraus/Bornhofen (2009), S. 23.

2804 Vgl. Hennrichs (2008c), S. 541; ders. (2009b), S. 585; ders. (2010c), S. 20; ders. (2011), S. 869; Ekkenga (2011a), § 253 HGB Rz. 97; Keller (2009), S. 104; Prinz (2010c), S. 2076; ders. (2011a), S. 166; Sommerhoff (2010), S. 112. A. A. Köster (2007), S. 2794.

2805 Vgl. Laubach/Kraus/Bornhofen (2009), S. 23; Seidel/Grieger/Muske (2009), S. 1289.

2806 In diesem Sinne auch Seidel/Grieger/Muske (2009), S. 1289; Köhrle (2010), S. 263.

Hinsichtlich der Bemessung der Abschreibungsdauer ist eine Ausrichtung an gesetzlichen oder vertraglichen Befristungen (Zeitraum des Rechtsschutzes) lediglich i. S. einer Obergrenze zu verstehen. Sofern sich die wirtschaftliche Nutzungsdauer als kürzer erweist, ist sie der planmäßigen Abschreibung zugrunde zu legen.[2807] Aufgrund der Unsicherheit ist die wirtschaftliche Nutzungsdauer vorsichtig zu schätzen.[2808]

Hinsichtlich der Abschreibungsmethode besteht handelsrechtlich im Grundsatz eine (an die GoB-Konformität geknüpfte) Methodenfreiheit.[2809] Regelmäßig dürfte das lineare Verfahren zur Anwendung kommen.[2810] Für steuerrechtliche Zwecke sind immaterielle Wirtschaftsgüter, die nicht als beweglich qualifizieren, zwingend linear abzuschreiben (§ 7 Abs. 1 S. 1 i. V. m. Abs. 2 EStG).[2811] Geometrisch-degressive sowie leistungsabhängige Abschreibungen scheiden aus, weil die Anwendung dieser beiden (neben anderem) an das Kriterium der Beweglichkeit geknüpft sind, immaterielle Wirtschaftsgüter für Zwecke der steuerrechtlichen Gewinnermittlung jedoch als unbeweglich gelten.[2812] Im Gegensatz dazu ist die Linearabschreibung nach IAS 38 zwar nicht obligatorisch vorgesehen.[2813] Sie kommt aber dann zur Anwendung, wenn der zukünftige Verlauf des wirtschaftlichen Nutzens nicht verlässlich bestimmt werden kann (IAS 38.97). Insofern wird diese Bestimmung als grundsätzlich „GoB-konform" eingestuft.[2814] Die Sammelpostenmethode bzw. Sofortabschreibung gemäß § 6 Abs. 2, 2a EStG bleibt bei immateriellen Wirtschaftsgütern unanwendbar.[2815]

2.2.2.2 Außerplanmäßige Folgebewertung

Immaterielle Vermögensgegenstände sind in der Handelsbilanz bei voraussichtlich dauernder Wertminderung gemäß dem sog. gemilderten Niederstwertprinzip als Folgeprinzip des Imparitätsprinzips außerplanmäßig auf den (niedrigeren) beizulegenden Wert abzuschreiben (§ 253 Abs. 3 S. 3 HGB).[2816] Selbiges gilt für selbst erstellte immaterielle Vermögensgegenstände des Anlagevermögens.[2817] Steuerlich „dürfen" Wertminderungen auf den Teilwert vorgenommen werden, sofern von einer dauerhaften Wertminderung auszugehen ist (§ 6 Abs. 1 Nr. 1 S. 2 EStG).[2818] Mit der h. M.

2807 Vgl. Castedello/Kreher (2010), S. 74 f.; Müller (2010), S. 8; Kuhner (2007), Abt. II/1 Rz. 341; Keller (2009), S. 104; Laubach/Kraus/Bornhofen (2009), S. 23; Küting/Ellmann (2009), S. 277; Ekkenga (2011a), § 253 HGB Rz. 97.

2808 Vgl. Müller (2010), S. 8; Kuhner (2007), Abt. II/1 Rz. 340.

2809 Vgl. Ekkenga (2011a), § 253 HGB Rz. 106; Kuhner (2007), Abt. II/1 Rz. 338; Küting/Pfirmann/Ellmann (2008), S. 695; Küting/Ellmann (2009), S. 278; Seidel/Grieger/Muske (2009), S. 1289.

2810 Vgl. Müller (2010), S. 8.

2811 Vgl. Lambrecht (2011), § 7 Rz. 38; Köhrle (2010), S. 259; Kuhner (2007), Abt. II/1 Rz. 338; Buchholz/Weis (2002), S. 559; Kozikowski/Roscher/Schramm (2010), § 253 HGB Rz. 382.

2812 Vgl. Brösel/Olbrich (2010), § 253 Rz. 499; Herzig (2004a), S. 181; Kuhner (2007), Abt. II/1 Rz. 339.

2813 Vgl. Dietel (2004), S. 232; Herzig (2004a), S. 181.

2814 So Bitz/Schneeloch/Wittstock (2011), S. 832.

2815 Vgl. Kozikowski/Roscher/Schramm (2010), § 253 HGB Rz. 382.

2816 Vgl. im Einzelnen bspw. Sommerhoff (2010), S. 113-115.

2817 Vgl. Winkeljohann/Ull (2010), S. 34; Küting/Ellmann (2009), S. 278; Hennrichs (2010c), S. 19; Müller (2010), S. 8; Laubach/Kraus/Bornhofen (2009), S. 24; Kuhner (2007), Abt. II/1 Rz. 355 ff.; Bieg et al. (2009b), S. 48 f.; Seidel/Grieger/Muske (2009), S. 1289.

2818 Vgl. Buchholz/Weis (2002), S. 559.

handelt es sich hierbei um ein Wahlrecht, das gemäß § 5 Abs. 1 S. 1 Halbs. 2 EStG unabhängig von der handelsbilanziellen Vorgehensweise auszuüben ist.[2819]

Bei Wegfall des Grundes für die außerplanmäßige Abschreibung ist in der Handelsbilanz eine Wertaufholung bis maximal zur Höhe der fortgeführten Anschaffungs- bzw. Herstellungskosten geboten (§ 253 Abs. 5 S. 1 HGB).[2820] Davon ausgenommen ist der Geschäfts- oder Firmenwert, für den ein striktes Wertaufholungsverbot gilt.[2821] Dieses dürfte auch steuerrechtlich (§ 5 Abs. 2 EStG) greifen.[2822] Eine Wertaufholung ist steuerrechtlich dann angezeigt, wenn vom Steuerpflichtigen nicht der Nachweis eines weiterhin niedrigeren Teilwerts erbracht wird (Beweislastumkehr).

2.2.3 Folgebewertung des immateriellen Anlagevermögens nach dem Handels- und Steuerrecht Frankreichs im Vergleich zu IFRS

2.2.3.1 Planmäßige Folgebewertung

Während die handelsbilanziellen Regeln zur Vornahme von planmäßigen Abschreibungen durch das CRC 2002-10 auch in Bezug auf immaterielle Vermögenswerte inzwischen weitestgehend an die IFRS angepasst wurden,[2823] ist aus steuerlicher Sicht insbesondere auf folgende Punkte hinzuweisen. Immaterielle Vermögenswerte sind nach französischem Steuerrecht nur dann abzuschreiben, „wenn zum Zeitpunkt ihres Erwerbs oder ihrer Entstehung gewiss ist, dass der Zeitraum, in dem sie zur Gewinnerzielung für das Unternehmen beitragen werden, begrenzt ist“[2824]. Immaterielle Wirtschafsgüter, die keiner dauerhaften Wertminderung unterliegen, sind von einer planmäßigen Abschreibung ausgeschlossen.[2825] Wertminderungen können bei diesen Wirtschaftsgütern lediglich in Form von Wertminderungsrückstellungen berücksichtigt werden. Insofern lässt sich eine Nähe zum *impairment-only approach* des IAS 38 (bei Vermögenswerten mit unbestimmbarer Nutzungsdauer) feststellen. Aus methodischer Sicht erfolgt die planmäßige Abschreibung obligatorisch auf Basis der Linearabschreibung. Als Abschreibungsdauer ist grundsätzlich die Dauer des rechtlichen Schutzes zugrunde zu legen; sie ist dabei auf maximal fünf Jahre limitiert.[2826] Auch (wahlweise) aktivierte Entwicklungskosten sind über eine Maximalperiode von fünf Jahren planmäßig abzu-

---

2819 Zur Diskussion um die Reichweite des steuerlichen Wahlrechtsvorbehalts (§ 5 Abs. 1 S. 1 Halbs. 2 EStG) vgl. oben, 2. Kap. II. 1.2.1.3.

2820 Vgl. Müller (2010), S. 8; Küting/Pfirmann/Ellmann (2008), S. 695; Bieg et al. (2009b), S. 49.

2821 Vgl. Bitz/Schneeloch/Wittstock (2011), S. 285.

2822 Vgl. Kahle (2011), S. 170.

2823 Zu den IFRS-angenäherten Abschreibungsregeln des CRC 2002-10 vgl. oben, 4. Kap. II. 2.2.3.1.

2824 Osterloh-Konrad (2005), S. 395.

2825 Vgl. Steuerberater Handbuch Europa (2008), Rz. 125. Demnach kommt etwa eine planmäßige Abschreibung für solche Patente in Betracht, die für eine begrenzte Zeit rechtlichen Schutz genießen. Dazu auch Osterloh-Konrad (2005), S. 395.

2826 Vgl. Gelin/Bonnet (2009), S. 33; Endres et al. (2007), S. 413; Gammie et al. (2005), S. 95; von Keitz (2007), S. 331; PwC (2011), S. 399.

schreiben.[2827] Eine Neubewertung (*réévaluation libre*) von Immaterialgütern ist weder nach französischem Handels- noch Steuerrecht gestattet.[2828]

2.2.3.2 Außerplanmäßige Folgebewertung

Einer Teilwertabschreibung respektive *provision pour dépréciation* im Rahmen der steuerlichen Gewinnermittlung sind grundsätzlich auch immaterielle Wirtschaftsgüter des Anlagevermögens zugänglich.[2829] Die oben[2830] im Zusammenhang mit dem Sachanlagevermögen aufgezeigten Grundsätze der Wertminderung (Wertaufholung) gelten hierbei analog. Aus handelsrechtlicher Sicht ist damit abermals eine grundsätzliche Vergleichbarkeit mit IAS 36 zu konstatieren, wohingegen aus steuerlicher Sicht die Abweichungen gegenüber diesem internationalen Rechnungslegungsstandard überwiegen.

2.2.4 Folgebewertung des immateriellen Anlagevermögens nach dem Handels- und Steuerrecht Polens im Vergleich zu IFRS

2.2.4.1 Planmäßige Folgebewertung

Immaterielle Vermögenswerte werden in der polnischen Handelsbilanz grundsätzlich planmäßig abgeschrieben; es gelten die im Zusammenhang mit Anlagegütern beschriebenen Grundsätze (Art. 33 Abs. 1 i. V. m. Art. 31 Abs. 2 und Art. 32 Abs. 1-4 RLG).[2831] Die für die planmäßige Abschreibung maßgebende Nutzungsdauer „ist grundsätzlich (...) vom Unternehmen selbst zu bestimmen“[2832]. Anders als nach IAS 38 ist eine Unterscheidung zwischen bestimmbarer und unbestimmbarer Nutzungsdauer (*impairment-only- approach*) bei immateriellen Vermögenswerten nach polnischem Bilanzrecht nicht zu treffen. Der Abschreibungszeitraum von aktivierten Entwicklungskosten darf nicht mehr als fünf Jahre betragen (Art. 33 Abs. 3 RLG).[2833]

Die steuerliche planmäßige Abschreibung von immateriellen Wirtschaftsgütern ordnet Art. 16b PDOPrU an; sie wird – wie die planmäßige AfA von Wirtschaftsgütern des Sachanlagevermögens – als steuerlich relevante Betriebsausgabe anerkannt (Art. 15 Abs. 6 PDOPrU).[2834] Dabei ist hervorzuheben, dass eine planmäßige Abschreibung von immateriellen Wirtschaftsgütern ausschließlich auf Basis der linearen Abschreibungsmethode gestattet ist.[2835] Während für Sachanlagen im Rahmen der steuerrechtlichen Gewinnermittlung spezifische Abschreibungssätze zu beachten sind,

---

2827 Vgl. PwC (2011), S. 517.
2828 Vgl. Daumas (2009), S. 188; Sachs (1998), S. 158; Endres et al. (2007), S. 401, 413; Gélard (2001), S. 1068; Hoarau (2003), S. 145 Tab. 5.2.
2829 Vgl. Endres et al. (2007), S. 401, 413, 428.
2830 Vgl. 4 Kap. II. 2.2.3.2.
2831 Vgl. auch Lange (2011), S. 230.
2832 Eberhartinger/Wilczynska-Stöckl (2009), S. 61; vgl. auch Djanani/Brähler/Lösel (2005), S. 51.
2833 Vgl. auch Kamping/Becker (2004), S. 515; Eberhartinger/Wilczynska-Stöckl (2009), S. 61; Djanani/Brähler/Lösel (2005), S. 51; Jungmann/Tacakiewicz (2007), S. 731.
2834 Vgl. auch Djanani/Brähler/Lösel (2005), S. 79; Jungmann (2009), Rz. 52.
2835 Vgl. Jungmann/Tacakiewicz (2007), S. 732 Abb. 4; Gammie et al. (2005), S. 101.

legt Art. 16m PDOPrU für die planmäßige AfA von immateriellen Wirtschaftsgütern spezielle Mindestabschreibungszeiträume fest.[2836] Mit Blick auf die Neubewertungsmethode divergieren RLG und IAS 38 insofern, als eine solche für immaterielle Vermögenswerte nach polnischem Bilanzrecht – anders als bei Sachanlagen – nicht in Betracht kommt.[2837] Auch für Zwecke der steuerlichen Gewinnermittlung ist eine Neubewertung von immateriellen Wirtschaftsgütern untersagt.[2838]

2.2.4.2 Außerplanmäßige Folgebewertung

Im Fall einer dauerhaften Wertminderung besteht bei immateriellen Vermögenswerten die Pflicht, auf den niedrigeren Netto-Veräußerungspreis abzuschreiben (Art. 28 Abs. 7 RLG).[2839] Eine Wertaufholung ist zwingend vorzunehmen, wenn der Grund für die Vornahme der außerplanmäßigen Abschreibung entfallen ist (Art. 35c RLG). Im Rahmen der steuerlichen Gewinnermittlung hingegen sind außerplanmäßige Abschreibungen auf immaterielle Wirtschaftsgüter untersagt.[2840] Die Geltung des Imparitätsprinzips wird erneut negiert.

2.2.5 Folgebewertung des immateriellen Anlagevermögens nach dem Handels- und Steuerrecht Schwedens im Vergleich zu IFRS

2.2.5.1 Planmäßige Folgebewertung

RFR 2 (2011) sieht in Bezug auf die Folgebewertung einige materielle Durchbrechungen des ansonsten grundsätzlich geltenden IAS 38 vor. Anders als nach IAS 38.107 sind nach schwedischem Bilanzrecht auch jene immateriellen Vermögenswerte planmäßig abzuschreiben, deren Nutzungsdauer nicht bestimmbar ist.[2841] Ein *impairment-only-approach* wird damit ausgeschlossen.[2842] Der Abschreibungszeitraum für immaterielle Vermögenswerte ist im ÅRL auf fünf Geschäftsjahre begrenzt (4 kap. 4 §).[2843] Ein Überschreiten dieses Abschreibungszeitraums ist offenlegungs- und begründungspflichtig. Die Anwendung des Neubewertungsmodells (schwedisch: *omvärderingsmetoden*) i. S. d. IAS 38.75-87 wird seitens des schwedischen Standardsetzers, dem *Rådet för finansiell rapportering*, als weiterhin *ÅRL*-inkonform betrachtet.[2844]

Eine planmäßige Abschreibung sieht das schwedische Steuerrecht für immaterielle Wirtschaftsgüter mit begrenzter Nutzungsdauer vor.[2845] Dabei ist zu berücksichtigen, dass immaterielle Wirtschafts-

2836 Vgl. Wollgarten (2005), S. 247; Jungmann/Tacakiewicz (2007), S. 732 Abb. 4. Zu den Mindestabschreibungssätzen vgl. im Überblick Migdał/Namysłowski/Ziółek (2010), S. 41 u. S. 48 ff.; Gutiérrez et al. (2011), S. 858.
2837 Vgl. Jungmann/Tacakiewicz (2007), S. 730 f.
2838 Vgl. Endres et al. (2007), S. 58 Tab. 51.
2839 Vgl. auch Eberhartinger/Wilczynska-Stöckl (2009), S. 61; Lange (2011), S. 230.
2840 Vgl. Endres et al. (2007), S. 405, 419 f. u. S. 433.
2841 Vgl. auch KPMG (2005), S. 39.
2842 Vgl. von Keitz (2007), S. 335.
2843 Vgl. von Keitz (2007), S. 335; Høegh-Krohn/Knivsflå (2000), S. 253.
2844 Vgl. von Keitz (2007), S. 335.
2845 Vgl. Steuerberater Handbuch Europa (2007b), Rz. 104.

güter – das IL nennt insbesondere Konzessionen, Patente, Lizenzen, Warenzeichen, Nutzungsrechte, Geschäfts- oder Firmenwert und ähnliche Rechte (*liknande rättigheter*) – hinsichtlich der Zugangs- sowie (plan- und außerplanmäßigen) Folgebewertung den (materiellen) *inventarier* gleichgesetzt werden (18 kap. 1 § IL).[2846] Damit wird in Bezug auf immaterielle Wirtschaftsgüter gleichsam ein Wahlrecht eröffnet, die *huvudregel* (degressive Abschreibung zu 30 %) oder die *kompletteringsregel* (lineare Abschreibung zu 20 %) anzuwenden.[2847] Die Wahl ist indes nicht an die Abschreibungsmethode des übrigen Anlagevermögens gebunden, so dass es etwa zulässig ist, immaterielle Wirtschaftsgüter linear, das übrige Anlagevermögen hingegen geometrisch-degressiv abzuschreiben.[2848] Eine Neubewertung immaterieller Wirtschaftsgüter ist nach schwedischem Steuerrecht untersagt.[2849] Insoweit besteht eine Abweichung zu IAS 38, die aber wegen der faktischen Irrelevanz des Neubewertungsmodells rein formaler Natur ist.

2.2.5.2 Außerplanmäßige Folgebewertung

Die Vornahme von außerplanmäßigen Abschreibung auf immaterielle Vermögenswerte des Anlagevermögens im handelsrechtlichen Jahresabschluss der unter RFR 2 (2011) fallenden Bilanzierenden, also sog. IFRS-Gesellschaften, richtet nach IAS 36. Da das Jahresabschlussgesetz keine näheren Vorgaben zur Vornahme von außerplanmäßigen Abschreibungen enthält, ist es mithin nicht erforderlich, in RFR 2 (2011) spezielle Durchbrechungen des IAS 36 zur Aufrechterhaltung der ÅRL-Kompatibilität vorzusehen. Die Verlautbarung enthält daher weder handelsrechtliche noch steuerrechtliche Ventile zu IAS 36. RFR 2 (2011) folgt der bereits durch die Verlautbarung RR 17 eingeleiteten Anlehnung an IAS 36.[2850]

Auch im Rahmen der steuerlichen Gewinnermittlung kommt eine außerplanmäßige Abschreibung (*nedskrivning*) bei immateriellen Wirtschaftsgütern in Betracht. Diese grundsätzliche Zulässigkeit von Teilwertabschreibungen kann mithin als Geltung eines Imparitätsprinzips im Rahmen der schwedischen steuerlichen Gewinnermittlung gewertet werden. Bei immateriellen Wirtschaftsgütern, die für steuerliche Zwecke als *inventarier* qualifizieren, richtet sich die Vornahme von Wertminderungen gleichsam nach der Vorschrift des 18 kap. 18 § IL.[2851] Die oben, im Zusammenhang mit Sachanlagen skizzierten[2852] Wertminderungsgrundsätze (Wertaufholungsgrundsätze) gelten hierbei analog.[2853] Die schwedische Finanzadministration hebt in diesem Kontext (wiederum) hervor, dass Begriff des wirklichen Wertes (*verkligt värde*) als maßgebender Verlustmaßstab für *inventarier* weder in der Steuergesetzgebung noch in der Steuerrechtsprechung bislang näher kon-

2846 Vgl. auch Katzer (2008), S. 185.
2847 Vgl. Gammie et al. (2005), S. 99; Endres et al. (2007), S. 408, 420 u. S. 435; Steuerberater Handbuch Europa (2007b), Rz. 104.
2848 Vgl. Strömberg/Kristoffersson (2009), Rz. 79.
2849 Vgl. Endres et al. (2007), S. 408, 421 u. S. 435.
2850 Vgl. oben, 4. Kap. II 2.2.5.2.
2851 Vgl. Skatteverket (2011), S. 580.
2852 Vgl. oben, 4. Kap. II. 2.2.5.2.
2853 Vgl. Endres et al. (2007), S. 408, 421, 435.

kretisiert wurde. Für dessen Ermittlung sei i. S. einer Erkenntnisquelle auf die diesbezüglichen handelsrechtlichen Grundsätze abzustellen. Offenbar sieht die schwedische Finanzverwaltung in dem Konzept der erzielbaren Betrags nach IAS 36 auch einen steuerlich adäquaten Verlustmaßstab.[2854] So soll der *verkligt värde* sich als der höhere der beiden Werte aus Nettoveräußerungswert (*nettoförsäljningsvärdet*) und Nutzungswert (*nyttjandevärdet*) ergeben. Diese Vorgehensweise sei gerechtfertigt, da IAS 36 qua RFR 2 (2011) als *god redovisningssed* angesehen werden könne.[2855] Diese auch steuerlich enge Anlehnung an IAS 36 muss (aus deutscher Sicht) dennoch erstaunen.

2.2.6 Folgebewertung des immateriellen Anlagevermögens nach dem Handels- und Steuerrecht des Vereinigten Königreichs im Vergleich zu IFRS

2.2.6.1 Planmäßige Folgebewertung

Die den UK GAAP inhärenten Grundsätze der planmäßigen Abschreibung von immateriellen Vermögenswerten unterscheiden sich nicht wesentlich von denen des IAS 38. So kann nach FRS 10 in Analogie zu IAS 38.72 wahlweise auf das *cost model* oder das *revaluation model* zurückgegriffen werden (FRS 10.43).[2856] Allerdings dürfte das Neubewertungsmodell für immaterielle Vermögenswerte auch nach FRS 10 selten zur Anwendung gelangen; vergleichbar mit der Anforderung eines aktiven Marktes (IAS 38.72) setzt die Applikation des Neubewertungsmodells i. S. d. FRS 10 das Vorliegen eines *ascertainable market value* voraus (FRS 10.43).[2857] Eine planmäßige Abschreibung kommt gleichsam nur für immaterielle Vermögenswerte mit einer bestimmbaren Nutzungsdauer in Betracht (FRS 10.15; IAS 38.97). Abschreibungsausgangsbetrag und Abschreibungsmethoden sind grundsätzlich übereinstimmend. Eine materielle Abweichung ist indes darin zu sehen, dass FRS 10 – anders als IAS 38 – von der (widerlegbaren) Grundannahme ausgeht, dass immaterielle Vermögenswerte eine Nutzungsdauer von maximal 20 Jahren aufweisen (FRS 10.19).[2858]

Mit Geltung dieses *FA 2002 regime* sind diese handelsrechtlichen Abschreibungsgrundsätze auch bei der Folgebewertung von immateriellen Wirtschaftsgütern zu beachten, sofern diese vom Anwendungsbereich der sch. 29 (jetzt: Part 8 CTA 2009) erfasst werden. Bis dato galt das System der *capital allowances*; die handelsrechtlichen Abschreibungsgrundsätze waren demzufolge irrelevant.[2859] Nunmehr können die Abschreibungsgrundsätze des FRS 10 und IAS 38 auch in der steuerlichen Gewinnermittlung Wirkkraft erzeugen. Im Rahmen der steuerlichen Gewinnermittlung besteht indes in Bezug auf *intangible fixed assets* mit einer unbestimmten Nutzungsdauer (*indefinite economic life*) eine autonom wahrzunehmende Option, anstelle der handelsrechtlichen Abschreibung eine fixe Absetzung von 4 % auf linearer Basis vorzunehmen (sch. 29 par. 10 FA 2002; nun-

2854 Vgl. Skatteverket (2011), S. 580.
2855 Vgl. Skatteverket (2011), S. 580.
2856 Vgl. Küting/Hayn (1995), S. 118.
2857 Vgl. Oats/Tuck (2010), Rz. 25.6; Høegh-Krohn/Knivsflå (2000), S. 248.
2858 Vgl. Oats/Tuck (2010), Rz. 25.4; PwC (2005), S. 35.
2859 Vgl. James/Nobes (2008), S. 251.

mehr: sec. 730 ff. CTA 2009).[2860] Dies gilt unabhängig davon, ob der Vermögenswert handelsrechtlich abgeschrieben wird (sec. 730 (2) CTA 2009). Danach sind auch immaterielle Vermögenswerte mit einer unbestimmbaren Nutzungsdauer steuerlich abzuschreiben. Bei selbst erstellten immateriellen Wirtschaftsgütern (*capital expenditure*) besteht weiterhin die Option einer sog. *100 % capital allowance*; die handelsrechtlichen Abschreibungsregeln werden in diesem Fall ausgesetzt. Eine Sammelabschreibung (Poolabschreibung) ist im Immaterialgüterbereich lediglich in Bezug auf *Know-how* und Patente vorgesehen.[2861]

Eine in der Handelsbilanz formal mögliche, faktisch aber unbedeutende Neubewertung von immateriellen Vermögenswerten ist auch im Rahmen der steuerlichen Gewinnermittlung zu beachten (sec. 723 CTA 2009). Allerdings gilt die Einschränkung, dass „[t]he taxable gain on revaluation is restricted to the total impairment losses previously deducted“[2862]. Eine Besteuerung von Zeitwertgewinnen wird dadurch ausgeschlossen.

2.2.6.2 Außerplanmäßige Folgebewertung

Immaterielle Vermögenswerte mit unbestimmter Nutzungsdauer sind nach FRS 10 analog zu IAS 38 einem jährlichen Wertminderungstest zu unterziehen.[2863] Eine zu IAS 38 abweichende Vorgehensweise zeigt sich indessen bei immateriellen Vermögenswerten mit begrenzter (bestimmter) Nutzungsdauer: Während IAS 38 bei immateriellen Vermögenswerten dieser Art einen Wertminderungstest nur für den Fall verlangt, dass eine Wertminderung indiziert ist, fordert FRS 10 einen obligatorischen jährlichen Wertminderungstest, sofern die Nutzungsdauer ausnahmsweise mehr als 20 Jahre beträgt.[2864] Zudem sieht FRS 10.34 vor, dass sämtliche immaterielle Vermögenswerte nach Ablauf eines Jahres nach Erwerb einem Wertminderungstest zu unterziehen sind (FRS 10.34), was in IAS 38 so nicht (explizit) vorgegeben ist. Im Fall der Werterholung gilt eine zwingende Wertaufholungspflicht.[2865]

Die handelsrechtlichen Regeln zur Durchführung von außerplanmäßigen Abschreibungen (bzw. Wertaufholungen), d. h. FRS 11 und IAS 36, sind bei den im Anwendungsbereich der sch. 29 FA 2002 (Part 8 CTA 2009) liegenden immateriellen Wirtschaftsgütern nunmehr auch steuerlich von Geltung, da diese – anders als *plant and machinery* – nicht mehr der Kapitalsphäre zugerechnet werden.[2866] Systematisch wird damit einer imparitätischen Verlustberücksichtigung Geltung verschafft.

[2860] Vgl. PwC (2011), S. 1693; Kersting (2005), S. 318; Obuoforibo (2010), S. 72; Oats/Tuck (2010), Rz. 25.23; Gammie et al. (2005), S. 99; Endres et al. (2007), S. 423; Nias (2009), S. 89.
[2861] Vgl. Steuerberater Handbuch Europa (2006), Rz. 105.
[2862] Endres et al. (2007), S. 58 Tab. 51.
[2863] Vgl. Cooke/Choudhury/Wallace (2001), S. 2636.
[2864] Vgl. PwC (2005), S. 35; Høegh-Krohn/Knivsflå (2000), S. 248.
[2865] Vgl. Küting/Hayn (1995), S. 118.
[2866] Vgl. Endres et al. (2007), S. 423.

2.2.7 Kritische Würdigung

2.2.7.1 Zur induktiven Übernahmetauglichkeit

Unter (induktiven) Harmonisierungsgesichtspunkten weisen die Abschreibungsgrundsätze des IAS 38 eine bedingte Übernahmetauglichkeit auf. Am engsten sind die Anknüpfungen im britischen Steuerrecht (sch. 29 FA 2002, Part 8 CTA 2009). Die Abschreibungsregeln des französischen, polnischen und deutschen Steuerrechts zeigen sich indessen von IAS 38 weitgehend unbeeinflusst. Eine Zwischenposition nehmen die schwedischen Abschreibungsregeln für immaterielle Vermögenswerte ein. Es erscheint fraglich, dass eine mitgliedstaatenübergreifende Einigung über die Abschreibungsregeln des IAS 38 gelingen kann. Diese Einschätzung ist auch für den *Impairment-Test* des IAS 36 gültig.[2867]

2.2.7.2 Zur theoretisch-konzeptionellen Übernahmetauglichkeit

Auch aus dem Blickwinkel der vereinfachten Vermögensrechnung kann IAS 38 keinesfalls unbesehen gefolgt werden. Problematisch erscheint unter theoretisch-konzeptionellen Gesichtspunkten vor allem die Unterscheidung in immaterielle Vermögenswerte mit bestimmbarer und solche mit unbestimmbarer Nutzungsdauer, wie sie IAS 38 trifft und insbesondere auch im britischen Steuerrecht zum Tragen kommt. Der Verzicht auf eine planmäßige Abschreibung im Fall unbestimmbarer Nutzungsdauer bis zu dem Moment der Marktleistungsabgabe würde zwar mit dem Barrealisationsprinzip konform gehen, dem spezielleren und insoweit vorrangigen Periodisierungsgrundsatz der vereinfachten Vermögensrechnung aber zuwiderlaufen. Dies hätte zur Konsequenz, dass sich das als notwendig erachtete Minimum an Innenfinanzierung durch planmäßige Abschreibung im Bereich der immateriellen Vermögenswerte nicht erreichen ließe, wodurch eine Ungleichbehandlung gegenüber materiellen Vermögenswerten des Anlagevermögens entstünde, ohne dass sich hierfür eine stichhaltig Begründung anführen lässt.

Berücksichtigt man weiter, dass die diesbezüglichen Kriterien des IAS 38 eine trennscharfe Einteilung in Bestimmbarkeit und Unbestimmbarkeit der Nutzungsdauer ohnehin nicht zulassen, erscheint eine solche Kategorienbildung für Zwecke der steuerlichen Gewinnmessung *de lege ferenda* umso übernahmeunwürdiger. Auch immaterielle Vermögenswerte sind einer planmäßigen Abschreibung zu unterziehen;[2868] völlig zu Recht spricht sich vor allem das deutsche Schrifttum gegen die Geltung eines *impairment-only-approach* i. S. d. IAS 38 aus. Die Wertung des IAS 38, auf die Berücksichtigung eines Restwertes im Grundsatz zu verzichten, erscheint dagegen überzeugend. Ebenso zugestimmt werden kann IAS 38 in seiner ausdrücklichen Präferenz zugunsten der linearen Abschreibungsmethode. Dies entspricht auch der mehrheitlichen Rechtspraxis der hier betrachteten nationalen Steuerrechte. Allerdings würde die Festschreibung der linearen Abschreibungsmethode

---

[2867] Vgl. oben, 4. Kap. II. 2.2.7.

[2868] So auch z. B. Dahlke (2011), S. 233.

insbesondere eine Änderung der schwedischen Steuerrechtspraxis verlangen. Es steht zu vermuten, dass eine Aufgabe der degressiven Abschreibung auf wenig Akzeptanz stoßen würde.

Das Neubewertungsmodell des IAS 38 spielt bei immateriellen Vermögenswerten faktisch keine Rolle. Aus den bereits dargelegten Gründen sollte ein solches steuerlich nicht Platz greifen. Dies entspricht auch der ganz überwiegenden Wertung der hier betrachteten nationalen Steuerrechte. Da IAS 38 hinsichtlich der außerplanmäßigen Abschreibung auf IAS 36 rekurriert, gelten die gegen eine steuerliche außerplanmäßige Abschreibung allgemein und gegen den vorgenannten Standard speziell vorgebrachten Einwendungen analog.

IV. Leasingverhältnisse

1 Zurechnung von Leasingobjekten nach IFRS

Die Abbildung von Leasingverhältnissen wird innerhalb des IFRS-Normengefüges zentral durch IAS 17 geregelt.[2869] Ein Leasingverhältnis wird in IAS 17.4 definiert als „eine Vereinbarung, bei der der Leasinggeber dem Leasingnehmer gegen eine Zahlung oder eine Reihe von Zahlungen das Recht auf Nutzung eines Vermögenswerts für einen vereinbarten Zeitraum überträgt“. Sekundierend stellt IFRIC 4 weitere Kriterien bereit, auf Basis derer entschieden werden soll, ob bestimmte Liefer- oder Leistungsvereinbarungen ein Leasingverhältnis i. S. d. IAS 17.4 darstellen oder verbergen (sog. *verdeckte* Leasingverhältnisse).[2870]

Ein Nutzungsrecht gilt bei kumulativer Erfüllung zweier Kriterien als Leasingverhältnis.[2871] Zum ersten muss die Vertragserfüllung von der Nutzung eines bestimmten Vermögenswertes abhängen (IFRIC 4.7). Zum zweiten muss eines von drei Unterkriterien erfüllt sein (IFRIC 4.9):

- Der Leasingnehmer muss die Art und Weise bestimmen können, in der ein Vermögenswert betrieben wird; oder
- der Leasingnehmer muss Dritte von einem effektiven Zugriff auf den Vermögenswert ausschließen können; oder

2869 Leasingvereinbarungen in Bezug auf die Entdeckung und Verarbeitung von nicht regenerativen Ressourcen, Lizenzvereinbarungen über Filme, Patente, Copyrights o. Ä. sowie Dienstleistungsverträge, bei denen kein Nutzungsrecht auf den Vertragspartner übergeht, sind vom Anwendungsbereich des IAS 17 ausgenommen (IAS 17.2-IAS 17.3). Zudem ist zu beachten, dass Immobilien, die als Finanzinvestition anzusehen sind, sowie biologische Vermögenswerte zwar nach Maßgabe des IAS 17 klassifiziert werden (dazu weiter unten im Text), deren Bewertung indes in IAS 40 bzw. IAS 41 geregelt ist. Vgl. Lorenz/Wüstemann (2011), S. 87 f.

2870 Vgl. Heitmüller/Hellen/Tesche (2009), S. 53; zu IFRIC 4 im Einzelnen auch Gebhardt (2009), S. 10-12; Mellwig/Sabel (2008), IAS 17 Rz. 11-17; Alvarez/Büttner (2008), S. 45 ff.; Küting/Hellen/Koch (2006), S. 649 ff.; Doll (2009), § 22 Rz. 12-20; Beine/Nardmann (2011), Abschn. 16 Rz. 120-137; Münstermann/Gnädinger (2011), S. 104 ff.; Lüdenbach/Freiberg (2011), § 15 Rz. 5-13; Pferdehirt (2007), S. 85-87; Wüstemann/Koch (2011), Rz. 5-8.

2871 Vgl. Wüstemann/Bischof/Kierzek (2007a), Abt. I/3 Rz. 148.

- der Leasingnehmer muss grundsätzlich die gesamte mit dem Vermögenswert erzeugte Produktionsmenge übernehmen, ohne dafür einen marktgerechten und mengenabhängigen Preis entrichten zu müssen.

IAS 17 versucht, die bilanzielle Zurechnungsfrage durch Rekurs auf das Konstrukt des wirtschaftlichen Eigentums zu lösen, auch wenn dieses nicht explizit benannt wird.[2872] Der Standard unterscheidet dementsprechend in (bilanzwirksame) Finanzierungs- und (bilanzunwirksame) Operating-Leasingverhältnisse.[2873] Über die Einordnung (Klassifizierung) einer Leasingvereinbarung entscheidet ein Risiken-Chancen-Ansatz (*risks-and-rewards-approach*), in Ausprägung des *Substance over form*-Grundsat-zes.[2874] Ein Leasingverhältnis ist als Finanzierungs-Leasingverhältnis zu qualifizieren, wenn im Wesentlichen alle mit dem Eigentum verbundenen Risiken und Chancen eines Vermögenswerts auf den Leasingnehmer transferiert werden (IAS 17.4).[2875]

Operating-Leasingverhältnisse sind in negativer Abgrenzung jene Leasingverhältnisse, die diese Grundbedingung nicht erfüllen.[2876] In letzteren Fällen wird mithin unterstellt, dass die mit dem Eigentum eines Leasingobjekts verbundenen Risiken und Chancen aufseiten des Leasinggebers verbleiben.[2877] Die zu Beginn des Leasingverhältnisses (*inception of the lease*) vorzunehmende[2878] Klassifizierung ist elementar, weil nur ein Finanzierungs-Leasingverhältnis die bilanzielle Zurechnung des Leasingobjekts zum Leasingnehmer auslöst, wohingegen Operating-Leasingverhältnisse aus Sicht des Leasingnehmers bilanzunwirksam bleiben (sog. *all-or-nothing-approach*[2879]).[2880]

IAS 17.10 gibt für die Klassifizierung eines Leasingverhältnisses zunächst fünf Beispiele für Situationen, die eine (annähernde) Übertragung von Chancen und Risiken und mithin das Vorliegen eines Finanzierungs-Leasingverhältnisses indizieren sollen:[2881]

2872 Vgl. Scharenberg (2009), S. 220 f.

2873 Vgl. Gebhardt (2009), S. 2; Lüdenbach/Freiberg (2011), § 15 Rz. 15 ff.; Peters (2009), S. 66 f.

2874 Vgl. Mellwig/Sabel (2008), IAS 17 Rz. 42; Lüdenbach/Freiberg (2006), S. 259; Bieg et al. (2006b), S. 341 f.; Kümpel/Becker (2006), S. 1471; Matena (2004), S. 141 f.; Jacobi (2003), S. 106; Benkel/Hommel (2006), S. 81; Gelhausen/Weiblen (2003), Abt. I/5 Rz. 218; Scharenberg (2009), S. 221; Sabel (2006), S. 56.

2875 Zur Konkretisierung der Begriffe „Risiken“ und „Chancen“ vgl. Mellwig/Sabel (2008), IAS 17 Rz. 44; Benkel/Hommel (2006), S. 81; Focken/Hansmann (2011), Rz. 39; Wüstemann/Koch (2011), Rz. 10.

2876 Vgl. auch Pferdehirt (2007), S. 88; Mellwig/Sabel (2008), IAS 17 Rz. 43; Sabel (2006), S. 56; Lüdenbach/Freiberg (2011), § 15 Rz. 19; Jacobi (2003), S. 108; Scharenberg (2009), S. 218.

2877 Vgl. Peters (2009), S. 67; Achleitner/Behr/Schäfer (2009), S. 187.

2878 Vgl. Lüdenbach/Freiberg (2011), § 15 Rz. 20; Peters (2009), S. 67; Sabel (2006), S. 56.

2879 Zum Begriff vgl. Gebhardt (2009), S. 2; Peters (2009), S. 66; Scharenberg (2009), S. 219.

2880 In dieser dichotomen Klassifizierung zeigt sich ein bilanztheoretischer Konflikt: Während die Art der bilanziellen Abbildung von Finanzierungs-Leasingverhältnissen ihre Wurzel im vermögensorientierten *asset-liability-approach* hat, weist die GuV-konzentrierte, aber bilanzunwirksame Behandlung von Operating-Leasingverhältnissen (*Off-balance*-Effekt) eine dynamische Positionierung i. S. d. *revenue-expense-approach* auf. Vgl. Schulz (2008a), S. 179 ff.; wohl auch Jacobi (2003), S. 111.

2881 Zur ausführlichen Darstellung und Dikussion dieser Beispiele vgl. Peters (2009), S. 71-88; LüdenbachFreiberg (2011), § 15 Rz. 27-71; Engel-Ciric (2009b), § 5.L. Rz. 600-615; Gelhausen/Weiblen (2003), Abt. I/5 Rz. 224-241; Sabel (2006), S. 59-74; Mellwig/Sabel (2008), IAS 17 Rz. 54-86; Pferdehirt (2007), S. 88-90; Bieg et al. (2006b), S. 342 f.; Kümpel/Becker (2006), S. 1472-1476; Doll (2009), § 22. Rz. 47-81; Matena (2004), S. 143-149; Köhler/Gebhardt (2008), IAS 17 Rz. 124-169; Benkel/Hommel (2006), S. 81 ff.; Gebhardt (2009), S. 15-18.

- *Transfer-of-Ownership-Test* (IAS 17.10 (a)):
  Am Ende der Leasingvertragslaufzeit geht der Vermögenswert in das Vermögen des Leasingnehmers über.

- *Bargain-Purchase-Option-Test* (IAS 17.10 (b)):
  Dem Leasingnehmer wird zu Beginn des Vertragsverhältnisses eine Kaufoption eingeräumt, die er bei wirtschaftlicher Betrachtungsweise hinreichend sicher ausüben wird.

- *Economic-Life-Test* (IAS 17.10 (c)):
  Die Laufzeit des Leasingverhältnisses deckt den wesentlichen Teil der wirtschaftlichen Nutzungsdauer des Leasingobjekts ab.

- *Recovery-of-Investment-Test* (IAS 17.10 (d)):
  Der Barwert der Mindestleasingzahlungen entspricht zu Beginn des Leasingverhältnisses im Wesentlichen dem beizulegenden Zeitwert des Vermögenswerts.

- *Special-Lease-Test* bzw. *Nature of the leased asset-Test* (IAS 17.10(e)):
  Das Leasingobjekt ist so speziell beschaffen, dass es ohne wesentliche Veränderungen nur durch den Leasingnehmer verwendet werden kann.

In all diesen Konstellationen wird (widerlegbar) „unterstellt, dass der Leasingnehmer den Vermögenswert in wirtschaftlicher Betrachtungsweise kauft und über den Leasingvertrag den Kauf lediglich finanziert“[2882]. Der sog. Barwerttest (*Recovery-of-Investment-Test*) stellt dabei das Hauptkriterium dar.[2883] In Ergänzung[2884] zu diesen Beispielen nennt IAS 17 drei weitere Indikatoren,[2885] „die für sich genommen oder in Kombination mit anderen auch zu einem Leasingverhältnis führen könnten, das als Finanzierungsleasing eingestuft wird“ (IAS 17.11):

- Wenn der Leasingnehmer bei Kündigung des Leasingvertrags die Verluste des Leasinggebers übernimmt, die aus der Auflösung des Vertrags resultieren (IAS 17.11 (a)).
- Wenn der Leasingnehmer die Gewinne erhält bzw. die Verluste trägt, die durch Schwankungen des beizulegenden Zeitwerts des Restwerts resultieren (IAS 17.11 (b)).

- Wenn der Leasingnehmer die Möglichkeit besitzt, „das Leasingverhältnis für eine zweite Mietperiode zu einer Miete fortzuführen, die wesentlich niedriger als die marktübliche Miete ist“ (IAS 17.11 (c)).

Im Rahmen dieser (nicht abschließenden[2886]) Klassifizierungsbeispiele und -indikatoren wird bewusst auf die Nennung quantitativer Kriterien verzichtet.[2887] Es soll verhindert werden, dass die

---

[2882] Wüstemann/Bischof/Kierzek (2007a), Abt. I/3 Rz. 151; vgl. auch Focken/Hansmann (2011), Rz. 49.

[2883] Vgl. Benkel/Hommel (2006), S. 83.

[2884] Offen ist, ob der IASB mit der Unterscheidung zwischen Beispielen und Indikatoren eine Rangfolge beabsichtigt; vgl. Kümpel/Becker (2006), S. 1476). Nach h. M. sprechen die Indikatoren des IAS 17.11 weniger deutlich für das Vorliegen eines Finanzierungs-Leasingverhältnisses als die in IAS 17.10 genannten Beispiele; vgl. Wüstemann/Bischof/Kierzek (2007a), Abt. I/3 Rz. 152; Wüstemann/Koch (2011), Rz. 25; Peters (2009), S. 70; Lüdenbach/Freiberg (2006), S. 259; Engel-Ciric (2009b), § 5.L. Rz. 598; Scharenberg (2009), S. 225; Focken/Hansmann (2011), Rz. 53; a. A. (für eine gleichrangige Indizwirkung) Gebhardt (2009), S. 15 m. w. N., der sich ebenfalls auf die h. M. berufen will.

[2885] Zu diesen Indikatoren vgl. im Detail Sabel (2006), S. 74-76; Mellwig/Sabel (2008), IAS 17 Rz. 87-94; Bieg et al. (2006b), S. 343 f.; Matena (2004), S. 149 f.; Köhler/Gebhardt (2008), IAS 17 Rz. 170-180; Gebhardt (2009), S. 18-20; Gelhausen/Weiblen (2003), Abt. I/5 Rz. 242-245; Peters (2009), S. 88-92.

[2886] Vgl. Heitmüller/Hellen/Tesche (2009), S. 57; Kümpel/Becker (2006), S. 1472; Matena (2004), S. 142.

Kontraktpartner die einzelnen „Vertragsparameter genau so wählen, dass diese Grenzen gerade noch umgangen werden (können)“[2888]. Auf die formalen Vertragskriterien kommt es nach IAS 17 nicht an; vielmehr soll der Klassifizierung eine Gesamtwürdigung aller Vertragsvereinbarungen und Nebenbestimmungen vorausgehen. Einen Automatismus der Vertragsklassifikation intendiert IAS 17 gerade nicht.[2889]

Nimmt man die Regelungsschärfe als Kriterium einer Normgüte, werden IAS 17 mit Recht gravierende Schwächen attestiert. Der Standard steht seit Langem in der Kritik und soll durch einen neuen Leasingbilanzierungsstandard ersetzt werden.[2890] Die Zurechnungsregeln des IAS 17 geben gravierende Ermessenspielräume, ein Leasingverhältnis zielgerichtet als Finanzierungs- oder Operating-Leasing zu klassifizieren, wobei natürlich die letztgenannte Abbildungsvariante zur Erzielung eines bilanzkennzahlverbessernden *off-balance*-Effekts im Vordergrund steht.[2891]

2 Zurechnung von Leasingobjekten nach dem Handels- und Steuerrecht Deutschlands im Vergleich zu IFRS

Die Zurechnung von Leasingobjekten folgt auch nach dem deutschen Bilanzsteuerrecht zentral dem Prinzip wirtschaftlicher Betrachtungsweise,[2892] das allerdings, auch wenn dies naheliegen mag, nicht mit dem *Substance over form*-Grundsatz der IFRS gleichgesetzt werden darf.[2893] Das Prinzip wirtschaftlicher Betrachtungsweise im Verständnis des Bilanzrechts bleibt trotz der am wirtschaftlichen Normzweck orientierten Rechtsfindung eine „genuin rechtliche(.) Auslegungsmethode“[2894]. Auch wenn sich das Prinzip wirtschaftlicher Betrachtungsweise insofern als eine „Spielart der teleologischen Interpretation“[2895] darstellt, sind die Leasingbilanzierungsregeln nach deutschem Bilanzsteuerrecht wohl nicht unbedingt „stärker rechtlich geprägt“[2896] als IAS 17. Denn das zivilrechtliche Eigentum ist auch nach deutschem Bilanzsteuerrecht zwar Ausgangspunkt für die Beurteilung der

---

2887 Vgl. Pferdehirt (2007), S. 90; Achleitner/Behr/Schäfer (2009), S. 187; Doll (2009), § 22 Rz. 48; Beine/Nardmann (2010), Abschn. 16 Rz. 22.

2888 Lorenz/Wüstemann (2011), S. 89.

2889 Vgl. Mellwig/Sabel (2008), IAS 17 Rz. 51; Kümpel/Becker (2006), S. 1472; Beine/Nardmann (2010), Abschn. 16 Rz. 24; Peters (2009), S. 71.

2890 Zur Reform der Leasingbilanzierung (ED/2010/9) vgl. u. a. Fülbier/Fehr (2010), S. 1019 ff.; Küting/Koch/Tesche (2010), S. 283 ff.; Lorenz (2010), S. 2555 ff.; Kroner/Leuchtenstern/Ranker (2010), S. 533 ff.; 605 ff.; Leuchtenstern/Ranker/Henneberger (2011), S. 26 ff.; Laubach/Findeisen/Murer (2010), S. 2401 ff.; Dreisbach/Gros (2011), S. 137 f.; Beine/Nardmann (2011), Abschn. 16 Rz. 138 ff.; Claßen/Schulz (2011), S. 3 ff.

2891 Vgl. statt vieler Matena (2004), S. 143. Mit der plakativen, aber zutreffenden Bezeichnung des IAS 17 als „Eldorado bilanzpolitischer Möglichkeiten“ wird das Kernproblem des IAS 17 auf den Begriff gebracht; so Vater (2002), S. 2094 ff.; gl. A. (u. a.) auch z. B. Pferdehirt (2007), S. 91.

2892 Vgl. Heurung/Sabel (2009), B 710 Rz. 35.

2893 Vgl. Duhr (2006), S. 28; Küting/Tesche (2009), S. 185.

2894 Wüstemann/Kierzek (2007a), S. 361.

2895 Beisse (1984), S. 12; vgl. auch Breidert/Moxter (2007), S. 913; Moxter (2002), S. 244; ders. (2003b), S. 15; Böcking (1992), S. 26-32; Wüstemann/Bischof (2011), S. 226; Duhr (2006), S. 25; Kronner (1995), S. 10; Pisoke (2004), S. 18.

2896 So Herzig (2004a), S. 135; vgl. auch ders. (2005b), S. 225.

bilanziellen Zugehörigkeit, es ist aber nicht letztentscheidend.[2897] Abweichungen in der Konkretisierung des bilanzrechtlichen Prinzips wirtschaftlicher Betrachtungsweise und dem *Substance over form*-Grundsatz der IFRS ergeben sich nur dann, wenn der durch die GoB zu erfüllende Zweck der Handelsbilanz auch nach dem BilMoG in der Ausschüttungsbemessung gesehen wird. Für eine dem Informationszweck verpflichtete Auslegung des bilanzrechtlichen Prinzips wirtschaftlicher Betrachtungsweise ist kein Raum.[2898]

Das Prinzip wirtschaftlicher Vermögenszugehörigkeit wurde im Zuge des BilMoG in § 246 Abs. 1 S. 2 HGB verankert: „Vermögensgegenstände sind in der Bilanz des Eigentümers aufzunehmen; ist ein Vermögensgegenstand nicht dem Eigentümer, sondern einem anderen wirtschaftlich zuzurechnen, hat dieser ihn in seiner Bilanz auszuweisen“.[2899] Nach ausschüttungsstatischer Lehre wurde das Prinzip der wirtschaftlichen Vermögenszugehörigkeit allerdings schon vor seiner handelsgesetzlichen Festschreibung aus dem Realisationsprinzip sowie Imparitätsprinzip gewonnen.[2900] Seine Konkretisierung findet das Prinzip wirtschaftlicher Vermögenszugehörigkeit in der auf *Döllerer* zurückgehenden Formel, wonach das Leasingobjekt positiv formuliert jener Vertragspartei wirtschaftlich zuzurechnen ist, die vollständig und auf Dauer über Ertrag und Substanz verfügt.[2901] Eine in der frühen Entstehungsphase des BilMoG zunächst noch intendierte Annäherung an den *risks-and-rewards-approach* des IAS 17 wurde letztlich nicht materialisiert.[2902] Eine dem IFRIC 4 vergleichbare Interpretation ist dem deutschen Bilanzsteuerrecht weiterhin fremd; verdeckte Leasingverhältnisse werden weiterhin „nicht als solche bilanziert“[2903]. Inwieweit sich die wirtschaftliche Zurechnung im Zuge des BilMoG *noch weiter* an IAS 17 angenähert haben soll, erscheint unklar.[2904] Eine Auslegung des § 246 Abs. 1 S. 2 HGB auf Basis des IAS 17 kommt aus konzeptioneller und rechtlicher Sicht nicht in Betracht.[2905]

2897 Vgl. etwa Jonas/Elprana (2011), § 246 HGB Rz. 34.

2898 Vgl. Küting/Tesche (2009), S. 185. So aber Mujkanovic/Muggenthaler (2011), S. 523 ff.

2899 Zu § 246 Abs. 1 S. 2 HGB vgl. Küting/Tesche (2009), S. 183 ff.; Rammert/Thies (2009), S. 41; Herzig/Briesemeister (2009c), S. 927; Kirsch, H. (2008c), S. 224 f.; ders. (2009a), S. 185; Hoffmann/Lüdenbach (2011), § 246 HGB Rz. 147 ff.; Lüdenbach/Hoffmann (2009), S. 288-290; Hoffmann (2010a), S. 336; Oser et al. (2009), S. 573 f.; Baetge/Kirsch/Thiele (2011), S. 637; Kußmaul/Ollinger (2011), S. 287; Rödder (2009), S. 229 f.; Groß (2009), S. 139 f.; Günkel (2008), S. 128; Vosseler (2010), S. 139 ff.; Zwirner/Künkele (2009), S. 641; Luttermann (2008), S. 1609; Arbeitskreis Bilanzrecht der Hochschullehrer Rechtswissenschaft (2008c), S. 155 f.; Lorson (2009), S. 21; Bieg et al. (2009b), S. 253; Braun (2011a), § 246 HGB Rz. 38 ff.; Henckel/Krenzer (2009), S. 492 ff.; Lüdenbach (2011), S. 345 f.; Claßen/Schulz (2011), S. 3 ff. Speziell zu der – hier nicht diskutierten – Frage nach der Zurechnung von Schulden vgl. Ballwieser (2011), S. 588-590.

2900 Vgl. grundlegend Lorenz (2002), S. 44 ff.; Moxter (2003b), S. 63-71; Wüstemann/Bischof/Kierzek (2007), Abt. I/3 Rz. 296.

2901 Vgl. grundlegend Döllerer (1971a); diese Formel wurde von der Rechtsprechung übernommen; vgl. BFH v. 30.05.1984, I R 146/81, BStBl. II 1984, S. 825; BGH v. 06.11.1995, II ZR 164/94, BB 1996, S. 155.

2902 Zu den Vorschlägen des BilMoG-RefE vgl. Schulze-Osterloh (2008a), S. 65; Kirsch, H. (2008c), S. 225; Rödder (2009), S. 230; Groß (2009), S. 140; Günkel (2008), S. 128; Vosseler (2010), S. 141 f.; Kahle/Dahlke/Schulz (2008a), S. 514.

2903 Lüdenbach/Hoffmann (2009), S. 290; zweifelnd indessen Kühne/Melcher (2009), S. 18.

2904 So aber wohl Zwirner/Künkele (2009), S. 641.

2905 Vgl. Braun (2011a), § 246 HGB Rz. 43; Claßen/Schulz (2009), S. 3 ff.; wohl auch Hennrichs (2011b), S. 869.

Eine explizite steuerrechtliche Norm für die Zurechnung von Vermögensgegenständen findet sich in § 39 Abs. 2 Nr. 1 AO. Das Steuerrecht stellt hiernach auf das wirtschaftliche Eigentum ab. Nach h. M.[2906] strahlt der bilanzrechtliche Grundsatz der wirtschaftlichen Vermögenszugehörigkeit als nunmehr kodifizierter GoB (§ 246 Abs. 1 S. 2 HGB) im Weg der materiellen Maßgeblichkeit (§ 5 Abs. 1 S. 1 EStG) in die steuerliche Gewinnermittlung ein. Die Vorschrift des § 39 Abs. 2 Nr. 1 AO gilt daher als *lex generalis*, die insoweit durch § 5 Abs. 1 S. 1 EStG i. V. m. § 246 Abs. 1 S. 2 HGB verdrängt wird.[2907] Dieser Normenkonflikt löst sich in dem Maße auf, in dem eine materielle Übereinstimmung zwischen § 246 Abs. 1 S. 2 HGB und § 39 Abs. 2 Nr. 1 AO unterstellt wird.

Zur Konkretisierung des Prinzips wirtschaftlicher Vermögenszugehörigkeit hält sich die handelsrechtliche Bilanzierungspraxis[2908] regelmäßig an die sog. Leasingerlasse der Finanzverwaltung,[2909] die auf dem Gedanken der vollständigen und dauerhaften Übertragung von Substanz und Ertrag aufbauen.[2910] In Form dieser Leasingerlasse, originär für steuerliche Zwecke konzipiert, hat sich im Bereich der Leasingbilanzierung mithin eine faktisch umgekehrte Maßgeblichkeit etabliert.[2911] „Da das BilMoG aussagegemäß keine Änderung der bis dahin bestehenden Rechtslage bezweckt, werden die Erlasse auch weiterhin das in § 246 Abs. 1 S. 2 HGB kodifizierte Prinzip wirtschaftlicher Vermögenszugehörigkeit konkretisieren“[2912]. Allerdings geben die Leasingerlasse weiterhin nur (starke) Anhaltspunkte für die Beantwortung der bilanziellen Zurechnungsfrage; deren mechanistische und mithin die Gesamtwürdigung des Einzelfalls außer Betracht lassende Prüfung erschiene aus GoB-Sicht weiterhin kritisch.[2913]

Leasingverträge werden in der deutschen (praxisnahen) Literatur den anglo-amerikanischen Bilanzierungsgepflogenheiten entsprechend in Operating- und Finanzierungs-Leasing unterteilt.[2914] Anders als nach IAS 17 ist mit dieser Klassifikation aber nicht zugleich auch die Zurechnungsent-

---

2906 So bezeichnet bei Buciek (2010), § 5 EStG Rz. 511; Knobbe-Keuk (1993), S. 75-77, jeweils m. w. N.

2907 Vgl. Herzig/Briesemeister (2009c), S. 927 f.; Scharenberg (2009), S. 110; Hey (2010b), § 17 Rz. 101; zweifelnd indes Günkel (2008), S. 128; ablehnend Weber-Grellet (2011), § 5 EStG Rz. 151.

2908 Vgl. Gelhausen/Weiblen (2003), Abt. I/5 Rz. 30; Lüdicke/Kind (2009), S. 711.

2909 Vgl. BMF v. 19.04.1971, IV B 2 – S 2170-31/71, BStBl. I 1971, S. 264 (Vollamortisationserlass für Mobilien); v. 21.03.1972, F/IV B 2 – S 2170-11/72, BStBl. I 1972, S. 188 (Vollamortisationserlass für Immobilien); v. 22.12.1975, IV B 2 – S 2170-161/75, BB 1976, S. 72 (Teilamortisationserlass für Mobilien); v. 23.12.1991, IV B 2 – S 2170-115/91, BStBl. I 1992, S. 13 (Teilamortisationserlass für Immobilien).

2910 Vgl. auch die Grundsatzentscheidungen des BFH v. 26.01.1970, IV R 144/66, BStBl. II 1970, v. 18.11.1970, I 133/64, BStBl. II 1971, S. 133; v. 30.05.1984, I R 146/81, BStBl. II 1984, S. 825.

2911 Vgl. Hoffmann (2010a), S. 336; Schön (2005c), S. 81; Lorson (2009), S. 21.

2912 Lorenz/Wüstemann (2011), S. 85; vgl. auch Gelhausen/Fey/Kämpfer, § 246 Abs. 1 HGB Rz. 11; Vosseler (2010), S. 144.

2913 Dies betont Lüdenbach (2011), S. 346.

2914 Vgl. Küting/Tesche (2009), S. 188 f.; Jonas/Elprana (2011), § 246 HGB Rz. 46; Hoffmann/Lüdenbach (2011), § 246 HGB Rz. 173. Operating-Leasingverhältnisse zeichnen sich nach nationalem deutschem Bilanzierungsverständnis durch eine in Relation zur betriebsgewöhnlichen Nutzungsdauer nur kurzfristige Überlassung des Leasinggegenstands aus, wohingegen Finanzierungs-Leasingverhältnisse für eine längere und regelmäßig unkündbare Grundmietzeit vereinbart werden und zumeist auch Regelungen enthalten, die auf eine Weiternutzung des Leasingobjekts nach der Laufzeit schließen lassen. Vgl. Ballwieser (2008a), § 246 HGB Rz. 45 f.

scheidung getroffen.[2915] Eine leasingnehmerseitige Zuordnung im Rahmen von Operating-Leasingverhältnissen scheidet zwar mangels wirtschaftlichen Eigentums aus; die Zurechnung im Fall eines Finanzierungs-Leasingverhältnisses indes hängt von weiteren, in den Leasingerlassen fixierten Voraussetzungen ab. Dabei wird zwischen Voll- und Teilamortisation einerseits und Mobilienleasing (bewegliche Leasingobjekte) und Immobilienleasing (unbewegliche Leasingobjekte) andererseits differenziert. Vollamortisation meint, dass die Summe der Leasingraten mindestens die Anschaffungs- oder Herstellungskosten sowie sämtliche Nebenkosten einschließlich der Finanzierungskosten des Leasinggebers deckt (*Full-pay-out*-Verträge). Bei Vereinbarungen dieser Art über bewegliche Leasinggegenstände und Gebäude gilt folgende Kasuistik:[2916]

- *Spezialleasing*:
  Liegt ein Spezialleasing vor, ist das Leasingobjekt dem Leasingnehmer zuzurechnen.

- *40/90-Regel*:
  Ein Leasingobjekt wird dem Leasingnehmer im Fall einer vereinbarten Vollamortisation zugerechnet, wenn die Grundmietzeit der Leasingvereinbarung weniger als 40 % oder mehr als 90 % der betriebsgewöhnlichen Nutzungsdauer beträgt. Auf das Vorliegen eines Optionsrechts kommt es insoweit nicht an.

- *Kaufoption*:
  Sofern die Grundmietzeit indes zwischen 40 % und 90 % der gewöhnlichen Nutzungsdauer liegt, wird das Leasingobjekt gleichwohl dem Leasingnehmer zugerechnet, wenn dieser nach Ablauf der Grundmietzeit eine Kaufoption ausüben kann und der dabei vereinbarte Kaufpreis den Buchwert bzw. den niedrigeren gemeinen Wert zum Kaufzeitpunkt unterschreitet.

- *Mietverlängerungsoption*:
  Eine Zurechnung des Leasingobjekts zum Leasingnehmer im Fall einer Grundmietzeit zwischen 40 % und 90 % der gewöhnlichen Nutzungsdauer erfolgt auch dann, wenn diesem nach Ablauf der Grundmietzeit eine Mietverlängerungsoption zusteht und die Anschlussmietrate unter dem Werteverzehr des beweglichen Leasingobjekts liegt. Der Werteverzehr entspricht bei beweglichen Leasingobjekten typisierend der linearen Abschreibung. Bei Gebäuden wird die Anschlussmiete mit der marktüblichen Miete für vergleichbare Gebäude verglichen; als vorteilhaft wird die Anschlussmietrate erachtet, wenn sie weniger als 75 % der marktüblichen Miete beträgt.

Bei Teilamortisationsverträgen werden die Kosten des Leasinggebers während der Grundmietzeit nur partiell gedeckt (*Non-full-pay-out*-Verträge); es gelten die nachstehenden Zurechnungsgrundsätze:

- *Andienungsrecht des Leasinggebers*:
  In Teilamortisationsverträgen wird regelmäßig eine Option zugunsten des Leasinggebers vereinbart, das Leasingobjekt nach Ablauf der Grundmietzeit dem Leasingnehmer anzudienen. Bei Vorliegen eines solchen Andienungsrechts (ohne gleichzeitige Kaufoption des Leasingnehmers) ist das Leasingobjekt dem Leasinggeber zuzurechnen. Sofern indes neben dem Andienungsrecht

---

[2915] Vgl. Heurung/Sabel (2009), B 710 Rz. 203; a. A. möglicherweise Hoffmann/Lüdenbach (2011), § 246 HGB Rz. 173.

[2916] Zu den Leasingerlassen vgl. umfassend Gelhausen/Weiblen (2003), Abt. I/5 Rz. 31 ff.; Jonas/Elprana (2011), § 246 HGB Rz. 47 ff.; Sabel (2006), S. 32-39; Heurung/Sabel (2009), B 710 Rz. 52 ff.; Leippe (2002), S. 102-111; Nemet (2011), S. 135 ff.; Scharenberg (2009), S. 207-214.

eine Kaufoption zugunsten des Leasingnehmers vereinbart ist (Doppeloption), liegt sowohl das Risiko einer Wertminderung als auch die Chance einer Wertsteigerung aufseiten des Leasingnehmers, infolgedessen der Leasinggegenstand dem Leasingnehmer als dem wirtschaftlichen Eigentümer zuzurechnen ist.

- *Mehrerlösbeteiligung*:
  Denkbar sind weiterhin Vereinbarungen, wonach der Leasinggegenstand nach Ende der Grundmietzeit veräußert wird und ein dabei entstehender Mehrerlös (Veräußerungserlös abzgl. des nicht amortisierten Restwerts) nach einer fest vereinbarten Quote auf Leasingnehmer und Leasinggeber verteilt wird. Sofern der Leasingnehmer zu mehr als 75 % an einer solchen Wertsteigerung partizipiert, gilt dieser als der wirtschaftliche Eigentümer. Das Leasingobjekt wird mithin nur dann dem Leasinggeber zugerechnet, wenn dieser zu mindestens 25 % an dem Mehrerlös partizipiert.

- *Kündigungsrecht des Leasingnehmers*:
  Letztlich ist im Leasingerlass für Teilamortisationsverträge über bewegliche Leasingobjekte auch der Fall geregelt, dass der Leasingnehmer das Leasingverhältnis frühestens nach 40 % der betriebsgewöhnlichen Nutzungsdauer ein ordentliches Kündigungsrecht besitzt, bei dessen Ausübung er eine Abschlusszahlung an den Leasinggeber für den noch nicht amortisierten Restwert des Leasingobjekts erbringen muss. Wird das Leasingobjekt seitens des Leasinggebers weiterverwertet, ist ein dabei entstehender Nettoerlös regelmäßig zu 90 % auf die Abschlusszahlung anzurechnen. Durch die Abschlusszahlung stellt der Leasinggeber die Amortisation des Leasingobjekts sicher; nur er profitiert von etwaigen Wertsteigerungen während der Grundmietzeit. Daher wird das Leasingobjekt ihm zugeordnet.

Die Regeln über die Zurechnung von unbeweglichen Leasingobjekten im Rahmen von Teilamortisationsvereinbarungen lassen sich wie folgt skizzieren:

- Das Vorliegen eines Spezialleasingverhältnisses führt stets zur Zurechnung des unbeweglichen Leasingobjekts zum Leasingnehmer.

- Außerhalb eines Spezialleasings wird das unbewegliche Leasingobjekt stets dem Leasinggeber zugerechnet, wenn keine Optionsrechte zugunsten des Leasingnehmers vereinbart werden.

- Im Fall einer vereinbarten Kaufoption erfolgt die Zurechnung des immobilen Leasingobjekts zum Leasingnehmer, wenn entweder die Grundmietzeit 90 % der betriebsgewöhnlichen Nutzungsdauer überschreitet oder eine günstige Kaufoption besteht.

- Im Fall einer vereinbarten Mietverlängerungsoption ist das unbewegliche Leasingobjekt ebenfalls dem Leasingnehmer zuzurechnen, wenn entweder die Grundmietzeit 90 % der betriebsgewöhnlichen Nutzungsdauer überschreitet oder die vereinbarte Anschlussmiete weniger als 75 % der marktüblichen Miete beträgt. Sofern diese Voraussetzungen nicht vorliegen, also die Grundmietzeit höchstens 90 % der betriebsgewöhnlichen Nutzungsdauer umfasst und weder eine vorhandene Kaufoption noch eine Mietverlängerungsoption als günstig einzustufen sind, erfolgt dennoch eine Zurechnung zum Leasingnehmer, wenn diesem bestimmte Verpflichtungen auferlegt werden, die im Teilamortisationserlass für Immobilien explizit genannt sind.[2917]

[2917] Vgl. im Einzelnen Heurung/Sabel (2009), B 710 Rz. 118 ff.

Ein Unterschied zwischen den Zurechnungsregeln der Leasingerlasse und IAS 17 liegt augenscheinlich darin, dass die deutschen bilanzsteuerrechtlichen Zurechnungsregeln quantifiziert werden, wohingegen IAS 17 von einer Quantifizierung bewusst Abstand nimmt.[2918] Auf Detailebene lassen sich Abweichungen und Übereinstimmungen konstatieren. Zwar ist das Kriterium des Eigentumsübergangs gemäß IAS 17.10 (a) nicht ausdrücklich in den Leasingerlassen angelegt, jedoch dürfte es (implizit) in der deutschen Rechtsprechungspraxis Verwendung finden. Auch das Kaufoptionskriterium des IAS 17.10 (b) findet seine Entsprechung in den Leasingerlassen. Selbiges gilt für das Laufzeitkriterium (IAS 17.10 (c)). Einzig das Barwertkriterium (IAS 17.10 (d)) ist den deutschen Leasingerlassen fremd.[2919] Es führt „grundsätzlich zu einer im Vergleich extensiven Zurechnung des Leasingobjekts beim Leasingnehmer“[2920]. Die übereinstimmende Zurechnung im Fall eines Spezialleasingverhältnisses (IAS 17.10 (e)) ist offenkundig.[2921] Zusammenfassend kann eine grundsätzliche Unverträglichkeit der Zurechnungsmethodik nach deutschem Bilanzsteuerrecht einerseits und IAS 17 andererseits nicht festgestellt werden. Sieht man von dem Barwertkriterium ab, dürfte das konkrete Zurechnungsergebnis nach deutschem Bilanzsteuerrecht und IFRS „oft deckungsgleich“ sein.[2922]

3 Zurechnung von Leasingobjekten nach dem Handels- und Steuerrecht Frankreichs im Vergleich zu IFRS

Eine leasingnehmerseitige Zurechnung des Leasingobjekts als Konsequenz einer wirtschaftlich verstandenen Vermögenszurechnung erschiene nach der Novellierung des französischen Handelsbilanzrechts in Richtung IFRS zunächst nicht ausgeschlossen, stellt doch der durch das CRC 2004-06 adaptierte Vermögenswertbegriff zentral auf *côntrole* und nicht auf das zivilrechtliche Eigentum ab. Indessen werden Leasingverhältnisse explizit aus dem Anwendungsbereich der neuen Vermögenswertdefinition ausgenommen.[2923] Das französische Bilanzrecht hält im Bereich der Leasingbilanzierung konsequent, aber insoweit inkonsistent am Prinzip der *patrimonialité* fest. In streng formalrechtlicher Betrachtungsweise wird das Leasingobjekt mithin derjenigen Kontraktpartei zugeordnet, die über ein „umfassendes Herrschaftsrecht“[2924] an dem Leasingobjekt verfügt; dies ist i. d. R. der Leasinggeber als der zivilrechtliche Eigentümer (Art. 337-1 PCG). Nach dem Prinzip der *patrimonialité* ist eine leasingnehmerseitige Leasingobjektzurechnung im handelsrechtlichen Einzelabschluss untersagt; es gilt ein striktes „Prinzip der rechtlichen Vermögenszugehörigkeit“[2925]. Somit werden Leasingverhältnisse faktisch stets als *Operating-Leasing* abgebildet.[2926]

2918 Vgl. Lenz (2008), S. 146; Claßen/Schulz (2011), S. 7.

2919 Vgl. Lüdenbach/Freiberg (2011), § 15 Rz. 109 u. Rz. 112; Herzig (2005b), S. 225; ders. (2004a), S. 140; Lenz (2008), S. 147; Benkel/Hommel (2006), S. 90; Lüdicke/Kind (2009), S. 712; Claßen/Schulz (2011), S. 7.

2920 Benkel/Hommel (2006), S. 90.

2921 Vgl. z. B. Lenz (2008), S. 147.

2922 So zutreffend Herzig (2004a), S. 136; vgl. aber ders. (2005b), S. 226: „häufig nicht zum selben Ergebnis“.

2923 Vgl. Villemot (2008), S. 243; Dandon/Didelot (2006), S. 31; Tort (2006b), S. 39; Nemet (2011), S. 112.

2924 Günther (1999), S. 141.

2925 Wagner, S. (2000), S. 156; vgl. auch Villemot (2003), S. 1583; Sachs (1998), S. 146; Schulte/Wüstemann/Hommel (2009), S. 14; Colasse/Standish (2004), S. 422 f.; Fink, A. (2000), S. 458; Wotschofsky/Miethig (2002), S. 636 ff.; KPMG (2008b), S. 276 f.; Günther (1999), S. 142; Altmeier (1999), S. 183 f.; Evraert/des Ro-

Einer *Konvergenz* in Richtung IAS 17 versperrt sich bis dato auch das französische Steuerrecht. Die steuerrechtliche Gewinnermittlung folgt über Art. 39 CGI vielmehr der formaljuristischen Wertung des Bilanzrechts: „Der zivilrechtliche Eigentümer ist im französischen Steuerrecht immer auch steuerrechtlicher (wirtschaftlicher) Eigentümer“[2927]. Auch die französische Finanzadministration schließt die steuerliche Geltung des novellierten *Actif*-Begriffs in Bezug auf Leasingvereinbarungen aus. Im Bereich der Leasingbilanzierung bleibt mithin ein bedeutender Unterschied zwischen dem französischen Bilanzsteuerrecht und den IFRS bestehen.

4 Zurechnung von Leasingobjekten nach dem Handels- und Steuerrecht Polens im Vergleich zu IFRS

Spezielle Vorschriften zur Erfassung von Leasingvereinbarungen wurden erst im Zuge des RLG 2000 in intendierter Anlehnung an IAS 17 in das polnische Bilanzrecht aufgenommen (Art. 3 Abs. 4-6 RLG).[2928] Zudem ist seit dem Jahr 2008 der Rechnungslegungsstandard Nr. 5 des polnischen Standardsetzers KSR zu beachten, der inhaltlich mit IAS 17 übereinstimmt.[2929] Die polnischen Leasingbilanzierungsregeln gelten daher als „substantially consistent“[2930] zu IAS 17. So stellt auch das polnische Bilanzrecht für die Erfassung von Leasingvereinbarungen i. S. eines *Substance over form*-Grundsatzes auf das wirtschaftliche Eigentum ab.[2931] Bis zur Novellierung des RLG war die Bilanzierung des Leasingobjekts in streng formalrechtlicher Betrachtungsweise dem Leasinggeber (zivilrechtlichen Eigentümer) vorbehalten.

Der Begriff des Leasingverhältnisses wird im RLG definiert als eine zeitlich befristete Überlassung von Anlagegütern oder immateriellen Vermögenswerten und Rechten (Art. 3 Abs. 4, 5 RLG). Vorschriften zur Identifizierung verdeckter Leasingverhältnisse i. S. d. IFRIC 4 sind dem RLG unbekannt; gleichwohl erscheint ein Rückgriff auf IFRIC 4 nach der Generalklausel des Art. 10 Abs. 3 RLG möglich. Auch sieht der Rechnungslegungsstandard Nr. 5 eine entsprechende Vorgehensweise vor.[2932] Ein Leasingverhältnis wird als Finanzierungs-Leasing klassifiziert, wenn mindestens eine der folgenden Voraussetzungen gegeben ist (Art. 3 Abs. 4 RLG):[2933]

---

bert (2008), S. 136; Endres et al. (2007), S. 689 f.; Hellio/Thill (2002), Rz. 78; Perlewitz/Bélie (2000), S. 85; Gélard (2001), S. 1070 u. S. 1086 f.; Alexander/Archer (2003), S. 6.22; Schäfer (2004), S. 112 Fn. 732; Nobes/Parker (2010), S. 368; Naciri/Hoarau (2001), S. 241.

2926 Vgl. Nemet (2011), S. 111. Im Konzernabschluss hingegen ist eine leasingnehmerseitige Zurechnung auf Basis des *risks-and-rewards-approach* zulässig bzw. geboten; vgl. ders. (2011), S. 111-113.

2927 Fink, A. (2000), S. 460; vgl. auch Wotschofsky/Miethig (2002), S. 694; KPMG (2008b), S. 279; Bisping (2008b), § 93 Rz. 33; Coenen (1996), S. 66 f.; Nemet (2011), S. 114 ff.

2928 Vgl. Gierusz et al. (2005), S. 157 f.; Kiziukiewicz/Sawicki/Winiarska (2005), S. 148 f.; Kamping/Becker (2004), S. 516; Dobija/Klimczak (2010), S. 361; Reczek/Lachowski (2002), S. 104.

2929 Vgl. detailliert (auch zu verbleibenden Abweichungen) Nemet (2011), S. 290 f.

2930 Reczek/Lachowski (2002), S. 103; wortgleich Worldbank (2005), S. 23.

2931 Vgl. Kamping/Becker (2004), S. 516.

2932 Vgl. Nemet (2011), S. 290.

2933 Vgl. im Einzelnen auch Seredyński (2007), S. 774 f.; Kamping/Becker (2004), S. 516; Wollgarten (2005), S. 184 f.; KPMG (2008b), S. 588 f.; Jaruga/Schroeder (2003), S. 25.23; Nemet (2011), S. 289 f.

- Das zivilrechtliche Eigentum am Leasinggegenstand geht nach Ablauf der Leasingzeit auf den Leasingnehmer über.

- Dem Leasingnehmer steht nach Beendigung des Leasingvertrages eine Kaufoption zu einem Kaufpreis zu, der den Marktwert unterschreitet.

- Die Grundmietzeit überschreitet 75 % der betriebsgewöhnlichen Nutzungsdauer des geleasten Vermögensgegenstands.

- Während der Grundmietzeit überschreitet der Barwert der Leasingzahlungen 90 % des Marktwerts des geleasten Vermögensgegenstandes.

- Der Vertrag enthält die Zusicherung des Leasinggebers zum Abschluss eines Anschlussleasingvertrags zu günstigeren Konditionen als der ursprüngliche Leasingvertrag.

- Der Vertrag sieht die Möglichkeit der vorzeitigen Beendigung des Leasingvertrags vor, mit dem Vorbehalt, dass sämtliche Aufwendungen und Verluste, die der Leasinggeber in diesem Zusammenhang trägt, vom Leasingnehmer erstattet werden.

- Der Vertragsgegenstand wurde an die individuellen Bedürfnisse des Leasingnehmers angepasst. Er kann nur vom Leasingnehmer genutzt werden, ohne dass an ihm wesentliche Änderungen vorgenommen werden (Spezial-Leasing).

Diese Zurechnungskriterien stellen augenscheinlich eine Adoption der in IAS 17 festgeschriebenen Beispiele und Indikatoren dar. Konträr zu IAS 17 genügt allerdings offenbar das bloße Vorliegen mindestens eines Beispiels bzw. Indikators, um das Leasingverhältnis unmittelbar als Finanzierungs-Leasing zu kategorisieren, wohingegen es nach der Grundintention des IAS 17 eher auf die Gesamtwürdigung des Vertragsverhältnisses ankommen dürfte. Sofern ein Leasingverhältnis auf Basis der vorstehenden Kriterien nicht als Finanzierungs-Leasing einzuordnen ist, wird dieses auch nach polnischem Bilanzrecht im Umkehrschluss als Operating-Leasing qualifiziert; eine leasingnehmerseitige Zurechnung hat dann zu unterbleiben.[2934]

Die Behandlung von Leasingvereinbarungen im Rahmen der steuerlichen Gewinnermittlung ist eigenständig, und zwar in Abschnitt 4a des PDOPrU (Art. 17a-17l PDOPrU) geregelt. Ein Leasingvertrag wird hiernach definiert als „ein im Zivilgesetzbuch benannter Vertrag sowie jeder andere Vertrag (..), kraft dessen eine Partei (Leasinggeber) der anderen Partei (Leasingnehmer) abnutzbare Sachanlagen oder immaterielle Wirtschaftsgüter wie auch Grundstücke zum entgeltlichen Gebrauch oder zum Gebrauch und zum Genuss der Früchte überlässt“ (Art. 17a Nr. 1) PDOPrU). Die steuerlichen Zurechnungsvorschriften sind mit denen des Handelsbilanzrechts nicht identisch. Es dürften damit zwar vergleichsweise größere (Detail-) Distanzen zu IAS 17 bestehen.[2935] Eine übergeordnete Gemeinsamkeit besteht jedoch insofern, als auch das polnische Steuerrecht auf das wirtschaftliche Eigentum rekurriert; das zivilrechtliche Eigentum ist nicht final ausschlaggebend für die Klärung

---

[2934] Vgl. Seredyński (2007), S. 775; Wollgarten (2005), S. 186; KPMG (2008b), S. 589.
[2935] Vgl. Litwińczuk/Supera-Markowska (2008), S. 313; Kamping/Becker (2004), S. 516.

der Zurechnungsfrage.[2936] Auch für steuerliche Zwecke wird faktisch zwischen Finanzierungs- und Operating-Leasingverhältnissen differenziert, mit den entsprechenden Zurechnungsfolgen.[2937] Das Vorliegen eines Operating-Leasing wird unter folgenden Bedingungen angenommen (Art. 17b PDOPrU):[2938]

- Der Leasingvertrag wurde für einen bestimmten Zeitraum abgeschlossen, der bei abschreibungsfähigen beweglichen Sachen oder immateriellen Wirtschaftsgütern mindestens 40 % des jeweiligen gesetzlichen Abschreibungszeitraums und bei abschreibungsfähigen Immobilien mindestens zehn Jahre umfasst.
- Die Summe der im Vertrag festgelegten Leasingzahlungen (abzgl. der USt.) entspricht mindestens dem „Kapitalwert" (Anschaffungskosten) des Leasinggegenstandes.
- Der Leasinggeber nimmt keine steuerlichen Begünstigungen hinsichtlich der Leasinggegenstände in Anspruch.

Ein Finanzierungs-Leasingverhältnis ist gegeben, wenn (Art. 17f PDOPrU):[2939]

- Der Leasingvertrag über eine bestimmte Zeit abgeschlossen wurde.
- Die Summe der Leasingzahlungen (abzgl. USt.) mindestens dem „Kapitalwert" (Anschaffungskosten) des geleasten Vermögensgegenstandes entspricht
- Der Leasingvertrag eine Vereinbarung beinhaltet, wonach „die Absetzungen für Abnutzung in der Grundmietzeit vom Leasingnehmer vorgenommen werden".

In der Gesamtbetrachtung dürften die Zurechnungskriterien nach IAS 17 und dem polnischen Körperschaftsteuerrecht nicht so weit auseinanderfallen, dass ein grundlegender Konflikt in der Zurechnungskonzeption auszumachen wäre.

5 Zurechnung von Leasingobjekten nach dem Handels- und Steuerrecht Schwedens im Vergleich zu IFRS

Die Zurechnung von Vermögenswerten (und Verbindlichkeiten) im Zusammenhang mit Leasingvereinbarungen ist im ÅRL, dem schwedischen Jahresabschlussgesetz, nicht explizit geregelt.[2940] Spezifische Vorgaben zur handelsrechtlichen Abbildung von Leasingverhältnissen müssen daher der komplettierenden Normsetzung (*kompletterande normgivning*), also den Verlautbarungen der schwedischen Standardsetzer, entnommen werden.[2941] Mit Verabschiedung des RR 6:99 im Juli

2936 Vgl. auch Poczobut (1995), S. 69 f.

2937 Vgl. Nemet (2011), S. 293 f.

2938 Vgl. auch Nemet (2011), S. 294; KPMG (2008b), S. 590; Eberhartinger/Wilczynska-Stöckl (2009), S. 59; Wollgarten (2005), S. 191; Kubiak/Hackemann (2001), S. 2* f.

2939 Vgl. auch Eberhartinger/Wilczynska-Stöckl (2009), S. 60; KMPG (2008), S. 590 f.; Endres et al. (2007), S. 699; Nemet (2011), S. 294.

2940 Vgl. Skatteverket v. 17.10.2008, Dnr. 131 548012-08/111, unter 3.1.; v. 07.10.2004, Dnr. 130-583520-04/111, unter 3.1.

2941 Vgl. auch Nemet (2011), S. 353.

1999 wurde seitens des *Redovisningsrådet* frühzeitig eine Annäherung an IAS 17 gesucht.[2942] Der Standard folgt im Wesentlichen der Bilanzierungsmethodik des IAS 17. Entscheidend für die bilanzielle Erfassung von Leasingobjekten ist das wirtschaftliche Eigentum: Das Leasingobjekt soll dem *risks-and-rewards-approach* des IAS 17 folgend jener Vertragspartei zugerechnet werden, die die wesentlichen Risiken (*risiker*) des Leasingobjekts trägt bzw. dessen wesentliche Chancen (*fördelar*) vereinnahmt.

Leasingverhältnisse sind in Analogie zu IAS 17 auf Grundlage verschiedener Beispiele (RR 6:99.9) und Indikatoren (RR 6:99.10) in Finanzierungs- und Operating-Leasingverhältnisse zu differenzieren (*klassificering*).[2943] Eine leasingnehmerseitige Zurechnung des Leasingobjekts kommt nur bei Vorliegen eines Finanzierungs-Leasingverhältnisses in Betracht, während Operating-Leasingverhältnisse aufseiten des Leasingnehmers stets bilanzunwirksam bleiben. Hierbei wurden die in RR 6:99 enthaltenen Beispiele annähernd wörtlich aus IAS 17 übernommen, im Einzelnen: *Bargain-Purchase-Option-Test*, *Economic-Life-Test*, *Recovery-of-Investment-Test*; *Special-Lease-Test* sowie *Transfer-of-Ownership-Test*. Auch zu den Indikatoren des IAS 17 besteht Kongruenz.[2944] Die Literatur konstatiert mit Recht, RR 6:99 „essentially is a translation of IAS 17“[2945].

Dennoch verbleibt eine signifikante Abweichung: So dürfen Leasingverhältnisse im Jahresabschluss des Leasingnehmers nach RR 6:99 auch dann als Operating-Leasing erfasst werden, wenn sie nach Maßgabe der Beispiele und Indikatoren als Finanzierungs-Leasing qualifizieren.[2946] Diese Wahlmöglichkeit besteht nach IAS 17 indes nicht. Die inzwischen für börsennotierte Gesellschaften geltenden Empfehlungen RR 32 bzw. RFR 2 (2011) behalten diese Option bei.[2947] Auch wenn RFR 2 (2011) von einer grundsätzlichen Anwendbarkeit, mithin ÅRL-Konformität, des IAS 17 ausgeht, ist ein steuerrechtliches Ventil zugunsten der Erfassung des Leasingverhältnisses als Operating-Leasingverhältnis vorgesehen.[2948] Diese Abweichung ist ausschließlich steuerlich induziert, da Finanzierungs-Leasingverhältnisse – anders als Operating-Leasingverhältnisse – im Rahmen der steuerlichen Gewinnermittlung im Allgemeinen nicht anerkannt werden.[2949] Berücksichtigt man indessen, dass die Abbildung als Operating-Leasing in der schwedischen Bilanzierungspraxis den Regelfall darstellt,[2950] fällt es schwer, die wirtschaftliche Zugehörigkeit als ein im schwedischen Bilanzrecht fest verankertes Prinzip zu betrachten.

2942 RR 6:99 gilt für nicht-börsennotierte Gesellschaften; vgl. KPMG (2008b), S. 746. Zu R 6 im Einzelnen Rundfelt (2001), S. 2397 f.

2943 Vgl. auch Rundfelt (2001), S. 2397.

2944 Zu den Klassifizierungskriterien des RR 6:99 vgl. Nemet (2011), S. 354.

2945 KPMG (2008b), S. 746.

2946 Vgl. Bjuvberg (2004), S. 321; Nemet (2011), S. 353; KPMG (2008b), S. 747.

2947 Vgl. auch KPMG (2008b), S. 746 (in Bezug auf RR 32); Nemet (2011), S. 353 (in Bezug auf RR 6:99).

2948 Vgl. Norberg (2007), S. 17 f.

2949 Vgl. Nemet (2011), S. 353; KPMG (2008b), S. 747.

2950 Vgl. Rundfelt (2001), S. 2397.

Explizite steuergesetzliche Vorschriften für die Zurechnung von Leasingobjekten existieren gegenwärtig nicht.[2951] Die schwedische Judikatur hat es bislang versäumt, klare Zurechnungskriterien zu konzipieren. Der *Högsta Förvaltningsdomstolen* vertritt die Ansicht, dass Leasingobjekte im Allgemeinen dem zivilrechtlichen Eigentümer, d. h. dem Leasinggeber zuzurechnen sind,[2952] und allein dieser sei berechtigt, eine planmäßige Abschreibung (*värdeminskningsavdrag*) steuerlich geltend zu machen.[2953] Allerdings hat die höchstrichterliche Rechtsprechung in einer Sammelentscheidung aus dem Jahr 1998 von dieser grundsätzlich formalrechtlichen Betrachtungsweise Abstand genommen und sich einer wirtschaftlichen Betrachtungsweise zugewandt.[2954] So wurde in dem bekannten "Flugzeugleasingfall" (*flygplansleasingmålen*) judiziert, dass dem zivilrechtlichen Eigentümer das Recht auf Vornahme einer planmäßigen Abschreibung zu verwehren sei, da dieser vorliegend nicht als wirtschaftlicher Eigentümer angesehen werden könne.[2955]

Diese Rechtsprechung wird von Teilen der schwedischen Literatur als Beleg eines im schwedischen Bilanzrecht verankerten *Substance over form*-Grundsatzes gewertet, „under which it might be possible to deviate from the form of the transaction“[2956]. Dabei wurde offenbar (implizit) auch eine Nähe zu IAS 17 gesucht. So konstatiert *Norberg*: „No references were made to financial accounting etc., but when one analyses the decisions it can be seen that the court's arguments have a close resemblance to IAS 17”[2957]. In der Folge hat sich die schwedische Rechtsprechung allerdings nicht mehr näher mit der bilanzrechtlichen Leasingproblematik auseinandergesetzt.[2958] Eine klare Rechtsprechungslinie hat sich bis dato nicht herausgebildet; die steuerliche Rechtslage im Bereich der Leasingbilanzierung „is somewhat uncertain“[2959].

Die schwedische Finanzadministration (*Skatteverket*) diskutiert die bilanzielle Zurechnungsfrage im Wesentlichen mit Blick auf das personelle Recht, eine planmäßige Abschreibung (*värdeminsknings-avdrag*) auf (abnutzbare) Maschinen (*maskiner*) und andere Vermögensgegenstände des Anlagevermögens (*inventarier*) gemäß der Vorschrift des 18 kap. IL durchführen zu können.[2960] Die schwedische Finanzadministration entnimmt 18 kap. IL den Grundsatz, dass allein der zivilrechtli-

2951 Vgl. Norberg (2007), S. 22; Endres et al. (2007), S. 704; Skatteverket (2011), S. 478.

2952 Vgl. Nemet (2011), S. 358 f.; Endres et al. (2007), S. 704.

2953 Vgl. Nilsson (2010), S. 42.

2954 Vgl. Norberg (2007), S. 22 f.; Endres et al. (2007), S. 704 („But in Case Law, there are instances of substance over form“). Zu dieser Rechtsprechung im Einzelnen auch Adolfsson (1999), S. 789 ff.; Hultqvist (1999), S. 395 ff.; KPMG (2008b), S. 744 u. S. 750 f.; Bergström et al. (2009), S. 68-71.

2955 Vgl. RÅ 1998 ref. I-III.

2956 KPMG (2008b), S. 750; vgl. auch Endres et al. (2007), S. 704.

2957 So Norberg (2007), S. 13.

2958 Eine Ausnahme bildet ein Urteil aus dem Jahr 2001, das eine Restwertgarantie im Zusammenhang mit einer Leasingvereinbarung zum Gegenstand hatte. Die höchstrichterliche Rechtsprechung hat dazu entschieden, dass das Vorliegen einer Restwertgarantie nicht hinreichend sei, dem Leasinggeber das Recht auf planmäßige Abschreibung des Leasingobjekts zu verwehren. Vgl. KPMG (2008b), S. 753 m. w. N.

2959 KPMG (2008b), S. 744.

2960 Vgl. Skatteverket v. 17.10.2008, Dnr. 131 548012-08/111, unter 3.1.; v. 07.10.2004, Dnr. 130-583520-04/111, unter 3.2.

che Eigentümer (*ägare*), also der Leasinggeber, berechtigt ist, das Leasingobjekt einer planmäßigen Abschreibung (*värdeminskningsavdrag*) zu unterziehen. Eine leasingnehmerseitige Zurechnung des Leasinggegenstandes schließt die Finanzverwaltung (im Einklang mit der Rechtsprechung) im Regelfall aus. Gleichwohl betont das *Skatteverket*, dass es bei der steuerlichen Würdigung der bilanziellen Zurechnungsfrage nicht auf die formalrechtliche Form (*civilrättsliga form*) des Leasingvertrags, sondern vielmehr auf dessen wirklichen wirtschaftlichen Gehalt (*verkliga innebörd*) ankommt.[2961] Eine Vorrangigkeit des Zivilrechts i. S. eines *form over substance* will die Finanzverwaltung nicht gelten lassen; vielmehr erkennt sie einen *Substance over form* Grundsatz unter bestimmten, engen Bedingungen an.

Auch wenn in Ausnahmefällen eine leasingnehmerseitige Zuordnung des Leasingobjektes in Betracht kommt, lehnt die Finanzverwaltung eine steuerliche Anbindung an den handelsrechtlichen Begriff Finanzierungs-Leasing ab. Damit wird zugleich einer steuerlichen Übernahme des IAS 17 bzw. RR 6:99 und RFR 2 (2011) eine Absage erteilt: „Det är (...) inte möjligt, med hänvisning till bestämmelserna om värdeminskningsavdrag i 18 kap. IL, att låta redovisningsreglerna för finansiell leasing styra beskattningen"[2962]. Die Finanzverwaltung begründet diese Ablehnung im Wesentlichen damit, dass bilanzielle Zuordnung von Leasingobjekten auf der Grundlage steuerrechtlicher und nicht handelsrechtlicher Erwägungen zu beurteilen sei. Offenbar sieht sie zwischen handels- und steuerrechtlicher Auslegung von Leasingvereinbarungen eine unüberbrückbare Divergenz.

Wenn die handelsrechtlichen Zurechnungsregeln steuerlich nicht zu übernehmen sind, bedarf es autonomer steuerlicher Zurechnungsregeln, um im Einzelfall auf das Vorliegen des wirtschaftlichen Eigentums schließen zu können. In Reaktion auf das Flugzeugleasingurteil hat die schwedische Finanzverwaltung im Jahr 1998 eine Stellungnahme veröffentlicht und darin den Versuch unternommen, eigenständige steuerliche Zurechnungsregeln zu konkretisieren. Im Zentrum der Überlegungen steht zum einen die Frage, ob der Leasinggeber weiterhin das (wirtschaftliche) Eigentumsrecht (*äganderätt*) an dem Leasingobjekts behält. Sofern dies nicht der Fall ist, d. h. das Eigentumsrecht aufgrund der Vertragskonstellationen auf den Leasingnehmer übergeht, soll der Leasinggeber dementsprechend sein Recht zur Vornahme einer planmäßigen Abschreibung verlieren. Diese Rechtsfolge soll zum anderen auch dann greifen, wenn der Leasinggeber keine weiteren ökonomischen Erwägungen (*ekonomiska överväganden*) für den Abschluss eines Leasingvertrags vorbringen kann, als die Vereinnahmung steuerlicher Vorteile mittels Generierung von steuerlich wirksamen Aufwendungen (Motivtest).

2961 Vgl. Skatteverket (2011), S. 479.

2962 Skatteverket v. 07.10.2004, Dnr. 130-583520-04/111, unter 4. (sinngemäße Übersetzung: Mit Blick auf die Bestimmungen über den Wertminderungsabzug in 18. kap. IL ist es nicht möglich, die Besteuerung durch die handelsrechtlichen Regeln für Finanzierungs-Leasingverhältnisse steuern zu lassen). Vgl. auch Skatteverket (2011), S. 480.

Auf dieser Grundlage sieht die schwedische Finanzverwaltung in der (Nicht-) Existenz von Eignerfunktionen (*ägarfunktioner*) und ökonomischen Erwägungen (*ekonomiska överväganden*) die für die Zurechnung des Leasingobjekts ausschlaggebenden Merkmale. Die Eignerfunktionen (*ägarfunktioner*) sollen dabei anhand der folgenden Unterkriterien konkretisiert werden:[2963]

- Es soll darauf ankommen, welche der Kontraktparteien die ökonomischen Risiken und Verpflichtungen (*ekonomiska riskerna och åtagandena*) der Leasingvereinbarung trägt.

- Sofern die Leasingvereinbarung Garantien vorsieht, aufgrund derer das dem Leasingvertrag inhärente Risiko aus Sicht des Leasinggebers eliminiert wird, soll dieser nicht mehr als Eigentümer angesehen werden. Selbiges soll für jene Fällen gelten, in denen die Leasingvergütungen bereits im Voraus gezahlt werden.

- Sofern die Leasinglaufzeit der Leasingvereinbarung "mehr oder weniger" (*hela eller större*) der wirtschaftlichen Nutzungsdauer (*ekonomiska livslängd*) entspricht, soll der Leasinggeber ebenfalls nicht mehr als wirtschaftlicher Eigentümer zu betrachten sein.

- Das Leasingobjekt muss dem Leasinggeber ausgeliefert worden sein. Befindet es sich in den Händen Dritter, muss dieser Umstand der Finanzverwaltung mitgeteilt werden, andernfalls verliert der Leasinggeber das Recht auf die steuerliche Geltendmachung einer planmäßigen Abschreibung.

- Wenn das Leasingobjekt seitens des Leasinggebers von einem Dritten erworben wurde, soll es nach Ansicht der Finanzverwaltung darauf ankommen, in welchem Umfang der Leasinggeber Verpflichtungen (*skyldigheter*) gegenüber dem Verkäufer eingegangen ist. Sollte der Leasingnehmer diese Verpflichtungen übernommen haben, kann der Leasinggeber nach Ansicht der Finanzverwaltung ebenfalls nicht mehr als Eigentümer des Leasingobjekts betrachtet werden.

Die wirtschaftlichen Erwägungen (*ekonomiska överväganden*) versucht die schwedische Finanzverwaltung wie folgt zu konkretisieren:[2964]

- Die ökonomische Substanz (*ekonomiska innebördet*) des Leasingvertrags muss identifiziert werden. Dabei ist zu prüfen, welche Abreden in Bezug der Vertragsbeendigung getroffen wurden (z. B. Eigentumsübergang des Leasingobjekts) und zudem, ob die Leasingvertragsparteien ökonomisch rational agieren.

- Für den Leasinggeber muss der Abschluss des Leasingvertrags ein nicht insignifikantes Geschäftsrisiko (*en inte obetydlig affärsrisk*) beinhalten. Hierbei soll im Wesentlichen auf die Verfügbarkeit eines Sekundärmarktes für das Leasingobjekt abgestellt werden.

- Weiterhin muss der Leasinggeber – unter Bezugnahme auf internationale Gepflogenheiten – einen Eigenkapitaleinsatz von mindestens 20 % der Anschaffungskosten des Leasingobjekts leisten. Nur in diesem Fall kann nach Ansicht der Finanzadministration von einer wirtschaftlich we-

[2963] Vgl. Skatteverket v. 26.10.1998, Dnr. 9397-98/900, unter 3.2. Dazu auch KPMG (2008b), S. 752. Unklar bleibt, ob diese Unterkriterien zur Bestimmung der Eignerfunktion kumulativ zu erfüllen sind oder ob das Vorliegen eines Unterkriteriums bereits hinreichend ist, um die Eignerfunktion zu bestätigen. Mutmaßlich soll eine Gesamtwürdigung aller Unterkriterien vorgenommen werden.

[2964] Vgl. Skatteverket v. 26.10.1998, Dnr. 9397-98/900, unter 3.3. Dazu auch KPMG (2008b), S. 752.

sentlichen Investition (*betydande kapitalinsats*) ausgegangen werden, der auf ernstliche wirtschaftliche Erwägungen des Leasinggebers hindeutet.

- Schließlich können nach Ansicht der Finanzverwaltung auch andere Faktoren (*andra faktorer*) auf wirtschaftliche Erwägungen des Leasinggebers hindeuten, wobei es auf die Gesamtwürdigung des Vertragsinhalts (*totalbedömning av avtalens innehål*) ankommen soll.

Wenn auch die schwedische Finanzverwaltung die Autonomie der steuerrechtlichen Auslegung und die Unmaßgeblichkeit der handelsrechtlichen Zurechnungsregeln herausstellt, weisen die vorstehenden Kriterien evidente Parallelen zu den Beispielen und Indikatoren des IAS 17 insofern auf, als sie ebenfalls zentral auf den Übergang der wesentlichen Risiken und Chancen an dem Leasingobjekt abstellen. In der Gesamtschau dürften die von der schwedischen Finanzverwaltung entwickelten Zurechnungskriterien daher auch keinen höheren Objektivierungsgrad als IAS 17 aufweisen. Sie basieren auf einer Vielzahl von unbestimmten Begrifflichkeiten und Tautologien und dürften im Ergebnis kaum dazu beitragen, die Zurechnungsfrage für Zwecke der steuerrechtlichen Gewinnermittlung befriedigend zu lösen.[2965]

6 Zurechnung von Leasingobjekten nach dem Handels- und Steuerrecht des Vereinigten Königreichs im Vergleich zu IFRS

Nach britischem Handelsbilanzrecht richtet sich die Zurechnung von Leasingobjekten nach SSAP 21,[2966] respektive IAS 17, in Abhängigkeit davon, ob im Einzelabschluss nach UK GAAP oder IFRS Rechnung gelegt wird.[2967] Diese Normenparallelität dürfte indes keine materiellen Konsequenzen nach sich ziehen; IAS 17 „is similar to SSAP 21 in many respects“[2968]. Im Anwendungsfeld des SSAP 21 liegen sowohl *lease contracts* als auch sog. *hire purchase contracts*.[2969] Hinsichtlich der Definition eines Leasingverhältnisses dürfte weitestgehende Deckungsgleichheit zwischen SSAP 21 und IAS 17 bestehen. So ist davon auszugehen, dass ein Vertragsverhältnis, das nach IFRIC 4 als verdecktes Leasingverhältnis identifiziert wird, auch nach SSAP 21 i. V. m. FRS 5 ein ebensolches darstellt.

Auch die bilanzielle Zurechnungsfrage wird gleichlaufend beantwortet, indem nach Maßgabe eines *risks-and-rewards-approach* zwischen Finanzierungs- und Operating-Leasingverhältnissen differenziert wird (SSAP 21.15) und eben nur Finanzierungs-Leasingverhältnisse eine leasingnehmerseitige Zurechnung nach sich ziehen. Die beiden Termini *finance lease* und *operate lease* werden dabei in Analogie zu IAS 17 ausgedeutet. Auf das zivilrechtliche Eigentum kommt es mithin auch nach UK GAAP nicht an. SSAP 21 ist mithin Ausdruck des in FRS 5 verankerten *Substance over*

2965 So auch KPMG (2008b), S. 752: „it is questionable whether this document (das Schreiben v. 26.10.1998, Dnr. 9397-98/900, d. Verf.) from the tax authorities brings on more clarity to the state of the law with regard to the tax treatment of leasing".

2966 Zu SSAP 21 vgl. detailliert Oats/Tuck (2010), Rz.17.4-17.28.

2967 Vgl. KPMG (2008b), S. 810.

2968 So Oats/Tuck (2010), Rz. 17.28 (im Original teilw. kursiviert); vgl. auch Nemet (2011), S. 399.

2969 Vgl. Oats/Tuck (2010), Rz. 17.4.

form-Grundsatzes, der auch im britischen Bilanzrecht einen hohen Stellenwert einnimmt.[2970] Insofern stimmen SSAP 21 und IAS 17 in ihrer Grundwertung überein. Allerdings wird das Vorliegen des wirtschaftlichen Eigentums graduell abweichend konkretisiert.

Eine materielle Abweichung[2971] zwischen SSAP 21 und IAS 17 ist indes dahin auszumachen, dass die in IAS 17 formulierten Beispiele und Indikatoren in SSAP 21 nicht (explizit) zu finden sind. Von einem *finance lease* ist nach SSAP 21 vielmehr (widerlegbar) auszugehen, wenn der Barwert der Mindestleasingzahlungen im Wesentlichen dem *fair value* des Leasingobjekts entspricht;[2972] dabei wird ein numerischer Grenzwert von 90 % explizit vorgegeben (sog. „90 %-Test" des SSAP 21.15).[2973] Diese quantifizierte Zurechnungsregel, die IAS 17 fremd ist, könnte bedingen, dass „some leases that have been classified as operating leases under SSAP 21 being reclassified as finance leases under IAS 17"[2974].

Die Zurechnung von Leasingobjekten im Rahmen der steuerlichen Gewinnermittlung folgt eigenständigen Regelungen, die aber partiell auf SSAP 21 bzw. IAS 17 Bezug nehmen. Aus (britischer) steuerlicher Perspektive ist die Zurechnung eines Leasingobjekts entscheidend für die Berechtigung, *capital allowances* geltend zu machen.[2975] Die steuerliche Behandlung von Leasingvereinbarungen ist in zwei unterschiedlichen Regimen – dem *non-long-funding lease regime* sowie dem *long funding lease regime* – geregelt; sie gilt nicht zuletzt[2976] deshalb als besonders komplex.[2977] Dieses (steuerliche) *dual system* ist sowohl SSAP 21 als auch IAS 17 fremd. Die nachfolgenden Ausführungen beziehen sich auf dessen Kernregelungen.

Im Zuge des FA 2006 wurde die steuerliche Behandlung von Leasingverhältnissen über *plant and machinery* grundlegend novelliert (sch. 8).[2978] Ziel war es, „to remove distortions caused by the differing tax treatment of certin types of finance"[2979]. Grob gesprochen gilt, dass im Fall sog. *long*

2970 Vgl. Nemet (2011), S. 397 u. S. 399. Zum *Substance over form*-Grundsatz des britischen Bilanzrechts vgl. eingehend Oats/Tuck (2010), Rz. 6.1-6.22. Aus bilanztheoretischer Perspektive basiert die Abbildung von Finanzierungs-Leasingverhältnissen wie nach IAS 17 in einem intendierten „balance sheet approach"; vgl. McMahon/Weetman (1997), S. 12 (auch Zitat). Es besteht damit eine gemeinsame bilanztheoretische Fundierung.

2971 Vgl. Oats/Tuck (2010), Rz. 17.28.

2972 Ausschlaggebend sind die Verhältnisse zu Beginn des Leasingverhältnisses (*inception of the lease*); vgl. SSAP 21.15 i. V. m. SSAP 21.29; hierzu Nieland/Scott (1997), S. 380.

2973 Vgl. Cooke/Choudhury/Wallace (2001), S. 2657; Eisolt (1986), S. 1239; Köhler/Rotter (1994), S. 399; Nemet (2011), S. 397 u. S. 399.

2974 So Oats/Tuck (2010), Rz. 17.28.

2975 Im Fall eines sog. *hire purchase contracts* wird die *capital allowance* schon bisher auf den *hiree* übertragen (section 67 CAA 2001). Hire purchase contracts sind – grob gesprochen – solche Vertragsverhältnisse, die am Ende ihrer Laufzeit eine Kaufoption vorsehen; vgl. im Einzelnen Oats/Tuck (2010), Rz. 17.2. Auf eine Ausübung der Kaufoption kommt es dabei nicht an; vgl. dies. (2010), Rz. 17.29.

2976 Zu dieser Komplexität tragen auch spezielle *anti avoidance rules* bei, auf die im Folgenden nicht eingegangen wird.

2977 Vgl. Nemet (2011), S. 404; KPMG (2008b), S. 804.

2978 Die neuen Regeln gelten ab 01.04.2006; vgl. Oats/Tuck (2010), Rz. 17.33.

2979 Nemet (2011), S. 404.

funding leases die Berechtigung, das Leasingobjekt einer *capital allowance* zu unterziehen, nunmehr generell vom Leasinggeber auf den Leasingnehmer transferiert wird.[2980] Diese Regelung stellt eine Durchbrechung des sonst geltenden Grundsatzes dar, dass eine *capital allowance* demjenigen zusteht, der die *capital expenditure* getragen hat, im Fall des Leasingverhältnisses also dem Leasinggeber. Entscheidend ist der Übergang des wirtschaftlichen Eigentums auf den Leasingnehmer; das zivilrechtliche Eigentum ist insofern auch steuerlich unbeachtlich. Dementsprechend wird das Recht auf Vornahme einer *capital allowance* im Fall eines *non-funding lease* weiterhin dem Leasinggeber (*lessor*) zugesprochen.[2981]

Die steuerlichen Leasingbilanzierungsregeln greifen mit Geltung dieses sog. *FA 2006 regime* verstärkt auf die handelsrechtlichen Regelungen zurück.[2982] So wird insbesondere bei der Definition eines Finanzierungs- bzw. Operating-Leasing auf die GAAP (SSAP 21 respektive IAS 17) abgestellt. Dieser Weg wurde zuvor bereits vom britischen *case law* beschritten: In den beiden zentralen Urteilen *Gallagher v Jones*[2983] und *Threlfall v Jones*[2984] wurde die steuerliche Geltung des SSAP 21 (in Teilen) zugunsten der britischen Finanzverwaltung bestätigt.[2985] Diese hat sich bereits im Jahre 1991 für die steuerliche (Teil-) Geltung des SSAP 21 ausgesprochen.[2986] „This was really quite revolutionary. Accounting rules derived from an accounting standard, which effectively elevated substance over form (by treating as 'owned' that which was legally only 'leased') and gave rise to a 'depreciation' charge, would be regarded as acceptable for tax purposes"[2987]. Einschränkend ist zu berücksichtigen, dass im Rahmen der steuerlichen Gewinnermittlung über die Klassifizierung in Finanzierungs- und Operating-Leasingverhältnisse hinaus, wie bereits genannt, zusätzlich nach *funding leases* sowie *non-funding leases* unterschieden wird. Das Vorliegen eines *long funding lease* wird dabei unter den folgenden Bedingungen angenommen:[2988]

- Das Vertragsverhältnis ist als *plant or machinery lease* zu qualifizieren. Ob ein derartiges Leasingverhältnis vorliegt, richtet sich nach den Bestimmungen der GAAP i. S. d. sec. 50 FA 2004, also entweder UK GAAP (SSAP 21 i. V. m. FRS 5) oder IFRS (IAS 17.4 i. V. m. IFRIC 4).[2989]

- Das Leasingverhältnis ist nach Maßgabe der GAAP als *finance lease* zu klassifizieren (*finance lease test*). Alternativ kann es sich auch um ein *operate lease* handeln, bei dem der Barwert der

2980 Vgl. Lyon/Owen (2006b), S. 37 ff.; Obuoforibo (2010), S. 77; Taylor/Gatehouse (2005), S. 10; zum Hintergrund dieser gesetzlichen Neuregelung vgl. Lyon/Owen (2006a), S. 34 f.

2981 Vgl. Nemet (2011), S. 404.

2982 Vgl. Oats/Tuck (2008), S. 3: „accounting treatment is generally recognised for tax purposes". Dieser Befund bezieht sich auch auf die Abbildung des Leasingverhältnisses in Bilanz sowie Gewinn- und Verlust-Rechnung, auf die im Folgenden nicht näher eingegangen wird.

2983 Vgl. *Gallagher v Jones* [1993], STC 537.

2984 Vgl. *Threlfall v Jones* [1993], STC 537.

2985 Die Streitfrage betraf die Bemessung der Leasingraten. Zu den Inbezugnahmen des SSAP 21 vgl. Freedman (1993), S. 468 ff.; dies. (2008), S. 88 f.; dies. (2004b), S. 95 f.; McMahon/Weetman (1997), S. 10 ff. (aus bilanztheoretischer Sicht); Eberhartinger (1997), S. 283 f.; Lamb/Nobes/Roberts (1998), S. 176 f.; Thorell (2007), S. 730 f. (aus schwedischer rechtsvergleichender Sicht). Zur Reaktion der Finanzadministration vgl. Sallabank/Woodgate (1995), S. 506 ff.

2986 Vgl. Inland Revenue (1991).

2987 So Oats/Tuck (2010), S. 2.

2988 Vgl. KPMG (2008b), S. 815; Lyon/Owen (2006b), S. 38 f.; Jenkins/Rayner (2006), S. 10.

2989 Vgl. Taylor/Gatehouse (2005), S. 10.

Mindestleasingzahlungen mehr als 80 % des *fair value* des Leasingobjekts (*lease payments test*) entspricht oder die Mindestlaufzeit mehr als 65 % der verbleibenden wirtschaftlichen Nutzungsdauer des Leasingobjekts umfasst (*useful economic life test*).[2990] Diese Alternative soll offenbar „solche operativen Leasingverhältnisse [treffen], die dem Finanzierungsleasing sehr nahe stehen“[2991].

- Die Laufzeit dieses Leasingverhältnisses beträgt mehr als fünf Jahre; andernfalls liegt ein *short lease* vor.[2992]

Damit zeigt sich, dass die GAAP zwar zur Konkretisierung des Begriffs *long funding lease* herangezogen werden, aber nicht (letzt-) entscheidend sind für die Berechtigung zur Vornahme einer *capital allowance*. So wäre etwa eine leasingnehmerseitige Abschreibung in der Handelsbilanz bei Vorliegen eines *operate lease* ausgeschlossen, wohingegen steuerlich entscheidend ist, ob ein *funding* bzw. *non-funding* lease vorliegt. Das *alignment* zwischen handels- und steuerrechtlicher Gewinnermittlung ist insofern „still not complete“[2993]. Ein *non-funding lease* ist in negativer Weise anzunehmen, wenn die drei obigen Bedingungen nicht erfüllt sind. Im Fall eines *long funding finance lease* ist der Leasingnehmer dem Grunde nach berechtigt, eine *capital allowance* auf das Leasingobjekt nach den allgemeinen Regeln für *plant and machinery* geltend zu machen.[2994] Steuerlich abzugsfähig ist im Gegenzug nur der Zinsanteil der Leasingrate.[2995] Der Leasinggeber hingegen verliert sein Recht auf die Vornahme einer *capital allowance* auf das Leasingobjekt; im Gegenzug unterliegt dieser nur noch in Höhe des Zinsanteils der Leasingrate der Besteuerung. Diese Besteuerungskonsequenzen gelten grundsätzlich auch im Fall eines *long funding operate lease*.[2996]

7 Kritische Würdigung

7.1 Zur induktiven Übernahmetauglichkeit

Unter rein induktiven Gesichtspunkten wäre die Überlegung, IAS 17 als Ausgangspunkt harmonisierter Leasingbilanzierungsregeln in Betracht zu ziehen, nicht bereits im Grundsatz abwegig. Obschon IAS 17 für Zwecke der steuerlichen Gewinnermittlung in keinem der hier betrachteten Mitgliedstaaten in Reinform zur Anwendung gebracht wird, ist zumindest in einer erweiterten Sichtweise festzustellen, dass der Gedanke der wirtschaftlichen Zurechnung bzw. des wirtschaftlichen Eigentums auch dem deutschen, polnischen und britischen Handels- und Steuerrecht inhärent ist.

2990 Vgl. Bisping (2008a), S. § 91 Rz. 36; Taylor/Walker (2005), S. 3; KPMG (2008b), S. 815 f.

2991 So Bisping (2008a), § 91 Rz. 36.

2992 Zu beachten ist, dass auch ein Finanzierungs-Leasingverhältnis bei einer Laufzeit von mehr als fünf Jahren und nicht mehr als sieben Jahren als *short lease* angesehen wird, sofern die jährlichen Leasingraten nicht mehr als 5 % voneinander abweichen und der Restwert des Wirtschaftsguts nicht mehr als 5 % des *Fair value* zu Beginn der Laufzeit des Leasingverhältnisses beträgt. Vgl. Nemet (2011), S. 404 f.

2993 Freedman (2008), S. 88 f.

2994 Im ersten Fall liegt eine *capital expenditure* i. H. d. Barwerts der Mindestleasingzahlungen, im zweiten Fall i. H. d. Marktwerts des Leasingobjekts vor.

2995 Vgl. Lyon/Owen (2006b), S. 39.

2996 Vgl. Lyon/Owen (2006b), S. 39 f.

Der Risiken-Chancen-Ansatz ist dabei natürlich „keine Erfindung“[2997] des IAS 17. Auch auf Rechtsprechungsebene lassen sich Spuren eines *Substance over form*-Gebots ausmachen. Ungeachtet bestehender Detailunterschiede kann folglich nicht bereits von einer grundsätzlich konzeptionellen Disparität der nationalen Zurechnungsregeln im Verhältnis zu IAS 17 ausgegangen werden. Die Einschätzung, dass die nationalen Leasingbilanzierungsregeln „substantial differences“[2998] aufweisen, kann daher in Bezug auf die hier untersuchten Mitgliedstaaten nicht geteilt werden. Einen fundamentalen Wertungsunterschied weist allein das französische Bilanzsteuerrecht mit seinem Grundsatz der zivilrechtlichen Vermögenszugehörigkeit auf. Aus französischer Sicht dürfte ein Abrücken von diesem Grundsatz kaum vorstellbar sein.

7.2 Zur theoretisch-konzeptionellen Übernahmetauglichkeit

Gemessen an der vereinfachten Vermögensrechnung kann der bilanztheoretische inkonsistente und regelungsunscharfe IAS 17 keine Übernahmetauglichkeit attestiert werden, weil es auf das wirtschaftliche Eigentum nach Maßgabe des Risiken-Chancen-Ansatzes innerhalb der vereinfachten Vermögensrechnung nicht ankommt. Wie indessen aufgezeigt wurde, müsste eine grundlegende Reform der steuerlichen Leasingbilanzierung an der Beseitigung ökonomischer Preisvorteile ansetzen. Da dies ausgeschlossen ist, bleibt auch ein vollständiges Vermeiden von steuerlich bedingten Verzerrungen unerreichbar. Die Schlussfolgerung, dass die Zurechnung des Leasinggegenstandes innerhalb der vereinfachten Vermögensrechnung den zivilrechtlichen Eigentumsverhältnissen folgen sollte, darf nach dem Vorstehenden indes nicht mit einer streng formalistischen Ausrichtung verwechselt werden. Gerade die Leasingbilanzierungsreform im Vereinigten Königreich bietet eine nachdrückliche Anschauung, in welche Überkomplexität die Fehlvorstellung ausartet, eine leasingbedingte Steuervermeidung ließe sich bereits durch eine leasingnehmerseitige Zurechnung beheben. Aus Sicht der vereinfachten Vermögensrechnung sollte vielmehr dem Beispiel Frankreichs gefolgt werden, eine leasingnehmerseitige Aktivierung von Leasingobjekten für Zwecke der steuerlichen Gewinnermittlung generell zu untersagen. Auch im Rahmen der CCCTB sollte mithin allein der Leasinggeber berechtigt sein, das Leasingobjekt abzuschreiben.

Wird dementgegen eine wie auch immer geartete wirtschaftliche Vermögenszugehörigkeit im Rahmen der CCCTB angestrebt, stellt IAS 17 hierfür einen denkbar schlechten Konzeptionskern bereit.[2999] Es irritiert, dass ausgerechnet der durch erhebliche Entobjektivierungen durchzogene IAS 17 von Teilen des Schrifttums als „gute Basis“[3000] gekennzeichnet wird, um die Zurechnungsprobleme im Rahmen von Leasingverträgen mit der steuerlich gebotenen Objektivierung lösen zu können. Es steht indessen zu befürchten, dass gerade der *risks-and-rewards-approach* nach IAS 17 auf ein faktisches Zurechnungswahlrecht hinausliefe. Eine „gleiche Behandlung gleicher wirtschaftli-

[2997] So treffend Schulze-Osterloh (2008a), S. 65.
[2998] Rädler (2003), S. 467.
[2999] Gegen eine steuerliche Übernahme des IAS 17 auch z. B. Herzig (2005b), S. 225 f.; a. A. Bohl (2004b), S. 2383.
[3000] So Czakert (2008), S. 439; noch zugewandter Mayr (2008a), S. 89, der in IAS 17 sogar eine „ausgezeichnete Diskussionsgrundlage“ erblicken will. Vgl. auch Egger (2008), S. 546; Schön (2005c), S. 82.

cher Sachverhalte“[3001], wie sie aus Gleichmäßigkeitssicht geboten ist, kann der Standard kaum leisten; insbesondere die steuerliche Übernahme des Barwerttests erscheint unerträglich.[3002] Nicht ohne Grund steht der Standard vor einer grundlegenden Reform; auf das Konzept des wirtschaftlichen Eigentums soll es aufseiten des Leasingnehmers nicht mehr ankommen.

Es bleibt abschließend zu fragen, ob die nationalen Zurechnungsregeln der hier betrachteten Mitgliedstaaten i. S. einer zweit- bzw. drittbesten Lösung „sachgerechter“ erscheinen. Die britischen Zurechnungsregeln sind noch komplexer als die der deutschen Leasingerlasse, aber ökonomisch nicht minder wirkungslos. Die polnischen Zurechnungsregeln dürften ebenfalls kaum zur steuerlich gebotenen Objektivierung beitragen. Im schwedischen Steuerrecht hat sich ein fester Grundsatz der wirtschaftlichen Zurechnung bislang nicht herausgebildet, sodass auch hier keine Anleihen genommen werden könnten. Im Ergebnis bliebe der Ansicht zu folgen, die deutschen Leasingerlasse als fortführungswürdig zu erachten, da sie IAS 17 und den nationalen Zurechnungsvorschriften zumindest unter Objektivierungsgesichtspunkten leicht überlegen sein dürften,[3003] auch wenn dabei nicht verkannt werden darf, dass die Leasingerlasse einer grundlegenden Überarbeitung bedürfen.

V. Rückstellungen

1 Passivierungsregeln

1.1 Passivierung von Rückstellungen nach IFRS

1.1.1 Verbindlichkeitsrückstellungen

Die Passivierung einer (Verbindlichkeits-) Rückstellung ist gemäß IAS 37.14 geboten, wenn folgende Bedingungen kumulativ vorliegen: Es muss eine gegenwärtige Verpflichtung (*present obligation*) aus einem vergangenen Ereignis bestehen, die bei Erfüllung mit einem wahrscheinlichen (*probable*) Ressourcenabfluss einhergeht und die in ihrer Höhe verlässlich (*reliable*) geschätzt werden kann.[3004] IAS 37 gewährt kein (explizites) Passivierungswahlrecht.[3005] Grundlegende Voraussetzung für einen Rückstellungsansatz ist demnach das Vorliegen einer wirtschaftlichen Vermögensbelastung, die sich sowohl in der Erwartung zukünftiger Ausgaben als auch in verminderten Einnahmen ausdrücken kann.[3006] Im Sinne einer wirtschaftlichen Betrachtungsweise kann eine ge-

---

3001 Schreiber, U. (2000), S. 94.

3002 So auch Winkelmann (2007), S. 56 f.

3003 Vgl. Herzig (2005b), S. 141; Lenz (2008), S. 148.

3004 Vgl. auch Binger (2009), S. 119; von Keitz et al. (2009), IAS 37 Rz. 28 ff.; Wagenhofer (2009), S. 265 f.; Bieg et al. (2009a), S. 228; Beyhs/Barth (2010), S. 396; Klaholz, (2005), S. 65; Küting et al. (2010), S. 315; Kußmaul/Niehren (2009), S. 195; Hebestreit/Schrimpf-Dörges (2009), § 13. Rz. 8; Weindel/Wüstemann (2011b), S. 135; Rehm/Wüstemann (2011), S. 114 f.; Baetge et al. (2007), S. 316; Erdmann/Zülch/Palfner (2007), S. 445; Meyer, S./Meyer, U. (2009), § 5.I. Rz. 439; Zülch/Hendler (2009), S. 344; Wagenhofer (1998), S. 581.

3005 Vgl. Euler/Engel-Ciric (2004), S. S148.

3006 Vgl. Rehm/Wüstemann (2011), S. 115; Morawietz/Hommel (2006), S. 156.

genwärtige Verpflichtung (*present obligation*) nach IAS 37 grundsätzlich nicht nur bei Vorliegen einer rechtlichen, sondern vielmehr auch bei einer faktischen Verpflichtung gegeben sein.[3007]

Rechtliche Verpflichtungen beruhen nach IAS 37.10 auf einem bindenden Vertrag, einem Gesetz oder sonstigen unmittelbaren Auswirkungen von Gesetzen.[3008] Faktische (rein wirtschaftliche) Verpflichtungen (*constructive obligations*) folgen aus dem „üblichen Geschäftsgebaren", „öffentlich angekündigten Maßnahmen" des Unternehmens oder „ausreichend spezifische[n], aktuelle[n] Aussage[n] anderen Parteien gegenüber", die „die Übernahme gewisser Verpflichtungen" nahelegen (IAS 37.10). Zudem muss das Unternehmen „bei den anderen Parteien eine gerechtfertigte Erwartung geweckt" haben, „dass es diesen Verpflichtungen nachkommt" (IAS 37.10).[3009]

Nach IAS 37.20 muss die geforderte gegenwärtige (rechtliche oder faktische) Verpflichtung gegenüber Dritten, d. h. gegenüber einer einzelnen Person, einer Gruppe von Anspruchsberechtigten oder – noch weiter gefasst – der Öffentlichkeit bestehen (*Außenverpflichtungsprinzip*).[3010] Die Kenntnis des Gläubigers ist nicht erforderlich (IAS 37.20). Rückstellungen für Innenverpflichtungen sind zwar formal unzulässig.[3011] Gleichwohl aber wird das Außenverpflichtungsprinzip nach IAS 37 breit verstanden.[3012] IAS 37.15 unterstellt, dass es in „fast allen Fällen (...) eindeutig sein [wird], ob ein Ereignis der Vergangenheit zu einer gegenwärtigen Verpflichtung geführt hat". Ist dies nicht Fall, soll eine Rückstellung „unter Berücksichtigung aller verfügbaren substanziellen Hinweise" gebildet werden, wenn „für das Bestehen einer gegenwärtigen Verpflichtung zum Bilanzstichtag mehr dafür als dagegen spricht" (*more likely than not*).[3013] IAS 37 nimmt dabei wohl bewusst[3014] keine Quantifizierung dieses *More likely than not*-Kriteriums vor. Es wird in der Literatur dennoch mehrheitlich erwogen, das Kriterium i. S. einer mathematisch-statistischen Wahrscheinlichkeit auszudeuten. Demnach müsste die Wahrscheinlichkeit für das Vorliegen einer Verpflichtung bei mehr als 50 % liegen.[3015]

3007 Vgl. z. B. Pisoke (2004), S. 51.

3008 Vgl. auch Rehm/Wüstemann (2011), S. 116; Morawietz/Hommel (2006), S. 157.

3009 Dies soll „einer ausufernden Passivierung rein wirtschaftlicher Verpflichtungen entgegenwirken"; Weindel/Wüstemann (2011b), S. 137.

3010 Vgl. Ballwieser (2008b), § 249 HGB Rz. 47; Hommel (2011), § 249 HGB Rz. 524 f.; Rehm/Wüstemann (2011), S. 116; Bieg et al. 2009), S. 229; Hachmeister (2006b), S. 114; Förschle/Kroner/Heddäus (1999), S. 47; Euler/Engel-Ciric (2004), S. S148; von Keitz et al. (2009), IAS 37 Rz. 54; Köppen (2009), S. 349; Tanski (2009), S. 369.

3011 Vgl. insb. Binger (2009), S. 120 m. w. N.

3012 Vgl. Rüdinger (2004), S. 58 f.; Tanski (2009), S. 370. Einen „Grenzfall" (Hommel/Berndt [2009], S. 2193) stellen Restrukturierungsverpflichtungen dar. Diese qualifizieren zwar formal als Innenverpflichtungen, können aber unter bestimmten Voraussetzungen (IAS 37.70) in faktisch unentziehbare Verpflichtungen überführt werden mit der Folge, dass eine Passivierungspflicht eintritt; vgl. Fink/Kunath (2010), S. 2346; von Keitz et al. (2009), IAS 37 Rz. 55; Ernstberger (2004), S. 111.

3013 Sofern umgekehrt mehr Gründe gegen das Bestehen einer gegenwärtigen Verpflichtung als dafür sprechen, scheidet eine Rückstellungsbildung aus. IAS 37.16 (b) ordnet den Ausweis einer Eventualschuld im Anhang an, sofern der Abfluss von Ressourcen mit wirtschaftlichem Nutzen nicht unwahrscheinlich ist; vgl. z. B. Kußmaul/Niehren (2009), S. 197.

3014 Vgl. Kaiser (2008), S. 70.

3015 Sachgerecht erscheint eine solche Wahrscheinlichkeitsquantifizierung nur dann, „wenn eine entsprechend große Grundgesamtheit vorliegt und man von der Stabilität der Verhältnisse im Zeitablauf ausgehen kann" (Hachmeister [2006b], S. 108). Denn nur in diesem Fall kann auf das (empirische) Gesetz der großen Zahl zurückgegriffen wer-

Rückstellungen sind nach IAS 37.19 nur für solche gegenwärtigen Verpflichtungen anzusetzen, die aus Ereignissen der Vergangenheit (*past event*) resultieren und „unabhängig von der künftigen Geschäftstätigkeit (...) entstehen".[3016] Rückstellungsbegründend kann damit jedes Ereignis sein, dass bis zum Bilanzstichtag eingetreten ist.[3017] IAS 37.17 setzt dabei zwingend voraus, dass es sich bei dem vergangenen Ereignis um ein sog. verpflichtendes Ereignis (*obligating event*) handelt,[3018] also um „ein Ereignis, das eine rechtliche oder faktische Verpflichtung schafft, auf Grund derer das Unternehmen keine realistische Alternative zur Erfüllung der Verpflichtung hat" (IAS 37.10). Ähnlich benennt IAS 37.17 ein Ereignis als verpflichtend, „wenn ein Unternehmen keine realistische Alternative zur Erfüllung der durch dieses Ereignis entstandenen Verpflichtung hat" (sog. Unentziehbarkeitstheorem[3019]).

Regelungsschärfe vermag das Unentziehbarkeitskriterium nur bei rechtlichen Verpflichtungen zu erreichen.[3020] So „wird sich das Bestehen einer rechtlich bindenden und damit durchsetzbaren Verpflichtung in aller Regel anhand von Verträgen, Gesetzen oder anderen rechtlichen Grundlagen relativ problemlos feststellen lassen"[3021]. Dagegen dürfte der Nachweis der Unentziehbarkeit bei faktischen Verpflichtungen schwieriger zu führen sein.[3022] IAS 37.17(b) verlangt, dass das Unternehmen „gerechtfertigte Erwartungen bei anderen Parteien hervorruft, dass [es] die Verpflichtung erfüllen wird". Mit Recht wird kritisiert, dass dieser Zeitpunkt aufgrund des unklaren Grades der erforderlichen Selbstbindung gesteuert werden kann.[3023] Das Kriterium der Unentziehbarkeit erscheint unter dem Aspekt der Objektivierung „wenig hilfreich, da dem Bilanzierenden bei der Frage, ob er sich seiner Verpflichtung unter realistischen Bedingungen noch entziehen kann, ein großer Ermessensspielraum eingeräumt wird"[3024].

---

den. Bei singulären Verpflichtungen ruft die Anwendung einer 50 %-Regel Zweifel hervor. Sie dürfte vielmehr Scheingenauigkeiten vermitteln; vgl. Baetge et al. (2007), S. 318. Bei Einzelverpflichtungen ist somit auf eine (qualitative) „‚Wahrscheinlichkeit der besseren Argumente'" abzustellen; entscheidend ist die „Nachvollziehbarkeit und Qualität der Begründungen" unter Betrachtung des Gesamtbildes der Verhältnisse; so Hachmeister (2006b), S. 109 (beide Zitate); vgl. auch Küting et al. (2010), S. 319; Hebestreit/Schrimpf-Dörges (2009), § 13. Rz. 29; Baetge et al. (2007), S. 318. Hierbei verbleibt zwangsläufig ein Ermessensspielraum; erschwerend tritt hinzu, dass die Ausdeutung des Wahrscheinlichkeitsbegriffs international abweichen dürfte; vgl. Hachmeister (2006b), S. 109; Kirchhof, J. (2005), S. 591.

3016 Vgl. auch Rehm/Wüstemann (2011), S. 117; Morawietz/Hommel (2006), S. 157.

3017 Vgl. Rehm/Wüstemann (2011), S. 117.

3018 Vgl. Förschle/Kroner/Heddäus (1999), S. 45. Damit wird offenbar unterstellt, dass zwischen dem vergangenen Ereignis und der gegenwärtigen Verpflichtung eine wie auch immer geartete Ursache-Wirkungs-Beziehung herrscht; vgl. Hachmeister (2006b), S. 116; von Keitz et al. (2009), IAS 37 Rz. 41. Zur Kritik an einer solchen Verursachungskonzeption vgl. Moxter (1999a), S. 521; ders. (2004b), S. 1059; Rüdinger (2004), S. 85.

3019 Vgl. Hommel (2011), § 249 HGB Rz. 524; Morawietz/Hommel (2006), S. 158; Rüdinger (2004), S. 86 ff.; Förschle/Kroner/Heddäus (1999), S. 45; Wich (2009), S. 77 f.; Herzig/Gellrich (2006b), S. 759; Gellrich (2008), S. 101 f.; Klaholz (2005), S. 66 f.; Kaiser (2008), S. 44 f.; von Keitz et al. (2009), IAS 37 Rz. 48-52.

3020 Vgl. Rüdinger (2004), S. 90.

3021 Binger (2009), S. 182; vgl. auch Rehm/Wüstemann (2011), S. 117.

3022 Vgl. Rehm/Wüstemann (2011), S. 117; Förschle/Kroner/Heddäus (1999), S. 45.

3023 Vgl. nur Moxter (1999a), S. 520.

3024 Weindel/Wüstemann (2010), S. 139. Ähnliche Kritik äußern Euler/Engel-Ciric (2004), S. S152.

Mit dem Kriterium der Wahrscheinlichkeit des Ressourcenabflusses (IAS 37.23 f.) baut IAS 37 eine zweite Wahrscheinlichkeitshürde auf.[3025] Ein Abfluss von Ressourcen zur Erfüllung der Verpflichtung wird in Analogie zu IAS 37.15 als wahrscheinlich (*probable*) erachtet, „wenn mehr dafür als dagegen spricht", d. h. „die Wahrscheinlichkeit, dass das Ereignis eintritt, ist größer als die Wahrscheinlichkeit, dass es nicht eintritt" (IAS 37.23).[3026] Hieraus wird (wiederum) geschlossen, dass die Wahrscheinlichkeit eine 50 %-Schwelle zu übertreffen hat.[3027] Neben den oben bereits genannten Objektivierungsschwierigkeiten bei der Quantifizierung von Wahrscheinlichkeiten erhebt sich das weitere Problem, dass die Erfüllung der Existenzwahrscheinlichkeit einerseits und Ressourcenabflusswahrscheinlichkeit andererseits „nicht konform verläuft"[3028]. Dies könnte zur Konsequenz haben, dass zwei Verpflichtungen mit nahezu identischem Erwartungswert eine unterschiedliche bilanzielle Behandlung – Ansatz oder Nichtansatz – erfahren.[3029]

Das Kriterium der zuverlässigen Schätzung der Verpflichtungshöhe (IAS 37.14 (c)) soll ebenfalls einen Objektivierungsbeitrag leisten.[3030] Jedoch lässt es das Kriterium der zuverlässigen Schätzung dabei bewenden,[3031] dass der zur Erfüllung der Verpflichtung erforderliche Betrag (wenigstens) innerhalb einer Bandbreite angegeben werden kann (IAS 37.25).[3032] Nur in „äußerst seltenen Fällen" sei dies nicht der Fall (IAS 37.26).[3033] Somit dürfte das Kriterium von geringer Bedeutung bleiben, es erweist sich demnach als „geringe Ansatzhürde"[3034].

1.1.2 Ausgewählte Sonderfälle der Rückstellungsbilanzierung

Leistungs- und Zahlungsverpflichtungen aus noch zu erfüllenden Verträgen (*executory contracts*) fallen grundsätzlich nicht in den Anwendungsbereich des IAS 37. Anderes gilt nur, wenn ein zu erfüllender Vertrag sich als belastend erweist.[3035] In Höhe des unvermeidbaren Verpflichtungsüber-

---

3025 Vgl. Hommel (2007b), S. 195; Senger/Brune (2008), IAS 37 Rz. 35; Wich (2009), S. 111 f.

3026 Für den Fall einer Gruppe von gleichartigen Verpflichtungen (z. B. Gewährleistungsrückstellungen) soll sich die geforderte Wahrscheinlichkeit für die Gruppe als Ganzes bestimmen (IAS 37.24). „Damit wird herausgestellt, dass bei einer im Einzelfall geringen Wahrscheinlichkeit eines Mittelabflusses der Mittelabfluss der Gruppe insgesamt wahrscheinlich sein kann"; so Hachmeister (2006b), S. 124.

3027 Vgl. Morawietz/Hommel (2006), S. 158; Weindel/Wüstemann (2011b), S. 141; Wüstemann/Bischof (2006), S. 92; Klaholz (2005), S. 74; Henselmann (2007), S. 233; Wagenhofer (1998), S. 582; Ernstberger (2004), S. 112.

3028 Haaker (2005b), S. 10; vgl. auch Schruff/Haaker (2007), S. 539, jeweils mit Zahlenbeispielen.

3029 Vgl. Ballwieser (2009d), S. 72 f.

3030 Vgl. Weindel/Wüstemann (2011b), S. 142.

3031 Nach Ansicht im Schrifttum bedingt „[d]ie besondere Natur von Rückstellungen (.) eine vergleichsweise geringe Anforderung an die Bewertbarkeit, weil ansonsten das Ziel einer Bilanzierung unsicherer Verpflichtungen nicht erreicht werden kann"; so Hachmeister (2006b), S. 125.

3032 Vgl. auch Kußmaul/Niehren (2009), S. 197; Gellrich (2008), S. 107.

3033 Vgl. auch Ballwieser (2008b), § 249 HGB Rz. 47; Ernstberger (2004), S. 112 f.; kritisch Kaiser (2008), S. 78 („hoffnungsfrohe These").

3034 Wich (2009), S. 103; vgl. auch Binger (2009), S. 125; Klaholz (2005), S. 75 f.; Kessler, H./Leinen (2005), S. 455; von Keitz et al. (2009), IAS 37 Rz. 61; Euler/Engel-Ciric (2004), S. S151; Kaiser (2008), S. 78.

3035 Ein belastender Vertrag (*onerous contract*) liegt vor, wenn die „unvermeidbaren Kosten" zur Erfüllung der vertraglichen Verpflichtungen den erwarteten wirtschaftlichen Nutzen übersteigen (IAS 37.10; IAS 37.68). Belastende Verträge können sich im Allgemeinen aus schwebenden Absatz- oder Beschaffungsgeschäften oder Dauerschuldverhältnissen ergeben; vgl. von Keitz et al. (2009), IAS 37 Rz. 76. Die unvermeidbaren Kosten werden definiert als der „Mindestbetrag der bei Ausstieg aus dem Vertrag anfallenden Nettokosten"; sie entsprechen dem niedrigeren Betrag aus Erfüllungskosten oder den aus der Nichterfüllung resultierenden Entschädigungszahlungen

schusses ist eine Rückstellung für drohende Verluste zu passivieren (IAS 37.66).[3036] Der genaue Saldierungsbereich bleibt indes offen.[3037] Die allgemeinen Ansatzkriterien werden weiterhin vorausgesetzt.[3038]

Die Passivierung von *Restrukturierungsrückstellungen* nach IAS 37[3039] verlangt das Vorliegen einer Restrukturierungsmaßnahme.[3040] Eine Restrukturierungsmaßnahme stellt nach IAS 37.10 ein „Programm" dar, das „vom Management geplant und kontrolliert wird" und entweder „das von dem Unternehmen abgedeckte Geschäftsfeld" oder „die Art, in der dieses Geschäft geführt wird", „wesentlich verändert".[3041] Nur unter der Voraussetzung, dass eine solche Restrukturierungsmaßnahme vorliegt, sind weiter die allgemeinen Passivierungskriterien und zusätzliche in IAS 37.70 ff. genannte Kriterien zu prüfen. Sie bestimmen, unter welchen Umständen Restrukturierungsmaßnahmen als faktische Verpflichtungen nach IAS 37.10 und IAS 37.17 (b) zurückzustellen sind.[3042] Neben dem Vorliegen eines „detaillierten, formalen Restrukturierungsplan[s]" (IAS 37.72 (a)) wird zwingend verlangt, dass bei den „Betroffenen eine gerechtfertigte Erwartung" geweckt wurde, „dass die Restrukturierungsmaßnahme (…) durchgeführt wird" (IAS 37.12 (b)).[3043] Diese Kriterien werden in der Literatur als Scheinobjektivierungen kritisiert: „Selbst wenn davon ausgegangen

---

bzw. Strafgeldern (IAS 37.68); dazu auch Hebestreit/Schrimpf-Dörges (2009), § 13. Rz. 102; Wödlinger (2007), S. 165; Zülch/Hendler (2009), S. 352.

3036 Allerdings ist zu beachten, dass ein Wertminderungsaufwand nach den Regeln des IAS 36 vorrangig zu erfassen ist (IAS 37.69); vgl. auch Achleitner/Behr/Schäfer (2009), S. 328; Zülch/Hendler (2009), S. 352; Pawelzik/Theile (2009), Rz. 2336; von Keitz et al. (2009), IAS 37 Rz. 76; Hayn/Hold (2011b), Abschn. 14 Rz. 48; Coenenberg/Haller/Schultze (2009), S. 448.

3037 Vgl. Förschle/Kroner/Heddäus (1999), S. 42; Ernstberger (2004), S. 129; sehr kritisch Moxter (2004c), S. 191 f.; zur Diskussion auch Lüdenbach/Freiberg (2005), S. 41 ff.; Kessler/Scholz-Görlach (2007), S. 304 ff. Zu weiteren Zweifelsfragen vgl. insb. von Keitz et al. (2009), IAS 37 Rz. 77 ff.

3038 Vgl. Binger (2009), S. 228. IAS 37.67 betont einschränkend, dass „[z]ahlreiche Verträge (…) ohne Zahlung einer Entschädigung an eine andere Partei storniert werden" können. Es besteht dann keine zwingende Belastungswirkung, sodass eine Rückstellung für einen belastenden Vertrag ausscheidet; vgl. Hachmeister (2006b), S. 151; Bieg et al. (2009a), S. 234; Pellens et al. (2011), S. 436; Kozikowski/Pastor (2010), § 249 HGB Rz. 338.

3039 Vertiefend zur Bilanzierung von Restrukturierungsrückstellungen z. B. Schildbach (2002a), S. 791 ff.; Kichhof, J. (2005), S. 589 ff.; Theile (2007), S. 297 ff.

3040 Sofern die beabsichtigten Restrukturierungsmaßnahmen Personalmaßnahmen darstellen und es zu einer Freisetzung von abzufindenden Mitarbeitern kommt, ist für die spätere bilanzielle Behandlung neben IAS 37 auch IAS 19 von Relevanz; vgl. Achleitner/Behr/Schäfer (2009), S. 328; Pawelzik/Theile (2009), Rz. 2341; von Keitz et al. (2009), IAS 37 Rz. 83; Hayn/Hold (2011b), Abschn. 14 Rz. 50; Ruhnke (2008b), S. 581.

3041 Vgl. z. B. auch Theile (2007), S. 298. IAS 37.70 enthält eine beispielhafte Nennung von Aktivitäten, die als Restrukturierungsmaßnahme anzusehen sind; dazu Hachmeister (2006b), S. 155.

3042 Vgl. Hebestreit/Schrimpf-Dörges (2009), § 13. Rz. 166; Kirchhof, J. (2005), S. 590; Kozikowski/Pastor (2010), § 249 HGB Rz. 339. Die in IAS 37.70 ff. genannten Bedingungen können also nur dann greifen, wenn „durch den Abschluss vertraglich bindender Vereinbarungen keine rechtliche Verpflichtung begründet wurde"; Hebestreit/Schrimpf-Dörges (2009), § 13. Rz. 166. Allerdings dürfte ein Unternehmen regelmäßig nicht vertraglich oder gesetzlich verpflichtet sein, eine Restrukturierung durchzuführen; vgl. Zülch/Hendler (2009), S. 353.

3043 Anhand des erstgenannten Kriteriums (Restrukturierungsplan) soll „intersubjektiv nachprüfbar dokumentiert werden, dass eine faktische Verpflichtung besteht"; mit dem zweiten Kriterium (gerechtfertigte Erwartung) wird „das die Unentziehbarkeit auslösende Ereignis gefordert", von Keitz et al. (2009), IAS 37 Rz. 86 (beide Zitate). Beide Voraussetzungen müssen kumulativ gegeben sein. IAS 37.75 betont, dass eine bloße Beschlussfassung durch das Management (auch in Verbindung mit dem Aufsichtsgremium) noch keine faktische Verpflichtung für eine Restrukturierung entstehen lässt. Eine faktische Verpflichtung sei aber anzunehmen, wenn der Restrukturierungsplan einer Vertretung der betroffenen Mitarbeiter bekannt gemacht wurde (IAS 37.77); vgl. hierzu auch Hachmeister (2006b), S. 157.

werden kann, dass durch rechtliche Informationspflichten an Arbeitnehmervertreter die Betroffenen als unterrichtet gelten (IAS 37.77), liegt zumindest die Erstellung des detaillierten Restrukturierungsplans im Ermessen des Bilanzierenden“[3044].

1.2 Passivierung von Rückstellungen nach dem Handels- und Steuerrecht Deutschlands

Der handelsbilanzielle Ansatz von Rückstellungen in Deutschland richtet sich im Grundsatz nach der Vorschrift des § 249 HGB. Der dort enthaltene Rückstellungskatalog wurde mittels des BilMoG novelliert. Indem bisherige Wahlrechte zur Bildung bestimmter Aufwandsrückstellungen beseitigt wurden (§ 249 Abs. 2 HGB a. F.), sollte neben einer (fraglichen) Erhöhung des Informationsniveaus des handelsrechtlichen Jahresabschlusses zugleich eine Annäherung an den Rückstellungsbegriff nach IAS 37 geschaffen werden.[3045] Rückstellungen sind nach § 249 Abs. 1 S. 1 HGB zu bilden für ungewisse Verpflichtungen (Verbindlichkeitsrückstellungen), für drohende Verluste aus schwebenden Geschäften (Drohverlustrückstellungen) sowie für „im Geschäftsjahr unterlassene Aufwendungen für Instandhaltung, die im folgenden Geschäftsjahr innerhalb von drei Monaten, oder für Abraumbeseitigung, die im folgenden Geschäftsjahr nachgeholt werden (§ 249 Abs. 1 S. 2 Nr. 1 HGB). Zudem besteht gemäß § 249 Abs. 1 S. 2 Nr. 2 HGB eine Ansatzpflicht für „Gewährleistungen, die ohne rechtliche Verpflichtung erbracht werden“. Der Katalog ist enumerativ; für andere als die genannten Zwecke dürfen keine Rückstellungen gebildet werden (§ 249 Abs. 2 HGB). Mit Geltung des BilMoG werden in der Handelsbilanz insoweit keine Wahlrechte mehr gewährt.[3046]

Diese Rückstellungsarten können nach dem jeweils zugrunde liegenden GoB wie folgt systematisiert werden.[3047] Während Verbindlichkeitsrückstellungen im Realisationsprinzip gründen,[3048] werden Drohverlustrückstellungen als Ausfluss des Imparitätsprinzips betrachtet.[3049] Rückstellungen für unterlassene Instandhaltung sind nach GoB ebenso wie Rückstellungen für Abraumbeseitigung als Aufwandsrückstellungen und mithin als Innenverpflichtungen einzustufen.[3050] Deren Sinn und

3044 Haaker (2009a), S. 17 (im Original z. T. Fettdruck). Zur Kritik an den bilanzpolitischen Spielräumen vgl. Schildbach (2002a), S. 792; Wüstemann/Bischof/Kierzek (2007a), Abt. I/3 Rz. 240; Theile (2007), S. 299.

3045 Vgl. Böcking/Gros (2009a), S. 356; Weinand/Oldewurtel/Wolz (2011), S. 161 f.; Fülbier/Gassen (2007), S. 2610; Köster (2010), S. 697 f.; Boecker/Froschhammer (2010), S. 306; Zwirner/Künkele (2009), S. 643; Lorson (2009), S. 22; Bieg et al. (2009b), S. 258; Linder (2011), S. 1238.

3046 Vgl. Husemann/Hofer (2008), S. 2661 ff.; Wehrheim/Rupp (2010), S. 821 ff.; Küting (2009a), S. 291; Böcking/Dutzi (2010), S. 791.

3047 Zu dieser Kategorisierung vgl. auch Ballwieser (2008b), § 249 HGB Rz. 6-9; Hommel (2011), § 249 HGB Rz. 21-23.

3048 Vgl. Groh (1988), S. 27; ders. (1994), S. 95; Euler (1990), S. 1044; Ballwieser (2008b), § 249 HGB Rz. 8; Hommel (2011), § 249 HGB Rz. 22; Rüdinger (2004), S. 41; Mayr (2001b), S. 228.

3049 Vgl. Moxter (2003b), S. 7 u. S. 117; ders. (1989), S. 239; ders. (1987), S. 366; Ballwieser (1989), S. 964; ders. (2008b), § 249 HGB Rz. 8; Groh (1994), S. 95; Euler (1990), S. 1044; ders. (1996), S. 114 und S. 221 ff.; Förschle/Scheffels (1993), S. 1198; Hommel (2011), § 249 HGB Rz. 23 u. Rz. 105; Rüdinger (2004), S. 42; Herzig (1993), S. 223; Böcking (1989), S. 500 f.; Baetge/Hendler (2000), S. 19; Dicken (2003), S. 85; Schlotter (2005), S. 44; Mayr (2001b), S. 229; Fritz-Schmied (2005), S. 133 f. Zur Abgrenzung von Verbindlichkeits- und Drohverlustrückstellungen eingehend Groh (1988), S. 27 ff.; Moxter (1997e), S. 1477 ff.; ders. (1998), S. 513 f.; Herzig (1991), S. 201-203; Rüdinger (2004), S. 42 f.; Böcking (1989), S. 500 f.; Mayr (2001b), S. 229.

3050 Vgl. Hommel (2011), § 249 HGB Rz. 151; Ballwieser (2008b), § 249 HGB Rz. 83; ders. (2009b), B 131 Rz. 74; Rüdinger (2004), S. 43-45; Drinhausen/Dehmel (2008), S. 35; Scheffler, E. (2010), B 233 Rz. 26; Herzig (1991), S. 227; Schulze-Osterloh (1991), S. 287.

Zweck wird i. d. R. in einer Aufwandsglättung i. S. d. dynamischen Bilanzdenkens gesehen.[3051] Aufwandsrückstellungen lassen sich mit den handelsrechtlichen GoB, namentlich dem Realisations-, Imparitäts- und Objektivierungsprinzip nicht in Einklang bringen.[3052]

Die handelsrechtlichen Rückstellungsgrundsätze sollten grundsätzlich auch für die steuerliche Gewinnermittlung Maß geben (§ 5 Abs. 1 S. 1 EStG).[3053] Indes wird diese Verbindung durch zahlreiche steuerliche Einzelvorschriften durchbrochen, sodass inzwischen mit Recht von einem „genuin steuerbilanzielle[n] Rückstellungsrecht“[3054] gesprochen wird. Die zentrale Einschränkung des Maßgeblichkeitsprinzips auf dem Gebiet der Rückstellungsbilanzierung betrifft das im Jahr 1997 eingeführte steuerliche Verbot[3055] zur Bildung von Drohverlustrückstellungen (§ 5 Abs. 4a EStG),[3056] wodurch die steuerliche Geltung des Imparitätsprinzips zugleich beschränkt wird auf seine Ausprägungen als Niederstwertprinzip und Höchstwertprinzip.[3057] Schon vor der Einführung dieser legislativen Durchbrechungen wurde die Maßgeblichkeit durch die höchstrichterliche Rechtsprechung insofern eingeschränkt, als Passivposten in der Steuerbilanz nur angesetzt werden dürfen,

3051 Der spezifische Sinn und Zweck von Instandhaltungs- und Abraumbeseitigungsrückstellungen dürfte indessen wohl eher in steuerpolitischen Erwägungen bzw. in einer erwünschten Vereinfachung liegen. So wollte der deutsche Gesetzgeber durch die Festschreibung eines Passivierungsgebots (vermeintlich) sicherstellen, dass die steuerrechtliche Anerkennung dieser Rückstellungen nicht gefährdet wird, führen doch handelsrechtliche Passivierungswahlrechte nach dem Beschluss des Großen Senats vom 03.02.1969 zu Passivierungsverboten (GrS 2/68, BStBl. II 1969, S. 291). Mit dieser (hinterfragbaren) Erwägung lässt sich wohl auch erklären, dass die spezifischen Aufwandsrückstellungen des § 249 Abs. 1 S. 2 Nr. 1 HGB auch nach dem BilMoG noch Bestand haben, wohingegen die vor dem BilMoG (wahlweise) zu bildenden Aufwandsrückstellungen des § 249 Abs. 1 S. 3 und Abs. 2 HGB eliminiert wurden. Vgl. zur Kritik Hommel (2009), S. 77; Ballwieser (2008b), § 249 HGB Rz. 84 f.; Siegel (2008d), S. 357; Drinhausen/Dehmel (2008), S. 36; Kunath (2010), S. 156. Die zweitgenannte Interpretation als Vereinfachungsregel gilt in Bezug auf Instandhaltungsrückstellungen, denn „[s]ie ersetzen regelmäßig die außerplanmäßige Abschreibung, die zur Berücksichtigung von Wertminderungen aufgrund unterlassener Instandhaltungen bei abnutzbaren Vermögensgegenständen des Anlagevermögens notwendig wäre“; so Drinhausen/Dehmel (2008), S. 36.

3052 Vgl. Hommel (2009), S. 76; Ballwieser (2008b), § 249 HGB Rz. 84; Drinhausen/Dehmel (2008), S. 36; Euler (2002), S. 876; Husemann/Hofer (2008), S. 2662; Weinand/Oldewurtel/Wolz (2011), S. 162.

3053 Vgl. Crezelius (2011), § 5 EStG Rz. 114; Mayer-Wegelin (2010), § 249 HGB Rz. 25; Ruhnke (2008b), S. 569; Coenenberg/Haller/Schultze (2009), S. 416; Sigler (2011), S. 1478.

3054 Kozikowski/Schubert (2010), § 255 HGB Rz. 14; zur Problematik auch Scheffler, E. (2010), B 233 Rz. 34; Prinz (2011a), S. 168 f.; ders. (2011b), S. 493; Drescher (2002), S. 165; Köhrle (2010), S. 276; Schlotter/Pinkernell (2011), S. 689 f.

3055 Ein Ansatz von Drohverlustrückstellungen ist nicht unzulässig, wenn sie aus den Ergebnissen von Bewertungseinheiten resultieren. Zudem ist darauf hinzuweisen, dass der BFH zwei jüngere Entscheidungen (BFH v. 17.10.2007, I R 61/06, BStBl. II 2008, S. 555; v. 16.12.2009, I R 102/08, BStBl. II 2011, S. 566) zur steuerbilanziellen Behandlung „veräußerter“ bzw. „angeschaffter“ Drohverlustrückstellungen getroffen hat, die gleichsam als Durchbrechung des § 5 Abs. 4a EStG aufgefasst werden könnten. Hierzu auch BMF v. 24.06.2011, IV C 6 – S 2137/0-03, BStBl. I 2011, S. 627. Zur Diskussion insb. Meurer (2011), S. 1259 ff., aus Sicht der Finanzverwaltung, sowie die Entgegnung von Prinz/Adrian (2011a), S. 1646 f. Für eine kritische Würdigung des vorstehenden BMF-Schreibens vgl. Siegel (2011a), S. 781 ff. (aus ökonomischer Sicht) sowie Schlotter/Pinkernell (2011), S. 689 ff. (aus rechtlicher Sicht).

3056 Eingeführt durch das Gesetz zur Fortsetzung der Unternehmensteuerreform v. 29.10.1997, BGBl. I 1997, S. 2590. Hierzu im Einzelnen z. B. Heddäus (1997a), S. 1465 ff. Weitere Ansatzeinschränkungen respektive -verbote sind nach geltendem Recht insb. vorgesehen für Rückstellungen für bestimmte erfolgsabhängige Verpflichtungen (§ 5 Abs. 2a EStG), Rückstellungen wegen Schutzrechtsverletzungen (§ 5 Abs. 3 EStG), Jubiläumsrückstellungen (§ 5 Abs. 4 EStG) sowie Rückstellungen für MOX-Brennelemente wegen jeweils erhaltener Gegenleistung (§ 5 Abs. 4b EStG). Vgl. im Überblick z. B. Prinz (2011a), S. 171 f.; ders. (2011b), S. 494; Hey (2010b), § 17 Rz. 112-117; Drescher (2002), S. 164 f.; Mayer (2005), S. 183; Hommel (2011), § 249 HGB Rz. 13.

3057 Vgl. (kritisch) Herzig/Rieck (1998), S. 313 f.

wenn sie nach den handelsrechtlichen GoB nicht nur passivierungsfähig, sondern passivierungspflichtig sind.[3058] Folglich sind nur handelsrechtliche Rückstellungen mit Passivierungszwang in der Steuerbilanz zu bilden.[3059]

In Ausprägung des (bilanzrechtlichen) Grundsatzes der wirtschaftlichen Betrachtungsweise verlangt der Ansatz einer (Verbindlichkeits-) Rückstellung[3060] auch nach deutschem Bilanzsteuerrecht das Vorliegen einer wirtschaftlichen Vermögensbelastung (Nettoausgabenpotenzial).[3061] Das Bestehen einer Vermögenslast ist wie nach IAS 37 mithin „existentielle Voraussetzung"[3062] für einen Rückstellungsansatz (Prinzip der wirtschaftlichen Vermögensbelastung).[3063] Dagegen ist das Vorliegen einer zivil- oder öffentlich-rechtlichen Verpflichtung nach deutschem Bilanzrecht weder hinreichende noch notwendige Bedingung für die Passivierung einer Rückstellung – „nicht notwendig, weil auch rein faktische Verpflichtungen bilanzrechtlich als Verbindlichkeiten zählen können, nicht hinreichend, weil solche Rechtsverpflichtungen, die keine wirtschaftliche Belastung bilden, nicht passiviert werden"[3064]. Insoweit besteht eine „mindestens tendenzielle Übereinstimmung" mit IAS 37.[3065]

Wirtschaftliche Lasten müssen nach ausschüttungsstatischem Verständnis greifbar sein, um eine Rückstellungsbildung auszulösen (Greifbarkeitsprinzip).[3066] Der Sinn und Zweck der Greifbarkeit wird in der Objektivierung der Rückstellungspassivierung gesehen.[3067] Greifbarkeit fordert, dass eine wirtschaftliche Last „sich nicht so ins Allgemeine verflüchtigen [darf], dass sie nur als negative Komponente eines Geschäftswerts in Erscheinung träte"[3068]. Es dürfen nur jene künftigen wirtschaftlichen Lasten passiviert werden, „denen sich der Bilanzierende zum Bilanzstichtag nicht mehr sanktionslos entziehen kann"[3069].

Dem ausschüttungsstatischen Schrifttum zufolge besteht zwischen dem bilanzrechtlichen Greifbarkeitsprinzip und dem Unentziehbarkeitskriterium des IAS 37 eine (mindestens) grundsätzliche Übereinstimmung.[3070] So konstatiert *Hommel*, dass „die von RFH und BFH entwickelten (ob-

3058 Vgl. Kozikowski/Schubert (2010), § 255 HGB Rz. 14.

3059 Vgl. Mayer-Wegelin (2010), § 249 HGB Rz. 25. Nach dem BilMoG hat dieses Rechtsprechungsprinzip seine Bedeutung verloren, da der Rückstellungskatalog des § 249 HGB ohnehin nur noch Pflichtrückstellungen enthält.

3060 Die folgende Darstellung der Ansatz- und Bewertungsgrundsätze bezieht sich auf Verbindlichkeitsrückstellungen. Mit Blick auf § 5 Abs. 4a EStG bleiben spezifische Fragen der Drohverlustrückstellungsbildung außer Betracht. Vgl. zur Bilanzierung von Drohverlustrückstellungen (aus ausschüttungsstatischer Perspektive) grundlegend Heddäus (1997b).

3061 Vgl. Wüstemann (2004), S. 281; Hommel (2007b), S. 184.

3062 Hommel (2003), S. 747; zu dieser Parallele auch Kaiser (2008), S. 35 f.

3063 Vgl. eingehend Moxter (2003b), S. 97-112; ders. (1992), S. 429; Böcking (1992), S. 33-89; Hommel (2011), § 249 HGB Rz. 31-35; Pisoke (2004), S. 48-55; Führich (2006), S. 1272.

3064 Moxter (1999a), S. 519; vgl. auch ders. (2003b), S. 97 f.

3065 Moxter (1999a), S. 519 (Zwischenüberschrift II.1.).

3066 Vgl. Moxter (1992), S. 430.

3067 Vgl. Moxter (1995a), S. 496.

3068 Wüstemann (2004), S. 281.

3069 So Hommel (2003), S. 747; ders. (2007b), S. 185.

3070 Vgl. Pawelzik/Theile (2009), Rz. 2320.

jektivierenden) Verbindlichkeitskriterien weitgehend den in IAS 37 (...) verankerten Definitions- und Ansatzmerkmalen entsprechen“[3071]. In der Konkretisierung beider Merkmale zeigen sich indes Abweichungen. Das bilanzrechtliche Greifbarkeitsprinzip wird durch die Prinzipien der Außenverpflichtung sowie der objektivierten Mindestwahrscheinlichkeit gebunden. Nach dem Außenverpflichtungsprinzip, der ersten Ausprägung des Greifbarkeitsprinzips, kann nur eine gegenüber Dritten bestehende Verpflichtung als Rückstellung im bilanzrechtlichen Sinne qualifizieren.[3072] Außenverpflichtungen können im Grundsatz sowohl Rechtsverpflichtungen als auch rein faktische Verpflichtungen umfassen. Innenverpflichtungen hingegen begründen nach GoB keinen Rückstellungsansatz.[3073] Aus dieser Sicht mangelt es den Rückstellungen für unterlassene Instandhaltungen oder Abraumbeseitigung an GoB-Konformität.[3074] Nach IFRS ist der Ansatz solcher Aufwandsrückstellungen nicht statthaft.[3075] Insofern weicht § 249 HGB gegenüber IAS 37 ab.[3076] Gleichwohl aber dürfte das Außenverpflichtungsprinzip nach IAS 37 weiter zu verstehen sein als jenes nach GoB.[3077] Somit dürften „in den Fällen, in denen der BFH eine Außenverpflichtung bejaht hat, auch nach IFRS eine gegenwärtige Verpflichtung anzunehmen [sein]. Umgekehrt führt aufgrund des breiten Verständnisses nicht jede gegenwärtige Verpflichtung im Sinne von IAS 37 zu einer handelsrechtlichen Passivierungspflicht“[3078]. Die geforderte Selbstbindung (IAS 37.70) dürfte nicht die Voraussetzungen einer bilanzrechtlichen Außenverpflichtung erfüllen.[3079]

Das bilanzrechtliche Greifbarkeitsprinzip wird durch das Prinzip objektivierter Mindestwahrscheinlichkeit konkretisiert.[3080] Nach einer bekannten, jedoch „weitgehend unbestimmt[en]“[3081] Formel des BFH muss das Be- oder Entstehen der Verpflichtung sowie die Inanspruchnahme aus der künftigen Verpflichtung wahrscheinlich sein in dem Sinne, dass mehr Gründe für das Be- oder Entstehen der Verbindlichkeit und eine künftige Inanspruchnahme sprechen als dagegen.[3082] Auch wenn

3071 Hommel (2009), S. 76.

3072 Zum Außenverpflichtungsprinzip vgl. Moxter (1999a), S. 519; ders. (2003b), S. 113 f.; ders. (1993b), S. 537; ders. (1994b), S. 100; Böcking (1992), S. 103-109; Hommel (2011), § 249 HGB Rz. 36-38; Kaiser (2008), S. 24 f.; Rüdinger (2004), S. 58-63 (im Vergleich zu IFRS und US GAAP); Euler (1996), S. 154-159.

3073 Vgl. Moxter (2004b), S. 1057; Wüstemann (2004), S. 281; Berndt (1998), S. 235.

3074 Zur Kritik an der Fortgeltung dieser Rückstellungsarten vgl. insb. Hommel (2009), S. 77.

3075 Vgl. z. B. Schildbach (2002b), S. 265.

3076 Vgl. Hayn/Hold (2011b), Abschn. 14 Rz. 139; Binger (2009), S. 121; Meyer, S./Meyer, U. (2009), § 5.I. Rz. 472; Pellens et al. (2011), S. 449.

3077 Vgl. Binger (2009), S. 123; Moxter (2004b), S. 1059.

3078 Euler/Engel-Ciric (2004), S. S149.

3079 Vgl. Moxter (1999a), S. 520; ders. (2004b), S. 1059.

3080 Zum Prinzip objektivierter Mindestwahrscheinlichkeit vgl. eingehend Moxter (1999a), S. 519; ders. (2003b), S. 116 f.; Böcking (1992), S. 89-103; Hommel (2011), § 249 HGB Rz. 39-53; Kaiser (2008), S. 25; Euler (1996), S. 164-166; Herzig/Gellrich (2006b), S. 762. In Bezug auf öffentlich-rechtliche Verpflichtungen hat der BFH spezielle Kriterien hinsichtlich der Wahrscheinlichkeit der Inanspruchnahme entwickelt; vgl. im Einzelnen (und zur Kritik) Hommel (2011), § 249 HGB Rz. 54-62; Rüdinger (2004), S. 76-79; Herzig (1990), S. 1341 ff.; ders. (1991), S. 208-211; Herzig/Köster (1999), Abt. III/5 Rz. 108 ff.; Köster (2010), S. 695 ff.; Binger (2009), S. 89 f.

3081 So Moxter (2004c), S. 189.

3082 Zu diesem Rechtsprechungsgrundsatz vgl. eingehend Moxter (2007a), S. 85 f.; Ballwieser (1989), S. 957 f.; ders. (2008b), § 249 HGB Rz. 13; Hommel (2011), § 249 HGB Rz. 43; Rüdinger (2004), S. 63; Euler/Engel-Ciric (2004), S. S142 u. S. S150; Binger (2009), S. 89; ferner (nicht aus ausschüttungsstatischer Sicht) Christiansen (2000), S. 206.

es naheliegen mag, ist diese Formel von der höchstrichterlichen Finanzrechtsprechung „niemals im Sinne einer quantitativ überwiegenden, sog. 51 Prozent-Wahrscheinlichkeit interpretiert“[3083] worden. Eine solche Scheinobjektivierung wäre mit dem bilanzrechtlichen Vorsichtsprinzip wohl nicht zu vereinbaren.[3084]

Anders als IAS 37, der nach h. M. auf eine quantifizierte Wahrscheinlichkeitseinschätzung abstellt, ist das BFH-Kriterium der objektivierten Mindestwahrscheinlichkeit wohl eher in einem qualitativen Sinne zu verstehen.[3085] Es ist nach h. M. entsprechend erfüllt, wenn „gute (stichhaltige) Gründe“[3086] für den Nachweis der ernsthaft drohenden Inanspruchnahme vorgebracht werden. Objektivierungsbedingt soll dabei die vernünftige kaufmännische Beurteilung i. S. d. Verkehrsanschauung maßgebend sein.[3087] Von einer Kongruenz zwischen der BFH-Formel „mehr Gründe für als dagegen“ und dem *More likely than not*-Kriterium des IAS 37 ist daher nicht auszugehen.[3088] Die nach IAS 37 verlangte Mindestwahrscheinlichkeit liegt vielmehr „höher“.[3089] Gleichwohl aber muss dies nicht immer in einer abweichenden Rückstellungsbilanzierung nach IFRS und GoB münden. So kann „[z]umindest (.) in den Fällen ein einheitliches Ergebnis erreicht werden, in denen der BFH die Rückstellungsbildung wegen fehlender Mindestwahrscheinlichkeit abgelehnt hat“[3090].

Ob die handelsrechtlichen GoB neben dem Außenverpflichtungsprinzip und dem Prinzip objektivierter Mindestwahrscheinlichkeit ein weiteres Objektivierungskriterium i. S. einer selbstständigen Bewertbarkeit der greifbaren Vermögenslast verlangen, wird in der Literatur unterschiedlich eingeschätzt. Auf der einen Seite findet sich die Ansicht, nach GoB gäbe es kein Kriterium, das die Passivierung von Rückstellung nur zulässt, wenn auch bestimmte Mindeststandards der Schätzbarkeit erfüllt sind.[3091] Auf der anderen Seite wird betont, die bilanzrechtliche Rückstellungspassivierung

---

3083 Moxter (1999a), S. 520; vgl. auch ders. (2004b), S. 1060; Hommel (2007b), S. 188; Rüdinger (2004), S. 66; Pisoke (2004), S. 68; Binger (2009), S. 138; Dietel (2004), S. 219; Christiansen (2000), S. 206; Herzig/Gellrich (2006a), S. 509; Gellrich (2008), S. 195; Köhrle (2010), S. 279; Glaschke (2004), S. 898; so aber Hoffmann/Lüdenbach (2011), § 249 HGB Rz. 42; Hennrichs (2001), S. 322; Hey (2010b), § 17 Rz. 111; Schön (2005c), S. 87; Happe (2002), S. 361 f.; Crezelius (2011), § 5 EStG Rz. 121; Pawelzik/Theile (2009), Rz. 2321; Henckel (2009), S. 1798; Weber-Grellet (2011), § 5 EStG Rz. 377; wohl auch Dauber (2003), S. 207.

3084 Vgl. Hommel (2011), § 249 HGB Rz. 45; Mayer-Wegelin (2010), § 249 HGB Rz. 54; Ruhnke (2008b), S. 563; Binger (2009), S. 138.

3085 Vgl. Ballwieser (2008b), § 249 HGB Rz. 13.

3086 So Eibelshäuser (1987), S. 863; ebenso Hommel (2009), S. 76; ders. (2011), § 249 HGB Rz. 46; ders. (2007b), S. 188; ders. (2003), S. 748; Wüstemann (2004), S. 282; Euler (1996), S. 164; Euler/Engel-Ciric (2004), S. S142; Rüdinger (2004), S. 65 f.; Kaiser (2008), S. 25; Binger (2009), S. 89; Ruhnke (2008b), S. 563; Herzig/Gellrich/Jensen-Nissen (2004), S. 566; Herzig (1991), S. 215; Herzig/Gellrich (2006a), S. 509; dies. (2006b), S. 762; Wagner, S. (2000), S. 185; Pisoke (2004), S. 69; Buciek (2010), § 5 EStG Rz. 796; kritisch (aus steuerlicher Sicht) Dauber (2003), S. 207.

3087 So Moxter (2003b), S. 116.

3088 A. A. möglicherweise Herzig (2000a), S. 79 („So *deckt sich* die Forderung der IAS, dass die Wahrscheinlichkeit für die Inanspruchnahme aus einer Verpflichtung ‚more likely than not‘ sein muss, mit der vom BFH propagierten Formel, dass mehr Gründe für als gegen die Inanspruchnahme sprechen“; keine Kursivierung im Original).

3089 Vgl. Pellens et al. (2011), S. 449.

3090 Euler/Engel-Ciric (2004), S. S151.

3091 So Euler/Engel-Ciric (2004), S. S151. In dieser Deutlichkeit auch Kaiser (2008), S. 78: „Nach GoB stellt die verlässliche Schätzbarkeit kein eigenständiges Ansatzkriterium dar“.

sei an ein (selbstständiges) Kriterium der Quantifizierbarkeit[3092] bzw. Gebot der zuverlässigen Bewertbarkeit[3093] als Ergänzung zum Greifbarkeitsprinzip gebunden.[3094] (Nur) aus letztgenannter Sicht findet „[d]as Kriterium der zuverlässigen Schätzung nach IFRS (.) seine Entsprechung innerhalb der handelsrechtlichen GoB im Prinzip der selbstständigen Bewertbarkeit“[3095]. Jedoch dürfe man an diese selbstständige Bewertbarkeit – in Analogie zu IAS 37.26 – „keine übersteigerten Anforderungen“ stellen.[3096]

Über den Zeitpunkt der Rückstellungspassivierung herrscht Dissens.[3097] Der BFH stellt hierbei im Grundsatz auf ein sog. Doppelkriterium (dualistisches Passivierungszeitpunktkriterium[3098]) ab, bestehend aus den beiden Teilkriterien der rechtlichen Vollentstehung sowie der wirtschaftlichen Verursachung.[3099] Wenn beide Zeitpunkte auseinanderfallen, soll nach höchstrichterlicher Rechtsprechung der frühere der beiden entscheidend sein mit der Einschränkung, dass die rechtliche Vollentstehung den spätestmöglichen Passivierungszeitpunkt markiert.[3100] Es bestehen allerdings senatsübergreifende Auffassungsunterschiede.[3101] Das (Teil-) Kriterium der wirtschaftlichen Verursachung wird zudem uneinheitlich konkretisiert.[3102] So rekurriert der BFH zum einen auf ein Kriterium des Vorliegens der wirtschaftlich wesentlichen Tatbestandsmerkmale (Wesentlichkeitskriterium[3103]).[3104] Zum anderen stellt der BFH auf ein – im (bilanzrechtlichen) Realisationsprinzip gründendes – Kriterium der konkretisierten Zugehörigkeit künftiger Ausgaben zu bereits realisierten Erträgen ab.[3105]

Das letzterwähnte Verständnis der wirtschaftlichen Entstehung i. S. d. bilanzrechtlichen Realisationsprinzips wird von Vertretern der Ausschüttungsstatik als bilanzzweckadäquates Passivierungs-

3092 Vgl. Förschle/Kroner/Heddäus (1999), S. 48; Ballwieser (2008b), § 249 HGB Rz. 16 (*Ballwieser* leitet die Quantifizierbarkeit aus dem bilanzrechtlichen Einzelbewertungsgrundsatz ab); Ruhnke (2008b), S. 564.

3093 Vgl. Hommel (2007b), S. 185; ders. (2009), S. 76.

3094 Vgl. auch Binger (2009), S. 88 u. S. 124.

3095 Morawietz/Hommel (2006), S. 165.

3096 Vgl. Hommel (2007b), S. 186 (auch Zitat); ähnlich Binger (2009), S. 124 f.

3097 Als Kulminationspunkt dieser Diskussion dürfte das Urteil des BFH v. 27.06.2001, I R 45/97, BStBl. II 2003, S. 121 zu betrachten sein.

3098 Vgl. Hommel (2011), § 249 HGB Rz. 69 ff.; Rüdinger (2004), S. 91.

3099 Vgl. (kritisch) zu diesem Doppelkriterium Moxter (1999a), S. 521; Pisoke (2004), S. 79 ff.; Binger (2009), S. 172 ff.; Ballwieser (2008b), § 249 HGB Rz. 17-21; Kaiser (2008), S. 83 ff.; Hommel/Wich (2004), S. 19.

3100 Demnach kann eine wirtschaftliche Verursachung der rechtlichen Entstehung „lediglich vor-, aber nicht nachgelagert sein“; Ballwieser (2008b), § 249 HGB Rz. 18.

3101 Vgl. Prinz (2011a), S. 175.

3102 Vgl. Kaiser (2008), S. 84 f.

3103 Vgl. Kessler, H. (1996), S. 1431; Schellhorn, M. (2003), S. 309.

3104 Hiernach liegt wirtschaftliche Verursachung vor, wenn die wirtschaftlich wesentlichen Tatbestandsmerkmale erfüllt sind und das Entstehen der Verbindlichkeit nur noch von wirtschaftlich unwesentlichen Tatbestandsmerkmalen abhänge, wobei die Konkretisierung der wirtschaftlichen (Un-) Wesentlichkeit offen bleibt. Zustimmend offenbar Herzig/Gellrich (2006b), S. 761 ff.; dies. (2006a), S. 508; Herzig (2005b), S. 227 ff; Herzig/Gellrich/Jensen-Nissen (2004), S. 563 ff.; ablehnend indessen (aus Sicht ausschüttungsstatischer GoB) Moxter (2004b), S. 1058; Moxter (1992), S. 431 f.; Euler/Engel-Ciric (2004), S. S146; Binger (2009), S. 173; Rüdinger (2004), S. 92 f.; Kaiser (2008), S. 85; Hommel/Wich (2004), S. 19; Führich (2006), S. 1275.

3105 Vgl. Ballwieser (2008b), § 249 HGB Rz. 19.

zeitpunktkriterium postuliert.[3106] Im Sinne eines Nettorealisationsprinzips lege das Realisationsprinzip nicht nur fest, ob und wann Ertrag entstehe; vielmehr weist es auch künftige Ausgaben den Umsatzerlösen der betrachteten Periode zu.[3107] Hinsichtlich des Passivierungszeitpunkts impliziere dies, dass künftige Vermögensabgänge durch aufwandswirksame Rückstellungsbildung jenen Umsätzen zuzuordnen sind, die sie alimentieren (sog. Alimentationsformel).[3108] Folgt man dieser Ansicht, schränkt das Realisationsprinzip den Umfang der Rückstellungsbildung ein (sog. rückstellungsbegrenzendeWirkung des Realisationsprinzips).[3109] Gegner dieser Alimentationsformel führen an, dass das Realisationsprinzip ein reines Ertragsrealisierungsprinzip sei.[3110] Die bilanzrechtliche Grundlage für die Bildung von Verbindlichkeitsrückstellungen liege im Vollständigkeitsgebot (§ 246 Abs. 1 S. 1 HGB), woraus ein umfassender Schuldenausweis zu folgern sei.[3111]

Demgegenüber wird der Passivierungszeitpunkt nach IFRS durch das Unentziehbarkeitstheorem markiert, das keinen unmittelbaren Bezug zum Realisationsprinzip aufweist.[3112] Aus Sicht der (ausschüttungsstatischen) GoB legt die Unentziehbarkeit lediglich fest, „ob es sich überhaupt um eine Verbindlichkeit im bilanzrechtlichen Sinne (und nicht um bloße Innenverpflichtungen) handelt; der Zeitpunkt der wirtschaftlichen Belastung lässt sich hiermit nicht bestimmen"[3113]. Betrachtet man das Realisationsprinzip als bilanzzweckadäquates Passivierungszeitpunktkriterium, könnte das Abstellen auf die Unentziehbarkeit eine aus ausschüttungsstatischer Sicht vorgelagerte Passivierung rechtlich entstandener und unentziehbarer Verpflichtungen bedingen, da diese von künftigen Erträgen (vollständig) gedeckt sind.

1.3 Passivierung von Rückstellungen nach dem Handels- und Steuerrecht Frankreichs

Nach französischem Handelsrecht werden klassischerweise drei Rückstellungsarten differenziert, namentlich *provisions pour dépréciation*, *provisions pour risques et charges* sowie *provisions réglementées*.[3114] Eine Systematisierung der vorgenannten Rückstellungsarten fällt insgesamt schwer. Es besteht eine „sprachliche und inhaltliche Unschärfe zwischen Rückstellungen, Rückla-

3106 Vgl. Moxter (2004b), S. 1058; ders. (1992), S. 427 ff.; Hommel/Wich (2004), S. 19 f.; zustimmend insoweit Ballwieser (2009b), B 131 Rz. 79.

3107 Vgl. Moxter (1983), S. 305.

3108 Vgl. Moxter (1995b), S. 315 ff.; ders. (1992), S. 433 ff.; ders. (2004b), S. 1058; Hommel (2011), § 249 HGB Rz. 78 ff.; Euler/Engel-Ciric (2004), S. S146; Rüdinger (2004), S. 93-97; Kaiser (2008), S. 87; Pisoke (2004), S. 87 ff.; Führich (2006), S. 1275 f.; Kaiser (2008), insb. S. 86-88; Naumann (1991), S. 531; Mayr (2004), S. 41 ff.; ders. (2011), S. 339; Glaschke (2001), S. 899. Das Abstellen des BFH auf die rechtliche Vollentstehung als den spätestmöglichen Passivierungszeitpunkt wird aus ausschüttungsstatischer Sicht strikt abgelehnt; sofern Verpflichtungen rechtlich, aber noch nicht i. d. S. wirtschaftlich entstanden sind, habe eine Rückstellungsbildung zu unterbleiben.

3109 Vgl. Ballwieser (2008b), § 249 HGB Rz. 21; Hommel (2011), § 249 HGB Rz. 80 u. Rz. 82; Herzig (1993), S. 209 ff.; Kaiser (2008), S. 87; Sigler (2011), S. 1479.

3110 Zum Diskussionsstand vgl. z. B. Mayer-Wegelin (2010), § 249 HGB Rz. 40 ff.

3111 Vgl. Herzig/Gellrich (2006a), S. 508.

3112 Vgl. Euler (2002), S. 878.

3113 Moxter (2003a), S. 1589.

3114 Vgl. Altmeier (1999), S. 190-194; Osterloh-Konrad (2005), S. 404-407; Wagner, S. (2000), S. 168 f.; Jödicke (2009), S. 154; Alexander/Archer (2003), S. 6.20 f.; Essers/de Bont (1996), S. 112; Merker (1984), S. 45.

gen und Wertberichtigungen“[3115]. Die erste Gruppe der *provisions pour dépréciation* (Wertminderungsrückstellungen) wurde bereits an früherer Stelle skizziert. *Provisions pour risques et charges* betreffen – ihrer Bezeichnung entsprechend – bestimmte Risiken und Aufwendungen, so z. B. Risiken aus Gerichtsprozessen, Gewährleistungsfällen oder Währungsverlusten (*provisions pour risques*) sowie Steuer- und Pensionsrückstellungen und sonstige Ansammlungsrückstellungen (*provisions pour charges*).[3116] Bei *provisions réglementées*, dem dritten handelsrechtlichen Rückstellungstypus, „handelt es sich um Passivposten, die ihren Ursprung im Steuerrecht haben und über den Grundsatz der umgekehrten Maßgeblichkeit in die Handelsbilanz Eingang finden“[3117], „funktionell“[3118] also um „fiskalische Sonderposten (mit Rücklageanteil)“[3119]. *Provisions réglementées* sind nur deshalb in der Handelsbilanz anzusetzen, weil Art. 39-1-5° CGI für „die steuerliche Abzugsfähigkeit von Rückstellungen [voraussetzt], dass sie in die Handelsbücher des betreffenden Geschäftsjahres aufgenommen (*effectivement constatées*) wurden“[3120].

Durch das *règlement* CRC 2000-06 vom 7.12.2000 wurden die handelsrechtlichen Bedingungen für die Bildung von Risiko- und Aufwandsrückstellungen novelliert[3121] und dabei als Bestandteil des Konvergenzprozesses im Wesentlichen an IAS 37 angenähert.[3122] Die allgemeinen Definitions- und Ansatzkriterien des PCG in Bezug auf *provisions pour risques et charges* entsprechen nunmehr denen des IAS 37. Eine *provision pour risques et charges* wird nach Art. 212-3 PCG definiert als ein Passivum („un passif“), dessen Fälligkeit („l'échéance“) oder Betrag („montant“) nicht genau festgelegt ist („n'est pas fixé de façon précise“).[3123] Diese Begriffsdefinition ist erkennbar IAS 37.10 entlehnt.

Der Terminus eines (nicht finanziellen) *passif* wird in Art. 212-1.1 PCG konkretisiert: „Un passif est un élément du patrimoine ayant une valeur économique négative pour l'entité, c'est-à-dire une obligation de l'entité à l'égard d'un tiers dont il est probable ou certain qu'elle provoquera une sortie de ressources au bénéfice de ce tiers, sans contrepartie au moins équivalente attendue de celui-ci“[3124]. Die Verpflichtung muss nach Art. 312-1.2 PCG zwingend am Bilanzstichtag (*clôture*

3115 So Wagner, M. (2003), S. 112. Kritisch auch Wagner, S. (2000), S. 169.

3116 Vgl. Wagner, S. (2000), S. 169; Osterloh-Konrad (2005), S. 405; Forszpaniak/Scholtissek (1985), S. 21 f.

3117 Altmeier (1999), S. 192; vgl. auch Jödicke (2009), S. 154; Osterloh-Konrad (2005), S. 406.

3118 Osterloh-Konrad (2005), S. 406.

3119 Wagner, S. (2000), S. 170; vgl. auch Forszpaniak/Scholtissek (1985), S. 21; Perlewitz/Belie (2000), S. 83, 93, 105; Gélard (2001), S. 1041; Grünberger (1999), S. 544; Küting/Altmeier/Günther (1998), S. 534; Schwandtner (1994), S. 200; McCourt/Radcliffe (1995), S. 471. Zu den gesetzlich geregelten *provisions réglementées* gehören insb. die sog. Rücklagen für Auslandsinvestitionen sowie Preissteigerungs- und Preisschwankungsrücklagen. Vgl. Baconnier (1994), S. 83; Osterloh-Konrad (2005), S. 406; Forszpaniak/Scholtissek (1985), S. 21; Perlewitz/Belie (2000), S. 105; Grünberger (1999), S. 544; Essers/de Bont (1996), S. 113; Wagner, M. (2003), S. 115.

3120 Osterloh-Konrad (2005), S. 406; vgl. auch Wagner, M. (2003), S. 115.

3121 Vgl. Osterloh-Konrad (2005), S. 405; Schäfer (2004), S. 114.

3122 Vgl. Degos/Ouvrard (2008), S. 72 Tab. 3; Rosenberg (2006), S. 135.

3123 Vgl. auch Osterloh-Konrad (2005), S. 405.

3124 „Ein Passivum ist ein Vermögensgegenstand, der einen negativen wirtschaftlichen Wert für das Unternehmen hat, d. h. eine Verbindlichkeit gegenüber einem Dritten, von der wahrscheinlich oder sicher ist, dass sie einen Ressourcenabfluss zugunsten dieses Dritten herbeiführen wird, dessen zumindest gleichwertige Kompensation durch den

de l'exercice) vorliegen; es muss sich i. S. d. IFRS-Terminologie mithin um eine gegenwärtige Verpflichtung handeln. Bei dem Dritten, gegenüber dem diese Verpflichtung besteht, kann es sich um eine natürliche oder juristische Person handeln; auch ist es unerheblich, ob ihre Identität am Bilanzstichtag bekannt ist (Art. 212-1.3 PCG).[3125] Innenverpflichtungen indessen lösen eine Rückstellungsbildung grundsätzlich nicht aus.

Es fällt ins Auge, dass Art. 212-1.1 PCG lediglich von *obligation* spricht. Der Ausdruck *obligation* ist gleichbedeutend mit dem der gegenwärtigen Verpflichtung i. S. d. IAS 37,[3126] wenngleich nicht expliziert wird, dass eine gegenwärtige Verpflichtung ein vergangenes Ereignis i. S. eines verpflichtenden Ereignisses voraussetzt, d. h. keine realistische Alternative zur Erfüllung der durch dieses Ereignisses entstandenen Verpflichtung besteht (Unentziehbarkeit; IAS 37.17). Trotz des fortbestehenden definitorischen Rückgriffs auf das (negative) *patrimoine* des Bilanzierenden dürfte die Einführung des Art. 212-1.1 PCG eine Abkehr von der bis dato eher formalrechtlich geprägten Rückstellungsbilanzierung des französischen Bilanzrechts bewirkt haben. Die Verpflichtung gegenüber Dritten („obligation de l'entité à l'égard d'un tiers") muss ihrer Art nach nämlich nicht mehr zwingend „d'ordre légal, réglementaire ou contractuel" sein; eine Verpflichtung i. S. d. Art. 212-1.1 PCG kann sich nach dem Vorbild des IAS 37.10 vielmehr auch rein faktisch ergeben, „wenn andere Personen aus den bisherigen Geschäftsgebräuchen, aus Ankündigungen oder öffentlichen Versprechen schließen können, dass das Unternehmen bestimmte Erwartungen erfüllen wird"[3127] (Art. 212-1.2 PCG).

Die bereits in Art. 212-1.1 PCG verankerte Voraussetzung der Wahrscheinlichkeit des Ressourcenabflusses wird i. S. einer konkreten Ansatzvoraussetzung in Art. 312-1 PCG repetiert. Zudem wird (in negativer Weise) festgelegt, dass ein Rückstellungsansatz ausscheidet, wenn die Höhe der Verpflichtung nicht mit hinreichender Zuverlässigkeit bemessen werden kann („l'obligation ne peut être évalué avec une fiabilité suffisante", Art. 312-3 PCG).[3128] Damit besteht ein formaler Gleichklang mit den (allgemeinen) Ansatzvoraussetzungen IAS 37.14 (b) und IAS 37.14 (c). Allerdings ist nicht ersichtlich, ob der Begriff der Wahrscheinlichkeit analog zu IAS 37 ausgelegt wird, sodass materielle Unterschiede verbleiben könnten. Eine grundsätzliche Übereinstimmung mit IAS 37 besteht letztlich für die Ansatzvoraussetzungen in Bezug auf Drohverlustrückstellungen (Art. 312-8.1 PCG) sowie Restrukturierungsrückstellungen (Art. 312-8.2 PCG).

Dritten nicht erwartet wird. Die Gesamtheit dieser Vermögensgegenstände nennt man externe Passiva"; diese Übersetzung findet sich bei Osterloh-Konrad (2005), S. 403.

3125 Vgl. auch Osterloh-Konrad (2005), S. 403.

3126 Vgl. Osterloh-Konrad (2005), S. 409 (das „vergangene(.) Ereignis" sei der „Ursprung der geforderten obligtion").

3127 Osterloh-Konrad (2005), S. 403. Im Originalwortlaut: Die *obligation* „peut également découler des pratiques passées de l'entité, de sa politique affichée ou d'engagements publics suffisamment explicites qui ont créé une attente légitime des tiers concernés sur le fait qu'elle assumera certaines responsabilités" (Art. 212-2 PCG). Vgl. Schäfer (2004), S. 114.

3128 Vgl. auch Schäfer (2004), S. 114.

Auf der Grundlage des Art. 38 *quater de l'annexe* III CGI werden die handelsrechtlichen Rückstellungsregeln auch für Zwecke der steuerrechtlichen Gewinnermittlung in Bezug genommen.[3129] Die skizzierten IFRS-Ausflüsse erlangen damit auch mittelbare steuerliche Geltungskraft. Einschränkend ist zu beachten, dass die handelsrechtlichen Passivierungsgrundsätze nicht unbesehen in die steuerliche Gewinnermittlung übernommen werden. Bestimmte Rückstellungsarten, wie Pensionsrückstellungen,[3130] sind generell mit einem steuerlichen Abzugsverbot belegt (Art. 39-1-5 CGI). Doch auch bei den steuerlich an sich zulässigen Rückstellungen wird Art. 38 *quater de l'annexe* III CGI nach Einschätzung der Literatur nur „wenig ernst genommen“[3131]. Gerade im Bereich der Rückstellungsbilanzierung treten zahlreiche Distanzen zwischen handelsrechtlicher und steuerlicher Gewinnermittlung zutage.[3132]

Zentralnorm für die steuerliche Rückstellungsbilanzierung ist Art. 39-1-5 CGI.[3133] Dabei wird systematisch differenziert zwischen *provisions pour pertes* und *provisions pour charges*.[3134] Art. 39-1-5 CGI lässt damit – anders als die klassische handelsrechtliche Dreiteilung in *provisions pour dépréciation*, *provisions pour risques et charges* und *provisions réglementées* – „eine vergleichsweise klare bilanztheoretische Systematisierung des *Provision*-Begriffes erkennen“[3135]. Die steuerrechtlichen *provisions pour pertes* lassen sich als allgemeine Verlustrückstellungen charakterisieren; sie „resultieren generell aus einem Überschuß künftiger Aufwendungen über zurechenbare künftige Erträge“, d. h. sie sollen i. S. eines Imparitätsprinzips „drohende Vepflichtungsüberschüsse aus schwebenden Geschäften“ erfassen.[3136] Unter *provisions pour pertes* werden auch *provisions pour dépréciation* subsumiert.[3137] Diese sollen drohende Abgangsverluste antizipieren.[3138] Dagegen gründen die (steuerrechtlichen) *provisions pour charges* im Realisationsprinzip; „bestimmte künftige Aufwendungen sind bereits realisierten Erträgen gegenüberzustellen, sofern sie mit diesen in einem (...) (leistungsbezogenen) Zusammenhang stehen“[3139]. Nach deutschem Rechtsverständnis sind sie als Verbindlichkeitsrückstellungen einzuordnen.

3129 Vgl. Schäfer (2004), S. 124; Merker (1984), S. 45.

3130 Vgl. auch Brodhag (1997), S. 59; Merker (1984), S. 46 f.; Hellio/Crucifix (2010), Rz. 79; Osterloh-Konrad (2005), S. 412; Woltering/Pott (2007), S. 827; Oestreicher/Spengel (1999b), S. 358 u. S. 399; Spengel (1995), S. 61; Hellio/Thill (2002), Rz. 321; Fraedrich (2008), S. 79; Schäfer (2004), S. 124; Bauer (2011), S. 192; Doralt (1998b), S. 514; Fischer (1996), S. 134.

3131 Altmeier (1999), S. 209 und passim.

3132 So Osterloh-Konrad (2005), S. 410.

3133 Vgl. Osterloh-Konrad (2005), S. 404 und passim; Altmeier (1999), S. 201 und passim; Robert (2010), S. 76; Wagner, S. (2000), S. 169; Baconnier (1994), S. 83; McCourt/Radcliffe (1995), S. 471; Gail/Greth/Schumann (1991), S. 1393 f.; Essers/de Bont (1996), S. 112; Spengel (1995), S. 61; Bauer (2011), S. 192.

3134 Vgl. Wagner, S. (2000), S. 169 f.; Osterloh-Konrad (2005), S. 407.

3135 Vgl. Wagner, S. (2000), S. 169 f. (auch Zitat) u. S. 197 f.

3136 Vgl. Wagner, S. (2000), S. 170 (auch beide Zitate); vgl. auch Brodhag (1997), S. 68; Merker (1984), S. 45.

3137 Vgl. Osterloh-Konrad (2005), S. 407.

3138 Das (Rang-) Verhältnis zwischen *provisions pour pertes* im engeren Sinne und *provisions pour dépréciation* ist nicht klar; Erstere werden gebildet, wenn „es an einem gegebenenfalls abzuwertenden Aktivposten [fehlt] oder (.) aus Sicht des Abschlußstichtages nicht mit dessen baldigem Abgang zu rechnen [ist]“; so Wagner, S. (2000), S. 200.

3139 Wagner, S. (2000). S. 170.

Rückstellungen können bzw. sind nach Art. 39-1-5° CGI nur unter den Bedingungen zu bilden, dass „sie Aufwand oder Verluste antizipieren, die genau bestimmbar sind und aufgrund laufender Ereignisse (*événements en cours*) wahrscheinlich erscheinen. Ferner müssen sie in der Handelsbilanz berücksichtigt sein, um steuerlich anerkannt zu werden“[3140]. Danach kommen Rückstellungen nur in Bezug auf steuerlich abzugsfähige Verluste oder Aufwendungen in Betracht.[3141] Handelt es sich indes um aktivierungspflichtigen Aufwand oder um nicht abzugsfähige Ausgaben, wird eine Rückstellungsbildung steuerlich nicht akzeptiert.[3142]

Die weitere Voraussetzung der hinreichenden Bestimmbarkeit (*nettement précisées*) verlangt „einerseits die Individualisierbarkeit des Risikos (.) sowie andererseits die Möglichkeit, seinen Umfang mit hinreichender Sicherheit zu bewerten“[3143]. Inwieweit es infolge dieses Kriteriums zu einer objektivierungsbedingten Einschränkung der Rückstellungsbildung kommt, ist nicht klar. Nach Ansicht der höchstrichterlichen Rechtsprechung schließt die geforderte hinreichende Bestimmbarkeit einen Ansatz von Pauschalrückstellungen nicht kategorisch aus.[3144]

Die nach Art. 39-1-5° CGI überdies verlangte Wahrscheinlichkeit soll primär die Passivierung schlichter Eventualrisiken verhindern.[3145] Dies heißt indes nicht, dass sämtliche Risiken, die über die bloße Eventualität hinausgehen, in eine Rückstellung einzustellen sind. Die Wahrscheinlichkeitsvoraussetzung wird streng ausgelegt: „Es müssen besondere Umstände vorliegen, die den Eintritt der die Belastung herbeiführenden Ereignisse sehr (*hautement*) wahrscheinlich erscheinen lassen“[3146]. Insofern ist eine Abweichung gegenüber dem Wahrscheinlichkeitsbegriff des IAS 37 (50 %-Grenze) festzustellen. Allerdings ist zu berücksichtigen, dass die Auslegung des Wahrscheinlichkeitsbegriffs nach französischem Bilanzsteuerrecht nach wie vor umstritten ist: „Auch der Rechtsprechung ist keine einheitliche, über den jeweiligen Einzelfall hinausgehende Konkretisierung (…) zu entnehmen“[3147].

Nach dem zentralen[3148] Kriterium des *événement en cours* sind Rückstellungen steuerlich nicht abzugsfähig, wenn sie sich auf Ereignisse nach dem Bilanzstichtag beziehen. Der steuerrechtliche Begriff des *événement en cours* dürfte strenger zu interpretieren sind als der IFRS-angenäherte, handelsrechtliche Begriff der *obligation*.[3149] Infolgedessen wird die Bildung von Rückstellungen steuerlich weiter eingegrenzt und potenzielle IFRS-Einflüsse zugleich zurückgedrängt.

3140 Osterloh-Konrad (2005), S. 407; vgl. auch McCourt/Radcliffe (1995), S. 471; Hellio/Thill (2002), Rz. 309; Robert (2010), S. 76; Oestreicher/Spengel (1999b), S. 358; Spengel (1995), S. 61; Essers/de Bont (1996), S. 112 f.; Bauer (2011), S. 192.
3141 Vgl. Hellio/Crucifix (2010), Rz. 76; Gutiérrez et al. (2011), S. 350.
3142 Vgl. Hellio/Thill (2002), Rz. 310; Osterloh-Konrad (2005), S. 407 f.
3143 Osterloh-Konrad (2005), S. 408; vgl. auch Hellio/Crucifix (2010), Rz. 76; Baconnier (1994), S. 83.
3144 Vgl. Osterloh-Konrad (2005), S. 408; Hellio/Thill (2002), Rz. 310; Baconnier (1994), S. 83.
3145 Vgl. Hellio/Crucifix (2010), Rz. 76.
3146 Osterloh-Konrad (2005), S. 408.
3147 So Wagner, S. (2000), S. 182.
3148 Vgl. Osterloh-Konrad (2005), S. 409; Schön (2004b), S. 438.
3149 Vgl. Osterloh-Konrad (2005), S. 409 f.

1.4 Passivierung von Rückstellungen nach dem Handels- und Steuerrecht Polens

Die Rückstellungsansatzregeln des polnischen Handelsrechts stehen mit IAS 37 im grundsätzlichen Einklang,[3150] auch wenn die Pflicht zur Rückstellungspassivierung im polnischen Bilanzrecht konzeptionell nicht aus dem *asset-liability-approach*, sondern aus dem bilanzrechtlichen Vorsichtsprinzip hergeleitet wird. So fordert Art. 7 Abs. 1 Nr. 5 RLG explizit, aber in einem sehr allgemeinen Sinne, dass Rückstellungen „für das der Einheit bekannte Risiko“, für „drohende Verluste“ sowie für „Folgen anderer Ereignisse“ zu bilden sind.[3151] Eine Definition des bilanzrechtlichen Rückstellungsbegriffs findet sich in Art. 3 Abs. 1 Nr. 21 i. V. m. 20 RLG.[3152] Rückstellungen sind hiernach „die sich aus Geschäftsvorfällen in der Vergangenheit ergebende[n] rechtliche[n] oder faktische[n] Verpflichtung[en], Leistungen in einer glaubwürdig ermittelten Höhe zu erbringen, deren Fälligkeitstermin oder deren Höhe ungewiss ist“[3153]. In Anlehnung an IAS 37 ist die Passivierung nach polnischem Bilanzrecht unter den folgenden Voraussetzungen geboten:[3154]

- Es besteht eine gegenwärtige Verpflichtung als Folge früherer Ereignisse.
- Es ist wahrscheinlich, dass Abfluss von Ressourcen erforderlich ist, um diese Verpflichtung zu begleichen.
- Der Verpflichtungsbetrag kann zuverlässig geschätzt werden.

Die bilanzrechtliche Passivierung von Rückstellungen wird in Art. 35d RLG für ausgewählte Sachverhalte konkretisiert.[3155] Hiernach sind Rückstellungen zu bilden für „[z]ukünftige Verbindlichkeiten, deren Begleichung sicher oder in hohem Maße wahrscheinlich ist und deren Betrag glaubwürdig geschätzt werden kann, insbesondere für Aufwendungen für laufende wirtschaftliche Transaktionen, darunter auch aufgrund von erteilten Garantien, Bürgschaften, Kreditgeschäften und für die Folgen anhängiger Gerichtsverfahren“ (Art. 35d Abs. 1 Nr. 1 RLG). Rückstellungen sind ferner anzusetzen für „künftige Verbindlichkeiten aufgrund von Restrukturierungsmaßnahmen“; vorausgesetzt wird hierbei, in erkennbarer Anlehnung an die Voraussetzungen des IAS 37.70 ff., dass „die Einheit kraft gesonderter Vorschriften zu diesen Maßnahmen verpflichtet ist oder in der betreffenden Angelegenheit bindende Verträge abgeschlossen wurden und die Restrukturierungspläne eine glaubwürdige Schätzung dieser zukünftigen Verbindlichkeiten erlauben“ (Art. 35d Abs. 1 Nr. 2 RLG). Die polnischen Rückstellungsregelungen werden aufgrund ihrer Konzeptionslosigkeit kriti-

---

3150 Vgl. Jungmann/Tacakiewicz (2007), S. 765.

3151 Vgl. auch Jungmann/Tacakiewicz (2007), S. 762; Brockhuis/Schnell (2003), S. 96; Eberhartinger/Wilczynska-Stöckl (2009), S. 73.

3152 Vgl. auch König (1997), S. 113.

3153 Jungmann/Tacakiewicz (2007), S. 762.

3154 Vgl. Eberhartinger/Wilczynska-Stöckl (2009), S. 73; Endres et al. (2007), S. 316.

3155 Vgl. Kamping/Becker (2004), S. 518; Jungmann/Tacakiewicz (2007), S. 763; Eberhartinger/Wilczynska-Stöckl (2009), S. 73.

siert: „Weder [sei] das dahinter stehende System leicht erkennbar, noch [seien] die Regelungen konkret genug, um dieses Defizit zu mildern“[3156].

Während eine Rückstellungsbildung im Rahmen der handelsbilanziellen Gewinnermittlung möglich bzw. geboten ist, gilt im Rahmen der steuerlichen Gewinnermittlung ein allgemeines Rückstellungsverbot (Art. 16 Abs. 1 Nr. 27 PDOPrU).[3157] Es bezieht sich sowohl auf Verbindlichkeits- als auch Drohverlustrückstellungen.[3158] Die an IAS 37 angenäherten Rückstellungsregeln des RLG bleiben steuerlich ohne Bedeutung; dem bilanzrechtlichen Vorsichtsprinzip nach Art. 7 Abs. 1 RLG wird (erneut) die Anerkennung versagt. Auch umgekehrt ist die Zulässigkeit einer handelsrechtlichen Rückstellungspassivierung seit dem RLG 1994 nicht mehr von deren steuerlicher (Nicht-) Abzugsfähigkeit abhängig.[3159]

Dieses Rückstellungsverbot wird lediglich unter strengen Voraussetzungen zugunsten von „Rückstellungen zur Deckung von ausfallgefährdeten Forderungen“ (Art. 16 Abs. 1 Nr. 27 PDOPrU) punktuell durchbrochen.[3160] Zwar sollen Rückstellungen, die aufgrund von spezialgesetzlichen Regelungen zu bilden sind, auch steuerlich anerkannt werden; jene werden aber nicht näher spezifiziert.[3161] Das RLG wird hierbei wohl nicht in Bezug genommen, sodass diese zweitgenannte Durchbrechung des steuerlichen Rückstellungsverbots faktisch ins Leere greift.

1.5 Passivierung von Rückstellungen nach dem Handels- und Steuerrecht Schwedens

Zentrale handelsgesetzliche Norm für die Passivierung von Rückstellungen (*avsättnigar*) ist 3 kap. 9 § ÅRL.[3162] Nach der Vorschrift sind Rückstellungen zu bilden für jene Verpflichtungen, die dem abgelaufenen oder einem früheren Geschäftsjahr zuordenbar sind und mit deren Eintreten am Bilanzstichtag sicher oder wahrscheinlich zu rechnen ist, deren Höhe oder Erfüllungszeitpunkt indessen ungewiss ist.[3163] Weitere Einzelheiten zur Rückstellungspassivierung enthält das ÅRL indes nicht, weshalb (abermals) auf die diesbezüglichen Standards der schwedischen Standardsetzer zurückgegriffen werden muss. Von Interesse sind hierbei die für (börsennotierte) Gesellschaften geltenden Verlautbarungen. Bereits durch Verabschiedung der Rechnungslegungsempfehlung RR 16 im August des Jahres 2000 hat das schwedische Bilanzrecht eine Angleichung an IAS 37 vollzogen.

3156 Jungmann/Tacakiewicz (2007), S. 765.

3157 Vgl. auch Weigel (2003), S. 89; Kudert/Jamrozy (2010), S. 280; Wollgarten (2005), S. 146; Endres et al. (2007), S. 42 Tab. 29; Jamrozy (2002), S. 34; Woltering/Pott (2007), S. 827; Gammie et al. (2005), S. 31 Tab. 9; Spengel (2008), S. 6 Fig. 3.

3158 Vgl. auch Oestreicher (2007a), S. 244 (zu Drohverlustrückstellungen).

3159 Vgl. Reczek/Lachowski (2002), S. 102.

3160 Vgl. Weigel (2003), S. 89; Gutiérrez et al. (2011), S. 858; Steuerberater Handbuch Europa (2007a), Rz. 57.

3161 Vgl. Weigel (2003), S. 89 Fn. 24.

3162 Vgl. Elofsson/Gäfvert (2002), S. 651.

3163 Originalwortlaut: „Som avsättningar skall sådana förpliktelser redovisas som är hänförliga till räkenskapsåret eller tidigare räkenskapsår och som på balansdagen är säkra eller sannolika till sin förekomst men ovissa till belopp eller till den tidpunkt då de skall infrias“ (3 kap. 9 § ÅRL). Vgl. zu 3 kap. 9 § ÅRL auch Kellgren/Bjuvberg (2008), S. 48; Jasmand (2007), S. 26.

Terminologie und Passivierungsmethodik stimmen nunmehr mit der des IAS 37 überein. Auch das Konzept der Eventualverbindlichkeit (*ansvarsförbindelse*) wurde adaptiert (RR 16.27 ff.).

Eine Rückstellung wird in RR 16.10 analog zu IAS 37.10 definiert als eine Schuld (*skuld*), die hinsichtlich ihres Anfalls oder ihrer Höhe ungewiss ist. Eine Schuld ist eine gegenwärtige Verpflichtung (*åtagande*), die aus einem vergangenen Ereignis (*inträffade händelser*) herrührt und deren Erfüllung mit einem Abfluss ökonomischer Ressourcen einhergeht (RR 16.10). Allerdings führen im Einklang mit IAS 37 nicht sämtliche vergangene Ereignisse zu der geforderten gegenwärtigen Verpflichtung; vielmehr muss ein verpflichtendes Ereignis (*förpliktande händelse*) vorliegen, das sich aufgrund von rechtlichen oder faktischen Verpflichtungen (*legalt eller informellt åtagande*) ergeben kann und mit dessen Eintreten keine realistische Alternative zur Erfüllung besteht (RR 16.10). Mithin stellt auch RR 16 zentral auf das Unentziehbarkeitskriterium ab. Die Bildung einer Rückstellung kommt ausschließlich für Außenverpflichtungen in Betracht. Weiterhin muss ein Abfluss von Ressourcen mit wirtschaftlichem Nutzen wahrscheinlich sein (*troligt utflöde*), wobei analog auf das *More likely than not*-Kriterium des IAS 37 rekurriert wird (RR 16.23 f.); zudem muss die Verpflichtungshöhe zuverlässig schätzbar sein (*tillförlitlig uppskattning av åtagandet*; RR 16.25 f.). Auch Detailbereichen ist inhaltliche Kongruenz zu IAS 37 festzustellen. So werden insbesondere Rückstellungen im Fall von belastenden Verträgen (*förlustkontrakter*) und Restrukturierungen (*omstruktureringar*) unter denselben Voraussetzungen erfasst, wie sie IAS 37 formuliert. Auch der nunmehr gültige RFR 2 (2011) sieht keine handelsrechtlich motivierten Abweichungen (sog. handelsrechtliche Ventile) zu IAS 37 vor. Folglich strahlen die Grundsätze des IAS 37 in die handelsrechtliche Gewinnermittlung börsennotierter Kapitalgesellschaften ein.

Die Rückstellungsbildung tangiert den Bereich des materiellen Zusammenhangs zwischen handels- und steuerrechtlichem Gewinnermittlungskreis.[3164] Die nach Maßgabe der *bokföringsmässiga grunder* bzw. der *god redovisningssed* gebildeten Rückstellungen sind auf der Grundlage der zentralen Vorschrift des 14 kap. 2 § IL auch im Rahmen der steuerlichen Gewinnermittlung zu berücksichtigen. Diese Rechtsauffassung wird durch die schwedische Finanzverwaltung explizit bekräftigt: „I de fall det saknas bestämmelser i IL angående avdrag för framtida utgifter eller framtida förluster avgörs avdragstidpunkten av god redovisningssed enligt 14 kap. 2 § IL“[3165]. Dies bedeutet, dass die handelsrechtlichen Rückstellungsregeln i. d. R. auch steuerlich anerkannt werden, spezifische, im IL niedergelegte Sonderregelungen – etwa in Bezug auf Pensionsrückstellungen (28 kap. 4 § ff. IL), Garantierückstellungen (16 kap. 3-5 §§ IL) sowie Rückstellungen für die Beseitigung erloschener nuklearer Brennstäbe (16 kap. 6 § IL) – dabei aber vorrangig zu beachten sind. Allerdings dienen diese Sonderregeln in erster Linie der Typisierung der Rückstellungsbewertung; auf den

[3164] Vgl. Jasmand (2007), S. 26.

[3165] Skatteverket (2011), S. 595 („Im Fall fehlender Bestimmungen im IL bezüglich des Abzugs künftiger Ausgaben oder künftiger Verluste bestimmt sich der Abzugszeitpunkt nach der guten Rechnungslegungssitte gemäß 14 kap. 2 § IL“; eigene Übersetzung).

Rückstellungsansatz bezogen dürfte indes von einer Maßgeblichkeit der handelsrechtlichen Rückstellungsregeln auszugehen sein. Da die Rückstellungsgrundsätze des IAS 37 qua RFR 2 (2011) zur *god redovisningssed* erhoben werden, können sie mithin über 14 kap. 2 § IL implizit auch in die steuerliche Gewinnermittlung einstrahlen.

Die schwedische Finanzadministration erkennt neben Verbindlichkeitsrückstellungen insbesondere auch Rückstellungen für drohende Verluste aus schwebenden Geschäften (*förlustkontrakter*) an.[3166] Letzteres bedeutet aus theoretisch-konzeptioneller Sicht zugleich eine grundsätzliche Akzeptanz des Imparitätsprinzips im Rahmen der steuerlichen Gewinnermittlung. Die vom *Skatteverket* jährlich veröffentlichten Leitlinien zur steuerlichen Gewinnermittlung (*Sambandet mellan redovisning och beskattning*) beschränken sich im Bereich des Rückstellungsansatzes auf punktuelle Ergänzungen und Klarstellungen, die gegenüber IAS 37 zum Teil redundant erscheinen und dessen implizite steuerliche Geltung noch verstärken dürften.[3167] So wird in Bezug auf das Ansatzkriterium des verpflichtenden Ereignisses (*förpliktande handelse*) herausgestellt, dass eine Verpflichtung stets gegenüber Dritten vorliegen muss. Dieses Außenverpflichtungsprinzip ergibt sich indes bereits aus RR 16 und IAS 37, so dass es einer weiteren Nennung nicht bedarf. Des Weiteren weist die schwedische Finanzverwaltung explizit auf das Kriterium der Unentziehbarkeit hin.[3168] Nach Ansicht der Finanzverwaltung dürfen grundsätzlich nur solche Ausgaben berücksichtigt werden, die unabhängig von der künftigen Geschäftstätigkeit anfallen.[3169] Die Finanzverwaltung sieht darüber hinaus auch die Notwendigkeit, das Kriterium des wahrscheinlichen Ressourcenabflusses (*troligt utflöde av resurser*) – übereinstimmend mit IAS 37 – im Sinne einer 51 %-Grenze zu konkretisieren.[3170] Auch unterstreicht sie, dass ein Rückstellungsansatz nur in Betracht kommt, wenn die Verpflichtungshöhe verlässlich ermittelt werden kann (*tillförlitlig upskattning av åtagandet*). Diese zentralen Leitlinien lassen deutlich werden, dass sich im Bereich des Rückstellungsansatzes inzwischen auch die schwedische Finanzverwaltung den Grundwertungen des IAS 37 angeschlossen hat.

Dieser Befund hat auch in Detailbereichen Gültigkeit. So orientieren sich die Ausführungen der Finanzverwaltung zum Ansatz von Rückstellungen im Rahmen von Verlustverträgen (*förlustkontrakter*) und Umstrukturierungen (*omstruktureringar*) offenkundig an den diesbezüglichen Regelungslösungen des IAS 37. Ein Verlustvertrag (*förlustkontrakt*) ist nach Ansicht der Finanzverwaltung ein Vertrag, bei dem die unvermeidbaren Kosten zur Erfüllung der vertraglichen Verpflichtungen den erwarteten wirtschaftlichen Nutzen übersteigen.[3171] Dies entspricht dem Verständnis und der Terminologie des IAS 37 (IAS 37.68). Sofern die Möglichkeit besteht, einen solchen Vertrag zu

---

3166 Vgl. Wunderlich (2009), Rz. 15.
3167 Vgl. Skatteverket (2011), S. 587 ff.
3168 Vgl. Skatteverket (2011), S. 595.
3169 Vgl. Skatteverket (2011), S. 595 („Det får inte heller finnas någon möjlighet för företaget att undvika den framtida utgiften genom eget handlande, t. ex. genom att ändra det sätt på vilket verksamheten bedrivs“).
3170 Vgl. Skatteverket (2011), S. 597.
3171 Vgl. Skatteverket (2011), S. 599 („Ett förlustkontrakt är ett kontrakt där företagets oundvikliga utgifter överstiger de förväntade ekonomiska fördelarna“).

kündigen, ohne die andere Vertragspartei entschädigen zu müssen, scheidet die Bildung einer Rückstellung nach Ansicht der schwedischen Finanzverwaltung – im Einklang mit IAS 37.67 – aus. Auch betont die Finanzverwaltung, dass die Vornahme einer (aktivischen) außerplanmäßigen Abschreibung stets vor der Bildung einer Drohverlustrückstellung vorzunehmen sei, wie dies auch in IAS 37.69 vorgeschrieben wird.[3172] Auch die Bildung von Restrukturierungsrückstellungen im Rahmen der steuerlichen Gewinnermittlung erkennt die schwedische Finanzverwaltung im Grundsatz an. Sie orientiert sich dabei ausdrücklich an den Vorgaben des RR 16.70 ff. bzw. IAS 37.70 ff., sodass ein detaillierter, formaler Restrukturierungsplan vorliegen muss, der bei den Betroffenen eine gerechtfertigte Erwartung geweckt hat, dass die Restrukturierungsmaßnahmen durch den Beginn der Umsetzung des Plans oder die Ankündigung seiner wesentlichen Bestandteile den Betroffenen gegenüber durchgeführt wird.[3173] Zusammengenommen bleibt eine breite mittelbare Einflussnahme des IAS 37 auf die Rückstellungsbilanzierung im Rahmen der schwedischen steuerlichen Gewinnermittlung festzuhalten.

1.6 Passivierung von Rückstellungen nach dem Handels- und Steuerrecht des Vereinigten Königreichs

Zentralnorm für die Rückstellungsbildung nach britischem Handelsbilanzrecht ist FRS 12. Ebenfalls[3174] aus einem Gemeinschaftsprojekt zwischen ASC und IASC hervorgegangen, lassen sich im Ergebnis keine wesentlichen Unterschiede zwischen FRS 12 und IAS 37 feststellen.[3175] Eine Detaildarstellung des FRS 12 brächte an dieser Stelle keinen Erkenntnisgewinn. Von größerem Interesse sind die jüngeren Entwicklungen im Bereich der steuerrechtlichen Gewinnermittlung. Wurde die Passivierung von Rückstellungen nach dem tradierten (steuerlichen) Verlustantizipationsverbot (*non-anticipation principle*) lange Zeit verwehrt,[3176] so hat sich gerade dieser Bilanzierungsbereich „in den letzten Jahren wesentlich an die UK GAAP angenähert“[3177]. Diese Entwicklung wurde durch eine Kehrtwende im britischen *case law* eingeläutet. So wurde in den beiden wegweisenden Judikaten *Johnston v Britannia Airways Ltd.*[3178] sowie *Herbert Smith v Honour*[3179] die steuerliche Irrelevanz des Vorsichtsprinzips (*prudence concept*) und mithin einer Antizipation von *unrealised losses* unter Berufung auf die *generally accepted principles of commercial accounting* erstmals explizit zurückgewiesen.[3180] Die traditionelle „disconnection“[3181] zwischen handels-und steuerrechtli-

---

3172 Vgl. Skatteverket (2011), S. 599.
3173 Vgl. Skatteverket (2011), S. 599 f.
3174 So z. B. auch FRS 11 und IAS 36; vgl. oben, 4. Kap. II. 2.2.6.2.
3175 Vgl. Walton (2003), S. 170; Oats/Tuck (2010), Rz. 18.1 u. Rz. 18.18; PwC (2005), S. 34; im deutschen Schrifttum Wich (2009), S. 63 Fn. 529; Pisoke (2004), S. 133 Fn. 819; Jödicke (2009), S. 161.
3176 Vgl. Schreiber, U. (1998a), S. 36; Wagner, M. (2003), S. 147.
3177 So Eierle (2004a), S. 308 Fn. 414.
3178 [1994] STC 763.
3179 [1999], STC 173. Zu *Herbert Smith v Honour* vgl. eingehend Chandler/Edgley (1999), S. 309 ff.
3180 Zur Diskussion vgl. Whitting (2006), S. 272-274; Kersting (2005), S. 325; Alley/James (2005), S. 12 ff.; dies. (2006), S. 36 f.; James (2002), S. 15 f.; Park (1995), S. 499 ff.; Oliver (1995), S. 502 ff.; Hole (2003), S. 78; Broke (1995), S. 459; McMahon/Weetman (1997), S. 16 f.; Schön (2005d), S. 118; ders. (2004b), S. 438; Eberhartinger

cher Gewinnermittlung im Bereich der Rückstellungsbilanzierung besteht seit dieser Judikatur also nicht mehr. Die Regelungslösungen des FRS 12 respektive IAS 37 sind im Grundsatz auch im Rahmen der steuerlichen Gewinnermittlung gültig.[3182] Dieser Rechtsauffassung hat sich die britische Finanzadministration inzwischen angeschlossen.[3183] Dabei erkennt das HMRC im Grundsatz nicht nur Verbindlichkeitsrückstellungen, sondern auch Rückstellungen für drohende Verluste aus schwebenden Geschäften (*onerous contracts*) steuerlich an.[3184] Nach Ansicht der britischen Finanzadministration ist der Ansatz einer *provision* im Rahmen der steuerlichen Gewinnermittlung unter den folgenden vier Voraussetzungen zulässig:[3185]

- Die Rückstellung betrifft *revenue expenditure* und nicht *capital expenditure*;
- sie wird nach Maßgabe der GAAP – also FRS 12 oder IAS 37 – gebildet;
- sie konfligiert nicht mit spezifischen steuerlichen Regelungen bezüglich des Zahlungszeitpunkts;
- und sie kann mit hinreichender Genauigkeit (*sufficient accuracy*) geschätzt werden.

Die handelsrechtlichen Rückstellungsregeln erweisen sich als „eine notwendige, nicht aber hinreichende Bedingung für die steuerliche Zulässigkeit“[3186]. Die vorgenannten Rückstellungskriterien erscheinen indessen redundant. So wiederholt die erstgenannte Voraussetzung lediglich das allgemeine Abzugsverbot von *capital expenditure* im Rahmen der Einkommensermittlung (sec. 74 ICTA 1988). Die zweitgenannte Voraussetzung lässt sich bereits aus sec. 42 FA 1998 ableiten. Die drittgenannte Voraussetzung zielt im Wesentlichen auf die Vorschrift der sec. 43 (1) FA 1989 ab, wonach bestimmte Dienstbezüge steuerlich nur abzugsfähig sind, wenn sie innerhalb von neun Monaten nach Ablauf des Wirtschaftsjahres gezahlt werden. Die einzige Voraussetzung, die sich nicht den *statutory rules* entnehmen lässt, ist die viertgenannte Voraussetzung. Es obliegt daher dem *case law*, das Kriterium der *sufficient accuracy* zu konkretisieren. Eine Systematik, welche Rückstellungs(unter-)arten im britischen Steuerrecht (nicht) anerkannt werden, ist indes schwerlich erkennbar. Es lässt sich nur grob und insofern unbefriedigend festhalten: „Tax law tends to distinguish between ‘general provisions’, which are not deductible for tax purposes, and ‘specific provisions’, which are“[3187]. Die steuerliche Rückstellungsbildung wird ferner durch einzelne explizite Verbote begrenzt. So ist eine Pauschalrückstellung für zweifelhafte Forderungen steuerlich nicht zuläs-

(1997), S. 283. Im Bereich des Anlagevermögens ist eine Teilwertabschreibung nach wie vor unzulässig; vgl. oben, 4. Kap. II. 2.2.6.2.

3181 Nobes (2003), S. 13. Zu dieser überholten Rechtslage noch Göbes (1996), S. 134 ff.

3182 So ausdrücklich Gammie et al. (2005), S. 82 („FRS 12 [UK GAAP] or IAS 37 are followed for tax purposes“). Interessanterweise wären die in *Johnston v Britannia Airways Limited* und *Herbert Smith v Honour* streitgegenständlichen Rückstellungen gem. dem später (im Jahre 1999) verabschiedeten FRS 12 steuerlich nicht mehr zulässig; vgl. HMRC (1999a), S. 624; dazu auch Whitting (2006), S. 275.

3183 Zur früheren ablehenden Haltung der britischen Finanzbehörde vgl. Oats/Tuck (2010), Rz. 18.20.

3184 Vgl. HMRC (2011), BIM 46540.

3185 Vgl. Inland Revenue (1999c), S. 707; HMRC (1999b), S. 639; HMRC (2011), BIM 46510. Vgl. auch Kersting (2005), S. 324; Aisbitt (2002), S. 95; Grabo (2008), S. 103; Obuoforibo (2010), S. 88-90; PwC (2011), S. 1692.

3186 Kersting (2005), S. 324.

3187 Nobes (2003), S. 13; vgl. auch Kersting (2005), S. 324 f.; Marflow (1994), S. 115; Alberts (2008), Rz. 75; Gutiérrez et al. (2011), S. 1092.

sig;[3188] ebenso dürfen etwa Rückstellungen zur Selbstversicherung im Rahmen der steuerlichen Gewinnermittlung nicht geltend gemacht werden.[3189]

1.7 Kritische Würdigung

1.7.1 Zur induktiven Übernahmetauglichkeit

Ob die Rückstellungsansatzregeln des IAS 37 konsensmobilisierend wirken könnten, erscheint mit Blick auf die nationalen Vorschriften *de lege lata* fraglich. Eine steuerliche Volladaption des IAS 37 ist in keinem der hier betrachteten Mitgliedstaaten bisher erfolgt. Auch wenn sich die handelsbilanzielle Rückstellungsbilanzierung sowohl in Frankreich, Polen, Schweden als auch im Vereinigten Königreich an IAS 37 inzwischen angenähert hat bzw. diesem entspricht, sehen die Steuerrechte der vorgenannten Mitgliedstaaten durchgehend Sonderregelungen vor. Die (impliziten) Auswirkungen des Standards auf die steuerliche Gewinnermittlung werden dadurch partiell durchbrochen (Frankreich, Schweden, Vereinigtes Königreich) oder gänzlich neutralisiert (Polen). Die relativ größte Distanz zu IAS 37 zeigt zumindest im Bereich des Rückstellungsansatzes noch immer das deutsche Handels- und Steuerbilanzrecht. Im Ergebnis zielen die nationalen Sonderregeln gleichsam auf eine Begrenzung des Rückstellungsansatzes ab. Auch als rein induktiver Ausgangspunkt dürfte es IAS 37 derzeit wohl nur bedingt gelingen, die Heterogenität im Bereich des Rückstellungsansatzes einzuebnen. Es wäre vielmehr zu erwarten, dass die Mitgliedstaaten auch im Rahmen der CCCTB an zusätzlichen, der Objektivierung dienenden Passivierungsvoraussetzungen festhalten werden.

1.7.2 Zur theoretisch-konzeptionellen Übernahmetauglichkeit

Legt man IAS 37 an den Referenzmaßstab der vereinfachten Vermögensrechnung an, ist der Standard schon allein deshalb zurückzuweisen, weil eine Rückstellungsbildung hiernach generell ausgeschlossen werden sollte. Dies gilt für Verbindlichkeits- und Drohverlustrückstellungen gleichermaßen. Nur schwerlich lässt sich ein vorgebliches Systemgebot von Verbindlichkeits- und Drohverlustrückstellungen im Rahmen eines steuerlichen Vermögensvergleichs unter Verweis auf IAS 37 rechtfertigen,[3190] zumal Verlustrückstellungen nach IAS 37 keineswegs als Ausprägung eines fest verankerten Imparitätsprinzips zu werten sind. Konkordanz zwischen IAS 37 und der vereinfachten Vermögensrechnung ergäbe sich nur in Bezug auf das (formale) Aufwandsrückstellungsverbot.[3191] Es bleibt damit der Blick auf die nationalen Rechtsvorschriften zu richten. Die sich *de lege ferenda* stellende Kernfrage, ob der Ansatz von Rückstellungen im Rahmen der steuerlichen Gewinnermittlung zugelassen bzw. vorgeschrieben werden sollte, beantwortet – isoliert betrachtet – allein das

3188 Der steuerliche Rückstellungsansatz für uneinbringliche Forderungen setzt grundsätzlich deren Einzelnachweisbarkeit voraus. Vgl. Steuerberater Handbuch Europa (2006), Rz. 109.
3189 Vgl. Steuerberater Handbuch Europa (2006), Rz. 109.
3190 So aber Hennrichs (2001), S. 320.
3191 Vgl. Schneider (2003a), S. 302; Spengel/Ernst/Finke (2010), S. 287.

polnische Körperschaftsteuerrecht in zutreffender Weise negativ. Auch wenn im Unklaren bleibt, ob dieses Rückstellungsverbot Ausdruck einer theoretisch-konzeptionellen Grundwertung ist oder einer reinen Fiskalzwecksetzung folgt, zeigt das polnische Steuerrecht gleichwohl auf, dass eine Rückstellungsbildung im Rahmen der steuerlichen Gewinnermittlung keineswegs durchgängige Praxis in der EU ist. Zumindest grundsätzliche Vorbildhaftigkeit kann auch dem deutschen Steuerrecht hinsichtlich des Verbots einer Bildung von Drohverlustrückstellungen zuerkannt werden. Es sollte wiederum nicht der Eindruck erweckt werden, ein steuerliches Drohverlustrückstellungsverbot sei allein im deutschen Steuerrecht angelegt und den Steuerrechten anderen EU-Mitgliedstaaten fremd.[3192] Zu beanstanden bleibt allein, dass weder das polnische noch das deutsche Steuerrecht einen sofortigen Verlustausgleich gewähren. Insoweit erscheint das (partielle) Rückstellungsverbot kritisch.

Die grundsätzliche Akzeptanz von Verbindlichkeits- und Drohverlustrückstellungen nach französischem, schwedischem und britischem Steuerrecht besitzt aus Sicht der vereinfachten Vermögensrechnung wenig Überzeugungskraft. Bedenkt man indes, dass auch diese Steuersysteme einen sofortigen Verlustausgleich nicht gewähren, muss auch diese Kritik abgeschwächt werden. Die Bildung bestimmter Aufwandsrückstellungen, die nach deutschem, französischem und britischem Steuerrecht in eng begrenzten Rahmen möglich ist,[3193] ist aus Sicht der vereinfachten Vermögensrechnung abzulehnen. Löst man sich indes von der zentralen Bedingung eines sofortigen Verlustausgleichs, kann die Argumentation zugunsten eines Periodisierungsverzichts von Rückstellungen – wie bereits mehrfach dargelegt – nicht mehr gehalten werden.[3194] Rückstellungen sind dann als ein „liquiditätssicherndes Substitut für die (...) nicht vorhandene unbeschränkte Verlustverrechnung“[3195] hinzunehmen. Unter dieser Prämisse wird es von Vertretern der vereinfachten Vermögensrechnung bzw. modifizierten Einnahmen-Überschuss-Rechnung für gerechtfertigt erachtet, zumindest langfristig kumulierende Verpflichtungen, wie bspw. Abbruch-, Entsorgungs-, Stilllegungs-, Rekultivierungs- und Auffüllverpflichtungen, in Form von Verteilungs- oder Ansammlungsrückstellungen zur steuerlichen Geltung zu bringen. Kurzfristig revolvierende Rückstellungen für ungewisse Verbindlichkeiten indessen sollten weiterhin keinen Raum finden, da diese nur von geringer materieller Bedeutsamkeit sein dürften.[3196]

Die Abstinenz eines sofortigen Verlustausgleichs kann indes nicht die Zulässigkeit von Aufwandsrückstellungen *de lege ferenda* rechtfertigen, weil diese – anders als Verbindlichkeits- und Drohverlustrückstellungen – nicht der bilanziellen Verlustvorsorge i. e. S. behilflich sind. Das Außenverpflichtungsprinzip der vereinfachten Vermögensrechnung ist insoweit unabhängig von einem sofor-

3192 Vgl. Hennrichs (2001), S. 320.
3193 Vgl. als Überblick Endres et al. (2007), S. 46 Tab. 36.
3194 Vgl. Spengel (2004b), S. 137; ders. (2009), S. 107; ders. (2003a), S. 257; ders. (2006c), S. 124.
3195 So Streim/Esser (2003a), S. 742.
3196 Vgl. Spengel/Malke (2008), S. 74; Spengel (2009), S. 107; ders. (2004b), S. 137; ders. (2006c), S. 125; ders. (2008b), S. 422; Kahle (2005), S. 11; Herzig/Hausen (2004), S. 8 f.; Hausen (2009), S. 305 ff.; ferner auch Pottgießer (2006), S. 278; kritisch Schön (2005c), S. 67 f.

tigen Verlustausgleich und sollte auch im Rahmen der CCCTB gelten.[3197] Das Verbot innenfinanzierungsfördernder Ausgabenantizipationen im Wege einer Aufwandsrückstellung leistet einen Beitrag zur Gleichmäßigkeit der Besteuerung, ohne dass es hierfür insoweit auf einen sofortigen Verlustausgleich ankäme. Dies gilt umso mehr, als sich „durch das Instrument der Rückstellung für Innenverpflichtungen weite Ermessens- und Manipulationsspielräume öffnen“[3198]. Eine Bildung von Aufwandsrückstellungen sollte daher auch im Rahmen der CCCTB untersagt werden.[3199] Allerdings wird dabei nicht verkannt, dass die Abgrenzung zwischen Innenverpflichtungen und Außenverpflichtungen in Grenzfällen schwerfallen kann. Dies legt erneut Zeugnis ab, dass ein genereller Rückstellungsverzicht im Rahmen eines künftigen harmonisierten steuerlichen Gewinnermittlungssystems von Vorteil ist.

Es verbleibt, in Bezug auf Verbindlichkeits- und Drohverlustrückstellungen nach zweit- bzw. drittbesten Lösungen für den Rückstellungsansatz zu suchen. Aussagen über die Zweckadäquanz der betrachteten Passivierungsvoraussetzungen kann die vereinfachte Vermögensrechnung aus systematischen Gründen indes nur schwerlich nicht bereitstellen. Es sind aber Tendenzaussagen möglich.

So erscheint IAS 37 auch i. S. einer bloßen Konventionslösung nicht übernahmegeeignet, da es dem Standard nicht nur an dem erforderlichen Konsenmobilisierungspotenzial, sondern vielmehr noch an der steuerlich gebotenen Regelungsschärfe (Objektivierung) mangelt, um einen Residualbeitrag zur Verbesserung der Gleichmäßigkeit der Besteuerung leisten zu können. Muss man demnach also innerhalb der betrachteten nationalen Regelwerke nach potenziellen Alternativen suchen, erscheinen die handelsrechtlichen (ausschüttungsstatischen) GoB für den Rückstellungsansatz am vorzugswürdigsten, da sie einen relativ hohen Objektivierungsgrad vorweisen und durch eine detaildurchdringende Rechtsprechungspraxis im Grundsatz gefestigt sind, wobei allerdings insbesondere die Frage des Rückstellungszeitpunktes einer langwierigen Diskussion bedürfte. Die Konsensfähigkeit bleibt ohnehin hinterfragbar. Auch können die ausschüttungsstatischen Rückstellungsansatzregeln nicht streng aus den der vereinfachten Vermögensrechnung zugrunde liegenden Zielsetzungen deduziert werden; sie bleiben systemfremd.

2 Bewertungsregeln

2.1 Rückstellungsbewertung nach IFRS

Die Bewertung von Rückstellungen nach IAS 37 ist zeitwertstatisch geprägt.[3200] Rückstellungen sind nach IAS 37.36 mit jenem Betrag anzusetzen, der nach bestmöglicher Schätzung (*best estimate*) des Bilanzierenden erforderlich ist, um eine gegenwärtige Verpflichtung am Bilanzstich-

3197 Zur Diskussion vgl. Herzig/Gellrich (2006b), S. 762 f.
3198 Herzig/Gellrich (2006b), S. 763.
3199 So auch z. B. Dahlke (2011), S. 204 f.
3200 Vgl. Hommel/Berndt (2009), S. 2193.

tag zu erfüllen. Diese bestmögliche Schätzung soll nach IAS 37.37 jenem (Erfüllungs-) Betrag entsprechen, den der Bilanzierende bei vernünftiger Betrachtung zum Bilanzstichtag aufwenden müsste, um die Verpflichtung entweder selbst zu erfüllen (Eigenerfüllungsbetrag) oder sie auf einen Dritten zu übertragen (Fremdentpflichtungsbetrag).[3201] Durch die gleichzeitige und präferenzlose[3202] Nennung von Eigenerfüllungs- sowie Entpflichtungsbetrag wird dem Bilanzierenden „ein faktisches Wahlrecht gewährt“[3203]. Dieses ist insofern problematisch, als die beiden vorgenannten Maßstäbe konzeptionell unterschiedlich fundiert[3204] sind und regelmäßig zu unterschiedlichen Wertansätzen führen.[3205]

Sofern die Rückstellungsbildung eine große Anzahl ähnlicher Geschäftsvorfälle (*large population of items*) betrifft, soll die bestmögliche Schätzung durch den Erwartungswert (*expected value*) repräsentiert werden, der sich „auf Basis einer Gewichtung der möglichen Verpflichtungsbeträge mit den korrespondierenden Eintrittswahrscheinlichkeiten ermittelt“[3206] (IAS 39.39). Ergibt sich hiernach eine Bandbreite gleichwahrscheinlicher Beträge, soll nach IAS 37.39 das arithmetische Mittel dieser Bandbreite den Erfüllungsbetrag bilden (*mid-point of the range*).[3207] Ist der Rückstellungsbetrag indessen für eine singuläre Verpflichtung (*single obligation*) oder „inhomogene(.) größere(.) Grundgesamtheiten“ zu ermitteln, sind die „statistischen Voraussetzungen für die Anwendung des Erwartungswertverfahrens nicht gegeben“[3208]. Für diese Fälle bleiben die Bewertungsvorschriften des IAS 37 (zwangsläufig) unbestimmt.[3209] Es soll auf das wahrscheinlichste Ergebnis (*most likely outcome*) aus einer Bandbreite möglicher Ergebnisse, namentlich den Modalwert,[3210] als bestmöglichen Schätzer für die Verpflichtungshöhe abgestellt werden (IAS 37.40).[3211] Sollte sich bei dieser Bandbreitenbetrachtung indes zeigen, dass andere mögliche Verpflichtungsbeträge größtenteils über oder größtenteils unter dem wahrscheinlichsten Ergebnis liegen, ist das wahrscheinlichste Ergebnis

3201 Vgl. Hommel/Schmidt/Wüstemann (2010), S. 558; Hommel (2007a), S. 322; Hebestreit/Schrimpf-Dörges (2009), § 13. Rz. 53; Kußmaul/Niehren (2009), S. 198; Freiberg/Lüdenbach (2007), S. 330; Kümpel (2006), S. 201; Hachmeister (2006b), S. 126 f.; Herzig/Gellrich (2006a), S. 507; Hoffmann (2006b), S. 63; Klaholz (2005), S. 89; Wagenhofer (1998), S. 584; Brinkmann (2006), S. 184.

3202 Vgl. Baetge et al. (2007), S. 316; Hommel (2007a), S. 322; Lüdenbach/Hoffmann (2003b), S. 149.

3203 Hommel/SchmidtWüstemann (2010), S. 558; vgl. auch Hommel (2003), S. 750 f.; Morawietz/Hommel (2006), S. 159 f.; Wich (2009), S. 159-161; Kaiser/Wüstemann (2011), S. 228; zweifelnd Hachmeister (2006b), S. 127.

3204 Der Eigenerfüllungsbetrag orientiert sich am „unternehmensspezifischen Teilwert- oder ‚Value-in-use‘-Gedanken“ (*Management-Approach*), der Entpflichtungsbetrag hingegen folgt „einem veräußerungspreisorientierten Bewertungskalkül“ (*Fair Value-Approach*); Hommel/Wich (2008), S. 650 (beide Zitate); im Einzelnen auch Hommel (2007a), S. 322 ff. (dort auch die Bezeichnungen *Management-Approach* sowie *Fair value-Approach*). Kritisch hingegen Klaholz (2005), S. 90: „von Teilen des Schrifttums wird das Bewertungskonzept des IAS 37 fälschlich als *fair value*-Bilanzierung von Rückstellungen bezeichnet“.

3205 Vgl. Hommel/Wich (2008), S. 650; Wich (2009), S. 159; Hebestreit/Schrimpf-Dörges (2009), § 13. Rz. 53; Wagenhofer (2009), S. 274.

3206 Kaiser/Wüstemann (2011), S. 228; vgl. auch Hachmeister (2006b), S. 133; Kußmaul/Niehren (2009), S. 198.

3207 Vgl. Baetge et al. (2007), S. 317; Förschle/Kroner/Heddäus (1999), S. 48; Pisoke (2004), S. 140. Problematisch ist diese Regelung insofern, als nicht ausgeführt wird, ab wann eine hinreichende Anzahl von Geschäftsvorfällen vorliegt bzw. unter welchen Voraussetzungen Gleichartigkeit oder Ähnlichkeit anzunehmen ist; vgl. Hebestreit/Schrimpf-Dörges (2009), § 13. Rz. 55; Rüdinger (2004), S. 103 f.; Brinkmann (2006), S. 186 f.

3208 Hebestreit/Schrimpf-Dörges (2009), § 13. Rz. 55 (beide Zitate).

3209 Vgl. kritisch Zülch/Hendler (2009), S. 347.

3210 Vgl. Freiberg/Lüdenbach (2007), S. 330.

3211 Vgl. auch Kußmaul/Niehren (2009), S. 198; Haaker (2005a), S. 52; Pisoke (2004), S. 140.

durch subjektive Zu- oder Abschläge zu adjustieren.[3212] „Wann und in welcher Höhe eine Wertkorrektur stattfinden soll“, bleibt unbeantwortet.[3213]

IAS 37 enthält auch keine explizite Vorgabe, ob bei der Bemessung des Rückstellungsbetrags für Sachleistungsverpflichtungen neben den Einzelkosten auch Gemeinkostenbestandteile zu berücksichtigen sind.[3214] Die h. M. geht von einer Bewertung zu Vollkosten in Analogie zu IAS 2 aus.[3215] Risiken und Unsicherheiten ist durch einen entsprechenden Risikozuschlag Rechnung zu tragen (IAS 37. 42 f.). Allerdings darf diese Vorgehensweise gemäß IAS 37.43 nicht „zu einer übermäßigen Rückstellungsbildung oder zu einer bewussten Überbewertung der Schulden führen“[3216].

Ferner sollen bei der Rückstellungsbemessung zukünftige Ereignisse[3217] Berücksichtigung finden, falls diese den zur Erfüllung einer Verpflichtung erforderlichen Betrag beeinflussen und „ausreichend objektive substanzielle Hinweise auf deren Eintritt“ vorliegen (IAS 37.48).[3218] Eine nähere inhaltliche Präzisierung derselben nimmt der Standard nicht vor; die Regeln des IAS 37.48 werden daher als „weitere markante Beispiele für die Unbestimmtheit der IFRS“[3219] kritisiert. Die Berücksichtigung dieser zukünftigen Ereignisse kann die Höhe der Rückstellungen erhöhen oder mindern.[3220]

Besondere Regelungen sieht IAS 37 überdies zur Berücksichtigung erwarteter Vorteile (*reimbursements*) vor. Rückgriffs- oder Erstattungsansprüche dürfen den Rückstellungsbetrag nicht mindern. Sofern es jedoch so gut wie sicher (*virtually certain*) ist,[3221] dass die zur Verpflichtungserfüllung

---

3212 Vgl. Wüstemann/Bischof (2006), S. 94; Hachmeister (2006b), S. 130; Pellens et al. (2011), S. 433; Baetge et al. (2007), S. 317; Kümpel (2006), S. 201; Meyer, S./Meyer, U. (2009), § 5.I. Rz. 448; Kleinmanns (2005), S. 208; Förschle/Kroner/Heddäus (1999), S. 49; Achleitner/Behr/Schäfer (2009), S. 325 f.; Zülch/Hendler (2009), S. 347; Böcking/Lopatta/Rausch (2005b), B 165 Rz. 207.

3213 Kaiser/Wüstemann (2011), S. 229. Vgl. (kritisch) Hebestreit/Schrimpf-Dörges (2009), § 13. Rz. 57; Rüdinger (2004), S. 101; Moxter (1999a), S. 523; Brinkmann (2006), S. 186.

3214 Vgl. Moxter (2004c), S. 192; Wüstemann (2004), S. 296.

3215 Vgl. Bieg et al. (2009a), S. 238; Pawelzik/Theile (2009), Rz. 2354; Kaiser/Wüstemann (2011), S. 229, Scheffler, E. (2010), B 23 Rz. 621; differenzierend indes Hommel (2007a), S. 325-327 (keine Berücksichtigung von Gemeinkosten bei der Ermittlung des Erfüllungsbetrags, sondern nur bei der Bestimmung des Entpflichtungsbetrags). Allgemeine Verwaltungs- und Vertriebskosten sind indes nicht ansatzfähig, sofern sie in Bezug auf die jeweilige Verpflichtung Fixkosten darstellen; vgl. Kaiser/Wüstemann (2011), S. 229.

3216 Bieg et al. (2009a), S. 238; vgl. auch Morawietz/Hommel (2006), S. 160; Hayn/Hold (2011b), Abschn. 14 Rz. 38; Pellens et al. (2011), S. 433.

3217 Zu diesen künftigen Ereignissen zählen Technologieänderungen (IAS 37.49) sowie Gesetzesänderungen; Letztere sind einschränkend nur dann zu berücksichtigen, wenn „die Verabschiedung der Gesetze so gut wie sicher ist“ (IAS 37.50); Hachmeister (2006b), S. 135. Mithin werden die zu berücksichtigenden künftigen Ereignisse „sehr restriktiv“ interpretiert. Vgl. Wüstemann/Koch (2010b), S. 1078 (auch Zitat); Kaiser (2008), S. 124.

3218 Vgl. auch Pellens et al. (2011), S. 434; Förschle/Kroner/Heddäus (1999), S. 49. Kritisch Kaiser (2008), S. 125 („leere[r] Objektivierungsgrundsatz des IAS 37.48“).

3219 Brinkmann (2006), S. 185.

3220 Vgl. Wüstemann (2004), S. 298.

3221 Während die betreffende Verpflichtung zu passivieren ist, wenn mehr Gründe für als gegen das Bestehen sprechen (*more likely than not*), wird die Wahrscheinlichkeitsschwelle für die Rückgriffsforderung durch das Abstellen auf das *Virtually certain*-Kriterium höher angesetzt; Vgl. Hachmeister (2006b), S. 142; Kaiser/Wüstemann (2011), S. 231. Es ist daher auch treffend von einem imparitätischen Wahrscheinlichkeitsbegriff nach IAS 37 die Rede; vgl. Hebestreit/Schrimpf-Dörges (2009), § 13. Rz. 69; Lüdenbach/Hoffmann (2003a), S. 5 ff.; Ruhnke (2008b),

notwendigen Ausgaben komplett oder partiell von einer anderen Partei erstattet werden, ist diese Rückgriffsforderung als separater Vermögenswert in der Bilanz zu erfassen (IAS 37.53).[3222] Erträge aus dem erwarteten Abgang eines Vermögenswerts dürfen bei der Rückstellungsbemessung keine Berücksichtigung finden; dies gilt selbst dann, wenn der Abgang des Vermögenswerts in engem Zusammenhang mit der Bildung der Rückstellung steht (IAS 37.51 f.; IAS 37.83).[3223]

Eine Rückstellung ist zu diskontieren und damit zum Erfüllungsbarwert anzusetzen,[3224] wenn der sich aus der Diskontierung ergebende Zinseffekt[3225] wesentlich ist (IAS 37.45).[3226] Dabei wird nicht zwischen Sach- und Geldleistungsverpflichtungen einerseits oder Verbindlichkeiten- und Drohverlustrückstellungen andererseits differenziert.[3227] Unerheblich ist zudem, ob die Rückstellung einen Zinsanteil beinhaltet.[3228] Das Wesentlichkeitskriterium wird in IAS 37 nicht näher spezifiziert.[3229] Zur Beurteilung der Wesentlichkeit des Zinseffektes wird in der Literatur auf die Fristigkeit, die absolute Höhe der Verpflichtung sowie den Zinssatz abgestellt.[3230] Von einer Wesentlichkeit ist insbesondere[3231] bei langfristigen Rückstellungen (Laufzeit mehr als zwölf Monate) auszugehen.[3232] „Durch die Antizipation (…) des Zinseffekts eröffnen sich dem Bilanzierenden weitere Spielräume bei der Rückstellungsbewertung, da die dafür erforderlichen Wertdeterminanten zum Bilanzstichtag

S. 590. Hinsichtlich der Wahrscheinlichkeit werden in IAS 37 insgesamt also vier Stufen unterschieden (die Reihenfolge entspricht dem abnehmenden Grad der erforderlichen Wahrscheinlichkeit): (1) *certain or virtually certain*, (2) *probable*, (3) *possible* sowie (4) *remote*. Vgl. im Einzelnen Lüdenbach/Hoffmann (2003a), S. 5.

3222 Vgl. auch Moxter (2004c), S. 190; Meyer, S./Meyer, U. (2009), § 5.I. Rz. 453; Förschle/Kroner/Heddäus (1999), S. 49; Brank/Hasenclever (2011), S. 640. Der für die Erstattung angesetzte Betrag darf den Rückstellungsbetrag in jedem Fall nicht übersteigen (IAS 37.53). Trotz des getrennten bilanziellen Ausweises von Rückstellung und Vermögenswert darf der Aufwand aus der Passivierung der Rückstellung mit dem Ertrag aus der Aktivierung der Erstattung in der Gewinn- und Verlust-Rechnung saldiert werden (IAS 37.54); vgl. Zülch/Hendler (2009), S. 350; Achleitner/Behr/Schäfer (2009), S. 326; Wagenhofer (2009), S. 276; Böcking/Lopatta/Rausch (2005b), B 165 Rz. 209; Hayn/Hold (2011b), Abschn. 14 Rz. 42; Coenenberg/Haller/Schultze (2009), S. 443.

3223 Dieses Einbeziehungsverbot gründet in der Ansicht, dass ein noch nicht realisierter Veräußerungserfolg mit hoher Unsicherheit behaftet ist; vgl. Hachmeister (2006b), S. 140; ferner Pellens et al. (2011), S. 434; Achleitner/Behr/Schäfer (2009), S. 326; von Keitz et al. (2009), IAS 37 Rz. 112; Achleitner/Behr/Schäfer (2009), S. 326, Scheffler, E. (2010), B 233 Rz. 637; Hayn/Hold (2011b), Abschn. 14 Rz. 41.

3224 Dieses Diskontierungsgebot ist streng vermögensorientiert, denn es basiert auf der Annahme, dass „in naher Zukunft anfallende Mittelabflüsse im Allgemeinen als wirtschaftlich belastender eingestuft werden als gleich hohe Mittelabflüsse in ferner Zukunft". So Kaiser/Wüstemann (2011), S. 232; vgl. auch Wüstemann/Bischof (2006), S. 93; Hachmeister (2006b), S. 135 f.

3225 Der Zinseffekt entspricht dem Unterschiedsbetrag zwischen Erfüllungsbetrag und dem Barwert der Verpflichtung; vgl. Kaiser/Wüstemann (2011), S. 232.

3226 Vgl. auch Hachmeister (2006b), S. 135; Friederich/Schmidt (2008), S. 392; Klaholz (2005), S. 109; Kessler, H./Leinen (2005), S. 455. Dieses Erfordernis dürfte unabhängig davon greifen, ob die bestmögliche Schätzung durch den Entpflichtungsbetrag oder den Eigenerfüllungsbetrag abgebildet wird, wenngleich der Wortlaut des IAS 37.37 einer Diskontierung des Eigenerfüllungsbetrags entgegenzustehen scheint; vgl. Hommel (2007a), S. 325.

3227 Vgl. Hachmeister (2006b), S. 135.

3228 Vgl. Hebestreit/Schrimpf-Dörges (2009), § 13. Rz. 74.

3229 Vgl. kritisch Brinkmann (2006), S. 187.

3230 Vgl. Hebestreit/Schrimpf-Dörges (2009), § 13. Rz. 74; Gellrich (2008), S. 270.

3231 Vgl. Hebestreit/Schrimpf-Dörges (2009), § 13. Rz. 74, die darauf verweisen, dass auch bei kurzfristigen Rückstellungen eine Abzinsung erforderlich werden kann, sofern es sich „um eine Rückstellung mit sehr hohen Beträgen handelt und hohe Diskontierungszinsfüße zugrunde zu legen [sind]". So auch Kußmaul/Niehren (2009), S. 199; Hachmeister (2006b), S. 136; von Keitz et al. (2009), IAS 37 Rz. 109; Gellrich (2008), S. 271.

3232 Vgl. Kußmaul/Niehren (2009), S. 199; Bieg et al. (2009a), S. 240; Kaiser/Wüstemann (2011), S. 232; Morawietz/Hommel (2006), S. 160; Pellens et al. (2011), S. 434; Wagenhofer (1998), S. 584; Hoffmann (2006b), S. 63; Freiberg/Lüdenbach (2007), S. 329 ff.; Wödlinger (2007), S. 162; Achleitner/Behr/Schäfer (2009), S. 326; Wagenhofer (2009), S. 275; Coenenberg/Haller/Schultze (2009), S. 443; Gellrich (2008), S. 271.

zwar mehr oder weniger plausibel geschätzt, nicht aber in verifizierbarer Form nachgewiesen werden können“[3233]. Teile des Schrifttums gehen daher sogar von einem faktischen Diskontierungswahlrecht aus.[3234]

IAS 37.47 schreibt die Verwendung eines fristadäquaten Zinssatzes vor Steuern vor, der „die aktuellen Markterwartungen im Hinblick auf den Zinseffekt sowie die für die Schuld spezifischen Risiken widerspiegelt“.[3235] Die Ermittlung des Diskontierungssatzes gilt als problematisch; es werden „beträchtliche Bewertungsoptionen“ beklagt.[3236] Eine „doppelte Berücksichtigung von Risikokomponenten“[3237] ist zu vermeiden; Risiken, die bei der Schätzung künftiger Auszahlungen bereits berücksichtigt wurden, dürfen nicht zusätzlich im Zinssatz erfasst werden (IAS 37.47).[3238] Die Anwendung eines Real- oder Nominalzinssatzes ist davon abhängig, „ob zukünftige Preissteigerungen bei der Schätzung der Auszahlungen einbezogen wurden (nominal) oder nicht (real)“[3239].

Für die oben angesprochenen Sonderfälle gelten die allgemeinen Bewertungsgrundsätze. Bei der Bewertung von Restrukturierungsrückstellungen gilt, dass nur die direkt mit der Restrukturierung in Zusammenhang entstehenden Ausgaben zu berücksichtigen sind, die also im Zuge der Restrukturierung entstehen und die nicht mit den laufenden Aktivitäten des Unternehmens in Zusammenhang stehen.[3240] Die bis zum Beginn der Restrukturierungsmaßnahme entstehenden, identifizierbaren künftigen betrieblichen Verluste sind grundsätzlich nicht in die Restrukturierungsrückstellung einzubeziehen (IAS 37.82).[3241] Ebenso scheidet eine Berücksichtigung von Erträgen aus einer erwarteten Aufgabe von Vermögenswerten bei der Bemessung einer Restrukturierungsrückstellung aus (IAS 37.83). Drohverlustrückstellungen sind nur in Höhe der unvermeidbaren Kosten anzusetzen. Rückstellungen müssen gemäß IAS 37.59 zu jedem Bilanzstichtag hinsichtlich Ansatz und Höhe überprüft werden.[3242] Wird die der Rückstellung zugrunde liegende Verpflichtung beglichen, hat die Auflösung der Rückstellung (grundsätzlich erfolgsneutral) zu erfolgen.

3233 So Hommel (2007a), S. 324; kritisch auch Pisoke (2004), S. 149.

3234 Vgl. Brinkmann (2006), S. 187.

3235 Vgl. auch Förschle/Kroner/Heddäus (1999), S. 50; Hebestreit/Schrimpf-Dörges (2009), § 13. Rz. 75; Bieg et al. (2009a), S. 240; Meyer, S./Meyer, U. (2009), § 5.I. Rz. 450; Kleinmanns (2005), S. 208; Kaiser (2008), S. 128; Brinkmann (2006), S. 187.

3236 So Brinkmann (2006), S. 187.

3237 Bieg et al. (2009a), S. 241.

3238 Vgl. auch Pellens et al. (2011), S. 434; Achleitner/Behr/Schäfer (2009), S. 326; Wagenhofer (2009), S. 276; Pawelzik/Theile (2009), Rz. 2358.

3239 Bieg et al. (2009a), S. 241; vgl. auch Hebestreit/Schrimpf-Dörges (2009), § 13. Rz. 78; Freiberg/Lüdenbach (2007), S. 333.

3240 Vgl. Hayn/Hold (2011b), Abschn. 14 Rz. 50; Wagenhofer (2009), S. 275; Ruhnke (2008b), S. 581.

3241 Vgl. auch Hayn/Hold (2011b), Abschn. 14 Rz. 50.

3242 Vgl. Pellens et al. (2011), S. 435.

2.2 Rückstellungsbewertung nach dem Handels- und Steuerrecht Deutschlands im Vergleich zu IFRS

Durch das BilMoG wurde die handelsrechtliche Bewertung von Rückstellungen grundlegend novelliert; die Änderungen sind wiederum einer beabsichtigten Annäherung an IFRS (IAS 37) geschuldet.[3243] Aus konzeptioneller Sicht wurde die bislang als gewinnorientiert geltende Rückstellungsbemessung des deutschen Handelsrechts[3244] an die zeitwertstatische Rückstellungsbewertungsmethodik der IFRS herangeführt, ohne diese jedoch vollständig zu übernehmen. Im Rahmen der steuerlichen Gewinnermittlungs gilt bei der Rückstellungsbewertung ein „umfassend kodifizierter Bewertungsvorbehalt"[3245] gem. § 6 Abs. 1 Nr. 3a EStG.

Rückstellungen sind in der Handelsbilanz „in Höhe des nach vernünftiger kaufmännischer Beurteilung notwendigen Erfüllungsbetrages anzusetzen" (§ 253 Abs. 1 S. 2 HGB).[3246] Der ehedem in § 253 Abs. 1 S. 2 HGB a. F. vorzufindende Terminus des Rückzahlungsbetrags wurde in Annäherung an IAS 37.36 durch den des Erfüllungsbetrags substituiert. Indes wurde der Rückzahlungsbetrag schon vor dem BilMoG von der höchstrichterlichen Rechtsprechung und der h. M. als Erfüllungsbetrag begriffen (Erfüllungsbetragsprinzip).[3247] Der marktgerechte Entpflichtungsbetrag bzw. Einzelablösewert der Rückstellung ist handels- und steuerrechtlich weiterhin unbeachtlich.[3248]

Auch im Kontext der steuerlichen Gewinnermittlung sind Rückstellungen grundsätzlich mit den Anschaffungskosten oder dem höheren Teilwert anzusetzen, wobei diese Vorgabe von der h. M. „inhaltlich übereinstimmend in dem Sinne verstanden wird, dass Verpflichtungen mit dem Erfüllungsbetrag anzusetzen sind"[3249]. Spezifische steuerliche Rückstellungsbewertungsgrundsätze sind in der Vorschrift des § 6 Abs. 1 Nr. 3a EStG niedergelegt, die „als äußerst streitig und ungeklärt"[3250] gelten und den handelsrechtlichen Bewertungsgrundsätzen im Rang vorgehen (§ 6 Abs. 5 EStG). Bedingt durch zahlreiche steuergesetzliche Durchbrechungen hat sich die steuerliche Bewertung von Rückstellungen beinahe „vollständig von den handelsrechtlichen Grundlagen – gestützt auf die GoB – gelöst"[3251]; dies gilt gem. BilMoG umso mehr.[3252]

3243 Vgl. Esterer (2010), S. 634; Scheffler, W. (2008b), S. 237; Köster (2010), S. 697 f.; Gros (2010), S. 164; Lühn (2007), S. 930; Brank/Hasenclever (2011), S. 640; Hennrichs (2009a), S. 111.

3244 Vgl. Rüdinger (2004), S. 97.

3245 Prinz (2011c), S. 493; vgl. auch Reuter (2007), S. 49 ff.

3246 Zum konkretisierungsbedürftigen Begriff der vernünftigen kaufmännischen Beurteilung vgl. insb. Scheffler, E. (2010), B 233 Rz. 51.

3247 Vgl. Wüstemann/Koch (2010a), S. 322; Schulze-Osterloh (2003b), S. 352; Ballwieser (1992), S. 49; Siegel (2008d), S. 356; Brösel/Olbrich (2010), § 253 HGB Rz. 24; Drescher (2002), S. 166.

3248 Vgl. Hommel (2009), S. 81; Rüdinger (2004), S. 97; Kaiser (2008), S. 112.

3249 Herzig/Gellrich (2006a), S. 510; vgl. auch Gellrich (2008), S. 244 f. m. w. N.

3250 So Prinz (2011a), S. 173.

3251 Prinz (2011a), S. 172.

3252 Vgl. auch Herzig (2010f), S. 1904.

Abweichungen in der inhaltlichen Ausfüllung des Erfüllungsbetrags zwischen den handelsrechtlichen GoB und den IFRS werden auf einen geringeren Stellenwert des Vorsichtsprinzips in IAS 37 zurückgeführt.[3253] Allerdings wird das Vorsichtsprinzip auch in seiner steuerlichen Geltung durch die Bewertungsregeln des § 6 Abs. 1 Nr. 3a EStG restringiert.[3254] Eine i. S. d. GoB gebotene vorsichtige Bewertung ist IAS 37 fremd; der Standard verlangt vielmehr eine „risikoneutrale Bewertung“[3255]. Der Ansatz des Erwartungswerts nach IAS 37.39 (bei einer hinreichend großen Anzahl ähnlicher Geschäftsvorfälle) ist damit „zwingend niedriger als der vorsichtigere Wert gemäß den GoB“, da dieser „immer höher als der Erwartungswert“ liegt.[3256] Bei einer Gleichverteilung möglicher Eintrittswahrscheinlichkeiten „schließ[e] das Vorsichtsprinzip die Passivierung des niedrigsten Werts sowie des Mittelwerts aus und zwing[e] zum Ansatz des höchsten Betrags“[3257]. Die nach IAS 37.40 vorzunehmende Bewertung von Einzelverpflichtungen in Höhe des wahrscheinlichsten Ergebnisses aus einer Bandbreite möglicher Ergebnisse führt aus Sicht der GoB „dann zu unvorsichtigeren Werten, wenn der singuläre wahrscheinlichste Wert unterhalb des Erwartungswertes liegt“[3258]. Nach GoB darf auf den Betrag mit der höchsten Einzelwahrscheinlichkeit nur für den Fall abgestellt werden, dass die Wahrscheinlichkeit des Eintritts dieses Betrags wesentlich höher eingeschätzt wird als die Wahrscheinlichkeit größerer realistischer Beträge.[3259]

Ob Sach- und Dienstleistungsverpflichtungen in der Handelsbilanz auf Voll- oder Teilkostenbasis zu bewerten sind, war bis zum BilMoG eine streitbefangene Frage.[3260] Die Diskussion hat sich zumindest insofern entschärft, als die noch vor dem BilMoG bestandenen Einbeziehungswahlrechte für Gemeinkostenbestandteile weitflächig eliminiert wurden. Die Bewertung hat nunmehr im Grundsatz zu Vollkosten zu erfolgen.[3261] Steuerlich sind Rückstellungen für Sachleistungsverpflichtungen explizit mit den Einzelkosten und den angemessenen Teilen der notwendigen Gemeinkosten zu bewerten (§ 6 Abs. 1 Nr. 3a lit. b) EStG).[3262] Geht man mit der h. M. von einer Bewertung zu Vollkosten nach IAS 37 aus, liegt in diesem Punkt keine Abweichung vor.

Die im Zuge des BilMoG vorgenommene Neuformulierung des § 253 Abs. 1 S. 1 HGB zugunsten des Erfüllungsbetrags soll weiterhin klarstellen, dass zukünftige Preis- und Kostensteigerungen verpflichtend in die Rückstellungsbewertung einzubeziehen sind, sofern ausreichend objektivierte

3253 Vgl. Moxter (1999a), S. 523; ders. (1997b), S. 681 f.; Kleinmanns (2005), S. 209.
3254 Vgl. Gellrich (2008), S. 247.
3255 So Morawietz/Hommel (2006), S. 165 f. (Zitat auf S. 165).
3256 Vgl. Wüstemann (2004), S. 296 (auch die beiden Zitate).
3257 Kaiser/Wüstemann (2011), S. 221; vgl. auch Rüdinger (2004), S. 100; Kaiser (2008), S. 113; Scheffler, E. (2010), B 233 Rz. 52.
3258 Wüstemann (2004), S. 296.
3259 Vgl. Kaiser (2008), S. 113.
3260 Vgl. z. B. Küting/Cassel/Metz (2009), S. 328 (Vollkosten, unter Verweis auf die „h. M.“); Weigl/Weber/Costa (2009), S. 1065 (Wahlrecht, ebenfalls als „herrschende(.) Meinung“ reklamierend).
3261 Vgl. Brösel/Olbrich (2010), § 253 HGB Rz. 359.
3262 Vgl. im Einzelnen Scheffler, W. (2000), S. 542 f.

Hinweise für deren Eintritt vorliegen.[3263] Aus bilanzrechtlicher Sicht steht die Behandlung künftiger Preis- und Kostensteigerungen im Spannungsfeld zwischen Realisations- und Imparitätsprinzip einerseits und Stichtagsprinzip andererseits. Nach bislang ständiger, aber strittiger[3264] Judikatur des BFH sind Preis- und Kostensteigerungen lediglich in Ausnahmefällen zu berücksichtigen. „Der BFH typisiert insoweit sehr streng“[3265]. Objektivierungsbedingt wurde in der Vergangenheit dem Stichtagsprinzip Vorrang eingeräumt. Somit handelt es sich bei dem Einbezug künftiger Preis- und Kostensteigerungen nicht um eine bloße Klarstellung,[3266] sondern um eine tatsächliche Rechtsänderung,[3267] die sich an IAS 37.48 ausrichtet.[3268] Noch ungeklärt ist insbesondere[3269] der Umfang der zu berücksichtigenden Preis- und Kostensteigerungen.[3270] Aus steuerlicher Sicht ist diese Diskussion einstweilen irrelevant, weil § 6 Abs. 1 Nr. 3a lit. f) EStG unmissverständlich bestimmt, dass bei der Bewertung einer Rückstellung die Preisverhältnisse am Bilanzstichtag maßgebend sind und künftige Preis- und Kostensteigerungen mithin keine Berücksichtigung finden.[3271] Es gilt ein eigenständiges steuerliches Stichtagsprinzip.[3272] Damit weicht die steuerliche Rückstellungsbewertung von dem Wertansatz nach HGB ab; dies gilt auch in Relation zu IAS 37.48.

3263 Vgl. BT-Drs. 16/10067, S. 54. zur Diskussion vgl. Wüstemann/Koch (2010b), S. 1075; Hommel (2009), S. 82; Herzig/Briesemeister (2010c), S. 68; dies. (2009d), S. 165; Baetge/Kirsch/Thiele (2011), S. 418; Baetge/Kirsch/Solmecke (2009), S. 1216; Mayr (2011), S. 339; Theile/Stahnke (2008), S. 1759; Mellwig (2010), S. 671; Drinhausen/Dehmel (2008), S. 37 f.; Drinhausen/Ramsauer (2009), S. 50; Engel-Ciric (2009a), S. 364; Scheffler, E. (2010), B 233 Rz. 60; Kunath (2010), S. 158; Scheffler, W. (2008b), S. 233 f.; Küting/Cassel/Metz (2008), S. 2318; Brösel/Olbrich (2010), § 253 HGB Rz. 354; Brösel/Mindermann/Zwirner (2009), S. 649; Zülch/Hoffmann, S. (2009), S. 369 f.; Weigl/Weber/Costa (2009), S. 1063; Weber-Grellet (2008a), S. 147; Kropp/Wirtz (2011), S. 541; Weinand/Oldewurtel/Wolz (2011), S. 164; Bitz/Schneeloch/Wittstock (2011), S. 251 f.; Winkeljohann/Ull (2010), S. 35; Rödder (2009), S. 236; Bantleon/Schorr (2010), S. 1494 f.; Günter (2009), S. 402; Bieker (2008), S. 365; Brank/Hasenclever (2011), S. 640; Kirchmann/Sikora/Blumberg (2011), S. 957.

3264 Vgl. Gellrich (2008), S. 245; Scheffler, E. (2010), B 233 Rz. 60, jeweils m. w. N.

3265 Moxter (1999a), S. 523; vgl. auch Schulze-Osterloh (2003b), S. 352.

3266 So aber BT-Drs. 16/10067, S. 52. So auch z. B. Brösel/Mindermann/Zwirner (2009), S. 649.

3267 Vgl. Wüstemann/Wüstemann (2010), S. 767.

3268 Vgl. Küting/Cassel/Metz (2008), S. 2318; Gelhausen/Fey/Kämpfer (2009), § 253 HGB Rz. 17; Zwirner/Künkele (2009), S. 644; Arbeitskreis Bilanzrecht der Hochschullehrer Rechtswissenschaft (2008b), S. 209.

3269 Ungeklärt ist etwa auch, wie zu erwartende Preis- und Kosten*minderungen* zu behandeln sind; bejahend z. B. Fink/Kunath (2010), S. 2347; Zülch/Hoffmann, S. (2009), S. 370; Winkeljohann/Ull (2010), S. 35; verneinend Brösel/Olbrich (2010), § 253 HGB Rz. 355. Zum Diskussionsstand auch Scheffler, E. (2010), B 233 Rz. 64.

3270 Die Beantwortung dieser Frage hängt von der Gewichtung des Objektivierungsprinzips ab; zum Diskussionsstand vgl. Wüstemann/Koch (2010a), S. 322 f.; dies. (2010b), S. 1078. Ein interpretatorischer Rückgriff auf den restriktiven IAS 37.48 dürfte nach Literaturmeinung schon daran scheitern, dass „dort nicht auf allgemeine Preis- und Kostensteigerungen eingegangen wird, sondern auf die Berücksichtigung zukünftiger Ereignisse wie Gesetzes- und Technologieänderungen“, dieses stelle ein gänzlich „anderes Problem“ dar; Wüstemann/Koch , C. (2010a), S. 322 (das erste Zitat); dies. (2010b), S. 1078 (das zweite Zitat). Folgt man dieser Ansicht, hat der Einbezug künftiger Preis- und Kostensteigerungen eben nicht die intendierte Annäherung an IAS 37.48 bewirkt. A. A. (vollständige Angleichung an IAS 37.48) Theile (2009a), S. 121.

3271 Vgl. Herzig (2008b), S. 1344; Herzig/Briesemeister (2009d), S. 165; Gellrich (2008), S. 246 f.; Baetge/Kirsch/Thiele (2011), S. 211; Theile/Stahnke (2008), S. 1759; Esterer (2010), S. 634 f.; Fischer (2011), § 6 EStG Rz. 160; Küting/Cassel/Metz (2008), S. 2318; Kirchmann/Sikora/Blumberg (2011), S. 958; Brösel/Mindermann/Zwirner (2009), S. 649; Rammert/Thies (2009), S. 44; Drinhausen/Ramsauer (2009), S. 50. Kritisch z. B. Mayr (2011), S. 339 u. 340 f. (eine Abzinsung nach § 6 Abs. 1 Nr. 3a lit. e) EStG – dazu sogleich im Text – erfordere zugleich eine Berücksichtigung künftiger Preis- und Kostensteigerungen).

3272 Vgl. Herzig/Briesemeister (2010c), S. 68; Hey (2010b), § 17 Rz. 155; Kahle (2011), S. 169; Kahle/Schulz/Vogel (2011), S. 180.

Eine weitere Änderung der Rückstellungsbewertungsmethodik, die von Teilen des Schrifttums gar als „Paradigmenwechsel“[3273] gewertet wird, betrifft die Diskontierung von Rückstellungen mit einer Laufzeit von mehr als einem Jahr (§ 253 Abs. 2 S. 1 HGB).[3274] Diese Bewertungsmethodik ist zeitwertstatisch geprägt.[3275] Offenkundig ist auch diese Änderung einer intendierten IFRS-Annäherung geschuldet.[3276] Eine Abzinsung war vor der BilMoG lediglich in Ausnahmefällen statthaft, wenn die zugrunde liegende (ungewisse) Verbindlichkeit einen impliziten Zinsanteil enthielt.[3277] Die neuerliche handelsrechtliche Diskontierungspflicht ist insofern bemerkenswert, als das in IAS 37 enthaltene Abzinsungsgebot nach bisher herrschendem Verständnis „nicht nur dem Vorsichtsprinzip [widerspricht]“, sondern „auch eine vom deutschen Recht grundlegend abweichende Vermögenskonzeption [offenbart]“[3278]. An diesem Diskontierungsgebot dokumentiert sich, dass das zeitwertstatische Gedankengut der IFRS zunehmend auch in das deutsche Bilanzrecht eindringt.[3279]

Die Vereinbarkeit des § 253 Abs. 2 S. 1 HGB mit dem bilanz(-steuer)rechtlichen Realisationsprinzip wird weiterhin diskutiert. Im ausschüttungsstatischen Schrifttum wird die Diskontierung – überraschend offen – nun nicht mehr als Durchbrechung des Realisationsprinzips, sondern als „andere Wertung“ des Gesetzgebers gewertet, wonach „geringere Anforderungen an die Quasisicherheit der Zinserträge“ zu stellen seien.[3280] Im weiteren Schrifttum indes wird allerdings teilweise auch an einem Verstoß dieser Abzinsung mit dem Realisationsprinzip festgehalten, bezogen auf den Fall der Zinslosigkeit.[3281]

Im Gegensatz zur Berücksichtigung künftiger Preis- und Kostensteigerungen ist die Abzinsung im HGB normiert.[3282] Sie hat namentlich auf Basis eines laufzeitäquivalenten, durchschnittlichen Marktzinssatzes der vergangenen sieben Geschäftsjahre zu erfolgen (§ 253 Abs. 2 S. 1 HGB).[3283] Dieser Diskontierungssatz wird von der Deutschen Bundesbank ermittelt und monatlich bekannt

---

3273 Drinhausen/Dehmel (2008), S. 38.

3274 Im Umkehrschluss bedeutet dies, dass Rückstellungen mit einer voraussichtlichen Inanspruchnahme zu einem Zeitpunkt, der bis zu zwölf Monate nach dem Abschlussstichtag liegt, nicht verpflichtend abzuzinsen sind; vgl. Gelhausen/Fey/Kämpfer (2009), § 253 HGB Rz. 44. Zu (praktischen) Zweifelsfragen im Zusammenhang mit der Abzinsung vgl. Kropp/Wirtz (2011), S. 541 ff.; Theile/Stahnke/Nagafi (2011), S. 323 ff.

3275 Vgl. Moxter (1986a), S. 176.

3276 Vgl. Schulze-Osterloh (2008a), S. 70; Wüstemann/Koch (2010b), S. 1077; Küting/Cassel/Metz (2008), S. 2318; Drinhausen/Dehmel (2008), S. 38; Weigl/Weber/Costa (2009), S. 1064; Theile/Stahnke (2008), S. 1759; Weinand/Oldewurtel/Wolz (2011), S. 164.

3277 Vgl. Wüstemann/Wüstemann (2010a), S. 768.

3278 Moxter (1999a), S. 523 (beide Zitate); vgl. auch Hachmeister/Zeyer (2008), IAS 37 Rz. 276.

3279 Vgl. Lorson (2009), S. 23; kritisch insofern auch Brösel/Olbrich (2010), § 253 Rz. 374.

3280 Wüstemann/Wüstemann (2010a), S. 768 f. (das erste Zitat auf S. 768, das zweite Zitat auf S. 769); unkritisch insoweit auch Mellwig (2010), S. 667 ff.

3281 Vgl. insb. Schulze-Osterloh (2008a), S. 70 und bereits ders. (2008b), S. 425 f.; ders. (2004c), S. 1136; ders. (2003b), S. 351 ff.; zustimmend Hennrichs (2004), S. 135 f.; ders. (2005b), S. 272 f.; ders. (2001), S. 327 f. (speziell mit Blick auf die Steuerbilanz).

3282 Zur Kritik Wüstemann/Koch (2010b), S. 1077; Wüstemann/Wüstemann (2010a), S. 768; Hommel (2009), S. 83.

3283 Vgl. auch Weigl/Weber/Costa (2009), S. 1064; Zülch/Hoffmann, S. (2009), S. 371 f.; Theile/Stahnke (2008), S. 1759; Engel-Ciric (2009a), S. 364; Brösel/Mindermann/Zwirner (2009), S. 650; Scheffler, W. (2008b), S. 234; Kunath (2010), S. 160 f.

gegeben (§ 253 Abs. 2 S. 4 HGB).[3284] Hierin liegt ein „wesentliche[r] Unterschied"[3285] zu IAS 37, der den Bilanzierenden eben keinen konkreten Abzinsungssatz zur Hand gibt. Anders als die IFRS, die eine Abzinsung ausschließlich bei einem wesentlichen Zinseffekt verlangen, hat der deutsche Gesetzgeber sich für die Einführung einer „harten Grenze" von einem Jahr entschieden, wohingegen eine Abzinsung nach IFRS nach h. M. im Grundsatz auch bei einer (Rest-) Laufzeit von weniger als zwölf Monaten erfolgen kann, solange der Zinseffekt wesentlich ist.[3286] Eine Übereinstimmung mit IAS 37 wird insoweit gerade nicht erreicht.[3287] Auch die rückstellungsunspezifische bzw. unternehmensunabhängige (bonitätsunabhängige) Ermittlung des Abzinsungsfaktors steht einer Annäherung an IAS 37 entgegen.[3288] Während der Diskontierungssatz nach IAS 37.47 sowohl die aktuellen Markterwartungen im Hinblick auf den Zinseffekt als auch die schuldspezifischen Risiken erfasst, soll der Diskontierungssatz des HGB von Letzteren gerade abstrahieren.[3289] Zudem ist im Rahmen des IAS 37 der Stichtagszins maßgebend, wohingegen nach HGB der Durchschnittssatz der letzten sieben Jahre relevant ist.[3290] Die jeweils zugrunde zu legenden Diskontierungssätze dürften insofern regelmäßig voneinander abweichen.[3291]

Im prinzipiellen Gleichlauf mit IFRS ist eine Diskontierung des Erfüllungsbetrags im Rahmen der steuerlichen Gewinnermittlung bereits nach geltender Rechtslage vorzunehmen (§ 6 Abs. 1 Nr. 3a lit. e) EStG). Dieses Diskontierungsgebot gilt für Geld- und Sachleistungsverpflichtungen gleichermaßen. Rückstellungen sind von einer Abzinsung ausgenommen, wenn sie eine (Rest-) Laufzeit von weniger als zwölf Monaten aufweisen oder verzinslich sind (§ 6 Abs. 1 Nr. 3a lit. e) i. V. m. Nr. 3 S. 2 EStG).[3292] Das Steuerrecht benutzt einen vom Handelsrecht abweichenden Diskontierungssatz,[3293] und zwar in Höhe von 5,5 % (§ 6 Abs. 1 Nr. 3a lit. e) EStG).[3294] Diese Typisierung steht (auch) einer Konformität mit den Diskontierungsregeln des IAS 37 entgegen.[3295]

Auch im Rahmen der handels- und steuerrechtlichen Gewinnermittlung sind Erstattungsansprüche berücksichtigungsfähig. Indessen lehnt der BFH eine Aktivierung von Rückgriffsforderungen

3284 Vgl. im Einzelnen Stapf/Elgg (2009), S. 2134 ff.; Brösel/Olbrich (2010), § 253 Rz. 367 ff.; Kunath (2010), S. 161-163; Gelhausen/Fey/Kämpfer (2009), § 253 HGB Rz. 46-57; Drinhausen/Ramsauer (2009), S. 50-52.

3285 Böcking/Gros (2009a), S. 357; vgl. auch Gros (2010), S. 165; Weinand/Oldewurtel/Wolz (2011), S. 164; Theile (2009a), S. 121.

3286 Wie dargelegt, kommt es nach IAS 37 auf die Wesentlichkeit des Zinseffekts an.

3287 So aber z. B. Gellrich (2008), S. 276. *Gellrich* weist allerdings an anderer Stelle selbst darauf hin, dass eine Zwölfmonatsgrenze kein hinreichendes Abgrenzungskriterium für das Vorliegen eines wesentlichen Zinseffekts ist; vgl. ders. (2008), S. 271.

3288 So Wüstemann/Koch (2010b), S. 1077; Hommel (2009), S. 83; a. A. offenbar Bieg et al. (2009b), S. 258.

3289 Vgl. Hommel (2009), S. 83; Gellrich (2008), S. 275.

3290 Vgl. Boecker/Froschhammer (2010), S. 306; Theile (2009a), S. 121; Kirsch, H. (2008c), S. 229.

3291 Vgl. Bitz/Schneeloch/Wittstock (2011), S. 822.

3292 Vgl. Gellrich (2008), S. 274; Herzig (2010d), S. 234; Kropp/Wirtz (2011), S. 542. Vgl. eingehend Reuter (2007), S. 231-250; aus Sicht der Finanzverwaltung vgl. im Einzelnen BMF v. 26.05.2005, IV B 2 – S 2175 – 7/05, BStBl. I 2005, S. 699; hierzu insb. Happe (2005), S. 618 ff.

3293 Vgl. kritisch Mayr (2011), S. 341.

3294 Vgl. Fischer (2011), § 6 EStG Rz. 159; Mellwig (2010), S. 671; Scheffler, W. (2000), S. 544-546; Herzig (2011b), S. 84.

3295 Vgl. Gellrich (2008), S. 275; Dietel (2004), S. 223; Engel-Ciric (2009a), S. 365; Köhrle (2010), S. 291; Kirchmann/Sikora/Blumberg (2011), S. 959.

ab.[3296] Nach § 6 Abs. 1 Nr. 3a lit. c) EStG sind künftige Vorteile, die mit der Erfüllung der Verpflichtung voraussichtlich verbunden sein werden, rückstellungsmindernd zu berücksichtigen.[3297] Im Unterschied zu IFRS müssen diese Vorteile sich (noch) nicht als Wirtschaftsgut bzw. Vermögenswert konkretisiert haben, gleichwohl aber bestimmte Voraussetzungen erfüllen, die dem Erfordernis eines so gut wie sicheren (*virtually certain*) Anspruchs nach IAS 37.53 aber nahekommen dürften.[3298]

2.3 Rückstellungsbewertung nach dem Handels- und Steuerrecht Frankreichs im Vergleich zu IFRS

Durch das *règlement* CRC 2000-06 wurden die handelsrechtlichen Bewertungsgrundsätze für Rückstellungen (*provisions pour risques et charges*) an die Vorgaben des IAS 37 angepasst, ohne jedoch deren Detaillierungsgrad zu übernehmen. Das französische Schrifttum beklagt gleichwohl, dass die Rechtsunsicherheit im Bereich der Rückstellungsbewertung nach dem CRC 2000-06 deutlich zugenommen habe.[3299] Einen Grundsatz der Rückstellungsbewertung[3300] enthält die Vorschrift des Art. 212-1.4 PCG: „L'estimation du passif correspond au montant de la sortie de ressources que l'entité doit supporter pour éteindre son obligation envers le tiers". Dieser Grundsatz wird durch Art. 323-2 PCG in Bezug auf *provisions pour risques et charges* konkretisiert. Diese sind im Zugangszeitpunkt in Höhe der bestmöglichen Schätzung (*meilleure estimation*) zu bewerten. Dieser Wertmaßstab wurde offenkundig von IAS 37.36 übernommen.

Nach dem Vorbild des IAS 37 wird bei der Bestimmung der bestmöglichen Schätzung grundlegend unterschieden, ob eine große Anzahl ähnlicher Verpflichtungen (*grand nombre d'obligations similaires*) oder singuläre Verpflichtungen (*obligation unique*) zu bewerten ist (Artt. 323-2.1 und 323-2.2 PCG). Art. 323-3 PCG lässt darauf schließen, dass lediglich Einzelkosten in die Rückstellungsbemessung einbezogen werden („Les dépenses à prendre en compte sont celles qui concourent directement à l'extinction de l'obligation de l'entité envers le tiers"). Folgt man der Ansicht, dass nach IAS 37 über die Einzelkosten hinaus auch bestimmte Gemeinkostenbestandteile in die Rückstellungsdotierung einzubeziehen sind, könnte sich hieraus eine Abweichung ergeben. Die Behandlung von zukünftigen Ereignissen (*événements futurs*), von Erstattungen (*remboursements*) sowie von Erträgen aus dem erwarteten Abgang eines Vermögenswerts (*profits résultant de la sortie attendue d'actifs*) wurde annähernd wortgetreu aus IAS 37 übernommen (Art. 323-6 PCG; Art. 323-8 PCG; Art. 323-7 PCG). Demnach sind zukünftige Ereignisse – wie nach IAS 37.48 ff. – (nur) bei Vorliegen ausreichend objektiver Hinweise (*indications objectives*) in die Rückstellungsbewertung

[3296] Vgl. Moxter (1999a), S. 524.

[3297] Vgl. im Einzelnen Scheffler, W. (2000), S. 543 f.

[3298] So Förschle/Kroner/Heddäus (1999), S. 50. Zudem erfolgt – in (zulässiger) Durchbrechung des Saldierungsverbots – ein Nettoausweis. Anderes gilt, wenn die künftigen wirtschaftlichen Vorteile handels- und steuerrechtlich als Forderung qualifizieren. In diesem Fall erfolgt im Einklang mit IAS 37.53 ein Bruttoausweis.

[3299] Zur Kritik vgl. Rosenberg (2006), S. 135.

[3300] Vgl. Osterloh-Konrad (2005), S. 413.

einzubeziehen. Erstattungen nehmen keinen Einfluss auf die Rückstellungshöhe; sie sind aber nach dem Vorbild des IAS 37.53 als separater Vermögenswert zu erfassen. Anders als IAS 37.53 verlangt Art. 323-8 PCG hierbei jedoch nicht zusätzlich, dass die Erstattung so gut wie sicher (*virtually certain*) sein muss; eine Aktivierung von Erstattungen wird (lediglich) an die allgemeinen Aktivierungsvoraussetzungen für aktive Vermögenswerte geknüpft.[3301] Ein (mindernder) Einbezug von Erträgen aus dem künftigen Abgang von Vermögenswerten in die Rückstellungsbewertung ist in Übereinstimmung mit 37.51 unzulässig (Art. 323-7 PCG). Ein wesentlicher materieller Unterschied zu IAS 37 verbleibt indes in Bezug auf die Diskontierung (*actualisation*). Eine solche ist nach französischem Bilanzrecht im Bereich der Rückstellungsbewertung unzulässig; die (Un-) Wesentlichkeit des Zinseffektes ist hierbei unbeachtlich.

Im Allgemeinen sind die handelsrechtlichen Regeln zur Rückstellungsbewertung auch steuerlich maßgebend.[3302] Gesetzliche Grundlage für diesen Rückgriff ist die Generalnorm des Art. 38 *quater de l'annexe* III CGI. Die beschriebenen IFRS-Einflüsse auf die Rückstellungsbewertung können sich damit auch auf die steuerliche Gewinnermittlung auswirken. Es ist mithin davon auszugehen, dass der Wertmaßstab der bestmöglichen Schätzung auch steuerlich zum Tragen kommt.[3303] Steuerliche Abweichungen in der Konkretisierung derselben bestehen lediglich in Detailfragen. Hierbei ist insbesondere zu beachten, dass Erträge aus dem Abgang von Vermögenswerten mit dem Verpflichtungsbetrag zu verrechnen sind, sodass der steuerlich zulässige Rückstellungswert insoweit gemindert wird.[3304] Nach dem IFRS-angenäherten Handelsbilanzrecht bleiben Erträge dieser Art bei der Rückstellungsbewertung indessen unberücksichtigt. Überdies ist darauf hinzuweisen, dass die Geltung des handelsrechtlichen Imparitätsprinzips im Bereich der Rückstellungsbewertung traditionell eingeschränkt wird.[3305]. So dürfen Rückstellungen für drohende Verluste aus schwebenden Geschäften steuerlich „nur bis zur Höhe des zum Bilanzstichtag tatsächlich entstandenen Verlustes" angesetzt werden; somit ergibt sich die steuerlich maximal zulässige Rückstellungshöhe „aus der Gegenüberstellung der bereits getätigten Aufwendungen und der zu erwartenden Einnahmen für die Aufwendungen. Zukünftige Einnahmen und Ausgaben bleiben bei der Bestimmung des Verlustes dagegen unberücksichtigt"[3306].

3301 Vgl. Art. 323-8 PCG: „il (eine Erstattung [un remboursement], d. Verf.) est comptabilisé distinctement à l'actif s'il est conforme aux dispositions relatives à la comptabilisation d'un actif". Vgl. auch Osterloh-Konrad (2005), S. 413 f.

3302 Diese Aussage bezieht sich auf *provisions pour risques et charges*. Zu den Bewertungsgrundsätzen der weiteren Rückstellungsarten des französischen Bilanz(-steuer)rechts vgl. als Überblick z. B. Wagner, M. (2003), S. 118.

3303 Vgl. Schäfer (2004), S. 118 u. S. 124.

3304 Vgl. Osterloh-Konrad (2005), S. 414.

3305 Oestreicher/Spengel (1999b), S. 376.

3306 Brodhag (1997), S. 69 f. (beide Zitate); vgl. auch Schäfer (2004), S. 124.

2.4 Rückstellungsbewertung nach dem Handels- und Steuerrecht Polens im Vergleich zu IFRS

Das RLG regelt die Bewertung von Rückstellungen (*rezerwy*) nur rudimentär: Rückstellungen sind gemäß Art. 28 Abs. 1 Nr. 9 RLG „in begründeter, glaubwürdig geschätzter Höhe zu bewerten". Darüber hinaus gehende Hinweise zur Rückstellungsbewertung gibt das RLG indes nicht. Für Zwecke der Konkretisierung des Art. 28 Abs. 1 Nr. 9 RLG ist damit (implizit) auf die Bestimmungen des IAS 37 zurückzugreifen. Gesetzliche Grundlage für dieses Vorgehen ist die Vorschrift des Art. 10 Abs. 3 RLG, die besagt, dass gesetzliche Regelungslücken durch Inbezugnahme auf die Rechnungslegungsstandards des polnischen Rechnungslegungskomitees (KSR) bzw., sofern diese Standards keine weiteren Hinweise geben, direkt auf Basis der IFRS geschlossen werden sollen.

Da der die Rückstellungsbewertung regelnde Rechnungslegungsstandards Nr. 6 die Bewertungsgrundsätze des IAS 37 ohnehin übernommen hat respektive zur Anwendung nahe legt,[3307] folgt die Rückstellungsbewertung nach nationalem polnischen Handelsbilanzrecht im Ergebnis den diesbezüglichen IFRS-Vorgaben.[3308] Dieses Auslegungsergebnis stellt sich also sowohl mittelbar (qua Anwendung des Rechnungslegungsstandards Nr. 6) als auch unmittelbar (qua Rückgriff auf IAS 37) ein. Folglich wird die nach Art. 28 Abs. 1 Nr. 9 RLG geforderte Bewertung in begründeter, glaubwürdig geschätzter Höhe im Sinne einer *bestmöglichen Schätzung* (*best estimate*) nach IAS 37 ausgelegt.[3309]

Wegen des generellen Rückstellungsverbots[3310] enthält das polnische Körperschaftsteuerrecht zwangsläufig auch keine Vorgaben für eine Rückstellungsbewertung. Auch einer diesbezüglichen steuerlichen Literaturdiskussion fehlt damit die Grundlage. Insofern erscheint die Frage nach einem impliziten Rückgriff auf das Handelsbilanzrecht obsolet. Eine (faktische) Übernahme der Rückstellungsbewertungsgrundsätze des IAS 37 in die steuerliche Gewinnermittlung ist auszuschließen.

2.5 Rückstellungsbewertung nach dem Handels- und Steuerrecht Schwedens im Vergleich zu IFRS

In Ermangelung expliziter handelsgesetzlicher Vorschriften wird die handelsbilanzielle Bewertung von Rückstellungen im Wesentlichen durch die komplettierende Normgebung geregelt. Die vom *Redovisningsrådet* verabschiedete, die Rückstellungsbewertung aufgreifende Verlautbarung RR 16 ist hierbei eng an IAS 37 angelehnt. Eine Rückstellung ist nach RR 16 in Höhe jenes Betrages anzusetzen, der die bestmögliche Schätzung (*bästa uppskattning*) der zur Erfüllung der Verpflichtung

---

3307 Vgl. Leśko (2007), S. 62.

3308 Vgl. in Bezug auf Pensionsrückstellungen auch Eberhartinger/Wilczynska-Stöckl (2009), S. 74: „Da das Gesetz keine Regelungen zur Berechnung der Rückstellungen für Pensionen enthält, sind gemäß Art. 10 Abs. 3 RLG die Bestimmungen von IAS 19 anzuwenden".

3309 Zum Wertmaßstab der bestmöglichen Schätzung gemäß IAS 37 vgl. oben, 4. Kap. V. 2.1.

3310 Vgl. hierzu oben, 4. Kap. V. 1.4.

am Bilanzstichtag notwendigen Ausgabe darstellt (RR 16.36). Dabei stellt RR 16.37 klar, dass die bestmögliche Schätzung jener Betrag ist, den das Unternehmen zur Begleichung der Schuld am Bilanzstichtag oder zur Übertragung der Verpflichtung auf eine dritte Partei aufbringen müsste, wobei RR 16 ebenfalls offen lässt, welcher dieser beiden Beträge maßgebend ist.

Bei einer großen Anzahl ähnlicher Posten soll sich die Rückstellungshöhe – wie nach IAS 37.39 – nach dem Erwartungswert (*väntevärdet*) ermitteln. Ergibt sich dabei eine Bandbreite gleichwahrscheinlicher Beträge, ist der Mittelwert maßgebend (RR 16.39). Im Fall von passivierungspflichtigen Einzelverpflichtungen soll auf das wahrscheinlichste Einzelergebnis (*enskilt mest sannolika utfallet*) abgestellt werden (RR 16.40), wobei gegebenenfalls Zu- oder Abschläge vorzunehmen sind, wie die auch nach IAS 37.40 vorgesehen ist.

Eine Berücksichtigung künftiger Ereignisse (*framtida händelser*) nach dem Vorbild von IAS 37.48 ff. ist zulässig (bzw. verpflichtend), wenn ausreichend objektive Hinweise (*tillräckliga, objektiva omständigheter*) für deren Eintreten vorliegen (RR 16.48). Entschädigungen bzw. Rückgriffsforderungen (*gottgörelser*) sind wie nach IAS 37.53 als separater Vermögenswert (*tillgång*) zu erfassen, sofern es so gut wie sicher (*så gott som säkert*) ist, dass der zur Erfüllung der Verpflichtung erforderliche Betrag ganz oder teilweise von einer dritten Partei erstattet wird. Indessen ist die Berücksichtigung von erwarteten Erträgen aus der Veräußerung oder Stilllegung eines Vermögenswerts bei der Rückstellungsbewertung untersagt (RR 16.51 f.; IAS 37.52). Eine Bewertung zum Barwert (*nuvärde*) der Rückstellung hat zu erfolgen, wenn der Zinseffekt wesentlich ist (RR 16.45 ff.), wobei auffällt, dass RR 16 wesentlich geringere Vorgaben zur Ermittlung des Diskontierungsfaktors enthält als IAS 37. Die Ermittlung des Zinssatzes bleibt nach RR 16 völlig offen. Zusammengenommen zeigt sich, dass RR 16 den Regelungen des IAS 37 auch in seinen besonders strittigen Detailbereichen folgt. RFR 2 (2011), die gegenwärtige Rechnungslegungsempfehlung des *Rådet för finansiell rapportering*, sieht weiterhin keine Abweichungen gegenüber IAS 37 vor. Damit werden die Bewertungsregeln des IAS 37 seitens der schwedischen Standardsetzer als ÅRL-konform erachtet; sie entsprechen m. a. W. der *god redovisningssed.*

Das schwedische Steuerrecht nimmt für Zwecke der Bewertung von Rückstellungen im Grundsatz diese *god redovisningssed* (14 kap. 2 § IL) in Bezug, soweit das IL keine eigenständige Regelung vorsieht.[3311] Da die Rückstellungsbewertungsregeln des IAS 37 über RR 16 bzw. RFR 2 (2011) als *god redovisningssed* anerkannt werden, können sie mithin auch in die steuerliche Gewinnermittlung (börsennotierter Kapitalgesellschaften) einstrahlen. Steuerrechtliche Ventile sieht RFR 2 (2011) in seiner gegenwärtigen Fassung in Bezug auf IAS 37 jedenfalls nicht vor. Auch in den von der schwedischen Finanzverwaltung herausgegebenen Leitlinien zur steuerlichen Gewinnermittlung finden sich die beschriebenen IFRS-Einflüsse wieder, indem die Finanzverwaltung (zustimmend)

[3311] Vgl. Endres et al. (2007), S. 646; Elofsson/Gäfvert (2002), S. 652 f.

auf die Bewertungsgrundsätze des RR 16 bzw. IAS 37 Bezug nimmt und lediglich einzelne klarstellende Hinweise gibt.[3312]

Dabei hebt das *Skatteverket* insbesondere die Vorrangigkeit bestehender steuerlicher Rückstellungsbewertungsregeln hervor.[3313] Zu beachten sind vor allem die steuerlichen Vorgaben zur Bemessung von Garantierückstellungen. Deren Höhe wird im Rahmen der steuerlichen Gewinnermittlung nämlich typisierend auf einen Maximalbetrag begrenzt (sog. *schablonregeln* nach 16 kap. 3 § IL). So dürfen Garantierückstellungen grundsätzlich[3314] nur in Höhe der Garantieaufwendungen des laufenden Jahres bewertet werden und sich dabei nur über einen (Garantie-) Zeitraum von zwei Jahren erstrecken. Ist der tatsächliche Zeitraum kürzer, hat eine (zeit-) anteilige Kürzung zu erfolgen.[3315] Die mittelbaren steuerlichen Folgewirkungen der IFRS werden insoweit konterkariert. Weitere originäre steuerliche Bewertungsregeln exisitieren für Pensionsrückstellungen (28 kap. 4 § ff. IL) sowie für Rückstellungen für die Beseitigung erloschener nuklearer Brennstäbe (16 kap. 6 § IL); auch sie drängen den IFRS-Einfluss im Rahmen der steuerlichen Gewinnermittlung zurück.[3316] Einerseits bleiben diese steuerlichen Sondervorschriften in ihrer Gesamtzahl gering, andererseits betreffen sie – mit Blick auf Garantierückstellungen und Pensionsrückstellungen – materiell nicht unbedeutsame Fälle der Rückstellungsbewertung. Dennoch dürfte der IFRS-Einfluss im Bereich der Rückstellungsbewertung in Schweden als beachtlich zu bezeichnen sein.

2.6 Rückstellungsbewertung nach dem Handels- und Steuerrecht des Vereinigten Königreichs im Vergleich zu IFRS

Hinsichtlich der Bewertung von Rückstellungen enthält das britische *statutory law* keine spezifischen Vorgaben,[3317] sodass erneut auf die Verlautbarungen des britischen Standardsetzers (FRS 12) zurükzugreifen ist. FRS 12 schreibt – wie IAS 37 – eine Bewertung in Höhe der bestmöglichen Schätzung (*best estimate*) jener Ausgabe vor, die erforderlich ist, um die Verpflichtung am Bilanzstichtag zu erfüllen (FRS 12.36). Dabei kann diese bestmögliche Schätzung entweder einem Eigenerfüllungsbetrag oder einem Fremdentpflichtungsbetrag entsprechen (FRS 12.37). Vergleichbar zu IAS 37 lässt FRS 12 keine eindeutige Konkretisierungspräferenz zu erkennen, sodass ebenfalls von einem faktischen Wahlrecht auszugehen ist. Bei einer großen Anzahl von ähnlichen Verpflichtungen ist wie nach IAS 37 auf den Erwartungswert (expected value) respektive, bei einer sich bei der

3312 Vgl. Skatteverket (2011), S. 587 ff.

3313 Vgl. Skatteverket (2011), S. 594.

3314 Höhere Garantierückstellungen sind nur in Ausnahmefällen zulässig, so etwa im Fall von steigenden Absatzzahlen oder Geschäftsfelderweiterungen. Gesetzliche Grundlage hierfür ist 16 kap. 4 § IL. Vgl. Skatteverket (2011), S. 594; ferner auch Wagner, M. (2003), S. 269; Steuerberater Handbuch Europa (2007b), Rz. 108.

3315 Vgl. Wagner, M. (2003), S. 269; zur steuerlichen Behandlung von Garantierückstellungen vgl. im Einzelnen auch Elofsson/Gäfvert (2002), S. 652 ff.; Skatteverket (2011), S. 594 f.

3316 Die steuerliche Zulässigkeit von Pensionsrückstellungen dem Grunde (58 kap. IL) und der Höhe (28 kap. IL) nach setzt die Beachtung des Gesetzes über die Sicherung von Pensionsverpflichtungen (sog. *tryggandelagen*) voraus. Diese Verknüpfung führt zu Abweichungen gegenüber IAS 19. RFR 2 (2011) sieht deshalb entsprechende steuerliche Ventile vor. Vgl. im Einzelnen Skatteverket (2011), S. 673-687; ferner auch Bjuvberg (2004), S. 320 f.

3317 Vgl. Köhler/Rotter (1994), S. 405 in Bezug auf den CA 1985.

Schätzung der Verpflichtungshöhe ergebenden Bandbreite gleichwahrscheinlicher Beträge, auf den Mittelwert (*mid-point of the range*) abzustellen (FRS 12.39). Bei singulären Verpflichtungen soll wie nach IAS 37 der wahrscheinlichste Einzelbetrag (*most likely outcome* gem. FRS 12.40) die bestmögliche Schätzung wiedergeben, wobei gegebenenfalls Zu- oder Abschläge vorzunehmen sind, wenn andere potenzielle Verpflichtungsbeträge größtenteils über oder unter dem wahrscheinlichsten Betrag liegen (FRS 12.40). FRS 12 bleibt bei dieser Vorgabe allerdings ebenso unbestimmt wie IAS 37. FRS 12 betont weiterhin, dass Risiken und Unsicherheiten „that inevitably surround many events and circumstances should be taken into account in reaching the best estimate of a provision“ (FRS 12.42), wobei dies nicht zu einer „creation of excessive provisions or a deliberate overstatement of liabilities“ (FRS 12.43) führen darf.

Künftige Entwicklungen, wie etwa technische Entwicklungen oder Veränderungen der Rechtslage (FRS 12.52 f.), sind nach FRS 12 rückstellungserhöhend bzw. rückstellungsmindernd zu berücksichtigen, wenn „sufficient objective evidence“ für deren Eintreten vorliegen (FRS 12.51). Rückgriffs- oder Erstattungsansprüche dürfen zwar nicht mit Rückstellungen verrechnet werden; jene sind aber als separater *asset* anzusetzen, wenn es „virtually certain“ (FRS 12.56) ist, dass die zur Erfüllung einer Verpflichtung notwendigen Ausgaben (ganz oder teilweise) von einer dritten Partei erstattet werden (FRS 12.56). Künftige Erträge aus dem Abgang eines Vermögenswerts (*expected disposal of assets*) hingegen sind bei der Rückstellungsbewertung generell nicht zu berücksichtigen. Dies gilt nach FRS 12.55 selbst dann, wenn der Abgang des Vermögenswerts eng mit der Erfüllung der Verpflichtung verbunden ist.

Eine Diskontierung des so ermittelten Rückstellungsbetrags hat in Analogie zu IAS 37.45 zu erfolgen, wenn der sich aus der Abzinsung ergebende Zinseffekt als wesentlich (*material*) zu erachten ist (FRS 12.45). Dabei ist auf einen fristadäquaten Zinssatz nach Steuern (*pre-tax rate*) abzustellen. Risiken, die bereits bei der Schätzung der Auszahlung in Rechnung gestellt wurden, dürfen bei der Ermittlung des Diskontierungssatzes nicht erneut berücksichtigt werden, um Doppelerfassungen zu vermeiden (FRS 12.47).

Da die Bewertung von Rückstellungen im Rahmen der steuerlichen Gewinnermittlung ist nicht eigenständig geregelt ist, muss – wie auch im Bereich des Rückstellungsansatzes – auf die diesbezüglichen Grundsätze der GAAP (IAS 37 bzw. FRS 12) zurückgegriffen werden.[3318] Folglich ist davon auszugehen, dass die Bewertungsgrundsätze des IAS 37 direkt oder indirekt qua FRS 12 in die steuerliche Gewinnermittlung einwirken. Dieser Ansicht folgt auch die britische Finanzadministration (HMRC).[3319] In ihren Leitlininen zur steuerlichen Gewinnermittlung beschränken sich die Ausführungen der britischen Finanzadministration auf eine Wiedergabe des IAS 37 bzw. FRS 12.[3320] Maß-

3318 Vgl. Kersting (2005), S. 327; Endres et al. (2007), S. 648; Grabo (2008), S. 384 ff.

3319 Vgl. HMRC (2011), BIM 46525.

3320 Vgl. HMRC (2011), BIM 46525.

gebender Wertmaßstab ist damit auch für Zwecke der steuerlichen Rückstellungsbewertung die *best estimate*, wie er sich nach den vorstehenden Grundsätzen ergibt. Interessanterweise hebt das HMRC insbesondere die erforderliche Diskontierung hervor: „There is no rule of tax law that permits a provision to be brought in to account for tax purposes without a discount where the figure in the accounts has been, or ought to be discounted in accordance with FRS12“[3321].

2.7 Kritische Würdigung

2.7.1 Zur induktiven Übernahmetauglichkeit

Zusammengenommen ist festzuhalten, dass eine Rückstellungsbildung mit Ausnahme von Polen in allen hier betrachteten Mitgliedstaaten vorgenommen wird. Die Bewertung von Rückstellungen betrifft zudem einen Bereich, der sich in den letzten Jahren besonders deutlich an die IFRS (IAS 37) angenähert hat. Deutlich wird dieser wachsende Einfluss insbesondere an den Rechtsentwicklungen in Frankreich sowie im Vereinigten Königreich; das deutsche Handelsbilanzrecht ist inzwischen nachgezogen. Zugleich aber fällt auf, dass den handelsrechtlichen, an IAS 37 angenäherten Regelungen vielfach eigenständige steuerliche Bewertungsgrundsätze entgegengestellt werden, infolgedessen auch die impliziten steuerlichen IFRS-Einflüsse zurückgedrängt werden. Auch in Spezialfragen der Rückstellungsbewertung, wie der Diskontierung oder dem Einbezug künftiger Preis- und Kostensteigerungen ist bislang keine faktische Harmonisierung auf Basis des IAS 37 gelungen. Daher erscheint die Einschätzung angebracht, dass IAS 37 zwar als induktiver Ausgangspunkt zu erwägen ist, die Mitgliedstaaten aber wohl auf die Festschreibung steuerspezifischer Bewertungsgrundsätze drängen werden, die in erster Linie bezwecken, die Rückstellungshöhe zu begrenzen.

2.7.2 Zur theoretisch-konzeptionellen Übernahmetauglichkeit

Da eine Rückstellungsbilanzierung mit der vereinfachten Vermögensrechnung generell nicht in Deckung zu bringen ist, können auch die Bewertungsregeln des IAS 37 nicht zur Übernahme in die CCCTB empfohlen werden. Unterstellt man indessen ein Szenario, in dem ein Rückstellungsansatz in Ermangelung eines sofortigen Verlustausgleichs im Rahmen der CCCTB ökonomisch notwendig ist, erscheint es auch unter theoretischen Gesichtspunkten nicht völlig abwegig, den Bewertungsgrundsätzen des IAS 37 im Rahmen der CCCTB zu folgen. Dem entspricht es, dass in der Literatur verstärkt erwogen wird, im Rahmen der steuerlichen Gewinnermittlung *de lege ferenda* analog zu IAS 37 auf den künftigen Erfüllungsbetrag abzustellen, also jenen Betrag, der zum Zeitpunkt der späteren Erfüllung aufzubringen wäre.[3322] Auch der Diskontierung des Erfüllungsbetrags i. S. d. *present-value-approach* des IAS 37 wäre die Vorbildfunktion für eine steuerliche Gewinnermittlung zuzuerkennen,[3323] weil sie die rückstellungsinduzierten, gleichmäßigkeitsverzerrenden Innen-

---

3321 HMRC (2011), BIM 46525.

3322 Vgl. nur Köhrle (2010), S. 292.

3323 Vgl. Herzig (2005b), S. 230 f.; Herzig/Gellrich (2006a), S. 514 f.; dies. (2006b), S. 762.

finanzierungseffekte möglicherweise reduziert (Barwertlösung). Allerdings wirft gerade die Diskontierung weitergehende Fragestellungen auf, die wohl wiederum nur durch (inferiore) Konventionslösungen zu beantworten wären.

Ob sich hierbei ein Konsens zwischen den Mitgliedstaaten herausbilden könnte, erscheint nicht gesichert. Die insgesamt recht unverbindlichen Vorgaben des IAS 37 zur Bestimmung des Kapitalisierungszinssatzes sollten keinesfalls unbesehen übernommen werden. Entgegen IAS 37 sollte nicht auf die (unkonkretisierte) Wesentlichkeit des Zinseffektes abgestellt werden, was einen Diskontierungsverzicht in Bagatellfällen aber nicht ausschließt.[3324] In Abweichung zu IAS 37 erscheint es unter Objektivierungsgesichtspunkten weiterhin zwingend, den Diskontierungssatz *de lege ferenda* zu normieren, wie dies z. B. bereits nach deutschem Steuerrecht der Fall ist,[3325] auch wenn es zur Beseitigung des Zinseffekts ökonomisch erforderlich wäre, auf den individuellen Anlagezinssatz abzustellen. Überdies sollte die Abzinsungspflicht Sach- und Geldleistungsverpflichtungen gleichermaßen treffen, und zwar unabhängig davon, ob die zugrunde liegende Verpflichtung (un-) verzinslich ist. Ob diese Barwertlösung eine Annäherung an einen Konsens zwischen den Mitgliedstaaten bewirken könnte, bleibt allerdings fraglich, wenn berücksichtigt wird, dass insbesondere das französische Bilanzsteuerrecht eine Diskontierung ablehnt und an dieser Doktrin mutmaßlich festhalten wird. Eine Diskontierung ohne gleichzeitige Berücksichtigung künftiger Ereignisse, wie z. B. Preis- und Kostensteigerungen, führt zu systematischen Unterdotierungen; beide Wertkomponenten sind untrennbar miteinander verbunden.[3326] Insofern erscheint es erforderlich, neben der Diskontierung auch einen Einbezug dieser künftigen Ereignisse vorzuschreiben. Dass sich hierbei zwangsweise Ermessensspielräume auftun, liegt in der Natur der Sache.[3327] Eine Objektivierung durch Eingrenzung auf solche künftigen Ereignisse, die objektiv nachweisbar sind und nachgewiesen werden, ist deshalb ebenfalls unabdingbar.[3328] Eine Möglichkeit zur Objektivierung wäre wohl die „Begrenzung des Prognosehorizonts“[3329].

VI. Verdichtung der herausgearbeiteten Befunde

1 Abschließende Empfehlungen für einen Richtlinienentwurf aus faktisch-induktiver Sicht

Aus rein induktiver Sicht steht die Frage im Vordergrund, ob und inwieweit die IFRS – fernab von theoretischen Überlegungen – einen gemeinsamen Nenner zur Harmonisierung der steuerlichen Gewinnermittlung bilden könnten. Die Detailbetrachtung exemplarisch ausgewählter Gewinnermitt-

3324 Vgl. Herzig (2005b), S. 231.
3325 Vgl. Mayr (2011), S. 340 f.
3326 Herzig/Gellrich/Jensen-Nissen (2004), S. 567; Herzig/Briesemeister (2009d), S. 166; Mayr (2011), S. 340; Prinz (2011a), S. 173.
3327 Vgl. Mayr (2011), S. 340.
3328 Vgl. Mayr (2011), S. 340.
3329 Herzig/Gellrich/Jensen-Nissen (2004), S. 567.

lungsregeln aus diesem Blickwinkel hat insgesamt deutlich werden lassen, dass die in einigen Bilanzierungsbereichen durchaus einen gemeinsamen Konzeptionskern aufweisen. Die *Starting point*-These, so wie sie seitens der EU-Kommission verstanden wird (faktisch-induktiv), hat sich damit in Bezug auf die hier analysierten Gewinnermittlungsregeln als zutreffend herausgestellt. Den originären Harmonisierungsverdienst der IFRS wird man aber insofern relativieren müssen, als einzelne Schnittmengen durch eine entsprechende Ausübung der in der 4. EG-Richtlinie gewährten Wahlrechte zustande gekommen sind; IFRS haben diese Bilanzierungslösungen lediglich adaptiert. Es bleibt im Einzelnen festzuhalten: Im Einklang mit IAS 18 würde sich die Ertragsrealisierung im Rahmen von Kaufverträgen nach dem Zeitpunkt der Lieferung oder Leistung richten. Ein Abstellen auf die *Percentage-of-completion*-Methode i. S. d. IAS 11 würde den Einigungsprozess zwischen den Mitgliedstaaten blockieren, wobei zu sehen ist, dass vermutlich auch die *Completed-contract*-Methode den Widerstand einiger Mitgliedstaaten, insbesondere des Vereinigten Königreichs, provozieren würde. Eine erfolgswirksame Zeitwertbewertung, etwa i. S. d. IAS 39 bzw. FRS 9, sollte unter reinen Harmonisierungsgesichtspunkten eine Ausnahme bilden und allenfalls auf Finanzinstrumente des Handelsbestands von Banken und Finanzdienstleistern beschränkt werden.

Die Aktivierung von materiellen Vermögenswerten des Anlagevermögens sollte sich aus Sicht einer induktiven Bemessungsgrundlagenharmonisierung an dem *Asset*-Begriff der IFRS ausrichten. Auch eine Aktivierung selbst erstellter immaterieller Vermögenswerte sollte aus induktiver Sicht zugelassen bzw. vorgeschrieben werden; dies gilt insbesondere für Entwicklungskosten. Die Zurechnung von Vermögenswerten im Rahmen von Leasingvereinbarungen wäre nach Maßgabe eines auf Basis des IAS 17 konkretisierten wirtschaftlichen Eigentums vorzunehmen; die Abweichungen der nationalen Zurechnungsregeln weisen mit Ausnahme von Frankreich keine fundamentalen Unvereinbarkeiten mit IAS 17 auf, strittig erscheint hier allein der Barwerttest. Die Rückstellungsansatzregeln wären an IAS 37 auszurichten. Zugunsten einer Mehrheitslösung müsste die Bildung von Aufwandsrückstellungen entfallen. Drohverlustrückstellungen wären im Rahmen der CCCTB zuzulassen, weil deren Ansatz von den hier betrachteten Mitgliedstaaten nur in Deutschland und Polen verhindert, in Frankreich, Schweden sowie im Vereinigten Königreich hingegen im Allgemeinen akzeptiert wird.

Die Zugangsbewertung von Vermögenswerten sollte sich unter faktischen Harmonisierungsgesichtspunkten an dem produktionsbezogenen Vollkostenansatz i. S. d. IFRS ausrichten, dabei aber Anpassungen im Detail vorsehen. Vermögenswerte wären plan- und außerplanmäßig abzuschreiben, wie dies auch IAS 16 und IAS 36 anordnen. Die Vornahme von außerplanmäßigen Abschreibungen auf Wirtschaftsgüter des (materiellen) Anlagevermögens wäre allerdings insofern konsensblockierend, als sie insoweit mit dem britischen und polnischen Steuerrecht brechen würde.

Eine Neubewertung von Wirtschaftsgütern des Anlagevermögens spielt in der Gewinnermittlungspraxis der hier betrachteten Mitgliedstaaten faktisch keine Rolle; demzufolge ist auch das Neubewertungsmodell des IAS 16 und IAS 38 zurückzuweisen. Unter faktischen Harmonisierungsgesichtspunkten sollte ausschließlich auf das Anschaffungskostenmodell abgestellt werden. Dabei wären aber wiederum Anpassungen an die Bilanzierungsgepflogenheiten der Mitgliedstaaten erforderlich. So hätte insbesondere eine Differenzierung zwischen immateriellen Vermögenswerten mit begrenzter und solchen mit unbegrenzter Nutzungsdauer zu entfallen. Die Übernahme des Komponentenansatzes kommt aus faktisch-induktiver Harmonisierungssicht nicht infrage; ein solcher dürfte vor allem in Deutschland auf Widerstand stoßen. Der Versuch des französischen Steuerrechts, sich dieser Methodik zu öffnen, muss als gescheitert betrachtet werden. Neben der linearen Abschreibungsmethode als Regelmethode für materielle und immaterielle Wirtschaftsgüter wäre die degressive Abschreibungsmethode zuzulassen, wie dies der französischen, polnischen und vor allem schwedischen Rechtspraxis entspricht. Auch die Nutzungsdauer sollte gegenüber IAS 16 stärker reglementiert werden; eine Orientierung an der deutschen Verwaltungspraxis in Form der AfA-Tabellen erscheint vorbildlich. IAS 36 wird in den hier betrachteten Mitgliedstaaten für steuerliche Zwecke durchgehend nicht gefolgt; der Standard hat allein schon unter induktiven Gesichtspunkten eine verschwindend geringe Chance, in die CCCTB übernommen zu werden. Die Bewertung von Rückstellungen wäre zugunsten einer faktischen Harmonisierungslösung an IAS 37 auszurichten, auch wenn der *present-value-approach* aus französischer Sicht wohl einem Fundamentalverstoß gleichkommen dürfte.

2 Abschließende Empfehlungen für einen Richtlinienentwurf aus theoretisch-konzeptioneller Sicht

Die induktive Sichtweise sollte nicht den ausschließlichen Beurteilungsmaßstab zur Übernahme der IFRS bilden. Zieht man theoretisch-konzeptionelle, mithin aus übergeordneten steuerlichen Zielsetzungen abgeleitete Überlegungen heran, fällt die Gesamtbeurteilung der IFRS weitaus schlechter aus. Um dem Neutralitäts- und Gleichmäßigkeitspostulat im hier verstandenen Sinne zu genügen, wäre es in den zentralen Regelungsbereichen zwingend erforderlich, von den Vorgaben der IFRS abzuweichen. Da sich die Übernahmetauglichkeit der IFRS mithin auf wenige Bilanzierungslösungen reduziert, muss die Vorstellung von einer theoretisch-konzeptionellen *Starting point*-Funktion aus Sicht der vereinfachten Vermögensrechnung eindeutig zurückgewiesen werden. Allerdings haben sich auch die hier untersuchten nationalen Regelungslösungen, soweit sie nicht ohnehin an die IFRS angenähert sind, in vielen Bereichen als kaum überzeugende zweit- bzw. drittbeste Alternativen herausgestellt, sofern man sie an den Einzelvorgaben der vereinfachten Vermögensrechnung spiegelt.

Im Einzelnen lässt sich festhalten: Im Bereich der Ertragsrealisierung ist der Zeitpunkt der Lieferung oder Leistung als Realisationszeitpunkt abzulehnen; auch eine Teilgewinnrealisierung nach

IAS 11 und IAS 18 kommt aus Sicht der vereinfachten Vermögensrechnung ebenso wenig in Betracht wie eine steuerpflichtige Vereinnahmung von Zeitwertgewinnen am ruhenden Vermögen, insbesondere bei Finanzinstrumenten nach dem Vorbild des IAS 39. Der *Asset*-Begriff der IFRS widerspricht dem Einzelveräußerbarkeitskriterium der vereinfachten Vermögensrechnung und ist daher abzulehnen. Eine Aktivierung von selbst erstellten immateriellen Wirtschaftsgütern des Anlagevermögens ist nach dem Kriterium des entgeltlichen Erwerbs auszuschließen. Das dem IAS 17 immanente Konzept des wirtschaftlichen Eigentums wird innerhalb der vereinfachten Vermögensrechnung nicht als Zurechnungskriterium anerkannt, da es zu einer erheblichen Verkomplizierung der Gewinnermittlung führt, ohne dabei einen wirkungsvollen Beitrag zur Neutralität und Gleichmäßigkeit der steuerlichen Gewinnermittlung zu leisten. Vernünftigerweise sollte sich die Abbildung von Leasingverhältnissen am Beispiel des französischen Steuerrechts orientieren und eine leasingnehmerseitige Zurechnung ausschließen.

Der Anschaffungskostenbegriff unterscheidet sich nicht wesentlich von den diesbezüglichen Vorgaben der vereinfachten Vermögensrechnung. Abweichungen ergeben sich im Detail. Von einem Einbezug der nach IAS 16.16 (c) vorgesehenen Anschaffungskostenbestandteile etwa sollte sich eine steuerliche Gewinnermittlung fernhalten; desgleichen sollte ein Einbezug von Finanzierungskosten in die steuerlichen Anschaffungskosten verhindert werden. Die Übernahme eines produktionsbezogenen Vollkostenansatzes in die CCCTB erscheint auch aus Sicht der vereinfachten Vermögensrechnung tragbar, auch wenn das Barrealisationsprinzip eine über die Einzelkosten hinausgehende Einrechnung von Gemeinkosten verbietet. Ein Einzelkostenansatz wird in keinem der hier betrachteten Mitgliedstaaten zur Anwendung gebracht. Deshalb ließe sich ein produktionsbezogener Vollkostenansatz zumindest allein als Konventionslösung rechtfertigen.

Wirtschaftsgüter sind nach dem Periodisierungsgrundsatz der vereinfachten Vermögensrechnung planmäßig abzuschreiben, um ein Minimum an Innenfinanzierung durch Abschreibungsverrechnung zu sichern. Der Wertung des IAS 16 und IAS 38, Vermögenswerte einer planmäßigen Abschreibung zu unterziehen, kann daher auch theoretisch überzeugen. Dieses Abschreibungsziel sollte auch für aktivierte immaterielle Wirtschaftsgüter gelten. Der *impairment-only-approach* des IAS 38 in Bezug auf Vermögenswerte mit unbestimmbarer Nutzungsdauer ist abzulehnen. Aus Sicht der vereinfachten Vermögensrechnung ist allein dem Anschaffungskostenmodell zu folgen. Das Neubewertungsmodell hingegen steht mit dem Periodisierungsgrundsatz der vereinfachten Vermögensrechnung in unauflösbarem Konflikt, weil es zu Kapazitätserweiterungseffekten führt und die Ermittlung des *fair value* i. d. R. nicht willkürfrei möglich ist. Das Neubewertungsmodell verstößt damit gleich doppelt gegen den Gleichmäßigkeitsgrundsatz. Eine bilanzielle Effektivvermögensapproximation bleibt außerhalb des neoklassischen Modellrahmens ein fragwürdiges Unterfangen, zumal das Neubewertungsmodell des IAS 16 und IAS 38 den Gedanken der Zeitwertstatik (*asset-liability-approach*) gar nicht konsequent umsetzt. Die Gleichmäßigkeitsverstöße des Neubewertungsmodells können daher auch nicht mit dessen vermeintlichem Beitrag zur Verbesserung neoklassischer Entscheidungsneutralität begründet werden.

Auf eine Restwertberücksichtigung ist zu verzichten. Die Abschreibungsmethode ist entgegen IAS 16 und IAS 38 auf das lineare Verfahren einzuengen; Abschreibungszeiträume sind zwingend zu normieren. Nur unter diesen Bedingungen wären die Standards zur Übernahme zu empfehlen. Eine Komponentenabschreibung im Rahmen der steuerlichen Gewinnermittlung ist abwegig; sie wäre ohnehin weder dem Neutralitäts- noch dem Gleichmäßigkeitspostulat zuträglich. Eine Poolabschreibung ist als Alternative zur Einzelabschreibung zu erwägen, wenn man die Verstöße gegen den Einzelbewertungs- und Periodisierungsgrundsatz aus Vereinfachungsgründen für gerechtfertigt hält. Da die Vornahme von außerplanmäßigen Abschreibungen im Rahmen der steuerlichen Gewinnermittlung *de lege ferenda* zu entfallen hat, ist IAS 36 nicht zur Übernahme geeignet. Der Standard kann auch dann nicht i. S. einer zweitbesten Lösung nahegelegt werden, wenn die Verlustausgleichsmöglichkeiten im Rahmen der CCCTB zwar verbessert, aber weiterhin begrenzt sind. Neben den zahlreichen Objektivierungsschwächen wäre hier vor allem das ZGE-Konzept kritisch zu sehen, da es regelmäßig zu einer Verschleierung von Verlusten führt. Eine steuerliche Gewinnermittlung, die eine Verlustberücksichtigung zulässt, hat gleichsam eine Wertaufholung bei Wegfall der Gründe der außerplanmäßigen Abschreibung vorzuschreiben. IAS 36 sieht zwar eine solche Wertaufholung vor, jedoch sind an den diesbezüglichen Regeln in umgekehrter Blickrichtung die gleichen Kritikpunkte anzubringen, wie sie für die Vornahme von außerplanmäßigen Abschreibungen gelten.

Spiegelt man IAS 37 an den Grundsätzen der vereinfachten Vermögensrechnung, ist der Standard als ebenso ungeeignet einzustufen, weil die Passivierung im Rahmen der steuerlichen Gewinnermittlung de lege ferenda unter den genannten Voraussetzungen generell auszuschließen ist. Auch wenn ein Rückstellungsverbot aufgrund beschränkter Verlustausgleichsmöglichkeiten ökonomisch nicht mehr aufrechterhalten werden könnte, wäre IAS 37 aufgrund seiner immanenten Entobjektivierungen und Unschärfen kaum als konzeptioneller Ausgangspunkt zur Ableitung harmonisierter Regeln des Rückstellungsansatzes zu erwägen. Immerhin untersagt IAS 37 (formal) die Bildung von Aufwandsrückstellungen. Zumindest bewertungsseitig wäre in dem *present-value-approach* des IAS 37 unter Gleichmäßigkeitsgesichtspunkten eine begrenzte Kompromisslösung zu sehen. Zu Gleichmäßigkeitsverstößen könnte es aber weiterhin kommen, weil die Diskontierungssätze i. d. R. interpersonell divergieren. Die Diskontierung der Rückstellungsbeträge sollte aus Gründen der Konsistenz von einer Berücksichtigung künftiger Preis- und Kostensteigerungen begleitet werden.

5. Kapitel: Kritische Würdigung ausgewählter Gewinnermittlungsregeln des RL-E der EU-Kommission

I. Gewinnbegriff

1 Vorschläge der EU-Kommission

Zur Ermittlung der Steuerbemessungsgrundlage sieht der RL-E autonome Vorschriften vor, ohne dass dabei formal an die IFRS oder ein nationales Regelwerk i. S. einer (Rest-) Maßgeblichkeit angeknüpft wird.[3330] Damit einher geht indes die Notwendigkeit, sämtliche Gewinnermittlungsregeln originär zu kodifizieren. Der RL-E soll offenbar als geschlossenes System der Gewinnermittlung verstanden werden, „das auch aus sich heraus ausgelegt werden muss“[3331]. Auf Detailebene sind dennoch einzelne IFRS-Anleihen erkennbar.[3332] Nur insofern dienen die IFRS auf der Regelungsebene noch immer als *starting point*.[3333] Von einer (Rest-) Maßgeblichkeit der IFRS ist keine Rede (mehr). Jedoch erscheint die Auswahl der verbliebenen IFRS-Anknüpfungen wenig verständlich, wie nachfolgend zu zeigen ist.

Auf die Nennung übergeordneter Zielsetzungen der steuerlichen Gewinnermittlung verzichtet der RL-E zwar; dem Vorwurf der Prinzipienlosigkeit versucht sich der RL-E aber zu entziehen, indem er in Art. 9 RL-E „Allgemeine Grundsätze“ der Gewinnermittlung fixiert, namentlich einen Periodisierungsgrundsatz, ein Realisationsprinzip, einen Einzelbewertungsgrundsatz sowie einen Stetigkeitsgrundsatz.[3334] Die Einzelregelungen zur Gewinnbemessung sind in der Gesamtschau von einer – eher technisch, nicht aber i. S. d. dynamischen Bilanztheorie[3335] zu verstehenden – Orientierung an der Gewinn- und Verlust-Rechnung (*profit and loss account method*) geprägt (Stromgrößenorientierung).[3336] Indem die Erfolgsrechnung[3337] und nicht der Vermögensvergleich in den Vordergrund gerückt wird, dürfte die Erstellung von (abgeleiteten) Steuerbilanzen – zumindest aus deutscher Sicht – hinfällig sein.[3338] Diese Stromgrößenorientierung darf aufgrund verbleibender Perio-

3330 Vgl. Cerioni (2011), S. 520; Hüttemann (2011b), S. 511; Stählin/Heidemann (2011), S. 506; Petutschnig (2011), S. 327.

3331 Herzig (2011d), S. 663.

3332 Vgl. Prinz (2011b), S. 463; Kußmaul/Niehren (2011), S. 345.

3333 A. A. Hüttemann (2011b), S. 511, der allerdings implizit auf die Ermittlungsebene abstellt. Zur Diskussion auch Herzig/Kuhr (2011), S. 2054.

3334 Zu Art. 9 RL-E vgl. auch Marx (2011b), insb. S. 550 ff.

3335 A. A. offenbar Förster/Krauß (2011), S. 613.

3336 Vgl. auch Prinz (2011b), S. 462; Hüttemann (2011b), S. 511; Förster/Krauß (2011), S. 608; Herzig (2011d), S. 663.

3337 Der RL-E geht offenbar von bereits bestehenden Erfolgsrechnungen aus, ohne dabei allerdings die Bezugsbasis zu nennen. Unter Harmonisierungsgesichtspunkten erscheint diese Vorgehensweise kritisch. Vgl. Marx (2011b), S. 550.

3338 Vgl. Scheffler/Krebs (2011), S. 14*. Allerdings wird zu bedenken gegeben, dass eine ausschließliche GuV-Orientierung ohne korrespondierenden Bestandsvergleich zu einer Nicht- bzw. Doppelberücksichtigung von Erträgen und Aufwendungen führen könnte, sodass faktisch die Notwendigkeit einer Schattenbilanzierung besteht; vgl. Herzig (2011c), S. 663; eingehend Herzig/Kuhr (2011), S. 2054 f.

disierungen indes nicht mit einer Einnahmen-Überschuss-Rechnung[3339] (nach deutschem Rechtsverständnis) bzw. einer *Cashflow*-Steuer verwechselt werden.[3340] Auch der Idee einer vereinfachten Vermögensrechnung folgt der RL-E nicht.[3341]

Den Terminus *Gewinn* definiert Art. 4 Nr. 9 RL-E als „Überschuss an Erträgen gegenüber den abziehbaren Aufwendungen sowie anderen abziehbaren Posten in einem Steuerjahr".[3342] Damit erweist sich die Abgrenzung der Erträge, der steuerfreien Erträge, der abziehbaren Aufwendungen, sonstigen abziehbaren Posten und der nicht abziehbaren Aufwendungen als entscheidend, wobei Art. 9 Abs. 2 RL-E den Grundsatz der Einzelerfassung und Einzelbewertung herausstellt.[3343] Der Ertragsbegriff wird umfassend ausgelegt (Art. 4 Nr. 8 RL-E),[3344] woraus zu schließen ist, dass eine möglichst „breite" Bemessungsgrundlage implementiert werden soll.[3345] Abziehbare Aufwendungen[3346] werden definiert als „alle Umsatzkosten sowie Ausgaben (…), die dem Steuerpflichtigen im Hinblick auf die Erlangung oder Sicherung von Einkommen entstanden sind" (Art. 12 RL-E). Auch die nicht abziehbaren Aufwendungen werden katalogartig und abschließend benannt (Art. 14 RL-E).[3347] Unter die sonstigen abziehbaren Posten werden ausschließlich Abschreibungen i. S. d. Art.32-42 RL-E subsumiert (Art. 13 RL-E).[3348]

Zu den in Art. 9 RL-E verankerten, allgemeinen Gewinnermittlungsgrundsätzen gehört ein Realisationsprinzip, gemäß dem Gewinne (bzw. Verluste) „erst bei ihrer Realisierung" zu erfassen sind

---

3339 So aber Bünning/Möser (2011), S. 2648.

3340 Vgl. auch Marx (2011b), S. 550; Förster/Krauß (2011), S. 608; Herzig (2011d), S. 663; Herzig/Kuhr (2011), S. 2054.

3341 Vgl. Herzig/Kuhr (2011), S. 2054 Fn. 29.

3342 Verlust bezeichnet entsprechend den „Überschuss an abziehbaren Aufwendungen sowie anderen abziehbaren Posten gegenüber Erträgen in einem Steuerjahr" (Art. 4 Nr. 10 RL-E).

3343 Vgl. Herzig (2011e), S. M1.

3344 Erträge umfassen „monetäre oder nichtmonetäre Erlöse aus Verkäufen und anderen Transaktionen, ohne Mehrwertsteuer und anderen Steuern und Abgaben, die im Namen von staatlichen Stellen erhoben werden, einschließlich Erlöse aus der Veräußerung von Wirtschaftsgütern und Rechten sowie Zinsen, Dividenden und anderen Arten der Gewinnausschüttung, Liquidationserlöse, Lizenzgebühren, Subventionen und Zuschüsse, Zuwendungen, Schadenersatzzahlungen und freiwillige Leistungen. Erträge schließen auch Sachzuwendungen eines Steuerpflichtigen ein. Vom Steuerpflichtigen aufgebrachtes Eigenkapital oder Erlöse aus beglichenen Forderungen werden nicht zu den Erträgen gerechnet" (Art. 4 Nr. 8 RL-E).

3345 Zu den in Art. 11 RL-E abschließend benannten, steuerfreien Erträgen gehören insb. Subventionen, vereinnahmte Gewinnausschüttungen, Erlöse aus der Veräußerung von Beteiligungen und Einkünfte einer Betriebsstätte in einem Drittland.

3346 Das zeitliche Entstehen abziehbarer Aufwendungen i. S. d. Art. 12 RL-E wird durch Art. 19 RL-E konkretisiert. Hiernach setzt die Aufwandsrealisierung die folgenden drei Bedingungen voraus: die Zahlungsverpflichtung ist entstanden; die Höhe der Verpflichtung kann mit angemessener Genauigkeit bestimmt werden; im Falle des Handels mit Waren sind die wesentlichen Risiken und Vorteile aufgrund des Eigentums an den Waren übergegangen bzw. im Fall von Dienstleistungen hat der Steuerpflichtige die Leistung erhalten.

3347 Hierzu gehören „Kosten", die mit steuerfreien Erträgen i. S. d. Art. 11 RL-E in Zusammenhang stehen; diese nicht abziehbaren Aufwendungen werden pauschal auf 5 % dieser Einkünfte festgesetzt, sofern nicht nachgewiesen wird, dass tatsächlich niedrigere Kosten entstanden sind (Art. 14 Abs. 1 Lit. g) RL-E). Vgl. Lenz/Rautenstrauch (2011), S. 729.

3348 Sinn und Zweck der Unterscheidung zwischen abziehbaren Aufwendungen (Art. 12, 19 RL-E) einerseits und abziehbaren Posten (Art. 13 RL-E) andererseits erschließt sich nicht unmittelbar. Offenbar schlägt hier die insbesondere für das britische Steuerrecht typische Trennung zwischen Kapital- und Einkommensphäre (*capital/revenue divide*) durch. Art. 13 RL-E dient wohl der bloßen Klarstellung, dass Abschreibungen entgegen ihrer originären Kapitalsphärenzugehörigkeit bei der laufenden Gewinnermittlung zum Abzug zu bringen sind.

(Art. 9 Abs. 1 RL-E).[3349] Der Realisationszeitpunkt ist gegeben, wenn „der Anspruch auf ihre Vereinnahmung eintritt und der Betrag mit angemessener Genauigkeit bestimmt werden kann“, ungeachtet, „ob die tatsächliche Zahlung zeitversetzt erfolgt“ (Art. 18 RL-E). Dieses Realisationsverständnis gilt aber nur im Grundsatz;[3350] es wird an zentralen Punkten suspendiert.[3351] Neben einer erfolgswirksamen Erfassung von Zeitwertgewinnen bei mit Handelsabsicht gehaltenen Finanzanlagen (Art. 23 RL-E) soll bei „Verträgen mit langer Laufzeit“[3352], wie sich dies schon im bisherigen Projektverlauf abgezeichnet hat,[3353] eine sukzessive Gewinnrealisierung nach Maßgabe des Fertigstellungsgrads, folglich eine Teilgewinnrealisierung (*Percentage-of-completion*-Methode) zur Anwendung kommen (Art. 24 RL-E).[3354] Deutlich schlagen sich hier die Einflüsse der IFRS (IAS 11, IAS 18, IAS 39) nieder.

2 Kritische Würdigung

Der im RL-E vorgeschlagenen äußeren Form der Gewinnermittlung lässt sich vordergründig wenig entgegensetzen. Für die GuV-Methode dürften in erster Linie faktische Harmonisierungserwägungen sprechen.[3355] Nur aus deutscher Sicht kommt sie einem „Konzeptwechsel“[3356] gleich, während die bisherige Praxis der steuerlichen Gewinnermittlung in den anderen Mitgliedstaaten schon bislang auf die Gewinn- und Verlust-Rechnungen aufsetzt. Eine reine Zahlungsrechnung wird zutreffend nicht implementiert; verbleibende Periodisierungen sichern (scheinbar) die Erhaltung des Anfangskapitals und mithin die Bestimmung eines periodischen Reinvermögenszugangs. Kritik ist indessen an Umfang und Konkretisierung der Zahlungsperiodisierungen anzubringen.

Eine überzeugende Prinzipienfundierung gelingt dem RL-E im Gesamtblick nicht. Die in Art. 9 RL-E aufgelisteten vier Grundsätze sind zwar nicht an sich zu beanstanden, sie werden aber nicht deduktiv hergeleitet. Auswahl und Konkretisierung dieser Grundsätze erscheinen daher willkürlich. So irritiert, dass der Stetigkeitsgrundsatz, nach allgemeinem Verständnis ein Rahmengrundsatz der Gewinnermittlung, mit dem übergeordneten Realisationsprinzip auf eine Rangebene gestellt wird. Auch erscheint die Nennung des Einzelbewertungsgrundsatzes redundant, da dieser sich bereits aus dem Realisationsprinzip ergibt. Mögliche Zielkonflikte und deren Auflösung werden übergangen.

3349 Vgl. auch z. B. Stählin/Heidemann (2011), S. 506.
3350 Vgl. Bünning/Möser (2011), S. 2651.
3351 Die Behandlung von Gewinnen und Verlusten aus Sicherungsinstrumenten wird durch Art. 28 RL-E geregelt.
3352 Darunter werden Verträge subsumiert, die für Fertigung, Installation oder Bau oder die Erbringung von Dienstleistungen eingegangen werden und deren Laufzeit (voraussichtlich) zwölf Monate überschreitet; vgl. Art. 24 Abs. 1 RL-E.
3353 Vgl. (tendenziell zustimmend) Russo (2008), S. 371-374.
3354 Vgl. auch Scheffler/Krebs (2011), S. 16*; Förster/Krauß (2011), S. 609 u. S. 613; Miles (2011), S. 8. Der Fertigstellungsgrad soll dabei entweder auf Basis der *cost-to-cost-method* oder einer „sachkundigen Bewertung“ ermittelt werden (Art. 24 Abs. 2 RL-E).
3355 Vgl. auch Cerioni (2011), S. 521.
3356 Prinz (2011b), S. 463.

Ein Imparitätsprinzip wird in Art. 9 RL-E nicht genannt, obwohl sich auf Einzelnormebene Spuren desselben finden. Damit trifft Art. 9 RL-E auch der Vorwurf der Unvollständigkeit.

Dass ein Realisationsprinzip als zentraler Periodisierungsgrundsatz verankert wird, verdient nur grundsätzliche Zustimmung, weil das darin zum Ausdruck gebrachte Realisationsverständnis hinter dem zu fordernden Barrealisationsprinzip zurückbleibt. Liquiditätsbedingte Entscheidungsverzerrungen und periodisierungsbedingte Gleichmäßigkeitsverzerrungen können damit unvermindert fortbestehen. Immerhin kann Art. 18 RL-E für sich in Anspruch nehmen, den Gepflogenheiten der Mitgliedstaaten weitgehend zu entsprechen. Unter induktiven Harmonisierungsgesichtspunkten ist dem Realisationsverständnis des Art. 18 RL-E damit wenig entgegenzusetzen, auch wenn die Ertragsvereinnahmung gegenüber den IFRS wohl stärker an einem „Kriterium der rechtlichen Durchsetzbarkeit“[3357] orientiert ist.

Die Vorschläge zur Ertragserfassung bei langfristigen Aufträgen und Finanzinstrumenten sind zurückzuweisen, zumal gar nicht erst der Versuch unternommen wird, diese beiden Durchbrechungen des Realisationsprinzips zu begründen. Eine Begründung muss indes schwerfallen, weil die Bedingungen, unter denen die Besteuerung dieser unrealisierten Gewinne nicht zu einer Realvermögensabgabe führen, nach den Vorschlägen des RL-E nicht gesichert sind. So sieht Art. 43 Abs. 1 RL-E zwar einen zeitlich unbegrenzten, aber unverzinslichen Verlustvortrag vor. Die Nutzung dieses Verlustvortrags darf zudem „nicht zu einem negativen Betrag“ in einer Periode führen (Art. 43 Abs. 2 RL-E). Eine ökonomisch an sich richtige Negativsteuer (Verlustsubvention) wird damit ausgeschlossen. Der im RL-E vorgesehene Verlustvortrag bleibt hinter einem sofortigen Verlustausgleich zurück. Die Nichtgewährung eines Verlustrücktrags[3358] verschärft die Liquiditätsproblematik noch zusätzlich. Immerhin wäre dem RL-E zugute zu halten, dass er von einer ökonomisch unsinnigen Mindestbesteuerung Abstand nimmt.[3359] Jedoch schreibt Art. 43 Abs. 3 RL-E vor, die ältesten Verluste zuerst heranzuziehen. Offenbar soll hiermit einer (weiteren) Begrenzung der Verlustverrechnung der Weg geebnet werden.[3360] Auch unter induktiven Harmonisierungsgesichtspunkten erscheinen diese beiden zentralen Durchbrechungen des Realisationsprinzips wenig erfolgsverheißend. Dies gilt insbesondere für die Zeitwertbewertung von Finanzinstrumenten, die entgegen der überwiegenden mitgliedstaatlichen Übung in ihrem persönlichen Anwendungsbereich keineswegs nur auf Kreditinstitute o.ä. beschränkt ist.[3361]

3357 Marx (2011b), S. 551.
3358 Vgl. Stählin/Heidemann (2011), S. 507.
3359 Vgl. Scheffler/Krebs (2011), S. 25*; Herzig/Kuhr (2011), S. 2056; Bünning/Möser (2011), S. 2651.
3360 Vgl. zu dieser Einschätzung Förster/Krauß (2011), S. 610.
3361 Vgl. zutreffend Marx (2011b), S. 552.

II. Materielles und immaterielles Anlagevermögen

1 Ansatzregeln

1.1 Vorschläge der EU-Kommission

Unter den Begriff des (materiellen) Anlagevermögens werden sämtliche „vom Steuerpflichtigen entgeltlich erworbenen oder geschaffenen materiellen Wirtschaftsgüter" gefasst, die „einzeln bewertet werden können" und für einen Zeitraum von mehr als zwölf Monaten „für betriebliche Zwecke bei der Erzielung, der Aufrechterhaltung oder Sicherung von Einkommen" Verwendung finden (Art. 4 Nr. 14 RL-E). Von einer Aktivierung ausgeschlossen sind solche Wirtschaftsgüter, für deren Erwerb, Aufrechterhaltung oder Verbesserung Kosten von weniger als 1.000 € aufgebracht wurden (geringwertige Wirtschaftsgüter[3362]). Der vorstehende Konkretisierungsversuch bleibt insofern unvollständig, als der eigentlich zentrale Begriff des Wirtschaftsguts im RL-E nicht definiert wird.[3363] Dies überrascht insofern, als im bisherigen Projektverlauf noch offen ein IFRS-naher Vermögenswertbegriff favorisiert wurde. Die in Art. 4 Nr. 14 RL-E verankerten Bedingungen setzen dem Wortlaut nach das Vorliegen eines Wirtschaftsguts bereits voraus; sie sind damit i. S. konkreter Aktivierungskriterien zu verstehen. Unter welchen Voraussetzungen ein Wirtschaftsgut auf der (vorgelagerten) abstrakten Bilanzierungsebene anzunehmen ist, erschließt sich nicht.[3364]

Die Aktivierung immaterieller Wirtschaftsgüter des Anlagevermögens verlangt neben den vorgenannten Kriterien[3365] zwingend einen entgeltlichen Erwerb (Art. 4 Nr. 14 RL-E). Danach sind selbst erstellte immaterielle Wirtschaftsgüter und mithin auch Forschungs- und Entwicklungskosten von einer Aktivierung ausgeschlossen. Die hierfür angefallenen Ausgaben können unmittelbar gewinnmindernd zum Abzug gebracht werden (Art. 14 Nr. 1 lit. i) RL-E).[3366]

[3362] Vgl. Scheffler/Krebs (2011), S. 18*.

[3363] So auch Scheffler/Krebs (2011), S. 17*.

[3364] Möglicherweise liegt hier ein (umgekehrter) Anwendungsfall des Art. 7 RL-E vor. Art. 7 RL-E besagt, dass alle in der Richtlinie „geregelten Fragen (…) nicht länger den nationalen Körperschaftsteuerregelungen" unterliegen sollen. Negativ gewendet wären demgemäß alle ungeregelten Fragen durch Rückgriff auf nationale Bestimmungen (sofern verfügbar) zu konkretisieren. Dies entspräche auch der an früherer Stelle diskutierten Positionierung der EU-Kommission in dem Arbeitspapier WP057, wonach zu akzeptieren sei, dass „die gemeinsame Steuerbemessungsgrundlage unter Bezugnahme auf nationale GAAP ermittelt würde, wenn der Rechtsakt nicht ausdrücklich eine einheitliche Behandlung vorsieht" (Europäische Kommission (2007), S. 5 Rz. 9). Aufgrund dieser Residualmaßgeblichkeit wäre der jeweilige Wirtschaftsgutbegriff nach nationalem Recht der Mitgliedstaaten heranzuziehen, was aus Harmonisierungssicht abzulehnen ist. Vgl. Kahle/Schulz (2011c), S. 298; zustimmend Herzig (2011d), S. 663; Herzig/Kuhr (2011), S. 2057.

[3365] Immaterielle Wirtschaftsgüter müssen demnach ebenfalls einzeln bewertbar sein und eine betriebliche Nutzungsdauer von mindestens zwölf Monaten aufweisen. Die Kostenschwelle (1.000 €) indes bezieht sich indes allein auf Erwerbskosten, nicht auf Errichtungs- oder Verbesserungskosten, weil selbst erstellte immaterielle Wirtschaftsgüter des Anlagevermögens von einer Aktivierung ausgeschlossen sind.

[3366] Vgl. auch Scheffler/Krebs (2011), S. 17*.

1.2 Kritische Würdigung

Es überrascht, dass die EU-Kommission mit dem Kriterium der selbstständigen Bewertbarkeit einem eher kontinentaleuropäischen Aktivierungsmerkmal[3367] den Vorzug geben will. Der bisherige Projektverlauf indizierte eine Favorisierung des *Asset*-Begriffs der IFRS, also einer zentral auf den Nutzenzufluss abstellenden Aktivierungskonzeption. Unter konzeptionellen Erwägungen ist der Entscheidung, den IFRS-Vermögenswertbegriff nicht in die Gewinnermittlungsrichtlinie zu übernehmen, zuzustimmen. Dessen steuerliche Zweckinadäquanz wurde bereits an früherer Stelle zu belegen versucht. Das nun in den Vordergrund gerückte Kriterium der selbstständigen Bewertbarkeit erscheint als Aktivierungskriterium jedoch nicht minder kritisch; es wird zudem in keinem der hier betrachteten Mitgliedstaaten als (alleinige) Aktivierungsvoraussetzung anerkannt. Wenn es der EU-Kommission also nicht auf eine induktive Harmonisierungslösung ankommt, sollte sie im Einklang mit der vereinfachten Vermögensrechnung der Einzelveräußerbarkeit den Vorzug geben und dieses Aktivierungskriterium in der Gewinnermittlungsrichtlinie festschreiben.

Zustimmung verdient der Vorschlag der EU-Kommission, die Aktivierung immaterieller Vermögenswerte des Anlagevermögens an das Kriterium des entgeltlichen Erwerbs zu binden und eine Aktivierung von Forschungs- und Entwicklungskosten zu untersagen.[3368] Allerdings stellt sich die EU-Kommission mit dieser Vorgehensweise gegen die überwiegende Praxis der Mitgliedstaaten und kann damit wohl nicht mit deren Zustimmung rechnen.

2 Bewertungsregeln

2.1 Zugangsbewertung

2.1.1 Vorschläge der EU-Kommission

Eine (vage) Bestimmung des Anschaffungs- bzw. Herstellungskostenbegriffs für das Anlagevermögen findet sich in Art. 33 RL-E.[3369] Die Vorschrift deutet zunächst einen Einzelkostenansatz an: Im Fall des Erwerbs, der Herstellung oder der Verbesserung seien die einzurechnenden Kosten auf jene zu beschränken, die „direkt“ mit diesen Vorgängen zusammenhängen (Art. 33 Abs. 1 RL-E). Im Hinblick auf die Anschaffungskostenermittlung ist hieraus eine Beschränkung auf Einzelkosten abzuleiten. Es ist offen, ob auch jene Kosten einzubeziehen sind, die notwendig sind, um das betreffende Wirtschaftsgut in den betriebsbereiten Zustand zu versetzen.[3370]

Nur im Fall der Herstellung sollen über die direkten Kosten hinaus auch die „indirekten Kosten“ eingerechnet werden, sofern diese „nicht anderweitig abziehbar sind“ (Art. 33 Abs. 1 RL-E).[3371]

3367 Vgl. Wissenschaftlicher Beirat beim BMF (2007), S. 43.
3368 Vgl. auch Wissenschaftlicher Beirat beim BMF (2007), S. 44.
3369 Nach Art. 32 RL-E sind die Kosten im Zusammenhang mit dem Erwerb, der Herstellung oder der Verbesserung mit Angabe des jeweiligen Datums für jedes Wirtschaftsgut getrennt in ein Anlagenregister einzutragen.
3370 Vorsichtig ablehnend Scheffler/Krebs (2011), S. 17* f.
3371 Vgl. auch Scheffler/Krebs (2011), S. 18*.

Danach soll bei Herstellungskostenbemessung wohl im Grundsatz ein produktionsbezogener Vollkostenansatz in Anlehnung an die IFRS greifen.[3372] Nähere Vorgaben finden sich nicht. Die rudimentären Ausführungen des RL-E zum Herstellungskostenbegriff werden im Schrifttum daher auch so interpretiert, dass in die Herstellungskosten nur die direkt zurechenbaren Kosten i. S. v. Einzelkosten einzurechnen sind.[3373] Der genaue Herstellungskostenumfang ist damit offen. Beihilfen, die unmittelbar mit dem Erwerb, der Herstellung oder Verbesserung eines Wirtschaftsgutes in Zusammenhang stehen, stellen zwar steuerfreie Erträge dar (Art. 11 lit. a) RL-E); sie sollen dennoch i. S. einer Nettomethode von den Anschaffungs- oder Herstellungskosten des betreffenden Wirtschaftsgutes abgezogen werden und mithin dessen Abschreibungsbasis mindern (Art. 33 Abs. 3 RL-E). Es tritt eine „zeitverzögerte(.) Besteuerung"[3374] ein.

2.1.2 Kritische Würdigung

Die Ermittlung des Anschaffungs- und Herstellungskostenumfangs lässt zahlreiche Zweifelsfragen offen. Wie bereits dargelegt, wäre ein produktionsbezogener Vollkostenansatz sowohl unter konzeptionellen als auch unter konsensmobilisierenden Gesichtspunkten durchaus tragfähig. Der RL-E sollte sich noch deutlicher zu diesem Ansatz (oder einem Teilkostenansatz) bekennen. Die Vorgaben zum Herstellungskostenumfang müssen insgesamt noch deutlich geschärft werden.

2.2 Folgebewertung

2.2.1 Planmäßige Folgebewertung

2.2.1.1 Vorschläge der EU-Kommission

Für Zwecke der Abschreibung sind Wirtschaftsgüter des Anlagevermögens wie folgt zweizuteilen: Während Gebäude, langlebige Sachanlagen[3375] sowie immaterielle Wirtschaftsgüter als sog. einzeln abschreibungsfähige Wirtschaftsgüter kategorisiert werden (Art. 36 RL-E), sind alle anderen abschreibungsfähigen[3376] Wirtschaftsgüter – unter Durchbrechung der ansonsten geltenden Grundsätze der Einzelerfassung und -bewertung, Art. 9 Nr. 2 RL-E – in einen Sammelposten einzustellen

---

[3372] Wirtschaftsgüter, die Gegenstand einer Zuwendung sind, sollen anfänglich zum Marktpreis angesetzt werden (Art. 33 Abs. 2 RL-E).

[3373] So Scheffler/Krebs (2011), S. 18*.

[3374] Scheffler/Krebs (2011), S. 24*. Diese Regelung betrifft gem. Wortlaut des Art. 33 Abs. 3 RL-E wohl jede Art von Beihilfe. Damit wäre es entgegen etwa der deutschen Bilanzsteuerrechtspraxis nicht mehr möglich, Investitionszulagen als steuerfreie Einnahme zu behandeln, ohne zugleich die Abschreibungsbasis für das betreffende Wirtschaftsgut zu mindern. Vgl. Scheffler/Krebs (2011), S. 24*.

[3375] Unter den Begriff der langlebigen Sachanlagen fallen Sachanlagen, deren Nutzungsdauer mindestens fünfzehn Jahre beträgt; Gebäude, Flugzeuge und Schiffe gelten grundsätzlich als langlebig (Art. 4 Nr. 16 RL-E).

[3376] Im RL-E wird lediglich definiert, welche Wirtschaftsgüter nicht abschreibungsfähig sind: Sachanlagen, die nicht dem Wertverlust durch Verschleiß oder Alterung unterliegen (z. B. Grundstücke, Kunstgegenstände, Antiquitäten, Juwelen), ferner das Finanzanlagevermögen (Art. 40 RL-E). Die Kosten für den Erwerb, die Herstellung und die Verbesserung dieser Wirtschaftsgüter „sind in dem Steuerjahr abziehbar, in dem diese Wirtschaftsgüter veräußert werden, sofern der Veräußerungserlös Bestandteil der Steuerbemessungsgrundlage ist" (Art. 20 RL-E). Vgl. auch Scheffler/Krebs (2011), S. 18*.

und mithin gemeinsam abzuschreiben (Art. 39 RL-E).[3377] Die Idee dieser Poolabschreibung entstammt offenkundig dem britischen *Capital Allowances Act*,[3378] der allerdings, wie skizziert, verschiedene Kategorien von *Pools* unterscheidet. Im Grundsatz soll der wirtschaftliche Eigentümer abschreibungsberechtigt sein (Art. 34 Abs. 1 RL-E).

Hinsichtlich der auf Einzelbasis abzuschreibenden Wirtschaftsgüter wird ausschließlich das lineare Verfahren zugelassen (Art. 36 RL-E).[3379] Gebäude sind über einen fixen Zeitraum von vierzig Jahren, langlebige Sachanlagen (mit Ausnahme von Gebäuden) über fünfzehn Jahre abzuschreiben (Art. 36 Abs. 1 lit. a) und b) RL-E). Für immaterielle Wirtschaftsgüter ist derjenige Zeitraum maßgebend, für den Rechtsschutz besteht bzw. für den das Recht gewährt wird. Kann dieser Zeitraum nicht bestimmt werden (wie etwa beim Geschäfts- oder Firmenwert[3380]), ist eine Abschreibungsdauer von 15 Jahren maßgebend (Art. 36 Abs. 1 lit. c) RL-E). Bei gebrauchten Gebäuden, langlebigen Sachanlagen und immateriellen Wirtschaftsgütern ist die verbleibende Nutzungsdauer zugrunde zu legen, wenn diese vom Steuerpflichtigen nachgewiesen wird (Art. 36 Abs. 2 RL-E).[3381] Im Jahr des Erwerbs oder der Ingebrauchnahme ist eine Ganzjahresabschreibung vorzunehmen, im Jahr der Veräußerung hat eine Abschreibung gänzlich zu unterbleiben (Art. 37 Abs. 1 RL-E).

Der unendlich geometrisch-degressiv[3382] abzuschreibende Sammelposten unterliegt einem fixen Abschreibungssatz von 25 % p. a. (Art. 39 Abs. 1 RL-E). Der Wert des Sammelpostens ist kontinuierlich fortzuschreiben, indem die Anschaffungs-, Herstellungs- und Verbesserungskosten[3383] neu aufgenommener Wirtschaftsgüter hinzugerechnet, Erlöse aus der Veräußerung poolzugehöriger Wirtschaftsgüter und „jede Art von Ausgleichszahlungen für Verlust oder Zerstörung" abgezogen werden (Art. 39 Abs. 2 RL-E). Die Abschreibungsausgangsbasis zum Ende jedes Steuerjahres entspricht folglich dem um die Hinzurechnungen und Kürzungen modifizierten steuerlichen Wert zum Ende des Vorjahres. Sofern die Abschreibungsausgangsbasis aufgrund dieser Modifikationen unter einen Wert von null sinkt, ist diese negative Differenz erfolgswirksam auszugleichen (Art. 39 Abs. 3 RL-E).

3377 Vgl. auch Scheffler/Krebs (2011), S. 16* u. S. 19* f.

3378 So auch Miles (2011), S. 8.

3379 Vgl. auch Stählin/Heidemann (2011), S. 507.

3380 Vgl. Scheffler/Krebs (2011), S. 19*.

3381 Die hierfür erforderlichen Nachweiserfordernisse werden nicht spezifiziert. Als gebrauchte Wirtschaftsgüter definiert Art. 4 Nr. 17 „Anlagevermögen mit einer beim Erwerb teilweise abgelaufenen Nutzungsdauer, die im jetzigen Zustand oder nach einer Reparatur weiter verwendet werden können".

3382 Vgl. Scheffler/Krebs (2011), S. 19*. Ein Übergang zur linearen Abschreibung ist im RL-E insoweit nicht vorgesehen.

3383 Unter Verbesserungskosten fallen „zusätzliche Aufwendungen für Anlagevermögen, durch die das Wirtschaftsgut in seiner Substanz erweitert oder seine Nutzungsmöglichkeiten wesentlich verbessert werden oder die mehr als 10 % der ursprünglichen Abschreibungsbasis ausmachen" (Art. 4 Nr. 18 RL-E). Nach Art. 35 RL-E werden Verbesserungskosten „wie bei einem neu erworbenen Wirtschaftsgut des Anlagevermögens nach den Vorschriften abgeschrieben, die auf das verbesserte Wirtschaftsgut anwendbar sind". Vgl. hierzu vertiefend auch Scheffler/Krebs (2011), S. 18*.

2.2.1.2 Kritische Würdigung

Mit Blick auf die steuerlich zu fordernde Gleichmäßigkeit, Einfachheit und Nachprüfbarkeit der steuerlichen Gewinnermittlung *de lege ferenda* erscheint es sachgerecht, dass der RL-E die Abschreibungsmethoden im Rahmen der CCCTB auf das lineare Verfahren begrenzt und auch die Abschreibungszeiträume weitgehend normiert. Die nutzungsdauerabhängige Zuteilung von Wirtschaftsgütern in das System der Einzelabschreibung bzw. Poolabschreibung ist insofern unproblematisch, als es bei der Mehrzahl der Wirtschaftsgüter eindeutig sein dürfte, dass ihre Nutzungsdauer unter (über) fünfzehn Jahren liegt.[3384] Mit Recht nimmt der RL-E von einem Komponentenansatz des IAS 16 Abstand.[3385]

Die Poolabschreibung lässt sich als Beitrag zur Vereinfachung und Objektivierung der steuerlichen Gewinnermittlung deuten. Sie ist insofern positiv zu werten, als sie die Diskussion um die betriebsgewöhnliche Nutzungsdauer obsolet werden lässt und damit die steuerlichen Befolgungskosten senkt. Negativ anzumerken bleibt, wie an früherer Stelle bereits ausgeführt, dass die Poolabschreibung Innenfinanzierungsmöglichkeiten schafft, die über die reine Ersatzbeschaffung hinausgehen und folglich mit dem Periodisierungsgrundsatz der vereinfachten Vermögensrechnung kollidiert.[3386] Auch aus induktiver Harmonisierungssicht erscheint die Poolabschreibung aufgrund ihres derzeit nur beschränkten Anwendungsbereichs nicht unkritisch; eine Ideallösung ist sie sicherlich nicht. Die im RL-E für GWG vorgesehene Sofortabschreibung ist aus Sicht der vereinfachten Vermögensrechnung unproblematisch.

2.2.2 Außerplanmäßige Folgebewertung

2.2.2.1 Vorschläge der EU-Kommission

Die Möglichkeiten zur Vornahme von außerplanmäßigen Abschreibungen und mithin die Geltung des Imparitätsprinzips im Anlagevermögen sollen nach den Vorschlägen der EU-Kommission deutlich eingeschränkt werden.[3387] Eine Sonderabschreibung (Art. 41 RL-E) soll ausschließlich für nicht abschreibungsfähige Wirtschaftsgüter des Anlagevermögens i. S. d. Art. 40 RL-E zulässig sein, und auch nur, wenn ein „dauerhafter Wertverlust" nachgewiesen wird. Der Verlustmaßstab bleibt im RL-E ebenso unspezifiziert wie die Ebene der Verlustberücksichtigung. Offenbar ist auf den

---

[3384] Vgl. Scheffler/Krebs (2011), S. 19*.

[3385] Vgl. Scheffler/Krebs (2011), S. 18*.

[3386] Innenfinanzierungsmöglichkeiten können sich aus der Technik der Poolfortschreibung ergeben. So bewirkt die Minderung des Poolwerts um die Erlöse aus der Veräußerung poolzugehöriger Wirtschaftsgüter, dass diese Erlöse nicht unmittelbar im Zeitpunkt der Veräußerung erfolgswirksam erfasst werden, sondern vielmehr durch die Reduktion der Abschreibungsbasis eine zeitliche Streckung der Erfolgswirksamkeit eintritt, die einer Steuerstundung gleichkommt (positiver Zeiteffekt). Zu einer sofortigen Besteuerung des Veräußerungserlöses kommt es allerdings dann, wenn der Wert des Sammelpostens durch Abzug des Veräußerungserlöses negativ wird, weil in diesem Fall der Sammelposten erfolgswirksam auf null zu setzen ist (Art. 39 Abs. 3 RL-E). Eine exakte Quantifizierung des positiven Zeiteffektes ist damit nicht in allgemein gültiger Form möglich. Vgl. auch Scheffler/Krebs (2011), S. 20*.

[3387] Zur insgesamt unklaren Stellung des Imparitätsprinzips im RL-E vgl. Scheffler/Krebs (2011), S. 16*.

Marktpreis abzustellen. Die Anwendung des ZGE-Konzepts i. S. d. IAS 36 ist mit im RL-E hervorgehobenen Grundsätzen der Einzelerfassung und -bewertung nicht in Einklang zu bringen, sodass ein etwaiger Verlust auf Ebene eines einzelnen Vermögenswerts zu berücksichtigen ist. Eine Teilwertabschreibung bei abnutzbaren Wirtschaftsgütern wird indessen ausgeschlossen, unabhängig davon, ob sie im Hinblick auf die planmäßige Abschreibung dem Einzelabschreibungs- oder Poolabschreibungssystem unterliegen.[3388] Zudem sind solche Wirtschaftsgüter von einer Sonderabschreibung ausgeschlossen, deren Veräußerungserlös steuerfrei ist (Art. 41 Abs. 1 RL-E), so vor allem Anteile an Kapitalgesellschaften.[3389]

Wertaufholungen sollen grundsätzlich erfolgswirksam berücksichtigt werden. Voraussetzung ist, dass sich der Wert des Wirtschaftsgutes in den auf die Sonderabschreibung folgenden Perioden wieder „steigert" (Art. 41 Abs. 2 RL-E). Die Wertaufholung ist dabei auf den Umfang der vorherigen Sonderabschreibung begrenzt (Art. 41 Abs. 2 RL-E), Wertobergrenze bilden mithin die Anschaffungs- oder Herstellungskosten.

2.2.2.2 Kritische Würdigung

Der weitgehenden Ausschaltung imparitätischer außerplanmäßiger Abschreibungen ist aus Sicht der vereinfachten Vermögensrechnung beizupflichten. Mit Recht orientiert sich die EU-Kommission nicht an den Vorgaben des IAS 36. Kritisch anzumerken ist, dass ein sofortiger Verlustausgleich (bzw. ein verzinslicher Verlustvor- oder -rücktrag als ökonomische Näherung) nach den derzeitigen Vorstellungen der EU-Kommission verwehrt wird. Dem Imparitätsprinzip fehlt es damit an einem ökonomischen Substitut.

Der *impairment-only-approach* bei nicht abschreibungsfähigen Wirtschaftsgütern ist nur durch das Fehlen umfassender Verlustausgleichsmöglichkeiten zu begründen. Allerdings müsste das Imparitätsprinzip dann auf alle Wirtschaftsgüter ausgedehnt werden. Konsequent erscheint allein die erfolgswirksame Vornahme von Wertaufholungen. Die Vorteilhaftigkeit eines sofortigen Verlustausgleichs gegenüber dieser inkonsistenten Geltung imparitätischer Teilwertabschreibungen muss nicht erneut belegt werden.

III. Leasingverhältnisse

1 Vorschläge der EU-Kommission

Auf das rechtliche Eigentum soll es zwecks Zurechnung eines Leasingobjekts nicht ankommen (Art. 4 Nr. 20 RL-E; 34 RL-E).[3390] Integraler Bestandteil des RL-E ist das Konzept des wirtschaftli-

---

[3388] Vgl. auch Scheffler/Krebs (2011), S. 16* u. S. 19*; Petutschnig (2011), S. 328 f.
[3389] Vgl. Lenz/Rautenstrauch (2011), S. 728.
[3390] Vgl. hierzu auch Scheffler/Krebs (2011), S. 17*.

chen Eigentums. Als wirtschaftlicher Eigentümer wird jene Vertragspartei betrachtet, „die alle materiellen Vorteile und Risiken aus einem Wirtschaftsgut des Anlagevermögens trägt". Es soll demnach ein Risiken-Chancen-Ansatz i. S. d. IAS 17 implementiert werden. Nur dieser wirtschaftliche Eigentümer ist berechtigt bzw. verpflichtet, eine Abschreibung auf das Leasingobjekt vorzunehmen (Art. 34 Abs. 1, 2 RL-E).[3391] Die Vorgaben zur Bestimmung des wirtschaftlichen Eigentums sind knapp gehalten: Ein Steuerpflichtiger, der das Recht besitzt, ein Wirtschaftsgut des Anlagevermögens zu halten, dieses zu gebrauchen und über dieses zu verfügen sowie das Risiko seines Verlustes oder seiner Zerstörung trägt, soll stets als wirtschaftlicher Eigentümer qualifizieren (Art. 4 Nr. 20 RL-E).

2 Kritische Würdigung

Unter dem Aspekt der induktiven Harmonisierung sind die Regeln des RL-E zur Bilanzierung von Leasingverhältnissen zwar grundsätzlich tragbar; unter theoretisch-konzeptionellen Gesichtspunkten kann ihnen aber nicht beigestimmt werden. Eine leasingnehmerseitige Zurechnung auf Basis eines wirtschaftlichen Eigentums sollte ausgeschlossen werden. Die EU-Kommission begibt sich denn auch selbst in ein Gefangenendilemma, wenn sie in Art. 34 Abs. 5 RL-E i. V. m. Art. 127 ff. RL-E ankündigt, noch ausführlichere Zurechnungsregeln erlassen zu wollen.[3392] Freilich wird dies nur eine Verkomplizierung der harmonisierten steuerlichen Gewinnermittlung bedingen, ohne deren Neutralitäts- und Gleichmäßigkeitseigenschaften wirksam zu verbessern.

IV. Rückstellungen

1 Ansatzregeln

1.1 Vorschläge der EU-Kommission

In enger Betrachtungsweise sollen ausschließlich rechtliche Verpflichtungen, die der Steuerpflichtige aufgrund seiner Tätigkeiten oder Transaktionen im laufenden oder in vorherigen Steuerjahren „hat oder voraussichtlich haben wird", eine Rückstellungsbildung auslösen (Art. 25. Abs. 1 RL-E). Aufwandsrückstellungen sind wegen des Erfordernisses einer Rechtsverpflichtung unmittelbar ausgeschlossen. Aber auch rein wirtschaftliche Vermögensbelastungen sollen nach dem eindeutigen Wortlaut des Art. 25 Abs. 1 RL-E von einer Rückstellungspassivierung ausgenommen sein. So wäre etwa die Bildung von Kulanzrückstellungen im Rahmen der CCCTB nicht (mehr) möglich.[3393]

[3391] Nur wenn der wirtschaftliche Eigentümer „nicht ermittelt werden" kann, ist das Leasingobjekt seitens des Leasinggebers abzuschreiben (Art. 34 Abs. 3 RL-E).

[3392] Zu dieser Delegationsermächtigung (Art. 34 RL-E) vgl. auch Hüttemann (2011b), S. 512 f.

[3393] Vgl. Scheffler/Krebs (2011), S. 22*; Herzig/Kuhr (2011), S. 2055.

Das Bestehen einer rechtlichen Verpflichtung muss grundsätzlich zwar am Ende des Steuerjahres feststehen; allerdings sollen auch Rechtsverpflichtungen, die der Steuerpflichtige „voraussichtlich haben wird“, eine Rückstellungsbildung begründen können (Art. 25 Abs. 1 RL-E). Nähere Hinweise zur Konkretisierung der erforderlichen Mindestwahrscheinlichkeit finden sich nicht. Neben der Existenz einer Rechtsverpflichtung ist die zuverlässige Schätzbarkeit des Verpflichtungsbetrages als weitere Passivierungsvoraussetzung zu beachten (Art. 25 Abs. 1 RL-E). Rückstellungen kommen nur für abziehbare Aufwendungen in Betracht (Art. 12 RL-E). Die Generalnorm der Aufwandsentstehung (Art. 19 RL-E) wird insoweit außer Kraft gesetzt. Auf die Nennung spezieller Kriterien für Drohverlustrückstellungen wird im RL-E verzichtet. Deren Behandlung ist unklar; das Schrifttum geht von einer grundsätzlichen Zulässigkeit derselben aus.[3394]

1.2 Kritische Würdigung

Die Grundsatzentscheidung der EU-Kommission, Rückstellungen im Rahmen der CCCTB zuzulassen, ökonomisch nur mit der Nichtgewährung eines sofortigen Verlustausgleichs (bzw. eines ökonomischen Äquivalents) begründet werden. Folgt hieraus indes die Notwendigkeit eines Rückstellungsansatzes, erscheint es nicht gerechtfertigt, den Kreis der zu erfassenden Vermögensbelastungen auf rechtliche Verpflichtungen einzuengen. Einerseits müssen formal-rechtliche Verpflichtungen nicht stets auch wirtschaftlich belastend sein; andererseits müssten unter grundsätzlicher Geltung eines Rückstellungsansatzes auch (objektivierbare) wirtschaftliche Vermögensbelastungen abgebildet werden.[3395] Auch der im Projektverlauf zum Vorbild genommene IAS 37[3396] sieht eine derartige Einschränkung auf Rechtsverpflichtungen nicht vor. Die Alleingeltung rechtlicher Verpflichtungen bedingt, dass das jeweilige nationale Zivilrecht Ausschlag über den Rückstellungsansatz gibt,[3397] was der angestrebten Harmonisierungslösung im Bereich des Rückstellungsansatzes eklatant zuwiderläuft. Art. 25 RL-E ist ein wenig überzeugender Kompromiss, der nur so zu erklären ist, dass sich die Mitgliedstaaten in den Unterarbeitsgruppen nicht auf gemeinsame, tragfähige Grundsätze des Rückstellungsansatzes verständigen könnten. Das beweist nur nochmals die Vorteilhaftigkeit eines generellen Rückstellungsverzichts bei sofortigem Verlustausgleich.[3398]

2 Bewertungsregeln

2.1 Vorschläge der EU-Kommission

(Verbindlichkeits-) Rückstellungen sollen nach den Vorstellungen der EU-Kommission in Höhe desjenigen Betrags angesetzt werden, der nach „zuverlässige[r] Schätzung“ erforderlich ist, um die Verpflichtung am Ende des Steuerjahres zu erfüllen; hierbei sind alle „relevanten Faktoren einschließlich Erfahrungswerten der Gesellschaft, Gruppe oder Branche“ zu beachten (Art. 25 Abs. 2

3394 Vgl. Scheffler/Krebs (2011), S. 22*; Kahle/Schulz (2011), S. 301 f.; zweifelnd indes Petutschnig (2011), S. 329.
3395 Vgl. auch Oestreicher (2007b), S. 580.
3396 Zu den diesbezüglichen Projektarbeiten vgl. Krawitz/Karthaus (2008), S. 351 f.
3397 In diesem Sinne Berndt (2001), S. 375.
3398 Vgl. Schreiber, U. (2002), S. 109; Spengel (2009), S. 105; a. A. Prinz (2011c), S. 496.

RL-E).[3399] Es soll „allen Risiken und Unwägbarkeiten“ Rechnung getragen werden, ohne dass dies zu einer Überdotierung führen darf (Art. 25 Abs. 2 lit. a) RL-E). Künftige Ereignisse sollen Berücksichtigung finden, wenn deren Eintreten „vernünftigerweise erwartet werden kann“ (Art. 25 Abs. 2 lit. c) RL-E).[3400] Offenbar sind mit dem Begriff der „künftigen Ereignisse“ aber nur rückstellungserhöhende Ereignisse, wie etwa Preis- und Kostensteigerungen, gemeint. Denn andernfalls wäre Art. 25 Abs. 2 lit. d) RL-E redundant. Hiernach sollen „künftige Vorteile“ – wohl rückstellungsmindernd[3401] – „berücksichtigt“ werden, sofern diese „unmittelbar mit dem Ereignis zusammenhängen, das Anlass zu der Rückstellung gibt“. Während der Konflikt zwischen rechtlicher Entstehung und wirtschaftlicher Verursachung im Bereich des Rückstellungsansatzes eindeutig formalrechtlich aufgelöst wird, scheint die Rückstellungsbewertung von dieser Wertung wieder Abstand zu nehmen. So ordnet Art. 25 Abs. 1 Abs. 2 RL-E an, dass bei solchen (rechtlichen) Verpflichtungen, die „mit einer Tätigkeit oder Transaktion zusammenhängen, die in künftigen Steuerjahren andauern wird“, der „Abzug bezüglich der entsprechenden Einnahmen auf die geschätzte Dauer der Tätigkeit oder Transaktion“ zu verteilen sei. Anstelle einer aus formal-rechtlicher Sicht gebotenen Vollrückstellung wäre demnach also eine Ansammlungsrückstellung zu bilden, wobei jedoch offenbleibt, ob dies umsatzproportional oder zeitproportional zu geschehen hat.

Rückstellungen sind zu diskontieren, wenn deren (Rest-) Laufzeit mindestens zwölf Monate beträgt (Art. 25 Abs. lit. b) RL-E). Dabei ist die Wesentlichkeit des Zinseffekts – anders als nach IAS 37 – belanglos. Den von der Abzinsung begleitenden Objektivierungsproblemen soll begegnet werden, indem der von der Europäischen Zentralbank bekannt gegebene durchschnittliche jährliche EURIBOR-Zinssatz für Schuldtitel mit einer Restlaufzeit von zwölf Monaten maßgebend ist.[3402] Dieser Diskontierungssatz tritt zurück, wenn ein spezifisch vereinbarter Abzinsungssatz vorliegt (Art. 25 Abs. 2 lit. b) RL-E). Die Bewertung von Drohverlustrückstellungen wird im RL-E nicht speziell problematisiert.

2.2 Kritische Würdigung

Die Entscheidung der EU-Kommission, den Ansatz von langfristigen Rückstellungen nur in Höhe des Erfüllungsbarwerts vorzuschreiben, kann immerhin als Annäherung an die Gleichmäßigkeit der Besteuerung gewürdigt werden, wenn man der (angreifbaren) Annahme folgt, dass der gleichmäßigkeitsverletzende Finanzierungseffekt in typisierender Betrachtungsweise gedämpft wird. Aller-

3399 Es wird nicht spezifiziert, ob mit dem Verb „erfüllen“ die Eigenerfüllung (i. S. eines Eigenerfüllungsbetrags) oder die Übertragung der Verpflichtung auf einen Dritten i. S. eines Fremdentpflichtungsbetrags gemeint ist.

3400 Vgl. auch Scheffler/Krebs (2011), S. 23*.

3401 Unklar ist, ob mit „berücksichtigt“ eine Rückstellungsminderung, also eine passivische Berücksichtigung, oder eine aktivische Berücksichtigung als separater Vermögenswert gemeint ist, wie dies etwa IAS 37.53 vorsieht.

3402 Vgl. auch Scheffler/Krebs (2011), S. 23*.

dings wird der EURIBOR-Zinssatz nicht stets mit dem internen Anlagezinsfuß übereinstimmen, sodass eine vollständige Beseitigung positiver wie negativer Steuerpausen nicht gelingen kann.[3403]

V. Gesamtbeurteilung des RL-E

Im Ganzen zeigt der RL-E Licht und Schatten. Entgegen seinem Selbstverständnis kann der RL-E im Ergebnis nicht als ein geschlossenes System zur steuerlichen Gewinnermittlung bezeichnet werden. Dass der RL-E in seiner ersten Fassung Regelungslücken aufweist, liegt in der Natur der Sache; störend sind die zahlreichen konzeptionellen Ungereimtheiten, die das Resultat einer fehlenden Auseinandersetzung mit den Zielen der harmonisierten steuerlichen Gewinnermittlung sind. Indessen lassen die Vorschläge auch nicht eindeutig das Bestreben einer induktiven Lösungsfindung erkennen. Eine Nachbesserung des RL-E zugunsten einer stringenten Prinzipienorientierung ist dringend angeraten.[3404]

Im Bereich der Ertragsrealisierung folgt der RL-E jenen Wertungen der IFRS, die aus Sicht der vereinfachten Vermögensrechnung gerade nicht in ein steuerliches Gewinnermittlungsregelwerk übernommen werden sollten, zumal auch deren faktischer Harmonisierungsbeitrag als gering einzuschätzen ist. Mit dem Kriterium der selbstständigen Bewertbarkeit wird das Vermögenswertverständnis des RL-E auf ein Merkmal konzentriert, das weder der Mitgliedstaatenpraxis entspricht noch aus Sicht der vereinfachten Vermögensrechnung überzeugt. Es überrascht, dass der RL-E sich nunmehr so deutlich von dem *Asset*-Begriff der IFRS gelöst hat. Eine weitere wenig überzeugende Isolationslösung des RL-E betrifft die Eingrenzung der Rückstellungsbildung auf formalrechtliche Verpflichtungen. In dieser Hinsicht weicht der RL-E ohne Not von IAS 37 ab. Angesichts begrenzter Verlustverrechnungsmöglichkeiten bleibt die Außerachtlassung von faktischen Verpflichtungen auch theoretisch fragwürdig. Mit der impliziten Übernahme des Risiko-Chancen-Ansatzes in Anlehnung an IAS 17 wird einer Methodik gefolgt, die sich längst als defizitär herausgestellt hat.

Die Vorgaben zur Anschaffungs- und Herstellungskostenermittlung bleiben unbestimmt. Dabei überrascht vor allem, dass der RL-E sich nicht deutlicher zu dem produktionsbezogenen Vollkostenbegriff der IFRS bekennt; gerade hier wäre eine Übernahme der IFRS-Wertungen vergleichsweise unproblematisch. Die von der EU-Kommission forcierte Standardisierung der planmäßigen Abschreibungen überzeugt sowohl aus induktiver als auch deduktiver Harmonisierungssicht. Mit Recht stellt sich der RL-E den auslegungsoffenen Abschreibungsregeln der IFRS entgegen. Die weitreichende Ausschaltung von außerplanmäßigen Abschreibungen ist nur in ihrer Tendenz richtig; aufgrund begrenzter Verlustverrechnungsmöglichkeiten fehlt ihr streng genommen die ökonomische Rechtfertigung. Zuzustimmen ist dem RL-E darin, den *Impairment-Test* des IAS 36 nicht zu

[3403] Vgl. auch Siegel (2011a), S. 782 f. (mit Blick auf den typisierten Diskontierungssatz des § 6 Abs. 1 Nr. 3a lit. e) EStG).
[3404] Vgl. Herzig (2011d), S. 663.

übernehmen; die in den genannten Restanwendungsfällen zur Anwendung kommende Alternativmethodik erscheint allerdings kaum vorteilhafter, da sie ihrerseits einige erhebliche Zweifelsfragen im Raum stehen lässt. Die im RL-E vorgeschlagenen Regeln zur Rückstellungsbewertung erscheinen zumindest dann vertretbar, wenn man einer Barwertlösung zuneigt.

6. Kapitel: Zusammenfassende Thesen

(1.) Auch wenn der durch die IAS-Verordnung, die europäischen Bilanzrichtlinien und die Judikatur des EuGH errichtete Rechtsrahmen keine unmittelbaren Folgewirkungen der IFRS auf die steuerliche Gewinnermittlung nach sich zieht, konnte gezeigt werden, dass vor allem die faktisch-mittelbaren Einflüsse der IFRS auf die nationalen Normengefüge der handels- und steuerrechtlichen Gewinnermittlung in Breite und Tiefe inzwischen zugenommen haben.

(2.) Die handelsrechtlichen (ausschüttungsstatischen) GoB sind mit den französischen *principes comptables*, den polnischen Rechnungslegungsgrundsätzen, der schwedischen *god redovisningssed* sowie den britischen (UK) GAAP im Ergebnis nicht in Einklang zu bringen. In dieser Heterogenität gründet die zentrale Problematik einer europaweiten Harmonisierungslösung im Bereich der steuerlichen Gewinnermittlung.

(3.) Die zentrale (Vor-) Frage, ob es einer Rechtsangleichung *de lege ferenda* bedarf, ist positiv zu beantworten: Gewinnermittlungsinduzierte Friktionen der europaweiten Konzernbesteuerung, die dem Binnenmarktziel diametral entgegenstehen, können langfristig nur durch eine Verständigung auf gemeinsame Regeln zur Ermittlung des steuerlichen Gewinns abgebaut werden.

(4.) Auf paneuropäischer Ebene könnten die IFRS perspektivisch von Nutzen sein, um Diskrepanzen in den lokalen Gewinnermittlungsvorschriften auszumerzen. Dabei ist zwischen faktisch-induktiver und theoretisch-konzeptioneller Zwecktauglichkeit zu trennen.

(5.) Folgerichtig präferiert die EU-Kommission die Schaffung eines gemeinsamen Regelwerks zur steuerlichen Gewinnermittlung (CCTB) als Minimalziel der europäischen Harmonisierungsbemühungen. Von dem ökonomisch inferioren Prinzip der gegenseitigen Anerkennung (*mutual recognition*) wurde mit Recht Abstand genommen.

(6.) Harmonisierte steuerliche Gewinnermittlungsregeln sollten deduziert werden. Dies setzt ein Einverständnis über die zentralen Zielsetzungen der steuerlichen Gewinnermittlung voraus. Die CCCTB sollte an der Entscheidungsneutralität (Investitionsneutralität) sowie der Gleichmäßigkeit der Besteuerung ausgerichtet werden. Beiden Postulaten lässt sich gleichsam das Barrealisationsprinzip als Minimalimplikat entnehmen. Es stellt sicher, dass Verzerrungen über Investitionsentscheidungen ebenso reduziert werden wie bestehende Gleichmäßigkeitsverstöße als Folge periodisierungsinduzierter Zeiteffekte.

(7.) Leitbild einer europäischen Gewinnermittlungsharmonisierung sollte die vereinfachte Vermögensrechnung sein, deren zentrales Strukturmerkmal der Grundsatz der Barrealisation ist. Aktivierungsmerkmal ist die Einzelveräußerbarkeit. Immaterielle Wirtschaftsgüter sind nur zu aktivieren, wenn sie entgeltlich erworben wurden. Eine leasingnehmerseitige Zurechnung von Leasingobjekten hat zu entfallen. Verbindlichkeits- und Drohverlustrückstellungen sind durch einen sofortigen Verlustausgleich zu ersetzen, Aufwandsrückstellungen ersatzlos zu streichen. Eine Erstbewertung zu (produktionsbezogenen) Vollkosten erscheint akzeptabel. Planmäßige Abschreibungen sind zu normieren. Der Wegfall von Teilwertabschreibungen ist durch äquivalente Verlustausgleichsmöglichkeiten zu kompensieren.

(8.) Nur unter rein induktiven Gesichtspunkten wären die IFRS einer Harmonisierungslösung förderlich. Die theoretisch-konzeptionelle Zwecktauglichkeit der IFRS erscheint dagegen gering. Eine Teilgewinnrealisierung (IAS 11, IAS 18) ist steuerlich inakzeptabel; noch mehr gilt dies für eine Erfassung von bloßen Zeitwertgewinnen (IAS 39, IAS 40, IAS 41). Der *Asset*-Begriff (IAS 16) ist zu weitläufig; eine Aktivierung von selbst erstellten immateriellen Vermögenswerten (IAS 38) ist zu verhindern. Die Leasingbilanzierungsregeln (IAS 17) sind unbrauchbar. Dem Rückstellungsbegriff (IAS 37) kann dem Grunde nach kein Vorbildcharakter zuerkannt werden. Der Herstellungskostenbegriff (IAS 2, IAS 16) könnte mit Einschränkungen übernommen werden. Den unscharfen Regeln zur planmäßigen Abschreibung (IAS 16, IAS 38) kann nicht gefolgt werden. Für IAS 36 ist selbst dann keine Übernahmeempfehlung auszusprechen, wenn Begrenzungen der Verlustverrechnung die Geltung des Imparitätsprinzips ökonomisch notwendig werden lassen. Auch den lokalen Regelungslösungen kann in diesen Bilanzierungsbereichen nur vereinzelt Vorbildhaftigkeit zuerkannt werden, da sie vielfach den IFRS folgen.

(9.) Ihre ursprüngliche *Starting point-These* hat die EU-Kommission im RL-E weitgehend fallen gelassen. Verbliebene implizite Wertungsübernahmen entstammen indes jenen Standards, die als besonders problematisch identifiziert wurden. Sachgerechte Regelungslösungen wurden zugunsten von wenig überzeugenden Isolationslösungen aufgegeben. Das Realisationsprinzip wird zu zahlungsfern ausgedeutet. Der Vermögenswertbegriff bleibt unklar; allein das Aktivierungsverbot für selbst erstellte Immaterialgüter überzeugt. Die Adaption des vagen Konzepts des wirtschaftlichen Eigentums ist kritisch. Die Rückstellungsbilanzierung ist zu formalrechtlich geprägt. Die weitgehende Standardisierung der planmäßigen Abschreibungen erscheint zutreffend. Die inkonsistente Geltung des Imparitätsprinzips verhindert eine Interpretation der „Sonderabschreibungen" als ökonomisch zweitbeste Lösung.

(10.) Zusammengenommen kann der RL-E nicht als ein geschlossenes und theoretisch überzeugendes System bezeichnet werden. Ein klares Leitbild ist nicht zu erkennen. Die Auswahl der Gewinnermittlungsregeln erscheint beliebig. Eine konsistente Auslegungsbasis fehlt. Aus Gewinnermittlungssicht fällt es schwer, dem RL-E in seiner jetzigen Fassung zuzustimmen.

Literaturverzeichnis

Acard, C./Fontaine-Besset, D. (2009), France, in: Foreign exchange issues in international taxation, Cahiers de droit fiscal international, Vol. 94b, Subject 2, Hrsg. IFA, Rotterdam 2009, S. 283-305.

Achleitner, A.-K./Behr, G./Schäfer, D. (2009), Internationale Rechnungslegung. Grundlagen, Einzelfragen und Praxisanwendungen, 4. Aufl., München 2009.

Adam, S./Browne, J./Heady, C. (2010), Taxation in the UK, in: Dimensions of Tax Design. The Mirrlees Review, Hrsg. Adam, S. et al., Oxford 2010, S. 3-77.

Adamczyk, L. (2008), National Report Poland, in: Tax Compliance Costs for Companies in an Enlarged European Community, Hrsg. Lang, M. et al., Wien 2008, S. 309-333.

Adda, M. (2008), The Proposal of Implementation of IFRS to SMEs: a Further Tool for Positive Integration of Corporate Income Taxation in the Internal Market? In: Intertax 2008, S. 282-291.

Adolfsson, R. (1999), Flygplansleasingmålen – en nödlandning? In: SN 1999, S. 789-792.

Agúndez-Garcia, A. (2006), The Delineation and Apportionment of an EU Consolidated Tax Base for Multi-jurisdictional Corporate Income Taxation: A Review of Issues and Options, European Commission, Taxation Papers, Working paper n° 9/2006, Brüssel 2006.

Aisbitt, S. (2002), Tax and accounting rules: some recent developments, in: European Business Review 2002, S. 92-97.

Akin, B. (2010), Section 42 Finance Act 1998 – An Opportunity Missed? In: GITC Review, June 2010, S. 13-24.

Alberts, W. (2008), Grossbritannien, in: Steuern in Europa, Amerika und Asien (Loseblattsammlung), Hrsg. Mennel, A./Förster, J., Herne/Berlin, Stand: 2008.

Alberts, W. (2011a), Nothaushaltsgesetz und Körperschaftsteuerreform in Großbritannien, in: IWB 2011, S. 173-177.

Alberts, W. (2011b), Polen, in: Steuern in Europa, Amerika und Asien (Loseblattsammlung), Hrsg. Mennel, A./Förster, J., Herne/Berlin, Stand: 2011.

Alexander, D. (2007), Globalisation of Accounting Standards: A UK Perspective, in: Globalisation of Accounting Standards, Hrsg. Godfrey, J. M./Chalmers, K., Cheltenham/Northampton 2007, S. 46-63.

Alexander, D./Archer, S. (2003), European Accounting Guide, 5. Aufl., New York 2003.

Alexander, D./Eierle, B. (2006), TFV and GoB. Anglo-German Lessons for International Accounting Harmonisation, Draft for submission to 8th World Congress of the International Federation of Scholarly Associations of Management, Berlin 28-30 September 2006, Version 02/06.

Alexander, D./Segura, N. (2010), France and International Accounting Standards: une balle dans le pied? (a self-inflicted wound?), Working Paper for presentation at EAA, Instanbul, 19-21 May 2010, Version vom 18.03.2010.

Alhager, E./Alhager, M. (2004), Sambandet mellan redovisning och beskattning – en introduktion, 2. Aufl., Uppsala 2004.

Alley, C./James, S. (2005), The Interface Between Financial Accounting and Tax Accounting: A Summary of Current Research, University of Waikato, Working Paper Series Number 84, December 2005.

Alley, C./James, S. (2006), The Use of Financial Reporting Standards-Based Accounting for the Preparation of Tax Returns, in: ITJ 2006, S. 31-48.

Almeida Fernandes, J./Tenore, M. (2008), Conference Report: Common Consolidated Corporate Tax Base: The Possible Content of Community Law Provisions, in: Intertax 2008, S. 400-409.

Alsheimer, C. (1993), Die Maßgeblichkeit der handelsrechtlichen für die steuerrechtliche Gewinnermittlung in der Bundesrepublik Deutschland und im Vereinigten Königreich von Großbritannien und Nordirland – eine Gegenüberstellung, Diss. Johann Wolfgang Goethe-Universität Frankfurt a. M. 1993.

Altmeier, D. (1999), Rückstellungsbilanzierung in Deutschland und Frankreich. Eine vergleichende Untersuchung der französischen Rückstellungsbilanzierung aus der Perspektive des deutschen Bilanzrechts, Frankfurt a. M. u. a. 1999.

Alvarez, M./Büttner, M. (2008), Bilanzierung verdeckter Leasingverhältnisse gem. IFRIC 4. Theoretischer Hintergrund und praktische Anwendung, in: PiR 2008, S. 45-52.

Andersson, K. (2006), An economist's view on Source versus Residence taxation – The Lisbon Objectives and Taxation in the European Union, in: BIT 2006, S. 395-401.

Andersson, K. (2007a), An Optional Common Consolidated Corporate Tax Base in the European Union, in: National Tax Policy in Europe. To Be or Not to Be?, Hrsg. Andersson, K./Eberhartinger, E./Oxelheim, L., Berlin u. a. 2007, S. 85-119.

Andersson, K. (2007b), En frivillig konsoliderad bolagsskattebas (CCCTB) i EU, in: SvSkT 2007, S. 369-394.

Andersson, K. (2008a), An optional and competitive CCCTB – a comprehensive approach to reach the Lisbon objectives, in: A Common Consolidated Corporate Tax Base for Europe – Eine einheitliche Körperschaftsteuerbemessungsgrundlage für Europa, Hrsg. Schön, W./Schreiber, U./Spengel, C., Berlin/Heidelberg 2008, S. 94-100.

Andersson, K. (2008b), An optional and competitive common consolidated corporate tax base – a comprehensive measure towards a better functioning internal market, in: ECTR 2008, S. 98-99.

Andrejewski, K. C./Böckem, H. (2005), Praktische Fragestellungen der Implementierung des Komponentenansatzes nach IAS 16, Sachanlagen (Property, Plant and Equipment), in: KoR 2005, S. 75-81.

Antonakopoulos, N. (2005), Würdigung der Erfolgsbehandlung nach IFRS anhand der Neubewertung gem. IAS 16, in: PiR 2005, S. 104-109.

Antonakopoulos, N. (2007), Gewinnkonzeptionen und Erfolgsdarstellung nach IFRS. Analyse der direkt im Eigenkapital erfassten Erfolgsbestandteile, Wiesbaden 2007.

Anzinger, H. M./Schleiter, I. (2010), Die Ausübung steuerlicher Wahlrechte nach dem BilMoG – eine Rückbesinnung auf den Maßgeblichkeitsgrundsatz, in: DStR 2010, S. 395-399.

App, J./Wiehagen-Knopke, Y. (2010), Bilanzierung des Handelsbestands bei Banken nach dem BilMoG. Übernahme der IFRS im Hinblick auf Bestandsabgrenzung, Ausweis und Umwidmung? In: KoR 2010, S. 93-98.

Arbeitskreis Bilanzrecht der Hochschullehrer Rechtswissenschaft (2002), Zur Fortentwicklung des deutschen Bilanzrechts, in: BB 2002, S. 2372-2381.

Arbeitskreis Bilanzrecht der Hochschullehrer Rechtswissenschaft (2004), Stellungnahme zum Referentenentwurf eines Bilanzrechtsreformgesetzes, in: BB 2004, S. 546-548.

Arbeitskreis Bilanzrecht der Hochschullehrer Rechtswissenschaft (2008a), Nochmals: Plädoyer für eine Abschaffung der „umgekehrten Maßgeblichkeit“! In: DStR 2008, S. 1057-1060.

Arbeitskreis Bilanzrecht der Hochschullehrer Rechtswissenschaft (2008b), Stellungnahme zu dem Entwurf eines BilMoG: Einzelfragen zum materiellen Bilanzrecht, in: BB 2008, S. 209-216.

Arbeitskreis Bilanzrecht der Hochschullehrer Rechtswissenschaft (2008c), Stellungnahme zu dem Entwurf eines BilMoG: Grundkonzept und Aktivierungsfragen, in: BB 2008, S. 152-158.

Arbeitskreis Bilanzrecht der Hochschullehrer Rechtswissenschaft (2009), Zur Maßgeblichkeit der Handelsbilanz für die steuerliche Gewinnermittlung gem. § 5 Abs. 1 EStG i. d. F. durch das BilMoG – Stellungnahme zum Entwurf des BMF-Schreibens (BMF vom 12. 10. 2009 – IV C 6 – S 2133/09/10001) –, in: DB 2009, S. 2570-2573.

Arbeitskreis Externe Unternehmensrechnung der Schmalenbach-Gesellschaft für Betriebswirtschaft (2001), Die Zukunft der Rechnungslegung aus Sicht von Wissenschaft und Praxis – Fachprogramm des Arbeitskreises Externe Unternehmensrechnung im Rahmen des 54. Deutschen Betriebswirtschafter-Tags, in: DB 2001, S. 160-161.

Arbeitskreis Externe Unternehmensrechnung der Schmalenbach-Gesellschaft für Betriebswirtschaft e. V. (2008), Stellungnahme zu dem Referentenentwurf eines Bilanzrechtsmodernisierungsgesetzes, in: BB 2008, S. 994-997.

Arbeitskreis „Immaterielle Werte im Rechnungswesen” der Schmalenbach-Gesellschaft für Betriebswirtschaft e. V. (2008), Leitlinien zur Bilanzierung selbstgeschaffener immaterieller Vermögensgegenstände des Anlagevermögens nach dem Regierungsentwurf des BilMoG, in: DB 2008, S. 1813-1821.

Arbeitskreis „Steuern und Revision“ im Bund der Wirtschaftsakademiker (BWA) e. V. (2004), Maßgeblichkeit im Wandel der Rechnungslegung. Die Maßgeblichkeit im System internationaler Steuerbemessungsgrundlagen vor dem Hintergrund aktueller Herausforderungen, in: DStR 2004, S. 1267-1277.

Arginelli, P. (2007), The Discriminatory Taxation of Permanent Establishments by the Host State in the European Union: a Too Much Separate Entity Approach, in: Intertax 2007, S. 82-116.

Arnold, A. (2005), Die Zukunft des Verhältnisses von Handelsbilanz und steuerlicher Gewinnermittlung, in: StuW 2005, S. 148-157.

arqus (2008a), arqus-Stellungnahme: Das BilMoG – Eine Chance zur Steuervereinfachung, in: DStR 2008, S. 1844-1846.

arqus (2008b), arqus-Stellungnahme zur notwendigen Reform der Abgeltungsteuer, in: DB 2008, S. 957-958.

Artsberg, K. (1996), The link between commercial accounting and tax accounting in Sweden, in: EAR 1996, Supplement 5, S. 795-814.

Artsberg, K. (2006), Accounting regulation in Europe; Economic or legal rationality?, Conference paper, European Economic Integration in Swedish Research held at Grand hotel in Mölle, Sweden, Hrsg. Swedish Network for European Studies in Economics and Business. Zitiert mit freundlicher Genehmigung von Frau *Kristina Artsberg*.

Artsberg, K. (2010), Sweden, in: A Global History of Accounting, Financial Reporting and Public Policy: Europe. Studies in the Development of Accounting Thought, Vol. 14A, Hrsg. Previts, G. J./Walton, P./Wolnizer, P., Bingley 2010, S. 191-216.

Artsberg, K./Hilling, A. (2002), Fair value valuation in the policy making debate in Sweden, Conference paper, European Economic Integration in Swedish Research held at Grand hotel in Mölle, Sweden, Hrsg. Swedish Network for European Studies in Economics and Business. Zitiert mit freundlicher Genehmigung von Frau *Kristina Artsberg*.

Artsberg, K./Schwencke, H. R. (2003), Accounting in Scandinavia, in: International Accounting, Hrsg. Walton, P./Haller, A./Raffournier, B., 2. Aufl., London 2003, S. 304-331.

Asche, M. (2007), Europäisches Bilanzrecht und nationales Gesellschaftrecht, Berlin 2007.

Auerbach, A. A./Devereux, M. P./Simpson, H. (2010), Taxing Corporate Income, in: Dimensions of Tax Design. The Mirrlees Review, Hrsg. Adam, S. et al., Oxford 2010, S. 837-893.

Aujean, M. (2010), The harmonization of corporate taxation in the EU: a long and winding road, in: Europäisches Steuerrecht. Festschrift für Friedrich Rödler zum 60. Geburtstag, Hrsg. Lang, M./Weinzierl, C., Wien 2010, S. 43-71.

Ault, H. J./Arnold, B. J. (2010), Comparative Income taxation. A Structural Analysis, 3. Aufl., Alphen aan den Rijn 2010.

Avi-Yonah, R./Sartori, N./Marian, O. (2011), Global Perspectives on Income Taxation Law, Oxford u. a. 2011.

Axer, J. (2008), Druck und Leitlinien des Europäischen Gerichtshofs in Bezug auf die Unternehmensbesteuerung: Die „Gemeinsame Konsolidierte Körperschaftssteuer-Bemessungsgrundlage“ (GKKB) als Antwort? In: Aspekte des Finanzdienstleistungs- und Unternehmenssteuerrechts nach dem EG-Recht und dem bilateralen Recht, Basler Schriften zur europäischen Integration Nr. 86, Hrsg. Tobler, C., Basel 2008, S. 9-27.

B

Baconnier, R. (1994), Unternehmensbesteuerung in Frankreich, in: Unternehmensbesteuerung in EU-Staaten, DStJG, Bd. 16, Hrsg. Lang, J., Köln 1994, S. 73-92.

Baert, D./Yanno, G. (2009), Rapport d'information par la Commission des Finances, de l'Économie Générale et du Plan relatif aux enjeux des nouvelles normes comptables, N° 1508, 10 mars 2009.

Bärenz, C. (2003), Der EuGH und das deutche Steuerbilanzrecht. Anmerkung zum Urteil des EuGH vom 7. 1. 2003, C-306/99, BIAO, in: DStR 2003, S. 492-495.

Baetge, J. (1996), Herstellungskosten: Vollaufwand versus Teilaufwand, in: Rechnungslegung, Prüfung und Beratung – Herausforderungen für den Wirtschaftsprüfer –, Festschrift zum 70. Geburtstag von Prof. Dr. Rainer Ludewig, Hrsg. Baetge, J. et al., Düsseldorf 1996, S. 54-84.

Baetge, J. (2002), Grundsätze ordnungsmäßiger Buchführung, in: Handwörterbuch Unternehmensrechnung und Controlling, Hrsg. Küpper, H.-U./Wagenhofer, A., 4. Aufl., Stuttgart 2002, Sp. 635-647.

Baetge, J. (2003), Fair Value-Accounting versus Realisations-, Imparitäts- und Vorsichtsprinzip, in: RWZ 2003, S. 230-236.

Baetge, J./Ballwieser, W. (1978), Ansatz und Bewertung von Leasingobjekten in Handels- und Steuerbilanz, in: DBW 1978, S. 3-19.

Baege, J./Beermann, T. (1998), Die Bilanzierung von Vermögenswerten in der Bilanz nach International Accounting Standards und der dynamischen Bilanztheorie Schmalenbachs, in: BFuP 1998, S. 154-168.

Baetge, J./Beermann, T. (1999), Die Neubewertung des Sachanlagevermögens nach International Accounting Standards (IAS), in: StuB 1999, S. 341-348.

Baetge, J./Hendler (2000), Verlustvorsorgen und Bilanzkonzeption, in: Verlustvorsorgen im Bilanz- und Steuerrecht, Hrsg. Bertl, R. et al., Wien 2000, S. 13-31.

Baetge, J./Kirsch, H.-J./Solmecke, H. (2009), Auswirkungen des BilMoG auf die Zwecke des handelsrechtlichen Jahresabschlusses, in: WPg 2009, S. 1211-1222.

Baetge, J./Kirsch, H.-J./Thiele, S. (2011), Bilanzen, 11. Aufl., Düsseldorf 2011.

Baetge, J./Krolak, T./Thiele, S./Hain, T. (2008), Kommentierung des IAS 36: Wertminderung von Vermögenswerten (Impairment of Assets), in: Rechnungslegung nach IFRS. Kommentar auf der Grundlage des deutschen Bilanzrechts (Loseblattsammlung), Hrsg. Baetge, J. et al., Stuttgart, Stand: Dezember 2008.

Baetge, J./von Keitz, I. (2010), Kommentierung IAS 38: Immaterielle Vermögenswerte (Intangible Assets), in: Rechnungslegung nach IFRS. Kommentar auf der Grundlage des deutschen Bilanzrechts (Loseblattsammlung), Hrsg. Baetge, J. et al., Stuttgart, Stand: Oktober 2010.

Baetge, J./Zülch, H. (2001), Fair Value-Accounting, in: BFuP 2001, S. 543-562.

Baetge, J./Zülch, H. (2010), Rechnungslegungsgrundsätze nach HGB und IFRS, in: HdJ (Loseblattsammlung), Hrsg. v. Wysocki, K. et al., Abt. I/2, Köln, Stand: September 2010.

Baetge, J./Zülch, H./Brüggemann, B./Nellessen, T. (2007), Management's best estimate – Abbildung singulärer Verpflichtungen im HGB- und IFRS-Abschluss, in: PiR 2007, S. 315-321.

Baetge, J./Zülch, H./Matena, S. (2002), Fair Value-Accounting – Ein Paradigmenwechsel auch in der kontinentaleuropäischen Rechnungslegung? (Teil A) –, in: StuB 2002, S. 365-372.

Báez Moreno, A./Kaiser, T. (2007), „Fair Value" und die Körperschaftsteuer aus spanischer Sicht – Anmerkungen zur steuerlichen Geeignetheit der IFRS –, in: StuW 2007, S. 172-186.

Baker, P. (1999), United Kingdom, in: The Principle of Equality in European Taxation, Hrsg. Meussen, G. T. K., Den Haag/London/Boston 1999, S. 165-167.

Baldauf, S. (2009), Das innere System der einkommensteuerrechtlichen Gewinnrealisierung, Frankfurt a. M. u. a. 2009.

Ballwieser, W. (1987), Grundsätze ordnungsmäßiger Buchführung und neues Bilanzrecht, in: Bilanzrichtlinien-Gesetz, Hrsg. Albach, H., ZfB-Ergänzungsheft 1/1987, Wiesbaden 1987, S. 3-24.

Ballwieser, W. (1989), Bilanzielle Vorsorge zur Bewältigung des personellen Strukturwandels, in: ZfbF 1989, S. 955-972.

Ballwieser, W. (1990), Ist das Maßgeblichkeitsprinzip überholt? In: BFuP 1990, S. 477-498.

Ballwieser, W. (1992), Das Anschaffungs- und Höchstwertprinzip für Schulden, in: Entwicklungen bei der Bilanzierung und Prüfung von Kapitalgesellschaften. Festschrift zum 65. Geburtstag von Professor Dr. Dr. h.c. Karl-Heinz Forster, Hrsg. Moxter, A. et al., Düsseldorf 1992, S. 46-62.

Ballwieser, W. (1995a), Ein neuer Ansatz zur Theorie des externen Rechnungswesens? In: ZfbF 1995, S. 726-734.

Ballwieser, W. (1995b), Zur Frage der Rechtsform-, Konzern- und Branchenunabhängigkeit der Grundsätze ordnungsmäßiger Buchführung, in: Rechenschaftslegung im Wandel. Festschrift für Wolfgang Dieter Budde, Hrsg. Förschle, G./Kaiser, K./Moxter, A., München 1995, S. 43-66.

Ballwieser, W. (1996), Ein Überblick über Ansätze zur ökonomischen Analyse des Bilanzrechts, in: BFuP 1996, S. 503-527.

Ballwieser, W. (1997a), Chancen und Gefahren einer Übernahme amerikanischer Rechnungslegung, in: Handelsbilanzen und Steuerbilanzen. Festschrift zum 70. Geburtstag von Heinrich Beisse, Hrsg. Budde, W. D./Moxter, A./Offerhaus, K., Düsseldorf 1997, S. 25-43.

Ballwieser, W. (1997b), Grenzen des Vergleichs von Rechnungslegungssystemen – dargestellt anhand von HGB, US-GAAP und IAS, in: Aktien- und Bilanzrecht. Festschrift für Bruno Kropff, Hrsg. Forster, K.-H., Düsseldorf 1997, S. 371-391.

Ballwieser, W. (2001), Anforderungen des Kapitalmarkts an Bilanzansatz- und Bilanzbewertungsregeln, in: KoR 2001, S. 160-164.

Ballwieser, W. (2005), Die Konzeptionslosigkeit des International Accounting Standards Board (IASB), in: Gesellschaftsrecht, Rechnungslegung, Sportrecht. Festschrift für Volker Röhricht zum 65. Geburtstag, Hrsg. Crezelius, G./Hirte, H./Vieweg, K., Köln 2005, S. 727-745.

Ballwieser, W. (2006), IFRS für nicht kapitalmarktorientierte Unternehmen? In: IRZ 2006, S. 23-30.

Ballwieser, W. (2007a), Gläubigerschutz durch bilanzielle Kapitalerhaltung, in: DK 2007, S. 419-421.

Ballwieser, W. (2008a), Kommentierung § 246 HGB, in: Münchener Kommentar zum Handelsgesetzbuch, Bd. 4: Drittes Buch. Handelsbücher §§ 238-342e HGB, Hrsg. Schmidt, K., 2. Aufl., München 2008.

Ballwieser, W. (2008b), Kommentierung § 249 HGB, in: Münchener Kommentar zum Handelsgesetzbuch, Bd. 4: Drittes Buch. Handelsbücher §§ 238-342e HGB, Hrsg. Schmidt, K., 2. Aufl., München 2008.

Ballwieser, W. (2008c), Kommentierung § 253 HGB, in: Münchener Kommentar zum Handelsgesetzbuch, Bd. 4: Drittes Buch. Handelsbücher §§ 238-342e HGB, Hrsg. Schmidt, K., 2. Aufl., München 2008.

Ballwieser, W. (2008d), Unternehmensbewertung im Rahmen der IFRS, in: Unternehmensbewertung im Rahmen der IFRS, in: Corporate Governance und Interne Revision. Handbuch für die Neuausrichtung des International Auditings, Hrsg. Freidank, C.-C./Peemöller, V.H., Berlin 2008, S. 351-364.

Ballwieser, W. (2009a), Das BilMoG zwischen Entrümpelung und Neugestaltung des HGB, in: Berichterstattung für den Kapitalmarkt. Festschrift für Karlheinz Küting zum 65. Geburtstag, Hrsg. Weber, C.-P. et al., Stuttgart 2009, S. 593-610.

Ballwieser, W. (2009b), B 131 Grundsätze der Aktivierung und Passivierung, in: Beck'sches Handbuch der Rechnungslegung – HGB und IFRS – (Loseblattsammlung), Hrsg. Böcking, H.-J. et al., München, Stand: Oktober 2009.

Ballwieser, W. (2009c), B 105 Grundsätze ordnungsmäßiger Buchführung, in: Beck'sches Handbuch der Rechnungslegung – HGB und IFRS – (Loseblattsammlung), Hrsg. Böcking, H.-J. et al., München, Stand: Oktober 2009.

Ballwieser, W. (2009d), IFRS-Rechnungslegung. Konzept, Regeln und Wirkungen, 2. Aufl., München 2009.

Ballwieser, W. (2009e), Kommentierung IAS 16: Sachanlagen (Property, Plant and Equipment), in: Rechnungslegung nach IFRS. Kommentar auf der Grundlage des deutschen Bilanzrechts (Loseblattsammlung), Hrsg. Baetge, J. et al., Stuttgart, Stand: Juli 2009.

Ballwieser, W. (2011), Möglichkeiten und Grenzen der Erstellung einer Einheitsbilanz – Zur Rolle und Entwicklung des Maßgeblichkeitsprinzips, in: Steuerrecht im Rechtsstaat. Festschrift für Wolfgang Spindler zum 65. Geburtstag, Hrsg. Mellinghoff, R./Schön, W./Viskor, H.-U., Köln 2011, S. 577-594.

Bambynek, L. (2007a), Entscheidungsneutralität, Europarecht, Leistungsfähigkeitsprinzip. Die Gemeinsamkeiten am Beispiel der grenzüberschreitenden Verlustnutzung, in: WiSt 2007, S. 430-435.

Bambynek, L. (2007b), Verfassungsrechtliche und europarechtliche Vorgaben an die grenzüberschreitende Verlustnutzung, in: SteuerStud 2007, S. 493-499.

Bambynek, L. (2011), Grenzüberschreitende Verschmelzungen von Kapitalgesellschaften in der EU. Die Behandlung der stillen Reserven und der vorhandenen Verluste, Wiesbaden 2011.

Ban, B. (2007), Harmonisierung der Unternehmensbesteuerung in der EU. Notwendigkeit, Umfang und Grenzen einer positiven Integration, Hamburg 2007.

Bantleon, U./Schorr, G. (2010), Ausgewählte Auswirkungen des BilMoG auf die Beurteilung der Kapitaldienstfähigkeit von nicht kapitalmarktorientierten Kapitalgesellschaften, in: DStR 2010, S. 1491-1497.

Barbe Dandon, O./Didelot, L. (2007), La neutralisation dans les comptes individuels des incidences fiscales des dépréciations comptables, in: RFC n°395/Janvier 2007, S. 27-31.

Barckow, A. (2005), Wertminderung von Vermögen nach IAS 36, in: Accounting 8/2005, S. 8-10.

Bardini, C. (2010), The Ability to Pay in the European Market: An Impossible Sudoku for the ECJ, in: Intertax 2010, S. 2-20.

Bareis, P. (1987), Die notwendige Reform der Körperschaftsteuer. Systembereinigungen und Vereinfachungen, in: Steuerberaterkongressreport 1987, München 1987, S. 33-88.

Bareis, P. (1989), Steuerreform als Gegenstand interdisziplinärer Grundlagenforschung, Diskussionsbeitrag Nr. 25 aus dem Institut für Betriebswirtschaftslehre der Universität Hohenheim, Stuttgart 1989.

Bareis, P. (1991), Transparenz bei der Einkommensteuer – Zur systemgerechten Behandlung sogenannter „notwendiger Privatausgaben“, in: StuW 1991, S. 38-51.

Bareis, P. (1995), Brauchen wir ein neues Steuersystem? In: Steuergerechtigkeit, Hrsg. Rauscher, A., Mönchengladbacher Gespräche, Bd. 16, Köln 1995, S. 89-109.

Bareis, P. (1997), Die Neuordnung der Ertragsbesteuerung. Beitrag zur Verbesserung der Steuersystematik aus der Sicht der Wissenschaft, in: Steuerberaterkongressreport 1997, München 1997, S. 51-62.

Bareis, P. (1999), Die neue Steuerpolitik. Auswirkungen auf den Unternehmensbereich, in: WiSt 1999, S. 166-171.

Bareis, P. (2001), Maßstäbe für die Besteuerung des Einkommens – Betrachtungen eines Ökonomen, in: Grundrechtsschutz im Steuerrecht, Hrsg. Deutsche Sektion der Internationalen Juristenkommission, Heidelberg 2001, S. 89-115.

Bareis, P. (2002a), Die Reformbedürftigkeit der Ertragsbesteuerung aus ökonomischer Sicht, in: Unternehmensbesteuerung in der Reform, Sächsische Steuertagung 2001, Hrsg. Rautenberg, H. G., Stuttgart u. a. 2002, S. 19-38.

Bareis, P. (2002b), Rückstellungen für drohende Verluste aus schwebenden Geschäften, in: Handwörtberbuch der Rechnungslegung und Prüfung, Hrsg. Ballwieser, W./Coenenberg, A. G./ v. Wysocki, K., 3. Aufl., Stuttgart 2002, Sp. 2106-2118.

Bareis, P. (2002c), Zur Kritik am „Karlsruher Entwurf zur Reform des EStG", in: StuW 2002, S. 135-147.

Bareis, P. (2003), Probleme mit der Hälfte, in: BB 2003, S. 2315-2323.

Bareis, P. (2004), Die aktuellen Steuerreformpläne im Vergleich, in: IAW-Report I/2004, S. 1-54.

Bareis, P. (2006a), Mängel des deutschen Steuerrechts und aktuelle Reformpläne, in: Aktuelle Entwicklungsaspekte der Unternehmensbesteuerung. Festschrift für Wilhelm W. Wacker zum 75. Geburtstag, Hrsg. Hebig, M. et al., Berlin 2006, S. 27-48.

Bareis, P. (2006b), Steuergerechtigkeit aus betriebswirtschaftlicher Sicht, in: Gerechtigkeit – Illusion oder Herausforderung? Felder und Aufgaben für die interdisziplinäre Diskussion, Hrsg. Frey, C./ Hädrich, J./Klinnert, L., Berlin 2006, S. 229-243.

Bareis, P. (2008), Maßgeblichkeit der Handels- für die Steuerbilanz de lege lata und de lege ferenda, in: Steuerliche Gewinnermittlung nach dem Bilanzrechtsmodernisierungsgesetz, Hrsg. Schmiel, U./Breithecker, V., Berlin 2008, S. 31-67.

Bareis, P./Siegel, T. (2006), Probleme des Einkommensteuer-Vorschlags der Stiftung Marktwirtschaft, in: DB 2006, S. 748-752.

Barenfeld, J. (2007), A Common Consolidated Corporate Tax Base in the European Union – A Beauty or a Beast in the Quest for Tax Simplicity? In: BIT 2007, S. 258-271.

Barker, W. B. (2005), The concept of tax: a normative approach, in: The concept of tax, 2005 EATLP Congress, Naples (Caserta) 27-29 May 2005, Hrsg. Peeters, B., Amsterdam 2005, S. 21-29.

Bartsch, A. (2010), (Neue) Rechnungslegung für Finanzinstrumente nach IFRS und BilMoG, in: Bankaufsichtsrecht. Entwicklungen und Perspektive, Hrsg. Grieser, S. G./Heemann, M., Frankfurt a. M. 2010, S. 411-435.

Barz, K. (1997), Die Auswirkungen von Rechnungslegungsunterschieden auf die Ermittlung ausschüttbarer Gewinne der britischen public company limited by shares und der deutschen Aktiengesellschaft, Frankfurt a. M. u. a. 1997.

Bauer, A. (2011), Steuerwettbewerb in der EU. Ein steuerlicher Belastungsvergleich zwischen Personengesellschaften, Kapitalgesellschaften und Genossenschaften, Baden-Baden 2011.

Baumgärtel, M. (2008), Taxation, Accounting and Transparency: The Interaction of Financial and Tax Accounting, in: Tax and Corporate Governance, Hrsg. Schön, W., Berlin/Heidelberg 2008, S. 93-100.

Baumgartner, P. (2006), Schaffung einer gemeinsamen konsolidierten Körperschaftsteuer-Bemessungs-grundlage in der EU, in: IFF 2006, S. 93-109.

BDI/KPMG (2009), Die Behandlung von Finanzierungsaufwendungen. Ein Vergleich der Zinsschranke in Deutschland mit den Regelungen in den USA, Italien, Frankreich, den Niederlanden und Schweden, Berlin u. a. 2009.

Beck, M. (2004), Änderungen bei der Bilanzierung von Sachanlagen nach IAS 16 durch den Komponentenansatz – Probleme und Lösungswege insbesondere für Unternehmen mit Immobilienvermögen –, in: StuB 2004, S. 590-595.

Becker, J./Loitz, R./Stein, V. (2009), Steueroptimale Verlustnutzung, Wiesbaden 2009.

Beine, F./Nardmann, H. (2011), Abschn. 16: Leasingverhältnisse, in: Handbuch International Financial Reporting Standards 2011, Hrsg. Ballwieser, W. et al., 7. Aufl., Weinheim 2011, S. 695-744.

Beiser, R. (2001a), Das Realisationsprinzip und die Besteuerung nach der Leistungsfähigkeit der Steuerpflichtigen. Zeitliche Erfassung von Zinsaufwand, in: SWK 2001, S. 1016-1018.

Beiser, R. (2001b), Die Abzinsung von Verbindlichkeiten und Rückstellungen im Licht des Leistungsfähigkeitsprinzips, in: DB 2001, S. 296-298.

Beisse, H. (1981a), Die wirtschaftliche Betrachtungsweise bei der Auslegung der Steuergesetze in der neueren deutschen Rechtsprechung, in: StuW 1981, S. 1-14.

Beisse, H. (1981b), Gewinnrealisierung – Ein systematischer Überblick über Rechtsgrundlagen, Grundtatbestände und grundsätzliche Streitfragen, in: Gewinnrealisierung im Steuerrecht. Theorie und Praxis der Gewinnverwirklichung durch Umsatzakt und durch Entstrickung des Besteuerungsaufschubs, DStJG, Bd. 4, Hrsg. Ruppe, H.-G., Köln 1981, S. 13-43.

Beisse, H. (1984), Zum Verhältnis von Bilanzrecht und Betriebswirtschaftslehre, in: StuW 1984, S. 1-14.

Beisse, H. (1989a), Die steuerrechtliche Bedeutung der neuen deutschen Bilanzgesetzgebung, in: StVj 1989, S. 295-310.

Beisse, H. (1989b), „True and fair view" in der Steuerbilanz? – Keine Anrufung des EuGH in steuerbilanzrechtlichen Fragen –, in: DStZ 1998, S. 310-317.

Beisse, H. (1990), Rechtsfragen der Gewinnung von GoB, in: BFuP 1990, S. 499-514.

Beisse, H. (1993), Gläubigerschutz – Grundprinzip des deutschen Bilanzrechts, in: Festschrift für Karl Beusch zum 68. Geburtstag am 31. Oktober 1993, Hrsg. Beisse, H./Lutter, M./Närger, H., Berlin/New York 1993, S. 77-97.

Beisse, H. (1994), Zum neuen Bild des Bilanzrechtssystems, in: Bilanzrecht und Kapitalmarkt. Festschrift zum 65. Geburtstag von Professor Dr. Dr. h.c. Dr. h.c. Adolf Moxter, Hrsg. Ballwieser, W. et al., Düsseldorf 1994, S. 3-31.

Beisse, H. (1997), Wandlungen der Grundsätze ordnungsmäßiger Bilanzierung. Hundert Jahre „GoB", in: Gedächtnisschrift für Brigitte Knobbe-Keuk, Hrsg. Schön, W., Köln 1997, S. 385-409.

Beisse, H. (1999), Normqualität und Normstruktur von Bilanzvorschriften und Standards. Adolf Moxter zum 70. Geburtstag, in: BB 1999, S. 2180-2186.

Benkel, M./Hommel, M. (2006), Leasing, in: Synopse der Rechnungslegung nach HGB und IFRS. Eine qualitative Gegenüberstellung, Hrsg. Hommel, M./Wüstemann, J., München 2006, Kap. 2, Abschn. 4, S. 79-91.

Benshalom, I. (2008), A Comprehensive Solution for a Targeted Problem: A Critique of the European Union's Home State Taxation Initiative, in: ET 2008, S. 630-641.

Benston, G. J./Bromwich, M./Litan, R. E./Wagenhofer, A. (2006), Worldwide Financial Reporting. The Development and Future of Accounting Standards, Oxford 2006.

Bergström, S./Brokelind, C./Bruzelius, A./von Quitzow, M./Tjernberg, M./Westerström, J. (2009), Business Taxation Within and Across the Borders of the European Union, in: Sc. St. L. 2009, S. 37-75.

Bernat, M./Kardach, T. (2009), Poland, in: Foreign exchange issues in international taxation, Cahiers de droit fiscal international Vol. 94b, Subject 2, Hrsg. IFA, Rotterdam 2009, S. 513-529.

Berndt, T. (1998), Grundsätze ordnungsmäßiger passiver Rechnungsabgrenzung, Wiesbaden 1998.

Berndt, T./Hommel, M. (2001), Vorsichtsprinzip und Grundsatz der Bilanzwahrheit im Rahmen der Jahresabschlussrichtlinie, in: ZfbF 2001, S. 366-390.

Berndt, T. (2004), BB-Kommentar zu FG Hamburg, Entscheidung vom 28. November 2003 - III 1/01, in: BB 2004, S. 1220.

Berndt, T./Hommel, M. (2005), Konzernrechnungslegung zwischen Konvergenz und Wettbewerb – US-GAAP, IFRS oder Euro-IFRS? In: BFuP 2005, S. 407-423.

Bertl, R./Eberhartinger, E./Hirschler, K. (2008), Maßgeblichkeit in Deutschland und Österreich: Historische Entwicklung – Aktuelle Entwicklung – Zukünftige Entwicklung, in: Deutsches und internationales Steuerrecht. Gegenwart und Zukunft. Festschrift für Christiana Djanani zum 60. Geburtstag, Hrsg. Brähler, G./Lösel, C., Wiesbaden 2008, S. 739-764.

Bertl, R./Fröhlich, C. (2006), Der Komponentenansatz in der Internationalen Rechnungslegung, in: RWZ 2006, S. 149-152.

Bertl, R./Fröhlich, C. (2008), Forschungs- und Entwicklungskosten in der internationalen Rechnungslegung, in: RWZ 2008, S. 375-377.

Bertram, D. (2004), R&D tax credits – innovation is the key, in: Tax Adviser, August 2004, S. 14-16.

Beyhs, O. (2002), Impairment of Assets nach International Accounting Standards. Anwendungshinweise und Zweckmäßigkeitsanalyse, Frankfurt a. M. u. a. 2002.

Beyhs, O./Barth, D. (2010), Neue Regelungen zur Bilanzierung von Schulden nach IAS 37. Herausforderungen für die Unternehmenspraxis? In: KoR 2010, S. 395-404.

Beyhs, O./Hausen, R. (2009), Wertminderung von Vermögenswerten, in: Internationale Rechnungslegung. IFRS Praxis, Hrsg. Buschhüter, M./Striegel, A., Wiesbaden 2009, Unterabschn. § 5.C., S. 138-156, Rz. 84-158.

Beyhs, O./Melcher, W. (2008), Zum Referentenentwurf des Bilanzrechtsmodernisierungsgesetzes (BilMoG): Vom Niederstwert- zum Impairment-Test? Die wesentlichen BilMoG-Änderungen bei außerplanmäßigen Abschreibungen und Wertaufholungen, in: DB 2008, Beilage 1 zu Heft 7, S. 19-23.

Beyhs, O./Wagner, B. (2009a), Immaterielle Vermögenswerte, in: Internationale Rechnungslegung. IFRS Praxis, Hrsg. Buschhüter, M./Striegel, A., Wiesbaden 2009, Unterabschn. § 5.A., S. 118-128, Rz. 1-43.

Beyhs, O./Wagner, B. (2009b), Sachanlagen, in: Internationale Rechnungslegung. IFRS Praxis, Hrsg. Buschhüter, M./Striegel, A., Wiesbaden 2009, Unterabschn. § 5.B., S. 128-138, Rz. 44-83.

Bieg, H. (1998), Die Fremdfinanzierung aus Rückstellungen, in: StB 1998, S. 225-234.

Bieg, H. (2011), § 340e Abs. 3 und 4 HGB – Verbesserung der handelsrechtlichen Rechnungslegung durch Übernahme einer IFRS-Vorschrift? In: Jahrbuch für Controlling und Rechnungswesen 2011, Hrsg. Seicht, G., Wien 2011, S. 341-357.

Bieg, H./Hossfeld, C./Kußmaul, H./Waschbusch, G. (2006a), Allgemeine Bilanzierungsvorschriften nach IFRS, in: StB 2006, S. 100-136.

Bieg, H./Hossfeld, C./Kußmaul, H./Waschbusch, G. (2006b), Leasing in der internationalen Rechnungslegung, in: StB 2006, S. 340-345.

Bieg, H./Hossfeld, C./Kußmaul, H./Waschbusch, G. (2009), Handbuch der Rechnungslegung nach IFRS. Grundlagen und praktische Anwendung, 2. Aufl., Düsseldorf 2009 (zitiert: Bieg et al. [2009a])..

Bieg, H./ Kußmaul, H./Petersen, K./Waschbusch, G./Zwirner, C. (2009), Bilanzrechtsmodernisierungsgesetz. Bilanzierung, Berichterstattung und Prüfung nach dem BilMoG – mit Praxistipps und Beispielen, München 2009 (zitiert: Bieg et al. [2009b]).

Bieker, M. (2006), Ökonomische Analyse des Fair Value Accounting, Frankfurt a. M. u. a. 2006.

Bieker, M. (2008), HGB Reloaded: Die Bewertungskonzeption des BilMoG – fine tuning oder Paradigmenwechsel? In: PiR 2008, S. 365-369.

Bieker, M./Esser, M. (2004), Der Impairment-Only-Ansatz des IASB: Goodwillbilanzierung nach IFRS 3 „Business Combinations", in: StuB 2004, S. 449-458.

Bielen, P. (2008), International Accounting Standards/International Financial Reporting Standards and Corporate Tax Base Design, in: Tax Compliance Costs for Companies in an Enlarged European Community, Hrsg. Lang, M. et al., Wien 2008, S. 469-497.

Biener, H. (1997), Internationalisierung des Bilanzsteuerrechts – Was wird auf uns zukommen? In: DStZ 1997, S. 345-356.

Binger, M. (2009), Der Ansatz von Rückstellungen nach HGB und IFRS im Vergleich. Regelungsschärfe, Zweckadäquanz sowie Eignung für die Steuerbilanz, Wiesbaden 2009.

Binisti-Jahndorf, C. (2001), Maßstäbe für Steuergesetzgebung und verfassungsgerichtliche Normenkontrolle in Frankreich, in: StuW 2001, S. 341-353.

Binnewies, B. (2004), Internationale Rechnungslegung und steuerliche Gewinnermittlung, in: AG 2004, S. 605-606.

Binnewies, G. (2010), Konzernbesteuerung im Wandel – Bestandsaufnahme und Entwicklungsperspektiven – Eine ökonomische Analyse unter besonderer Berücksichtigung der deutschen Organschaft, ausgewählter internationaler Systeme sowie der Harmonisierungsbestrebungen der Europäischen Kommission, Aachen 2010.

Birk, D. (1996), Familienbesteuerung in Großbritannien und Deutschland, in: Steuern im Verfassungsstaat. Symposium zu Ehren von Klaus Vogel aus Anlaß seines 65. Geburtstages, Hrsg. Birk, D./Kirchhof, P./Lehner, M., München 1996, S. 65-81.

Birk, D. (2009), Verfassungsfragen im Steuerrecht – Eine Zwischenbilanz nach den jüngsten Entscheidungen des BFH und des BVerfG, in: DStR 2009, S. 877-882.

Birk, D. (2011), Einkommen, Einkunftsarten und Einkünfteermittlung, in: Einkünfteermittlung, DStJG, Bd. 34, Hrsg. Hey, J., Köln 2011, S. 11-29.

Bischof, J. (2006), Makrohedges in Bankbilanzen nach GoB und IFRS, Düsseldorf 2006.

Bischof, J. (2008), Issues in Fair Value Accounting under IFRS, Diss. Universität Mannheim 2008.

Bisping, C. (2008a), § 91 Das Leasingrecht in England, in: Leasinghandbuch, Hrsg. Martinek, M./Stoffels, M./Wimmer-Leonhardt, S., 2. Aufl., München 2008.

Bisping, C. (2008b), § 93 Das Leasingrecht in Frankreich, in: Leasinghandbuch, Hrsg. Martinek, M./Stoffels, M./Wimmer-Leonhardt, S., 2. Aufl., München 2008.

Bitz, M./Schneeloch, D./Wittstock, W. (2011), Der Jahresabschluss. Nationale und internationale Rechtsvorschriften, Analyse und Politik, München 2011.

Bjuvberg, J. (2004), Skatterättsliga konsekvenser av en övergång till redovisning enligt IAS i juridisk person, in: SvSkT 2004, S. 316-324.

Bjuvberg, J. (2006a), Redovisningens betydelse för beskattningen, Stockholm 2006.

Bjuvberg, J. (2006b), The Impact of Commercial Accounting on Taxation, in: Taxation of Uncertain and Unstable Income. Yearbook for Nordic Tax Research 2006, Nordisk Skattevitenskapelig Forskningsråd, Hrsg. Påhlsson, R., Oslo 2006, S. 205-208.

Bjuvberg, J. (2008), Beskattningstidpunkten för näringsverksamhet, in: SvSkT 2008, S. 653-666.

Bjuvberg, J. (2009), Sweden, in: Foreign exchange issues in international taxation, Cahiers de droit fiscal international Vol. 94b, Subject 2, Hrsg. IFA, Rotterdam 2009, S. 579-600.

Blake, J./Akerfeldt, K./Fortes, H. J./Gowthorpe, C. (1997), The relationship between tax and accounting rules – the Swedish case, in: European Business Review 1997, S. 85-91.

Blake, J./Fortes, H./Gowthorpe, C./Paananen, M. (1999), Implementing the EU Accounting Directives in Sweden – Practitioners' Views, in: IJoA 1999, S. 421-438.

Blankenburg, G. (2004), Globalisierung und Besteuerung. Krise des Leistungsfähigkeitsprinzips?, Hamburg 2004.

Blasius, T. (2006), IFRS, HGB und F&E. Besteuerung und Bilanzierung. Berlin 2006.

Blaufus, K. (2005), Fair Value Accounting. Zweckmäßigkeitsanalyse und konzeptioneller Rahmen, Wiesbaden 2005.

Bocqueraz, C. (2010), France, in: A Global History of Accounting, Financial Reporting and Public Policy: Europe. Studies in the Development of Accounting Thought, Vol. 14A, Hrsg. Previts, G. J./Walton, P./Wolnizer, P., Bingley 2010, S. 37-57.

Boecker, C./Künkele, K. P. (2010), Forschung und Entwicklung im Fokus – Gemeinsamkeiten und Unterschiede zwischen IFRS und HGB i.d.F. des BilMoG, in: IRZ 2010, S. 484-486.

Boecker, C./Froschhammer, M. (2010), Harmonisierung statt Standardisierung. Zunehmende Konvergenz der Regelungen des HGB mit den IFRS, in: IRZ 2010, S. 305-307.

Böcker, R. (1997), Der Begriff des Vermögensgegenstandes in rechtsvergleichender Sicht (Frankreich/Deutschland), Berlin 1997.

Böcking, H.-J. (1989), Der Grundsatz umsatzbezogener Gewinnrealisierung beim Finanzierungsleasing – Zugleich eine kritische Würdigung der BFH-Entscheidung IV R 18/86 vom 03.10.1987, in: ZfbF 1989, S. 491-515.

Böcking, H.-J. (1992), Verbindlichkeitsbilanzierung. Wirtschaftliche versus formalrechtliche Betrachtungsweise, Wiesbaden 1992.

Böcking, H.-J. (2001), IAS für Konzern- und Einzelabschluss? In: WPg 2001, S. 1433-1440.

Böcking, H.-J. (2002), IAS für Konzern- und Einzelabschluss! – Replik zum Beitrag von Zabel, IAS zwingend für Konzern- und Einzelabschluss?; zugleich Würdigung der Aussagen der Deutschen Bundesbank zur Umsetzung der Mitgliedstaatenwahlrechte im Rahmen der EU-Verordnung und eine Empfehlung an den Gesetzgeber, in: WPg 2002, S. 925-928.

Böcking, H.-J. (2004a), Fair Value als Wertmaßstab im Rahmen der IAS/IFRS – Grenzen und praktische Anwendbarkeit, in: Herausforderungen und Chancen durch weltweite Rechnungslegungsstandards, Kapitalmarktorientierte Rechnungslegung und integrierte Unternehmenssteuerung, Hrsg. Küting, K./Pfitzer, N./ Weber, C.-P., Stuttgart 2004, S. 29-42.

Böcking, H.-J. (2004b), Internationalisierung der Rechnungslegung und ihre Auswirkungen auf die Grundprinzipien des deutschen Rechts, in: DK 2004, S. 177-183.

Böcking, H.-J. (2004c), Modernisierung der 4. und 7. EU-Richtlinie, in: Übergang der Rechnungslegung vom HGB zu den IFRS. Vorträge und Diskussionen zum 19. Münsterischen Tagesgespräch des Münsteraner Gesprächskreises Rechnungslegung und Prüfung e. V. am 22. Mai 2003, Hrsg. Baetge, J., Düsseldorf 2004, S. 103-129.

Böcking, H.-J. (2007), IFRS auch als Grundlage für die Ausschüttungs- und Steuerbemessungsfunktion, in: Steuerbelastung – Steuerwirkung – Steuergestaltung: Festschrift zum 65. Geburtstag von Winfried Mellwig, Hrsg. Wehrheim, M./Heurung, R., Wiesbaden 2007, S. 53-85.

Böcking, H.-J. (2008), Zur Notwendigkeit des Bilanzrechtsmodernisierungsgesetzes, in: DK 2008, S. 461-466.

Böcking, H.-J./Dutzi, A. (2002), Internationale Rechnungslegung mit Blick auf 2005, in: DSWR 2002, S. 358-361.

Böcking, H.-J./Dutzi, A. (2006), Gläubigerschutz durch IFRS-Rechnungslegung im Jahresabschluss und ergänzenden Solvenztest, in: Rechnungslegung nach internationalen Grundsätzen, Hrsg. Krawitz, N., ZfB-Special Issue 6/2006, Wiesbaden 2006, S. 1-22

Böcking, H.-J./Dutzi, A. (2010), Verbesserung der Qualität der deutschen Rechnungslegung durch das Bilanzrechtsmodernisierungsgesetz (BilMoG)? In: Besteuerung, Rechnungslegung und Prüfung der Unternehmen. Festschrift für Professor Dr. Norbert Krawitz, Hrsg. Baumhoff, H./Dücker, R./Köhler, S., Wiesbaden 2010, S. 783-803.

Böcking, H.-J./Gros, M. (2007), IFRS und die Zukunft der steuerlichen Gewinnermittlung, in: DStR 2007, S. 2339-2344.

Böcking, H.-J./Gros, M. (2008), Was bringt uns das Bilanzrechtsmodernisierungsgesetz? Annäherung oder Alternative zu den IFRS, in: Finanzplatz 2/2008, S. 10-12.

Böcking, H.-J./Gros, M. (2009a), Ausgewählte Aspekte im Jahres- und Konzernabschluss durch das BilMoG, in: DK 2009, S. 355-361.

Böcking, H.-J./Gros, M. (2009b), Das Bilanzrechtsmodernisierungsgesetz, in: WISU 2009, S. 1325-1329.

Böcking, H.-J./Gros, M. (2010a), Internationalisierung der Rechnungslegung und Corporate Governance, in: Festschrift für Klaus J. Hopt zum 70. Geburtstag am 24. August 2010. Unternehmen, Markt und Verantwortung, Bd. 1, Hrsg. Grundmann, S. et al., Berlin/New York 2010, S. 413-430.

Böcking, H.-J./Gros, M. (2010b), B 169 Wertaufholung und Zuschreibung, in: Beck'sches Handbuch der Rechnungslegung – HGB und IFRS – (Loseblattsammlung), Hrsg. Böcking, H.-J. et al., München, Stand: August 2010.

Böcking, H.-J./Gros, M. (2010c), Zur künftigen Konzeption der Rechnungslegung im Mittelstand – eine Untersuchung unter besonderer Berücksichtigung des internationalen Wettbewerbs –, in: Wertschöpfungsmanagement im Mittelstand. Tagungsband des Forums der deutschen Mittelstandsforschung, Hrsg. Kathan, D. et al., Wiesbaden 2010, S. 121-144.

Böcking, H.-J./Herold, C./Müßig, A. (2004), IFRS für nicht kapitalmarktorientierte Unternehmen – unter besonderer Berücksichtigung mittelständischer Belange –, in: DK 2004, S. 664-672.

Böcking, H.-J./Herold, C./Wiederhold, P. (2003), Modernisierung des HGB in Richtung IAS/IFRS – Auswirkungen der Änderungen der 4. und 7. EU-Richtlinie vom 6. 5. 2003 –, in: DK 2003, S. 394-409.

Böcking, H.-J./Lopatta, K./Rausch, B. (2005a), Fair Value-Bewertung versus Anschaffungskostenprinzip – ein Paradigmenwechsel in der Rechnungslegung? In: Fair Value. Bewertung in Rechnungswesen, Controlling und Finanzwirtschaft, Hrsg. Bieg, H./Heyd, R., München 2005, S. 83-105.

Böcking, H.-J./Lopatta, K./Rausch, B. (2005b), B 165 Wertkategorien der IAS/IFRS, in: Beck'sches Handbuch der Rechnungslegung – HGB und IFRS – (Loseblattsammlung), Hrsg. Böcking, H.-J. et al., München, Stand: Mai 2005.

Böcking, H.-J./Torabian, F. (2008), Zeitwertbilanzierung von Finanzinstrumenten des Handelsbestands nach dem Entwurf eines BilMoG, in: BB 2008, S. 265-267.

Böcking, H.-J./Torabian, F. (2009), Risikomanagement und Bilanzierung von Finanzinstrumenten. Das Ziel der Abbildung der wirtschaftlichen Lage des Unternehmens im Jahresabschluss im Lichte der Bilanzrechtsmodernisierung, in: Risikomanagement und kapitalmarktorientierte Finanzierung. Festschrift zum 65. Geburtstag von Bernd Rudolph, Hrsg. Schäfer, K. et al., Frankfurt a. M. 2009, S. 251-266.

Böcking, H.-J./Wiederhold, P. (2010), Kommentierung IAS 38: Immaterielle Vermögenswerte (Intangible Assets), in: Münchener Kommentar zum Bilanzrecht, Bd. 1: IFRS (Faszikelwerk), Hrsg. Hennrichs, J./Kleindiek, D./Watrin, C., München, Stand: September 2010.

Bogajewskaja, J. (2007), Reporting Financial Performance. Konzeption und Darstellung der Erfolgsrechnung nach Vorschriften des ASB, FASB und IASB, Wiesbaden 2007.

Bogerd, H. (2007), The attraction and feasibility of formula apportionment for the European Union, in: ECTR 2007, S. 274-282.

Bohl, W. (2004a), Die Eignung der IFRS-Bilanzierung für die steuerliche Gewinnermittlung, in: DSWR 2004, S. 237-238.

Bohl, W. (2004b), IAS/IFRS und steuerliche Gewinnermittlung, in: DB 2004, S. 2381-2383.

Bohn, A. (2009), Zinsschranke und Alternativmodelle zur Beschränkung des steuerlichen Zinsabzugs, Wiesbaden 2009.

Bond, S./Chennells, L./Devereux, M. P./Gammie, M./Troup, E. (2000), Corporate Tax Harmonisation in Europe: A Guide to the Debate, Hrsg. Institute for Fiscal Studies, London, May 2000.

Börstler, C. (2006), Zur Zukunft der externen Rechnungslegung in Deutschland. Eine kritische Analyse der Internationalisierung aus Sicht nicht kapitalmarktorientierter Unternehmen, Wiesbaden 2006.

Bourgeois, M. (2005), Constitutional framework of the different types of income, in: The concept of tax, 2005 EATLP Congress, Naples (Caserta) 27-29 May 2005, Hrsg. Peeters, B., Amsterdam 2005, S. 79-183.

Boyron, S. (2003), Is there a Principle of Equality in the Tax Law of the United Kingdom? In: Legal Protection Against Discriminatory Tax Legislation. The Struggle for Equality in European Tax Law, Hrsg. Gribnau, H. L. M., London/Den Haag/New York 2003, S. 33-44.

Bramo, T./Arnberger, G. (2002), Ausländische Investitionen in der Republik Polen, in: SWI 2002, S. 481-486.

Brandis, P. (2011), Kommentierung des § 7 EStG, in: Blümich, Einkommensteuer, Körperschaftsteuer, Gewerbesteuer, Kommentar (Loseblattsammlung), Hrsg. Heuermann, B., München, Stand: März 2011.

Brank, O./Hasenclever, P. (2011), Gegenrechnung von zukünftigen Erlösen bei der Bewertung von Rückstellungen nach BilMoG. Eine Grundsatzfrage diskutiert am Beispiel von Rekultivierungsrückstellungen, in: DStR 2011, S. 637-641.

Braun, M. (2009), Vergleichende Analyse der Unterkapitalisierungsregelungen in Frankreich, USA und Deutschland unter besonderer Berücksichtigung der Zinsschranke, in: Analysen und Berichte zum Wirtschafts-und Steuerrecht, Fachbereich Rechts- und Wirtschaftswissenschaften der Technischen Universität Darmstadt, No. 3, Hrsg. Anzinger, H. M., Darmstadt 2009.

Braun, U. (2011a), Kommentierung § 246 HGB, in: Kölner Kommentar zum Rechnungslegungsrecht, §§ 238-342e HGB, Hrsg. Claussen, C. P./Scherrer, G., Köln 2011.

Braun, U. (2011b), Kommentierung § 247 HGB, in: Kölner Kommentar zum Rechnungslegungsrecht, §§ 238-342e HGB, Hrsg. Claussen, C. P./Scherrer, G., Köln 2011.

Braun, U. (2011c), Kommentierung § 248 HGB, in: Kölner Kommentar zum Rechnungslegungsrecht, §§ 238-342e HGB, Hrsg. Claussen, C. P./Scherrer, G., Köln 2011.

Braun, U. (2011d), Kommentierung § 340e HGB, in: Kölner Kommentar zum Rechnungslegungsrecht, §§ 238-342e HGB, Hrsg. Claussen, C. P./Scherrer, G., Köln 2011.

Braunagel, R. U. (2008), Gemeinsame Körperschaftsteuer-Bemessungsgrundlage in der EU. Eine Beurteilung im Hinblick auf das Europarecht, Lohmar/Köln 2008.

Braunagel, R. U. (2010a), Betriebswirtschaftliche Vorgaben, in: Verluste im Steuerrecht, Hrsg. Lüdicke, J./Kempf, A./Brink, T., Baden-Baden 2010, Unterabschn. B.III., S. 51-57.

Braunagel, R. U. (2010b), Verlustverrechnung und Verlustverrechnungsbeschränkungen in ausgewählten Ländern, in: Verluste im Steuerrecht, Hrsg. Lüdicke, J./Kempf, A./Brink, T., Baden-Baden 2010, Unterabschn. D.IV., S. 276-291.

Breckheimer, I. (2010), Die steuerbilanzielle Behandlung von Sicherungsbeziehungen, Wiesbaden 2010.

Breidert, U. (1994), Grundsätze ordnungsmäßiger Abschreibungen auf abnutzbare Anlagegegenstände, Düsseldorf 1994.

Breidert, U./Moxter, A. (2007), Zur Bedeutung wirtschaftlicher Betrachtungsweise in jüngeren höchstrichterlichen Bilanzrechtsentscheidungen, in: WPg 2007, S. 912-919.

Breithecker, V./Klapdor, R./Rokitta, M. (2007), Stellen die IFRS die richtige Grundlage für ein gemeinsame steuerliche Bemessungsgrundlage in der EU dar? In: StuW 2007, S. 145-160.

Briesemeister, S. (2006), Hybride Finanzinstrumente im Ertragsteuerrecht, Düsseldorf 2006.

Briesemeister, S./Joisten, C./Vossel, C. (2011), Kommentar, in: FR 2011, S. 666-667.

Brinkmann, J. (2006), Zweckadäquanz der Rechnungslegung nach IFRS. Eine Untersuchung aus deutscher Sicht, Berlin 2006.

Brockhuis, B./Schnell, C. (2003), Polen, in: Steuer- und Gesellschaftsrecht der EU-Beitrittskandidaten. Polen, Slowakei, Slowenien, Tschechien, Ungarn, Hrsg. Knaus, M./Wakounig, M.-R., Wien 2003, S. 33-160.

Brodhag, K. (1997), Vergleich der Besteuerung deutscher und französischer Kapitalgesellschaften unter besonderer Berücksichtigung der ertragsunabhängigen Besteuerung, Frankfurt a. M. u. a. 1997.

Bröhmer, J. (2011), Kommentierung des Art. 63 (ex-Art. 56 EGV) [Freier Kapital- und Zahlungsverkehr], in: EUV/AEUV. Das Verfassungsrecht der Europäischen Union mit Europäischer Grundrechtecharta. Kommentar, Hrsg. Calliess, C./Ruffert, M., 4. Aufl., München 2011.

Broer, F. D. (2001), Maßgeblichkeitsprinzip und Harmonisierung der Rechnungslegung, Baden-Baden 2001.

Brösel, G./Mindermann, T./Zwirner, C. (2009), Zur Bewertung der Schulden gemäß BilMoG. Einschränkender Bilanzansatz bei weitgehenden Bewertungsspielräumen, in: StuB 2009, S. 647-653.

Brösel, G./Olbrich, M. (2010), Kommentierung § 253 HGB, in: Handbuch der Rechnungslegung Einzelabschluss. Kommentar zur Bilanzierung und Prüfung (Loseblattsammlung), Hrsg. Küting, K./Pfitzer, N./Weber, C.-P., Bd. 2, Stuttgart, Stand: Juni 2010.

Broke, A. (1995), Accounting Standards and Taxable Profit: An Accountant's View, in: BTR 1995, S. 457-460.

Brücks, M./Kerkhoff, G./Richter, M. (2008), Kommentierung IAS 18: Erträge, in: Internationales Bilanzrecht. Rechnungslegung nach IFRS (Loseblattsammlung), Hrsg. Thiele, S./von Keitz, I./Brücks, M., Bonn, Stand: Februar 2008.

Brücks, M./Kerkhoff, G./Richter, M. (2010), Kommentierung IAS 36: Wertminderung von Vermögenswerten, in: Internationales Bilanzrecht. Rechnungslegung nach IFRS (Loseblattsammlung), Hrsg. Thiele, S./von Keitz, I./Brücks, M., Bonn, Stand: September 2010.

Brüggemann, P. (2010), Finanzinstrumente des Handelsbestands in HGB-Abschlüssen von Kreditinstituten, Düsseldorf 2010.

Brzezinski, B./Kardach, T./Wojcik, Z. (2003), National Report Poland, in: Tax Competition in Europe, Hrsg. Schön, W. et al., Amsterdam 2003, S. 379-408.

Buchholz, R./Weis, R. (2002), Maßgeblichkeitsprinzip ade? Zur inhaltlichen Vereinbarkeit der Gewinnermittlung nach IAS und EStG, in: DStR 2002, S. 512-517 (Teil I) und S. 559-564 (Teil II).

Buciek, K. (2010), Kommentierung des § 5 EStG, in: Blümich, Einkommensteuer, Körperschaftsteuer, Gewerbesteuer, Kommentar (Loseblattsammlung), Hrsg. Heuermann, B., München, Stand: Mai 2010.

Budde, T. (2005), Wertminderungstests nach IAS 36: komplexe Rechenwerke nicht nur für die Bewertung des Goodwill, in: BB 2005, S. 2567-2573.

Bünning, M./Möser, C. (2011), Gemeinsame konsolidierte Körperschaftsteuer-Bemessungsgrundlage (GKKB). Vorbild für eine nationale Neuordnung der Gruppenbesteuerung? In: BB 2011, S. 2647-2653.

Büssen, B. (2009), Reformnotwendigkeiten und Reformmöglichkeiten des § 4 III EStG. Die Einnahmen-/Überschussrechnung in aktuellen Reformentwürfen im US-Tax-Accounting, Frankfurt a. M. u. a. 2009.

Buhleier, C. (2009), Kommentierung IAS 11: Fertigungsaufträge (Construction Contracts), in: Münchener Kommentar zum Bilanzrecht, Bd. 1: IFRS (Faszikelwerk), Hrsg. Hennrichs, J./Kleindiek, D./Watrin, C., München, Stand: Juli 2008.

Burger, A./Ulbrich, P. (2004a), Kapitalmarktorientierung der Rechnungslegung, in: WiSt 2004, S. 730-732.

Burger, A./Ulbrich, P. (2004b), Kapitalmarktorientierung in Deutschland – Eine Studie vor dem Hintergrund der Änderungen der Rechnungslegung –, in: KoR 2004, S. 235-246.

Burger, A./Ulbrich, P./Knoblauch, J. (2006), Zur Reform der Bilanzierung von Forschungs- und Entwicklungsaufwendungen nach IAS 38, in: KoR 2006, S. 729-737.

Burkhardt, D. (1988), Grundsätze ordnungsmäßiger Bilanzierung für Fremdwährungsgeschäfte, Düsseldorf 1988.

Burlaud, A./Messina, M./Walton, P. (1996), Depreciation: concepts and practices in France and the UK, in: EAR 1996, S. 299-316.

Busse von Colbe, W. (2002a), Entwicklungsperspektiven der Rechnungslegung in Deutschland. Die deutsche Rechnungslegung vor einem Paradigmawechsel, in: ZfbF 2002, S. 159-172.

Busse von Colbe, W. (2002b), Vorschlag der EG-Kommission zur Anpassung der Bilanzrichtlinien an die IAS – Abschied von der Harmonisierung, in: BB 2002, S. 1530-1536.

C

Castedello, M./Kreher, M. (2010), Spielräume bei der Aktivierung selbst geschaffener immaterieller Vermögensgegenstände, in: Bilanzpolitik und Bilanzanalyse nach neuem Handelsrecht, Hrsg. Fink, C./Schultze, W./Winkeljohann, N., Stuttgart 2010, S. 65-84.

Ceriani, V. (2008), CCCTB and the Financial Sector, in: ECTR 2008, S. 159-168.

Cerioni, L. (2006), The Possible Introduction of Common Consolidated Base Taxation via Enhanced Coopoeration: Some Open Issues, in: ET 2006, S. 187-196.

Cerioni, L. (2010), Postponement of the Commission's Proposal for a CCCTB Directive: Possible Ways Forward, in: BIT 2010, S. 98-114.

Cerioni, L. (2011), The Commission's Proposal for a CCCTB Directive: Analysis and Comment, in: BIT 2011, S. 515-530.

Chandler, R./Edgley, C. (1999), Certainly reasonable or reasonable certainty? Herbert Smith v. Honour, in: BTR 1999, S. 309-314.

Christiansen, A. (2000), Aspekte der Abgrenzung zwischen Aufwandsrückstellungen und Rückstellungen für ungewisse Verbindlichkeiten, in: Verlustvorsorgen im Bilanz- und Steuerrecht, Hrsg. Bertl, R. et al., Wien 2000, S. 199-216.

Ciric, D. (1995), Grundsätze ordnungsmäßiger Wertaufhellung, Düsseldorf 1995.

Claßen, R./Schulz, S. (2011), Leasingbilanzierung nach HGB und IFRS. Konvergenz oder Divergenz nach BilMoG und ED/2010/9? In: StuB 2011, S. 3-10.

Claussen, C. P./Scherrer, G. (2011), Kommentierung § 315a HGB, in: Kölner Kommentar zum Rechnungslegungsrecht, §§ 238-342e HGB, Hrsg. Claussen, C. P./Scherrer, G., Köln 2011.

Clemm, H. (1999), Steuerbilanz in der Krise? In: Steuerrechtsprechung. Steuergesetz. Steuerreform, Festschrift für Klaus Offerhaus zum 65. Geburtstag, Hrsg. Kirchhof, P./Jakob, W./Beermann, A., Köln 1999, S. 631-645.

Clemm, H./Nonnenmacher, R. (1985), Die Steuerbilanz – ein fragwürdiger Besteuerungsschlüssel? In: Der Bundesfinanzhof und seine Rechtsprechung. Grundfragen – Grundlagen, Festschrift für Hugo von Wallis zum 75. Geburtstag am 12. April 1985, Hrsg. Klein, F./Vogel, K., Bonn 1985, S. 227-243.

Cline, R./Neubig, T./Phillips, A./Sanger, C./Walsh, A. (2011), Study on the Economic and Budgetary Impact of the Introduction of a Common Consolidated Corporate Tax Base in the European Union, Hrsg. Ernst & Young LLP/Irish Department of Finance, ohne Erscheinungsort, 2011.

Cloer, A. (2004), Die Grundzüge des polnischen Einkommensteuerrechts, in: RIW 2004, S. 108-123.

Cnossen, S. (2003), How Much Tax Coordination in the European Union? In: ITPF 2003, S. 625-649.

Cnossen, S. (2004), Reform and Coordination of Corporation Taxes in the European Union: An Alternative Agenda, in: BIT 2004, S. 134-150.

Cnossen, S. (2005), The Future of the Corporate Income Taxation in the European Union, in: Österreichische Nationalbank, Workshops – Proceedings of OeNB Workshops, No. 6, Capital Taxation after EU Enlargement, January 21, 2005, No. 6, Wien 2005, S. 165-201.

Coenen, M. (1996), Leasing, in: Fiscal versus Commercial Profit Accounting in the Netherlands, France and Germany, Hrsg. de Bont, G./Essers, P./Kemmeren, E., Amsterdam 1996, S. 57-71.

Coenenberg, A. (2007), Die Einführung der Zinsschrankenregelung und des IFRS-Jahresabschlusses als Grundlage für deutsche Besteuerungszwecke, in: PiR 2007, S. 207-214.

Coenenberg, A. G. (2005), International Financial Reporting Standards (IFRS) auch für den Mittelstand? In: DBW 2005, S. 109-113.

Coenenberg, A. G./Haller, A./Schultze, W. (2009), Jahresabschluss und Jahresabschlussanalyse. Betriebswirtschaftliche, handelsrechtliche, steuerrechtliche und internationale Grundsätze – HGB, IFRS, US-GAAP, 21. Aufl., Stuttgart 2009.

Coenenberg, A. G./Straub, B. (2008), Rechenschaft versus Entscheidungsunterstützung: Harmonie oder Disharmonie der Rechnungszwecke, in: KoR 2008, S. 17-26.

Colasse, B./Standish, P. (2004), The Development and Decline of Law in French Accounting Regulation, in: Journal of Management and Governance 2004, S. 407-429.

Colasse, B./Pochet, C. (2009), The Genesis of the 2007 Conseil National de la Comptabilité: A Case of Institutional Isomorphism? In: AiE 2009, S. 25-55.

Colasse, B./Pochet, C. (2010), De la nouvelle Autorité des normes comptables, in: Revue d'Économie Financière 2010, S. 233-251.

Collison, D. (2000), Expenditure on research and development – sections 68 and 69 and Schedules 19, 20 and 21, in: BTR 2000, S. 453-458.

Cooke, T. E./Choudhury, M./Wallace, R. S. (2001), United Kingdom: Individual Accounts, in: Transnational Accounting, Hrsg. Ordelheide, D./KPMG, 2. Aufl., Bd. 3, New York 2001, S. 2571-2716.

Costede, J. (1995), Die Aktivierung von Wirtschaftsgütern im Einkommensteuerrecht, in: StuW 1995, S. 115-123.

Cozian, M./Rossignol, J.-L. (2007), Les immobilisations incorporelles à la lumière de la jurisprudence SA Sife: arrêt de principe ou arrêt d'escpèce? In: RDF n° 42/Octobre 2007, S. 17-21.

Crezelius, G. (1994), Maßgeblichkeitsgrundsatz in Liquidation? In: DB 1994, S. 689-691.

Crezelius, G. (2011), Kommentierung § 5 EStG, in: Einkommensteuergesetz. Kommentar, Hrsg. Kirchhof, P., 10. Aufl., Köln 2011.

Cussons, P./Lüdicke, J./Rödler, F. (2007), Momentum builds for common base, in: ITR, January-February 2007, S. 89-91.

Czakert, E. (2006), Der Stand der Arbeiten an einer gemeinsamen konsolidierten Körperschaftsteuer-Bemessungsgrundlage in der Europäischen Union, in: IStR 2006, S. 561-566.

Czakert, E. (2007), Europäische Steuerbilanz? In: StbJb 2006/2007, S. 189-215.

Czakert, E. (2008), Ansatz der CCCTB working group zur Harmonisierung der Steuerbemessungsgrundlage in Europa, in: BFuP 2008, S. 433-448.

D

Dahle, C. (2011), Der Einfluss von Mindestbesteuerungskonzepten auf unternehmerische Investitionentscheidungen unter Berücksichtigung grenzüberschreitender Gruppenbesteuerungssysteme, Hamburg 2011.

Dahlke, A. E. (2011), Harmonisierung der Konzernbesteuerung in der Europäischen Union. Ökonomische Analyse einer einheitlichen konsolidierten körperschaftsteuerlichen Bemessungsgrundlage, Lohmar/Köln 2011.

Dahlke, A./Kahle, H. (2009), CCCTB – die EU auf dem Weg zu einer gemeinsamen körperschaftsteuerlichen Bemessungsgrundlage? In: Entwicklung und Perspektiven der Europäischen Union, Festschrift für Professor Dr. Rolf Caesar, Hrsg. Knoll, B./Pitlik, H., Baden-Baden 2009, S. 229-254.

Dandon, O./Didelot, L. (2006), La convergence du plan comptable general avec le référentiel IFRS, in: RFC n° 384/Janvier 2006, S. 29-33.

Dauber, D. (2003), Das Realisationsprinzip als Grundprinzip der steuerrechtlichen Gewinnermittlung, Frankfurt a. M. u. a. 2003.

Daumas, V. (2009), Conséquences fiscales de la réévaluation libre d'un element d'actif: les infortunes fiscales de la vertu comptable, in: RJF 2009, S. 187-191.

David, C. (1996), The Relationship between Fiscal and Commercial Accounts in France, in: Fiscal versus Commercial Profit Accounting in the Netherlands, France and Germany, Hrsg. de Bont, G./Essers, P./Kemmeren, E., Amsterdam 1996, S. 23-54.

David, C. (2008), Tax Law, in: Introduction to French Law, Hrsg. Bermann, G. A./Picard, E., Alphen aan den Rijn 2008, S. 417-451.

Davies, P./Rickford, J. (2008), An Introduction to the New UK Companies Act: Part II, in: ECFR 2008, S. 239-279.

Davis, C. (2004), Using IAS-based accounts to compute taxable profits, in: Tax Adviser April/2008, S. 8-10.

Déak, D. (2006), Adoption of International Accounting Standards and Company Tax Harmonization: Theoretical Considerations, in: Liber Amicorum Jacques Malherbe, Hrsg. Simonart, H./Remiche, B./de Cordt, Y., Brüssel 2006, S. 265-291.

Degos, J.-G./Ouvrard, S. (2008), From French accounting settlements to IFRS implementation: 4 years of development, in: The Certified Accountant, 2nd Quarter 2008, Issue 34, S. 64-75.

Degos, J.-G./Ouvrard, S. (2010), Recent history of French Accounting Regulation: five years of convergence towards IFRS, in: International Journal of Economics and Accounting 2010, S. 200-222.

de Kergos, Y./Monsenego, J. (2010), L'arrêt Pfizer Holding France: la jurisprudence SA Sife est pérenne! In: RDF n° 4/Janvier 2010, S. 18-21.

de la Feria, R./Fuest, C. (2011), Führt die EuGH-Rechtsprechung zu einem Abbau steuerlicher Verzerrungen im Europäischen Binnenmarkt? In: Gestaltung der Steuerrechtsordnung. Festschrift für Joachim Lang zum 70. Geburtstag, Hrsg. Tipke, K., Köln 2010, S. 1043-156.

de la Paix, G./Roth, M. (2008), Umsatzrealisierung bei verbleibenden Risiken und Chancen auf Seiten des Unternehmers nach IAS 18, in: IRZ 2008, S. 441-442.

Delesalle, E. (2003), Fiscalité et normes comptables internationales, in: BF 03/2004, S. 247-260.

Delesalle, E. (2004), Fiscalité et normes comptables internationales: « mais ou et donc or ni car ? », in: RDF n° 16/2004, S. 739-742.

Delvaille, P./Ebbers, G./Saccon, C. (2005), International Financial Reporting Convergence: Evidence from Three Continental European Countries, in: AiE 2005, S. 137-164.

Demsetz, H. (1967), Toward a Theory of Property Rights, in: AER1967, S. 347-359.

Dettmeier, M. (2008), Die Internationalisierung der GoB – Schreckgespenst oder Realität? In: SR 2008, S. 66.

Dettmeier, M. (2009), Steuerrechtliche Wahlrechte nach dem Bilanzrechtsmodernisierungsgesetz, in: NWB 2009, S. 3484-3490.

Dettmeier, M./Pöschke, M. (2007), Schwerpunktbereich – Einführung in das „internationale" Bilanzrecht. IAS/IFRS: Ein Fall für Juristen? In: JuS 2007, S. 313-317,

evereux, M. P./Fuest, C. (2010), Corporate income tax coordination in the European Union, in: Transfer: European Review of Labour and Research 2010, S. 23-28.

Devereux, M. P./Loretz, S. (2008), The Effects of EU Formula Apportionment on Corporate Tax Revenues, in: Fiscal Studies 2008, S. 1-33.

de Weerth, J. (2003), Bilanzsteuerrecht und Europarecht: Anmerkungen zum BIAO-Urteil des EuGH, in: RIW 2003, S. 460-463.

de Wilde, M. F. (2010), Some Thoughts on a Fair Allocation of Corporate Tax in a Globalizing Economy, in: Intertax 2010, S. 281-305.

Dexheimer-Elgg, S./Maucher, M./Wüstemann, J. (2011), Anschaffungskosten – Beispiel Rohstoffumladung, in: Bilanzierung case by case. Lösungen nach HGB und IFRS, 5. Aufl., Frankfurt a. M. 2011, S. 177-196.

Dexheimer-Elgg, S./Wüstemann, J. (2011), Planmäßige Abschreibungen – Beispiel Abschreibung von Gebäudekomplexen, in: Bilanzierung case by case. Lösungen nach HGB und IFRS, 5. Aufl., Frankfurt a. M. 2011, S. 236-250.

Dicken, A. J. (2003), Gewinnermittlungsrecht. Steuerrechtliches Plädoyer für die Einnahmen-Ausgaben-Rechnung, Lohmar/Köln 2003.

Diekmann, H. (1991), Die Geschichte des französischen Bilanzrechts, Berlin 1991.

Diemer, R. (2004), The Commission's Proposals for Providing Companies with a Common Consolidated Corporate Tax Base for their Activities in the Internal Market, in: ERA-Forum 1/2004, S. 103-119.

Diemer, R./Mors, M. (2006), Outline for a Possible Home State Taxation Pilot Project for SMEs, in: ITPJ 2006, S. 111-116.

Diemer, R./Neale, T. (2004), The European Union's longer-term plans for introducing a common consolidated tax base for the EU-wide activities of companies, in: Group taxation, Cahiers de droit fiscal international Vol. 89b, Subject 2, Hrsg. IFA, Rotterdam 2004, S. 69-96.

Dietel, M. (2004), International Accounting Standards/International Financial Reporting Standards und steuerliche Gewinnermittlung. Möglichkeiten für eine modifizierte Maßgeblichkeit, Sternenfels 2004.

Dietrich, M. (2009), Entscheidungswirkungen einer europaweit harmonisierten Konzernbesteuerung, Diss. Otto-von-Guericke-Universität Magdeburg 2009.

Dietrich, S. (1968), Das Realisationsprinzip in Betriebswirtschaft und Recht und sein Einfluß auf die Liquidität der Unternehmung, in: Der Österreichische Betriebswirt 1968, S. 100-111.

Dietz, H. (1971), Die Normierung der Abschreibung in Handels- und Steuerbilanz, Opladen 1971.

Diller, M. (2005), Betriebswirtschaftliche Auswirkungen der veränderten Verlustvortragsregeln gem.
§§ 10d EStG, 10a GewStG, in: WiSt 2005, S. 668-672.

Diller, M./Grottke, M. (2007), Die Konzeption von Teilwert und gemeinem Wert – dargestellt am Beispiel des Wechsels vom Teilwert zum gemeinen Wert im Rahmen des SEStEG, in: SteuerStud 2007, S. 69-74.

Diller, M./Grottke, M. (2010), Grenzen und Erweiterungsmöglichkeiten der investitionsneutralen Besteuerung nach dem ökonomischen Gewinn, in: ZfB 2010, S. 123-146.

Djanani, C./Brähler, G./Lösel, C. (2005), Investitionen und Steuern in Polen. Doing Business in Poland, Herne/Berlin 2005.

Djanani, C./Pummerer, E. (2004), Auswirkungen der Verrechnungsbeschränkungen des Verlustvortrages auf die Risikoverteilung zwischen Steuerpflichtigen und Fiskus, in: StuW 2004, S. 158-166.

Dobija, D./Klimczak, K. M. (2010), Development of accounting in Poland: Market efficiency and the value relevance of reported earnings, in: IJoA 2010, S. 356-374.

Dobler, M. (2006), Ertragsvereinnahmung bei Fertigungsaufträgen nach IAS 11 und den Vorschlägen des Projekts Revenue Recognition – Vergleich und kritische Würdigung, in: KoR 2006, S. 160-170.

Dobler, M./Ballwieser, W. (2005), IFRS – Weltweite Sprache der Rechnungslegung? Stand, Perspektiven und Probleme, in: Going Public Magazin 2005, Sonderbeilage „IFRS 2005“, S. 22-23.

Dobler, M./Kurz, G. (2008), Aktivierungspflicht für immaterielle Vermögensgegenstände in der Entstehung nach dem RegE eines BilMoG – Kritische Würdigung der F&E-Bilanzierung im HGB-Abschluss de lege ferenda –, in: KoR 2008, S. 485-493.

Döllerer, G. (1959a), Grundsätze ordnungsmäßiger Bilanzierung, deren Entstehung und Ermittlung, in: BB 1959, S. 1217-1221.

Döllerer, G. (1959b), Grundsätze ordnungsmäßiger Bilanzierung, deren Entstehung und Ermittlung, in: WPg 1959, S. 653-658.

Döllerer, G. (1971a), Leasing – wirtschaftliches Eigentum oder Nutzungsrecht? In: BB 1971, S. 535-540.

Döllerer, G. (1971b), Maßgeblichkeit der Handelsbilanz in Gefahr, in: BB 1971, S. 1333-1335.

Döllerer, G. (1975), Die Rechtsprechung des Bundesfinanzhofs zum Steuerrecht der Unternehmen, in: ZGR 1975, S. 294-318.

Döllerer, G. (1983), Handelsbilanz ist gleich Steuerbilanz, in: Der Jahresabschluß im Widerstreit der Interessen. Vortragsreihe des Instituts für Revisionswesen an der Westfälischen Wilhelms-Universität Münster. Sommersemester 1982 / Wintersemester 1982 / 1983, Hrsg. Baetge, J., Düsseldorf 1983, S. 157-177.

Döllerer, G. (1988), Steuerbilanz und Beutesymbol, in: BB 1988, S. 238-241.

Döllerer, G. (1993), Die Verknüpfung handels- und steuerrechtlicher Rechnungslegung. Maßgeblichkeitsausprägungen de lege lata et ferenda, in: ZHR 1993, S. 349-354.

Dörfler, O./Adrian, G. (2009a), Steuerbilanzpolitik nach BilMoG, in: Ubg 2009, S. 385-394.

Dörfler, O./Adrian, G. (2009b), Zur Umsetzung der HGB-Modernisierung durch das BilMoG: Steuerbilanzrechtliche Auswirkungen, in: DB 2009, Beilage 5 zu Heft 23, S. 58-64.

Döring, U. (1977), Zur Vereinbarkeit des Realisationsprinzips mit dem Prinzip der Gleichmäßigkeit der Besteuerung, in: DStR 1977, S. 271-277

Dörner, A./Neubert, B. (2008), Praktische Bilanzierung von Entwicklungskosten nach dem Regierungsentwurf zum BilMoG. Eine Fallstudie zu Unterschieden zwischen Steuerrecht, BilMoG und IAS 38, in: IRZ 2008, S. 449-457.

Dörr, I. (2011), Kein Betriebsausgabenabzug bei unentgeltlicher Einräumung von Stock Options an Mitarbeiter, in: NWB 2011, S. 350-355.

Doll, R.-P. (2009), § 22. Leasing, in: Beck'sches IFRS-Handbuch. Kommentierung der IFRS/IAS, Hrsg. Bohl, W./Riese, J./Schlüter, J., 3. Aufl., München 2009.

Doralt, W. (1998a), Sind Rückstellungen steuerpolitisch gerechtfertigt? In: DB 1998, S. 1357-1358.

Doralt, W. (1998b), Sind Rückstellungen steuerpolitisch gerechtfertigt? In: RdW 1998, S. 514-516.

Dorenkamp, C. (2010), Systemgerechte Neuordnung der Verlustverrechnung – Haushaltsverträglicher Ausstieg aus der Mindestbesteuerung, IFSt-Schrift, Nr. 461, Bonn 2010.

Dourado, A. P./de la Feria, R. (2008), Thin Capitalization and Outbound Investment; Thin Capitalization Rules in the Context of the CCCTB, in: Common Consolidated Corporate Tax Base, Hrsg. Lang, M. et al., Wien 2008, S. 785-820.

Douvier, P.-J./Lordkipanidze, X. (2008), Thin capitalization: Recent Guide from Tax Authorities, in: ITPJ 2008, S. 136-140.

Dragneva, R./Millan, E. (2002), Transposing the "True and fair view" Concept in the Legislation of Hungary and Poland in the Context of EU Enlargement, in: Review of Central and East European Law 2002, S. 183-209.

Dreisbach, M./Gros, M. (2011), Auswirkungen geplanter Änderungen des IASB auf die Bilanzierung von Immobilienunternehmen und deren Kennzahlen. Financial Statement Presentation, Revenue Recognition und Leases, in: IRZ 2011, S. 133-140.

Drescher, S. (2002), Zur Zukunft des deutschen Maßgeblichkeitsgrundsatzes. US-GAAP orientierte Reform des handelsrechtlichen Bilanzsystems, Düsseldorf 2002.

Drinhausen, A./Dehmel, I. (2008), Zum Referentenentwurf des Bilanzrechtsmodernisierungsgesetzes (BilMoG): Ansatz und Bewertung von Rückstellungen, in: DB 2008, Beilage 1 zu Heft 7, S. 35-40.

Drinhausen, A./Ramsauer, J. (2009), Zur Umsetzung der HGB-Modernisierung durch das BilMoG: Ansatz und Bewertung von Rückstellungen, in: DB 2009, Beilage 5 zu Heft 23, S. 46-53.

Droege, M. (2011), Wie viel Verfassung braucht der Steuerstaat? In: StuW 2011, S. 105-112.

Drüen, K.-D. (1999a), Periodengewinn und Totalgewinn. Zum Einfluß des Totalgewinngedankens auf die steuerrechtliche Gewinnermittlung, Berlin 1999.

Drüen, K.-D. (1999b), Über den Totalgewinn. Maßstab der Gewinnerzielungsabsicht und Störfaktor für die Gewinnermittlung, in: FR 1999, S. 1097-1108.

Drüen, K.-D. (2001), Der Maßgeblichkeitsgrundsatz im Wechselspiel zwischen Gesetzgeber und Rechtsprechung, in: FR 2001, S. 992-999.

Drüen, K.-D. (2010), Anmerkung, in: JZ 2010, S. 91-94.

Drukarczyk, J. (1973), Zur Brauchbarkeit der Konzeption des „ökonomischen Gewinns", in: WPg 1973, S. 183-188.

Drukarczyk, J. (1974), Ökonomischer Gewinn und Ausschüttungsentscheidung, in: ZfbF 1974, S. 764-769.

Dürrschmidt, D. (2007), Comprehensive Approaches to Company Taxation in the European Union and Cross-Border Corporate Reorganizations, in: Intertax 2007, S. 152-182.

Dürrschmidt, D. (2010), Grenzüberschreitende Unternehmensumstrukturierungen im nationalen und europäischen Steuerrecht, in: StuW 2010, S. 137-159.

Duhr, A./Neumann, S./Wüstemann, J. (2011), Aktivierung immaterieller Vermögensgegenstände des Anlagevermögens – Beispiel Kundenkartei, in: Bilanzierung case by case. Lösungen nach HGB und IFRS, 5. Aufl., Frankfurt a. M. 2011, S. 17-46.

Duthilleul, F. (2004), Anh. Überblick über das Steuerrecht Frankreichs, in: Doppelbesteuerung. Kommentar zu allen deutschen Doppelbesteuerungsabkommen (Loseblattsammlung), Hrsg. Debatin, H./Wassermeyer, F., Bd. II, München, Stand: Januar 2004.

Dutzi, A. (2009), Sachanlagevermögen, in: IFRS-Rechnungslegung. Grundlagen – Aufgaben – Fallstudien, Hrsg. Brösel, G./Zwirner, C., München 2009, S. 101-116.

Dziadkowski, D. (2000), Die Überschußrechnung – eine Alternative zur Steuerbilanz? In: BB 2000, S. 399-401.

Dziadkowski, D. (2001), Die Diskussion über das Verhältnis von Handels- und Steuerbilanz – Alter Wein in neuen Schläuchen? In: DStZ 2001, S. 9-16.

Dziadkowski, D. (2003), Zuständigkeit des EuGH in Bilanzierungsfragen – zugleich Anmerkung zu EuGH, Urt. v. 7.1.2003 – Rs. C-306/99, FR 2003, 561 ff. – in: FR 2003, S. 552-555.

Dziadkowski, D. (2004), Der Fall BIAO: „Ab welchem Zeitpunkt sind IAS anzuwenden?“, in: IStR 2004, S. 323-324.

Dziadkowski, D. (2007), Europäisierung des Maßgeblichkeitsprinzips? Zugleich Besprechung von Schön, Steuerliche Maßgeblichkeit in Deutschland und Europa, in: IStR 2007, S. 361-363.

Dziadkowski, D./Henselmann, K. (2004), B 120 Verhältnis von Handelsbilanz und Steuerbilanz, in: Beck'sches Handbuch der Rechnungslegung – HGB und IFRS – (Loseblattsammlung), Hrsg. Böcking, H.-J. et al., München, Stand: Januar 2004.

E

Eberhartinger, E. (1997), Das Verhältnis zwischen (handels-)bilanziellem und steuerlichem Gewinn in der Rechtsprechung von Großbritannien, in: IStR 1997, S. 279-285.

Eberhartinger, E. (1999), The Impact of Tax Rules on Financial Reporting in Germany, France, and the UK, in: IJoA 1999, S. 93-119.

Eberhartinger, E. (2000), Ertragsteuerliche Konsequenzen der Internationalisierung der Rechnungslegung, Wien 2000.

Eberhartinger, E. (2003), Internationale Rechnungslegungsvorschriften und Maßgeblichkeitsprinzip – Simulation, in: Die Maßgeblichkeit der handelsrechtlichen Gewinnermittlung für das Steuerrecht. Gestaltungsmöglichkeiten in der Praxis, Hrsg. Bertl, R. et al., Wien 2003, S. 107-135.

Eberhartinger, E. (2005), IAS/IFRS und Maßgeblichkeit, in: Handbuch des Bilanzsteuerrechts. Gedenkschrift für Wolfgang Gassner, Hrsg. Lang, M./Schuch, J./Staringer, C., Wien 2005, S. 21-39.

Eberhartinger, E./Klostermann, M. (2007), What if IFRS were a Tax Base? New Empirical Evidence from an Austrian Perspective, in: AiE 2007, S. 141-168.

Eberhartinger, E./Ruprecht, M. (2008), Die Auswirkungen einer simulierten Maßgeblichkeit des IFRS-Abschlusses für die steuerliche Gewinnermittlung in Österreich, in: RWZ 2008, S. 235-248.

Eberhartinger, E./Wilczynska-Stöckl, K. (2009), Rechnungslegung in Polen, Wien 2009.

Edgley, C. R. P. (2010), Backstage in legal theatre: A Foucauldian interpretation of 'Rationes Decidendi' on the question of taxable business profits, in: Critical Perspectives on Accounting 2010, S. 560-572.

Egner, T. (1999), Steuerliches Ansatzverbot von Drohverlustrückstellungen – Abbau einer Steuersubvention? In: Mittelstand und Betriebswirtschaft. Beiträge aus Wissenschaft und Praxis, Hrsg. Meiler, R.C., Wiesbaden 1999, S. 149-164.

Ehmcke, T. (2010), Kommentierung des § 6 EStG, in: Blümich, Einkommensteuer, Körperschaftsteuer, Gewerbesteuer, Kommentar (Loseblattsammlung), Hrsg. Heuermann, B., München, Stand: März 2010.

Ehrhardt-Rauch, A. (2001), Die Einnahmen-Überschuss-Rechnung als einheitliche Gewinnermittlungsart? In: DStZ 2001, S. 423-428.

Eibelshäuser, M. (1987), Rückstellungsbildung nach neuem Handelsrecht, in: BB 1987, S. 860-866.

Eichhorn, K. T. (2001), Das Maßgeblichkeitsprinzip bei Rechnungslegung nach International Accounting Standards, Lohmar/Köln 2001.

Eicker, K. (2008), Ein harmonisiertes Bilanzsteuerrecht für Europa? Die „Gemeinsame Konsolidierte Körperschaftsteuerliche Bemessungsgrundlage“, in: SAM 2/2008, S. 51-56.

Eierle, B. (2004a), Die Entwicklung der Differenzierung der Unternehmensberichterstattung in Deutschland und Großbritannien. Ansatzpunkte für die Diskussion der zukünftigen Gestaltung der Abschlusserstellung nicht kapitalmarktorientierter Unternehmen in Deutschland, Frankfurt a. M. u. a. 2004.

Eierle, B. (2004b), UK Financial Reporting Standard for Smaller Entities – ein Modell für das IASB? In: BB 2004, S. 987-995.

Eiselt, A./Leushacke, L. (2009), Eignung des Subsequent Cashflow-Tests nach FRS 11 auch für die Anwendung von IAS 36? In: PiR 2009, S. 10-16.

Eisgruber, T. (2011), Arten der Einkünfteermittlung – Bestandaufnahme und Kritik – „Vereinfachte“ Gewinnermittlung (§ 4 Abs. 3 EStG), in: Einkünfteermittlung, DStJG, Bd. 34, Hrsg. Hey, J., Köln 2011, S. 185-205.

Eisolt, D. (1986), Unterschiede in der Bilanzierung und Bewertung von Kapitalgesellschaften in Deutschland und Großbritannien, in: DB 1986, S. 1237-1241.

Ekkenga, J. (2006), Einzelabschlüsse nach IFRS – Ende der aktien- und GmbH-rechtlichen Kapitalerhaltung, in: AG 2006, S. 389-397.

Ekkenga, J. (2007), Offene Fragen zur Rechnungslegung einer in Deutschland ansässigen Private Company Limited by Shares, in: Rechtswissenschaft im Wandel. Festschrift des Fachbereichs Rechtswissenschaft zum 400jährigen Gründungsjubiläum der Justus-Liebig-Universität Gießen, Hrsg. Gropp, W./Lipp, M./Steiger, H., Tübingen 2007, S. 395-407.

Ekkenga, J. (2011a), Kommentierung § 253 HGB, in: Kölner Kommentar zum Rechnungslegungsrecht, §§ 238-342e HGB, Hrsg. Claussen, C. P./Scherrer, G., Köln 2011.

Ekkenga, J. (2011b), Kommentierung § 255 HGB, in: Kölner Kommentar zum Rechnungslegungsrecht, §§ 238-342e HGB, Hrsg. Claussen, C. P./Scherrer, G., Köln 2011.

Elicker, M. (2002), Darf der Steuerzugriff ein Unternehmen zahlungsunfähig machen? In: StuW 2002, S. 217-234.

Ellebrecht, F. (2010), Rechtsformneutrale Unternehmensbesteuerung in Deutschland und Polen, Berlin 2010.

Elliott, B./Elliott, J. (2008), Financial Accounting and Reporting, 12. Aufl., Harlow 2008.

Ellrott, H./Brendt, P. (2010), Teilkommentierung § 255 HGB, in: Beck‘scher Bilanz-Kommentar. Handels- und Steuerbilanz, §§ 238 bis 339, 342 bis 342e HGB mit IFRS-Abweichungen, Hrsg. Ellrott, H. et al., 7. Aufl., München 2010.

Ellrott, H./Pastor, C. (2010), Teilkommentierung § 255 HGB, in: Beck‘scher Bilanz-Kommentar. Handels- und Steuerbilanz, §§ 238 bis 339, 342 bis 342e HGB mit IFRS-Abweichungen, Hrsg. Ellrott, H. et al., 7. Aufl., München 2010.

Elofsson, S./Gäfvert, G. (2002), Garantikostnader, in: SN 2002, S. 651-657.

Elschen, R. (1991), Entscheidungsneutralität, Allokationseffizienz und Besteuerung nach der Leistungsfähigkeit. Gibt es ein gemeinsames Fundament der Steuerwissenschaften? In: StuW 1991, S. 99-115.

Elschen, R./Hüchtebrock, M. (1983), Steuerneutralität in Finanzwissenschaft und Betriebswirtschaftslehre – Diskrepanzen und Konsequenzen, in: FA 1983, S. 253-280.

Elschner, C./Heckemeyer, J. H./Spengel, C. (2011), Besteuerungsprinzipien und effektive Unternehmenssteuerbelastungen in der Europäischen Union: Regelt sich die EU-weite Steuerharmonisierung von selbst? In: PWP 2011, S. 47-71.

Enchelmaier, S. (2010), Publizität aus englischer Sicht, in: Rechnungslegung, Publizität und Wettbewerb, Hrsg. Ebke, W. F./Möhlenkamp, A., Baden-Baden 2010, S. 55-80.

Endres, D. (2010), Gesetzgeberischer Überarbeitungsbedarf bei der Organschaft: eine Bestandsaufnahme, in: Unternehmensbesteuerung. Festschrift für Norbert Herzig zum 65. Geburtstag, Hrsg. Kessler, W./Förster, G./Watrin, C., München 2010, S. 189-209.

Endres, D./Günkel, M. (2006), Steuerstandort Deutschland im Vergleich, in: WPg-Sonderheft 2006, S. S2-S20.

Endres, D./Oestreicher, S./Scheffler, W./Spengel, C. (2007), The Determination of Corporate Taxable Income in the EU Member States, Alphen aan den Rijn 2007.

Endris, H. W. (2003), Prinzipien und Probleme des deutschen Bilanzrechts – vor 50 Jahren und heute, in: BBK 2003, F. 13, S. 4539-4546.

Engel-Ciric, D. (2009a), Bildung und Bewertung sonstiger Rückstellungen nach BilMoG: Praxisleitfaden, in: BRZ 2009, S. 362-366.

Engel-Ciric, D. (2009b), (2009), Leasingverhältnisse, in: Internationale Rechnungslegung. IFRS Praxis, Hrsg. Buschhüter, M./Striegel, A., Wiesbaden 2009, Unterabschn. § 5.L., S. 266-281, Rz. 588-653.

Englisch, J. (2005), The European Treaties' Implications for Direct Taxes, in: Intertax 2005, S. 310-335.

Englisch, J. (2009a), Gemeinschaftsgrundrechte im harmonisierten Steuerrecht, in: Zukunftsfragen des deutschen Steuerrechts, Hrsg. Schön, W./Beck, K. E. M., München 2009, S. 39-89.

Englisch, J. (2009b), Verfassungsrechtliche Grundlage und Grenzen des objektiven Nettoprinzips, in: DStR 2009, Beihefter zu Heft 34, S. 92*-100*.

Englisch, J. (2010), Folgerichtiges Steuerrecht als Verfassungsgebot, in: Gestaltung der Steuerrechtsordnung. Festschrift für Joachim Lang zum 70. Geburtstag, Hrsg. Tipke, K. et al., Köln 2010,
S. 167-220.

Erasmus-Koen, M. (2008), A Common Consolidated Corporate Tax Base: Possible Elements of the Sharing Mechanism, in: Tax Management Transfer Pricing Report 3/2008, S. 109-115.

Erdmann, M.-K./Focken, E. (2010), Der Impairment-Test nach IAS 36 in der Phase des wirtschaftlichen Abschwungs, in: IFRS und BilMoG. Herausforderungen für das Bilanz- und Prüfungswesen, Hrsg. Küting, K./Pfitzer, N./Weber, C.-P., Stuttgart 2010, S. 181-198.

Erdmann, M.-K./Zülch, H./Palfner, A. (2007), Liabilities – Bilanzielle Auswirkungen des ED IAS 37, in: KoR 2007, S. 445-452.

Erhart, M. (2003), Die Abschreibung im Steuerrecht, Augsburg 2003.

Erle, B. (2000), Das Maßgeblichkeitsprinzip – ein Phantom, in: Die Zukunft des deutschen Bilanzrechts im Zeichen internationaler Rechnungslegung und privater Standardsetzung, Hrsg. Kleindiek, D./Oehler, W., Köln 2000, S. 177-191.

Ernst, C. (2001), Zeitwertbilanzierung für Finanzinstrumente nach 4. EU-Richtlinie und HGB – Zu erwartende Änderungen für alle Kaufleute –, in: WPg 2001, S. 245-253.

Ernst, C. (2003), Die Zukunft des Einzelabschlusses und der Maßgeblichkeit im Licht der Internationalisierung der Rechnungslegung, in: StbJb 2002/2003, S. 229-240.

Ernst, C./Seidler, H. (2007), Die Kernpunkte des Referentenentwurfs eines Gesetzes zur Modernisierung des Bilanzrechts im Überblick, in: DK 2007, S. 822-831.

Ernst, C./Seidler, H. (2008), Der Regierungsentwurf eines Gesetzes zur Modernisierung des Bilanzrechts, in: ZGR 2008, S. 631-675.

Ernstberger, J. (2004), Erfolgs- und Vermögensmessung nach International Financial Reporting Standards, Frankfurt a. M. u. a. 2004.

Ernsting, I. (2010), Ausübung steuerbilanzieller Wahlrechte nach dem BilMoG, in: FR 2010, S. 1067-1074.

Esser, M./Brendle, M. (2010), Aktivierung von Fremdkapitalkosten nach IAS 23 – Hinweise zur praktischen Umsetzung, in: IRZ 2010, S. 249-252.

Esser, M./Hackenberger, J. (2004), Bilanzierung immaterieller Vermögenswerte des Anlagevermögens nach IFRS und US-GAAP, in: KoR 2004, S. 402-414.

Esser, M./Hackenberger, J. (2005), Immaterielle Vermögenswerte des Anlagevermögens und Goodwill in der IFRS-Rechnungslegung. Ein Überblick über die Auswirkungen des Business Combinations-Projekts, in: DStR 2005, S. 708-713.

Esser, M./Schulz-Danso, M./Woltering, I. (2009), Neuregelungen zur Behandlung von Fremdkapitalkosten nach IAS 23 (rev. 2007). Herausforderungen für das bilanzierende Unternehmen, in: IRZ 2009, S. 93-96.

Essers, P. H. J. (2005), Goed koopmansgebruik and Massgeblichkeitsprinzip: Time for a Change, in: StuW 2005, S. 331-334.

Essers, P. H. J. (2006), Financial Accounting and Tax Accounting: Time for a Change, in: Estudios sobre las normas internacionales de contabilidad y el impuesto sobre sociedades en el ámbito de la Unión Europea, Hrsg. de Bunes, M./Lasarte, J., Madrid 2006, S. 355-365.

Essers, P. H. J. (2007), CCCTB dreigt aan vlijt ten onder te gaan, in: Weekblad voor Fiscaal Recht 2007, S. 741-742.

Essers, P. H. J. (2008a), Panel Statement, in: A Common Consolidated Corporate Tax Base for Europe – Eine einheitliche Körperschaftsteuerbemessungsgrundlage für Europa, Hrsg. Schön, W./Schreiber, U./Spengel, C., Berlin/Heidelberg 2008, S. 107-108.

Essers, P. H. J. (2008b), The Precious Relationship between IAS/IFRS and CCCTB, in: A Vision of Taxes within and outside European Borders. Festschrift in honor of Prof. Dr. Frans Vanistendael, Hrsg. Hinnekens, L./Hinnekens, P., Alphen aan den Rijn 2008, S. 369-386.

Essers, P. H. J. (2008c), The Precious Relationship between IAS/IFRS and CCCTB with respect to Provisions and Liabilities, in: Common Consolidated Corporate Tax Base, Hrsg. Lang, M. et al., Wien 2008, S. 385-420.

Essers, P. H. J. (2010), Basic questions with respect to the taxation of enterprises, in: Gestaltung der Steuerrechtsordnung. Festschrift für Joachim Lang zum 70. Geburtstag, Hrsg. Tipke, K. et al., Köln 2010, S. 615-639.

Essers, P. H. J./de Bont, G. (1996), Liabilities, in: Fiscal versus Commercial Profit Accounting in the Netherlands, France and Germany, Hrsg. de Bont, G./Essers, P. H. J./Kemmeren, E., Amsterdam 1996, S. 105-117.

Essers, P. H. J./Russo, R. (2009), The precious relationship between IAS/IFRS, National tax accounting systems and the CCCTB, in: The Influence of IAS/IFRS on the CCCTB, Tax Accounting, Disclosure and Corporate Law Accounting Concepts, Hrsg. Essers, P. H. J. et al., Alphen aan den Rijn 2009, S. 29-86.

Esterer, F. (2005), Maßgeblichkeit der IAS/IFRS, in: Die internationale Unternehmensbesteuerung im Wandel. Symposium für Otto H. Jacobs zum 65. Geburtstag, Hrsg. Endres, D. et al., München 2005, S. 110-147.

Esterer, F. (2010), Auswirkungen des Bilanzrechtsmodernisierungsgesetzes (BilMoG) auf die steuerliche Gewinnermittlung, in: Unternehmensbesteuerung. Festschrift für Norbert Herzig zum 65. Geburtstag, Hrsg. Kessler, W./Förster, G./Watrin, C., München 2010, S. 627-649.

Euler, R. (1989), Grundsätze ordnungsmäßiger Gewinnrealisierung, Düsseldorf 1989.

Euler, R. (1990), Der Ansatz von Rückstellungen für drohende Verluste aus schwebenden Dauerrechtsverhältnissen, in: ZfbF 1990, S. 1036-1056.

Euler, R. (1991), Zur Verlustantizipation mittels des niedrigeren beizulegenden Wertes und des Teilwertes, in: ZfbF 1991, S. 191-212.

Euler, R. (1996), Das System der Grundsätze ordnungsmäßiger Bilanzierung, Stuttgart 1996.

Euler, R. (1997), Bilanzrechtstheorie und internationale Rechnungslegung, in: Handelsbilanzen und Steuerbilanzen. Festschrift zum 70. Geburtstag von Heinrich Beisse, Hrsg. Budde, W. D./Moxter, A./Offerhaus, K., Düsseldorf 1997, S. 171-188.

Euler, R. (1998), Steuerbilanzielle Konsequenzen der internationalisierten Rechnungslegung, in: StuW 1998, S. 15-24.

Euler, R. (2000), Steht die Maßgeblichkeit vor einer Renaissance? In: Die Zukunft des deutschen Bilanzrechts im Zeichen internationaler Rechnungslegung und privater Standardsetzung, Hrsg. Kleindiek, D./Oehler, W., Köln 2000, S. 193-199.

Euler, R. (2002), Paradigmenwechsel im handelsrechtlichen Einzelabschluss: Von den GoB zu den IAS? In: BB 2002, S. 875-880.

Euler, R./Engel-Ciric, D. (2004), Rückstellungskriterien im Vergleich – HGB versus IFRS, in: WPg-Sonderheft 2004, S. S139-154.

Evraert, S./des Robert, J.-F. (2008), French Accounting Revolution: Implementing IFRS in French Companies, in: Globalisation of Accounting Standards, Hrsg. Godfrey, J. M./Chalmers, K., Cheltenham (reprinted) 2008, S. 130-143.

Ewert, R./Wagenhofer, A. (2010), IFRS und Unternehmensbewertung, in: Unternehmensbewertung. Theoretische Grundlagen – Praktische Anwendung. Festschrift für Gerwald Mandl zum 70. Geburtstag, Hrsg. Königsmaier, H./Rabel, K., Wien 2010, S. 217-235.

F

Fagerström, A./Lundh, S. (2009), Accounting development in the Nordic countries: a comparative study, in: Journal of Global Business Advancement 2009, S. 4-27.

Fagerström, A./Hassel, L. G./Cunningham, G. M. (2007), Compliance with consolidation (group) accounting standards – the vertical adjustment issue: a survey of Swedish multinationals, in: Journal of Global Business Advancement 2007, S. 37-48.

Farrell, J. E. (2008), National Report United Kingdom, in: Tax Compliance Costs for Companies in an Enlarged European Community, Hrsg. Lang, M. et al., Wien 2008, S. 391-420.

Fehling, D. (2007), Die Einkommensbesteuerung von Ehe und Familie in Deutschland und Großbritannien im Rechtsvergleich, Frankfurt a. M. u. a. 2007.

Feld, L. P. (2011), Steuerharmonisierung ist kontraproduktiv für die Bewältigung der Schuldenkrise in Europa, in: WD 2011, S. 79-82.

Fey, G./Deubert, M. (2006), Befreiender IFRS-Einzelabschluss nach § 325 Abs. 2a HGB für Zwecke der Offenlegung, in: KoR 2006, S. 92-101.

Fil, P. (2007), Die handelsrechtliche Rechnungslegung in Polen – ein internationaler Vergleich –, Unterabschn.: Langfristige Auftragsfertigung, in: Investieren in Polen. Steuerliche und rechtliche Rahmenbedingungen für deutsche Unternehmen – mit Gestaltungsempfehlungen, Hrsg. Kudert, S., 3. Aufl., Berlin 2007, S. 777-780.

Fink, A. (2000), Leasing in Frankreich, in: Leasing-Handbuch für die betriebliche Praxis, Hrsg. Eckstein, W./Feinen, K., 7. Aufl., Frankfurt a. M. 2000, S. 451-473.

Fink, C./Kunath, O. (2009), Revenue Recognition in Contracts with Customers – Revolution in der Ertragsrealisierung? In: PiR 2009, S. 225-232.

Fink, C./Kunath, O. (2010), Bilanzpolitisches Potenzial bei der Rückstellungsbildung und -bewertung nach neuem Handelsrecht, in: DB 2010, S. 2345-2352.

Fischer, A. (1996), Die Harmonisierung der Unternehmensbesteuerung in der Europäischen Union – Eine Untersuchung ihrer Ziele, Möglichkeiten und Grenzen anhand der Länder Belgien, Bundesrepublik Deutschland, Dänemark, Frankreich, Großbritannien und die Niederlande –, Diss. Universität Stuttgart 1996.

Fischer, C./Kalina-Kerschbaum, C. (2010), Maßgeblichkeit der Handelsbilanz für die steuerliche Gewinnermittlung. Kritische Anmerkungen zum Entwurf eines BMF-Schreibens, in: DStR 2010, S. 399-401.

Fischer, D. T. (2010), Mehrkomponentenverträge nach IFRS. Eine Bilanzierungsempfehlung, Weinheim 2010.

Fischer, L. (1970), Die Finanzierungsneutralität der Besteuerung als Forderung der Betriebswirtschaftslehre, in: ZfB 1970, S. 313-328.

Fischer, P. (2011), Kommentierung § 6 EStG, in: Einkommensteuergesetz. Kommentar, Hrsg. Kirchhof, P., 10. Aufl., Köln 2011.

Fisher, I. (1906), The Nature of Capital and Income, New York u. a. 1906.

Fjellström, Å. (2002), Verklig förlust i samband med personalförflyttningar, in: SN 2002, S. 15-23.

Focken, E./Schaefer, W. (2004), Umstellung der Bilanzierung des Sachanlagevermögens auf IAS/IFRS – ein Praxisbeispiel, in: BB 2004, S. 2343-2349.

Focken, E./Hansmann, M. (2011), Kommentierung IAS 17, in: Internationale Rechnungslegung – IFRS. Kommentar, Hrsg. Buschhüter, M./Striegel, A., Wiesbaden 2011, S. 481-514.

Förschle, G./Kroner, M./Heddäus, B. (1999), Ungewisse Verpflichtungen nach IAS 37 im Vergleich zum HGB, in: WPg 1999, S. 41-54.

Förschle, G./Scheffels, R. (1993), Die Bilanzierung von Umweltschutzmaßnahmen aus bilanztheoretischer Sicht, in: DB 1993, S. 1197-1203.

Förschle, G./Usinger, R. (2010a), Teilkommentierung § 243 HGB, in: Beck'scher Bilanz-Kommentar. Handels- und Steuerbilanz, §§ 238 bis 339, 342 bis 342e HGB mit IFRS-Abweichungen, Hrsg. Ellrott, H. et al., 7. Aufl., München 2010.

Förschle, G./Usinger, R. (2010b), Teilkommentierung § 248 HGB, in: Beck'scher Bilanz-Kommentar. Handels- und Steuerbilanz, §§ 238 bis 339, 342 bis 342e HGB mit IFRS-Abweichungen, Hrsg. Ellrott, H. et al., 7. Aufl., München 2010.

Förster, G. (2004), Verlustverrechnung im Beteiligungskonzern, in: WPg 2004, S. 1258-1270.

Förster, G./Krauß, S. (2011), Der Richtlinienvorschlag der Europäischen Kommission zur Gemeinsamen konsolidierten Körperschaftsteuer-Bemessungsgrundlage (GKKB) vom 16. 3. 2011, in: IStR 2011, S. 607-615.

Förster, G./Schmidtmann, D. (2009), Steuerliche Gewinnermittlung nach dem BilMoG, in: BB 2009, S. 1342-1346.

Forszpaniak, J.-M./Scholtissek, W. (1985), Rechnungslegung in Frankreich, RIW 1985, Beilage 1 zu Heft 3.

Fraedrich, J. (2008), Rechtsformneutrale Unternehmensbesteuerung durch Körperschaftsteueroption. Eine rechtsvergleichende Arbeit über die Realisierbarkeit in Deutschland, Bonn 2008.

Frank, I./Wittmann, M. (2010), Die Änderung des § 5 Abs. 1 EStG im Zuge des BilMoG, in: Stbg 2010, S. 362-366.

Franke, F. (2009), Synergien in Rechtsprechung und Rechnungslegung. Behandlung von Synergiepotenzialen im Gesellschafts- und Handelsrecht, Wiesbaden 2009.

Franke, F./Hommel, M. (2006), Sachanlagen, in: Synopse der Rechnungslegung nach HGB und IFRS. Eine qualitative Gegenüberstellung, Hrsg. Hommel, M./Wüstemann, J., München 2006, Kap. 2, Abschn. 3, S. 65-79.

Frebel, M. (2006), Erfolgsaufteilung und -besteuerung im internationalen Konzern, Lohmar/Köln 2006.

Freedman, J. (1987), Profit and Prophets – Law and Accountancy Practice on the Timing of Receipts – Recognition Under the Earnings Basis (Schedule D, Cases I & II), in: BTR 1987, S. 61-79 und S. 104-133 (continued).

Freedman, J. (1993), Ordinary Principles of Commercial Accounting – Clear Guidance or a Mystery Tour? In: BTR 1993, S. 468-478.

Freedman, J. (1995), Defining Taxable Profit in a Changing Accounting Environment, in: BTR 1995, S. 434-444.

Freedman, J. (2004a), Accounting Standards: A Panacea? In: TJ, Monday, 18 October 2004, S. 9-10.

Freedman, J. (2004b), Aligning Taxable Profits and Accounting Profits: Accounting standards, legislators and judges, in: eJournal of Tax Research 2004, S. 71-99.

Freedman, J. (2008), Financial and Tax Accounting: Transparency and "Truth", in: Tax and Corporate Governance, Hrsg. Schön, W., Berlin/Heidelberg 2008, S. 71-92.

Freedman, J./Macdonald, G. (2008), The Tax Base for CCCTB: The Role of Principles, in: Common Consolidated Corporate Tax Base, Hrsg. Lang, M. et al., Wien 2008, S. 219-270.

Freiberg, J. (2005), Bilanzierung von öffentlichen Investitionszuwendungen nach gegenwärtigem und zukünftigem Recht, in: PiR 2005, S. 94-95.

Freiberg, J. (2009), Einzel- vs. Gesamtbewertung bei Verteilung der Wertminderung einer Cash Generating Unit, in: PiR 2009, S. 145-148.

Freiberg, J. (2010), Diskontierung in der Internationalen Rechnungslegung. Anwendungsbereiche und Konzepte, Herne 2010.

Freiberg, J. (2011), Abgrenzung von Vorrats- und Sachanlagevermögen, in: PiR 2011, S. 51-52.

Freiberg, J./Hoffmann, W.-D. (2011), § 11 Ausserplanmässige Abschreibungen, Wertaufholung, in: Haufe IFRS-Kommentar, Hrsg. Lüdenbach, N./Hoffmann, W.-D., 9. Aufl., Freiburg i. Br. u. a. 2011.

Freiberg, J./Lüdenbach, N. (2005), Ermittlung des Diskontierungssatzes nach IAS 36, in: KoR 2005, S. 479-487.

Freiberg, J./Lüdenbach, N. (2007), Die risiko- und laufzeitäquivalente Diskontierung von sonstigen Rückstellungen nach IAS 37, in: PiR 2007, S. 329-338.

Freidank, C.-C./Velte, P. (2010a), Quo vadis Maßgeblichkeit? Eine Analyse aus rechtshistorischer, steuersystematischer und betriebswirtschaftlicher Sicht, in: StuW 2010, S. 185-194.

Freidank, C.-C./Velte, P. (2010b), Wahlrechte im Rahmen der handels- und steuerrechtlichen Herstellungskosten, in: StuW 2010, S. 356-366.

Fresl, K. D. (2000), Die Europäisierung des deutschen Bilanzrechts, Wiesbaden 2000.

Friederich, R./Schmidt, J. (2008), Die Bilanzierung von Rückstellungen nach IAS 37, in: IRZ 2008, S. 391-392.

Fritz-Schmied, G. (2005), Die steuerbilanzielle Gewinnermittlung. Prinzipien und Folgerungen einer periodengerechten und entscheidungsneutralen Konzeption, Wien 2005.

Fritz-Schmied, G./Rutter, S./Schwarz, R. (2008), CCCTB – Das Konzept zur gemeinsamen konsolidierten Körperschaftsteuerbemessungsgrundlage. Ein Beitrag zur Frage der Umsetzbarkeit in Bezug auf die Vorschläge zur Abschreibung, in: Steuerberatung und Wirtschaftsprüfung. Festschrift für Alfred Brogyanyi, Hrsg. Hammerschmied, H., Wien 2008, S. 465-485.

Frydlender, A./Pham, D. (1996), Relationships between accounting and taxation in France, in: EAR 1996, Supplement 5, S. 845-857.

Frye, B. (2010), Die Eigentumsfreiheit des Grundgesetzes als Gebot des sog. objektiven Nettoprinzips, in: FR 2010, S. 603-607.

Fuchs, C./Eppinger, C./Zeyer, F. (2009), Ausgewählte Problemfelder der Folgebewertung langfristiger Vermögenswerte mit bestimmter Nutzungsdauer, in: IRZ 2009, S. 515-521.

Fuchs, H. (2007), IFRS als Steuerbemessungsgrundlage, in: Internationale und nationale Rechnungslegung am Wendepunkt, Hrsg. Löffler, H./Rohatschek, R., Wien 2007, S. 85-104.

Fuchs, H. (2008), Goodwill Accounting nach IFRS und Bilanzsteuerrecht, Wien 2008.

Fuchs, H./Wiederwohl, I. (2006), Internationalisierung der Rechnungslegung und steuerliche Gewinn-ermittlung, in: FJ 2006, S. 127-128.

Führich, G. J. (2006), Theorie und Praxis der Rückstellungsbildung für die Entsorgung von Kernbrennelementen nach deutschem Bilanzrecht (Teil I), in: WPg 2006, S. 1271-1278.

Führich, G. J. (2009), Der Einfluss der EuGH-Rechtsprechung auf die deutsche Unternehmensbesteuerung. Eine steuerplanerische und steuersystematische Analyse, Wiesbaden 2009.

Fülbier, R. U. (2005), Wissenschaftstheorie und Betriebswirtschaftslehre, in: Institutionenökonomie und Betriebswirtschaftslehre, Hrsg. Horsch, A./Meinhövel, H./Paul, S., München 2005, S. 15-29.

Fülbier, R. U. (2006a), Konzernbesteuerung nach IFRS. IFRS-Konsolidierungsregeln als Ausgangspunkt einer konsolidierten steuerlichen Gewinnermittlung in der EU?, Frankfurt a. M. u. a. 2006.

Fülbier, R. U. (2006b), Systemtauglichkeit der International Financial Reporting Standards für Zwecke der steuerlichen Gewinnermittlung, in: StuW 2006, S. 228-242.

Fülbier, R. U./Fehr, J. (2010), IASB und FASB machen Ernst mit der neuen Leasingbilanzierung: Der Standardentwurf zu „Leases" liegt vor, in: WPg 2010, S. 1019-1023.

Fülbier, R. U./Gassen, J. (1999), Wider die Maßgeblichkeit der International Accounting Standards für die steuerliche Gewinnermittlung. Erwiderung zu Oestreicher/Spengel, DB 1999, S. 593-600, in: DB 1999, S. 1511-1513.

Fülbier, R. U./Gassen, J. (2007), Das Bilanzrechtsmodernisierungsgesetz (BilMoG): Handelsrechtliche GoB vor der Neuinterpretation, in: DB 2007, S. 2605-2612.

Fülbier, R. U./Gassen, J. (2008), Bilanzrechtsregulierung: Auf der Suche nach der eierlegenden Wollmilchsau, in: Private und öffentliche Rechnungslegung. Festschrift für Hannes Streim zum 65. Geburtstag, Hrsg. Wagner, F. W./Schildbach, T./Schneider, D., Wiesbaden 2008, S. 135-155.

Fülbier, R. U./Gassen, J./Küting, P./Weller, M. (2008), Öffentliche Zuwendungen und Bilanzpolitik: Eine beispielgestützte Analyse von IAS 20, in: KoR 2008, S. 474-484.

Fülbier, R. U./Kuschel, P./Selchert, F. W. (2010), Kommentierung § 252 HGB, in: Handbuch der Rechnungslegung Einzelabschluss. Kommentar zur Bilanzierung und Prüfung (Loseblattsammlung), Hrsg. Küting, K./Pfitzer, N./Weber, C.-P., Bd. 2, Stuttgart, Stand: Dezember 2010.

Fülbier, R. U./Pferdehirt, H. (2006), US-Consolidated Tax Return als Vorbild für eine Gruppenbesteuerung in der EU? In: DB 2006, S. 175-181.

Fürwentsches, J. (2010), Gewinnrealisierung für Mehrkomponentenverträge nach IFRS. Bilanzierungsgrundsätze undd ihre Konkretisierung für Software, Wiesbaden 2010.

Fuest, C. (2008a), The European Commission's Proposal for a Common Consolidated Corporate Tax Base, in: Oxford Review of Economic Policy 2008, S. 720-739.

Fuest, C. (2008b), The European Commission's Proposal for a Common Consolidated Corporate Tax Base, Oxford University Centre for Business Taxation, Discussion Paper WP 07/17, Oxford 2008.

Fuest, C. (2009), Der Vorschlag der Europäischen Kommission für eine Gemeinsame Konsolidierte Bemessungsgrundlage der Körperschaftsteuer, in: Einnahmen- und Steuerpolitik in Europa: Herausforderungen und Chancen, Hrsg. Konrad, K.A./Lohse, T., Frankfurt a. M. u. a. 2009, S. 97-117.

Fuest, C./Huber, B. (2003), Zur Koordinierung der Unternehmensbesteuerung in Europa, in: Vierteljahreshefte zur Wirtschaftsforschung, Heft 3/2003, 378-390.

Fuest, C./Hemmelgarn, T./Ramb, F. (2007), How would the introduction of an EU-wide formula apportionment affect the distribution and size of the corporate tax base? An analysis based on German multinationals, in: ITPF 2007, S. 605-626.

Fuisting, B. (1902), Die preußischen direkten Steuern. Bd. IV: Grundzüge der Steuerlehre, Berlin 1902.

Furuseth, E. (2007), Can Procedural Rules Create Obstacles to Fundamental Freedoms in European Law? In: Intertax 2007, S. 256-285.

G

Gabert, I. (2009), Die Unzulänglichkeit von Teilwertvermutungen für nichtabnutzbares Anlagevermögen, in: FR 2009, S. 812-814.

Gabert, I. (2011), Der Bewertungsmaßstab des Teilwerts im Bilanzsteuerrecht, Berlin 2011.

Gail, W./Greth, M./Schumann, R. (1991), Die Maßgeblichkeit der Handelsbilanz für die Steuerbilanz in den Mitgliedstaaten der Europäischen Gemeinschaft, in: DB 1991, S. 1389-1400.

Galeano, G. A./Rhode, A. M. (2008), The tax treatment of inbound flows of income under the future Common Consolidated Corporate Tax Base (CCCTB), in: Group Tax Planning 05/2008, S. 59-64.

Gammie, M. (1998), Taxation Issues for the European Company, in: ECTR 1998, S. 159-170.

Gammie, M. (2001), Corporate Taxation in Europe – Paths to a Solution, in: BTR 2001, S. 233-249.

Gammie, M./Giannini, S./Klemm, A./Oestreicher, A./Parascandolo, P./Spengel, C. (2005), Achieving a Common Consolidated Corporate Tax Base in the EU, Brussels 2005.

Gammie, M./Panayi, C. H. J. I. (2008), Inbound Investment and Thin Capitalization, in: Common Consolidated Corporate Tax Base, Hrsg. Lang, M. et al., Wien 2008, S. 821-845.

García Novoa, C. (2010), Tax Neutrality in the Exercise of the Right of Establishment within the EU and the Funding of Companies, in: Intertax 2010, S. 568-576.

Garnier, P. (1947), La comptabilité, algèbre du droit et méthode d'observation des sciences économiques, Paris 1947.

Gassner, W./Lang, M. (2000), Das Leistungsfähigkeitsprinzip im Einkommen- und Körperschaftsteuerrecht. Dogmatische Grundfragen – Rechtspolitischer Stellenwert, ÖJT, Bd. III/1, Wien 2000.

Gdański, J./Szewc, M. (2007), Poland, in: An Accounting and Taxation Conundrum. A Pan-European Perspective on Tax Accounting Implications of IFRS Adoption, Hrsg. The World Bank Centre for Financial Reporting Reform, Wien, September 2007, S. 26-28.

Geberth, G./Blasius, T. (2010), § 5 Abs. 1 EStG – Neukonturierung des Maßgeblichkeitsprinzips. Anm. zum BMF-Schreiben v. 12.3.2010, FR 2010, 398, in: FR 2010, S. 408-414.

Gebhardt, R. (2009), Abbildung von Leasingverhältnissen in der internationalen Rechnungslegung. Eine Analyse propagierter Neuregelungen auf konzeptionelle Begründbarkeit, Hamburg 2009.

Geese, W. (1983), Inwieweit ergeben sich Änderungen von Rechnungslegung und Prüfung in Frankreich durch Einführung der 4. EG-Richtlinie? In: DB 1983, S. 135-137.

Geiger, U. (2003), Die Ertragsbesteuerung der Konzernunternehmung in Frankreich im Rahmen der Zusammenveranlagung nach dem beschränkten Einheitskonzept, in: IWB 2003, F. 5 Frankreich, Gr. 2, S. 1335-1340.

Gélard, G. (2001), France: Individual Accounts, in: Transnational Accounting, Hrsg. Ordelheide, D./KPMG, 2. Aufl., Bd. 3, New York 2001, S. 1009-1126.

Gélard, G. (2004), L'extension des normes internationals aux comptes sociaux et la déconnexion entre fiscalité et comptabilité, in: RDF 2004, S. 423-425.

Gelhausen, H. F. (1985), Das Realisationsprinzip im Handels- und im Steuerbilanzrecht, Frankfurt a. M. u. a. 1985.

Gelhausen, H. F./Althoff, F. (2009), Die Bilanzierung ausschüttungs- und abführungsgesperrter Beträge im handelsrechtlichen Jahresabschluss nach dem BilMoG, in: WPg 2009, S. 584-592 (Teil 1) und S. 629-635 (Teil 2).

Gelhausen, H. F./Fey, G./Kämpfer, G. (2009), Rechnungslegung und Prüfung nach dem Bilanzrechtsmodernisierungsgesetz, Düsseldorf 2009.

Gelhausen, H. F./Weiblen, S. (2003), Die Bilanzierung von Leasingverträgen, in: HdJ (Loseblattsammlung), Hrsg. v. Wysocki, K. et al., Abt. I/3, Köln, Stand: Mai 2003.

Gelin, S./Bonnet, F. (2009), Host Country: France, in: Choosing an Optimal R&D Location: Consideration of Host Country's Income Tax Treatment, Tax Management International Forum, Number 3/September 2009, , S. 33-38.

Gellrich, K. M. (2008), Konzept der Passivierung ungewisser Verbindlichkeiten in einer eigenständigen Steuerbilanz unter besonderer Berücksichtigung von IAS 37. Beitrag zur Harmonisierung der steuerlichen Gewinnermittlung in Europa, Düsseldorf 2008.

Gemeinhardt, J./Bode, M. (2008a), Änderungen bei der Bewertung von zu Handelszwecken erworbenen Finanzinstrumenten nach dem BilMoG-Entwurf, in: StuB 2008, S. 170-177

Gemeinhardt, J./Bode, M. (2008b), Änderungen bei der Bewertung von zu Handelszwecken erworbenen Finanzinstrumenten. Vom Referenten- zum Regierungsentwurf des BilMoG: Zwei Schritte vor, ein Schritt zurück, in: StuB 2008, S. 460-464.

Genow, A. (1997), Polnische Rechnungslegung, FOWI – Forschungsinstitut für mittel- und osteuropäisches Wirtschaftsrecht, Wirtschaftsuniversität Wien, Arbeitspapier Nr. 46, Hrsg. Doralt, P./Schauer, M., Wien 1997.

Georgi, A. A. (1994), Steuern in der Investitionsplanung – Eine Analyse der Entscheidungsrelevanz von Ertrag- und Substanzsteuern –, 2. Aufl., Hamburg 1994.

Gérard, M. (2002), Further research needed on comprehensive approaches, in: CESifo Forum 1/2002, S. 38-40.

Gerum, E./Mölls, S. H./Shen, C. (2011), Kapitalmarktorientierte Rechnungslegung in Deutschland zwischen Anspruch und Realität – Theorie und Empirie, in: zfbf 2011, S. 534-577.

Geslin, L. (2006), Actifs: incidences fiscales des règles comptables, in: SIC n° 238/Janvier 2006, S. 12-14.

Gest, G. (2010), France, in: Comparative Income taxation. A Structural Analysis, Hrsg. Ault, H. J./Arnold, B. J., 3. Aufl., Alphen aan den Rijn 2010, S. 45-63.

Giannini, S. (2002), Home State Taxation vs. Common Base Taxation, in: CESifo Forum 1/2002, S. 24-30.

Gierusz, J./Jerzemowska, M./Martyniuk, T./Pałczyńska-Gościniak, R./Sułowska, J. (2005), Probleme der Entwicklung des Rechnungswesens und Controlling in Polen im Transformationszeitraum, in: Betriebliches Rechnungswesen und Controlling im Spannungsfeld von Theorie und Praxis. Festschrift für Prof. Dr. Jürgen Graßhoff zum 65. Geburtstag, Hrsg. Jander, H./Krey, A., Hamburg 2005, S. 155-166.

Glade, A. (1999), Steuerentlastungsgesetz: Einschränkung handelsrechtlich ordnungsgemäßer Rückstellungen als „Steuerschlupflöcher“, in: DB 1999, S. 400-405.

Glaschke, M. (2004), Rückstellungen für Umweltschutzmaßnahmen im Bilanzsteuerrecht – Aktuelle Entwicklungen in Rechtsprechung und Gesetzgebung –, in: StuB 2004, S. 897-903.

Goddard, R./Rogers, H. (2006), Tax Law and Accounting Principles, in: EdinLR 2006, S. 298-306.

Goddard, R./Rogers, H. (2007), Tax Law and Accounting Principles in the House of Lords, in: Juridical Review 2007, S. 315-321.

Göbes, C. (1996), Die Unternehmensbesteuerung in Deutschland und Großbritannien vor dem Hintergrund des europäischen Integrationsprozesses, Frankfurt a. M. u. a. 1996.

Goetze, A. (2010), Die Ersetzung der sieben Einkunftsarten des EStG durch eine einzige. Zur Gleichheit aller Erwerbsgrundlagen in einem vereinfachten Steuerrecht, Frankfurt a. M. u. a. 2010.

Götzen, G. (1963), Die Behandlung von realisierten und unrealisierten Gewinnen und Verlusten in der Bilanz und die sich hierbei ergebende Problematik: unter besonderer Berücksichtigung der Höhe und des Zeitpunktes des Ausweises, Frankfurt a. M. 1963.

Gollnow, G./Himmel, H. (2011), Anwendungsprobleme des IAS 36 – Value-in-use-Konzept und Sensitivity Disclosures, in: IRZ 2011, S. 185-191.

González Sánchez, E./Fluxà, F. (2006), Problems and Options in Calculating the Tax Base of Companies in the European Union under Home State Taxation, in: ET 2006, S. 197-207.

Gorzawski, P./Kuros, S. (2000), Neue Rahmenbedingungen für ausländische Investitionen in Polen (Teil 3: GbR, Niederlassung, Steuerrecht), in: WiRO 2000, S. 201-206.

Gotch, A. (2004), The Scope and Implications of Section 42 Finance Act 1998, The Chartered Institute of Taxation, Fellowship Thesis Ref. T667, London 2004.

Grabo, T. (2008), Private Company Limited by Shares. An Analysis of Tax Accounting Rules in the United Kingdom and Germany, München 2008.

Grandinetti, M. (2008), The methods to determine the tax base: the interaction between accounting and taxation. The effects of the introduction of the International Financial Reporting Standards (IFRS) in Italy, France and United Kingdom, in: Introduction to Comparative Tax Law, Hrsg. Sacchetto, C./Barassi, M., Soveria Mannelli 2008, S. 27-49.

Graumann, M. (2004a), Die Durchführung des Wertminderungstests auf Sachanlagen nach IAS 36, in: UM 2004, S. 171-176.

Graumann, M. (2004b), Die Durchführung des Wertminderungstests auf zahlungsmittelgenerierende Einheiten nach IAS 36, in: UM 2004, S. 370-376.

Green, S. (1995), Accounting Standards and Tax Law: Complexity, Dynamism and Divergence, in: BTR 1995, S. 445-451.

Gröning, R. (2002), Steuerbilanzielle Gewinnermittlung nach US-GAAP?, Lohmar/Köln 2002.

Groh, M. (1988), Verbindlichkeitsrückstellung und Verlustrückstellung: Gemeinsamkeiten und Unterschiede, in: BB 1988, S. 27-33.

Groh, M. (1994), Rechtsprechung zum Bilanzsteuerrecht, in: StuW 1994, S. 90-96.

Groh, M. (1997), Drohverlustrückstellungen nach HGB und IAS, in: Handelsbilanzen und Steuerbilanzen. Festschrift zum 70. Geburtstag von Heinrich Beisse, Hrsg. Budde, W. D./Moxter, A./Offerhaus, K., Düsseldorf 1997, S. 207-214.

Groh, M. (1998), Der Kampf um das Maßgeblichkeitsprinzip, in: Unternehmensrechnung und -besteuerung. Grundfragen und Entwicklungen. Festschrift für Dietrich Börner zum 65. Geburtstag, Hrsg. Meffert, H./Krawitz, N., Wiesbaden 1998, S. 177-196.

Groh, M. (1999), Steuerentlastungsgesetz 1999/2000/2002: Imparitätsprinzip und Teilwertabschreibung, in: DB 1999, S. 978-984.

Groh, M. (2000), Handelsbilanz und Steuerbilanz. Behinderung der Rechtsentwicklung durch das Maßgeblichkeitsprinzip? In: Die Zukunft des deutschen Bilanzrechts im Zeichen internationaler Rechnungslegung und privater Standardsetzung, Hrsg. Kleindiek, D./Oehler, W., Köln 2000, S. 169-176.

Gros, M. (2008), Bilanzrechtsmodernisierungsgesetz und Annäherung an die IFRS: Auswirkungen auf Publizität, Ausschüttungsbemessung und steuerliche Gewinnermittlung, in: DK 2008, S. 466-477.

Gros, M. (2010), Rechnungslegung in Deutschland und den USA. Implikationen für eine zweckadäuate Fortentwicklung der deutschen Rechnungslegungskonzeption, Wiesbaden 2010.

Gros, M./Wallek, C. (2009), Informationeller Gläubigerschutz nach BilMoG, in: DK 2009, S. 541-547.

Groß, P. (2009), Auswirkungen des BilMoG auf die Steuerbilanz, in: Das Gesetz zur Modernisierung des Bilanzrechts (BilMoG). Neue Herausforderungen für Rechnungslegung und Corporate Governance, Hrsg. Freidank, C.-C./Altes, P., Berlin 2009, S. 127-150.

Große, J.-V. (2011), IFRS 13 „Fair Value Measurement" – Was sich (nicht) ändert, in: KoR 2011, S. 286-296.

Grotherr, S. (1987), Die Scheingewinnbesteuerung im internationalen Vergleich. Analyse der Lösungsansätze in der Bundesrepublik Deutschland, Frankreich, Großbritannien, Japan und den USA, Baden-Baden 1987.

Grotherr, S. (2003a), Die Diskussion des Maßgeblichkeitsprinzips in der Bundesrepublik Deutschland, in: Die Maßgeblichkeit der handelsrechtlichen Gewinnermittlung für das Steuerrecht. Gestaltungsmöglichkeiten in der Praxis, Hrsg. Bertl, R. et al., Wien 2003, S. 221-266.

Grotherr, S. (2003b), Zur Entscheidungskompetenz des EuGH in bilanzsteuerrechtlichen Fragestellungen – zugleich Analyse des EuGH-Urteils vom 7. 1. 2003 (BIAO-Africa Bank) –, in: IWB 2003, F. 11, Gr. 2, S. 509-527.

Grotherr, S./Jorewitz, G. (2001), Einflüsse der internationalen Rechnungslegung auf das zukünftige deutsche Bilanzsteuerrecht, in: Die deutsche Rechnungslegung und Wirtschaftsprüfung im Umbruch. Festschrift für Wilhelm Theodor Strobel zum 70. Geburtstag, Hrsg. Freidank, C.-C, München 2001, S. 123-153.

Grottel, B. (2002), Bilanzierung immaterieller Anlagewerte im internationalen Vergleich. Vergleich und Beurteilung der Bilanzierungsvorschriften für immaterielle Anlagewerte der EU-Staaten (Stand:
1. Januar 2000), der USA und des IASC, Aachen 2002.

Grünberger, D. (1999), Die Rechnungslegung in Frankreich, in: SWI 1999, S. 543-546.

Grünberger, D. (2001a), Finanzierung über Steuerstundung – Ein Vergleich mit den USA zeigt Schwächen der Gewinnermittlung, in: ÖStZ 2001, S. 259-262.

Grünberger, D. (2001b), Rückstellungen sind Steuerstundungen, in: ÖStZ 2001, S. 284.

Grundke, M. (2006), Direktinvestitionen deutscher Kapitalgesellschaftskonzerne in Grossbritannien. Steuerplanung aus deutscher und britischer Sicht, Herne/Berlin 2006.

Günkel, M. (2008), Steuerliche Auswirkungen des Bilanzrechtsmodernisierungsgesetzes, in: Ubg 2008, S. 126-134.

Günkel, M. (2009), Wegfall der umgekehrten Maßgeblichkeit und steuerliche Bilanzierungswahlrechte, in: SR 2009, S. 204.

Günkel, M. (2010a), Aktuelle Probleme aus dem Bilanzsteuerrecht, in: StbJb 2009/2010, S. 331-359.

Günkel, M. (2010b), Die Maßgeblichkeit nach der Bilanzrechtsreform (BilMoG), in: Unternehmensbesteuerung. Festschrift für Norbert Herzig zum 65. Geburtstag, Hrsg. Kessler, W./Förster, G./Watrin, C., München 2010, S. 509-516.

Günkel, M./Teschke, M. (2010), Änderung des steuerlichen Herstellungskostenbegriffs durch das BilMoG? Anmerkung zum BMF-Schreiben vom 12.03.2010, in: Ubg 2010, S. 401-406.

Günter, S. (2009), Das Verhältnis von Handels- und Steuerbilanz nach dem BilMoG, in: Stbg 2009, S. 395-404.

Günther, A. (2010), BilMoG: Ein Modell für die Überarbeitung der Bilanzrichtlinien – The German Accounting Modernisation Act of 2009 „BilMoG“: A Model for the EU Accounting Directives, in: WPg-Sonderheft 2010, S. S23-S26.

Günther, B. (1999), Aktivische Bilanzierungshilfen im deutschen und französischen Bilanzrecht, Frankfurt a. M. u. a. 1999.

Gunnarsson, Å. (1995), Skatterättvisa, Uppsala 1995.

Gutiérrez, C./Hamzaoui, R./Kesti, J./Rienstra, J. G./Soo, M.-J./van Boeijen-Ostaszewska, O. (2011), Global Corporate Tax Handbook 2011, Amsterdam 2011.

H

Haaker, A. (2005a), Änderungen der Wahrscheinlichkeitsberücksichtigung bei der Rückstellungsbilanzierung nach ED IAS 37 – Eine Verbesserung in Bezug auf den Informationszweck? – in: PiR 2005, S. 51-56.

Haaker, A. (2005b), Das Wahrscheinlichkeitsproblem bei der Rückstellungsbilanzierung nach IAS 37 und IFRS 3 – Eine Analyse der Regelungen im Hinblick auf die Erfüllung des Informationszwecks, in: KoR 2005, S. 8-15.

Haaker, A. (2007), Grundgedanken zu einer Reform der Bilanzierung immaterieller Vermögenswerte nach IAS 38 und zur zweckadäquaten Ausgestaltung einer „IFRS-Informationsbilanz“ (Teil I), in: KoR 2007, S. 254-262.

Haaker, A. (2009a), Objektivierungskriterien für faktische Restrukturierungsverpflichtungen? – Contra, in: PiR 2009, S. 17.

Haaker, A. (2009b), Zur Zukunft der Kapitalerhaltung – IFRS und Solvenztest statt HGB-Abschluss,
in: ZfgG 2009, S. 198-218.

Haaker, A. (2010), Einfache Solvenztests statt aufwendige Ausschütttungssperren zur Gewährleistung eines hinreichenden Gläubigerschutzniveaus? In: DStR 2010, S. 663-668.

Haaker, A./Brösel, G. (2009), Poolabschreibung im IFRS- und HGB-Abschluss? Zur Übernahme der EStG-Normen in die IFRS- und die handelsrechtliche Bilanzierung, in: PiR 2009, S. 272-273.

Haaker, A./Hoffmann, W.-D. (2009), Komponentenansatz als GoB? In: PiR 2009, S. 240-241.

Haaker, A./Hoffmann, W.-D. (2010), Aktivierung von Rückstellungsbeträgen? In: PiR 2010, S. 21-22.

Haarmann, W. (2006), Vorschläge des IDW zur Unternehmenssteuerreform, in: WPg-Sonderheft 2006, S. S20-S35.

Haase, K. D. (1990), Investitionsneutrale Besteuerung: Praktikabilität und Steuergerechtigkeit, in: BB 1990, S. 112-113.

Haase, K. D. (1991), Zur Steuerreform im Lichte betriebswirtschaftlicher Neutralitätspostulate, in: Betriebswirtschaftliche Steuerlehre und Steuerberatung. Gerd Rose zum 65. Geburtstag, Hrsg. Herzig, N., Wiesbaden 1991, S. 239-253.

Hahn, H. (1997), Europäisches Bilanzrecht in Frankreich, in: IStR 1997, S. 697-700.

Hahn, H. (1998), Steuerliche Gewinnermittlung in Frankreich. Zugleich ein Beitrag zum Thema Handelsbilanz/Steuerbilanz in rechtsvergleichender Sicht, in: Wirtschafts- und Steuerordnung auf dem Prüfstand. Aktuelle Probleme aus Theorie und Praxis. Festschrift für Prof. Dr. Hermann-Wilfried Bayer zum 65. Geburtstag, Hrsg. Birtel, T. et al., Baden-Baden 1998, S. 141-168.

Hahn, H. (2004), Der Einfluss des Thomas von Aquin auf die Besteuerung nach der wirtschaftlichen Leistungsfähigkeit, in: StuW 2004, S. 167-177.

Hahne, K. D. (2010), Steuerliche Abziehbarkeit unrealisierter Verluste aus Derivaten? – Mögliche Folgewirkungen einer konzeptionell geänderten bilanziellen Qualifikation derivativer Finanzinstrumente, in: Ubg 2010, S. 506-512.

Haun, J. (1996), Hybride Finanzierungsinstrumente im deutschen und US-amerikanischen Steuerrecht: eine Analyse ihres grenzüberschreitenden Einsatzes aus steuersystematischer und ökonomischer Sicht, Frankfurt a. M. u. a. 1996.

Hachmeister, D. (2006a), Analyse der Regelungen zur Cashflow-Schätzung beim Goodwill Impairment Test vor dem Hintergrund der Grundsätze ordnungsmäßiger Prognose und Prüfung, in: Unternehmungen, Versicherungen und Rechnungswesen. Festschrift zur Vollendung des 65. Lebensjahres von Dieter Rückle, Hrsg. Siegel, T. et al., Berlin 2006, S. 257-276.

Hachmeister, D. (2006b), Verbindlichkeiten nach IFRS. Bilanzierung von kurz- und langfristigen Verbindlichkeiten, Rückstellungen und Eventualschulden, München 2006.

Hachmeister, D. (2008a), Anmerkungen zur Modernisierung des Bilanzrechts, in: Accounting 1/2008, S. 3-4.

Hachmeister, D. (2008b): Impairment-Test nach IFRS und US-GAAP, in: Unternehmenskauf nach IFRS und US-GAAP. Purchase Price Allocation, Goodwill und Impairment-Test, Hrsg. Ballwieser, W./Beyer, S./Zelger, H., 2. Auflage, Stuttgart 2008, S. 229-266.

Hachmeister, D./Zeyer, F. (2008), Kommentierung IAS 37: Rückstellungen, Evenutalschulden und Eventualforderungen, in: Internationales Bilanzrecht. Rechnungslegung nach IFRS (Loseblattsammlung), Hrsg. Thiele, S./von Keitz, I./Brücks, M., Bonn, Stand: Februar 2008.

Haig, R. M. (1921), „The Concept of Income – Economic and Legal Aspects“, in: The Federal Income Tax, Hrsg. Haig, R. M., New York 1921, S. 1-28.

Haller, A./Froschhammer, M./Groß, T. (2010), Die Bilanzierung von Entwicklungskosten nach IFRS bei deutschen börsennotierten Unternehmen – Eine empirische Analyse, in: DB 2010, S. 681-689.

Hammen, J. (2009), Vorräte, in: Internationale Rechnungslegung. IFRS Praxis, Hrsg. Buschhüter, M./Striegel, A., Wiesbaden 2009, Unterabschn. § 5.G., S. 198-215, Rz. 340-398.

Happe, R. (2002), Rückstellungen im internationalen Vergleich: HGB – US-GAAP – IAS, in: DStZ 2002, S. 360-367.

Happe, R. (2005), Die Abzinsung von Verbindlichkeiten und Rückstellungen im Steuerrecht – Das BMF-Schreiben vom 26. 5. 2005 –, in: StuB 2005, S. 618-625.

Happe, R. (2010), Geringwertige Wirtschaftsgüter – Prüfschema nach dem BMF-Schreiben vom 30. 9. 2010, in: BBK 2010, S. 1065-1071.

Haring, N./Wala, T. (2002), Betriebswirtschaftliche Anmerkungen zum Ansatz von (Sozialkapital-) Rückstellungen in der Steuerbilanz. Arbeitspapier des Instituts für BWL der Industrie, in: FJ 2002, S. 4-8.

Hauck, A./Prinz, U. (2005), Zur Auslegung von (europarechtlich übernommenen) IAS/ IFRS, in: DK 2005, S. 635-641.

Hausen, G. (2009), Modifizierte Einnahmen-Überschussrechnung. Praktikable Konzeption einer vereinfachten steuerlichen Gewinnermittlung für einen erweiterten Anwenderkreis, Lohmar/Köln 2009.

Hauser, H./Meurer, I. (1998), Die Maßgeblichkeit der Handelsbilanz im Lichte neuer Entwicklungen, in: WPg 1998, S. 269-280.

Haustein, T. (2007), Steuerliche Gewinnermittlung im Wandel. Die Auswirkungen einer internationalen Rechnungslegung nach IAS/IFRS auf die steuerliche Gewinnermittlung in Deutschland, Saarbrücken 2007.

Haverals, J. (2005), International Accounting Standards and International Financial Reporting Standards in Belgium: The Revaluation of the Relationship between Accounting and Taxation, in: ET 2005, S. 199-208.

Haverals, J. (2007), IAS/IFRS in Belgium: Quantitative analysis of the impact on tax burden of companies, in: Journal of International Accounting, Auditing and Taxation 2007, S. 69-89.

Haworth, D./Hollis, J. (2010), IFRS and Derivatives Taxation, in: DFI March/April 2010, IFRS Special Issue, S. 23-29.

Hax, H. (1964), Der Bilanzgewinn als Erfolgsmaßstab, in: ZfB 1964, S. 642-651.

Hayn, S. (2005), Entwicklungstendenzen im Rahmen der Anwendung von IFRS in der Konzernrechnungslegung, in: BFuP 2005, S. 424-439.

Hayn, S./Hold, C. (2011a), Abschn. 9: Ertragsrealisierung (einschließlich Fertigungsaufträge), in: Handbuch International Financial Reporting Standards 2011, Hrsg. Ballwieser, W. et al., 7. Aufl., Weinheim 2011, S. 321-369.

Hayn, S./Hold, C. (2011b), Abschn. 14: Kurzfristige Schulden, Rückstellungen, Erfolgsunsicherheiten und Ereignisse nach dem Bilanzstichtag, in: Handbuch International Financial Reporting Standards 2011, Hrsg. Ballwieser, W. et al., 7. Aufl., Weinheim 2011, S. 623-669.

Hebestreit, G./Schrimpf-Dörges, C. E. (2009), § 12. Rückstellungen, in: Beck'sches IFRS-Handbuch. Kommentierung der IFRS/IAS, Hrsg. Bohl, W./Riese, J./Schlüter, J., 3. Aufl., München 2009.

Heddäus, B. (1997a), Grenzen einer Bilanzierung von Drohverlustrückstellungen nach geltendem Recht und nach dem Entwurf eines Steuerreformgesetzes 1998, in: BB 1997, S. 1463-1470.

Heddäus, B. (1997b), Handelsrechtliche Grundsätze ordnungsmäßiger Bilanzierung für Drohverlustrückstellungen, Düsseldorf 1997.

Heger, K. (2009), Körperschaft- und Gewerbesteuer und objektives Nettoprinzip, in: DStR 2009, Beihefter zu Heft 34, S. 117*-122*.

Heibel, R. (1981), Handelsrechtliche Bilanzierungsgrundsätze und Besteuerung. Eine Analyse der erfolgsteuerlichen Implikationen des Realsteuerprinzips und des Imparitätsprinzips, Köln 1981.

Heimann, B. (2005), The comparison of the Polish tax system with the tax systems in the EU countries. Implications for the international location competitiveness, Münster 2005.

Hein, U. (1988), Analyse der Neubewertungsverfahren im belgischen und französischen Bilanzrecht, Frankfurt a. M. u. a. 1988.

Heinhold, M./Hüsing, S. (2007), Die Zukunft des Maßgeblichkeitsprinzips vor dem Hintergrund der Internationalisierung der Rechnungslegung, in: IFRS-Management. Interessenschutz auf dem Prüfstand. Treffsichere Unternehmensbeurteilung. Konsequenzen für das Management, Hrsg. Heyd, R./von Keitz, I., München 2007, S. 31-51.

Heinhold, M./Pasch, H. (1998), Steuerliche Gewinnermittlung, steuerliches Eigenkapital und IAS-Bilanzierung, Rechnungswesen als Instrument für Führungsentscheidungen. Festschrift für Prof. Dr. Dr. h.c. Adolf G. Coenenberg, Hrsg. Möller, H. P./Schmidt, F., Stuttgart 1998, S. 393-413.

Heinrich, J. (2007), Die Rechtsformneutralität der Besteuerung – rechtspolitisches Ziel oder rechtliches Gebot? In: Steuerrecht, Verfassungsrecht, Europarecht. Festschrift für Hans Georg Ruppe, Hrsg. Achatz, M., Wien 2007, S. 205-226.

Heintges, S. (2006), Entwicklung der Rechnungslegung nach internationalen Vorschriften – Konsequenzen für deutsche Unternehmen, in: DB 2006, S. 1569-1576.

Heintges, S./Kamphaus, C./Loitz, R. (2007), Jahresabschluss nach IFRS und Zinsschranke, in: DB 2007, S. 1261-1266.

Heintges, S./Urbanczik, P./Wulbrand, H. (2009), Neuregelung des IAS 23 „Fremdkapitalkosten" – Alter Wein in neuen Schläuchen? In: DB 2009, S. 633-639.

Heitmüller, H.-M./Hellen, H.-H./Tesche, T. (2009), Leasingbilanzierung nach IFRS im Überblick und Ausblick, in: Berichterstattung für den Kapitalmarkt. Festschrift für Karlheinz Küting zum 65. Geburtstag, Hrsg. Weber, C.-P. et al., Stuttgart 2009, S. 47-72.

Helios, M./Schlotter, C. (2009), Steuerbilanzielle Behandlung von Finanzinstrumenten nach § 6 Abs. 1 Nr. 2b EStG i. d. F. des BilMoG, in: DStR 2009, S. 547-553.

Helios, M./Schlotter, C. (2010), Zum Verhältnis von § 6 Abs. 1 Nr. 2b EStG zu § 5 Abs. 4a EStG bei nichtrealisierten Verlusten aus bilanzunwirksamen Derivaten, in: FR 2010, S. 874-877.

Hellerstein, W. (2005), The Case of Formulary Apportionment, in: ITPJ 2005, S. 103-111.

Hellerstein, W. (2008), Lessons of US Subnational Experience for EU CCCTB Iniative, in: A Common Consolidated Corporate Tax Base for Europe – Eine einheitliche Körperschaftsteuerbemessungsgrundlage für Europa, Hrsg. Schön, W./Schreiber, U./Spengel, C., Berlin/Heidelberg 2008, S. 150-154.

Hellerstein, W./McLure, C. E. (2004a), Lost in Translation: Contextual Considerations in Evaluating the Relevance of US Experience for the European Commission's Company Taxation Proposals, in: BIT 2004, S. 86-98.

Hellerstein, W./McLure, C. E. (2004b), The European Commission's Report on Company Income Taxation: What the EU Can Learn from the Experience of the US States, in: ITPF 2004, S. 199-220.

Hellio, F./ Crucifix, N. (2010), Frankreich, in: Steuern in Europa, Amerika und Asien (Loseblattsammlung), Hrsg. Mennel, A./Förster, J., Herne/Berlin, Stand: 2010.

Hellio, F./Kling, G./Crucifix, N. (2010), Errichtung und Betrieb von Fotovoltaikanlagen in Frankreich. Wesentliche rechtliche Rahmenbedingungen und steuerliche Aspekte, in: IWB 2010, S. 556-562.

Hellio, F./Thill, P.-S. (2002), Steuern in Frankreich, 2. Aufl., Köln 2002.

Hellman, N. (2011), Soft Adoption and Reporting Incentives: A Study of the Impact of IFRS on Financial Statements in Sweden, in: JIAR 2011, S. 61-83.

Helmschrott, H. (2000), Der Vorschlag der EU zur Anpassung der Bilanzrichtlinien an die IAS durch Einführung einer Fair-Value-Bewertung von Finanzinstrumenten, in: DStR 2000, S. 941-948.

Henckel, N.-F. (2009), Praxishinweise zur Passivierung von Aufwand für die Aufbewahrung von Geschäftsunterlagen nach § 249 Abs. 1 HGB i.d.F. des BilMoG, in: BB 2009, S. 1798-1802.

Henckel, N.-F./Ludwig, T./Lüdke, T. (2008), Behandlung von Forschungs- und Entwicklungskosten nach HGB und IFRS unter Berücksichtigung der durch das BilMoG geplanten Änderungen, in: DB 2008, S. 196-199.

Henckel, N.-F./Krenzer, T. (2009), Zurechnung von Vermögensgegenständen anhand des wirtschaftlichen Eigentums gem. § 246 Abs. 1 HGB n. F. (BilMoG), in: StuB 2009, S. 492-495.

Hennrichs, J. (1999a), Der steuerrechtliche sog. Maßgeblichkeitsgrundsatz gem. § 5 EStG – Stand und Perspektiven –, in: StuW 1999, S. 138-153.

Hennrichs, J. (1999b), Wahlrechte im Bilanzrecht der Kapitalgesellschaften – unter besonderer Berücksichtigung der EG-Bilanzrichtlinie, Köln 1999.

Hennrichs, J. (2000), Ausbau der Konzernrechnungslegung im Lichte internationaler Entwicklungen, in: ZGR 2000, S. 627-650.

Hennrichs, J. (2001), Maßgeblichkeitsgrundsatz oder eigenständige Prinzipien für die Steuerbilanz? In: Besteuerung von Einkommen, DStJG, Bd. 24, Hrsg. Ebling, I., Köln 2001, S. 301-328.

Hennrichs, J. (2002), Dualismus der Unternehmensbesteuerung aus gesellschaftsrechtlicher und steuersystematischer Sicht. Oder: Die nach wie vor unvollendete Unternehmenssteuerreform, in: StuW 2002, S. 201-216.

Hennrichs, J. (2004), IAS für die Einzelbilanz? Nationale und europarechtliche Aspekte, in: Gesellschaftsrecht 2003. Tagungsband zum RWS-Forum am 8. und 9. Mai 2003 in Berlin, Hrsg. Henze, H./Hoffmann-Becking, M., Köln 2004, S. 101-138.

Hennrichs, J. (2005a), Bilanzgestützte Kapitalerhaltung, HGB-Jahresabschluß und Maßgeblichkeitsprinzip – Dinosaurier der Rechtsgeschichte? In: StuW 2005, S. 256-264.

Hennrichs, J. (2005b), Modernisierung des Bilanzrechts und Zukunft des Kapitalerhaltungsgrundsatzes, in: StbJb 2004/2005, S. 257-273.

Hennrichs, J. (2005c), Zur normativen Reichweite der IFRS. Zugleich Anmerkungen zu den Urteilen des EuGH und des FG Hamburg in der Rechtssache „BIAO“, in: NZG 2005, S. 783-787.

Hennrichs, J. (2006a), Bilanz- und steuerrechtliche Aspekte der sog. Scheinauslandsgesellschaften – Am Beispiel der englischen Private Company Limited by Shares –, in: Zivil- und Wirtschaftsrecht im Europäischen und Globalen Kontext / Private and Commercial Law in a European and Global Context. Festschrift für Norbert Horn zum 70. Geburtstag, Hrsg. Berger, K. P. et al., Berlin 2006, S. 387-402.

Hennrichs, J. (2006b), Prognosen im Bilanzrecht, in: AG 2006, S. 698-706.

Hennrichs, J. (2007a), Zinsschranke, Eigenkapitalvergleich und IFRS, in: DB 2007, S. 2101-2107.

Hennrichs, J. (2007b), Zinsschranke, IFRS-Rechnungslegung und prüferische Durchsicht oder Prüfung, in: DStR 2007, S. 1926-735.

Hennrichs, J. (2008a), IFRS – Eignung für Ausschüttungszwecke? In: BFuP 2008, S. 415-432.

Hennrichs, J. (2008b), IFRS und Mittelstand – Auswirkungen der GmbH-Reform und Zukunft der Kapitalerhaltung, in: ZGR 2008, S. 361-380.

Hennrichs, J. (2008c), Immaterielle Vermögensgegenstände nach dem Entwurf des Bilanzrechtsmodernisierungsgesetzes (BilMoG) – Gemeinsamkeiten und verbleibende Unterschiede zwischen modernisiertem HGB-Bilanzrecht und IFRS (IAS 38, IFRS 3), in: DB 2008, S. 537-542.

Hennrichs, J. (2008d), Pro und Contra IFRS vs. BilMoG für den Mittelstand, in: DK 2008, S. 478-485.

Hennrichs, J. (2008e), Zur Zukunft der Kapitalerhaltung: Bilanztest – Solvenztest – oder beides? In: DK 2008, S. 42-50.

Hennrichs, J. (2009a), Auswirkungen des BilMoG auf Bilanzpolitik, Gläubigerschutz und Ausschüttungsbemessung in Familienunternehmen, in: Zukunft des Bilanzrechts in Familienunternehmen. Perspektiven und Modernisierungsansätze nach HGB und IFRS, Hrsg. Winkeljohann, N./Reuther, F., Berlin 2009, S. 100-122.

Hennrichs, J. (2009b), Bilanzrechtsmodernisierung – erste Grundsatzfragen aus handels- und gesellschaftsrechtlicher Sicht, in: Festschrift für Karsten Schmidt zum 70. Geburtstag, Hrsg. Bitter, G. et al., Köln 2009, S. 581-599.

Hennrichs, J. (2009c), BilMoG – Verhältnis zu IFRS und Gläubigerschutz, in: SR 2009, S. 127-130.

Hennrichs, J. (2009d), Kapitalschutz bei GmbH, UG (haftungsbeschränkt) und SPE, in: NZG 2009, S. 921-928.

Hennrichs, J. (2009e), Neufassung der Maßgeblichkeit gemäß § 5 Abs. 1 EStG nach dem BilMoG, in: Ubg 2009, S. 533-543.

Hennrichs, J. (2010a), Bilanzrechtsmodernisierung und Besteuerung, in: StbJb 2009/2010, S. 261-289.

Hennrichs, J. (2010b), Leistungsfähigkeitsprinzip – objektives Nettoprinzip – Rückstellung, in: Gestaltung der Steuerrechtsordnung. Festschrift für Joachim Lang zum 70. Geburtstag, Hrsg. Tipke, K. et al., Köln 2010, S. 237-254.

Hennrichs, J. (2010c), Neue Herausforderungen für den Mittelstand im BilMoG, in: GmbHR 2010, S. 17-23.

Hennrichs, J. (2011a), AfA und Abschreibungen bei Sachanlagen – Insbesondere AfA-Tabellen und Bestimmung der Nutzungsdauern in Handels- und Steuerbilanz sowie IFRS-Abschluss nach BilMoG, in: Ubg 2011, S. 788-797.

Hennrichs, J. (2011b), GoB im Spannungsfeld von BilMoG und IFRS, in: WPg 2011, S. 861-871.

Hennrichs, J. (2011c), Stand und Perspektive des Europäischen Bilanzrechts, in: GmbHR 2011, S. 1065-1072.

Hennrichs, J./Lehmann, U. (2007), Rechtsformneutralität der Unternehmensbesteuerung. Kritische Anmerkungen zum Beschluss des BVerfG v. 21.6.2006 – 2 BvL 2/99, DStR 2006, 1316 = NJW 2006, 2757, in: StuW 2007, S. 16-21.

Hennrichs, J./Pöschke, M. (2009), Die Bedeutung der IFRS für die Auslegung und Anwendung des (Konzern-)Bilanzrechts nach dem BilMoG, in: DK 2009, S. 532-540.

Hennrichs, J./Pöschke, M. (2010), Fortentwicklung der GoB vor dem Hintergrund von BilMoG und IFRS, in: Bilanzpolitik und Bilanzanalyse nach neuem Handelsrecht, Hrsg. Fink, C./Schultze, W./Winkeljohann, N., Stuttgart 2010, S. 47-64.

Henriksson, E./Schröder, M. (2000), Skattemässiga konsekvenser av byte av redovisningsprincip, in: SN 2000, S. 124-131.

Henselmann, K. (2007), Ungewisse Verbindlichkeiten nach IFRS – Fallstudie zur Bildung von Rückstellungen nach IAS 16, 18, 37 –, in: KoR 2007, S. 232-239.

Herbold, S. (2009), Steuerliche Anreize für Forschung und Entwicklung im internationalen Vergleich. Eine qualitative und quantitative Analyse für die EU-27-Mitgliedstaaten und die USA unter besonderer Berücksichtigung Deutschlands, Lohmar/Köln 2009.

Herlinghaus, A. (2005), Steuerbilanz und Europäisches Gemeinschaftsrecht. Zugleich eine Besprechung des Werkes „Steuerliche Maßgeblichkeit in Deutschland und Europa“ von Wolfgang Schön, in: FR 2005, S. 1189-1195.

Herzig, N. (1990), Rückstellungen wegen öffentlich-rechtlicher Verpflichtungen, insbesondere Umweltschutz, in: DB 1990, S. 1341-1354.

Herzig, N. (1991), Rückstellungen als Instrument der Risikovorsorge in der Steuerbilanz, in: Probleme des Steuerbilanzrechts, DStJG, Bd. 14, Hrsg. Doralt, W., Köln 1991, S. 199-230.

Herzig, N. (1993), Die rückstellungsbegrenzende Wirkung des Realisationsprinzips, in: Ertragsbesteuerung, Festschrift für Ludwig Schmidt, Hrsg. Raupach, A./Uelner, A., München 1993, S. 209-226.

Herzig, N. (1999), Hat das Maßgeblichkeitsprinzip eine Zukunft? In: Die Theorie der Unternehmung in Forschung und Praxis, Hrsg. Albach, H. et al., Berlin u. a. 1999, S. 779-800.

Herzig, N. (2000a), Das Maßgeblichkeitsprinzip – eine zukunftsträchtige Konzeption? In: Wertorientierte Konzernführung, Kapitalmarktorientierte Rechnungslegung und integrierte Unternehmenssteuerung, Hrsg. von Küting, K./Weber, C.-P., Stuttgart 2000, S. 57-89.

Herzig, N. (2000b), Internationalisierung der Rechnungslegung und steuerliche Gewinnermittlung, in: WPg 2000, S. 104-119.

Herzig, N. (2001a), Notwendigkeit und Umsetzungsmöglichkeiten eines gespaltenen Rechnungslegungsrechts (Handels- und Steuerrecht), in: KoR 2001, S. 154-159.

Herzig, N. (2001b), Gefahren der internationalen Rechnungslegung für den Mittelstand? – Problemfelder: Besteuerung und Gewinnausschüttung, in: Internationale Rechnungslegung – Konsequenzen für Unternehmensführung, Rechnungswesen, Stadardsetting, Prüfung und Kapitalmarkt. Kongress-Dokumentation 54. Deutscher Betriebswirtschafter-Tag 2000, Hrsg. Coenenberg, A. G./Pohle, K., Stuttgart 2001, S. 45-61.

Herzig, N. (2004a), IAS/IFRS und steuerliche Gewinnermittlung. Eigenständige Steuerbilanz und modifizierte Überschussrechnung – Gutachten für das Bundesfinanzministerium, Düsseldorf 2004.

Herzig, N. (2004b), International Accounting Standards, International Financial Reporting Standards und steuerliche Gewinnermittlung, in: Deutsches Steuerrecht im europäischen Rahmen, Hrsg. Lüdicke, J., Köln 2004, S. 67-96.

Herzig, N. (2004c), Internationalisierung der Rechnungslegung und steuerliche Gewinnermittlung, in: Herausforderungen und Chancen durch weltweite Rechnungslegungsstandards, Kapitalmarktorientierte Rechnungslegung und integrierte Unternehmenssteuerung, Hrsg. Küting, K./Pfitzer, N./Weber, C.-P., Stuttgart 2004, S. 173-200.

Herzig, N. (2005a), Eigenständige steuerrechtliche Gewinnermittlung, in: Die internationale Unternehmensbesteuerung im Wandel. Symposium für Otto H. Jacobs zum 65. Geburtstag, Hrsg. Endres, D. et al., München 2005, S. 127-135.

Herzig, N. (2005b), IAS/IFRS und steuerliche Gewinnermittlung, in: WPg 2005, S. 211-235.

Herzig, N. (2006a), Die steuerliche Gewinnermittlung in der Europäischen Union, in: Aktuelle Entwicklungsaspekte der Unternehmensbesteuerung. Festschrift für Wilhelm W. Wacker zum 75. Geburtstag, Hrsg. Hebig, M. et al., Berlin 2006, S. 265-281.

Herzig, N. (2006b), Harmonisierung der steuerlichen Gewinnermittlung in der Europäischen Union, in: StuW 2006, S. 156-164.

Herzig, N. (2006c), Internationale Rechnungslegung und Harmonisierung der steuerlichen Gewinnermittlung in Europa, in: IFRS für den Mittelstand, Perspektiven – Anwendung – Praxisberichte, Hrsg. Winkeljohann, N./Herzig, N., Stuttgart 2006, S. 71-92.

Herzig, N. (2006d), Steuerliche Gewinnermittlung und handelsrechtliche Rechnungslegung, in: IStR 2006, S. 557-560.

Herzig, N. (2007), Chancen für eine Harmonisierung der Bemessungsgrundlagen und der Gewinnermittlung in Europa, in: Für ein europataugliches Steuerrecht, DFGT 2006, Hrsg. Brandt, J., Stuttgart 2007, S. 29-45.

Herzig, N. (2008a), Modernisierung des Bilanzrechts und Besteuerung, in: DB 2008, S. 1-10.

Herzig, N. (2008b), Steuerliche Konsequenzen des Regierungsentwurfs zum BilMoG, in: DB 2008, S. 1339-1345.

Herzig, N. (2009a), CCCTB-Projekt und Zukunft der Konzernbesteuerung, in: FR 2009, S. 1037-1042.

Herzig, N. (2009b), Europäisierung und Internationalisierung der steuerlichen Gewinnermittlung, in: Steuerzentrierte Rechtsberatung. Festschrift für Harald Schaumburg, Hrsg. Spindler, W./Tipke, K./Rödder, T., Köln 2009, S. 751-765.

Herzig, N. (2009c), Konsolidierung im Rahmen der Harmonisierung der steuerlichen Gewinnermittlung, in: Berichterstattung für den Kapitalmarkt. Festschrift für Karlheinz Küting zum 65. Geburtstag, Hrsg. Weber, C.-P. et al., Stuttgart 2009, S. 641-674.

Herzig, N. (2010a), BilMoG, Tax Accounting und Corporate Governance-Aspekte, in: DB 2010, S. 1-8.

Herzig, N. (2010b), Die Zukunft der Gruppenbesteuerung, in: StuW 2010, S. 214-231.

Herzig, N. (2010c), Einsichten und Folgerungen aus dem CCCTB-Projekt der EU, in: Gestaltung der Steuerrechtsordnung, Festschrift für Joachim Lang, Hrsg. Tipke, K. et al., Köln 2010, S. 1057-1077.

Herzig, N. (2010d), Ende der Einheitsbilanz – Aufstieg latenter Steuern, in: IFRS und BilMoG. Herausforderungen für das Bilanz- und Prüfungswesen, Hrsg. Küting, K./Pfitzer, N./Weber, C.-P., Stuttgart 2010, S. 225-254.

Herzig, N. (2010e), Maßgeblichkeitsgrundsatz (Verhältnis Handels-/Steuerbilanz), in: Handbuch der Rechnungslegung Einzelabschluss. Kommentar zur Bilanzierung und Prüfung (Loseblattsammlung), Hrsg. Küting, K./Pfitzer, N./Weber, C.-P., Bd. 1, Kap. 3, Stuttgart, Stand: August 2010.

Herzig, N. (2010f), Tax Accounting zwischen BilMoG und E-Bilanz, in: DStR 2010, S. 1900-1908.

Herzig, N. (2011a), Die Zukunft der steuerlichen Gewinnermittlung. Gewinnabgrenzung und -übermittlung, in: ST 2011, S. 618-631.

Herzig, N. (2011b), Finanzkrise und Reform des Bilanzsteuerrechts, in: Das Steuerrecht in der Finanzkrise, DFGT 2010, Hrsg. Brandt, J., Stuttgart 2011, S. 77-97.

Herzig, N. (2011c), Gemeinsame Körperschaftsteuer in Deutschland und Frankreich, in: Handelsblatt Steuerboard v. 19.08.2011; abrufbar unter: http://blog.handelsblatt.com/steuerboard/2011/08/19/gemeinsame-korperschaftsteuer-in-deutschland-und-frankreich/#more-3394. Letzter Zugriff: 16.09.2011.

Herzig, N. (2011d), Seminar B: Alternative Körperschaftsteuerbemessungsgrundlagen und internationale Konsequenzen, in: IStR 2011, S. 662-664.

Herzig, N. (2011e), Vorschlag einer GKKB-RL – ein ambitioniertes Zukunftsprojekt, in: DB 2011, Heft 15, M1.

Herzig, N./Bär, M. (2003), Die Zukunft der steuerlichen Gewinnermittlung im Licht des europäischen Bilanzrechts, in: DB 2003, S. 1-8.

Herzig, N./Briesemeister, S. (1999), Mindestbesteuerung – ein steuerpolitischer Fehlschlag? In: DB 1999, S. 299-303.

Herzig, N./Briesemeister, S. (2009a), Das Ende der Einheitsbilanz – Abweichungen zwischen Handels- und Steuerbilanz nach BilMoG-RegE –, in: DB 2009, S. 1-11.

Herzig, N./Briesemeister, S. (2009b), Steuerliche Konsequenzen der Bilanzrechtsmodernisierung für Ansatz und Bewertung, in: DB 2009, S. 976-982.

Herzig, N./Briesemeister, S. (2009c), Steuerliche Konsequenzen des BilMoG – Deregulierung und Maßgeblichkeit, in: DB 2009, S. 926-931.

Herzig, N./Briesemeister, S. (2009d), Steuerliche Problembereiche des BilMoG-RegE, in: Ubg 2009, S. 157-168.

Herzig, N./Briesemeister, S. (2010a), Bedeutung des BilMoG für die steuerliche Ergebnispolitik, in: Bilanzpolitik und Bilanzanalyse nach neuem Handelsrecht, Hrsg. Fink, C./Schultze, W./Winkeljohann, N., Stuttgart 2010, S. 285-324.

Herzig, N./Briesemeister, S. (2010b), Reichweite und Folgen des Wahlrechtsvorbehalts § 5 Abs. 1 EStG – Stellungnahme zum BMF-Schreiben vom 12. 3. 2010 - IV C 6 - S 2133/09/10001 –, in: DB 2010, S. 917-924.

Herzig, N./Briesemeister, S. (2010c), Unterschiede zwischen Handels- und Steuerbilanz nach BilMoG - Unvermeidbare Abweichungen und Gestaltungsspielräume, in WPg 2010, S. 63-77.

Herzig, N./Briesemeister, S./Joisten, C./Vossel, S. (2010), Component approach im Handels- und Steuerbilanzrecht – Anmerkungen zu IDW RH HFA 1.1016, in: WPg 2010, S. 561-573.

Herzig, N./Briesemeister, S./Schäperclaus, J. (2011), Von der Einheitsbilanz zur E-Bilanz, in: DB 2011, S. 1-9.

Herzig, N./Dautzenberg, N. (1998), Auswirkungen der Internationalisierung der Rechnungslegung auf die Steuerbilanz, in: BFuP 1998, S. 23-37.

Herzig, N./Gellrich, K. M. (2006a), Geplante Änderungen von IAS 37 zur Passivierung ungewisser Verbindlichkeiten – Ausstrahlung auf die steuerliche Gewinnermittlung –, in: WPg 2006, S. 505-515.

Herzig, N./Gellrich, K. M. (2006b), Harmonisierung der steuerlichen Gewinnermittlung in der EU – Überlegungen zur Konzeption von Rückstellungen in einer gemeinsamen konsolidierten Körperschaftsteuer-Bemessungsgrundlage, in: IStR 2006, S. 757-796.

Herzig, N./Gellrich, K. M./Jensen-Nissen, L. (2004), IAS/IFRS und steuerliche Gewinnermittlung, in: BFuP 2004, S. 550-577.

Herzig, N./Hausen, G. (2004), Steuerliche Gewinnermittlung durch modifizierte Einnahmen-Überschussrechnung – Konzeption nach Aufgabe des Maßgeblichkeitsprinzips, in: DB 2004, S. 1-10.

Herzig, N./Köster (1999), Rückstellungen für ungewisse Verbindlichkeiten, für drohende Verluste aus schwebenden Geschäften, für unterlassene Aufwendungen für Instandhaltung und Abraumbeseitigung sowie für Kulanzleistungen, in: HdJ (Loseblattsammlung), Hrsg. v. Wysocki, K. et al., Abt. II/1, Köln, Stand: April 1999.

Herzig, N./Kuhr, J. (2011), Grundlagen der steuerlichen Gewinnermittlung nach dem GKKB-Richtlinienentwurf, in: DB 2011, S. 2053-2058.

Herzig, N./Lochmann, U. (2006), Rückwirkung der Internationalisierung der handelsrechtlichen Rechnungslegung auf die steuerliche Gewinnermittlung, in: ZfB 2006, S. 139-166.

Herzig, N./Rieck, U. (1998), Die Rückstellung für drohende Verluste aus schwebenden Geschäften im Steuerrecht – Übergangsfragen und Grundsätzliches, in: BB 1998, S. 311-315.

Herzig, N./Stock, C. (2011), Entwicklungen der Organschaft und Zukunftsperspektiven einer Gruppenbesteuerung, in: BFuP 2011, S. 476-501.

Herzig, N./Teschke, M. (2006), Vorrang der Teilwertabschreibung vor der Drohverlustrückstellung – Anmerkungen zum BFH-Urteil vom 7. 9. 2005 VIII R 1/03 –, in: DB 2006, S. 576-581.

Herzig, N./Teschke, M./Joisten, C. (2010), Between Extremes: Merging the Advantages of Separate Accounting and Unitary Taxation, in: Intertax 2010, S. 334-349.

Herzig, N./Vossel, S. (2010), Interdependenzen von Financial und Tax Accounting, in: KSzW 2010, S. 53-60.

Herzig, N./Wagner, T. (2004), Mindestbesteuerung durch die Begrenzung der Verrechnung von Verlustvorträgen, in: WPg 2004, S. 53-64.

Herzig, N./Watrin, C. (2000), Betriebswirtschaftliche Anforderungen an eine Unternehmenssteuerreform, in: StuW 2000, S. 378-388.

Hettich, S. (2007), Mängel und Inkonsistenzen in den derzeitigen Rechnungslegungsregeln nach IFRS – Beseitigung durch Neuregelungen? In: KoR 2007, S. 6-14.

Heuer, I. (2009), Besteuerung der staatlichen Alterssicherung im grenzüberschreitenden Kontext. Eine Analyse aus Sicht des Leistungsfähigkeitsprinzips, der Neutralität und der Europarechtskonformität, Wiesbaden 2009.

Heuermann, B. (2011), Geltung der IFRS als Verfassungsproblem? In: Steuerrecht im Rechtsstaat. Festschrift für Wolfgang Spindler zum 65. Geburtstag, Hrsg. Mellinghoff, R./Schön, W./Viskor, H.-U., Köln 2011, S. 83-95.

Heurlin, S./Peterssohn, E. (2003), Sweden, in: European Accounting Guide, Hrsg. Alexander, D./Archer, S., 5. Aufl., New York 2003, S. 17.01-17.26.

Heurung, R. (2000), Führt die Internationalisierung der Rechnungslegung zu einer Erosion der steuerlichen Gewinnermittlung, in: RIW 2000, S. 421-431.

Heurung, R./Sabel, E. (2009), B 710 Leasing, in: Beck'sches Handbuch der Rechnungslegung – HGB und IFRS – (Loseblattsammlung), Hrsg. Böcking, H.-J. et al., München, Stand: Oktober 2009.

Heuser, P. J./Pawelzik, K. U. (2009), Zinsschranke nach § 4h EStG und IFRS-Abschluss, in: IFRS Handbuch. Einzel- und Konzernabschluss, Hrsg. Heuser, P. J./Theile, C., 4. Aufl., Köln 2009, Kap. G., S. 882-917, Rz. 6000-6111.

Hey, J. (1997), Harmonisierung der Unternehmensbesteuerung in Europa. Ein Vorschlag unter Auswertung des Ruding-Berichts und der US-amerikanischen 'integration debate', Köln 1997.

Hey, J. (1999), Einführung zum KStG (Einf. KSt), in: Herrmann/Heuer/Raupach, Einkommensteuer- und Körperschaftsteuergesetz. Kommentar (Loseblattsammlung), begr. v. Mrozek, A./Kennerknecht, A., fortgef. v. Herrmann, C./Heuer, G./Raupach, A., gesamtverantwortliche Hrsg. Hey, J./Prinz, U./Wendt, M., Köln, Stand: September 1999.

Hey, J. (2001), Besteuerung von Unternehmensgewinnen und Rechtsformneutralität, in: Besteuerung von Einkommen, DStJG, Bd. 24, Hrsg. Ebling, I., Köln 2001, S. 155-223.

Hey, J. (2003), Grundentscheidungen für ein neues Einkommensteuergesetzbuch, in: Jahrbuch der Heinrich-Heine-Universität Düsseldorf 2002, Hrsg. Kaiser, G., Düsseldorf 2003, S. 411-426.

Hey, J. (2004), Perspektiven der Unternehmensbesteuerung in Europa, in: StuW 2004, S. 193-211.

Hey, J. (2005), Erosion nationaler Besteuerungsprinzipien im Binnenmarkt? – zugleich zu den Rechtfertigungsgründen der „Europatauglichkeit" und „Wettbewerbsfähigkeit" des Steuersystems, in: StuW 2005, S. 317-326.

Hey, J. (2007), Wettbewerb der Rechtsordnungen oder Europäisierung des Steuerrechts? In: Europäisches Gesellschafts- und Steuerrecht. Grundlagen – Entwicklungen – Verbindungslinien. Referate und Diskussionen einer Speyerer Tagung der Fachschaft Jura im Cusanuswerk e. V., Hrsg. Dillmann, M. et al., Münchener Schriften zum Internationalen Steuerrecht, Heft 27, München 2007, S. 295-311.

Hey, J. (2008a), CCCTB-Optionality, in: Common Consolidated Corporate Tax Base, Hrsg. Lang, M. et al., Wien 2008, S. 93-113.

Hey, J. (2008b), EU Common Consolidated Corporate Tax Base: Guided Variety versus Strict Uniformity - Lessons from the "U. S. States' Tax Chaos", Jean Monnet Working Paper 02/08, New York University School of Law, New York 2008.

Hey, J. (2009a), Einigungsbedarf für eine gerechte Aufteilung der Besteuerungsquellen in Europa, in: Einnahmen- und Steuerpolitik in Europa: Herausforderungen und Chancen, Hrsg. Konrad, K. A./Lohse, T., Frankfurt a. M. u. a. 2009, S. 75-95.

Hey, J. (2009b), Vorrecht des Quellenstaates und binnenmarktkonforme Besteuerung von Kapitalgesellschaften in der Europäischen Union, in: Steuerzentrierte Rechtsberatung. Festschrift für Harald Schaumburg zum 65. Geburtstag, Hrsg. Spindler, W./Tipke, K./Rödder, T., Köln 2009, S. 767-791.

Hey, J. (2009c), Zur Geltung des Gebots der Folgerichtigkeit im Unternehmensteuerrecht. Zugleich Besprechung der Entscheidung des BVerfG zum Verbot von Jubiläumsrückstellungen vom 12. 5. 2009, in: DStR 2009, S. 2561-2568.

Hey, J. (2010a), Besteuerung von Unternehmen und Individualsteuerprinzip, in: Kernfragen des Unternehmenssteuerrechts, Hrsg. Schön, W./Osterloh-Konrad, C., Berlin/Heidelberg 2010, S. 1-29.

Hey, J. (2010b), § 17 Steuerrechtliche Gewinnermittlung (Bilanzsteuerrecht), in: Steuerrecht, begr. v. Tipke, K./fortgef. v. Lang, J./Seer, R./Hey, J., 20. Aufl., Köln 2010, S. 743-818.

Hey, J. (2010c), Verfassungsrechtliche Maßstäbe der Unternehmensbesteuerung, in: Unternehmensbesteuerung. Festschrift für Norbert Herzig zum 65. Geburtstag, Hrsg. Kessler, W./Förster, G./Watrin, C., München 2010, S. 7-22.

Hey, J. (2011), Perspektiven der Unternehmensbesteuerung. Gewerbesteuer – Gruppenbesteuerung – Verlustverrechnung – Gewinnermittlung, in: StuW 2011, S. 131-143.

Heyd, R. (2001), Internationale Rechnungslegungsnormen in Deutschland – erschwert das Maßgeblichkeitsprinzip ihre Anwendung? In: ZfB 2001, S. 371-392.

Heyd, R./Lutz-Ingold, M. (2005), Immaterielle Vermögenswerte und Goodwill nach IFRS. Bewertung, Bilanzierung und Berichterstattung, München 2005.

Hicks, J. R. (1939), Value and Capital. An Inquiry into Some Fundamental Principles of Economic Theory. Oxford 1939.

Hiller, M. (2003), Cash-Flow-Steuer und Umsatzsteuer. Eine ökonomische Analyse unter Einbezug der US-amerikanischen Reformüberlegungen, Wiesbaden 2003.

Hiller, T. (2009), Règles des sous-capitalisation – Die Thin-Cap-Regeln in Frankreich, in: IWB 2009, F. 5, Gr. 2, S. 1541-1546.

Hilling, A. (2007), Income Taxation of Derivatives and other Financial Instruments – Economic Substance versus Legal Form. A study focussing on Swedish non-financial companies, Diss. Jönköping International Business School/Jönköping University 2007.

Hilling, A. (2008), Beskattning av derivat och andra typer av finansiella instrument, in: SvSkT 2008, S. 119-131.

Himmelreich, R. (2001), Folgen der Aushöhlung des Maßgeblichkeitsprinzips, in: Gesellschaftsrecht, Rechnungslegung, Steuerrecht. Festschrift für Welf Müller zum 65. Geburtstag, Hrsg. Hommelhoff, P./Zätzsch, R./Erle, B., München 2001, S. 613-629.

Hitz, J.-M./Zachow, J. (2011), Vereinheitlichung des Wertmaßstabs „beizulegender Zeitwert" durch IFRS 13 „Fair Value Measurement", in: WPg 2011, S. 964-972.

Hoarau, C. (2003), Accounting in France, in: International Accounting, Hrsg. Walton, P./Haller, A./Raffournier, B., 2. Aufl., London 2003, S. 129-151.

Hoarau, C. (2009), The Reform of the French Standard-Setting System: Its Peculiarities, Limits and Political Context, in: AiE 2009, S. 127-148.

Høegh-Krohn, N. E. J./Knivsflå, K. H. (2000), Accounting for Intangible Assets in Scandinavia, the UK, the US, and by the IASC: Challenges and a Solution, in: IJoA 2000, S. 243-265.

Höllerschmid, C./Janschek, O. (2008), Kapitaltheoretische Bilanzkonzepte. Eine Spurensuche in den International Financial Reporting Standards, in: Jahrbuch für Controlling und Rechnungswesen, Hrsg. Seicht, G., Wien 2008, S. 31-81.

Hölscher, L. (1999), Das Problem der Einheitsbilanz. Handels- und Steuerbilanz in verschiedenen EU-Ländern, in: DSWR 1999, S. 302-307.

Hoffmann, K.-J. (1989), »True and fair view« aus englischer Sicht: dargestellt am Verhältnis zwischen Bilanzrecht und SSAP, Frankfurt a. M. u. a. 1989.

Hoffmann, W.-D. (2000), Drohverlustrückstellungen und Leistungsfähigkeitsprinzip, in: StuB 2000, S. 248-251.

Hoffmann, W.-D. (2005), Europäisierung des Steuerrechts, in: GmbH-StB 2005, S. 154-155.

Hoffmann, W.-D. (2006a), Komponentenabschreibung, in: PiR 2006, S. 124-126.

Hoffmann, W.-D. (2006b), Zinseffekte bei der Rückstellungsbewertung, in: PiR 2006, S. 63-64.

Hoffmann, W.-D. (2007a), Aktivierung von Gemeinkosten, insbesondere bei Anschaffungen, in: PiR 2007, S. 27-30.

Hoffmann, W.-D. (2007b), Rezension: Dieter Endres et al., Determination of Corporate Taxable Income in EU Member States, in: IStR 11/2007, S. III.

Hoffmann, W.-D. (2009a), Begriffsakrobatik rund um die Anschaffungskosten, in: StuB 2009, S. 207-208.

Hoffmann, W.-D. (2009b), Wertminderungsabschreibungen auf bewegliches Sachanlagevermögen, in: PiR 2009, S. 118-120.

Hoffmann, W.-D. (2010a), Prinzipienorientierte Bilanzierung, in: PiR 2010, S. 334-336.

Hoffmann, W.-D. (2010b), Wie viele Bilanzen verträgt die Wirtschaft? In: StuB 2010, S. 209-210.

Hoffmann, W.-D. (2011a), Abschreibung nach wirtschaftlicher Nutzungsabgabe, in: PiR 2011, S. 88.

Hoffmann, W.-D. (2011b) Drohverlust vs. Wertminderung, in: StuB 2011, S. 437-438.

Hoffmann, W.-D. (2011c), § 7 IFRS-Rechnungslegung nach deutschem Recht, in: Haufe IFRS-Kommentar, Hrsg. Lüdenbach, N./Hoffmann, W.-D., 9. Aufl., Freiburg i. Br. u. a. 2011.

Hoffmann, W.-D. (2011d), § 8 Anschaffungs- und Herstellungskosten, Neubewertung, in: Haufe IFRS-Kommentar, Hrsg. Lüdenbach, N./Hoffmann, W.-D., 9. Aufl., Freiburg i. Br. u. a. 2011.

Hoffmann, W.-D. (2011e), § 9 Finanzierung der Anschaffung oder Herstellung, in: Haufe IFRS-Kommentar, Hrsg. Lüdenbach, N./Hoffmann, W.-D., 9. Aufl., Freiburg i. Br. u. a. 2011.

Hoffmann, W.-D. (2011f), § 10 Planmässige Abschreibungen, in: Haufe IFRS-Kommentar, Hrsg. Lüdenbach, N./Hoffmann, W.-D., 9. Aufl., Freiburg i. Br. u. a. 2011.

Hoffmann, W.-D. (2011g), § 12 Öffentliche Zuwendungen (Government Grants), in: Haufe IFRS-Kommentar, Hrsg. Lüdenbach, N./Hoffmann, W.-D., 9. Aufl., Freiburg i. Br. u. a. 2011.

Hoffmann, W.-D. (2011h), § 13 Immaterielle Vermögenswerte des Anlagevermögens, in: Haufe IFRS-Kommentar, Hrsg. Lüdenbach, N./Hoffmann, W.-D., 9. Aufl., Freiburg i. Br. u. a. 2011.

Hoffmann, W.-D. (2011i), § 14 Sachanlagen, in: Haufe IFRS-Kommentar, Hrsg. Lüdenbach, N./Hoff-mann, W.-D., 9. Aufl., Freiburg i. Br. u. a. 2011.

Hoffmann, W.-D./Lüdenbach, N. (2003), Praxisprobleme der Neubewertungskonzeption nach IAS, in: DStR 2003, S. 565-570.

Hoffmann, W.-D./Lüdenbach, N. (2004), Abschreibung von Sachanlagen nach dem Komponentenansatz von IAS 16, in: BB 2004, S. 375-377.

Hoffmann, W.-D./Lüdenbach, N. (2008), Inhaltliche Schwerpunkte des BilMoG-Regierungsentwurfs, in: DStR 2008, Beihefter zu Heft 30, S. 49*-68*.

Hoffmann, W.-D./Lüdenbach, N. (2011), NWB Kommentar Bilanzierung. Handels- und Steuerrecht, 2. Aufl., Herne 2011.

Hole, D. (1998), Withdrawal of the cash basis – sections 42 to 46 and Schedules 6 and 7, in: BTR 1998, S. 405-418.

Hole, D. (2002), References to accounting practice and periods of account – section 103, in: BTR 2002, S. 326-329.

Hole, D. (2003), Revenue Recognition, in: BTR 2003, S. 77-90.

Holmes, K. (2001), The Concept of Income. A Multi-Disciplinary Analysis, Amsterdam 2001.

Homburg, S. (2000), Perspektiven der internationalen Unternehmensbesteuerung, in: Schriften des Vereins für Socialpolitik, Gesellschaft für Wirtschafts- und Sozialwissenschaften, Neue Folge, Bd. 259/III, Probleme der Besteuerung III, Hrsg. Andel, N., Berlin 2000, S. 9-61.

Homburg, S. (2005), Wohnsitzprinzip, in: Die internationale Unternehmensbesteuerung im Wandel. Symposium für Otto H. Jacobs zum 65. Geburtstag, Hrsg. Endres, D. et al., München 2005, S. 14-27.

Homburg, S. (2010), Allgemeine Steuerlehre, 6. Aufl., München 2010.

Hommel, M. (1992), Grundsätze ordnungsmäßiger Bilanzierung für Dauerschuldverhältnisse, Wiesbaden 1992.

Hommel, M. (1997), Internationale Bilanzrechtskonzeptionen und immaterielle Vermögensgegenstände, in: ZfbF 1997, S. 345-369.

Hommel, M. (1998), Bilanzierung immaterieller Anlagewerte, Stuttgart 1998.

Hommel, M. (2001), Neue Abschreibungsfristen in der Steuerbilanz – ein Beitrag zu mehr Steuergerechtigkeit? In: BB 2001, S. 247-252.

Hommel, M. (2002), Anschaffungskosten, in: Handwörterbuch der Rechnungslegung und Prüfung, Hrsg. Ballwieser, W./Coenenberg, A. G./v. Wysocki, K., 3. Aufl., Stuttgart 2002, Sp. 77-87.

Hommel, M. (2003), Rückstellung für Abbruchkosten nach HGB, IAS/IFRS und US-GAAP, in: DK 2003, S. 746-754.

Hommel, M. (2005), Die Neubewertungsmethode als Allowed Alternative Treatment für Sachanlagen und immaterielle Anlagewerte, in: Fair Value. Bewertung in Rechnungswesen, Controlling und Finanzwirtschaft, Hrsg. Bieg, H./Heyd, R., München 2005, S. 287-308.

Hommel, M. (2007a), Rückstellungsbewertung im Spannungsverhältnis von Management-Approach und Fair-Value-Approach, in: PiR 2007, S. 322-329.

Hommel, M. (2007b), Rückstellungsbilanzierung und Objektivierung nach HGB und IFRS, in: Steuerbelastung – Steuerwirkung – Steuergestaltung: Festschrift zum 65. Geburtstag von Winfried Mellwig, Hrsg. Wehrheim, M./Heurung, R., Wiesbaden 2007, S. 179-207.

Hommel, M. (2009), Rückstellungen für Abbruchverpflichtungen nach dem BilMoG, in: Jahrbuch für Controlling und Rechnungswesen 2009, Hrsg. Seicht, G., Wien 2009, S. 60-92.

Hommel, M. (2011), Kommentierung § 249 HGB und analoge Vorschriften nach IAS/IFRS, in: Bilanzrecht. Handelsrecht mit Steuerrecht und den Regelungen des IASB. Kommentar (Loseblattsammlung), Hrsg. Baetge, J./Kirsch, H.-J./Thiele, S., Bonn, Stand: Juli 2011.

Hommel, M./Berndt, T. (2000a), Neue Entwicklungen in der Jahresabschlussrichtlinie: Bewertung zum Fair Value, in: BB 2000, S. 1184-1189.

Hommel, M./Berndt, T. (2000b), Voraussichtlich dauernde Wertminderung bei der Teilwertabschreibung und Abschlussstichtagsprinzip. Kritische Besprechung der Verwaltungsauffassung, in: FR 2000, S. 1305-1314.

Hommel, M./Berndt, T. (2009), Das Realisationsprinzip – 1884 und heute, in: BB 2009, S. 2190-2194.

Hommel, M./Herrmann, O. (2003), Hedge-Accounting und Full-Fair-Value-Approach Hedge in der internationalen Rechnungslegung, in: DB 2003, S. 2501-2506.

Hommel, M./Laas, S. (2008), Währungsumrechnung im Einzelabschluss – die Vorschläge des BilMoG-RegE, in: BB 2008, S. 1666-1670.

Hommel, M./Rößler, B. (2009), Komponentenansatz des IDW RH HFA 1.1016 – eine GoB-konforme Konkretisierung der planmäßigen Abschreibungen? In: BB 2009, S. 2526-2530.

Hommel, M./Schmidt, R. H./Wüstemann, J. (2004), Adolf Moxter und die Grundsätze ordnungsgemäßer Rechnungslegung – Kontinuität und Zukunft eines Forschungsleitbildes –, in: WPg-Sonderheft 2004, S. S84-98.

Hommel, M./Schmidt, A./Wüstemann, S. (2010), Rückstellungsbewertung nach ED/2010/1 – ein Standardsetter auf unsicheren Pfaden, in: BB 2010, S. 557-561.

Hommel, M./Schmitz, S. (2011), ED/2010/6: Revenue from Contracts with Customers – Die Umsatzrealisation unter Kontrolle? In: WPg 2011, S. 17-24.

Hommel, M./Schmitz, S./Wolf, S. (2007), IFRIC D21 „Real Estate Sales“ – Die Percentage-of-Completion-Methode vor dem Aus? In: WPg 2007, S. 1012-1020.

Hommel, M./Schmitz, S./Wüstemann, S. (2009), Discussion Paper „Revenue Recognition“ – Misstrauensvotum gegen den Fair Value? In: BB 2009, S. 374-378.

Hommel, M./Wich, S. (2004), Die Bilanzierung von Entfernungsverpflichtungen gemäß HGB und SFAS 143 in der kritischen Betrachtung, in: KoR 2004, S. 16-28.

Hommel, M./Wich, S. (2008), Das Ringen des IASB um den adäquaten Bewertungsmaßstab nichtfinanzieller Schulden, in: DK 2008, S. 649-657.

Hommel, M./Wolf, S. (2005), IFRIC 3: Bilanzierung von Emissionsrechten nach IFRS – mehr Schadstoffe im Jahresabschluss, in: BB 2005, S. 315-321.

Hommelhoff, P. (2008), Modernisiertes HGB-Bilanzrecht im Wettbewerb der Regelungssysteme. Konzeptionelle Bemerkungen aus Anlass des RefE BilMoG, in: ZGR 2008, S. 250-274.

Hossfeld, C. (1996), Der Vergleich ausgewählter Bilanzierungsgrundsätze in Deutschland und Frankreich, in: BB 1996, S. 1707-1713.

Hossfeld, C. (2002), Ausgewählte Neuerungen in der französischen Konzernrechnungslegung, in: WPg 2002, S. 450-461.

Hottmann, J. (2009), Die Auswirkungen des BilMoG auf die Steuerbilanz des Mittelständlers, in: SteuK 2009, S. 5-8.

Hrehorovska, L. (2006), Tax Harmonisation in the European Union, in: Intertax 2006, S. 158-166.

Huber, P. M. (2008), Rechnungslegung und Demokratie, in: Archiv des öffentlichen Rechts 2008, S. 389-403.

Hülsberg, F. M./Thiele, S. (2010), Der Einfluss internationaler Rechnungslegungsvorschriften auf die Bilanzierung von Entwicklungsausgaben nach deutschem Bilanzrecht, in: Innovation und Internationalisierung. Festschrift für Norbert Koubek, Hrsg. Baumann, W./Braukmann, U./Matthes, W., Wiesbaden 2010, S. 681-700.

Hüttche, T./Moser, U. (2008), Immaterielle Vermögenswerte, in: Corporate Governance und Interne Revision. Handbuch für die Neuausrichtung des Internal Auditings, Hrsg. Freidank, C.-C./Peemöller, V. H., Berlin 2008, S. 365-384.

Hüttemann, R. (2003), Gewinnermittlung und Verlustverrechnung, in: StbJb 2002/2003, S. 37-48.

Hüttemann, R. (2004), BB-Gesetzgebungsreport: Internationalisierung des deutschen Handelsbilanzrechts im Entwurf des Bilanzrechtsreformgesetzes, in: BB 2004, S. 203-209.

Hüttemann, R. (2007), Das Steuerrecht der Aktiengesellschaft, in: Aktienrecht im Wandel, Bd. II: Grundsatzfragen des Aktienrechts, Hrsg. Bayer, W./Habersack, M., Tübingen 2007, S. 1212-1267.

Hüttemann, R. (2011a), Das Passivierungsverbot für Jubiläumsrückstellungen zwischen Folgerichtigkeitsgrundsatz und Willkürverbot, in: Steuerrecht im Rechtsstaat. Festschrift für Wolfgang Spindler zum 65. Geburtstag, Hrsg. Mellinghoff, R./Schön, W./Viskor, H.-U., Köln 2011, S. 627-639.

Hüttemann, R. (2011b), Die Zukunft der Steuerbilanz, in: DStZ 2011, S. 507-513.

Hultqvist, A. (1999), Leasingdomarna – en analys och kommentar, in: SN 1999, S. 395-404.

Hultqvist, A. (2009), Sambandet redovisning och beskattning i ett konstitutionellt perspektiv in: SvSkT 2009, S. 250-266.

Hummel, D. (2010), Erweiterte Maßgeblichkeit der Handelsbilanz im Steuerrecht? Zur Neufassung des § 5 Abs. 1 EStG durch das Gesetz zur Modernisierung des Bilanzrechts (BilMoG), in: FR 2010, S. 163-167.

Hundsdoerfer, J. (2002), Die einkommensteuerliche Abgrenzung von Einkommenserzielung und Konsum. Eine einzelwirtschaftliche Analyse, Wiesbaden 2002.

Hundsdoerfer, J./Hechtner, F. (2010), Gemeinsame Wirkungen von steuerlicher Gewinnermittlung und Verlustverrechnung – ein Simulationsmodell, in: Besteuerung, Rechnungslegung und Prüfung der Unternehmen. Festschrift für Professor Dr. Norbert Krawitz, Hrsg. Baumhoff, H./Dücker, R./Köhler, S., Wiesbaden 2010, S. 189-210.

Husmann, S./Schmidt, M. (2008), The Discount Rate: A Note on IAS 36, in: AiE 2008, S.49-62.

Husemann, W. (2010), Abschreibung eines Vermögensgegenstands entsprechend der Nutzungsdauer wesentlicher Komponenten, in: WPg 2010, S. 507-514.

Husemann, W./Hofer, H. (2008), Die Abschaffung der Aufwandsrückstellungen nach dem BilMoG-RegE – Ist der Component Approach der IFRS auch eine Alternative im HGB-Abschluss? –, in: DB 2008, S. 2661-2666.

Huthmann, A./Hofele, F. (2005), Teilweise Umsetzung der Fair Value-Richtlinie in deutsches Recht und Folgen für die handelsrechtliche Bilanzierung, in: KoR 2005, S. 181-188.

I

IBFD (2004), Tax Treatment of Research & Development Expenses, Amsterdam December 2004.

Ismer, R. (2011), Prinzipien der Einkünfteermittlung – Periodizitätsprinzip, in: Einkünfteermittlung, DStJG, Bd. 34, Hrsg. Hey, J., Köln 2011, S. 91-120.

J

Jachmann, M. (2000), Besteuerung von Unternehmen als Gleichheitsproblem. Unterschiedliche Behandlung von Rechtsformen, Einkunftsarten, Werten und Steuersubjekten im Ertrag- und Erbschaftsteuerrecht, in: Europa- und verfassungsrechtliche Grenzen der Unternehmensbesteuerung, DStJG, Bd. 23, Hrsg. Pelka, J., Köln 2000, S. 9-65.

Jacobi, A. (2003), Analyse bilanztheoretischer Grundlagen der International Accounting Standards als Basis für deren Weiterentwicklung, Aachen 2003.

Jacobs, O. H. (1971), Das Bilanzierungsproblem in der Ertragsteuerbilanz. Ein Beitrag zur steuerlichen Lehre vom Wirtschaftsgut, Stuttgart 1971.

Jacobs, O. H. (1972), Stellen die aktienrechtlichen Gewinnermittlungsvorschriften einen Verstoß gegen das Realisationsprinzip dar? Eine kritische Stellungnahme zu einigen diesbezüglichen Aussagen von Dieter Schneider, in: WPg 1972, S. 173-178.

Jacobs, O. H. (1999a), Corporation Income Tax Systems in the European Union – An Analysis of their Effects on Competition and Reform Proposals, in: Intertax 1999, S. 264-278.

Jacobs, O. H. (1999b), Körperschaftsteuersysteme in der EU – Eine Analyse der Wettbewerbswirkungen und Reformvorschläge, in: Unternehmenspolitik und Internationale Besteuerung. Festschrift für Lutz Fischer, Hrsg. Kleineidam, H.-J., Berlin 1999, S. 85-116.

Jacobs, O. H. (2000), Verlustvorsorgen im deutschen Bilanzsteuerrecht, in: Verlustvorsorgen im Bilanz- und Steuerrecht, Hrsg. Bertl, R. et al., Wien 2000, S. 83-105.

Jacobs, O. H. (2002), Vermögensgegenstand/Wirtschaftsgut, in: Handwörterbuch der Rechnungslegung und Prüfung, Hrsg. Ballwieser, W./Coenenberg, A. G./v. Wysocki, K., 3. Aufl., Stuttgart 2002, Sp. 2499-2518.

Jacobs, O. H. (2004), Stand und Entwicklungstendenzen der Betriebswirtschaftlichen Steuerlehre, in: StuW 2004, S. 251-259.

Jacobs, O. H. (2005), Harmonisierung der Unternehmensbesteuerung in Europa. Stand und Entwicklungsperspektiven, in: ST 2005, S. 133-146.

Jacobs, O. H. (2007), Internationale Unternehmensbesteuerung. Deutsche Investitionen im Ausland. Ausländische Investitionen im Inland, 6. Aufl., München 2007.

Jacobs, O. H. (2011), Internationale Unternehmensbesteuerung. Deutsche Investitionen im Ausland. Ausländische Investitionen im Inland, 7. Aufl., München 2011.

Jacobs, O. H./Braunagel, R. U./Spengel, C. (2006), Vermögensgegenstand/Wirtschaftsgut, in: Wirtschafts-Lexikon: Das Wissen der Betriebswirtschaftslehre, Hrsg. Handelsblatt, Stuttgart 2006, Bd. 5, S. 5988-6003.

Jacobs, O. H./Spengel, C./Schäfer, A. (2003), ICT and International Corporate Taxation: Tax Attributes and Scope of Taxation, in: Intertax 2003, S. 214-231.

Jacobs, O. H./Spengel, C./Schäfer, A. (2004), ICT and Profit Allocation within Multinational Groups, in: Intertax 2004, S. 268-283.

Jacobs, O. H./Spengel, C./Stetter, T./Wendt, C. (2005), EU Company Taxation in case of a Common Tax Base: A Computer-based Calculation and Comparison Using the Enhanced Model of the European Tax Analyzer, in: Intertax 2005, S. 414-428.

Jacobs, O. H./Spengel, C./Wünsche, A. (1999), Steuerreform 1999/2000/2002: Auswirkungen auf die Unternehmensbesteuerung im nationalen und internationalen Vergleich, in: DB 1999, S. 57-63.

Jaeger, C. (2001), Die Körperschaftsteuersysteme in Europa. Eine europarechtliche und betriebswirtschaftliche Analyse, Lohmar/Köln 2001.

Jaensch, G. (1972), Ökonomischer Gewinn oder einkommenstheoretisches Modell? In: ZfbF 1972, S. 540-546.

Jäger, R. (1996), Grundsätze ordnungsmäßiger Aufwandsperiodisierung, Wiesbaden 1996.

James, S. (2002), The Relationship Between Accounting and Taxation, University of Exeter, Paper number 02/09, 2002.

James, S./Nobes, C. (2008), The Economics of Taxation Principles, Policy and Practice, 8. Aufl., Birmingham 2008.

Jamrozy, M. (2002), Betriebsstätte oder Tochtergesellschaft in Polen? Empfehlungen für die steuerliche Gestaltung von Direktinvestitionen deutscher Investoren, Berlin 2002.

Jansen, H. (2000), Entscheidungsneutrale Gewinnbesteuerung und Liquidität, Lohmar/Köln 2000.

Jansen, H. (2004), Neoklassische Theorie und Betriebswirtschaftslehre, in: WiSt 2004, S. 406-411.

Jansen, H. (2005), Neoklassische Theorie und Betriebswirtschaftslehre, in: Wissenschaftstheorie und Betriebswirtschaftslehre, in: Institutionenökonomie und Betriebswirtschaftslehre, Hrsg. Horsch, A./Meinhövel, H./Paul, S., München 2005, S. 49-64.

Jansen, H. (2006a), Erbschaftsteuerliche Wirkungen bei Vermögensübertragungen. Entscheidungswirkungen und Gleichmäßigkeit der Besteuerung, Berlin 2006.

Jansen, H. (2006b), Rechtsformunabhängige Besteuerung – Stärkung der Eigenkapitalbasis oder Anreiz zur Steuerplanung? In: FB 2006, S. 753-760.

Jansen, H. (2007), Gleichmäßigkeit der Besteuerung durch Erbschaftsteuerplanung, in: StuW 2007, S. 325-335.

Jansen, J. J. M. (2008), Het CCCTB-project van de Europese Commissie, in: MBB 2008, S. 103-110.

Japes, M. T. (2011), Die Wirkung der Besteuerung auf die Vorteilhaftigkeit von Investitionen, Diss. FernUniversität Hagen 2011.

Jaruga, A. A./Kabalski, P. (2010), Poland, in: A Global History of Accounting, Financial Reporting and Public Policy: Europe. Studies in the Development of Accounting Thought, Vol. 14A, Hrsg. Previts, G. J./Walton, P./Wolnizer, P., Bingley 2010, S. 139-162.

Jaruga, A. A./Schroeder, M. (2003), Poland, in: European Accounting Guide, Hrsg. Alexander, D./Archer, S., 5. Aufl., New York 2003, S. 25.01-25.36.

Jaruga, A. A./Szychta, A. (1997), The origin and evolution of charts of accounts in Poland, in: EAR 1997, S. 509-526.

Jaruga, A. A./Walińska, E./Baniewicz, A. (1996), The relationship between accounting and taxation in Poland, in: EAR 1996, Supplement 5, S. 883-897.

Jaruga, A. A./Fijałkowska, J./Jaruga-Baranowska, M./Frendzel, M. (2007), The Impact of IAS/IFRS on Polish Accounting Regulations and their Practical Implementation in Poland, in: AiE 2007, S. 67-78.

Jasmand, A. (2004), Unternehmensbesteuerung in Schweden, in: IStR 2004, S. 847-852.

Jasmand, A. (2007), Die ertragsteuerliche Beurteilung von Direktinvestitionen in Schweden aus Sicht eines deutschen Investors, Hamburg 2007.

Jehner, H. (1988), Der gesetzliche Gegensatz als systematische Grundlage der Einkommensbesteuerung in Deutschland. Kontrapunkte zum cantus firmus der Besteuerung nach der Leistungsfähigkeit, in: DStR 1988, S. 267-273.

Jehner, H. (1990), Des Kaisers neue Kleider. Zum bewußten Verzicht auf Gerechtigkeit im Einkommensteuergesetz und in der zu ihm ergehenden Rechtsprechung, in: DStR 1990, S. 6-13.

Jenkins, D./Rayner, J. (2006), Leasing taxation – is it really reform? In: Tax Adviser June 2006, S. 10-11.

Jensen-Nissen, L. (2007), IAS 32 / IAS 39 und steuerliche Gewinnermittlung. Bilanzierung von Finanzinstrumenten dem Grunde nach, Wiesbaden 2007.

Jensen-Nissen, L./Lochmann, U. (2006), Maßgeblichkeit und Kapitalerhaltung – Maßgeblichkeitsgrundsatz auf dem Prüfstand europäischer Entwicklungen –, in: StuB 2006, S. 307-313.

Jenzen, H./Gläser (2010), Der Mannheimer Katalog – 19 Vorschläge zur Steuervereinfachung, in: DStR 2010, Beihefter zu Heft 50, S. 89*-96*.

Jermakowicz, E./Rinke, D. F. (1996), The New Accounting Standards in the Czech Republic, Hungary, and Poland Vis-à-Vis International Accounting Standards and European Union Directives, in: Journal of International Accounting & Taxation 1996, S. 73-87.

Jessen, U./Haaker, A. (2009), Zur Fair Value-Bewertung im „modernisierten" Handelsbilanzrecht – Ein Plädoyer für einen hinreichenden Gläubigerschutz, in: DStR 2009, S. 499-505.

Jessen, U./Weller, H. (2005), Fortentwicklung des deutschen Bilanzrechts – Die Möglichkeiten eines Bilanzrechtsmodernisierungsgesetzes für den Einzelabschluss, in: DStR 2005, S. 489-493 (Teil I) und S. 532-536 (Teil II).

Jochum, H. (2010), Verfassungsrechtliche Grenzen der Pauschalierung und Typisierung am Beispiel der Besteuerung privater Aktiengeschäfte, in: DStZ 2010, S. 309-315.

Jödicke, D. (2009), Einfluss kultureller Unterschiede auf die Anwendung internationaler Rechnungslegungsregeln. Eine theoretische und empirische Untersuchung zur Anwendung der IFRS in Deutschland, Frankreich und UK, Hamburg 2009.

Johansson, S.-E. (1969), Income Taxes and Investment Decisions, in: Swedish Journal of Economics 1969, S. 104-110.

Johansson, S.-E. (1999), The Utopia of Neutral Taxation, in: International Studies in Taxation: Law and Economics. Liber Amicorum Leif Mutén, Hrsg. Lindencrona, G./Lodin, S.-O./Wiman, B., London/Den Haag/Boston 1999, S. 169-186.

Jonas, M./Elprana, K. (2011), Kommentierung des § 246 HGB, in: Handelsgesetzbuch. Handkommentar, Hrsg. Heidel, T./Schall, A., Baden-Baden 2011.

Jungmann, J. (2009), Steuern und Bilanzierung, in: Handbuch Wirtschaft und Recht in Osteuropa (Loseblattsammlung), Bd. 2, Länderabschnitt Polen (PL), Hrsg. Breidenbach, S./Brockhuis, J./Gralla, E., Unterabschn. D. XI., Stand: Oktober 2009.

Jungmann, J./Tacakiewicz, M. (2007), Die handelsrechtliche Rechnungslegung in Polen – ein internationaler Vergleich – in: Investieren in Polen. Steuerliche und rechtliche Rahmenbedingungen für deutsche Unternehmen – mit Gestaltungsempfehlungen, Hrsg. Kudert, S., 3. Aufl., Berlin 2007, S. 687-807.

K

Kadel, J. (2005), Außerplanmäßige Abschreibung und Zeitwert in der deutschen und US-amerikanischen Handels- und Steuerbilanz. Eine rechtsvergleichende Untersuchung zur Berechtigung der Teilwertabschreibung im Steuerrecht, Hamburg 2005.

Kämpf, L. (2002), Abschreibungen im internationalen Vergleich, in: StuB 2002, S. 681-687.

Kahle, H. (1995), Der kapitaltheoretische Gewinn als entscheidungsneutrale Steuerbemessungsgrundlage, in: WiSt 1995, S. 214-218.

Kahle, H. (1999), Zur Bedeutung der US-GAAP für die steuerliche Gewinnermittlung in den USA, in: StuB 1999, S. 1145-1151.

Kahle, H. (2001a), Bilanzierung der langfristigen Auftragsfertigung nach HGB und US-GAAP – Zugleich ein Beitrag zur Fortentwicklung der Rechnungslegung, in: StuB 2001, S. 1201-1210.

Kahle, H. (2001b), Europarechtliche Einflüsse auf den Maßgeblichkeitsgrundsatz, in: StuW 2001, S. 126-136.

Kahle, H. (2002a), Bilanzieller Gläubigerschutz und internationale Rechnungslegungsstandards, in: ZfB 2002, S. 695-711.

Kahle, H. (2002b), Informationsversorgung des Kapitalmarkts über internationale Rechnungslegungsstandards, in: KoR 2002, S. 95-107.

Kahle, H. (2002c), Internationale Rechnungslegung und ihre Auswirkungen auf Handels- und Steuerbilanz, Wiesbaden 2002.

Kahle, H. (2002d), Maßgeblichkeitsgrundsatz auf Basis der IAS? In: WPg 2002, S. 178-188.

Kahle, H. (2003), Zur Zukunft der Rechnungslegung in Deutschland – IAS im Einzel- und Konzernabschluss? In: WPg 2003, S. 262-275.

Kahle, H. (2004), Entwicklungsperspektiven der Rechnungslegung in Deutschland, in: Der Controlling-Berater, Mai 2004, S. 309-322.

Kahle, H. (2005), IFRS auch für die Steuerbilanz maßgeblich? In: Accounting 5/2005, S. 8-12.

Kahle, H. (2006a), Harmonisierung der Konzernbesteuerung in der EU, in: WPg 2006, S. 1401-1409.

Kahle, H. (2006b), Steuerliche Gewinnermittlung unter dem Einfluss der IAS/IFRS, in: IRZ 2006, S. 87-94.

Kahle, H. (2007a), Internationale Verrechnungspreise aus steuerlicher Sicht, in: ZfCM 2007, S. 96-101.

Kahle, H. (2007b), Konzernbesteuerung in der EU: Übergang zur formelhaften Gewinnaufteilung? In: WPg 2007, S. 210-217.

Kahle, H. (2009), Kommentierung § 255 Abs. 1, 2 und 3 HGB und analoge Vorschriften nach IAS/IFRS, in: Bilanzrecht. Handelsrecht mit Steuerrecht und den Regelungen des IASB. Kommentar (Loseblattsammlung), Hrsg. Baetge, J./Kirsch, H.-J./Thiele, S., Bonn, Stand: November 2009.

Kahle, H./Dahlke, A. (2007), IFRS für mittelständische Unternehmen? In: DStR 2007, S. 313-318.

Kahle, H./Dahlke, A. (2010), Das Sachanlagevermögen, Teil 2: IAS/IFRS, in: HdJ (Loseblattsammlung), Hrsg. v. Wysocki, K. et al., Abt. II/2, Köln, Stand: August 2010.

Kahle, H./Dahlke, A. (2011), Richtlinienentwurf für eine Gemeinsame konsolidierte Körperschaftsteuer-Bemessungsgrundlage in der Europäischen Union. Regelungen zur Konsolidierung und Gewinnaufteilung, in: StuB 2011, S. 453-460.

Kahle, H./Dahlke, A./Schulz, S. (2007), Bedeutung der IFRS für die Besteuerung nimmt zu, in: Accounting 10/2007, S. 9-13.

Kahle, H./Dahlke, A./Schulz, S. (2008a), Die Bedeutung der IFRS für die Unternehmensbesteuerung vor dem Hintergrund aktueller Rechtsentwicklungen, in: IRZ 2008, S. 513-520.

Kahle, H./Dahlke, A./Schulz, S. (2008b), Zunehmende Bedeutung der IFRS für die Unternehmensbesteuerung? In: StuW 2008, S. 266-279.

Kahle, H./Dahlke, A./Schulz, S. (2011), Der EU-Richtlinienvorschlag zur CCCTB – Anmerkungen aus Theorie und Praxis, in: Ubg 2011, S. 491-503.

Kahle, H./Günter, S. (2008), Vermögensgegenstand und Wirtschaftsgut – Veränderung der Aktivierungskriterien durch das BilMoG? In: Steuerliche Gewinnermittlung nach dem Bilanzrechtsmodernisierungsgesetz, Hrsg. Schmiel, U./Breithecker, V., Berlin 2008, S. 69-101.

Kahle, H./Haas, M. (2010), Herstellungskosten selbst geschaffener immaterieller Vermögensgegenstände des Anlagevermögens, in: WPg 2010, S. 34-39.

Kahle, H./Heinstein, R. (2010), Das Sachanlagevermögen, Teil 1: HGB, in: HdJ (Loseblattsammlung), Hrsg. v. Wysocki, K. et al., Abt. II/2, Köln, Stand: August 2010.

Kahle, H./Schulz, S. (2009), Kommentierung § 255 Abs. 4 HGB n. F. und analoge Vorschriften nach IAS/IFRS, in: Bilanzrecht. Handelsrecht mit Steuerrecht und den Regelungen des IASB. Kommentar (Loseblattsammlung), Hrsg. Baetge, J./Kirsch, H.-J./Thiele, S., Bonn, Stand: November 2009.

Kahle, H./Schulz, S. (2011a), Die Gruppenbesteuerung als Instrument der internationalen Konzernsteuerplanung, in: Handbuch der internationalen Steuerplanung, Hrsg. Grotherr, S., 3. Aufl., Herne 2011, S. 301-327.

Kahle, H./Schulz, S. (2011b), Harmonisierung der steuerlichen Gewinnermittlung in der Europäischen Union, in: BFuP 2011, S. 455-475.

Kahle, H./Schulz, S. (2011c), Richtlinienentwurf für eine Gemeinsame konsolidierte Körperschaftsteuer-Bemessungsgrundlage in der Europäischen Union. Regelungen zur Gewinnermittlung, in: StuB 2011, S. 296-303.

Kahle, H./Schulz, S./Vogel, T. (2011), Auswirkungen des BilMoG auf die Besteuerung der Unternehmen, in: Ubg 2011, S. 178-188.

Kaiser, S. (2008), Rückstellungsbilanzierung. Ansatz- und Bewertungskonzeptionen für Rückstellungen nach HGB, IFRS und US-GAAP am Beispiel von Stilllegungsverpflichtungen, Wiesbaden 2008.

Kaiser, S./Wüstemann, J. (2011), Bewertung von Rückstellungen – Beispiel Rückbauverpflichtungen, in: Bilanzierung case by case. Lösungen nach HGB und IFRS, 5. Aufl., Frankfurt a. M. 2011, S. 220-235.

Kajüter, P./Schoberth, J./Zapp, P./Lübbig, M. (2008), IFRS im Mittelstand – Eine Beurteilung des ED IFRS for SMEs aus Sicht von sechs europäischen Ländern, in: KoR 2008, S. 589-601.

Kaliebe, D. (2008), Die Aktivierung von Fremdkapitalkosten nach IAS 23 (überarbeitet 2007) im Vergleich zu den Grundsätzen ordnungsmäßiger Bilanzierung, in: DK 2008, S. 560-573.

Kaminski, B. (2009), Änderungen und Verabschiedung des BilMoG – Anmerkungen aus steuerlicher Sicht, in: Stbg 2009, S. 197-207.

Kaminski, B. (2010), Neue Probleme mit § 5 Abs. 1 EStG i. d. F. des BilMoG auf Grund des BMF-Schreibens vom 12. 3. 2010, in: DStR 2010, S. 771-774.

Kamping, R./Becker, U. (2004), Bilanzrecht in Polen – wesentliche Unterschiede zu HGB und IFRS, in: RIW 2004, S. 513-519.

Kanzler, H.-J. (1998), Die steuerliche Gewinnermittlung zwischen Einheit und Vielfalt, in: FR 1998, S. 233-247.

Karrenbauer, M. (1993), Die Abschreibung im Einkommen- und Bilanzsteuerrecht, Stuttgart 1993.

Karrenbrock, H. (2008), Vollkostenansatz ante portas: Die Neuregelung der bilanziellen Herstellungskosten nach dem Regierungsentwurf des BilMoG, in: Steuerliche Gewinnermittlung nach dem Bilanzrechtsmodernisierungsgesetz, Hrsg. Schmiel, U./Breithecker, V., Berlin 2008, S. 125-147.

Kasperzak, R. (2011), Wertminderungstest nach IAS 36 – Ein Plädoyer für die Abschaffung des Konzepts des erzielbaren Betrages, in: BFuP 2011, S. 1-17.

Katiya, A./ Cordier-Deltour, N./Berger, V. (2007), Tax Treatment of R&D Expenses in France, in: ITPJ 2007, S. 14-21.

Katzer, A. (2008), Einkommensbesteuerung in Schweden. Rechtsvergleichende Darstellung des schwedischen Einkommensteuerrechts unter besonderer Berücksichtigung des Leistungsfähigkeitsprinzips, Hamburg 2008.

Keller, B. (2009), Einflüsse des BilMoG auf die Rechnungslegung immaterieller Vermögensgegenstände, in: Das Gesetz zur Modernisierung des Bilanzrechts (BilMoG). Neue Herausforderungen für Rechnungslegung und Corporate Governance, Hrsg. Freidank, C.-C./Altes, P., Berlin 2009, S. 93-108.

Keller, B./Gütlbauer, E. (2011), Der Komponentenansatz als teilweiser Ersatz für die Abschaffung der Aufwandsrückstellung durch BilMoG. Anmerkungen zu IDW RH HFA 1.016, in: StuB 2011, S. 11-13.

Keller, K. (2002), Impairment Test, in: DBW 2002, S. 111-116.

Kellersmann, D./Treisch, C. (2002), Europäische Unternehmensbesteuerung, Wiesbaden 2002.

Kellgren, J. (2006), Materiella lagertillgångar – något om sambandet mellan redovisning och beskattning, in: SN 2006, S. 426-440.

Kellgren, J./Bjuvberg, J. (2008), Redovisning och beskattning – om redovisningens betydelse för inkomstbeskattningen, 2. Aufl., Lund 2008.

Kemmeren, E. (1996), Intangible Assets, in: Fiscal versus Commercial Profit Accounting in the Netherlands, France and Germany, Hrsg. de Bont, G./Essers, P. H. J./Kemmeren, E., Amsterdam 1996, S. 73-104.

Kemmeren, E. (2008), Exemption method for PEs and (major) shareholdings best services: the CCCTB and the internal markets concerned, in: ECTR 2008, S. 118-136.

Kent, R. (2006), Anh. Überblick über das Steuerrecht Großbritanniens, in: Doppelbesteuerung. Kommentar zu allen deutschen Doppelbesteuerungsabkommen (Loseblattsammlung), Hrsg. Debatin, H./Wassermeyer, F., Bd. III, München, Stand: Oktober 2006.

Kersting, C. (2005), Das Verhältnis zwischen handelsrechtlicher und steuerrechtlicher Rechnungslegung in Großbritannien, in: Steuerliche Maßgeblichkeit in Deutschland und Europa, Hrsg. Schön, W., Köln 2005, S. 283-363.

Kessler, H. (1996), Erneute Kehrtwende des BFH bei der Interpretation der wirtschaftlichen Verursachung? – Weicht das Wesentlichkeitskriterium der Alimentationsthese? –, in: DStR 1996, S. 1430-1438.

Kessler, H. (1999), Der EuGH und das Gebot des true and fair view – Anmerkungen zum Vorlagebeschluß des FG Hamburg vom 22. 4. 1999 – II 23/97, in: StuB 1999, S. 1314-1315.

Kessler, H. (2006), Rückstellungen für atomare Entsorgung: Weder Fremdkörper noch Störfall im deutschen Steuerbilanzrecht, in: IStR 2006, S. 98-108.

Kessler, H./Leinen, M. (2005), Bilanzierung von Entfernungsverpflichtungen im Übergang auf IFRS, in: KoR 2005, S. 455-462.

Kessler, W. (2010), Steuerwissenschaftliches Plädoyer für eine grenzüberschreitende Gruppenbesteuerung, in: Unternehmensbesteuerung. Festschrift für Norbert Herzig zum 65. Geburtstag, Hrsg. Kessler, W./Förster, G./Watrin, C., München 2010, S. 285-299.

Kessler, W./Scholz-Görlach, U. (2007), Die Abgrenzung des Saldierungsbereichs bei Drohverlustrückstellungen, in: PiR 2007, S. 304-307.

Kessler, W./Dorfmueller, P. (2002), The European Company as a Pilot Project? In: Tax Planning International: European Union Focus 10/2002, S. 3-7.

Kiekebeld, B. J./Smit, D. S. (2008), The CCCTB: Wishful Thinking or Future Reality? In: TNI 2008, S. 321-322.

Kierzek, S./Wüstemann, J. (2006a), Aufstellungsgrundsätze, in: Synopse der Rechnungslegung nach HGB und IFRS. Eine qualitative Gegenüberstellung, Hrsg. Hommel, M./Wüstemann, J., München 2006, Kap. 1, Abschn. 2, S. 21-39.

Kierzek, S./Wüstemann, J. (2006b), Forderungen und andere erfolgswirksame Vermögenszugänge, in: Synopse der Rechnungslegung nach HGB und IFRS. Eine qualitative Gegenüberstellung, Hrsg. Hommel, M./Wüstemann, J., München 2006, Kap. 2, Abschn. 7, S. 118-130.

Kiesewetter, D. (1997), Theoretische Leitbilder einer Reform der Unternehmensbesteuerung. Eine vergleichende Analyse der Reformmodell Kroatiens, Österreichs und Skandinaviens, in: StuW 1997, S. 24-34.

Kiesewetter, D./Dietrich, M. (2007), Ein Standardmodell für Investitionsentscheidungen in Kapitalgesellschaften, in: WiSt 2007, S. 235-244.

Kiesewetter, D./Dietrich, M./Rumpf, D. (2008), Möglichkeiten zur Neuordnung der Unternehmensbesteuerung in der Europäischen Union auf Basis eines konsumorientierten Einkommensbegriffs, in: Nachgelagerte Besteuerung und EU-Recht, Hrsg. Fuest, C./Mitschke, J., Baden-Baden 2008, S. 255-314.

Kiesewetter, D./Mugler, J. (2007), Gewinnverlagerung im EU-Konzern bei Besteuerung nach dem Trennungs- und nach dem Einheitsprinzip, in: DBW 2007, S. 503-518.

Kiesewetter, D./Niemann, R. (2002), Zur Entscheidungsneutralität der Ertragsanteilsbesteuerung von Renten, in: StuW 2002, S. 48-54.

Kirchhof, J. (2005), Die Bilanzierung von Restrukturierungsrückstellungen nach IFRS, in: WPg 2005, S. 589-601.

Kirchhof, P. (1985), Der verfassungsrechtliche Auftrag zur Besteuerung nach der finanziellen Leistungsfähigkeit, in: StuW 1985, S. 319-329.

Kirchmann, U./Sikora, K./Blumberg, M. (2011), Bewertung langfristiger sonstiger Rückstellungen nach HGB, Steuerrecht und IFRS: theoretische Anforderungen und praktische Umsetzungsmöglichkeiten, in: WPg 2011, S. 953-963.

Kirsch, H. (2002), Außerplanmäßige Abschreibung von Sachanlagen und immateriellen Vermögenswerten nach IAS 36 und § 6 Abs. 1 EStG, in: DStR 2002, S. 645-650.

Kirsch, H. (2004), Zukunft der HGB-Rechnungslegung und des steuerlichen Maßgeblichkeitsprinzips im Zeitalter der IFRS-Rechnungslegung? In: DStZ 2004, S. 470-477.

Kirsch, H. (2006a), Bewertung von Fertigungsaufträgen nach der Percentage-of-Completion-Methode – Eine Fallstudie zur Bilanzierung nach IAS 11 –, in: KoR 2006, S. 52-58.

Kirsch, H. (2006b), Neu- und Zeitbewertung im langfristigen Vermögen nach IFRS aus Sicht der Jahresabschlussanalyse, in: ST 2006, S. 216-220.

Kirsch, H. (2006c), Perspektiven der landesrechtlichen Rechnungslegung und der steuerlichen Gewinnermittlung im Zuge der Internationalisierung der Rechnungslegung, in: DStR 2006, S. 1198-1203.

Kirsch, H. (2007), Potenzielle Auswirkungen der Zinsschrankenregelung des § 4h EStG auf die Bilanzpolitik im IFRS-Konzern- und Einzelabschluss, in: DK 2007, S. 657-665.

Kirsch, H. (2008a), Neuinterpretation der Grundsätze ordnungsmäßiger Buchführung durch das Bilanzrechtsmodernisierungsgesetz, in: StuB 2008, S. 453-459.

Kirsch, H. (2008b), Nutzen des steuerlichen Maßgeblichkeitsprinzips i.d.F. des Bilanzrechtsmodernisierungsgesetzes, in: DStZ 2008, S. 561-568.

Kirsch, H. (2008c), Positionierung des Regierungsentwurfs des Bilanzrechtsmodernisierungsgesetzes zu den IFRS, in: PiR 2008, S. 224-230.

Kirsch, H. (2009a), Positionierung der Bilanzierungsvorschriften des BilMoG im Verhältnis zu IFRS, in: PiR 2009, S. 185-191.

Kirsch, H. (2009b), Positionierung des HGB-Jahresabschlusses nach dem Bilanzrechtsmodernisierungsgesetz im Verhältnis zur Steuerbilanz, in: Stbg 2009, S. 320-328.

Kirsch, H./Olsson, S. (2008), Financial accounting and tax accounting: Germany and Sweden as examples, in: SN 2008, S. 746-757.

Kirsch, H.-J. (2003), Zur Frage der Umsetzung der Mitgliedstaatenwahlrechte der EU-Verordnung zur Anwendung der IAS/IFRS, in: WPg 2003, S. 275-278.

Kirsch, H.-J./Dohrn, M. (2005), Umsetzung der Fair Value-Richtlinie in Deutschland, in: Fair Value. Bewertung in Rechnungswesen, Controlling und Finanzwirtschaft, Hrsg. Bieg, H./Heyd, R., München 2005, S. 129-154.

Kischel, U. (2008), Gleichheitssatz und Steuerrecht – Gefahren eines dogmatischen Sonderwegs, in: Gleichheit im Verfassungsstaat. Symposium aus Anlass des 65. Geburtstages von Paul Kirchhof, Hrsg. Mellinghoff, R./Palm, U., Heidelberg 2008, S. 175-193.

Kiziukiewicz, T./Sawicki, K./Winiarska, K. (2005), Evolution des polnischen Bilanzrechts und internationale Regelungen im Rechnungswesen, in: Betriebliches Rechnungswesen und Controlling im Spannungsfeld von Theorie und Praxis. Festschrift für Prof. Dr. Jürgen Graßhoff zum 65. Geburtstag, Hamburg 2005, S. 143-153.

Klaholz, T. (2005), Rückbau- und Wiederherstellungsverpflichtungen im IFRS-Abschluss, Düsseldorf 2005.

Klein, E. (2010), Wegfall der umgekehrten Maßgeblichkeit und die Folgen, in: NWB 2010, S. 2042-2049.

Kleindiek, D. (2010), IFRS für KMU und die Gestaltungsaufgaben im europäischen Bilanzrecht, in: GmbHR 2010, S. 1333-1340.

Kleinmanns, H. (2005), Rückstellungsbilanzierung gem. IAS 37 – Darstellung, Unterschiede zum HGB und künftige Entwicklungen, in: StuB 2005, S. 204-212.

Klemm, A. (2001), Economic Review of Formulary Methods in EU Corporate Tax Reform, in: CEPS Corporate Tax Reform. Report of a CEPS Task Force, Part II, Brüssel, November 2001, S. 30-57.

Klingels, B. (2005), Die cash generating unit nach IAS 36 im IFRS-Jahresabschluss. Bildung, Gestaltungsmöglichkeiten und Auswirkungen, Berlin 2005.

Klingels, B. (2006), Der Impairment-Test einer geschäftswertragenden Cash Generating Unit – Eine Fallstudie über Wertveränderungen aufgrund der Zuordnung des Geschäfts- oder Firmenwerts –, in: KoR 2006, S. 276-282.

Knirsch, D. (2006a), Reform der steuerlichen Gewinnermittlung durch Übergang zur Einnahmen-Über-schussrechnung – Wer gewinnt, wer verliert? In: ZfB 2006, S. 231-250.

Knirsch, D. (2006b), Zinseffekte einer Reform der Steuerbemessungsgrundlage, in: StuB 2006, S. 465-469.

Knirsch, D./Niemann, R. (2006), Aktuelle Vorschläge zur Gewerbesteuerreform – Erfüllen die Reformmodelle die ökonomischen Anforderungen? In: StuB 2006, S. 879-882.

Knirsch, D./Niemann, R. (2008), Harmonisierung der Europäischen Unternehmensbesteuerung durch die nachgelagerte Gesellschafterbesteuerung in: Nachgelagerte Besteuerung und EU-Recht, Hrsg. Fuest, C./Mitschke, J., Baden-Baden 2008, S. 315-362.

Knobbe-Keuk, B. (1993), Bilanz- und Unternehmenssteuerrecht, 9. Aufl., Köln 1993.

Knödler, C. (2004), Besteuerung von Ertrag und Umsatz im Electronic Commerce, Wiesbaden 2004.

Knoll, L. (2000), Steuerreform(en) und ihr übersehenes Kernproblem. Zum Reformkonzept des Kronberger Kreises für die Besteuerung von Kapitaleinkommen, in: WiSt 2000, S. 639-642.

Knoll, L. (2001a), Die Abzinsung von Verbindlichkeiten und Rückstellungen im Licht des Leistungsfähigkeitsprinzips. Erwiderung und Replik zu dem Beitrag von Beiser, DB 2001 S. 296, in: DB 2001, S. 779-780.

Knoll, L. (2001b), Unternehmensgewinnbesteuerung in Kroatien, Italien und Österreich. Umsetzungsbeispiele für betriebswirtschaftliche Neutralitätspostulate, in: DBW 2001, S. 335-348.

Knoll, L. (2001c), Zinseffekte zwischen Zahlung und Erfolgsverrechnung. Anmerkungen zu David Grünberger: „Finanzierung über Steuerstundung", ÖStZ 2001/519, S. 259-262, in: ÖStZ 2001, S. 396-399.

Knop, W./Küting, K. (2010), Teilkommentierung § 255 HGB, in: Handbuch der Rechnungslegung Einzelabschluss. Kommentar zur Bilanzierung und Prüfung (Loseblattsammlung), Hrsg. Küting, K./Pfitzer, N./Weber, C.-P., Bd. 2, Stuttgart, Stand: März 2010.

Knorr, K. E. (2004), Übernahme der Regelungen der EU-Verordnung sowie der Modernisierungs- und Fair-Value-Richtlinie in deutsches Recht, in: Reform der Rechnungslegung und Corporate Governance in Deutschland und Europa, Hrsg. Freidank, C.-C., Wiesbaden 2004, S. 69-100.

Knorr, L. (2005), Der Komponentenansatz – Atomisierung oder Gruppierung? In: Accounting 3/2005, S. 6-8.

Knutsson, M. (2005), Internationella redovisningsstandarder – ingen lämplig grund för företagsbeskattning, in: SN 2005, S. 510-518.

Kobetsky, M. (2008), The Case for Unitary Taxation of International Enterprises, in: BIT 2008, S. 201-215.

Koch, H. (1968), Der Begriff des ökonomischen Gewinns – Zur Frage des Optimalitätskriteriums in der Wirtschaftlichkeitsrechnung, in: ZfbF 1968, S. 389-441.

Koch, R. (2010), Die Aufkommens- und Belastungswirkungen alternativer Vorschläge zur Reform der Konzernbesteuerung in Europa, Frankfurt a. M. 2010.

Köhle, A. (2003), Rechnungsabgrenzung in Bilanztheorie und Bilanzrecht, Aachen 2003.

Köhler, A./Rotter, N. (1994), Britische Rechnungslegung, in: Internationale Rechnungslegung, Hrsg. Gräfer, H./Demming, C., Stuttgart 1994, S. 371-444.

Köhler, A. G./Gebhardt, R. (2008), Kommentierung IAS 17: Leasingverhältnisse, in: Internationales Bilanzrecht. Rechnungslegung nach IFRS (Loseblattsammlung), Hrsg. Thiele, S./von Keitz, I./Brücks, M., Bonn, Stand: Februar 2008.

Köhrle, J. (2010), IFRS-Einzelabschluss. Folgen für die steuerliche Gewinnermittlung auf der Grundlage des Maßgeblichkeitsgrundsatzes (§ 5 Abs. 1 S. 1 EStG), Berlin 2010.

König, F. (1997), Steuerlich zweckmäßige Gestaltung von Direktinvestitionen in der Republik Polen auf der Grundlage eines systematischen Verständnisses des polnischen Steuerrechts, Dresden 1997.

König, R. (1997), Ungelöste Probleme einer investitionsneutralen Besteuerung – Gemeinsame Wurzeln unterschiedlicher neutraler Steuersysteme und die Berücksichtigung unsicherer Erwartungen, in: ZfbF 1997, S. 42-63.

König, R./Wosnitza, M. (2004), Betriebswirtschaftliche Steuerplanungs- und Steuerwirkungslehre, Heidelberg 2004.

Königsmaier, H. (2009), Schätzung künftiger Cashflows im Rahmen des Werthaltigkeitstests derivativer Geschäfts- oder Firmenwerte nach IAS 36, in: RWZ 2009, S. 313-322.

Köppen, T. (2009), IAS/IFRS und steuerliche Gewinnermittlung: Eine quantitative Analyse am Beispiel von Rückstellungen, in: Stbg 2009, S. 345-351.

Köster, O. (2007), Niederstwerttest und und Bewertungseinheiten beim Anlagevermögen im Entwurf des BilMoG, in: BB 2007, S. 2791-2795.

Köster, T. (2010), Objektivierung von Rückstellungen für öffentlich-rechtlich begründete Umweltschutzverpflichtungen, in: Unternehmensbesteuerung. Festschrift für Norbert Herzig zum 65. Geburtstag, Hrsg. Kessler, W./Förster, G./Watrin, C., München 2010, S. 695-710.

Köth, V. (2006), Die Besteuerung von Unternehmen vor dem Hintergrund nationaler und internationaler Reformvorschläge, Lohmar/Köln 2006.

Kofler, G. (2008), CFC Rules, in: Common Consolidated Corporate Tax Base, Hrsg. Lang, M. et al., Wien 2008, S. 725-749.

Kohl, S. (1994), Gewinnrealisierung bei langfristigen Aufträgen – Eine kritische Analyse zur Anwendung des Realisationsprinzips in Handels- und Steuerbilanz –, Düsseldorf 1994.

Kok, R. (2010), Domestic and Cross-Border Loss Relief in the European Union, in: Intertax 2010, S. 663-671.

Koniarski, L. (1984), Einkommen als Maßstab steuerlicher Leistungsfähigkeit. Ein betriebswirtschaftlicher Beitrag zum Problem einer leistungsfähigkeitsäquivalenten Einkommensermittlung, München 1984.

Konrad, U. A. (2009), The Common Consolidated Corporate Tax Base in the European Union, in: BIT 2009, S. 252-256.

Kort, M. (2001), Der Maßgeblichkeitsgrundsatz des § 5 Abs. 1 EStG – Plädoyer für dessen Aufgabe,
in: FR 2001, S. 53-62.

Korth, H.-M. (2010), BMF-Schreiben zur Maßgeblichkeit der Handelsbilanz für die steuerliche Gewinnermittlung, in: AktStR 2010, S. 11-29.

Kosmala, K. (2005), True and Fair View or rzetelny i jasny obraz? A survey of Polish practitioners, in: EAR 2005, S. 579-602.

Kosmala-MacLullich, K. (2003), The true and fair view construct in the context of the Polish transition economy: some local insights, in: EAR 2003, S. 465-487.

Koss, C. (1998), Der Jahresabschluß nach polnischem Recht, in: IWB 1998, F. 5, Gr. 3, S. 91-98.

Kostecki, A. (2001), Die Steuerreform in Polen aus der Sicht der Steuerharmonisierung in der Europäischen Union, in: Festschrift für Heinrich Wilhelm Kruse zum 70. Geburtstag, Hrsg. Drenseck/Seer, R., Köln 2001, S. 605-628.

Kottke, K. (1953), Vorfinanzierung der Einkommensteuer durch unrichtige Bewertung von Forderungen? In: BB 1953, S. 762-763.

Kottke, K. (1987), Vorfinanzierung der Einkommensteuer durch jahrzehntelange unrichtige Bewertung von Forderungen, in: BB 1987, S. 1577-1581.

Kozikowski, M./Huber, F. (2010), Teilkommentierung § 247 HGB, in: Beck'scher Bilanz-Kommentar. Handels- und Steuerbilanz, §§ 238 bis 339, 342 bis 342e HGB mit IFRS-Abweichungen, Hrsg. Ellrott, H. et al., 7. Aufl., München 2010.

Kozikowski, M./Pastor, C. (2010), Teilkommentierung § 253 HGB, in: Beck'scher Bilanz-Kommentar. Handels- und Steuerbilanz, §§ 238 bis 339, 342 bis 342e HGB mit IFRS-Abweichungen, Hrsg. Ellrott, H. et al., 7. Aufl., München 2010.

Kozikowski, M./Roscher, K./Schramm, M. (2010), Teilkommentierung § 253 HGB, in: Beck'scher Bilanz-Kommentar. Handels- und Steuerbilanz, §§ 238 bis 339, 342 bis 342e HGB mit IFRS-Abweichungen, Hrsg. Ellrott, H. et al., 7. Aufl., München 2010.

Kozikowski, M./Ritter, K. M. (2010), Teilkommentierung § 315a HGB, in: Beck'scher Bilanz-Kommentar. Handels- und Steuerbilanz, §§ 238 bis 339, 342 bis 342e HGB mit IFRS-Abweichungen, Hrsg. Ellrott, H. et al., 7. Aufl., München 2010.

KPMG (2005), IFRS compared to Swedish GAAP: An overview, ohne Erscheinungsort, March 2005.

KPMG (2008a), Feasibility study on an alternative to the capital maintenance regime established by the Second Company Law Directive 77/91/EEC of 13 December 1976 and an examination of the impact on profit distribution of the new EU-accounting regime, Main Report, Berlin 2008.

KPMG (2008b), Leasing Taxation, Amsterdam 2008.

Kraft, C. (1991), Steuergerechtigkeit und Gewinnermittlung. Eine vergleichende Analyse des deutschen und US-amerikanischen Steuerrechts, Wiesbaden 1991.

Kraft, G./Bron, J. F. (2006), Grundfreiheiten und grenzüberschreitende Verschmelzung im Lichte aktueller EuGH-Rechtsprechung (Sevic), in: IStR 2006, S. 26-32.

Kraft, G./Krengel, R. (2003), Economic Analysis of Tax Law – Current and Past Research Investigated from a German Tax Perspective, in: Beiträge zum Transnationalen Wirtschaftsrecht, Martin-Luther-Universität Halle-Wittenberg, Hrsg. Tietje, C./Kraft, G./Sethe, R., Heft 22, Oktober 2003.

Kraus-Grünewald, M. (1997), Steuerbilanzen – Besteuerung nach der Leitungsfähigkeitsprinzip contra Vorsichtsprinzip, in: Handelsbilanzen und Steuerbilanzen. Festschrift zum 70. Geburtstag von Heinrich Beisse, Hrsg. Budde, W. D./Moxter, A./Offerhaus, K., Düsseldorf 1997, S. 347-361.

Krause-Junk, G. (2002), Die steuerliche Abschottungswirkung aus internationaler Sicht: Anmerkungen zu den Vorstellungen der Europäischen Kommission zur Schaffung einer konsolidierten Körperschaftsteuer-Bemessungsgrundlage für die grenzüberschreitende Unternehmenstätigkeit der EU, Hefte zur Internationalen Besteuerung, Hrsg. Institut für Ausländisches und Internationales Finanz- und Steuerwesen der Universität Hamburg, Nr. 144, Hamburg 2002.

Krawitz, N. (1998), Steuerliche Determinierung der Handelsbilanzpolitik. Ein Beitrag zur umgekehrten Maßgeblichkeit, in: Unternehmensrechnung und -besteuerung. Grundfragen und Entwicklungen. Festschrift für Dietrich Börner zum 65. Geburtstag, Hrsg. Meffert, H./Krawitz, N., Wiesbaden 1998, S. 197-230.

Krawitz, N. (2007), Investitionsrelevanz aktueller Reformvorschläge zur Unternehmensbesteuerung, in: Steuerbelastung – Steuerwirkung – Steuergestaltung: Festschrift zum 65. Geburtstag von Winfried Mellwig, Hrsg. Wehrheim, M./Heurung, R., Wiesbaden 2007, S. 249-272.

Krawitz, N./Kalbitzer, J. (2008), Die Übernahme des beizulegenden Zeitwertes von zu Handelszwecken erworbenen Finanzinstrumenten in die Steuerbilanz, in: Steuerliche Gewinnermittlung nach dem Bilanzrechtsmodernisierungsgesetz, Hrsg. Schmiel, U./Breithecker, V., Berlin 2008, S. 149-171.

Krawitz, N./Karthaus, C. (2008), Harmonisierte europäische Gewinnermittlung für Zwecke der Körperschftsbesteuerung, in: Controlling und Rechnungslegung. Aktuelle Entwicklungen in Wissenschaft und Praxis. Laurenz Lachnit zum 65. Geburtstag, Hrsg. Freidank, C.-C./Müller, S./Wulf, I., Wiesbaden 2008, S. 339-365.

Krawitz, N./Karthaus, C. (2009), Auswirkungen der Aufhebung der umgekehrten Maßgeblichkeit durch das Bilanzrechtsmodernisierungsgesetz, in: Steuern und Rechnungslegung. Festschrift zum 65. Geburtstag von Professor Dr. Jochen Sigloch, Hrsg. Egner, T./Henselmann, K./Schmidt, L., Aachen 2009, S. 654-685.

Kreile, R. (1988), Zum Vorentwurf einer EG-Richtlinie über die Harmonisierung der steuerrechtlichen Gewinnermittlungsvorschriften, in: DB 1988, Beilage 18 zu Heft 45.

Krever, R. (2007), Interpreting income tax laws in the common law world, in: Steuerrecht, Verfassungsrecht, Europarecht. Festschrift für Hans Georg Ruppe, Hrsg. Achatz, M., Wien 2007, S. 354-378.

Kroner, M./Leuchtenstern, S./Ranker, D. (2010), Reformierung der Leasingbilanzierung. Wo geht die Reise hin? In: KoR 2010, S. 532-539 (Teil 1) und S. 605-613 (Teil 2).

Kronner, M. (1995), GoB für immaterielle Anlagewerte und Tauschgeschäfte, Düsseldorf 1995.

Kropp, M./Wirtz, H. (2011), Problembereiche bei der Abzinsung von Rückstellungen, in: DB 2011, S. 541-545.

Kroppen, H.-K./Rasch, S. (2002), Die Reformierung der Unternehmensbesteuerung in der Europäischen Union - Analyse des Berichts der EU-Kommission vom 23. 10. 2001 (Teil I) -, in: IWB 2002,
F. 11, Gr. 2, S. 495-506.

Krüger, K. M. (2008), Bilanzsteuerrechtliche Implikationen der Reform des Handelsrechts, in: StB 2008, S. 117-123.

Krüger, R. (2008), Zur Verfassungsmäßigkeit des Verbots von Drohverlustrückstellungen, in: FR 2008, S. 625-630.

Kruschwitz, L./Schneider, Dirk/Husmann, S. (2003a), Investitionsneutrale Steuersysteme unter Unsicherheit, in: WiSt 2003, S. 328-333.

Kruschwitz, L./Schneider, Dirk/Husmann, S. (2003b), Investitionsneutrale Steuersysteme vor dem Hintergrund der Diskussion um Einkommen oder Konsum als Steuerbemessungsgrundlage, in: WiSt 2003, S. 394-398.

Kruse, H. W. (1990), Über die Gleichmäßigkeit der Besteuerung, in: StuW 1990, S. 322-330.

Kruse, H. W. (1997), Auslegung am Gesetz vorbei. Über den heutigen Umgang mit dem Einkommensteuergesetz, in: Steuerrecht, Steuer- und Rechtspolitik, Wirtschaftsrecht und Unternehmensverfassung, Umweltrecht. Festschrift für Wolfgang Ritter zum 70. Geburtstag, Hrsg. Kley, M. D. et al., Köln 1997, S. 413-425.

Krzywda, D./Schroeder, M. (2007), An Analysis of the Differences between IFRS and Polish Accounting Regulations: Evidence from the Financial Statements of Listed Entities on the Warsaw Stock Exchange for the Calendar Years Ending 2001, 2003 and 2004, in: AiE 2007, S. 79-107.

Kubiak, J./Hackemann, T. (2001), Polen: Neue steuerrechtliche Regelungen für das Leasing, in: IStR 2001, Länderbericht zu Heft 21, S. 2*-3*.

Kubik, K./Massoner, C. (2008), Common Consolidated Corporate Tax Base – the possible content of Community Law provisions, in: ECTR 2008, S. 137-141.

Kubik, K./Massoner, C. (2009), Der aktuelle Stand der Common Consolidated Corporate Tax Base (CCCTB). Was bisher geschah und noch geschehen wird, in: FJ 2009, S. 13-17.

Kudert, S./Cloer, A. (2004), Unternehmensbesteuerung in Polen. Ein Überblick, in: DSWR 2004, S. 99-102.

Kudert, S./Jamrozy, M. (1996), Die polnische Körperschaftsteuer. Einkommensteuer juristischer Personen, in: FR 1996, S. 777-783.

Kudert, S./Jamrozy, M. (2010), Die optimale steuerliche Rechtsformwahl bei einem wirtschaftlichen Engagement in Polen, in: PIStB 2010, S. 275-284.

Kudert, S./Jamrozy, M. (2011), Finanzierung einer polnischen Kapitalgesellschaft durch ihre deutschen Gesellschafter, in: PIStB 2011, S. 68-76.

Kühbacher, T. (2009), Das Leistungsfähigkeitsprinzip auf nationaler und gemeinschaftsrechtlicher Ebene, in: RdW 2009, S. 150-155.

Kühne, E./Melcher, W. (2009), Zur Umsetzung der HGB-Modernisierung durch das BilMoG: Wirtschaftliche Zurechnung von Vermögensgegenständen und Schulden sowie Erträgen und Aufwendungen, in: DB 2009, Beilage 5 zu Heft 23, S. 15-19.

Kühne, M. (2005), Ertragsvereinnahmung. IASB diskutiert revolutionären Ansatz, in: Accounting 6/2005, S. 6-9.

Kühne, M. (2006), Ertragsvereinnahmung in der Diskussion des IASB: Hoffnung für das Realisationsprinzip? – Aktuelle Entwicklungen des IASB-Projekts „Revenue Recognition" –, in: WPg 2006,
S. 1393-1399.

Külper, J. (2009), Gewinnabgrenzung bei internationalen Konzernen auf der Basis von Verrechnungspreisen oder durch formelhafte Gewinnaufteilung? In: Hefte zur Internationalen Besteuerung, Hrsg. Institut für Ausländisches und Internationales Finanz- und Steuerwesen der Universität Hamburg, Nr. 162, Hamburg 2009.

Kümpel, T. (2002a), Bilanzielle Behandlung von Wertminderungen bei Vermögenswerten nach IAS 36, in: BB 2002, S. 983-988.

Kümpel, T. (2002b), Grundsätze der Gewinnrealisierung in der internationalen Rechnungslegung im Vergleich zu den Vorschriften des deutschen Bilanzrechts, in: WiSt 2002, S. 438-442.

Kümpel, T. (2004), Bilanzielle Behandlung von Entsorgungs-, Rekultivierungs- und ähnlichen Verpflichtungen im IFRS-Regelwerk, in: DStR 2004, S. 1227-1232.

Kümpel, T. (2006), Änderungsvorschläge des IASB zur Rückstellungsbilanzierung gemäß ED IAS 37, in: DSWR 2006, S. 201-204.

Kümpel, T./Becker, M. (2006), Bilanzielle Zurechnung von Leasingobjekten nach IAS 17, in: DStR 2006, S. 1471-1477.

Künkele, K. P./Zwirner, C. (2009a), BilMoG: Handelsrechtliche Reform mit steuerlichen Konsequenzen? Übersicht über die Änderungen durch das BilMoG und die steuerlichen Folgen, in: DStR 2009, S. 1277-1283.

Künkele, K. P./Zwirner, C. (2009b), Komponentenansatz (component approach): Handelsrechtlicher Ersatz für weggefallene Aufwandsrückstellungen? In: BRZ 2009, S. 442-444.

Künkele, K. P./Zwirner, C. (2010a), Eigenständige Steuerbilanzpolitik durch das Bilanzrechtsmodernisierungsgesetz (BilMoG). Abschaffung der umgekehrten Maßgeblichkeit, in: StuB 2010, S. 335-343.

Künkele, K. P./Zwirner, C. (2010b), Steuerbilanzpolitik: Ausweitung der Möglichkeiten durch das BilMoG, in: DStR 2010, S. 2263-2270.

Küpper, H.-U. (2004), Cash Flow und/oder Vermögen als Basis von Unternehmensrechnung und Besteuerung? In: Steuern, Rechnungslegung und Kapitalmarkt. Festschrift für Franz W. Wagner zum 60. Geburtstag, Hrsg. Dirrigl, H./Wellisch, D./Wenger, E., Wiesbaden 2004, S. 101-126,

Küpper, H.-U. (2005), Ethisch-normative Komponenten der Unternehmensrechnung, in: DK 2005, S. 733-740.

Küppers, H.-P. (2005), Die Besteuerung privater Veräußerungseinkünfte im Vergleich zur britischen Capital Gains Tax, Frankfurt a. M. u. a. 2005.

Küting, K. (1993), Europäisches Bilanzrecht und Internationalisierung der Rechnungslegung, in: BB 1993, S. 30-38.

Küting, K. (2000), Die Wertaufholung in der Handels- und Steuerbilanz, in: Bilanzierung und Besteuerung der Unternehmen. Festschrift für Herbert Brönner, Hrsg. Poll, J., Stuttgart 2000, S. 227-246.

Küting, K. (2006), Auf der Suche nach dem richtigen Gewinn – Die Gewinnkonzeption von HGB und IFRS im Vergleich –, in: DB 2006, S. 1441-1450.

Küting, K. (2007), Die mehrdimensionale Problemausweitung der IFRS-Bilanzierung. Perspektiven der Rechnungslegung im 21. Jahrhundert, in: ST 2007, S. 220-239.

Küting, K. (2008), Die Ermittlung der Herstellungskosten nach den Änderungen durch das Bilanzrechtsmodernisierungsgesetz. BilMoG führt zu grundlegenden Änderungen, in: StuB 2008, S. 419-427.

Küting, K. (2009a), Das deutsche Bilanzrecht im Spiegel der Zeiten. Zugleich eine Einordnung des Bilanzrechtsmodernisierungsgesetzes in das aktuelle und historische Bilanzrecht, in: DStR 2009,
S. 288-294.

Küting, K. (2009b), Grundlagen der fair value-Bewertung. Zugleich: Aufstieg und Fall einer als überlegen propagierten Bewertungskonzeption, in: StuB 2009, S. 829-835.

Küting, K. (2009c), Herstellungskosten, in: Das neue deutsche Bilanzrecht. Handbuch zur Anwendung des Bilanzrechtsmodernisierungsgesetzes, Hrsg. Küting, K./Pfitzer, N./Weber, C.-P., 2. Aufl., Stuttgart 2009, S. 159-181.

Küting, K. (2011a), Der Objektiverungsgrundsatz im HGB- und IFRS-System – Eine vergleichende Darstellung und Würdigung –, in: DB 2011, S. 1404-1410

Küting, K. (2011b), Die Komplexität des HGB- und IFRS-Regelwerks. Vergleich der beiden Systeme, in: PiR 2011, S. 131-135.

Küting, K./Altmeier, D./Günther, B. (1997), Wegweiser durch das französische Bilanzrecht, in: IWB 1997, F. 5, Gr. 3, S. 521-526.

Küting, K./Altmeier, D./Günther, B. (1998), Die Grundpfeiler des französischen Bilanzrechts, in: IWB 1998, F. 5, Gr. 3, S. 529-544.

Küting, K./Cassel, J. (2011), Anschaffungs- und Herstellungskosten nach HGB und IFRS. Vergleich der beiden Regelwerke, in: StuB 2011, S. 283-289.

Küting, K./Cassel, J./Metz, C. (2008), Die Bewertung von Rückstellungen nach neuem Recht, in: DB 2008, S. 2317-2324.

Küting, K./Cassel, J./Metz, C. (2009), Ansatz und Bewertung von Rückstellungen, in: Das neue deutsche Bilanzrecht. Handbuch zur Anwendung des Bilanzrechtsmodernisierungsgesetzes, Hrsg. Küting, K./Pfitzer, N./Weber, C.-P., 2. Aufl., Stuttgart 2009, S. 321-337.

Küting, K./Dawo, S. (2003), Die Bilanzierung immaterieller Vermögenswerte nach IAS 38 – gegenwärtige Regelungen und geplante Änderungen: Eine Beispiel für die Polarität von Vollständigkeitsprinzip und Objektivierungsprinzip, in: BFuP 2003, S. 397-416.

Küting, K./Dawo, S./Wirth, J. (2003), Konzeption der außerplanmäßigen Abschreibung im Reformprojekt des IASB, in: KoR 2003, S. 177-190.

Küting, K./Dürr, U./Boecker, C. (2005), Osteuropa im Übergang auf die international Rechnungslegung, in: IStR 2005, S. 247-252 (Teil I) und S. 284-288 (Teil I).

Küting, K./Eichenlaub, R. (2011), Einzelbewertungsgrundsatz im HGB- und im IFRS-System, in: BB 2011, S. 1195-1200.

Küting, K./Ellmann, D. (2009), Immaterielles Vermögen, in: Das neue deutsche Bilanzrecht. Handbuch zur Anwendung des Bilanzrechtsmodernisierungsgesetzes, Hrsg. Küting, K./Pfitzer, N./Weber, C.-P., 2. Aufl., Stuttgart 2009, S. 263-292.

Küting, K./Ellmann, D. (2010), Die Herstellungskosten von selbst geschaffenen immateriellen Vermögensgegenständen des Anlagevermögens, in: DStR 2010, S. 1300-1306.

Küting, K./Hayn, S. (1995), Wesentliche Unterschiede der Rechnungslegung in Großbritannien und Deutschland, in: ZGR 1995, S. 111-133.

Küting, K./Hayn, S. (2004), Teilkommentierung Kap. 1: Entwicklung des deutschen und europäischen Bilanzrechts, in: Handbuch der Rechnungslegung Einzelabschluss. Kommentar zur Bilanzierung und Prüfung (Loseblattsammlung), Hrsg. Küting, K./Pfitzer, N./Weber, C.-P., Bd. 1, Stuttgart, Stand: März 2004.

Küting, K./Heiden, M. (2006), Accounting in Europe: From National Accounting Charts to Globally Converging Standards, in: Strategic Management – New Rules for Old Europe, Hrsg. Scholz, C./Zentes, J., Wiesbaden 2006, S. 41-72.

Küting, K./Hellen, H.-H./Koch, C. (2006), Das Leasingverhältnis: Begriffsabgrenzung nach IAS 17 und IFRIC 4 und kritische Würdigung, in: KoR 2006, S. 649-657.

Küting, K./Kessler, H. (1998), Zur geplanten Reform des bilanzsteuerlichen Rückstellungsrechts nach dem Entwurf eines Steuerentlastungsgesetzes 1999/2000/2002, in: DStR 1998, S. 1937-1946.

Küting, K./Kessler, H. (2000), Einige Bemerkungen zum Verhältnis von Imparitätsprinzip und Besteuerung nach der Leistungsfähigkeit, in: StuB 2000, S. 21-29.

Küting, K./Kessler, H./Cassel, J./Metz, C. (2010), Die bilanzielle Würdigung bestandsunsicherer Schadenersatzverpflichtungen nach IFRS und HGB, in: WPg 2010, S. 315-329.

Küting, K./Koch, C./Tesche, T. (2011), Umbruch der internationalen Leasingbilanzierung – Fluch oder Segen? In: DB 2011, S. 425-430.

Küting, K./Lam, S. (2011), Bilanzierungspraxis in Deutschland. Theoretische und empirische Überlegungen zum Verhältnis von HGB und IFRS, in: DStR 2011, S. 991-996.

Küting, K./Lauer, P. (2009), Der Fair Value in der Krise, in: BFuP 2009, S. 547-567.

Küting, K./Lauer, P. (2011), Die Jahresabschlusszwecke nach HGB und IFRS – Polarität oder Konvergenz? – Zugleich eine Würdigung von Wolfgang Stützel –, in: DB 2011, S. 1985-1991.

Küting, K./Lorson, P./Eichenlaub, R./Toebe, M. (2011), Die Ausschüttungssperre im neuen deutschen Bilanzrecht nach § 268 Abs.8 HGB, in: GmbHR 2011, S. 1-10.

Küting, K./Pfirmann, A./Ellmann, D. (2008), Die Bilanzierung von selbsterstellten immateriellen Vermögensgegenständen nach dem RegE des BilMoG, in: KoR 2008, S. 689-697.

Küting, K./Pfirmann, A./Ellmann, D. (2010), Die bilanzielle Behandlung von öffentlichen Zuwendungen für Forschungs- und Entwicklungstätigkeiten im HGB-Recht, in: DStR 2010, S. 2206-2214.

Küting, K./Ranker, D. (2007a), Behandlung von Anschaffungskostenbestandteilen gem. IAS 16.16 lit. c in der Fair Value-Bewertung, in: KoR 2007, S. 193-199.

Küting, K./Ranker, D. (2007b), Umsetzung des Komponentenansatzes bei Immobilien in der IFRS-Rechnungslegung, in: DB 2007, S. 753-758.

Küting, K./Reuter, M. (2009), Neubewertungsrücklagen als Konsequenz einer (erfolgsneutralen) Fair Value-Bewertung – Untersuchung dieser IFRS-spezifischen Eigenkapitalposten und ihrer fragwürdigen Bedeutung in der Bilanzierungspraxis, in: KoR 2009, S. 172-181.

Küting, K./Tesche, T. (2009), Wirtschaftliche Zurechnung, in: Das neue deutsche Bilanzrecht. Handbuch zur Anwendung des Bilanzrechtsmodernisierungsgesetzes, Hrsg. Küting, K./Pfitzer, N./Weber, C.-P., 2. Aufl., Stuttgart 2009, S. 183-195.

Küting, K./Weber, C.-P./Reuter, M. (2008), Steuerbemessungsfunktion als neuer Bilanzzweck des IFRS-/Konzern-Abschlusses durch die Zinsschrankenregelung? Eine bilanz- und steuerrechtliche sowie bilanzanalytische Betrachtung, in: DStR 2008, S. 1602-1610.

Küting, K./Wirth, J. (2003), Richtungswechsel bei Überarbeitung des Werthaltigkeitstests nach IAS 36. Konzeption des Werthaltigkeitstests nach den jüngsten Reformbeschlüssen des IASB, in: DStR 2003, S. 1848-1852.

Kuhner, C. (2007), Die immateriellen Vermögensgegenstände und -werte des Anlagevermögens, in: HdJ (Loseblattsammlung), Hrsg. v. Wysocki, K. et al., Abt. II/1, Köln, Stand: Februar 2007.

Kuhner, C. (2008), Kommentierung IAS 18: Erträge (Revenue), in: Münchener Kommentar zum Bilanzrecht, Bd. 1: IFRS (Faszikelwerk), Hrsg. Hennrichs, J./Kleindiek, D./Watrin, C., München, Stand: Juli 2008.

Kuhner, C. (2010), Anmerkungen zur Ermittlung des Vorsteuer-Kapitalisierungszinssatzes im Rahmen der Berechnung des Nutzungswertes (value in use) nach IAS 36, in: Unternehmensbesteuerung. Festschrift für Norbert Herzig zum 65. Geburtstag, Hrsg. Kessler, W./Förster, G./Watrin, C., München 2010, S. 609-625.

Kuhner, C./Hitz, J.-M. (2009), Kommentierung IAS 36: Wertminderung von Vermögenswerten (Impairment of Assets), in: Münchener Kommentar zum Bilanzrecht, Bd. 1: IFRS (Faszikelwerk), Hrsg. Hennrichs, J./Kleindiek, D./Watrin, C., München, Stand: April 2009.

Kulosa, E. (2011a), Kommentierung des § 6 EStG, in: Einkommensteuergesetz. Kommentar, Begr. Schmidt, L., Hrsg. Drenseck, W., 30. Aufl., München 2011.

Kulosa, E. (2011b), Kommentierung des § 7 EStG, in: Einkommensteuergesetz. Kommentar, Begr. Schmidt, L., Hrsg. Drenseck, W., 30. Aufl., München 2011.

Kuntschik, N. (2004), Steuerliche Gewinnermittlung und IAS/IFRS am Beispiel immaterieller Vermögenswerte. Insbesondere Forschungs- und Entwicklungskosten und Geschäftswerte, Frankfurt a. M. u. a. 2004.

Kunz, A. C. (2011), Rechnungslegung und Mittelstand zwischen IFRS und Bilanzrechtsmodernisierung, Baden-Baden 2011.

Kußmaul, H. (2005), Fair Value-Bewertung und Maßgeblichkeit, in: Fair Value. Bewertung in Rechnungswesen, Controlling und Finanzwirtschaft, Hrsg. Bieg, H./Heyd, R., München 2005, S. 179-202.

Kußmaul, H. (2010), Betriebswirtschaftliche Steuerlehre, 6. Aufl., München 2010.

Kußmaul, H./Gräbe, S. (2010a), Der Maßgeblichkeitsgrundsatz vor dem Hintergrund des BilMoG, in: StB 2010, S. 106-115.

Kußmaul, H./Gräbe, S. (2010b), Der Maßgeblichkeitsgrundsatz vor dem Hintergrund des BMF-Schreibens vom 12. 3. 2010, in: StB 2010, S. 264-268.

Kußmaul, H./Huwer, E. (2010), Die Widerspruchslosigkeit der bilanziellen Differenzierung zwischen Anlage- und Umlaufvermögen – Ein Widerspruch? In: DStR 2010, S. 2471-2476.

Kußmaul, H./Huwer, E. (2011), Die Bedeutung der Abgrenzung von Anlage- und Umlaufvermögen. Ansatz-, Bewertungs- und Ausweisnormen sowie eine steuerliche Betrachtung, in: StuB 2011, S. 290-295.

Kußmaul, H./Klein, N. (2001), Überlegungen zum Maßgeblichkeitsprinzip im Kontext jüngerer nationaler sowie internationaler Entwicklungen, in: DStR 2001, S. 546-550.

Kußmaul, H./Meyering, S. (2007), Der Teilwert, in: StB 2007, S. 462-467.

Kußmaul, H./Niehren, C. (2009), Rückstellungen, in: IFRS-Rechnungslegung. Grundlagen – Aufgaben – Fallstudien, Hrsg. Brösel, G./Zwirner, C., München 2009, S. 195-210.

Kußmaul, H./Niehren, C. (2011), Die Gemeinsame Konsolidierte Körperschaftsteuer-Bemessungsgrundlage in der Europäischen Union, in: StB 2011, S. 344-350.

Kußmaul, H./Niehren, C./Pfeifer, G. (2010a), CCCTB – Illusion oder Wirklichkeit? Ein internationales Modell ruft (inter)nationale Reaktionen hervor, in: StuW 2010, S. 177-184.

Kußmaul, H./Niehren, C./Pfeifer, G. (2010b), Zur angestrebten Reform der Gruppenbesteuerung durch die CCCTB unter Berücksichtigung der deutschen Organschaft, in: Ubg 2010, S. 266-274.

Kußmaul, H./Ollinger, C. (2011), Zur Aktivierungsfähigkeit von Nutzungsrechten in Handels- und Steuerbilanz, in: StuW 2011, S. 282-291.

Kußmaul, H./Tcherveniachki, V. (2005), Entwicklung der Rechnungslegung mittelständischer Unternehmen im Kontext der Internationalisierung der Bilanzierungspraxis, in: DStR 2005, S. 616-621.

Kußmaul, H./Weiler, D. (2011), Bilanzsteuerliche Abschreibungswahlrechte für sog. „Geringwertige Wirtschaftsgüter“ – Das BMF-Schreiben vom 30.9.2010: Darstellung und kritische Würdigung –, in: GmbHR 2011, S. 169-173.

Kußmaul, H./Zabel, M. (2005), Nationale Bilanzierung und steuerliche Gewinnermittlung vor dem Hintergrund der Internationalisierung der Rechnungslegung, in: StuB 2005, S. 800-805.

Kvifte, S. S. (2008), Revisiting the Concepts: Time to Challenge the Asset-Liability View, in: Australian Accounting Review 2008, S. 81-92.

L

Lamb, M. (1996), The relationship between accounting and taxation: The United Kingdom, in: EAR 1996, Supplement 5, S. 933-949.

Lamb, M./Nobes, C./Roberts, A. (1998), International Variations in the Connections Between Tax and Financial Reporting, in: Accounting and Business Research 1998, S. 173-188.

Lambrecht, C. (2011), Kommentierung § 7 EStG, in: Einkommensteuergesetz. Kommentar, Hrsg. Kirchhof, P., 10. Aufl., Köln 2011.

Lamjav, N. (2008), Accounting Systems and Structures in Poland, in: Accounting Reform in Transition and Developing Economies, Hrsg. McGee, R. W., New York 2008, S. 131-138.

Lammersen, L. (1999), Die zinsbereinigte Einkommen- und Gewinnsteuer – Ökonomische Analyse eines aktuellen Reformvorschlages, Nürnberg 1999.

Lammersen, L. (2005), Steuerbelastungsvergleiche. Anwendungsfelder und Grenzen in der Steuerplanung und der Steuerwirkungslehre, Wiesbaden 2005.

Lanfermann, G./Richard, M. (2008), Ausschüttungen auf Basis von IFRS: Bleibt die deutsche Bundesregierung zu zögerlich? – Zum Regierungsentwurf eines Gesetzes zur Modernisierung des Bilanzrechts (Bilanzrechtsmodernisierungsgesetz – BilMoG) –, in: DB 2008, S. 1925-1932.

Lanfermann, G./Röhricht, V. (2009), § 268 Abs. 8 HGB als neue Generalnorm für außerbilanzielle Ausschüttungssperren, in: DStR 2009, S. 1216-1222.

Lang, J. (1981), Gewinnrealisierung – Rechtsgrundlagen, Grundtatbestände und Prinzipien im Rahmen des Betriebsvermögensvergleichs nach § 4 Abs. 1 EStG, in: Gewinnrealisierung im Steuerrecht. Theorie und Praxis der Gewinnverwirklichung durch Umsatzakt und durch Entstrickung des Besteuerungsaufschubs, DStJG, Bd. 4, Hrsg. Ruppe, H.-G., Köln 1981, S. 45-96.

Lang, J. (1988), Die Bemessungsgrundlage der Einkommensteuer. Rechtssystematische Grundlagen steuerlicher Leistungsfähigkeit im deutschen Einkommensteuerrecht, Köln 1988.

Lang, J. (2000), Die Bemessungsgrundlage der Einkommensteuer, in: Besteuerung von Einkommen. Rechtsvergleich Italien, Deutschland und Spanien als Beitrag zur Harmonisierung des Steuerrechts in Europa, Hrsg. Tipke, K./Bozza, N., Berlin 2000, S. 123-151.

Lang, J. (2001a), Konkretisierungen und Restriktionen des Leistungsfähigkeitsprinzips, in: Festschrift für Wilhelm Kruse zum 70. Geburtstag, Hrsg. Drenseck, W./Seer, R., Köln 2001, S. 313-338.

Lang, J. (2001b), Prinzipien und Systeme der Besteuerung von Einkommen, in: Besteuerung von Einkommen, DStJG, Bd. 24, Hrsg. Ebling, I., Köln 2001, S. 49-133.

Lang, J. (2005), The influence of tax principles on the taxation of income from capital, in: The Notion of Income from Capital, EATLP Congress, Cologne 12-14 June 2003, Hrsg. Essers, P. H. J./Rijkers, A.C., Amsterdam 2005, S. 3-31.

Lang, J. (2006), Besteuerung von Einkommen - Aufgabe, Wirkungen und europäische Herausforderungen, in: NJW 2006, S. 2209-2213.

Lang, J. (2007), Der Stellenwert des objektiven Nettoprinzips im deutschen Einkommensteuerrecht, in: StuW 2007, S. 3-15.

Lang, J. (2010), § 4 Rechtsstaatliche Ordnung des Steuerrechts, in: Steuerrecht, begr. v. Tipke, K./fortgef. v. Lang, J./Seer, R./Hey, J., 20. Aufl., Köln 2010, S. 69-137.

Lang, J./Englisch, J. (2006), A European Legal Tax Order Based on Ability to Pay, in: International Tax Law, Hrsg. Amatucci, A., Alphen aan den Rijn 2006, S. 251-335.

Lang, J. (2011), Unternehmensbesteuerung im internationalen Wettbewerb, in: StuW 2011, S. 144-158.

Lange, C. (2011) 75 Jahre Teilwert. Gegenwart und Zukunft des Teilwertbegriffs vor dem Hintergrund seiner Geschichte, Berlin 2011.

Langkau, D. (2009), Rückwirkung der steuerlichen Zinsschrankenregelung auf den Goodwill-Impairment-Test nach IFRS, in: DStR 2009, S. 652-658.

Larson, R. K./Street, D. L. (2004), Convergence with IFRS in an expanding Europe: progress and obstacles identified by large accounting firms' survey, in: Journal of International Accounting, Auditing and Taxation 2004, S. 89-119.

Laubach, W./Findeisen, K.-D./Murer, A. (2010), Leasingbilanzierung nach IFRS im Umbruch – der neue Exposure Draft „Leases", in: DB 2010, S. 2401-2410.

Laukkanen, A. (2007), Taxation of Investment Derivatives, Amsterdam 2007.

Laubach, W./Kraus, S./Bornhofen, M. C. (2009), Zur Durchführung der HGB-Modernisierung durch das BilMoG: Die Bilanzierung selbst geschaffener immaterieller Vermögensgegenstände, in: DB 2009, Beilage 5 zu Heft 23, S. 19-24.

Lauer, R. M./Bremer, M. (2005), Ertragsrealisierung bei Kooperationen in der Biotechnologiebranche, in: KoR 2005, S. 449-454.

Lauth, B. (2000), Engültiger Abschied von der Einheitsbilanz, in: DStR 2000, S. 1365-1372.

Ledouble, D. (2005), La comptabilité est-elle encore „l'algèbre du droit"? In: RFC n° 380/Septembre 2005, S. 18-21.

Leffson, U. (1987), Die Grundsätze ordnungsmäßiger Buchführung, 7. Aufl., Düsseldorf 1987.

Leippe, B. (2002), Die Bilanzierung von Leasinggeschäften nach deutschem Handelsrecht und US-GAAP, Frankfurt a. M. u. a. 2002.

Lemm, W. (1981), Forderungsbilanzierung bei alternativer Auslegung des Realisationsprinzips: unter besonderer Berücksichtigung der steuerlichen Gewinnermittlung, Frankfurt a. M. u. a. 1981.

Lenz, T. (2008), Grundsätze steuerlicher Gewinnermittlung unter dem Einfluss der IAS/IFRS, Frankfurt a. M. u. a. 2008.

Lenz, M./Rautenstrauch, G. (2011), Der Richtlinienentwurf zur Gemeinsamen konsolidierten KSt-Bemessungsgrundlage (GKKB), in: DB 2011, S. 726-731.

Leplow, C. (2002), Das Wertaufholungsgebot in der Handels- und Steuerbilanz, Köln 2002.

Leśko, D. (2007), Polish financial reporting principles in transition, in: Baltic Journal of Management 2007, S. 55-66.

Leuchtenstern, S./Ranker, D./Henneberger, M. (2011), Reformierung der Leasingbilanzierung. Wo geht die Reise hin? (Teil 3), in: KoR 2011, S. 26-34.

Levedag, C. (2002), Capital Maintenance in England. Ein Überblick über die Kapitalerhaltungsgrundsätze im englischen Gesellschaftsrecht, in: IWB 2002, F. 5, Gr. 3, S. 161-186.

Lévesque, L. (2006), Les nouvelles règles comptables: la convergence plan comptable/IFRS en marche, in: SIC n° 238/Janvier 2006, S. 7-11.

Levin, K. (2006), International Financial Reporting Standards – Effects on Swedish taxation, Master's thesis, Stockholm School of Economics Department of Accounting and Business Law.

Ley, U./Spingler, M. (2009), Die Aufgabe der umgekehrten Maßgeblichkeit – Auswirkungen auf die Bilanzierung in der Handelsbilanz zum 31.12.2009 nach bisherigem HGB, in: Ubg 2009, S. 781-787.

Liekenbrock, B. (2011), Management und Bilanzierung von Zinsschrankenrisiken. Qualitative Rechts- und quantitative Steuerwirkungsanalyse, Wiesbaden 2011.

Lienau, A./Zülch, H. (2006), Die Ermittlung des value in use nach IFRS – Eine Betrachtung der Einflussfaktoren des value in use vor dem Hintergrund der Vermittlung entscheidungsnützlicher Jahresabschlussinformationen –, in: KoR 2006, S. 319-329.

Lietz, G./Watrin, C./Neubeck, G./Lammert, J. (2010), Konzeption des Beherrschungsverhältnisses nach BilMoG. Neuausrichtung, Generalnorm und angrenzende Beherrschungstatbestände, in: StuB 2010, S. 898-904.

Lindahl, E. (1933), The Concept of Income, in: Economic Essays in Honour of Gustav Cassel, Hrsg. Bagge, G., London 1933, S. 399-407; wiederabgedruckt in: Readings in the Concept and Measurement of Income, Hrsg. Parker, R. H./Harcourt, G. C., Cambridge 1969, S. 54-62.

Lindencrona, G. (1984), Skatteförmågeprincip och individuell beskattning – idékonflikt inom familjebeskattning eller ej, in: Festskrift till Jan Hellner, Hrsg. Bernitz, U. et al., Malmö 1984, S. 337-351.

Linder, T. A. (2011), Großreparaturen i. S. des § HGB § 249 Abs. HGB § 249 Absatz 2 HGB a. F. – doch ein Anwendungsfall des Komponentenansatzes nach IDW RH HFA 1.016? In: DStR 2011,
S. 1238-1243.

Link, S. P. (2005), Die Maßgeblichkeitsdiskussion angesichts der Einführung von IAS/IFRS in die Rechnungslegung, in: Steuerliche Maßgeblichkeit in Deutschland und Europa, Hrsg. Schön, W., Köln 2005, S. 207-281.

Linn, D. W. (1974), Erfolgsermittlung mit Hilfe der ökonomischen Gewinnkonzeption, in: DB 1974, S. 197-201.

Litwińczuk, H./Supera-Markowska, M. (2008), Depreciation Rules in the Common Consolidated Corporate Tax Base, in: Common Consolidated Corporate Tax Base, Hrsg. Lang, M. et al., Wien 2008, S. 305-321.

Lochmann, U. (2010), Betriebsausgabenabzug bei Stock Options für Vergütungszwecke. Zugleich Anm. zum BFH-Urteil vom 25.8.2010 – I R 103/09, DB 2010 S. 2648, in: DB 2010, S. 2761-2764.

Lodin, S.-O./Gammie, M. (2001), Home State Taxation. Tax treaty aspects, Amsterdam 2001.

Löcke, J. (1998), Steuerrechtliche Aktivierungsgrundsätze und Property-Rights-Theorie. Ein neuer Ansatz der interdisziplinären Zusammenarbeit im Bilanzrecht? In: StuW 1998, S. 124-132.

Löw, E. (2008), Geplante Veränderungen bei der Bilanzierung von Finanzinstrumenten, in: Accounting 1/2008, S. 12-15.

Löhr, D. (2003), IAS (IFRS) versus HGB – Ein einzelwirtschaftspolitischer Paradigmenwechsel als Fortschritt? In: StuB 2003, S. 643-651.

Lohr, J.-A./Görges, A. (2010), Probleme und Zukunft der Organschaft, in: DB 2010, S. 2576-2581.

Lorenz, K. (2002), Wirtschaftliche Vermögenszugehörigkeit im Bilanzrecht, Düsseldorf 2002.

Lorenz, K. (2010), IFRS Exposure Draft „Leases“: Abschaffung des wirtschaftlichen Eigentums bei Leasingverhältnissen? In: BB 2010, S. 2555-2560.

Lorenz, K./Wüstemann, J. (2011), Wirtschaftliche Vermögenszugehörigkeit – Beispiel Leasingverhältnisse, in: Bilanzierung case by case. Lösungen nach HGB und IFRS, 5. Aufl., Frankfurt a. M. 2011, S. 83-103.

Loritz, K.-G. (2009), Verbreiterung der Bemessungsgrundlage – Hoffnung bei jeder Steuerreform oder hoffnungsloser Irrweg? In: Steuern und Rechnungslegung. Festschrift zum 65. Geburtstag von Professor Dr. Jochen Sigloch, Hrsg. Egner, T./Henselmann, K./Schmidt, L., Aachen 2009, S. 273-299.

Lorson, P. (2009), Bedeutungsverschiebung der Bilanzierungszwecke, in: Das neue deutsche Bilanzrecht. Handbuch zur Anwendung des Bilanzrechtsmodernisierungsgesetzes, Hrsg. Küting, K./Pfitzer, N./Weber, C.-P., 2. Aufl., Stuttgart 2009, S. 3-37.

Loukota, W. (2004), Die Zukunft der Unternehmensbesteuerung in der EU, in: SWI 2004, S. 297-301.

Lüdenbach, N. (2010), IFRS. Der Ratgeber zur erfolgreichen Anwendung von IFRS, 6. Aufl., Freiburg i. Br. u. a. 2010.

Lüdenbach, N. (2011), Verhältnis von einzelbilanzieller Zurechnung und Konsolidierung bei Leasingobjektgesellschaften, in: StuB 2011, S. 345-346.

Lüdenbach, N./Freiberg, J. (2005), Drohende Verluste nach IAS 37 – Saldierungsbereich und Verhältnis zur außerplanmäßigen Abschreibung, in: PiR 2005, S. 41-45.

Lüdenbach, N./Freiberg, J. (2006), Wirtschaftliches Eigentum nach IAS 17 – die unterschätzte Bedeutung des Spezialleasings, in: BB 2006, S. 259-264.

Lüdenbach, N./Freiberg, J. (2009), Zweifelsfragen der abstrakten und konkreten Bilanzierungsfähigkeit immaterieller Anlagen, in: BFuP 2009, S. 131-151.

Lüdenbach, N./Freiberg, J. (2011), § 15 Leasing, in: Haufe IFRS-Kommentar, Hrsg. Lüdenbach, N./Hoffmann, W.-D., 9. Aufl., Freiburg i. Br. u. a. 2011.

Lüdenbach, N./Hoffmann, W.-D. (2003a), Imparitätische Wahrscheinlichkeit – Zukunftswerte im IAS-Regelwerk, in: KoR 2003, S. 5-14.

Lüdenbach, N./Hoffmann, W.-D. (2003b), Vergleichende Darstellung von Bilanzierungsproblemen des Sach- und immateriellen Anlagevermögens nach IAS und HGB, in: StuB 2003, S. 145-152.

Lüdenbach, N./Hoffmann, W.-D. (2007a), Der IFRS-Konzernabschluss als Bestandteil der Steuerbemessungsgrundlage für die Zinsschranke nach § 4h EStG-E, in: DStR 2007, S. 636-642.

Lüdenbach, N./Hoffmann, W.-D. (2007b), Der Standardentwurf des IASB für den Mittelstand, in: DStR 2007, S. 544-549.

Lüdenbach, N./Hoffmann, W.-D. (2009), Die wichtigsten Änderungen der HGB-Rechnungslegung durch das BilMoG, in: StuB 2009, S. 287-316.

Lüdenbach, N./Hoffmann, W.-D. (2011), § 1 Rahmenkonzept (Framework), in: Haufe IFRS-Kommentar, Hrsg. Lüdenbach, N./Hoffmann, W.-D., 9. Aufl., Freiburg i. Br. u. a. 2011.

Lüders, J. (1987), Der Zeitpunkt der Gewinnrealisierung im Handels- und Steuerbilanzrecht, Köln 1987.

Lüdicke, J. (2010), Der Verlust im Steuerrecht, in: DStZ 2010, S. 434-440.

Lüdicke, J./Kind, S. (2009), Finanzierungsleasing als Finanzdienstleistung. Vorschlag einer Begriffsbestimmung, in: DStR 2009, S. 709-715.

Lüdicke, J./Naumburg, C. (2001), Anh. Überblick über das Steuerrecht Schwedens, in: Doppelbesteuerung. Kommentar zu allen deutschen Doppelbesteuerungsabkommen (Loseblattsammlung), Hrsg. Debatin, H./Wassermeyer, F., Bd. V, München, Stand: Oktober 2001.

Lühn, M. (2007), Weiterentwicklung des handelsrechtlichen Einzelabschlusses. Änderungen des BilMoG-E sowie weitere Reformüberlegungen, in: StuB 2007, S. 928-934.

Lühn, M. (2009), Bilanzierung von Finanzinstrumenten nach HGB i. d. F. des BilMoG. Zeitwertbilanzierung und Bildung von Bewertungseinheiten, in: BBK 2009, S. 993-1002.

Luik, H. (1981), Grundprobleme des Realisationszeitpunktes, dargestellt an den Fällen der Lieferung mit Rückgaberecht, des Umtauschgeschäfts und der Liquidation, in: Gewinnrealisierung im Steuerrecht. Theorie und Praxis der Gewinnverwirklichung durch Umsatzakt und durch Entstrickung des Besteuerungsaufschubs, DStJG, Bd. 4, Hrsg. Ruppe, H.-G., Köln 1981, S. 97-115.

Lukas, C./Rapp, M. J. (2010), Die Percentage-of-Completion-Methode: Budgetierung und Realisierung im Projektgeschäft, in: IRZ 2010, S. 133-141.

Luttermann, C. (2003), Kommentierung § 264 HGB, in: Münchener Kommentar zum Aktiengesetz, Hrsg. Kropff, B./Semler, J., Bd. 5/1. §§ 148-151, 161-178 AktG, §§ 238-264 c, 342, 342a HGB,
2. Aufl., München 2003.

Luttermann, C. (2008), Zum Gesetz zur Modernisierung des Bilanzrechts, in: ZIP 2008, S. 1605-1614.

Luttermann, C. (2010a), Bilanzregeln und Finanzkrise: Die Besteuerung nach Leistungsfähigkeit und Bilanzwahrheit als Beweismaß, in: StuW 2010, S. 346-355.

Luttermann, C. (2010b), Europäisches Bilanzrecht für mittelständische Gesellschaften: IFRS (for SMEs) als Reformkonzept, in: RIW 2010, S. 417-424.

Lutz, D. (1992), Unternehmensformen und Unternehmensbesteuerung in Frankreich. Ein Überblick, in: BB 1992, S. 248-251.

Lutz, G./Schlag, A. (2010), Der Gegenstand der Aktivierung und Passivierung und seine Zurechnung im Handelsrecht, Steuerrecht und nach IFRS, in: HdJ (Loseblattsammlung), Hrsg. v. Wysocki, K. et al., Abt. I/4, Köln, Stand: Mai 2010.

Lyon, T./Owen, J. (2006a), Capital allowances and long funding leases – winners and losers, in: BTR 2006, S. 34-37.

Lyon, T./Owen, J. (2006b), The new leasing tax regime for corporate lessors and lessess – a summary, in: BTR 2006, S. 37-43.

M

Macdonald, G. (1995), Matching Accounting and Taxable Profits: Reflections on Gallagher v. Jones, in: BTR 1995, S. 484-498.

Macdonald, G. (2002), The Taxation of Business Income. Aligning Taxable Income With Accounting Income, The Institute for Fiscal Studies, TLRC Discussion Paper No. 2, London, April 2002.

Macdonald, G. (2007), HMRC v William Grant & Sons Distillers Ltd and Small (Inspector of Taxes) v Mars UK Ltd: accountancy practice and the computation of profit, in: BTR 2007, S. 366-370.

Macdonald, G./Martin, D. (2004), Tax and accounting: a response to the 2003 consultation document on corporation tax reform, The Institute for Fiscal Studies, TLRC Discussion Paper No. 4, London, February 2004.

Madeja, F./Roos, B. (2008), Zur Bilanzierung immaterieller Vermögenswerte des Anlagevermögens nach BilMoG – Fallbeispiele zur Anwendung geplanter Neuregelungen –, in: KoR 2008, S. 342-348.

Maier, S. (2010), Die Implementierung der IFRS als steuerliche Bemessungsgrundlage. Eine kritische Analyse vor dem Hintergrund anerkannter Besteuerungsprinzipien, Hamburg 2010.

Mainwaring, S. (2004), Accounting practice – sections 50-54, in: BTR 2004, S. 472-478.

Maiterth, R. (2005), Auswirkungen der geplanten Absenkung des Körperschaftsteuertarifs auf die steuerliche Attraktivität des Standorts Deutschland, in: ZSteu 2005, S. 368-372.

Maiterth, R./Müller, H. (2003), Abbau von Steuervergünstigungen durch Einschränkungen bei der Fortführung eines körperschaftsteuerlichen Verlustvortrags? In: StuB 2003, S. 254-261.

Maiterth, R./Müller, H. (2006), Abschaffung der Verlustübernahme bei Verschmelzung von Körperschaften – steuersystematisch geboten oder fiskalisch motiviert? In: DStR 2006, S. 1861-1866.

Maiterth, R./Sureth, C. (2006), Unternehmensfinanzierung, Unternehmensrechtsform und Besteuerung, in: BFuP 2006, S. 225-245.

Malherbe, P. (2010), Publizität aus belgischer und französischer Sicht, in: Rechnungslegung, Publizität und Wettbewerb, Hrsg. Ebke, W. F./Möhlenkamp, A., Baden-Baden 2010, S. 81-107.

Malke, C. (2010), Taxation of European Companies at the time of establishment and restructuring, Wiesbaden 2010.

Mamut, M.-A. (2006), Auf dem weg zur Common Consolidated Corporate Tax Base (CCCTB), in: SWI 2006, S. 425-429.

Mamut, M.-A. (2007), Status Quo der Arbeiten an der gemeinsamen Steuerbemessungsgrundlage in der EU, in: FJ 2007, S. 125-127.

Mamut, M.-A./Schlager, C. (2008), National Report Austria, in: Tax Compliance Costs for Companies in an Enlarged European Community, Hrsg. Lang, M. et al., Wien 2008, S. 55-90.

Manegold, N./Weindel, M./Wüstemann, J. (2011), Herstellungskosten – Beispiel Büroeinrichtungen, in: Bilanzierung case by case. Lösungen nach HGB und IFRS, 5. Aufl., Frankfurt a. M. 2011, S. 197-219.

Manegold, N./Wüstemann, S./Wüstemann, J. (2011), Gewinnrealisierung/Ertragsvereinnahmung – Beispiel Kaufvertrag mit Rückgaberecht, in: Bilanzierung case by case. Lösungen nach HGB und IFRS, 5. Aufl., Frankfurt a. M. 2011, S. 65-82.

Marchessou, P. (1999), France, in: The Principle of Equality in European Taxation, Hrsg. Meussen, G. T. K., Den Haag/London/Boston, S. 75-88.

Marchessou, P. (2006), L'incidence des normes IAS/IFRS sur les conditions de soumission à l'impôt sur les sociétiés français des immobilisations corporelles, des immobilisations incorporelles et des instruments financiers, in: Estudios sobre las normas internacionales de contabilidad y el impuesto sobre sociedades en el ámbito de la Unión Europea, Hrsg. de Bunes, M./Lasarte, J., Madrid 2006, S. 293-316.

Marchlen, L. T. (2010), Selected Issues on Interstate Apportionment of Corporate Income Tax in the US: A Model for Europe? In: Intertax 2010, S. 163-166.

Marflow, A. (1994), Unternehmensbesteuerung in Großbritannien, in: Unternehmensbesteuerung in EU-Staaten, DStJG, Bd. 16, Hrsg. Lang, J., Köln 1994, S. 93-119.

Marquardt, A. (2003), Ertragsbesteuerung von Unternehmen in der Europäischen Union. Erörterung von Grundsatzfragen unter besonderer Berücksichtigung der Mitgliedstaaten Deutschland und Frankreich, Frankfurt a. M. u. a. 2003.

Martens, H. J. (1983), Transformation der 4. EG-Richtlinie in Frankreich, in: WPg 1983, S. 1-9 (Teil I) und S. 44-55 (Teil II).

Martens Weiner, J. (2002), Formulary Apportionment and the Future of Company Taxation in the European Union, in: CESifo Forum 1/2002, S. 10-20.

Martens Weiner, J. (2005), Formulary Apportionment and Group Taxation in the European Union: Insights from the United States and Canada, European Commission, Taxation Papers, Working paper n° 8/2005, Brüssel 2005.

Martens Weiner, J. (2006), Company Tax Reform in the European Union. Guidance from the United States and Canada on Implementing Formulary Apportionment in the EU, New York 2006.

Martens Weiner, J. (2008), Formula One. The race to find a common formula to apportion the EU tax base, in: ECTR 2008, S. 100-110.

Martens Weiner, J./Mintz, J. (2002), An Exploration of Formula Apportionment in the European Union, in: ET 2002, S. 346-351.

Martin, D. (2005), Tax Simplification. How, and why it must be done, Hrsg. Centre for Policy Studies, London 2005.

Martin, K. (2008), Einführung in das britische Einkommensteuerrecht, in: IWB 2008, F. 5, Gr. 2, S. 465-472.

Marx, N. F. (2001), Gesetzmäßigkeit und Gleichmäßigkeit der Besteuerung in Frankreich, Baden-Baden 2001.

Marx, F. J. (2007), Aktuelle Entwicklungen im Steuerbilanzrecht nach der Unternehmensteuerreform 2008, in: StuB 2007, S. 879-887.

Marx, F. J. (2009), Zuflüsse und Abflüsse – Probleme der einkommensteuerlichen Erfassung und Abgrenzung von Einkommen entlang der Zahlungsströme, in: Steuern und Rechnungslegung. Festschrift zum 65. Geburtstag von Professor Dr. Jochen Sigloch, Hrsg. Egner, T./Henselmann, K./Schmidt, L., Aachen 2009, S. 301-323.

Marx, F. J. (2011a), Der Wesentlichkeitsgrundsatz in der steuerrechtlichen Gewinnermittlung, in: FR 2011, S. 267-272.

Marx, F. J. (2011b), Die Gewinnermittlungskonzeption der GKKB nach dem Richtlinienentwurf der EU-Kommission, in: DStZ 2011, S. 547-555.

Marx, F. J. (2011c), Teilhaberthese als Leitbild zur Neukonzeption der steuerrechtlichen Gewinnermittlung nach Inkrafttreten des BilMoG, in: BB 2011, S. 1003-1006.

Marx, F. J./Löffler, C./Kläne, S. (2010), Fremdbestimmte Steuerwirkungen bei Personen- und Kapitalgesellschaften – Erscheinungsformen und Möglichkeiten der Berücksichtigung aus Sicht der Betriebswirtschaftlichen Steuerlehre –, in: StuW 2010, S. 65-80.

Mastellone, P. (2011), Corporate Tax and International Accounting Standards: Recent Developments in Italy, in: TNI 2011, S. 241-251.

Matena, S. (2004), Bilanzielle Vermögenszurechnung nach IFRS. Konzept und Analyse der Zurechnung von Vermögenswerten zum bilanziellen Vermögen von Unternehmen, Düsseldorf 2004.

Mayer, S. (2005), Entwicklung der Maßgeblichkeit in Deutschland, in: Steuerliche Maßgeblichkeit in Deutschland und Europa, Hrsg. Schön, W., Köln 2005, S. 147-205.

Mayer, S. (2009a), Die Fortentwicklung des Jahresabschlusses in Deutschland nach dem BilMoG, in: DStR 2009, S. 129-134.

Mayer, S. (2009b), Formulary Apportionment in the Internal Market, Amsterdam 2009.

Mayer-Wegelin, E. (2010), Teilkommentierung zu § 249 HGB, in: Handbuch der Rechnungslegung Einzelabschluss. Kommentar zur Bilanzierung und Prüfung (Loseblattsammlung), Hrsg. Küting, K./Pfitzer, N./Weber, C.-P., Bd. 1, Stuttgart, Stand: Dezember 2010.

Mayr, G. (2001a), Gewinnrealisierung im Steuerrecht und Handelsrecht, Wien 2001.

Mayr, G. (2001b), Steuerbilanz: Die Qual der Wahl? Umfang und Grenzen der Wahlrechte bei Rückstellungen, Teilwertabschreibungen und AfaA, in: ÖStZ 2001, S. 226-231.

Mayr, G. (2004), Rückstellungen in der Handels- und Steuerbilanz, Wien 2004.

Mayr, G. (2007), UGB und Steuerrecht. Derzeitiger Stand, Probleme und Ausblick, in: Steuerrecht, Verfassungsrecht, Europarecht. Festschrift für Hans Georg Ruppe, Hrsg. Achatz, M., Wien 2007, S. 466-478.

Mayr, G. (2008a), CCCTB: Der steuerpflichtige Unternehmensgewinn – gemeinsame Strukturelemente, in: A Common Consolidated Corporate Tax Base for Europe – Eine einheitliche Körperschaftsteuerbemessungsgrundlage für Europa, Hrsg. Schön, W./Schreiber, U./Spengel, C., Berlin/Heidelberg 2008, S. 85-93.

Mayr, G. (2008b), CCCTB: eine realistische Betrachtung, in: SWI 2008, S. 288-290.

Mayr, G. (2008c), CCCTB: Moderne Konzernbesteuerung im Lichte der EuGH-Rechtsprechung, in: BB 2008, S. 1312-1317.

Mayr, G. (2009), Steuervereinfachung als Leitprinzip, in: Steuerwissenschaften und betriebliches Rechnungswesen. Strukturen – Prinzipien – Neuerungen. Festschrift für Herbert Kofler zum 60. Geburtstag, Hrsg. Urnik, S./Fritz-Schmied, G./Kanduth-Kristen, S., Wien 2009, S. 471-482.

Mayr, G. (2010), Die Zukunft der Steuerbilanz, in: Einkommensteuer, Körperschaftsteuer, Steuerpolitik. Gedenkschrift für Peter Quatschnigg, Hrsg. Österreichisches Bundesministerium für Finanzen/Jo-hannes Kepler Universität Linz, Wien 2010, S. 255-262.

Mayr, G. (2011), Zukunftskonzepte der Einkünfteermittlung: BilMoG, Maßgeblichkeitsgrundsatz und CCCTB, in: Einkünfteermittlung, DStJG, Bd. 34, Hrsg. Hey, J., Köln 2011, S. 327-352.

Mayr, G./Wiesner, W. (2008), Die österreichische Gruppenbesteuerung im Lichte von Marks & Spencer, Oy AA und CCCTB, in: Steuern im Gemeinschaftsrecht. Festschrift für Wolfgang Nolz, Hrsg. Quantschnigg, P./Wiesner, W./Mayr, G., Wien 2008, S. 153-163.

McAree, C./Svasti-Salee, J. (2007), United Kingdom. Summary and conclusion, in: Conflicts in the attribution of income to a person, Cahiers de droit fiscal international Vol. 92b, Subject 2, Hrsg. IFA, Rotterdam 2007, S. 647-669.

McCourt, P./Radcliffe, G. (1995), „Les relations Fiscalité-Comptabilité“ in France: A Model for Europe? In: BTR 1995, S. 461-483.

McCourt, P./Radcliffe, G. (2002), Financial Reporting and Accounting Harmonization in Germany and the UK: A Comparative Analysis, in: Uneasy Allies: British-German Relations and European Integration since 1945, Hrsg. Larres, K./ Meehan, E., Oxford (reprint) 2002, S. 256-276.

McLure, C. E. (2005), The European Commission's Proposals for Corporate Tax Harmonization, in: CESifo Forum 1/2005, S. 32-41.

McMahon, F./Weetman, P. (1997), Commercial Accounting Principles: Questions of Fact and Questions of Tax Law, in: BTR 1997, S. 6-18.

Meier, S. (2010), Die Implementierung der IFRS als steuerliche Bemessungsgrundlage. Eine kritische Analyse vor dem Hintergrund anerkannter Besteuerungsprinzipien, Hamburg 2010.

Meinert, R. (2007), Fair Value-Bewertung in Handels- und Steuerbilanz. Notwendigkeit, Konsequenzen und Integrationsmöglichkeiten, Hamburg 2007.

Meinhardt, P. (1987), Der Englische Companies Act 1985, in: RIW 1987, S. 10-13.

Melbi, I. (2009), Slopad koppling mellan redovisning och beskattning? – Slutbetänkande från SamRoB-utredningen, in: SN 2009, S. 2-7.

Mellinghoff, R. (2005), Verfassungsgebundenheit des Steuergesetzgebers – unter besonderer Berücksichtigung der neueren Rechtsprechung des Bundesverfassungsgerichts, in: Steuertheorie, Steuerpolitik und Steuerpraxis. Festschrift für Peter Bareis zum 65. Geburtstag, Hrsg. Siegel, T. et al., Stuttgart 2005, S. 171-195.

Mellinghoff, R. (2011), Verfassungsbindung und weiter Gestaltungsspielraum des Gesetzgebers, in: Steuerrecht im Rechtsstaat. Festschrift für Wolfgang Spindler zum 65. Geburtstag, Hrsg. Mellinghoff, R./Schön, W./Viskor, H.-U., Köln 2011, S. 153-169.

Mellwig, W. (1983), Bilanzrechtsprechung und Betriebswirtschaftslehre. Zu einigen Grundlagen der steuerlichen Bilanzrechtsprechung und ihrer betriebswirtschaftlichen Kritik, in: BB 1983, S. 1613-1620.

Mellwig, W. (1994), Für ein bilanzzweckadäquates Teilwertverständnis, in: Bilanzrecht und Kapitalmarkt. Festschrift zum 65. Geburtstag von Professor Dr. Dr. h.c. Dr. h.c. Adolf Moxter, Hrsg. Ballwieser, W. et al., Düsseldorf 1994, S. 1069-1088.

Mellwig, W. (2010), Zur Abzinsung von Verbindlichkeiten und Rückstellungen im deutschen Bilanzrecht, in: Besteuerung, Rechnungslegung und Prüfung der Unternehmen. Festschrift für Professor Dr. Norbert Krawitz, Hrsg. Baumhoff, H./Dücker, R./Köhler, S., Wiesbaden 2010, S. 667-687.

Mellwig, W./Heibel, R. (1981), Steuerliche Bemessungsgrundlagen als Gegenstand der betriebswirtschaftlichen Steuerlehre, in: DBW 1981, S. 113-126.

Mellwig, W./Sabel, E. (2008), Kommentierung IAS 17: Leasingverhältnisse (Leasing), in: Münchener Kommentar zum Bilanzrecht, Bd. 1: IFRS (Faszikelwerk), Hrsg. Hennrichs, J./Kleindiek, D./Watrin, C., München, Stand: Juli 2008.

Melz, P. (2010), Sweden, in: Comparative Income taxation. A Structural Analysis, Hrsg. Ault, H. J./Arnold, B. J., 3. Aufl., Alphen aan den Rijn 2010, S. 129-143.

Merker, G. (1984), Die Ermittlung des Gewinns im französischen Steuerrecht, Seeheim-Jugenheim 1984.

Merkert, H./Koths, D. (1998), Rückstellungen – keine Spielwiese für „kreative" Steuerpolitik! Zugleich Erwiderung zu Doralt, DB 1998, S. 1357, in: DB 1998, S. 1937-1939.

Merks, P. (2008), Corporate Tax and the European Union, in: Intertax 2008, S. 2-13.

Merkt, H. (2006), IFRS und die Folgen für den Kapitalschutz im Gesellschaftsrecht, in: IFRS in Rechnungswesen und Controlling. Kongress-Dokumentation 59. Deutscher Betriebswirtschafter-Tag 2005, Hrsg. Börsig, C./Wagenhofer, A., Stuttgart 2006, S. 89-109.

Meurer, I. (2009), Der Maßgeblichkeitsgrundsatz im BilMoG, in: FR 2009, S. 117-120.

Meurer, I. (2010), BMF: Maßgeblichkeit der handelsrechtlichen Grundsätze ordnungsmäßiger Buchführung für die steuerliche Gewinnermittlung – Änderung des § 5 Abs. 1 EStG durch das BilMoG, in: BB 2010, S. 820-822.

Meurer, I. (2011), Angeschaffte und abgeschaffte Drohverlustrückstellungen, in: BB 2011, S. 1259-1263.

Meussen, G. T. K. (1999), Valuation and Depreciation of Fixed Assets for Profit Taxation, in: ET 1999, S. 14-19.

Meyer, M./Ruberg, L. (2010), Die Erstellung von Planungsrechnungen als Voraussetzung für die Bilanzierung latenter Steuern. Anwendungsfelder, Anforderungen, Zweifelsfragen, in: DStR 2010, S. 1538-1543.

Meyer, S./Meyer, U. (2009), Rückstellungen, Eventualschulden und Eventualforderungen, in: Internationale Rechnungslegung. IFRS Praxis, Hrsg. Buschhüter, M./Striegel, A., Wiesbaden 2009, Unterabschn. § 5.I., S. 227-236, Rz. 433-476.

Meyering, S. (2009), Denkanstöße zu den Anschaffungskosten und ihre Ermittlung. Konzeptionelle Darstellung und kritische Analyse, in: StuW 2009, S. 42-49.

Meyering, S. (2011a), Steuerliche Gewinnermittlung von KMU durch Kassenvermögensvergleich. Anforderungen – Einnahmen-Ausgaben-Rechnung – Drei-Komponenten-System, Berlin 2011.

Meyering, S. (2011b), Zukunft der steuerlichen Gewinnermittlung: Könnte das Drei-Komponenten-System den KMU ein eigenständiges Steuerbilanzrecht ersparen? In: DStR 2011, S. 829-833.

Michalsky, U. (1991), Vergleichender Überblick über das Recht der Kapitalgesellschaften in Großbritannien, in: DStR 1991, S. 1660-1664.

Micheler, E. (2004), Gläubigerschutz im englischen Gesellschaftsrecht. Reformvorschläge mit Implikationen für Europa, in: ZGR 2004, S. 324-347.

Micossi, S./Parascandolo, P. (2010), The Taxation of Multinational Enterprises in the European Union. Views on the options for an overhaul, in: CEPS Policy Brief, No. 203/February 2010.

Miessl, G. (1991), Betriebswirtschaftliche Aspekte bei der Operationalisierung des Leistungsfähigkeitsprinzips, in: BB 1991, S. 2130-2133.

Migdał, S./Namysłowski, R./Ziółek, Ł. (2010), Poland, in: The Taxation of Companies in Europe (Loseblattsammlung), Guides to European Taxation Vol. II, Hrsg. IBFD, Amsterdam, Binder *****, Stand: 1 May 2010.

Miles, A. (2011), Common Consolidated Corporate Tax Base (CCCTB), in: Tax Planning International European Tax Service, Number 3/March 2011, S. 7-9.

Milla, A./Butollo, B. (2009), Praktische Fragen im Zusammenhang mit der Aktivierung von Fremdkapitalkosten nach dem überarbeiteten IAS 23, in: RWZ 2009, S. 209-220.

Mindermann, T. (2008), Zur Aktivierung selbst erstellter immaterieller Vermögensgegenstände nach dem Entwurf eines Bilanzrechtsmodernisierungsgesetzes, in: WPg 2008, S. 273-278.

Mindermann, T. (2010), Der Ansatz immaterieller Vermögensgegenstände des Anlagevermögens, in: StuB 2010, S. 658-660.

Mindermann, T./Hartmann, B. (2009), Immaterielles Anlagevermögen, in: IFRS-Rechnungslegung. Grundlagen – Aufgaben – Fallstudien, Hrsg. Brösel, G./Zwirner, C., München 2009, S. 85-99.

Mintz, J. M. (2002), Company Taxation and the Internal Market. European Company Tax Reform: Prospects for the Future, in: CESifo Forum 1/2002, S. 3-9.

Mintz, J. M. (2004), Coporate Tax harmonization in Europe: It's All About Compliance, in: ITPF 2004, S. 221-234.

Mintz, J. M. (2008), Europe Slowly Lurches to a Common Consolidated Corporate Tax Base: Issues at Stake, in: A Common Consolidated Corporate Tax Base for Europe – Eine einheitliche Körperschaftsteuerbemessungsgrundlage für Europa, Hrsg. Schön, W./Schreiber, U./Spengel, C., Berlin/Heidelberg 2008, S. 128-138.

Mintz, J. M./Martens Weiner, J. (2003), Exploring Formula Allocation for the European Union, in: ITPF 2003, S. 695-711.

Mitroyanni, I. (2008), Integration Approaches to Group Taxation in the European Internal Market, Alphen aan den Rijn 2008.

Mitroyanni, I. (2011), The Common Consolidated Corporate Tax Base: accomplished steps and the way ahead, in: BTR 2011, S. 246-252.

Mitroyanni, I./Putzolu, C. (2009), CCCTB and Business Reorganizations. The Common Consolidated Corporate Tax Base and Business Reorganizations, in: Intertax 2009, S. 436-448.

Mitschke, J. (1998), Ökonomische Analyse einkommensteuerlicher Einkunftsermittlung un Alternativen steuerlicher Einkommensperiodisierung, in: StuW 1998, S. 111-132.

Mitschke, W. (2010), Das Bilanzrecht unter der Herrschaft des BilMoG: Ein Überblick über die wichtigsten Fragen, in: FR 2010, S. 214-220.

Möhlmann-Mahlau, T./ Gerken, U./Grotheer, S. (2004), IFRS im Einzelabschluss: Konsequenzen für die Unternehmen und die Rechnungslegung, in: StuB 2004, S. 920-925.

Möller, L. (2001), Sambandet mellan redovisning och beskattning enligt inkomstskattelagen, in: SN 2001, S. 122-131.

Möller, L. (2005), Bokföringsmässiga grunder och balansposter, in: SN 2005, S. 662-669.

Möller, R. (2006), Die Interpretation des Art. 3 Abs. 1 GG im deutschen Steuerrecht, in: StB 2006, S. 425-431.

Moes, C. (2011), Die Steuerfreiheit des Existenzminimums vor dem Bundesverfassungsgericht. Eine ökonomische, steuersystematische und grundrechtsdogmatische Kritik des subjektiven Nettoprinzips, Baden-Baden 2011.

Mössner, J. M. (1998), Ist die Maßgeblichkeit tot? In: Stbg 1998, S. 145-150.

Mössner, J. M. (2007), Internationale Rechnungslegung und steuerliche Gewinnermittung, in: Internationale Rechnungslegungsstandards für börsenunabhängige Unternehmen, Hrsg. Ebke, W. F./Luttermann, C./Siegel, S., Baden-Baden 2007, S. 165-187.

Mohr, D. (2010), Verfassungsrechtliche Vorgaben, in: Verluste im Steuerrecht, Hrsg. Lüdicke, J./Kempf, A./Brink, T., Baden-Baden 2010, Unterabschn. B.I., S. 30-42.

Morawietz, A./Hommel, M. (2006), Ungewisse Verbindlichkeiten, in: Synopse der Rechnungslegung nach HGB und IFRS. Eine qualitative Gegenüberstellung, Hrsg. Hommel, M./Wüstemann, J., München 2006, Kap. 3, Abschn. 3, S. 154-167.

Mors, M. (2002), Roundtable Discussion on the European Commission's Study on Company Taxation. Conference on "Corporate and Capital Income Taxation in the European Union", Mons, 7-8th December 2001, in: CESifo Forum 1/2002, S. 21-23.

Mors, M. (2007), Eine gemeinsame konsolidierte Körperschaftsteuer-Bemessungsgrundlage in der Europäischen Union, in: Reform der Unternehmensbesteuerung: Verschiedene Wege diskutieren. Beiträge zu einer Ringveranstaltung an der Universität Göttingen im Sommersemester 2006, Hrsg. Oestreicher, A., Herne/Berlin 2007, S. 205-226.

Mors, M./Rautenstrauch, G. (2008), Die gemeinsame konsolidierte Körperschaftsteuer-Bemessungs-grundlage (GKKB) als harmonisiertes europäisches Körperschaftsteuerrecht der Zukunft? In: Ubg 2008, S. 97-104.

Mosquera Valderrama, I. J. (2008), The CCCTB Compatible with National GAAP? What's Next? In: Intertax 2008, S. 359-370.

Mousel, F. (2006), Quel impact fiscal suite à l'adoption des normes IFRS par l'Union européenne?, Bruxelles 2006.

Moxter, A. (1976), Integration der „Grundzüge der Unternehmensbesteuerung" in den Pflichtfächerkatalog? In: ZfB 1976, S. 289-292.

Moxter, A. (1978), Die Aktivierungsvoraussetzung „entgeltlicher Erwerb" im Sinne von § 5 Abs. 2 EStG, in: DB 1978, S. 1804-1809.

Moxter, A. (1979), Die Jahresabschlußaufgaben nach der EG-Bilanzrichtlinie: Zur Auslegung von Art. 2 EG-Bilanzrichtlinie, in: AG 1979, S. 141-146.

Moxter, A. (1980a), Die handelsrechtlichen Grundsätze ordnungsmäßiger Buchführung und das neue Bilanzrecht, in: ZGR 1980, S. 254-276.

Moxter, A. (1980b), Steuerliche Gewinn- und Vermögensermittlung, in: Handbuch der Finanzwissenschaft, Hrsg. Neumark, F., Bd. II, 3. Aufl., Tübingen 1980, S. 203-237.

Moxter, A. (1982), Betriebswirtschaftliche Gewinnermittlung, Tübingen 1982.

Moxter, A. (1983), Wirtschaftliche Gewinnermittlung und Bilanzsteuerrecht, in: StuW 1983, S. 300-307.

Moxter, A. (1984a), Bilanzlehre. Bd. I: Einführung in die Bilanztheorie, 3. Aufl., Wiesbaden 1984.

Moxter, A. (1984b), Das Realisationsprinzip – 1884 und heute, in: BB 1984, S. 1780-1786.

Moxter, A. (1985a), Das System der handelsrechtlichen Grundsätze ordnungsmäßiger Buchführung, in: Der Wirtschaftsprüfer im Schnittpunkt nationaler und internationaler Entwicklungen. Festschrift zum 60. Geburtstag von Prof. Dr. Klaus v. Wysocki, Hrsg. Gross, G., Düsseldorf 1985, S. 17-28.

Moxter, A. (1985b), Der Stand der Bilanztheorie, in: Grazer Universitätsreden Nr. 28, Karl Lechner-Gedächtnis-Vorlesung, gehalten am 29. Oktober 1984 in der Aula der Universität, Graz 1985.

Moxter, A. (1985c), Windfalls, in: Information und Produktion. Beiträge zur Unternehmenstheorie und Unternehmensplanung. Festschrift zum 60. Geburtstag von Prof. Dr. Waldemar Wittmann, Hrsg. Stöppler, S., Stuttgart 1985, S. 233-241.

Moxter, A. (1986a), Ulrich Leffson und die Bilanzrechtsprechung, in: WPg 1986, S. 173-177.

Moxter, A. (1986b), Vermögenslage gem. § 264, in: Handwörterbuch unbestimmter Rechtsbegriffe im Bilanzrecht des HGB, Hrsg. Leffson, U./Rückle, D./Großfeld, B., Köln 1986, S. 346-351.

Moxter, A. (1987), Zum Sinn und Zweck des handelsrechtlichen Jahresabschlusses nach neuem Recht, in: Bilanz- und Konzernrecht. Festschrift zum 65. Geburtstag von Dr. Dr. h. c. Reinhard Goerdeler, Hrsg. Havermann, H., Düsseldorf 1987, S. 361-374.

Moxter, A. (1989), Zur wirtschaftlichen Betrachtungsweise im Bilanzrecht, in: StuW 1989, S. 232-241.

Moxter, A. (1991a), Beschränkung der gesetzlichen Verlustantizipation auf die Wertverhältnisse des Abschlußstichtags, in: Betriebswirtschaftliche Steuerlehre und Steuerberatung. Gerd Rose zum 65. Geburtstag, Hrsg. Herzig, N., Wiesbaden 1991, S. 165-174.

Moxter, A. (1991b), Funktionales Teilwertverständnis, in: Aktuelle Fragen der Finanzwirtschaft und der Unternehmensbesteuerung. Festschrift für Erich Loitlsberger zum 70. Geburtstag, Hrsg. Rückle, D., Wien 1991, S. 473-481.

Moxter, A. (1992), Zum Passivierungszeitpunkt von Umweltschutzrückstellungen, in: Entwicklungen bei der Bilanzierung und Prüfung von Kapitalgesellschaften. Festschrift zum 65. Geburtstag von Professor Dr. Dr. h.c. Karl-Heinz Forster, Hrsg. Moxter, A. et al., Düsseldorf 1992, S. 427-437.

Moxter, A. (1993a), Entwicklung und Theorie der handels- und steuerrechtlichen Gewinnermittlung, In: ökonomische Analyse des Bilanzrechts – Entwicklungslinien und Perspektiven, Hrsg. Wagner, F. W., ZfbF-Sonderheft 32, Düsseldorf 1993, S. 61-84.

Moxter, A. (1993b), Grundsätze ordnungsmäßiger Buchführung – ein handelsrechtliches Faktum, von der Steuerrechtsprechung festgestellt, in: 75 Jahre Reichsfinanzhof – Bundesfinanzhof. Festschrift, Hrsg. Der Präsident des Bundesfinanzhofs, Bonn 1993, S. 533-544.

Moxter, A. (1994a), Die Helmrich-Konzeption des Bilanzrichtlinien-Gesetzes. Bedeutung und Bedrohung, in: Für Recht und Staat. Festschrift für Herbert Helmrich zum 60. Geburtstag, Hrsg. Letzgus, K. et al., München 1994, S. 709-719.

Moxter, A. (1994b), Georg Döllerers bilanzrechtliches Vermächtnis, in: StuW 1994, S. 97-102.

Moxter, A. (1994c), Zur Klärung der Teilwertkonzeption, in: Steuerrecht, Verfassungsrecht, Finanzpolitik. Festschrift für Franz Klein, Hrsg. Kirchhof, P./Offerhaus, K./Schöberle, H., Köln 1994, S. 827-839.

Moxter, A. (1995a), Das „matching principle“: Zur Integration eines internationalen Rechnungslegungs-Grundsatzes in das deutsche Recht, in: Internationale Wirtschaftsprüfung. Festschrift zum 65. Geburtstag von Prof. Dr. Dr. h. c. Hans Havermann, Hrsg. Lanfermann, J., Düsseldorf 1995, S. 487-504.

Moxter, A. (1995b), Rückstellungskriterien im Streit, in: ZfbF 1995, S. 311-326.

Moxter, A. (1995c), Standort Deutschland: Zur Überlegenheit des deutschen Rechnungslegungsrechts, in: Standort Deutschland. Grundsatzfragen und aktuelle Perspektiven für die Besteuerung, die Prüfung und das Controlling. Anton Heigl zum 65. Geburtstag, Hrsg. Peemöller, V. H./Uecker, P., Berlin 1995, S. 31-41.

Moxter, A. (1995d), Zum Verhältnis von handelsrechtlichen Grundsätzen ordnungsmäßiger Bilanzierung und True-and-fair-view-Gebot bei Kapitalgesellschaften, in: Rechenschaftslegung im Wandel. Festschrift für Wolfgang Dieter Budde, Hrsg. Förschle, G./Kaiser, K./Moxter, A., München 1995, S. 419-429.

Moxter, A. (1997a), Fehlentwicklungen im Rechnungslegungsrecht, in: Aktien- und Bilanzrecht. Festschrift für Bruno Kropff., Hrsg. Forster, K.-H. et al., Düsseldorf 1997, S. 508-515.

Moxter, A. (1997b), Grenzen vorsichtiger Rückstellungsbewertung, in: Festschrift für Carsten Peter Claussen: Zum 70. Geburtstag, Hrsg. Martens, K.-P. et al., Köln 1997, S. 677-686.

Moxter, A. (1997c), Grundwertungen in Bilanzrechtsordnungen – ein Vergleich von überkommenem deutschen Bilanzrecht und Jahresabschlußrichtlinie, in: Handelsbilanzen und Steuerbilanzen. Festschrift zum 70. Geburtstag von Heinrich Beisse, Hrsg. Budde, W. D./Moxter, A./Offerhaus, K., Düsseldorf 1997, S. 347-361.

Moxter, A. (1997d), Zum Verhältnis von Handelsbilanz und Steuerbilanz, in: BB 1997, S. 195-199.

Moxter, A. (1997e), Zur Abgrenzung von Verbindlichkeitsrückstellungen und (künftig grundsätzlich unzulässigen) Verlustrückstellungen, in: DB 1997, S. 1477-1480.

Moxter, A. (1998), Künftige Verluste in Handels- und Steuerbilanz, in: DStR 1998, S. 509-515.

Moxter, A. (1999a), Rückstellungen nach IAS: Abweichungen vom geltenden deutschen Bilanzrecht, in: BB 1999, S. 519-525.

Moxter, A. (1999b), Wege zur Vereinfachung des Bilanzsteuerrechtes, in: Steuerrechtsprechung. Steuergesetz. Steuerreform, Festschrift für Klaus Offerhaus zum 65. Geburtstag, Hrsg. Kirchhof, P./Jakob, W./Beermann, A., Köln 1999, S. 619-630.

Moxter, A. (2000a), Maßgeblichkeitsprinzip am Ende? In: BB 8/2000, S. I.

Moxter, A. (2000b), Missverständnisse um das Maßgeblichkeitsprinzip, in: DStZ 2000, S. 157-161.

Moxter, A. (2000c), Rechnungslegungsmythen, in: BB 2000, S. 2143-2149.

Moxter, A. (2002), Bilanzrechtlicher Aufbruch beim Bundesfinanzhof? In: DStZ 2002, S. 243-248.

Moxter, A. (2003a), Erosion von Georg Döllerers Bilanzrechtskonzeption beim BFH? In: DStR 2003, S. 1586-1590.

Moxter, A. (2003b), Grundsätze ordnungsgemäßer Rechnungslegung, Düsseldorf 2003.

Moxter, A. (2004a), Gewinnrealisierung nach den IAS/IFRS: Erosion des HGB-Realisationsprinzips, in: ZVglRWiss 2004, S. 268-280.

Moxter, A. (2004b), Neue Ansatzkriterien für Verbindlichkeitsrückstellungen? In: DStR 2004, S. 1057-1060 (Teil I) und S. 1098-1102 (Teil II).

Moxter, A. (2004c), Objektivierte Gewinnkonzeption nach International Accounting Standards? In: Wertorientierte Unternehmenssteuerung. Festschrift für Helmut Laux, Hrsg. Gillenkirch, R. M., Berlin/Heidelberg/New York 2004, S. 181-192.

Moxter, A. (2005), Zur Funktionsinadäquanz von Bilanzen, in: Gesellschaftsrecht, Rechnungslegung, Sportrecht. Festschrift für Volker Röhricht zum 65. Geburtstag., Hrsg. Crezelius, G./Hirte, H./Vieweg, K., Köln 2005, S. 1007-1014.

Moxter, A. (2006), Absehbarer Abschied von der HGB-Bilanzierung? In: BB 13/2006, S. I.

Moxter, A. (2007a), Bilanzrechtsprechung, 7. Aufl., Tübingen 2007.

Moxter, A. (2007b), Über Bilanztheorien, in: Rechnungslegung und Wirtschaftsprüfung. Festschrift zum 70. Geburtstag von Jörg Baetge, Hrsg. Kirsch, H.-J./Thiele, S., Düsseldorf 2007, S. 405-417.

Moxter, A. (2008), Aktivierungspflicht für selbsterstellte immaterielle Anlagewerte? In: DB 2008, S. 1514-1517.

Moxter, A. (2009), IFRS als Auslegungshilfe für handelsrechtliche GoB? In: WPg 2009, S. 7-12.

Mückl, N. (2003), Besteuerung von Capital Gains in Deutschland, Frankreich und Großbritannien, Berlin 2003.

Müller, K. (2001), Verwirklichung von Gerechtigkeit und Entscheidungsneutralität in den Einkommen- und Körperschaftsteuersystemen der EU-Mitgliedstaaten, Lohmar/Köln 2001.

Müller, R. (2010), Das neue Wertkonzept des beizulegenden Zeitwertes aus Sicht des Wirtschaftsprüfers, in: ZfCM, Sonderheft 3/2010, S. 46-52.

Müller, S. (2008), Sachanlagen – Neubewertung und Komponentenansatz, in: Corporate Governance und Interne Revision. Handbuch für die Neuausrichtung des Internal Auditings, Hrsg. Freidank, C.-C./Peemöller, V. H., Berlin 2008, S. 407-421.

Müller, S. (2010), Ansatz und Bewertung selbst geschaffener immaterieller Vermögensgegenstände des Anlagevermögens, in: ZfCM, Sonderheft 3/2010, S. 5-11.

Müller, S./Reinke, J. (2009), Zahlungsmittelgenerierende Einheiten im Rahmen des Impairment-Tests. Gestaltungsmöglichkeiten bei der Bildung und sich ergebende abschlusspolitische Potenziale, in: IRZ 2009, S. 523-529.

Müller, S./Reinke, J. (2010a), Folgebewertung und impairment-Test im Rahmen der Neubewertungsmethode, in: PiR 2010, S. 13-20.

Müller, S./Reinke, J. (2010b), Parameter bei der Bestimmung von Wertminderungen nach IAS 36. Eine empirische Analyse mit Blick auf Angabepflichten und abschlusspolitische Auswirkungen auf der Basis der im DAX, MDAX und SDAX notierten Unternehmen, in: KoR 2010, S. 23-32.

Müller, S./Wobbe, C./Reinke, J. (2008), Empirische Analyse der Bilanzierung des Sachanlagevermögens nach IFRS – Eine Analyse der Ansatz-, Bewertungs- und Ausweisentscheidungen der DAX-. MDAX- und SDAX-Unternehmen, in: KoR 2008, S. 630-640.

Müller, U. (1996), Imparitätsprinzip und Erfolgsermittlung, in: DB 1996, S. 689-695.

Müller-Dahl, F. P. (1979), Betriebswirtschaftliche Probleme der handels- und steuerrechtlichen Bilanzierungsfähigkeit, Berlin 1979.

Münstermann, H. (1966), Die Bedeutung des ökonomischen Gewinns für den externen Jahresabschluß der Aktiengesellschaft, in: WPg 1966, S. 579-586.

Münstermann, R./Gnädiger, J.-H. (2011), Die Abbildung kundenspezifischer Werkzeuge im Jahresabschluss der Automobilindustrie, in: PiR 2011, S. 104-111.

Mujkanovic, R. (1994), Der Teilwert. Überblick, Bestandsaufnahme der BFH-Rechtsprechung, Übungsbeispiel, in: SteuerStud 1994, S. 341-347.

Mujkanovic, R. (2008), Einzelbewertung bei bebauten Grundstücken nach HGB vor dem Hintergrund des BilMoG und nach IFRS, in: DB 2008, S. 649-655.

Mujkanovic, R. (2009), Die Bewertung von Finanzinstrumenten zum fair value nach BilMoG, in: StuB 2009, S. 329-335.

Mujkanovic, R./Muggenthaler, B. (2011), Leasingbilanzierung nach HGB. Wäre das right of use-Konzept eine Lösung? In: StuB 2011, S. 523-528.

Mujkanovic, R./Raatz, P. (2008), Der Component Approach nach IAS 16 im HGB-Abschluss? In: KoR 2008, S. 245-250.

Muray, R./Tilakapala, V. (2009), United Kingdom, in: Foreign exchange issues in international taxation, Cahiers de droit fiscal international Vol. 94b, Subject 2, Hrsg. IFA, Rotterdam 2009, S. 619-643.

Musgrave, R. A./Musgrave, P. B. (1972), Inter-nation equity, in: Modern Fiscal Issues. Essays in Honor of Carl S. Shoup, Hrsg. Bird, R. M./Head, J. G., Toronto/Buffalo 1972, S. 63-85.

Musil, A./Leibohm, T. (2008), Die Forderung nach Entscheidungsneutralität der Besteuerung als Rechtsproblem, in: FR 2008, S. 807-814.

Mutén, L. (2007), Thinking About the Canary Bird: Recent Swedish Tax Developments, in: TNI 2007, S. 1217-1219.

N

Nabiałek, J. (2003), Die bilanzielle Abbildung von derivativen Finanzinstrumenten im polnischen Rechnungslegungsgesetz. Eine kapitalmarktorientierte Analyse vor dem Hintergrund der internationalen Rechnungslegungssysteme, Aachen 2003.

Nabiałek, J. (2007), Die Einkommensteuer juristischer Personen (CIT), in: Investieren in Polen. Steuerliche und rechtliche Rahmenbedingungen für deutsche Unternehmen – mit Gestaltungsempfehlungen, Hrsg. Kudert, S., 3. Aufl., Berlin 2007, S. 127-170.

Naciri, A./Hoarau, C. (2001), A Comparative Analysis of American and French Financial Reporting Philosophies: The Case for International Accounting Standards, in: Advances in International Accounting 2001, S. 229-247.

Najderek, A. (2009), Harmonisierung des europäischen Bilanzrechts. Problembestimmung und konzeptionelle Würdigung, Wiesbaden 2009.

Napier, C. (2010), United Kingdom, in: A Global History of Accounting, Financial Reporting and Public Policy: Europe. Studies in the Development of Accounting Thought, Vol. 14A, Hrsg. Previts,
G. J./Walton, P./Wolnizer, P., Bingley 2010, S. 243-273.

Naumann, K.-P. (1991), Rechtliches Entstehen und wirtschaftliche Verursachung als Voraussetzung der Rückstellungsbilanzierung – Zugleich eine Untersuchung zur Ansammlung von Rückstellungen –, in: WPg 1991, S. 529-536.

Naumann, T. K. (1992), Fremdwährungsumrechnung in Bankbilanzen nach neuem Recht, Düsseldorf 1992.

Naumann, B./Naumann, T. K. (2004), Folgebewertung von Beteiligungen im Jahresabschluss nach HGB und im Konzernabschluss nach IFRS, in: WPg-Sonderheft 2004, S. S130-139.

Neale, T. (2006), The Common Consolidated Corporate Tax Base (CCCTB) and the International Financial Reporting Standards (IFRS), in: Estudios sobre las normas internacionales de contabilidad y el impuesto sobre sociedades en el ámbito de la Unión Europea, Hrsg. de Bunes, M./Lasarte, J., Madrid 2006, S. 367-377.

Neale, T. (2008), CCCTB: How far have we got and what are the next steps? In: Common Consolidated Corporate Tax Base, Hrsg. Lang, M. et al., Wien 2008, S. 37-45.

Neidhardt, L. (2008), Die Erneuerung der deutschen Einkommensbesteuerung, Diss. Otto-von-Guericke-Universität Magdeburg, 2008.

Nemet, M. (2011), European Leasing Handbook. Accounting, tax and legal requirements and current development all over the world, Herne 2011.

Nguyen, T. (2009), Offene Fragen zur Bilanzierung von Finanzinstrumenten nach BilMoG, in: ZfgK 2009, S. 230-235.

Nguyen-Thanh, D./Rose, M./Thalmeier, B. (2003), Die zinsbereinigt modifizierte Kassenrechnung als einheitliche Gewinnermittlungsmethode, in: StuW 2003, S. 169-175.

Nias, P. (2009), Host Country: United Kingdom, in: Tax Management International Forum, Number 3/September 2009, Choosing an Optimal R&D Location: Consideration of Host Country's Income Tax Treatment, S. 81-96.

Niehus, R. J. (1983), Companies Act 1981: Transformation der 4. EG-Richtlinie in Großbritannien – Anmerkungen aus deutscher Sicht, in: AG 1983, S. 233-242.

Niehus, R. J. (2002), Der EU-Vorschlag für eine "Modernisierung" der Bilanzrichtlinien – Überblick und erste Wertung –, in: DB 2002, S. 1385-1390.

Niehus, U. (2000a), Die steuerliche Behandlung investiv verwendeter Einkommensbestandteile im Spannungsfeld zwischen Systemwahrung und Systemveränderung, Frankfurt a. M. u. a. 2000.

Niehus, U. (2000b), Kritische Anmerkungen zum Systemcharakter des Einkommensteuerrechts, in: DStZ 2000, S. 697-706.

Nieland, M./Scott, C. (1997), Rechnungslegung in Großbritannien – Grundlagen und ausgewählte Aspekte, in: IStR 1997, S. 348-350 (Teil I) und S. 378-383 (Teil II).

Nieland, M./Scott, C. (1998), Grundzüge der Rechnungslegung in Großbritannien, in: BBK 1998, F. 20, S. 2017-2031.

Nielsen, S. B./Raimondos-Møller, P./Schjelderup, G. (2010), Company taxation and tax spillovers: Seperate accounting versus formula apportionment, in: European Economic Review 2010, S. 121-132.

Niemann, R. (2004), Investitionswirkungen steuerlicher Verlustvorträge – Wie schädlich ist die Mindestbesteuerung? In: ZfB 2004, S. 359-384.

Niemann, U. (2005), Bilanzierung nach IAS / IFRS und Besteuerung, IFSt-Schrift Nr. 424, Bonn 2005.

Niemeyer, M./Froitzheim, A. (2011), Praxisfragen nach Aufgabe der umgekehrten Maßgeblichkeit, in: DStR 2011, S. 538-540.

Nientimp. A. (2003), Steuerliche Gewinnabgrenzung in internationalen Konzernen, Lohmar/Köln 2003.

Nilsson, E. (2010), Sweden, in: The Taxation of Companies in Europe (Loseblattsammlung), Guides to European Taxation Vol. II, Hrsg. IBFD, Binder ******, Amsterdam, Stand: 23 June 2010.

Nilsson, P. (2006), Beräkning av anskaffningsvärden – idag och i framtiden, in: SN 2006, S. 626-637.

Nilsson, S. (2009), Reasons for the GAAP: a study of the magnitude an reasons for differences in reported net income between Swedish and US GAAP for Swedish companies before and after implementation of IFRS, in: Journal for Global Business Advancement 2009, S. 28-37.

Nioche, J. P./Pesqueux, Y. (1997): Accounting, economics and management in France: the slow emergence of an 'accounting science', in: EAR 1997, S. 231-250.

Niznik, M. (2006), EU Corporate Tax Harmonization: Road to Nowhere, in: TNI 2006, S. 975-994.

Nobes, C. (2003), A Conceptual Framework for the Taxable Income of Businesses, and How to Apply it under IFRS, London 2003.

Nobes, C. (2006), The survival of international differences under IFRS: towards a research agenda, in: Accounting and Business Research 2006, S. 233-245.

Nobes, C./Parker, R. (2010), Comparative International Accounting, 11. Aufl., Harlow u. a. 2010.

Noke, C. W. (2000), Accounting Principles: The Consultation Draft on Realised and Distributable Profits, in: BTR 2000, S. 84-90.

Nonnenmacher, R. (1993), Bilanzierung von Forschung und Entwicklung, in: DStR 1993, S. 1231-1235.

Norberg, C. (2006), Redovisningens betydelse för beskattningen, in: SvSkT 2006, S. 89-103.

Norberg, C. (2007), Kari Tikka Memorial Lecture: Accounting and Taxation, in: Accounting and Taxation with special regard to trading in emission right & Assessment of ECJ case law in matters of direct taxes and State aid, EATLP Congress, Helsinki 7-9 June 2007, Hrsg. Lang, M./Vanistendael, F., Amsterdam 2007, S. 9-27.

Norberg, C. (2009), Hur skulle utvecklingen av redovisningen av finansiella instrument kunna nyttiggöras vid beskattningen? In: SN 2009, S. 127-138.

Nordmeyer, A./Göbel, R. (2011), B 212 Sachanlagen, in: Beck'sches Handbuch der Rechnungslegung – HGB und IFRS – (Loseblattsammlung), Hrsg. Böcking, H.-J. et al., München, Stand: März 2011.

Nowak, C. (2009), Binnenmarktziel und Wirtschaftsverfassung der Europäischen Union vor und nach dem Reformvertrag von Lissabon, in: EUR 2009, Beiheft 1, S. 129-192.

Nowotny, C. (2000), Rechtsgrundlagen der Verlustvorsorgen des Handels- und Steuerrechts im Gemeinschaftsrecht, in: Verlustvorsorgen im Bilanz- und Steuerrecht, Hrsg. Bertl, R. et al., Wien 2000, S. 33-55.

Nufer-Brändle, M. (2009), Dual Residence and the Common Consolidated Corporate Tax Base (CCCTB), in: Dual Residence in Tax Treaty and EC Law, Hrsg. Hofstätter, M./Plansky, P., Wien 2009, S. 495-513.

Oats, L./Tuck, P. (2006), Accounting Knowledge as a Technology of Government, Paper prepared for the Eigth Interdisciplinary Perspectives on Accounting Conference, Cardiff Business School, 10-12th July 2006.

Oats, L./Tuck, P. (2008), The Relationship between HM Revenue & Customs and Large Corporate Taxpayers: The Changing Role of Accountants, ICAEW Centre for Business Performance, London, June 2008.

Oats, L./Tuck, P. (2010), Accounting Principles for Tax Purposes, 4. Aufl., London 2010.

Obuoforibo, B. (2010), United Kingdom, in: The Taxation of Companies in Europe (Loseblattsammlung), Guides to European Taxation Vol. II, Hrsg. IBFD, Binder ******, Amsterdam, Stand: 28 June 2010.

Oestreicher, A. (2002), Konzernbesteuerung in Europa. Zum Vorschlag einer konsolidierten körperschaftsteuerlichen Bemessungsgrundlage für die grenzüberschreitende Unternehmenstätigkeit in der EU, in: StuW 2002, S. 342-356.

Oestreicher, A. (2006), Vergleichende Analyse der Steuerbemessungsgrundlagen in Europa, in: Aktuelle Entwicklungsaspekte der Unternehmensbesteuerung. Festschrift für Wilhelm H. Wacker zum 75. Geburtstag, Hrsg. Hebig, M. et al., Berlin 2006, S. 283-292.

Oestreicher, A. (2007a), Maßstäbe für eine Vereinheitlichung der Gewinnermittlung in Europa, in: Reform der Unternehmensbesteuerung: Verschiedene Wege diskutieren. Beiträge zu einer Ringveranstaltung an der Universität Göttingen im Sommersemester 2006, Hrsg. Oestreicher, A., Herne/Berlin 2007, S. 227-254.

Oestreicher, A. (2007b), Zukunft des Steuerbilanzrechts aus deutscher Sicht, in: WPg 2007, S. 572-582.

Oestreicher, A. (2008), CCCTB – Methods of Consolidation, in: Common Consolidated Corporate Tax Base, Hrsg. Lang, M. et al., Wien 2008, S. 517-546.

Oestreicher, A. (2010), B 163 Herstellungskosten, in: Beck'sches Handbuch der Rechnungslegung – HGB und IFRS – (Loseblattsammlung), Hrsg. Böcking, H.-J. et al., München, Stand: Mai 2010.

Oestreicher, A./Koch, R. (2011), The Revenue Consequences of Using a Common Consolidated Corporate Tax Base to Determine Taxable Income in the EU Member States, in: FA 2011, S. 64-102.

Oestreicher, A./Reister, T./Spengel, C. (2009), Common Corporate Tax Base and Effective Tax Burdens in the EU Member State, WTJ 2009, S. 46-66.

Oestreicher, A./Scheffler, W./Spengel, C./Wellisch, D. (2008), Modell einer Konzernbesteuerung für Deutschland und Europa, ZEW-Wirtschaftsanalysen, Bd. 87, Baden-Baden 2008.

Oestreicher, A./Spengel, C. (1997), Rechnungslegungspolitik, Besteuerung und Analyse von Jahresabschlüssen im internationalen Vergleich, in: ZfB 1997, S. 1027-1054.

Oestreicher, A./Spengel, C. (1999a), International Accounting Standards, Maßgeblichkeitsprinzips und Besteuerung, in: DB 1999, S. 593-600.

Oestreicher, A./Spengel, C. (1999b), Maßgeblichkeit der International Accounting Standards für die steuerliche Gewinnermittlung. International vergleichende Analyse der wirtschaftlichen Wirkungen eines Übergangs auf die Rechnungslegung nach den IAS, Baden-Baden 1999.

Oestreicher, A./Spengel, C. (2001), Anwendung von IAS in der EU – Zukunft des Maßgeblichkeitsprinzips und Steuerbelastung, in: RIW 2001, S. 889-902.

Oestreicher, A./Spengel, C. (2003a), Verlängerung der steuerlichen Abschreibungsdauer, Vereinfachung des Abschreibungsverfahrens und Wettbewerbsfähigkeit des Standorts Deutschland, in: StuB 2003, S. 458-461.

Oestreicher, A./Spengel, C. (2003b), Zur Reform der steuerlichen Abschreibung für bewegliche Wirtschaftsgüter vor dem Hintergrund des Standortwettbewerbs – Wirtschaftliche Nutzungsdauer, technische Nutzungsdauer oder gesetzliche Fixierung des Abschreibungszeitraums, in: BB 2003, S. 926-936.

Oestreicher, A./Spengel, C. (2007), Tax Harmonization in Europe: The Determination of Corporate Taxable Income in the Member States, in: European Taxation 2007, S. 437-451.

Oestreicher, A./Spengel, C. (2008), Ein Europa der zwei Geschwindigkeiten? CCCTB: Die EU-Gruppenbesteuerung – Knackpunkte, Diskussionsstand und Kontroversen –, in: SR 2008, S. 302-304.

Oliver, D. (1995), Provision for overhaul costs: Johnston v. Britannia Airways Limited, in: BTR 1995, S. 502-505.

Olsson, S. (2006), Swedish Legal National Rapport, in: Taxation of Uncertain and Unstable Income. Yearbook for Nordic Tax Research 2006, Nordisk Skattevitenskapelig Forskningsråd/Nordic Tax Research Council, Hrsg. Påhlsson, R., Oslo 2006, S. 82-94.

Ordelheide, D. (1988a), Kaufmännischer Periodengewinn als ökonomischer Gewinn – Zur Unsicherheitsrepräsentation bei der Konzeption von Erfolgsgrößen –, in: Unternehmenserfolg. Planung – Ermittlung – Kontrolle. Walther Busse von Colbe zum 60. Geburtstag, Hrsg. Domsch, M. et al., Wiesbaden 1988, S. 275-302.

Ordelheide, Dieter (1988b), Zu einer neoinstitutionalistischen Theorie der Rechnungslegung, in: Betriebswirtschaftslehre und Theorie der Verfügungsrechte, Hrsg. Budäus, D. et al., Wiesbaden 1988, S. 269-295.

Ordelheide, D. (1989), Kapital und Gewinn. Kaufmännische Konvention als kapitaltheoretische Konzeption? In: Zeitaspekte in betriebswirtschaftlicher Theorie und Praxis. 50. Wissenschaftliche Jahrestagung des Verbandes der Hochschullehrer für Betriebswirtschaft e. V., Köln 24. – 28. Mai 1988, Hrsg. Hax, H./Kern, W./Schröder, H.-H., Stuttgart 1989, S. 21-41.

Ordelheide, D. (1999), Wertpotential und Objektivierung der IAS im Vergleich zu den Bilanzierungsvorschriften des dHGB und des öHGB. Konsequenzen für die externe und interne Unternehmensteuerung, in: Fortschritte im Rechnungswesen. Vorschläge für Weiterentwicklungen im Dienste der Unternehmens- und Konzernsteuerung durch Unternehmensorgane und Eigentümer. Festschrift zum 60. Geburtstag von Gerhard Seicht, Hrsg. Altenburger, O. A. et al., Wiesbaden 1999, S. 507-532.

Ortmann-Babel, M./Bolik, A. (2010a), Chancen und Grenzen der steuerbilanziellen Wahlrechtsausübung nach BilMoG, in: BB 2010, S. 2099-2103.

Ortmann-Babel, M./Bolik, A. (2010b), Das BMF-Schreiben vom 30.9.2010 zur GWG-Bilanzierung. Kleinvieh macht auch Mist, in: StuB 2010, S. 872-874.

Ortmann-Babel, M./Bolik, A./Gageur, P. (2009), Ausgewählte steuerliche Chancen und Risiken des BilMoG, in: DStR 2009, S. 934-938.

Oser, P./Wader, D. (2008), Geplante Änderungen bei der Bilanzierung von immateriellen Vermögensgegenständen, in: Accounting 1/2008, S. 17-19.

Oser, P./Roß, N./Wader, D./Drogemüller, S. (2009), Änderungen des Bilanzrechts durch das Bilanzrechtsmodernisierungsgesetz (BilMoG), in: WPg 2009, S. 573-583.

O'Shea, T. (2007), Tax Harmonization vs. Tax Coordination in Europe: Different Views, in: TNI 2007, S. 811-814.

Osterloh-Konrad, C. (2005), Das Verhältnis zwischen handelsrechtlicher und steuerrechtlicher Rechnungslegung in Frankreich, in: Steuerliche Maßgeblichkeit in Deutschland und Europa, Hrsg. Schön, W., Köln 2005, S. 365-441.

Osterweil, E. (2002), Reform of Company Taxation in the EU Internal Market, in: ET 2002, S. 271-275.

Ott, H. (2009), Steuerliche Auswirkungen des Bilanzrechtsmodernisierungsgesetzes (BilMoG), in: StuB 2009, S. 469-470.

Ouvrard, S./Degos, J.-G. (2008), La convergence du droit comptable français et des normes d'information financière internationals, IAE Université Montesquieu – Bordeaux IV, Pôle universitaire de sciences de gestion Equipe de recherche en contrôle et comptabilité internationale, Cahier 28, Bordeaux 2008.

P

Panayi, C. H. J. I. (2008), The Common Consolidated Corporate Tax Base – Issues for Member States Opting Out and Third Countries, in: ET 2008, S. 114-123.

Papier, H.-J. (2007), Steuerrecht im Wandel – verfassungsrechtliche Grenzen der Steuerpolitik, in: DStR 2007, S. 973-978.

Pareto, V. (1906), Manuale di economia politica, Milano 1906, Faksimile-Ausgabe der Erstausgabe, Düsseldorf 1992.

Parillo, K. A. (2011a), CCCTB Proposal Raises Subsidiarity Concerns for EU Countries, in: TNI 2011, S. 693.

Parillo, K. A. (2011b), The CCCTB – Where Are We Now, in: TNI 2011, S. 471-474.

Park, A. (1995), Some Views on Johnston v. Britannia Airways Limited, in: BTR 1995, S. 499-502.

Paschke, D. (2007), Die "Unitary Taxation" der US-Bundesstaaten. Leitbild für die Konzernbesteuerung in der Europäischen Union?, Lohmar/Köln 2007.

Patek, G. (2007), Vereinheitlichung der körperschaftsteuerlichen Bemessungsgrundlage in der EU, in: Rechnungslegung, Eigenkapital und Besteuerung, Entwicklungstendenzen. Festschrift für Dieter Schneeloch zum 65. Geburtstag, Hrsg. Winkeljohann, N./Bareis, P./Volk, G., München 2007, S. 229-246.

Patek, G. (2010), Auswirkungen der Bilanzrechtsmodernisierung auf Handels- und Steuerbilanzpolitik. Eine Wirkungsanalyse unter Berücksichtigung und kritischer Würdigung des BMF-Schreibens vom 12.3.2010, in: StB 2010, S. 389-396.

Patek, G. (2011), Verlustfreie Bewertung von Vermögensgegenständen des Vorratsvermögens und schwebenden Geschäftspositionen in Handels- und Steuerbilanz, in: BFuP 2011, S. 282-303.

Patzak, K./Kerscher-Preis, B. (2008), Kommentierung IAS 11 Fertigungsaufträge (Construction Contracts), in: Rechnungslegung nach IFRS. Kommentar auf der Grundlage des deutschen Bilanzrechts (Loseblattsammlung), Hrsg. Baetge, J. et al., Stuttgart, Stand: Dezember 2008.

Pauly, D./Hommel, M. (2006), Immaterielle Vermögenswerte des Anlagevermögens, in: Synopse der Rechnungslegung nach HGB und IFRS. Eine qualitative Gegenüberstellung, Hrsg. Hommel, M./Wüstemann, J., München 2006, Kap. 2, Abschn. 1, S. 41-55.

Pawelzik, K. U./Theile, C. (2009), Rückstellungen (IAS 37), in: IFRS Handbuch. Einzel- und Konzernabschluss, Hrsg. Heuser, P. J./Theile, C., 4. Aufl., Köln 2009, Kap. C., S. 438-461, Rz. 2300-2399.

Peemöller, V. H. (2011a), Abschn. 8: Vorräte, in: Handbuch International Financial Reporting Standards 2011, Hrsg. Ballwieser, W. et al., 7. Aufl., Weinheim 2011, S. 293-320.

Peemöller, V. H. (2011b), Abschn. 10: Sachanlagevermögen, in: Handbuch International Financial Reporting Standards 2011, Hrsg. Ballwieser, W. et al., 7. Aufl., Weinheim 2011, S. 371-433.

Peemöller, V. H./Spanier, G./Weller, H. (2002), Internationalisierung der externen Rechnungslegung: Auswirkungen auf nicht kapitalmarktorientierte Unternehmen, in: BB 2002, S. 1799-1803.

Pellas, J. R. (2006), Les incidences fiscales des normes IFRS, in: Cahier de Recherche de l'ISC Paris, numéro 13: Normes IFRS, Juillet 2006, S. 50-73.

Pellens, B./Crasselt, N./Sellhorn, T. (2007), Solvenztest zur Ausschüttungsbemessung – Berücksichtigung unsicherer Zukunftserwartungen, in: ZfbF 2007, S. 264-283.

Pellens, B./Crasselt, N./Sellhorn, T. (2009), Corporate Governance und Rechnungslegung, in: ZfbF 2009, S. 102-113.

Pellens, B./Fülbier, R. U. (2000), Immaterielle Vermögensgegenstände in der internen und externen Unternehmensrechnung, in: Wertorientierte Konzernführung. Kapitalmarkt-orientierte Rechnungslegung und integrierte Unternehmenssteuerung, Hrsg. Küting, K./Weber, C.-P., Stuttgart 2000, S. 119-155.

Pellens, B./Fülbier, R. U./Gassen, J./Sellhorn, T. (2011), Internationale Rechnungslegung. IFRS 1 bis 9, IAS 1 bis 41, IFRIC-Interpretationen, Standardentwürfe. Mit Beispielen, Aufgaben und Fallstudie, 8. Aufl., Stuttgart 2011.

Pellens, B./Jödicke, D./Schmidt, A. (2007), Reformbestrebungen zum Gläubigerschutz, in: DK 2007, S. 427-435.

Pellens, B./Jödicke, D./Schmidt, A. (2008), Mindestkapital und bilanzielle Kapitalerhaltung versus Solvenztest: Alternativen zur Reform des deutschen Gläubigerschutzsystems, in: Bilanz als Informations- und Kontrollinstrument. Kapitalmarktorientierte Rechnungslegung und integrierte Unternehmenssteuerung, Hrsg. Küting, K./Pfitzer, N./Weber, C.-P., Stuttgart 2008, S. 7-30.

Perlewitz, F./Bélie, C. (2000), Les Principes Comptables en Allemagne et en France. Une comparaison/Rechnungslegung in Frankreich und Deutschland. Ein Vergleich, 2. Aufl., Paris 2000.

Peters, S. (2009), Entscheidungsnützlichkeit der Leasingbilanzierung nach IFRS und US-GAAP. Eine Analyse der aktuellen Reformbestrebungen, Lohmar/Köln 2009.

Petutschnig, M. (2010), Common consolidated corporate tax base: Effects of formulary apportionment on corporate group entities, Discussion Papers SFB International Tax Coordination, Nr. 38, WU Wien 2010.

Petutschnig, M. (2011), Neuer Anlauf zur Common Consolidated Corporate Tax Base, in: ÖStZ 2011, S. 325-333.

Peuthert, B./Hurlebaus, A./Hering, T. (2010), Normkonforme Teilwertermittlung durch funktionale Unternehmensbewertung, in: DB 2010, S. 2681-2686.

Pezzer, H.-J. (1991), Bilanzierungsprinzipien als sachgerechte Maßstäbe der Besteuerung, in: Probleme des Steuerbilanzrechts, DStJG, Bd. 14, Hrsg. Doralt, W., Köln 1991, S. 3-27.

Pezzer, H.-J. (2011), Arten der Einkünfteermittlung – Bestandsaufnahme und Kritik – Überschussermittlung, in: Einkünfteermittlung, DStJG, Bd. 34, Hrsg. Hey, J., Köln 2011, S. 207-221.

Pezzotta, D./Passardi, M. (2010), Besteuerung aufgrund von IFRS-Abschlüssen – Utopie oder Wirklichkeit? In: IRZ 2010, S. 179-186.

Pfaff, D./Kukule, W. (2006), Wie fair ist der fair value? In: KoR 2006, S.542-549.

Pferdehirt, H. (2007), Die Leasingbilanzierung nach IFRS. Eine theoretische und empirische Analyse der Reformbestrebungen, Wiesbaden 2007.

Pfirmann, A./Schäfer, R. (2009), Steuerliche Implikationen, in: Das neue deutsche Bilanzrecht. Handbuch zur Anwendung des Bilanzrechtsmodernisierungsgesetzes, Hrsg. Küting, K./Pfitzer, N./Weber, C.-P., 2. Aufl., Stuttgart 2009, S. 119-157.

Pfitzer, N./Wirth, M./Staß, A. (2008), Kommentierung IAS 20: Bilanzierung und Darstellung von Zuwendungen der öffentlichen Hand (Accounting for Government Grants and Disclosure of Government Assistance), in: Rechnungslegung nach IFRS. Kommentar auf der Grundlage des deutschen Bilanzrechts (Loseblattsammlung), Hrsg. Baetge, J. et al., Stuttgart, Stand: Dezember 2008.

Philipps, H. (2010), Änderung des steuerlichen Herstellungskostenbegriffs durch das BilMoG? Zweifelsfragen zum BMF-Schreiben zur Maßgeblichkeit, in: BBK 2010, S. 468-473.

Picq, E./Escaut, P. (2010), Création, acquisition et exploitation des actifs incorporels en France ou à l'étranger: problématiques fiscales internes et internationals, in: RDF n° 44/Novembre 2010, S. 12-22.

Pietsch, H. (2007), Fair Value und steuerliche Gewinnermittlung. Beurteilung der Übertragbarkeit der Grundsätze der Fair Value-Richtlinie und des IAS 39 auf die Steuerbilanz, Frankfurt a. M. u. a. 2007.

Pilhofer, J. (2002), Umsatz- und Gewinnrealisierung im internationalen Vergleich. Bilanzpolitische Gestaltungsmöglichkeiten nach HGB, US-GAAP und IFRS, Herne/Berlin 2002.

Pisoke, M. (2004), Ungewisse Verbindlichkeiten in der internationalen Rechnungslegung. Zur zweckadäquaten Passivierung und Bewertung, Wiesbaden 2004.

Pistone, P. (2007), Expected and Unexpected Developments of European Integration in the Field of Direct Taxes, in: Intertax 2007, S. 70-74.

Pittroff, E./Schmidt, M./Siegel, T. (2011), B 161 Allgemeine Bewertungsgrundsätze, in: Beck'sches Handbuch der Rechnungslegung – HGB und IFRS – (Loseblattsammlung), Hrsg. Böcking, H.-J. et al., München, Stand: Juni 2011.

Pitzke, J./Wißborn, J.-P. (2010), Bilanzsteuerliche Behandlung geringwertiger Wirtschaftsgüter und des Sammelpostens, in: NWB 2010, S. 3522-3528.

Plasschaert, S. R. F. (1997), An EU Tax on Consolidated Profits of Multinational Enterprises, in: ET 1997, S. 2-13.

Plasschaert, S. R. F. (2002), Further Thoughts on the „European Union Company Income Tax" and its First Cousins, in: ET 2002, S. 336-345.

Plock, M. (2004), Ertragsrealisation nach International Financial Reporting Standards (IFRS), Düsseldorf 2004.

Poczobut, J. (1995), Leasing im polnischen Einkommensteuerrecht, in: Rechtsfragen der Transformation in Polen: Referate und Diskussionsbeiträge des schweizerisch-polnischen Kolloquiums vom
11. - 14. Mai 1994 in Warszawa/Schweizerisches Institut für Rechtsvergleichung Lausanne, Hrsg. Aregger, J./Poczobut, J./Wyrzykowski, M., Krakau 1995, S. 62-77.

Pohmer, D. (1957), Die betriebswirtschaftliche Problematik der Gewinnrealisation und der Periodenabgrenzung unter dem Gesichtspunkt der Erfolgsbesteuerung. Zugleich ein Beitrag zur Anwendung des § 131 Abs. 1 S. 3 AO, in: WPg 1957, S. 461-466, S. 498-501, S. 523-529, S. 551-553.

Pohmer, D./Jurke, G. (1984), Zu Geschichte und Bedeutung des Leistungsfähigkeitsprinzips unter besonderer Berücksichtigung der Beiträge in Finanzarchiv und der Entwicklung der deutschen Einkommensbesteuerung, in: FA 1984, S. 445-489.

Pollak, H. (2001), Die Besteuerung des Einkommens aus ökonomischer Sicht, in: Freiheit, Gleichheit, Effizienz. Ökonomische und verfassungsrechtliche Grundlagen der Steuergesetzgebung, Hrsg. Kirchhof, P./Neumann, J. M., Bad Homburg 2001, S. 49-58.

Pomp, R. D./Gerten, A. (2008), Die Gemeinsame Konsolidierte Körperschaftsteuer-Bemessungsgrundlage: (R)Evolution der Konzernbesteuerung? In: IStR 2008, S. 377-392.

Poppe, A. (2008), Auswirkungen der Einführung einer konsolidierten Körperschaftsteuer-Bemessungsgrundlage in der Europäischen Union. Eine empirische Analyse der Konzernstrukturen und des Steueraufkommens, Frankfurt a. M. u. a. 2008.

Porcano, T. M./Tran, A. V. (1998), Relationship of Tax and Financial Accounting in Anglo-Saxon Countries, in: IJoA 1998, S. 433-454.

Pottgießer, G. (2004), Die Zukunft der deutschen Rechnungslegung – Darstellung und Beurteilung der Referentenentwürfe zum Bilanzkontrollgesetz und Bilanzrechtsreformgesetz –, in: StuB 2004, S. 166-172.

Pottgießer, G. (2006), Einflüsse internationaler Standards auf die handelsrechtliche Rechnungslegung und steuerrechtliche Gewinnermittlung. Kritische Analyse der Entwicklung des deutschen Bilanzierungssystems unter Berücksichtigung mittelständischer Unternehmen, Wiesbaden 2006.

Pottgießer, G. (2008), Neuerungen der Rechnungslegung durch die IFRS-Verordnung und das Bilanzrechtsreformgesetz, in: Corporate Governance und Interne Revision. Handbuch für die Neuausrichtung des Internal Auditings, Hrsg. Freidank, C.-C./Peemöller, V. H., Berlin 2008, S. 161-176.

Pottgießer, G./Velte, P./Weber, S. (2005), Die langfristige Auftragsfertigung nach IAS 11 – Ausgewählte bilanzpolitische Gestaltungsspielräume, Auswirkungen auf den Grundsatz der Verlässlichkeit nach IAS/IFRS und Berücksichtigung des aktuellen Arbeitsprojekts des IASB/FASB zur Ertragsrealisation (Revenue Recognition) –, in: KoR 2005, S. 310-318.

Poulard, B. (2008), La réévaluation des actifs à leur juste valeur: quel(s) enjeu(x) pour les sociétés françaises? In: RFC n° 411/Juin 2008, S. 36-40.

Poznańska, K. (1995), Wesentliche Veränderungen des Steuersystems im Rahmen der wirtschaftlichen Reform in Polen seit 1989, in: Standort Deutschland. Grundsatzfragen und aktuelle Perspektiven für die Besteuerung, die Prüfung und das Controlling. Anton Heigl zum 65. Geburtstag, Hrsg. Peemöller, V. H./Uecker, P., Berlin 1995, S. 337-350.

Preinreich, G. (1951), Models of Taxation in the Theory of the Firm, in: Economia Internazionale 1951, S. 372-397.

Preißler, G. (2002), „Prinzipienbasierung" der IAS? In: DB 2002, S. 2389-2395.

PwC (2005), IFRS/UK main differences indicator, The Accounting Technical Department of PricewaterhouseCoopers, Chartered Accountants, Technical editor McCann, H., ohne Erscheinungsort, June 2005.

PwC (2006), IFRS: Tax implications for the EU financial services industry – are you ready?, ohne Erscheinungsort, November 2006.

PwC (2008), Polen – ein Wegweiser für Investoren, ohne Erscheinungsort, Ausgabe 2008.

PwC (2011), Worldwide Tax Summaries. Corporate Taxes 2011/12, ohne Erscheinungsort, 2011.

Prinz, U. (2003), Reform der deutschen Rechnungslegung. Gedanken und Anregungen an den Gesetzgeber zur Umsetzung der Mitgliedstaatenwahlrechte der IAS/IFRS-Verordnung aus Praktikersicht, in: DStR 2003, S. 1359-1364.

Prinz, U. (2006a), Eigenkapitalvernichtende Konsequenzen freiwilliger IAS/IFRS Bilanzierung bei deutschen Personengesellschaften, in: FR 2006, S. 566-572.

Prinz, U. (2006b), Maßgeblichkeit versus eigenständige Steuerbilanz – Auswirkungen einer HGB-Reform auf das Steuerrecht, in: Steuer und Gesellschaftsrecht zwischen Unternehmerfreiheit und Gemeinwohl. Festschrift für Arndt Raupach zum 70. Geburtstag, Köln 2006, S. 279-298.

Prinz, U. (2007), Komplex und unübersichtlich: Die neue Zinsschranke und ihre IFRS-Bezüge, in: GmbHR 2007, R257-R258.

Prinz, U. (2009a), Finanzierungsfreiheit im Steuerrecht – Plädoyer für einen wichtigen Systemgrundsatz, in: FR 2009, S. 593-640.

Prinz, U. (2009b), Steuerwirkungen des BilMoG: Ziel, Realität, Perspektiven, in: GmbHR 2009, S. 1027-1035.

Prinz, U. (2010a), Der bilanzielle Betriebsvermögensvergleich als Grundform leistungsfähigkeitsentsprechender Gewinnermittlung, in: FR 2010, S. 917-924.

Prinz, U. (2010b), Gedankensplitter zur konzeptionellen Fortentwicklung des steuerlichen Organschaftsrechts – Diskussionsbeitrag zum 2. Münchner Unternehmenssteuerforum, in: DStR 2010, Beihefter zu Heft 30, S. 67*-72*.

Prinz, U. (2010c), Materielle Maßgeblichkeit handelsrechtlicher GoB – ein Konzept für die Zukunft im Steuerbilanzrecht? In: DB 2010, S. 2069-2076.

Prinz, U. (2010d), Steuerbilanzrecht im Wandel, in: DB 2010, Heft 50/51, S. M1.

Prinz, U. (2011a), Arten der Einkünfteermittlung – Bestandsaufnahme und Kritik – Betriebsvermögensvergleich, in: Einkünfterermittlung, DStJG, Bd. 34, Hrsg. Hey, J., Köln 2011, S. 135-184.

Prinz, U. (2011b), Das europäische GKKB-Projekt – eine Einschätzung aus Beratersicht, in: StuB 2011, S. 461-463.

Prinz, U. (2011c), Rückstellungen in der Steuerbilanz: Ein Gebot sachgerechter Leistungsfähigkeitsbesteuerung, in: DB 2011, S. 492-497.

Prinz, U. (2011d), Strukturen einer Europäischen Konzernbesteuerung am Horizont erkennbar! In: GmbHR 2011, S. R113-R114.

Prinz, U./Adrian, G. (2011a), „Angeschaffte" Drohverlustrückstellung, in: BB 2011, S. 1646-1647.

Prinz, U./Adrian, G. (2011b), Angeschaffte Rückstellungen in der Steuerbilanz, in: StuB 2011, S. 171-177.

Prüschenk, F. (2004), Ertragsbesteuerung von Konzernen. Eine ökonomische Analyse alternativer Formen der Konzernbesteuerung, Aachen 2004.

Q

Quick, R. (2008a), Einzelfragen der Vorratsbewertung nach IFRS, in: DB 2008, S. 2206-2211.

Quick, R. (2008b), Kommentierung IAS 16: Sachanlagen (Property, Plant and Equipment), in: Münchener Kommentar zum Bilanzrecht, Bd. 1: IFRS (Faszikelwerk), Hrsg. Hennrichs, J./Kleindiek, D./Watrin, C., München, Stand: Juli 2008.

Quilitzsch, C. (2010), Grenzüberschreitende Verlustverrechnung bei gewerblichen Betriebsstätten und Tochterkapitalgesellschaften in der Europäischen Union – Eine ökonomische Analyse, in: Beiträge zum Transnationalen Wirtschaftsrecht, Martin-Luther-Universität Halle-Wittenberg, Hrsg. Tietje, C./Kraft, G./Sethe, R., Heft Nr. 94, März 2010.

R

Rade, K. (2011), „Angemessene" Herstellungskosten nach BilMoG – Keine Irrelevanz der Abgrenzung von Einzel- und Gemeinkosten, in: DStR 2011, S. 1334-1338.

Rade, K./Kropp, M. (2008), Jahrgangsbezogener Sammelposten und Poolabschreibung des § 6 Abs. 2a EStG – endgültiger Abschied von der Einheitsbilanz? In: WPg 2008, S. 13-22.

Rade, K./Stobbe, T. (2009), Auswirkungen des Bilanzrechtsmodernisierungsgesetzes auf die Bilanzierung von Fußballspielerwerten in der Handelsbilanz. Kriterien zur Aktivierung immaterieller Vermögensgegenstände nach altem und neuem Recht, in: DStR 2009, S. 1109-1115.

Radulescu, D. M. (2002), Besteuerung von Kapitalgesellschaften im Binnenmarkt. Reformvorschlag der Europäischen Kommission, in: ifo Schnelldienst 2/2002, S. 12-18.

Rädler, A. J. (2003), The impact of IAS Accounting on Tax Accounting, in: SWI 2003, S. 465-469.

Rätke, B./Theile, C. (2010), Bilanzpolitik im steuerlichen Wahlrechtsbereich nach dem BMF-Schreiben vom 12. 3. 2010, in: BBK 2010, S. 306-316.

Rahlf, S. (2000), IAS-Bilanzierung und Besteuerung. Eine betriebswirtschaftliche Analyse der Steuerfolgen einer Anpassung der handelsrechtlichen Rechnungslegung an die International Accounting Standards unter Aufrechterhaltung des Maßgeblichkeitsprinzips, Berlin 2000.

Rammert, S./Thies, A. (2009), Mit dem Bilanzrechtsmodernisierungsgesetz zurück in die Zukunft – was wird aus Kapitalerhaltung und Besteuerung? In: WPg 2009, S. 34-46.

Raupach, A. (2001), Wandel von Bilanzierungszwecken? In: Gesellschaftsrecht, Rechnungslegung, Steuerrecht. Festschrift für Welf Müller zum 65. Geburtstag, Hrsg. Hommelhoff, P./Zätzsch, R./Erle, B., München 2001, S. 793-813.

Raupach, A./Pohl, D. (2005), Die Rechtssache Marks & Spencer – Konzernsteuerrecht auf dem Prüfstand des EuGH – Rückwirkungen für das Konzernrecht? In: NZG 2005, S. 489-492.

Rautenstrauch, G. (2009), Die gemeinsame konsolidierte KSt-Bemessungsgrundlage (GKKB) als Vorbild für ein eigenständiges Bilanzsteuerrecht in Deutschland? In: FR 2009, S. 114-117.

Rautenstrauch, G. (2011), Gruppenbesteuerung nach dem Richtlinienentwurf einer Gemeinsamen konsolidierten Körperschaftsteuer-Bemessungsgrundlage, in: EWS 2011, S. 161-167.

Rawls, J. (1971), A Theory of Justice, Cambridge/Massachusetts 1971.

Rawls, J. (1998), Politischer Liberalismus, Frankfurt a. M. 1998.

Reczek, A./Lachowski, W. (2002), Ties that don't bind. Polish GAAP v IAS Financial Reporting, in: Accountancy, January 2002, S. 102-104.

Rehm, K./Wüstemann, J. (2011), Verbindlichkeitsbegriff – Beispiel Umweltschutzrückstellungen, in: Bilanzierung case by case. Lösungen nach HGB und IFRS, 5. Aufl., Frankfurt a. M. 2011, S. 105-121.

Reil, S. (2003), Leistungs- und Verlustfähigkeit. Das Leistungsfähigkeitsprinzip und das System des Verlustausgleichs im deutschen Einkommensteuerrecht, Frankfurt a. M. u. a. 2003.

Reimer, E. (2009), Das objektive Nettoprinzip aus gemeinschaftsrechtlicher, abkommensrechtlicher und rechtsvergleichender Sicht, in: DStR 2009, Beihefter zu Heft 34, S. 122*-128*.

Reiner, G. (2008), Kommentierung § 264 HGB, in: Münchener Kommentar zum Handelsgesetzbuch, Bd. 4: Drittes Buch. Handelsbücher §§ 238-342e HGB, Hrsg. Schmidt, K., 2. Aufl., München 2008.

Reinke, R. (2010), Die Bilanzierung immaterieller Vermögensgegenstände, in: Anwendungsprobleme des BilMoG und Perspektiven. Beiträge und Diskussionen zum 26. Münsterischen Tagesgespräch des Münsteraner Gesprächskreises Rechnungslegung und Prüfung e. V. am 20. Mai 2010, S. 1-17.

Reinstein, A./Weirich, R. (2002), US and UK GAAP: Important Differences for Financial Statement Preparers and Users, in: Managerial Finance 2002, S. 59-72.

Reith, T. (2006), Anh. Überblick über das Steuerrecht Polens, in: Doppelbesteuerung. Kommentar zu allen deutschen Doppelbesteuerungsabkommen (Loseblattsammlung), Hrsg. Debatin, H./Wassermeyer, F., Bd. V, München, Stand: Oktober 2006.

Renard, X./Rauch, O. (1999), France: Taxation of Hybrid Instruments, in: DFI 1999, S. 260-268.

Reusch, K. M. (2003), Maßgeblichkeitsgrundsatz und steuerliche Verlustverrechnung in den USA – Das Bilanzsteuerrecht der Vereinigten Staaten von Amerika: Eine Alternative? –, in: StuB 2003, S. 54-58.

Reuter, D. (2007), Die Bewertung von Rückstellungen in der Handels- und Steuerbilanz nach dem Steuerentlastungsgesetz 1999/2000/2002, Lohmar/Köln 2007.

RF Comptable (2006), Actifs: les nouvelles règles fiscales, Dossier du mois, Février 2006, n° 325, S. 19-62.

Rhein, W. (1953), Betriebswirtschaftliche Probleme bei der Reform der Gewinnbesteuerung. Ein Beitrag zur organischen Steuerreform, Diss. Wirtschaftshochschule Mannheim 1953.

Richard, J. (2004), The Secret Past of Fair Value: Lessons from History Applied to the French Case, in: AiE 2004, S. 95-107.

Richter, L. (2010), Die Maßgeblichkeit der handelsrechtlichen Grundsätze ordnungsmäßiger Buchführung für die steuerliche Gewinnermittlung. Anmerkungen zum BMF-Schreiben vom 12.3.2010, in: GmbHR 2010, S. 505-512.

Richter, W. F. (1986), Das Johansson-Samuelson-Theorem bewertungsneutraler Abschreibung langlebiger Wirtschaftsgüter bei Einkommensbesteuerung, in: FA 1986, S. 435-449.

Richter, W. F. (1990), Investitionsneutrale Besteuerung: Praktikabilität und Steuergerechtigkeit. Erwiderung zu Haase, BB 1990, S. 112, in: BB 1990, S. 760-761.

Ries, C. (2009a), Konsolidierte Körperschaftsteuerbemessungsgrundlage in der EU unter Berücksichtigung von Drittstaateneinkünften. Eine technische Analyse möglicher Folgen der Aufteilung oder des direkten Zurechnens von Einkünften mit Quelle im Drittstaat, Hamburg 2009.

Ries, C. (2009b), Konsolidierte Körperschaftsteuerbemessungsgrundlage in der EU unter Berücksichtigung von Drittstaateneinkünften, Schriftenreihe Steuerinstitut Nürnberg Nr. 2009-01.

Ries, C. (2010), Einführung einer GKKB in der EU. Anforderungen an eine GKKB zur Vermeidung der Hindernisse im Binnenmarkt, in: IWB 2010, S. 210-217.

Riese, J. (2009), § 9. Fertigungsaufträge, in: Beck'sches IFRS-Handbuch. Kommentierung der IFRS/IAS, Hrsg. Bohl, W./Riese, J./Schlüter, J., 3. Aufl., München 2009.

Robert, E. (2010), France, in: The Taxation of Companies in Europe (Loseblattsammlung), Guides to European Taxation Vol. II, Hrsg. IBFD, Binder **, Amsterdam, Stand: 1 April 2010.

Robisch, M./Treisch, C. (1997), Neuere Entwicklungen des Verhältnisses von Handelsbilanz und Steuerbilanz – Anhaltspunkte für eine Tendenzwende? In: WPg 1997, S. 156-169.

Rödder, T. (2004), Deutsche Unternehmensbesteuerung im Visier des EuGH, in: DStR 2004, S. 1629-1634.

Rödder, T. (2007), Perspektiven der Konzernbesteuerung, in: ZHR 2007, S. 380-408.

Rödder, T. (2009), BilMoG und steuerliche Gewinnermittlung, in: StbJb 2008/2009, S. 225-241.

Rödder, T./Schönfeld, J. (2005), Meistbegünstigung und EG-Recht: Anmerkung zu EUGH EuGH vom 5. 7. 2005, C-376/03 („D."), IStR 2005, in: IStR 2005, S. 523-527.

Rogall, M./Spengel, C. (2000), Abzinsung von Rückstellungen in der Steuerbilanz, in: BB 2000, S. 1234-1241.

Rohatschek, R. (2011), Aktuelle Bilanzierungs- und Bewertungsprobleme bei Internationaler Rechnungslegung, in: Internationale Rechnungslegung und Internationales Controlling. Herausforderungen – Handlungsfelder – Erfolgspotenziale., Hrsg. Funk, W./Rossmanith, J., 2. Aufl., Wiesbaden 2011, S. 163-182.

Rose, G. (1985), Überlegungen zur Steuergerechtigkeit aus betriebswirtschaftlicher Sicht, in: StuW 1985, S. 330-344.

Rosenberg, C. (2006), Thoughts on the convenience of French accounting regulations with the IFRS standards, in: Cahier de Recherche de l'ISC Paris, numéro 13: Normes IFRS, Juillet 2006, S. 111-141.

Rossmanith, J. (2010), Überblick über die Änderungen im Bereich der Bewertungsvorschriften nach dem Bilanzrechtsmodernisierungsgesetz (BilMoG). Unter besonderer Darstellung der Bildung von Bewertungseinheiten und der Herstellungskosten, in: Jahrbuch für Controlling und Rechnungswesen 2010, Hrsg. Seicht, G., Wien 2010, S. 159-176.

Rossmanith, J./Gerlach, D. (2008), Bilanzierung und Bewertung von Entwicklungskosten nach IAS 38, in: Internationale Rechnungslegung und Internationales Controlling. Herausforderungen – Handlungsfelder – Erfolgspotenziale, Hrsg. Funk, W./Rossmanith, J., Wiesbaden 2008, S. 151-186.

Rossmanith, J./Heß, D. (2011), Zur Problematik von Forschungs- und Entwicklungskosten und deren Ausweis nach IFRS, in: Internationale Rechnungslegung und Internationales Controlling. Herausforderungen – Handlungsfelder – Erfolgspotenziale., Hrsg. Funk, W./Rossmanith, J., 2. Aufl., Wiesbaden 2011, S. 183-219.

Rothe, H. (2009), Der gesellschaftsrechtliche Gläubigerschutz in der Unternehmenskrise nach deutschem GmbH-Recht und schwedischem Recht, Hamburg 2009.

Roxburgh, D. (2009), Tax Accounting – Key Themes and Recent Developments in the United Kingdom, in: ET 2009, S. 447-448.

Roy, T. (2005), La convergence PCG/IAS: jusqu'où? In: RFC n° 378/Juin 2005, S. 32-33.

Rudat, L. (2010), Steuerneutralität im Europäischen Binnenmarkt. Die Prinzipien der Kapitalexport- und Kapitalimportneutralität im Internationalen Steuerrecht und ihr Verhältnis zum Europäischen Binnenmarkt, Hamburg 2010.

Rückle, D. (2009), Handelsbilanz und Besteuerung – Grundfragen und aktuelle Entwicklungen, in: Jahrbuch für Controlling und Rechnungswesen 2009, Hrsg. Seicht, G., Wien 2009, S. 25-49.

Rückle, D./Zilch, C. (2008), Leasing – Grundfragen und aktuelle Entwicklungen, in: Jahrbuch für Controlling und Rechnungswesen 2008, Hrsg. Seicht, G., Wien 2008, S. 359-388.

Rüdinger, A. (2004), Regelungsschärfe bei Rückstellungen. Normkonkretisierung und Anwendungsermessen nach GoB, IAS/IFRS und US-GAAP, Wiesbaden 2004.

Ruf, M. (2004), Investitionsneutrale Besteuerung in einem internationalen Kontext, in: ZfB 2004, S. 995-1007.

Ruf, M. (2007), Steuerwettbewerb in Europa. Theorie, Empirie und die Definition von Effektivsteuersätzen, Wiesbaden 2007.

Ruf, M. (2008), Anforderungen an die Kapitalverkehrsfreiheit und die Niederlassungsfreiheit im Sinne des EGV aus Sicht der Wirtschaftswissenschaften, in: StuW 2008, S. 62-72.

Ruhnke, K. (2008a), Kapitalkostensatzermittlung für die Zwecke der Nutzungswertbestimmung gem. IAS 36, in: BB 2008, S. 43-47.

Ruhnke, K. (2008b), Rechnungslegung nach IFRS und HGB. Lehrbuch zur Theorie und Praxis der Unternehmenspublizität mit Beispielen und Übungen, 2. Aufl., Stuttgart 2008.

Ruhnke, K./Canitz, I. (2010), Indikatoren für eine Wertminderung gem. IAS 36. Eine empirische Analyse unter besonderer Berücksichtigung eines die Marktkapitalisierung übersteigenden Buchwerts des Reinvermögens, in: KoR 2010, S. 13-22.

Ruhnke, K./Schmiele, C./Sanyang, M. (2009), Bedeutung selbst erstellter immaterieller Vermögensgegenstände des Anlagevermögens für Kreditvergabeentscheidungen, in: DB 2009, S. 2725-2729.

Rundfelt, R. (2001), Sweden: Individual Accounts, in: Transnational Accounting, Hrsg. Ordelheide, D./KPMG, 2. Aufl., Bd. 3, New York 2001, S. 2345-2416.

Ruppe, H. G. (2005), Ursprung und Zukunft des Bilanzsteuerrechts, in: Handbuch des Bilanzsteuerrechts. Gedenkschrift für Wolfgang Gassner, Hrsg. Lang, M./Schuch, J./Staringer, C., Wien 2005, S. 1-19.

Russo, A. (2005), Formulary Apportionment for Europe: An Analysis and a Proposal, in: Intertax 2005, S. 2-31.

Russo, R. (2008), The precious relationship between IAS/IFRS and CCCTB with respect to different categories of assets and accrual, in: Common Consolidated Corporate Tax Base, Hrsg. Lang, M. et al., Wien 2008, S. 363-384.

Rutter, S./Schwarz, R. (2009), Die Behandlung von immateriellen Vermögensgegenständen im Konzept der Gemeinsamen Konsolidierten Körperschaftsteuerbemessungsgrundlage (GKKB) – Common Consolidated Corporate Tax Base (CCCTB), in: Steuerwissenschaften und betriebliches Rechnungswesen. Strukturen – Prinzipien – Neuerungen. Festschrift für Herbert Kofler zum 60. Geburtstag, Hrsg. Urnik, S./Fritz-Schmied, G./Kanduth-Kristen, S., Wien 2009, S. 501-517.

S

Sabel, E. (2006), Leasingverträge in der kapitalmarktorientierten Rechnungslegung, Wiesbaden 2006.

Sachs, H. (1998), Einkommensbesteuerung in Deutschland und Frankreich. Ein Vergleich der Konzeptionen gleichmäßiger Besteuerung, Frankfurt a. M. u. a. 1998.

Salamito, O. (2006), L'instruction fiscale 4A 13 05 du 30 décembre 2005: sa portée, in: RFC n° 387/Avril 2006, S. 7-8.

Sallabank, C./Woodgate, N. (1995), Finance Lease Rental Payments and Statement of Practice 3/91: The Views of the Inland Revenue as Expressed in the Tax Bulletin, in: BTR 1995, S. 506-510.

Samuelson, P. A. (1964), Tax Deductibility of Economic Depreciation to Insure Invariant Valuations, in: Journal of Political Economy 1964, S. 604-606.

Sauerland, C. (2007), Besteuerung europäischer Konzerne. Eine Analyse alternativer Modelle der Konzernbesteuerung, Wiesbaden 2007.

Sava, O. (2007), Dualismus der Einkunftsarten. Ansätze zur Steuerreformdiskussion aus betriebswirtschaftlicher Sicht, Wiesbaden 2007.

Schäfer, A. (2006), International Company Taxation in the Era of Information and Communication Technologies. Issues and Options for Reform, Wiesbaden 2006.

Schäfer, R. (2004), Vergleich der steuerlichen Belastung verschiedener Strukturen eines internationalen Unternehmens mit Spitzeneinheit in Deutschland und Grundeinheit in Frankreich, Frankfurt a. M. u. a. 2004.

Schanz, D./Schanz, S. (2009), Maßgeblichkeit der Handelsbilanz für die Steuerbilanz in Europa und in den USA, in: StuW 2009, S. 311-322.

Schanz, D./Schanz, S. (2010a), Das Ertragsteuerparadoxon, in: WiSt 2010, S. 182-186.

Schanz, D./Schanz, S. (2010b), Finding a New Corporate Tax Base after the Abolishment of the One-Book System in EU Member States, in: EAR 2010, S. 311-341.

Schanz, G. (1896), Der Einkommensbegriff und die Einkommensteuergesetze, in: FA 1896, S. 1-87.

Schanz, S. (2011), Neutrale Steuersysteme und Bilanzierung. Die bilanzielle Behandlung der Cashflows-Steuer und der zinsbereinigten Einkommensteuer, in: SteuerStud 2011, S. 239-247.

Scharenberg, S. (2009), Die Bilanzierung von wirtschaftlichem Eigentum in der IFRS-Rechnungslegung. Eine vergleichende Analyse von Abbildungsregeln für ausgewählte Rechtsinstitute, Wiesbaden 2009.

Scharpf, P. (2000), Bilanzierung von Finanzinstrumenten nach dem Vorschlag der EG-Kommission – Ein Vergleich mit IAS 39 –, in: DB 2000, S. 629-634.

Scharpf, P./Kuhn, S. (2005), Erfassung von Aufwendungen und Erträgen im Zusammenhang mit Finanzinstrumenten nach IFRS, in: KoR 2005, S. 154-165.

Scharpf, P./Schaber, M. (2008), Handelsbestände an Finanzinstrumenten bei Banken und bei Nicht-Banken nach dem BilMoG, in: DB 2008, S. 2552-2558.

Schaumburg, H. (1995), Das Leistungsfähigkeitsprinzip im internationalen Steuerrecht, in: Die Steuerrechtsordnung in der Diskussion. Festschrift für Klaus Tipke, Hrsg. Lang, J., Köln 1995, S. 125-151.

Schaumburg, H. (2004), Gewinnermittlung im Wandel, in: Stbg 2004, S. 545-550.

Schaumburg, H./Schaumburg, H. (2005), Steuerliche Leistungsfähigkeit und europäische Grundfreiheiten im Internationalen Steuerrecht, in: StuW 2005, S. 306-316.

Schaumburg, H./Schaumburg, H. (2011), Legislativer Gehorsam im Steuerrecht, in: Steuerrecht im Rechtsstaat. Festschrift für Wolfgang Spindler zum 65. Geburtstag, Hrsg. Mellinghoff, R./Schön, W./Viskor, H.-U., Köln 2011, S. 171-187.

Scheffler, E. (2010), B 233 Rückstellungen, in: Beck'sches Handbuch der Rechnungslegung – HGB und IFRS – (Loseblattsammlung), Hrsg. Böcking, H.-J. et al., München, Stand: Mai 2010.

Scheffler, W. (2000), Verbreiterung der Bemessungsgrundlage: Was bleibt von Rückstellungen in der Steuerbilanz? In: StuB 2000, S. 489-494 (Teil A) u. S. 541-548 (Teil B).

Scheffler, W. (2001a), Auswirkungen des Karlsruher Entwurfs zur Reform des EStG auf die Steuerbilanz, in: StuB 2001, S. 904-914.

Scheffler, W. (2001b), Gedanken zur Zukunft des Maßgeblichkeitsprinzips, in: DSWR 2001, S. 151-154.

Scheffler, W. (2003), Steuerbilanz und EuGH: Vorabentscheidungszuständigkeit, true and fair view und Vorsichtsprinzip, Wertaufhellung – Anmerkungen zum EuGH-Urteil vom 7. 1. 2003 – Rs. C-306/99 –, in: StuB 2003, S. 298-304.

Scheffler, W. (2004), Europäisierung des Bilanzsteuerrechts – Anmerkungen zum Urteil des FG Hamburg vom 28. 11. 2003 auf der Grundlage des EuGH-Urteils vom 7. 1. 2003 (BIAO) –, in: StuB 2004, S. 776-781.

Scheffler, W. (2005a), EU-Einheitliche Körperschaftsteuer-Bemessungsgrundlage: Konsolidierungsvoraussetzungen, in: BB 2005, Beilage 3 zu Heft 20, S. 33-36.

Scheffler, W. (2005b), Gemeinsame konsolidierte Steuerbemessungsgrundlage (CCTB) in der EU – Das Ende der Steuerplanung mit Verrechnungspreisen? In: Konzernbesteuerung. Beiträge zu einer Ringveranstaltung an der Universität Göttingen im Sommersemester 2004, Hrsg. Oestreicher, A., Herne/Berlin 2005, S. 305-331.

Scheffler, W. (2005c), Grenzüberschreitende Verlustverrechnung: Nachversteuerungsmethode im Vergleich zum geltenden Recht und zur konsolidierten Körperschaftsteuer-Bemessungsgrundlage, in: BFuP 2005, S. 156-175.

Scheffler, W. (2008a), Auslandsvertrieb und zwischenstaatliche Erfolgszuordnung. Auswirkungen eines Übergangs von der direkten Methode auf die konsolidierte Körperschaftsteuer-Bemessungsgrundlage, in: Festschrift für Wolfram Reiß zum 65. Geburtstag, Hrsg. Kirchhof, P./Nieskens, H., Köln 2008, S. 529-550.

Scheffler, W. (2008b), Rückstellungen in der Steuerbilanz nach dem BilMoG, in: Steuerliche Gewinnermittlung nach dem Bilanzrechtsmodernisierungsgesetz, Hrsg. Schmiel, U./Breithecker, V., Berlin 2008, S. 227-253.

Scheffler, W. (2009a), Bilanzrechtsmodernisierungsgesetz und steuerliche Gewinnermittlung, in: StuB 2009, S. 45-52.

Scheffler, W. (2009b), Einfluss des EU-Rechts auf die Steuerpolitik in Deutschland: Warum (vernünftige) Steuerreformen so schwierig sind, in: Steuern und Rechnungslegung. Festschrift zum 65. Geburtstag von Professor Dr. Jochen Sigloch, Hrsg. Egner, T./Henselmann, K./Schmidt, L., Aachen 2009, S. 327-347.

Scheffler, W. (2010a), Auswirkungen eines Übergangs von der direkten Methode auf die konsolidierte Körperschaftsteuer-Bemessungsgrundlage auf die zwischenstaatliche Erfolgszuordnung, dargestellt am Beispiel einer Auslandsproduktion, in: Internationale Aspekte der Unternehmensbesteuerung, Hrsg. Krawitz, N. ZfB-Special Issue 2/2010, Wiesbaden 2010, S. 49-66.

Scheffler, W. (2010b), Besteuerung von Unternehmen. Bd. III: Steuerplanung, Heidelberg u. a. 2010.

Scheffler, W. (2010c), Handelsbilanz und Steuerbilanz im Vergleich. Übersichten zur Reichweite des Maßgeblichkeitsprinzips sowie zum Umfang latenter Steuern nach dem BilMoG, in: BBK 2010, Beilage zu Heft 9.

Scheffler, W. (2010d), Neuinterpretation des Maßgeblichkeitsprinzips. Beurteilung des BMF-Schreibens zu den Auswirkungen des BilMoG für die steuerliche Gewinnermittlung, in: StuB 2010, S. 295-301.

Scheffler, W. (2011), Die steuerliche Gewinnermittlung am Wendepunkt? In: Die Gewinnermittlung am Wendepunkt? DWS-Symposium 2010, Hrsg. Deutsches wissenschaftliches Institut der Steuerberater e. V., Berlin 2011, S. 13-45.

Scheffler, W./Weber, J.-D. (2007): Grenzüberschreitende Verlustverrechnung – Einführung der Nachversteuerungsmethode nach österreichischem Vorbild als Reaktion auf die EuGH-Rechtssache „Marks & Spencer“? Hefte zur Internationalen Besteuerung, Hrsg. Institut für Ausländisches und Internationales Finanz- und Steuerwesen der Universität Hamburg, Nr. 155, Hamburg 2002

Scheinpflug, P. (2009a), § 4. Immaterielle Vermögenswerte, in: Beck'sches IFRS-Handbuch. Kommentierung der IFRS/IAS, Hrsg. Bohl, W./Riese, J./Schlüter, J., 3. Aufl., München 2009.

Scheinpflug, P. (2009b), § 5. Sachanlagen, in: Beck'sches IFRS-Handbuch. Kommentierung der IFRS/IAS, Hrsg. Bohl, W./Riese, J./Schlüter, J., 3. Aufl., München 2009.

Schellhorn, M. (2003), Die Bildung von Rückstellungen für ungewisse Verbindlichkeiten nach dem Urteil des BFH vom 27. Juni 2001 im Kontext der Europäisierung und Internationalisierung der Rechnungslegung, in: BFuP 2003, S. 306-328.

Schenke, R. P./Risse, M. (2009), Das Maßgeblichkeitsprinzip nach dem Bilanzrechtsmodernisierungsgesetz, in: DB 2009, S. 1957-1959.

Scheunemann, M. (2005), Grenzüberschreitende konsolidierte Konzernbesteuerung, Köln 2005.

Schevin, P. (2005a), Amortissement par composants: nouvelles précisions du Comité d'urgence, in: RFC n° 381/Octobre 2005, S. 42-45.

Schevin, P. (2005b), L'amortissement par composants, in: RFC n° 375/Mars 2005, S. 34-40.

Schevin, P. (2005c), Les nouvelles règles en matière de dépréciation d'actifs, in: RFC n° 377/Mai 2005, S. 22-26.

Schikowsky, A./Beste, M.-O. (2001), Grundlagen des polnischen Steuersystems. Teil I: Körperschaftsteuer incl. Steuerbelastungsvergleich, in: WiRO 2001, S. 65-70.

Schildbach, T. (1972), Zur Eignung des ökonomischen Gewinns im Rahmen der Rechnungslegung von Aktiengesellschaften. Stellungnahme zum Beitrag von Dieter Schneider: Aktienrechtlicher Gewinn und ausschüttungsfähiger Betrag, in: WPg 1972, S. 40-42.

Schildbach, T. (1989), Maßgeblichkeit – Rechtslage und Perspektive, in: BB 1989, S. 1443-1453.

Schildbach, T. (1994), Internationale Rechnungslegungsstandards auch für deutsche Einzelabschlüsse? In: Bilanzrecht und Kapitalmarkt. Festschrift zum 65. Geburtstag von Adolf Moxter, Hrsg. Ballwieser, W. et al., Düsseldorf 1994, S. 699-721.

Schildbach, T. (1995), Rechnungslegungsideale, Bilanzkulturen, Harmonisierung und internationaler Wettbewerb, in: BB 1995, S. 2635-2644.

Schildbach, T. (2001), Die Zukunft der deutschen Rechnungslegung, in: StuB 2001, S. 857-862.

Schildbach, T. (2002a), Aufwandsrückstellungen in der internationalen Rechnungslegung, in: StuB 2002, S. 791-797.

Schildbach, T. (2002b), IAS als Rechnungslegungsstandards für alle, in: BFuP 2002, S. 263-278.

Schildbach, T. (2005), Das System der IAS/IFRS in der EU: Charakter und Probleme, in: Kritisches zur Rechnungslegung und Unternehmensbesteuerung. Festschrift zur Vollendung des 65. Lebensjahres von Theodor Siegel, Hrsg. Schneider, D. et al., Berlin 2005, S. 45-63.

Schildbach, T. (2007a), IFRS – Irre Führendes Rechnungslegungs-System, in: IRZ 2007, S. 91-97 (Teil 2).

Schildbach, T. (2007b), Kosten der Internationalen Rechnungslegung, in: Internationale Rechnungslegungsstandards für börsenunabhängige Unternehmen?, Hrsg. Ebke, W. F./Luttermann, C./Siegel, S., Baden-Baden 2007, S. 119-145.

Schildbach, T. (2009a), Fair-Value-Bilanzierung und Unternehmensbewertung, in: BFuP 2009, S. 371-387.

Schildbach, T. (2009b), Fair Value-Statik und Information des Kapitalmarktes, in: BFuP 2009, S. 581-598.

Schildbach, T. (2009c), Internationale Rechnungslegung – cui bono? In: Berichterstattung für den Kapitalmarkt. Festschrift für Karlheinz Küting zum 65. Geburtstag, Hrsg. Weber, C.-P. et al., Stuttgart 2009, S. 103-119.

Schildbach, T. (2010a), Die Auswirkungen des geplanten neuen Bilanzrechts auf das System der GoB, in: Jahrbuch für Controlling und Rechnungswesen 2010, Hrsg. Seicht, G., Wien 2010, S. 137-157.

Schildbach, T. (2010b), Fair Value – Leitstern für Wege ins Abseits, in: IFRS und BilMoG. Herausforderungen für das Bilanz- und Prüfungswesen, Hrsg. Küting, K./Pfitzer, N./Weber, C.-P., Stuttgart 2010, S. 295-314.

Schildbach, T. (2010c), Internationale Rechnungslegung, Interessenvertretung und Kontroversen in der Sache, in: DStR 2010, S. 2048-2052.

Schildbach, T. (2011), Information des Kapitalmarkts mithilfe der fair value-Statik: „fair is foul and foul is fair", in: IRZ 2011, S. 71-77.

Schlaak, W. A. D. (2005), Das Stichtagsprinzip im Jahresabschluss nach HGB, IFRS, UK GAAP und US GAAP, Göttingen 2005.

Schlotter, C. (2005), Teilwertabschreibung und Wertaufholung zwischen Steuerbilanz und Verfassungsrecht, Köln 2005.

Schlotter, C. (2007), Verfassungsrechtliche Grenzen bei der Ausgestaltung des Steuerbilanzrechts, in: FR 2007, S. 951-959.

Schlotter, C. (2009), BB-Kommentar: „Partielle Abkehr vom Folgerichtigkeitsgrundsatz", in: BB 2009, S. 1411-1412.

Schlotter, C./Pinkernell, R. (2011), Bilanzsteuerrechtliche Ansatz- und Bewertungsvorbehalte bei der Übernahme von schuldrechtlichen Verpflichtungen. Anmerkungen zum BMF-Schreiben v. 24.6.2011, BStBl. I 2011, 627 = FR 2011, 684, in: FR 2011, S. 689-698.

Schmid, A. (2011), „Komponentenansatz: Handelsrecht versus Steuerrecht?" In: BB 2011, S. 1650.

Schmidbauer, R. (2004), Immaterielle Vermögenswerte in der Unternehmensrechnung: Abbildung im Jahresabschluss und Ansätze zur Steuerung, in: DStR 2004, S. 1442-1448.

Schmidt, F. (1929), Die organische Tageswertbilanz, 3. Aufl., Leipzig 1929.

Schmidt, F. (1998), Allowance for Corporate Equity – Zinskorrigierte Besteuerung zur Harmonisierung der Steuersysteme in Europa –, Berlin 1998.

Schmidt, I. M. (2002), Bilanzierung des Goodwills im internationalen Vergleich. Eine kritische Analyse, Wiesbaden 2002.

Schmidt, I. M. (2007), Ansätze für eine umfassende Rechnungslegung zur Zahlungsbemessung und Informationsvermittlung. Eine Analyse am Beispiel der Goodwill-Bilanzierung, Wiesbaden 2007.

Schmidt, L. (1994), Maßgeblichkeitsprinzip und Einheitsbilanz. Geschichte, Gegenwart und Perspektive des Verhältnisses von Handels- und Steuerbilanz, Heidelberg 1994.

Schmidt, M./Berg, R./Schmidt, P. (2011), Die Herstellung der Justiziabilität von IFRS, in: BFuP 2011, S. 53-75.

Schmidt, M./Schwedler, K. (2008), The value in use of fair value accounting: measuring income in an imperfect world, in: Globale Finanzberichterstattung/Global Financial Reporting. Entwicklung, Anwendung und Durchsetzung von IFRS/Development, application and enforcement of IFRS, Festschrift Liesel Knorr, Hrsg. Bruns, H.-G. et al., Stuttgart 2008, S. 195-215.

Schmidt, M./Seidel, T. (2006), Planmäßige Abschreibungen im Rahmen der Neubewertung des Sachanlagevermögens gemäß IAS 16: fehlende Systematik und Verstoß gegen das Kongruenzprinzip, in: BB 2006, S. 596-601.

Schmidtmann, D. (2008), Zur vertikalen und horizontalen Vergleichspaarbildung des EuGH aus ökonomischer Sicht, in: IWB 2008, F. 11, Gr. 2, S. 937-948.

Schmiel, U. (2005a), KMU als Untersuchungsgegenstand der Steuerwirkungsanalyse, in: ZfKE 2005, S. 21-36.

Schmiel, U. (2005b), Rechtskritik als Aufgabe der Betriebswirtschaftlichen Steuerlehre, Berlin 2005.

Schmiel, U. (2006a), Erkenntisfortschritt in der Betriebswirtschaftlichen Steuerlehre. Ein methodologisches Konzept zur Herleitung von Muster-Hypothesen, in: Fortschritt in den Wirtschaftswissenschaften. Wissenschaftstheoretische Grundlagen und exemplarische Anwendungen, Hrsg. Zelewski, S./Akca, N., Wiesbaden 2006, S. 147-169.

Schmiel, U. (2006b), Rechtsformneutralität als Leitlinie für eine Neukonzeption der Unternehmensbesteuerung? In: BFuP 2006, S. 246-261.

Schmiel, U. (2007a), Erfordert eine Reform der Unternehmensbesteuerung die Berücksichtigung von KMU? In: Management kleinerer und mittlerer Unternehmen. Stand und Perspektiven der KMU-Forschung, Hrsg. Letmathe, P. et al., Wiesbaden 2007, S. 695-712.

Schmiel, U. (2007b), Zur Problematik einer theoretisch fundierten steuerlichen Gewinnermittlung, in Ilmenauer Schriften zur Betriebswirtschaftslehre, Hrsg. Dintner, R. et al., Nr. 2/2007, Technische Universität Ilmenau 2007.

Schmiel, U. (2008), Lässt sich die Aufrechterhaltung des Maßgeblichkeitsprinzips durch das BilMoG ökonomisch begründen? In: Steuerliche Gewinnermittlung nach dem Bilanzrechtsmodernisierungsgesetz, Hrsg. Schmiel, U./Breithecker, V., Berlin 2008, S. 333-358.

Schmiel, U. (2009a), Benötigt die Betriebswirtschaftliche Steuerlehre empirische Forschung? In: Methoden in der Betriebswirtschaftslehre, Hrsg. Scherer, A. G./Kaufmann, I. M./Patzer, M., Wiesbaden 2009, S. 149-165.

Schmiel, U. (2009b), Forschungsziele der Betriebswirtschaftlichen Steuerlehre in der Kritik, in: ZfB 2009, S. 1193-1214.

Schmiel, U. (2010), Betriebswirtschaftliche Steuerlehre und Wirtschafts-/Unternehmensethik, in: Die Unternehmung 2010, S. 458-480.

Schmiel, U. (2011), Entspricht eine steuerliche Gewinnermittlung nach den Grundsätzen ordnungsmäßiger Buchführung dem Leistungsfähigkeitsprinzip? In: ZSteu 2011, S. 119-125.

Schmitt, B. (2004), Übersicht über das Steuerrecht Polens, in: IWB 2004, F. 5, Gr. 2, S. 145-154.

Schmitt, T. (2005), Systembereinigung und Vereinfachung der Einkommensteuer, Frankfurt a. M. u. a. 2005.

Schneeloch, D. (2005), Gedanken zum Stand und zum Selbstverständnis der Betriebswirtschaftlichen Steuerlehre, in: Steuertheorie, Steuerpolitik und Steuerpraxis. Festschrift für Peter Bareis zum 65. Geburtstag, Hrsg. Siegel, T. et al., Stuttgart 2005, S. 251-274.

Schneeloch, D. (2009), Zum Stand der steuerlichen Gewinnermittlung – Eine kritische Analyse –, in: Steuern und Rechnungslegung. Festschrift zum 65. Geburtstag von Professor Dr. Jochen Sigloch, Hrsg. Egner, T./Henselmann, K./Schmidt, L., Aachen 2009, S. 373-398.

Schneeloch, D. (2011), Zum Stand der Betriebswirtschaftlichen Steuerlehre – Eine kritische Bestandsaufnahme, in: BFuP 2011, S. 243-260.

Schneider, D. (1963), Bilanzgewinn und ökonomische Theorie, in: ZfhF 1963, S. 457-474.

Schneider, D. (1966), Dynamische Bilanzauffassung und ökonomischer Gewinnbegriff. Diskussionsbeitrag, in: ZfbF 1966, S. 571-575.

Schneider, D. (1969a), Die Problematik betriebswirtschaftlicher Teilwertlehren, in: WPg 1969, S. 305-313.

Schneider, D. (1969b), Korrekturen zum Einfluß der Besteuerung auf die Investitionen, in: ZfbF 1969, S. 297-325.

Schneider, D. (1970a), Sieben Thesen zum Verhältnis von Handels- und Steuerbilanz, in: DB 1970, S. 1697-1705.

Schneider, D. (1970b), Sofortiger Verlustausgleich statt Teilwertabschreibung – ein Problem der Steuerreform –, in: WPg 1970, S. 68-72.

Schneider, D. (1971a), Aktienrechtlicher Gewinn und ausschüttungsfähiger Betrag, in: WPg 1971, S. 607-617.

Schneider, D. (1971b), Eine Reform der steuerlichen Gewinnermittlung? Anmerkungen zum Teil „Gewinnermittlung" des Gutachtens der Steuerreformkommission 1971, in: StuW 1971, S. 326-341.

Schneider, D. (1971c), Gewinnermittlung und steuerliche Gerechtigkeit, in: ZfbF 1971, S. 352-394.

Schneider, D. (1972), „Aktienrechtlicher Gewinn und ausschüttungsfähiger Betrag" in der Diskussion, in: WPg 1972, S. 180-188.

Schneider, D. (1974a), Abschreibungsverfahren und Grundsätze ordnungsmäßiger Buchführung, in: WPg 1974, S. 365-376.

Schneider, D. (1974b), Das Problem der risikobedingten Anlagenabschreibung, in: WPg 1974, S. 402-405.

Schneider, D. (1976), Realisationsprinzip und Einkommensbegriff, in: Bilanzfragen, Festschrift zum 65. Geburtstag von Prof. Dr. Ulrich Leffson, Hrsg. Baetge, J./Moxter, A./Schneider, D., Düsseldorf 1976, S. 101-118.

Schneider, D. (1978a), Erfolgsermittlung als Rechnungsziel – ein empirischer und wissenschaftsgeschichtlicher Test, in: ZfbF 1978, S. 326-347.

Schneider, D. (1978b), Maßgeblichkeit der Handelsbilanz für die Steuerbilanz und Besteuerung nach der Leistungsfähigkeit, in: BB 1978, S. 1577-1581.

Schneider, D. (1978c), Steuerbilanzen: Rechnungslegung als Messung steuerlicher Leistungsfähigkeit, Wiesbaden 1978.

Schneider, D. (1979), Bezugsgrößen steuerlicher Leistungsfähigkeit und Vermögensbesteuerung, in: FA 1979, S. 26-49.

Schneider, D. (1980a), Bilanzrechtsprechung und wirtschaftliche Betrachtungsweise, in: BB 1980, S. 1225-1232.

Schneider, D. (1980b), Gliederungs-, Ansatz- und Bewertungswahlrechte für den Jahresabschluß, in: Rechnungslegung nach neuem Recht, Hrsg. Bierich, M. et al., ZfbF-Sonderheft 10, Düsseldorf 1980, S. 81-100.

Schneider, D. (1980c), Körperschaftsteuer, in: Handbuch der Finanzwissenschaft, Hrsg. Neumark, F. et al., Bd. II, 3. Aufl., Tübingen 1980, S. 509-563.

Schneider, D. (1981), Die Wissenschaftsgeschichte der Trennung von Kapital und Einkommen: Ökonomische Zwänge gegen gesellschaftliche Konventionen, in: Studien zur Entwicklung der ökonomischen Theorie I, Hrsg. Neumark, F., Berlin 1981, S. 137-161.

Schneider, D. (1982), Kritische Anmerkungen zur Bilanzauffassung des Bundesfinanzhofs, in: StbJb 1981/82, S. 176-194.

Schneider, D. (1983a), Betriebswirtschaftliche Gewinnermittlung oder ökonomische Analyse des Bilanzrechts? In: ZfbF 1983, S. 1040-1065.

Schneider, D. (1983b), Rechtsfindung durch Deduktion von Grundsätzen ordnungsmäßiger Buchführung aus gesetzlichen Jahresabschlußzwecken? In: StuW 1983, S. 141-160.

Schneider, D. (1984a), Der Einkommensbegriff und die Einkommensteuerrechtsprechung, in: FA 1984, S. 407-432.

Schneider, D. (1984b), Leistungsfähigkeitsprinzip und Abzug von der Bemessungsgrundlage, in: StuW 1984, S. 356-367.

Schneider, D. (1985), Steuergerechtigkeit durch Regelungen gegen Steuervermeidung – ein „Gefangenendilemma" des Steuerrechts, in: StuW 1985, S. 345-355.

Schneider, D. (1986a), Kollektivvermögen, Unternehmensverfassung und Gleichmäßigkeit der Besteuerung, in: StuW 1986, S. 341-353.

Schneider, D. (1986b), Verbesserung der Allokation durch Besteuerung unrealisierter Vermögenswertänderungen? In: FA 1986, S. 224-240.

Schneider, D. (1986c), Vermögensgegenstände und Schulden, in: Handwörterbuch unbestimmter Rechtsbegriffe im Bilanzrecht des HGB, Hrsg. Leffson, U./Rückle, D./Großfeld, B., Köln 1986, S. 335-343.

Schneider, D. (1988), Was verlangt eine marktwirtschaftliche Steuerreform: Einschränkung des Verlust-Mantelkaufs oder Ausweitung des Verlustausgleichs durch handelbare Verlustverrechnungsgutscheine? In: BB 1988, S. 1222-1229.

Schneider, D. (1989a), Cash-flow-Besteuerung als klägliche Konterrevolution gegen den „ökonomischen" Gewinn, Diskussionspapier 130/1989, Technische Universität Berlin, Hrsg. Siegel, T., Berlin 1989.

Schneider, D. (1989b), Die überfällige Neuordnung der Unternehmensbesteuerung, in: Steuerberaterkongressreport 1989, München 1989, S. 47-62.

Schneider, D. (1989c), Marktwirtschaftlicher Wille und planwirtschaftliches Können: 40 Jahre Betriebswirtschaftslehre im Spannungsfeld zur marktwirtschaftlichen Ordnung, in: ZfbF 1989, S. 11-43.

Schneider, D. (1989d), Reform der Unternehmensbesteuerung aus betriebswirtschaftlicher Sicht, in: StuW 1989, S. 328-339.

Schneider, D. (1989e), Sofortabschreibung, sofortiger Verlustausgleich und Marktlenkung von Risikokapital, in: Besteuerung und Unternehmenspolitik. Festschrift für Günter Wöhe, Hrsg. John, G., München 1989, S. 309-329.

Schneider, D. (1989f), Steuerfreie Kapitalbildung in dreistelliger Milliardenhöhe durch Pensionsrückstellungen? In: DB 1989, S. 889-895.

Schneider, D. (1991), Die Anfänge der „Steuerbilanz“ und die Entstehung des Maßgeblichkeitsprinzips. Ein Beitrag zur Betriebswirtschaftlichen Steuerlehre vor der akademischen Betriebswirtschaftslehre, in: Betriebswirtschaftliche Steuerlehre und Steuerberatung. Gerd Rose zum 65. Geburtstag, Hrsg. Herzig, N., Wiesbaden 1991, S. 175-190.

Schneider, D. (1992a), Investition und Finanzierung. Lehrbuch der Investitions-, Finanzierungs- und Ungewißheitstheorie, 7. Aufl., Wiesbaden 1992.

Schneider, D. (1992b), Maß und Ausmaß der Steuervergünstigungen, in: DB 1992, S. 1737-1742.

Schneider, D. (1993a), Scheingewinnabhängige Ausgaben, Substanzerhaltung und inflationsbereinigte Rechnungslegung: Ende eines wissenschafts=mitbegründenden Problems? In: ökonomische Analyse des Bilanzrechts – Entwicklungslinien und Perspektiven, Hrsg. Wagner, F. W., ZfbF-Sonderheft 32, Düsseldorf 1993, S. 31-60.

Schneider, D. (1993b), Selbstfinanzierung als Entscheidungsproblem, in: WiSt 1993, S. 497-502.

Schneider, D. (1995b), Streitfragen der Rückstellungsbilanzierung als Problem der Risikokapitalbildung, in: DB 1995, S. 1421-1426.

Schneider, D. (1996a), Betriebswirtschaftliche Analyse von Bundesfinanzhofurteilen als Grundlage einer Deduktion handelsrechtlicher GoB, in: Rechnungslegung, Prüfung und Beratung – Herausforderungen für den Wirtschaftsprüfer –, Festschrift zum 70. Geburtstag von Prof. Dr. Rainer Ludewig, Hrsg. Baetge, J. et al., Düsseldorf 1996, S. 921-949.

Schneider, D. (1996b), Sind Bewertungsvereinfachungen, wie das Lifo-Verfahren oder die Festwertrechnung, Steuervergünstigungen? In: StuW 1996, S. 145-153.

Schneider, D. (1996c), Theorie der Unternehmung und Theorie der Rechnungslegung, in: BFuP 1996, S. 471-502.

Schneider (1997a), Betriebswirtschaftslehre, Bd 2: Rechnungswesen, 2. Aufl., München/Wien 1997.

Schneider, D. (1997b), Steuervermeidung – ein Kavaliersdelikt? In: DB 1997, S. 485-490.

Schneider, D. (1998a), German Reflections on Asset Valuation, in: Abacus 1998, S. 31-35.

Schneider, D. (1998b), Killerviren steuerlicher Gerechtigkeit in Reformvorschlägen zur Unternehmensbesteuerung – Ein Diskussionsbeitrag, in: DStR 1989, S. 1287-1293.

Schneider, D. (1998c), Rechnungszweckwidrige wiederbeschaffungswertorientierte Abschreibung, in: krp 1998, S. 34-36.

Schneider, D. (1999a), Abbau von Steuervergünstigungen durch Skalpierung der Maßgeblichkeit und Verlustverrechnung als „Stärkung der Investitionskraft“? In: DB 1999, S. 105-110.

Schneider, D. (1999b), Ist die Einkommensteuer überholt? Kritik und Reformvorschläge, in: Einkommen versus Konsum- Ansatzpunkte zur Steuerreformdiskussion, Hrsg. Smekal, C./Sendlhofer, R./Winner, H., Heidelberg 1999, S. 1-14.

Schneider, D. (2000a), Fördern internationale Rechnungslegungsstandards Wettbewerb als Verwertung von Wissen? In: Wettbewerb und Unternehmensrechnung, Hrsg. Schildbach, T./Wagenhofer, A., ZfbF-Sonderheft 45, Düsseldorf 2000, S. 23-40.

Schneider, D. (2000b), Höhere Unternehmenssteuerbelastung durch Senken der Gewinnsteuersätze! In: BB 2000, S. 1322-1326.

Schneider, D. (2000c), Mängel in der ökonomischen Begründung einer Steuerfreiheit für Kapitaleinkünfte, in: StuW 2000, S. 421-430.

Schneider, D. (2000d), Otto H. Jacobs‘ „Das Bilanzierungsproblem in der Ertragsteuerbilanz“ und dessen Stellung in der Wissenschaftsgeschichte steuerlicher Gewinnermittlung, in: DB 2000, S. 1241-1245.

Schneider, D. (2002), Steuerlast und Steuerwirkung. Einführung in die steuerliche Betriebswirtschaftslehre, München/Wien 2002.

Schneider, D. (2003a), Konzernrechnungslegung nach IAS als Besteuerungsgrundlage? In: BB 2003, S. 299-304.

Schneider, D. (2003b), Problemfelder und Methoden des Rechnungswesens allgemein und einer Konzernrechnungslegung als internationale Gewinnsteuerbemessungsgrundlage im besonderen, in: BFuP 2003, S. 652-669.

Schneider, D. (2004a), Folgt die Tugend gewinnsteuerlicher Bemessungsgrundlagen den Zahlungsströmen? Jochen Sigloch zur Vollendung des 60. Lebensjahres, in: StuW 2004, S. 293-304.

Schneider, D. (2004b), Steuervereinfachung durch Rechtsformneutralität? In: DB 2004, S. 1517-1521.

Schneider, D. (2005a), Anlagenzeitwert – oder: „Im Abschreiben seid froh und munter, schreibt ihr nicht ab, so marktbewertet unter“, in: ZSteu 2005, S. 396-399.

Schneider, D. (2005b), Funktionen der Abschreibung, in: Abschreibungen in der Handels- und Steuerbilanz, einschließlich der Bestimmungen der IFRS, Hrsg. Bertl, R. et al., Wien 2005, S. 13-23.

Schneider, D. (2005c), Vertikale Gerechtigkeit wider Rechtsformneutralität und Lebenseinkommensbesteuerung, in: Steuertheorie, Steuerpolitik und Steuerpraxis. Festschrift für Peter Bareis zum 65. Geburtstag, Hrsg. Siegel, T. et al., Stuttgart 2005, S. 275-291.

Schneider, D. (2006), Reform der Unternehmensbesteuerung: Niedrigere Steuersätze für zurückbehaltene Gewinne oder höhere Finanzierung aus Abschreibungen? In: BFuP 2006, S. 262-274.

Schneider, D. (2008), Steuerbetriebswirtschaftliche Gewinnermittlung statt des Entwurfs einer BilMoG-elpackung, in: Steuerliche Gewinnermittlung nach dem Bilanzrechtsmodernisierungsgesetz, Hrsg. Schmiel, U./Breithecker, V., Berlin 2008, S. 283-300.

Schneider, D. (2009a), „Finanzierungsneutralität der Besteuerung“ als politischer Wunsch und als Widersprüchlichkeit in der erklärenden Theorie, oder: Quo vadis, Arqus? In: ZfbF 2009, S. 126-137.

Schneider, D. (2009b), Sind gewinnsteuerliche Bemessungsgrundlagen bei drohender Inflation zu ändern? In: Steuern und Rechnungslegung. Festschrift zum 65. Geburtstag von Professor Dr. Jochen Sigloch, Hrsg. Egner, T./Henselmann, K./Schmidt, L., Aachen 2009, S. 339-418.

Schneider, D. (2010a), Ein Jahrhundert Unmaßgeblichkeit des Maßgeblichkeitsgrundsatzes, in: Besteuerung, Rechnungslegung und Prüfung der Unternehmen. Festschrift für Professor Dr. Norbert Krawitz, Hrsg. Baumhoff, H./Dücker, R./Köhler, S., Wiesbaden 2010, S. 705-721.

Schneider, D. (2010b), Wider Zahlenmystik bei Steuerbelastung und Steuerwirkung, in: StuW 2010, S. 232-238.

Schneider, D. (2011), Betriebswirtschaftslehre als Einzelwirtschaftstheorie der Institutionen, Wiesbaden 2011.

Schnorr, R. (2004), Nationale und internationale Aktivierungsgrundsätze der Rechnungslegung in Handels- und Steuerbilanz, in: StuW 2004, S. 305-317.

Schön, W. (1995), Die Steuerbilanz zwischen Handelsrecht und Grundgesetz, in: StuW 1995, S. 366-377.

Schön, W. (1997), Europäische Kapitalverkehrsfreiheit und nationales Steuerrecht, in: Gedächtnisschrift für Brigitte Knobbe-Keuk, Hrsg. Schön, W., Köln 1997, S. 743-777.

Schön, W. (2000a), Der „Wettbewerb" der europäischen Steuerordnungen als Rechtsproblem, in: Europa- und verfassungsrechtliche Grenzen der Unternehmensbesteuerung, DStJG, Bd. 23, Hrsg. Pelka, J. Köln 2000, S. 191-226.

Schön, W. (2000b), Gesellschafter-, Gläubiger- und Anlegerschutz im Europäischen Bilanzrecht, in: ZGR 2000, S. 706-742.

Schön, W. (2001a), Internationalisierung der Rechnungslegung und Gläubigerschutz, in: WPg-Sonderheft 2001, S. S74-S79.

Schön, W. (2001b), Schlussfolgerungen aus juristischer Sicht, in: Freiheit, Gleichheit, Effizienz. Ökonomische und verfassungsrechtliche Grundlagen der Steuergesetzgebung, Hrsg. Kirchhof, P./Neumann, J. M., Bad Homburg 2001, S. 121-127.

Schön, W. (2002), The European Commission's Report on Company Taxation: A Magic Formula for European Taxation? In: ET 2002, S. 276-286.

Schön, W. (2004a), Besteuerung im Binnenmarkt – die Rechtsprechung des EuGH zu den direkten Steuern, in: IStR 2004, S. 289-300.

Schön, W. (2004b), International Accounting Standards – A „Starting Point" for a Common European Tax Base? In: ET 2004, S. 426-440.

Schön, W. (2004c), Kompetenzen der Gerichte zur Auslegung von IAS/IFRS, in: BB 2004, S. 763-768.

Schön, W. (2005a), Capital Gains Taxation in Germany, in: BTR 2005, S. 620-627.

Schön, W. (2005b), Der Kapitalverkehr mit Drittstaaten und das internationale Steuerrecht, in: Körperschaftsteuer, Internationales Steuerrecht, Doppelbesteuerung. Festschrift für Franz Wassermeyer zum 65. Geburtstag, Hrsg. Gocke, R./Gosch, D./Lang, M., München 2005, S. 489-521.

Schön, W. (2005c), Eine Zukunft für das Maßgeblichkeitsprinzip, in: Steuerliche Maßgeblichkeit in Deutschland und Europa, Hrsg. Schön, W., Köln 2005, S. 1-146.

Schön, W. (2005d), The David R. Tillinghast Lecture. The Odd Couple: A Common Future for Financial and Tax Accounting? In: TLR 2005, S. 111-148.

Schön, W. (2006), Europarechtliche Grundlagen für Gesellschafts- und Steuerrecht, in: GmbH-StB 2006, S. 9-14.

Schön, W. (2007a), Group Taxation and the CCCTB, in: TNI 2007, S. 1063-1080.

Schön, W. (2007b), Niederlassungsfreiheit als Gründungsfreiheit, in: Festschrift für Hans-Joachim Priester zum 70. Geburtstag, Hrsg. Hommelhoff, P./Rawert, P./Schmidt, K., Köln 2007, S. 737-748.

Schön, W. (2007c), Perspektiven der Konzernbesteuerung, in: ZHR 2007, S. 409-445.

Schön, W. (2008a), Perspektiven der Konzernbesteuerung, in: A Common Consolidated Corporate Tax Base for Europe, Hrsg. Schön, W./Schreiber, U./Spengel, C., Berlin/Heidelberg 2008, S. 49-84.

Schön, W. (2008b), Rechtsmissbrauch und Europäisches Steuerrecht, in: Festschrift für Wolfram Reiss, Hrsg. Kirchhof, P./Nieskens, H., Köln 2008, S. 571-596.

Schön, W. (2009), International Tax Coordination for a Second-Best World (Part I), in: WTJ 2009, S. 67-114.

Schön, W. (2010), Funktionsverlagerung und Europäische Grundfreiheiten, in: Unternehmensbesteuerung. Festschrift für Norbert Herzig zum 65. Geburtstag, Hrsg. Kessler, W./Förster, G./Watrin, C., München 2010, S. 301-321.

Schönfeld, J. (2005a), Hinzurechnungsbesteuerung und Europäisches Gemeinschaftsrecht, Köln 2005.

Schönfeld, J. (2005b), Hinzurechnungsbesteuerung zwischen Steuerwettbewerb und Europäischen Grundfreiheiten, in: StuW 2005, S. 158-170.

Schönfeld, J. (2006), Quo vadis Hinzurechnungsbesteuerung und EG-Recht – Bestandsaufnahme und neuere Entwicklungen, in: IWB 2006, F. 3, Gr. 1, S. 2119-2130.

Scholtissek, W. (1985), Companies Act und Nebengesetze von 1985. Überblick über die Neuordnung des Rechts der Companies in Großbritannien, in: RIW 1985, S. 706-707.

Scholtissek, W. (1986), True and fair view im Vereinigten Königreich und in der Bundesrepublik Deutschland, in: RIW 1986, S. 966-970.

Scholtz, R.-D. (1999), „Objektivierung" der Gewinnermittlung, in: DStZ 1999, S. 698-700.

Scholz, A. (2008), Kapitalerhaltung durch Solvenztests. Eine ökonomische und experimentelle Analyse, Wiesbaden 2008.

Scholz, S. (2006), Besteuerung der betrieblichen Altersversorgung in Europa. Internationale Steuerwirkungen – europarechtliche Analyse – Reformüberlegungen, Wiesbaden 2006.

Scholz, U. (2003), Die Aktivierung einseitiger Forderungen in der Handels- und Steuerbilanz, Lohmar/Köln 2003.

Schramm, U. (2005), Internationale Rechnungslegungsvorschriften und der deutsche Maßgeblichkeitsgrundsatz, in: Steuertheorie, Steuerpolitik und Steuerpraxis. Festschrift für Peter Bareis zum 65. Geburtstag, Hrsg. Siegel, T. et al., Stuttgart 2005, S. 293-309.

Schratzenstaller, M. (2007), Company Tax Coordination in the EU – Status Quo and Perspectives, in: Intereconomics 2007, S. 116-120.

Schraufl, M. (2004), Körperschaftsteuersysteme im internationalen Rahmen unter Effizienzkriterien, München 2004.

Schreiber, J. (2005), Der Maßgeblichkeitsgrundsatz des § 5 Abs. 1 Satz 1 EStG und die IAS/IFRS, in: DStR 2005, S. 1351-1355.

Schreiber, S. (2005), Zur Informationsgewährung durch die Bilanzierung von Intangibles nach IFRS, in: ZP 2005, S. 451-470.

Schreiber, U. (1980), Unternehmenserhaltung bei steigenden Preisen. Eine Analyse der Anwendungsmöglichkeiten von Erhaltungstheorien zur Bestimmung des entnahmefähigen Gewinns, Frankfurt a. M. u. a. 1980.

Schreiber, U. (1987), Rechtsformabhängige Unternehmensbesteuerung? Eine Kritik des Verhältnisses von Einkommen- und Körperschaftsteuer auf der Grundlage eines Modells für mehrperiodige Steuerwirkungsanalysen, Köln 1987.

Schreiber, U. (1988), Besteuerung und Finanzierung im internationalen Konzern, in: WiSt 1988, S. 229-235.

Schreiber, U. (1991), Betriebswirtschaftliche Forderungen an eine Reform der Unternehmensbesteuerung, in: Finanzierung und Besteuerung der Unternehmung und des Konzerns, Hrsg. Betge, P./Theisen, M. R., Stuttgart 1991, S. 59-83.

Schreiber, U. (1992), Die Besteuerung internationaler Kapitaleinkommen, in: DBW 1992, S. 829-850.

Schreiber, U. (1993a), Die Angleichung der steuerlichen Gewinnermittlung in der Europäischen Gemeinschaft, in: Ökonomische Analyse des Bilanzrechts – Entwicklungslinien und Perspektiven, Hrsg. Wagner, F. W., ZfbF-Sonderheft 32, Düsseldorf 1993, S. 139-173.

Schreiber, U. (1993b), Die betriebswirtschaftliche Steuerlehre als Lehre von den ökonomischen Wirkungen des Steuerrechts, Universität Hannover, Fachbereich Wirtschaftswissenschaften, Diskussionspapier 183, September 1993.

Schreiber, U. (1994), Unternehmensbesteuerung im Europäischen Binnenmarkt, in: StuW 1994, S. 238-254.

Schreiber, U. (1996), Notwendigkeit und Alternativen einer Reform der Besteuerung von Kapitaleinkommen, in: ZEW Wirtschaftsanalysen, Aspekte der Unternehmensbesteuerung in Europa, Hrsg. Jacobs, O. H./Spengel, C., Baden-Baden 1996, S. 85-115.

Schreiber, U. (1997), Hat das Maßgeblichkeitsprinzip noch eine Chance? In: Handelsbilanzen und Steuerbilanzen. Festschrift zum 70. Geburtstag von Heinrich Beisse, Hrsg. Budde, W. D./Moxter, A./Offerhaus, K., Düsseldorf 1997, S. 491-509.

Schreiber, U. (1998a), Internationale Mobilität von Steuerbasen – Ist nationale Steuerpolitik noch möglich? In: Steuersysteme der Zukunft, Hrsg. Krause-Junk, G., Berlin 1998, S. 29-88.

Schreiber, U. (1998b), Steuerwettbewerb, Steuerharmonisierung und neutrale Unternehmensbesteuerung, in: Rechnungslegung und Steuern international, in: Rechnungslegung und Steuern international, Hrsg. Ballwieser, W./Schildbach, T., ZfbF-Sonderheft 40, Düsseldorf 1998, S. 105-144.

Schreiber, U. (1999), Rechnungslegung im Einzelabschluß nach internationalen Grundsätzen? In: Unternehmenspolitik und Internationale Besteuerung. Festschrift für Lutz Fischer zum 60. Geburtstag, Hrsg. Kleineidam, H.-J., Berlin 1999, S. 879-912.

Schreiber, U. (2000), Die Bedeutung der US-amerikanischen Rechnungslegung für die Besteuerung von Gewinnen und Ausschüttungen, in: US-amerikanische Rechnungslegung. Grundlagen und Vergleiche mit dem deutschen Recht, Hrsg. Ballwieser, W., 4. Aufl., Stuttgart 2000, S. 49-98.

Schreiber, U. (2002), Gewinnermittlung und Besteuerung der Einkommen, in: StuW 2002, S. 105-115.

Schreiber, U. (2004), Unternehmensbesteuerung im Binnenmarkt. Angleichung der Gewinnermittlung und des Satzes der Körperschaftsteuer? In: StuW 2004, S. 212-226.

Schreiber, U. (2007), Die Duale Einkommensteuer: Zur Rechtsformabhängigkeit der Besteuerung, in: Die Duale Einkommensteuer: Zur Rechtsformabhängigkeit der Besteuerung, in: Reform der Unternehmensbesteuerung: Verschiedene Wege diskutieren. Beiträge zu einer Ringveranstaltung an der Universität Göttingen im Sommersemester 2006, Hrsg. Oestreicher, A., Herne/Berlin 2007, S. 35-63.

Schreiber, U. (2008a), Besteuerung der Unternehmen. Eine Einführung in das Steuerrecht und Steuerwirkung, 2. Aufl., Berlin/Heidelberg 2008.

Schreiber, U. (2008b), Consolidation, Allocation and International Aspects, in: A Common Consolidated Corporate Tax Base for Europe. Eine einheitliche Körperschaftsteuerbemessungsgrundlage für Europa, Hrsg. Schön, W./ Schreiber, U./Spengel, C., Berlin/Heidelberg 2008, S. 113-127.

Schreiber, U. (2009a), Internationale Gewinnverlagerung. Bestandsaufnahme und Perspektiven, in: DBW 2009, S. 535-550.

Schreiber, U. (2009b), Prinzipien der Unternehmensbesteuerung und die Begrenzung des Gewinnabzugs, in: Steuern und Rechnungslegung, Festschrift zum 65. Geburtstag von Prof. Dr. Jochen Sigloch, Hrsg. Egner, T./Henselmann, K./Schmidt, L., Aachen 2009, S. 419-443.

Schreiber, U. (2009c), The Taxation of Hidden Reserves under the Common Consolidated Corporate Tax Base, in: ET 2009, S. 84-91.

Schreiber, U. (2011), Kommentar zum Beitrag von Ralf Ewert und Rainer Niemann, in: Unternehmensrechnung, Besteuerung, Regulierung und Rationalität, Hrsg. Ballwieser, W./Ewert, R., ZfbF-Sonderheft 63, Düsseldorf 2011, S. 132-135.

Schreiber, U./Führich, G. [J.] (2007), European Group Taxation - Formula Apportionment versus Current Inclusion, Discussion Paper, Februar 2007.

Schreiber, U./Führich, G. [J.] (2009), European group taxation - the role of exit taxes, in: European Journal of Law and Economics 2009, S. 257-274.

Schreiber, U./Kahle, H. (2002), Periodisierung, in: Handwörterbuch der Rechnungslegung und Prüfung, Hrsg. Ballwieser, W./Coenenberg, A. G./v. Wysocki, K., 3. Auflage, Stuttgart 2002, Sp. 1639-1648.

Schreiber, U./Künne, T. (1996), Die Steuerbelastung von Investitionen in Deutschland, Frankreich und Großbritannien, in: StuW 1996, S. 43-61.

Schreiber, U./Overesch, M. (2005), Effektive Steuerbelastung der Unternehmen und Steuerpolitik, in: WD 2005, S. 220-225.

Schreiber, U./Ruf, M. (2007), Reform der Unternehmensbesteuerung: ökonomische Auswirkungen bei Unternehmen mit inländischer Geschäftstätigkeit, in: BB 2007, S. 1099-1105.

Schreiber, U./Spengel, C. (2006), Allgemeine Unternehmenssteuer und Duale Einkommensteuer, in: BFuP 2006, S. 275-288.

Schreiber, U./Stellpflug, T. (1999), Einkommen oder Konsum als Steuerbasis? In: WiSt 1999, S. 186-192.

Schreiber, U./Storck, A. (1979), Prinzipien der Einkommensrealisation im Einkommen- und Körperschaftsteuerrecht, in: WiSt 1979, S. 174-176.

Schröer, A. (2004), Besteuerung verbundener Unternehmen in föderalen Strukturen. Eine Analyse alternativer Erfolgsabgrenzungsparadigmen, Wiesbaden 2004.

Schröer, T. (1998), Das Realisationsprinzip in Deutschland und Großbritannien, Frankfurt a. M. u. a. 1998.

Schruff, L./Haaker, A. (2007), Zur zweckadäquaten Berücksichtigung von Wahrscheinlichkeiten im Rahmen der Rückstellungsbilanzierung nach IFRS – Die Regelungen des IAS 37, IFRS 3 und ED IAS 37 im Vergleich, in: Rechnungslegung und Wirtschaftsprüfung. Festschrift zum 70. Geburtstag von Jörg Baetge, Hrsg. Kirsch, H.-J./Thiele, S., Düsseldorf 2007, S. 531-557.

Schruff, L./Haaker, A. (2011), Abschn. 11: Immaterielle Vermögenswerte, in: Handbuch International Financial Reporting Standards 2011, Hrsg. Ballwieser, W. et al., 7. Aufl., Weinheim 2011, S. 435-475.

Schruff, W./Lanfermann, G. (2008), EU-Machbarkeitsstudie für ein alternatives Kapitalschutzsystem, in: WPg 2008, S. 1099-1109.

Schülke, T. (2010), Zur Aktivierbarkeit selbstgeschaffener immaterieller Vermögensgegenstände, in: DStR 2010, S. 992-998.

Schüppen, M. (2003), Die Zukunft der Rechnungslegung in kleinen und mittleren Unternehmen, in: Gesellschaftsrecht in der Diskussion 2002, Jahrestagung der Gesellschaftsrechtlichen Vereinigung (VGR), Hrsg. Gesellschaftsrechtliche Vereinigung, Köln 2003, S. 163-183.

Schüttler, M./Berthold, E. (2011), Bilanzierung ungeschützter Erfindungen am Beispiel von Arzneimitteln – Ungeahnte Aktivierungsmöglichkeiten dank BilMoG, in: DStR 2011, S. 932-936.

Schütz, R. (2002), Der Maßgeblichkeitsgrundsatz gemäß § 5 Abs. 1 EStG – ein Fossil?, Münster 2002.

Schulemann, O. (2008), Horizontale Gerechtigkeit und Einkommensbesteuerung, Frankfurt a. M. u. a. 2008.

Schulte, M. (2010), Systemdenken im deutschen und französischen Handelsbilanzrecht. Ein systemtheoretischer Beitrag zur internationalen Rechnungslegung, Wiesbaden 2010.

Schulte, M./Wüstemann, S./Hommel, M. (2009), How the approach to accounting standard setting impacts convergence of national GAAP with IFRS – The case of France and Germany –, unveröffentlichtes Working Paper Johann Wolfgang Goethe-Universität Frankfurt a. M. 2009.

Schultze, P. (2011), Begrenzungen des Zinsabzugs in Frankreich, in: IStR 2011, S. 332-335.

Schulz, S. (2008a), Die Leasingbilanzierung nach IFRS aus Sicht des asset-liability-approach, in: IRZ 2008, S. 179-185.

Schulz, S. (2008b), Zinsschranke und IFRS – Geklärte, ungeklärte und neue Fragen nach dem Anwendungserlass vom 4. 7. 2008, in: DB 2008, S. 2043-2051.

Schulze-Osterloh, J. (1986), Die Maßgeblichkeit der Handelsbilanz für die Steuerbilanz, ihre Umkehrung und das Bilanzrichtlinien-Gesetz, in: FR 1986, S. 545-554.

Schulze-Osterloh, J. (1991), Handelsbilanz und steuerrechtliche Gewinnermittlung, in: StuW 1991, S. 284-296.

Schulze-Osterloh, J. (1995), Fortentwicklung der Rechnungslegung auf Kosten gesellschaftsrechtlicher Kapitalschutzmechanismen? In: Neuorientierung der Rechenschaftslegung – Eine Herausforderung für Unternehmer und Wirtschaftsprüfer –, Bericht über die IDW-Fachtagung vom 27.-28. 10. 1994 in Stuttgart, Hrsg. IDW, Stuttgart 1995, S. 123-139.

Schulze-Osterloh, J. (1996), Harmonisierung der Rechnungslegung und Kapitalschutz, in: Bilanzrecht unter dem Einfluß internationaler Reformzwänge, Hrsg. Schruff, L., Düsseldorf 1996, S. 121-134.

Schulze-Osterloh, J. (2000a), Handels- und Steuerbilanz, in: ZGR 2000, S. 594-603.

Schulze-Osterloh, J. (2000b), Verfassungsrechtliche Grenzen der bilanzsteuerrechtlichen Gesetzgebung. Nettoprinzip, Maßgeblichkeitsgrundsatz, Rückstellungen, Gewinnrealisierung, in: Europa- und verfassungsrechtliche Grenzen der Unternehmensbesteuerung, DStJG, Bd. 23, Hrsg. Pelka, J., Köln 2000, S. 67-85.

Schulze-Osterloh, J. (2003a), Internationale Rechnungslegung für den Einzelabschluß und für Unternehmen, die den öffentlichen Kapitalmarkt nicht in Anspruch nehmen. Zur Ausübung des Mitgliedstaatenwahlrechts nach Art. 5 der IAS-Verordnung, in: ZIP 2003, S. 93-101.

Schulze-Osterloh, J. (2003b), Rückzahlungsbetrag und Abzinsung von Rückstellungen und Verbindlichkeiten – Überlegungen zur Reform des HGB-Bilanzrechts, in: BB 2003, S. 351-355.

Schulze-Osterloh, J. (2004a), Die Beziehungen zwischen Gesellschaftsrecht und Betriebswirtschaftslehre, diskutiert an bilanzrechtlichen Problemen, in: BFuP 2004, S. 81-99.

Schulze-Osterloh, J. (2004b), HGB-Reform: Der Einzelabschluß nicht kapitalmarktorientierter Unternehmen unter dem Einfluß von IAS/IFRS, in: BB 2004, S. 2567-2570.

Schulze-Osterloh, J. (2004c), Internationalisierung der Rechnungslegung und ihre Auswirkungen auf die Grundprinzipien des deutschen Rechts, in: DK 2004, S. 173-177.

Schulze-Osterloh, J. (2004d), Vorschläge für ein Bilanzrechtsmodernisierungsgesetz, in: ZIP 2004, S. 1128-1137.

Schulze-Osterloh, J. (2008a), Ausgewählte Änderungen des Jahresabschlusses nach dem Referentenentwurf eines Bilanzrechtsmodernisierungsgesetzes, in: DStR 2008, S. 63-73.

Schulze-Osterloh, J. (2008b), IFRS und HGB-Reform, in: Wirtschaftsprüfung im Wandel. Herausforderungen an Wirtschaftsprüfung, Steuerberatung, Consulting und Corporate Finance. Festgabe 100 Jahre Südtreu/Deloitte 1907 bis 2007, Hrsg. Ballwieser, W./Grewe, W., München 2008, S. 413-427.

Schulze-Osterloh, J. (2009), Der Umgang des Parlaments mit der Verfassungswidrigkeit des § 8c des Körperschaftsteuergesetzes, in: Recht und Politik. Festschrift für Peter Gauweiler zum 60. Geburtstag am 22. Juni 2009, Hrsg. Bub, W.-R./Mehle, V./Schumann, E., Köln 2009, S. 275-285.

Schulze-Osterloh, J. (2010a), Das Bundesverfassungsgericht und die Unternehmensbesteuerung, in: Gestaltung der Steuerrechtsordnung. Festschrift für Joachim Lang zum 70. Geburtstag, Hrsg. Tipke, K. et al., Köln 2010, S. 255-262.

Schulze-Osterloh, J. (2010b), Rechtsgrundlagen des Jahres- und des Konzernabschlusses, in: HdJ (Loseblattsammlung), Hrsg. v. Wysocki, K. et al., Abt. I/3, Köln, Stand: Mai 2010.

Schulze-Osterloh, J. (2011a), BB-Kommentar: BFH billigt Einschränkung der Bildung von Verbindlichkeitsrückstellungen, in: BB 2011, S. 1969.

Schulze-Osterloh, J. (2011b), Handelsrechtliche GoB und steuerliche Gewinnermittlung. Das Beispiel der Teitwertabschreibung, in: DStR 2011, S. 534-538.

Schwalbe, U. (2008), Das Effizienzkonzept der Wirtschaftstheorie, in: Effizienz als Regelungsziel im Handels- und Wirtschaftsrecht, ZHR-Beiheft, Bd. 74, Hrsg. Fleischer, H./Zimmer, D., Frankfurt a. M. 2008, S. 43-68.

Schwandtner, H. C. (1994), Französische Rechnungslegung, in: Internationale Rechnungslegung, Hrsg. Gräfer, H./Demming, C., Stuttgart 1994, S. 161-228.

Schwedhelm, R./Fraedrich, J. (2007), Unternehmensteuerrecht in Frankreich – Ein Überblick über die Besteuerung der Kapitalgesellschaften, in: SAM 4/2007, S. 131-136.

Schweizer, P. (2007), Koordinierung der Unternehmensbesteuerung in der EU, (Österreichisches) Bundesministerium der Finanzen, Working Paper 4/2007, Wien 2007.

Schwenk, A. (2003), Die Wirkung impliziter Steuervorteile des Bilanzrechts. Empirische Untersuchung bei den DAX 100-Unternehmen, Wiesbaden 2003.

Schwinger, R. (1994), Konsum oder Einkommensteuer als Bemessungsgrundlagen direkter Steuern, in: StuW 1994, S. 39-50.

Schynol, D. (2004), IAS in der Steuerbilanz? In: NWB 2004, F. 17, S. 1797-1800.

Sedemund, J./Laboranowitsch, M. (2008), Ein Lösungsvorschlag zur Abgrenzung von Niederlassungsfreiheit und Kapitalverkehrsfreiheit – IFRS als Ausweg aus dem Dilemma, in: DStZ 2008, S. 414-420.

Sedlaczek, S. (2006a), Verlustbehandlung bei Kapitalgesellschaften und Konzernen in Frankreich – ein Überblick, in: IWB 2006, F. 5, Gr. 2, S. 1457-1462.

Sedlaczek, S. (2006b), Verlustbehandlung bei Kapitalgesellschaften und Konzernen in Großbritannien – ein Überblick, in: IWB 2006, F. 5, Gr. 2, S. 431-436.

Sedlaczek, S. (2006c), Verlustbehandlung bei Kapitalgesellschaften und Konzernen in Schweden – ein Überblick, in: IWB 2006, F. 5, Gr. 2, S. 179-182.

Seicht, G. (2003), Steuerrechtliche Ansatz- und Bewertungsvorschriften in bilanztheoretischer Sicht, in: GesRZ 2003, S. 59-65.

Seidel, B./Grieger, S./Muske, R. (2009), Bilanzierung von Entwicklungskosten nach dem BilMoG, in: BB 2009, S. 1286-1290.

Seidl, C. (1991), Investitionsneutrale Besteuerung: Theorie und Praxis, in: Aktuelle Fragen der Finanzwirtschaaft und der Unternehmensbesteuerung. Festschrift für Erich Loitlsberger zum 70. Geburtstag, Hrsg. Rückle, D., Wien 1991, S. 605-618.

Seifert, M. (2011), Die Erfassung von Unsicherheit bei den IFRS, Frankfurt a. M. u. a. 2011.

Seitz, W. (2010), Steuerharmonisierung versus nationale Interessen in der EU, in: Europäisches Steuerrecht. Festschrift für Friedrich Rödler zum 60. Geburtstag, Hrsg. Lang, M./Weinzierl, C., Wien 2010, S. 867-884.

Senger, T./Brune, J. W. (2008), Kommentierung IAS 37: Rückstellungen, Evenutalschulden und Eventualforderungen (Provisions, Contingent Liabilities and Contingent Assets), in: Münchener Kommentar zum Bilanzrecht, Bd. 1: IFRS (Faszikelwerk), Hrsg. Hennrichs, J./Kleindiek, D./Watrin, C., München, Stand: Juli 2008.

Seredyński, R. (2007), Die handelsrechtliche Rechnungslegung in Polen – ein internationaler Vergleich –, Unterabschn.: Leasing, in: Investieren in Polen. Steuerliche und rechtliche Rahmenbedingungen für deutsche Unternehmen – mit Gestaltungsempfehlungen, Hrsg. Kudert, S., 3. Aufl., Berlin 2007, S. 774-776.

Sessar, C. (2007), Grundsätze ordnungsmäßiger Gewinnrealisierung im deutschen Bilanzrecht. Objektivierung des Realisationszeitpunktes in wirtschaftlicher Betrachtungsweise, Düsseldorf 2007.

Shaviro, D. (2009), The Optimal Relationship Between Taxable Income and Financial Accounting Income: Analysis and Proposal, in: The Georgetown Law Journal 2009, S. 423-484.

Shea, S. (2007), United Kingdom, in: An Accounting and Taxation Conundrum. A Pan-European Perspective on Tax Accounting Implications of IFRS Adoption, Hrsg. The World Bank Centre for Financial Reporting Reform, Wien, September 2007, S. 32-35.

Sheppard, L. A. (2007), Technical Problems With The CCCTB, in: TNI 2007, S. 975-985.

Sheppard, L. A. (2008), Outline for the CCCTB – Don't Do What We Do, in: TNI 2008, S. 723-734.

Shipwright, A. (2002), Gains and losses from intangible fixed assets of company—section 84 and Schedules 29 and 30, in: BTR 2002, S. 301-314.

Siebler, U. (2008), Internationalisierung der Rechnungslegung und deren Auswirkungen auf Handels- und Steuerbilanz nicht auf den geregelten Kapitalmarkt ausgerichteter Unternehmen, Berlin 2008.

Siegel, T. (1992), Metamorphosen des Realisationsprinzips? In: Entwicklungen bei der Bilanzierung und Prüfung von Kapitalgesellschaften. Festschrift zum 65. Geburtstag von Professor Dr. Dr. h.c. Karl-Heinz Forster, Hrsg. Moxter, A. et al., Düsseldorf 1992, S. 585-605.

Siegel, T. (1994a), Das Realisationsprinzip als allgemeines Periodisierungsprinzip? In: BFuP 1994, S. 1-24.

Siegel, T. (1994b), Saldierungsprobleme bei Rückstellungen und Subventionswirkung des Maßgeblichkeitsprinzips. Der Vorlagebeschluß des X. Senats aus der Sicht der Bilanzierungs- bzw. Besteuerungsprinzipien, in: BB 1994, S. 2237-2245.

Siegel, T. (1995), Herstellungskosten und Grundsätze ordnungsmäßiger Buchführung, in: Unternehmenstheorie und Besteuerung. Festschrift zum 60. Geburtstag von Dieter Schneider, Hrsg. Elschen, R./Siegel, T./Wagner, F. W., Wiesbaden 1995, S. 635-672d.

Siegel, T. (1997), Mangelnde Ernsthaftigkeit des Gläubigerschutzes als offene Flanke der deutschen Rechnungslegungsvorschriften, in: Jahresabschluß und Jahresabschlußprüfung. Probleme, Perspektiven, internationale Einflüsse. Festschrift zum 60. Geburtstag von Jörg Baetge, Hrsg. Fischer, T. R./Hömberg, R., Düsseldorf 1997, S. 117-149.

Siegel. T. (1998a), Herstellungskosten und Einkommensmessung sowie Informationsfunktion. Widerlegung der „Widerlegung" des Silvesterbeispiels, in: Unternehmensrechnung und -besteuerung. Grundfragen und Entwicklungen. Festschrift für Dietrich Börner zum 65. Geburtstag, Hrsg. Meffert, H./Krawitz, N., Wiesbaden 1998, S. 151-173.

Siegel, T. (1998b), Zeitwertbilanzierung für das deutsche Bilanzrecht, in: BFuP 1998, S. 593-603.

Siegel, T. (1999a), Rückstellungen, Teilwertabschreibungen und Maßgeblichkeitsprinzip, in: StuB 1999, S. 195-201.

Siegel, T. (1999b), Steuerentlastungsgesetz 1999/2000/2002. Tarifzusammenhänge und Steuerreform, in: FR 1999, S. 429-432.

Siegel, T. (1999c), Steuern, in: Handbuch der Wirtschaftsethik, Bd. 3: Ethik wirtschaftlichen Handelns, Hrsg. Korff, W. et al., Gütersloh 1999, S. 354-398.

Siegel, T. (2000a), Die Beziehung zwischen steuerlich abzulehnenden Drohverlustrückstellungen und gebotenen Teilwertabschreibungen – Zum Abschied von einer lieb gewonnenen Steuerpause –, in: StuB 2000, S. 564-567.

Siegel, T. (2000b), Drohende Verluste aus schwebenden Geschäften und der eingetretene Verlust der Steuerpause – Zugleich Anmerkungen zu der Stellungnahme von Kessler, StuB 2000 S. 1091 –, in: StuB 2000, S. 1096-1099.

Siegel, T. (2000c), Konsum- oder einkommensorientierte Besteuerung? Aspekte quantitativer und qualitativer Argumentation, in: ZfbF 2000, S. 724-741.

Siegel, T. (2000d), Rückstellungen in der Steuerbilanz und Leistungsfähigkeitsprinzip – Auch eine Stellungnahme zu Küting/Kessler, StuB 2000 S. 21 ff. –, in: StuB 2000, S. 29-33.

Siegel, T. (2001a), Steuern und Finanzierung, in: Handwörterbuch des Bank- und Finanzwesens, Hrsg. Gerke, W./Steiner, M., 3. Aufl., Stuttgart 2001, Sp. 1999-2019.

Siegel, T. (2001b), Zur geplanten Neuregelung der Rückstellungen in Handelsbilanz und Steuerbilanz, in: DStR 2001, S. 1674-1676.

Siegel, T. (2002a), Bilanztheorie, in: Handwörterbuch Unternehmensrechnung und Controlling, Hrsg. Küpper, H.-U./Wagenhofer, A., 4. Aufl., Stuttgart 2002, Bd. III, Sp. 195-207.

Siegel, T. (2002b), Herstellungskosten, in: Handwörterbuch der Rechnungslegung und Prüfung, Hrsg. Ballwieser, W./Coenenberg, A. G./v. Wysocki, K., 3. Aufl., Stuttgart 2002, Sp. 1119-1134.

Siegel, T. (2002c), Unentziehbarkeit als zentrales Kriterium für den Ansatz von Rückstellungen, in: DStR 2002, S. 1192-1196.

Siegel, T. (2004a), Schadstoffbelastete Grundstücke und Rückstellungen: Der I. Senat des BFH auf der Zielgeraden – Anmerkungen zum BFH-Urteil vom 19. 11. 2003 – I R 77/01, in: StuB 2004, S. 506-509.

Siegel, T. (2004b), Steuern, Rechnungslegung und Kapitalmarkt. Festschrift für Franz W. Wagner zum 60. Geburtstag, Hrsg. Dirrigl, H./Wellisch, D./Wenger, E., Wiesbaden 2004, S. 193-208.

Siegel, T. (2005a), Abschreibungen – Verrechnung einer Investitionsauszahlung, Vermögensdarstellung oder Finanzierung einer Folgeinvestition? In: ZSteu 2005, S. 400-404.

Siegel, T. (2005b), Duale Einkommensteuer – Gleichmäßigkeit der Besteuerung versus Zweckmäßigkeit? In: ZSteu 2005, S. 82-86.

Siegel, T. (2005c), Nutzensteigerung als Argument für die Konsumbesteuerung? In: Steuertheorie, Steuerpolitik und Steuerpraxis. Festschrift für Peter Bareis zum 65. Geburtstag, Hrsg. Siegel, T. et al., Stuttgart 2005, S. 359-377.

Siegel, T. (2005d), Rückkaufverpflichtungen und Einzelbewertungsprinzip, in: StuB 2006, S. 359-360.

Siegel, T. (2005e), Rückstellungen, Realisationsprinzip und Rechtsprechung, in: Reformbedarf bei der Abschlussprüfung – Umstrittene Rückstellungen, Hrsg. Altenburger, O. A., Wien 2005, S. 97-118.

Siegel, T. (2006a), Herstellungskosten, in: Wirtschafts-Lexikon: Das Wissen der Betriebswirtschaftslehre, Hrsg. Handelsblatt, Stuttgart 2006, Bd. 5, S. 2354-2365.

Siegel, T. (2006b), Steuerreformfragen im Dialog der Steuerwissenschaften – Arbeitsteilung oder Kooperation, in: Aktuelle Entwicklungsaspekte der Unternehmensbesteuerung. Festschrift für Wilhelm H. Wacker zum 75. Geburtstag, Hrsg. Hebig, M. et al., Berlin 2006, S. 3-25.

Siegel, T. (2006c), Verluste bei unfertigen Bauten – Anmerkungen zum BFH-Urteil vom 7. 9. 2005 – VIII R 1/03 –, in: StuB 2006, S. 61-66.

Siegel, T. (2007a), Anschaffungskosten und ihre Relevanz im System des Rechnungswesens, in: Rechnungslegung und Wirtschaftsprüfung. Festschrift zum 70. Geburtstag von Jörg Baetge, Hrsg. Kirsch, H.-J./Thiele, S., Düsseldorf 2007, S. 589-623.

Siegel, T. (2007b), Die Einkommensteuer in der Krise, in: Steuerbelastung – Steuerwirkung – Steuergestaltung: Festschrift zum 65. Geburtstag von Winfried Mellwig, Hrsg. Wehrheim, M./Heurung, R., Wiesbaden 2007, S. 413-446.

Siegel, T. (2007c), Steuern, Ethik und Ökonomie, in: BFuP 2007, S. 625-646.

Siegel, T. (2008a), Integration der Erbschaftsteuer in die Einkommensteuer – Vermeidung der aktuellen Probleme auf der Basis des Realisationsprinzips, in: FR 2008, S. 361-363.

Siegel, T. (2008b), Leistungsfähigkeitsprinzip und steuerliche Gewinnermittlung, in: Steuerliche Gewinnermittlung nach dem Bilanzrechtsmodernisierungsgesetz, Hrsg. Schmiel, U./Breithecker, V., Berlin 2008, S. 301-331.

Siegel, T. (2008c), Neuinterpretation der Grundsätze ordnungsmäßiger Buchführung als Bilanzrechtsmodernisierung? – Ein konzeptioneller Irrtum, in: ZSteu 2008, S. 53-55.

Siegel, T. (2008d), Normierung der Rechnungslegung und „Bilanzrechtsmodernisierung“, in: Private und öffentliche Rechnungslegung. Festschrift für Prof. Dr. Hannes Streim zum 65. Geburtstag, Hrsg. Wagner, F. W./Schildbach, T./Schneider, D., Wiesbaden 2008, S. 337-368.

Siegel, T. (2009a), Die Integration der Erbschaftsteuer in die Einkommensteuer auf der Grundlage des Realisationsprinzips, in: Steuern und Rechnungslegung. Festschrift zum 65. Geburtstag von Professor Dr. Jochen Sigloch, Hrsg. Egner, T./Henselmann, K./Schmidt, L., Aachen 2009, S. 445-467.

Siegel, T. (2009b), Grundfragen und Relevanz betriebswirtschaftlicher Steuerforschung, in: ZSteu 2009, S. 175-182.

Siegel, T. (2011a), „Angeschaffte“ Drohverlustrückstellungen und Steuerpause, in: FR 2011, S. 781-789.

Siegel, T. (2011b), Zuordnungsänderungen in Personengesellschaften. Zur Klärung der steuerlichen Gewinnrealisierung mit dem Konzept der Individualbilanz, in: FR 2011, S. 45-61.

Siegel, T./Schmidt, M. (2005), B 161 Allgemeine Bewertungsgrundsätze, in: Beck'sches Handbuch der Rechnungslegung – HGB und IFRS – (Loseblattsammlung), Hrsg. Böcking, H.-J. et al., München, Stand: Dezember 2005.

Sieker, S. (2002), Möglichkeiten rechtsformneutraler Besteuerung von Einkommen, in: Perspektiven der Unternehmensbesteuerung, DStJG, Bd. 25, Hrsg. Seeger, S. F., Köln 2002, S. 145-177.

Sievert, E. (2006), Konzernbesteuerung in Deutschland und Europa. Ertragsteuerliche und betriebswirtschaftliche Analyse der europäischen Gruppenbesteuerungssysteme, Düsseldorf 2006.

Sigler, W. (2011), Zum Zeitpunkt der Passivierung von Rückstellungen – Zugleich eine Anmerkung zu FG Niedersachsen v. 18. 12. 2008, 10 K 120/04, DStRE 2009, 972, in: DStR 2011, S. 1478-1482.

Sigloch, J. (1987), Abschreibungsfreiheit und Zinsbesteuerung, in: Kapitalmarkt und Finanzierung. Jahrestagung des Vereins für Socialpolitik, Gesellschaft für Wirtschafts- und Sozialwissenschaften in München 1986, Hrsg. Schneider, D., Berlin 1987, S. 169-186.

Sigloch, J. (1990), Verzerrende Wirkungen von Bemessungsgrundlagen und Tarif auf Unternehmensentscheidungen nach der Steuerreform 1990, in: StuW 1990, S. 229-239.

Sigloch, J. (1995), Einkommensbesteuerung der Unternehmen – Stand und Perspektiven, in: Unternehmenstheorie und Besteuerung. Festschrift zum 60. Geburtstag von Dieter Schneider, Hrsg. Elschen, R./Siegel, T./Wagner, F. W., Wiesbaden 1995, S. 673-702.

Sigloch, J. (2000), Ein Valet dem Maßgeblichkeitsprinzip? In: BFuP 2000, S. 157-182.

Sigloch, J. (2003), Ist der Systemwechsel technisch möglich? In: Ein neues Steuersystem für Deutschland, Hrsg. Gebhardt, C., Fulda 2003, S. 138-156.

Sigloch, J. (2004a), Steuerbilanz und Rechnungslegung nach internationalen Standards – Chancen für eine Neue Maßgeblichkeit, in: Unternehmensrechnung. Konzeptionen und praktische Umsetzung. Festschrift zum 68. Geburtstag von Gerhard Scherrer, Hrsg. Göbel, S./Heni, B., München 2004, S. 331-353.

Sigloch, J. (2004b), Unternehmenserfolgsbesteuerung zwischen Einkommen und Konsum – Bestandsaufnahme und Anwendungsperspektiven, in: Steuern, Rechnungslegung und Kapitalmarkt. Festschrift für Franz W. Wagner zum 60. Geburtstag, Hrsg. Dirrigl, H./Wellisch, D./Wenger, E., Wiesbaden 2004, S. 209-225.

Sigloch, J. (2005a), Einheitliche Gewinnermittlung nach Handels- und Steuerrecht – Utopie oder realistische Vision? In: Kritisches zur Rechnungslegung und Unternehmensbesteuerung. Festschrift zur Vollendung des 65. Lebensjahres von Theodor Siegel, Hrsg. Schneider, D. et al., Berlin 2005, S. 551-568.

Sigloch, J. (2005b), Halbheiten im Unternehmenssteuerrecht – Lösung oder Ursache der Probleme? In: Steuertheorie, Steuerpolitik und Steuerpraxis. Festschrift für Peter Bareis zum 65. Geburtstag, Hrsg. Siegel, T. et al., Stuttgart 2005, S. 379-395.

Sigloch, J. (2007), Einnahmen-Überschussrechnung als Regelkonzept der steuerlichen Gewinnermittlung - Königsweg oder Holzweg? In: Steuerbelastung – Steuerwirkung – Steuergestaltung. Festschrift zum 65. Geburtstag von Winfried Mellwig, Hrsg. Wehrheim, M./Heurung, R., Wiesbaden 2007, S. 447-468.

Sigloch, J./Weber, S. (2008), Immaterielle Vermögensgegenstände – Wäre es sinnvoll, § 5 Abs. 2 EStG aufzuheben? In: Steuerliche Gewinnermittlung nach dem Bilanzrechtsmodernisierungsgesetz, Hrsg. Schmiel, U./Breithecker, V., Berlin 2008, S. 103-123.

Simonis, P. H. M. (2009), CCCTB: Some Observations on Consolidation from a Dutch Perspective, in: Intertax 2009, S. 19-39.

Simons, H. (1938), Personal Income Taxation: The Definition of Income as a Problem of Fiscal Policy, Chicago 1938.

Sinn, H.-W. (1980), Ökonomische Entscheidungen bei Ungewissheit, Tübingen 1980.

Slapio, U./Jürgensmann, B. (2004), Die steuerliche Behandlung von Unternehmensverlusten in EU-Beitrittsländern. Einige lokale Besonderheiten am Beispiel Polens und Ungarns, in: RIW 2004, S. 925-927.

Söffing, G. (1995), Für und Wider den Maßgeblichkeitsgrundsatz, in: Rechenschaftslegung im Wandel. Festschrift für Wolfgang Dieter Budde, Hrsg. Förschle, G./Kaiser, K./Moxter, A., München 1995, S. 635-673.

Sørensen, P.B. (2002), To harmonise or not to harmonise? In: CESifo Forum 1/2002, S. 31-35.

Sørensen, P.B. (2004), Company Tax Reform in the European Union, in: ITPF 2004, S. 91-115.

Sommerhoff, D. (2010), Die handelsrechtliche Berichterstattung über das selbsterstellte immaterielle Anlagevermögen im Vergleich zu internationalen Rechnungslegungsnormen. Eine theoretische und empirische Analyse, Düsseldorf 2010.

Spengel, C. (1995), Europäische Steuerbelastungsvergleiche: Deutschland – Frankreich – Großbritannien, Düsseldorf 1995.

Spengel, C. (1998), Wettbewerbswirkungen der Körperschaftsteuer in Europa – Analyse und Reformvorschläge, in: DBW 1998, S. 348-368.

Spengel, C. (2002), Inwieweit eignen sich die International Accounting Standards für die steuerliche Gewinnermittlung?, ZEW Discussion Paper Nr. 02-52, Mannheim 2002.

Spengel, C. (2003a), International Accounting Standards, Tax Accounting and Effective Levels of Company Tax Burdens in the EU, in: ET 2003, S. 253-266.

Spengel, C. (2003b), International Accounting Standards und Unternehmensbesteuerung in der Europäischen Union, in: IStR 2003, S. 29-36 (Teil I) und S. 67-72 (Teil II).

Spengel, C. (2003c), Internationale Unternehmensbesteuerung in der Europäischen Union. Steuerwirkungsanalyse – Empirische Befunde – Reformüberlegungen, Düsseldorf 2003.

Spengel, C. (2004a), Einheitliche Bemessungsgrundlage für die laufende Besteuerung der Europäischen Aktiengesellschaft, in: Besteuerung der Europäischen Aktiengesellschaft (Societas Europaea – SE), Hrsg. Herzig, N., Köln 2004, S. 101-117

Spengel, C. (2004b), Rechnungslegung nach IFRS – Konsequenzen für die Besteuerung, in: ZfCM, Sonderheft 2/2004, S. 130-140.

Spengel, C. (2004c), Unternehmensbesteuerung in den Beitrittsstaaten der EU – Steuerliche Aspekte für Investoren, in: IStR 2004, S. 615-624.

Spengel, C. (2004d), Unternehmensbesteuerung in der EU – quo vadis? In: Deutsches Steuerrecht im europäischen Rahmen, Hrsg. Lüdicke, J., Köln 2004, S. 109-155.

Spengel. C. (2006a), Besteuerung von Einkommen – Aufgaben, Wirkungen und europäische Herausforderungen, in: NJW 2006, S. 26-28.

Spengel, C. (2006b), IFRS als Ausgangspunkt der steuerlichen Gewinnermittlung in der Europäischen Union – Steuerbelastungskonsequenzen im Länder- und Branchenvergleich, in: DB 2006, S. 681-687.

Spengel, C. (2006c), IFRS für die steuerliche Gewinnermittlung, in: IFRS in Rechnungswesen und Controlling, Tagungsband des 59. Deutschen Betriebswirtschafter-Tags 2005, Hrsg. Börsig, C./Wagenhofer, A., Stuttgart 2006, S. 111-149.

Spengel, C. (2007a), Common Corporate Consolidated Tax Base – Don't forget the tax rates! In: ECTR 2007, S. 118-120.

Spengel, C. (2007b), Gewinnermittlung und Bemessungsgrundlage als eigentliches Problem des Steuerwettbewerbs? In: Europäisches Gesellschafts- und Steuerrecht. Grundlagen – Entwicklungen – Verbindungslinien, Münchener Schriften zum Internationalen Steuerrecht, Bd. 27, Hrsg. Reimer, E. et al., München 2007, S. 253-290.

Spengel, C. (2008a), Concept and Necessity of a Common Tax Base – an Academic Introduction, in: A Common Consolidated Corporate Tax Base for Europe – Eine einheitliche Körperschaftsteuer-bemessungsgrundlage für Europa, Hrsg. Schön, W./Schreiber, U./Spengel, C., Berlin/Heidelberg 2008, S. 1-47.

Spengel, C. (2008b), Die Zukunft des Bilanzsteuerrechts, in: ÖStZ 2008, S. 418-423 (Teil I) und S. 450-456 (Teil II).

Spengel, C. (2008c), Seminar I: Gemeinsame konsolidierte Körperschaftsteuer-Bemessungsgrundlage (GKKB) und Drittstaatenfragen, in: IStR 2008, S. 556-561.

Spengel, C. (2009), Bilanzrechtsmodernisierung – Zukunft der Steuerbilanz, in: FR 2009, S. 101-113.

Spengel, C. (2010a), Norbert Herzig und die europäische Steuerharmonisierung, in: Unternehmensbesteuerung. Festschrift für Norbert Herzig zum 65. Geburtstag, Hrsg. Kessler, W./Förster, G./Watrin, C., München 2010, S. 879-895.

Spengel, C. (2010b), Überlegungen zur Fortentwicklung der Unternehmensbesteuerung in Deutschland, in: Kernfragen des Unternehmenssteuerrechts, Hrsg. Schön, W./Osterloh-Konrad, C., Berlin/Heidelberg 2010, S. 59-95.

Spengel, C./Braunagel, R. U. (2006), EU-Recht und Harmonisierung der Konzernbesteuerung in Europa, in: StuW 2006, S. 34-49.

Spengel, C./Ernst, C./Finke, K. (2010), Harmonisierung der steuerlichen Gewinnermittlung in der EU und effektive Steuerbelastung von Unternehmen in: Integration von externer und interner Rechnungslegung, Hrsg. Weißenberger, B./Simons, D., DBW-Themenheft 4/2010, Stuttgart 2010, S. 283-299.

Spengel, C./Frebel, M. (2003), Neue Initiativen der Europäischen Union für die Besteuerung grenzüberschreitend tätiger Unternehmen, in: StuB 2003, S. 786-792.

Spengel. C./Herbold. S. (2009), Steuerliche Anreize zur Förderung von Forschung und Entwicklung in Deutschland, in: Ubg 2009, S. 343-349.

Spengel, C. /Malke, C. (2008), Comprehensive Tax Base or Residual Reference to GAAP or Domestic Tax Law? In: Common Consolidated Corporate Tax Base, Hrsg. Lang, M. et al., Wien 2008, S. 63-92.

Spengel, C./Oestreicher, A. (2009), Gemeinsame (konsolidierte) Körperschaftsteuerbemessungsgrundlage in der EU – Modelle und Umsetzungsfragen, in: DStR 2009, S. 773-781.

Spengel, C./Wendt, C. (2007a), A Common Consolidated Corporate Tax Base for Multinational Companies in the European Union: some issues and options, Oxford University, Centre for Business Taxation, Discussion Paper WP 07/17, Oxford 2007.

Spengel, C./Wendt, C. (2007b), Europäische Harmonisierung der körperschaftsteuerlichen Bemessungsgrundlage, in: StuW 2007, S. 297-307.

Spengel, C./Zinn, B. (2010), Konsequenzen und Folgerungen aus den Unternehmenssteuerreformen in Deutschland in den vergangenen 20 Jahren, in: Gestaltung der Steuerrechtsordnung. Festschrift für Joachim Lang zum 70. Geburtstag, Hrsg. Tipke, K., Köln 2010, S. 399-421.

Spengel, C./Zinn, B. (2011), Vermögensabgaben aus ökonomischer Sicht. Eine quantitative Analyse unter Berücksichtigung aktueller politischer Reformvorschläge, in: StuW 2011, S. 173-188.

Sprouse, R. T./Moonitz, M. (1962), A Tentative Set of Broad Accounting Principles for Business Enterprises, Accounting Research Study, No. 3, Hrsg. AICPA, New York 1962.

Stählin, W./Heidemann, F. (2011), Grundzüge einer neuen Konzernbesteuerung. Kommission schlägt Richtlinie vor - Handlungsbedarf für Schweizer Unternehmen? In: ST 2011, S. 505-512.

Stahlschmidt, M. (2004), Überblick über das Bilanzrechtsreformgesetz, in: StuB 2004, S. 993-996.

Stahlschmidt, M. (2005), Ist die einheitliche Körperschaftsteuer-Bemessungsgrundlage wirklich ein Fortschritt? In: ZSteu 2005, S. 496-498.

Standish, P. (1990), Origins of the Plan Comptable Général: A Study in Cultural Intrusion and Reaction, in: Accounting and Business Research 1990, S. 337-351.

Stankiewicz, L. (2008), Tex Reform in France: Sarkozy's Tax Package of August 2007, in: BIT 2008, S. 67-76.

Stapf, J./Elgg, D. (2009), Abzinsung von Rückstellungen nach dem BilMoG: Ermittlung und Bekanntgabe der Zinssätze durch die deutsche Bundesbank, in: BB 2009, S. 2134-2138.

Staringer, C. (2010), Die Zukunft des Bilanzsteuerrechts, in: Einkommensteuer, Körperschaftsteuer, Steuerpolitik. Gedenkschrift für Peter Quatschnigg, Hrsg. Österreichisches Bundesministerium für Finanzen/Johannes Kepler Universität Linz, Wien 2010, S. 435-447.

Steck, D. (2002), Die Beibehaltung des Maßgeblichkeitsprinzips – Pro und Contra, in: StuB 2002, S. 487-493.

Steibert, F. (2002), Der Einfluss des Europäischen Rechts auf die Unternehmensbesteuerung. Eine ökonomische Analyse der Rechtsprechung des Europäischen Gerichtshofes, Frankfurt a. M. u. a. 2002.

Steiner, E. (2004), Der Komponentenansatz bei der Bilanzierung von Sachanlagen nach IAS 16 – Ein Ersatz für die Aufwandsrückstellung? In: BBK 2004, F. 20, S. 777-786.

Steiner, E./Gross, B. (2004), Auswirkungen des Bilanzrechtsreformgesetzes auf die Rechnungslegung, in: StuB 2004, S. 551-558.

Steuerberater Handbuch Europa (2006), Vereinigtes Königreich, in: Steuerberater Handbuch Europa. Länderdarstellungen, Querschnittsdarstellungen, Gesellschaftsrecht (Loseblattsammlung), Hrsg. IBFD/Deutsches Steuerberaterinstitut e. V., Länderdarstellungen/EU, Kap. C., Stand: Dezember 2006.

Steuerberater Handbuch Europa (2007a), Polen, in: Steuerberater Handbuch Europa. Länderdarstellungen, Querschnittsdarstellungen, Gesellschaftsrecht (Loseblattsammlung), Hrsg. IBFD/Deutsches Steuerberaterinstitut e. V., Länderdarstellungen/EU, Kap. C., Stand: Oktober 2007.

Steuerberater Handbuch Europa (2007b), Schweden, in: Steuerberater Handbuch Europa. Länderdarstellungen, Querschnittsdarstellungen, Gesellschaftsrecht (Loseblattsammlung), Hrsg. IBFD/Deutsches Steuerberaterinstitut e. V., Länderdarstellungen/EU, Kap. C., Stand: August 2007.

Steuerberater Handbuch Europa (2008), Frankreich, in: Steuerberater Handbuch Europa. Länderdarstellungen, Querschnittsdarstellungen, Gesellschaftsrecht (Loseblattsammlung), Hrsg. IBFD/Deutsches Steuerberaterinstitut e. V., Länderdarstellungen/EU, Kap. C., Stand: Januar 2008.

Stibi, B./Fuchs, M. (2009), Zur Umsetzung der HGB-Modernisierung durch das BilMoG: Konzeption des HGB – Auslegung und Interpretation der Grundsätze ordnungsmäßiger Buchführung unter dem Einfluss der IFRS? In: DB 2009, Beilage 5 zu Heft 23, S. 9-15.

Stibi, B./Thiele, S. (2008), IFRS und Zinsschranke nach dem BMF-Schreiben von 4.7.2008 – Ausweg oder Irrweg, in: BB 2008, S. 2507-2411.

Stiller, W. (2010), Verlustverrechnung in Polen. Rahmenbedingungen und Gestaltungshinweise zur Verlustnutzung, in: IWB 2010, S. 765-773.

Stittle, J. (2004), The reformation of European corporate reporting. Towards a model of convergence or confusion? In: European Business Review 2004, S. 139-151.

Stobbe, T. (2008), Überlegungen zum Verhältnis von Handels- und Steuerbilanz nach dem (geplanten) Bilanzrechtsmodernisierungsgesetz. Ausschüttbarkeit von Gewinnen ohne vorherige Gesellschaftsbesteuerung? In: DStR 2008, S. 2432-2435.

Stöber, B./Wala, T. (2001), Die Geldflussrechnung als Basis einer konsumorientierten Cash-Flow-Steuer, in: JfB 2001, S. 108-124.

Stoschek, U./Reichel, O./Peter, A. F. (2001), Besteuerung des Veräußerungsgewinns aus unbeweglichem Vermögen in Großbritannien, in: IWB 2001, F. 5, Gr. 2, S. 379-396.

Strahl, M. (2008), Bilanzrechtsmodernisierungsgesetz (BilMoG): Handelsbilanz und Auswirkungen auf die Steuerbilanz, in: KÖSDI 2008, S. 16290-16300.

Streim, H./Bieker, M./Esser, M. (2005), Fair Value-Accounting in der IFRS-Rechnungslegung – eine Zweckmäßigkeitsanalyse, in: Kritisches zur Rechnungslegung und Unternehmensbesteuerung. Festschrift zur Vollendung des 65. Lebensjahres von Theodor Siegel, Hrsg. Schneider, D. et al., Berlin 2005, S. 87-109.

Streim, H./Esser, M. (2003a), Rechnungslegung nach IAS/IFRS – Ein geeignetes Instrument zur Zahlungsbemessung?: Ansatzfragen, in: StuB 2003, S. 736-742.

Streim, H./Esser, M. (2003b), Rechnungslegung nach IAS/IFRS – Ein geeignetes Instrument zur Zahlungsbemessung?: Bewertungsfragen, in: StuB 2003, S. 781-786.

Streim, H./Esser, M. (2004), Zur Eignung internationaler Rechnungslegungsvorschriften für Rechnungslegung und Besteuerung in Deutschland, in: Realität und Reform der Besteuerung, Sächsische Steuertagung 2003, Hrsg. Rautenberg, H. G., Stuttgart u. a. 2004, S. 117-147.

Streim, H./Leippe, B. (2001), Neubewertung nach International Accounting Standards – Darstellung, Anwendungsproblemene und kritische Analyse, in: Jahrbuch für Controlling und Rechnungswesen 2001, Hrsg. Seicht, G., Wien 2001, S. 373-411.

Striegel, A. (2009), Steuerrechtlicher Teil, in: Internationale Rechnungslegung. IFRS Praxis, Hrsg. Buschhüter, M./Striegel, A., Wiesbaden 2009, Unterabschn. § 2, S. 34-51, Rz. 1-30.

Strik, S. A. W. J./van de Streek, J. L. (2009), Hoofdlijnen van de vennootschapsbelasting van de toekomst: de CCCTB? In: Tijdschrift voor Ondernemingsbestuur 2009, S. 45-51.

Strobl, E. (1995), Plädoyer für das handelsrechtliche Vorsichtsprinzip in der Steuerbilanz, in: StbJb 1994/95, S. 77-96.

Strömberg, D./Kristoffersson, E. (2009), Schweden, in: Steuern in Europa, Amerika und Asien (Loseblattsammlung), Hrsg. Mennel, A./Förster, J., Herne/Berlin, Stand: 2009.

Strunk, G. (2003), Das Ende der Maßgeblichkeit? – Einfluss der internationalen Rechnungslegungsstandards auf die steuerliche Gewinnermittlung –, in: StuB 2003, S. 397-403.

Sunley, E. M. (2002), The pros and cons of formulary apportionment, in: CESifo Forum 1/2002, S. 36-40.

Sureth, C. (2006), Steuerreformen und Übergangsprobleme bei Beteiligungsinvestitionen, Wiesbaden 2006.

Sureth, C./Bäumer, M. (2010), Besteuerung multinationaler Unternehmen in der EU – eine vergleichende Analyse ausgewählter Reformvorschläge, in: ZfB 2010, S. 171-202.

Sureth, C./Mehrmann, A./Dahle, C. (2010), Grenzüberschreitende Verlustverrechnungssysteme in Europa – Vorbilder für eine Reform der deutschen Organschaft? In: StuW 2010, S. 160-176.

Svanberg, J. (2008), Beskattningstidpunkten för näringsverksamhet, in: SvSkT 2008, S. 501-512.

T

Taly, M./Lebrun, B. (2003), Incidences des normes IFRS: Réaction à l'article de Dominique Villemot, in: RDF 2003, S. 1586-1587.

Tanski, J. S. (2005), Sachanlagen nach IFRS. Bewertung, Bilanzierung und Berichterstattung, München 2005.

Tanski, J. S. (2006), IFRS und Maßgeblichkeit, in: Aktuelle Entwicklungsaspekte der Unternehmensbesteuerung. Festschrift für Wilhelm W. Wacker zum 75. Geburtstag, Hrsg. Hebig, M. et al., Berlin 2006, S. 293-309.

Tanski, J. S. (2009), Rückstellungen nach BilMoG – eine Annäherung an die IFRS? In: IRZ 2009, S. 367-371.

Tanski, J. S. (2010), Bilanzrechtsmodernisierung und IFRS: Distanz und Nähe, in: IRZ 2010, S. 15-19.

Taylor, D./Gatehouse, J. (2005), The Reform of Leasing, in: TJ, Monday, 10 January 2005, S. 10-12.

Taylor, D./Walker, J. (2005), United Kingdom: The Reform of Leasing Taxation, in: Tax Planning International Review 09/2005, S. 2-5.

Terra, B. J. M./Wattel, P. J. (2008), European Tax Law, 5. Aufl., Alphen aan den Rijn 2008.

Theile, C. (1999), Maßgeblichkeitsprinzip, europäisches und internationales Bilanzrecht: die Bilanzierung bei der GmbH und GmbH & Co. im Umbruch, in: GmbHR 1999, S. 1182-1189 (Teil I) und S. 1241-1248 (Teil II).

Theile, C. (2007), Sozialplanverpflichtungen und Restrukturierungen. Konzeptionelle Mängel beim Passivierungsgebot für faktische Verpflichtungen, in: PiR 2007, S. 297-303.

Theile, C. (2008), Immaterielle Vermögensgegenstände nach RegE BilMoG – Akzentverschiebung beim Begriff des Vermögensgegenstands, in: WPg 2008, S. 1064-1069.

Theile, C. (2009a), Das Bilanzrechtsmodernisierungsgesetz aus der Sicht IFRS-konzernverbundener Unternehmen, in: IWB 2009, F. 10, Gr. 7, S. 117-124.

Theile, C. (2009b), Kommentierung des Abschnitts Bilanzansatz (Rahmenkonzept), in: IFRS Handbuch. Einzel- und Konzernabschluss, Hrsg. Heuser, P. J./Theile, C., 4. Aufl., Köln 2009, Kap. B., S. 72-80, Rz. 300-399.

Theile, C. (2009c), Kommentierung des Abschnitts Immaterielle Vermögenswerte des Anlagevermögens (IAS 38), in: IFRS Handbuch. Einzel- und Konzernabschluss, Hrsg. Heuser, P. J./Theile, C., 4. Aufl., Köln 2009, Kap. C. S. 145-167, Rz. 1001-1099.

Theile, C. (2009d), Kommentierung des Abschnitts Sachanlagen (IAS 16), in: IFRS Handbuch. Einzel- und Konzernabschluss, Hrsg. Heuser, P. J./Theile, C., 4. Aufl., Köln 2009, Kap. C., S. 167-200, Rz. 1100-1249.

Theile, C. (2009e), Kommentierung des Abschnitts Verhältnis von IFRS und HGB nach BilMoG, in: IFRS Handbuch. Einzel- und Konzernabschluss, Hrsg. Heuser, P. J./Theile, C., 4. Aufl., Köln 2009, Kap. A., S. 40-58, Rz. 155-199.

Theile, C. (2009f), Kommentierung des Abschnitts Vorräte (IAS 2), in: IFRS Handbuch. Einzel- und Konzernabschluss, Hrsg. Heuser, P. J./Theile, C., 4. Aufl., Köln 2009, Kap. C., S. 289-304, Rz. 1600-1699.

Theile, C. (2009g), Kommentierung des Abschnitts Zuwendungen der öffentlichen Hand (IAS 20), in: IFRS Handbuch. Einzel- und Konzernabschluss, Hrsg. Heuser, P. J./Theile, C., 4. Aufl., Köln 2009, Kap. C., S. 200-205, Rz. 1250-1299.

Theile, C. (2009h), Totenglocken für das Maßgeblichkeitsprinzip „Steuerbilanzgesetz" ante portas? – Zum Entwurf eines BMF-Schreibens zum Maßgeblichkeitsprinzip, in: DStR 2009, S. 2384-2386.

Theile, C./Hartmann, A. (2008), BilMoG: Zur Unmaßgeblichkeit der Handels- für die Steuerbilanz, in: DStR 2008, S. 2031-2035.

Theile, C./Stahnke, M. (2008), Bilanzierung sonstiger Rückstellungen nach dem BilMoG-Regierungsentwurf, in: DB 2008, S. 1757-1760.

Theile, C./Stahnke, M./Nagafi, H. (2011), Abzinsung sonstiger Rückstellungen im Jahresabschluss nach BilMoG. Problemfelder und Lösungsansätze, in: StuB 2011, S. 323-330.

Thorell, P. (2007), Redovisningsfrågor i engelsk domstolspraxis, in: SN 2007, S. 721-735.

Thiel, J. (1999), Das umgekehrte Imparitätsprinzip. Erwiderung zu Weilbach in Betriebs-Berater 1999, 564, in: BB 1999, S. 828-829.

Thiel, J. (2010), Die modernisierte Maßgeblichkeit – § 5 Abs. 1 EStG in der Neufassung durch das Bilanzrechtsmodernisierungsgesetz (BilMoG), in: Festschrift für Wienand Meilicke, Hrsg. Herling-haus et al., Baden-Baden 2010, S. 733-752.

Thiele, S. (2002), Kommentierung § 246 HGB und analoge Vorschriften nach IAS/IFRS, in: Bilanzrecht. Handelsrecht mit Steuerrecht und den Regelungen des IASB. Kommentar (Loseblattsammlung), Hrsg. Baetge, J./Kirsch, H.-J./Thiele, S., Bonn, Stand: September 2002.

Thiele, S. (2007), Zeitwertbewertung und Rechnungslegungsgrundsätze – Hat der Fair Value eine Chance? In: Rechnungslegung und Wirtschaftsprüfung. Festschrift zum 70. Geburtstag von Jörg Baetge, Hrsg. Kirsch, H.-J./Thiele, S., Düsselforf 2007, S. 625-644.

Thiele, S./Eckert, T. (2008), Kommentierung IAS 16: Sachanlagen, in: Internationales Bilanzrecht. Rechnungslegung nach IFRS (Loseblattsammlung), Hrsg. Thiele, S./von Keitz, I./Brücks, M., Bonn, Stand: Februar 2008.

Thiele, S./Kühle, U. (2008), Kommentierung IAS 38: Immaterielle Vermögenswerte, in: Internationales Bilanzrecht. Rechnungslegung nach IFRS (Loseblattsammlung), Hrsg. Thiele, S./von Keitz, I./Brücks, M., Bonn, Stand: Februar 2008.

Thömmes, O./Rasch, S./Koch, T. (2006), Commission Proposal for Home State Taxation, in: ITPJ 2006, S. 117-123.

Thuronyi, V. (2003), Comparative Tax Law, The Hague/London/New York 2003.

Tiedchen, S. (2006), Posten der aktiven und passiven Rechnungsabgrenzung, in: HdJ (Loseblattsammlung), Hrsg. v. Wysocki, K. et al., Abt. II/11, Köln, Stand: Februar 2006.

Tietje, C. (2009), § 10 Niederlassungsfreiheit, in: Europäische Grundrechte und Grundfreiheiten, Hrsg. Ehlers, D., 3. Aufl., Berlin 2009, S. 332-364.

Tiley, J. (2008), Revenue Law, 6. Aufl., Oxford 2008.

Tiley, J. (2010), The United Kingdom, in: Comparative Income taxation. A Structural Analysis, Hrsg. Ault, H. J./Arnold, B. J., 3. Aufl., Alphen aan den Rijn 2010, S. 145-172.

Tipke, K. (1973), Die dualistische Einkünfteermittlung nach dem Einkommensteuergesetz. Entstehung, Motivation und Berechtigung, in: Festschrift für Heinz Paulick zum 65. Geburtstag am 9. Mai 1973, Hrsg. Kruse, H. W., Köln/Marienburg 1973, S. 391-401.

Tipke, K. (1985), Forum: Das Einkommen als zentraler Begriff des öffentlichen Schuldrechts, in: JuS 1985, S. 345-352.

Tipke, K. (1988), Über „richtiges Steuerrecht", in: StuW 1988, S. 262-282.

Tipke, K. (1990), Zur Methode der Anwendung des Gleichheitssatzes unter besonderer Berücksichtigung des Steuerrechts, in: Steuerrecht im Wandel. Festschrift für Gerold Stoll zum 65. Geburtstag, Hrsg. Doralt, W. et al., Wien 1990, S. 229-243.

Tipke, K. (2003), Die Steuerrechtsordnung, Bd. II: Steuerrechtfertigungstheorie, Anwendung auf alle Steuerarten, sachgerechtes Steuersystem, 2. Aufl., Köln 2003.

Tipke, K. (2007a), Steuergerechtigkeit unter besonderer Berücksichtigung des Folgerichtigkeitsgebots, in: StuW 2007, S. 201-220.

Tipke, K. (2007b), Steuerpolitik als Gerechtigkeitspolitik, in: Steuerrecht, Verfassungsrecht, Europarecht. Festschrift für Hans Georg Ruppe, Hrsg. Achatz, M., Wien 2007, S. 630-644.

Tipke, K. (2009), Mehr oder weniger Entscheidungsspielraum für den Steuergesetzgeber? In: JZ 2009, S. 533-540.

Tipke, K. (2010), Steuerrecht als Wissenschaft, in: Gestaltung der Steuerrechtsordnung. Festschrift für Joachim Lang zum 70. Geburtstag, Hrsg. Tipke, K. et al., Köln 2010, S. 21-56.

Torabian, F. (2010), Bilanzielle Bewertung von Finanzinstrumenten. Vergleich der Bewertungskonzeption nach HGB und IFRS hinsichtlich der Informationsfunktion der Rechnungslegung, Wiesbaden 2010.

Tort, E. (2006a), Gérer les impacts fiscaux des nouvelles règles comptables sur les actifs, in: RFC n°386/Mars 2006, S. 24-28.

Tort, E. (2006b), Les immeubles de placement: des régimes complexes et différenciés, in: RFC n° 387/Avril 2006, S. 38-42.

Tort, E. (2008), Réévaluation des actifs dans les comptes individuels et consolidés: focus sur quelques difficultés techniques, in: RFC n°414/Octobre 2008, S. 22-26.

Treisch, C. (2000), Entscheidungsneutralität der Besteuerung. Ökonomische Anforderungen an ein „gutes" Steuersystem, in: SteuerStud 2000, S. 368-374.

Treisch, C. (2001), Einkommensmessung und Steuerbelastung bei Renditen oberhalb des Kapitalmarktzinssatzes, in: DBW 2001, S. 306-318.

Treisch, C. (2004), Europataugliche Ausgestaltung der Unternehmensbesteuerung. Anforderungen, Probleme und Lösungsmöglichkeiten, Wiesbaden 2004.

Treisch, C. (2011), Einheitliche Gewinnermittlung nach IFRS und Steuerrecht - Trugbild oder realistische Perspektive? In: Internationale Rechnungslegung und Internationales Controlling. Herausforderungen – Handlungsfelder – Erfolgspotenziale., Hrsg. Funk, W./Rossmanith, J., 2. Aufl., Wiesbaden 2011, S. 133-162.

Treisch, C./Müßig, A. (2007), Betriebsvermögensvergleich und Einnahmen-Ausgaben-Rechnung – Unterschiede und Gemeinsamkeiten, in: SteuerStud 2007, S. 21-26.

Treisch, C./Müßig, A. (2008), IFRS und steuerliche Gewinnermittlung, in: Internationale Rechnungslegung und Internationales Controlling. Herausforderungen – Handlungsfelder – Erfolgspotenziale, Hrsg. Funk, W./Rossmanith, J., Wiesbaden 2008, S. 103-129.

Treptow, H. (1999), Gefährdung der Maßgeblichkeit durch die international Rechnungslegung? In: StbJb 1998/1999, S. 81-88.

U

Uelner, A. (1999), Zum geplanten Verbot der Teilwertabschreibung, in: StuB 1999, S. 84-88.

Uhländer, C. (1996), Vermögensverluste im Privatvermögen. Der Einkünftedualismus als Januskopf der Einkommensteuern, Berlin 1996.

Urbahns, R. (2011), Abgrenzung und Abschreibung von Wirtschaftsgütern innerhalb eines Windparks. Der BFH nimmt Stellung, in: StuB 2011, S. 537-540.

V

van den Hurk, H. T. P. M. (2011), The Common Consolidated Corporate Tax Base: A Desirable Alternative to a Flat EU Corporate Income Tax? In: BIT 2011, S. 260-269.

van der Hoek, P. (2003), Tax Harmonization and Competition in the European Union, in: eJournal of Tax Research 2003, S. 19-36.

van Hulle, K. (1994), Das Europäische Bilanzrecht. Entwicklungen und Herausforderungen, in: WPK 1994, S. 9-17.

van Hulle, K. (1998), Die Zukunft der europäischen Rechnungslegung im Rahmen einer sich ändernden internationalen Rechnungslegung, in: WPg 1998, S. 138-153.

van Hulle, K. (2003), Von den Bilanzrichtlinien zu International Accounting Standards, in: WPg 2003, S. 968-981.

van Hulle, K. (2004), Harmonisierung der Rechnungslegung in der EU, in: IWB 2004, F. 11, Gr. 3, S. 293-300.

Vascega, M./van Thiel, S. (2011), The CCCTB Proposal: The Next Step towards Corporate Tax Harmonization in the European Union? In: ET 2011, S. 374-382.

Vasel, A. (2003), Die Maßgeblichkeit – ein Prinzip ohne Zukunft? In: SteuerStud 2003, S. 213-219.

Vater, H. (2002), Bilanzierung von Leasingverhältnissen nach IAS 17: Eldorado bilanzpolitischer Möglichkeiten? In: DStR 2002, S. 2094-2100.

Vater, H. (2005), Zum Einfluss der IFRS auf die Auslegung der handelsrechtlichen GoB und das deutsche Bilanzsteuerrecht, in: StuB 2005, S. 67-69.

Vella, J./Prentice, D. (2009), Some aspects of capital maintenance law in the UK, in: Perspectives in Company Law and Financial Regulation. Essays in Honour of Eddy Wymeersch, Hrsg. Tison, M. et al., Cambridge u. a. 2009, S. 276-301.

Vellam, I. (2004), Implementation of International Accounting Standards in Poland: Can True Convergence be Achieved in Practice, in: AiE 2004, S. 143-167.

Velte, P. (2008), Intangible Assets und Goodwill im Spannungsfeld zwischen Entscheidungsrelevanz und Verlässlichkeit, Wiesbaden 2008.

Velte, P. (2011), (Un-)Maßgeblichkeit der handelsrechtlichen Herstellungskosten für die steuerliche Gewinnermittlung, in: StBp 2011, S. 65-67.

Velte, P./Sepetauz, K. (2010), Das BMF und die Herstellungskosten. Eine kritische Würdigung zur Änderung des BMF-Schreibens vom 22.6.2010, in: StuB 2010, S. 523-527.

Venuti, M. (2010), Measuring Company Income Tax on the Basis of the International Accounting Standards/International Financial Reporting Standards (IAS/IFRS): the Italian Case, in: BTR 2010, S. 361-375.

Vergano, L./Zantomio, F. (2005), Poland, in: Tax Systems and Tax Reforms in New EU Memers, Hrsg. Bernardi, et al., Abingdon 2005, S. 203-233.

Verse, D. A. (2010), Auswirkungen der Bilanzrechtsmodernisierung auf den Kapitalschutz, in: Gesellschaftsrecht in der Diskussion 2009, Jahrestagung der Gesellschaftsrechtlichen Vereinigung, Schriftenreihe der Gesellschaftsrechtlichen Vereinigung, Bd. 15, Hrsg. Gesellschaftsrechtliche Vereinigung, Köln 2010, S. 67-92.

Versin, V. (2000), Die Einschränkung der Rückstellungsbildung durch das sog. Steuerentlastungsgesetz und das Leistungsfähigkeitsprinzip, in: StuB 2000, S. 1207-1210.

Versin, V. (2003), Derogation des Maßgeblichkeitsprinzips im Einkommensteuerrecht?, Frankfurt a. M. u. a. 2003.

Vettiger, T./Hirzel, C. (2010), Herausforderungen bei der Bestimmung der Kapitalkosten in Einklang mit IFRS 3, IAS 38 und IAS 36, in: IRZ 2010, S. 387-392.

Viegener, J. (2006), Gesellschafterfremdfinanzierung in Frankreich – Neue Abzugsbeschränkungen für Zinsen –, in: IWB 2006, F. 5, Gr. 2, S. 1429-1438.

Villemot, D. (1998), Existe-t-il une définition fiscale des immobilisations? ou la double absence d'autonomie du droit fiscal et du droit comptable face au droit civil, in: RDF 1998, S. 504-506.

Villemot, D. (2003), Les consequences fiscales de l'adoption des normes comptables internationales, in: RDF 2003, S. 1581-1585.

Villemot, D. (2007), France, in: An Accounting and Taxation Conundrum. A Pan-European Perspective on Tax Accounting Implications of IFRS Adoption, Hrsg. The World Bank Centre for Financial Reporting Reform, Wien, September 2007, S. 20-22.

Villemot, D. (2008), Le régime fiscal des immobilisations incorporelles, in: RDF n° 14/Avril 2008, S. 8-12.

von Böhm-Bawerk, E. (1902), Capital und Capitalzins, Bd. 2.: Positive Theorie des Capitales, 2. Aufl., Innsbruck 1902.

von Brocke, K. (2008), Die gemeinsame konsolidierte Körperschaftsteuerbemessungsgrundlage. Bürokratisches Ungeheuer oder Segen für Unternehmen? In: IWB 2008, F. 11, Gr. 2, S. 925-936.

von Brocke, K./Rottenmoser, G. (2011), Die GKKB imLichte der Rechtsetzungskompetenzen der EU. Harmonisierung direkter Steuern? In: IWB 2011, S. 620-626.

von der Laage, G./Reusch, S. (2009), Deutsches Bilanzrecht und IFRS: Gewinnermittlung, Gewinnverwendung im Sinne von Ausschüttungsbemessung und Besteuerung, in: NZG 2009, S. 245-250.

von Eitzen, B./Moog, T./Pyschny, H. (2010), Forschungs- und Entwicklungskosten nach dem Bilanzrechtsmodernisierungsgesetz (BilMoG) unter Berücksichtigung des IAS 38, in: KoR 2010, S. 357-361.

von Keitz, I./Schmieszek, O. (2004), Ertragserfassung – Anforderungen nach den Vorschriften des IASB und deren praktische Umsetzung, in: KoR 2004, S. 118-127.

von Keitz, I. (2007), Einheitliche oder länderspezifische Auslegung der IFRS? – eine Analyse am Beispiel der Bilanzierung von immateriellen Vermögenswerten in ausgewählten Ländern der EU –, in: Rechnungslegung und Wirtschaftsprüfung. Festschrift zum 70. Geburtstag von Jörg Baetge, Hrsg. Kirsch, H.-J./Thiele, S., Düsseldorf 2007, S. 323-357.

von Keitz, I./Wollmert, P./Oser, P./Wader, D. (2009), Kommentierung IAS 37: Rückstellungen, Eventualverbindlichkeiten und Eventualforderungen (Provisions, Contingent Liabilitites and Contingent Assets), in: Rechnungslegung nach IFRS. Kommentar auf der Grundlage des deutschen Bilanzrechts (Loseblattsammlung), Hrsg. Baetge, J. et al., Stuttgart, Stand: Juli 2009.

von Radecker, N. (2001), EU-Rechtsangleichung des polnischen Gesellschaftsrechts, in: RIW 2001, S. 197-205.

Vosseler, M. (2010), Persönliche Zurechnung von Leasing-Objekten im Lichte des neuen § 246 Abs. 1 HGB – Alter Wein in neuen Schläuchen? In: Bilanzpolitik und Bilanzanalyse nach neuem Handelsrecht, Hrsg. Fink, C./Schultze, W./Winkeljohann, N., Stuttgart 2010, S. 139-152.

Voß, O. (2006a), Absetzung für Abnutzung: Machen es sich die anderen einfacher? Die Abschreibung an wichtigen Standorten – ein Vergleich, in: RIW 2006, S. 610-618.

Voß, O. (2006b), Absetzung für Abnutzung (AfA): International wettbewerbsfähige und einfach zu handhabende Ausgestaltung der einkommensteuerlichen Abschreibungsverrechnung, Göttingen 2006.

Voß, O. (2007), Unternehmensteuerreform 2008: Neuregelung der Abschreibung für geringstwertige Wirtschaftsgüter – Einstieg in eine einfache Abschreibungsverrechnung? In: FR 2007, S. 1149-1156.

W

Wacker, W. H. (1998), Relative Maßgeblichkeit im Rahmen der bilanziellen und pagatorischen steuerlichen Gewinnermittlung, in: Unternehmensrechnung und -besteuerung. Grundfragen und Entwicklungen. Festschrift für Dietrich Börner zum 65. Geburtstag, Hrsg. Meffert, H./Krawitz, N., Wiesbaden 1998, S. 231-261.

Wagenhofer, A. (1998), Bilanzierung und Bewertung von Rückstellungen nach IAS 37, in: SWI 1998, S. 581-585.

Wagenhofer, A. (2009), Internationale Rechnungslegungsstandards IAS/IFRS. Grundlagen und Grundsätze, Bilanzierung, Bewertung und Angaben, Umstellung und Analyse, 6. Aufl., München 2009.

Wagner, F. W. (1978), Kapitalerhaltung, Geldentwertung und Gewinnbesteuerung, Berlin/Heidelberg/New York 1978.

Wagner, F. W. (1984), Grundfragen und Entwicklungstendenzen der betriebswirtschaftlichen Steuerplanung, in: BFuP 1984, S. 201-222.

Wagner, F. W. (1989), Die zeitliche Erfassung steuerlicher Leistungsfähigkeit, in: Zeitaspekte in betriebswirtschaftlicher Theorie und Praxis. 50. Wissenschaftliche Jahrestagung des Verbandes der Hochschullehrer für Betriebswirtschaft e. V., Köln 24. – 28. Mai 1988, Hrsg. Hax, H./Kern, W./Schröder, H.-H., Stuttgart 1989, S. 261-277.

Wagner, F. W. (1990), Die umgekehrte Maßgeblichkeit der Handelsbilanz für die Steuerbilanz, in: StuW 1990, S. 3-14.

Wagner, F. W. (1992), Neutralität und Gleichmäßigkeit als ökonomische und rechtliche Kriterien steuerlicher Normkritik, in: StuW 1992, S. 2-13.

Wagner, F. W. (1995), Leitlinien steuerlicher Rechtskritik als Spiegel betriebswirtschaftlicher Theoriegeschichte, in: Unternehmenstheorie und Besteuerung. Festschrift zum 60. Geburtstag von Dieter Schneider, Hrsg. Elschen, R./Siegel, T./Wagner, F. W., Wiesbaden 1995, S. 723-746.

Wagner, F. W. (1997), Kann es eine Beseitigung aller steuerlichen Ausnahmen geben, wenn es keine Regel gibt? In: DStR 1997, S. 517-521.

Wagner, F. W. (1998a), Aufgabe der Maßgeblichkeit bei einer Internationalisierung der Rechnungslegung? – Eine Analyse der ökonomischen Wirkungen des Bilanzsteuerrechts –, in: DB 1998, S. 2073-2077.

Wagner, F. W. (1998b), Ist noch breiter noch besser? – Ein Beitrag zum optimalen Umfang von Steuerbemessungsgrundlagen, in: Ökonomische und rechtliche Aspekte der Unternehmensbesteuerung, Sächsische Steuertagung 1998, Hrsg. Rautenberg, H. G., Stuttgart u. a. 1998, S. 15-31.

Wagner, F. W. (1998c), Kann die Reform von Rechnungslegung und Steuersystem leisten, was die Finanzmärkte fordern? In: Unternehmen im Wandel und Umbruch. Transformation, Evolution und Neugestaltung privater und öffentlicher Institutionen. Tagungsband der 59. Wissenschaftlichen Jahrestagung des Verbandes der Hochschullehrer für Betriebswirtschaft e. V. in Halle (Saale) vom 20. bis 24. Mai 1997, Hrsg. Becker, M. et al., Stuttgart 1998, S. 51-73.

Wagner, F. W. (1998d), Konsumorientierte Reform der Einkommens- und Gewinnbesteuerung – Stand und Perspektiven ihrer Realisierung in Österreich, in: ÖStZ 1998, S. 402-407.

Wagner, F. W. (1999), Die Integration einer Abgeltungsteuer in das Steuersystem – Ökonomische Analyse der Kapitaleinkommensbesteuerung in Deutschland und der EU, in: DB 1999, S. 1520-1528.

Wagner, F. W. (2000a), Korrektur des Einkünftedualismus durch Tarifdualismus – Zum Konstruktionsprinzip der Dual Income Tax, in: StuW 2000, S. 431-441.

Wagner, F. W. (2000b), Welche Kriterien bestimmen die internationale Wettbewerbsfähigkeit der Methoden steuerlicher Gewinnermittlung? In: BFuP 2000, S. 183-203.

Wagner, F. W. (2001), „Karlsruher Entwurf zur Reform des Einkommensteuergesetzes" – Anmerkungen aus der Perspektive ökonomischer Vernunft, in: StuW 2001, S. 354-362.

Wagner, F. W. (2002a), Assets, in: Handwörterbuch der Rechnungslegung und Prüfung, Hrsg. Ballwieser, W./Coenenberg, A. G./v. Wysocki, K., 3. Auflage, Stuttgart 2002, Sp. 101-111.

Wagner, F. W. (2002b), Neue Ziele für die Steuerbilanz: Investitionsanreize statt Imparitätsprinzip, in: Aktuelle Schwerpunkte der Entwicklung im Steuerrecht, Sächsische Steuertagung 2002, Hrsg. Mayer, H., Stuttgart u. a. 2002, S. 71-89.

Wagner, F. W. (2002c), Welche Kriterien sollten die Neuordnung der steuerlichen Gewinnermittlung bestimmen? In: BB 2002, S. 1885-1892.

Wagner, F. W. (2003), Die real existierende Einkommensteuer ist eine konsumorientierte Besteuerung, in: Steuerpolitik – Von der Theorie zur Praxis. Festschrift für Manfred Rose, Hrsg. Ahlheim, M./Wenzel, H.-D./Wiegard, W., Berlin u. a. 2003, S. 369-390.

Wagner, F. W. (2004), Gegenstand und Methoden betriebswirtschaftlicher Steuerforschung, in: StuW 2004, S. 237-250.

Wagner, F. W. (2005a), Besteuerung, in: Vahlens Kompendium der Betriebswirtschaftslehre, Bd. 2, Hrsg. Bitz, M. et al., 5. Aufl., München 2005, S. 407-477.

Wagner, F. W. (2005b), Kann die Besteuerung vereinfacht werden, wenn die Rechnungslegung komplexer wird? In: BFuP 2005, S. 528-545.

Wagner, F. W. (2005c), Steuervereinfachung und Entscheidungsneutralität – konkurrierende oder komplementäre Leitbilder für Steuerreformen? In: StuW 2005, S. 93-108.

Wagner, F. W. (2005d), Zu Meriten und Defiziten der Rechtskritik durch die Steuerwissenschaften: in: Kritisches zur Rechnungslegung und Unternehmensbesteuerung. Festschrift zur Vollendung des 65. Lebensjahres von Theodor Siegel, Hrsg. Schneider, D. et al., Berlin 2005, S. 611-631.

Wagner, F. W. (2006a), Was bedeutet Steuervereinfachung wirklich? In: PWP 2006, S. 19-33.

Wagner, F. W. (2006b), Was bedeutet und wozu dient Rechtsformneutralität der Unternehmensbesteuerung? In: StuW 2006, S. 101-114.

Wagner, F. W. (2007), Rechtsformneutralität der Unternehmensbesteuerung: Ein unklares und zweifelhaftes Ziel, in: Reform der Unternehmensbesteuerung: Verschiedene Wege diskutieren. Beiträge zu einer Ringveranstaltung an der Universität Göttingen im Sommersemester 2006, Hrsg. Oestreicher, A., Herne/Berlin 2007, S. 137-162.

Wagner, F. W. (2008), Steuerforschung: Welche Probleme finden Ökonomen interessant, und welche sind relevant? In: StuW 2008, S. 97-116.

Wagner, F. W. (2010a), Warum haben Ökonomen das objektive Nettoprinzip erfunden, aber nicht erforscht? In: StuW 2010, S. 24-32.

Wagner, F. W. (2010b), Warum sind nur manche Steuern reformbedürftig und andere nicht? In: Gestaltung der Steuerrechtsordnung. Festschrift für Joachim Lang zum 70. Geburtstag, Hrsg. Tipke, K. et al., Köln 2010, S. 345-365.

Wagner, F. W./Schwenk, A. (2003), Empirische Steuerwirkungen als Grundlage einer Reform der Gewinnbesteuerung - Ergebnisse aus den DAX 100-Unternehmen, in: Empirie und Betriebswirtschaft. Entwicklungen und Perspektiven, Hrsg. Schwaiger, M./Harhoff, D., Stuttgart 2003, S. 373-398.

Wagner, F. W./Wissel, H. (1995), Entscheidungsneutralität der Besteuerung als Leitlinie einer Reform der Einkommensteuer, in: WiSt 1995, S. 65-70.

Wagner, M. (2003), Rückstellungen in der Handelsbilanz und Steuerbilanz in den Staaten der Europäischen Union, Aachen 2003.

Wagner, S. (2000), Grundsätze ordnungsmäßiger Bilanzierung in Frankreich, Düsseldorf 2000.

Wartenburger, L. (2005), Die IAS als Basis steuerlicher Rechnungslegung - Diskussion in anderen Mitgliedstaaten, in: Steuerliche Maßgeblichkeit in Deutschland und Europa, Hrsg. Schön, W., Köln 2005, S. 697-726.

Wassermeyer, F. (1991), Die Maßgeblichkeit der Handelsbilanz für die Steuerbilanz und die Umkehr dieses Grundsatzes, in: Probleme des Steuerbilanzrechts, DStJG, Bd. 14, Hrsg. Doralt, W., Köln 1991, S. 29-46.

Wassermeyer, F. (2001), Anmerkungen zum Karlsruher Entwurf des Einkommensteuergesetzes, in: DStR 2001, S. 920-924.

Wala, T./Knoll, L. (2001), Einkommen versus Konsum: Betriebswirtschaftliche Überlegungen zum ertragsteuerlichen Leistungsfähigkeitsindikator, in: ÖStZ 2001, S. 139-146.

Wala, T./Riener-Micheler, E. (2000), Das österreichische Bilanzsteuerrecht im Lichte betriebswirtschaftlicher Neutralitätspostulate – Teil 1 –, in: ÖStZ 2000, S. 102-113.

Walton, P. (2003), Accounting in the United Kingdom, in: International Accounting, Hrsg. Walton, P./Haller, A./Raffournier, B., 2. Aufl., London 2003, S. 304-331.

Walzer, K. (1987), Steuergerechtigkeit. Eine entscheidungstheoretische Interpretation, Berlin 1987.

Watrin, C. (2010), Zukunft der steuerlichen Gewinnermittlung in Deutschland, der EU und den USA: Ergebnisse der empirischen Forschung, in: Unternehmensbesteuerung. Festschrift für Norbert Herzig zum 65. Geburtstag, Hrsg. Kessler, W./Förster, G./Watrin, C., München 2010, S. 495-507.

Watrin, C./Wittkowski, A./Ullmann, R. (2008), Deutsche Mindestbesteuerung und ihre Belastungswirkung im europäischen Vergleich, in: StuW 2008, S. 238-248.

Wawrzinek, W. (2009), § 2. Ansatz, Bewertung und Ausweis sowie zugrunde liegende Prinzipien, in: Beck'sches IFRS-Handbuch. Kommentierung der IFRS/IAS, Hrsg. Bohl, W./Riese, J./Schlüter, J., 3. Aufl., München 2009.

Weber, C.-P. (2004), Teilkommentierung Kap. 1: Entwicklung des deutschen und europäischen Bilanzrechts, in: Handbuch der Rechnungslegung Einzelabschluss. Kommentar zur Bilanzierung und Prüfung (Loseblattsammlung), Hrsg. Küting, K./Pfitzer, N./Weber, C.-P., Bd. 1, Stuttgart, Stand: März 2004.

Weber-Grellet, H. (1994), Maßgeblichkeitsgrundsatz und eigenständige Zielsetzung der Steuerbilanz, in: DB 1994, S. 288-291.

Weber-Grellet, H. (1997), Maßgeblichkeitsgrundsatz in Gefahr? In: DB 1997, S. 385-391.

Weber-Grellet, H. (1998), Bestand und Reform des Bilanzsteuerrechts, in: DStR 1998, S. 1343-1349.

Weber-Grellet, H. (1999a), Der Maßgeblichkeitsgrundsatz im Lichte aktueller Entwicklungen, in: BB 1999, S. 2659-2666.

Weber-Grellet, H. (1999b), Fairneß, Aufklärung und Transparenz. Wege zu einer leistungsgerechten Besteuerung, in: StuW 1999, S. 311-320.

Weber-Grellet, H. (2000), Die Gewinnermittlungsvorschriften des Steuerentlastungsgesetzes 1999/2000/2002 – Ein Fortschritt? In: DB 2000, S. 165-169.

Weber-Grellet, H. (2002), Zur Abschaffung des Maßgeblichkeitsgrundsatzes – Plädoyer für eine steuerrechtskonforme und rechtsstaatliche Gewinnermittlung –, in: StuB 2002, S. 700-706.

Weber-Grellet, H. (2003), Argumente für die Abschaffung des Maßgeblichkeitsprinzips oder Plädoyer für eine steuerrechtskonforme und rechtsstaatliche Gewinnermittlung, in: Die Maßgeblichkeit der handelsrechtlichen Gewinnermittlung für das Steuerrecht. Gestaltungsmöglichkeiten in der Praxis, Hrsg. Bertl, R. et al., Wien 2003, S. 267-281.

Weber-Grellet, H. (2008a), Die Abschaffung des Maßgeblichkeitsgrundsatzes – Zur (weiteren) Emanzipation des Steuerrechts, in: ZRP 2008, S. 146-149.

Weber-Grellet, H. (2008b), BilMoG – Wo bleibt die Reform des Bilanzsteuerrechts? In: DB 2008, S. 2451-2453.

Weber-Grellet, H. (2010), Grundfragen und Zukunft der Gewinnermittlung, in: DB 2010, S. 2298-2304.

Weber-Grellet, H. (2011), Kommentierung des § 5 EStG, in: Einkommensteuergesetz. Kommentar, Begr. Schmidt, L., Hrsg. Drenseck, W., 30. Aufl., München 2011.

Wegmann, W. (1971), Der ökonomische Gewinn. Die Übertragung der Einkommens- und Kapitaltheorie auf das betriebliche Rechnungswesen, in: DB 1971, S. 733-737.

Wehrheim, M. (2010), B 164 Tageswerte, in: Beck'sches Handbuch der Rechnungslegung – HGB und IFRS – (Loseblattsammlung), Hrsg. Böcking, H.-J. et al., München, Stand: Mai 2010.

Wehrheim, M./Fross, I. (2010a), Erosion handelsrechtlicher GoB durch das Bilanzrechtsmodernisierungsgesetz, in: ZfB 2010, S. 71-109.

Wehrheim, M./Fross, I. (2010b), Plädoyer für eine Stärkung des Maßgeblichkeitsprinzips, in: DStR 2010, S. 1348-1353.

Wehrheim, M./Fross, I. (2010c), Wider die Aushöhlung des Maßgeblichkeitsprinzips, in: StuW 2010, S. 195-203.

Wehrheim, M./Krause, H. (2007), Investitionsrechnung bei Geldentwertung und Ertragsbesteuerung – Einfluss auf das Kapitalwertkriterium zur Beurteilung der Vorteilhaftigkeit von Investitionsvorhaben, in: Steuerbelastung – Steuerwirkung – Steuergestaltung: Festschrift zum 65. Geburtstag von Winfried Mellwig, Hrsg. Wehrheim, M./Heurung, R., Wiesbaden 2007, S. 489-530.

Wehrheim, M./Lenz, T. (2005), Einfluss der IAS/IFRS auf das Maßgeblichkeitsprinzip, in: StuB 2005, S. 455-460.

Wehrheim, M./Marquardt, A. (2003), Die Vorschläge der Europäischen Kommission zur Unternehmensbesteuerung im Binnenmarkt – Ein Überblick, in: IStR 2003, S. 14-19.

Wehrheim, M./Rupp, D. (2009), Zum Geltungsbereich der Ausschüttungssperre des § 268 Abs. 8 HGB im Regierungsentwurf des BilMoG, in: DB 2009, S. 356-358.

Wehrheim, M./Rupp, D. (2010), Die Passivierung von Rückstellungen für Innenverpflichtungen nach Inkrafttreten des BilMoG, in: DStR 2010, S. 821-825.

Wehrum, K. (2011), Ansatz und Bewertung immaterieller Wirtschaftsgüter beim Unternehmenserwerb, Münster 2011.

Weigel, J. (2003), Körperschaftsteuerrechtliche Rahmenbedingungen wirtschaftlicher Betätigungen in Polen, in: IStR 2003, S. 87-94.

Weigl, R./Weber, H.-G./Costa, M. (2009), Bilanzierung von Rückstellungen nach dem BilMoG, in: BB 2009, S. 1062-1066.

Weinand, M./Wolz, M. (2010), Forschungs- und Entwicklungskosten im Mittelstand. Zur faktischen Irrelevanz eines Aktivierungswahlrechts, in: KoR 2010, S. 130-138.

Weinand, M./Oldewurtel, C./Wolz, M. (2011), Rückstellungen nach BilMoG. Das Ende der Bilanzpolitik oder Bilanzpolitik ohne Ende? In: KoR 2011, S. 161-166.

Weindel, M. (2008), Grundsätze ordnungsmäßiger Verlustabschreibungen. Objektivierungskonzeptionen der Verlustantizipation durch außerplanmäßige Abschreibungen nach GoB und IFRS, Wiesbaden 2008.

Weindel, M./Wüstemann, J. (2011a), Außerplanmäßige Abschreibungen im Anlagevermögen – Beispiel Grundstücke, in: Bilanzierung case by case. Lösungen nach HGB und IFRS, 5. Aufl., Frankfurt a. M. 2011, S. 275-297.

Weindel, M./Wüstemann, J. (2011b), Passivierungszeitpunkt – Beispiel Entsorgung von Kernbrennelementen, in: Bilanzierung case by case. Lösungen nach HGB und IFRS, 5. Aufl., Frankfurt a. M. 2011, S. 122-147.

Weisflog, W. E. (1995), Steuergerechtigkeit in Großbritannien, in: Die Steuerrechtsordnung in der Diskussion. Festschrift für Klaus Tipke, Hrsg. Lang, J., Köln 1995, S. 537-554.

Weiß, A. (2006), Behandlung von Derivaten im deutschen und englischen Rechtskreis – ein Rechtsvergleich als Ausgangspunkt zur Schaffung von Steuerneutralität, Aachen 2006.

Wellisch, D. (2004), Maßstäbe zur indirekten Gewinnaufteilung im Rahmen einer neuen Konzernbesteuerung in der EU: Möglichkeiten und Grenzen, in: StuW 2004, S. 267-276.

Wellisch, D. (2005), Konzernbesteuerung in der EU: Maßstäbe einer indirekten Gewinnverteilung, in: Die Verteilung der Besteuerungsrechte zwischen Ansässigkeits- und Quellenstaat im Recht der Doppelbesteuerungsabkommen, Hrsg. Gassner, W. et al., Wien 2005, S. 13-27.

Wendt, C. (2009), A Common Tax Base for Multinational Enterprises in the European Union, Wiesbaden 2009.

Wendt, M. (2007), Entwurf eines Gesetzes zur steuerlichen Gewinnermittlung – Ein Baustein im Projekt "Steuergesetzbuch" der Stiftung Marktwirtschaft, in: Reform der Unternehmensbesteuerung: Verschiedene Wege diskutieren. Beiträge zu einer Ringveranstaltung an der Universität Göttingen im Sommersemester 2006, Hrsg. Oestreicher, A., Herne/Berlin 2007, S. 189-203.

Wendlandt, K./Knorr, L. (2004), Der Referentenentwurf des „Bilanzrechtsreformgesetzes" – Darstellung der wesentlichen bilanzrechtlichen Änderungen des HGB und der Folgen für die IAS/IFRS-Anwendung in Deutschland –, in: KoR 2004, S. 45-50.

Wendlandt, K./Knorr, L. (2005), Das Bilanzrechtsreformgesetz – Zeitliche Anwendung der wesentlichen bilanzrechtlichen Änderungen des HGB und Folgen für die IFRS-Anwendung in Deutschland –, in: KoR 2005, S. 53-57.

Wengel, T./Schnell, M. (2008), Die Bewertungsregeln nach IAS/IFRS, in: DB 2008, S. 2263-2266.

Wenger, E. (1983), Gleichmäßigkeit der Besteuerung von Arbeits- und Vermögenseinkünften, in: FA 1983, S. 207-252.

Wenger, E. (1985), Einkommensteuerliche Periodisierungsregeln, Unternehmenserhaltung und optimale Einkommensbesteuerung. Teil I, in: ZfB 1985, S. 710-730.

Wenger, E. (1986), Einkommensteuerliche Periodisierungsregeln, Unternehmenserhaltung und optimale Einkommensbesteuerung. Teil II: Einkommensteuerliche Periodisierungsregeln, neutrale und optimale Besteuerung, in: ZfB 1986, S. 132-151.

Wenger, E. (2003), Das Leistungsfähigkeitsprinzip im Einkommensteuerrecht: Von Schwadroneuren usurpiertes Beutegut oder ökonomisch interpretierbare Leitlinie einer rationalen Besteuerung? In: Steuerpolitik – Von der Theorie zur Praxis. Festschrift für Manfred Rose, Hrsg. Ahlheim, M./Wenzel, H.-D./Wiegard, W., Berlin u. a. 2003, S. 179-195.

Weninger, P. (2009), Formulary Apportionment in the EU, Wien/Graz 2009.

Werner, E. (2005), „Grundlegende" Bedeutung der IAS/IFRS für die Steuerbilanz nach der Rechtsprechung? – Erste Folgerungen aus dem BFH-Urteil vom 15. 9. 2004 –, in: BBK 2005, F. 13, S. 4685-4690.

Wernsmann, R. (2009), Zunehmende Europäisierung und Konstitutionalisierung als Herausforderungen für den Steuergesetzgeber, in: Zukunftsfragen des deutschen Steuerrechts, Hrsg. Schön, W./Beck, K. E. M., Berlin/Heidelberg 2009, S. 161-184.

Werth, F. (2009), Aufhebung der umgekehrten Maßgeblichkeit durch das BilMoG – Alle Klarheiten beseitigt? In: DStZ 2009, S. 508-510.

Wessling, J. (1994), Steuerliche Abschreibungen in Großbritannien, in: RIW 1994, S. 56-59.

Westberg, B. (2002), Consolidated Corporate Tax Bases for EU-Wide Activities: Evaluation of Four Proposals Presented by the European Commission, in: ET 2002, S. 322-330.

Westermark, C. (1995), Utdelningsspärr i stället för latent skatteskuld? Om sambandet mellan redovisning och beskattning, in: SvSkT 1995, S. 654-662.

Whiting, J. (2006), Tax and Accounting, in: BTR 2006, S. 267-281.

Whittington, G. (1995), Tax Policy and Accounting Standards, in: BTR 1995, S. 452-456.

Wich, S. (2009), Entfernungsverpflichtungen in der kapitalmarktorientierten Rechnungslegung der IFRS, Wiesbaden 2009.

Wiechers, K. (2006), Bilanzierung des Sachanlagevermögens nach IAS 16. Praxisorientierte Umsetzung des Komponentenansatzes, in: BBK 2006, F. 20, S. 2153-2163.

Wiechers, K. (2009), Zulässigkeit planmäßiger Abschreibungen einzelner Komponenten von Sachanlagen nach HGB, in: BBK 2009, S. 836-840.

Willeke, C. (2009), Komponentenweise planmäßige Abschreibungen von Sachanlagen in der Handelsbilanz. Anmerkungen zum IDW RH HFA 1.016, in: StuB 2009, S. 679-680.

Wilson, A. (2001), Financial Reporting and taxation: marriage is out of the question, in: BTR 2001, S. 86-91.

Winkeljohann, N. (2006), IFRS-Rechnungslegung und steuerliche Gewinnermittlung, in: Rechnungslegung nach IFRS. Ein Handbuch für mittelständische Unternehmen, Hrsg. Winkeljohann, N., 2. Aufl., Herne/Berlin 2006, S. 415-429.

Winkeljohann, N./Buchholz, S. (2010), Teilkommentierung § 274 HGB, in: Beck'scher Bilanz-Kommentar. Handels- und Steuerbilanz, §§ 238 bis 339, 342 bis 342e HGB mit IFRS-Abweichungen, Hrsg. Ellrott, H. et al., 7. Aufl., München 2010.

Winkeljohann, N./Schellhorn, M. (2010), Teilkommentierung § 264 HGB, in: Beck'scher Bilanz-Kommentar. Handels- und Steuerbilanz, §§ 238 bis 339, 342 bis 342e HGB mit IFRS-Abweichungen, Hrsg. Ellrott, H. et al., 7. Aufl., München 2010.

Winkeljohann, N./Taetzner, T. (2010), Teilkommentierung § 253 HGB, in: Beck'scher Bilanz-Kommentar. Handels- und Steuerbilanz, §§ 238 bis 339, 342 bis 342e HGB mit IFRS-Abweichungen, Hrsg. Ellrott, H. et al., 7. Aufl., München 2010.

Winkeljohann, N./Ull, T. (2010), Das BilMoG vor dem Hintergrund eines IFRS for SMEs und europäischer Entwicklungen, in: Bilanzpolitik und Bilanzanalyse nach neuem Handelsrecht, Hrsg. Fink, C./Schultze, W./Winkeljohann, N., Stuttgart 2010, S. 27-45.

Winkelmann, H.-C. (2007), IFRS im Einzelabschluss. Auswirkungen auf Maßgeblichkeit und Gläubigerschutz, Hamburg 2007.

Wirth, J. (2009), Die Bilanzierung von Mehrkomponentengeschäften nach HGB, IFRS und US-GAAP, Wiesbaden 2009.

Wissel, H. (1997), Einkünfteerzielungsabsicht und Einkommensbegriff. Zur Abbildung ökonomischer Sachverhalte in steuerrechtliche Tatbestandsnormen, Hamburg 1997.

Wissenschaftlicher Beirat beim BMF (2007), Einheitliche Bemessungsgrundlage der Körperschaftsteuer in der Europäischen Union, Schriftenreihe des BMF, Bd. 81, Bonn, März 2007.

Witt, C.-H. (2006), Die Konzernbesteuerung. Vorschlag zur Fortentwicklung des Rechts der steuerlichen Organschaft, Köln 2006.

Witt, C.-H. (2009), Modernisierung der Gesellschaftsrechte in Europa. Einige Sonderwege und manche gemeinsame Pfade, in: ZGR 2009, S. 872-930.

Witteler, K.-D./Lewe, S. (2009), Abbruch- und Entsorgungskosten als Herstellungskosten von ortsgebundenen Folgeinvestitionen, in: DB 2009, S. 2445-2451.

Wittendorff, J. (2011), Taxation of Intangibles in the Nordic Countries, in: ET 2011, S. 348-357.

Wittkowski, A. (2008), Grenzüberschreitende Verlustverrechnung in Deutschland und Europa. Eine ökonomische, europa- und verfassungsrechtliche Analyse, Wiesbaden 2008.

Wittsiepe, R. (2008), IFRS for Small and Medium-Sized Enterprises. Structuring the Transition Process, Wiesbaden 2008.

Wobbe, C. (2008), IFRS: Sachanlagen und Leasing. Ansatz-, Bewertungs- und Ausweismöglichkeiten, Berlin 2008.

Wödlinger, A. (2007), Die Entwicklung bei der Bilanzierung von Rückstellungen. Der Exposure Draft IAS 37amend im kritischen Vergleich mit IAS 37, in: Internationale und nationale Rechnungslegung am Wendepunkt, Hrsg. Löffler, H./Rohatschek, R., Wien 2007, S. 155-169.

Woerner, L. (1984), Grundsatzfragen der Bilanzierung schwebender Geschäfte, in: FR 1984, S. 489-496.

Wohlgemuth, M. (2008), Abgrenzung von Anlage- und Umlaufvermögen in Handels- und Steuerbilanz – Missachtung des Maßgeblichkeitsprinzips durch das FG Düsseldorf und den BFH bei Immobiliengesellschaften? In: WPg 2008, S. 1168-1174.

Wohlgemuth, M. (2011), Die Anschaffungskosten in der Handels- und Steuerbilanz, in: HdJ (Loseblattsammlung), Hrsg. v. Wysocki, K. et al., Abt. I/9, Köln, Stand: Mai 2011.

Wohlgemuth, M./Radde, J. (2000), Der Bewertungsmaßstab „Anschaffungskosten" nach HGB und IAS – Darstellung der Besonderheiten und kritische Gegenüberstellung –, in: WPg 2000, S. 903-911.

Wohlgemuth, M./Radde, J. (2003), Der Bewertungsmaßstab „Herstellungskosten" nach HGB und IAS – Darstellung der Besonderheiten und kritische Gegenüberstellung –, in: WPg 2003, S. 203-211.

Wohlgemuth, M./Radde, J. (2009), B 162 Anschaffungskosten, in: Beck'sches Handbuch der Rechnungslegung – HGB und IFRS – (Loseblattsammlung), Hrsg. Böcking, H.-J. et al., München, Stand: Oktober 2009.

Wolf, S. (2010), Bilanzierung von Zuschüssen nach HGB und IFRS, Wiesbaden 2010.

Wollgarten, W. (2005), Investitionen in Polen nach dem EU-Beitritt, Warszawa/München 2005.

Woltering, I./Pott, C. (2007), Maßgeblichkeitsprinzip innerhalb der Europäischen Union. Status Quo und Perspektive, in: IWB 2007, F. 11, Gr. 2, S. 819-828.

Worldbank (2005), Report on the Observance of Standards and Codes (ROSC), Republic of Poland, Accounting and Auditing, February 8, 2005.

Wosnitza, M. (2000), Die Beschränkung der ertragsteuerlichen Verlustverrechnung – Ein Beitrag zu Steuervereinfachung, Steuergerechtigkeit und Förderung von Wachstum und Beschäftigung? –, in: StuB 2000, S. 763-772.

Wosnitza, M./Treisch, C. (1999), Leistungsfähigkeitskonzeptionen und steuerliche Behandlung des Existenzminimums, in: DBW 1999, S. 351-368.

Wotschofsky, S./Miethig, M. (2002), Bilanzielle Erfassung von Leasinggeschäften in Frankreich, in: IWB 2002, F. 5, Gr. 3, S. 633-642.

Wüstemann, J. (1995), Funktionale Interpretation des Imparitätsprinzips, in: ZfbF 1995, S. 1029-1043.

Wüstemann, J. (1996), US-GAAP: Modell für das deutsche Bilanzrecht? In: WPg 1996, S. 421-431.

Wüstemann, J. (1999a), Generally Accepted Accounting Principles. Zur Bedeutung und Systembildung der Rechnungslegungsregeln der USA, Berlin 1999.

Wüstemann, J. (1999b), Internationale Rechnungslegungsnormen und Neue Institutionenökonomik, Johann Wolfgang Goethe-Universität Frankfurt a. M., Fachbereich Wirtschaftswissenschaften, Working Paper Series: Finance & Accounting, No. 37, Mai 1999.

Wüstemann, J. (2001), Mängel bei der Abschlußprüfung: Tatsachenberichte und Analysen aus betriebswirtschaftlicher Sicht, in: Der Wirtschaftsprüfer als Element der Corporate Governance, Hrsg. Lutter, M., Düsseldorf 2001, S. 19-43.

Wüstemann, J. (2002), Institutionenökonomik und internationale Rechnungslegungsordnungen, Tübingen 2002.

Wüstemann, J. (2004), Die betriebswirtschaftliche Bedeutung von Rückstellungen für die nukleare Entsorgung, in: 12. Deutsches Atomrechtssymposium, Hrsg. Koch, H. J. et al., Baden-Baden 2004, S. 277-310.

Wüstemann, J. (2009), Adolf Moxter 80 Jahre, in: WPg 20/2009, S. I.

Wüstemann, J. (2010), Rezension: Gelhausen/Fey/Kämpfer: Kommentierung des BilMoG mit Referenzcharakter, in: BB 2010, S. 2365.

Wüstemann, J./Bischof, J. (2006), Der Grundsatz der Fair-Value-Bewertung von Schulden nach IFRS: Zweck, Inhalte und Grenzen, in: Rechnungslegung nach internationalen Grundsätzen, Hrsg. Krawitz, N., ZfB-Special Issue 6/2006, Wiesbaden 2006, S. 77-110.

Wüstemann, J./Bischof, J. (2011), Eigenkapital im nationalen und internationalen Bilanzrecht: Eine ökonomische Analyse, in: ZHR 2011, S. 210-246.

Wüstemann, J./Bischof, J./Kierzek, S. (2007a), International Financial Reporting Standards: Bedeutung und Systembildung der internationalen Rechnungslegungsregeln, in: HdJ (Loseblattsammlung), Hrsg. v. Wysocki, K. et al., Abt. I/3, Köln, Stand: Juni 2007.

Wüstemann, J./Bischof, J./Kierzek, S. (2007b), Internationale Gläubigerschutzkonzeptionen, in: BB 2007, BB-Special 5 zu Heft 17, S. 13-19.

Wüstemann, J./Dänzer, K. (2011a), Sachanlagen, in: Staub Handelsgesetzbuch. Großkommentar, begr. v. Staub, H., Hrsg. Canaris, C.-W./Habersack, M./Schäfer, C., 5. Aufl., Berlin/Boston 2011, Anh. nach § 315a HGB, Bilanzierung nach IFRS, 2. Abschn.: Aktivierungsregeln, Unterabschn. C., S. 646-659.

Wüstemann, J./Dänzer, K. (2011a), Vorräte, in: Staub Handelsgesetzbuch. Großkommentar, begr. v. Staub, H., Hrsg. Canaris, C.-W./Habersack, M./Schäfer, C., 5. Aufl., Berlin/Boston 2011, Anh. nach § 315a HGB, Bilanzierung nach IFRS, 2. Abschn.: Aktivierungsregeln, Unterabschn. B., S. 660-683.

Wüstemann, J./Duhr, A. (2005), Entspricht die Full Fair Value-Bewertung nach den Vorschlägen der Joint Working Group of Standard Setters den Informationsbedürfnissen der Bilanzadressaten? In: Fair Value. Bewertung in Rechnungswesen, Controlling und Finanzwirtschaft, Hrsg. Bieg, H./Heyd, R., München 2005, S. 107-127.

Wüstemann, J./Duhr, A. (2011), Immaterielle Vermögenswerte, in: Staub Handelsgesetzbuch. Großkommentar, begr. v. Staub, H., Hrsg. Canaris, C.-W./Habersack, M./Schäfer, C., 5. Aufl., Berlin/Boston 2011, Anh. nach § 315a HGB, Bilanzierung nach IFRS, 2. Abschn.: Aktivierungsregeln, Unterabschn. D., S. 684-701.

Wüstemann, J./Kierzek, S. (2005a), Ertragsvereinnahmung im neuen Referenzrahmen von IASB und FASB – internationaler Abschied vom Realisationsprinzip? In: BB 2005, S. 427-434.

Wüstemann, J./Kierzek, S. (2005b), Revenue Recognition under IFRS Revisited. Conceptual Models, Current Proposals, and Practical Consequences, in: AiE 2005, S. 69-106.

Wüstemann, J./Kierzek, S. (2006a), Das europäische Harmonisierungsprogramm zur Rechnungslegung: Endorsement und Enforcement von IFRS, in: BB 2006, BB-Special 4 zu Heft 17, S. 14-22.

Wüstemann, J./Kierzek, S. (2006b), Das Projekt „Revenue Recognition" von FASB und IASB – Notwendigkeit, Vorschläge und Bewertung möglicher Neufassungen von IAS 18 und IAS 11, in: Internationale Rechnungslegung: Standortbestimmungen und Zukunftsperspektiven. Kapitalmarktorientierte Rechnungslegung und integrierte Unternehmenssteuerung, Hrsg. Küting, K./Pfitzer, N./Weber, C.-P., Stuttgart 2006, S. 245-279.

Wüstemann, J./Kierzek, S. (2007a), IFRS als neues Bilanzrecht für den Mittelstand? – Bilanztheoretische Erkenntnisse und Würdigung der IFRS in ihrem Lichte, in: BFuP 2007, S. 358-375.

Wüstemann, J./Kierzek, S. (2007b), Normative Bilanztheorie und Grundsätze ordnungsmäßiger Gewinnrealisierung für Mehrkomponentenverträge, in: ZfbF 2007, S. 882-913.

Wüstemann, J./Kierzek, S. (2008), Revenue Recognition nach IFRS – Würdigung aktueller Entwicklungen aus prinzipienorientierter Sicht, in: Unternehmensübernahme, Unternehmensaufsicht und Unternehmensberichterstattung, Hrsg. Bock, K./v. Werder, A., Stuttgart 2008, S. 141-160.

Wüstemann, J./Koch, C. (2010a), Rückstellungsbewertung nach BilMoG – Regelungsziele, Regelungslösungen und Regelungsbegründungen aus Sicht von Bilanzrecht und Betriebswirtschaftslehre, in: IFRS und BiMoG. Herausforderungen für das Bilanz- und Prüfungswesen, Hrsg. Küting, K./Pfitzer, N./Weber, C.-P., Stuttgart 2010, S. 315-336.

Wüstemann, J./Koch, C. (2010b), Zinseffekte und Kostensteigerungen in der Rückstellungsbewertung nach BilMoG, in: BB 2010, S. 1075-1078.

Wüstemann, J./Koch, S. (2011), Leasing, in: Staub Handelsgesetzbuch. Großkommentar, begr. v. Staub, H., Hrsg. Canaris, C.-W./Habersack, M./Schäfer, C., 5. Aufl., Berlin/Boston 2011, Anh. nach § 315a HGB, Bilanzierung nach IFRS, 5. Abschn.: Sonderprobleme, Unterabschn. C., S. 823-842.

Wüstemann, J./Maucher, M. (2004), The role of accouting in the French financial system, Working Paper presented at the 27th Annual Congress of the European Accounting Association (EAA), Prague, Czech Republic, April 1-3, 2004.

Wüstemann, J./Neumann, S. (2011), Vermögenswert, in: Lexikon des Rechnungswesens. Handbuch der Bilanzierung und Prüfung, der Erlös-, Finanz-, Investitions- und Kostenrechnung, Hrsg. Busse von Colbe, W./Crasselt, N./Pellens, B., 5. Aufl., München 2011, S. 817-821.

Wüstemann, J./Wüstemann, S. (2009), Betriebswirtschaftliche Bilanzrechtsforschung und Grundsätze ordnungsmäßiger Gewinnrealisierung für Werkverträge, in: ZfB 2009, S. 31-58.

Wüstemann, J./Wüstemann, S. (2010a), Das System der Grundsätze ordnungsmäßiger Buchführung nach dem Bilanzrechtsmodernisierungsgesetz, in: Besteuerung, Rechnungslegung und Prüfung der Unternehmen. Festschrift für Professor Dr. Norbert Krawitz, Hrsg. Baumhoff, H./Dücker, R./Köhler, S., Wiesbaden 2010, S. 751-780.

Wüstemann, J./Wüstemann, S. (2010b), Why Consistency of Accounting Standards Matters: A Contribution to the Rules-Versus-Principles Debate in Financial Reporting, in: Abacus 2010, S. 1-27.

Wüstemann, J./Wüstemann, S. (2011), Kommentierung § 315a HGB, in: Staub Handelsgesetzbuch. Großkommentar, begr. v. Staub, H., Hrsg. Canaris, C.-W./Habersack, M./Schäfer, C., 5. Aufl., Berlin/Boston 2011, S. 611-615.

Wüstemann, J./Wüstemann, S./Neumann, S. (2009), Kommentierung IAS 18: Erträge (Revenues), in: Rechnungslegung nach IFRS. Kommentar auf der Grundlage des deutschen Bilanzrechts (Loseblattsammlung), Hrsg. Baetge, J. et al., Stuttgart, Stand: Okober 2009.

Wüstemann, S. (2010), Gewinnrealisierungsgrundsätze für die Veräußerung zu erstellender Eigentumswohnungen in Handels- und Steuerbilanz sowie nach IFRS, in: WPg 2010, S. 1194-1202.

Wulf, I. (2008), Immaterielle Vermögenswerte nach IFRS. Ansatz, Bewertung, Goodwill-Bilanzierung, Berlin 2008.

Wulf, I. (2009), Bilanzierung immaterieller Vermögenswerte nach IFRS. Finanz- und erfolgswirtschaftliche Auswirkungen von IAS 38 und IFRS 3 am Beispiel der DAX30-Unternehmen, in: IRZ 2009, S. 109-120.

Wulf, I. (2010), Bilanzierung des selbst geschaffenen immateriellen Anlagevermögens nach dem BilMoG – kritische Würdigung und rechnungslegungsanalytische Perspektiven im Lichte der Bilanztheorien, in: ZP 2010, S. 331-352.

Wunderlich, C. (2009), Anh. Überblick über das Steuerrecht Schwedens, in: Doppelbesteuerung. Kommentar zu allen deutschen Doppelbesteuerungsabkommen (Loseblattsammlung), Hrsg. Debatin, H./Wassermeyer, F., Bd. V, München, Stand: Juli 2009.

Z

Zeitler, F.-C. (2003), Rechnungslegung und Rechtsstaat – Übernahme der IAS oder Reform des HGB? –, in: DB 2003, S. 1529-1534.

Zetzsche, D. (2011a), Kommentierung Vor § 325 HGB, in: Kölner Kommentar zum Rechnungslegungsrecht, §§ 238-342e HGB, Hrsg. Claussen, C. P./Scherrer, G., Köln 2011.

Zetzsche, D. (2011b), Kommentierung § 325 HGB, in: Kölner Kommentar zum Rechnungslegungsrecht, §§ 238-342e HGB, Hrsg. Claussen, C. P./Scherrer, G., Köln 2011.

Zeyer, F./Eppinger, C./Seebacher, K. (2010), Ausgewählte Fragestellungen zur Aktivierung von Fremdkapitalkosten nach IAS 23 (rev. 2007), in: PiR 2010, S. 67-72.

Zimmer, F. (2003), The Development of the Concept of Income in Nordic Income Tax Law, in: Sc. St. L. 2003, S. 393-410.

Zimmermann, P. (1978), Das Problem der Gerechtigkeit in der Einkommensbesteuerung, dargestellt und untersucht an den Beispielen der Ermittlung der Einkünfte aus Gewerbebetrieb und aus nichtselbständiger Arbeit. Ein Beitrag zur Diskussion um die Gerechtigkeit in der Einkommensbesteuerung, Frankfurt a. M. u. a. 1978.

Zimmermann, J./Kilian, J.-P./Schymczyk, J. (2010), Convergence patterns in accounting regulation: Six country cases of the transforming regulatory landscape, TranState Working Paper No. 119, Universität Bremen, Sfb 597: Staatlichkeit im Wandel, Bremen 2010.

Zimmermann, J./Schweinberger, S. (2007), Entwicklungen zur Ertragsrealisation in der kapitalmarktorientierten Rechnungslegung. Eine Analyse der Projekte „Revenue Recognition" und „Insurance Contracts", in: PiR 2007, S. 75-81.

Zipfel, F. (2007), Europa einig Steuerland? Gemeinsame konsolidierte Körperschaftsteuerbemessungsgrundlage (GKKB) geplant, in: Deutsche Bank Research, Beiträge zur europäischen Integration, EU-Monitor 49.

Zipfel, F. (2008), Harmonisierung der Körperschaftsteuer in der Europäischen Union. Zu einem Bericht der Europäischen Kommission, Hamburg 2008.

Zülch, H. (2007), Die Reformation der Ertragsrealisation in der internationalen Rechnungslegung – eine Herausforderung für Rechnungslegung und Prüfung, in: Rechnungslegung und Wirtschaftsprüfung. Festschrift zum 70. Geburtstag von Jörg Baetge, Hrsg. Kirsch, H.-J./Thiele, S., Düsseldorf 2007, S. 783-807.

Zülch, H./Güth, S./Stamm, A. (2011), Einzelabschluss nach dem IFRS for SMEs und bilanzielle Ausschüttungsbemessung in Deutschland, in: WPg 2011, S. 709-721.

Zülch, H./Hendler, M. (2009), Bilanzierung nach IFRS, Weinheim 2009.

Zülch, H./Hoffmann, S. (2008), Zahlungsmittelgenerierende Einheiten im deutschen Handelsrecht und die Bedeutung des Einzelbewertungsgrundsatzes Würdigung der aktuellen Reformbestrebungen im Rahmen des BilMoG-RefE, in: StuB 2008, S. 45-50.

Zülch, H./Hoffmann, S. (2009), Die Bilanzierung sonstiger Rückstellungen nach BilMoG, in: StuB 2009, S. 369-373.

Zoll, S. (2001), Grenzüberschreitende Verlustberücksichtigung bei gewerblichen Betriebsstätten und Tochterkapitalgesellschaften, Köln 2001.

Zornoza, J./Báez, A. (2008), Definition and capitalization problems for CCCTB purposes, in: Common Consolidated Corporate Tax Base, Hrsg. Lang, M. et al., Wien 2008, S. 271-303.

Zugmaier, O. (2003), Teilkommentierung § 2 EStG, in: Herrmann/Heuer/Raupach, Einkommensteuer und Körperschaftsteuergesetz. Kommentar (Loseblattsammlung), begr. v. Mrozek, A./Kenner-knecht, A., fortgef. v. Herrmann, C./Heuer, G./Raupach, A., gesamtverantwortliche Hrsg. Hey, J./Prinz, U./Wendt, M., Köln, Stand: Juli 2003.

Zuber, B. (1991), Anknüpfungsmerkmale und Reichweite der internationalen Besteuerung – Eine normative Analyse unter Berücksichtigung der Personensteuern in der BRD und in den USA, Hamburg 1991.

Zwirner, C./Künkele, K. P. (2009), Die Bedeutung der Neuregelungen des BilMoG im Kontext der zunehmenden Anwendung der IFRS: Annäherung statt Übernahme, in: KoR 2009, S. 639-648.

Rechtsprechungsverzeichnis

1 Entscheidungen des Europäischen Gerichtshofs

27.06.1996	C-234/94, *Tomberger*	Slg. 1996, S. I-3133.
14.09.1999	C-275/97, *DE + ES*	Slg. 1999, S. I-5331.
07.01.2003	C-306/99, *BIAO*	Slg. 2003, S. I-1.

2 Entscheidungen der deutschen Rechtsprechung

2.1 Entscheidungen des BVerfG

12.05.2009	2 BvL 1/00	BVerfGE 123, S. 111.
07.07. 2010	2 BvR 748/05, 2 BvR 753/05, 2 BvR 1738/05	DStR 2010, S. 1733.

2.2 Entscheidung des BGH

06.11.1995	II ZR 164/94	BB 1996, S. 155.

2.3 Entscheidungen des BFH

03.02.1969	GrS 2/68	BStBl. II 1969, S. 291.
30.05.1984	I R 146/81	BStBl II 1984, S. 825.
08.09.1988	IV R 66/87	BStBl. II 1989, S. 32.
21.10.1993	IV R 87/92	BStBl. II 1994, S. 176.
27.06.2001	I R 45/97	BStBl. II 2003, S. 121.
15.09.2004	I R 5/04	BStBl. II 2009, S. 100.
14.03.2006	I R 22/05	BStBl. II 2006, S. 680.
25.09.2007	I R 58/06	BStBl. II 2009, S. 294.
17.10.2007	I R 61/06	BStBl. II 2008, S. 555.
04.06.2008	I R 84/07	BStBl. II 2009, S. 187.
16.12.2009	I R 102/08	BStBl. II 2011, S. 566.
25.02.2010	IV R 37/07	BStBl. II 2010, S. 784.

25.08.2010	I R 103/09	BStBl. II 2011, S. 215.
14.04.2011	IV R 46/09	BStBl. II 2011, S. 696.
05.05.2011	IV R 32/07	BB 2011, S. 1965.

2.4 Entscheidungen der FG

FG Hamburg	28.11.2003, III 1/01	EFG 2004, S. 746.
FG Hamburg	22.4.1999, II 23/97	EFG 1999, S. 1022.

3 Entscheidung der französischen Rechtsprechung

Conseil d'État	21.08.1996, n° 154488, 8e/9e sous-section, SA Sife	Rec. CE 1996, S. 343.

4 Entscheidung der schwedischen Rechtsprechung

RÅ 1998 ref. I-III, abrufbar unter: https://lagen.nu/dom/ra/1998:58. Letzter Abruf: 25.08.2011.

5 Entscheidungen der britischen Rechtsprechung

Duple Motor Bodies v Ostime	[1961], 39 TC 537.
Edward Collins & Sons Ltd. v CIR	[1924], 12 TC 773.
Gallagher v Jones (Inspector of Taxes)	[1993], STC 537.
Herbert Smith v Honour	[1999], STC 173.
Johnston (Inspector of Taxes) v Britannia Airways Ltd.	[1994], STC 763.
Threlfall v Jones (Inspector of Taxes)	[1993], STC 537.
Whimster & Co. v CIR	[1925], 12 TC 813.

Verzeichnis der zitierten Gesetze und gesetzesähnlichen Materialien

1 Europäisches Primärrecht

Vertrag über die Arbeitsweise der Europäischen Union (*AEUV*) i. d. F. der Bekanntmachung v. 09.05.2008, ABl. Nr. C 115 S. 47; zuletzt geändert durch Art. 1 ÄndBeschl. 2011/199/EU v. 25.03.2011, ABl. Nr. L 91, S. 1.

Vertrag zur Gründung der Europäischen Gemeinschaft (*EGV*) i. d. F. bis 30.11.2009 v. 25.03.1957; zuletzt geändert durch Art. 2 Vertrag von Lissabon v. 13.12.2007, ABl. Nr. C 306 S. 1.

Vertrag über die Europäische Union (*EUV*) i. d. F. des Vertrags von Lissabon v. 13.12.2007, ABl. Nr. C 306 S. 1, ber. ABl. 2008 Nr. C 111 S. 56 u. ABl. 2009 Nr. C 290 S. 1; zuletzt geändert durch Art. 1 Vertrag von Lissabon v. 13. 12. 2007, ABl. Nr. C 306 S. 1, ber. ABl. 2008 Nr. C 111 S. 56 u. ABl. 2009 Nr. C 290 S. 1.

2 Europäisches Sekundärrecht

2.1 Verordnung

Verordnung (EG) Nr. 1606/2002 des Europäischen Parlaments und des Rates v. 19.07.2002 betreffend die Anwendung internationaler Rechnungslegungsstandards, ABl. Nr. L 243 v. 11.09.2002, S. 1; zuletzt geändert durch Verordnung (EU) Nr. 149/2011 der Kommission v. 18.02.2011 zur Änderung der Verordnung (EG) Nr. 1126/2008 betreffend die Übernahme bestimmter internationaler Rechnungslegungsstandards in Übereinstimmung mit der Verordnung (EG) Nr. 1606/2002 des Europäischen Parlaments und des Rates im Hinblick auf Verbesserungen an den International Financial Reporting Standards (IFRS), Abl. Nr. L 46 v. 19.02.2011, S. 1 (*IAS-Verordnung*).

2.2 Richtlinien

Vierte Richtlinie des Rates v. 25.07.1978 aufgrund von Artikel 54 Absatz 3 Buchstabe g) des Vertrages über den Jahresabschluß von Gesellschaften bestimmter Rechtsformen (78/660/EWG), ABl. Nr. L 222 v. 14.08.1978, S. 11; zuletzt geändert durch Richtlinie 2009/49/EG v. 18.06.2009, ABl. Nr. L 164 v. 26.06.2009, S. 42 (*4. EG-Richtlinie*).

Siebente Richtlinie des Rates v. 13.06.1983 aufgrund von Artikel 54 Absatz 3 Buchstabe g) des Vertrages über den konsolidierten Abschluß (83/349/EWG), ABl. Nr. L 193 v. 18.07.1983, S. 1-17; zuletzt geändert durch Richtlinie 2009/49/EG v. 18.06.2009, ABl. Nr. L 164 v. 26.06.2009, S. 42 (*7. EG-Richtlinie*).

Richtlinie 90/434/EWG des Rates v. 23.07.1990 über das gemeinsame Steuersystem für Fusionen, Spaltungen, Abspaltungen, die Einbringung von Unternehmensteilen und den Austausch von Anteilen, die Gesellschaften verschiedener Mitgliedstaaten betreffen, sowie für die Verlegung des Sitzes einer Europäischen Gesellschaft oder einer Europäischen Genossenschaft von einem Mitgliedstaat in einen anderen Mitgliedstaat, ABl. Nr. L 225 v. 20.08.1990, S. 1; zuletzt geändert durch Art. 17 ÄndRL 2009/133/EG v. 19.10.2009, ABl. Nr. L 310 S. 34 (*Fusionsrichtlinie*).

Richtlinie 90/435/EWG des Rates v. 23.07.1990 über das gemeinsame Steuersystem der Mutter- und Tochtergesellschaften verschiedener Mitgliedstaaten, ABl. Nr. L 225 v. 20.08.1990, S. 6; zuletzt geändert durch Richtlinie 2006/98/EG des Rates v. 20.11.2006 zur Anpassung bestimmter Richtlinien im Bereich Steuerwesen anlässlich des Beitritts Bulgariens und Rumäniens, ABl. Nr. L 363 v. 20.12.2006, S. 129 (*Mutter-Tochter-Richtlinie*).

Richtlinie 93/22/EWG des Rates über Wertpapierdienstleistungen v. 10.05.1993, ABl. Nr. L 141 S. 27; aufgehoben durch Richtlinie 2004/39/EG des Europäischen Parlaments und des Rates v. 21.04.2004 über Märkte für Finanzinstrumente, zur Änderung der Richtlinien 85/611/EWG und 93/6/EWG des Rates und der Richtlinie 2000/12/EG des Europäischen Parlaments und des Rates und zur Aufhebung der Richtlinie 93/22/EWG des Rates, ABl. Nr. L 145 S. 1, ber. ABl. 2005 Nr. L 45 S. 18; zuletzt geändert durch Art. 6 ÄndRL 2010/78/EU v. 24.11.2010, ABl. Nr. L 331 S. 120 (*Wertpapierdienstleistungsrichtlinie*).

Richtlinie 2001/65/EG des Europäischen Parlaments und des Rates v. 27.09.2001 zur Änderung der Richtlinien 78/660/EWG, 83/349/EWG und 86/635/EWG des Rates im Hinblick auf die im Jahresabschluss bzw. im konsolidierten Abschluss von Gesellschaften bestimmter Rechtsformen und von Banken und anderen Finanzinstituten zulässigen Wertansätze, Abl. Nr. L 283 v. 27.10.2001, S. 28 (*Fair value-Richtlinie*).

Richtlinie 2003/38/EG des Rates v. 13.05.2003 zur Änderung der Richtlinie 78/660/EWG über den Jahresabschluss von Gesellschaften bestimmter Rechtsformen hinsichtlich der in Euro ausgedrückten Beträge, Abl. Nr. L 120 v. 15.05.2003, S. 22 (*Schwellenwertrichtlinie*).

Richtlinie 2003/49/EG des Rates v. 03.06.2003 über eine gemeinsame Steuerregelung für Zahlungen von Zinsen und Lizenzgebühren zwischen verbundenen Unternehmen verschiedener Mitgliedstaaten, ABl. Nr. L 157 v. 26.06.2003, S. 49; zuletzt geändert durch Richtlinie 2006/98/EG des Rates v. 20.11.2006 zur Anpassung bestimmter Richtlinien im Bereich Steuerwesen anlässlich des Beitritts Bulgariens und Rumäniens, ABl. Nr. L 363 v. 20.12.2006, S. 129 (*Zins- und Lizenzgebührenrichtlinie*).

Richtlinie 2003/51/EG des Europäischen Parlamentes und des Rates v. 18.06.2003 zur Änderung der Richtlinien 78/660/EWG, 83/349/EWG und 91/674/EWG über den Jahresabschluss und den konsolidierten Abschluss von Gesellschaften bestimmter Rechtsformen, von Banken und anderen Finanzinstituten sowie von Versicherungsunternehmen, Abl. Nr. L 178 v. 17.07.2003, S. 16 (*Modernisierungsrichtlinie*).

Richtlinie 2009/133/EG des Rates v. 19.10.2009 über das gemeinsame Steuersystem für Fusionen, Spaltungen, Abspaltungen, die Einbringung von Unternehmensteilen und den Austausch von Anteilen, die Gesellschaften verschiedener Mitgliedstaaten betreffen, sowie für die Verlegung des Sitzes einer Europäischen Gesellschaft oder einer Europäischen Genossenschaft von einem Mitgliedstaat in einen anderen Mitgliedstaat, ABl. Nr. L 310 v. 25.11.2009, S. 34 (*Änderungsrichtlinie*).

2.3 Initiativen

Vorschlag für eine Richtlinie des Rates über eine Gemeinsame konsolidierte Körperschaftsteuer-Bemessungsgrundlage (GKKB) v. 16.03.2011, KOM (2011) 121 endg.; abrufbar unter: http://eur-lex.europa.eu/LexUriServ/LexUriServ.do?uri=COM:2011:0121:FIN:DE:PDF. Letzter Abruf: 12.09.2011.

2.4 Arbeits- und Konsultationspapiere, Mitteilungen und sonstige Veröffentlichungen der EU-Kommission

Commission of the European Communities (2006), Implementing the Community Lisbon Programme: Progress to date and next steps towards a Common Consolidated Corporate Tax Base (CCCTB), in: Tax Planning International European Focus 05/2006, S. 21-24.

Europäische Kommission (2001), Mitteilung der Kommission an den Rat, das europäische Parlament und den Wirtschafts- und Sozialausschuss, Ein Binnenmarkt ohne steuerliche Hindernisse, Strategie zur Schaffung einer konsolidierten Körperschaftsteuer-Bemessungsgrundlage für die grenzüberschreitende Unternehmenstätigkeit in der EU v. 23.10.2001, KOM (2001) 582 endg.; abrufbar unter: http://eur-lex.europa.eu/LexUriServ/LexUriServ.do?uri=COM:2001:0582:FIN:DE:PDF. Letzter Abruf: 12.09.2011.

Europäische Kommission (2003a), Konsultationspapier, Die Anwendung der ‚International Accounting Standards' (IAS) ab 2005 und ihre Implikationen für die Schaffung einer konsolidierten Steuerbemessungsgrundlage für die grenzüberschreitende Unternehmenstätigkeit in der EU, Februar 2003; abrufbar unter: http://ec.europa.eu/taxation_customs/resources/documents/ias-paper_de.pdf. Letzter Abruf: 12.09.2011.

Europäische Kommission (2003b), Mitteilung der Kommission an den Rat, das europäische Parlament und den Wirtschafts- und Sozialausschuss, Ein Binnenmarkt ohne unternehmenssteuerliche Hindernisse: Ergebnisse, Initiativen, Herausforderungen v. 24.11.2003, KOM (2003) 726 endg.; abrufbar unter: http://eur-lex.europa.eu/LexUriServ/LexUriServ.do?uri=COM:2003:0726:FIN:DE:PDF. Letzter Abruf: 12.09.2011.

Europäische Kommission (2004), Arbeitsgruppe „Gemeinsame konsolidierte Körperschaftsteuer-Bemessungsgrundlage" (AG GKKB), Allgemeine Besteuerungsgrundsätze, CCCTB/WP\001\Rec1\doc\de v. 10.12.2004; abrufbar unter: http://ec.europa.eu/taxation_customs/resources/documents/taxation/company_tax/common_tax_base/cctbwp1finalrev1_de.pdf. Letzter Abruf: 12.09.2011.

Europäische Kommission (2006), Mitteilung der Kommission an den Rat, das europäische Parlament und den Wirtschafts- und Sozialausschuss, Umsetzung des Lissabon-Programms der Gemeinschaft: Bisherige Fortschritte und weitere Schritte zu einer gemeinsamen konsolidierten Körperschaftsteuer-Bemessungsgrundlage (GKKB) v. 05.04.2006, KOM (2006) 157 endg.; abrufbar unter: http://eur-lex.europa.eu/LexUriServ/LexUriServ.do?uri=COM:2006:0157:FIN:DE:PDF. Letzter Abruf: 12.09.2011.

Europäische Kommission (2007), Arbeitsgruppe „Gemeinsame konsolidierte Körperschaftsteuer-Bemessungsgrundlage" (AG GKKB), GKKB: mögliche Elemente der technischen Ausgestaltung, CCCTB/WP057\doc\de v. 26.07.2007; abrufbar unter: http://ec.europa.eu/taxation_customs/resources/documents/taxation/company_tax/common_tax_base/ccctbwp057_annotated_de.pdf. Letzter Abruf: 12.09.2011.

3 Gesetze und Gesetzgebungsmaterialien der ausgewählten EU-Mitgliedstaaten

3.1 Deutschland

3.1.1 Gesetze

Aktiengesetz (*AktG*) v. 06.12.1965, BGBl. I 1965, S. 1089; zuletzt geändert durch Art. 6 des Restrukturierungsgesetzes v. 09.12.2010, BGBl. I 2010, S. 1900.

Gesetz über die Besteuerung bei Auslandsbeziehungen (*AStG*) v. 08.09.1972, BGBl. I 1972, S. 1713; zuletzt geändert durch Art. 7 des Gesetzes v. 08.12.2010, BGBl. I, S. 1768.

Bürgerliches Gesetzbuch (*BGB*) i. d. F. der Bekanntmachung v. 02.01.2002, BGBl. I 2002 S. 42, ber. S. 2909 und BGBl. I 2003 S. 738; zuletzt geändert durch Art. 1 G zur Anpassung der Vorschriften über den Wertersatz bei Widerruf von Fernabsatzverträgen und über verbundene Verträge v. 27.07.2011, BGBl. I, S. 1600.

Gesetz zur Modernisierung des Bilanzrechts (*BilMoG*) v. 25.05.2009, BGBl. I 2009, S. 1102.

Gesetz zur Einführung internationaler Rechnungslegungsstandards und zur Sicherung der Qualität der Abschlussprüfung (*BilReG*) v. 04.12.2004, BGBl. I 2004, S. 3166.

Einkommensteuergesetz (*EStG*) i. d. F. der Bekanntmachung v. 08.10.2009, BGBl. I 2009, S. 3366, ber. BGBl. I, S. 3862; zuletzt geändert durch Art. 7 des Gesetzes zur Umsetzung der Richtlinie 2009/65/EG zur Koordinierung der Rechts- und Verwaltungsvorschriften betreffend bestimmte Organismen für gemeinsame Anlagen in Wertpapieren (OGAW-IV-Umsetzungsgesetz – OGAW-IV-UmsG) v. 22.06.2011, BGBl. I, S. 1126.

Grundgesetz für die Bundesrepublik Deutschland (*GG*) v. 23.05.1949, BGBl. 1949 S. 1; zuletzt geändert durch Art. 1 Änderungsgesetz (Art. 91e) v. 21.07.2010, BGBl. I, S. 944.

Handelsgesetzbuch (*HGB*) v. 10.05.1897, RGBl. 1897 S. 219, zuletzt geändert durch Art. 8 des Gesetzes zur Umsetzung der Zweiten E-Geld-Richtlinie v. 01.03.2011, BGBl. I 2011, S. 288.

Körperschaftsteuergesetz (*KStG*) i. d. F. der Bekanntmachung v. 15.10.2002, BGBl. I 2002, S. 4144; zuletzt geändert durch Art. 8 des Gesetzes zur Umsetzung der Richtlinie 2009/65/EG zur Koordinierung der Rechts- und Verwaltungsvorschriften betreffend bestimmte Organismen für gemeinsame Anlagen in Wertpapieren (OGAW-IV-Umsetzungsgesetz – OGAW-IV-UmsG) v. 22. 6. 2011, BGBl. I, S. 1126.

Unternehmenssteuerreformgesetz (*UnStRefG*) v. 14.08.2007, BGBl. I 2007, S. 1912; zuletzt geändert durch Art. 16 des Gesetz zur Modernisierung und Entbürokratisierung des Steuerverfahrens v. 20.12.2008, BGBl. I, S. 2850.

3.1.2 Sonstige Gesetzesmaterialien

Entwurf eines Gesetzes zur Modernisierung des Bilanzrechts, BT-Drs. 16/10067 v. 30.07.2008; abrufbar unter: http://dipbt.bundestag.de/dip21/btd/16/100/1610067.pdf. Letzter Abruf: 12.09.2011.

BT-Drs. 17/5748 v. 05.05.2011, Antwort der Bundesregierung auf die Kleine Anfrage der Abgeordneten Dr. Thomas Gambke, Britta Haßelmann, Lisa Paus, weiterer Abgeordneter und der Fraktion BÜNDNIS 90/DIE GRÜNEN – Drucksache 17/5606 – Gemeinsame konsolidierte Körperschaftsteuer-Bemessungsgrundlage; abrufbar unter: http://dipbt.bundestag.de/dip21/btd/17/0-57/1705748.pdf. Letzter Abruf: 12.09.2011.

BR-Drs. 155/11(B)(2) v. 17.06.2011, Beschluss zum Vorschlag für eine Richtlinie des Rates über eine Gemeinsame konsolidierte Körperschaftsteuer-Bemessungsgrundlage (GKKB), KOM (2011) 121 endg; abrufbar unter: http://www.bundesrat.de/cln_179/nn_8336/SharedDocs/Drucksachen/2-011/0101-200/155-11_28B_29_282_29,templateId=raw,property=publicationFile.pdf/155-11%28B%29%282%-29.pdf. Letzter Abruf: 12.09.2011.

3.2 Frankreich

3.2.1 Loi

Loi n°83-353 du 30 avril 1983 relative à la mise en harmonie des obligations comptables des commerçants et de certaines sociétés avec la IVè directive adoptée par le conseil des communautés européennes le 25 juillet 1978, in: JO v. 03.05.1983, S. 1335; abrufbar unter: http://www.legifrance.gouv.fr/affichTexte.do?cidTexte=LEGITEXT000006068787&dateTexte=20110419. Letzter Abruf: 12.09.2011.

3.2.2 Décrets

Décret n° 83-1020 v. 29.11.1983, pris pour l'application de la loi 83-353 du 30 avril 1983, relatif aux obligations comptables des commerçants et de certaines sociétés, JO v. 01.12.1983, S. 3461; abrufbar unter: http://www.legifrance.gouv.fr/affichTexte.do?cidTexte=LEGITEXT-000006063977&dateTexte=20110419. Letzter Abruf: 12.09.2011.

Décret n° 2005-1702 v. 28.12.2005 relatif aux règles d'évaluation des immobilisations et des stocks portant application de l'article 53 A du code général des impôts et relatif aux renseignements à fournir par les entreprises en cas d'opération de fusion portant application de l'article 54 septies du code général des impôts; abgedruckt in: Direction générale des impôts, Bulletin officiel des impôts, 4 A-13-05, n° 213 v. 30.12.2005 (Annexe 3); abrufbar unter: http://www11.minefi.gouv.fr/boi/boi2005/4fe-pub/cad-re4fe.htm. Letzter Abruf: 12.09.2011.

3.2.3 Ordonnance

Ordonnance n° 2004-1382 du 20 décembre 2004 portant adaptation de dispositions législatives relatives à la comptabilité des entreprises aux dispositions communautaires dans le domaine de la réglementation comptable, JO v. 22.12.2004, S. 21773.

3.3 Polen

Kodeks Spolek Handlowych (Gesetzbuch über die Handelsgesellschaften) v. 15.09.2000, Dz. U. Nr. 94, Pos. 1037. Zitiert nach der deutschen Übersetzung in Handbuch Wirtschaft und Recht in Osteuropa (Loseblattsammlung), Bd. 2, Länderteil Polen (PL), Hrsg. Breidenbach, S./Brockhuis, J./Gralla, E., Unterabschn. 350, Stand: März 2010.

Ustawa o podatku od osób prawnych (Körperschaftsteuergesetz). Zitiert nach Rödl & Partner, Ustawa o podatku od osób fizycznych/Ustawa o podatku od osób prawnych – Einkommensteuer/Körperschaftsteuer, Zweisprachige Textausgabe Polnisch – Deutsch, 2. Aufl., Warszawa/Warschau 2008.

Ustawa o rachunkowości (Rechnungslegungsgesetz). Zitiert nach Rödl & Partner, Rechnungslegungsgesetz/Ustawa o rachunkowości, Warszawa/Warschau 2009.

3.4 Schweden

3.4.1 Gesetze

Aktiebolagslag (2005:551); abrufbar unter: http://www.riksdagen.se/webbnav/n-id=3911&bet=2005:551. Letzter Abruf: 04.12.2011.

Årsredovisningslag (1995:1554); abrufbar unter: http://www.riksdagen.se/webbnav/index.aspx?-nid=3911&bet=1995:1554. Letzter Abruf: 12.09.2011.

Bokföringslag (1999:1078); abrufbar unter: http://www.riksdagen.se/webbnav/index.aspx?nid=3911&bet=1999:1078. Letzter Abruf: 12.09.2011.

Inkomstskattelag (1999:1229); abrufbar unter: http://www.riksdagen.se/webbnav/index.aspx?nid=3911&bet=1999:1229. Letzter Abruf: 12.09.2011.

Lag om tryggande av pensionsutfästelse m. m. (1967:531); abrufbar unter: http://www.riksdagen.se/webbnav/index.aspx?nid=3911&bet=1967:531. Letzter Abruf: 12.09.2011.

3.4.2 Sonstige Gesetzesmaterialien

SOU 2003:71, Internationell redovisning i svenska företag, Stockholm 2003; abrufbar unter: http://www.regeringen.se/sb/d/108/a/418. Letzter Abruf: 12.09.2011.

SOU 2008:80, Beskattningstidpunkten för näringsverksamhet, Stockholm 2008; abrufbar unter: http://www.regeringen.se/sb/d/108/a/111259. Letzter Abruf: 12.09.2011.

3.5 Vereinigtes Königreich

3.5.1 Acts

Finance Act 1998 (FA 1998); abrufbar unter: http://www.legislation.gov.uk/ukpga/1998/36/contents. Letzter Abruf: 12.09.2011.

Finance Act 2002 (FA 2002); abrufbar unter: http://www.legislation.gov.uk/ukpga/2002/23/contents. Letzter Abruf: 12.09.2011.

Finance Act 2004 (FA 2004); abrufbar unter: http://www.legislation.gov.uk/ukpga/2004/12/contents. Letzter Abruf: 12.09.2011

Finance Act 2006 (FA 2006); abrufbar unter: http://www.legislation.gov.uk/ukpga/2006/25/contents. Letzter Abruf: 12.09.2011

Capital Allowances Act 2001 (CAA 2001); abrufbar unter: http://www.legislation.gov.uk/ukpga/2001/2/contents. Letzter Abruf: 12.09.2011

Companies Act 1981 (CA 1981); abrufbar unter: http://www.legislation.gov.uk/ukpga/1981/6. Letzter Abruf: 12.09.2011.

Companies Act 1985 (CA 1985); abrufbar unter: http://www.legislation.gov.uk/ukpga/1985/6. Letzter Abruf: 20.04.2011. Letzter Abruf: 12.09.2011.

Companies Act 1989 (CA 1989); abrufbar unter: http://www.legislation.gov.uk/ukpga/1989/40/contents. Letzter Abruf: 12.09.2011.

Companies Act 2006 (CA 2006); abrufbar unter: Income and Corporation Taxes Act 1988 (ICTA 1988); abrufbar unter: http://www.legislation.gov.uk/ukpga/1988/1/contents/enacted. Letzter Abruf: 12.09.2011.
Corporation Tax Act 2009 (CTA 2009); abrufbar unter: http://www.legislation.gov.uk/ukpga/2009/4/contents. Letzter Abruf: 12.09.2011.

Income and Corporation Taxes Act 1988 (ICTA 1988); abrufbar unter: http://www.legislation.gov.uk/ukpga/1988/1/contents/enacted. Letzter Abruf: 12.09.2011.

Taxation of Chargeable Gains Act 1992 (TCGA 1992); abrufbar unter: http://www.legislation.gov.uk/ukpga/1992/12/contents/enacted. Letzter Abruf: 12.09.2011.

3.5.2 Statutory Instrument

Statutory Instrument 2004 No. 712, The Research and Development (Prescribed Activities); abrufbar unter: http://www.legislation.gov.uk/uksi/2004/712/pdfs/uksi_20040712_en.pdf. Letzter Abruf: 12.09.2011.

Verzeichnis der zitierten Rechnungslegungsstandards und Verlautbarungen der Standardsetzer

1 Verlautbarungen des IASB

1.1 In das EU-Recht übernommene Standards des IASB

IAS 11: Fertigungsaufträge. Übernommen durch VO (EG) Nr. 1126/2008 v. 03.11.2008, ABl. Nr. L 320 S. 1, 46; zuletzt geändert durch Art. 1 ÄndVO (EG) 1274/2008 v. 17.12.2008, ABl. Nr. L 339 S. 3.

IAS 17: Leasingverhältnisse. Übernommen durch VO (EG) Nr. 1126/2008 v. 03.11.2008, ABl. Nr. L 320 S. 1, 83; zuletzt geändert durch Art. 1 ÄndVO (EU) 243/2010 v. 23.03.2010, ABl. Nr. L 77 S. 33.

IAS 18: Umsatzerlöse. Übernommen durch VO (EG) Nr. 1126/2008 v. 03.11. 2008, ABl. Nr. L 320 S. 1, 93; zuletzt geändert durch ÄndVO (EG) 69/2009 v. 23.01.2009, ABl. Nr. L 21 S. 10.

IAS 19: Leistungen an Arbeitnehmer. Übernommen durch VO (EG) Nr. 1126/2008 v. 03.11.2008, ABl. Nr. L 320 S. 1, 99; zuletzt geändert durch Art. 1 ÄndVO (EG) 70/2009 v. 23.01.2009, ABl. Nr. L 21 S. 16.

IAS 20: Bilanzierung und Darstellung von Zuwendungen der öffentlichen Hand. Übernommen durch VO (EG) Nr. 1126/2008 v. 03.11. 2008, ABl. Nr. L 320 S. 1, 130; zuletzt geändert durch ÄndVO (EG) 70/2009 v. 23.01.2009, ABl. Nr. L 21 S. 16.

IAS 21: Auswirkungen von Wechselkursänderungen. Übernommen durch VO (EG) Nr. 1126/2008 v. 03.11.2008, ABl. Nr. L 320 S. 1, 134; zuletzt geändert durch Art. 1 ÄndVO (EU) 149/2011 v. 18.02. 2011, ABl. Nr. L 46 S. 1.

IAS 23: Fremdkapitalkosten. Übernommen durch VO (EG) Nr. 1260/2008 v. 10.12.2008, ABl. Nr. L 338 S. 10, 12; zuletzt geändert durch ÄndVO (EG) 70/2009 v. 23.01.2009, ABl. Nr. L 21 S. 16.

IAS 36: Wertminderung von Vermögenswerten. Übernommen durch VO (EG) Nr. 1126/2008 v. 03.11.2008, ABl. Nr. L 320 S. 1, 215; zuletzt geändert durch Art. 1 ÄndVO (EU) 243/2010 v. 23.03.2010, ABl. Nr. L 77 S. 33.

IAS 37: Rückstellungen, Eventualverbindlichkeiten und Eventualforderungen. Übernommen durch VO (EG) Nr. 1126/2008 v. 03.11.2008, ABl. Nr. L 320 S. 1, 241; zuletzt geändert durch Art. 1 ÄndVO (EG) 495/2009 v. 03.06.2009, ABl. Nr. L 149 S. 22.

IAS 38: Immaterielle Vermögenswerte. Übernommen durch VO (EG) Nr. 1126/2008 v. 03.11. 2008, ABl. Nr. L 320 S. 1, 252; zuletzt geändert durch Art. 1 ÄndVO (EU) 243/2010 v. 23.03. 2010, ABl. Nr. L 77 S. 33.

IAS 40: Als Finanzinvestition gehaltene Immobilien. Übernommen durch VO (EG) Nr. 1126/2008 v. 03.11.2008, ABl. Nr. L 320 S. 1, 323; zuletzt geändert durch Art. 1 ÄndVO (EG) 70/2009 v. 23.01.2009, ABl. Nr. L 21 S. 16.

IAS 41: Landwirtschaft. Übernommen durch VO (EG) Nr. 1126/2008 v. 03.11.2008, ABl. Nr. L 320 S. 1, 335; zuletzt geändert durch Art. 1 ÄndVO (EG) 70/2009 v. 23.01.2009, ABl. Nr. L 21 S. 16.

IFRS 6: Exploration und Evaluierung von Bodenschätzen. Übernommen durch VO (EG) Nr. 1126/2008 v. 03.11. 2008, ABl. Nr. L 320 S. 1, 413.

1.2 Sonstige Standards und Entwürfe von Standards

IFRS 9: Financial Instruments.

FRS 13: Fair Value Measurement.

ED/2010/6, Revenues from Contracts with Customers, June 2010; abrufbar unter: http://www.ifrs.org/NR/rdonlyres/EFA36EF7-238C-4C88-9C36-D6AACEB7762F/0/EDRevRecogSt0610.pdf. Letzter Abruf: 12.09.2011.

ED/2010/9, Leases, August 2010; abrufbar unter: http://www.ifrs.org/NR/rdonlyres/C03C9E95-822E-4716-81ED-04B9CC4943BE/0/EDLeasesStandard0810.pdf. Letzter Abruf: 12.09.2011.

1.3 IFRIC

IFRIC 4, Feststellung, ob eine Vereinbarung ein Leasingverhältnis enthält. Übernommen durch VO (EG) Nr. 1126/2008 v. 03.11.2008, ABl. Nr. L 320 S. 1, 447; zuletzt geändert durch ÄndVO (EG) 254/2009 v. 25.03.2009; ABl. Nr. L 80 S. 5.

1.4 Sonstige Verlautbarungen

Rahmenkonzept für die Aufstellung und Darstellung von Abschlüssen, April 1989 (*F.1989*).

The Conceptual Framework for Financial Reporting 2010, September 2010 (*F.2010*).

2 Verlautbarungen der nationalen Standardsetzer

2.1 Frankreich

2.1.1 Als règlements verabschiedete Verlautbarungen

CRC 99-08: règlement n°99-08 du 24 novembre 1999 modifiant les dispositions du plan comptable général relatives au traitement comptable des contrats à long terme; abrufbar unter: http://www.minefe.gouv.fr/fonds_documentaire/CNCompta/bocncompta/121.htm#P2. Letzter Abruf: 12.09.2011.

CRC 2000-06: règlement n°2000-06 du 7 décembre 2000 relatif aux passifs; abrufbar unter: http://www.minefi.gouv.fr/fonds_documentaire/CNCompta/rcrc/rcrc2000/00_06/06.htm. Letzter Abruf: 12.09.2011.

CRC 2002-10: règlement n°2002-10 du 12 décembre 2002 relatif à l'amortissement et à la dépréciation des actifs; abrufbar unter: http://www.minefi.gouv.fr/fonds_documentaire/CNCompta/rcrc/rcrc2002/02_10.htm. Letzter Abruf: 12.09.2011.

CRC 2003-07: règlement n°2003-07 du 12 décembre 2003 modifiant l'article 15 du règlement n° 2002-10 du CRC relatif à l'amortissement et la dépréciation des actifs; abrufbar unter: http://www.minefi.gouv.fr/fonds_documentaire/CNCompta/rcrc/rcrc2003/03_07.htm. Letzter Abruf: 12.09.2011.

CRC 2004-01: règlement n°2004-01 du 4 mai 2004 relatif au traitement comptable des fusions et opérations assimilées; abrufbar unter: http://www.minefi.gouv.fr/fonds_documentaire/ CNCompta/rcrc/rcrc2004/04_01.htm. Letzter Abruf: 12.09.2011.

CRC 2004-06: règlement n°2004-06 du 23 novembre 2004 relatif à la définition, la comptabilisation et l'évaluation des actifs; abrufbar unter: http://www.cnc.minefi.gouv.fr/fonds_documentaire/CNCom-pta/rcrc/rcrc2004/04_06.pdf. Letzter Abruf: 12.09.2011.

CRC, Plan comptable général, règlement n°99-03 du 29 avril 1999 du Comité de la réglementation comptable, modifié par les règlements n°99-08 et 99-09 du 24 novembre 1999, n°2000-06 du 7 décembre 2000, n°2002-10 du 12 décembre 2002, n°2003-01 et 2003-04 du 2 octobre 2003, n°2003-05 du 20 novembre 2003, n°2003-07 du 12 décembre 2003, n°2004-01 du 4 mai 2004, n°2004-06, n°2004-07, n°2004-08, n°2004-13, n°2004-15 du 23 novembre 2004, n°2005-09 du 3 novembre 2005, n°2007-02 et n°2007-03 du 14 décembre 2007, Version applicable au 14 décembre 2007; abrufbar unter: http://www.minefe.gouv.fr/directions_services/CNCompta/pcg/pcg_maj-0712.pdf. Letzter Abruf: 12.09.2011.

2.1.2 Sonstige Verlautbarungen

CNC (2005), Rapport d'étape du groupe IAS/Fiscalité, présenté à l'assemblée plénière du 24 mars 2005; abrufbar unter: http://www.cnc.bercy.gouv.fr/directions_services/CNCompta/rapports_etudes/ias_ fiscalite.php. Letzter Abruf: 12.09.2011.

2.2 Polen

Krajowy Standard Rachunkowości nr. 1: Rachunek przepływów pieniężnych; abrufbar unter: http://www.mf.gov.pl/_files_/rachunkowosc/komitet_standardow/ksr_nr_1_do_publikacji_2.pdf. Letzter Abruf: 12.09.2011.

Krajowy Standard Rachunkowości nr. 2: Podatek dochodowy; abrufbar unter: http://www.mf.gov.pl/_files_/rachunkowosc/komitet_standardow/ksr_2_po_poprawkach_fdo_publi kacji.pdf. Letzter Abruf: 12.09.2011.

Krajowy Standard Rachunkowości nr. 3: Niezakończone usługi budowlane; abrufbar unter: http://www.mf.gov.pl/_files_/rachunkowosc/komitet_standardow/nowela_ksr_nr_3_dz_u.pdf. Letzter Abruf: 12.09.2011.

Krajowy Standard Rachunkowości nr. 4: Utrata wartości aktywów; abrufbar unter: http://www.mf.gov.pl/_files_/rachunkowosc/komitet_standardow/ksr_nr_4_utrata_wartosci_aktywo w.pdf. Letzter Abruf: 12.09.2011.

Krajowy Standard Rachunkowości nr. 5: Leasing, najem i dzierżawa; abrufbar unter: Krajowy Standard Rachunkowości nr 5 „Leasing, najem i dzierżawa"; abrufbar unter: http://www.mf.gov.pl/_files_/rachunkowosc/komitet_standardow/ksr_nr_5_leasing_najem_i_dzierz awa.pdf. Letzter Abruf: 12.09.2011.

Krajowy Standard Rachunkowości nr. 6: Rezerwy, bierne rozliczenia międzyokresowe kosztów, zobowiązania warunkowe; abrufbar unter: http://www.mf.gov.pl/_files_/rachunkowosc/ komitet_ standardow/ksr_nr_6_do_publikacji.pdf. Letzter Abruf: 12.09.2011.

2.3 Schweden

2.3.1 Rekommendationer

2.3.1.1. Redovisningsrådet

RR 6:99: *Leasingavtalen*, Juli 1999; abrufbar unter: http://www.bfn.se/redovisning/RADET/RR/RR6-99.pdf. Letzter Zugriff: 16.11.2011.

RR 10: *Entreprenader och liknande uppdrag*, Juli 1999; abrufbar unter: http://www.bfn.se/redovisning/RADET/RR/RR10.pdf. Letzter Abruf: 26.11.2011.

RR 11: *Intäkter*, Oktober 1999; abrufbar unter: http://www.bfn.se/redovisning/RADET/RR/RR11.pdf. Letzter Abruf: 26.11.2011.

RR 12: *Materiella tillgångar*; December 1999; abrufbar unter: http://www.bfn.se/redovisning/RADET/RR/RR12.pdf. Letzter Abruf: 02.12.2011.

RR 15: *Immateriella tillgångar*, Augusti 2000; abrufbar unter: http://www.bfn.se/redovisning/radet/rr/rr15.pdf. Letzter Abruf: 20.11.2011.

RR 16: *Avsättningar, ansvarsförbindelser och eventualtillgångar*, Augusti 2000; abrufbar unter: http://www.bfn.se/redovisning/RADET/RR/RR16.pdf. Letzter Abruf 20.11.2011.

RR 17: *Nedskrivningar*, Augusti 2000; abrufbar unter: http://www.bfn.se/redovisning/radet/rr/rr17.pdf. Letzter Abruf 20.11.2011.

2.3.1.2. Rådet för finansiell rapportering

RFR 2: Redovisning för juridiska personer, Uppdaterad juni 2011; abrufbar unter: http://www.radetforfinansiellrapportering.se/UserFiles/filarkivet/29/2Rekomendationer/RFR_2_15_ juni_2011_sprakgranskad_clean__2___2_Publicerad20110701.pdf. Letzter Abruf: 12.09.2011.

2.3.2 Sonstige Verlautbarung

Förord till rekommendationer och uttalanden från Rådet för finansiell rapportering; abrufbar unter: http://www.radetforfinansiellrapportering.se/UserFiles/Forord_till_rekommendationer_20110321.p df. Letzter Abruf: 12.09.2011.

2.4 Vereinigtes Königreich

2.4.1 FRS

FRS 4: Capital instruments, December 1993; abrufbar unter: http://www.frc.org.uk/ images/uploaded/documents/04%20%20Capital%20Instruments.pdf. Letzter Abruf: 12.09.2011.

FRS 5: Reporting the Substance of Transactions, April 1994; abrufbar unter: http://www.frc.org.uk/images/uploaded/documents/FRS%2051.pdf. Letzter Abruf: 12.09.2011.

FRS 10: Goodwill and Intangible Assets, December 1999; abrufbar unter: http://www.frc.org.uk/images/uploaded/documents/10%20%20Goodwill%20and%20Intangible%20-Assets.pdf. Letzter Abruf: 12.09.2011.

FRS 11: Impairment of Fixed Assets and Goodwill, July 1998; abrufbar unter: http://www.frc.org.uk/ images/uploaded/documents/FRS%2011.pdf. Letzter Abruf: 12.09.2011.

FRS 12: Provisions, Contingent liabilities and Contingent assets, September 1998; abrufbar unter: http://www.frc.org.uk/images/uploaded/documents/FRS%20121.pdf. Letzter Abruf: 12.09.2011.

FRS 15: Tangible fixed assets, February 1999; abrufbar unter: http://www.frc.org.uk/images/uploaded/documents/FRS%20151.pdf. Letzter Abruf: 12.09.2011.

FRS 26: Financial Instruments: Recognition and Measurement, December 2004.

2.4.2 SSAP

SSAP 4: Accounting for government grants, April 1974; abrufbar unter: http://www.frc.org.uk/images/uploaded/documents/SSAP%204%20cover.pdf. Letzter Abruf: 12.09.2011.

SSAP 9: Stocks and long-term contracts, Revised September 1988; abrufbar unter: http://www.frc.org.uk/images/uploaded/documents/SSAP%209.pdf. Letzter Abruf: 12.09.2011.

SSAP 13: Accounting for research and development, Revised January 1989; abrufbar unter: http://www.frc.org.uk/images/uploaded/documents/SSAP%2013.pdf. Letzter Abruf: 12.09.2011.

SSAP 21: Accounting for leases and hire purchase contracts, London, August 1984; abrufbar unter: http://www.frc.org.uk/images/uploaded/documents/A7176A%20SSAP%2021%20cover.pdf. Letzter Abruf: 12.09.2011.

4.2.3 Sonstige Verlautbarungen

Policy Proposal: the future of UK GAAP, August 2009; abrufbar unter: http://www.frc.org.uk/images/uploaded/documents/ASB%20seeks%20views%20on%20proposals%20for%20the%20future%20reporting%20requirements%20for%20UK%20and%20Irish%20en-tities.pdf. Letzter Abruf: 12.09.2011.

Statement of Principles of Financial Reporting, London, December 1999; abrufbar unter: http://www.frc.org.uk/documents/pagemanager/asb/Statement%20-%20Statement%20of%20Principles%20for%20Financial%20Reporting.pdf. Letzter Abruf: 12.09.2011.

Verzeichnis der zitierten Verlautbarungen der Berufsstände

1 Deutschland

IDW (2009), Rechnungslegungshinweis: Handelsrechtliche Zulässigkeit einer komponentenweisen planmäßigen Abschreibung von Sachanlagen (IDW RH HFA 1.016), in: IDW-FN 2009, 362-363.

2 Vereinigtes Königreich (ICAEW)

ICAEW/ICAS (2010), Guidance on the determination of realised profits and losses in the context of distributions under the companies act 2006/Guidance on realised and distributable profits under the Companies Act 2006 issued by the Institute of Chartered Accountants in England and Wales and the Institute of Chartered Accountants of Scotland (the Institutes) in October 2010, Tech 02/10. Abrufbar unter: http://www.icaew.com/en/about-icaew/what-we-do/technical-releases. Letzter Abruf: 12.09.2011.

Verzeichnis der zitierten Verlautbarungen der Finanzadministrationen

1 Deutschland

1.1 BMF-Schreiben

19.04.1971	IV B 2 – S 2170-31/71	BStBl. I 1971, S. 264.
21.03.1972	F/IV B 2 – S 2170-11/72	BStBl. I 1972, S. 188.
22.12.1975	IV B 2 – S 2170-161/75	BB 1976, S. 72.
23.12.1991	IV B 2 – S 2170-115/91	BStBl. I 1992, S. 13.
26.05.2005	IV B 2 – S 2175-7/05	BStBl I 2005, S. 699.
12.03.2010	IV C 6 – S 2133/09/10001	BStBl. I 2010, S. 239.
22.06.2010	IV C 6 – S 2133/09/10001	BStBl. I 2010, S. 597.
25.08.2010	IV C 6 – S 2133/07/10001	DB 2010, S. 2024.
30.09.2010	IV C 6 – S 2180/09/10001	BStBl. I 2010, S. 755.
24.06.2011	IV C 6 – S 2137/0-03	BStBl. I 2010, S. 627.

1.2 Richtlinie

Allgemeine Verwaltungsvorschrift zur Anwendung des Einkommensteuerrechts v. 16.12.2005, BStBl. I Sondernummer 1 i. d. F. der EStÄR 2008 v. 18.12.2008, BStBl. I 2008, S. 1017.

2 Frankreich

Direction générale des impôts, Bulletin officiel des impôts, 4 A-13-05, n° 213 v. 30.12.2005; abrufbar unter: http://www11.minefi.gouv.fr/boi/boi2005/4fepub/cadre4fe.htm. Letzter Abruf: 12.09.2011.

Direction générale des impôts, Bulletin officiel des impôts, 4 H-8-07, n° 133 v. 31.12.2007; abrufbar unter: http://www11.minefi.gouv.fr/boi/boi2007/4fepub/cadre4fe.htm. Letzter Abruf: 13.09.2011.

3 Polen

Verordnung des Finanzministers über die Prinzipien zur Führung des Rechnungswesens.

4 Schweden

Skatteverket, skrivelse 981206 v. 26.10.1998, Dnr. 9397-98/900; abrufbar unter: http://www.skatteverket.se/rattsinformation/skrivelser/tidigarear/1998/1998/skrivelser19981026a.4.18e1b10334ebe8bc80003707.html. Letzter Abruf: 16.11.2011.

Skatteverket, ställningstaganden v. 07.10.2004, Dnr. 130-583520-04/111; abrufbar unter: http://www.skatteverket.se/rattsinformation/stallningstaganden/tidigarear/2004/stallningstaganden2004/130583520041111.5.5c13cb6b1198121ee8580001708.html. Letzter Abruf: 16.11.2011.

Skatteverket, ställningstaganden v. 19.03.2008, Dnr. 131 164537-08/111; abrufbar unter: http://www.skatteverket.se/rattsinformation/stallningstaganden/2008/stallningstaganden2008/13116453708111.5.3a7aab801183dd6bfd3800011232.html. Letzter Abruf: 16.11.2011.

Skatteverket, ställningstaganden v. 17.10.2008, Dnr. 131 548012-08/111; abrufbar unter: http://www.skatteverket.se/rattsinformation/stallningstaganden/tidigarear/2004/stallningstaganden2004/130583520041111.5.5c13cb6b1198121ee8580001708.html. Letzter Abruf: 16.11.2011.

Skatteverket, ställningstaganden v. 16.10.2009, Dnr. 131 754857-09/111; abrufbar unter: http://www.skatteverket.se/rattsinformation/stallningstaganden/2009/stallningstaganden2009/13175485709111.5.76a43be412206334b89800031699.html. Letzter Abruf: 19.11.2011.

Skatteverket (2011), Handledning för sambandet mellan redovisning och beskattning, SKV 305 utgåva 8/2011; abrufbar unter: http://www.skatteverket.se/download/18.70ac421612e2a997f858-00052746/30508.pdf. Letzter Abruf: 12.09.2011.

5 Vereinigtes Königreich

Inland Revenue (1991), SP 3/91 v. 11.04.1991.

Inland Revenue (1999a), Tax Bulletin, Issue 39/February 1999; abrufbar unter: http://www.hmrc.gov.uk/bulletins/tb39.pdf. Letzter Abruf: 12.09.2011.

Inland Revenue (1999b), Tax Bulletin, Issue 40/April 1999; abrufbar unter: http://www.hmrc.gov.uk/bulletins/tb40.pdf. Letzter Abruf: 12.09.2011.

Inland Revenue (1999c), Tax Bulletin, Issue 44/April; abrufbar unter: http://www.hmrc.gov.uk/bulletins/tb44.pdf. Letzter Abruf: 16.05.2011.

HMRC (2006), International Accounting Standards – the UK tax implications; abrufbar unter: http://www.hmrc.gov.uk/practitioners/int_accounting.htm, last updated 24 July 2006. Letzter Abruf: 12.09.2011.

HMRC (2011), BIM46500 – Specific deductions: provisions: contents; abrufbar unter: http://www.hmrc.gov.uk/manuals/bimmanual/BIM46500.htm. Letzter Abruf: 12.09.2011.

HMRC (2011), BIM46510 – Specific deductions: provisions: allowability for tax; abrufbar unter: http://www.hmrc.gov.uk/manuals/bimmanual/BIM46510.htm. Letzter Abruf: 12.09.2011.

HMRC (2011), BIM46540 – Specific deductions: provisions: accounting standards and GAAP: onerous contracts; abrufbar unter: http://www.hmrc.gov.uk/manuals/bimmanual/BIM46540.htm. Letzter Abruf: 12.09.2011.